찐합격

당신도 이번에 반드시 합격합니다!

기계③-7 | 필기

7개년 과년도 | 소방설비산업기사

7개년 과년도 출제문제

우석대학교 소방방재학과 교수 **공하성**

BM (주)도서출판 **성안당**

머리말

God loves you, and has a wonderful plan for you.

안녕하십니까?

우석대학교 소방방재학과 교수 공하성입니다.

지난 30년간 보내주신 독자 여러분의 아낌없는 찬사에 진심으로 감사드립니다.

앞으로도 변함없는 성원을 부탁드리며, 여러분들의 성원에 힘입어 항상 더 좋은 책으로 거듭나겠습니다.

본 책의 특징은 학원 강의를 듣듯 정말 자세하게 설명해 놓았다는 것입니다.

시험의 기출문제를 분석해 보면 문제은행식으로 과년도 문제가 매년 거듭 출제되고 있음을 알 수 있습니다. 그러므로 과년도 문제만 충실히 풀어보아도 쉽게 합격할 수 있을 것입니다.

그런데, 2004년 5월 29일부터 소방관련 법령이 전면 개정됨으로써 "소방관계법규"는 2005년부터 신법에 맞게 새로운 문제들이 출제되고 있습니다.

본 서는 여기에 중점을 두어 국내 최다의 과년도 문제와 신법에 맞는 출제 가능한 문제들을 최대한 많이 수록하였습니다.

또한, 각 문제마다 아래와 같이 중요도를 표시하였습니다.

별표없는것	출제빈도 10%	★	출제빈도 30%
★★	출제빈도 70%	★★★	출제빈도 90%

그리고 해답의 근거를 다음과 같이 약자로 표기하여 신뢰성을 높였습니다.

- **기본법** : 소방기본법
- **기본령** : 소방기본법 시행령
- **기본규칙** : 소방기본법 시행규칙
- **소방시설법** : 소방시설 설치 및 관리에 관한 법률
- **소방시설법 시행령** : 소방시설 설치 및 관리에 관한 법률 시행령
- **소방시설법 시행규칙** : 소방시설 설치 및 관리에 관한 법률 시행규칙
- **화재예방법** : 화재의 예방 및 안전관리에 관한 법률
- **화재예방법 시행령** : 화재의 예방 및 안전관리에 관한 법률 시행령
- **화재예방법 시행규칙** : 화재의 예방 및 안전관리에 관한 법률 시행규칙
- **공사업법** : 소방시설공사업법
- **공사업령** : 소방시설공사업법 시행령
- **공사업규칙** : 소방시설공사업법 시행규칙
- **위험물법** : 위험물안전관리법
- **위험물령** : 위험물안전관리법 시행령
- **위험물규칙** : 위험물안전관리법 시행규칙
- **건축령** : 건축법 시행령
- **위험물기준** : 위험물안전관리에 관한 세부기준
- **피난·방화구조** : 건축물의 피난·방화구조 등의 기준에 관한 규칙

본 책에는 <u>잘못된 부분이 있을 수 있으며</u>, 잘못된 부분에 대해서는 발견 즉시 성안당(www.cyber.co.kr) 또는 예스미디어(www.ymg.kr)에 올리도록 하고, 새로운 책이 나올 때마다 늘 수정·보완하도록 하겠습니다.

이 책의 집필에 도움을 준 이종화·안재천 교수님, 임수란님에게 고마움을 표합니다.

끝으로 이 책에 대한 모든 영광을 그 분께 돌려 드립니다.

공하성 올림

소방설비산업기사 필기(기계분야) 출제경향분석

제1과목 소방원론

1. 화재의 성격과 원인 및 피해		9.1% (2문제)
2. 연소의 이론		16.8% (4문제)
3. 건축물의 화재성상		10.8% (2문제)
4. 불 및 연기의 이동과 특성		8.4% (1문제)
5. 물질의 화재위험		12.8% (3문제)
6. 건축물의 내화성상		11.4% (2문제)
7. 건축물의 방화 및 안전계획		5.1% (1문제)
8. 방화안전관리		6.4% (1문제)
9. 소화이론		6.4% (1문제)
10. 소화약제		12.8% (3문제)

제2과목 소방유체역학

1. 유체의 일반적 성질		26.2% (5문제)
2. 유체의 운동과 법칙		17.3% (4문제)
3. 유체의 유동과 계측		20.1% (4문제)
4. 유체정역학 및 열역학		20.1% (4문제)
5. 유체의 마찰 및 펌프의 현상		16.3% (3문제)

제3과목 소방관계법규

1. 소방기본법령		20% (4문제)
2. 소방시설 설치 및 관리에 관한 법령		14% (3문제)
3. 화재의 예방 및 안전관리에 관한 법령		21% (4문제)
4. 소방시설공사업법령		30% (6문제)
5. 위험물안전관리법령		15% (3문제)

제4과목 소방기계시설의 구조 및 원리

1. 소화기구		2.2% (1문제)
2. 옥내소화전설비		11.0% (2문제)
3. 옥외소화전설비		6.3% (1문제)
4. 스프링클러설비		15.9% (3문제)
5. 물분무소화설비		5.6% (1문제)
6. 포소화설비		9.7% (2문제)
7. 이산화탄소 소화설비		5.3% (1문제)
8. 할론·할로겐화합물 및 불활성기체 소화설비		5.9% (1문제)
9. 분말소화설비		7.8% (2문제)
10. 피난구조설비		8.4% (2문제)
11. 제연설비		7.2% (1문제)
12. 연결살수설비		5.3% (1문제)
13. 연결송수관설비		6.6% (1문제)
14. 소화용수설비		2.8% (1문제)

+ + + + + + + + + + + +
+ + + + + + + + + + +

차 례

과년도 기출문제(CBT 기출복원문제 포함)

CONTENTS

 ✛✛✛✛✛✛✛✛ 책선정시유의사항
✛✛✛✛✛✛✛✛

첫째 저자의 지명도를 보고 선택할 것
(저자가 책의 모든 내용을 집필하기 때문)

둘째 문제에 대한 100% 상세한 해설이 있는지 확인할 것
(해설이 없을 경우 문제 이해에 어려움이 있음)

셋째 과년도문제가 많이 수록되어 있는 것을 선택할 것
(국가기술자격시험은 대부분 과년도문제에서 출제되기 때문)

이 책의 특징 ++++++++++++
++++++++++++

1. 문제

각 문제마다 중요도를 표시하여 ★
이 많은 것은 특별히 주의깊게 볼
수 있도록 하였음!

> ★★★
> **08** 자기연소를 일으키는 가연물질로만 짝지어진 것은?
> ① 니트로셀룰로오즈, 유황, 등유
> ② 질산에스테르, 셀룰로이드, 니트로화합물
> ③ 셀룰로이드, 발연황산, 목탄
> ④ 질산에스테르, 황린, 염소산칼륨

각 문제마다 100% 상세한 해설을
하고 꼭 알아야 될 사항은 고딕체
로 구분하여 표시하였음.

> 해설 위험물 **제4류 제2석유류**(등유, 경유)의 특성
> (1) 성질은 **인화성 액체**이다.
> (2) 상온에서 안정하고, 약간의 자극으로는 쉽게 폭발하지
> 않는다.
> (3) 용해하지 않고, **물보다 가볍다.**
> (4) 소화방법은 **포말소화**가 좋다.　　　　**답** ①

용어에 대한 설명을 첨부하여 문
제를 쉽게 이해하여 답안작성이
용이하도록 하였음.

> **소방력** : 소방기관이 소방업무를 수행하는 데 필요
> 한 인력과 장비

2. 초스피드 기억법

해설 **분말소화약제**(질식효과)				
종 별	분자식	착 색	적응 화재	비 고
제**1**종	탄산수소나트륨 (NaHCO₃)	백색	BC급	**식용유** 및 **지방질유**의 화재에 적합
제2종	탄산수소칼륨 (KHCO₃)	담자색 (담회색)	BC급	–
제**3**종	제1인산암모늄 (NH₄H₂PO₄)	담홍색	ABC급	**차고 · 주차 장**에 적합
제4종	탄산수소칼륨 +요소 (KHCO₃+ (NH₂)₂CO)	회(백)색	BC급	–

> 기억법 1식분(**일식 분**식)
> 3분 차주(**삼보**컴퓨터 **차주**)

시험에 자주 출제되는
내용들은 초스피드 기
억법을 적용하여 한번
에 기억할 수 있도록
하였음.

++++++++++
++++++++++ 이 책의 공부방법

소방설비산업기사 필기(기계분야)의 가장 효율적인 공부방법을 소개합니다. 이 책으로 이대로
만 공부하면 반드시 한 번에 합격할 수 있습니다.

첫째, 초스피드 기억법을 읽고 숙지한다.
　　　(특히 혼동되면서 중요한 내용들은 기억법을 적용하여 쉽게 암기할 수 있도록 하였으므로
　　　꼭 기억한다.)

둘째, 본 책의 출제문제 수를 파악하고, 시험 때까지 3번 정도 반복하여 공부할 수 있도록 1일
　　　공부 분량을 정한다.
　　　(이때 너무 무리하지 않도록 1주일에 하루 정도는 쉬는 것으로 하여 계획을 짜는 것이 좋
　　　겠다.)

셋째, Key Point란에 특히 관심을 가지며 부담없이 한 번 정도 읽은 후, 처음부터 차근차근 문제
　　　를 풀어 나간다.
　　　(해설을 보며 암기할 사항이 있으면 그것을 다시 한번 보고 여백에 기록한다.)

넷째, 시험 전날에는 책 전체를 한 번 쭉 훑어보며 문제와 답만 체크(check)하며 보도록 한다.
　　　(가능한 한 시험 전날에는 책 전체 내용을 밤을 세우더라도 꼭 점검하기 바란다. 시험 전날
　　　본 문제가 의외로 많이 출제된다.)

다섯째, 시험장에 갈 때에도 책은 반드시 지참한다.
　　　(가능한 한 대중교통을 이용하여 시험장으로 향하는 동안에도 책을 계속 본다.)

여섯째, 시험장에 도착해서는 책을 다시 한번 훑어본다.
　　　(마지막 5분까지 최선을 다하면 반드시 한 번에 합격할 수 있습니다.)

소방설비산업기사(기계분야) 시험내용

1. 필기시험

구 분	내 용
시험 과목	1. 소방원론 2. 소방유체역학 3. 소방관계법규 4. 소방기계시설의 구조 및 원리
출제 문제	과목당 20문제(전체 80문제)
합격 기준	과목당 40점 이상 평균 60점 이상
시험 시간	2시간
문제 유형	객관식(4지선택형)

2. 실기시험

구 분	내 용
시험 과목	소방기계시설 설계 및 시공실무
출제 문제	9~18 문제
합격 기준	60점 이상
시험 시간	2시간 30분
문제 유형	필답형

 단위환산표

단위환산표(기계분야)

명 칭	기 호	크 기	명 칭	기 호	크 기
테라(tera)	T	10^{12}	피코(pico)	p	10^{-12}
기가(giga)	G	10^{9}	나노(nano)	n	10^{-9}
메가(mega)	M	10^{6}	마이크로(micro)	μ	10^{-6}
킬로(kilo)	k	10^{3}	밀리(milli)	m	10^{-3}
헥토(hecto)	h	10^{2}	센티(centi)	c	10^{-2}
데카(deka)	D	10^{1}	데시(deci)	d	10^{-1}

〈보기〉
- $1km = 10^{3}m$
- $1mm = 10^{-3}m$
- $1pF = 10^{-12}F$
- $1\mu m = 10^{-6}m$

단위읽기표

단위읽기표(기계분야)

여러분들이 고민하는 것 중 하나가 단위를 어떻게 읽느냐 하는 것일 듯 합니다. 그 방법을 속시원하게 공개해 드립니다.

(알파벳 순)

단 위	단위 읽는 법	단위의 의미(물리량)
Aq	아쿠아(**Aq**ua)	물의 높이
atm	에이 티 엠(**atm** osphere)	기압, 압력
bar	바(**bar**)	압력
barrel	배럴(**barrel**)	부피
BTU	비티유(**B**ritish **T**hermal **U**nit)	열량
cal	칼로리(**cal**orie)	열량
cal/g	칼로리 퍼 그램(**cal**orie per **g**ram)	융해열, 기화열
cal/g·℃	칼로리 퍼 그램 도 씨(**cal**orie per **g**ram degree **C**elsius)	비열
dyn, dyne	다인(**dyne**)	힘
g/cm^3	그램 퍼 세제곱 센티미터(**g**ram per **C**enti**M**eter cubic)	비중량
gal, gallon	갈론(**gallon**)	부피
H_2O	에이치 투 오(water)	물의 높이
Hg	에이치 지(mercury)	수은주의 높이
HP	마력(**H**orse **P**ower)	일률
J/s, J/sec	줄 퍼 세컨드(**J**oule per **se**cond)	일률
K	케이(**K**elvin temperature)	켈빈온도
kg/m^2	킬로그램 퍼 제곱 미터(**k**ilo**g**ram per **m**eter square)	화재하중
kg_f	킬로그램 포스(**k**ilogram **f**orce)	중량
kg_f/cm^2	킬로그램 포스 퍼 제곱 센티미터 (**k**ilo**g**ram force per **C**enti**M**eter square)	압력
L	리터(**l**eter)	부피
lb	파운드(pound)	중량
lb_f/in^2	파운드 포스 퍼 제곱 인치 (pound **f**orce per **i**nch square)	압력

단 위	단위 읽는 법	단위의 의미(물리량)
m/min	미터 퍼 미니트(meter per minute)	속도
m/sec^2	미터 퍼 제곱 세컨드(meter per second square)	가속도
m^3	세제곱 미터(meter cubic)	부피
m^3/min	세제곱 미터 퍼 미니트(meter cubic per minute)	유량
m^3/sec	세제곱 미터 퍼 세컨드(meter cubic per second)	유량
mol, mole	몰(mole)	물질의 양
m^{-1}	매미터(per meter)	감광계수
N	뉴턴(Newton)	힘
N/m^2	뉴턴 퍼 제곱 미터(Newton per meter square)	압력
P	푸아즈(Poise)	점도
Pa	파스칼(Pascal)	압력
PS	미터 마력(PferdeStärke)	일률
PSI	피 에스 아이(Pound per Square Inch)	압력
s, sec	세컨드(second)	시간
stokes	스토크스(stokes)	점도
vol%	볼륨 퍼센트(volume percent)	농도
W	와트(Watt)	동력
W/m^2	와트 퍼 제곱 미터(Watt per meter square)	대류열
W/m^2·K^3	와트 퍼 제곱 미터 케이 세제곱 (Watt per meter square Kelvin cubic)	스테판-볼츠만 상수
W/m^2·℃	와트 퍼 제곱 미터 도 씨 (Watt per meter square degree Celsius)	열전달률
W/m·K	와트 퍼 미터 케이(Watt per meter Kelvin)	열전도율
W/sec	와트 퍼 세컨드(Watt per Second)	전도열
℃	도 씨(degree Celsius)	섭씨온도
℉	도 에프(degree Fahrenheit)	화씨온도
°R	도 알(Rankine temperature)	랭킨온도

단위변환표

중력단위(공학단위)와 SI단위 - 아주 중요

중력단위	SI단위	비 고
$1kg_f$	$9.8N = 9.8kg \cdot m/s^2$	힘
$1kg_f/m^2$	$9.8kg/m \cdot s^2$	압력
–	$1kPa = 1kN/m^2 = 1kJ/m^3$	
–	$1kg/m \cdot s = 1N \cdot s/m^2$	점성계수
–	$1m^3/kg = 1m^4/N \cdot s^2$	비체적
–	$1000kg/m^3 = 1000N \cdot s^2/m^4$ (물의 밀도)	밀도
$1000kg_f/m^3$ (물의 비중량)	$9800N/m^3$ (물의 비중량)	비중량
$$PV = mRT$$ 여기서, P : 압력$[kg_f/m^2]$ V : 부피$[m^3]$ m : 질량$[kg]$ $R : \dfrac{848}{M}[kg_f \cdot m/kg \cdot K]$ T : 절대온도(273+℃)$[K]$	$$PV = mRT$$ 여기서, P : 압력$[N/m^2]$ V : 부피$[m^3]$, m : 질량$[kg]$ $R : \dfrac{8314}{M}[N \cdot m/kg \cdot K]$ T : 절대온도(273+℃)$[K]$ 또는 $$PV = nRT$$ 여기서, P : 압력$[atm]$ V : 부피$[m^3]$ n : 몰수$\left(n = \dfrac{m(질량[kg])}{M(분자량)}\right)$ R : 기체상수(0.082atm $\cdot m^3$/kmol $\cdot$ K) T : 절대온도(273+℃)$[K]$	이상기체 상태방정식
$$P = \dfrac{\gamma QH}{102\eta}K$$ 여기서, P : 전동력$[kW]$ γ : 비중량(물의 비중량 $1000kg_f/m^3$) Q : 유량$[m^3/s]$, H : 전양정$[m]$ K : 전달계수, η : 효율	$$P = \dfrac{\gamma QH}{1000\eta}K$$ 여기서, P : 전동력$[kW]$ γ : 비중량(물의 비중량 $9800N/m^3$) Q : 유량$[m^3/s]$, H : 전양정$[m]$ K : 전달계수, η : 효율	전동력
$$P = \dfrac{\gamma QH}{102\eta}$$ 여기서, P : 축동력$[kW]$ γ : 비중량(물의 비중량 $1000kg_f/m^3$) Q : 유량$[m^3/s]$ H : 전양정$[m]$ η : 효율	$$P = \dfrac{\gamma QH}{1000\eta}$$ 여기서, P : 전동력$[kW]$ γ : 비중량(물의 비중량 $9800N/m^3$) Q : 유량$[m^3/s]$ H : 전양정$[m]$ η : 효율	축동력
$$P = \dfrac{\gamma QH}{102}$$ 여기서, P : 수동력$[kW]$ γ : 비중량(물의 비중량 $1000kg_f/m^3$) Q : 유량$[m^3/s]$ H : 전양정$[m]$	$$P = \dfrac{\gamma QH}{1000}$$ 여기서, P : 수동력$[kW]$ γ : 비중량(물의 비중량 $9800N/m^3$) Q : 유량$[m^3/s]$ H : 전양정$[m]$	수동력

기관명	주소	전화번호
서울지역본부	02512 서울 동대문구 장안벗꽃로 279(휘경동 49-35)	02-2137-0590
서울서부지사	03302 서울 은평구 진관3로 36(진관동 산100-23)	02-2024-1700
서울남부지사	07225 서울시 영등포구 버드나루로 110(당산동)	02-876-8322
서울강남지사	06193 서울시 강남구 테헤란로 412 T412빌딩 15층(대치동)	02-2161-9100
인천지사	21634 인천시 남동구 남동서로 209(고잔동)	032-820-8600
경인지역본부	16626 경기도 수원시 권선구 호매실로 46-68(탑동)	031-249-1201
경기동부지사	13313 경기 성남시 수정구 성남대로 1217(수진동)	031-750-6200
경기서부지사	14488 경기도 부천시 길주로 463번길 69(춘의동)	032-719-0800
경기남부지사	17561 경기 안성시 공도읍 공도로 51-23	031-615-9000
경기북부지사	11801 경기도 의정부시 바대논길 21 해인프라자 3~5층(고산동)	031-850-9100
강원지사	24408 강원특별자치도 춘천시 동내면 원창 고개길 135(학곡리)	033-248-8500
강원동부지사	25440 강원특별자치도 강릉시 사천면 방동길 60(방동리)	033-650-5700
부산지역본부	46519 부산시 북구 금곡대로 441번길 26(금곡동)	051-330-1910
부산남부지사	48518 부산시 남구 신선로 454-18(용당동)	051-620-1910
경남지사	51519 경남 창원시 성산구 두대로 239(중앙동)	055-212-7200
경남서부지사	52733 경남 진주시 남강로 1689(초전동 260)	055-791-0700
울산지사	44538 울산광역시 중구 종가로 347(교동)	052-220-3277
대구지역본부	42704 대구시 달서구 성서공단로 213(갈산동)	053-580-2300
경북지사	36616 경북 안동시 서후면 학가산 온천길 42(명리)	054-840-3000
경북동부지사	37580 경북 포항시 북구 법원로 140번길 9(장성동)	054-230-3200
경북서부지사	39371 경상북도 구미시 산호대로 253(구미첨단의료 기술타워 2층)	054-713-3000
광주지역본부	61008 광주광역시 북구 첨단벤처로 82(대촌동)	062-970-1700
전북지사	54852 전북 전주시 덕진구 유상로 69(팔복동)	063-210-9200
전북서부지사	54098 전북 군산시 공단대로 197번지 풍산빌딩 2층(수송동)	063-731-5500
전남지사	57948 전남 순천시 순광로 35-2(조례동)	061-720-8500
전남서부지사	58604 전남 목포시 영산로 820(대양동)	061-288-3300
대전지역본부	35000 대전광역시 중구 서문로 25번길 1(문화동)	042-580-9100
충북지사	28456 충북 청주시 흥덕구 1순환로 394번길 81(신봉동)	043-279-9000
충북북부지사	27480 충북 충주시 호암수청2로 14 충주농협 호암행복지점 3~4층(호암동)	043-722-4300
충남지사	31081 충남 천안시 서북구 상고1길 27(신당동)	041-620-7600
세종지사	30128 세종특별자치시 한누리대로 296(나성동)	044-410-8000
제주지사	63220 제주 제주시 복지로 19(도남동)	064-729-0701

※ 청사이전 및 조직변동 시 주소와 전화번호가 변경, 추가될 수 있음

응시자격

기사 : 다음 각 호의 어느 하나에 해당하는 사람

1. **산업기사** 등급 이상의 자격을 취득한 후 응시하려는 종목이 속하는 동일 및 유사 직무분야에서 **1년 이상** 실무에 종사한 사람
2. **기능사** 자격을 취득한 후 응시하려는 종목이 속하는 동일 및 유사 직무분야에서 **3년 이상** 실무에 종사한 사람
3. 응시하려는 종목이 속하는 동일 및 유사 직무분야의 다른 종목의 기사 등급 이상의 자격을 취득한 사람
4. 관련학과의 대학졸업자 등 또는 그 졸업예정자
5. **3년제 전문대학** 관련학과 졸업자 등으로서 졸업 후 응시하려는 종목이 속하는 동일 및 유사 직무분야에서 **1년 이상** 실무에 종사한 사람
6. **2년제 전문대학** 관련학과 졸업자 등으로서 졸업 후 응시하려는 종목이 속하는 동일 및 유사 직무분야에서 **2년 이상** 실무에 종사한 사람
7. 동일 및 유사 직무분야의 **기사** 수준 기술훈련과정 이수자 또는 그 이수예정자
8. 동일 및 유사 직무분야의 **산업기사** 수준 기술훈련과정 이수자로서 이수 후 응시하려는 종목이 속하는 동일 및 유사 직무분야에서 **2년 이상** 실무에 종사한 사람
9. 응시하려는 종목이 속하는 동일 및 유사 직무분야에서 **4년 이상** 실무에 종사한 사람
10. 외국에서 동일한 종목에 해당하는 자격을 취득한 사람

산업기사 : 다음 각 호의 어느 하나에 해당하는 사람

1. **기능사** 등급 이상의 자격을 취득한 후 응시하려는 종목이 속하는 동일 및 유사 직무분야에 **1년 이상** 실무에 종사한 사람
2. 응시하려는 종목이 속하는 동일 및 유사 직무분야의 다른 종목의 산업기사 등급 이상의 자격을 취득한 사람
3. 관련학과의 **2년제** 또는 **3년제 전문대학**졸업자 등 또는 그 졸업예정자
4. 관련학과의 대학졸업자 등 또는 그 졸업예정자
5. 동일 및 유사 직무분야의 산업기사 수준 기술훈련과정 이수자 또는 그 이수예정자
6. 응시하려는 종목이 속하는 동일 및 유사 직무분야에서 **2년 이상** 실무에 종사한 사람
7. 고용노동부령으로 정하는 기능경기대회 입상자
8. 외국에서 동일한 종목에 해당하는 자격을 취득한 사람
※ 세부사항은 한국산업인력공단 **1644-8000**으로 문의바람

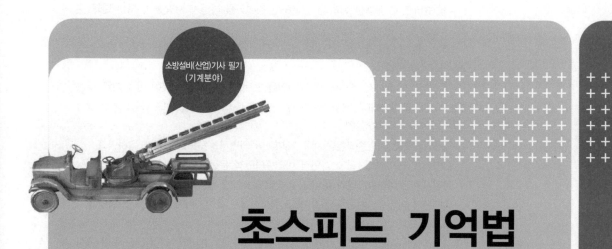

소방설비(산업)기사 필기
(기계분야)

초스피드 기억법

상대성 원리

아인슈타인이 '상대성 원리'를 발견하고 강연회를 다니기 시작했다. 많은 단체 또는 사람들이 그를 불렀다.

30번 이상의 강연을 한 어느날이었다. 전속 운전기사가 아인슈타인에게 장난스럽게 이런말을 했다.

"박사님! 전 상대성 원리에 대한 강연을 30번이나 들었기 때문에 이제 모두 암송할 수 있게 되었습니다. 박사님은 연일 강연하시느라 피곤하실텐데 다음번에는 제가 한번 강연하면 어떨까요?"

그 말을 들은 아인슈타인은 아주 재미있어 하면서 순순히 그 말에 응하였다.

그래서 다음 대학을 향해 가면서 아인슈타인과 운전기사는 옷을 바꿔입었다.

운전기사는 아인슈타인과 나이도 비슷했고 외모도 많이 닮았다.

이때부터 아인슈타인은 운전을 했고 뒷자석에는 운전기사가 앉아 있게 되었다.

학교에 도착하여 강연이 시작되었다.

가짜 아인슈타인 박사의 강의는 정말 훌륭했다. 말 한마디, 얼굴표정, 몸의 움직임까지도 진짜 박사와 흡사했다.

성공적으로 강연을 마친 가짜 박사는 많은 박수를 받으며 강단에서 내려오려고 했다. 그 때 문제가 발생했다. 그 대학의 교수가 질문을 한 것이다.

가슴이 '쿵'하고 내려앉은 것은 가짜박사보다 진짜 박사쪽이었다.

운전기사 복장을 하고 있으니 나서서 질문에 답할 수도 없는 상황이었다.

그런데 단상에 있던 가짜 박사는 조금도 당황하지 않고 오히려 빙그레 웃으며 이렇게 말했다.

"아주 간단한 질문이오. 그 정도는 제 운전기사도 답할 수 있습니다."

그러더니 진짜 아인슈타인 박사를 향해 소리쳤다.

"여보게나? 이 분의 질문에 대해 어서 설명해 드리게나!"

그말에 진짜 박사는 안도의 숨을 내쉬며 그 질문에 대해 차근차근 설명해 나갔다.

인생을 살면서 아무리 어려운 일이 닥치더라도 결코 당황하지 말고 침착하고 지혜롭게 대처하는 여러분들이 되시길 바랍니다.

제1편

소방원론

Key Point

1 화재의 발생현황(눈을 크게 뜨고 보라!)

① 발화요인별 : 부주의＞전기적 요인＞기계적 요인＞화학적 요인＞교통사고＞방화의심＞방화＞자연적 요인＞가스누출

② 장소별 : 근린생활시설＞공동주택＞공장 및 창고＞복합건축물＞업무시설＞숙박시설＞교육연구시설

③ 계절별 : 겨울＞봄＞가을＞여름

＊**화재**
자연 또는 인위적인 원인에 의하여 불이 물체를 연소시키고, 인명과 재산의 손해를 주는 현상

2 화재의 종류

구 분 \ 등 급	A급	B급	C급	D급	K급
화재종류	일반화재	유류화재	전기화재	금속화재	주방화재
표시색	**백**색	**황**색	**청**색	**무**색	－

● **초스피드 기억법**

백황청무(백색 황새가 청나라 무서워한다.)

※ 요즘은 표시색의 의무규정은 없음

＊**일반화재**
연소 후 재를 남기는 가연물

＊**유류화재**
연소 후 재를 남기지 않는 가연물

3 연소의 색과 온도

색	온도(℃)
암적색(**진**홍색)	**7**00~750
적색	**8**50
휘적색(**주**황색)	**9**25~950
황적색	1100
백적색(백색)	1200~1300
휘백색	1500

● **초스피드 기억법**

진7 (진출), 적8 (저팔개), 주9 (주먹구구)

4 전기화재의 발생원인

① **단락**(합선)에 의한 발화

② **과부하**(과전류)에 의한 발화

③ **절연저항 감소**(누전)로 인한 발화

＊**전기화재가 아닌 것**
① 승압
② 고압전류

④ 전열기기 과열에 의한 발화
⑤ 전기불꽃에 의한 발화
⑥ 용접불꽃에 의한 발화
⑦ 낙뢰에 의한 발화

5 공기중의 폭발한계 (익사천리로 나와야 한다.)

가 스	하한계(vol%)	상한계(vol%)
아세틸렌(C_2H_2)	2.5	81
수소(H_2)	**4**	**75**
일산화탄소(CO)	12	75
암모니아(NH_3)	15	25
메탄(CH_4)	5	15
에탄(C_2H_6)	3	12.4
프로판(C_3H_8)	2.1	9.5
부탄(C_4H_{10})	**1**.8	**8**.4

● 초스피드 기억법

수475 (수사후 치료하세요.)
부18 (부자의 일반적인 팔자)

6 폭발의 종류 (물 흐르듯 나와야 한다.)

① **분해**폭발 : **아**세틸렌, **과**산화물, **다**이너마이트
② **분진**폭발 : 밀가루, 담뱃가루, 석탄가루, 먼지, 전분, 금속분
③ **중합**폭발 : 염화비닐, 시안화수소
④ **분해·중합**폭발 : 산화에틸렌
⑤ **산화**폭발 : 압축가스, 액화가스

● 초스피드 기억법

아과다해(아세틸렌이 과다해)

7 폭굉의 연소속도

1000~3500m/s

8 가연물이 될 수 없는 물질

구 분	설 명
주기율표의 0족 원소	헬륨(He), 네온(Ne), 아르곤(Ar), 크립톤(Kr), 크세논(Xe), 라돈(Rn)
산소와 더이상 반응하지 않는 물질	물(H_2O), 이산화탄소(CO_2), 산화알루미늄(Al_2O_3), 오산화인(P_2O_5)
흡열반응 물질	**질**소(N_2)

 ● 초스피드 기억법

질흡(진흙탕)

※ **질소**
복사열을 흡수하지 않는다.

9 점화원이 될 수 없는 것

① **흡**착열
② **기**화열
③ **융**해열

 ● 초스피드 기억법

흡기 융점없(호흡기의 융점은 없다.)

※ **점화원과 같은 의미**
① 발화원
② 착화원

10 연소의 형태(다 외웠는가? 훌륭하다!)

연소 형태	종 류
표면연소	숯, 코크스, 목탄, 금속분
분해연소	**아**스팔트, **플**라스틱, **중**유, **고**무, **종**이, **목**재, **석**탄
증발연소	황, 왁스, 파라핀, 나프탈렌, 가솔린, 등유, 경유, 알코올, 아세톤
자기연소	나이트로글리세린, 나이트로셀룰로오스(질화면), **T**NT, **피**크린산
액적연소	벙커C유
확산연소	메탄(CH_4), 암모니아(NH_3), 아세틸렌(C_2H_2), 일산화탄소(CO), 수소(H_2)

 ● 초스피드 기억법

아플 중고종목 분석(아플땐 중고종목을 분석해)
자T피(쟈니윤이 티피코시를 입었다.)

11 연소와 관계되는 용어

연소 용어	설 명
발화점	가연성 물질에 불꽃을 접하지 아니하였을 때 연소가 가능한 **최저온도**
인화점	휘발성 물질에 불꽃을 접하여 연소가 가능한 **최저온도**
연소점	어떤 인화성 액체가 공기중에서 열을 받아 점화원의 존재하에 **지속**적인 연소를 일으킬 수 있는 온도

※ **물질의 발화점**
① 황린 : 30~50℃
② 황화인·이황화탄소 : 100℃
③ 나이트로셀룰로오스 : 180℃

● 초스피드 기억법

연지(연지 곤지)

12 물의 잠열

⁕ 융해잠열
고체에서 액체로 변할
때의 잠열

⁕ 기화잠열
액체에서 기체로 변할
때의 잠열

구 분	열 량
융해잠열	<u>80cal/g</u>
기화(증발)잠열	<u>539cal/g</u>
0℃의 **물** 1g이 100℃의 수증기로 되는 데 필요한 열량	639cal
0℃의 **얼음** 1g이 100℃의 수증기로 되는 데 필요한 열량	719cal

● 초스피드 기억법

융8(왕파리), 5기(오기가 생겨서)

13 증기비중

$$증기비중 = \frac{분자량}{29}$$

⁕ 증기밀도

$$증기밀도 = \frac{분자량}{22.4}$$

여기서,
22.4 : 기체 1몰의 부피[l]

여기서, 29 : 공기의 평균 분자량

14 증기 - 공기밀도

$$증기 - 공기밀도 = \frac{P_2 d}{P_1} + \frac{P_1 - P_2}{P_1}$$

여기서, P_1 : 대기압
P_2 : 주변온도에서의 증기압
d : 증기밀도

15 일산화탄소의 영향

⁕ 일산화탄소
화재시 인명피해를 주
는 유독성 가스

농 도	영 향
0.2%	1시간 호흡시 생명에 위험을 준다.
0.4%	1시간 내에 사망한다.
1%	2~3분 내에 실신한다.

16 스테판 - 볼츠만의 법칙

$$Q = a A F (T_1^4 - T_2^4)$$

여기서, Q : 복사열[W]
a : 스테판 - 볼츠만 상수[W/m² · K⁴]

F : 기하학적 factor
A : 단면적$[m^2]$
T_1 : 고온$[K]$
T_2 : 저온$[K]$

> **스테판 – 볼츠만의 법칙** : 복사체에서 발산되는 복사열은 복사체의 절대온도의 **4제곱**에
> 비례한다.

● **초스피드 기억법**

스4(수사하라.)

17 보일 오버(boil over)

① 중질유의 탱크에서 장시간 조용히 연소하다 탱크 내의 잔존기름이 갑자기 분출하는
현상
② 유류탱크에서 탱크바닥에 물과 기름의 **에멀전**이 섞여 있을 때 이로 인하여 화재가
발생하는 현상
③ 연소유면으로부터 100℃ 이상의 열파가 탱크 저부에 고여 있는 물을 비등하게 하면
서 연소유를 탱크 밖으로 비산시키며 연소하는 현상

Key Point

＊ **에멀전**
물의 미립자가 기름과
섞여서 기름의 증발능
력을 떨어뜨려 연소를
억제하는 것

18 열전달의 종류

① **전도**
② **복사** : 전자파의 형태로 열이 옮겨지며, 가장 크게 작용한다.
③ **대류**

● **초스피드 기억법**

전복열대 (전복은 열대어다.)

19 열에너지원의 종류 (이 내용은 자다가도 말할 수 있어야 한다.)

(1) 전기열

① **유도열** : 도체주위의 자장에 의해 발생
② **유전열** : **누설전류**(절연감소)에 의해 발생
③ **저항열** : 백열전구의 발열
④ 아크열
⑤ 정전기열
⑥ 낙뢰에 의한 열

(2) 화학열

① **연소열** : 물질이 완전히 산화되는 과정에서 발생

＊ **자연발화의 형태**
1. 분해열
   ① 셀룰로이드
   ② 나이트로셀룰로오스
2. 산화열
   ① 건성유(정어리유,
     아마인유, 해바라
     기유)
   ② 석탄
   ③ 원면
   ④ 고무분말
3. **발효열**
   ① **먼**지
   ② **곡**물
   ③ **퇴**비
4. 흡착열
   ① 목탄
   ② 활성탄

기억법
자면곡발퇴(자네 먼
곳에서 오느라 발이
불어텄나)

Key Point

② **분**해열

③ **용**해열 : 농황산

④ **자**연발열(자연발화) : 어떤 물질이 외부로부터 열의 공급을 받지 아니하고 온도가 상승하는 현상

⑤ **생**성열

● 초스피드 기억법

연분용 자생화(연분홍 자생화)

20 자연발화의 방지법

① 습도가 높은 곳을 피할 것(건조하게 유지할 것)

② 저장실의 **온도를 낮출** 것

③ 통풍이 잘 되게 할 것

④ 퇴적 및 수납시 열이 쌓이지 않게 할 것

※ **샤를의 법칙**
압력이 일정할 때 기체의 부피는 절대온도에 비례한다.

21 보일-샤를의 법칙

기체가 차지하는 부피는 **압력**에 **반비례**하며, **절대온도**에 **비례**한다.

$$\frac{P_1 V_1}{T_1} = \frac{P_2 V_2}{T_2}$$

여기서, P_1, P_2 : 기압[atm]
V_1, V_2 : 부피[m³]
T_1, T_2 : 절대온도[K]

22 목재 건축물의 화재진행과정

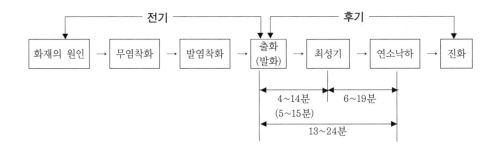

※ **무염착화**
가연물이 재로 덮힌 숯불 모양으로 불꽃 없이 착화하는 현상

※ **발염착화**
가연물이 불꽃이 발생되면서 착화하는 현상

23 건축물의 화재성상(다 중요! 참 중요!)

(1) 목재 건축물

① 화재성상 : <u>고</u>온 <u>단</u>기형

② 최고온도 : 1300℃

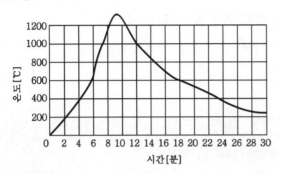

● 초스피드 기억법

고단목(고단할 땐 목캔디가 최고야!)

(2) 내화 건축물

① 화재성상 : 저온 장기형

② 최고온도 : 900~1000℃

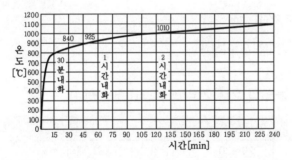

※ 내화건축물의
  표준 온도
① 30분 후 : 840℃
② 1시간 후 :
  925~950℃
③ 2시간 후 : 1010℃

24 플래시 오버(flash over)

(1) 정의

① 폭발적인 착화현상

② 순발적인 연소확대현상

③ 화재로 인하여 실내의 온도가 급격히 상승하여 화재가 순간적으로 실내전체에 확산
   되어 연소되는 현상

(2) 발생시점

성장기~최성기(성장기에서 최성기로 넘어가는 분기점)

Key Point

(3) 실내온도 : 약 800~900℃

  ● 초스피드 기억법

  내플89 (내풀팔고 네플쓰자)

25 플래시 오버에 영향을 미치는 것

① 내장재료(내장재료의 제성상, 실내의 내장재료)
② 화원의 크기
③ 개구율

  ● 초스피드 기억법

  내화플개 (내화구조를 풀게나)

26 연기의 이동속도

구 분	이동속도
수평방향	0.5~1m/s
수직방향	2~3m/s
계단실 내의 수직 이동속도	3~5m/s

  ● 초스피드 기억법

  연직23 (연구직은 이상해)

27 연기의 농도와 가시거리 (아주 중요! 정말 중요!)

감광계수[m^{-1}]	가시거리[m]	상 황
0.1	20~30	연기감지기가 작동할 때의 농도
0.3	5	건물내부에 익숙한 사람이 피난에 지장을 느낄 정도의 농도
0.5	3	어두운 것을 느낄 정도의 농도
1	1~2	거의 앞이 보이지 않을 정도의 농도
10	0.2~0.5	화재 최성기 때의 농도
30	–	출화실에서 연기가 분출할 때의 농도

  ● 초스피드 기억법

  연1 2030 (연일 20~30℃까지 올라간다.)

28 위험물의 일반 사항(숙숙 나오도록 외우자!)

위험물	성 질	소화방법
제**1**류	**강산화성 물질**(**산**화성 고체)	물에 의한 **냉각소화** (단, **무기과산화물**은 **마른모래** 등에 의한 질식소화
제2류	**환원성 물질**(가연성 고체)	물에 의한 **냉각소화** (단, **금속분**은 **마른모래** 등에 의한 **질식소화**)
제3류	**금수성 물질** 및 **자연발화성 물질**	**마른모래** 등에 의한 질식소화 (단, **칼륨·나트륨**은 연소확대 방지)
제**4**류	**인화성 물질**(인화성 액체)	포·분말·CO_2·할론소화약제에 의한 **질식소화**
제**5**류	**폭발성 물질**(**자**기 반응성 물질)	화재 초기에만 대량의 물에 의한 **냉각소화**(단, 화재가 진행되면 자연진화 되도록 기다릴 것)
제6류	**산화성 물질**(산화성 액체)	마른모래 등에 의한 **질식소화** (단, **과산화수소**는 다량의 **물**로 **희석소화**)

● 초스피드 기억법

1강산(일류, 강산)
4인(싸인해)
5폭자(오폭으로 자멸하다.)

＊ 금수성 물질
① 생석회
② 금속칼슘
③ 탄화칼슘

＊ 마른모래
예전에는 '건조사'라고
불리어졌다.

29 물질에 따른 저장장소

물 질	저장장소
황린, **이**황화탄소(CS_2)	**물속**
나이트로셀룰로오스	알코올 속
칼륨(K), 나트륨(Na), 리튬(Li)	석유류(등유) 속
아세틸렌(C_2H_2)	디메틸프로마이드(DMF), 아세톤에 용해

● 초스피드 기억법

황물이(황토색 물이 나온다.)

30 주수소화시 위험한 물질

구 분	주수소화시 현상
무기 과산화물	**산**소발생
금속분·마그네슘·알루미늄·칼륨·나트륨	수소발생
가연성 액체의 유류화재	연소면(화재면) 확대

● 초스피드 기억법

무산(무산 됐다.)

＊ 주수소화
물을 뿌려 소화하는 것

31 최소 정전기 점화에너지

① 수소(H_2) : 0.02mJ
② 메탄(CH_4)
③ 에탄(C_2H_6)
④ 프로판(C_3H_8) ⎬ 0.3mJ
⑤ 부탄(C_4H_{10})

 ● 초스피드 기억법

002점수(국제전화 002의 점수)

제2장 방화론

32 공간적 대응

① 도피성
② 대항성 : 내화성능·방연성능·초기소화 대응 등의 화재사상의 저항능력
③ 회피성

 ● 초스피드 기억법

도대회공(도에서 대회를 개최하는 것은 공무수행이다.)

33 연소확대방지를 위한 방화계획

① 수평구획(면적단위)
② 수직구획(층단위)
③ 용도구획(용도단위)

● 초스피드 기억법

연수용(연수용 건물)

34 내화구조 · 불연재료(진짜 중요!)

내화구조	불연재료
① **철**근 콘크리트조 ② **석**조 ③ **연**와조	① 콘크리트 · 석재 ② 벽돌 · 기와 ③ 석면판 · 철강 ④ 알루미늄 · 유리 ⑤ 모르타르 · 회

● 초스피드 기억법

철석연내(철석 소리가 나더니 연내 무너졌다.)

35 내화구조의 기준

내화구분	기 준
벽 · 바닥	철골 · 철근 콘크리트조로서 두께가 **10cm** 이상인 것
기둥	철골을 두께 **5cm** 이상의 콘크리트로 덮은 것
보	두께 **5cm** 이상의 콘크리트로 덮은 것

● 초스피드 기억법

벽바내1(벽을 바라보면 내일이 보인다.)

36 방화구조의 기준

구조내용	기 준
● **철망모르타르** 바르기	두께 **2cm** 이상
● 석고판 위에 시멘트모르타르를 바른 것 ● 석고판 위에 회반죽을 바른 것 ● 시멘트모르타르 위에 타일을 붙인 것	두께 **2.5cm** 이상
● 심벽에 흙으로 맞벽치기 한 것	모두 해당

37 방화문의 구분

60분+방화문	60분 방화문	30분 방화문
연기 및 불꽃을 차단할 수 있는 시간이 60분 이상이고, 열을 차단할 수 있는 시간이 30분 이상인 방화문	연기 및 불꽃을 차단할 수 있는 시간이 60분 이상인 방화문	연기 및 불꽃을 차단할 수 있는 시간이 30분 이상 60분 미만인 방화문

Key Point

＊ 내화구조
공동주택의 각 세대간의 경계벽의 구조

＊ 방화구조
화재시 건축물의 인접부분에로의 연소를 차단할 수 있는 구조

＊ 방화문
① 직접 손으로 열 수 있을 것
② 자동으로 닫히는 구조(자동폐쇄 장치)일 것

Key Point

＊ 주요 구조부
건물의 주요 골격을 이
루는 부분

38 주요 구조부(정말 중요!)

① **주**계단(옥외계단 제외)
② **기**둥(사잇기둥 제외)
③ **바**닥(최하층 바닥 제외)
④ **지**붕틀(차양 제외)
⑤ **벽**(내력벽)
⑥ **보**(작은보 제외)

● 초스피드 기억법

주기바지벽보(주기적으로 바지가 그려져 있는 **벽보**를 보라.)

39 피난행동의 성격

① **계단** 보행속도
② **군**집 **보**행속도 ┬ 자유보행 : 0.5~2m/s
                      └ 군집보행 : 1m/s
③ 군집 **유**동계수

● 초스피드 기억법

계단 군보유(그 계단은 군이 보유하고 있다.)

40 피난동선의 특성

＊ 피난동선
'피난경로'라고도 부른다.

① 가급적 **단순형태**가 좋다.
② **수평동선**과 **수직동선**으로 구분한다.
③ 가급적 상호 반대방향으로 다수의 출구와 연결되는 것이 좋다.
④ 어느 곳에서도 2개 이상의 방향으로 피난할 수 있으며, 그 말단은 화재로부터 안전
   한 장소이어야 한다.

41 제연방식

＊ 제연방법
① 희석
② 배기
③ 차단

① 자연 제연방식 : **개구부** 이용
② 스모크타워 제연방식 : **루프 모니터** 이용
③ 기계 제연방식 ┬ 제1종 기계 제연방식 : **송풍기＋배연기**
              ├ 제**2**종 기계 제연방식 : **송풍기**
              └ 제**3**종 기계 제연방식 : **배연기**

＊ 모니터
창살이나 넓은 유리창
이 달린 지붕 위의 구
조물

송2(송이 버섯), 배3(배삼룡)

42 제연구획

구 분	설 명
제연경계의 폭	0.6m 이상
제연경계의 수직거리	2m 이내
예상제연구역~배출구의 수평거리	10m 이내

43 건축물의 안전계획

(1) 피난시설의 안전구획

안전구획	설 명
1차 안전구획	복도
2차 안전구획	부실(계단전실)
3차 안전구획	계단

복부계(복부인 계하나 더세요.)

(2) 패닉(Panic)현상을 일으키는 피난형태

① H형
② CO형

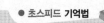

패H(피해), Panic C(Panic C)

※ 패닉현상
인간이 극도로 긴장되
어 돌출행동을 하는 것

44 적응 화재

화재의 종류	적응 소화기구
A급	• 물 • 산알칼리
AB급	• 포
BC급	• 이산화탄소 • 할론 • 1, 2, 4종 분말
ABC급	• 3종 분말 • 강화액

Key Point

45 주된 소화작용 (참 중요!)

소화제	주된 소화작용
• **물**	• **냉**각효과
• 포 • 분말 • 이산화탄소	• 질식효과
• **할**론	• **부**촉매효과(연쇄반응**억**제)

● 초스피드 기억법

물냉(물냉면)
할부억(할아버지 억지부리지 마세요.)

46 분말 소화약제

종 별	소화약제	약제의 착색	적응 화재	비 고
제**1**종	중탄산나트륨 (NaHCO₃)	백색	BC급	**식**용유 및 지방질유의 화재에 적합
제2종	중탄산칼륨 (KHCO₃)	담자색 (담회색)	BC급	–
제**3**종	제1인산암모늄 (NH₄H₂PO₄)	담홍색	ABC급	**차**고 · **주**차장에 적합
제4종	중탄산칼륨＋요소 (KHCO₃＋(NH₂)₂CO)	회(백)색	BC급	–

 초스피드 기억법

1식분(일식 분식)
3분 차주(삼보컴퓨터 차주)

✱ **질식효과**
공기중의 산소농도를
16%(10~15%) 이하로
희박하게 하는 방법

✱ **할론 1301**
① 할론 약제 중 소화
효과가 가장 좋다.
② 할론 약제 중 독성
이 가장 약하다.
③ 할론 약제 중 오존
파괴지수가 가장
높다.

✱ **중탄산나트륨**
"탄산수소나트륨"이라
고도 부른다.

✱ **중탄산칼륨**
"탄산수소칼륨"이라고
도 부른다.

제2편

소방관계법규

1 기 간(30분만 눈에 불을 켜고 보라!)

(1) 1일

제조소 등의 변경신고(위험물법 6조)

(2) 2일

① 소방시설공사 착공·변경신고처리(공사업규칙 12조)
② 소방공사감리자 지정·변경신고처리(공사업규칙 15조)

(3) 3일

① **하**자보수기간(공사업법 15조)
② 소방시설업 등록증 **분**실 등의 **재발급**(공사업규칙 4조)

● **초스피드 기억법**

3하분재(**상하**이에서 **분재**를 가져왔다.)

(4) 4일

건축허가 등의 **동의** 요구서류 보완(소방시설법 시행규칙 3조)

(5) 5일

① 일반적인 **건축허가** 등의 **동의**여부 회신(소방시설법 시행규칙 3조)
② 소방시설업 등록증 **변**경신고 등의 **재발급**(공사업규칙 6조)

● **초스피드 기억법**

5변재(오이로 **변제**해)

(6) 7일

① 옮긴 물건 등의 **보관**기간(화재예방법 시행령 17조)
② 건축허가 등의 취소통보(소방시설법 시행규칙 3조)
③ 소방공사 감리원의 배치통보일(공사업규칙 17조)
④ 소방공사 감리결과 통보·보고일(공사업규칙 19조)

(7) 10일

① 화재예방강화지구 안의 소방훈련·교육 통보일(화재예방법 시행령 20조)

※ 제조소
위험물을 제조할 목적으로 지정수량 이상의 위험물을 취급하기 위하여 허가를 받은 장소

※ 소방시설업
① 소방시설설계업
② 소방시설공사업
③ 소방공사감리업
④ 방염처리업

※ 건축허가 등의 동의요구
① 소방본부장
② 소방서장

※ 화재예방강화지구
화재발생 우려가 크거나 화재가 발생할 경우 피해가 클 것으로 예상되는 지역에 대하여 화재의 예방 및 안전관리를 강화하기 위해 지정·관리하는 지역

② **50층** 이상(지하층 제외) 또는 **200m** 이상인 아파트의 건축허가 등의 동의 여부 회신 (소방시설법 시행규칙 3조)

③ **30층** 이상(지하층 포함) 또는 **120m** 이상의 건축허가 등의 동의 여부 회신(소방시설법 시행규칙 3조)

④ 연면적 **10만m²** 이상의 건축허가 등의 동의 여부 회신(소방시설법 시행규칙 3조)

⑤ 소방안전교육 통보일(화재예방법 시행규칙 40조)

⑥ 소방기술자의 **실무교육** 통지일(공사업규칙 26조)

⑦ **실무교육** 교육계획의 변경보고일(공사업규칙 35조)

⑧ 소방기술자 **실무교육기관** 지정사항 변경보고일(공사업규칙 33조)

⑨ 소방시설업의 등록신청서류 보완일(공사업규칙 2조 2)

⑩ 제조소 등의 재발급 완공검사합격확인증 제출일(위험물령 10조)

(8) 14일

① 옮긴 물건 등을 보관하는 경우 공고기간(화재예방법 시행령 17조)

② 소방기술자 실무교육기관 휴폐업신고일(공사업규칙 34조)

③ **제**조소 등의 용도**폐**지 신고일(위험물법 11조)

④ 위험물안전관리자의 **선**임신고일(위험물법 15조)

⑤ 소방안전관리자의 **선**임신고일(화재예방법 26조)

 ● 초스피드 기억법

14제폐선(일사천리로 제패하여 성공하라.)

(9) 15일

① 소방기술자 **실무교육기관** 신청서류 **보**완일(공사업규칙 31조)

② 소방시설업 등록증 발급(공사업규칙 3조)

 ● 초스피드 기억법

실 15보(실제 일과는 오전에 보라!)

(10) 20일

소방안전관리자의 **강습실시공고일**(화재예방법 시행규칙 25조)

  ● 초스피드 기억법

강2(강의)

(11) 30일

① 소방시설업 등록사항 변경신고(공사업규칙 6조)

② 위험물안전관리자의 **재선임**(위험물법 15조)

③ 소방안전관리자의 **재선임**(화재예방법 시행규칙 14조)

④ 소방안전관리자의 **실무교육** 통보일(화재예방법 시행규칙 29조)

⑤ **도급계약** 해지(공사업법 23조)

⑥ 소방시설공사 중요사항 변경시의 신고일(공사업규칙 12조)

⑦ 소방기술자 실무교육기관 지정서 발급(공사업규칙 32조)

⑧ 소방공사감리자 변경서류제출(공사업규칙 15조)

⑨ **승계**(위험물법 10조)

⑩ 위험물안전관리자의 직무대행(위험물법 15조)

⑪ 탱크시험자의 변경신고일(위험물법 16조)

(12) 90일

① 소방시설업 **등**록신청 자산평가액·기업진단보고서 **유**효기간(공사업규칙 2조)

② 위험물 임시저장기간(위험물 5조)

③ 소방시설관리사 시험공고일(소방시설법 시행령 42조)

 ● 초스피드 기억법

등유9(등유 구해와.)

2 횟수

(1) **월 1회 이상** : 소방용수시설 및 **지**리조사(기본규칙 7조)

 ● 초스피드 기억법

월1지(월요일이 **지**났다.)

※ 소방용수시설
① 소화전
② 급수탑
③ 저수조

(2) 연 1회 이상

① 화재예방강화지구 안의 화재안전조사·훈련·교육(화재예방법 시행령 20조)

② 특정소방대상물의 소방훈련·교육(화재예방법 시행규칙 36조)

③ 제조소 등의 **정**기점검(위험물규칙 64조)

④ **종**합점검(특급 소방안전관리대상물은 반기별 1회 이상)(소방시설법 시행규칙 〔별표 3〕)

⑤ 작동점검(소방시설법 시행규칙 〔별표 3〕)

 ● 초스피드 기억법

연1정종(연일 정종술을 마셨다.)

※ 종합점검자의 자격
① 소방안전관리자(소방시설관리사·소방기술사)
② 소방시설관리업자(소방시설관리사)

(3) **2년마다 1회 이상**

① 소방대원의 소방교육·훈련(기본규칙 9조)

② **실**무교육(화재예방법 시행규칙 29조)

 ● 초스피드 기억법

실2(실리)

③ 담당자 (모두 시험에 썩! 잘 나온다.)

(1) 소방대장

소방**활**동**구**역의 설정 (기본법 23조)

● 초스피드 기억법

대구활(대구의 활동)

(2) 소방본부장·소방서장

① 소방용수시설 및 지리조사 (기본규칙 7조)
② 건축허가 등의 동의 (소방시설법 6조)
③ 소방안전관리자·소방안전관리보조자의 선임신고 (화재예방법 26조)
④ 소방훈련의 지도·감독 (화재예방법 37조)
⑤ 소방시설 등의 자체점검 결과 보고 (소방시설법 23조)
⑥ 소방계획의 작성·실시에 관한 지도·감독 (화재예방법 시행령 27조)
⑦ 소방안전교육 실시 (화재예방법 시행규칙 40조)
⑧ 소방시설공사의 착공신고·완공검사 (공사업법 13·14조)
⑨ 소방공사 감리결과 보고서 제출 (공사업법 20조)
⑩ 소방공사 감리원의 배치통보 (공사업규칙 17조)

(3) 소방본부장·소방서장·소방대장

① 소방활동 **종**사명령 (기본법 24조)
② **강**제처분 (기본법 25조)
③ **피**난명령 (기본법 26조)

● 초스피드 기억법

소대종강피(소방대의 종강파티)

(4) 시·도지사

① 제조소 등의 설치**허**가 (위험물법 6조)
② 소방업무의 지휘·감독 (기본법 3조)
③ 소방체험관의 설립·운영 (기본법 5조)
④ 소방업무에 관한 세부적인 종합계획수립 및 소방업무 수행 (기본법 6조)
⑤ 소방시설업자의 지위**승**계 (공사업법 7조)
⑥ 제조소 등의 **승**계 (위험물법 10조)
⑦ 소방력의 기준에 따른 계획 수립 (기본법 8조)
⑧ **화**재예방강화지구의 지정 (화재예방법 18조)

⑨ 소방시설관리업의 **등록**(소방시설법 29조)

⑩ 탱크시험자의 **등록**(위험물법 16조)

⑪ 소방시설관리업의 과징금 부과(소방시설법 36조)

⑫ 탱크안전성능검사(위험물법 8조)

⑬ 제조소 등의 **완공검사**(위험물법 9조)

⑭ 제조소 등의 용도 폐지(위험물법 11조)

⑮ **예**방규정의 제출(위험물법 17조)

● 초스피드 **기억법**

허시승화예(농구선수 허재가 차 시승장에서 나와 화해했다.)

(5) 시·도지사·소방본부장·소방서장

① 소방**시**설업의 **감**독(공사업법 31조)

② 탱크시험자에 대한 명령(위험물법 23조)

③ **무**허가장소의 위험물 조치명령(위험물법 24조)

④ 소방기본법령상 **과**태료부과(기본법 56조)

⑤ 제조소 등의 수리·개조·이전명령(위험물법 14조)

● 초스피드 **기억법**

감무시소과(감나무 아래에 있는 **시소**에서 **과**일 먹기)

(6) 소방청장

① 소방업무에 관한 종합계획의 수립·시행(기본법 6조)

② **방**염성능 **검**사(소방시설법 21조)

③ 소방박물관의 설립·운영(기본법 5조)

④ 한국소방안전원의 정관 변경(기본법 43조)

⑤ 한국소방안전원의 **감독**(기본법 48조)

⑥ 소방대원의 소방교육·훈련 정하는 것(기본규칙 9조)

⑦ 소방박물관의 설립·운영(기본규칙 4조)

⑧ 소방용품의 형식승인(소방시설법 37조)

⑨ 우수품질제품 인증(소방시설법 43조)

⑩ 시공능력평가의 공시(공사업법 26조)

⑪ 실무교육기관의 지정(공사업법 29조)

⑫ 소방기술자의 실무교육 필요사항 제정(공사업규칙 26조)

● 초스피드 **기억법**

검방청(검사는 방청객)

Key Point

✽ 시·도지사
제조소 등의 완공검사

✽ 소방본부장·소방서장
소방시설공사의 착공 신고·완공검사

✽ 한국소방안전원
소방기술과 안전관리 기술의 향상 및 홍보 그 밖의 교육훈련 등 행정기관이 위탁하는 업무를 수행하는 기관

✽ 우수품질인증
소방용품 가운데 품질이 우수하다고 인정되는 제품에 대하여 품질인증 마크를 붙여주는 것

✱ 119 종합상황실
화재·재난·재해·
구조·구급 등이 필요
한 때에 신속한 소방
활동을 위한 정보를
수집·분석과 판단·
전파, 상황관리, 현장
지휘 및 조정·통제
등의 업무수행

(7) 소방청장·소방본부장·소방서장(소방관서장)

① 119 **종**합상황실의 설치·운영(기본법 4조)
② 소방활동(기본법 16조)
③ 소방대원의 소방교육·훈련 실시(기본법 17조)
④ 특정소방대상물의 화재안전조사(화재예방법 7조)
⑤ 화재안전조사 결과에 따른 조치명령(화재예방법 14조)
⑥ 화재의 예방조치(화재예방법 17조)
⑦ 옮긴 물건 등을 보관하는 경우 공고기간(화재예방법 시행령 17조)
⑧ 화재위험경보발령(화재예방법 20조)
⑨ 화재예방강화지구의 화재안전조사·소방훈련 및 교육(화재예방법 시행령 20조)

 ● 초스피드 기억법

종청소(종로구 청소)

(8) 소방청장(위탁 : 한국소방안전원장)

① 소방안전관리자의 **실**무교육(화재예방법 48조)
② 소방안전관리자의 **강**습(화재예방법 48조)

 ● 초스피드 기억법

실강원(실강이 벌이지 말고 원망해라.)

(9) 소방청장·시·도지사·소방본부장·소방서장

① 소방시설 설치 및 관리에 관한 법령상 과태료 부과권자(소방시설법 61조)
② 화재의 예방 및 안전관리에 관한 법령상 과태료 부과권자(화재예방법 52조)
③ 제조소 등의 출입·검사권자(위험물법 22조)

4 관련법령

(1) 대통령령

① 소방**장**비 등에 대한 **국**고보조 기준(기본법 9조)
② 불을 사용하는 설비의 관리사항 정하는 기준(화재예방법 17조)
③ **특**수가연물 저장·취급(화재예방법 17조)
④ **방**염성능 기준(소방시설법 20조)
⑤ 건축허가 등의 동의대상물의 범위(소방시설법 6조)
⑥ 소방시설관리업의 등록기준(소방시설법 29조)
⑦ 화재의 예방조치(화재예방법 17조)
⑧ 소방시설업의 업종별 영업범위(공사업법 4조)
⑨ 소방공사감리의 종류 및 대상에 따른 감리원 배치, 감리의 방법(공사업법 16조)
⑩ 위험물의 정의(위험물법 2조)

✱ 특수가연물
화재가 발생하면 불길
이 빠르게 번지는 물품

✱ 방염성능
화재의 발생 초기단계
에서 화재 확대의 매개
체를 단절시키는 성질

✱ 위험물
인화성 또는 발화성 등
의 성질을 가지는 것으
로서 대통령령으로 정
하는 물질

⑪ 탱크안전성능검사의 내용(위험물법 8조)
⑫ 제조소 등의 안전관리자의 자격(위험물법 15조)

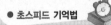 ● 초스피드 기억법

대국장 특방(대구 시장에서 **특**수 **방**한복 지급)

(2) 행정안전부령

① 119 종합상황실의 설치·운영에 관하여 필요한 사항(기본법 4조)
② 소방**박**물관(기본법 5조)
③ 소방**력** 기준(기본법 8조)
④ 소방**용**수시설의 기준(기본법 10조)
⑤ 소방대원의 소방교육·훈련 실시규정(기본법 17조)
⑥ 소방신호의 종류와 방법(기본법 18조)
⑦ 소방활동장비 및 설비의 종류와 규격(기본령 2조)
⑧ 소방용품의 형식승인의 방법(소방시설법 36조)
⑨ 우수품질제품 인증에 관한 사항(소방시설법 43조)
⑩ 소방공사감리원의 세부적인 배치기준(공사업법 18조)
⑪ 시공능력평가 및 공시방법(공사업법 26조)
⑫ 실무교육기관 지정방법·절차·기준(공사업법 29조)
⑬ 탱크안전성능검사의 실시 등에 관한 사항(위험물법 8조)

 ● 초스피드 기억법

용력행박(**용역**할 사람이 **행**실이 반듯한 **박**씨)

(3) 시·도의 조례

① 소방**체**험관(기본법 5조)
② 지정수량 **미**만의 위험물 취급(위험물법 4조)

 ● 초스피드 기억법

시체미(**시체미** 육체미)

5 인가·승인 등(꼭! 외워야 할지니라.)

(1) 인가

한국소방안전원의 **정**관변경(기본법 43조)

 ● 초스피드 기억법

인정(**인정**사정)

(2) 승인

한국소방안전원의 **사**업계획 및 예산(기본령 10조)

* **소방신호의 목적**
 ① 화재예방
 ② 소방활동
 ③ 소방훈련

* **시공능력의 평가 기준**
 ① 소방시설공사 실적
 ② 자본금

* **조례**
 지방자치단체가 고유
 사무와 위임사무 등을
 지방의회의 결정에 의
 하여 제정하는 것

* **지정수량**
 제조소 등의 설치허가
 등에 있어서 최저의 기
 준이 되는 수량

Key Point

● 초스피드 기억법

승사(성사)

(3) 등록

1. 소방시설관리업(소방시설법 29조)
2. 소방시설업(공사업법 4조)
3. 탱크안전성능시험자(위험물법 16조)

(4) 신고

1. 위험물안전관리자의 **선**임(위험물법 15조)
2. 소방안전관리자 · 소방안전관리보조자의 **선**임(화재예방법 28조)
3. 제조소 등의 **승**계(위험물법 10조)
4. 제조소 등의 용도폐지(위험물법 11조)

✳ 승계
직계가족으로부터 물려받음

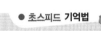
● 초스피드 기억법

신선승(신선이 승천했다.)

(5) 허가

제조소 등의 설치(위험물법 6조)

● 초스피드 기억법

허제(농구선수 허재)

6 용어의 뜻

✳ 인공구조물
전기설비, 기계설비 등의 각종 설비를 말한다.

(1) 소방대상물 : 건축물 · 차량 · 선박(매어둔 것) · 선박건조구조물 · 산림 · 인공구조물 · 물건(기본법 2조)

> 🔖 비교
>
> **위험물의 저장 · 운반 · 취급에 대한 적용 제외**(위험물법 3조)
> ① 항공기   ② 선박   ③ 철도   ④ 궤도

✳ 소화설비
물, 그 밖의 소화약제를 사용하여 소화하는 기계 · 기구 또는 설비

(2) 소방시설(소방시설법 2조)

1. **소**화설비
2. **경**보설비
3. **소**화용수설비
4. **소**화활동설비
5. **피**난구조설비

✳ 소화용수설비
화재를 진압하는 데 필요한 물을 공급하거나 저장하는 설비

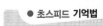
● 초스피드 기억법

소경소피(소경이 소피본다.)

✳ 소화활동설비
화재를 진압하거나 인명구조활동을 위하여 사용하는 설비

(3) 소방용품(소방시설법 2조)

소방시설 등을 구성하거나 소방용으로 사용되는 제품 또는 기기로서 **대통령령**으로 정하는 것

(4) 관계지역(기본법 2조)

소방대상물이 있는 **장소** 및 그 **이웃지역**으로서 화재의 예방 · 경계 · 진압, 구조 · 구급 등의 활동에 필요한 지역

(5) 무창층(소방시설법 시행령 2조)

지상층 중 개구부의 면적의 합계가 해당 층의 바닥 면적의 $\frac{1}{30}$ 이하가 되는 층

(6) 개구부(소방시설법 시행령 2조)

① 개구부의 크기가 지름 **50cm** 이상의 원이 통과할 수 있을 것
② 해당 층의 바닥면으로부터 개구부 밑부분까지의 높이가 **1.2m** 이내일 것
③ 개구부는 **도로** 또는 **차량**이 진입할 수 있는 **빈터**를 향할 것
④ 화재시 건축물로부터 쉽게 피난할 수 있도록 개구부에 창살, 그 밖의 장애물이 설치되지 않을 것
⑤ 내부 또는 외부에서 **쉽게 부수**거나 **열** 수 있을 것

(7) 피난층(소방시설법 시행령 2조)

곧바로 지상으로 갈 수 있는 출입구가 있는 층

※ 개구부
화재시 쉽게 피난할 수 있는 출입문, 창문 등을 말한다.

7 특정소방대상물의 소방훈련의 종류(화재예방법 37조)

① <u>소</u>화훈련   ② <u>피</u>난훈련   ③ <u>통</u>보훈련

 ● 초스피드 기억법

소피통훈(소의 피는 통 훈기가 없다.)

8 특정소방대상물의 관계인과 소방안전관리대상물의 소방안전관리자의 업무(화재예방법 24조)

특정소방대상물(관계인)	소방안전관리대상물(소방안전관리자)
① 피난시설 · 방화구획 및 방화시설의 관리	① 피난시설 · 방화구획 및 방화시설의 관리
② 소방시설, 그 밖의 소방관련시설의 관리	② 소방시설, 그 밖의 소방관련시설의 관리
③ **화기취급**의 감독	③ **화기취급**의 감독
④ 소방안전관리에 필요한 업무	④ 소방안전관리에 필요한 업무
⑤ 화재발생시 초기대응	⑤ **소방계획서**의 작성 및 시행(대통령령으로 정하는 사항 포함)
	⑥ **자위소방대** 및 **초기대응체계**의 구성 · 운영 · 교육
	⑦ 소방훈련 및 교육
	⑧ 소방안전관리에 관한 업무수행에 관한 기록 · 유지
	⑨ 화재발생시 초기대응

※ 자위소방대 vs 자체소방대
(1) 자위소방대
 빌딩 · 공장 등에 설치한 사설소방대
(2) 자체소방대
 다량의 위험물을 저장 · 취급하는 제조소에 설치하는 소방대

9 제조소 등의 설치허가 제외장소(위험물법 6조)

① 주택의 난방시설(공동주택의 **중앙난방시설**은 제외)을 위한 **저장소** 또는 **취급소**
② 지정수량 **20**배 이하의 **농**예용·**축**산용·**수**산용 난방시설 또는 건조시설의 **저장소**

● 초스피드 기억법

농축수2

10 제조소 등 설치허가의 취소와 사용정지(위험물법 12조)

① **변경허가**를 받지 아니하고 제조소 등의 위치·구조 또는 설비를 변경한 경우
② **완공검사**를 받지 아니하고 제조소 등을 사용한 경우
③ **안전조치 이행명령**을 따르지 아니할 때
④ **수리·개조** 또는 **이전**의 **명령**에 **위반**한 경우
⑤ **위험물안전관리자**를 선임하지 아니한 경우
⑥ 안전관리자의 직무를 대행하는 **대리자**를 지정하지 아니한 경우
⑦ **정기점검**을 하지 아니한 경우
⑧ **정기검사**를 받지 아니한 경우
⑨ **저장·취급기준 준수명령**에 위반한 경우

11 소방시설업의 등록기준(공사업법 4조)

① **기**술인력
② **자**본금

● 초스피드 기억법

기자등(**기자**가 **등**장했다.)

12 소방시설업의 등록취소(공사업법 9조)

① **거짓**, 그 밖의 **부정한 방법**으로 등록을 한 경우
② **등록결격사유**에 해당된 경우
③ 영업정지 기간 중에 소방시설공사 등을 한 경우

13 하도급범위(공사업법 22조)

(1) 도급받은 소방시설공사의 일부를 다른 공사업자에게 하도급할 수 있다. 하도급인은 제3자에게 다시 하도급 불가

✱ 소방시설업의 종류

(1) 소방시설설계업
소방시설공사에 기본이 되는 공사계획·설계도면·설계설명서·기술계산서 등을 작성하는 영업
(2) 소방시설공사업
설계도서에 따라 소방 시설을 신설·증설·개설·이전·정비하는 영업
(3) 소방공사감리업
소방시설공사가 설계도서 및 관계법령에 따라 적법하게 시공되는지 여부의 확인과 기술지도를 수행하는 영업
(4) 방염처리업
방염대상물품에 대하여 방염처리하는 영업

(2) 소방시설공사의 시공을 하도급할 수 있는 경우(공사업령 12조 ①항)
1. 주택건설사업
2. 건설업
3. 전기공사업
4. 정보통신공사업

14 소방기술자의 의무(공사업법 27조)
2 이상의 업체에 취업금지(1개 업체에 취업)

15 소방대(기본법 2조)
1. 소방공무원　　　　2. 의무소방원
3. 의용소방대원

16 의용소방대의 설치(기본법 37조, 의용소방대법 2조)
1. 특별시　　　　2. 광역시, 특별자치시, 특별자치도, 도
3. 시　　　　4. 읍
5. 면

17 무기 또는 5년 이상의 징역(위험물법 33조)
제조소 등 또는 허가를 받지 않고 지정수량 이상의 위험물을 저장 또는 취급하는 장소에서 위험물을 유출·방출 또는 확산시켜 사람을 **사망**에 이르게 한 자

18 무기 또는 3년 이상의 징역(위험물법 33조)
제조소 등 또는 허가를 받지 않고 지정수량 이상의 위험물을 저장 또는 취급하는 장소에서 위험물을 유출·방출 또는 확산시켜 사람을 **상해**에 이르게 한 자

19 1년 이상 10년 이하의 징역(위험물법 33조)
제조소 등 또는 허가를 받지 않고 지정수량 이상의 위험물을 저장 또는 취급하는 장소에서 위험물을 유출·방출 또는 확산시켜 사람의 생명·신체 또는 재산에 대하여 **위험**을 발생시킨 자

20 5년 이하의 징역 또는 1억원 이하의 벌금(위험물법 34조 2)
제조소 등의 설치허가를 받지 아니하고 제조소 등을 설치한 자

21 5년 이하의 징역 또는 5000만원 이하의 벌금
1. 소방시설에 폐쇄·차단 등의 행위를 한 자(소방시설법 56조)
2. 소방자동차의 출동 방해(기본법 50조)
3. 사람구출 방해(기본법 50조)
4. 소방용수시설 또는 비상소화장치의 효용 방해(기본법 50조)

※ 소방기술자
① 소방시설관리사
② 소방기술사
③ 소방설비기사
④ 소방설비산업기사
⑤ 위험물기능장
⑥ 위험물산업기사
⑦ 위험물기능사

※ 의용소방대의 설치권자
① 시·도지사
② 소방서장

※ 벌금
범죄의 대가로서 부과하는 돈

※ 소방용수시설
화재진압에 사용하기 위한 물을 공급하는 시설

22 벌칙(소방시설법 56조)

5년 이하의 징역 또는 5천만원 이하의 벌금	7년 이하의 징역 또는 7천만원 이하의 벌금	10년 이하의 징역 또는 1억원 이하의 벌금
소방시설 폐쇄 · 차단 등의 행위를 한 자	소방시설 폐쇄 · 차단 등의 행위를 하여 사람을 **상해**에 이르게 한 자	소방시설 폐쇄 · 차단 등의 행위를 하여 사람을 **사망**에 이르게 한 자

23 3년 이하의 징역 또는 3000만원 이하의 벌금

① 화재안전조사 결과에 따른 조치명령(화재예방법 50조)

② **소방시설관리업** 무등록자(소방시설법 57조)

③ **형식승인**을 받지 않은 소방용품 제조 · 수입자(소방시설법 57조)

④ **제품검사**를 받지 않은 사람(소방시설법 57조)

⑤ 거짓이나 그 밖의 **부정한 방법**으로 제품검사 전문기관의 지정을 받은 사람(소방시설법 57조)

⑥ 소방용품을 판매 · 진열하거나 소방시설공사에 사용한 자(소방시설법 57조)

⑦ 구매자에게 명령을 받은 사실을 알리지 아니하거나 필요한 조치를 하지 아니한 자(소방시설법 57조)

⑧ 소방활동에 필요한 소방대상물 및 토지의 강제처분을 방해한 자(기본법 51조)

⑨ 소방시설업 무등록자(공사업법 35조)

⑩ 부정한 청탁을 받고 재물 또는 재산상의 이익을 취득하거나 부정한 청탁을 하면서 재물 또는 재산상의 이익을 제공한 자(공사업법 35조)

⑪ 제조소 등이 아닌 장소에서 위험물을 저장 · 취급한 자(위험물법 34조 3)

 ● 초스피드 기억법

33관(삼삼하게 관리하기!)

※ **소방시설관리업**
소방안전관리업무의 대행 또는 소방시설 등의 점검 및 유지 · 관리업

24 1년 이하의 징역 또는 1000만원 이하의 벌금

① 소방시설의 **자체점검** 미실시자(소방시설법 58조)

② **소방시설관리사증** 대여(소방시설법 58조)

③ **소방시설관리업**의 등록증 또는 등록수첩 대여(소방시설법 58조)

④ 화재안전조사시 관계인의 정당업무방해 또는 **비밀누설**(화재예방법 50조)

⑤ **제품검사** 합격표시 위조(소방시설법 58조)

⑥ **성능인증** 합격표시 위조(소방시설법 58조)

⑦ **우수품질 인증표시** 위조(소방시설법 58조)

⑧ 제조소 등의 정기점검 기록 허위 작성(위험물법 35조)

⑨ **자체소방대**를 두지 않고 제조소 등의 허가를 받은 자(위험물법 35조)

⑩ **위험물 운반용기**의 검사를 받지 않고 유통시킨 자(위험물법 35조)

⑪ 제조소 등의 긴급 사용정지 위반자(위험물법 35조)

⑫ 영업정지처분 위반자(공사업법 36조)

⑬ 거짓 감리자(공사업법 36조)

※ **우수품질인증**
소방용품 가운데 품질이 우수하다고 인정되는 제품에 대하여 품질인증마크를 붙여주는 것

※ **감리**
소방시설공사가 설계도서 및 관계법령에 적법하게 시공되는지 여부의 확인과 품질 · 시공관리에 대한 기술지도를 수행하는 것

⑭ 공사감리자 미지정자(공사업법 36조)

⑮ 소방시설 설계·시공·감리 하도급자(공사업법 36조)

⑯ 소방시설공사 재하도급자(공사업법 36조)

⑰ 소방시설업자가 아닌 자에게 **소방시설공사** 등을 도급한 관계인(공사업법 36조)

⑱ 공사업법의 명령에 따르지 않은 소방기술자(공사업법 36조)

25 1500만원 이하의 벌금(위험물법 36조)

① **위험물의 저장·취급**에 관한 중요기준 위반

② 제조소 등의 무단 변경

③ **제조소** 등의 **사용정지** 명령 위반

④ **안전관리자**를 **미선임**한 관계인

⑤ 대리자를 미지정한 관계인

⑥ 탱크시험자의 업무정지 명령 위반

⑦ **무허가장소**의 위험물 조치 명령 위반

26 1000만원 이하의 벌금(위험물법 37조)

① **위험물 취급**에 관한 안전관리와 감독하지 않은 자

② **위험물 운반**에 관한 중요기준 위반

③ 위험물운반자 요건을 갖추지 아니한 위험물운반자

④ 위험물안전관리자 또는 그 대리자가 참여하지 아니한 상태에서 위험물을 취급한 자

⑤ 변경한 예방규정을 제출하지 아니한 관계인으로서 제조소 등의 설치허가를 받은 자

⑥ 위험물 저장·취급장소의 출입·검사시 관계인의 정당업무 방해 또는 **비밀누설**

⑦ 위험물 운송규정을 위반한 위험물 운송자

27 300만원 이하의 벌금

① 관계인의 **화재안전조사**를 정당한 사유없이 거부·방해·기피(화재예방법 50조)

② 방염성능검사 합격표시 위조 및 거짓시료제출(소방시설법 59조)

③ 소방안전관리자, 총괄소방안전관리자 또는 소방안전관리보조자 미선임(화재예방법 50조)

④ 위탁받은 업무종사자의 **비밀누설**(화재예방법 50조, 소방시설법 59조)

⑤ 다른 자에게 자기의 성명이나 상호를 사용하여 소방시설공사 등을 수급 또는 시공하게 하거나 소방시설업의 등록증·등록수첩을 빌려준 자(공사업법 37조)

⑥ 감리원 미배치자(공사업법 37조)

⑦ 소방기술인정 자격수첩을 빌려준 자(공사업법 37조)

⑧ <u>2 이상</u>의 업체에 취업한 자(공사업법 37조)

⑨ 소방시설업자나 관계인 감독시 관계인의 업무를 방해하거나 **비밀누설**(공사업법 37조)

⑩ 화재의 예방조치명령 위반(화재예방법 50조)

＊ **관계인**
① 소유자
② 관리자
③ 점유자

29 100만원 이하의 벌금

① **피난 명령** 위반(기본법 54조)
② 위험시설 등에 대한 긴급조치 방해(기본법 54조)
③ 소방활동을 하지 않은 **관계인**(기본법 54조)
④ 정당한 사유없이 물의 **사용**이나 **수도**의 **개폐장치**의 사용 또는 조작을 하지 못하게 하거나 **방해**한 자(기본법 54조)
⑤ 거짓 보고 또는 자료 미제출자(공사업법 38조)
⑥ 관계공무원의 출입 또는 검사·조사를 거부·방해 또는 기피한 자(공사업법 38조)
⑦ 소방대의 생활안전활동을 방해한 자(기본법 54조)

● **초스피드 기억법**

피1(차일**피일**)

 비교

비밀누설

1년 이하의 징역 또는 1000만원 이하의 벌금	1000만원 이하의 벌금	300만원 이하의 벌금
• 화재안전조사시 관계인의 정당업무방해 또는 **비밀누설**	• 위험물 저장·취급장소의 출입·검사시 관계인의 정당업무방해 또는 **비밀누설**	① 위탁받은 업무종사자의 **비밀누설** ② 소방시설업자나 관계인 감독시 관계인의 업무를 방해하거나 **비밀누설**

30 500만원 이하의 과태료

① 화재 또는 **구조·구급**이 필요한 상황을 **거짓**으로 알린 사람(기본법 56조)
② 정당한 사유없이 화재, 재난·재해, 그 밖의 위급한 상황을 소방본부, 소방서 또는 관계행정기관에 알리지 아니한 관계인(기본법 56조)
③ 위험물의 임시저장 미승인(위험물법 39조)
④ 위험물의 운반에 관한 세부기준 위반(위험물법 39조)
⑤ 제조소 등의 지위 승계 거짓신고(위험물법 39조)
⑥ 예방규정을 준수하지 아니한 자(위험물법 39조)
⑦ 제조소 등의 **점검결과**를 기록·보존하지 아니한 자(위험물법 39조)
⑧ **위험물**의 **운송기준** 미준수자(위험물법 39조)
⑨ 제조소 등의 폐지 허위신고(위험물법 39조)

31 300만원 이하의 과태료

① 소방시설을 화재안전기준에 따라 설치·관리하지 아니한 자(소방시설법 61조)
② **피난시설·방화구획** 또는 **방화시설의 폐쇄·훼손·변경** 등의 행위를 한 자(소방시설법 61조)
③ 임시소방시설을 설치·관리하지 아니한 자(소방시설법 61조)

✳ 시·도지사
화재예방강화지구의 지정

✳ 소방대장
소방활동구역의 설정

✳ 피난시설
인명을 화재발생장소에서 안전한 장소로 신속하게 대피할 수 있도록 하기 위한 시설

✳ 방화시설
① 방화문
② 비상구

④ 관계인의 소방안전관리 업무 미수행(화재예방법 52조)

⑤ **소방훈련** 및 **교육** 미실시자(화재예방법 52조)

⑥ 관계인의 거짓 자료제출(소방시설법 61조)

⑦ 소방시설의 점검결과 미보고(소방시설법 61조)

⑧ 공무원의 출입 또는 검사를 거부 · 방해 또는 기피한 자(소방시설법 61조)

32 200만원 이하의 과태료

① 소방용수시설 · 소화기구 및 설비 등의 설치명령 위반(화재예방법 52조)

② 특수가연물의 저장 · 취급 기준 위반(화재예방법 52조)

③ 한국119청소년단 또는 이와 유사한 명칭을 사용한 자(기본법 56조)

④ 소방활동구역 출입(기본법 56조)

⑤ 소방자동차의 출동에 지장을 준 자(기본법 56조)

⑥ 한국소방안전원 또는 이와 유사한 명칭을 사용한 자(기본법 56조)

⑦ 관계서류 미보관자(공사업법 40조)

⑧ 소방기술자 미배치자(공사업법 40조)

⑨ 하도급 미통지자(공사업법 40조)

⑩ 완공검사를 받지 아니한 자(공사업법 40조)

⑪ 방염성능기준 미만으로 방염한 자(공사업법 40조)

⑫ 관계인에게 지위승계 · 행정처분 · 휴업 · 폐업 사실을 거짓으로 알린 자(공사업법 40조)

33 100만원 이하의 과태료

전용구역에 차를 주차하거나 전용구역의 진입을 가로막는 등의 방해행위를 한 자(기본법 56조)

34 20만원 이하의 과태료

화재로 오인할 만한 불을 피우거나 연막 소독을 하려는 자가 신고를 하지 아니하여 소방자동차를 출동하게 한 자(기본법 57조)

35 건축허가 등의 동의대상물(소방시설법 시행령 7조)

① 연면적 $400m^2$(학교시설 : $100m^2$, 수련시설 · 노유자시설 : $200m^2$, 정신의료기관 · 장애인의료재활시설 : $300m^2$) 이상

② 6층 이상인 건축물

③ 차고 · 주차장으로서 바닥면적 $200m^2$ 이상(자동차 20대 이상)

④ **항공기격납고, 관망탑, 항공관제탑, 방송용 송수신탑**

⑤ 지하층 또는 무창층의 바닥면적 $150m^2$(공연장은 $100m^2$) 이상

⑥ **위험물저장** 및 **처리시설**

⑦ **결핵환자**나 **한센인**이 24시간 생활하는 **노유자시설**

⑧ **지하구**

⑨ 전기저장시설, 풍력발전소

＊항공기격납고
항공기를 안전하게 보관하는 장소

⑩ 조산원, 산후조리원, 의원(입원실이 있는 것)

⑪ 요양병원(의료재활시설 제외)

⑫ 노인주거복지시설·노인의료복지시설 및 재가노인복지시설, 학대피해노인 전용쉼터, 아동복지시설, 장애인거주시설

⑬ 정신질환자 관련시설(공동생활가정을 제외한 재활훈련시설과 종합시설 중 24시간 주거를 제공하지 않는 시설 제외)

⑭ 노숙인자활시설, 노숙인재활시설 및 노숙인요양시설

⑮ 공장 또는 창고시설로서 지정하는 수량의 **750배** 이상의 특수가연물을 저장·취급하는 것

⑯ 가스시설로서 지상에 노출된 탱크의 저장용량의 합계가 **100t** 이상인 것

36 관리의 권원이 분리된 특정소방대상물의 소방안전관리(화재예방법 35조, 화재예방법 시행령 35조)

❋ **복합건축물**
하나의 건축물 안에 둘 이상의 특정소방대상물로서 용도가 복합되어 있는 것

① 복합건축물(지하층을 제외한 11층 이상 또는 연면적 3만m^2 이상 건축물)

② 지하가

③ 도매시장, 소매시장, 전통시장

37 소방안전관리자의 선임(화재예방법 시행령 〔별표 4〕)

❋ **특급소방안전관리대상물**(동식물원, 불연성 물품 저장·취급 창고, 지하구, 위험물제조소 등 제외)
① 50층 이상(지하층 제외) 또는 지상 200m 이상 아파트
② 30층 이상(지하층 포함) 또는 지상 120m 이상(아파트 제외)
③ 연면적 10만m^2 이상(아파트 제외)

(1) 특급 소방안전관리대상물의 소방안전관리자 선임조건

자 격	경 력	비 고
• 소방기술사 • 소방시설관리사	경력 필요 없음	특급 소방안전관리자 자격증을 받은 사람
• 1급 소방안전관리자(소방설비기사)	5년	
• 1급 소방안전관리자(소방설비산업기사)	7년	
• 소방공무원	20년	
• 소방청장이 실시하는 특급 소방안전관리대상물의 소방안전관리에 관한 시험에 합격한 사람	경력 필요 없음	

(2) 1급 소방안전관리대상물의 소방안전관리자 선임조건

자 격	경 력	비 고
• 소방설비기사·소방설비산업기사	경력 필요 없음	1급 소방안전관리자 자격증을 받은 사람
• 소방공무원	7년	
• 소방청장이 실시하는 1급 소방안전관리대상물의 소방안전관리에 관한 시험에 합격한 사람	경력 필요 없음	
• 특급 소방안전관리대상물의 소방안전관리자 자격이 인정되는 사람		

(3) 2급 소방안전관리대상물의 소방안전관리자 선임조건

자 격	경 력	비 고
• 위험물기능장 · 위험물산업기사 · 위험물기능사	경력 필요 없음	
• 소방공무원	3년	
• 소방청장이 실시하는 2급 소방안전관리대상물 의 소방안전관리에 관한 시험에 합격한 사람	경력 필요 없음	2급 소방안전관리자 자격증을 받은 사람
• 「기업활동 규제완화에 관한 특별조치법」에 따라 소방안전관리자로 선임된 사람(소방안전관리자 로 선임된 기간으로 한정)		
• **특급** 또는 **1급** 소방안전관리대상물의 소방안전 관리자 자격이 인정되는 사람		

(4) 3급 소방안전관리대상물의 소방안전관리자 선임조건

자 격	경 력	비 고
• 소방공무원	1년	
• 소방청장이 실시하는 3급 소방안전관리대상물 의 소방안전관리에 관한 시험에 합격한 사람	경력 필요 없음	3급 소방안전관리자 자격증을 받은 사람
• 「기업활동 규제완화에 관한 특별조치법」에 따라 소방안전관리자로 선임된 사람(소방안전관리자 로 선임된 기간으로 한정)		
• **특급** 소방안전관리대상물, **1급** 소방안전관리대 상물 또는 **2급** 소방안전관리대상물의 소방안전 관리자 자격이 인정되는 사람		

38 특정소방대상물의 방염

(1) 방염성능기준 이상 적용 특정소방대상물(소방시설법 시행령 30조)

① 체력단련장, 공연장 및 종교집회장
② 문화 및 집회시설
③ 종교시설
④ 운동시설(수영장 제외)
⑤ 의료시설(종합병원, 정신의료기관)
⑥ 의원, 조산원, 산후조리원
⑦ 교육연구시설 중 합숙소
⑧ 노유자시설
⑨ 숙박이 가능한 수련시설
⑩ 숙박시설
⑪ 방송국 및 촬영소
⑫ 다중이용업소(단란주점영업, 유흥주점영업, 노래연습장의 영업장 등)
⑬ 층수가 11층 이상인 것(아파트 제외 : 2026. 12. 1. 삭제)

Key Point

* **2급 소방안전관리대
상물**
① 지하구
② 가스제조설비를 갖
추고 도시가스사업
허가를 받아야 하는
시설 또는 가연성
가스를 100~1000t
미만 저장 · 취급하
는 시설
③ 스프링클러설비 또
는 물분무등소화설
비 설치대상물(호스
릴 제외)
④ 옥내소화전설비 설
치대상물
⑤ 공동주택(옥내소화
전설비 또는 스프링
클러설비가 설치된
공동주택 한정)
⑥ 목조건축물(국보 ·
보물)

* **방염**
연소하기 쉬운 건축물
의 실내장식물 등 또는
그 재료에 어떤 방법을
가하여 연소하기 어렵
게 만든 것

(2) 방염대상물품<small>(소방시설법 시행령 31조)</small>

제조 또는 가공 공정에서 방염처리를 한 물품	건축물 내부의 천장이나 벽에 부착하거나 설치하는 것
① 창문에 설치하는 **커튼류**(블라인드 포함) ② 카펫 ③ 벽지류(두께 2mm 미만인 종이벽지 제외) ④ 전시용 합판·목재 또는 섬유판 ⑤ 무대용 합판·목재 또는 섬유판 ⑥ 암막·무대막(영화상영관·가상체험 체육 시설업의 스크린 포함) ⑦ 섬유류 또는 합성수지류 등을 원료로 하 여 제작된 소파·의자(단란주점영업, 유 흥주점영업 및 노래연습장업의 영업장에 설치하는 것만 해당)	① 종이류(두께 2mm 이상), **합성수지류** 또 는 **섬유류**를 주원료로 한 물품 ② 합판이나 목재 ③ 공간을 구획하기 위하여 설치하는 간이칸 막이 ④ **흡음재**(흡음용 커튼 포함) 또는 **방음재** (방음용 커튼 포함) 가구류(옷장, 찬장, 식탁, 식탁용 의자, 사 무용 책상, 사무용 의자, 계산대)와 너비 10cm 이하인 반자돌림대, 내부 마감재 료 제외

(3) 방염성능기준<small>(소방시설법 시행령 31조)</small>

① 버너의 불꽃을 **올**리며 연소하는 상태가 그칠 때까지의 시간 **20초** 이내
② 버너의 불꽃을 올리지 않고 연소하는 상태가 그칠 때까지의 시간 **30초** 이내
③ 탄화한 면적 50cm² 이내(길이 20cm 이내)
④ 불꽃의 접촉횟수는 **3회** 이상
⑤ 최대 연기밀도 400 이하

● 초스피드 기억법

올2(올리다.)

39 자체소방대의 설치제외 대상인 일반취급소<small>(위험물규칙 73조)</small>

① **보일러·버너**로 위험물을 소비하는 일반취급소
② **이동저장탱크**에 위험물을 주입하는 일반취급소
③ **용기**에 위험물을 옮겨 담는 일반취급소
④ **유압장치·윤활유순환장치**로 위험물을 취급하는 일반취급소
⑤ **광산안전법**의 적용을 받는 일반취급소

40 소화활동설비<small>(소방시설법 시행령〔별표 1〕)</small>

① **연**결송수관설비
② **연**결살수설비
③ **연**소방지설비
④ **무**선통신보조설비

✱ **잔염시간**
버너의 불꽃을 제거한 때부터 불꽃을 올리며 연소하는 상태가 그칠 때까지의 시간

✱ **잔진시간(잔신시간)**
버너의 불꽃을 제거한 때부터 불꽃을 올리지 않고 연소하는 상태가 그칠 때까지의 시간

✱ **광산안전법**
광산의 안전을 유지하기 위해 제정해 놓은 법

✱ **연소방지설비**
지하구에 헤드를 설치하여 지하구의 화재시 소방차에 의해 물을 공급받아 헤드를 통해 방사하는 설비

⑤ 제연설비

⑥ 비상콘센트설비

 ● 초스피드 기억법

> **3연 무제비**(3년에 한 번은 제비가 오지 않는다.)

41 소화설비(소방시설법 시행령 〔별표 4〕)

(1) 소화설비의 설치대상

종 류	설치대상
소화기구	① 연면적 **33m²** 이상 ② 국가유산 ③ 가스시설, 전기저장시설 ④ 터널 ⑤ 지하구
주거용 주방**자**동소화장치	① **아**파트 등(모든 층) ② 오피스텔(모든 층)

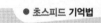 ● 초스피드 기억법

> **아자**(아자!)

(2) 옥내소화전설비의 설치대상

설치대상	조 건
① 차고 · 주차장	• **200m²** 이상
② 근린생활시설 ③ 업무시설(금융업소 · 사무소)	• 연면적 **1500m²** 이상
④ 문화 및 집회시설, 운동시설 ⑤ 종교시설	• 연면적 **3000m²** 이상
⑥ 특수가연물 저장 · 취급	• 지정수량 **750배** 이상
⑦ 지하가 중 터널길이	• **1000m** 이상

(3) 옥**외**소화전설비의 설치대상

설치대상	조 건
① 목조건축물	• 국보 · 보물
② **지**상 1 · 2층	• 바닥면적 합계 **9000m²** 이상
③ 특수가연물 저장 · 취급	• 지정수량 **750배** 이상

 ● 초스피드 기억법

> **지9외**(지구의)

※ **제연설비**
화재시 발생하는 연기를 감지하여 화재의 확대 및 연기의 확산을 막기 위한 설비

※ **주거용 주방자동소화장치**
가스레인지 후드에 고정 설치하여 화재시 100℃의 열에 의해 자동으로 소화약제를 방출하며 가스자동차단, 화재경보 및 가스누출 경보 기능을 함

※ **근린생활시설**
사람이 생활을 하는 데 필요한 여러 가지 시설

(4) 스프링클러설비의 설치대상

설치대상	조 건
① 문화 및 집회시설, 운동시설 ② 종교시설	• 수용인원 – **100명** 이상 • 영화상영관 – 지하층 · 무창층 500m² (기타 1000m²) 이상 • 무대부 　① 지하층 · 무창층 · **4층** 이상 300m² 이상 　② 1~3층 **500m²** 이상
③ 판매시설 ④ 운수시설 ⑤ 물류터미널	• 수용인원 – **500명** 이상 • 바닥면적 합계 5000m² 이상
⑥ 노유자시설 ⑦ 정신의료기관 ⑧ 수련시설(숙박 가능한 것) ⑨ 종합병원, 병원, 치과병원, 한방병원 및 요양병원(정신병원 제외) ⑩ 숙박시설	• 바닥면적 합계 600m² 이상
⑪ 지하층 · 무창층 · 4층 이상	• 바닥면적 1000m² 이상
⑫ 창고시설(물류터미널 제외)	• 바닥면적 합계 5000m² 이상 – 전층
⑬ 지하가(터널 제외)	• 연면적 1000m² 이상
⑭ 10m 넘는 랙식 창고	• 연면적 1500m² 이상
⑮ 복합건축물 ⑯ 기숙사	• 연면적 5000m² 이상 – 전층
⑰ **6층** 이상	• 전층
⑱ 보일러실 · 연결통로	• 전부
⑲ 특수가연물 저장 · 취급	• 지정수량 1000배 이상
⑳ 발전시설 중 전기저장시설	• 전부

(5) 물분무등소화설비의 설치대상

설치대상	조 건
① 차고 · 주차장	• 바닥면적 합계 200m² 이상
② 전기실 · 발전실 · 변전실 ③ 축전지실 · 통신기기실 · 전산실	• 바닥면적 300m² 이상
④ 주차용 건축물	• 연면적 800m² 이상
⑤ 기계식 주차장치	• 20대 이상
⑥ 항공기격납고	• 전부(규모에 관계없이 설치)

42 비상경보설비의 설치대상(소방시설법 시행령 〔별표 4〕)

설치대상	조 건
① 지하층 · 무창층	• 바닥면적 150m²(공연장 100m²) 이상
② 전부	• 연면적 400m² 이상
③ 지하가 중 터널	• 길이 500m 이상
④ 옥내작업장	• 50인 이상 작업

✻ 노유자시설
① 아동관련시설
② 노인관련시설
③ 장애인관련시설

✻ 랙식 창고
물품보관용 랙을 설치하는 창고시설

✻ 물분무등소화설비
① 물분무소화설비
② 미분무소화설비
③ 포소화설비
④ 이산화탄소 소화설비
⑤ 할론소화설비
⑥ 분말소화설비
⑦ 할로겐화합물 및 불활성기체 소화설비
⑧ 강화액 소화설비

43 인명구조기구의 설치장소(소방시설법 시행령 〔별표 4〕)

① 지하층을 포함한 **7층** 이상의 **관광호텔**[방열복, 방화복(안전모, 보호장갑, 안전화 포함), 인공소생기, 공기호흡기]

② 지하층을 포함한 **5층** 이상의 **병원**[방열복, 방화복(안전모, 보호장갑, 안전화 포함), 공기호흡기]

● 초스피드 **기억법**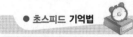

5병(오병이어의 기적)

44 제연설비의 설치대상(소방시설법 시행령 〔별표 4〕)

설치대상	조 건
① 문화 및 집회시설, 운동시설 ② 종교시설	• 바닥면적 **200m²** 이상
③ 기타	• **1000m²** 이상
④ 영화상영관	• 수용인원 **100인** 이상
⑤ 지하가 중 터널	• 예상교통량, 경사도 등 터널의 특성을 고려하여 **행정안전부령**으로 정하는 터널
⑥ 특별피난계단 ⑦ 비상용 승강기의 승강장 ⑧ 피난용 승강기의 승강장	• 전부

45 소방용품 제외 대상(소방시설법 시행령 6조)

① 주거용 주방자동소화장치용 소화약제
② 가스자동소화장치용 소화약제
③ 분말자동소화장치용 소화약제
④ 고체에어로졸자동소화장치용 소화약제
⑤ 소화약제 외의 것을 이용한 간이소화용구
⑥ 휴대용 비상조명등
⑦ 유도표지
⑧ 벨용 푸시버튼스위치
⑨ 피난밧줄
⑩ 옥내소화전함
⑪ 방수구
⑫ 안전매트
⑬ 방수복

46 화재예방강화지구의 지정지역(화재예방법 18조)

① **시장**지역
② **공장·창고** 등이 밀집한 지역

③ 목조건물이 밀집한 지역

④ 노후·불량건축물이 밀집한 지역

⑤ 위험물의 저장 및 처리시설이 밀집한 지역

⑥ 석유화학제품을 생산하는 공장이 있는 지역

⑦ 소방시설·소방용수시설 또는 소방출동로가 없는 지역

⑧ 「산업입지 및 개발에 관한 법률」에 따른 산업단지

⑨ 「물류시설의 개발 및 운영에 관한 법률」에 따른 물류단지

⑩ 소방청장, 소방본부장 또는 소방서장이 화재예방강화지구로 지정할 필요가 있다고 인정하는 지역

47 근린생활시설 (소방시설법 시행령 〔별표 2〕)

면 적	적용장소	
150m² 미만	• 단란주점	
300m² 미만	• 종교시설 • 비디오물 감상실업	• 공연장 • 비디오물 소극장업
500m² 미만	• 탁구장 • 테니스장 • 체육도장 • 사무소 • 학원 • 당구장	• 서점 • 볼링장 • 금융업소 • 부동산 중개사무소 • 골프연습장
1000m² 미만	• 자동차영업소 • 일용품 • 의약품 판매소	• 슈퍼마켓 • 의료기기 판매소
전부	• 기원 • 이용원·미용원·목욕장 및 세탁소 • 휴게음식점·일반음식점, 제과점 • 안마원(안마시술소 포함) • 의원, 치과의원, 한의원, 침술원, 접골원	• 독서실 • 조산원(산후조리원 포함)

● 초스피드 기억법

종3(중세시대)

48 업무시설 (소방시설법 시행령 〔별표 2〕)

면적	적용장소	
전부	• 주민자치센터(동사무소) • 소방서 • 보건소 • 국민건강보험공단 • 금융업소·오피스텔·신문사	• 경찰서 • 우체국 • 공공도서관

49 위험물 (위험물령 〔별표 1〕)

① 과산화수소 : 농도 36wt% 이상

② 황 : 순도 60wt% 이상

③ 질산 : 비중 1.49 이상

---

* 의원과 병원
① 의원 : 근린생활시설
② 병원 : 의료시설

* 결핵 및 한센병 요양시설과 요양병원
① 결핵 및 한센병 요양시설 : 노유자시설
② 요양병원 : 의료시설

* 공동주택
① 아파트등 : 5층 이상인 주택
② 기숙사

* 업무시설
오피스텔

● 초스피드 기억법

Key Point

3과(삼가 인사올립니다.)
질49(제일 싸구려)

50 소방시설공사업(공사업령 〔별표 1〕)

종 류	자본금	영업범위
전문	• 법인 : 1억원 이상 • 개인 : 1억원 이상	• 특정소방대상물
일반	• 법인 : 1억원 이상 • 개인 : 1억원 이상	• 연면적 10000m² 미만 • 위험물제조소 등

※ 소방시설공사업의
보조기술인력
① 전문공사업 :
2명 이상
② 일반공사업 :
1명 이상

51 소방용수시설의 설치기준(기본규칙 〔별표 3〕)

거리기준	지 역
100m 이하	• **주**거지역 • **공**업지역 • **상**업지역
140m 이하	• 기타지역

※ 소방용수시설
화재진압에 사용하기
위한 물을 공급하는
시설

● 초스피드 기억법

주공 100상(주공아파트에 백상어가 그려져 있다.)

52 소방용수시설의 저수조의 설치기준(기본규칙 〔별표 3〕)

① 낙차 : 4.5m 이하
② 수심 : 0.5m 이상
③ 투입구의 길이 또는 지름 : 60cm 이상
④ 소방 펌프 자동차가 **쉽게 접근**할 수 있도록 할 것
⑤ 흡수에 지장이 없도록 **토사** 및 **쓰레기** 등을 제거할 수 있는 설비를 갖출 것
⑥ 저수조에 물을 공급하는 방법은 **상수도**에 연결하여 **자동**으로 **급수**되는 구조일 것

※ 경계신호
화재예방상 필요하다
고 인정되거나 화재위
험경보시 발령

53 소방신호표(기본규칙 〔별표 4〕)

종 별 ＼ 신호방법	타종신호	사이렌신호
경계신호	1타와 **연** 2타를 반복	5초 간격을 두고 30초씩 3회
발화신호	**난타**	5초 간격을 두고 5초씩 3회
해제신호	상당한 간격을 두고 1타씩 반복	1분간 1회
훈련신호	**연** 3타 반복	10초 간격을 두고 1분씩 3회

※ 발화신호
화재가 발생한 때 발령

※ 해제신호
소화활동이 필요 없다
고 인정되는 때 발령

※ 훈련신호
훈련상 필요하다고 인
정되는 때 발령

제3편

소방유체역학

제1장　유체의 일반적 성질

1　유체의 종류

종 류	설 명
실제 유체	**점**성이 **있**으며, **압축성**인 유체
이상 유체	점성이 없으며, **비압축성**인 유체
압축성 유체	**기체**와 같이 체적이 변화하는 유체
비압축성 유체	**액체**와 같이 체적이 변화하지 않는 유체

● 초스피드 **기억법**

실점있압(실점이 있는 사람만 압박해!)
기압(기압)

2　열량

$$Q = rm + mC\Delta T$$

여기서, Q : 열량[cal]
　　　　r : 융해열 또는 기화열[cal/g]
　　　　m : 질량[g]
　　　　C : 비열[cal/g · ℃]
　　　　ΔT : 온도차[℃]

3　유체의 단위(다 시험에 잘 나온다.)

① $1N = 10^5 dyne$

② $1N = 1kg \cdot m/s^2$

③ $1dyne = 1g \cdot cm/s^2$

④ $1Joule = 1N \cdot m$

⑤ $1kg_f = 9.8N = 9.8kg \cdot m/s^2$

⑥ $1P(poise) = 1g/cm \cdot s = 1dyne \cdot s/cm^2$

⑦ $1cP(centipoise) = 0.01g/cm \cdot s$

⑧ $1stokes(St) = 1cm^2/s$

⑨ $1atm = 760mmHg = 1.0332kg_f/cm^2$
　　　　　　$= 10.332mH_2O(mAq) = 10.332m$
　　　　　　$= 14.7PSI(lb_f/in^2)$

＊ 유체
외부 또는 내부로부터
어떤 힘이 작용하면
움직이려는 성질을 가
진 액체와 기체상태의
물질

＊ 비열
1g의 물체를 1℃만큼
온도 상승시키는 데
필요한 열량(cal)

$$=101.325 \text{kPa(kN/m}^2)$$
$$=1013 \text{mbar}$$

4 체적탄성계수

$$K = -\frac{\Delta P}{\Delta V / V}$$

여기서, K : 체적탄성계수[kPa]
ΔP : 가해진 압력[kPa]
$\Delta V / V$: 체적의 감소율

압축률

$$\beta = \frac{1}{K}$$

여기서, β : 압축률
K : 체적탄성계수[kPa]

5 절대압(꼭! 알아야 한다.)

① 절대압=대기압+게이지압(계기압)
② 절대압=대기압-진공압

● 초스피드 기억법

절대게 (절대로 개입하지 마라.)
절대-진 (절대로 마이너지진이 남지 않는다.)

6 동점성 계수(동점도)

$$V = \frac{\mu}{\rho}$$

여기서, V : 동점도[cm²/s]
μ : 일반점도[g/cm·s]
ρ : 밀도[g/cm³]

7 비중량

$$\gamma = \rho g$$

여기서, γ : 비중량[N/m³]
ρ : 밀도[kg/m³]
g : 중력가속도(9.8m/s²)

✻ **체적탄성계수**
1. 등온압축
$$K = P$$
2. 단열압축
$$K = kP$$
여기서,
K: 체적탄성계수[kPa]
P: 절대압력[kPa]
k: 비열비

✻ **절대압**
완전**진**공을 기준으로 한 압력
기억법
절진(절전)

✻ **게이지압(계기압)**
국소대기압을 기준으로 한 압력

✻ **동점도**
유체의 저항을 측정하기 위한 절대점도의 값

✻ **비중량**
단위체적당 중량

✻ **비체적**
단위질량당 체적

＊ 몰수

$$n = \frac{m}{M}$$

여기서, n : 몰수
M : 분자량
m : 질량[kg]

① 물의 비중량
$1g_f/cm^3 = 1000kg_f/m^3 = 9800N/m^3$

② 물의 밀도
$\rho = 1g/cm^3 = \boxed{1000kg/m^3 = 1000N \cdot s^2/m^4}$

8 이상기체 상태방정식

$$PV = nRT = \frac{m}{M}RT, \ \rho = \frac{PM}{RT}$$

여기서, P : 압력[atm]
V : 부피[m³]
n : 몰수$\left(\dfrac{m}{M}\right)$
R : 0.082(atm · m³/kmol · K)
T : 절대온도(273+℃)[K]
m : 질량[kg]
M : 분자량[kg/kmol]
ρ : 밀도[kg/m³]

9 물체의 무게

$$W = \gamma V$$

여기서, W : 물체의 **무게**[N]
γ : **비**중량[N/m³]
V : 물체가 잠긴 **체**적[m³]

● 초스피드 기억법

무비체 (무비 카메라 가진 자를 체포하라!)

10 열역학의 법칙(이 내용들이 환하면 그대는 「열역학」 박사!)

(1) 열역학 제0법칙(열평형의 법칙)

온도가 높은 물체와 낮은 물체를 접촉시키면 온도가 높은 물체에서 낮은 물체로 열이 이동하여 두 물체의 **온도**는 **평형**을 이루게 된다.

(2) 열역학 제1법칙(에너지 보존의 법칙)

기체의 공급 에너지는 **내부 에너지**와 외부에서 한 일의 합과 같다.

● 초스피드 기억법

열1내 (열받으면 일낸다.)

Key Point

(3) 열역학 제2법칙

① 자발적인 변화는 **비가역적**이다.

② 열은 스스로 **저온**에서 **고온**으로 절대로 흐르지 않는다.

③ 열을 완전히 일로 바꿀 수 있는 **열기관**을 만들 수 **없다**.

 ● 초스피드 기억법

> **열비 저고 2** (열이나 비에 강한 저고리)

(4) 열역학 제3법칙

순수한 물질이 1atm하에서 결정상태이면 엔트로피는 0K에서 0이다.

11 엔트로피(ΔS)

① **가**역 단열과정 : $\Delta S = \underline{0}$

② 비가역 단열과정 : $\Delta S > 0$

> 등엔트로피 과정 = 가역 단열과정

 ● 초스피드 기억법

> **가 0** (가영이)

제2장 | 유체의 운동과 법칙

12 유량

$$Q = AV$$

여기서, Q : 유량[m^3/s]
A : 단면적[m^2]
V : 유속[m/s]

13 베르누이 방정식(Bernoulli's equation)

$$\frac{V^2}{2g} + \frac{p}{\gamma} + Z = 일정$$

(속도수두) (압력수두) (위치수두)

여기서, V : 유속[m/s]
p : 압력[N/m^2]

※ 비가역적
어떤 물질에 열을 가한 후 식히면 다시 원래의 상태로 되돌아 오지 않는 것

※ 엔트로피
어떤 물질의 정렬상태를 나타내는 수치

※ 유량
관내를 흘러가는 유체의 양

※ 베르누이 방정식의 적용 조건
① **정**상 흐름
② **비**압축성 흐름
③ **비**점성 흐름
④ **이**상유체

기억법
베정비이
(배를 정비해서 이곳을 떠나라!)

Key Point

Z : 높이[m]
g : 중력가속도($9.8m/s^2$)
γ : 비중량[N/m^3]

※ 베르누이 방정식에 의해 2개의 공 사이에 기류를 불어 넣으면(속도가 증가하여) 압력이 감소하므로 2개의 공은 달라붙는다.

14 토리첼리의 식(Torricelli's theorem)

$$V = \sqrt{2gH}$$

여기서, V : 유속[m/s]
g : 중력가속도($9.8m/s^2$)
H : 높이[m]

＊ 수압기
파스칼의 원리를 이용
한 대표적 기계

[기억법]
파수(파수꾼)

15 파스칼의 원리(Principle of Pascal)

$$\frac{F_1}{A_1} = \frac{F_2}{A_2}$$

여기서, F_1, F_2 : 가해진 힘[kg_f]
A_1, A_2 : 단면적[m^2]

제3장 유체의 유동과 계측

＊ 레이놀드수
층류와 난류를 구분하
기 위한 계수

16 레이놀드수(Reynolds number)(잊지 말라!)

① 층류 : $Re < 2,100$
② 천이영역(임계영역) : $2,100 < Re < 4,000$
③ 난류 : $Re > 4,000$

$$Re = \frac{DV\rho}{\mu} = \frac{DV}{\nu}$$

여기서, Re : 레이놀드수
D : 내경[m]
V : 유속[m/s]
ρ : 밀도[kg/m^3]
μ : 점도[$g/cm \cdot s$]
ν : 동점성계수$\left(\dfrac{\mu}{\rho}\right)$[$cm^2/s$]

Key Point

17 관마찰계수

$$f = \frac{64}{Re}$$

여기서, f : 관마찰계수

Re : 레이놀드수

① 층류 : **레이놀드수**에만 관계되는 계수

② 천이영역(임계영역) : **레이놀드수**와 관의 **상대조도**에 관계되는 계수

③ 난류 : 관의 **상대조도**에 **무관**한 계수

※ 마찰계수 (f)는 파이프의 **조도**와 **레이놀드**에 관계가 있다.

❋ 레이놀드수

① 층류

② 천이영역

③ 난류

18 다르시-바이스바하 공식(Darcy-Weisbach's formula)

$$H = \frac{\Delta P}{\gamma} = \frac{f l V^2}{2 g D}$$

여기서, H : 마찰손실수두[m]

ΔP : 압력차[MPa] 또는 [kN/m^2]

γ : 비중량(물의 비중량 9800N/m^3)

f : 관마찰계수

l : 길이[m]

V : 유속[m/s]

g : 중력가속도(9.8m/s^2)

D : 내경[m]

❋ 다르시-바이스바하 공식

곧고 긴 관에서의 손실수두 계산

19 수력반경(hydraulic radius)

$$R_h = \frac{A}{l} = \frac{1}{4}(D - d)$$

여기서, R_h : 수력반경[m]

A : 단면적[m^2]

l : 접수길이[m]

D : 관의 외경[m]

d : 관의 내경[m]

❋ 수력반경

면적을 접수길이(둘레길이)로 나눈 것

20 무차원의 물리적 의미(마르고 닳도록 보라!)

명 칭	물리적 의미
레이놀드(Reynolds)수	관성력/점성력
프루드(Froude)수	관성력/중력
마하(Mach)수	관성력/압축력

❋ 무차원

단위가 없는 것

웨버(Weber)수	관성력/**표**면장력
오일러(Euler)수	압축력/관성력

● **초스피드 기억법**

웨관표(왜관행 표)

※ **위어의 종류**
① V−notch 위어
② 4각 위어
③ 예봉 위어
④ 광봉 위어

21 유체 계측기기

정압 측정	동압(유속) 측정	유량 측정
① 피에**조**미터 ② **정**압관 **기억법** 조정(조정)	① 피**토**관 ② 피**토**−정압관 ③ **시**차액주계 ④ **열**선 **속**도계 **기억법** 속토시 열(속이 따뜻한 토시는 열이 난다.)	① **벤**투리미터 ② **위**어 ③ **로**터미터 ④ **오**리피스 **기억법** 벤위로 오량(벤치 위 로 오양이 보인다.)

22 시차액주계

※ **시차액주계**
유속 및 두 지점의 압
력을 측정하는 장치

$$p_A + \gamma_1 h_1 - \gamma_2 h_2 - \gamma_3 h_3 = p_B$$

여기서, p_A : 점 A의 압력[kg$_f$/m^2]

p_B : 점 B의 압력[kg$_f$/m^2]

γ_1, γ_2, γ_3 : 비중량[kg$_f$/m^3]

h_1, h_2, h_3 : 높이[m]

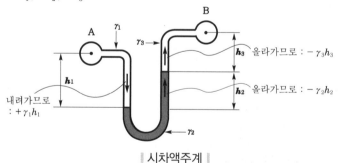

올라가므로 : $-\gamma_3 h_3$

올라가므로 : $-\gamma_2 h_2$

내려가므로 : $+\gamma_1 h_1$

‖ 시차액주계 ‖

※ **시차액주계의 압력계산 방법** : 점 A를 기준으로 내려가면 더하고, 올라가면 뺀다.

제4장 유체정역학 및 열역학

23 경사면에 작용하는 힘

$$F = \gamma y \sin\theta A = \gamma h A$$

여기서, F : 전압력[N]

γ : 비중량(물의 비중량 9800N/m³)

y : 표면에서 수문 중심까지의 경사거리[m]

h : 표면에서 수문 중심까지의 수직거리[m]

A : 단면적[m²]

 중요

작용점 깊이

명 칭	구형(rectangle)
형 태	 I_c b h y_c
A (면적)	$A = bh$
y_c (중심위치)	$y_c = y$
I_c (관성능률)	$I_c = \dfrac{bh^3}{12}$

$$y_p = y_c + \frac{I_c}{Ay_c}$$

여기서, y_p : 작용점 깊이(작용위치)[m]

y_c : 중심위치[m]

I_c : 관성능률$\left(I_c = \dfrac{bh^3}{12}\right)$

A : 단면적[m²] $(A = bh)$

24 기체상수

$$R = C_P - C_V = \frac{\overline{R}}{M}$$

여기서, R : 기체상수[kJ/kg·K]

C_P : 정압비열[kJ/kg·K]

C_V : 정적비열[kJ/kg·K]

$\overline{R}$: 일반기체상수[kJ/kmol·K]

M : 분자량[kg/kmol]

※ **정압비열**

$$C_P = \frac{KR}{K-1}$$

여기서,

C_P : 정압비열[kJ/kg]

R : 기체상수

   [kJ/kg·K]

K : 비열비

※ **정적비열**

$$C_V = \frac{R}{K-1}$$

여기서,

C_V : 정적비열[kJ/kg·K]

R : 기체상수

   [kJ/kg·K]

K : 비열비

Key Point

25 절대일(압축일)

정압과정	단열변화
$_1W_2 = P(V_2 - V_1) = mR(T_2 - T_1)$	$_1W_2 = \dfrac{mR}{K-1}(T_1 - T_2)$

여기서, $_1W_2$: 절대일[kJ]

P : 압력[kJ/m³]

$V_1 \cdot V_2$: 변화전후의 체적[m³]

m : 질량[kg]

R : 기체상수[kJ/kg · K]

$T_1 \cdot T_2$: 변화전후의 온도

(273+℃)[K]

여기서, $_1W_2$: 절대일[kJ]

m : 질량[kg]

R : 기체상수[kJ/kg · K]

K : 비열비

$T_1 \cdot T_2$: 변화전후의 온도

(273+℃)[K]

26 폴리트로픽 변화

$PV^n = 정수 (n=0)$	등압변화(정압변화)
$PV^n = 정수 (n=1)$	등온변화
$PV^n = 정수 (n=K)$	단열변화
$PV^n = 정수 (n=\infty)$	정적변화

여기서, P : 압력[kJ/m³]

V : 체적[m³]

n : 폴리트로픽 지수

K : 비열비

제5장 유체의 마찰 및 펌프의 현상

27 펌프의 동력

✱ 펌프의 동력
1. 전동력
전달계수와 효율을 모
두 고려한 동력
2. 축동력
전달계수를 고려하지
않은 동력

기억법
축전(축전)

3. 수동력
전달계수와 효율을 고
려하지 않은 동력

기억법
효전수(효를 전수해 주
세요.)

(1) 전동력

$$P = \frac{0.163QH}{\eta}K$$

여기서, P : 전동력[kW]

Q : 유량[m³/min]

H : 전양정[m]

K : 전달계수

η : 효율

(2) 축동력

$$P = \frac{0.163QH}{\eta}$$

여기서, P : 축동력[kW]

Q : 유량[m³/min]

H : 전양정[m]

η : 효율

(3) 수동력

$$P = 0.163\,QH$$

여기서, P : 수동력[kW]
Q : 유량[m³/min]
H : 전양정[m]

28 원심 펌프

(1) 벌류트 펌프 : 안내깃이 없고, **저양정**에 적합한 펌프

 ● 초스피드 기억법

저벌 (저벌관)

(2) 터빈 펌프 : 안내깃이 있고, **고양정**에 적합한 펌프

※ 안내깃 = 안내날개 = 가이드 베인

29 펌프의 운전

(1) 직렬운전
1 토출량 : Q
2 양정 : $2H$(토출량 : $2P$)

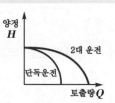

┃ 직렬운전 ┃

 ● 초스피드 기억법

정2직(정이 든 직장)

(2) 병렬운전
1 토출량 : $2Q$
2 양정 : H(토출량 : P)

┃ 병렬운전 ┃

30 공동현상 (정말 잊지 말라.)

(1) 공동현상의 발생현상
1 펌프의 **성**능저하
2 관 **부**식
3 **임**펠러의 손상(수차의 날개 손상)
4 **소**음과 진동발생

※ 원심펌프
소화용수펌프

기억법
소원(소원)

※ 안내날개
임펠러의 바깥쪽에 설치되어 있으며, 임펠러에서 얻은 물의 속도에너지를 압력에너지로 변환시키는 역할을 한다.

※ 펌프
전동기로부터 에너지를 받아 액체 또는 기체를 수송하는 장치

※ 공동현상
① 소화펌프의 흡입고가 클 때 발생
② 펌프의 흡입측 배관 내의 물의 정압이 기존의 증기압보다 낮아져서 물이 흡입되지 않는 현상

● 초스피드 기억법

공성부임소(공하성이 부임한다는 소리를 들었다.)

(2) 공동현상의 방지대책

① 펌프의 흡입수두를 작게 한다.
② 펌프의 마찰손실을 작게 한다.
③ 펌프의 임펠러속도(회전수)를 작게 한다.
④ 펌프의 설치위치를 수원보다 낮게 한다.
⑤ 양흡입 펌프를 사용한다(펌프의 흡입측을 가압한다).
⑥ 관내의 물의 정압을 그 때의 증기압보다 높게 한다.
⑦ 흡입관의 구경을 크게 한다.
⑧ 펌프를 2대 이상 설치한다.

＊ 수격작용
흐르는 물을 갑자기
정지시킬 때 수압이
급상승하는 현상

31 수격작용의 방지대책

① 관로의 **관**경을 **크**게 한다.
② 관로 내의 **유**속을 **낮**게 한다(관로에서 일부 고압수를 방출한다).
③ 조압수조(surge tank)를 설치하여 적정압력을 유지한다.
④ **플라이휠**(flywheel)을 설치한다.
⑤ 펌프 송출구 가까이에 밸브를 설치한다.
⑥ 펌프 송출구에 **수격**을 **방지**하는 **체크밸브**를 달아 역류를 막는다.
⑦ **에어 챔버**(air chamber)를 설치한다.
⑧ 회전체의 **관성 모멘트**를 **크**게 한다.

● 초스피드 기억법

수방관크 유낮(소방관은 크고, 유부남은 작다.)

제4편
소방기계시설의 구조 및 원리

제1장　소화설비

1　소화기의 사용온도

종 류	사용온도
• 강화액 • 분말	−20~40℃ 이하
• 그 밖의 소화기	0~40℃ 이하

● 초스피드 기억법

강분24온(강변에서 이사온 나)

2　각 설비의 주요사항(입사천러로 나와야 한다.)

구 분	드렌처설비	스프링클러설비	소화용수설비	옥내소화전설비	옥외소화전설비	포소화설비, 물분무소화설비, 연결송수관설비
방수압	0.1 MPa 이상	0.1~1.2 MPa 이하	0.15 MPa 이상	0.17~0.7 MPa 이하	0.25~0.7 MPa 이하	0.35 MPa 이상
방수량	80ℓ/min 이상	80ℓ/min 이상	800ℓ/min 이상 (가압송수 장치 설치)	130ℓ/min 이상 (30층 미만 : **최대 2개**, 30층 이상 : **최대 5개**)	350ℓ/min 이상 (**최대 2개**)	75ℓ/min 이상 (포워터 스프링클러 헤드)
방수 구경	–	–	–	40 mm	65 mm	–
노즐 구경	–	–	–	13 mm	19 mm	–

3　수원의 저수량(참 중요!)

(1) 드렌처설비

$$Q = 1.6N$$

여기서, Q : 수원의 저수량[m³]
$\qquad\quad N$: 헤드의 설치개수

Key Point

※ 소화기 설치거리
① 소형소화기 : 20m
　이내
② 대형소화기 : 30m
　이내

※ 이산화탄소 소화기
고압·액상의 상태로
저장한다.

※ 드렌처설비
건물의 창, 처마 등 외
부화재에 의해 연소·파
손하기 쉬운 부분에 설
치하여 외부 화재의
영향을 막기 위한 설비

Key Point

(2) 스프링클러설비(폐쇄형)

$$Q = 1.6N(30층\ 미만)$$
$$Q = 3.2N(30～49층\ 이하)$$
$$Q = 4.8N(50층\ 이상)$$

여기서, Q : 수원의 저수량(m³)
　　　N : 폐쇄형 헤드의 기준개수(설치개수가 기준개수보다 작으면 그 설치개수)

＊ 폐쇄형 헤드
정상상태에서 방수구를 막고 있는 감열체가 일정 온도에서 자동적으로 파괴·용해 또는 이탈됨으로써 분사구가 열려지는 헤드

중요 폐쇄형 헤드의 기준개수

특정소방대상물		폐쇄형 헤드의 기준개수
지하가 · 지하역사		30
11층 이상		
10층 이하	공장(특수가연물)	
	판매시설(슈퍼마켓, 백화점 등), 복합건축물(판매시설이 설치된 것)	
	근린생활시설, 운수시설	20
	8m 이상	
	8m 미만	10
공동주택(아파트 등)		10(각 동이 주차장으로 연결된 주차장 : 30)

(3) 옥내소화전설비

$$Q = 2.6N(30층\ 미만,\ N : 최대\ 2개)$$
$$Q = 5.2N(30～49층\ 이하,\ N : 최대\ 5개)$$
$$Q = 7.8N(50층\ 이상,\ N : 최대\ 5개)$$

여기서, Q : 수원의 저수량(m³)
　　　N : 가장 많은 층의 소화전 개수

＊ 수원
물을 공급하는 곳

(4) 옥외소화전설비

$$Q \geqq 7N$$

여기서, Q : 수원의 저수량(m³)
　　　N : 옥외소화전 설치개수(최대 **2개**)

4 가압송수장치(펌프 방식)(합격이 눈앞에 있소이다.)

(1) 스프링클러설비

$$H = h_1 + h_2 + \underline{10}$$

여기서, H : 전양정(m)
　　　h_1 : 배관 및 관부속품의 마찰손실수두(m)
　　　h_2 : 실양정(흡입양정＋토출양정)(m)

＊ 스프링클러설비
스프링클러헤드를 이용하여 건물 내의 화재를 자동적으로 진화하기 위한 소화설비

● 초스피드 기억법

스10(서열)

(2) 물분무소화설비

$$H = h_1 + h_2 + h_3$$

여기서, H : 필요한 낙차[m]
h_1 : 물분무 헤드의 설계압력 환산수두[m]
h_2 : 배관 및 관부속품의 마찰손실수두[m]
h_3 : 실양정(흡입양정＋토출양정)[m]

＊ 물분무소화설비
물을 안개모양(분무) 상태로 살수하여 소화하는 설비

(3) 옥내소화전설비

$$H = h_1 + h_2 + h_3 + \underline{17}$$

여기서, H : 전양정[m]
h_1 : 소방 호스의 마찰손실수두[m]
h_2 : 배관 및 관부속품의 마찰손실수두[m]
h_3 : 실양정(흡입양정＋토출양정)[m]

＊ 소방호스의 종류
① 소방용 고무내장호스
② 소방용 릴호스

● 초스피드 기억법

내17(내일 칠해)

(4) 옥<u>외</u>소화전설비

$$H = h_1 + h_2 + h_3 + \underline{25}$$

여기서, H : 전양정[m]
h_1 : 소방 호스의 마찰손실수두[m]
h_2 : 배관 및 관부속품의 마찰손실수두[m]
h_3 : 실양정(흡입양정＋토출양정)[m]

● 초스피드 기억법

외25(왜이래요?)

(5) 포소화설비

$$H = h_1 + h_2 + h_3 + h_4$$

여기서, H : 펌프의 양정[m]
h_1 : 방출구의 설계압력 환산수두 또는 노즐선단의 방사압력 환산수두[m]
h_2 : 배관의 마찰손실수두[m]
h_3 : 소방 호스의 마찰손실수두[m]
h_4 : 낙차[m]

＊ 포소화설비
차고, 주차장, 비행기 격납고 등 물로 소화가 불가능한 장소에 설치하는 소화설비로서 물과 포원액을 일정비율로 혼합하여 이것을 발포기를 통해 거품을 형성하게 하여 화재 부위에 도포하는 방식

Key Point

※ **가지배관**
헤드에 직접 물을 공급하는 배관

5 옥내소화전설비의 배관구경

구 분	가지배관	주배관 중 수직배관
호스릴	25mm 이상	32mm 이상
일반	40mm 이상	50mm 이상
연결송수관 겸용	65mm 이상	100mm 이상

※ **순환배관** : 체절운전시 수온의 상승 방지

● **초스피드 기억법**

가4(가사 일)
주5(주5일 근무)

6 헤드수 및 유수량(다 외웠으면 신통하다.)

(1) 옥내소화전설비

배관구경(mm)	40	50	65	80	100
유수량(ℓ/min)	130	260	390	520	650
옥내소화전수	1개	2개	3개	4개	5개

(2) 연결살수설비

※ **연결살수설비**
실내에 개방형 헤드를 설치하고 화재시 현장에 출동한 소방차에서 실외에 설치되어 있는 송수구에 물을 공급하여 개방형 헤드를 통해 방사하여 화재를 진압하는 설비

배관구경(mm)	32	40	50	65	80
살수헤드수	1개	2개	3개	4~5개	6~10개

(3) 스프링클러설비

급수관구경(mm)	25	32	40	50	65	80	90	100	125	150
폐쇄형 헤드수	2개	3개	5개	10개	30개	60개	80개	100개	160개	161개 이상

7 유속

※ **유속**
유체(물)의 속도

설 비		유 속
옥내소화전설비		4m/s 이하
스프링클러설비	가지배관	6m/s 이하
	기타의 배관	10m/s 이하

● **초스피드 기억법**

6가스유(육교에 갔어유)

Key Point

8 펌프의 성능

① 체절운전시 정격토출 압력의 **140%**를 초과하지 아니할 것

② 정격토출량의 **150%**로 운전시 정격토출압력의 **65%** 이상이 되어야 한다.

＊ 체절운전
펌프의 성능시험을 목
적으로 펌프 토출측의
개폐 밸브를 닫은 상
태에서 펌프를 운전하
는 것

9 옥내소화전함

① **강**판(철판) 두께 : **1.5mm** 이상

② **합**성수지제 두께 : **4mm** 이상

③ 문짝의 면적 : **0.5m²** 이상

● 초스피드 기억법

내합4(내가 합한 사과)

10 옥외소화전함의 설치거리

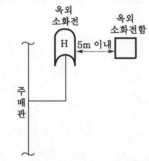

┃ 옥외소화전~옥외소화전함의 설치거리 ┃

＊ 옥외소화전함
설치기구

옥외소화전 개수	소화전함 개수
10개 이하	5m 이내 마다 1개 이상
11~30개 이하	11개 이상 소화전함 분산설치
31개 이상	소화전 3개마다 1개 이상

11 스프링클러헤드의 배치기준 (다 외웠으면 장하다.)

설치장소의 최고 주위온도	표시온도
39℃ 미만	79℃ 미만
39~64℃ 미만	79~121℃ 미만
64~106℃ 미만	121~162℃ 미만
106℃ 이상	162℃ 이상

＊ 스프링클러헤드
화재시 가압된 물이
내뿜어져 분산됨으로
써 소화기능을 하는
헤드이다. 감열부의 유
무에 따라 폐쇄형과
개방형으로 나눈다.

12 헤드의 배치형태

(1) 정방형(정사각형)

$$S = 2R\cos 45°, \quad L = S$$

여기서, S : 수평헤드간격
R : 수평거리
L : 배관간격

Key Point

(2) 장방형(직사각형)

$$S = \sqrt{4R^2 - L^2}, \quad S = 2R$$

여기서, S : 수평헤드간격
R : 수평거리
L : 배관간격
S : 대각선헤드간격

중요

수평거리(R)

설치장소	설치기준
무대부 · **특**수가연물(창고 포함)	수평거리 **1.7**m 이하
기타구조(창고 포함)	수평거리 **2.1**m 이하
내화구조(창고 포함)	수평거리 **2.3**m 이하
공동주택(**아**파트) 세대 내	수평거리 **2.6**m 이하

※ **무대부**
노래, 춤, 연극 등의 연기를 하기 위해 만들어 놓은 부분

※ **랙식 창고**
물품보관용 랙을 설치하는 창고시설

● 초스피드 기억법

무특 7
기   1
내   3
아   6

13 스프링클러헤드 설치장소

① **위**험물 취급장소
② **복**도
③ **슈**퍼마켓
④ **소**매시장
⑤ **특**수가연물 취급장소
⑥ **보**일러실

● 초스피드 기억법

위스복슈소 특보(위스키는 복잡한 수소로 만들었다는 특보가 있다.)

14 압력챔버 · 리타딩챔버

※ **압력챔버**
펌프의 게이트밸브(gate valve) 2차측에 연결되어 배관 내의 압력이 감소하면 압력스위치가 작동되어 충압펌프(jockey pump) 또는 주펌프를 작동시킨다. '기동용 수압개폐장치' 또는 '압력탱크'라고도 부른다.

※ **리타딩챔버**
화재가 아닌 배관 내의 압력불균형 때문에 일시적으로 흘러들어온 압력수에 의해 압력스위치가 작동되는 것을 방지하는 부품

압력챔버	리타딩챔버
① 모터펌프를 가동시키기 위하여 설치	① 오작동(오보)방지 ② 안전밸브의 역할 ③ 배관 및 압력스위치의 손상보호

15 스프링클러설비의 비교 (잘 구분이 되는가?)

구분 \ 방식	습 식	건 식	준비작동식	부압식	일제살수식
1차측	가압수	가압수	가압수	가압식	가압수
2차측	가압수	압축공기	대기압	부압 (진공)	대기압
밸브종류	습식 밸브 (자동경보밸브, 알람체크밸브)	건식 밸브	준비작동밸브	준비작동밸브	일제개방밸브 (델류즈밸브)
헤드종류	폐쇄형 헤드	폐쇄형 헤드	폐쇄형 헤드	폐쇄형 헤드	개방형 헤드

16 고가수조 · 압력수조

고가수조에 필요한 설비	압력수조에 필요한 설비
① 수위계 ② 배수관 ③ 급수관 ④ 맨홀 ⑤ **오**버플로관 기억법 고오(Go!)	① 수위계 ② 배수관 ③ 급수관 ④ 맨홀 ⑤ **급기관** ⑥ **압력계** ⑦ **안전장치** ⑧ **자동식 공기압축기** 기억법 기압안자(기아자동차)

＊**오버플로관**
필요이상의 물이 공급될 경우 이 물을 외부로 배출시키는 관

17 배관의 구경

① **교**차배관 ┐
② **청**소구(청소용) ┘ ─ **40mm** 이상
③ **수직**배수배관 : **50mm** 이상

＊**교차배관**
수평주행배관에서 가지배관에 이르는 배관

● 초스피드 기억법

교4청 (교사는 청소 안하냐?)
5수(호수)

18 행거의 설치

① 가지배관 : **3.5m** 이내마다 설치
② **교**차배관 ┐
③ 수평주행배관 ┘ ─ **4.5m** 이내마다 설치
④ 헤드와 **행**거 사이의 간격 : **8cm** 이상

＊**행거**
천장 등에 물건을 달아매는 데 사용하는 철재

※ **시험배관** : 유수검지장치(유수경보장치)의 기능점검

※ 습식설비
습식밸브의 1차측 및
2차측 배관 내에 항상
가압수가 충수되어 있
다가 화재발생시 열에
의해 헤드가 개방되어
소화하는 방식

19 기울기(진짜로 중요하데이~)

① $\dfrac{1}{100}$ 이상 : 연결살수설비의 수평주행배관

② $\dfrac{2}{100}$ 이상 : 물분무소화설비의 배수설비

③ $\dfrac{1}{250}$ 이상 : 습식·부압식 설비 외 설비의 가지배관

④ $\dfrac{1}{500}$ 이상 : 습식·부압식 설비 외 설비의 수평주행배관

20 설치높이

※ 부압식 스프링클러설비
가압송수장치에서 준
비작동식 유수검지장
치의 1차측까지는 항
상 정압의 물이 가압
되고, 2차측 폐쇄형
스프링클러헤드까지
는 소화수가 부압으로
되어 있다가 화재시
감지기의 작동에 의해
정압으로 변하여 유수
가 발생하면 작동하는
스프링클러설비

0.5~1m 이하	0.8~1.5m 이하	1.5m 이하
① **연**결송수관설비의 송수구 ② **연**결살수설비의 송수구 ③ **소**화용수설비의 채수구	① **제**어밸브(수동식 개방밸브) ② **유**수검지장치 ③ **일**제개방밸브	① **옥내**소화전설비의 방수구 ② **호**스릴함 ③ **소**화기
기억법 연소용 51(연소용 오일은 잘 탄다.)	**기억법** 제유일85(제가 유 일하게 팔았어요.)	**기억법** 옥내호소 5(옥내 에서 호소하시오.)

21 물분무소화설비의 수원(NFPC 104 4조, NFTC 104 2.1.1)

※ 케이블트레이
케이블을 수용하기 위
한 관로로 사용되며 윗
부분이 개방되어 있다.

특정소방대상물	토출량	최소기준	비 고
컨베이어벨트	$10\text{L/min}\cdot\text{m}^2$	–	벨트부분의 바닥면적
절연유 봉입변압기	$10\text{L/min}\cdot\text{m}^2$	–	표면적을 합한 면적(바닥면적 제외)
특수가연물	$10\text{L/min}\cdot\text{m}^2$	최소 50m^2	최대방수구역의 바닥면적 기준
케이블트레이·덕트	$12\text{L/min}\cdot\text{m}^2$	–	투영된 바닥면적
차고·주차장	$20\text{L/min}\cdot\text{m}^2$	최소 50m^2	최대방수구역의 바닥면적 기준
위험물 저장탱크	$37\text{L/min}\cdot\text{m}$	–	위험물탱크 둘레길이(원주길이) : 위험물규칙 〔별표 6〕 Ⅱ

※ 모두 **20분**간 방수할 수 있는 양 이상으로 하여야 한다.

Key Point

22 포소화설비의 적용대상

특정소방대상물	설비 종류
• 차고 · 주차장 • 항공기격납고 • 공장 · 창고(특수가연물 저장 · 취급)	• 포워터 스프링클러설비 • 포헤드 설비 • 고정포 방출설비 • 압축공기포 소화설비
• 완전개방된 옥상주차장(주된 벽이 없고 기둥뿐이거나 주위가 위해방지용 철주 등으로 둘러싸인 부분) • **지상 1층**으로서 지붕이 없는 차고 · 주차장 • 고가 밑의 주차장(주된 벽이 없고 기둥뿐이거나 주위가 위해방지용 철주 등으로 둘러싸인 부분)	• 호스릴포 소화설비 • 포소화전 설비
• 발전기실 • 엔진펌프실 • 변압기 • 전기케이블실 • 유압설비	• 고정식 압축공기포 소화설비(바닥면적 합계 300m^2 미만)

23 고정포 방출구 방식

$$Q = A \times Q_1 \times T \times S$$

여기서, Q : 포소화약제의 양[l]
A : 탱크의 액표면적[m^2]
Q_1 : 단위포 소화수용액의 양[$l/m^2 \cdot$ 분]
T : 방출시간[분]
S : 포소화약제의 사용농도

24 고정포 방출구(위험물안전관리에 관한 세부기준 133조)

탱크의 종류	포 방출구
고정지붕구조	• Ⅰ형 방출구 • Ⅱ형 방출구 • Ⅲ형 방출구 • Ⅳ형 방출구
부상덮개부착 고정지붕구조	• Ⅱ형 방출구
부상지붕구조	• **특**형 방출구

 ● 초스피드 기억법

부특 (보트)

* **포워터 스프링클러헤드**
포디플렉터가 있다.

* **포헤드**
포디플렉터가 없다.

* **고정포 방출구**
포를 주입시키도록 설계된 탱크 등에 반영구적으로 부착된 포소화설비의 포방출장치

* **Ⅰ형 방출구**
고정지붕구조의 탱크에 상부포주입법을 이용하는 것으로서 방출된 포가 액면 아래로 몰입되거나 액면을 뒤섞지 않고 액면상을 덮을 수 있는 통계단 또는 미끄럼판 등의 설비 및 탱크내의 위험물증기가 외부로 역류되는 것을 저지할 수 있는 구조 · 기구를 갖는 포방출구

* **Ⅱ형 방출구**
고정지붕구조 또는 부상덮개부착고정지붕구조의 탱크에 상부포주입법을 이용하는 것으로서 방출된 포가 탱크 옆판의 내면을 따라 흘러내려 가면서 액면 아래로 몰입되거나 액면을 뒤섞지 않고 액면상을 덮을 수 있는 반사판 및 탱크내의 위험물증기가 외부로 역류되는 것을 저지할 수 있는 구조 · 기구를 갖는 포방출구

Key Point

❋ 특형 방출구

부상지붕구조의 탱크에 상부포주입법을 이용하는 것으로서 부상지붕의 부상부분상에 높이 0.9m 이상의 금속제의 칸막이를 탱크 옆판의 내측로부터 1.2m 이상 이격하여 설치하고 탱크 옆판과 칸막이에 의하여 형성된 환상부분에 포를 주입하는 것이 가능한 구조의 반사판을 갖는 포방출구

25 CO_2 설비의 특징

① 화재진화 후 깨끗하다.
② **심부화재**에 적합하다.
③ 증거보존이 양호하여 화재원인 조사가 쉽다.
④ 방사시 소음이 **크다**.

26 CO_2 설비의 가스압력식 기동장치

구 분	기 준
비활성 기체 충전압력	6MPa 이상(21℃ 기준)
기동용 가스용기의 체적	5l 이상
기동용 가스용기 안전장치의 압력	내압시험압력의 0.8~내압시험압력 이하
기동용 가스용기 및 해당 용기에 사용하는 밸브의 견디는 압력	25MPa 이하

27 약제량 및 개구부 가산량 (꿈에라도 안 외울 생각은 마라!)

저장량[kg] = 약제량[kg/m³]×방호구역체적[m³]+개구부면적[m²]×개구부가산량[kg/m²]

  ● 초스피드 기억법

저약방개산(저약방에서 계산해)

❋ 심부화재

가연물의 내부 깊숙한 곳에서 연소하는 화재

(1) CO_2 소화설비(심부화재)

방호대상물	약제량	개구부 가산량 (자동폐쇄장치 미설치시)
전기설비(55m² 이상), 케이블실	1.3kg/m³	
전기설비(55m² 미만)	1.6kg/m³	
서고, **박**물관, **목**재가공품창고, **전**자제품창고	2.0kg/m³	10kg/m²
석탄창고, **면**화류창고, **고**무류, **모**피창고, **집**진설비	2.7kg/m³	

 ● 초스피드 기억법

서박목전(선박이 목전에 보인다.)
석면고모집(석면은 고모집에 있다.)

(2) 할론 1301

방호대상물	약제량	개구부 가산량 (자동폐쇄장치 미설치시)
차고 · 주차장 · 전기실 · 전산실 · 통신기기실	$0.32kg/m^3$	$2.4kg/m^2$
고무류 · 면화류	$0.52kg/m^3$	$3.9kg/m^2$

(3) 분말소화설비(전역방출방식)

종 별	약제량	개구부 가산량(자동폐쇄장치 미설치시)
제1종	$0.6kg/m^3$	$4.5kg/m^2$
제2 · 3종	$0.36kg/m^3$	$2.7kg/m^2$
제4종	$0.24kg/m^3$	$1.8kg/m^2$

28 호스릴방식

(1) CO_2 소화설비

약제 종별	약제 저장량	약제 방사량
CO_2	90kg	60kg/min

(2) 할론소화설비

약제 종별	약제량	약제 방사량
할론 1301	45kg	35kg/min
할론 1211	50kg	40kg/min
할론 2402	50kg	45kg/min

(3) 분말소화설비

약제 종별	약제 저장량	약제 방사량
제1종 분말	50kg	45kg/min
제2 · 3종 분말	30kg	27kg/min
제4종 분말	20kg	18kg/min

29 할론소화설비의 저장용기 ('안 외워도 되겠지'하는 용감한 사람이 있다.)

구 분		할론 1211	할론 1301
저장압력		1.1MPa 또는 2.5MPa	2.5MPa 또는 4.2MPa
방출압력		0.2MPa	0.9MPa
충전비	가압식	0.7~1.4 이하	0.9~1.6 이하
	축압식		

Key Point

❋ 전역방출방식
불연성의 벽 등으로 밀폐되어 있는 경우 방호구역 전체에 가스를 방출하는 방식

❋ 호스릴방식
호스와 약제방출구만 이동하여 소화하는 방식으로서, 호스를 원통형의 호스감개에 감아놓고 호스의 말단을 잡아당기면 호스감개가 회전하면서 호스가 풀리어 화재부근으로 이동시켜 소화하는 방식

❋ 할론설비의 약제량 측정법
① 중량측정법
② 액위측정법
③ 비파괴검사법

✳ **여과망**
이물질을 걸러내는 망

✳ **호스릴방식**
분사 헤드가 배관에 고정되어 있지 않고 소화약제 저장용기에 호스를 연결하여 사람이 직접 화점에 소화약제를 방출하는 이동식 소화설비

30 할론 1301(CF₃Br)의 특징

① 여과망을 설치하지 않아도 된다.
② 제3류 위험물에는 사용할 수 없다.

31 호스릴방식

설 비	수평거리
분말·포·CO₂ 소화설비	수평거리 15m 이하
할론소화설비	수평거리 20m 이하
옥내소화전설비	수평거리 25m 이하

● **초스피드 기억법**

호할20 (호텔의 할부이자가 영아니네.)
호옥25(홍옥이오!)

32 분말소화설비의 배관

① 전용
② 강관 : 아연도금에 의한 **배관용 탄소강관**
③ 동관 : 고정압력 또는 최고 사용압력의 **1.5배** 이상의 압력에 견딜 것
④ 밸브류 : **개폐위치** 또는 **개폐방향**을 표시한 것
⑤ 배관의 관부속 및 밸브류 : 배관과 동등 이상의 강도 및 내식성이 있는 것
⑥ 주밸브 헤드까지의 배관의 분기 : **토너먼트방식**
⑦ 저장용기 등 배관의 굴절부까지의 거리 : 배관 **내경의 20배** 이상

✳ **토너먼트방식**
가스계 소화설비에 적용하는 방식으로 용기로부터 노즐까지의 마찰손실을 일정하게 유지하기 위한 방식

33 압력조정장치(압력조정기)의 압력

할론소화설비	분말 소화설비
2MPa 이하	2.5MPa 이하

✳ **토너먼트방식 적용 설비**
① 분말소화설비
② 할론소화설비
③ 이산화탄소 소화설비
④ 할로겐화합물 및 불활성기체 소화설비

※ **정압작동장치의 목적** : 약제를 적절히 보내기 위해

● **초스피드 기억법**

분압25(분압이오.)

✳ **가압식**
소화약제의 방출원이 되는 압축가스를 압력봄베 등의 별도의 용기에 저장했다가 가스의 압력에 의해 방출시키는 방식

34 분말소화설비 가압식과 축압식의 설치기준

구 분 사용가스	가압식	축압식
질소(N₂)	40*l*/kg 이상	10*l*/kg 이상
이산화탄소(CO₂)	20g/kg+배관청소 필요량 이상	20g/kg+배관청소 필요량 이상

35 약제 방사시간

소화설비		전역방출방식		국소방출방식	
		일반건축물	위험물제조소	일반건축물	위험물 제조소
할론소화설비		10초 이내	30초 이내	10초 이내	30초 이내
분말소화설비		30초 이내		30초 이내	
CO_2 소화설비	표면화재	1분 이내	60초 이내	30초 이내	
	심부화재	7분 이내			

제2장 피난구조설비

36 피난사다리의 분류

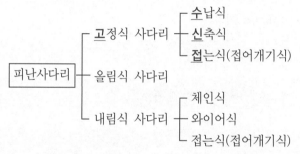

* **올림식 사다리**
① 사다리 상부지점에 안전장치 설치
② 사다리 하부지점에 미끄럼방지장치 설치

 초스피드 기억법

고수접신(고수의 접시)

37 피난기구의 적응성

* **피난기구의 종류**
① 피난사다리
② 구조대
③ 완강기
④ 소방청장이 정하여 고시하는 화재안전기준으로 정하는 것(미끄럼대, 피난교, 공기안전매트, 피난용 트랩, 다수인 피난장비, 승강식 피난기, 간이완강기, 하향식 피난구용 내림식 사다리)

구 분 \ 층 별	3층
의료시설	• 피난교 • 구조대 • 미끄럼대 • 피난용트랩 • 다수인 피난장비 • 승강식 피난기
노유자시설	• 피난교 • 구조대 • 미끄럼대 • 다수인 피난장비 • 승강식 피난기

제3장 소화활동설비 및 소화용수설비

38 제연구역의 구획

① 1제연구역의 면적은 1,000m² 이내로 할 것
② 거실과 통로는 **각각 제연구획**할 것
③ 통로상의 제연구역은 보행중심선의 길이가 60m를 초과하지 않을 것
④ 1제연구역은 직경 60m 원내에 들어갈 것
⑤ 1제연구역은 2개 이상의 층에 미치지 않을 것

> ※ 제연구획에서 제연경계의 폭은 0.6m 이상, 수직거리는 2m 이내이어야 한다.

39 풍 속(잊지 말라!)

① 배출기의 흡입측 풍속 : 15m/s 이하
② 배출기 배출측 풍속 ┐
③ 유입 풍도안의 풍속 ┘ ─ 20m/s 이하

> ※ 연소방지설비 : **지하구**에 설치한다.

● 초스피드 **기억법**

5입(옷 입어.)

40 헤드의 수평거리

스프링클러헤드	살수헤드
2.3m 이하	<u>3.7m</u> 이하

> ※ 연결살수설비에서 하나의 송수구역에 설치하는 개방형 헤드수는 10개 이하로 하여야 한다.

● 초스피드 **기억법**

살37(살상은 칠거지악 중의 하나다.)

41 연결송수관설비의 설치순서

습식	건식
송수구 → **자**동배수밸브 → **체**크밸브	송수구 → 자동배수밸브 → 체크밸브 → 자동배수밸브

● 초스피드 **기억법**

송자체습(송자는 채식주의자)

✻ **연소방지설비**
지하구의 화재시 지하구의 진입이 곤란하므로 지상에 설치된 송수구를 통하여 소방펌프차로 가압수를 공급하여 설치된 지하구 내의 살수헤드에서 방수가 이루어져 화재를 소화하기 위한 연결살수설비의 일종이다.

✻ **지하구**
지하의 케이블 통로

✻ **연결송수관설비**
건물 외부에 설치된 송수구를 통하여 소화용수를 공급하고, 이를 건물 내에 설치된 방수구를 통하여 화재 발생장소에 공급하여 소방관이 소화할 수 있도록 만든 설비

42 연결송수관설비의 방수구

① 층마다 설치(**아파트**인 경우 3층부터 설치)
② 11층 이상에는 **쌍구형**으로 설치(**아파트**인 경우 **단구형** 설치 가능)
③ 방수구는 **개폐기능**을 가진 것일 것
④ 방수구는 구경 **65mm**로 한다.
⑤ 방수구는 바닥에서 **0.5~1m** 이하에 설치한다.

✳ 방수구의 설치장소
비교적 연소의 우려가
적고 접근이 용이한
계단실과 같은 곳

43 수평거리 및 보행거리 (다 외웠으면 용타!)

① 수평거리

구 분	수평거리
예상제연구역	10m 이하
분말**호**스릴	15m 이하
포**호**스릴	
CO_2 **호**스릴	
할론 호스릴	20m 이하
옥내소화전 방수구	25m 이하
옥내소화전 **호**스릴	
포소화전 방수구	
연결송수관 방수구(지하가)	
연결송수관 방수구(지하층 바닥면적 3,000m² 이상)	
옥외소화전 방수구	40m 이하
연결송수관 방수구(사무실)	50m 이하

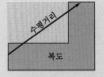
✳ 수평거리

✳ 보행거리

② 보행거리

구 분	보행거리
소형소화기	20m 이하
대형소화기	30m 이하

 비교

수평거리와 보행거리

수평거리	보행거리
직선거리로서 반경을 의미하기도 한다.	걸어선 간 거리

● 초스피드 **기억법**

호15(호일 오려)
옥호25

바르게 앉는 자세

1 엉덩이를 등받이까지 바짝 붙이고 상체를 편다.

2 몸통과 허벅지, 허벅지와 종아리, 종아리와 발이 옆에서 볼 때 직각이 되어야 한다.

3 등이 등받이에서 떨어지지 않는다(바닥과 90도 각도인 등받이가 좋다).

4 발바닥이 편하게 바닥에 닿는다.

5 되도록 책상 가까이 앉는다.

6 시선은 정면을 유지해 고개나 가슴이 앞으로 수그러지지 않게 한다.

2024년

소방설비산업기사 필기(기계분야)

** 수험자 유의사항 **

1. 문제지를 받는 즉시 본인이 응시한 종목이 맞는지 확인하시기 바랍니다.

2. 문제지 표지에 본인의 수험번호와 성명을 기재하여야 합니다.

3. 문제지의 총면수, 문제번호 일련순서, 인쇄상태, 중복 및 누락 페이지 유무를 확인하시기 바랍니다.

4. 답안은 각 문제마다 요구하는 가장 적합하거나 가까운 답 1개만을 선택하여야 합니다.

5. 답안카드는 뒷면의 「수험자 유의사항」에 따라 작성하시고, 답안카드 작성 시 형별누락, 마킹착오로 인한 불이익은 전적으로 수험자에게 책임이 있음을 알려드립니다.

6. 문제지는 시험 종료 후 본인이 가져갈 수 있습니다.

** 안내사항 **

• 가답안/최종정답은 큐넷(www.q-net.or.kr)에서 확인하실 수 있습니다. 가답안에 대한 의견은 큐넷의 [가답안 의견 제시]를 통해 제시하실 수 있으며, 확정된 답안은 최종정답으로 갈음합니다.

• 공단에서 제공하는 자격검정서비스에 대해 개선할 점이 있으시면 고객참여(http://hrdkorea.or.kr/7/1/1)를 통해 건의하여 주시기 바랍니다.

■ 2024년 산업기사 제1회 필기시험 CBT 기출복원문제 ■

수험번호	성명

자격종목	종목코드	시험시간	형별	
소방설비산업기사(기계분야)		**2시간**		

※ 각 문항은 4지택일형으로 질문에 가장 적합한 보기 항을 선택하여 체크하여야 합니다.

제 1 과목   소방원론

01 연소의 3요소에 해당하지 않는 것은?

22.03.문02
14.09.문10
13.06.문19

① 점화원   ② 가연물
③ 산소   ④ 촉매

해설 연소의 3요소와 4요소

> 유사문제부터
> 풀어보세요.
> 실력이 팍!팍!
> 올라갑니다.

연소의 **3요소**	연소의 **4요소**
• 가연물(연료) 보기 ② • 산소공급원(산소, 공기) 보기 ③ • 점화원(점화에너지) 보기 ①	• 가연물(연료) • 산소공급원(산소, 공기) • 점화원(점화에너지) • **연쇄반응**

기억법 연4(연사)

답 ④

02 표준상태에서 44.8m³의 용적을 가진 이산화탄

22.03.문06
20.08.문14
12.09.문03

소가스를 모두 액화하면 몇 kg인가? (단, 이산화탄소의 분자량은 44이다.)

① 88   ② 44
③ 22   ④ 11

해설 (1) 주어진 값

> • 용적 : 44.8m³=44800L(1m³=1000L)
> • 질량 : ?
> • 분자량 : 44

(2) 증기밀도

$$\text{증기밀도}(g/L) = \frac{\text{분자량}}{22.4}$$

여기서, 22.4 : 공기의 부피(L)

$$\text{증기밀도}(g/L) = \frac{\text{분자량}}{22.4}$$

$$\frac{g(\text{질량})}{44800L} = \frac{44}{22.4}$$

$$g(\text{질량}) = \frac{44}{22.4} \times 44800L = 88000g = 88kg$$

• 단위를 보고 계산하면 쉽다.

답 ①

03 제2종 분말소화약제의 주성분은?

22.03.문07
19.04.문17
19.03.문07
15.05.문20
15.03.문16
13.09.문11

① 탄산수소칼륨
② 탄산수소나트륨
③ 제1인산암모늄
④ 탄산수소칼륨＋요소

해설 분말소화약제

종 별	분자식	착 색	적응 화재	비 고
제1종	탄산수소나트륨 ($NaHCO_3$)	백색	BC급	**식용유** 및 **지방질유**의 화재에 적합
제2종	탄산수소칼륨 ($KHCO_3$) 보기 ①	담자색 (담회색)	BC급	－
제3종	제1인산암모늄 ($NH_4H_2PO_4$)	담홍색	ABC급	**차고·주차장**에 적합
제4종	탄산수소칼륨 ＋요소 ($KHCO_3 +$ $(NH_2)_2CO$)	회(백)색	BC급	－

> • 탄산수소나트륨=중탄산나트륨
> • 탄산**수소칼륨**=중탄산칼륨 보기 ①
> • 제1인산암모늄=인산암모늄=인산염
> • 탄산수소칼륨＋요소=중탄산칼륨＋요소

기억법 2수칼(이수역에 칼이 있다.)

답 ①

04 물질의 연소범위에 대한 설명 중 옳은 것은?

22.04.문18
16.03.문08
12.09.문10

① 연소범위의 상한이 높을수록 발화위험이 낮다.
② 연소범위의 상한과 하한 사이의 폭은 발화위험과 무관하다.
③ 연소범위의 하한이 낮은 물질을 취급시 주의를 요한다.
④ 연소범위의 하한이 낮은 물질은 발열량이 크다.

해설
① 낮다. → 높다.
② 무관하다. → 관계가 있다.
④ 연소범위의 하한과 발열량과는 무관하다.

연소범위와 **발화위험**
(1) 연소하한과 연소상한의 범위를 나타낸다.
(2) **연소하한**이 **낮을수록** 발화위험이 높다. 보기 ③
(3) **연소범위**가 **넓을수록** 발화위험이 높다.
(4) 연소범위는 주위온도와 관계가 있다.
(5) 연소범위의 하한은 그 물질의 **인화점**에 해당된다.
(6) 압력상승시 **연소하한**은 **불변**, **연소상한**만 **상승**한다.

- 연소한계=연소범위=폭발한계=폭발범위=가연한계=가연범위
- 연소하한=하한계
- 연소상한=상한계

답 ③

★★★
05 분말소화약제의 주성분 중에서 A, B, C급 화재 모두에 적응성이 있는 것은?

22.04.문13
19.04.문17
17.03.문14
16.03.문10
11.03.문08

① $KHCO_3$
② $NaHCO_3$
③ $Al_2(SO_4)_3$
④ $NH_4H_2PO_4$

해설 **분말소화약제**

종 별	분자식	착색	적응화재	비 고
제1종	탄산수소나트륨 ($NaHCO_3$) 보기 ②	백색	BC급	**식용유** 및 **지방질유**의 화재에 적합
제2종	탄산수소칼륨 ($KHCO_3$) 보기 ①	담자색 (담회색)	BC급	–
제3종	제1인산암모늄 ($NH_4H_2PO_4$) 보기 ④	담홍색	ABC급	**차고·주차장**에 적합
제4종	탄산수소칼륨 + 요소 ($KHCO_3$ + $(NH_2)_2CO$)	회(백)색	BC급	–

- 탄산수소나트륨=중탄산나트륨
- 탄산수소칼륨=중탄산칼륨
- 제1인산암모늄=인산암모늄=인산염
- 탄산수소칼륨+요소=중탄산칼륨+요소

답 ④

★★★
06 기름탱크에서 화재가 발생하였을 때 탱크 하부에 있는 물 또는 물-기름 에멀션이 뜨거운 열유층에 의해서 가열되어 유류가 탱크 밖으로 갑자기 분출하는 현상은?

23.05.문09
22.03.문17
21.03.문03
18.03.문03
12.03.문08
11.06.문20
10.03.문14
09.08.문04
04.09.문05

① 플래시오버(flash over)
② 보일오버(boil over)
③ 리프트(lift)
④ 백파이어(back-fire)

해설 **보일오버**(boil over)
(1) 중질유의 탱크에서 장시간 조용히 연소하다 탱크 내의 잔존기름이 갑자기 분출하는 현상
(2) 유류탱크에서 탱크바닥에 물과 기름의 **에멀션**이 섞여 있을 때 이로 인하여 화재가 발생하는 현상
(3) 연소유면으로부터 100℃ 이상의 열파가 **탱크 저부**에 고여 있는 물을 비등하게 하면서 연소유를 탱크 밖으로 비산시키며 연소하는 현상
(4) 기름탱크에서 화재가 발생하였을 때 **탱크 하부**에 있는 물 또는 물-기름 **에멀션**이 뜨거운 열유층에 의해서 가열되어 유류가 탱크 밖으로 갑자기 분출하는 현상 보기 ②

🐢 **용어**

구 분	설 명
리프트(lift)	버너 내압이 높아져서 **분출속도가 빨라지는** 현상 보기 ③
백파이어 (backfire, 역화)	가스가 노즐에서 나가는 속도가 연소속도보다 느리게 되어 **버너 내부에서 연소**하게 되는 현상 보기 ④
플래시오버 (flashover)	화재로 인하여 실내의 온도가 급격히 상승하여 화재가 **순간적으로 실내 전체**에 **확산**되어 연소되는 현상 보기 ①

답 ②

★★★
07 건축법상 건축물의 주요 구조부에 해당되지 않는 것은?

21.03.문10
20.08.문01
17.03.문16
12.09.문19

① 지붕틀
② 내력벽
③ 주계단
④ 최하층 바닥

해설 **주요 구조부**
(1) 내력**벽**
(2) **보**(작은 보 제외)
(3) **지**붕틀(차양 제외)
(4) **바**닥(최하층 바닥 제외) 보기 ④
(5) **주**계단(옥외계단 제외)
(6) **기**둥(사이기둥 제외)

※ **주요 구조부** : 건물의 구조 내력상 주요한 부분

기억법 벽보지 바주기

답 ④

★★★
08 햇빛에 방치한 기름걸레가 자연발화를 일으켰다. 다음 중 이때의 원인에 가장 가까운 것은?

21.03.문14
17.05.문07
15.05.문05
11.06.문12

① 광합성 작용
② 산화열 축적
③ 흡열반응
④ 단열압축

해설 **산화열**

산화열이 축적되는 경우	산화열이 축적되지 않는 경우
햇빛에 방치한 기름걸레는 산화열이 축적되어 자연발화를 일으킬 수 있다. 보기 ②	기름걸레를 빨랫줄에 걸어 놓으면 산화열이 축적되지 않아 자연발화는 일어나지 않는다.

답 ②

★★★ 09 Halon 1211의 화학식으로 옳은 것은?

`21.03.문12`
`19.03.문06`
`16.03.문09`
`15.03.문02`
`14.03.문06`

① CF_2BrCl

② $CFBrCl_2$

③ $C_2F_2Br_2$

④ CH_2BrCl

해설

종류	약칭	분자식
Halon 1011	CB	CH_2ClBr
Halon 104	CTC	CCl_4
Halon 1211	BCF	$CF_2ClBr(CBrClF_2, CF_2BrCl)$ 보기 ①
Halon 1301	BTM	$CF_3Br(CBrF_3)$
Halon 2402	FB	$C_2F_4Br_2(C_2Br_2F_4)$

✏️ 중요

할론소화약제의 명명법

```
            C  F  Cl Br
   Halon    1  3  0  1
```

탄소원자수(C)
불소원자수(F)
염소원자수(Cl)
브로민원자수(Br)

※ 수소원자의 수=(첫 번째 숫자×2)+2ー나머지 숫자의 합

답 ①

★★★ 10 열에너지원 중 화학적 열에너지가 아닌 것은?

`21.03.문14`
`18.03.문05`
`16.05.문14`
`16.03.문17`
`15.03.문04`
`09.05.문06`
`05.09.문12`

① 분해열

② 용해열

③ 유도열

④ 생성열

해설 ③ 전기적 열에너지

열에너지원의 종류

기계열 (기계적 열에너지)	전기열 (전기적 열에너지)	화학열 (화학적 열에너지)
• **압**축열 • **마**찰열 • **마**찰스파크(스파크열)	• 유도열 보기 ③ • 유전열 • 저항열 • 아크열 • 정전기열 • 낙뢰에 의한 열	• **연**소열 • **용**해열 보기 ② • **분**해열 보기 ① • **생**성열 보기 ④ • **자**연발화열

기억법 기압마

기억법 화연용분생자

• 기계열=기계적 점화원=기계적 열에너지
• 전기열=전기적 점화원=전기적 열에너지
• 화학열=화학적 점화원=화학적 열에너지

답 ③

★★★ 11 피난계획의 일반원칙 중 Fool proof 원칙에 대한 설명으로 옳은 것은?

`23.03.문12`
`17.09.문02`
`15.05.문03`
`13.03.문05`

① 한 가지가 고장이 나도 다른 수단을 이용할 수 있도록 하는 원칙

② 두 방향의 피난동선을 항상 확보하는 원칙

③ 피난수단을 이동식 시설로 하는 원칙

④ 피난수단을 조작이 간편한 원시적 방법으로 하는 원칙

해설

①, ② Fail safe
③ 이동식 시설 → 고정식 시설(설비)

페일 세이프(fail safe)와 **풀 프루프**(fool proof)

용어	설명
페일 세이프 (fail safe)	① 한 가지 피난기구가 고장이 나도 다른 수단을 이용할 수 있도록 고려하는 것 ② 한 가지가 고장이 나도 다른 수단을 이용하는 원칙 보기 ① ③ **두 방향**의 피난동선을 항상 확보하는 원칙 보기 ②
풀 프루프 (fool proof)	① 피난경로는 간단 **명료**하게 한다. ② 피난구조설비는 **고정식 설비**를 위주로 설치한다. 보기 ③ ③ 피난수단은 **원시적 방법**에 의한 것을 원칙으로 한다. 보기 ④ ④ 피난통로를 **완전불연화**한다. ⑤ 막다른 복도가 없도록 계획한다. ⑥ **간단한 그림**이나 **색채**를 이용하여 표시한다.

답 ④

★★★ 12 칼륨이 물과 반응하면 위험한 이유는?

`21.05.문16`
`18.04.문17`
`15.03.문09`
`13.06.문15`
`10.05.문07`

① 수소가 발생하기 때문에

② 산소가 발생하기 때문에

③ 이산화탄소가 발생하기 때문에

④ 아세틸렌이 발생하기 때문에

해설 **주수소화**(물소화)시 위험한 물질

위험물	발생물질
무기과산화물	**산소**(O_2) 발생
① 금속분 ② 마그네슘 ③ 알루미늄 ④ 칼륨 보기 ① ⑤ 나트륨 ⑥ 수소화리튬	**수소**(H_2) 발생
가연성 액체의 유류화재(경유)	**연소면**(화재면) 확대

✏️ 중요

경유화재시 주수소화가 부적당한 이유
물보다 비중이 가벼워 물 위에 떠서 **화재 확대**의 우려가 있기 때문이다.

답 ①

★★★ 13
[23.05.문16]
[19.04.문19]
[16.05.문01]
[15.03.문14]
[13.06.문04]

0℃의 얼음 1g이 100℃의 수증기가 되려면 약 몇 cal의 열량이 필요한가? (단, 0℃ 얼음의 융해열은 80cal/g이고, 100℃ 물의 증발잠열은 539cal/g이다.)

① 539   ② 719

③ 939   ④ 1119

해설 물의 잠열

잠열 및 열량	설 명
80cal/g	융해잠열
539cal/g	기화(증발)잠열
639cal	0℃의 **물** 1g이 100℃의 수증기가 되는 데 필요한 열량
719cal	0℃의 **얼음** 1g이 100℃의 수증기가 되는 데 필요한 열량 보기 ②

답 ②

★★★ 14
[21.09.문01]
[19.04.문15]
[17.03.문15]
[16.10.문10]

상온·상압 상태에서 액체로 존재하는 할론으로만 연결된 것은?

① Halon 2402, Halon 1211

② Halon 1211, Halon 1011

③ Halon 1301, Halon 1011

④ Halon 1011, Halon 2402

해설 상온·상압에서의 상태

기체상태	액체상태
① Halon **13**01	① Halon 1011 보기 ④
② Halon **12**11	② Halon 104
③ **탄**산가스(CO₂)	③ Halon 2402 보기 ④

기억법 132탄기

답 ④

★★★ 15
[21.09.문06]
[17.03.문13]
[10.09.문08]

내화건축물과 비교한 목조건축물 화재의 일반적인 특징은?

① 고온 단기형   ② 저온 단기형

③ 고온 장기형   ④ 저온 장기형

해설

목조건축물의 화재온도 표준곡선	내화건축물의 화재온도 표준곡선
① 화재성상: **고**온 **단**기형 보기 ① ② 최고온도(최성기 온도): **1300℃**	① 화재성상: 저온 장기형 ② 최고온도(최성기 온도): 900~1000℃

기억법 목고단 13

• 목조건축물=목재건축물

답 ①

★★★ 16
[23.05.문07]
[18.03.문06]
[14.09.문14]
[14.05.문04]
[12.03.문04]
[07.05.문03]

적린의 착화온도는 약 몇 ℃인가?

① 34

② 157

③ 180

④ 260

해설

물 질	인화점	발화점
프로필렌	−107℃	497℃
에틸에터, 다이에틸에터	−45℃	180℃
가솔린(휘발유)	−43℃	300℃
이황화탄소	−30℃	100℃
아세틸렌	−18℃	335℃
아세톤	−18℃	538℃
에틸알코올	13℃	423℃
적린	−	**26**0℃ 보기 ④

기억법 적26(적이 육지에 있다.)

• 발화점=발화온도=착화온도=착화점

답 ④

★★★ 17
[23.09.문19]
[19.03.문18]
[15.09.문10]
[15.03.문05]
[14.09.문11]

물을 이용한 대표적인 소화효과로만 나열된 것은?

① 냉각효과, 부촉매효과

② 냉각효과, 질식효과

③ 질식효과, 부촉매효과

④ 제거효과, 냉각효과, 부촉매효과

해설 소화약제의 소화작용

소화약제	소화작용	주된 소화작용
물 (스프링클러)	• 냉각작용 • 희석작용	냉각작용 (냉각소화)
물(무상)	• **냉**각작용(증발잠열 이용) 보기 ② • **질**식작용 보기 ② • **유**화작용(에멀션 효과) • **희**석작용	질식작용 (질식소화)
포	• 냉각작용 • 질식작용	
분말	• 질식작용 • 부촉매작용 (억제작용) • 방사열 차단작용	
이산화탄소	• 냉각작용 • 질식작용 • 피복작용	

| 할론 | • 질식작용
• 부촉매작용
(억제작용) | **부**촉매작용
(연쇄반응 억제)
[기억법] **할부**(**할**아**버**지) |

[기억법] **물냉질유희**

• CO₂ 소화기=이산화탄소소화기
• 에멀션효과=에멀전효과
• 물은 부촉매효과는 없으므로 부촉매효과가 없는
②번이 정답

[중요]
부촉매효과
(1) 분말소화약제
(2) 할론소화약제
(3) 할로겐화합물소화약제

답 ②

18 포소화약제의 포가 갖추어야 할 조건으로 적합하지 않은 것은?
20.06.문08
13.03.문01
① 화재면과의 부착성이 좋을 것
② 응집성과 안정성이 우수할 것
③ 환원시간(drainage time)이 짧을 것
④ 약제는 독성이 없고 변질되지 말 것

[해설] ③ 짧을 것 → 길 것
포소화약제의 구비조건
(1) **유동성**이 좋아야 한다.
(2) **안정성**을 가지고 내열성이 있어야 한다.
(3) 독성이 적어야 한다(독성이 없고 변질되지 말 것). [보기 ④]
(4) 화재면에 부착하는 성질이 커야 한다(**응집성**과 **안정성**이 있을 것). [보기 ①, ②]
(5) 바람에 견디는 힘이 커야 한다.
(6) **유면봉쇄성**이 좋아야 한다.
(7) **내유성**이 좋아야 한다.
(8) 환원시간이 **길 것** [보기 ③]

[용어]
25% 환원시간(drainage time)
발포된 포중량의 25%가 원래의 포수용액으로 되돌아가는 데 걸리는 시간

답 ③

19 공기 중 산소의 농도를 낮추어 화재를 진압하는 소화방법에 해당하는 것은?
21.05.문06
19.03.문20
16.10.문03
14.09.문05
14.03.문03
13.06.문16
05.09.문09
① 부촉매소화
② 냉각소화
③ 제거소화
④ 질식소화

[해설] **소화방법**

소화방법	설 명
냉각소화	• **점**화원을 냉각하여 소화하는 방법 • **증**발잠열을 이용하여 열을 빼앗아 가연물의 온도를 떨어뜨려 화재를 진압하는 소화방법 • 다량의 **물**을 뿌려 소화하는 방법 • 가연성 물질을 **발화점 이하**로 **냉각** • **식**용유화재에 신선한 **야**채를 넣어 소화 [기억법] 냉점증발
질식소화	• 공기 중의 **산소농도**를 15~16%(16%, 10~15%) 이하로 희박하게 하여 소화하는 방법 [보기 ④] • **산**화제의 농도를 낮추어 연소가 지속될 수 없도록 함(산소의 농도를 낮추어 소화하는 방법) • **산**소공급을 차단하는 소화방법 [기억법] 질산
제거소화	• **가연물**을 **제거**하여 소화하는 방법
부촉매소화 (= 화학소화)	• **연쇄반응**을 **차단**하여 소화하는 방법 • 화학적인 방법으로 화재 억제
희석소화	• 기체·고체·액체에서 나오는 분해가스나 증기의 농도를 낮춰 소화하는 방법
유화소화	• 물을 무상으로 방사하여 유류표면에 **유화층**의 **막**을 **형성**시켜 공기의 접촉을 막아 소화하는 방법
피복소화	• 비중이 공기의 **1.5배** 정도로 무거운 소화약제를 방사하여 가연물의 구석구석까지 침투·피복하여 소화하는 방법

답 ④

20 다음 중 독성이 가장 강한 가스는?
20.06.문17
18.04.문09
17.09.문13
16.10.문12
14.09.문13
14.05.문07
14.05.문18
13.09.문19
08.05.문20
① C₃H₈
② O₂
③ CO₂
④ COCl₂

[해설] **연소가스**

구 분	설 명
일산화탄소 (CO)	• 화재시 흡입된 일산화탄소(CO)의 화학적 작용에 의해 **헤모글로빈**(Hb)이 혈액의 산소 운반작용을 저해하여 사람을 **질식·사망**하게 한다. • 목재류의 화재시 **인**명피해를 가장 많이 주며, 연기로 인한 의식불명 또는 질식을 가져온다. • 인체의 **폐**에 큰 자극을 준다. • **산**소와의 **결**합력이 극히 강하여 질식작용에 의한 독성을 나타낸다. [기억법] 일헤인 폐산결

이산화탄소 (CO_2)	연소가스 중 **가장 많은 양**을 차지하고 있으며 가스 그 자체의 독성은 거의 없으나 다량이 존재할 경우 호흡속도를 증가시키고, 이로 인하여 화재가스에 혼합된 유해가스의 혼입을 증가시켜 위험을 가중시키는 가스이다. 기억법 이많(**이만큼**)
암모니아 (NH_3)	• 나무, **페**놀수지, **멜**라민수지 등의 **질소함유물**이 연소할 때 발생하며, 냉동시설의 **냉**매로 쓰인다. • 눈·코·폐 등에 매우 **자극성**이 큰 가연성 가스이다. 기억법 암페 멜냉자
포스겐 ($COCl_2$) 보기 ④	매우 **독성**이 **강**한 가스로서 **소**화제인 **사**염화탄소(CCl_4)를 화재시에 사용할 때도 발생한다. 기억법 독강 소사포
황화수소 (H_2S)	• **달걀 썩는 냄새**가 나는 특성이 있다. • **황**분이 포함되어 있는 물질의 불완전 연소에 의하여 발생하는 가스이다. • **자극성**이 있다. 기억법 황달자
아크롤레인 ($CH_2=CHCHO$)	독성이 매우 높은 가스로서 **석유제품**, **유지** 등이 연소할 때 생성되는 가스이다. 기억법 아석유
시안화수소 (HCN, 청산가스)	**질소**성분을 가지고 있는 **합성수지**, 동물의 털, 인조견 등의 섬유가 불완전연소할 때 발생하는 맹독성 가스로 **0.3%**의 농도에서 즉시 사망할 수 있다.
아황산가스 (SO_2, 이산화황)	• **황**이 함유된 물질인 **동물의 털, 고무** 등이 연소하는 화재시에 발생되며 **무색**의 자극성 냄새를 가진 유독성 기체 • 눈 및 호흡기 등에 점막을 상하게 하고 질식사할 우려가 있다.
프로판 (C_3H_8)	• LPG의 주성분 • 물보다 가볍다.

답 ④

제2과목 소방유체역학

★★★ 21
비중이 0.75인 액체와 비중량이 6700N/m³인 액체를 부피비 1 : 2로 혼합한 혼합액의 밀도는 약 몇 kg/m³인가?

23.09.문21
22.04.문24
18.04.문33

① 688 ② 706
③ 727 ④ 748

해설 **(1) 기호**
• s : 0.75
• γ_B : 6700N/m³
• ρ : ?

(2) 비중
$$s = \frac{\gamma}{\gamma_w} = \frac{\rho}{\rho_w}$$

여기서, s : 비중
γ : 어떤 물질의 비중량[N/m³]
γ_w : 물의 비중량(9800N/m³)
ρ : 어떤 물질의 밀도[kg/m³]
ρ_w : 물의 밀도(1000kg/m³)

어떤 물질의 비중량 $\gamma = s \times \gamma_w$
비중이 0.75인 액체를 γ_A, $\gamma_B = 6700N/m^3$이라 하면
$\gamma_A = s \cdot \gamma_w = 0.75 \times 9800N/m^3 = 7350N/m^3$
γ_A와 γ_B를 1 : 2로 혼합했으므로 혼합액의 비중량 γ는
$$\gamma = \frac{\gamma_A \times 1 + \gamma_B \times 2}{3}$$
$$= \frac{7350N/m^3 \times 1 + 6700N/m^3 \times 2}{3} ≒ 6916.67N/m^3$$

$\dfrac{\gamma}{\gamma_w} = \dfrac{\rho}{\rho_w}$ 에서

혼합액의 밀도 ρ는
$$\rho = \frac{\gamma \times \rho_w}{\gamma_w}$$
$$= \frac{6916.67N/m^3 \times 1000kg/m^3}{9800N/m^3} ≒ 706kg/m^3$$

답 ②

★★★ 22
웨버수(Weber number)의 물리적 의미를 옳게 나타낸 것은?

22.04.문35
17.05.문33
08.09.문27

① $\dfrac{관성력}{표면장력}$ ② $\dfrac{관성력}{중력}$
③ $\dfrac{표면장력}{관성력}$ ④ $\dfrac{중력}{관성력}$

해설 **무차원수**의 물리적 의미

명 칭	물리적 의미
레이놀즈(Reynolds)수	$\dfrac{관성력}{점성력}$ 기억법 레관점
프루드(Froude)수	$\dfrac{관성력}{중력}$ 기억법 프관중
코시(Cauchy)수	$\dfrac{관성력}{탄성력}$
웨버(Weber)수	$\dfrac{관성력}{표면장력}$ 보기 ① 기억법 웨관표
오일러(Euler)수	$\dfrac{압축력}{관성력}$
마하(Mach)수	$\dfrac{관성력}{압축력}$

답 ①

★★★
23 다음 그림과 같은 U자관 차압마노미터가 있다. 압력차 $P_A - P_B$를 바르게 표시한 것은? (단, γ_1, γ_2, γ_3는 비중량, h_1, h_2, h_3는 높이 차이를 나타낸다.)

23.05.문27
21.03.문22
19.09.문36
19.03.문30
13.06.문25

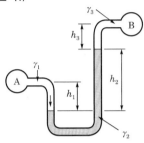

① $-\gamma_1 h_1 - \gamma_2 h_2 + \gamma_3 h_3$

② $-\gamma_1 h_1 + \gamma_2 h_2 + \gamma_3 h_3$

③ $\gamma_1 h_1 + \gamma_2 h_2 - \gamma_3 h_3$

④ $\gamma_1 h_1 - \gamma_2 h_2 - \gamma_3 h_3$

해설 (1) 주어진 값

- 압력차 : $P_A - P_B$(kN/m²=kPa)
- 비중량 : γ_1, γ_2, γ_3(kN/m³)
- 높이차 : h_1, h_2, h_3(m)

(2) 압력차

$$P_A + \gamma_1 h_1 - \gamma_2 h_2 - \gamma_3 h_3 = P_B$$
$$P_A - P_B = -\gamma_1 h_1 + \gamma_2 h_2 + \gamma_3 h_3$$

🔧 **중요**

시차액주계의 압력계산방법
점 A를 기준으로 내려가면 더하고, 올라가면 빼면 된다.

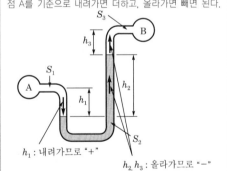

h_1 : 내려가므로 "+"

h_2, h_3 : 올라가므로 "−"

답 ②

★★★
24 안지름이 2cm인 원관 내에 물을 흐르게 하여 층류 상태로부터 점차 유속을 빠르게 하여 완전난류 상태로 될 때의 한계유속(cm/s)은? (단, 물의 동점성계수는 0.01cm²/s, 완전난류가 되는 임계 레이놀즈수는 4000이다.)

22.03.문33
19.09.문35
15.09.문27
14.09.문33
05.05.문23

① 10

② 15

③ 20

④ 40

해설 (1) 기호

- D : 2cm
- V : ?
- ν : 0.01cm²/s
- Re : 4000

(2) 레이놀즈수

$$Re = \frac{DV\rho}{\mu} = \frac{DV}{\nu}$$

여기서, Re : 레이놀즈수
D : 내경(m)
V : 유속(m/s)
ρ : 밀도(kg/m³)
μ : 점성계수(kg/m · s)
ν : 동점성계수$\left(\dfrac{\mu}{\rho}\right)$(m²/s)

유속 V는

$$V = \frac{Re\,\nu}{D} = \frac{4000 \times 0.01\text{cm}^2/\text{s}}{2\text{cm}} = 20\text{cm/s}$$

답 ③

★★★
25 다음 중 캐비테이션(공동현상) 방지방법으로 옳은 것을 모두 고른 것은?

23.09.문23
19.09.문27
16.10.문29
15.09.문37
14.09.문34
14.05.문33
11.03.문83

ⓐ 펌프의 설치위치를 낮추어 흡입양정을 작게 한다.
ⓑ 흡입관 지름을 작게 한다.
ⓒ 펌프의 회전수를 작게 한다.

① ㉠, ㉡

② ㉠, ㉢

③ ㉡, ㉢

④ ㉠, ㉡, ㉢

해설 ㉡ 작게 → 크게

공동현상(cavitation, 캐비테이션)

개요	펌프의 흡입측 배관 내의 물의 정압이 기존의 증기압보다 낮아져서 기포가 발생되어 물이 흡입되지 않는 현상
발생 현상	• **소음과 진동** 발생 • 관 부식(펌프깃의 침식) • **임펠러**의 **손상**(수차의 날개를 해친다.) • 펌프의 성능 저하(양정곡선 저하) • 효율곡선 **저하**
발생 원인	• **펌프**가 물탱크보다 부적당하게 **높게** 설치되어 있을 때 • 펌프 **흡입수두**가 지나치게 **클 때** • 펌프 **회전수**가 지나치게 **높을 때** • 관내에 흐르는 물의 **정압**이 그 물의 온도에 해당하는 증기압보다 **낮을 때**
방지 대책 (방지 방법)	• 펌프의 흡입수두를 작게 한다.(흡입양정을 작게 한다.) 보기 ㉠ • 펌프의 마찰손실을 작게 한다. • 펌프의 임펠러속도(**회전수**)를 작게 한다. 보기 ㉢ • 펌프의 설치위치를 수원보다 낮게 한다. • 양흡입펌프를 사용한다.(펌프의 흡입측을 가압한다.) • 관내의 물의 정압을 그때의 증기압보다 높게 한다. • 흡입관의 구경(지름)을 **크게** 한다. 보기 ㉡ • 펌프를 **2개** 이상 설치한다. • 회전차를 수중에 완전히 잠기게 한다.

비교

수격작용(water hammering)	
개요	• 배관 속의 물흐름을 급히 차단하였을 때 동압이 정압으로 전환되면서 일어나는 **쇼크**(shock)현상 • 배관 내를 흐르는 유체의 유속을 급격하게 변화시키므로 압력이 상승 또는 하강하여 관로의 벽면을 치는 현상
발생 원인	• 펌프가 갑자기 정지할 때 • 급히 밸브를 개폐할 때 • 정상운전시 유체의 압력변동이 생길 때
방지 대책 (방지 방법)	• **관**의 관경(직경)을 크게 한다. • 관내의 유속을 낮게 한다.(관로에서 일부 고압수를 방출한다.) • **조압수조**(surge tank)를 관선에 설치한다. • **플라이휠**(fly wheel)을 설치한다. • 펌프 송출구(토출측) 가까이에 밸브를 설치한다. • **에어챔버**(air chamber)를 설치한다.

기억법 수방관플에

답 ②

 ★★★
26 체적이 0.031m³인 액체에 61000kPa의 압력을 가했을 때 체적이 0.025m³가 되었다. 이때 액체의 체적탄성계수는 약 얼마인가?

21.03.문35
19.09.문33
18.03.문37
12.03.문30

① 2.38×10^8Pa　　② 2.62×10^8Pa
③ 1.23×10^8Pa　　④ 3.15×10^8Pa

해설 **(1) 기호**

• V : 0.031m³
• ΔP : 61000kPa
• ΔV : (0.031−0.025)m³
• K : ?

(2) 체적탄성계수

$$K = -\frac{\Delta P}{\dfrac{\Delta V}{V}}$$

여기서, K : 체적탄성계수(kPa)
　　　　ΔP : 가해진 압력(kPa)
　　　　$\dfrac{\Delta V}{V}$: 체적의 감소율
　　　　ΔV : 체적의 변화(체적의 차)(m³)
　　　　V : 처음 체적(m³)

체적탄성계수 K는

$$K = -\frac{\Delta P}{\dfrac{\Delta V}{V}} = -\frac{61000 \times 10^3 \text{Pa}}{\dfrac{(0.031 - 0.025)\text{m}^3}{0.031\text{m}^3}}$$

$$\fallingdotseq -315000000\text{Pa} = -3.15 \times 10^8 \text{Pa}$$

• '−'는 누르는 방향이 위 또는 아래를 나타내는 것으로 특별한 의미는 없다.

용어

체적탄성계수
어떤 압력으로 누를 때 이를 떠받치는 힘의 크기를 의미하며, 체적탄성계수가 클수록 압축하기 힘들다.

답 ④

★★★
27 옥내소화전설비에서 노즐구경이 같은 노즐에서 방수압력(계기압력)을 9배로 올리면 방수량은 몇 배로 되는가?

21.09.문28
15.05.문35
06.09.문29

① $\sqrt{3}$　　　② 2
③ 3　　　　④ 9

해설 **(1) 기호**

• P : 9배
• Q : ?

(2) 방수량

$$Q = 0.653D^2\sqrt{10P} = 0.6597CD^2\sqrt{10P}$$

여기서, Q : 방수량(L/min)
　　　　C : 유량계수(노즐의 흐름계수)
　　　　D : 구경(mm)
　　　　P : 방수압(MPa)

$$Q = 0.653D^2\sqrt{10P} \propto \sqrt{P} = \sqrt{9} = 3$$

∴ 3배

답 ③

★★★
28 그림과 같은 단순 피토관에서 물의 유속(m/s)은?

20.06.문38
17.05.문26
02.03.문23

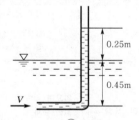

① 1.71　　　② 1.98
③ 2.21　　　④ 3.28

해설 **(1) 기호**

• H : 0.25m(그림에 주어짐)
• V : ?

(2) 피토관의 유속

$$V = C\sqrt{2gH}$$

여기서, V : 유속(m/s)
　　　　C : 측정계수(속도계수)
　　　　g : 중력가속도(9.8m/s²)
　　　　H : 높이(수면에서의 높이)(m)

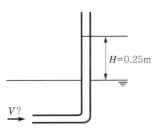

| 피토관 |

피토관 유속 V는

$$V = C\sqrt{2gH} = \sqrt{2 \times 9.8\text{m/s}^2 \times 0.25\text{m}} \doteqdot 2.21\text{m/s}$$

- C : 주어지지 않았으므로 무시

답 ③

★★★
29 유체에 대한 일반적인 설명으로 틀린 것은?

20.08.문26
19.09.문28
14.05.문30
14.03.문24
13.03.문38

① 아무리 작은 전단응력이라도 물질 내부에 전단응력이 생기면 정지상태로 있을 수가 없다.
② 점성이 작은 유체일수록 유동저항이 작아 더 쉽게 움직일 수 있다.
③ 충격파는 비압축성 유체에서는 잘 관찰되지 않는다.
④ 유체에 미치는 압축의 정도가 커서 밀도가 변하는 유체를 비압축성 유체라 한다.

해설 ④ 비압축성 유체 → 압축성 유체

유체의 종류

종류	설명
실제유체	**점**성이 **있**으며, **압**축성인 유체 기억법 **실점있압**(**실점**이 있는 사람만 **압**박해!)
이상유체	① 점성이 없으며(비점성), **비압축성**인 유체 ② 유체유동시 **마찰전단응력**이 발생하지 **않으며** 압력변화에 따른 **체적변화가 없는 유체** ③ 유체유동시 마찰전단응력이 발생하지 않으며 분자 간에 분자력이 작용하지 않는 유체
압축성 유체	① **기**체와 같이 체적이 변화하는 유체 기억법 **기압**(**기압**) ② 밀도가 변하는 유체 보기 ④
비압축성 유체	① **액**체와 같이 체적이 변화하지 않는 유체 ② **충격파**는 잘 관찰되지 **않음** 보기 ③
점성 유체	유동시 마찰저항이 유발되는 유체
비점성 유체	유동시 마찰저항이 유발되지 않는 유체

답 ④

★★
30 600K의 고온열원과 300K의 저온열원 사이에서 작동하는 카르노사이클에 공급하는 열량이 사이클당 200kJ이라 할 때 1사이클당 외부에 하는 일은?

16.03.문26
05.03.문31

① 100kJ ② 200kJ
③ 300kJ ④ 400kJ

해설 (1) 기호

- T_H : 600K
- T_L : 300K
- Q_H : 200kJ
- W : ?

(2) 일

$$\frac{W}{m\,Q_H} = 1 - \frac{T_L}{T_H}$$

여기서, W : 출력(일)[kJ]
 m : 질량[kg]
 Q_H : 열량[kJ]
 T_L : 저온[K]
 T_H : 고온[K]

출력(일) W는

$$W = m\,Q_H\left(1 - \frac{T_L}{T_H}\right) = 200\text{kJ}\left(1 - \frac{300\text{K}}{600\text{K}}\right) = 100\text{kJ}$$

- m (질량)은 주어지지 않았으므로 무시

답 ①

★★
31 그림과 같이 수평으로 분사된 유량 Q의 분류가 경사진 고정평판에 충돌한 후 양쪽으로 분리되어 흐르고 있다. 위방향의 유량이 $Q_1 = 0.7Q$일 때 수평선과 판이 이루는 각 θ는 몇 도인가? (단, 이상유체의 흐름이고 중력과 압력은 무시한다.)

16.03.문35
12.03.문40

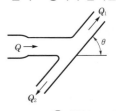

① 76.4 ② 66.4
③ 56.4 ④ 46.4

해설 (1) 기호

- Q_1 : $0.7\,Q$
- θ : ?

(2) **경사 고정평판**에 충돌하는 분류(Q_1)

$$Q_1 = \frac{Q}{2}(1 + \cos\theta)$$

여기서, Q_1 : 분류 유량[m³/s]

Q : 전체 유량[m³/s]

θ : 각도

$$Q_1 = \frac{Q}{2}(1+\cos\theta)$$

$$0.7Q = \frac{Q}{2}(1+\cos\theta)$$

$$\frac{0.7\cancel{Q}}{\dfrac{\cancel{Q}}{2}} = 1+\cos\theta$$

$$0.7 \times 2 = 1+\cos\theta$$

$$(0.7 \times 2)-1 = \cos\theta$$

$$0.4 = \cos\theta$$

$$\cos\theta = 0.4$$

$$\therefore \theta = \cos^{-1}0.4 \fallingdotseq 66.4°$$

비교

경사 고정평판에 충돌하는 분류(Q_2)

$$Q_2 = \frac{Q}{2}(1-\cos\theta)$$

여기서, Q_2 : 분류 유량[m³/s]

Q : 전체 유량[m³/s]

θ : 각도

답 ②

32
20.06.문29
12.09.문29

밑면은 한 변의 길이가 2m인 정사각형이고 높이가 4m인 직육면체 탱크에 비중이 0.8인 유체를 가득 채웠다. 유체에 의해 탱크의 한쪽 측면에 작용하는 힘은 약 몇 kN인가?

① 125.44
② 169.2
③ 178.4
④ 186.2

해설

$$F=\gamma h A$$

(1) **기호**

- A : (2m×4m)
- h : $\dfrac{4\text{m}}{2}=2\text{m}$
- s : 0.8
- F : ?

(2) **비중**

$$s = \frac{\gamma}{\gamma_w}$$

여기서, s : 비중

γ : 어떤 물질의 비중량[N/m³]

γ_w : 물의 비중량(9800N/m³)

비중 0.8인 유체의 비중량 γ는

$\gamma = s \cdot \gamma_w$

$= 0.8 \times 9800\text{N/m}^3$

$= 7840\text{N/m}^3$

$= 7.84\text{kN/m}^3$

- 1000N=1kN이므로 7840N/m³=7.84kN/m³

(3) **전압력**(한쪽 측면에 작용하는 힘)

$$F=\gamma h A$$

여기서, F : 전압력[N]

γ : 비중량(물의 비중량 9800N/m³)

h : 표면에서 수문 중심까지의 수직거리[m]

A : 단면적[m²]

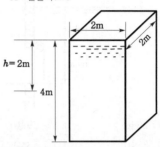

한쪽 측면에 작용하는 힘 F는

$F=\gamma h A$

$= 7.84\text{kN/m}^3 \times 2\text{m} \times (2\text{m} \times 4\text{m}) = 125.44\text{kN}$

답 ①

33
15.09.문35
13.09.문30

펌프 양수량 0.6m³/min, 관로의 전손실수두 5.5m인 펌프가 펌프 중심으로부터 2.5m 아래에 있는 물을 펌프 중심으로부터 23m 위의 송출액면에 양수할 때 펌프에 공급해야 할 동력은 몇 kW인가?

① 1.513
② 1.974
③ 2.548
④ 3.038

해설

(1) **기호**

- Q : 0.6m³/min
- H : (2.5+23+5.5)m
- P : ?

(2) **전동력**

$$P = \frac{0.163QH}{\eta}K$$

여기서, P : 전동력[kW]

Q : 유량[m³/min]

H : 전양정[m]

K : 전달계수

η : 효율

전동력 P는

$$P = \frac{0.163QH}{\eta}K$$

$= 0.163 \times 0.6\text{m}^3/\text{min} \times (2.5+23+5.5)\text{m}$

$\fallingdotseq 3.038\text{kW}$

- 전양정(H)=흡입양정+토출양정+전손실수두
  $= (2.5+23+5.5)\text{m}$
- K : 주어지지 않았으므로 무시
- η : 주어지지 않았으므로 무시

답 ④

★★★
34 그림에서 수문이 열리지 않도록 하기 위하여 수
문의 하단에 받쳐 주어야 할 최소 힘 P는 약 몇
N인가? (단, 수문의 폭은 1m이다.)

14.03.문29
10.09.문29

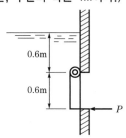

① 2640
② 2940
③ 3540
④ 5340

해설 **(1) 기호**

- $P(F_B)$: ?
- A : $(0.6 \times 1) \text{m}^2$
- h : $0.6\text{m} + \dfrac{0.6\text{m}}{2} = 0.9\text{m}$
- b : 1m
- a : 0.6m

(2) 수평면에 작용하는 힘

$$F = \gamma h A$$

여기서, F : 수평면에 작용하는 힘[N]
　　　　γ : 비중량(물의 비중량 9800N/m³)
　　　　h : 표면에서 수문 중심까지의 수직거리[m]
　　　　A : 수문의 단면적[m²]

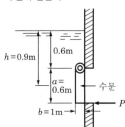

$$F = \gamma h A = 9800\text{N/m}^3 \times 0.9\text{m} \times (0.6 \times 1)\text{m}^2 = 5292\text{N}$$

(3) 작용점 깊이

명 칭	구형(rectangle)
형 태	그림
A (면적)	$A = bh$
y_c (중심위치)	$y_c = y$
I_c (관성능률)	$I_c = \dfrac{bh^3}{12}$

$$y_p = y_c + \frac{I_c}{A y_c}$$

여기서, y_p : 작용점 깊이(작용위치)[m]
　　　　y_c : 중심위치[m]
　　　　I_c : 관성능률$\left(I_c = \dfrac{bh^3}{12} \right)$
　　　　A : 단면적[m²]$(A = bh)$

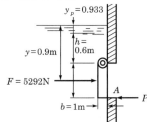

작용점 깊이 y_p는

$$y_p = y_c + \frac{I_c}{A y_c}$$

$$= y + \frac{\dfrac{bh^3}{12}}{(bh)y}$$

$$= 0.9\text{m} + \frac{\dfrac{1\text{m} \times (0.6\text{m})^3}{12}}{(1 \times 0.6)\text{m}^2 \times 0.9\text{m}} = 0.933\text{m}$$

(4) 수문하단에 받쳐주어야 할 힘

$$F(y_p - h_a) = F_B a$$

여기서, F : 수평면에 작용하는 힘[N]
　　　　y_p : 작용점 깊이(작용위치)[m]
　　　　h_a : 표면에서 수문입구까지의 수직거리[m]
　　　　F_B : 수문의 하단에 받쳐주어야 할 힘[N]
　　　　a : 수문길이[m]

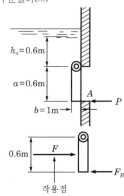

$$F(y_p - h_a) = F_B a$$
$$5292\text{N} \times (0.933 - 0.6)\text{m} = F_B \times 0.6\text{m}$$
$$F_B = \frac{5292\text{N} \times (0.933 - 0.6)\text{m}}{0.6\text{m}} = 2940\text{N}$$

용어

관성능률
(1) 어떤 물체를 회전시키려 할 때 잘 돌아가지 않으
　려는 성질
(2) 각 운동상태의 변화에 대하여 그 물체가 지니고
　있는 저항적 성질

답 ②

35 그림과 같은 원형 관에 유체가 흐르고 있다. 원형 관 내의 유속분포를 측정하여 실험식을 구하였더니 $V = V_{max} \dfrac{(r_0^2 - r^2)}{r_0^2}$ 이었다. 관속을 흐르는 유체의 평균속도는 얼마인가?

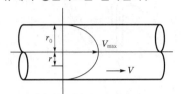

① $\dfrac{V_{max}}{8}$ ② $\dfrac{V_{max}}{4}$

③ $\dfrac{V_{max}}{2}$ ④ V_{max}

> 문제에서 층류인지 난류인지 알 수 없으므로 $V = \dfrac{V_{max}}{2}$
> 또는 $V = 0.8 V_{max}$ 가 정답인데 여기서는 $V = \dfrac{V_{max}}{2}$ 만 있으므로 ③이 정답

‖ 층류와 난류 ‖

구 분	층 류		난 류
흐 름	정상류		비정상류
레이놀즈수	2100 이하		4000 이상
손실수두	유체의 속도를 알 수 있는 경우 $H = \dfrac{flV^2}{2gD}$ [m] (다르시-바이스바하의 식)	유체의 속도를 알 수 없는 경우 $H = \dfrac{128\mu Ql}{\gamma\pi D^4}$ [m] (하젠-포아젤의 식)	$H = \dfrac{2flV^2}{gD}$ [m] (패닝의 법칙)
전단응력	$\tau = \dfrac{p_A - p_B}{l} \cdot \dfrac{r}{2}$ [N/m²]		$\tau = \mu \dfrac{du}{dy}$ [N/m²]
평균속도	$V = \dfrac{V_{max}}{2}$ 보기 ③		$V = 0.8 V_{max}$
전이길이	$L_t = 0.05 Re\, D$ [m]		$L_t = 40 \sim 50\, D$ [m]
관마찰계수	$f = \dfrac{64}{Re}$		–

답 ③

36 ★★★ 다음 계측기 중 측정하고자 하는 것이 다른 것은?

23.09.문 29
18.03.문 29

① Bourdon 압력계
② U자관 마노미터
③ 피에조미터
④ 열선풍속계

> 해설
> ①~③ 정압측정
> ④ 유속측정

정압측정	유속측정(동압측정)	유량측정
① **정**압관 (Static tube)	① **시**차액주계 (Differential manometer)	① 벤투리미터 (Venturimeter)
② **피**에조미터 (Piezometer) 보기 ③	② **피**토관 (Pitot-tube)	② 오리피스 (Orifice)
③ **부**르동압력계 (Bourdon 압력계) 보기 ①	③ **피**토-정압관 (Pitot-static tube)	③ 위어 (Weir)
④ **마**노미터(U자관 마노미터) 보기 ②	④ **열**선속도계 (Hot-wire anemometer) 보기 ④	④ 로터미터 (Rotameter)

기억법 정피마부, 유시피열

• 열선속도계＝열선풍속계

답 ④

37 ★ 그림과 같이 수평면에 대하여 60° 기울어진 경사관에 비중(s)이 13.6인 수은이 채워져 있으며, A와 B에는 물이 채워져 있다. A의 압력이 250kPa, B의 압력이 200kPa일 때, 길이 L은 약 몇 cm인가?

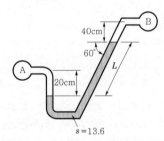

① 33.3   ② 38.2
③ 41.6   ④ 45.1

> 해설
> (1) **기호**
> • θ : 60°
> • s : 13.6
> • P_A : 250kPa
> • P_B : 200kPa
> • L : ?

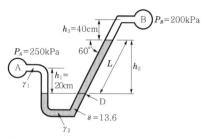

(2) 비중

$$s = \frac{\gamma}{\gamma_w}$$

여기서, s : 비중

γ : 어떤 물질의 비중량[kN/m³]

γ_w : 물의 비중량[kN/m³]

- γ_w (물의 비중량)=9800N/m³=9.8kN/m³

$\gamma_2 = s \times \gamma_w = 13.6 \times 9.8$kN/m³$= 133.28$kN/m³

(3) 압력차

$$P_A + \gamma_1 h_1 - \gamma_2 h_2 - \gamma_3 h_3 = P_B$$

여기서, P_A : A의 압력[kPa]

γ_1, γ_2, γ_3 : 비중량[kN/m³]

h_1, h_2, h_3 : 액주계의 높이[m]

P_B : B의 압력[kPa]

- 1kPa=1kN/m²

$P_A + \gamma_1 h_1 = P_B + \gamma_2 h_2 + \gamma_3 h_3$

250kPa+9.8kN/m³$\times 20$cm
=200kPa+133.28kN/m³$\times h_2$+9.8kN/m³
$\times 40$cm

250kPa+9.8kN/m³$\times 0.2$m
=200kPa+133.28kN/m³$\times h_2$+9.8kN/m³$\times 0.4$m

250kPa+1.96kN/m²
=200kPa+133.28kN/m³$\times h_2$+3.92kN/m²

251.96kN/m²$=203.92$kN/m²$+133.28$kN/m³$\times h_2$

$(251.96 - 203.92)$kN/m²$= 133.28$kN/m³$\times h_2$

133.28kN/m³$\times h_2 = (251.96 - 203.92)$kN/m²

$$h_2 = \frac{(251.96 - 203.92)\text{kN/m}^2}{133.28\text{kN/m}^3}$$

$≒ 0.3604$m$= 36.04$cm

(4) 경사길이

$$\sin\theta = \frac{h_2}{L}$$

여기서, θ : 각도[°]

h_2 : 마노미터 읽음[m]

L : 마노미터 경사길이[m]

$$L = \frac{h_2}{\sin\theta} = \frac{36.04\text{cm}}{\sin 60°} ≒ 41.6\text{cm}$$

중요

시차액주계의 압력계산방법

점 A를 기준으로 내려가면 더하고, 올라가면 빼면 된다.

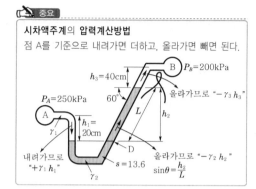

답 ③

38 부차적 손실계수가 5인 밸브가 관에 부착되어 있으며 물의 평균유속이 4m/s인 경우, 이 밸브에서 발생하는 부차적 손실수두는 몇 m인가?

19.03.문31
14.09.문36
04.03.문24

① 61.3   ② 6.13

③ 40.8   ④ 4.08

해설 **(1) 기호**

- K_L : 5
- V : 4m/s
- H : ?

(2) 부차적 손실수두

$$H = K_L \frac{V^2}{2g}$$

여기서, H : 부차적 손실수두[m]

K_L : 손실계수

V : 유속[m/s]

g : 중력가속도(9.8m/s²)

부차적 손실수두 H는

$$H = K_L \frac{V^2}{2g} = 5 \times \frac{(4\text{m/s})^2}{2 \times 9.8\text{m/s}^2} ≒ 4.08\text{m}$$

답 ④

39 유체에 관한 설명 중 옳은 것은?

20.08.문26
19.04.문26
19.09.문28

① 실제유체는 유동할 때 마찰손실이 생기지 않는다.

② 이상유체는 높은 압력에서 밀도가 변화하는 유체이다.

③ 유체에 압력을 가하면 체적이 줄어드는 유체는 압축성 유체이다.

④ 압력을 가해도 밀도변화가 없으며 점성에 의한 마찰손실만 있는 유체가 이상유체이다.

해설

① 생기지 않는다. → 생긴다.
② 변화하는 → 변화하지 않는
④ 점성에 의한 마찰손실만 있는 → 점도 없으며 마찰손실도 없는

구분	설명
실제유체	① **점성**이 있으며, **압축성**인 유체 ② 유동시 마찰이 존재하는 유체 보기 ①
이상유체	① **점성**이 **없으며**, **비압축성**인 유체 보기 ④ ② 밀도가 변화하지 않는 유체 보기 ② ③ 마찰이 없는 유체 보기 ④
압축성 유체	압력을 가하면 체적이 줄어드는 유체 보기 ③

답 ③

★★★ 40

22.03.문31
17.05.문22
09.05.문23

회전속도 1000rpm일 때 유량 Q[m³/min], 전양정 H[m]인 원심펌프가 상사한 조건에서 회전속도가 1200rpm으로 작동할 때 유량 및 전양정은 어떻게 변하는가?

① 유량=$1.2Q$, 전양정=$1.44H$
② 유량=$1.2Q$, 전양정=$1.2H$
③ 유량=$1.44Q$, 전양정=$1.44H$
④ 유량=$1.44Q$, 전양정=$1.2H$

해설 (1) 기호

- N_1 : 1000rpm
- N_2 : 1200rpm
- Q_2 : ?
- H_2 : ?

(2) 유량(송출량)

$$Q_2 = Q_1 \times \left(\frac{N_2}{N_1} \right)$$

여기서, Q_2 : 변경 후 유량[m³/min]
Q_1 : 변경 전 유량[m³/min]
N_2 : 변경 후 회전수[rpm]
N_1 : 변경 전 회전수[rpm]

유량 Q_2는

$$Q_2 = Q_1 \times \left(\frac{N_2}{N_1} \right) = Q_1 \times \left(\frac{1200 \mathrm{rpm}}{1000 \mathrm{rpm}} \right) = 1.2 Q_1$$

(3) 양정(전양정)

$$H_2 = H_1 \times \left(\frac{N_2}{N_1} \right)^2$$

여기서, H_2 : 변경 후 양정[m]
H_1 : 변경 전 양정[m]
N_2 : 변경 후 회전수[rpm]
N_1 : 변경 전 회전수[rpm]

양정 H_2는

$$H_2 = H_1 \times \left(\frac{N_2}{N_1} \right)^2 = H_1 \times \left(\frac{1200 \mathrm{rpm}}{1000 \mathrm{rpm}} \right)^2 = 1.44 H_1$$

답 ①

제 3 과목 소방관계법규

★★★ 41

22.03.문42
20.06.문55
19.04.문46
16.05.문47
15.05.문50
15.05.문57
11.03.문42
10.05.문46

소방기본법령상 소방용수시설인 저수조의 설치기준으로 맞는 것은?

① 흡수부분의 수심이 0.5m 이하일 것
② 지면으로부터의 낙차가 4.5m 이하일 것
③ 흡수관의 투입구가 사각형의 경우에는 한 변의 길이가 60cm 이하일 것
④ 저수조에 물을 공급하는 방법은 상수도에 연결하여 수동으로 급수되는 구조일 것

해설

① 0.5m 이하 → 0.5m 이상
③ 60cm 이하 → 60cm 이상
④ 수동으로 → 자동으로

기본규칙 〔별표 3〕
소방용수시설의 저수조의 설치기준

구 분	기 준
낙차	**4.5m** 이하 보기 ②
수심	**0.5m** 이상 보기 ①
투입구의 길이 또는 지름	**60cm** 이상 보기 ③

(1) 소방펌프자동차가 **쉽게 접근**할 수 있도록 할 것
(2) 흡수에 지장이 없도록 **토사 및 쓰레기** 등을 제거할 수 있는 설비를 갖출 것
(3) 저수조에 물을 공급하는 방법은 **상수도**에 연결하여 **자동**으로 **급수**되는 구조일 것 보기 ④

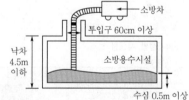

낙차 4.5m 이하 / 투입구 60cm 이상 / 소방차 / 소방용수시설 / 수심 0.5m 이상

비교

개구부 vs 흡수관 투입구	
개구부	흡수관 투입구
지름 50cm(0.5m) 이상	지름 60cm(0.6m) 이상

답 ②

★★★ 42

22.03.문47
20.08.문59
17.09.문43

소방시설 설치 및 관리에 관한 법령상 특정소방대상물에 설치되어 소방본부장 또는 소방서장의 건축허가 등의 동의대상에서 제외되게 하는 소방시설이 아닌 것은? (단, 설치되는 소방시설은 화재안전기준에 적합하다.)

① 유도표지
② 누전경보기
③ 비상조명등
④ 인공소생기

해설 소방시설법 시행령 7조 〔별표 1〕
건축허가 등의 동의대상 제외
(1) **소**화기구
(2) 자동소화장치
(3) **누**전경보기 보기 ②
(4) 단독경보형 감지기
(5) 시각경보기
(6) 가스누설경보기
(7) **피**난구조설비(비상조명등 제외)
(8) **인**명구조기구 ── **방열**복
　　　　　　　　├─ 방**화**복(안전모, 보호장갑, 안전화 포함)
　　　　　　　　├─ **공**기호흡기
　　　　　　　　└─ **인**공소생기 보기 ④

> **기억법** 방화열공인

(9) **유**도등
(10) **유**도표지 보기 ①
(11) 건축물의 증축 또는 용도변경으로 인하여 해당 특정소방대상물에 추가로 소방시설이 설치되지 않는 경우 해당 특정소방대상물

> **기억법** 소누피 유인(**스누피**를 **유인**하다.)

답 ③

★★★ 43

23.05.문52
21.09.문41
19.04.문42
17.03.문59
15.03.문51
13.06.문44

제조 또는 가공 공정에서 방염처리를 하는 방염대상물품으로 틀린 것은? (단, 합판·목재류의 경우에는 설치현장에서 방염처리를 한 것을 포함한다.)

① 카펫
② 창문에 설치하는 커튼류
③ 두께가 2mm 미만인 종이벽지
④ 전시용 합판 또는 섬유판

해설

> ③ 두께 2mm 미만인 종이벽지 → 두께 2mm 미만인 종이벽지 제외

소방시설법 시행령 31조
방염대상물품

제조 또는 가공 공정에서 방염처리를 한 물품	건축물 내부의 천장이나 벽에 부착하거나 설치하는 것
① 창문에 설치하는 **커튼류** (블라인드 포함) 보기 ②	① 종이류(두께 **2mm 이상**), 합성수지류 또는 섬유류를 주원료로 한 물품
② 카펫 보기 ①	② 합판이나 목재
③ 벽지류(두께 **2mm 미만**인 종이벽지 제외) 보기 ③	③ 공간을 구획하기 위하여 설치하는 간이칸막이
④ 전시용 합판·목재 또는 섬유판 보기 ④	④ 흡음재(흡음용 커튼 포함) 또는 방음재(방음용 커튼 포함)
⑤ 무대용 합판·목재 또는 섬유판	※ 가구류(옷장, 찬장, 식탁, 식탁용 의자, 사무용 책상, 사무용 의자, 계산대)와 너비 10cm 이하인 반자돌림대, 내부 마감재료 제외
⑥ 암막·무대막(영화상영관·가상체험 체육시설업의 스크린 포함)	
⑦ 섬유류 또는 합성수지류 등을 원료로 하여 제작된 소파·의자(단란주점영업, 유흥주점영업 및 노래연습장업의 영업장에 설치하는 것만 해당)	

답 ③

★★★ 44

22.03.문55
20.08.문60
13.09.문47

소방시설 설치 및 관리에 관한 법령상 소방시설관리사의 결격사유가 아닌 것은?

① 피성년후견인
② 소방기본법령에 따른 금고 이상의 실형을 선고받고 그 집행이 면제된 날부터 2년이 지나지 아니한 사람
③ 소방시설공사업법령에 따른 금고 이상의 형의 집행유예를 선고받고 그 유예기간이 지난 후 2년이 지나지 아니한 사람
④ 거짓이나 그 밖의 부정한 방법으로 관리사 시험에 합격하여 자격이 취소된 날부터 2년이 지나지 아니한 사람

해설

> ③ 그 유예기간이 지난 후 2년이 지나지 아니한 사람 → 금고 이상의 형의 집행유예를 선고받고 그 유예기간 중에 있는 사람

소방시설법 27조
소방시설관리사의 결격사유
(1) 피성년후견인 보기 ①
(2) 금고 이상의 실형을 선고받고 그 집행이 끝나거나 집행이 면제된 날부터 **2년**이 지나지 아니한 사람 보기 ②
(3) 금고 이상의 형의 집행유예를 선고받고 그 유예기간 중에 있는 사람 보기 ③
(4) 자격취소 후 **2년**이 지나지 아니한 사람 보기 ④

> **용어**
>
> **피성년후견인**
> 질병, 장애, 노령, 그 밖의 사유로 인한 정신적 제약으로 사무를 처리할 능력이 없어서 가정법원에서 판정을 받은 사람

답 ③

★★ 45

22.04.문41
21.09.문44

국가가 시·도의 소방업무에 필요한 경비의 일부를 보조하는 국고보조대상이 아닌 것은?

① 사무용 기기
② 소방전용통신설비
③ 소방자동차
④ 소방관서용 청사의 건축

해설

> ① 국고보조대상이 아님

기본령 2조
국고보조의 대상 및 기준
(1) **국고보조의 대상**
　㉠ 소방**활**동장비와 설비의 구입 및 설치
　　● 소방**자**동차 보기 ③
　　● 소방**헬**리콥터·소방정
　　● 소방**전**용통신설비·전산설비 보기 ②
　　● 방**화**복
　㉡ 소방관서용 **청**사 보기 ④

(2) **소방활동장비 및 설비의 종류와 규격** : 행정안전부령
(3) **대상사업의 기준보조율** :「보조금관리에 관한 법률 시행령」에 따름

기억법 국화복 활자 전헬청

답 ①

46
하자보수대상 소방시설 중 하자보수 보증기간이 3년인 것은?

23.09.문57
21.09.문49
17.03.문57
12.05.문59

① 유도등　　　　② 피난기구
③ 비상방송설비　④ 간이스프링클러설비

해설
①, ②, ③ 2년
④ 3년

공사업령 6조
소방시설공사의 하자보수 보증기간

보증기간	소방시설
2년	① **유**도등·유도표지·**피**난기구 보기 ①② ② **비**상**조**명등·비상**경**보설비·비상**방**송설비 보기 ③ ③ **무**선통신보조설비 기억법 유비 조경방 무피2
3년	① 자동소화장치 ② 옥내·외소화전설비 ③ 스프링클러설비·**간이스프링클러설비** 보기 ④ ④ 물분무등소화설비·상수도소화용수설비 ⑤ 자동화재탐지설비·소화활동설비(무선통신보조설비 제외)

답 ④

47
화재예방강화지구의 지정대상지역에 해당되지 않는 곳은?

23.03.문52
19.09.문55
16.03.문41
15.09.문55
14.05.문53
12.09.문46

① 시장지역
② 공장·창고가 밀집한 지역
③ 소방용수시설 또는 소방출동로가 있는 지역
④ 석유화학제품을 생산하는 공장이 있는 지역

해설
③ 있는 → 없는

화재예방법 18조
화재예방강화지구의 지정
(1) **지정권자** : 시·도지사
(2) **지정지역**
　㉠ **시장지역** 보기 ①
　㉡ **공장·창고** 등이 밀집한 지역 보기 ②
　㉢ **목조건물**이 밀집한 지역
　㉣ 노후·불량 건축물이 밀집한 지역
　㉤ **위험물**의 저장 및 **처리시설**이 밀집한 지역
　㉥ **석유화학제품**을 생산하는 공장이 있는 지역 보기 ④
　㉦ **소방시설·소방용수시설** 또는 **소방출동로가 없는** 지역 보기 ③
　㉧ 「**산업입지 및 개발에 관한 법률**」에 따른 산업단지
　㉨ 「**물류시설의 개발 및 운영에 관한 법률**」에 따른 물류단지
　㉩ **소방청장, 소방본부장** 또는 **소방서장(소방관서장)**이 화재예방강화지구로 지정할 필요가 있다고 인정하는 지역

※ **화재예방강화지구** : 화재발생 우려가 크거나 화재가 발생할 경우 피해가 클 것으로 예상되는 지역에 대하여 화재의 예방 및 안전관리를 강화하기 위해 지정·관리하는 지역

비교

기본법 19조
화재로 오인할 만한 불을 피우거나 연막소독시 신고지역
(1) **시장**지역
(2) **공장·창고**가 밀집한 지역
(3) **목조건물**이 밀집한 지역
(4) **위험물**의 **저장** 및 **처리시설**이 **밀집**한 지역
(5) **석유화학제품**을 생산하는 공장이 있는 지역
(6) 그 밖에 **시·도**의 **조례**로 정하는 지역 또는 장소

답 ③

48
위험물안전관리법령상 제조소와 사용전압이 35000V를 초과하는 특고압가공전선에 있어서 안전거리는 몇 m 이상을 두어야 하는가? (단, 제6류 위험물을 취급하는 제조소는 제외한다.)

22.04.문43
18.03.문49
15.03.문56
09.05.문51

① 3　　　　② 5
③ 20　　　④ 30

해설
위험물규칙 [별표 4]
위험물제조소의 안전거리

안전거리	대상
3m 이상	7000~35000V 이하의 특고압가공전선
5m 이상	35000V를 초과하는 특고압가공전선 보기 ②
10m 이상	**주거용**으로 사용되는 것
20m 이상	• 고압가스 **제조시설**(용기에 충전하는 것 포함) • 고압가스 **사용시설**(1일 30m³ 이상 용적 취급) • 고압가스 **저장**시설 • 액화산소 **소비**시설 • 액화석유가스 제조·저장시설 • 도시가스 공급시설
30m 이상	• 학교 • 병원급 의료기관 • 공연장 ─┐ • 영화상영관 ┘ 300명 이상 수용시설 • 아동복지시설 ─┐ • 노인복지시설 　│ • 장애인복지시설 　│ • 한부모가족복지시설 │ 20명 이상 • 어린이집 　│ 수용시설 • 성매매피해자 등을 위한 지원시설 │ • 정신건강증진시설 　│ • 가정폭력피해자 보호시설 ─┘
5̲0m 이상	• 유형**문**화재 • 지정문화재 기억법 문5(문어)

답 ②

★★★ 49

23.05.문45
20.06.문56
19.04.문47
14.03.문58

위험물안전관리법상 제조소 등을 설치하고자 하는 자는 누구의 허가를 받아 설치할 수 있는가?

① 소방서장
② 소방청장
③ 시・도지사
④ 안전관리자

해설 **위험물법 6조**
제조소 등의 설치허가

(1) 설치허가자 : **시・도지사** [보기 ③]

(2) 설치허가 제외장소

　㉠ 주택의 난방시설(공동주택의 중앙난방시설은 제외)을 위한 **저장소** 또는 **취급소**

　㉡ 지정수량 **20배** 이하의 **농예용・축산용・수산용** 난방시설 또는 건조시설의 **저장소**

(3) 제조소 등의 변경신고 : 변경하고자 하는 날의 **1일** 전까지

> **참고**
>
> **시・도지사**
> (1) 특별시장
> (2) 광역시장
> (3) 특별자치시장
> (4) 도지사
> (5) 특별자치도지사

답 ③

★★ 50

23.09.문41
21.05.문60
18.03.문44
15.03.문41
05.09.문52

소방시설 설치 및 관리에 관한 법령상 스프링클러설비를 설치하여야 하는 특정소방대상물의 기준으로 틀린 것은? (단, 위험물 저장 및 처리 시설 중 가스시설 또는 지하구를 제외한다.)

① 물류터미널로서 바닥면적 합계가 2000m² 이상인 경우에는 모든 층

② 숙박이 가능한 수련시설에 해당하는 용도로 사용되는 시설의 바닥면적의 합계가 600m² 이상인 것은 모든 층

③ 종교시설(주요구조부가 목조인 것은 제외)로서 수용인원이 100명 이상인 것에 해당하는 경우에는 모든 층

④ 지하가(터널은 제외)로서 연면적 1000m² 이상인 것

해설

　① 2000m² → 5000m²

소방시설법 시행령 [별표 4]
스프링클러설비의 설치대상

설치대상	조 건
• 문화 및 집회시설, 운동시설 • **종교시설** [보기 ③]	• 수용인원 : **100명** 이상 • 영화상영관 : 지하층・무창층 **500m²**(기타 1000m²) 이상 • 무대부 　– 지하층・무창층・**4층** 이상 : **300m²** 이상 　– 1~3층 : **500m²** 이상

• 판매시설 • 운수시설 • 물류터미널 [보기 ①]	• 수용인원 : **500명** 이상 • 바닥면적 합계 5000m² 이상
창고시설(물류터미널 제외)	바닥면적 합계 5000m² 이상 : 전층
• 노유자시설 • 정신의료기관 • 수련시설(숙박 가능한 곳) [보기 ②] • 종합병원, 병원, 치과병원, 한방병원 및 요양병원(정신병원 제외) • 숙박시설	바닥면적 합계 600m² 이상
지하가(터널 제외) [보기 ④]	연면적 1000m² 이상
지하층・무창층・4층 이상	바닥면적 1000m² 이상
10m 넘는 랙식 창고	연면적 1500m² 이상
• 복합건축물 • 기숙사	연면적 5000m² 이상 : 전층
6층 이상 **중요** **6층 이상** ① 건축허가 동의 ② 자동화재탐지설비 ③ 스프링클러설비	전층
보일러실・연결통로	전부
특수가연물 저장・취급	지정수량 1000배 이상
발전시설	전기저장시설 : 전층

> **중요**
>
> | 지정수량
500배 이상 | 지정수량
750배 이상 | 지정수량
1000배 이상 |
> |---|---|---|
> | ① 자동화재탐지설비
② 스프링클러설비 (지붕 또는 외벽이 불연재료가 아니거나 내화구조가 아닌 공장 또는 창고시설) | ① 옥내・외 소화전설비
② 물분무등소화설비
③ 건축허가 동의 | 스프링클러설비 (공장 또는 창고시설) |

답 ①

★★★ 51

22.09.문41
21.09.문72
18.09.문71
17.03.문41
07.05.문45

소방시설 설치 및 관리에 관한 법령상 단독경보형 감지기를 설치하여야 하는 특정소방대상물로 틀린 것은?

① 연면적 600m²의 유치원

② 연면적 300m²의 유치원

③ 100명 미만의 숙박시설이 있는 수련시설

④ 교육연구시설 또는 수련시설 내에 있는 합숙소 또는 기숙사로서 연면적 2000m² 미만인 것

해설
① 600m² → 400m² 미만
② 유치원은 400m² 미만이므로 300m²는 옳은 답
③ 100명 미만의 수련시설(숙박시설이 있는 것)은 옳은 답

소방시설법 시행령〔별표 4〕
단독경보형 감지기의 설치대상

연면적	설치대상
400m² 미만	유치원 보기 ①②
2000m² 미만 보기 ④	• 교육연구시설·수련시설 내의 합숙소 • 교육연구시설·수련시설 내의 기숙사
모두 적용 보기 ③	• 100명 미만의 수련시설(숙박시설이 있는 것) • 연립주택 • 다세대주택

답 ①

52 ★★★
위험물안전관리법령상 제4류 위험물 중 경유의 지정수량은 몇 리터인가?

22.09.문46
19.09.문05
16.03.문45
09.05.문12
05.03.문41

① 1500　　② 2000
③ 500　　④ 1000

해설 위험물령〔별표 1〕
제4류 위험물

성질	품명		지정수량	대표물질
인화성액체	특수인화물		50L	• 다이에틸에터 • 이황화탄소
	제1석유류	비수용성	200L	• 휘발유 • 콜로디온
		수용성	400L	• 아세톤
	알코올류		400L	• 변성알코올
	제2석유류	비수용성	1000L	• 등유 • 경유 보기 ④
		수용성	2000L	• 아세트산
	제3석유류	비수용성	2000L	• 중유 • 크레오소트유
		수용성	4000L	• 글리세린
	제4석유류		6000L	• 기어유 • 실린더유
	동식물유류		10000L	• 아마인유

답 ④

53 ★★★
소방시설 설치 및 관리에 관한 법령상 건축허가 등의 동의요구시 동의요구서에 첨부하여야 할 서류가 아닌 것은?

22.04.문57
22.09.문51
16.03.문54
14.09.문46
05.03.문53

① 소방시설공사업 등록증
② 소방시설설계업 등록증
③ 소방시설 설치계획표
④ 건축허가신청서 및 건축허가서

해설
① 공사업은 건축허가 동의에 해당없음

소방시설법 시행규칙 3조
건축허가 동의시 첨부서류
(1) 건축허가신청서 및 건축허가서 사본 보기 ④
(2) 설계도서 및 소방시설 설치계획표 보기 ③
(3) **임시소방시설** 설치계획서(설치시기·위치·종류·방법 등 임시소방시설의 설치와 관련한 세부사항 포함)
(4) **소방시설설계업 등록증**과 소방시설을 설계한 기술인력의 기술자격증 사본 보기 ②
(5) 건축·대수선·용도변경신고서 사본
(6) 주단면도 및 입면도
(7) 소방시설별 층별 평면도
(8) 방화구획도(창호도 포함)

　※ **건축허가 등의 동의권자: 소방본부장·소방서장**

답 ①

54 ★★★
위험물안전관리법령상 제조소 등에 전기설비(전기배선, 조명기구 등은 제외)가 설치된 장소의 면적이 300m²일 경우, 소형 수동식 소화기는 최소 몇 개 설치하여야 하는가?

22.09.문53
21.03.문43
20.08.문54
17.03.문55

① 2개　　② 4개
③ 3개　　④ 1개

해설 위험물규칙〔별표 17〕
전기설비의 소화설비
제조소 등에 전기설비(전기배선, 조명기구 등 제외)가 설치된 경우에는 당해 장소의 면적 100m²마다 **소형 수동식 소화기**를 1개 이상 설치할 것

제조소 등의 전기설비 소형 수동식 소화기 개수

$$\frac{바닥면적}{100\text{m}^2}(절상) = \frac{300\text{m}^2}{100\text{m}^2} = 3개$$

🔊중요
절상 : '소수점 이하는 무조건 올린다.'는 뜻

답 ③

55 ★★
소방시설 설치 및 관리에 관한 법령상 다음 소방시설 중 경보설비에 속하지 않는 것은?

22.09.문57
17.03.문53

① 자동화재속보설비　② 자동화재탐지설비
③ 무선통신보조설비　④ 통합감시시설

해설
③ 무선통신보조설비 : 소화활동설비

소방시설법 시행령〔별표 1〕
경보설비
(1) 비상경보설비 ┬ 비상벨설비
　　　　　　　 └ 자동식 사이렌설비
(2) 단독경보형 감지기
(3) 비상방송설비
(4) 누전경보기
(5) 자동화재탐지설비 및 시각경보기 보기 ②
(6) 자동화재속보설비 보기 ①
(7) 가스누설경보기
(8) 통합감시시설 보기 ④
(9) 화재알림설비

※ **경보설비** : 화재발생 사실을 통보하는 기계·기구 또는 설비

답 ③

★★★ 56

23.05.문50
19.03.문60
11.10.문57

소방활동구역의 출입자로서 대통령령이 정하는 자에 속하는 사람은?

① 의사·간호사 그 밖의 구조·구급업무에 종사하지 않는 자
② 소방활동구역 밖에 있는 소방대상물의 소유자·관리자 또는 점유자
③ 취재인력 등 보도업무에 종사하지 않는 자
④ 수사업무에 종사하는 자

해설

① 종사하지 않는 자 → 종사하는 자
② 밖에 → 안에
③ 종사하지 않는 자 → 종사하는 자

기본령 8조
소방활동구역 출입자(대통령령이 정하는 사람)
(1) 소방활동구역 안에 있는 소유자·관리자 또는 점유자 보기 ②
(2) 전기·가스·수도·통신·교통의 업무에 종사하는 자로서 원활한 소방활동을 위하여 필요한 자
(3) 의사·간호사 그 밖의 구조·구급업무에 종사하는 자 보기 ①
(4) 취재인력 등 보도업무에 종사하는 자 보기 ③
(5) 수사업무에 종사하는 자 보기 ④
(6) 소방대장이 소방활동을 위하여 출입을 허가한 자

※ **소방활동구역** : 화재, 재난·재해 그 밖의 위급한 상황이 발생한 현장에 정하는 구역

답 ④

★★★ 57

23.05.문57
18.09.문58
05.03.문54

소방기본법령에 따른 급수탑 및 지상에 설치하는 소화전·저수조의 경우 소방용수표지 기준 중 다음 (   ) 안에 알맞은 것은?

안쪽 문자는 (㉠), 안쪽 바탕은 (㉡), 바깥쪽 바탕은 (㉢)으로 하고 반사재료를 사용하여야 한다.

① ㉠ 검은색, ㉡ 파란색, ㉢ 붉은색
② ㉠ 검은색, ㉡ 붉은색, ㉢ 파란색
③ ㉠ 흰색, ㉡ 파란색, ㉢ 붉은색
④ ㉠ 흰색, ㉡ 붉은색, ㉢ 파란색

해설 **기본규칙 〔별표 2〕**
소방용수표지
(1) **지하**에 설치하는 소화전·저수조의 소방용수표지
 ㉠ 맨홀뚜껑은 지름 **648mm** 이상의 것으로 할 것
 ㉡ 맨홀뚜껑에는 "**소화전·주정차금지**" 또는 "**저수조·주정차금지**"의 표시를 할 것
 ㉢ 맨홀뚜껑 부근에는 **노란색 반사도료**로 폭 **15cm**의 선을 그 둘레를 따라 칠할 것

(2) **지상**에 설치하는 소화전·저수조 및 **급수탑**의 소방용수표지

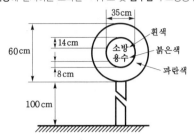

35cm
흰색
14cm
60cm
소방용수
붉은색
8cm
파란색
100cm

※ 안쪽 문자는 **흰색**, 바깥쪽 문자는 **노란색**, 안쪽 바탕은 **붉은색**, 바깥쪽 바탕은 **파란색**으로 하고 **반사재료** 사용 보기 ④

답 ④

★★★ 58

23.05.문54
21.03.문54
19.09.문51
12.05.문49

1급 소방안전관리대상물에 대한 기준으로 옳지 않은 것은?

① 특정소방대상물로서 층수가 11층 이상인 것
② 국보 또는 보물로 지정된 목조건축물
③ 연면적 15000m² 이상인 것
④ 가연성 가스를 1천톤 이상 저장·취급하는 시설

해설

② 2급 소방안전관리대상물

화재예방법 시행령 [별표 4]
소방안전관리자를 두어야 할 특정소방대상물

소방안전관리대상물	특정소방대상물
특급 소방안전관리대상물 (동식물원, 철강 등 불연성 물품 저장·취급창고, 지하구, 위험물제조소 등 제외)	• 50층 이상(지하층 제외) 또는 지상 200m 이상 아파트 • 30층 이상(지하층 포함) 또는 지상 120m 이상(아파트 제외) • 연면적 10만m² 이상(아파트 제외)
1급 소방안전관리대상물 (동식물원, 철강 등 불연성 물품 저장·취급창고, 지하구, 위험물제조소 등 제외)	• 30층 이상(지하층 제외) 또는 지상 120m 이상 아파트 • 연면적 15000m² 이상인 것(아파트 및 연립주택 제외) 보기 ③ • 11층 이상(아파트 제외) 보기 ① • 가연성 가스를 1000t 이상 저장·취급하는 시설 보기 ④
2급 소방안전관리대상물	• 지하구 • 가스제조설비를 갖추고 도시가스사업 허가를 받아야 하는 시설 또는 가연성 가스를 100~1000t 미만 저장·취급하는 시설 • **옥내소화전설비·스프링클러설비** 설치대상물 • **물분무등소화설비**(호스릴방식의 물분무등소화설비만을 설치한 경우 제외) 설치대상물 • 공동주택(옥내소화전설비 또는 스프링클러설비가 설치된 공동주택 한정) • 목조건축물(국보·보물) 보기 ②

3급 소방안전관리대상물	• 간이스프링클러설비(주택전용 간이스프링클러설비 제외) 설치대상물 • 자동화재탐지설비 설치대상물

🔊 중요

연결 살수설비	건축허가 동의	2급 소방안전 관리대상물	• 1급 소방안전 관리대상물 • 종합상황실 • 현장확인대상
30톤 이상	100톤 이상	100~1000톤 미만	1000톤 이상

답 ②

⭐⭐⭐
59
23.05.문59
21.03.문55
15.09.문58
09.08.문58

소방본부장 또는 소방서장은 화재예방강화지구 안의 관계인에 대하여 소방상 필요한 훈련 또는 교육을 실시할 경우 관계인에게 훈련 또는 교육 며칠 전까지 그 사실을 통보해야 하는가?

① 3일 ② 5일
③ 7일 ④ 10일

해설 **10일**
(1) 화재예방강화지구 안의 소방훈련·교육 통보일(화재예방법 시행령 20조) 보기 ④
(2) 건축허가 등의 동의 여부 회신(소방시설법 시행규칙 3조)
   ㉠ **50층 이상**(지하층 제외) 또는 지상으로부터 높이 **200m** 이상인 **아파트**의 건축허가 등의 동의 여부 회신(소방시설법 시행규칙 3조)
   ㉡ **30층 이상**(지하층 포함) 또는 지상 **120m 이상**(아파트 제외)의 건축허가 등의 동의 여부 회신(소방시설법 시행규칙 3조)
   ㉢ 연면적 **10만m²** 이상의 건축허가 등의 동의 여부 회신(소방시설법 시행규칙 3조)
(3) 소방기술자의 **실무교육** 통지일(공사업규칙 26조)
(4) **실무교육** 교육계획의 변경보고일(공사업규칙 35조)
(5) 소방기술자 **실무교육기관** 지정사항 변경보고일(공사업규칙 33조)
(6) 소방시설업의 등록신청서류 보완일(공사업규칙 2조 2)
(7) 제조소 등의 재발급 완공검사합격확인증 제출일(위험물령 10조)

답 ④

⭐⭐⭐
60
22.09.문60
21.05.문56
17.09.문57
15.05.문44

소방기본법령상 이웃하는 다른 시·도지사와 소방업무에 관하여 시·도지사가 체결할 상호응원협정 사항이 아닌 것은?

① 화재조사활동
② 응원출동의 요청방법
③ 소방교육 및 응원출동훈련
④ 응원출동 대상지역 및 규모

해설 ③ 소방교육은 해당없음

기본규칙 8조
소방업무의 상호응원협정
(1) 다음의 **소방활동**에 관한 사항
   ㉠ 화재의 경계·진압활동
   ㉡ 구조·구급업무의 지원
   ㉢ 화재**조**사활동 보기 ①
(2) 응원출동 **대상지역** 및 **규모** 보기 ④
(3) **소요경비**의 부담에 관한 사항
   ㉠ 출동대원의 수당·식사 및 의복의 수선
   ㉡ 소방장비 및 기구의 정비와 연료의 보급
(4) 응원출동의 **요청방법** 보기 ②
(5) 응원출동 **훈련** 및 **평가**

기억법 조응(**조아**?)

답 ③

🏷 **제4과목** 소방기계시설의 구조 및 원리 ⠿

⭐⭐⭐
61
21.03.문66
17.03.문73
16.05.문73
15.09.문71
15.03.문71
13.06.문69
12.05.문62
11.03.문71

물분무소화설비를 설치하는 차고 또는 주차장의 배수설비 중 배수구에서 새어나온 기름을 모아 소화할 수 있도록 최대 몇 m마다 집수관·소화피트 등 기름분리장치를 설치하여야 하는가?

① 10 ② 40
③ 50 ④ 100

해설 **물분무소화설비의 배수설비**

구 분	설 명
배수구	10cm 이상의 경계턱으로 배수구 설치(차량이 주차하는 곳)
기름분리장치	40m 이하마다 기름분리장치 설치 보기 ②
기울기	차량이 주차하는 바닥은 $\frac{2}{100}$ 이상의 기울기 유지
배수설비	배수설비는 가압송수장치의 **최대송수능력**의 수량을 유효하게 배수할 수 있는 크기 및 기울기일 것

🔊 중요

기울기

구 분	배관 및 설비
$\frac{1}{100}$ 이상	연결살수설비의 수평주행배관
$\frac{2}{100}$ 이상	물분무소화설비의 배수설비
$\frac{1}{250}$ 이상	습식·부압식 설비 **외 설비**의 **가지배관**
$\frac{1}{500}$ 이상	습식·부압식 설비 **외 설비**의 **수평주행배관**

답 ②

★★★
62 완강기 및 완강기의 속도조절기에 관한 설명
21.05.문61
14.03.문72
08.05.문79 으로 틀린 것은?
① 견고하고 내구성이 있어야 한다.
② 강하시 발생하는 열에 의해 기능에 이상이 생기지 아니하여야 한다.
③ 속도조절기는 사용 중에 분해·손상·변형되지 아니하여야 하며, 속도조절기의 이탈이 생기지 아니하도록 덮개를 하여야 한다.
④ 평상시에는 분해, 청소 등을 하기 쉽게 만들어져 있어야 한다.

해설
④ 하기 쉽게 만들어져 있어야 한다. → 하지 아니하여도 작동될 수 있을 것

완강기 및 **완강기 속도조절기**의 **일반구조**(완강기 형식 3조)
(1) 견고하고 **내구성**이 있을 것 보기 ①
(2) 평상시에 분해, 청소 등을 하지 아니하여도 작동할 수 있을 것 보기 ④
(3) 강하시 발생하는 **열**에 의하여 기능에 이상이 생기지 아니할 것 보기 ②
(4) 속도조절기는 사용 중에 분해·손상·변형되지 아니하여야 하며, 속도조절기의 이탈이 생기지 아니하도록 덮개를 하여야 한다. 보기 ③
(5) 강하시 **로프**가 손상되지 아니할 것
(6) **속도조절기**의 폴리 등으로부터 로프가 노출되지 아니하는 구조

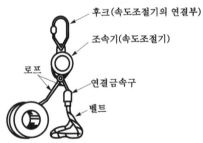
후크(속도조절기의 연결부)
조속기(속도조절기)
로프
연결금속구
벨트
┃완강기의 구조┃

답 ④

★★★
63 습식 스프링클러설비 또는 부압식 스프링클러설
23.03.문75
21.09.문79
19.04.문73
18.04.문65
13.09.문66 비 외의 설비에는 헤드를 향하여 상향으로 수평주행배관 기울기를 최소 몇 이상으로 하여야 하는가? (단, 배관의 구조상 기울기를 줄 수 없는 경우는 제외한다.)
① $\frac{1}{100}$ ② $\frac{1}{200}$
③ $\frac{1}{300}$ ④ $\frac{1}{500}$

해설 기울기

구분	설명
$\frac{1}{100}$ 이상	연결살수설비의 수평주행배관
$\frac{2}{100}$ 이상	물분무소화설비의 배수설비
$\frac{1}{250}$ 이상	습식 설비·부압식 설비 외 설비의 가지배관
$\frac{1}{500}$ 이상 보기 ④	**습**식 설비·**부**압식 설비 외 설비의 **수**평주행배관

기억법 습부수5

답 ④

★★
64 연결살수설비의 설치기준에 대한 설명으로 옳은
19.04.문80
11.03.문66 것은?
① 송수구는 반드시 65mm의 쌍구형으로만 한다.
② 연결살수설비 전용헤드를 사용하는 경우 천장으로부터 하나의 살수헤드까지 수평거리는 3.2m 이하로 한다.
③ 개방형 헤드를 사용하는 연결살수설비의 수평주행배관은 헤드를 향해 상향으로 $\frac{1}{100}$ 이상의 기울기로 설치한다.
④ 천장·반자 중 한쪽이 불연재료로 되어 있고 천장과 반자 사이의 거리가 0.5m 미만인 부분은 연결살수설비 헤드를 설치하지 않아도 된다.

해설
① 65mm의 쌍구형이 원칙이지만 살수헤드수 10개 이하는 **단구형도 가능**
② 연결살수설비 헤드의 수평거리

전용헤드	스프링클러헤드
3.7m 이하	2.3m 이하

④ 0.5m 미만 → 1m 미만

중요
기울기

기울기	설명
$\frac{1}{100}$ 이상 보기 ③	연결살수설비의 수평주행배관
$\frac{2}{100}$ 이상	물분무소화설비의 배수설비
$\frac{1}{250}$ 이상	습식 설비·부압식 설비 외 설비의 가지배관
$\frac{1}{500}$ 이상	습식 설비·부압식 설비 외 설비의 수평주행배관

답 ③

65

19.09.문64
16.05.문74
15.03.문75
06.09.문67
06.05.문62

소화펌프의 원활한 기동을 위하여 설치하는 물올림장치가 필요한 경우는?

① 수원의 수위가 펌프보다 높을 경우
② 수원의 수위가 펌프보다 낮을 경우
③ 수원의 수위가 펌프와 수평일 때
④ 수원의 수위와 관계없이 설치

해설 수원의 수위가 펌프보다 **낮**을 경우 설치하는 것 [보기 ②]
(1) **풋**밸브
(2) **물**올림수조(호수조, 물마중장치, 프라이밍탱크)
(3) **연**성계 또는 진공계

[기억법] **풋물연낮**

 참고

풋밸브
(1) 여과기능(이물질 침투방지)
(2) 체크밸브기능(역류방지)

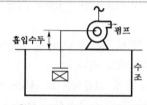

흡입수두 / 펌프 / 수조

‖ 수원의 수위가 펌프보다 낮은 경우 ‖

답 ②

 66

22.04.문71
19.09.문69
17.03.문63
15.05.문80
11.10.문77

1개층의 거실면적이 400m²이고 복도면적이 300m²인 소방대상물에 제연설비를 설치할 경우, 제연구역은 최소 몇 개로 할 수 있는가?

① 1개 ② 2개
③ 3개 ④ 4개

해설

| 거실 400m² ㉠ | → 거실과 통로는 각각 제연구획 |
| 복도 300m² ㉡ | → 1제연구역 면적 1000m² 이내 |

1제연구역(거실 400m²)+1제연구역(복도 300m²)=2제연구역

🔊 중요

제연구역의 **구획**
(1) 1제연구역의 면적은 **1000m²** 이내로 할 것
(2) 거실과 통로는 **각각 제연구획**할 것
(3) 통로상의 제연구역은 보행중심선의 길이가 **60m**를 초과하지 않을 것
(4) 1제연구역은 직경 **60m** 원 내에 들어갈 것
(5) 1제연구역은 **2개** 이상의 층에 미치지 않을 것

[기억법] 제10006(**제천 육포**)

※ 제연구획에서 제연경계의 폭은 **0.6m** 이상, 수직거리는 **2m** 이내이어야 한다.

답 ②

67

22.04.문66
17.09.문67
11.06.문78
07.09.문77

소화용수설비의 소요수량이 40m³ 이상 100m³ 미만일 경우에 채수구는 몇 개를 설치하여야 하는가?

① 1 ② 2
③ 3 ④ 4

해설 소화수조·저수조
(1) 흡수관 투입구

소요수량	80m³ 미만	80m³ 이상
흡수관 투입구의 수	1개 이상	2개 이상

(2) 채수구

소요수량	20~40m³ 미만	40~100m³ 미만	100m³ 이상
채수구의 수	1개	2개 [보기 ②]	3개

🌱 용어

채수구
소방차의 소방호스와 접결되는 흡입구

답 ②

68

22.03.문66
22.04.문62
22.08.문78
14.03.문77
07.03.문74

분말소화설비에서 저장용기의 내부압력이 설정압력으로 되었을 때 주밸브를 개방하기 위해 저장용기에 설치하는 것은?

① 정압작동장치 ② 체크밸브
③ 압력조정기 ④ 선택밸브

해설 정압작동장치 [보기 ①]
약제저장용기 내의 내부압력이 설정압력이 되었을 때 주밸브를 개방시키는 장치

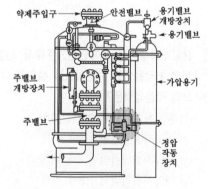

약제주입구 / 안전밸브 / 용기밸브 개방장치 / 용기밸브 / 주밸브 개방장치 / 가압용기 / 주밸브 / 정압작동장치

‖ 정압작동장치 ‖

 중요

정압작동장치의 종류
(1) 봉판식
(2) 기계식
(3) 스프링식
(4) 압력스위치식
(5) 시한릴레이식

답 ①

69

15.03.문77

가스계 소화설비 선택밸브의 설치기준으로 틀린 것은?

① 선택밸브는 2개 이상의 방호구역에 약제 저장용기를 공용하는 경우 설치한다.

② 선택밸브는 방호구역 내에 설치한다.

③ 선택밸브는 방호구역마다 설치한다.

④ 선택밸브는 방호구역을 나타내는 표시를 한다.

해설 ② 방호구역 내 → 방호구역 외

선택밸브(NFPC 107A 11조, NFTC 107A 2.8)

① 하나의 소방대상물 또는 그 부분에 2 이상의 방호구역이 있어 소화약제의 저장용기를 공용하는 경우에 있어서 방호구역마다 선택밸브를 설치하고 선택밸브에는 각각의 방호구역 표시

② **방호구역 외**에 설치 보기 ②

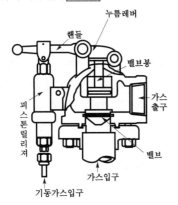

누름레버
핸들
밸브봉
가스출구
피스톤릴리져
밸브
가스입구
기동가스입구

‖ 선택밸브 ‖

답 ②

70

23.03.문72
16.03.문68
12.03.문63

분말소화설비의 화재안전기준에서 분말소화약제의 저장용기를 가압식으로 설치할 때 안전밸브의 작동압력은?

① 최고사용압력의 0.8배 이하

② 최고사용압력의 1.8배 이하

③ 내압시험압력의 0.8배 이하

④ 내압시험압력의 1.8배 이하

해설 **분말소화설비**의 **저장용기 안전밸브**

가압식	축압식
최고사용압력 1.8배 이하 보기 ②	내압시험압력 0.8배 이하

답 ②

71

21.09.문68
16.05.문76

피난기구인 완강기의 기술기준 중 최대 사용하중은 몇 N 이상인가?

① 800

② 1000

③ 1200

④ 1500

해설 **완강기**의 **하중**
(1) 250N(최소하중)
(2) 750N
(3) 1500N(최대하중) 보기 ④

답 ④

72

15.05.문71

이산화탄소 소화설비의 배관 사용기준에서 다음 중 부적합한 것은?

① 압력배관용 탄소강관 중 고압식은 스케줄 80 이상으로 한다.

② 압력배관용 탄소강관 중 저압식은 스케줄 40 이상으로 한다.

③ 동관 중 고압식은 12.5MPa 이상 압력에 견딜 수 있는 것으로 한다.

④ 동관 중 저압식은 3.75MPa 압력에 견딜 수 있는 것으로 한다.

해설 ③ 12.5MPa 이상 → 16.5MPa 이상

이산화탄소 소화설비 **배관**
(1) **전용**
(2) **강관**(압력배관용 탄소강관)
  ┌ 고압식 : **스케줄 80**(호칭구경 20mm 이하 **스케줄 40**) 이상
  └ 저압식 : **스케줄 40** 이상
(3) **동관**(이음이 없는 동 및 동합금관)
  ┌ **고압식** : **16.5MPa** 이상 보기 ③
  └ **저압식** : **3.75MPa** 이상
(4) **배관부속**
  ┌ 고압식 ┬ 1차측 배관부속 : 9.5MPa
  │   └ 2차측 배관부속 : 4.5MPa
  └ 저압식 : 4.5MPa

기억법 **이동고16저37**

답 ③

73

18.03.문63
10.09.문05
(기사)

고발포용 고정포방출구의 팽창비율로 옳은 것은?

① 팽창비 10 이상 20 미만

② 팽창비 20 이상 50 미만

③ 팽창비 50 이상 100 미만

④ 팽창비 80 이상 1000 미만

해설 **팽창비**

저발포	고발포
20배 이하	• 제1종 기계포 : 80~250배 미만 • 제2종 기계포 : 250~500배 미만 • 제3종 기계포 : 500~1000배 미만

※ **고발포** : **8**0~1000배 미만 보기 ④

기억법 저2, 고81

답 ④

★★★
74
23.03.문71
20.08.문67
18.09.문06
16.10.문13
13.09.문71
04.03.문05

소방대상물에 제연 샤프트를 설치하여 건물 내·외부의 온도차와 화재시 발생되는 열기에 의한 밀도 차이를 이용하여 실내에서 발생한 화재열, 연기 등을 지붕 외부의 루프모니터 등을 통해 옥외로 배출·환기시키는 제연방식은?

① 자연제연방식
② 루프해치방식
③ 스모크타워 제연방식
④ 제3종 기계제연방식

해설 **스모그타워식 자연배연방식(스모그타워방식)**

구 분	스모그타워 제연방식
정의	제연설비에 전용 **샤프트**를 설치하여 건물 내·외부의 온도차와 화재시 발생되는 열기에 의한 밀도 차이를 이용하여 지붕 외부의 **루프모니터** 등을 이용하여 옥외로 배출·환기시키는 방식 보기 ③
특징	• 배연(제연) 샤프트의 **굴뚝효과**를 이용한다. • **고층 빌딩**에 적당하다. • **자연배연방식**의 일종이다. • 모든 층의 **일반 거실화재**에 이용할 수 있다.

기억법 스루

🔊 중요

제연방식
(1) 자연제연방식 : **개구부** 이용
(2) 스모그타워 제연방식 : **루프모니터** 이용
(3) 기계제연방식
　㉠ 제1종 기계제연방식 : **송풍기 + 배연기**
　㉡ 제2종 기계제연방식 : **송풍기**
　㉢ 제3종 기계제연방식 : **배연기**

답 ③

★★★
75
22.04.문64
19.03.문70
18.04.문64

포소화설비에서 고정지붕구조 또는 부상덮개부착 고정지붕구조의 탱크에 사용하는 포방출구 형식으로 방출된 포가 탱크 옆판의 내면을 따라 흘러내려 가면서 액면 아래로 몰입되거나 액면을 뒤섞지 않고 액면상을 덮을 수 있는 반사판 및 탱크 내의 위험물증기가 외부로 역류되는 것을 저지할 수 있는 구조·기구를 갖는 포방출구는?

① Ⅰ형 방출구
② Ⅱ형 방출구
③ Ⅲ형 방출구
④ 특형 방출구

해설 **Ⅰ형 방출구 vs Ⅱ형 방출구**

Ⅰ형 방출구	Ⅱ형 방출구 보기 ②
고정지붕구조의 탱크에 상부포주입법을 이용하는 것으로서 방출된 포가 액면 아래로 몰입되거나 액면을 뒤섞지 않고 액면상을 덮을 수 있는 통계단 또는 미끄럼판 등의 설비 및 탱크 내의 위험물증기가 외부로 역류되는 것을 저지할 수 있는 구조·기구를 갖는 포방출구	고정지붕구조 또는 부상덮개부착 고정지붕구조의 탱크에 상부포주입법을 이용하는 것으로서 방출된 포가 탱크 옆판의 내면을 따라 흘러내려 가면서 액면 아래로 몰입되거나 액면을 뒤섞지 않고 액면상을 덮을 수 있는 반사판 및 탱크 내의 위험물증기가 외부로 역류되는 것을 저지할 수 있는 구조·기구를 갖는 포방출구

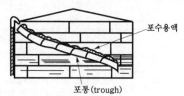
포수용액
포통(trough)

(a) Ⅰ형 방출구

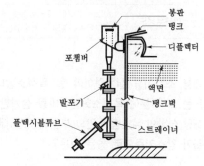
봉판
탱크
디플렉터
포챔버
액면
발포기
탱크벽
플렉시블튜브
스트레이너

(b) Ⅱ형 방출구

🔊 중요

고정포방출구의 포방출구(위험물기준 133조)

탱크의 구조	포방출구
고정지붕구조	• Ⅰ형 방출구 • Ⅱ형 방출구 • Ⅲ형 방출구 • Ⅳ형 방출구
고정지붕구조 또는 부상덮개부착 고정지붕구조	• Ⅱ형 방출구 보기 ②
부상지붕구조	• 특형 방출구

답 ②

★★★
76 미분무소화설비의 화재안전기준에 따른 용어의 정리 중 다음 ( ) 안에 알맞은 것은?

23.05.문64
18.04.문79
17.05.문75

> 미분무란 물만을 사용하여 소화하는 방식으로 최소설계압력에서 헤드로부터 방출되는 물입자 중 (㉠)%의 누적체적분포가 (㉡)μm 이하로 분무되고 A, B, C급 화재에 적응성을 갖는 것을 말한다.

① ㉠ 30, ㉡ 200　② ㉠ 50, ㉡ 200

③ ㉠ 60, ㉡ 400　④ ㉠ 99, ㉡ 400

해설 **미분무소화설비의 용어정의**(NFPC 104A 3조, NFTC 104A 1.7)

용어	설명
미분무소화설비	가압된 물이 헤드 통과 후 미세한 입자로 분무됨으로써 소화성능을 가지는 설비를 말하며, 소화력을 증가시키기 위해 강화액 등을 첨가할 수 있다.
미분무	물만을 사용하여 소화하는 방식으로 최소설계압력에서 헤드로부터 방출되는 물입자 중 **99%**의 누적체적분포가 **400**μm 이하로 분무되고 **A, B, C급 화재**에 적응성을 갖는 것 보기 ④
미분무헤드	하나 이상의 오리피스를 가지고 미분무소화설비에 사용되는 헤드

답 ④

★★★
77 대형 소화기를 설치하여야 할 특정소방대상물 또는 그 부분에 옥내소화전설비를 설치한 경우 해당 설비의 유효범위 안의 부분에 대한 대형 소화기 감소기준으로 옳은 것은?

22.04.문73
17.09.문63
15.03.문62
07.05.문62

① $\frac{1}{3}$을 감소할 수 있다.

② $\frac{1}{2}$을 감소할 수 있다.

③ $\frac{2}{3}$를 감소할 수 있다.

④ 설치하지 아니할 수 있다.

해설 **대형 소화기의 설치면제기준**

면제대상	대체설비
대형 소화기	● **옥내 · 외소화전설비** 보기 ④ ● 스프링클러설비 ● 물분무등소화설비

비교
소화기의 감소기준

감소대상	감소기준	적용설비
소형 소화기	$\frac{1}{2}$	● 대형 소화기
	$\frac{2}{3}$	● 옥내 · 외소화전설비 ● 스프링클러설비 ● 물분무등소화설비

답 ④

★★★
78 전동기 또는 내연기관에 따른 펌프를 이용하는 가압송수장치의 설치기준에 있어 해당 소방대상물에 설치된 옥외소화전을 동시에 사용하는 경우 각 옥외소화전의 노즐선단에서의 ㉠ 방수압력과 ㉡ 방수량으로 옳은 것은?

22.04.문77
15.03.문70
14.05.문61
12.09.문70

① ㉠ 0.25MPa 이상, ㉡ 350L/min 이상

② ㉠ 0.17MPa 이상, ㉡ 350L/min 이상

③ ㉠ 0.25MPa 이상, ㉡ 100L/min 이상

④ ㉠ 0.17MPa 이상, ㉡ 100L/min 이상

해설 **옥외소화전설비**

방수압력	방수량
0.25MPa 이상 보기 ㉠	350L/min 이상 보기 ㉡

비교
옥내소화전설비(호스릴 포함)

방수압력	방수량
0.17MPa 이상	130L/min 이상

답 ①

★★★
79 다음의 할로겐화합물 및 불활성기체 소화약제 중 기본성분이 다른 것은?

23.05.문74
22.03.문75
22.04.문79
17.05.문73
11.10.문02

① HCFC BLEND A　② HFC-125

③ IG-541　④ HFC-227ea

해설 **할로겐화합물 소화약제 vs 불활성기체 소화약제**

구분	할로겐화합물 소화약제	불활성기체 소화약제
종류	● FC-3-1-10 ● HCFC BLEND A 보기 ① ● HCFC-124 ● HFC-125 보기 ② ● HFC-227ea 보기 ④ ● HFC-23 ● HFC-236fa ● FIC-13I1 ● FK-5-1-12	● IG-01 ● IG-100 ● IG-541 보기 ③ ● IG-55

답 ③

★★★
80 스프링클러 헤드(폐쇄형)를 보일러실에 설치하
고자 할 경우 헤드의 표시온도로서 옳은 것은?

16.05.문62
14.05.문69
05.09.문62

① 보일러실의 평균온도보다 높은 것을 선택
한다.
② 보일러실의 최고온도보다 낮은 것을 선택
한다.
③ 보일러실의 최고온도보다 높은 것을 선택
한다.
④ 보일러실의 평균온도의 것을 선택한다.

해설 헤드의 표시온도는 **최고온도**보다 **높은** 것을 선택한다. 보기 ③

기억법 최높

참고

폐쇄형 헤드의 표시온도

설치장소의 최고 주위온도	표시온도
39℃ 미만	**79**℃ 미만
39~**64**℃ 미만	79~**121**℃ 미만
64~**106**℃ 미만	121~**162**℃ 미만
106℃ 이상	162℃ 이상

기억법 39   79
        64   121
        106   162

답 ③

2024년 산업기사 제2회 필기시험 CBT 기출복원문제

자격종목	종목코드	시험시간	형별	수험번호	성명
소방설비산업기사(기계분야)		2시간			

※ 각 문항은 4지택일형으로 질문에 가장 적합한 보기 항을 선택하여 체크하여야 합니다.

제1과목 소방원론

01 상온, 상압에서 액체상태인 할론소화약제는?

19.04.문15
17.03.문15
16.10.문10

① 할론 2402
② 할론 1301
③ 할론 1211
④ 할론 1400

해설 ④ 할론 1400 : 이런 소화약제는 없음

상온에서의 상태

기체상태	액체상태
① 할론 1301 보기 ②	① 할론 1011
② 할론 1211 보기 ③	② 할론 104
③ 탄산가스(CO_2)	③ 할론 2402 보기 ①

기억법 132탄기

답 ①

02 피난계획의 일반원칙 중 페일 세이프(fail safe)에 대한 설명으로 옳은 것은?

23.03.문18
17.09.문02
15.05.문03
13.03.문05

① 한 가지 피난기구가 고장이 나도 다른 수단을 이용할 수 있도록 고려하는 것
② 피난구조설비를 반드시 이동식으로 하는 것
③ 본능적 상태에서도 쉽게 식별이 가능하도록 그림이나 색채를 이용하는 것
④ 피난수단을 조작이 간편한 원시적인 방법으로 설계하는 것

해설 ② 풀 프루프(fool proof) : 이동식 → 고정식

페일 세이프(fail safe)와 풀 프루프(fool proof)

용어	설명
페일 세이프 (fail safe)	① 한 가지 피난기구가 고장이 나도 다른 수단을 이용할 수 있도록 고려하는 것 보기 ① ② 한 가지가 고장이 나도 다른 수단을 이용하는 원칙 ③ 두 방향의 피난동선을 항상 확보하는 원칙
풀 프루프 (fool proof)	① 피난경로는 간단 명료하게 한다. ② 피난구조설비는 고정식 설비를 위주로 설치한다. 보기 ② ③ 피난수단은 원시적 방법에 의한 것을 원칙으로 한다. 보기 ④ ④ 피난통로를 완전불연화한다. ⑤ 막다른 복도가 없도록 계획한다. ⑥ 간단한 그림이나 색채를 이용하여 표시한다. 보기 ③

답 ①

03 건축법상 건축물의 주요구조부에 해당되지 않는 것은?

23.05.문10
22.04.문03
16.10.문09
16.05.문06
13.06.문12

① 차양
② 주계단
③ 내력벽
④ 기둥

해설 주요구조부
(1) 내력벽 보기 ③
(2) 보(작은 보 제외)
(3) 지붕틀(차양 제외) 보기 ①
(4) 바닥(최하층 바닥 제외)
(5) 주계단(옥외계단 제외) 보기 ②
(6) 기둥(사잇기둥 제외) 보기 ④

기억법 벽보지 바주기

답 ①

04 다음 중 독성이 가장 강한 가스는?

20.06.문17
18.04.문09
17.09.문13
16.10.문12
14.09.문13
14.05.문07
14.05.문18
13.09.문19
08.05.문20

① C_3H_8
② O_2
③ CO_2
④ $COCl_2$

해설 **연소가스**

구 분	설 명
일산화탄소 (CO)	• 화재시 흡입된 일산화탄소(CO)의 화학적 작용에 의해 **헤모글로빈**(Hb)이 혈액의 산소운반작용을 저해하여 사람을 **질식·사망**하게 한다. • 목재류의 화재시 **인**명피해를 가장 많이 주며, 연기로 인한 의식불명 또는 질식을 가져온다. • 인체의 **폐**에 큰 자극을 준다. • **산**소와의 **결**합력이 극히 강하여 질식작용에 의한 독성을 나타낸다. 기억법 일헤인 폐산결
이산화탄소 (CO₂) 보기 ③	연소가스 중 가장 **많**은 양을 차지하고 있으며 가스 그 자체의 독성은 거의 없으나 다량이 존재할 경우 호흡속도를 증가시키고, 이로 인하여 화재가스에 혼합된 유해가스의 혼입을 증가시켜 위험을 가중시키는 가스이다. 기억법 이많(이만큼)
암모니아 (NH₃)	• 나무, **페**놀수지, **멜**라민수지 등의 **질소**함유물이 연소할 때 발생하며, 냉동시설의 **냉**매로 쓰인다. • 눈·코·폐 등에 매우 **자극성**이 큰 가연성 가스이다. 기억법 암페 멜냉자
포스겐 (COCl₂) 보기 ④	매우 **독**성이 **강**한 가스로서 **소**화제인 **사**염화탄소(CCl₄)를 화재시에 사용할 때도 발생한다. 기억법 독강 소사포
황화수소 (H₂S)	• 달걀 썩는 냄새가 나는 특성이 있다. • **황**분이 포함되어 있는 물질의 불완전 연소에 의하여 발생하는 가스이다. • **자**극성이 있다. 기억법 황달자
아크롤레인 (CH₂=CHCHO)	독성이 매우 높은 가스로서 **석유**제품, **유지** 등이 연소할 때 생성되는 가스이다. 기억법 아석유
시안화수소 (HCN, 청산가스)	**질소**성분을 가지고 있는 **합성수지**, **동물의 털**, **인조견** 등의 섬유가 불완전연소할 때 발생하는 맹독성 가스로 **0.3%**의 농도에서 즉시 사망할 수 있다.
아황산가스 (SO₂, 이산화황)	• **황**이 함유된 물질인 **동물의 털**, **고무** 등이 연소하는 화재시에 발생되며 **무색**의 자극성 냄새를 가진 유독성 기체 • 눈 및 호흡기 등에 점막을 상하게 하고 질식사할 우려가 있다.
프로판 (C₃H₈) 보기 ①	• LPG의 주성분 • 물보다 가볍다.

답 ④

★★
05 다음 중 물과 반응하여 수소가 발생하지 않는 것은?
14.05.문12
10.03.문02

① Na ② K
③ S ④ Li

해설 **황(S)**은 물과 반응하여 **수소**가 발생하지 않는다.

$2S + 2H_2O \rightarrow 2H_2S + O_2$ 보기 ③
(황) (물) (황화수소) (산소)

중요

(1) **무기과산화물**
$2K_2O_2 + 2H_2O \rightarrow 4KOH + O_2 \uparrow$
$2Na_2O_2 + 2H_2O \rightarrow 4NaOH + O_2 \uparrow$

(2) **금속분**
$Al + 2H_2O \rightarrow Al(OH)_2 + H_2 \uparrow$

(3) **기타물질**
$2K + 2H_2O \rightarrow 2KOH + H_2 \uparrow$ 보기 ②
$2Na + 2H_2O \rightarrow 2NaOH + H_2 \uparrow$ 보기 ①
$2Li + 2H_2O \rightarrow 2LiOH + H_2 \uparrow$ 보기 ④
$Mg + 2H_2O \rightarrow Mg(OH)_2 + H_2 \uparrow$

• H₂(수소)

답 ③

★★
06 정전기 화재사고의 예방대책으로 틀린 것은?
15.03.문20
08.05.문09

① 제전기를 설치한다.
② 공기를 되도록 건조하게 유지시킨다.
③ 접지를 한다.
④ 공기를 이온화한다.

해설 ② 건조하게 → 상대습도 70% 이상

정전기 방지대책
(1) **접지** 보기 ③
(2) 공기의 상대습도 **70%** 이상 보기 ②
(3) 공기 **이온화** 보기 ④
(4) **제전기** 설치 보기 ①

기억법 정7(정치)

중요

제전기

구 분	설 명
제전기	정전기를 제거하는 장치
제전기의 종류	• **전압인가식** 제전기 • **자기방전식** 제전기 • **방사선식** 제전기

답 ②

★★★
07 스테판-볼츠만(Stefan-Boltzmann)의 법칙에서 복사체의 단위표면적에서 단위시간당 방출되는 복사에너지는 절대온도의 얼마에 비례하는가?
22.03.문08
19.03.문08
14.05.문20
13.06.문11
13.03.문06

① 제곱근 ② 제곱
③ 3제곱 ④ 4제곱

해설 **스테판-볼츠만의 법칙**

$$Q = aAF(T_1^4 - T_2^4)$$

여기서, Q : 복사열[W]

a : 스테판-볼츠만 상수[W/m² · K⁴]

A : 단면적[m²]

T_1 : 고온(273+℃)[K]

T_2 : 저온(273+℃)[K]

※ **스**테판-**볼**츠만의 법칙 : 복사체에서 발산되는 복사열은 복사체의 절대온도의 **4**제곱에 비례한다.

보기 ④

기억법 스볼4

• 4제곱=4승

답 ④

★★★ 08

표준상태에서 44.8m³의 용적을 가진 이산화탄소가스를 모두 액화하면 몇 kg인가? (단, 이산화탄소의 분자량은 44이다.)

22.03.문06
20.08.문14
12.09.문03

① 88 ② 44

③ 22 ④ 11

해설 (1) 분자량

원 소	원자량
H	1
C	12
N	14
O	16

이산화탄소(CO_2)의 분자량 = $12 + 16 \times 2 = 44$ g/mol

(2) 증기밀도

$$증기밀도[g/L] = \frac{분자량}{22.4}$$

여기서, 22.4 : 공기의 부피[L]

$$증기밀도[g/L] = \frac{분자량}{22.4}$$

$$\frac{g(질량)}{44800L} = \frac{44}{22.4}$$

$$g(질량) = \frac{44}{22.4} \times 44800L = 88000g = 88kg \quad 보기 ①$$

• 1m³ = 1000L이므로 44.8m³ = 44800L

• 단위를 보고 계산하면 쉽다.

답 ①

★★★ 09

건축물 내부 화재시 연기의 평균 수직이동속도는 약 몇 m/s인가?

23.05.문06
22.04.문15
21.03.문09
20.08.문07
17.03.문06
16.10.문19
06.03.문16

① 0.01~0.05 ② 0.5~1

③ 2~3 ④ 20~30

해설 연기의 이동속도

방향 또는 장소	이동속도
수평방향(수평이동속도)	0.5~1m/s
수직방향(수직이동속도)	2~3m/s 보기 ③
계단실 내의 수직이동속도	3~5m/s

기억법 3계5(**삼계**탕 드시러 **오**세요.)

답 ③

★ 10

건축물에서 방화구획의 구획기준이 아닌 것은?

18.03.문07

① 피난구획 ② 수평구획

③ 층간구획 ④ 용도구획

해설 ① 해당없음

방화구획의 종류

(1) 층간구획(층단위) 보기 ③

(2) 용도구획(용도단위) 보기 ④

(3) 수평구획(면적단위) 보기 ②

중요

연소확대방지를 위한 **방화구획**

(1) 층 또는 면적별 구획

(2) 승강기의 승강로구획

(3) 위험용도별 구획

(4) 방화댐퍼 설치

답 ①

★★★ 11

분말소화약제 중 A, B, C급의 화재에 모두 사용할 수 있는 것은?

22.03.문10
18.03.문02
17.03.문14
16.03.문10
15.09.문07
15.03.문03
14.05.문14
14.03.문07
13.03.문18
12.05.문20
12.03.문09
11.03.문08
06.05.문10
04.09.문15

① 제1종 분말소화약제

② 제2종 분말소화약제

③ 제3종 분말소화약제

④ 제4종 분말소화약제

해설 분말소화약제(질식효과)

종 별	주성분	약제의 착색	적응 화재	비 고
제1종	중탄산나트륨 ($NaHCO_3$)	백색	BC급	**식용유** 및 **지방질유**의 화재에 적합
제2종	중탄산칼륨 ($KHCO_3$)	담자색 (담회색)		–
제3종	인산암모늄 ($NH_4H_2PO_4$)	담홍색	ABC급 보기 ③	**차고·주차**장에 적합
제4종	중탄산칼륨+요소 ($KHCO_3+(NH_2)_2CO$)	회(백)색	BC급	–

기억법 3ABC(**3**종이니까 **3**가지 **ABC**급)

• 중탄산나트륨 = 탄산수소나트륨

• 중탄산칼륨 = 탄산수소칼륨

• 제1인산암모늄 = 인산암모늄 = 인산염

• 중탄산칼륨+요소 = 탄산수소칼륨+요소

답 ③

12 화재시 이산화탄소를 사용하여 질식소화하는 경우, 산소의 농도를 14vol%까지 낮추려면 공기 중의 이산화탄소 농도는 약 몇 vol%가 되어야 하는가?

22.04.문17
19.04.문03
17.09.문12

① 22.3vol%　　　② 33.3vol%

③ 44.3vol%　　　④ 55.3vol%

해설 (1) 기호

- O_2 : 14vol%
- CO_2 : ?

(2) CO_2 농도

$$CO_2 = \frac{방출가스량}{방호구역체적 + 방출가스량} \times 100$$
$$= \frac{21 - O_2}{21} \times 100$$

여기서, CO_2 : CO_2의 농도[%], O_2 : O_2의 농도[%]

이산화탄소의 농도 CO_2는

$$CO_2 = \frac{21 - O_2}{21} \times 100 = \frac{21 - 14}{21} \times 100$$
$$≒ 33.3vol% \boxed{보기 ②}$$

 용어

%	vol%
수를 100의 비로 나타낸 것	어떤 공간에 차지하는 부피를 백분율로 나타낸 것
50%	공기 50vol% / 50vol%
|50%|	|50vol%|

답 ②

13 열의 전달형태가 아닌 것은?

22.04.문20
17.03.문05
14.09.문06
12.05.문11

① 대류　　　② 산화

③ 전도　　　④ 복사

해설 **열전달**(열의 전달방법)의 **종류**

종류	설명
전도 보기 ③ (conduction)	하나의 물체가 다른 물체와 직접 접촉하여 열이 이동하는 현상
대류 보기 ① (convection)	유체의 흐름에 의하여 열이 이동하는 현상
복사 보기 ④ (radiation)	• 화재시 화원과 격리된 인접 가연물에 불이 옮겨 붙는 현상 • 열전달 매질이 없이 열이 전달되는 형태 • 열에너지가 전자파의 형태로 옮겨지는 현상으로, 가장 크게 작용한다.

기억법 전대복

용어

산화
가연물이 산소와 화합하는 것

비교

목조건축물의 화재원인

종류	설명
접염 (화염의 접촉)	화염 또는 열의 **접촉**에 의하여 불이 다른 곳으로 옮겨 붙는 것
비화	불티가 **바람**에 날리거나 화재현장에서 상승하는 **열기류** 중심에 휩쓸려 원거리 가연물에 착화하는 현상
복사열	복사파에 의하여 열이 **고온**에서 **저온**으로 이동하는 것

답 ②

14 화씨온도 122°F는 섭씨온도로 몇 ℃인가?

19.09.문11
16.10.문08
14.03.문11

① 40　　　② 50

③ 60　　　④ 70

해설 (1) 기호

- °F : 122°F
- ℃ : ?

(2) 섭씨온도

$$℃ = \frac{5}{9}(°F - 32)$$

여기서, ℃ : 섭씨온도[℃]
°F : 화씨온도[°F]

섭씨온도 ℃ = $\frac{5}{9}$(°F − 32) = $\frac{5}{9}$(122 − 32) = 50℃

중요

섭씨온도와 켈빈온도

섭씨온도	켈빈온도
℃ = $\frac{5}{9}$(°F − 32) 여기서, ℃ : 섭씨온도[℃] °F : 화씨온도[°F]	K = 273 + ℃ 여기서, K : 켈빈온도[K] ℃ : 섭씨온도[℃]

비교

화씨온도와 랭킨온도

화씨온도	랭킨온도
°F = $\frac{9}{5}$℃ + 32 여기서, °F : 화씨온도[°F] ℃ : 섭씨온도[℃]	R = 460 + °F 여기서, R : 랭킨온도[R] °F : 화씨온도[°F]

답 ②

★★★
15 Halon 1301의 화학식에 포함되지 않는 원소는?

21.03.문08
20.08.문20
19.03.문06
16.03.문09
15.03.문02
14.03.문06

① C
② Cl
③ F
④ Br

해설

② Halon 1301 : Cl의 개수는 0이므로 포함되지 않음

할론소화약제

종 류	약 칭	분자식
Halon 1011	CB	CH_2ClBr
Halon 104	CTC	CCl_4
Halon 1211	BCF	$CF_2ClBr(CBrClF_2)$
Halon 1301	BTM	$CF_3Br(CBrF_3)$ 보기 ①③④
Halon 2402	FB	$C_2F_4Br_2(C_2Br_2F_4)$

📢 중요

Halon 1 3 0 1

탄소원자수(C)
불소원자수(F)
염소원자수(Cl)
브로민원자수(Br)

※ 수소원자의 수＝(첫 번째 숫자×2)＋2－나머지 숫자의 합

답 ②

★★★
16 다음 중 발화점[℃]이 가장 낮은 물질은?

17.03.문02
17.03.문12
08.09.문06

① 아세틸렌
② 메탄
③ 프로판
④ 이황화탄소

해설

물 질	인화점	착화점
● 메탄	−188℃	540℃
● 프로필렌	−107℃	497℃
● 프로판	−104℃	470℃
● 에틸에터 ● 다이에틸에터	−45℃	180℃
● 가솔린(휘발유)	−43℃	300℃
● **산**화프로필렌	−37℃	465℃
● **이황화탄소**	−30℃	**100℃**
● **아세틸렌**	−18℃	**335℃**
● 아세톤	−18℃	538℃
● 벤젠	−11℃	562℃
● 톨루엔	4.4℃	480℃
● **메**틸알코올	11℃	464℃
● 에틸알코올	13℃	423℃
● 아세트산	40℃	–
● **등**유	43~72℃	210℃
● 경유	50~70℃	200℃
● 적린	–	260℃

기억법 인산 이메등

- 착화점＝발화점＝착화온도＝발화온도
- 인화점＝인화온도

답 ④

★★★
17 자연발화를 일으키는 원인이 아닌 것은?

20.06.문10
18.04.문10
17.05.문07
17.03.문09
15.05.문05
15.03.문08
12.09.문12
11.06.문12
08.09.문01

① 산화열
② 분해열
③ 흡착열
④ 기화열

해설

④ 해당없음

자연발화의 형태

구 분	종 류
분해열 보기 ②	● **셀**룰로이드 ● **나**이트로셀룰로오스 **기억법** 분셀나
산화열 보기 ①	● 건성유(정어리유, 아마인유, 해바라기유) ● 석탄 ● 원면 ● 고무분말
발효열	● **퇴**비 ● **먼**지 ● **곡**물 **기억법** 발퇴먼곡
흡착열 보기 ③	● **목**탄 ● **활**성탄 **기억법** 흡목탄활

📢 중요

(1) 산화열

산화열이 축적되는 경우	산화열이 축적되지 않는 경우
햇빛에 방치한 기름걸레는 산화열이 축적되어 자연발화를 일으킬 수 있다.	기름걸레를 빨랫줄에 걸어 놓으면 산화열이 축적되지 않아 자연발화는 일어나지 않는다.

(2) 발화원이 아닌 것
① 기화열
② 융해열

답 ④

★★★
18 실 상부에 배연기를 설치하여 연기를 옥외로 배출하고 급기는 자연적으로 하는 제연방식은?

18.09.문06
16.10.문13
04.03.문05

① 제2종 기계제연방식
② 제3종 기계제연방식
③ 스모크타워 제연방식
④ 제1종 기계제연방식

해설 **제연방식의 종류**
(1) 자연제연방식 : 건물에 설치된 창
(2) 스모크타워 제연방식
(3) 기계제연방식
　ⓐ 제1종 : **송풍기＋배연기**
　ⓑ 제2종 : **송풍기**
　ⓒ 제3종 : **배연기** 보기 ②

• 기계제연방식＝강제제연방식＝기계식 제연방식

용어

제3종 기계제연방식
실 상부에 배연기를 설치하여 연기를 옥외로 배출하고
급기는 자연적으로 하는 제연방식

답 ②

★★
19 기체연료의 연소형태로서 연료와 공기를 인접한
16.03.문07
09.03.문12 2개의 분출구에서 각각 분출시켜 계면에서 연소
를 일으키게 하는 것은?
① 증발연소
② 자기연소
③ 확산연소
④ 분해연소

해설

연소의 형태	설　명
증발연소 보기 ①	• 가열하면 고체에서 액체로 액체에서 기체로 상태가 변하여 그 기체가 연소하는 현상 • 액체가 열에 의해 **증기**가 되어 그 증기가 연소하는 현상
자기연소 보기 ②	열분해에 의해 **산소**를 **발생**하면서 연소하는 현상
확산연소	• **기체연료**가 공기 중의 **산소**와 **혼합**하면서 연소하는 현상 • **기체연료**의 연소형태로서 **연료**와 **공기**를 인접한 2개의 분출구에서 각각 분출시켜 계면에서 연소를 일으키는 것 보기 ③
분해연소 보기 ④	• 연소시 열분해에 의해 발생된 **가스**와 **산소**가 혼합하여 연소하는 현상 • 점도가 높고 비휘발성인 액체가 고온에서 열분해에 의해 **가스**로 **분해**되어 연소하는 현상
표면연소	열분해에 의해 가연성 가스를 발생하지 않고 그 **물질 자체**가 **연소**하는 현상
액적연소	가열하고 점도를 낮추어 버너 등을 사용하여 **액체의 입자**를 안개형태로 분출하여 연소하는 현상
예혼합기연소 (예혼합연소)	기체연료에 공기 중의 **산소**를 **미리** 혼합한 상태에서 연소하는 현상

기억법 예미(예민해)

답 ③

★★★
20 물이 소화약제로서 널리 사용되고 있는 이유에
22.04.문07
21.09.문04
18.04.문13 대한 설명으로 틀린 것은?
15.05.문04
14.05.문02 ① 다른 약제에 비해 쉽게 구할 수 있다.
13.03.문08 ② 비열이 크다.
11.10.문01 ③ 증발잠열이 크다.
④ 점도가 크다.

해설 ④ 크다. → 작다.

물이 **소화작업**에 **사용**되는 **이유**
(1) 가격이 싸다.(가격이 저렴하다.)
(2) 쉽게 구할 수 있다.(많은 양을 구할 수 있다.) 보기 ①
(3) 열흡수가 매우 크다.(**증발잠열**이 크다.) 보기 ③
(4) 사용방법이 비교적 간단하다.
(5) **비열**이 크다. 보기 ②
(6) 밀폐된 장소에서 증발가열하면 수증기에 의해서 **산소희석작용** 또는 **질식소화작용**을 한다.
(7) **무상**으로 주수하면 중질유화재에도 사용할 수 있다.

• 증발잠열＝기화잠열

참고

물이 **소화약제**로 많이 쓰이는 이유

장　점	단　점
① 쉽게 구할 수 있다. ② 증발잠열(기화잠열)이 크다. ③ 취급이 간편하다.	① 가스계 소화약제에 비해 사용 후 **오염**이 크다. ② 일반적으로 **전기화재**에는 **사용**이 **불가**하다.

답 ④

제2과목 소방유체역학

★★★
21 그림과 같이 수면으로부터 2m 아래에 직경 3m
23.03.문23
20.08.문21 의 평면 원형 수문이 수직으로 설치되어 있다. 물의
17.05.문38
11.10.문31 압력에 의해 수문이 받는 전압력의 세기[kN]는?

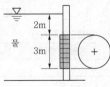

① 104.5
② 242.5
③ 346.5
④ 417.5

해설 (1) 기호

• D : 3m
• h : 3.5m
• F : ?

(2) 수평면에 **작용**하는 **힘**(전압력의 세기)

$$F = \gamma h A = \gamma h \frac{\pi D^2}{4}$$

여기서, F : 수평면에 작용하는 힘(전압력의 세기)[N]

γ : 비중량(물의 비중량 9800N/m³)

h : 표면에서 수문 중심까지의 수직거리[m]

A : 수문의 단면적[m²]

D : 직경[m]

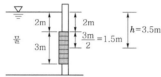

수평면에 작용하는 힘(전압력) F는

$$F = \gamma h \frac{\pi D^2}{4} = 9800 \text{N/m}^3 \times 3.5 \text{m} \times \frac{\pi \times (3\text{m})^2}{4}$$

$$= 242452 \text{N} \fallingdotseq 242500 \text{N} = 242.5 \text{kN}$$

비교

경사면에 **작용**하는 **힘**

$$F = \gamma y \sin\theta A$$

여기서, F : 경사면에 작용하는 힘(전압력의 세기)[N]

γ : 비중량(물의 비중량 9800N/m³)

y : 표면에서 수문 중심까지의 경사거리[m]

θ : 각도

A : 수문의 단면적[m²]

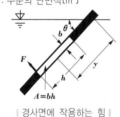

| 경사면에 작용하는 힘 |

답 ②

★★★
22 점성계수 μ의 차원으로 옳은 것은? (단, M은 질량, L은 길이, T는 시간이다.)

23.03.문21
22.04.문34
20.06.문26
18.03.문30
02.05.문27

① $ML^{-1}T^{-1}$
② MLT
③ $M^{-2}L^{-1}T$
④ MLT^2

해설 **중력단위**와 **절대단위**의 **차원**

차 원	중력단위[차원]	절대단위[차원]
길이	m[L]	m[L]
시간	s[T]	s[T]
운동량	N·s[FT]	kg·m/s[MLT⁻¹]
힘	N[F]	kg·m/s²[MLT⁻²]
속도	m/s[LT⁻¹]	m/s[LT⁻¹]
가속도	m/s²[LT⁻²]	m/s²[LT⁻²]
질량	N·s²/m[FL⁻¹T²]	kg[M]
압력	N/m²[FL⁻²]	kg/m·s²[ML⁻¹T⁻²]
밀도	N·s²/m⁴[FL⁻⁴T²]	kg/m³[ML⁻³]

비중	무차원	무차원
비중량	N/m³[FL⁻³]	kg/m²·s²[ML⁻²T⁻²]
비체적	m⁴/N·s²[F⁻¹L⁴T⁻²]	m³/kg[M⁻¹L³]
일률	N·m/s[FLT⁻¹]	kg·m²/s³[ML²T⁻³]
일	N·m[FL]	kg·m²/s²[ML²T⁻²]
점성계수	N·s/m²[FL⁻²T]	kg/m·s[ML⁻¹T⁻¹] 보기 ①
동점성계수	m²/s[L²T⁻¹]	m²/s[L²T⁻¹]

답 ①

★★★
23 회전수가 1500rpm일 때 송풍기 전압 3.92kPa, 풍량 6m³/min을 내는 팬이 있다. 이때 축동력이 0.6kW라면 전압효율은 대략 몇 %인가?

23.09.문24
20.08.문22
18.03.문33
17.09.문24
17.05.문36
13.06.문24

① 55%
② 60%
③ 65%
④ 70%

해설 (1) **기호**

- P_T : 3.92kPa
- Q : 6m³/min
- P : 0.6kW
- η : ?

(2) **동력**

$$P = \frac{P_T Q}{102 \times 60 \eta} K$$

여기서, P : 배연기 동력[kW]

P_T : 전압(동압)[mmAq, mmH₂O]

Q : 풍량[m³/min]

K : 여유율

η : 효율

$$101.325 \text{kPa} = 10332 \text{mmAq}$$

$$3.92 \text{kPa} = \frac{3.92 \text{kPa}}{101.325 \text{kPa}} \times 10332 \text{mmAq} \fallingdotseq 399.72 \text{mmAq}$$

효율 η는

$$\eta = \frac{P_T Q}{102 \times 60 P} = \frac{399.72 \text{mmAq} \times 6\text{m}^3/\text{min}}{102 \times 60 \times 0.6 \text{kW}}$$

$$\fallingdotseq 0.65 = 65\%$$

- K(여유율) : 주어지지 않았으므로 무시

답 ③

★★★
24 물의 체적을 2% 축소시키는 데 필요한 압력[MPa]은? (단, 물의 체적탄성계수는 2.08GPa이다.)

19.09.문33
18.03.문37
15.05.문27
12.03.문30

① 32.1
② 41.6
③ 45.4
④ 52.5

해설 (1) **기호**

- $\dfrac{\Delta V}{V}$: 2% = 0.02
- ΔP : ?
- K : 2.08GPa = 2.08×10³MPa(G : 10⁹, M : 10⁶)

(2) 체적탄성계수

$$K = -\frac{\Delta P}{\frac{\Delta V}{V}}$$

여기서, K : 체적탄성계수[kPa]

ΔP : 가해진 압력[kPa]

$\dfrac{\Delta V}{V}$: 체적의 감소율(체적의 축소율)

ΔV : 체적의 변화(체적의 차)[m³]

V : 처음 체적[m³]

(3) 압축률

$$\beta = \frac{1}{K}$$

여기서, β : 압축률[m²/N]

K : 체적탄성계수[Pa] 또는 [N/m²]

$K = -\dfrac{\Delta P}{\dfrac{\Delta V}{V}}$ 에서

가해진 압력 ΔP 는

$\Delta P = -\dfrac{\Delta V}{V} \cdot K$

$= -0.02 \times (2.08 \times 10^3 \text{MPa})$

$= -41.6 \text{MPa}$

- '−'는 누르는 방향의 위 또는 아래를 나타내는 것으로 특별한 의미는 없다.

용어

체적탄성계수

어떤 압력으로 누를 때 이를 떠받치는 힘의 크기를 의미하며, 체적탄성계수가 클수록 압축하기 힘들다.

답 ②

★★★
25

18.04.문25
18.03.문21
12.09.문27
07.03.문32
03.05.문36

물 분류가 고정평판을 60°의 각도로 충돌할 때 유량이 500L/min, 유속이 15m/s이면 분류가 평판에 수직방향으로 미치는 힘은 약 몇 N인가? (단, 중력은 무시한다.)

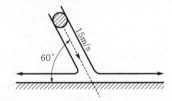

① 10.8
② 5.4
③ 108
④ 54

해설

$$F_y = \rho QV\sin\theta$$

(1) 기호

- Q : 500L/min=0.5m³/60s(1000L=1m³, 1min =60s)
- V : 15m/s
- θ : 60°

(2) 판이 받는 y방향(수직방향)의 힘

$$F_y = \rho QV\sin\theta$$

여기서, F_y : 판이 받는 y방향(수직방향)의 힘[N]

ρ : 밀도(물의 밀도 1000N·s²/m⁴)

Q : 유량[m³/s]

V : 유속[m/s]

θ : 각도[°]

판이 받는 y방향의 힘 F_y 는

$F_y = \rho QV\sin\theta$

$= 1000\text{N}\cdot\text{s}^2/\text{m}^4 \times 0.5\text{m}^3/60\text{s} \times 15\text{m/s} \times \sin60°$

$\fallingdotseq 108\text{N}$

비교

판이 받는 x방향(수평방향)의 힘

$$F_x = \rho QV(1-\cos\theta)$$

여기서, F_x : 판이 받는 x방향의 힘[N]

ρ : 밀도[N·s²/m⁴]

Q : 유량[m³/s]

V : 속도[m/s]

θ : 각도[°]

답 ③

★★
26

16.10.문30
09.08.문29

유체 속에 완전히 잠긴 경사 평면에 작용하는 압력힘의 작용점은?

① 경사 평면의 도심보다 밑에 있다.
② 경사 평면의 도심에 있다.
③ 경사 평면의 도심보다 위에 있다.
④ 경사 평면의 도심과는 관계가 없다.

해설

① 유체 속에 완전히 잠긴 경사 평면에 작용하는 압력힘의 작용점은 경사 평면의 도심보다 **밑**에 있다.

※ **도심**(center of figure) : 평면도형의 중심 및 두께가 일정한 물체의 중심

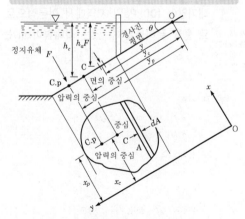

‖ 힘의 작용점의 중심압력 ‖

답 ①

27

19.03.문21
17.09.문21
16.03.문31
01.09.문32

그림은 원유, 물, 공기에 대하여 전단응력과 속도기울기의 관계를 나타낸 것이다. 물에 해당하는 선은?

① 1
② 2
③ 3
④ 주어진 정보로는 알 수 없다.

해설 전단응력과 속도기울기의 관계

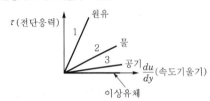

중요

뉴턴(Newton)의 점성법칙

$$\tau = \mu \frac{du}{dy}$$

여기서, τ : 전단응력[N/m^2]

μ : 점성계수[N·s/m^2]

$\dfrac{du}{dy}$: 속도구배(속도기울기)

● 전단응력은 **속도구배**(속도기울기)에 **비례**한다.

답 ②

28

20.06.문32
19.04.문38
17.05.문29
13.06.문34

대기압이 100kPa인 지역에서 이론적으로 펌프로 물을 끌어올릴 수 있는 최대높이[m]는?

① 8.8
② 10.2
③ 12.6
④ 14.1

해설 (1) 기호

● P : 100kPa=100kN/m^2(1kPa=1kN/m^2)
● H : ?

(2) 높이(압력수두)

$$H = \frac{P}{\gamma}$$

여기서, H : 높이(압력수두)[m]

P : 압력[kPa] 또는 [kN/m^2]

γ : 비중량(물의 비중량 9.8kN/m^3)

높이(압력수두) H는

$$H = \frac{P}{\gamma} = \frac{100kN/m^2}{9.8kN/m^3} ≒ 10.2m$$

답 ②

29

14.09.문32

수평원관 유동에 관한 설명으로 옳지 않은 것은?

① 층류흐름에서 관마찰계수는 레이놀즈수의 함수이다.
② 층류흐름일 때 수평원관 속의 유량은 직경에 반비례한다.
③ 층류 유동상태인 직선원형관의 중심에서 전단응력은 0이다.
④ 층류 유동에서 레이놀즈수가 2000일 때 관마찰계수는 0.032이다.

해설
② 유량은 직경에 반비례 → 유량은 직경의 제곱근에 비례
④ 관마찰계수

$$f = \frac{64}{Re}$$

여기서, f : 관마찰계수

Re : 레이놀즈수

$$f = \frac{64}{Re} = \frac{64}{2000} = 0.032(∴ 옳은 내용)$$

(1) 유량

$$Q = AV$$

여기서, Q : 유량[m^3/s]

A : 단면적[m^2]

V : 유속[m/s]

유속 $V = \dfrac{Q}{A}$

(2) 달시-웨버식(Darcy-Weisbach formula) : 층류

$$H = \frac{\Delta p}{\gamma} = \frac{flV^2}{2gD}$$

여기서, H : 마찰손실(수두)[m]

Δp : 압력차[kPa] 또는 [kN/m^2]

γ : 비중량(물의 비중량 9800N/m^3)

f : 관마찰계수

l : 길이[m]

V : 유속[m/s]

g : 중력가속도(9.8m/s^2)

D : 내경[m]

$$H = \frac{flV^2}{2gD} = \frac{fl\left(\dfrac{Q}{A}\right)^2}{2gD} = \frac{fl\left(\dfrac{Q^2}{A^2}\right)}{2gD}$$

$$2gDH = fl\left(\frac{Q^2}{A^2}\right) \propto Q^2$$

$D \propto Q^2$

$\sqrt{D} \propto \sqrt{Q^2}$

$\sqrt{D} \propto Q$

∴ 유량은 **직경**의 **제곱근**에 **비례**한다.

답 ②

 ★★★
30 밑면이 3m×5m인 물탱크에 물이 5m 깊이로 채워져 있을 때, 밑면에 작용하는 물에 의한 힘은 몇 kN인가? (단, 물의 비중량은 9800N/m³이다.)

19.04.문36
18.04.문21
13.09.문25

① 706 ② 714

③ 726 ④ 735

해설 (1) 기호

- A : (3m×5m)
- h : 5m
- F : ?
- γ : 9800N/m³

(2) 밑면에 **작용하는 힘**

$$F = \gamma h A$$

여기서, F : 밑면에 작용하는 힘[N]

γ : 비중량(물의 비중량 9800N/m³)

h : 물의 깊이[m]

A : 단면적[m²]

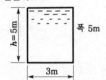

밑면에 작용하는 힘 F는

$F = \gamma h A$

$= 9800\text{N/m}^3 \times 5\text{m} \times (3\text{m} \times 5\text{m}) = 735000\text{N} = 735\text{kN}$

- 1kN=1000N

답 ④

★★★
31 Newton 유체와 관련한 유체의 점성법칙과 직접적으로 관계가 없는 것은?

19.03.문21
17.09.문21
16.03.문31
06.09.문22
01.09.문32

① 점성계수 ② 전단응력

③ 속도구배 ④ 중력가속도

해설 ④ 해당없음

뉴턴(Newton)의 **점성법칙**

$$\tau = \mu \frac{du}{dy}$$

여기서, τ : 전단응력[N/m²] 보기 ②

μ : 점성계수[N·s/m²] 보기 ①

$\dfrac{du}{dy}$: 속도구배(속도기울기) 보기 ③

중요

유체의 종류

유체 종류	설 명
실제유체	**점**성이 **있**으며, **압**축성인 유체 [기억법] 실점있압(**실점**이 있는 사람만 **압**박해!)
이상유체	① 점성이 없으며, **비압축성**인 유체 ② 유체유동시 **마찰전단응력**이 **발생하지 않**으며, 압력변화에 따른 **체적변화**가 **없는** 유체 ③ 유체유동시 마찰전단응력이 발생하지 않으며, 분자 간에 분자력이 작용하지 않는 유체
압축성 유체	**기**체와 같이 체적이 변화하는 유체 [기억법] 기압(**기압**)
비압축성 유체	**액**체와 같이 체적이 변화하지 않는 유체

답 ④

★★
32 노즐에서 10m/s로서 수직방향으로 물을 분사할 때 최대상승높이는 약 몇 m인가? (단, 저항은 무시한다.)

16.05.문38
10.09.문24

① 5.10 ② 6.34

③ 3.22 ④ 2.65

해설 (1) 기호

- V : 10m/s
- H : ?

(2) 속도수두

$$H = \frac{V^2}{2g}$$

여기서, H : 속도수두(최대상승높이)[m]

V : 유속[m/s]

g : 중력가속도(9.8m/s²)

속도수두(최대상승높이) H는

$H = \dfrac{V^2}{2g} = \dfrac{(10\text{m/s})^2}{2 \times 9.8\text{m/s}^2} = 5.1\text{m}$

답 ①

★
33 분자량이 35인 어떤 가스의 정압비열이 0.535 kJ/kg·K라고 가정할 때 이 가스의 비열비(K)는 약 얼마인가? (단, 기체상수 R=8.31434 kJ/kmol·K이다.)

14.05.문27

① 1.4 ② 1.5

③ 1.65 ④ 1.8

해설 (1) 기호

- M : 35kg/kmol
- C_P : 0.535kJ/kg · K
- K : ?

(2) 기체상수

$$R = C_P - C_V = \frac{\overline{R}}{M}$$

여기서, R : 기체상수[kJ/kg · K]

C_P : 정압비열[kJ/kg · K]

C_V : 정적비열[kJ/kg · K]

$\overline{R}$: 일반기체상수[kJ/kmol · K]

M : 분자량[kg/kmol]

$$C_P - C_V = \frac{\overline{R}}{M}$$

$$C_P - \frac{\overline{R}}{M} = C_V$$

$$C_V = C_P - \frac{\overline{R}}{M}$$

$$= 0.535 \text{kJ/kg} \cdot \text{K} - \frac{8.31434 \text{kJ/kmol} \cdot \text{K}}{35 \text{kg/kmol}}$$

$$= 0.297 \text{kJ/kg} \cdot \text{K}$$

(3) 비열비

$$K = \frac{C_P}{C_V}$$

여기서, K : 비열비

C_P : 정압비열[kJ/K]

C_V : 정적비열[kJ/K]

비열비 $K = \dfrac{C_P}{C_V} = \dfrac{0.535 \text{kJ/kg} \cdot \text{K}}{0.297 \text{kJ/kg} \cdot \text{K}} \fallingdotseq 1.8$

답 ④

★★ 34

14.03.문34
04.05.문30

유체의 연속방정식에 대한 설명으로 가장 적절한 것은?

① 뉴턴의 운동법칙을 만족시키는 방정식

② 일과 에너지의 관계를 나타내는 방정식

③ 유선에 따른 오일러 방정식을 적분한 방정식

④ 질량보존의 법칙을 유체 유동에 적용한 방정식

해설 연속방정식(continuity equation) : **질량보존의 법칙**의 일종 보기 ④

(1) $d(\rho A V) = 0$

(2) $\rho A V = C$

(3) $\dfrac{dA}{A} = \dfrac{d\rho}{\rho} = \dfrac{dV}{V} = 0$

참고

연속방정식

유체의 흐름이 정상류일 때 임의의 한 점에서 속도, 온도, 압력, 밀도 등의 평균값이 시간에 따라 변하지 않으며 임의의 두 점에서의 단면적, 밀도, 속도를 곱한 값은 같다.

답 ④

★★ 35

15.09.문24
12.03.문29

이상기체의 엔탈피가 변하지 않는 과정은?

① 가역 단열과정 ② 비가역 단열과정

③ 교축과정 ④ 정적과정

해설 **교축과정**

이상기체의 엔탈피가 변하지 않는 과정 보기 ③

※ 엔탈피 : 어떤 물질이 가지고 있는 총에너지

답 ③

★★★ 36

23.03.문38
18.09.문25
09.08.문40
09.05.문39

노즐 내의 유체의 질량유량을 0.06kg/s, 출구에서의 비체적을 7.8m³/kg, 출구에서의 평균속도를 80m/s라고 하면, 노즐출구의 단면적은 약 몇 cm²인가?

① 88.5 ② 78.5

③ 68.5 ④ 58.5

해설

$$\overline{m} = A V \rho$$

(1) 기호

- $\overline{m}$: 0.06kg/s
- V_s : 7.8m³/kg
- V : 80m/s
- A : ?

(2) 밀도

$$\rho = \frac{1}{V_s}$$

여기서, ρ : 밀도[kg/m³]

V_s : 비체적[m³/kg]

밀도 ρ는

$$\rho = \frac{1}{V_s} = \frac{1}{7.8 \text{m}^3/\text{kg}} \fallingdotseq 0.128 \text{kg/m}^3$$

(3) 질량유량

$$\overline{m} = A V \rho$$

여기서, $\overline{m}$: 질량유량[kg/s], A : 단면적[m²]

V : 유속[m/s], ρ : 밀도[kg/m³]

단면적 A는

$$A = \frac{\overline{m}}{V\rho} = \frac{0.06 \text{kg/s}}{80 \text{m/s} \times 0.128 \text{kg/m}^3} \fallingdotseq 5.85 \times 10^{-3} \text{m}^2$$

$$= 58.5 \times 10^{-4} \text{m}^2 = 58.5 \text{cm}^2$$

답 ④

★★★ 37

23.09.문21
22.04.문24
21.09.문30
21.05.문29
18.04.문33

어떤 유체 $2m^3$의 무게가 18000N일 때, 이 유체의 비중은 약 얼마인가?

① 0.82   ② 0.92
③ 1.01   ④ 9.0

해설 (1) 기호

- s : ?
- γ : $\dfrac{18000N}{2m^3} = 9000N/m^3$

(2) 비중

$$s = \frac{\gamma}{\gamma_w} = \frac{\rho}{\rho_w}$$

여기서, s : 비중
γ : 어떤 물질의 비중량[N/m³]
γ_w : 물의 비중량(9800N/m³)
ρ : 어떤 물질의 밀도[kg/m³]
ρ_w : 물의 밀도(1000kg/m³)

$$s = \frac{9000N/m^3}{9800N/m^3} = 0.918 \coloneqq 0.92$$

답 ②

★★★ 38

17.09.문40
17.05.문35
14.05.문40
14.03.문30
11.03.문33

안지름 50mm의 원관에 기름이 2.5m/s의 평균 속도로 흐를 때 관마찰계수는? (단, 기름의 동점성계수는 $1.31 \times 10^{-4}m^2/s$이다.)

① 0.013   ② 0.067
③ 0.125   ④ 0.954

해설 (1) 기호

- D : 50mm=0.05m(1000mm=1m)
- V : 2.5m/s
- ν : $1.31 \times 10^{-4}m^2/s$
- f : ?

(2) 레이놀즈수

$$Re = \frac{DV\rho}{\mu} = \frac{DV}{\nu}$$

여기서, Re : 레이놀즈수
D : 내경[m]
V : 유속[m/s]
ρ : 밀도[kg/m³]
μ : 점성계수[kg/m·s]
ν : 동점성계수$\left(\dfrac{\mu}{\rho}\right)$[m²/s]

레이놀즈수 Re 는

$$Re = \frac{DV}{\nu}$$
$$= \frac{0.05m \times 2.5m/s}{1.31 \times 10^{-4}m^2/s} \coloneqq 954$$

(3) 관마찰계수

$$f = \frac{64}{Re}$$

여기서, f : 관마찰계수
Re : 레이놀즈수

관마찰계수 f 는

$$f = \frac{64}{Re} = \frac{64}{954} \coloneqq 0.067$$

답 ②

★ 39

13.03.문39

직경 2m의 원형 수문이 그림과 같이 수면에서 3m 아래에 30° 각도로 기울어져 있을 때 수문의 자중을 무시하면 수문이 받는 힘은 몇 kN인가?

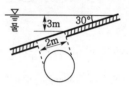

① 107.7   ② 94.2
③ 78.5   ④ 62.8

해설 (1) 기호

- D : 2m
- θ : 30°
- F : ?

(2) 수문이 받는 힘

$$F = \gamma y \sin \theta A = \gamma h A$$

여기서, F : 힘[kN]
γ : 비중량(물의 비중량 9.8kN/m³)
y : 표면에서 수문중심까지의 경사거리[m]
θ : 각도
A : 수문의 단면적[m²]
h : 표면에서 수문중심까지의 수직거리[m]

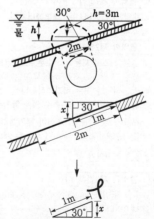

$$\sin 30° = \frac{x}{1\text{m}}$$

$1\text{m} \times \sin 30° = x$

$x = 1\text{m} \times \sin 30°$

$$h = 3\text{m} + y_c \sin\theta$$

여기서, h : 표면에서 수문중심까지의 수직거리[m]

y_c : 수문의 반경[m]

θ : 각도

$h = 3\text{m} + (1\text{m} \times \sin 30°) = 3.5\text{m}$

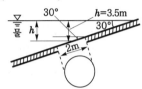

힘 F는

$F = \gamma h A$

$= 9.8\text{kN/m}^3 \times 3.5\text{m} \times \left(\frac{\pi}{4}D^2\right)$

$= 9.8\text{kN/m}^3 \times 3.5\text{m} \times \frac{\pi}{4}(2\text{m})^2$

$≒ 107.7\text{kN}$

답 ①

★★★
40 열역학 법칙 중 제2종 영구기관의 제작이 불가능함을 역설한 내용은?

23.05.문25
21.03.문21
14.05.문24
13.09.문22

① 열역학 제0법칙

② 열역학 제1법칙

③ 열역학 제2법칙

④ 열역학 제3법칙

해설 열역학의 법칙

(1) 열역학 제0법칙 (열평형의 법칙)

온도가 높은 물체에 낮은 물체를 접촉시키면 온도가 높은 물체에서 낮은 물체로 열이 이동하여 두 물체의 **온도**는 **평형**을 이루게 된다.

(2) 열역학 제1법칙 (에너지보존의 법칙)

기체의 공급에너지는 **내부에너지**와 외부에서 한 일의 합과 같다.

(3) 열역학 제2법칙

㉠ 열은 스스로 **저온**에서 **고온**으로 절대로 흐르지 않는다.

㉡ 열은 그 스스로 저열원체에서 고열원체로 이동할 수 없다.

㉢ 자발적인 변화는 **비가역적**이다.

㉣ 열을 완전히 일로 바꿀 수 있는 **열기관**을 만들 수 **없다**.
(제2종 영구기관의 제작이 불가능하다.) 보기 ③

㉤ 열기관에서 일을 얻으려면 최소 **두 개의 열원**이 필요하다.

기억법 2기(이기자!)

(4) 열역학 제3법칙

순수한 물질이 1atm하에서 결정상태이면 엔트로피는 **0K**에서 **0**이다.

답 ③

★★★
41 소방시설 설치 및 관리에 관한 법률상 소방시설관리업 등록의 결격사유에 해당하지 않는 사람은?

21.03.문57
20.06.문51
13.09.문47
11.06.문50

① 피성년후견인

② 소방시설관리업의 등록이 취소된 날로부터 2년이 지난 자

③ 금고 이상의 형의 집행유예를 선고받고 그 유예기간 중에 있는 자

④ 금고 이상의 실형을 선고받고 그 집행이 면제된 날부터 2년이 지나지 아니한 자

해설 ② 지난 자 → 지나지 아니한 자

소방시설법 30조
소방시설관리업의 등록결격사유

(1) 피성년후견인 보기 ①

(2) 금고 이상의 선고를 받고 끝난 후 **2년**이 지나지 아니한 사람 보기 ④

(3) **집행유예기간** 중에 있는 사람 보기 ③

(4) 등록취소 후 **2년**이 지나지 아니한 사람 보기 ②

비교

소방시설법 27조
소방시설관리사의 결격사유

(1) 피성년후견인

(2) 금고 이상의 실형을 선고받고 그 집행이 끝나거나(집행이 끝난 것으로 보는 경우 포함) 집행이 면제된 날부터 **2년**이 지나지 아니한 사람

(3) 금고 이상의 형의 집행유예를 선고받고 그 유예기간 중에 있는 사람

(4) 자격취소 후 **2년**이 지나지 아니한 사람

답 ②

★★★
42 위험물안전관리법령상 제조소와 사용전압이 35000V를 초과하는 특고압가공전선에 있어서 안전거리는 몇 m 이상을 두어야 하는가? (단, 제6류 위험물을 취급하는 제조소는 제외한다.)

22.04.문43
18.03.문49
15.03.문56
09.05.문51

① 3

② 5

③ 20

④ 30

해설 **위험물규칙** [별표 4]
위험물제조소의 안전거리

안전거리	대상
3m 이상	7000~35000V 이하의 특고압가공전선
5m 이상	35000V를 초과하는 특고압가공전선 보기 ②

10m 이상	주거용으로 사용되는 것
20m 이상	• 고압가스 **제조**시설(용기에 충전하는 것 포함) • 고압가스 **사용**시설(1일 30m³ 이상 용적 취급) • 고압가스 **저장**시설 • 액화산소 **소비**시설 • 액화석유가스 제조·저장시설 • 도시가스 공급시설
30m 이상	• 학교 • 병원급 의료기관 • 공연장 ┐ • 영화상영관 ┘ 300명 이상 수용시설 • 아동복지시설 • 노인복지시설 • 장애인복지시설 • 한부모가족복지시설 • 어린이집 ─ 20명 이상 수용시설 • 성매매피해자 등을 위한 지원시설 • 정신건강증진시설 • 가정폭력피해자 보호시설
50m 이상	• 유형**문**화재 • 지정문화재 기억법 문5(문어)

답 ②

43

다음 중 화재예방강화지구의 지정대상 지역과 가장 거리가 먼 것은?

21.05.문44
19.09.문55
16.03.문41
15.09.문55
14.05.문53
12.09.문46
10.05.문55
10.03.문48

① 공장지역
② 시장지역
③ 목조건물이 밀집한 지역
④ 소방용수시설이 없는 지역

해설 ① 공장지역 → 공장 등이 밀집한 지역

화재예방법 18조
화재예방강화지구의 지정
(1) **지정권자** : **시**·도지사
(2) **지정지역**
  ㉠ **시장지역** 보기 ②
  ㉡ **공장·창고** 등이 밀집한 지역 보기 ①
  ㉢ **목조건물**이 밀집한 지역 보기 ③
  ㉣ **노후·불량** 건축물이 밀집한 지역
  ㉤ **위험물**의 저장 및 **처리시설**이 **밀집**한 지역
  ㉥ **석유화학제품**을 생산하는 공장이 있는 지역
  ㉦ **소방시설·소방용수시설** 또는 **소방출동로**가 **없는** 지역 보기 ④
  ㉧ 「**산업입지 및 개발에 관한 법률**」에 따른 산업단지
  ㉨ 「**물류시설의 개발 및 운영에 관한 법률**」에 따른 물류단지
  ㉩ **소방청장·소방본부장** 또는 **소방서장**(소방관서장)이 화재예방강화지구로 지정할 필요가 있다고 인정하는 지역

기억법 화강시

※ **화재예방강화지구** : 화재발생 우려가 크거나 화재가 발생할 경우 피해가 클 것으로 예상되는 지역에 대하여 화재의 예방 및 안전관리를 강화하기 위해 지정·관리하는 지역

 비교

기본법 19조
화재로 오인할 만한 불을 피우거나 연막소독시 신고지역
(1) **시장**지역
(2) **공장·창고**가 밀집한 지역
(3) **목조건물**이 밀집한 지역
(4) **위험물**의 저장 및 **처리시설**이 **밀집**한 지역
(5) **석유화학제품**을 생산하는 공장이 있는 지역
(6) 그 밖에 **시·도**의 **조례**로 정하는 지역 또는 장소

답 ①

44

소방시설 설치 및 관리에 관한 법령상 스프링클러설비를 설치하여야 하는 특정소방대상물의 기준으로 틀린 것은? (단, 위험물 저장 및 처리 시설 중 가스시설 또는 지하구를 제외한다.)

23.09.문61
22.04.문60
21.05.문60
18.03.문44
15.03.문41
05.09.문52

① 물류터미널로서 바닥면적 합계가 2000m² 이상인 경우에는 모든 층
② 숙박이 가능한 수련시설에 해당하는 용도로 사용되는 시설의 바닥면적의 합계가 600m² 이상인 것은 모든 층
③ 종교시설(주요구조부가 목조인 것은 제외)로서 수용인원이 100명 이상인 것에 해당하는 경우에는 모든 층
④ 지하가(터널은 제외)로서 연면적 1000m² 이상인 것

해설 ① 2000m² → 5000m²

소방시설법 시행령 〔별표 4〕
스프링클러설비의 설치대상

설치대상	조 건

① 문화 및 집회시설, 운동시설
② 종교시설(주요구조부가 목조인 것은 제외) 보기 ③
	• 수용인원 : 100명 이상
	• 영화상영관 : 지하층·무창층 500m²(기타 1000m²) 이상
	• 무대부
	  – 지하층·무창층·4층 이상 : 300m² 이상
	  – 1~3층 : 500m² 이상

③ 판매시설 ④ 운수시설 ⑤ 물류터미널 보기 ①	• 수용인원 : 500명 이상 • 바닥면적 합계 5000m² 이상
⑥ 창고시설(물류터미널 제외)	바닥면적 합계 5000m² 이상 : 전층
⑦ 노유자시설 ⑧ 정신의료기관 ⑨ 수련시설(숙박 가능한 것) 보기 ② ⑩ 종합병원, 병원, 치과병원, 한방병원 및 요양병원(정신병원 제외) ⑪ 숙박시설	바닥면적 합계 600m² 이상

⑫ 지하가(터널 제외) 보기 ④	연면적 1000m² 이상
⑬ 지하층·무창층·4층 이상	바닥면적 1000m² 이상
⑭ 10m 넘는 랙식 창고	연면적 1500m² 이상
⑮ 복합건축물 ⑯ 기숙사	연면적 5000m² 이상 : 전층
⑰ 6층 이상	전층
⑱ 보일러실·연결통로	전부
⑲ 특수가연물 저장·취급	지정수량 1000배 이상
⑳ 발전시설	전기저장시설 : 전부

답 ①

★★★ 45

소방기본법상 정당한 사유없이 물의 사용이나 수도의 개폐장치의 사용 또는 조작을 하지 못하게 하거나 방해한 자에 대한 벌칙기준으로 옳은 것은?

21.05.문59
19.09.문42
18.04.문51
17.05.문55
16.03.문42
07.03.문45

① 400만원 이하의 벌금
② 300만원 이하의 벌금
③ 200만원 이하의 벌금
④ 100만원 이하의 벌금

해설 **100만원 이하의 벌금**
(1) 관계인의 **소방활동 미수행**(기본법 54조)
(2) **피난명령** 위반(기본법 54조)
(3) 위험시설 등에 대한 긴급조치 방해(기본법 54조)
(4) 거짓보고 또는 자료 미제출자(공사업법 38조)
(5) **관계공무원**의 출입·조사·**검사 방해**(공사업법 38조)
(6) 정당한 사유없이 물의 **사용**이나 **수도**의 **개폐장치**의 사용 또는 조작을 하지 못하게 하거나 **방해**한 자(기본법 54조) 보기 ④
(7) 소방대의 생활안전활동을 방해한 자(기본법 54조)

기억법 피1(차일피일)

답 ④

★★ 46

위험물안전관리법령상 위험물의 안전관리와 관련된 업무를 시행하는 자로서 소방청장이 실시하는 안전교육대상자가 아닌 사람은?

21.03.문48
20.06.문47

① 제조소 등의 관계인
② 안전관리자로 선임된 자
③ 위험물운송자로 종사하는 자
④ 탱크시험자의 기술인력으로 종사하는 자

해설 **위험물안전관리법 28조**
위험물 안전교육대상자
(1) 안전관리자 보기 ②
(2) 탱크시험자 보기 ④
(3) 위험물운반자
(4) 위험물운송자 보기 ③

답 ①

★★★ 47

소방시설 중 경보설비에 해당하지 않는 것은?

21.09.문52
19.04.문43
17.05.문60
17.03.문53
14.05.문56
13.09.문43
13.09.문57

① 비상벨설비
② 단독경보형 감지기
③ 비상방송설비
④ 비상콘센트설비

해설 ④ 비상콘센트설비 : 소화활동설비

소방시설법 시행령 〔별표 1〕
경보설비
(1) 비상**경**보설비 ┬ 비상벨설비 보기 ①
　　　　　　　　　└ 자동식 사이렌설비
(2) **단**독경보형 감지기 보기 ②
(3) 비상**방**송설비 보기 ③
(4) **누**전경보기
(5) 자동화재**탐**지설비 및 시각경보기
(6) 자동화재**속**보설비
(7) **가**스누설경보기
(8) **통**합감시시설
(9) 화재알림설비

기억법 경단방 누탐속가통

※ **경보설비** : 화재발생 사실을 통보하는 기계·기구 또는 설비

비교

소방시설법 시행령 〔별표 1〕
소화활동설비
(1) **연결송수관**설비
(2) **연결살수**설비
(3) **연소방지**설비
(4) **무선통신보조**설비
(5) **제연**설비
(6) **비상콘**센트설비

기억법 3연무제비콘

용어

소화활동설비
화재를 진압하거나 인명구조활동을 위하여 사용하는 설비

답 ④

★★★ 48

다음 중 위험물안전관리법령상 제3류 위험물이 아닌 것은?

21.03.문44
20.08.문41
19.09.문60
19.03.문01
18.09.문20
15.05.문43
15.03.문18
14.09.문04
14.03.문05
14.03.문16
13.09.문07

① 칼륨
② 황린
③ 나트륨
④ 마그네슘

해설 ④ 제2류 위험물

위험물령〔별표 1〕
위험물

유별	성질	품명
제1류	**산**화성 **고**체	• 아염소산염류 • 염소산염류 • 과염소산염류 • 질산염류(질산칼륨) • 무기과산화물(과산화바륨) 기억법 1산고(**일산GO**)
제2류	가연성 고체	• **황화**인 • **적**린 • **황** • **마**그네슘 보기 ④ 기억법 황화적황마
제3류	자연발화성 물질	• **황**린(P_4) 보기 ②
제3류	금수성 물질	• **칼**륨(K) 보기 ① • **나**트륨(Na) 보기 ③ • **알**킬알루미늄 • 알킬리튬 • **칼**슘 또는 알루미늄의 탄화물류 (**탄화칼슘**=CaC_2) 기억법 황칼나알칼
제4류	인화성 액체	• 특수인화물(이황화탄소) • 알코올류 • 석유류 • 동식물유류
제5류	자기반응성 물질	• 나이트로화합물 • 유기과산화물 • 나이트로소화합물 • 아조화합물 • 질산에스터류(셀룰로이드)
제6류	산화성 액체	• 과염소산 • 과산화수소 • 질산

답 ④

★★★
49 소방시설 설치 및 관리에 관한 법령상 방염성능
22.09.문55
22.04.문47 기준 이상의 실내장식물 등을 설치하여야 하는
18.04.문50
16.10.문48 특정소방대상물의 기준으로 틀린 것은?
16.03.문50
15.09.문54 ① 층수가 11층 이상인 아파트
15.05.문54
14.05.문48 ② 건축물의 옥내에 있는 시설로서 종교시설
③ 의료시설 중 종합병원
④ 노유자시설

해설 ① 아파트 제외

소방시설법 시행령 30조
방염성능기준 이상 적용 특정소방대상물
(1) 체력단련장, 공연장 및 종교집회장
(2) 문화 및 집회시설

(3) **종**교시설 보기 ②
(4) 운동시설(수영장은 제외)
(5) 의료시설(종합병원, 정신의료기관) 보기 ③
(6) 의원, 조산원, 산후조리원
(7) 교육연구시설 중 합숙소
(8) **노**유자시설 보기 ④
(9) 숙박이 가능한 **수**련시설
(10) **숙**박시설
(11) 방송국 및 촬영소
(12) 다중이용업소(단란주점영업, 유흥주점영업, 노래연습장업의 연습장 등)
(13) 층수가 11층 이상인 것(아파트는 제외 : 2026. 12. 1. 삭제)

기억법 방숙 노종수

답 ①

★
50 소방기본법에 규정된 내용에 관한 설명으로 옳
16.03.문49 은 것은?
① 소방대상물에는 항해 중인 선박도 포함된다.
② 관계인이란 소방대상물의 관리자와 점유자를 제외한 실제 소유자를 말한다.
③ 소방대의 임무는 구조와 구급활동을 제외한 화재현장에서의 화재진압활동이다.
④ 의용소방대원과 의무소방원도 소방대의 구성원이다.

해설 **기본법 2조**
소방대
(1) 소방**공**무원
(2) **의**무소방원 보기 ④
(3) **의**용소방대원 보기 ④

기억법 공의

답 ④

★★★
51 건축허가 등의 동의를 요구한 기관이 그 건축허
17.09.문55
16.10.문43 가 등을 취소하였을 때에는 취소한 날부터 며칠
15.05.문60
13.03.문46 이내에 건축물 등의 시공지 또는 소재지를 관할
하는 소방본부장 또는 소방서장에게 그 사실을
통보하여야 하는가?
① 3 ② 7
③ 10 ④ 14

해설 **7일**
(1) 옮긴 물건 등의 **보**관기간(화재예방법 시행령 17조)
(2) 건축허가 등의 취소통보(소방시설법 시행규칙 3조) 보기 ②
(3) 소방공사 감리원의 배치통일(공사업규칙 17조)
(4) 소방공사 감리결과 통보ㆍ보고일(공사업규칙 19조)

기억법 보7(보칙)

답 ②

★★★ 52

19.09.문50
16.10.문53
13.03.문51
08.05.문55

화재의 예방 및 안전관리에 관한 법령상 대통령령으로 정하는 특수가연물의 품명별 수량의 기준으로 옳은 것은?

① 가연성 고체류 : 2m³ 이상
② 목재가공품 및 나무부스러기 : 5m³ 이상
③ 석탄·목탄류 : 3000kg 이상
④ 면화류 : 200kg 이상

해설

① 2m³ 이상 → 3000kg 이상
② 5m³ 이상 → 10m³ 이상
③ 3000kg 이상 → 10000kg 이상

화재예방법 시행령 〔별표 2〕
특수가연물

품 명		수 량
가연성 **액**체류		**2**m³ 이상
목재가공품 및 나무부스러기 보기 ②		**1**0m³ 이상
면화류		**2**00kg 이상 보기 ④
나무껍질 및 대팻밥		**4**00kg 이상
넝마 및 종이부스러기		
사류(絲類)		**1**000kg 이상
볏짚류		
가연성 **고**체류 보기 ①		**3**000kg 이상
고무류·플라스틱류	발포시킨 것	20m³ 이상
	그 밖의 것	**3**000kg 이상
석탄·목탄류 보기 ③		**1**0000kg 이상

기억법

가액목면나 넝사볏가고 고석
2 124 1 3 31

※ **특수가연물** : 화재가 발생하면 그 확대가 빠른 물품

답 ④

★★★ 53

23.03.문51
21.09.문42
14.03.문57

소방안전교육사를 배치하지 않아도 되는 곳은 어느 것인가?

① 소방청
② 한국소방안전원
③ 소방체험관
④ 한국소방산업기술원

해설 **기본령 〔별표 2의 3〕**
소방**안**전교육사의 배치대상별 배치기준

배치대상	배치기준
소방**서**	•1명 이상
한국소방안전원 보기 ②	•시·도지부 : 1명 이상 •본회 : 2명 이상
소방**본**부	•2명 이상
소방청 보기 ①	•2명 이상
한국소방산업기술원 보기 ④	•2명 이상

기억법 서본기안

답 ③

★★★ 54

15.03.문54
14.09.문60
14.03.문47
12.03.문55

화재의 예방 및 안전관리에 관한 법률상 2급 소방안전관리대상물의 소방안전관리자로 선임될 수 없는 사람은? (단, 2급 소방안전관리자 자격증을 받은 사람이다.)

① 위험물기능사 자격을 가진 사람
② 소방공무원으로 2년 이상 근무한 경력이 있는 사람
③ 위험물산업기사 자격을 가진 사람
④ 소방청장이 실시하는 2급 소방안전관리대상물의 소방안전관리에 관한 시험에 합격한 사람

해설 ② 2년 → 3년

화재예방법 시행령 〔별표 4〕
(1) 특급 소방안전관리대상물의 소방안전관리자 선임조건

자 격	경 력	비 고
•소방기술사 •소방시설관리사	경력 필요 없음	특급 소방안전관리자 자격증을 받은 사람
•1급 소방안전관리자(소방설비기사)	5년	
•1급 소방안전관리자(소방설비산업기사)	7년	
•소방공무원	20년	
•소방청장이 실시하는 특급 소방안전관리대상물의 소방안전관리에 관한 시험에 합격한 사람	경력 필요 없음	

(2) 1급 소방안전관리대상물의 소방안전관리자 선임조건

자 격	경 력	비 고
•소방설비기사·소방설비산업기사	경력 필요 없음	1급 소방안전관리자 자격증을 받은 사람
•소방공무원	7년	
•소방청장이 실시하는 1급 소방안전관리대상물의 소방안전관리에 관한 시험에 합격한 사람	경력 필요 없음	
•특급 소방안전관리대상물의 소방안전관리자 자격이 인정되는 사람		

(3) 2급 소방안전관리대상물의 소방안전관리자 선임조건

자 격	경 력	비 고
•위험물기능장·위험물산업기사·위험물기능사	경력 필요 없음	2급 소방안전관리자 자격증을 받은 사람
•소방공무원	3년	
•소방청장이 실시하는 2급 소방안전관리대상물의 소방안전관리에 관한 시험에 합격한 사람	경력 필요 없음	
•「기업활동 규제완화에 관한 특별조치법」에 따라 소방안전관리자로 선임된 사람(소방안전관리자로 선임된 기간으로 한정)		
•특급 또는 1급 소방안전관리대상물의 소방안전관리자 자격이 인정되는 사람		

(4) 3급 소방안전관리대상물의 소방안전관리자 선임조건

자 격	경 력	비 고
• 소방공무원	1년	
• 소방청장이 실시하는 3급 소방안전관리대상물의 소방안전관리에 관한 시험에 합격한 사람		3급 소방안전관리자 자격증을 받은 사람
• 「기업활동 규제완화에 관한 특별조치법」에 따라 소방안전관리자로 선임된 사람(소방안전관리자로 선임된 기간으로 한정)	경력 필요 없음	
• 특급 소방안전관리대상물, 1급 소방안전관리대상물 또는 2급 소방안전관리대상물의 소방안전관리자 자격이 인정되는 사람		

답 ②

★ 55 위험물의 저장 또는 취급에 세부기준을 위반한 자에 대한 과태료 금액으로 옳은 것은?

15.05.문49

① 1차 위반시 : 250만원
② 2차 위반시 : 300만원
③ 3차 위반시 : 350만원
④ 4차 위반시 : 400만원

해설 **위험물령 〔별표 9〕**
위험물의 저장 또는 취급에 관한 세부기준을 위반한 자

1차 위반시	2차 위반시	3차 이상 위반시
250만원 보기 ①	400만원	500만원

답 ①

★★★ 56 소방시설공사업법령상 감리원의 세부배치기준 중 일반공사감리 대상인 경우 다음 (   ) 안에 알맞은 것은? (단, 일반공사감리 대상인 아파트의 경우는 제외한다.)

18.04.문56
11.03.문56
10.05.문52

> 1명의 감리원이 담당하는 소방공사감리 현장은 (㉠)개 이하로서 감리현장 연면적의 총합계가 (㉡)m² 이하일 것

① ㉠ 5, ㉡ 50000
② ㉠ 5, ㉡ 100000
③ ㉠ 7, ㉡ 50000
④ ㉠ 7, ㉡ 100000

해설 **공사업규칙 16조**
소방공사감리원의 세부배치기준

감리대상	책임감리원
일반공사감리 대상	• **주 1회** 이상 방문감리 • 담당감리현장 **5개** 이하로서 연면적 총 합계 **100000m²** 이하 보기 ②

답 ②

★★★ 57 소방안전관리자의 업무라고 볼 수 없는 것은?

23.03.문41
21.05.문58
19.09.문53
16.05.문46
11.03.문44
10.05.문55
06.05.문55

① 소방계획서의 작성 및 시행
② 화재예방강화지구의 지정
③ 자위소방대의 구성·운영·교육
④ 피난시설, 방화구획 및 방화시설의 관리

해설 ② 시·도지사의 업무

화재예방법 24조
관계인 및 소방안전관리자의 업무

특정소방대상물 (관계인)	소방안전관리대상물 (소방안전관리자)
① **피**난시설·방화구획 및 방화시설의 관리	① **피**난시설·방화구획 및 방화시설의 관리 보기 ④
② **소**방시설, 그 밖의 소방관련시설의 관리	② **소**방시설, 그 밖의 소방관련시설의 관리
③ **화기취급**의 감독	③ **화기취급**의 감독
④ 소방안전관리에 필요한 업무	④ 소방안전관리에 필요한 업무
⑤ 화재발생시 초기대응	⑤ **소방계**획서의 작성 및 시행(대통령령으로 정하는 사항 포함) 보기 ①
	⑥ **자위소방대** 및 **초기대응체계**의 구성·운영·교육 보기 ③
	⑦ 소방**훈**련 및 교육
	⑧ 소방안전관리에 관한 업무 수행에 관한 기록·유지
	⑨ 화재발생시 초기대응

기억법 계위 훈피소화

용어

특정소방대상물	소방안전관리대상물
건축물 등의 규모·용도 및 수용인원 등을 고려하여 소방시설을 설치하여야 하는 소방대상물로서 대통령령으로 정하는 것	대통령령으로 정하는 특정소방대상물

중요

화재예방법 18조
화재예방강화지구의 지정

(1) 지정권자 : **시·도지사** 보기 ②
(2) 지정지역
 ① **시장**지역
 ② **공장·창고** 등이 밀집한 지역
 ③ **목조건물**이 밀집한 지역
 ④ 노후·불량 건축물이 밀집한 지역
 ⑤ **위험물**의 저장 및 **처리시설**이 **밀집**한 지역
 ⑥ **석유화학제품**을 생산하는 공장이 있는 지역
 ⑦ **소방시설·소방용수시설** 또는 **소방출동로**가 **없는** 지역
 ⑧ 「산업입지 및 개발에 관한 법률」에 따른 산업단지
 ⑨ 「물류시설의 개발 및 운영에 관한 법률」에 따른 물류단지
 ⑩ **소방청장·소방본부장** 또는 **소방서장**(소방관서장)이 화재예방강화지구로 지정할 필요가 있다고 인정하는 지역

답 ②

58 ★★★
22.03.문44
21.03.문51
20.06.문59
19.03.문50
15.09.문45
15.03.문49
13.06.문41
13.03.문45

소방시설 설치 및 관리에 관한 법률상 건축물의 신축·증축·용도변경 등의 허가 권한이 있는 행정기관은 건축허가를 할 때 미리 그 건축물 등의 시공지 또는 소재지를 관할하는 소방본부장이나 소방서장의 동의를 받아야 한다. 다음 중 건축허가 등의 동의대상물의 범위가 아닌 것은?

① 수련시설로서 연면적 200m^2 이상인 건축물
② 지하층 또는 무창층이 있는 건축물로서 바닥면적이 150m^2 이상인 층이 있는 것
③ 승강기 등 기계장치에 의한 주차시설로서 자동차 10대 이상을 주차할 수 있는 시설
④ 차고·주차장으로 사용되는 바닥면적이 200m^2 이상인 층이 있는 건축물이나 주차시설

 ③ 10대 이상 → 20대 이상

소방시설법 시행령 7조
건축허가 등의 동의대상물
(1) 연면적 400m^2(학교시설 : 100m^2, 수련시설·노유자시설 : 200m^2, 정신의료기관·장애인의료재활시설 : 300m^2) 이상 보기 ①
(2) 6층 이상인 건축물
(3) 차고·주차장으로서 바닥면적 200m^2 이상(자동차 20대 이상) 보기 ④
(4) 항공기격납고, 관망탑, 항공관제탑, 방송용 송수신탑
(5) 지하층 또는 무창층의 바닥면적 150m^2(공연장은 100m^2) 이상 보기 ②
(6) 위험물저장 및 처리시설, 지하구
(7) 결핵환자나 한센인이 24시간 생활하는 노유자시설
(8) 전기저장시설, 풍력발전소
(9) 요양병원(의료재활시설 제외)
(10) 노인주거복지시설·노인의료복지시설 및 재가노인복지시설, 학대피해노인 전용쉼터, 아동복지시설, 장애인거주시설
(11) 정신질환자 관련시설(공동생활가정을 제외한 재활훈련시설과 종합시설 중 24시간 주거를 제공하지 않는 시설 제외)
(12) 노숙인자활시설, 노숙인재활시설 및 노숙인요양시설
(13) 조산원, 산후조리원, 의원(입원실이 있는 것)
(14) 공장 또는 창고시설로서 지정수량의 750배 이상의 특수가연물을 저장·취급하는 것
(15) 가스시설로서 지상에 노출된 탱크의 저장용량의 합계가 100t 이상인 것

답 ③

59 ★★★
23.05.문35
18.04.문43
17.03.문48
15.05.문41
13.06.문42

특정소방대상물 중 침대가 있는 숙박시설의 수용인원을 산정하는 방법으로 옳은 것은?

① 해당 특정소방대상물의 종사자수에 침대의 수(2인용 침대는 2인으로 산정한다)를 합한 수
② 해당 특정소방대상물의 종사자의 수에 객실 수를 합한 수
③ 해당 특정소방대상물의 종사자의 수의 3배수

④ 해당 특정소방대상물의 종사자의 수에 숙박시설 바닥면적의 합계를 3m^{2}로 나누어 얻은 수를 합한 수

 ① **침대가 있는 숙박시설** : 해당 특정소방대상물의 **종사자수**에 **침대의 수**(2인용 침대는 2인으로 산정한다)를 **합한 수**

소방시설법 시행령 〔별표 7〕
수용인원의 산정방법

특정소방대상물		산정방법
• 강의실 • 교무실 • 상담실 • 실습실 • 휴게실		$\dfrac{\text{바닥면적 합계}}{1.9m^2}$
숙박 시설	침대가 있는 경우	종사자수+침대수 보기 ①
	침대가 없는 경우	종사자수+$\dfrac{\text{바닥면적 합계}}{3m^2}$
• 기타		$\dfrac{\text{바닥면적 합계}}{3m^2}$
• 강당 • 문화 및 집회시설, 운동시설 • 종교시설		$\dfrac{\text{바닥면적의 합계}}{4.6m^2}$

답 ①

60 ★★★
23.05.문52
22.03.문51
21.09.문41
21.03.문59
19.04.문42
17.03.문59
11.10.문47

특정소방대상물에 사용하는 물품으로 방염대상물품에 해당하지 않는 것은? (단, 제조 또는 가공 공정에서 방염처리한 물품이다.)

① 가구류
② 창문에 설치하는 커튼류
③ 무대용 합판
④ 두께가 2mm 미만인 종이벽지를 제외한 벽지류

소방시설법 시행령 31조
방염대상물품

제조 또는 가공 공정에서 방염처리를 한 물품	건축물 내부의 천장이나 벽에 부착하거나 설치하는 것
① 창문에 설치하는 **커튼류**(블라인드 포함) 보기 ② ② 카펫 ③ **벽지류**(두께 2mm 미만인 종이벽지 제외) 보기 ④ ④ 전시용 합판·목재 또는 섬유판 ⑤ **무대용 합판**·목재 또는 섬유판 보기 ③ ⑥ 암막·무대막(영화상영관·가상체험 체육시설업의 스크린 포함) ⑦ 섬유류 또는 합성수지류 등을 원료로 하여 제작된 소파·의자(단란주점영업, 유흥주점영업 및 노래연습장업의 영업장에 설치하는 것만 해당)	① 종이류(두께 2mm 이상), **합성수지류** 또는 섬유류를 주원료로 한 물품 ② **합판**이나 **목재** ③ 공간을 구획하기 위하여 설치하는 **간이칸막이** ④ **흡음재**(흡음용 커튼 포함) 또는 **방음재**(방음용 커튼 포함) ※ 가구류(옷장, 찬장, 식탁, 식탁용 의자, 사무용 책상, 사무용 의자, 계산대)와 너비 10cm 이하인 반자돌림대, 내부 마감재료 제외

답 ①

제 4 과목 　 소방기계시설의 구조 및 원리 ⋮⋮

★★★
61 옥외소화전설비의 화재안전기준상 옥외소화전설비의 배관 등에 관한 기준 중 호스의 구경은 몇 mm로 하여야 하는가?

23.09.문76
22.03.문67
21.05.문64
20.08.문61
19.04.문61
12.05.문77

① 35　　　　　　② 45
③ 55　　　　　　④ 65

해설 호스의 구경

옥내소화전설비	옥외소화전설비
<u>4</u>0mm	65mm 보기 ④

기억법 **내4(내사종결)**

답 ④

★★★
62 포소화설비의 화재안전기준에 따른 포소화설비 설치기준에 대한 설명으로 틀린 것은?

20.06.문63
18.09.문61
16.05.문67
11.10.문71
09.08.문74

① 포워터스프링클러헤드는 바닥면적 $8m^2$마다 1개 이상 설치하여야 한다.
② 포헤드를 정방형으로 배치하든 장방형으로 배치하든 간에 그 유효반경은 2.1m로 한다.
③ 포헤드는 특정소방대상물의 천장 또는 반자에 설치하되, 바닥면적 $7m^2$마다 1개 이상으로 한다.
④ 전역방출방식의 고발포용 고정포방출구는 바닥면적 $500m^2$ 이내마다 1개 이상을 설치하여야 한다.

해설 ③ $7m^2$마다 → $9m^2$마다

(1) **헤드**의 **설치개수**(NFPC 105 12조, NFTC 105 2.9.2)

헤드 종류	바닥면적/설치개수
포워터스프링클러헤드	$8m^2$/개 보기 ①
포헤드 ────→	$9m^2$/개 보기 ③
압축공기포 소화설비　특수가연물 저장소	$9.3m^2$/개
유류탱크 주위	$13.9m^2$/개
고정포방출구	$500m^2$/1개

(2) **포헤드 상호간의 거리기준**(NFPC 105 12조, NFTC 105 2.9.2.5)

정방형(정사각형)	장방형(직사각형)
$S = 2r \times \cos 45°$ $L = S$ 여기서, S : 포헤드 상호간의 거리[m] r : 유효반경(2.1m) L : 배관간격[m]	$P_t = 2r$ 여기서, P_t : 대각선의 길이[m] r : 유효반경(2.1m) 보기 ②

답 ③

(3) **전역방출방식**의 **고발포용 고정포방출구**(NFPC 105 12조, NFTC 105 2.9.4.1)
　㉠ 개구부에 **자동폐쇄장치**를 설치할 것
　㉡ 고정포방출구는 바닥면적 **500m²**마다 1개 이상으로 할 것　보기 ④
　㉢ 고정포방출구는 방호대상물의 **최고부분**보다 높은 위치에 설치할 것
　㉣ 해당 방호구역의 관포체적 $1m^3$에 대한 포수용액 방출량은 소방대상물 및 포의 팽창비에 따라 달라진다.

기억법 **고5(GO)**

답 ③

★★★
63 연결살수설비 전용 헤드를 사용하는 배관의 설치에서 하나의 배관에 부착하는 살수헤드가 4개일 때 배관의 구경은 몇 mm 이상으로 하는가?

20.06.문66
17.05.문67
16.03.문62
15.05.문77
11.10.문65

① 50　　　　　　② 65
③ 80　　　　　　④ 100

해설 연결살수설비

배관의 구경	살수헤드 개수
32mm	1개
40mm	2개
50mm	3개
65mm 보기 ② ←	4개 또는 5개
80mm	6~10개 이하

• 연결살수설비에서 하나의 송수구역에 설치하는 개방형 헤드수는 **10개** 이하로 하여야 한다.

답 ②

★★
64 전역방출방식 분말소화설비의 분사헤드는 소화약제 저장량을 몇 초 이내에 방사할 수 있는 것으로 하여야 하는가?

15.05.문64
10.03.문67

① 5　　　　　　② 10
③ 20　　　　　　④ 30

해설 약제방사시간

소화설비	전역방출방식		국소방출방식	
	일반 건축물	위험물 제조소	일반 건축물	위험물 제조소
할론소화설비	10초 이내	30초 이내	10초 이내	30초 이내
분말소화설비	30초 이내 보기 ④		30초 이내	
CO₂ 소화설비　표면 화재	1분 이내	60초 이내		
심부 화재	7분 이내			

• 문제에서 특정한 조건이 없으면 "**일반건축물**"을 적용하면 된다.

답 ④

 ★★★
65 소화기구 및 자동소화장치의 화재안전기준에 따
20.06.문64
16.03.문67
11.06.문71
라 부속용도별 추가하여야 할 소화기구 중 음식
점의 주방에 추가하여야 할 소화기구의 능력단
위는? (단, 지하가의 음식점을 포함한다.)

① 해당 용도 바닥면적 10m²마다 1단위 이상

② 해당 용도 바닥면적 15m²마다 1단위 이상

③ 해당 용도 바닥면적 20m²마다 1단위 이상

④ 해당 용도 바닥면적 25m²마다 1단위 이상

해설 부속용도별로 **추가**되어야 할 **소화기구**(소화기)

소화기	자동확산소화기
① 능력단위 : 해당 용도의 바닥면적 25m²마다 1단위 이상 보기 ④	① 10m² 이하 : **1개**
② 능력단위 = $\dfrac{바닥면적}{25m^2}$	② 10m² 초과 : **2개**

답 ④

★★★
66 호스릴 분말소화설비의 설치기준으로 틀린 것은?
20.08.문74
19.09.문78
18.04.문75
15.03.문78
① 소화약제의 저장용기는 호스릴을 설치하는
장소마다 설치할 것

② 방호대상물의 각 부분으로부터 하나의 호스
접결구까지의 수평거리가 15m 이하가 되도
록 할 것

③ 소화약제의 저장용기의 개방밸브는 호스릴
의 설치장소에서 자동으로 개폐할 수 있는
것으로 할 것

④ 소화약제 저장용기의 가장 가까운 곳의 보기
쉬운 곳에 적색의 표시등을 설치하고, 호스
릴방식의 분말소화설비가 있다는 뜻을 표시
한 표지를 할 것

해설

③ 자동 → 수동

호스릴 분말소화설비의 **설치기준**(NFPC 108 11조, NFTC 108 2.8.4)

(1) 방호대상물의 각 부분으로부터 하나의 호스접결구까지
의 **수평거리**가 **15m** 이하가 되게 한다. 보기 ②

(2) 소화약제의 저장용기의 개방밸브는 호스릴의 설치장소
에서 **수동**으로 **개폐** 가능하게 한다. 보기 ③

(3) 소화약제의 저장용기는 **호스릴** 설치장소마다 설치한다.
보기 ①

(4) 호스릴방식의 분말소화설비의 노즐은 하나의 노즐마다
1분당 다음 표에 따른 소화약제를 방출할 수 있는 것으
로 할 것

소화약제의 종별	1분당 방사하는 소화약제의 양
제1종 분말	45kg
제2종 분말 또는 제3종 분말	27kg
제4종 분말	18kg

(5) 소화약제 저장용기의 가장 가까운 곳의 보기 쉬운 곳에
적색의 표시등을 설치하고, 호스릴방식의 분말소화설비
가 있다는 뜻을 표시한 표지를 할 것 보기 ④

답 ③

★★
67 소화기구 및 자동소화장치의 화재안전기준상
20.08.문65
17.03.문77
소화기구의 설치기준 중 다음 괄호 안에 알맞은
것은?

> 능력단위가 2단위 이상이 되도록 소화기를
> 설치하여야 할 특정소방대상물 또는 그 부분
> 에 있어서는 간이소화용구의 능력단위가 전
> 체 능력단위의 (   )을 초과하지 아니하게
> 할 것

① $\dfrac{1}{2}$ ② $\dfrac{1}{3}$

③ $\dfrac{1}{4}$ ④ $\dfrac{1}{5}$

해설 **소화기구**의 **설치기준**(NFPC 101 4조, NFTC 101 2.1.1.5)
능력단위가 **2단위** 이상이 되도록 소화기를 설치하여야 할
특정소방대상물 또는 그 부분에 있어서는 간이소화용구의
능력단위가 전체 능력단위의 $\dfrac{1}{2}$ 보기 ① 을 초과하지 아
니하게 할 것(단, **노유자시설**은 제외)

답 ①

★★★
68 연결살수설비 배관의 설치기준 중 옳은 것은?
18.09.문72
11.06.문64
09.05.문74
① 연결살수설비 전용 헤드를 사용하는 경우
하나의 배관에 부착하는 살수헤드의 개수
가 2개이면 배관의 구경은 50mm 이상으로
설치하여야 한다.

② 옥내소화전설비가 설치된 경우 폐쇄형 헤드
를 사용하는 연결살수설비의 주배관은 옥내
소화전설비의 주배관에 접속하여야 한다.

③ 개방형 헤드를 사용하는 연결살수설비의 수
평주행배관은 헤드를 향하여 상향으로 $\dfrac{1}{50}$
이상의 기울기로 설치하여야 한다.

④ 가지배관을 설치하는 경우에는 가지배관의
배열은 토너먼트방식으로 하여야 한다.

해설

① 50mm → 40mm

③ $\dfrac{1}{50}$ 이상 → $\dfrac{1}{100}$ 이상

④ 토너먼트방식으로 하여야 한다. → 토너먼트방식
이 아니어야 한다.

연결살수설비의 배관 설치기준

(1) 구경이 **50mm**일 때 하나의 배관에 부착하는 헤드의 개수는 **3개**

(2) 폐쇄형 헤드를 사용하는 경우, 시험배관은 송수구의 **가장 먼 가지배관**의 끝으로부터 연결 설치

(3) 개방형 헤드를 사용하는 수평주행배관은 헤드를 향하여 상향으로 $\dfrac{1}{100}$ 이상의 기울기로 설치

(4) 가지배관의 배열은 **토너먼트방식**(토너멘트방식)이 **아닐 것**

(5) **연결살수설비**의 살수헤드개수

배관의 구경	32mm	40mm↑	50mm	65mm	80mm
살수헤드개수	1개	2개	3개	**4개** 또는 **5개**	6~10개 이하

> **기억법** 6545

(6) 옥내소화전설비가 설치된 경우 **폐쇄형** 헤드를 사용하는 **연결살수설비**의 **주배관**은 옥내소화전설비의 **주배관**에 접속 보기 ②

답 ②

---

69 ★★★

19.09.문67
15.03.문73
10.03.문66

폐쇄형 스프링클러설비의 하나의 방호구역은 바닥면적 몇 m²를 초과할 수 없는가?

① 1000 ② 2000
③ 2500 ④ 3000

해설 **폐쇄형 스프링클러설비**의 **방호구역** 설치기준

(1) 하나의 **방호구역**의 바닥면적은 **3**000m²를 초과하지 아니할 것 보기 ④

(2) 하나의 방호구역에는 1개 이상의 **유수검지장치**를 설치하되, 화재발생시 접근이 쉽고 점검하기 편리한 장소에 설치

(3) 하나의 방호구역은 2개층에 미치지 아니하도록 할 것(단, 1개층에 설치되는 스프링클러헤드의 수가 **10개 이하**인 경우는 3개층 이내)

> **기억법** 폐방3

답 ④

---

70 ★★★

23.03.문62
16.05.문70
16.03.문74
15.03.문74
12.03.문65

고압의 전기기기가 있는 장소의 전기기기와 물분무헤드의 이격거리 기준으로 틀린 것은?

① 110kV 초과 154kV 이하 : 150cm 이상
② 154kV 초과 181kV 이하 : 180cm 이상
③ 181kV 초과 220kV 이하 : 200cm 이상
④ 220kV 초과 275kV 이하 : 260cm 이상

해설 물분무헤드의 이격거리

전 압	거 리
66kV 이하	**70**cm 이상
67~**77**kV 이하	**80**cm 이상
78~**110**kV 이하	**110**cm 이상
111~**154**kV 이하 보기 ①	**150**cm 이상

155~**181**kV 이하 보기 ②	**180**cm 이상
182~**220**kV 이하 보기 ③	**210**cm 이상
221~**275**kV 이하 보기 ④	**260**cm 이상

> **기억법** 66 → 70
> 77 → 80
> 110 → 110
> 154 → 150
> 181 → 180
> 220 → 210
> 275 → 260

답 ③

---

71 ★★

16.03.문78
12.05.문73

랙식 창고에 설치하는 스프링클러헤드는 천장 또는 각 부분으로부터 하나의 스프링클러헤드까지의 수평거리가 몇 m 이하이어야 하는가?

① 1.5 ② 2.1
③ 2.5 ④ 3.2

해설
- **특수가연물**, 내화구조가 아니므로 **기타구조**로 본다.
- ② 기타구조(랙식 창고) : 2.1m 이하

수평거리(R)

설치장소	설치기준
무대부·**특**수가연물 (창고 포함)	수평거리 **1.7**m 이하
기타구조(창고 포함)	수평거리 **2.1**m 이하 보기 ②
내화구조(창고 포함)	수평거리 **2.3**m 이하
공동주택(**아**파트) 세대 내	수평거리 **2.6**m 이하

> **기억법** 무특 17
> 기 1
> 내 3
> 공아 26

답 ②

---

72 ★★★

23.03.문69
21.05.문63
18.09.문76
16.10.문77
16.05.문76
15.05.문69
09.03.문61

완강기 및 간이완강기의 최대사용하중 기준은 몇 N 이상이어야 하는가?

① 800
② 1000
③ 1200
④ 1500

해설 **완강기** 및 **간이완강기**의 하중

(1) 250N(최소하중)
(2) 750N
(3) 1500N(최대하중) 보기 ④

답 ④

73 표준형 스프링클러헤드의 감도 특성에 의한 분류 중 조기반응(fast response)에 따른 스프링클러헤드의 반응시간지수(RTI) 기준으로 옳은 것은?

18.03.문73
13.03.문62

① $50(m \cdot s)^{1/2}$ 이하

② $80(m \cdot s)^{1/2}$ 이하

③ $150(m \cdot s)^{1/2}$ 이하

④ $350(m \cdot s)^{1/2}$ 이하

해설 반응시간지수(RTI)값

구 분	RTI값
조기반응	$50(m \cdot s)^{1/2}$ 이하 보기 ①
특수반응	$51 \sim 80(m \cdot s)^{1/2}$ 이하
표준반응	$81 \sim 350(m \cdot s)^{1/2}$ 이하

기억법 조5(조로증)

답 ①

74 미분무소화설비의 화재안전기준에 따른 용어의 정리 중 다음 ( ) 안에 알맞은 것은?

23.05.문64
23.03.문67
22.09.문76
22.04.문70
22.03.문69
21.03.문63
20.06.문77
18.04.문79
17.05.문75

미분무란 물만을 사용하여 소화하는 방식으로 최소설계압력에서 헤드로부터 방출되는 물입자 중 (㉠)%의 누적체적분포가 (㉡)μm 이하로 분무되고 A, B, C급 화재에 적응성을 갖는 것을 말한다.

① ㉠ 30, ㉡ 200

② ㉠ 50, ㉡ 200

③ ㉠ 60, ㉡ 400

④ ㉠ 99, ㉡ 400

해설 미분무소화설비의 용어정의(NFPC 104A 3조, NFTC 104A 1.7)

용 어	설 명
미분무소화설비	가압된 물이 헤드 통과 후 미세한 입자로 분무됨으로써 소화성능을 가지는 설비를 말하며, 소화력을 증가시키기 위해 강화액 등을 첨가할 수 있다.
미분무	물만을 사용하여 소화하는 방식으로 최소설계압력에서 헤드로부터 방출되는 물입자 중 **99%**의 누적체적분포가 **400μm** 이하로 분무되고 A, B, C급 화재에 적응성을 갖는 것 보기 ④
미분무헤드	하나 이상의 오리피스를 가지고 미분무소화설비에 사용되는 헤드

답 ④

75 포소화설비의 수동식 기동장치의 조작부 설치위치는?

21.09.문75
20.06.문75
19.03.문80
16.03.문63
15.03.문79
13.03.문74
12.03.문70

① 바닥으로부터 0.5m 이상, 1.2m 이하

② 바닥으로부터 0.8m 이상, 1.2m 이하

③ 바닥으로부터 0.8m 이상, 1.5m 이하

④ 바닥으로부터 0.5m 이상, 1.5m 이하

해설 포소화설비 수동식 기동장치

(1) 직접조작 또는 원격조작에 의하여 가압송수장치·수동식 개방밸브 및 소화약제 혼합장치를 기동할 수 있는 것

(2) **2 이상**의 방사구역을 가진 포소화설비에는 방사구역을 선택할 수 있는 구조

(3) 기동장치의 조작부는 화재시 쉽게 접근할 수 있는 곳에 설치하되, 바닥으로부터 **0.8~1.5m 이하**의 위치에 설치하고, 유효한 보호장치 설치 보기 ③

(4) 기동장치의 조작부 및 호스접결구에는 가까운 곳의 보기 쉬운 곳에 각각 '**기동장치의 조작부**' 및 '**접결구**'라고 표시한 표지 설치

답 ③

76 스프링클러설비에서 건식 설비와 비교한 습식 설비의 특징에 관한 설명으로 옳지 않은 것은?

19.03.문61

① 구조가 상대적으로 간단하고 설비비가 적게 든다.

② 동결의 우려가 있는 곳에는 사용하기가 적절하지 않다.

③ 헤드 개방시 즉시 방수된다.

④ 오동작이 발생할 때 물에 의해 야기되는 피해가 적다.

해설 ④ 적다 → 많을 수 있다.

건식 설비 vs 습식 설비

습 식	건 식
① 습식 밸브의 1·2차측 배관 내에 가압수가 상시 충수되어 있다.	① 건식 밸브의 1차측에는 가압수, 2차측에는 압축공기 또는 질소로 충전되어 있다.
② **구조**가 **간단**하다. 보기 ①	② **구조**가 **복잡**하다.
③ 설치비(설비비)가 적게 든다.	③ 설비비(설비비)가 많이 든다.
④ **보온**이 **필요**하다. (동결 우려가 있는 곳은 사용하기 부적절) 보기 ②	④ **보온**이 **불필요**하다.
⑤ 소화활동시간이 **빠르다**.	⑤ 소화활동시간이 **느리다**.
⑥ 헤드 개방시 즉시 방수된다. 보기 ③	
⑦ 오동작이 발생할 때 **물**에 의해 야기되는 **피해**가 많을 수 있다. 보기 ④	

답 ④

★★★ 77

23.03.문72
20.08.문76
18.09.문80

분말소화설비의 화재안전기준상 분말소화약제의 저장용기를 가압식으로 설치할 때 안전밸브의 작동압력기준은?

① 최고사용압력의 0.8배 이하

② 최고사용압력의 1.8배 이하

③ 내압시험압력의 0.8배 이하

④ 내압시험압력의 1.8배 이하

해설 분말소화약제의 저장용기 설치장소 기준(NFPC 108 4조, NFTC 108 2.1)

(1) **방호구역 외**의 장소에 설치할 것(단, 방호구역 내에 설치할 경우에는 피난 및 조작이 용이하도록 피난구 부근에 설치)

(2) 온도가 **40℃** 이하이고, 온도변화가 작은 곳에 설치할 것

(3) 직사광선 및 빗물이 침투할 우려가 없는 곳에 설치할 것

(4) 방화문으로 구획된 실에 설치할 것

(5) 용기의 설치장소에는 해당 용기가 설치된 곳임을 표시하는 표지를 할 것

(6) 용기 간의 간격은 점검에 지장이 없도록 **3cm** 이상의 간격을 유지할 것

(7) 저장용기와 집합관을 연결하는 연결배관에는 **체크밸브**를 설치할 것

(8) 주밸브를 개방하는 **정압작동장치** 실시

(9) 저장용기의 **충전비**는 0.8 이상

(10) 안전밸브의 설치

가압식	축압식
최고사용압력의 **1.8배** 이하 보기 ②	내압시험압력의 **0.8배** 이하

답 ②

★★★ 78

19.09.문74
15.05.문61
12.05.문78

다음 시설 중 호스릴 포소화설비를 설치할 수 있는 소방대상물은?

① 완전 밀폐된 주차장

② 지상 1층으로서 지붕이 있는 차고·주차장

③ 주된 벽이 없고 기둥뿐인 고가 밑의 주차장

④ 바닥면적 합계가 1000m² 미만인 항공기 격납고

해설

① 밀폐된 주차장 → 개방된 옥상주차장

② 있는 → 없는

④ 1000m² 미만 → 1000m² 이상

호스릴 포소화설비의 적용

(1) **지상 1층**으로서 지붕이 **없는** 차고·주차장

(2) 바닥면적 합계가 **1000m² 이상**인 항공기 격납고

(3) **완전 개방**된 옥상주차장(주된 벽이 없고 기둥뿐이거나 주위가 위해방지용 철주 등으로 둘러싸인 부분)

(4) 고가 밑의 주차장(주된 벽이 없고 기둥뿐이거나 주위가 위해방지용 철주 등으로 둘러싸인 부분) 보기 ③

답 ③

★★★ 79

22.03.문62
20.08.문68
18.09.문62
17.03.문79
15.05.문79

물분무소화설비의 화재안전기준상 물분무헤드를 설치하지 않을 수 있는 장소 기준 중 다음 괄호 안에 알맞은 것은?

> 운전시에 표면의 온도가 (　)℃ 이상으로 되는 등 직접 분무를 하는 경우 그 부분에 손상을 입힐 우려가 있는 기계장치 등이 있는 장소

① 250　　　② 260

③ 270　　　④ 280

해설 **물분무헤드**의 설치제외대상

(1) 물과 심하게 반응하거나 위험한 물질을 생성하는 물질 저장·취급 장소

(2) **고온물질** 저장·취급 장소

(3) 운전시에 표면의 온도가 **260℃** 이상 되는 장소 보기 ②

기억법 물26(물이 **이륙**)

비교

옥내소화전설비 방수구 설치제외장소

(1) **냉**장고 중 온도가 영하인 **냉장실** 또는 냉동창고의 **냉동실**

(2) **고온**의 노가 설치된 장소 또는 **물**과 격렬하게 **반응**하는 **물품**의 저장 또는 취급 장소

(3) **발**전소·**변**전소 등으로서 전기시설이 설치된 장소

(4) **식**물원·**수**족관·**목욕실**·**수영장**(관람석 부분을 제외) 또는 그 밖의 이와 비슷한 장소

(5) **야외음악당**·**야외극장** 또는 그 밖의 이와 비슷한 장소

기억법 내냉방 야식 고발

답 ②

★★★ 80

17.05.문63
16.05.문65
14.03.문74
07.05.문76

옥내소화전설비의 가압송수장치를 압력수조방식으로 할 경우에 압력수조에 설치하는 부속장치 중 필요하지 않은 것은?

① 수위계　　　② 급기관

③ 맨홀　　　　④ 오버플로우관

해설

④ 고가수조에 필요

필요설비

고가수조	압력수조
● 수위계	● **수**위계 보기 ①
● 배수관	● **배**수관
● 급수관	● **급**수관
● 맨홀	● **맨**홀 보기 ③
● **오버플로우관** 보기 ④	● **급**기관 보기 ②
	● 압력계
	● 안전장치
	● **자**동식 공기압축기

기억법 고오(GO!), 기안자 배급수맨

답 ④

2024년 산업기사 제3회 필기시험 CBT 기출복원문제	수험번호	성명

자격종목 **소방설비산업기사(기계분야)**	종목코드	시험시간 **2시간**	형별		

※ 각 문항은 4지택일형으로 질문에 가장 적합한 보기 항을 선택하여 체크하여야 합니다.

제1과목 소방원론

01 폭발에 대한 설명으로 틀린 것은?

22.03.문01
19.09.문20
16.03.문05

① 보일러폭발은 화학적 폭발이라 할 수 없다.
② 분무폭발은 기상폭발에 속하지 않는다.
③ 수증기폭발은 기상폭발에 속하지 않는다.
④ 화약류 폭발은 화학적 폭발이라 할 수 있다.

해설 ② **분무폭발**은 **기상폭발**에 속한다.

기상폭발
(1) 가스폭발(혼합가스폭발)
(2) 분무폭발 보기 ②
(3) 분진폭발

답 ②

02 적린의 착화온도는 약 몇 ℃인가?

22.03.문04
18.03.문06
14.09.문14
14.05.문04
12.03.문04
07.05.문03

① 34
② 157
③ 180
④ 260

해설

물 질	인화점	발화점
프로필렌	-107℃	497℃
에틸에터, 다이에틸에터	-45℃	180℃
가솔린(휘발유)	-43℃	300℃
이황화탄소	-30℃	100℃
아세틸렌	-18℃	335℃
아세톤	-18℃	538℃
에틸알코올	13℃	423℃
적린	-	**260℃** 보기 ④

기억법 적26(적이 육지에 있다.)

• 발화점 = 발화온도 = 착화온도 = 착화점

답 ④

03 표준상태에서 44.8m³의 용적을 가진 이산화탄소가스를 모두 액화하면 몇 kg인가? (단, 이산화탄소의 분자량은 44이다.)

22.03.문06
20.08.문14
12.09.문03

① 88
② 44
③ 22
④ 11

해설 (1) 분자량

원 소	원자량
H	1
C	12
N	14
O	16

이산화탄소(CO_2)의 분자량 = 12 + 16 × 2 = 44g/mol

(2) 증기밀도

$$증기밀도[g/L] = \frac{분자량}{22.4}$$

여기서, 22.4 : 공기의 부피[L]

$$증기밀도[g/L] = \frac{분자량}{22.4}$$

$$\frac{g(질량)}{44800L} = \frac{44}{22.4}$$

$$g(질량) = \frac{44}{22.4} \times 44800L = 88000g = 88kg$$

• 1m³ = 1000L이므로 44.8m³ = 44800L
• 단위를 보고 계산하면 쉽다.

답 ①

04 스테판-볼츠만(Stefan-Boltzmann)의 법칙에서 복사체의 단위표면적에서 단위시간당 방출되는 복사에너지는 절대온도의 얼마에 비례하는가?

22.03.문08
19.03.문08
14.05.문08
13.06.문11
13.03.문06

① 제곱근
② 제곱
③ 3제곱
④ 4제곱

해설 스테판-볼츠만의 법칙

$$Q = aAF(T_1^4 - T_2^4)$$

여기서, Q : 복사열[W]

a : 스테판-볼츠만 상수[W/m^2·K^4]

A : 단면적[m^2]

T_1 : 고온(273+℃)[K]

T_2 : 저온(273+℃)[K]

※ 스테판-볼츠만의 법칙 : 복사체에서 발산되는 복사열은 복사체의 절대온도의 **4**제곱에 비례한다. 보기 ④

기억법 스볼4

• 4제곱=4승

답 ④

★★★
05 목조건축물의 온도와 시간에 따른 화재특성으로 옳은 것은?

22.03.문18
18.03.문16
17.03.문13
14.05.문09
13.09.문09
10.09.문08

① 저온단기형 　② 저온장기형
③ 고온단기형 　④ 고온장기형

해설

목조건물의 화재온도 표준곡선	내화건물의 화재온도 표준곡선
• 화재성상 : **고**온**단**기형 보기 ③ • 최고온도(최성기온도) : 1300℃	• 화재성상 : 저온장기형 • 최고온도(최성기온도) : 900~1000℃

기억법 목고단 13

• 목조건물=목재건물

답 ③

★★★
06 동식물유류에서 "아이오딘값이 크다."라는 의미로 옳은 것은?

22.03.문19
17.03.문19
11.06.문16

① 불포화도가 높다.
② 불건성유이다.
③ 자연발화성이 낮다.
④ 산소와의 결합이 어렵다.

해설 "**아이오딘값이 크다.**"라는 **의미**
(1) **불포**화도가 높다. 보기 ①
(2) **건성유**이다. 보기 ②
(3) 자연발화성이 높다. 보기 ③

(4) 산소와 결합이 쉽다. 보기 ④

※ **아이오딘값** : 기름 100g에 첨가되는 아이오딘의 g수

기억법 아불포

답 ①

★★★
07 공기 중에 분산된 밀가루, 알루미늄가루 등이 에너지를 받아 폭발하는 현상은?

22.03.문20
16.03.문20
16.10.문16
11.10.문13

① 분진폭발 　② 분무폭발
③ 충격폭발 　④ 단열압축폭발

해설 **분진폭발** 보기 ①
공기 중에 분산된 **밀가루, 알루미늄가루** 등이 에너지를 받아 폭발하는 현상

👆 중요

분진폭발을 일으키지 않는 물질
(1) **시**멘트
(2) **석**회석(소석회)
(3) **탄**산칼슘($CaCO_3$)
(4) **생**석회(CaO)=산화칼슘

• 분진폭발을 일으키지 않는 물질 = 물과 반응하여 가연성 기체를 발생시키지 않는 것

기억법 분시석탄생

답 ①

★★★
08 다음 중 제3류 위험물로 금수성 물질에 해당하는 것은?

22.09.문03
21.03.문44
20.08.문41
19.09.문60
19.03.문01
18.09.문20
15.05.문43
15.03.문18
14.09.문04
14.03.문05
14.03.문16
13.09.문07

① 황
② 황린
③ 이황화탄소
④ 탄화칼슘

해설 위험물령 [별표 1]
위험물

유 별	성 질	품 명
제**1**류	**산**화성 **고**체	• 아염소산염류 • 염소산염류 • 과염소산염류 • 질산염류(질산칼륨) • 무기과산화물(과산화바륨) 기억법 1산고(**일산GO**)
제2류	가연성 고체	• **황화**인 • **적**린 • **황** 보기 ① • **마**그네슘 기억법 황화적황마

제3류	자연발화성 물질	• **황**린(P_4) 보기 ②
	금수성 물질	• **칼륨**(K) • **나트륨**(Na) • **알킬알루미늄** • 알킬리튬 • **칼슘** 또는 알루미늄의 탄화물류 (**탄화칼슘**=CaC_2) 보기 ④ **기억법** 황칼나알칼
제4류	인화성 액체	• 특수인화물(이황화탄소) 보기 ③ • 알코올류 • 석유류 • 동식물유류
제5류	자기반응성 물질	• 나이트로화합물 • 유기과산화물 • 나이트로소화합물 • 아조화합물 • 질산에스터류(셀룰로이드)
제6류	산화성 액체	• 과염소산 • 과산화수소 • 질산

답 ④

★★★ 09 산소와 질소의 혼합물인 공기의 평균분자량은?

23.09.문14
19.09.문17
16.10.문02
11.06.문03

(단, 공기는 산소 21vol%, 질소 79vol%로 구성되어 있다고 가정한다.)

① 30.84 ② 29.84
③ 28.84 ④ 27.84

해설 원자량

원 소	원자량
H	1
C	12
N	14
O	16

O_2 : $16 \times 2 \times 0.21 = 6.72$
N_2 : $14 \times 2 \times 0.79 = 22.12$
∴ $6.72 + 22.12 = 28.84$

답 ③

★★★ 10 피난대책의 일반적 원칙이 아닌 것은?

23.09.문18
22.09.문16
20.06.문13
19.04.문04
13.09.문02
11.10.문07

① 피난경로는 가능한 한 길어야 한다.
② 피난대책은 비상시 본능상태에서도 혼돈이 없도록 한다.
③ 피난시설은 가급적 고정식 시설이 바람직하다.
④ 피난수단은 원시적인 방법으로 하는 것이 바람직하다.

해설 ① 길어야 한다. → 짧아야 한다.

피난대책의 일반적인 원칙
(1) 피난경로는 **간단명료**하게 한다(단순한 형태).
(2) 피난설비는 **고정식 설비**를 위주로 설치한다. 보기 ③
(3) 피난수단은 **원시적 방법**에 의한 것을 원칙으로 한다.
보기 ④
(4) **2방향**의 피난통로를 확보한다
(5) 피난통로를 **완전불연화** 한다.
(6) **화재층**의 피난을 **최우선**으로 고려한다.
(7) 피난시설 중 피난로는 **복도** 및 **거실**을 가리킨다.
(8) 인간의 **본능적 행동**을 무시하지 않도록 고려한다(본능상태에서도 혼동이 없도록 한다). 보기 ②
(9) 계단은 **직통계단**으로 한다.
(10) **정전시**에도 **피난방향**을 알 수 있는 표시를 한다.
(11) 모든 피난동선은 건물 중심부 한 곳으로 향해서는 안 된다.
(12) 피난동선은 그 말단이 **짧을수록** 좋다. 보기 ①

• **피난동선=피난경로**

답 ①

★★★ 11 자연발화를 방지하는 방법이 아닌 것은?

22.09.문18
15.09.문15
14.05.문15
08.05.문06

① 저장실의 온도를 높인다.
② 통풍을 잘 시킨다.
③ 열이 쌓이지 않게 퇴적방법에 주의한다.
④ 습도가 높은 곳을 피한다.

해설 ① 높인다. → 낮춘다.

자연발화의 방지법
(1) **습도**가 높은 곳을 **피**할 것(건조하게 유지할 것) 보기 ④
(2) 저장실의 온도를 낮출 것(주위온도를 낮게 유지)
보기 ①
(3) 통풍이 잘 되게 할 것 보기 ②
(4) 퇴적 및 수납시 열이 쌓이지 않게 할 것(**열축적방지**)
보기 ③
(5) 발열반응에 정촉매작용을 하는 물질을 피할 것

기억법 자습피

답 ①

★★★ 12 다음 중 제3류 위험물인 나트륨 화재시의 소화방법으로 가장 적합한 것은?

22.09.문19
15.03.문01
14.05.문06
08.05.문13

① 이산화탄소 소화약제를 분사한다.
② 할론 1301을 분사한다.
③ 물을 뿌린다.
④ 건조사를 뿌린다.

해설 소화방법

구 분	소화방법
제1류	물에 의한 **냉각소화**(단, **무기과산화물**은 **마른모래** 등에 의한 질식소화)
제2류	물에 의한 **냉각소화**(단, **황화인·철분·마그네슘·금속분**은 **마른모래** 등에 의한 질식소화)

제3류	**마른모래** 등에 의한 질식소화 보기 ④
제4류	포 · 분말 · CO_2 · 할론소화약제에 의한 **질식소화**
제5류	화재 초기에만 대량의 물에 의한 **냉각소화**(단, 화재가 진행되면 자연진화 되도록 기다릴 것)
제6류	마른모래 등에 의한 **질식소화**(단, **과산화수소**는 다량의 **물**로 **희석소화**)

기억법 마3(마산)

• 건조사 = 마른모래

답 ④

★★★ 13 감광계수에 따른 가시거리 및 상황에 대한 설명으로 틀린 것은?

23.05.문02
21.03.문02
17.05.문10
01.06.문17

① 감광계수 $0.1m^{-1}$는 연기감지기가 작동할 정도의 연기농도이고, 가시거리는 20~30m이다.

② 감광계수 $0.5m^{-1}$는 거의 앞이 보이지 않을 정도의 농도이고, 가시거리는 1~2m이다.

③ 감광계수 $10m^{-1}$는 화재 최성기 때의 연기 농도를 나타낸다.

④ 감광계수 $30m^{-1}$는 출화실에서 연기가 분출할 때의 농도이다.

해설 ② $0.5m^{-1}$ → $1m^{-1}$

감광계수에 따른 **가시거리** 및 **상황**

감광계수 [m^{-1}]	가시거리 [m]	상 황
0.1	20~30	연기감지기가 작동할 때의 농도 보기 ①
0.3	5	건물 내부에 익숙한 사람이 피난에 지장을 느낄 정도의 농도
0.5	3	어두운 것을 느낄 정도의 농도
1	1~2	거의 앞이 보이지 않을 정도의 농도 보기 ②
10	0.2~0.5	화재 최성기 때의 농도 보기 ③
30	–	출화실에서 연기가 분출할 때의 농도 보기 ④

답 ②

★★★ 14 다음 중 착화점이 가장 낮은 물질은?

21.03.문06
19.04.문06
17.09.문11
17.03.문02
14.03.문02
08.09.문06

① 등유
② 아세톤
③ 경유
④ 톨루엔

해설
	① 210℃	② 538℃
	③ 200℃	④ 480℃

물 질	인화점	착화점
• 프로필렌	−107℃	497℃
• 에틸에터 • 다이에틸에터	−45℃	180℃
• 가솔린(휘발유)	−43℃	300℃
• **산화프로필렌**	−37℃	465℃
• **이황화탄소**	**−30℃**	100℃
• 아세틸렌	−18℃	335℃
• 아세톤 보기 ②	−18℃	538℃
• 벤젠	−11℃	562℃
• 톨루엔 보기 ④	4.4℃	480℃
• **메틸알코올**	11℃	464℃
• 에틸알코올	13℃	423℃
• 아세트산	40℃	–
• **등유** 보기 ①	43~72℃	210℃
• **경유** 보기 ③	50~70℃	200℃
• 적린	–	260℃

기억법 인산 이메등경

• 착화점 = 발화점 = 착화온도 = 발화온도
• 인화점 = 인화온도

답 ③

★★★ 15 건축법상 건축물의 주요 구조부에 해당되지 않는 것은?

21.03.문10
20.08.문01
17.03.문16
12.09.문19

① 지붕틀
② 내력벽
③ 주계단
④ 최하층 바닥

해설 **주요 구조부**
(1) 내력**벽**
(2) **보**(작은 보 제외)
(3) **지**붕틀(차양 제외)
(4) **바**닥(최하층 바닥 제외) 보기 ④
(5) **주**계단(옥외계단 제외)
(6) **기**둥(사이기둥 제외)

※ **주요 구조부** : 건물의 구조 내력상 주요한 부분

기억법 벽보지 바주기

답 ④

★★★ 16 Halon 1211의 화학식으로 옳은 것은?

21.03.문12
19.03.문06
16.03.문09
15.03.문02
14.03.문06

① CF_2BrCl
② $CFBrCl_2$
③ $C_2F_2Br_2$
④ CH_2BrCl

해설

종 류	약 칭	분자식
Halon 1011	CB	CH_2ClBr
Halon 104	CTC	CCl_4
Halon 1211	BCF	$CF_2ClBr(CBrClF_2, CF_2BrCl)$
Halon 1301	BTM	$CF_3Br(CBrF_3)$
Halon 2402	FB	$C_2F_4Br_2(C_2Br_2F_4)$

답 ①

★★★
17 장기간 방치하면 습기, 고온 등에 의해 분해가 촉진되고 분해열이 축적되면 자연발화 위험성이 있는 것은?

21.03.문13
16.03.문12
15.03.문08
12.09.문12

① 셀룰로이드　　② 질산나트륨
③ 과망가니즈산칼륨　④ 과염소산

해설 **자연발화의 형태**

자연발화형태	종 류
분해열	• **셀**룰로이드 보기 ① • **나**이트로셀룰로오스 기억법 분셀나
산화열	• 건성유(정어리유, 아마인유, 해바라기유) • 석탄 • 원면 • 고무분말
발효열	• **퇴**비 • **먼**지 • **곡**물 기억법 발퇴면곡
흡착열	• **목**탄 • **활**성탄 기억법 흡목탄활

답 ①

★★★
18 제1종 분말소화약제의 주성분은?

21.03.문18
19.03.문07
13.06.문18

① 탄산수소나트륨
② 탄산수소칼슘
③ 요소
④ 황산알루미늄

해설 **분말소화약제**

종 별	분자식	착 색	적응화재	비 고
제1종	중탄산나트륨 ($NaHCO_3$) 보기 ①	백색	BC급	**식용유** 및 **지방질유**의 화재에 적합
제2종	중탄산칼륨 ($KHCO_3$)	담자색 (담회색)	BC급	–
제3종	제1인산암모늄 ($NH_4H_2PO_4$)	담홍색	ABC급	차고·주차장에 적합
제4종	중탄산칼륨 + 요소 ($KHCO_3 + (NH_2)_2CO$)	회(백)색	BC급	–

• 중탄산나트륨 = 탄산수소나트륨 보기 ①
• 중탄산칼륨 = 탄산수소칼륨
• 제1인산암모늄 = 인산암모늄 = 인산염
• 중탄산칼륨 + 요소 = 탄산수소칼륨 + 요소

답 ①

★★★
19 경유화재시 주수(물)에 의한 소화가 부적당한 이유는?

21.03.문19
15.03.문09
13.06.문15

① 물보다 비중이 가벼워 물 위에 떠서 화재 확대의 우려가 있으므로
② 물과 반응하여 유독가스를 발생하므로
③ 경유의 연소열로 산소가 방출되어 연소를 돕기 때문에
④ 경유가 연소할 때 수소가스가 발생하여 연소를 돕기 때문에

해설 **경유화재시 주수소화가 부적당한 이유**
물보다 비중이 가벼워 물 위에 떠서 **화재 확대**의 우려가 있기 때문이다. 보기 ①

🔖 중요

주수소화(물소화)시 위험한 물질	
위험물	발생물질
• 무기과산화물	**산소**(O_2) 발생
• 금속분 • 마그네슘 • 알루미늄 • 칼륨 • 나트륨 • 수소화리튬	**수소**(H_2) 발생
• 가연성 액체의 유류화재(경유)	**연소면**(화재면) 확대

답 ①

★★★
20 불완전연소 시 발생되는 가스로서 헤모글로빈과 결합하여 인체에 유해한 영향을 주는 것은?

22.09.문15
20.06.문17
18.04.문09
17.09.문13
16.10.문12
14.09.문13
14.05.문21
14.05.문18
13.09.문19
08.05.문20

① CO
② CO_2
③ O_2
④ N_2

해설 연소가스

구 분	설 명
일산화탄소 (CO)	• 화재시 흡입된 일산화탄소(CO)의 화학적 작용에 의해 **헤모글로빈**(Hb)이 혈액의 산소 운반작용을 저해하여 사람을 **질식 · 사망**하게 한다. 보기 ① • 목재류의 화재시 **인**명피해를 가장 많이 주며, 연기로 인한 의식불명 또는 질식을 가져온다. • 인체의 **폐**에 큰 자극을 준다. • **산**소와의 **결**합력이 극히 강하여 질식작용에 의한 독성을 나타낸다. 기억법 일헤인 폐산결
이산화탄소 (CO₂)	연소가스 중 가장 **많**은 양을 차지하고 있으며 가스 그 자체의 독성은 거의 없으나 다량이 존재할 경우 호흡속도를 증가시키고, 이로 인하여 화재가스에 혼합된 유해가스의 혼입을 증가시켜 위험을 가중시키는 가스이다. 기억법 이많(**이**만큼)
암모니아 (NH₃)	• 나무, 페놀수지, **멜**라민수지 등의 **질소함유물**이 연소할 때 발생하며, 냉동시설의 **냉**매로 쓰인다. • 눈 · 코 · 폐 등에 매우 **자극성**이 큰 가연성 가스이다. 기억법 암페 멜냉자
포스겐 (COCl₂)	매우 **독성**이 **강**한 가스로서 **소**화제인 **사염화탄소**(CCl₄)를 화재시에 사용할 때도 발생한다. 기억법 독강 소사포
황화수소 (H₂S)	• 달걀 썩는 냄새가 나는 특성이 있다. • **황**분이 포함되어 있는 물질의 불완전 연소에 의하여 발생하는 가스이다. • **자**극성이 있다. 기억법 황달자
아크롤레인 (CH₂=CHCHO)	독성이 매우 높은 가스로서 **석유제품**, **유지** 등이 연소할 때 생성되는 가스이다. 기억법 아석유
시안화수소 (HCN, 청산가스)	**질소**성분을 가지고 있는 **합성수지**, **동물의 털**, **인조견** 등의 섬유가 불완전연소할 때 발생하는 맹독성 가스로 **0.3%**의 농도에서 즉시 사망할 수 있다.
아황산가스 (SO₂, 이산화황)	• 황이 함유된 물질인 **동물의 털**, **고무** 등이 연소하는 화재시에 발생되며 **무색**의 자극성 냄새를 가진 유독성 기체 • 눈 및 호흡기 등에 점막을 상하게 하고 질식사할 우려가 있다.
프로판 (C₃H₈)	• LPG의 주성분 • 물보다 가볍다.

답 ①

★★★
21

19.03.문28
18.09.문21
14.03.문40
10.09.문40

이상기체의 폴리트로픽변화 $PV^n = C$에서 n이 대상기체의 비열비(ratio of specific heat)인 경우는 어떤 변화인가? (단, P는 압력, V는 부피, C는 상수(Constant)를 나타낸다.)

① 단열변화 　　② 등온변화
③ 정적변화 　　④ 정압변화

해설 완전가스(이상기체)의 **상태변화**

상태변화	관 계
정압변화	$\dfrac{V}{T} = C$(Constant, 일정)
정적변화	$\dfrac{P}{T} = C$(Constant, 일정)
등온변화	$PV = C$(Constant, 일정)
단열변화	$PV^{k(n)} = C$(Constant, 일정)

여기서, V : 비체적(부피)[m³/kg]
　　　　T : 절대온도[K]
　　　　P : 압력[kPa]
　　　　$k(n)$: 비열비
　　　　C : 상수

※ **단열변화** : 손실이 없는 상태에서의 과정

답 ①

★★★
22

23.05.문37
18.09.문22
14.05.문29
06.09.문36

비중이 0.88인 벤젠에 안지름 1mm의 유리관을 세웠더니 벤젠이 유리관을 따라 9.8mm를 올라갔다. 유리와의 접촉각이 0°라 하면 벤젠의 표면장력은 몇 N/m인가?

① 0.021 　　② 0.042
③ 0.084 　　④ 0.128

해설 (1) 기호
• h : 9.8mm
• γ : 0.88×9800 N/m³
• D : 1mm
• θ : 0°
• σ : ?

(2) 상승높이

$$h = \frac{4\sigma\cos\theta}{\gamma D}$$

여기서, h : 상승높이[m]
　　　　σ : 표면장력[N/m]
　　　　θ : 각도
　　　　γ : 비중량(비중×9800N/m³)
　　　　D : 내경[m]

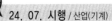

표면장력 σ는

$$\sigma = \frac{h\gamma D}{4\cos\theta}$$

$$= \frac{9.8mm \times (0.88 \times 9800N/m^3) \times 1mm}{4 \times \cos 0°}$$

$$= \frac{9.8 \times 10^{-3}m \times (0.88 \times 9800N/m^3) \times (1 \times 10^{-3})m}{4 \times \cos 0°}$$

$$\fallingdotseq 0.021N/m$$

답 ①

23

18.09.문26
16.05.문33
13.06.문29

지름이 13mm인 옥내소화전의 노즐에서 10분간 방사된 물의 양이 1.7m³이었다면 노즐의 방사압력(계기압력)은 약 몇 kPa인가?

① 17 ② 27

③ 228 ④ 456

 (1) 기호

- D : 13mm=0.013m(1000mm=1m)
- Q : 1.7m³/10min=1.7m³/600s(1min=60s)
- P : ?

(2) 유량

$$Q = AV = \left(\frac{\pi D^2}{4}\right)V$$

여기서, Q : 유량(방사량)[m³/s]
 A : 단면적[m²]
 V : 유속[m/s]
 D : 내경[m]

유속 V는

$$V = \frac{Q}{\frac{\pi D^2}{4}} = \frac{1.7m^3/600s}{\frac{\pi \times (0.013m)^2}{4}} \fallingdotseq 21.346m/s$$

- 1min=60s이므로 1.7m³/10min=1.7m³/600s
- 1000mm=1m이므로 13mm=0.013m

(3) 속도수두

$$H = \frac{V^2}{2g}$$

여기서, H : 속도수두[m]
 V : 유속[m/s]
 g : 중력가속도(9.8m/s²)

속도수두 H는

$$H = \frac{V^2}{2g} = \frac{(21.346m/s)^2}{2 \times 9.8m/s^2} \fallingdotseq 23.247m$$

방사압력으로 환산하면 다음과 같다.

$$10.332mH_2O = 10.332m = 101.325kPa$$

$$23.247m = \frac{23.247m}{10.332m} \times 101.325kPa \fallingdotseq 228kPa$$

※ **표준대기압**
1atm=760mmHg=1,0332kg$_f$/cm²
=10.332mH$_2$O(mAq)
=14.7PSI(lb$_f$/in²)
=101.325kPa(kN/m²)
=1013mbar

답 ③

24

18.09.문30
17.05.문39

지름 6cm, 길이 15m, 관마찰계수 0.025인 수평 원관 속을 물이 층류로 흐를 때 관 출구와 입구의 압력차가 9810Pa이면 유량은 약 몇 m³/s인가?

① 5.0 ② 5.0×10^{-3}

③ 0.5 ④ 0.5×10^{-3}

해설 (1) 기호

- D : 6cm=0.06m(100cm=1m)
- L : 15m
- f : 0.025
- ΔP : 9810Pa(N/m²)
- Q : ?

(2) **마찰손실**(다르시-웨버의 식, Darcy-Weisbach formula)

$$H = \frac{\Delta P}{\gamma} = \frac{fLV^2}{2gD}$$

여기서, H : 마찰손실(수두)[m]
 ΔP : 압력차[Pa 또는 N/m²]
 γ : 비중량(물의 비중량 9800N/m³)
 f : 관마찰계수
 L : 길이[m]
 V : 유속(속도)[m/s]
 g : 중력가속도(9.8m/s²)
 D : 내경[m]

$$\frac{\Delta P}{\gamma} = \frac{fLV^2}{2gD}$$

좌우변을 이항하면 다음과 같다.

$$\frac{fLV^2}{2gD} = \frac{\Delta P}{\gamma}$$

$$V^2 = \frac{2gD\Delta P}{fL\gamma}$$

$$\sqrt{V^2} = \sqrt{\frac{2gD\Delta P}{fL\gamma}}$$

$$V = \sqrt{\frac{2gD\Delta P}{fL\gamma}}$$

$$= \sqrt{\frac{2 \times 9.8m/s^2 \times 0.06m \times 9810N/m^2}{0.025 \times 15m \times 9800N/m^3}}$$

$$\fallingdotseq 1.7718m/s$$

- 1Pa=1N/m²이므로 9810Pa=9810N/m²

(3) 유량

$$Q = AV = \left(\frac{\pi D^2}{4}\right)V$$

여기서, Q : 유량[m³/s]
 A : 단면적[m²]
 V : 유속[m/s]
 D : 지름(안지름)[m]

유량 Q는

$$Q = \frac{\pi D^2}{4} V$$

$$= \frac{\pi \times (0.06\text{m})^2}{4} \times 1.7718\text{m/s}$$

$$\fallingdotseq 5.0 \times 10^{-3}\text{m}^3/\text{s}$$

답 ②

★★★ 25

18.09.문28
16.03.문30
14.03.문25

반지름 R인 원관에서의 물의 속도분포가 $u = u_0\left[1 - (r/R)^2\right]$과 같을 때, 벽면에서의 전단응력의 크기는 얼마인가? (단, μ는 점성계수, ν는 동점성계수, u_0는 관 중앙에서의 속도, r은 관 중심으로부터의 거리이다.)

① $\dfrac{\mu u_0}{R}$ ② $\dfrac{2\mu u_0}{R}$

③ $\dfrac{\nu u_0}{R}$ ④ $\dfrac{2\nu u_0}{R}$

해설 (1) 전단응력

층 류	난 류
$\tau = \dfrac{P_A - P_B}{l} \cdot \dfrac{r}{2}$	$\tau = \mu \dfrac{du}{dy}$
여기서, τ : 전단응력[N/m²] $P_A - P_B$: 압력강하 〔N/m²〕 l : 관의 길이[m] r : 반경[m]	여기서, τ : 전단응력[N/m² 또는 Pa] μ : 점성계수 〔N·s/m² 또는 kg/m·s〕 $\dfrac{du}{dy}$: 속도구배(속도 변화율)$\left(\dfrac{1}{\text{s}}\right)$ du : 속도[m/s] dy : 높이[m]

원관은 일반적으로 **난류**이므로

$$\tau = \mu \frac{du}{dy} = \mu \frac{du}{dr}$$

(2) 물의 **속도분포**

$$u = u_0\left[1 - \left(\frac{r}{R}\right)^2\right]$$

여기서, u : 물의 속도분포[m/s]
u_0 : 관의 중심에서의 속도[m/s]
r : 관 중심으로부터의 거리[m]
R : 관의 반지름[m]

u를 r에 대하여 미분하면 다음과 같다.

$$\frac{du}{dr} = \left(u_0 - u_0 \times \frac{r^2}{R^2}\right)' = -\frac{2r u_0}{R^2}$$

관벽에서는 $R = r$이므로 r에 R를 대입하여 정리하면

$$\frac{du}{dr} = -\frac{2u_0}{R}$$

$$\therefore \tau = -\mu \times \frac{2u_0}{R}$$

답 ②

★★★ 26

18.09.문34
17.05.문37
10.09.문34
09.05.문32
07.03.문37

지름 10cm의 원형 노즐에서 물이 50m/s의 속도로 분출되어 벽에 수직으로 충돌할 때 벽이 받는 힘의 크기는 약 몇 kN인가?

① 19.6   ② 33.9

③ 57.1   ④ 79.3

해설 (1) 기호

- D : 10cm=0.1m(100cm=1m)
- V : 50m/s
- F : ?

(2) 유량

$$Q = AV$$

여기서, Q : 유량[m³/s]
A : 단면적[m²]
V : 유속[m/s]

유량 Q는

$$Q = AV = \frac{\pi}{4} D^2 V = \frac{\pi}{4} \times (10\text{cm})^2 \times 50\text{m/s}$$

$$= \frac{\pi}{4}(0.1\text{m})^2 \times 50\text{m/s} \fallingdotseq 0.39\text{m}^3/\text{s}$$

- 100cm=1m이므로 10cm=0.1m

(3) 벽이 받는 힘

$$F = \rho QV$$

여기서, F : 힘[N]
ρ : 밀도(물의 밀도 1000N·s²/m⁴)
Q : 유량[m³/s]
V : 유속[m/s]

벽이 받는 힘 F는
$F = \rho QV$

$$= 1000\text{N}\cdot\text{s}^2/\text{m}^4 \times 0.39\text{m}^3/\text{s} \times 50\text{m/s}$$

$$= 19600\text{N} = 19.6\text{kN}$$

답 ①

★★★ 27

18.09.문31
14.05.문30
14.03.문24
13.03.문38

유체역학적 관점으로 말하는 이상유체(ideal fluid)에 관한 설명으로 가장 옳은 것은?

① 점성으로 인해 마찰손실이 생기는 유체
② 높은 압력을 가하면 밀도가 상승하는 유체
③ 유체에 압력을 가하면 체적이 줄어드는 유체
④ 압력을 가해도 밀도변화가 없으며 점성에 의한 마찰손실도 없는 유체

해설 **유체의 종류**

종 류	설 명
실제유체	**점**성이 **있**으며, **압**축성인 유체 기억법 실점있압(실점이 있는 사람만 압박해!)
이상유체	① 점성이 없으며, 비압축성인 유체 (**비점성**, 비압축성 유체) ② 압력을 가해도 **밀도변화**가 **없**으며 점성에 의한 **마찰손실**도 **없**는 유체 기억법 이비

압축성 유체	**기체**와 같이 체적이 변화하는 유체 (밀도가 변하는 유체) **기억법** 기압(**기압**)
비압축성 유체	**액체**와 같이 체적이 변화하지 않는 유체
점성 유체	① 유동시 마찰저항이 유발되는 유체 ② 점성으로 인해 **마찰손실**이 생기는 유체
비점성 유체	유동시 마찰저항이 유발되지 않는 유체
뉴턴(Newton)유체	전단속도의 크기에 관계없이 일정한 점도를 나타내는 유체(**점성 유체**)

답 ④

★★★
28

23.03.문35
18.09.문37
03.05.문31
01.03.문32

30℃의 물이 안지름 2cm인 원관 속을 흐르고 있는 경우 평균속도는 약 몇 m/s인가? (단, 레이놀즈수는 2100, 동점성계수는 1.006×10^{-6} m²/s이다.)

① 0.106   ② 1.067

③ 2.003   ④ 0.703

 (1) 기호

- D : 2cm=0.02m(100cm=1m)
- V : ?
- Re : 2100
- ν : 1.006×10^{-6} m²/s

(2) 레이놀즈수

$$Re = \frac{DV\rho}{\mu} = \frac{DV}{\nu}$$

여기서, Re : 레이놀즈수
D : 내경[m]
V : 유속[m/s]
ρ : 밀도[kg/m³]
μ : 점도[kg/m·s]
ν : 동점성계수$\left(\dfrac{\mu}{\rho}\right)$[m²/s]

유속(속도) V는

$$V = \frac{Re\,\nu}{D}$$
$$= \frac{2100 \times 1.006 \times 10^{-6} \text{m}^2/\text{s}}{0.02\text{m}}$$
$$≒ 0.106\text{m/s}$$

답 ①

★★★
29

23.03.문40
18.09.문40
16.10.문29
15.09.문37
15.03.문28
14.09.문34
11.03.문38
09.05.문40
03.03.문29
01.09.문23

배관 내에서 물의 수격작용(water hammer)을 방지하는 대책으로 잘못된 것은?

① 조압수조(surge tank)를 관로에 설치한다.
② 밸브를 펌프 송출구에서 멀게 설치한다.
③ 밸브를 서서히 조작한다.
④ 관경을 크게 하고 유속을 작게 한다.

해설 ② 멀게 → 가까이

수격작용(water hammer)

개요	• 배관 속의 물흐름을 급히 차단하였을 때 동압이 정압으로 전환되면서 일어나는 **쇼크**(shock)현상 • 배관 내를 흐르는 유체의 유속을 급격하게 변화시키므로 압력이 상승 또는 하강하여 관로의 벽면을 치는 현상
발생 원인	• 펌프가 갑자기 정지할 때 • 급히 밸브를 개폐할 때 • 정상운전시 유체의 압력변동이 생길 때
방지 대책	• **관**의 관경(직경)을 크게 한다. • 관 내의 유속을 낮게 한다.(관로에서 일부 고압수를 방출한다.) • **조**압수조(surge tank)를 관선(관로)에 설치한다. • **플**라이휠(flywheel)을 설치한다. • **펌**프 송출구(토출측) 가까이에 밸브를 설치한다. • **에**어챔버(air chamber)를 설치한다. • 밸브를 서서히 조작한다. **기억법** 수방관플에

비교

공동현상(cavitation, 캐비테이션)

개요	펌프의 흡입측 배관 내의 물의 정압이 기존의 증기압보다 낮아져서 기포가 발생되어 물이 흡입되지 않는 현상
발생 현상	• **소음**과 **진동** 발생 • 관 부식(펌프깃의 침식) • **임펠러**의 **손상**(수차의 날개를 해침) • 펌프의 성능 저하(양정곡선 저하) • 효율곡선 저하
발생 원인	• **펌**프가 물탱크보다 부적당하게 **높게** 설치되어 있을 때 • 펌프 흡입수두가 지나치게 클 때 • 펌프 회전수가 지나치게 높을 때 • 관 내를 흐르는 물의 정압이 그 물의 온도에 해당하는 증기압보다 낮을 때
방지 대책	• 펌프의 흡입수두를 작게 한다.(흡입양정을 짧게 함) • 펌프의 마찰손실을 작게 한다. • 펌프의 임펠러속도(회전수)를 **작게** 한다.(흡입속도를 감소시킴) • 흡입압력을 높게 한다. • 펌프의 설치위치를 수원보다 **낮게** 한다. • 양(쪽)흡입펌프를 사용한다.(펌프의 흡입측을 가압함) • 관 내의 물의 정압을 그때의 증기압보다 높게 한다. • 흡입관의 **구경**을 **크게** 한다. • 펌프를 **2개** 이상 설치한다. • 회전차를 수중에 완전히 잠기게 한다.

답 ②

★★
30

21.09.문40
18.09.문38

지름이 10cm인 원통에 물이 담겨있다. 중심축에 대하여 300rpm의 속도로 원통을 회전시켰을 때 수면의 최고점과 최저점의 높이차는 약 몇 cm인가? (단, 회전시켰을 때 물이 넘치지 않았다고 가정한다.)

① 8.5   ② 10.2

③ 11.4   ④ 12.6

해설 (1) 기호

- D : 10cm=0.1m[반지름(r) 5cm=0.05m]
- N : 300rpm
- ΔH : ?

(2) 주파수

$$f = \frac{N}{60}$$

여기서, f : 주파수[Hz]
N : 회전속도[rpm]

주파수 f 는

$$f = \frac{N}{60} = \frac{300}{60} = 5\text{Hz}$$

(3) 각속도

$$\omega = 2\pi f$$

여기서, ω : 각속도[rad/s]
f : 주파수[Hz]

각속도 ω 는
$$\omega = 2\pi f = 2\pi \times 5 = 10\pi$$

(4) 높이차

$$\Delta H = \frac{r^2 \omega^2}{2g}$$

여기서, ΔH : 높이차[cm]
r : 반지름[cm]
ω : 각속도[rad/s]
g : 중력가속도(9.8m/s²)

높이차 ΔH 는
$$\Delta H = \frac{r^2 \omega^2}{2g}$$
$$= \frac{(0.05\text{m})^2 \times (10\pi[\text{rad/s}])^2}{2 \times 9.8\text{m/s}^2}$$
$$\fallingdotseq 0.126\text{m}$$
$$= 12.6\text{cm}(1\text{m} = 100\text{cm})$$

답 ④

31 ★

[17.03.문22]

그림과 같이 개방된 물탱크의 수면까지 수직으로 살짝 잠긴 반지름 a 인 원형 평판을 b 만큼 밀어 넣었더니 한쪽 면이 압력에 의해 받는 힘이 50% 늘어났다. 대기압의 영향을 무시한다면 b/a 는?

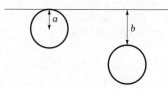

① 0.2　　　　② 0.5
③ 1　　　　　④ 2

해설 (1) 힘
압력에 의해 받는 힘이 50% 늘어났으므로
(100%+50%=150%=1.5)
$$F_2 = 1.5F_1 \cdots ㉠$$

(2) 압력

$$p = \gamma h, \quad p = \frac{F}{A} = \frac{F}{\pi a^2}$$

여기서, p : 압력[Pa]
γ : 비중량[N/m³]
h : 높이[m]
F : 힘[N]
A : 단면적[m²]
a : 반지름[m]

문제의 그림에서 [$h = a$] 이므로
$$F_1 = pA = (\gamma h)A = (\gamma a)A = (\gamma a)(\pi a^2) \cdots ㉡$$
$$= \gamma a(\pi a^2)$$

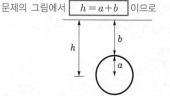

$$F_2 = pA = (\gamma h)A = (\gamma(a+b))A = \gamma(a+b)(\pi a^2) \cdots ㉢$$
문제의 그림에서 [$h = a + b$] 이므로

㉡식과 ㉢식을 ㉠식에 대입하면
$$F_2 = 1.5F_1$$
$$\gamma(a+b)(\pi a^2) = 1.5\gamma a(\pi a^2)$$
$$\frac{\gamma(a+b)(\pi a^2)}{\gamma a(\pi a^2)} = 1.5$$
$$\frac{a+b}{a} = 1.5$$
$$\frac{a}{a} + \frac{b}{a} = 1.5$$
$$1 + \frac{b}{a} = 1.5$$
$$\frac{b}{a} = 1.5 - 1 = 0.5$$

답 ②

32 ★★★

[23.05.문24]
[17.03.문29]
[17.09.문37]
[15.09.문38]
[11.10.문24]

비중이 0.7인 물체를 물에 띄우면 전체 체적의 몇 %가 물속에 잠기는가?

① 30%
② 49%
③ 70%
④ 100%

해설 (1) 기호

- s_0 : 0.7
- V : ?

(2) 비중

$$V = \frac{s_0}{s}$$

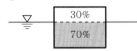

여기서, V : 물에 잠겨진 체적

s_0 : 어떤 물질의 비중(물체의 비중)

s : 표준물질의 비중(물의 비중 1)

물에 잠겨진 체적 V는

$$V = \frac{s_0}{s} = \frac{0.7}{1} = 0.7 = 70\%$$

30%

70%

답 ③

33

17.03.문26
11.10.문38

20℃, 2kg의 공기가 온도의 변화 없이 팽창하여 그 체적이 2배로 되었을 때 이 시스템이 외부에 한 일은 약 몇 kJ인가? (단, 공기의 기체상수는 0.287kJ/(kg · K)이다.)

① 85.63 ② 102.85

③ 116.63 ④ 125.71

해설 **등온과정**

(1) 기호

- T : (273+20)K
- m : 2kg
- R : 0.287kJ/(kg · K)
- $_1W_2$: ?

(2) 일

$$_1W_2 = P_1 V_1 \ln\frac{V_2}{V_1} = mRT\ln\frac{V_2}{V_1}$$
$$= mRT\ln\frac{P_1}{P_2} = P_1 V_1 \ln\frac{P_1}{P_2}$$

여기서, $_1W_2$: 절대일(kJ)

$P_1 \cdot P_2$: 변화 전후의 압력(kJ/m³)

$V_1 \cdot V_2$: 변화 전후의 체적(m³)

m : 질량(kg)

R : 기체상수(kJ/(kg · K))

T : 절대온도(273+℃)(K)

일 $_1W_2$는

$$_1W_2 = mRT\ln\frac{V_2}{V_1}$$
$$= mRT\ln\frac{2V_1}{V_1}$$
$$= 2\text{kg} \times 0.287\text{kJ}/(\text{kg} \cdot \text{K}) \times (273+20)\text{K} \times \ln 2$$
$$\fallingdotseq 116.63\text{kJ}$$

- $V_2 = 2V_1$(체적이 2배로 되었다고 하였으므로)

용어

등온과정
온도가 일정한 상태에서의 과정

답 ③

34

17.03.문28

그림과 같이 물 제트가 정지하고 있는 사각판의 중앙부분에 직각방향으로 부딪히도록 분사하고 있다. 이때 분사속도(V_j)를 점차 증가시켰더니 2m/s의 속도가 될 때 사각판이 넘어졌다면, 이 판의 중량은 약 몇 N인가? (단, 제트의 단면적은 0.01m²이다.)

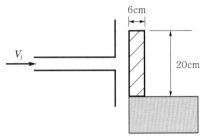

① 4.1N ② 133.3N

③ 16.4N ④ 40.0N

해설 (1) 이해도

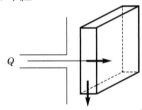

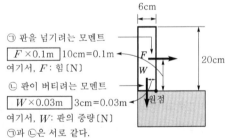

㉠ 판을 넘기려는 모멘트

$F \times 0.1\text{m}$ 10cm=0.1m

여기서, F : 힘(N)

㉡ 판이 버티려는 모멘트

$W \times 0.03\text{m}$ 3cm=0.03m

여기서, W : 판의 중량(N)

㉠과 ㉡은 서로 같다.

(2) 힘

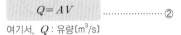

$$F = \rho QV \quad \cdots\cdots\cdots\cdots \text{①}$$

여기서, F : 힘(N)

ρ : 밀도(물의 밀도 1000N · s²/m⁴)

Q : 유량(m³/s)

V : 유속(m/s)

(3) 유량

$$Q = AV \quad \cdots\cdots\cdots\cdots \text{②}$$

여기서, Q : 유량(m³/s)

A : 단면적(m²)

V : 유속(m/s)

(4) 모멘트

식 ①, 식 ②를 적용하면

$$F \times 0.1\text{m} = \rho QV \times 0.1\text{m} = \rho (AV)V \times 0.1\text{m}$$
$$= \rho AV^2 \times 0.1\text{m}$$

$$= 1000\text{N} \cdot \text{s}^2/\text{m}^4 \times 0.01\text{m}^2 \times (2\text{m/s})^2$$
$$\times 0.1\text{m}$$
$$= 4\text{N} \cdot \text{m}$$

⊙=ⓛ이므로
$$F \times 0.1\text{m} = W \times 0.03\text{m}$$
$$4\text{N} \cdot \text{m} = W \times 0.03\text{m}$$
$$W = \frac{4\text{N} \cdot \text{m}}{0.03\text{m}} ≒ 133.3\text{N}$$

답 ②

35 다음 중 무차원이 아닌 것은?

17.03.문31
16.10.문31
09.08.문35

① 기체상수   ② 레이놀즈수
③ 항력계수   ④ 비중

해설

① 기체상수(kJ/kg · K)

무차원
(1) 레이놀즈수
(2) 항력계수
(3) 비중(무차원)

※ **무차원** : 단위가 없는 것

답 ①

36 텅스텐, 백금 또는 백금-이리듐 등을 전기적으로 가열하고 통과 풍량에 따른 열교환 양으로 속도를 측정하는 것은?

17.03.문33
14.03.문22
04.09.문25

① 열선 풍속계   ② 도플러 풍속계
③ 컵형 풍속계   ④ 포토디텍터 풍속계

해설

열선 풍속계	열선 속도계
• 유동하는 유체의 동압을 휘트스톤 브리지(Wheatstone bridge)의 원리를 이용하여 전압을 측정하고 그 값을 속도로 환산하여 유속을 측정하는 장치 • 텅스텐, 백금 또는 백금-이리듐 등을 전기적으로 가열하고 통과 풍량에 따른 열교환 양으로 속도를 측정하는 유속계	• 유동하는 기체의 속도 측정 • 기체유동의 국소속도 측정

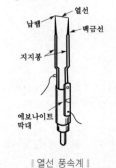 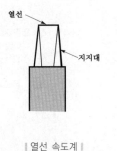

| ‖ 열선 풍속계 ‖ | ‖ 열선 속도계 ‖ |

답 ①

37 그림과 같이 수조측면에 구멍이 나있다. 이 구멍을 통하여 흐르는 유속은 약 몇 m/s인가?

19.09.문31
17.03.문34
03.08.문22

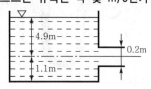

① 6.9   ② 3.09
③ 9.8   ④ 13.8

해설
(1) 기호

• H : 4.9m
• V : ?

(2) 유속(토리첼리의 식)

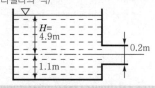

$$V = \sqrt{2gH}$$

여기서, V : 유속[m/s]
　　　　 g : 중력가속도(9.8m/s^2)
　　　　 H : 높이[m]

유속 V는
$$V = \sqrt{2gH} = \sqrt{2 \times 9.8\text{m/s}^2 \times 4.9\text{m}} ≒ 9.8\text{m/s}$$

답 ③

38 그림에서 $h_1 = 300$mm, $h_2 = 150$mm, $h_3 = 350$mm 일 때 A와 B의 압력차($p_A - p_B$)는 약 몇 kPa인가? (단, A, B의 액체는 물이고, 그 사이의 액주계 유체는 비중이 13.6인 수은이다.)

17.03.문35
16.03.문28
15.03.문21
14.09.문23
14.05.문36
11.10.문22
08.05.문29
08.03.문32

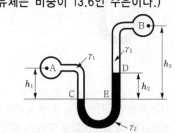

① 15   ② 17
③ 19   ④ 21

해설
(1) 기호

• h_1 : 300mm = 0.3m(100mm = 0.1m)
• h_2 : 150mm = 0.15m
• h_3 : 350mm = 0.35m
• s : 13.6
• $p_A - p_B$: ?

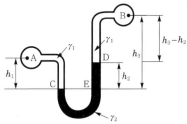

(2) 압력차

$$p_A + \gamma_1 h_1 - \gamma_2 h_2 - \gamma_1 (h_3 - h_2) = p_B$$

$$p_A - p_B = -\gamma_1 h_1 + \gamma_2 h_2 + \gamma_1 (h_3 - h_2)$$

$$= -9.8 \text{kN/m}^3 \times 0.3\text{m} + 133.28 \text{kN/m}^3$$
$$\times 0.15\text{m} + 9.8 \text{kN/m}^3 \times (0.35 - 0.15)\text{m}$$
$$\fallingdotseq 19 \text{kN/m}^2$$
$$= 19 \text{kPa}$$

- 물의 비중량 : 9.8kN/m³
- 수은의 비중 : 13.6 = 133.28kN/m³

$$s = \frac{\gamma}{\gamma_w}$$

여기서, s : 비중
γ : 어떤 물질의 비중량(kN/m³)
γ_w : 물의 비중량(9.8kN/m³)

수은의 비중량 γ는
$$\gamma = s \times \gamma_w = 13.6 \times 9.8 \text{kN/m}^3$$
$$= 133.28 \text{kN/m}^3$$

- 1kN/m² = 1kPa이므로 19kN/m² = 19kPa

중요

시차액주계의 압력계산방법
점 A를 기준으로 내려가면 더하고, 올라가면 빼면 된다.

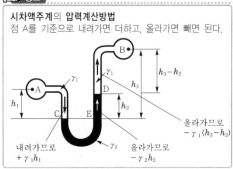

올라가므로
$-\gamma_1(h_3-h_2)$

내려가므로
$+\gamma_1 h_1$

올라가므로
$-\gamma_2 h_2$

답 ③

39 임펠러의 지름이 같은 원심식 송풍기에서 회전수만 변화시킬 때 동력변화를 구하는 식으로 옳은 것은? (단, 변화 전·후의 회전수를 N_1, N_2, 변화 전·후의 동력을 L_1, L_2로 표시한다.)

17.03.문37
16.05.문38
(기사)
09.03.문38

① $L_2 = L_1 \times \left(\dfrac{N_2}{N_1}\right)^3$

② $L_2 = L_1 \times \left(\dfrac{N_2}{N_1}\right)^2$

③ $L_2 = L_1 \times \left(\dfrac{N_1}{N_2}\right)^3$

④ $L_2 = L_1 \times \left(\dfrac{N_1}{N_2}\right)^2$

해설 **펌프의 상사법칙**

(1) 유량

$$Q_2 = Q_1 \times \frac{N_2}{N_1} \times \left(\frac{D_2}{D_1}\right)^3 \quad \text{또는}$$

$$Q_2 = Q_1 \times \frac{N_2}{N_1}$$

(2) 전양정

$$H_2 = H_1 \times \left(\frac{N_2}{N_1}\right)^2 \times \left(\frac{D_2}{D_1}\right)^2 \quad \text{또는}$$

$$H_2 = H_1 \times \left(\frac{N_2}{N_1}\right)^2$$

(3) 동력

$$L_2 = L_1 \times \left(\frac{N_2}{N_1}\right)^3 \times \left(\frac{D_2}{D_1}\right)^5 \quad \text{또는}$$

$$L_2 = L_1 \times \left(\frac{N_2}{N_1}\right)^3$$

여기서, Q_1, Q_2 : 변화 전후의 유량(m³/s)
H_1, H_2 : 변화 전후의 전양정(m)
L_1, L_2 : 변화 전후의 동력(kW)
N_1, N_2 : 변화 전후의 회전수(rpm)
D_1, D_2 : 변화 전후의 직경(m)

답 ①

40 표준 대기압 상태에서 15℃의 물 2kg을 모두 기체로 증발시키고자 할 때 필요한 에너지는 약 몇 kJ인가? (단, 물의 비열은 4.2kJ/(kg·K), 기화열은 2256kJ/kg이다.)

19.03.문25
17.03.문38
15.05.문19
14.05.문03
14.03.문28
11.10.문18

① 355
② 1248
③ 2256
④ 5226

해설 **열량**

$$Q = mC\Delta T + rm$$

여기서, Q : 열량(kJ)
r : 기화열(kJ/kg)
m : 질량(kg)
C : 비열(kJ/(kg·℃)) 또는 (kJ/(kg·K))
ΔT : 온도차(℃) 또는 (K)

(1) 기호

- ΔT : (100-15)℃(기체증발을 위해서는 우선, 15℃ 물을 100℃로 상승시켜야 하므로)
- m : 2kg
- C : 4.2kJ/(kg·℃)
- r : 2256kJ/kg

(2) 15℃ 물 → 100℃ 물

열량 Q_1는

$$Q_1 = mC\Delta T = 2\text{kg} \times 4.2\text{kJ/(kg} \cdot \text{K)} \times (100 - 15)℃$$

$$= 714\text{kJ}$$

• ΔT(온도차)를 구할 때는 ℃로 구하든지 K로 구하든지 그 값은 같으므로 편한대로 구하면 된다.

예 (100 − 15)℃ = 85℃

K = 273 + 100 = 373K

K = 273 + 15 = 288K

(373 − 288)K = 85K

(3) 100℃ 물 → 100℃ 수증기

열량 Q_2는

$$Q_2 = r\,m = 2256\text{kJ/kg} \times 2\text{kg} = 4512\text{kJ}$$

(4) 전체열량 Q는

$$Q = Q_1 + Q_2 = (714 + 4512)\text{kJ} = 5226\text{kJ}$$

답 ④

제3과목   소방관계법규

★★★ 41

[18.04.문47]
[14.03.문76]
[13.03.문53]
[12.05.문52]
[08.05.문47]

소방시설 설치 및 관리에 관한 법령상 단독경보형 감지기를 설치하여야 하는 특정소방대상물의 기준 중 틀린 것은?

① 연면적 400m² 미만의 유치원

② 교육연구시설 내에 있는 연면적 2000m² 미만의 합숙소

③ 수련시설 내에 있는 연면적 2000m² 미만의 기숙사

④ 연면적 2000m² 미만의 아파트

해설 ④ 아파트는 해당없음

소방시설법 시행령〔별표 4〕
단독경보형 감지기의 설치대상

연면적	설치대상
400m² 미만	• 유치원 보기 ①
2000m² 미만	• 교육연구시설·수련시설 내에 있는 **합숙소** 또는 **기숙사** 보기 ②③
모두 적용	• 100명 미만의 수련시설(숙박시설이 있는 것) • 연립주택 • 다세대주택

답 ④

★ 42

[17.03.문44]

위험물을 취급하는 건축물 그 밖의 시설 주위에 보유해야 하는 공지의 너비를 정하는 기준이 되는 것은? (단, 위험물을 이송하기 위한 배관 그 밖에 이와 유사한 시설을 제외한다.)

① 위험물안전관리자의 보유 기술자격

② 위험물의 품명

③ 취급하는 위험물의 최대수량

④ 위험물의 성질

해설 **위험물규칙〔별표 4〕**

위험물을 취급하는 건축물 그 밖의 시설(위험물을 이송하기 위한 배관 그 밖에 이와 유사한 시설 제외)의 주위에는 그 **취급하는 위험물의 최대수량**에 따라 다음 표에 의한 **너비의 공지**를 보유할 것

취급하는 위험물의 최대수량	공지의 너비
지정수량의 10배 이하	3m 이상
지정수량의 10배 초과	5m 이상

답 ③

★★ 43

[17.03.문49]
[13.06.문45]
(기사)

특정소방대상물의 의료시설 중 병원에 해당하는 것은?

① 마약진료소   ② 장례시설

③ 전염병원   ④ 요양병원

해설 **소방시설법 시행령〔별표 2〕**
의료시설

구 분	종 류	
병원	• 종합병원 • 치과병원 • **요양병원**	• 병원 • 한방병원
격리병원	• 전염병원	• 마약진료소
정신의료기관	−	
장애인 의료재활시설	−	

※ 장례시설은 장례시설 단독으로 분류한다.

답 ④

★★ 44

[17.03.문51]
[11.06.문59]

소방시설공사업법상 소방시설공사 결과 소방시설의 하자발생시 통보를 받은 공사업자는 며칠 이내에 하자를 보수해야 하는가?

① 3   ② 5

③ 7   ④ 10

해설 **공사업법 15조**
소방시설공사의 하자보수기간 : 3일 이내

📢 중요

3일

(1) **하**자보수기간(공사업법 15조)

(2) 소방시설업 **등**록증 **분**실 등의 **재**발급(공사업규칙 4조)

기억법 3하등분재(**상하**이에서 **동**생이 **분재**를 가져왔다.)

답 ①

★★ 45

[17.03.문53]
[12.03.문47]
(기사)

소방시설 중 경보설비에 해당하지 않는 것은?

① 비상벨설비   ② 단독경보형 감지기

③ 비상방송설비   ④ 비상콘센트설비

 ④ 비상콘센트설비 : 소화활동설비

소방시설법 시행령 〔별표 1〕
경보설비
(1) 비상경보설비 ┬ 비상벨설비
　　　　　　　　└ 자동식 사이렌설비
(2) 단독경보형 감지기
(3) 비상방송설비
(4) 누전경보기
(5) 자동화재탐지설비 및 시각경보기
(6) 자동화재속보설비
(7) 가스누설경보기
(8) 통합감시시설
(9) 화재알림설비

> ※ **경보설비** : 화재발생 사실을 통보하는 기계·기구 또는 설비

답 ④

★★
46 국가가 시·도의 소방업무에 필요한 경비의 일부를 보조하는 국고보조 대상이 아닌 것은?
17.03.문54
06.05.문60
(기사)
① 소방용수시설
② 소방전용통신설비
③ 소방자동차
④ 소방관서용 청사의 건축

 ① 국고보조대상이 아님

기본령 2조
국고보조의 대상 및 기준
(1) **국고보조의 대상**
　㉠ 소방**활**동장비와 설비의 구입 및 설치
　　• 소방**자**동차
　　• 소방**헬**리콥터 · 소방정
　　• 소방**전**용통신설비 · 전산설비
　　• 방**화복**
　㉡ 소방관서용 **청**사
(2) **소방활동장비 및 설비의 종류와 규격** : 행정안전부령
(3) **대상사업의 기준보조율** : 「보조금관리에 관한 법률 시행령」에 따름

> **기억법** 국화복 활자 전헬청

답 ①

★★★
47 제조 또는 가공 공정에서 방염처리를 한 물품으로서 방염대상물품이 아닌 것은? (단, 합판·목재류의 경우에는 설치현장에서 방염처리를 한 것을 포함한다.)
19.04.문42
17.03.문59
06.03.문42
(기사)
① 카펫
② 창문에 설치하는 커튼류
③ 두께가 2mm 미만인 종이벽지
④ 전시용 합판 또는 섬유판

 ③ 두께 2mm 미만인 종이벽지 → 두께 2mm 미만인 종이벽지 제외

소방시설법 시행령 31조
방염대상물품

제조 또는 가공 공정에서 방염처리를 한 물품	건축물 내부의 천장이나 벽에 부착하거나 설치하는 것
① 창문에 설치하는 **커튼류** (블라인드 포함) ② 카펫 ③ **벽지류**(두께 2mm 미만인 종이벽지 제외) ④ 전시용 합판·목재 또는 섬유판 ⑤ 무대용 합판·목재 또는 섬유판 ⑥ 암막·무대막(영화상영관·가상체험 체육시설업의 **스크린** 포함) ⑦ 섬유류 또는 합성수지류 등을 원료로 하여 제작된 소파·의자(단란주점영업, 유흥주점영업 및 노래연습장업의 영업장에 설치하는 것만 해당)	① 종이류(두께 **2mm 이상**), **합성수지류** 또는 **섬유류**를 주원료로 한 물품 ② **합판**이나 **목재** ③ 공간을 구획하기 위하여 설치하는 **간이칸막이** ④ **흡음재**(흡음용 커튼 포함) 또는 **방음재**(방음용 커튼 포함) ※ 가구류(옷장, 찬장, 식탁, 식탁용 의자, 사무용 책상, 사무용 의자, 계산대)와 너비 10cm 이하인 반자돌림대, 내부 마감재료 제외

답 ③

★★
48 위험물안전관리법령상 제조소 또는 일반취급소에서 취급하는 제4류 위험물의 최대수량의 합이 지정수량의 24만배 이상 48만배 미만인 사업소의 관계인이 두어야 하는 화학소방자동차와 자체소방대원의 수의 기준으로 옳은 것은? (단, 화재, 그 밖의 재난발생시 다른 사업소 등과 상호응원에 관한 협정을 체결하고 있는 사업소는 제외한다.)
23.03.문54
17.05.문43
① 화학소방자동차 : 2대, 자체소방대원의 수 : 10인
② 화학소방자동차 : 3대, 자체소방대원의 수 : 10인
③ 화학소방자동차 : 3대, 자체소방대원의 수 : 15인
④ 화학소방자동차 : 4대, 자체소방대원의 수 : 20인

위험물령 〔별표 8〕
자체소방대에 두는 화학소방자동차 및 인원

구 분	화학소방자동차	자체소방대원의 수
지정수량 3천~12만배 미만	1대	5인
지정수량 12~24만배 미만	2대	10인
지정수량 24~48만배 미만 **보기 ③**	3대	15인

지정수량 48만배 이상	4대	20인
옥외탱크저장소에 저장하는 제4류 위험물의 최대수량이 지정수량의 50만배 이상	2대	10인

답 ③

49 분말형태의 소화약제를 사용하는 소화기의 내용 연수로 옳은 것은? (단, 소방용품의 성능을 확인 받아 그 사용기한을 연장하는 경우는 제외한다.)
[17.05.문49]
① 10년 　　　 ② 7년
③ 5년 　　　 ④ 3년

해설 **소방시설법 시행령 19조**
분말형태의 **소화약제**를 사용하는 소화기 : 내용연수 **10년**

답 ①

50 하자를 보수하여야 하는 소방시설과 소방시설별 하자보수보증기간이 틀린 것은?
[17.05.문50]
[06.05.문49]
① 자동소화장치 : 3년
② 자동화재탐지설비 : 2년
③ 무선통신보조설비 : 2년
④ 간이스프링클러설비 : 3년

해설
　② 자동화재탐지설비 : 3년

공사업령 6조
소방시설공사의 하자보수보증기간

보증 기간	소방시설
2년	• **유**도등 · **유**도표지 · **피**난기구 • 비상**조**명등 · 비상**경**보설비 · 비상**방**송설비 • **무**선통신보조설비 [기억법] 유피조경방무2
3년	• 자동소화장치 • 옥내 · 외소화전설비 • 스프링클러설비 · 간이스프링클러설비 • 물분무등소화설비 · 상수도소화용수설비 • 자동화재탐지설비 · 소화활동설비(무선통신보조설비 제외)

답 ②

51 위험물안전관리법령상 위험물 및 지정수량에 대한 기준 중 다음 ( ) 안에 알맞은 것은?
[21.03.문41]
[17.05.문52]
[19.09.문58]

금속분이라 함은 알칼리금속 · 알칼리토류 금속 · 철 및 마그네슘 외의 금속의 분말을 말하고, 구리분 · 니켈분 및 (㉠)마이크로미터의 체를 통과하는 것이 (㉡)중량퍼센트 미만인 것은 제외한다.

① ㉠ 150, ㉡ 50
② ㉠ 53, ㉡ 50
③ ㉠ 50, ㉡ 150
④ ㉠ 50, ㉡ 53

해설 **위험물령〔별표 1〕**
금속분
알칼리금속 · 알칼리토류 금속 · 철 및 마그네슘 외의 금속의 분말을 말하고, 구리분 · 니켈분 및 **150마이크로미터**의 체를 통과하는 것이 **50중량퍼센트** 미만인 것은 제외한다.

답 ①

52 제조소 등의 설치허가 등에 있어서 최저의 기준이 되는 위험물의 지정수량이 100kg인 위험물의 품명이 바르게 연결된 것은?
[17.05.문54]
[16.10.문51]
(기사)
① 브로민산염류 - 질산염류 - 아이오딘산염류
② 칼륨 - 나트륨 - 알킬알루미늄
③ 황화인 - 적린 - 황
④ 과염소산 - 과산화수소 - 질산

해설 **위험물령〔별표 1〕**
제2류 위험물

성 질	품 명	지정수량
가연성 고체	황화인	100kg
	적린	
	황	
	철분	500kg
	금속분	
	마그네슘	
	인화성 고체	1000kg

중요

위험물령〔별표 1〕
제1류 위험물

성 질	품 명	지정수량
산화성 고체	아염소산염류	50kg
	염소산염류	
	과염소산염류	
	무기과산화물	
	브로민산염류	300kg
	질산염류	
	아이오딘산염류	
	과망가니즈산염류	1000kg
	다이크로뮴산염류	

답 ③

★★
53 화재의 예방 및 안전관리에 관한 법령상 대통령령으로 정하는 특수가연물의 품명별 수량기준이 옳은 것은?

17.05.문56
08.09.문46

① 가연성 고체류 – 1000kg 이상
② 목재가공품 및 나무 부스러기 – 20m³ 이상
③ 석탄·목탄류 – 3000kg 이상
④ 면화류 – 200kg 이상

해설
① 1000kg → 3000kg
② 20m³ → 10m³
③ 3000kg → 10000kg

화재예방법 시행령 [별표 2]
특수가연물

품 명		수 량
가연성 **액**체류		2m³ 이상
목재가공품 및 나무부스러기		10m³ 이상
면화류		200kg 이상
나무껍질 및 대팻밥		400kg 이상
넝마 및 종이부스러기		
사류(絲類)		1000kg 이상
볏짚류		
가연성 **고**체류		3000kg 이상
고무류·플라스틱류	발포시킨 것	20m³ 이상
	그 밖의 것	3000kg 이상
석탄·목탄류		10000kg 이상

기억법
가액목면나 넝사볏가고 고석
2 1 2 4   1   3 3 1

※ **특수가연물** : 화재가 발생하면 그 확대가 빠른 물품

답 ④

★★★
54 대통령령으로 정하는 화재예방강화지구의 지정 대상지역이 아닌 것은?

17.05.문58
16.03.문41
15.09.문55
14.05.문53
12.09.문46

① 시장지역
② 목조건물이 밀집한 지역
③ 위험물의 저장 및 처리시설이 밀집한 지역
④ 석유화학제품을 판매하는 시설이 있는 지역

해설
④ 판매하는 시설이 있는 지역 → 생산하는 공장이 있는 지역

화재예방법 18조
화재예방강화지구의 지정
(1) **지정권자** : **시**·도지사
(2) **지정지역**
  ㉠ **시장**지역
  ㉡ **공장·창고** 등이 밀집한 지역

㉢ **목조건물**이 밀집한 지역
㉣ **노후·불량 건축물**이 밀집한 지역
㉤ **위험물**의 **저장** 및 **처리시설**이 **밀집**한 지역
㉥ **석유화학제품**을 생산하는 공장이 있는 지역
㉦ **소방시설·소방용수시설** 또는 **소방출동로**가 **없는** 지역
㉧ 「**산업입지 및 개발에 관한 법률**」에 따른 **산업단지**
㉨ 「**물류시설의 개발 및 운영에 관한 법률**」에 따른 **물류단지**
㉩ **소방청장·소방본부장** 또는 **소방서장**(소방관서장)이 화재예방강화지구로 지정할 필요가 있다고 인정하는 지역

기억법 화강시

※ **화재예방강화지구** : 화재발생 우려가 크거나 화재가 발생할 경우 피해가 클 것으로 예상되는 지역에 대하여 화재의 예방 및 안전관리를 강화하기 위해 지정·관리하는 지역

답 ④

★★
55 연소 우려가 있는 건축물의 구조에 대한 기준으로 다음 ( ) 안에 알맞은 것은?

17.05.문59
08.03.문49

건축물대장의 건축물 현황도에 표시된 대지경계선 안에 둘 이상의 건축물이 있는 경우, 각각의 건축물이 다른 건축물의 외벽으로부터 수평거리가 1층에 있어서는 (㉠)m 이하, 2층 이상의 층의 경우에는 (㉡)m 이하인 경우, 개구부가 다른 건축물을 향하여 설치되어 있는 경우 모두 해당하는 구조이다.

① ㉠ 6, ㉡ 10
② ㉠ 10, ㉡ 6
③ ㉠ 3, ㉡ 5
④ ㉠ 5, ㉡ 3

해설 **소방시설법 시행규칙 17조**
연소 우려가 있는 건축물의 구조
(1) **1층** : 타건축물 외벽으로부터 **6m** 이하
(2) **2층 이상** : 타건축물 외벽으로부터 **10m** 이하
(3) 대지경계선 안에 2 이상의 건축물이 있는 경우
(4) 개구부가 다른 건축물을 향하여 설치된 구조

답 ①

★
56 소방시설 설치 및 관리에 관한 법령상 특정소방대상물에 설치되는 소방시설 중 소방본부장 또는 소방서장의 건축허가 등의 동의대상에서 제외되는 것이 아닌 것은? (단, 설치되는 소방시설이 화재안전기준에 적합한 경우 그 특정소방대상물이다.)

17.09.문43

① 인공소생기
② 유도표지
③ 누전경보기
④ 비상조명등

해설 **소방시설법 시행령 7조**
건축허가 등의 동의대상 제외
(1) 소화기구
(2) 자동소화장치

(3) 누전경보기
(4) 단독경보형감지기
(5) 시각경보기
(6) 가스누설경보기
(7) 피난구조설비(비상조명등 제외)
(8) 건축물의 증축 또는 용도변경으로 인하여 해당 특정소방대
상물에 추가로 소방시설이 설치되지 않는 경우 해당 특정
소방대상물

용어

피난구조설비
(1) 유도등
(2) 유도표지
(3) 인명구조기구 ─ **방열**복
├─ 방**화**복(안전모, 보호장갑, 안전화 포함)
├─ **공**기호흡기
└─ **인**공소생기

기억법 방열화공인

답 ④

★★★
57 소방시설 설치 및 관리에 관한 법령상 소방용품
21.09.문60
19.04.문54
15.05.문47
11.06.문52
10.03.문57
으로 틀린 것은?

① 시각경보기
② 자동소화장치
③ 가스누설경보기
④ 방염제

해설 **소방시설법 시행령 6조**
소방용품 제외대상
(1) 주거용 주방자동소화장치용 소화약제
(2) 가스자동소화장치용 소화약제
(3) 분말자동소화장치용 소화약제
(4) 고체에어로졸 자동소화장치용 소화약제
(5) 소화약제 외의 것을 이용한 간이소화용구
(6) 휴대용 비상조명등
(7) 유도표지
(8) 벨용 푸시버튼스위치
(9) 피난밧줄
(10) 옥내소화전함
(11) 방수구
(12) 안전매트
(13) 방수복
(14) 시각경보기 보기 ①

답 ①

★
58 위험물안전관리법령상 정밀정기검사를 받아야
17.09.문48
하는 특정옥외탱크저장소의 관계인은 특정옥외
탱크저장소의 설치허가에 따른 완공검사합격확
인증을 발급받은 날부터 몇 년 이내에 정밀정기
검사를 받아야 하는가?

① 12
② 11
③ 10
④ 9

해설 **위험물규칙 65조**
특정옥외탱크저장소의 구조안전점검기간

점검기간	조 건
• 11년 이내	최근의 정밀정기검사를 받은 날부터
• **12년** 이내	**완공검사합격확인증**을 발급받은 날부터
• 13년 이내	최근의 정밀정기검사를 받은 날부터(연장신청을 한 경우)

기억법 12완(연필은 **12**개가 **완**전 1타스)

비교

위험물규칙 68조 ②항
정기점검기록

특정옥외탱크저장소의 구조안전점검	기 타
25년	3년

답 ①

★★
59 화재의 예방 및 안전관리에 관한 법령상 특정소
17.09.문49
방대상물의 관계인이 소방안전관리자를 30일 이
내에 선임하여야 하는 기준일 중 틀린 것은?

① 신축으로 해당 특정소방대상물의 소방안전
관리자를 신규로 선임하여야 하는 경우 : 해
당 특정소방대상물의 완공일
② 특정소방대상물을 양수하여 관계인의 권리를
취득한 경우 : 해당 권리를 취득한 날
③ 증축으로 인하여 특정소방대상물의 소방안전
관리대상물로 된 경우 : 증축공사의 개시일
④ 소방안전관리자를 해임한 경우 : 소방안전관
리자를 해임한 날

해설
③ 개시일 → 완공일

화재예방법 시행규칙 14조
소방안전관리자를 30일 이내에 선임하여야 하는 기준일

내 용	선임기준
신축·증축·개축·재축·대수선 또는 용도변경으로 해당 특정소방대상물의 소방안전관리자를 신규로 선임하여야 하는 경우	해당 특정소방대상물의 **완공일**
특정소방대상물을 양수하여 관계인의 권리를 취득한 경우	해당 권리를 취득한 날
증축 또는 용도변경으로 인하여 특정소방대상물이 소방안전관리대상물로 된 경우	증축공사의 완공일 또는 용도변경 사실을 건축물관리대장에 기재한 날
소방안전관리자를 해임한 경우	소방안전관리자를 해임한 날

답 ③

★★★
60 특정소방대상물의 소방시설 설치의 면제기준 중 다음 (   ) 안에 알맞은 것은?

17.09.문51
14.09.문59

> 물분무등소화설비를 설치하여야 하는 차고·주차장에 (   )를 화재안전기준에 적합하게 설치한 경우에는 그 설비의 유효범위에서 설치가 면제된다.

① 옥내소화전설비
② 스프링클러설비
③ 간이스프링클러설비
④ 할로겐화합물 및 불활성기체 소화설비

해설 **소방시설법 시행령 〔별표 5〕**
소방시설 면제기준

면제대상	대체설비
스프링클러설비	• **물분무등소화설비**
물분무등소화설비 →	• **스프링클러설비** 기억법 스물(**스물스물** 하다.)
간이스프링클러설비	• 스프링클러설비 • 물분무소화설비·미분무소화설비
비상경보설비 또는 단독경보형감지기	• **자동화재탐지설비**
비상경보설비	• **2개** 이상 **단독경보형 감지기** 연동
비상방송설비	• 자동화재탐지설비 • 비상경보설비
연결살수설비	• 스프링클러설비 • 간이스프링클러설비·미분무소화설비 • 물분무소화설비·미분무소화설비
제연설비	• **공기조화설비**
연소방지설비	• 스프링클러설비 • 물분무소화설비·미분무소화설비
연결송수관설비	• 옥내소화전설비 • 스프링클러설비 • 간이스프링클러설비 • 연결살수설비
자동화재**탐**지설비	• 자동화재**탐**지설비의 기능을 가진 **스**프링클러설비 • **물**분무등소화설비 기억법 탐탐스물
옥내소화전설비	• 옥외소화전설비 • 미분무소화설비(호스릴방식)

답 ②

제4과목 **소방기계시설의 구조 및 원리**

★★
61 물분무등소화설비 중 이산화탄소소화설비를 설치하여야 하는 특정소방대상물에 설치하여야 할 인명구조기구의 종류로 옳은 것은?

18.03.문61
17.03.문75
(기사)

① 방열복 ② 방화복
③ 인공소생기 ④ 공기호흡기

해설 특정소방대상물의 용도 및 장소별로 설치하여야 할 인명구조기구(NFTC 302 2.1.1.1)

특정소방대상물	인명구조기구의 종류	설치수량
• **7층** 이상인 **관광호텔** 및 **5층** 이상인 **병원**(지하층 포함)	• **방열복** • **방화복**(안전모, 보호장갑, 안전화 포함) • **공기호흡기** • **인공소생기**	• 각 **2개** 이상 비치할 것(단, 병원의 경우에는 인공소생기 설치 제외 가능)
• 문화 및 집회시설 중 수용인원 **100명** 이상의 영화상영관 • 대규모 점포 • 지하역사 • **지하상가**	• **공기호흡기**	• 층마다 **2개** 이상 비치할 것(단, 각 층마다 갖추어 두어야 할 공기호흡기 중 일부를 직원이 상주하는 인근 사무실에 갖추어 둘 수 있다.)
• **이산화탄소소화설비**(호스릴 이산화탄소 소화설비 제외)를 설치하여야 하는 특정소방대상물	• **공기호흡기**	• 이산화탄소소화설비가 설치된 장소의 출입구 외부 인근에 **1대** 이상 비치할 것

답 ④

★★★
62 옥내소화전설비의 설치기준 중 틀린 것은?

18.03.문62
13.06.문78
13.03.문67
08.09.문80

① 성능시험배관은 펌프의 토출측에 설치된 개폐밸브 이후에서 분기하여 설치하고, 유량측정장치를 기준으로 전단 직관부에 개폐밸브를, 후단 직관부에는 유량조절밸브를 설치하여야 한다.
② 가압송수장치의 체절운전시 수온의 상승을 방지하기 위하여 체크밸브와 펌프 사이에서 분기한 구경 20mm 이상의 배관에 체절압력 미만에서 개방되는 릴리프밸브를 설치하여야 한다.
③ 펌프의 성능은 체절운전시 정격토출압력의 140%를 초과하지 않고, 정격토출량의 150%로 운전시 정격토출압력의 65% 이상이 되어야 한다.
④ 연결송수관설비의 배관과 겸용할 경우의 주배관은 구경 100mm 이상, 방수구로 연결되는 배관의 구경은 65mm 이상의 것으로 하여야 한다.

해설 ① 이후 → 이전

펌프의 성능시험배관

성능시험배관	유량측정장치
• 펌프의 **토출측**에 설치된 **개폐밸브 이전**에 설치 • 유량측정장치를 기준으로 **전단 직관부**에 **개폐밸브** 설치	• 성능시험배관의 **직관부**에 설치 • 펌프의 정격토출량의 **175%** 이상 측정할 수 있는 성능

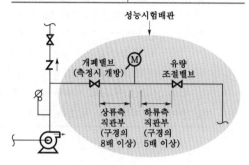

‖ 성능시험배관 ‖

답 ①

★★★
63 대형 소화기의 종별 소화약제의 최소충전용량으로 옳은 것은?

18.03.문67
17.03.문64
16.03.문16
12.09.문77
11.06.문79

① 기계포 : 15L
② 분말 : 20kg
③ CO_2 : 40kg
④ 강화액 : 50L

해설
① 15L → 20L
③ 40kg → 50kg
④ 50L → 60L

대형 소화기의 소화약제 충전량

종 별	충전량
포(기계포)	**2**0L 이상
분말	**2**0kg 이상
할로겐화합물	**3**0kg 이상
이산화탄소(CO_2)	**5**0kg 이상
강화액	**6**0L 이상
물	**8**0L 이상

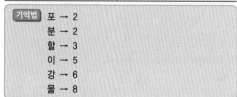

기억법	포 → 2
	분 → 2
	할 → 3
	이 → 5
	강 → 6
	물 → 8

답 ②

★
64 가연성 가스의 저장·취급시설에 설치하는 연결살수설비의 헤드 설치기준 중 다음 (   ) 안에 알맞은 것은? (단, 지하에 설치된 가연성 가스의 저장·취급시설로서 지상에 노출된 부분이 없는 경우는 제외한다.)

18.03.문71

> 가스저장탱크·가스홀더 및 가스발생기의 주위에 설치하되, 헤드 상호 간의 거리는 (   )m 이하로 할 것

① 2.1   ② 2.3
③ 3.0   ④ 3.7

해설 **연결살수설비헤드**의 수평거리

스프링클러헤드	전용 헤드 (연결살수설비헤드)
2.3m 이하	**3.7m** 이하

※ 연결살수설비에서 하나의 송수구역에 설치하는 개방형 헤드수는 **10개** 이하로 한다.

답 ④

★★
65 이산화탄소소화설비 가스압력식 기동장치의 기준 중 틀린 것은?

18.03.문74
05.09.문74

① 기동용 가스용기 및 해당 용기에 사용하는 밸브는 25MPa 이상의 압력에 견딜 수 있는 것으로 할 것
② 기동용 가스용기에는 내압시험압력의 0.64배부터 내압시험압력 이하에서 작동하는 안전장치를 설치할 것
③ 기동용 가스용기의 체적은 5L 이상으로 하고, 해당 용기에 저장하는 질소 등의 비활성 기체는 6.0MPa 이상(21℃ 기준)의 압력으로 충전할 것
④ 기동용 가스용기에는 충전 여부를 확인할 수 있는 압력게이지를 설치할 것

해설 ② 0.64배 → 0.8배

이산화탄소 소화설비 가스압력식 기동장치

구 분	기 준
비활성 기체 충전압력	**6MPa** 이상(21℃ 기준)
기동용 가스용기의 체적	**5L** 이상
기동용 가스용기 안전장치의 압력	내압시험압력의 0.8~ 내압시험압력 이하
기동용 가스용기 및 해당 용기에 사용하는 밸브의 견디는 압력	**25MPa** 이상
충전 여부 확인	**압력게이지** 설치

비교

분말소화설비의 가스압력식 기동장치

구 분	기 준
기동용 가스용기의 체적	5L 이상(단, 1L 이상시 CO_2량 0.6kg 이상)

답 ②

★★★
66 이산화탄소 또는 할로젠화합물을 방사하는 소화기구(자동확산소화기를 제외)의 설치기준 중 다음 ( ) 안에 알맞은 것은? (단, 배기를 위한 유효한 개구부가 있는 장소인 경우는 제외한다.)

18.03.문75
13.09.문75
10.09.문74

> 지하층이나 무창층 또는 밀폐된 거실로서 그 바닥면적이 ( )m² 미만의 장소에는 설치할 수 없다.

① 15   ② 20
③ 30   ④ 40

해설 **이산화탄소**(자동확산소화기 제외)·**할로젠화합물** 소화기구(자동확산소화기 제외)의 **설치제외** 장소
(1) 지하층
(2) 무창층 ┐
(3) 밀폐된 거실 ┘ ── 바닥면적 **20m²** 미만인 장소

답 ②

★★★
67 호스릴분말소화설비 노즐이 하나의 노즐마다 1분당 방사하는 소화약제의 양 기준으로 옳은 것은?

18.03.문76
15.09.문64
12.09.문62

① 제1종 분말-45kg ② 제2종 분말-30kg
③ 제3종 분말-30kg ④ 제4종 분말-20kg

해설
②, ③ 30kg → 27kg
④ 20kg → 18kg

호스릴방식
(1) CO₂ 소화설비

약제종별	약제저장량	약제방사량(20℃)
CO₂	90kg	60kg/min

(2) 할론소화설비

약제종별	약제저장량	약제방사량(20℃)
할론 1301	45kg	35kg/min
할론 1211	50kg	40kg/min
할론 2402	50kg	45kg/min

(3) 분말소화설비

약제종별	약제저장량	약제방사량
제1종 분말	50kg	45kg/min
제2·3종 분말	30kg	27kg/min
제4종 분말	20kg	18kg/min

• 문제에서 1분당 방사량이므로 저장량이 아니고 **약제방사량**을 답하는 것임을 기억할 것

답 ①

★★★
68 전역방출방식의 분말소화설비를 설치한 특정소방대상물 또는 그 부분의 자동폐쇄장치 설치기준 중 다음 ( ) 안에 알맞은 것은?

19.03.문72
18.03.문77
17.09.문64
14.09.문61

> 개구부가 있거나 천장으로부터 1m 이상의 아랫부분 또는 바닥으로부터 해당층의 높이의 ( ) 이내의 부분에 통기구가 있어 분말의 유출에 따라 소화효과를 감소시킬 우려가 있는 것은 분말이 방사되기 전에 해당 개구부 및 통기구를 폐쇄할 수 있도록 할 것

① $\frac{1}{5}$ ② $\frac{1}{2}$
③ $\frac{2}{3}$ ④ $\frac{3}{4}$

해설 전역방출방식의 분말소화설비 개구부 및 통기구를 폐쇄해야 하는 경우(NFPC 108 14조, NFTC 108 2.11.1.2)
(1) **개구부**가 있는 경우
(2) 천장으로부터 **1m 이상**의 아랫부분에 설치된 통기구
(3) 바닥으로부터 해당층 높이의 $\frac{2}{3}$ **이내** 부분에 설치된 통기구

• 이 기준은 할로겐화합물 및 불활성기체 소화설비·분말소화설비·이산화탄소소화설비 자동폐쇄장치 설치기준(NFPC 107A 15조, NFTC 107A 2.12.1.2 / NFPC 108 14조, NFTC 108 2.11.1.2 / NFPC 106 14조, NFTC 106 2.11.1.2)이 모두 동일

답 ③

★
69 피난사다리의 중량기준 중 다음 ( ) 안에 알맞은 것은?

18.03.문79

> 올림식 사다리인 경우 (㉠)kgf 이하, 내림식 사다리의 경우 (㉡)kgf 이하이어야 한다.

① ㉠ 25, ㉡ 30
② ㉠ 30, ㉡ 25
③ ㉠ 20, ㉡ 35
④ ㉠ 35, ㉡ 20

해설 **피난사다리**의 **중량기준**(피난사다리 형식 9조)

올림식 사다리	내림식 사다리 (하향식 피난구용은 제외)
35kgf 이하	20kgf 이하

답 ④

70 소화기의 정의 중 다음 (   ) 안에 알맞은 것은?

19.04.문74
18.04.문74
13.09.문62

대형 소화기란 화재시 사람이 운반할 수 있도록 운반대와 바퀴가 설치되어 있고 능력단위가 A급 (㉠)단위 이상, B급 (㉡)단위 이상인 소화기를 말한다.

① ㉠ 3, ㉡ 5
② ㉠ 5, ㉡ 3
③ ㉠ 10, ㉡ 20
④ ㉠ 20, ㉡ 10

해설 **소화능력단위**에 의한 **분류**(소화기 형식 4조)

소화기 분류		능력단위
소형 소화기		1단위 이상
대형 소화기	A급	**10**단위 이상
	B급	**20**단위 이상

기억법 **대2B(데이빗!)**

답 ③

71 하나의 옥내소화전을 사용하는 노즐선단에서의 방수압력이 0.7MPa를 초과할 경우에 감압장치를 설치하여야 하는 곳은?

18.04.문76
15.09.문69
(기사)

① 방수구 연결배관
② 호스접결구의 인입측
③ 노즐선단
④ 노즐 안쪽

해설 **감압장치**
옥내소화전설비의 소방호스 노즐의 방수압력의 허용범위는 **0.17~0.7MPa**이다. **0.7MPa**를 초과시에는 **호스접결구**의 **인입측**에 감압장치를 설치하여야 한다.

📢 중요

각 설비의 주요사항

구 분	옥내소화전설비	옥외소화전설비
방수압	0.17~ 0.7MPa 이하	0.25~ 0.7MPa 이하
방수량	130L/min 이상 (30층 미만 : 최대 2개, 30층 이상 : 최대 5개)	350L/min 이상 (최대 2개)
방수구경	40mm	65mm
노즐구경	13mm	19mm

답 ②

72 미분무소화설비의 화재안전기준에 따른 용어의 정리 중 다음 (   ) 안에 알맞은 것은?

18.04.문79
17.05.문75

미분무란 물만을 사용하여 소화하는 방식으로 최소설계압력에서 헤드로부터 방출되는 물입자 중 (㉠)%의 누적체적분포가 (㉡)μm 이하로 분무되고 A, B, C급 화재에 적응성을 갖는 것을 말한다.

① ㉠ 30, ㉡ 200
② ㉠ 50, ㉡ 200
③ ㉠ 60, ㉡ 400
④ ㉠ 99, ㉡ 400

해설 **미분무소화설비**의 **용어정의**(NFPC 104A 3조, NFTC 104A 1.7)

용 어	설 명
미분무소화설비	가압된 물이 헤드 통과 후 미세한 입자로 분무됨으로써 소화성능을 가지는 설비를 말하며, 소화력을 증가시키기 위해 강화액 등을 첨가할 수 있다.
미분무	물만을 사용하여 소화하는 방식으로 최소설계압력에서 헤드로부터 방출되는 물입자 중 **99%**의 누적체적분포가 **400μm** 이하로 분무되고 A, B, C급 화재에 적응성을 갖는 것
미분무헤드	하나 이상의 오리피스를 가지고 미분무소화설비에 사용되는 헤드

답 ④

73 물분무소화설비의 화재안전기준상 물분무헤드를 설치하지 않을 수 있는 장소 기준 중 다음 괄호 안에 알맞은 것은?

22.03.문62
20.08.문68
18.09.문62
17.03.문79
15.05.문79

운전시에 표면의 온도가 (   )℃ 이상으로 되는 등 직접 분무를 하는 경우 그 부분에 손상을 입힐 우려가 있는 기계장치 등이 있는 장소

① 250
② 260
③ 270
④ 280

해설 **물분무헤드**의 **설치제외대상**
(1) 물과 심하게 반응하거나 위험한 물질을 생성하는 물질 저장·취급 장소
(2) **고온물질** 저장·취급 장소
(3) 운전시에 표면의 온도가 **260℃** 이상 되는 장소 보기 ②

기억법 **물26(물이 이륙)**

비교

옥내소화전설비 방수구 설치제외장소
(1) **냉장**창고 중 온도가 영하인 **냉장실** 또는 냉동창고의 **냉동실**
(2) **고온**의 노가 설치된 장소 또는 **물**과 격렬하게 **반응**하는 **물품**의 저장 또는 취급 장소
(3) **발전소·변전소** 등으로서 전기시설이 설치된 장소
(4) **식물원·수족관·목욕실·수영장**(관람석 부분을 제외) 또는 그 밖의 이와 비슷한 장소
(5) **야외음악당·야외극장** 또는 그 밖의 이와 비슷한 장소

기억법 **내냉방 야식 고발**

답 ②

★★★
74

18.09.문65
14.03.문62
12.09.문67
02.05.문79

포소화약제의 혼합장치 중 펌프의 토출관과 흡입관 사이의 배관 도중에 설치한 흡입기에 펌프에서 토출된 물의 일부를 보내고, 농도조정밸브에서 조정된 포소화약제의 필요량을 포소화약제 탱크에서 펌프 흡입측으로 보내어 이를 혼합하는 방식은?

① 펌프 프로포셔너방식
② 프레져 프로포셔너방식
③ 라인 프로포셔너방식
④ 프레져 사이드 프로포셔너방식

해설 **포소화약제의 혼합장치**

(1) **라인 프로포셔너방식(관로 혼합방식)**
　㉠ 펌프와 발포기의 중간에 설치된 벤투리관의 **벤투리작용**에 의하여 포소화약제를 흡입·혼합하는 방식
　㉡ 급수관의 배관 도중에 포소화약제 **흡입기**를 설치하여 그 흡입관에서 소화약제를 흡입하여 혼합하는 방식

기억법 라벤(**라벤**다)

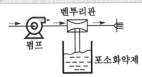

‖ 라인 프로포셔너방식 ‖

(2) **펌프 프로포셔너방식(펌프 혼합방식)** : 펌프의 **토출관**과 **흡입관** 사이의 배관 도중에 설치한 흡입기에 펌프에서 토출된 물의 일부를 보내고 **농도조정밸브**에서 조정된 포소화약제의 필요량을 포소화약제 탱크에서 펌프 흡입측으로 보내어 약제를 혼합하는 방식

기억법 펌농

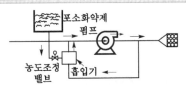

‖ 펌프 프로포셔너방식 ‖

(3) **프레져 프로포셔너방식(차압 혼합방식)**
　㉠ 가압송수관 도중에 **공기 포소화원액 혼합조**(P.P.T)와 혼합기를 접속하여 사용하는 방법
　㉡ **격막방식 휨탱크**를 사용하는 에어휨 혼합방식

기억법 프프혼격

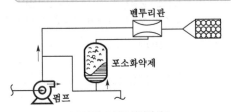

‖ 프레져 프로포셔너방식 ‖

(4) **프레져 사이드 프로포셔너방식(압입 혼합방식)**
　㉠ 소화원액 가압펌프(**압입용 펌프**)를 별도로 사용하는 방식
　㉡ 펌프 토출관에 압입기를 설치하여 포소화약제 **압입용 펌프**로 포소화약제를 압입시켜 혼합하는 방식

기억법 프사압

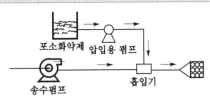

‖ 프레져 사이드 프로포셔너방식 ‖

(5) **압축공기포 믹싱챔버방식** : 포수용액에 공기를 강제로 주입시켜 **원거리 방수**가 가능하고 물 사용량을 줄여 **수손피해를 최소화**할 수 있는 방식

답 ①

★★★
75

18.09.문66
17.09.문64
14.09.문61

할로겐화합물 및 불활성기체 소화설비를 설치한 특정소방대상물 또는 그 부분에 대한 자동폐쇄장치의 설치기준 중 다음 (　) 안에 알맞은 것은?

> 개구부가 있거나 천장으로부터 (　㉠　)m 이상의 아랫부분 또는 바닥으로부터 해당층의 높이의 (　㉡　) 이내의 부분에 통기구가 있어 할로겐화합물 및 불활성기체 소화약제의 유출에 따라 소화효과를 감소시킬 우려가 있는 것은 할로겐화합물 및 불활성기체 소화약제가 방사되기 전에 당해 개구부 및 통기구를 폐쇄할 수 있도록 할 것

① ㉠ 1.5, ㉡ $\frac{1}{3}$　　② ㉠ 1.5, ㉡ $\frac{2}{3}$

③ ㉠ 1, ㉡ $\frac{1}{3}$　　④ ㉠ 1, ㉡ $\frac{2}{3}$

해설 **할로겐화합물 및 불활성기체 소화설비·분말소화설비·이산화탄소소화설비 자동폐쇄장치 설치기준**(NFPC 107A 15조, NFTC 107A 2.12.1.2 / NFPC 108 14조, NFTC 108 2.11.1.2 / NFPC 106 14조, NFTC 106 2.11.1.2)

개구부가 있거나 천장으로부터 **1m 이상**의 아랫부분 또는 바닥으로부터 해당층의 높이의 $\frac{2}{3}$ 이내의 부분에 통기구가 있어 소화약제의 유출에 따라 소화효과를 감소시킬 우려가 있는 것은 소화약제가 방사되기 전에 당해 **개구부** 및 **통기구**를 폐쇄할 수 있도록 할 것

답 ④

76

18.09.문80

분말소화설비 분말소화약제의 저장용기 설치기준 중 옳은 것은?

① 저장용기의 충전비는 0.7 이상으로 할 것
② 저장용기에는 가압식은 최고사용압력의 0.8배 이하, 축압식은 용기의 내압시험압력의 1.8배 이하의 압력에서 작동하는 안전밸브를 설치할 것
③ 제3종 분말소화약제 저장용기의 내용적은(소화약제 1kg당 저장용기의 내용적) 1L로 할 것
④ 저장용기에는 저장용기의 내부압력이 설정압력으로 되었을 때 주밸브를 개방하는 압력조정기를 설치할 것

해설
① 0.7 이상 → 0.8 이상
② 0.8배 이하 → 1.8배 이하, 1.8배 이하 → 0.8배 이하
④ 압력조정기 → 정압작동장치

분말소화약제의 저장용기 설치장소기준(NFPC 108 4조, NFTC 108 2.1)
(1) **방호구역 외**의 장소에 설치할 것(단, 방호구역 내에 설치할 경우에는 피난 및 조작이 용이하도록 피난구 부근에 설치)
(2) 온도가 **40℃** 이하이고, 온도변화가 작은 곳에 설치할 것
(3) 직사광선 및 빗물이 침투할 우려가 없는 곳에 설치할 것
(4) 방화문으로 구획된 실에 설치할 것
(5) 용기의 설치장소에는 해당용기가 설치된 곳임을 표시하는 표지를 할 것
(6) 용기간의 간격은 점검에 지장이 없도록 **3cm** 이상의 간격을 유지할 것
(7) 저장용기와 집합관을 연결하는 연결배관에는 **체크밸브**를 설치할 것
(8) 주밸브를 개방하는 **정압작동장치** 실시
(9) 저장용기의 **충전비**는 0.8 이상
(10) 안전밸브의 설치

가압식	축압식
최고사용압력의 **1.8배** 이하	내압시험압력의 **0.8배** 이하

답 ③

★★★ **77**

23.03.문68
17.03.문62
15.03.문69
14.03.문77
07.03.문74

분말소화약제 저장용기의 내부압력이 설정압력으로 되었을 때 정압작동장치에 의해 개방되는 밸브는?

① 주밸브   ② 클리닝밸브
③ 니들밸브   ④ 기동용기밸브

해설 **정압작동장치**
약제저장용기 내의 내부압력이 설정압력이 되었을 때 **주밸브**를 개방시키는 장치로서 정압작동장치의 설치위치는 그림과 같다.

기억법 **주정**(주정뱅이가 되지 말라!)

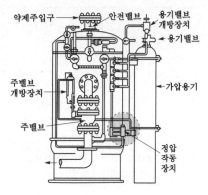

∥ 정압작동장치 ∥

중요

정압작동장치의 종류
(1) 봉판식
(2) 기계식
(3) 스프링식
(4) 압력스위치식
(5) 시한릴레이식

답 ①

★★★ **78**

19.09.문62
19.03.문68
17.03.문66
16.05.문72
16.03.문69
15.09.문68
14.09.문68
13.03.문78
12.05.문65

의료시설 3층에 피난기구의 적응성이 없는 것은?

① 공기안전매트
② 구조대
③ 승강식 피난기
④ 피난용 트랩

해설 **피난기구의 적응성**(NFTC 301 2.1.1)

설치 장소별 구분	1층	2층	3층	4층 이상 10층 이하
노유자시설	● 미끄럼대 ● 구조대 ● 피난교 ● 다수인 피난장비 ● 승강식 피난기	● 미끄럼대 ● 구조대 ● 피난교 ● 다수인 피난장비 ● 승강식 피난기	● 미끄럼대 ● 구조대 ● 피난교 ● 다수인 피난장비 ● 승강식 피난기	● 구조대[1)] ● 피난교 ● 다수인 피난장비 ● 승강식 피난기
의료시설·입원실이 있는 의원·접골원·조산원	—	—	● 미끄럼대 ● 구조대 ● 피난교 ● 피난용 트랩 ● 다수인 피난장비 ● 승강식 피난기	● 구조대 ● 피난교 ● 피난용 트랩 ● 다수인 피난장비 ● 승강식 피난기
영업장의 위치가 4층 이하인 다중이용업소	—	● 미끄럼대 ● 피난사다리 ● 구조대 ● 완강기 ● 다수인 피난장비 ● 승강식 피난기	● 미끄럼대 ● 피난사다리 ● 구조대 ● 완강기 ● 다수인 피난장비 ● 승강식 피난기	● 미끄럼대 ● 피난사다리 ● 구조대 ● 완강기 ● 다수인 피난장비 ● 승강식 피난기

그 밖의 것	–	–	• 미끄럼대 • 피난사다리 • 구조대 • 완강기 • 피난교 • 피난용 트랩 • 간이완강기[2] • 공기안전매트[2] • 다수인 피난장비 • 승강식 피난기	• 피난사다리 • 구조대 • 완강기 • 피난교 • 간이완강기[2] • 공기안전매트[2] • 다수인 피난장비 • 승강식 피난기

[비고] 1) **구조대**의 적응성은 **장애인관련시설**로서 주된 사용자 중 **스스로 피난**이 **불가**한 자가 있는 경우 추가로 설치하는 경우에 한한다.

2) 간이완강기의 적응성은 **숙박시설**의 **3층 이상**에 있는 객실에, **공기안전매트**의 적응성은 **공동주택**에 추가로 설치하는 경우에 한한다.

답 ①

★★★
79

19.03.문78
17.03.문76
08.09.문67

옥외소화전이 31개 이상 설치된 경우 옥외소화전 몇 개마다 1개 이상의 소화전함을 설치하여야 하는가?

① 3　　　　　　② 5

③ 9　　　　　　④ 11

해설　옥외소화전이 **31개 이상**이므로 소화전 **3개마다 1개 이상** 설치하여야 한다.

👉 **중요**

옥외소화전함 설치기구

옥외소화전 개수	소화전함 개수
10개 이하	**5m** 이내의 장소에 **1개 이상**
11~30개 이하	**11개** 이상 소화전함 분산설치
31개 이상	소화전 **3개**마다 **1개 이상**

답 ①

★
80

17.03.문77

소화기구의 설치기준 중 다음 (　) 안에 알맞은 것은?

> 능력단위가 2단위 이상이 되도록 소화기를 설치하여야 할 특정소방대상물 또는 그 부분에 있어서는 간이소화용구의 능력단위가 전체 능력단위의 (　)을 초과하지 아니하게 할 것

① 1/2　　　　　② 1/3

③ 1/4　　　　　④ 1/5

해설　**소화기구의 설치기준**(NFPC 101 4조, NFTC 101 2.1.1.5)

능력단위가 2단위 이상이 되도록 소화기를 설치하여야 할 특정소방대상물 또는 그 부분에 있어서는 간이소화용구의 능력단위가 전체 능력단위의 $\dfrac{1}{2}$ 을 초과하지 아니하게 할 것(단, 노유자시설은 제외)

답 ①

CBT 기출복원문제

2023년

소방설비산업기사 필기(기계분야)

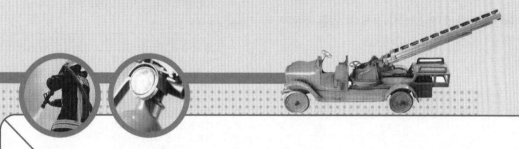

** 수험자 유의사항 **

1. 문제지를 받는 즉시 본인이 응시한 종목이 맞는지 확인하시기 바랍니다.

2. 문제지 표지에 본인의 수험번호와 성명을 기재하여야 합니다.

3. 문제지의 총면수, 문제번호 일련순서, 인쇄상태, 중복 및 누락 페이지 유무를 확인하시기 바랍니다.

4. 답안은 각 문제마다 요구하는 가장 적합하거나 가까운 답 1개만을 선택하여야 합니다.

5. 답안카드는 뒷면의 「수험자 유의사항」에 따라 작성하시고, 답안카드 작성 시 형별누락, 마킹착오로 인한 불이익은 전적으로 수험자에게 책임이 있음을 알려드립니다.

6. 문제지는 시험 종료 후 본인이 가져갈 수 있습니다.

** 안내사항 **

• 가답안/최종정답은 큐넷(www.q-net.or.kr)에서 확인하실 수 있습니다. 가답안에 대한 의견은 큐넷의 [가답안 의견 제시]를 통해 제시할 수 있으며, 확정된 답안은 최종정답으로 갈음합니다.

• 공단에서 제공하는 자격검정서비스에 대해 개선할 점이 있으시면 고객참여(http://hrdkorea.or.kr/7/1/1)를 통해 건의하여 주시기 바랍니다.

▌2023년 산업기사 제1회 필기시험 CBT 기출복원문제 ▌

			수험번호	성명

자격종목	종목코드	시험시간	형별		
소방설비산업기사(기계분야)		**2시간**			

※ 각 문항은 4지택일형으로 질문에 가장 적합한 보기 항을 선택하여 체크하여야 합니다.

제 1 과목 소방원론

★★★
01 메탄의 공기 중 연소범위[vol.%]로 옳은 것은?

17.05.문01
17.05.문20
15.03.문15
09.08.문11

① 2.1~9.5　　② 5~15
③ 2.5~81　　④ 4~75

해설

> 유사문제부터
> 풀어보세요.
> 실력이 팍!팍!
> 올라갑니다.

(1) **공기 중**의 **폭발한계**(일사천리로 나와야 한다.)

가 스	하한계[vol%]	상한계[vol%]
아세틸렌(C_2H_2)	2.5	81
수소(H_2)	4	75
일산화탄소(CO)	12	75
에틸렌(C_2H_4)	2.7	36
암모니아(NH_3)	15	25
메탄(CH_4) 보기 ②	5	15
에탄(C_2H_6)	3	12.4
프로판(C_3H_8)	2.1	9.5
부탄(C_4H_{10})	1.8	8.4

> 기억법
> 아 25 81
> 수 4 75
> 일 12 75
> 에 27 36
> 암 15 25
> 메 5 15
> 에 3 124
> 프 21 95(**둘하나 구오**)
> 부 18 84

(2) **폭발한계**와 같은 의미
　㉠ 폭발범위
　㉡ 연소한계
　㉢ 연소범위
　㉣ 가연한계
　㉤ 가연범위

답 ②

★★★
02 유류화재시 분말소화약제와 병용이 가능하여 빠른 소화효과와 재착화방지효과를 기대할 수 있는 소화약제로 옳은 것은?

17.09.문07
16.03.문03
15.05.문17
13.06.문01
05.05.문06

① 단백포 소화약제

② 수성막포 소화약제
③ 알코올형포 소화약제
④ 합성계면활성제포 소화약제

해설 **수성막포**의 장단점

장 점	단 점
• 석유류 표면에 신속히 **피막**을 **형성**하여 유류증발을 억제한다.	• 가격이 비싸다.
• **안전성**이 좋아 장기보존이 가능하다.	• 내열성이 좋지 않다.
• **내약품성**이 좋아 **분말소화약제**와 **겸용 사용**도 가능하다. 보기 ②	• 부식방지용 저장설비가 요구된다.
• **내유염성**이 우수하다.	

> 기억법 수분

※ **내유염성** : 포가 기름에 의해 오염되기 어려운 성질

답 ②

★★★
03 대체 소화약제의 물리적 특성을 나타내는 용어 중 지구온난화지수를 나타내는 약어는?

16.10.문07
14.03.문04
10.09.문05

① ODP
② GWP
③ LOAEL
④ NOAEL

해설

용 어	설 명
오존파괴지수 (**ODP** : Ozone Depletion Potential)	오존파괴지수는 어떤 물질의 **오존파괴능력**을 상대적으로 나타내는 지표
지구**온**난화지수 보기 ② (**GWP** : Global Warming Potential)	지구온난화지수는 **지구온난화**에 기여하는 정도를 나타내는 지표
LOAEL (Least Observable Adverse Effect Level)	인체에 독성을 주는 **최소농도**
NOAEL (No Observable Adverse Effect Level)	인체에 독성을 주지 않는 **최대농도**

> 기억법 G온○오 (**지온!오온!**)

중요

공식

오존파괴지수(ODP)	지구온난화지수(GWP)
$ODP = \dfrac{\text{어떤 물질 1kg이}}{\text{CFC 11의 1kg이}}$ 파괴하는 오존량 $\dfrac{}{}$ 파괴하는 오존량	$GWP = \dfrac{\text{어떤 물질 1kg이}}{CO_2 \text{ 1kg이 기여하는}}$ 기여하는 온난화 정도 $\dfrac{}{}$ 온난화 정도

답 ②

★★★ 04 연소의 3요소가 모두 포함된 것은?

22.09.문08
22.03.문02
20.08.문17
14.09.문10
14.03.문08
13.06.문19

① 산화열, 산소, 점화에너지
② 나무, 산소, 불꽃
③ 질소, 가연물, 산소
④ 가연물, 헬륨, 공기

해설 연소의 3요소와 4요소

연소의 3요소	연소의 4요소
• 가연물(연료, 나무) **보기 ②** • 산소공급원(**산소**, 공기) **보기 ②** • 점화원(**점화에너지**, 불꽃 산화열) **보기 ②**	• 가연물(연료, 나무) • 산소공급원(**산소**, 공기) • 점화원(점화에너지, 불꽃, 산화열) • **연쇄반응**

기억법 연4(연사)

• **산화열** : 연소과정에서 발생하는 열을 의미하므로 열은 **점화원**이다.

답 ②

★★★ 05 물의 비열과 증발잠열을 이용한 소화효과는?

18.03.문10
17.09.문10
16.10.문03
14.09.문05
14.03.문03
13.06.문16
09.03.문18

① 희석효과
② 억제효과
③ 냉각효과
④ 질식효과

해설 ③ **냉각효과**(냉각소화) : 물의 **증발잠열** 이용

소화형태

구 분	설 명
냉각소화	① 물의 비열과 증발잠열을 이용한 소화효과 **보기 ③** ② **점화원**을 냉각하여 소화하는 방법 ③ **증발잠열**을 이용하여 열을 빼앗아 가연물의 온도를 떨어뜨려 화재를 진압하는 소화방법 ④ **다량의 물**을 뿌려 소화하는 방법 ⑤ 가연성 물질을 **발화점 이하**로 냉각 **기억법** 냉점증발 ⑥ 주방에서 신속히 할 수 있는 방법으로, 신선한 **야채**를 넣어 **식용유**의 온도를 발화점 이하로 낮추어 소화하는 방법(**식용유 화재**에 신선한 **야채**를 넣어 소화) **기억법** 야식냉(**야식**이 **차다.**)

① 공기 중의 **산소농도**를 16%(10~15%) 이하로 희박하게 하여 소화하는 방법

질식소화	① 공기 중의 **산소농도**를 16%(10~15%) 이하로 희박하게 하여 소화하는 방법 ② 산화제의 농도를 낮추어 연소가 지속될 수 없도록 함 ③ 산소공급을 차단하는 소화방법(**공기공급을 차단**하여 소화하는 방법) **기억법** 질산
제거소화	**가연물**을 **제거**하여 소화하는 방법
부촉매소화 (화학소화)	① **연쇄반응**을 **차단**하여 소화하는 방법 ② 화학적인 방법으로 화재 억제
희석소화	기체·고체·액체에서 나오는 분해가스나 증기의 농도를 낮춰 소화하는 방법

답 ③

★★★ 06 B급 화재에 해당하지 않는 것은?

18.04.문08
17.05.문19
16.10.문20
16.05.문09
14.09.문01
14.09.문15
14.05.문05
14.05.문20
14.03.문19
13.06.문09

① 목탄
② 등유
③ 아세톤
④ 이황화탄소

해설 ① 목탄 : A급 화재

화재의 **분류**

화재 종류	표시색	적응물질
일반화재(A급)	**백**색	① 일반가연물(목탄) **보기 ①** ② **종이류** 화재 ③ **목재·섬유**화재
유류화재(B급)	**황**색	① 가연성 액체(등유, 경유, 아세톤 등) **보기 ②③** ② 가연성 가스(이황화탄소) **보기 ④** ③ 액화가스화재 ④ 석유화재 ⑤ 알코올류
전기화재(C급)	**청**색	전기설비
금속화재(D급)	**무**색	가연성 금속
주방화재(K급)	–	식용유화재

기억법 백황청무

※ 요즘은 표시색의 의무규정은 없음

답 ①

★ 07 공기와 접촉되었을 때 위험도(*H*)가 가장 큰 것은?

14.03.문12

① 에터
② 수소
③ 에틸렌
④ 부탄

해설 위험도

$$H = \frac{U - L}{L}$$

여기서, H : 위험도
U : 연소상한계
L : 연소하한계

① 에터 $= \dfrac{48 - 1.7}{1.7} = 27.23$ (가장 크다.)

② 수소 $= \dfrac{75 - 4}{4} = 17.75$

③ 에틸렌 $= \dfrac{36 - 2.7}{2.7} = 12.33$

④ 부탄 $= \dfrac{8.4 - 1.8}{1.8} = 3.67$

(1) **공기 중의 폭발한계**(일사천리로 나와야 한다.)

가 스	하한계〔vol%〕	상한계〔vol%〕
아세틸렌(C_2H_2)	2.5	81
수소(H_2) 보기 ②	4	75
일산화탄소(CO)	12	75
에터($C_2H_5)_2O$ 보기 ①	1.7	48
에틸렌(C_2H_4) 보기 ③	2.7	36
암모니아(NH_3)	15	25
메탄(CH_4)	5	15
에탄(C_2H_6)	3	12.4
프로판(C_3H_8)	2.1	9.5
부탄(C_4H_{10}) 보기 ④	1.8	8.4

기억법

아	25	81
수	4	75
일	12	75
에터	17	48
에틸	27	36
암	15	25
메	5	15
에	3	124
프	21	95(둘하나 **구오**)
부	18	84

• 에터＝다이에틸에터

(2) **폭발한계와 같은 의미**
  ⊙ 폭발범위
  ⓒ 연소한계
  ⓒ 연소범위
  ② 가연한계
  ⑩ 가연범위

답 ①

★★★
08 다음 중 포소화약제에 대한 설명으로 옳은 것은?

22.03.문13
21.03.문07
20.08.문05
19.09.문04
17.05.문15
14.05.문10
14.05.문13
13.03.문10

① 포소화약제의 주된 소화효과는 질식과 냉각이다.
② 포소화약제는 모든 화재에 효과가 있다.
③ 포소화약제는 저장기간이 영구적이다.
④ 포소화약제의 사용온도는 제한이 없다.

해설
② 모든 화재 → AB급 화재
③ 영구적 → 제한적
④ 제한이 없다. → 0~40℃ 이하이다.

주된 소화효과

소화약제	주된 소화효과
• **할**론	**억**제소화(화학소화, 부촉매효과)
• **이**산화탄소	**질**식소화
• **포** 보기 ①	• **질**식소화 • **냉**각소화
• 물	냉각소화

기억법 할억이질, 포질냉

중요

(1) **주된 소화효과**

할론 1301	이산화탄소
억제소화	질식소화

(2) **소화기의 사용온도**(소화기 형식 36조)

소화기의 종류	사용온도
• **분**말 • **강**화액	**−2**0~40℃ 이하
• 그 밖의 소화기(포) 보기 ④	0~40℃ 이하

기억법 분강-2(분강마이)

• 포 : 주된 소화효과가 '**질식소화**'라는 이론도 있다.

답 ①

★★★
09 공기 중의 산소농도는 약 몇 vol%인가?

22.09.문06
21.09.문12
20.06.문04
14.05.문19
12.09.문08

① 15
② 18
③ 21
④ 25

해설 공기 중 산소농도

구 분	산소농도
체적비(부피백분율)	약 21vol% 보기 ③
중량비(중량백분율)	약 23wt%

중요

공기 중 **구성물질**

구성물질	비 율
아르곤(Ar)	1vol%
산소(O_2) →	21vol%
질소(N_2)	78vol%

• 문제 단위 **vol%**를 보고 **체적비**라는 것을 알 수 있다.

용어

%	vol%
수를 100의 비로 나타낸 것	어떤 공간에 차지하는 부피를 백분율로 나타낸 것
50%	공기 50vol% / 50vol%
∥50%∥	∥50vol%∥

답 ③

10 위험물안전관리법령상 지정수량이 나머지 셋과 다른 하나는?

17.05.문54

① 질산
② 과염소산염류
③ 과염소산
④ 과산화수소

 해설

①, ③, ④ 300kg
② 50kg

위험물령 〔별표 1〕
제6류 위험물

성 질	품 명	지정수량
산화성 액체	과염소산 보기 ③	300kg
	과산화수소 보기 ④	
	질산 보기 ①	

🔊 중요

위험물령 〔별표 1〕
제1류 위험물

성 질	품 명	지정수량
산화성 고체	아염소산염류	50kg
	염소산염류	
	과염소산염류 보기 ②	
	무기과산화물	
	브로민산염류	300kg
	질산염류	
	아이오딘산염류	
	과망가니즈산염류	1000kg
	다이크로뮴산염류	

답 ②

11 화재이론에 따르면 일반적으로 연기의 수평방향 이동속도는 몇 m/s 정도인가?

22.04.문15
21.03.문09
20.08.문07
17.03.문06
16.10.문19
06.03.문16

① 0.1~0.2
② 0.5~1
③ 3~5
④ 5~10

해설 **연기의 이동속도**

방향 또는 장소	이동속도
수평방향(수평이동속도)	0.5~1m/s 보기 ②
수직방향(수직이동속도)	2~3m/s
계단실 내의 수직이동속도	3~5m/s

기억법 3계5(삼계탕 드시러 오세요.)

답 ②

12 분진폭발의 발생 위험성이 가장 낮은 물질은?

22.03.문20
16.03.문20
16.10.문16
11.10.문13

① 시멘트
② 밀가루
③ 금속분류
④ 석탄가루

해설

분진폭발을 일으키지 않는 물질	물과 반응하여 가연성 기체를 발생시키지 않는 것
(1) **시**멘트 보기 ①	(1) 시멘트
(2) **석**회석(소석회)	(2) 석회석(소석회)
(3) **탄**산칼슘(CaCO₃)	(3) 탄산칼슘(CaCO₃)
(4) **생**석회(CaO)＝산화칼슘	

기억법 분시석탄생

🔊 중요

분진폭발
공기 중에 분산된 **밀가루**, **알루미늄가루** 등이 에너지를 받아 폭발하는 현상

답 ①

13 연소에 관한 설명으로 틀린 것은?

19.04.문01
19.03.문09
14.03.문15
13.03.문12
11.06.문04

① 황, 나프탈렌이 연소하는 현상을 작열연소라 한다.
② 나이트로화합물류가 연소하는 현상을 자기연소라 한다.
③ 목탄, 금속분, 코크스가 연소하는 현상을 표면연소라 한다.
④ 목재가 연소하는 현상을 분해연소라 한다.

해설 ① 작열연소 → 증발연소

연소의 형태

연소형태	종 류
표면연소 보기 ③	• **숯**, **코**크스 • **목탄**, **금**속분 기억법 표숯코 목탄금
분해연소 보기 ④	• **석**탄, **종**이 • **플**라스틱, **목**재 • **고**무, **중**유 • **아**스팔트 기억법 분석종플 목고중아팔
증발연소 보기 ①	• **황**, **왁**스 • **파**라핀, **나**프탈렌 • **가**솔린, **등**유 • **경**유, **알**코올 • **아**세톤 기억법 증황왁파나가 등경알아

자기연소 보기 ②	• **나**이트로글리세린, 나이트로셀룰로오스(질화면) • **T**NT, **피**크린산 **기억법** 자나T피
액적연소	• 벙커C유
확산연소	• **메**탄(CH_4), **암**모니아(NH_3) • **아**세틸렌(C_2H_2), **일**산화탄소(CO) • **수**소(H_2) **기억법** 확메암 아틸일수

답 ①

★★★
14 화재시 흡입된 일산화탄소는 혈액 내의 어떠한 물질과 작용하여 사람이 사망에 이르게 할 수 있는가?

22.09.문15
20.06.문17
18.04.문09
17.09.문13
16.10.문12
14.09.문13
14.05.문07
14.05.문18
13.09.문19
08.05.문20

① 백혈구
② 혈소판
③ 헤모글로빈
④ 수분

해설 연소가스

구 분	설 명
일산화탄소 (CO)	• 화재시 흡입된 일산화탄소(CO)의 화학적 작용에 의해 **헤**모글로빈(Hb)이 혈액의 산소 운반작용을 저해하여 사람을 **질**식·**사망**하게 한다. 보기 ③ • 목재류의 화재시 **인**명피해를 가장 많이 주며, 연기로 인한 의식불명 또는 질식을 가져온다. • 인체의 **폐**에 큰 자극을 준다. • **산**소와의 **결**합력이 극히 강하여 질식작용에 의한 독성을 나타낸다. **기억법** 일헤인 폐산결
이산화탄소 (CO_2)	연소가스 중 **가장 많은 양**을 차지하고 있으며 가스 그 자체의 독성은 거의 없으나 다량이 존재할 경우 호흡속도를 증가시키고, 이로 인하여 화재가스에 혼합된 유해가스의 혼입을 증가시켜 위험을 가중시키는 가스이다. **기억법** 이많(이만큼)
암모니아 (NH_3)	• 나무, 페놀수지, 멜라민수지 등의 **질소함유물**이 연소할 때 발생하며, 냉동시설의 **냉**매로 쓰인다. • 눈·코·폐 등에 매우 **자극성**이 큰 가연성 가스이다. **기억법** 암페 멜냉자
포스겐 ($COCl_2$)	매우 **독**성이 **강**한 가스로서 **소**화제인 사염화탄소(CCl_4)를 화재시에 사용할 때도 발생한다. **기억법** 독강 소사포

황화수소 (H_2S)	• **달걀 썩는 냄새**가 나는 특성이 있다. • 황분이 포함되어 있는 물질의 불완전 연소에 의하여 발생하는 가스이다. • **자**극성이 있다. **기억법** 황달자
아크롤레인 ($CH_2=CHCHO$)	독성이 매우 높은 가스로서 **석유제품, 유지** 등이 연소할 때 생성되는 가스이다. **기억법** 아석유
시안화수소 (HCN, 청산가스)	**질소**성분을 가지고 있는 **합성수지, 동물**의 **털, 인조견** 등의 섬유가 불완전연소할 때 발생하는 맹독성 가스로 **0.3%**의 농도에서 즉시 **사망**할 수 있다.
아황산가스 (SO_2, 이산화황)	• **황**이 함유된 물질인 **동물**의 **털**, 고무 등이 연소하는 화재시에 발생되며 **무색**의 자극성 냄새를 가진 유독성 기체 • 눈 및 호흡기 등에 점막을 상하게 하고 질식사할 우려가 있다.
프로판 (C_3H_8)	• LPG의 주성분 • 물보다 가볍다.

답 ③

★★★
15 다음 중 화재시 방사한 탄산수소나트륨 소화약제의 열분해 생성물에 속하지 않는 물질은?

19.03.문14
17.03.문18
16.05.문08
14.09.문18
13.09.문17

① H_2O
② Na_2CO_3
③ CO_2
④ $NaCl$

해설 ④ $2NaHCO_3 \rightarrow Na_2CO_3 + H_2O + CO_2$

분말소화기(질식효과)

종 별	소화약제	약제의 착색	화학반응식	적응 화재
제1종	탄산수소 나트륨 ($NaHCO_3$)	백색	$2NaHCO_3 \rightarrow$ $Na_2CO_3 + H_2O + CO_2$ 보기 ①~③	BC급
제2종	탄산수소 칼륨 ($KHCO_3$)	담자색 (담회색)	$2KHCO_3 \rightarrow$ $K_2CO_3 + CO_2 + H_2O$	BC급
제3종	인산암모늄 ($NH_4H_2PO_4$)	담홍색	$NH_4H_2PO_4 \rightarrow$ $HPO_3 + NH_3 + H_2O$	AB C급
제4종	탄산수소 칼륨+요소 ($KHCO_3 +$ $(NH_2)_2CO$)	회(백)색	$2KHCO_3 +$ $(NH_2)_2CO \rightarrow$ $K_2CO_3 +$ $2NH_3 + 2CO_2$	BC급

• 탄산수소나트륨=중탄산나트륨
• 탄산수소칼륨=중탄산칼륨
• 제1인산암모늄=인산암모늄=인산염
• 탄산수소칼륨+요소=중탄산칼륨+요소

답 ④

16 다음 중 인화점이 가장 낮은 물질은?

19.04.문06
17.09.문11
17.03.문02
14.03.문02
08.09.문06

① 에틸렌글리콜
② 아세톤
③ 등유
④ 경유

해설
① 에틸렌글리콜 : 111℃
② 아세톤 : -18℃
③ 등유 : 43~72℃
④ 경유 : 50~70℃

인화점 vs 착화점

물 질	**인**화점	착화점
• 프로필렌	-107℃	497℃
• 에틸에터 • 다이에틸에터	-45℃	180℃
• 가솔린(휘발유)	-43℃	300℃
• **산**화프로필렌	-37℃	465℃
• **이**황화탄소	-30℃	100℃
• 아세틸렌	-18℃	335℃
• **아세톤** 보기 ②	-18℃	538℃
• 벤젠	-11℃	562℃
• 톨루엔	4.4℃	480℃
• **메**틸알코올	11℃	464℃
• 에틸알코올	13℃	423℃
• 아세트산	40℃	-
• **등유** 보기 ③	**43~72℃**	210℃
• **경유** 보기 ④	**50~70℃**	200℃
• 적린	-	260℃
• 에틸렌글리콜 보기 ①	111℃	413℃

기억법 인산 이메등경

• 착화점=발화점=착화온도=발화온도
• 인화점=인화온도

답 ②

17 열원으로서 화학적 에너지에 해당되지 않는 것은?

22.04.문19
18.04.문14
16.10.문04
16.05.문14
16.03.문17
15.03.문04

① 분해열
② 연소열
③ 중합열
④ 마찰열

해설
④ 마찰열 : 기계적 에너지

열에너지원의 종류

기계열 (기계적 점화원)	전기열 (전기적 점화원)	화학열 (화학적 점화원)
• **압**축열 • **마**찰열 보기 ④ • **마**찰스파크(스파크열)	• 유도열 • 유전열 • 저항열 • 아크열 • 정전기열 • 낙뢰에 의한 열	• **연**소열 보기 ② • **용**해열 • **분**해열 보기 ① • **생**성열 • **자**연발화열 • 중합열 보기 ③

기억법 기압마

기억법 화연용분생자

• 기계적 점화원=기계적 에너지
• 전기적 점화원=전기적 에너지
• 화학적 점화원=화학적 에너지

답 ④

18 피난계획의 일반원칙 중 페일 세이프(fail safe)에 대한 설명으로 옳은 것은?

17.09.문02
15.05.문03
13.03.문05

① 한 가지 피난기구가 고장이 나도 다른 수단을 이용할 수 있도록 고려하는 것
② 피난구조설비를 반드시 이동식으로 하는 것
③ 본능적 상태에서도 쉽게 식별이 가능하도록 그림이나 색채를 이용하는 것
④ 피난수단을 조작이 간편한 원시적인 방법으로 설계하는 것

해설
② 풀 프루프(fool proof) : 이동식 → 고정식

페일 세이프(fail safe)와 풀 프루프(fool proof)

용 어	설 명
페일 세이프 (fail safe)	① 한 가지 피난기구가 고장이 나도 다른 수단을 이용할 수 있도록 고려하는 것 보기 ① ② 한 가지가 고장이 나도 다른 수단을 이용하는 원칙 ③ **두 방향**의 피난동선을 항상 확보하는 원칙
풀 프루프 (fool proof)	① 피난경로는 **간단 명료**하게 한다. ② 피난구조설비는 **고정식 설비**를 위주로 설치한다. 보기 ② ③ 피난수단은 **원시적 방법**에 의한 것을 원칙으로 한다. 보기 ④ ④ 피난통로를 **완전불연화**한다. ⑤ 막다른 복도가 없도록 계획한다. ⑥ **간단한 그림**이나 **색채**를 이용하여 표시한다. 보기 ③

답 ①

19 A, B, C급의 화재에 사용할 수 있기 때문에 일명 ABC 분말소화약제로 불리는 소화약제의 주성분은?

22.03.문19
18.03.문02
17.03.문14
16.03.문10
15.09.문07
15.03.문03
14.05.문14
14.03.문07
13.03.문18
12.05.문20
12.03.문09
11.03.문08
06.05.문10
04.09.문15

① 탄산수소나트륨
② 탄산수소칼륨
③ 제1인산암모늄
④ 황산알루미늄

해설 분말소화약제(질식효과)

종 별	주성분	약제의 착색	적응 화재	비 고
제1종	중탄산나트륨 ($NaHCO_3$)	백색	BC급	**식용유** 및 **지방질유**의 화재에 적합
제2종	중탄산칼륨 ($KHCO_3$)	담자색 (담회색)	BC급	–
제3종	인산암모늄 ($NH_4H_2PO_4$) 보기 ③	담홍색	**ABC급**	차고·주차장에 적합
제4종	중탄산칼륨+요소 ($KHCO_3+(NH_2)_2CO$)	회(백)색	BC급	–

기억법 3ABC(**3**종이니까 **3**가지 **ABC**급)

- 중탄산나트륨=탄산수소나트륨
- 중탄산칼륨=탄산수소칼륨
- 제1인산암모늄=인산암모늄=인산염
- 중탄산칼륨+요소=탄산수소칼륨+요소

답 ③

20 연기농도에서 감광계수 $0.1m^{-1}$은 어떤 현상을 의미하는가?

21.03.문02
17.05.문10
15.09.문05
13.03.문11
01.06.문17

① 화재 최성기의 연기농도
② 연기감지기가 작동하는 정도의 농도
③ 거의 앞이 보이지 않을 정도의 농도
④ 출화실에서 연기가 분출될 때의 연기농도

해설 감광계수에 따른 가시거리 및 상황

감광계수 [m^{-1}]	가시거리 [m]	상 황
0.1	20~30	연기감지기가 작동할 때의 농도 보기 ②
0.3	5	건물 내부에 익숙한 사람이 피난에 지장을 느낄 정도의 농도
0.5	3	어두운 것을 느낄 정도의 농도
1	1~2	거의 앞이 보이지 않을 정도의 농도
10	0.2~0.5	화재 **최**성기 때의 농도 기억법 십25최
30	–	출화실에서 연기가 분출할 때의 농도

답 ②

---

21 점성계수 μ의 차원으로 옳은 것은? (단, M은 질량, L은 길이, T는 시간이다.)

22.04.문34
20.06.문26
18.03.문30
02.05.문27

① $ML^{-1}T^{-1}$
② MLT
③ $M^{-2}L^{-1}T$
④ MLT^2

해설 중력단위와 절대단위의 차원

차 원	중력단위[차원]	절대단위[차원]
길이	m[L]	m[L]
시간	s[T]	s[T]
운동량	N·s[FT]	kg·m/s[MLT^{-1}]
힘	N[F]	kg·m/s²[MLT^{-2}]
속도	m/s[LT^{-1}]	m/s[LT^{-1}]
가속도	m/s²[LT^{-2}]	m/s²[LT^{-2}]
질량	N·s²/m[$FL^{-1}T^2$]	kg[M]
압력	N/m²[FL^{-2}]	kg/m·s²[$ML^{-1}T^{-2}$]
밀도	N·s²/m⁴[$FL^{-4}T^2$]	kg/m³[ML^{-3}]
비중	무차원	무차원
비중량	N/m³[FL^{-3}]	kg/m²·s²[$ML^{-2}T^{-2}$]
비체적	m⁴/N·s²[$F^{-1}L^4T^{-2}$]	m³/kg[$M^{-1}L^3$]
일률	N·m/s[FLT^{-1}]	kg·m²/s³[ML^2T^{-3}]
일	N·m[FL]	kg·m²/s²[ML^2T^{-2}]
점성계수	N·s/m²[$FL^{-2}T$]	kg/m·s[$ML^{-1}T^{-1}$] 보기 ①
동점성계수	m²/s[L^2T^{-1}]	m²/s[L^2T^{-1}]

답 ①

22 어떤 펌프가 1000rpm으로 회전하여 전양정 10m에 0.5m³/min의 유량을 방출한다. 이때 펌프가 2000rpm으로 운전된다면 유량[m³/min]은 얼마인가?

20.10.문27
18.03.문35
10.05.문34

① 1.2
② 1
③ 0.7
④ 0.5

해설 (1) 기호

- N_1 : 1000rpm
- H_1 : 10m
- Q_1 : 0.5m³/min
- N_2 : 2000rpm
- Q_2 : ?

(2) 상사법칙(유량)

$$Q_2 = Q_1 \left(\frac{N_2}{N_1} \right)$$

여기서, Q_1, Q_2 : 변화 전후의 유량[m³/min]

N_1, N_2 : 변화 전후의 회전수[rpm]

$$Q_2 = Q_1 \left(\frac{N_2}{N_1}\right) = 0.5\text{m}^3/\text{min} \times \left(\frac{2000\text{rpm}}{1000\text{rpm}}\right)$$
$$= 1\text{m}^3/\text{min}$$

● 이 문제에서 H_1은 계산에 사용되지 않으므로 필요 없음. H_1를 어디에 적용할지 고민하지 말라!

🔖 비교

(1) 양정

$$H_2 = H_1 \left(\frac{N_2}{N_1}\right)^2$$

여기서, H_1, H_2 : 변화 전후의 양정[m]

N_1, N_2 : 변화 전후의 회전수[rpm]

(2) 축동력

$$P_2 = P_1 \left(\frac{N_2}{N_1}\right)^3$$

여기서, P_1, P_2 : 변화 전후의 축동력[kW]

N_1, N_2 : 변화 전후의 회전수[rpm]

📙 용어

상사법칙
기하학적으로 유사하거나 같은 펌프에 적용하는 법칙

답 ②

⭐⭐⭐
23 그림과 같이 수면으로부터 2m 아래에 직경 3m
20.08.문21
17.05.문38
11.10.문31
의 평면 원형 수문이 수직으로 설치되어 있다. 물의 압력에 의해 수문이 받는 전압력의 세기[kN]는?

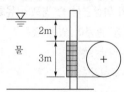

① 104.5   ② 242.5
③ 346.5   ④ 417.5

🔖 해설

(1) **기호**

● D : 3m
● h : 3.5m
● F : ?

(2) **수평면에 작용하는 힘**(전압력의 세기)

$$F = \gamma h A = \gamma h \frac{\pi D^2}{4}$$

여기서, F : 수평면에 작용하는 힘(전압력의 세기)[N]

γ : 비중량(물의 비중량 9800N/m³)

h : 표면에서 수문 중심까지의 수직거리[m]

A : 수문의 단면적[m²]

D : 직경[m]

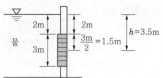

수평면에 작용하는 힘(전압력) F는

$$F = \gamma h \frac{\pi D^2}{4} = 9800\text{N/m}^3 \times 3.5\text{m} \times \frac{\pi \times (3\text{m})^2}{4}$$
$$= 242452\text{N} \fallingdotseq 242500\text{N} = 242.5\text{kN}$$

🔖 비교

경사면에 작용하는 힘

$$F = \gamma y \sin\theta A$$

여기서, F : 경사면에 작용하는 힘(전압력의 세기)[N]

γ : 비중량(물의 비중량 9800N/m³)

y : 표면에서 수문 중심까지의 경사거리[m]

θ : 각도

A : 수문의 단면적[m²]

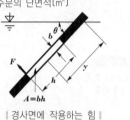

| 경사면에 작용하는 힘 |

답 ②

⭐⭐⭐
24 송풍기의 전압이 1.47kPa, 풍량이 20m³/min,
20.08.문22
18.03.문24
17.09.문24
17.05.문36
16.10.문32
15.09.문36
13.09.문30
13.06.문24
11.06.문25
03.05.문80
전압효율이 0.6일 때 축동력[W]은?

① 463.2
② 816.7
③ 1110.3
④ 1264.4

🔖 해설

(1) **기호**

$$\bullet\, P_T : 1.47\text{kPa} = \frac{1.47\text{kPa}}{101.325\text{kPa}} \times 10332\text{mmH}_2\text{O}$$
$$\fallingdotseq 149.9\text{mmH}_2\text{O}$$

> 101.325kPa=10.332mH₂O=10332mmH₂O
> (1m=1000mm)

● Q : 20m³/min
● η : 0.6
● P : ?

🔧 중요

표준대기압
1atm = 760mmHg = 1.0332kg$_f$/cm²
= 10.332mH₂O(mAq)
= 14.7PSI(lb$_f$/in²)
= 101.325kPa(kN/m²)
= 1013mbar

(2) 송풍기 축동력

$$P = \frac{P_T Q}{102 \times 60\eta}$$

여기서, P : 송풍기 축동력[kW]
P_T : 송풍기전압(정압)[mmAq] 또는 [mmH₂O]
Q : 풍량(배출량) 또는 체적유량[m³/min]
η : 효율

송풍기 축동력 P는

$$P = \frac{P_T Q}{102 \times 60\eta} = \frac{149.9 \text{mmH}_2\text{O} \times 20\text{m}^3/\text{min}}{102 \times 60 \times 0.6}$$
$$= 0.8164 \text{kW}$$
$$= 816.4 \text{W}$$

② 816.4W의 근사값인 816.7W가 정답

용어

송풍기 축동력
동력에서 전달계수 또는 여유율(K)을 고려하지 않는 것

$$\text{축동력 } P = \frac{P_T Q}{102 \times 60\eta}$$

비교

펌프의 동력(물을 사용하는 설비)
(1) **전동력** : 일반적인 전동기의 동력(용량)을 말한다.

$$P = \frac{0.163 QH}{\eta} K$$

여기서, P : 전동력[kW]
Q : 유량[m³/min]
H : 전양정[m]
K : 전달계수
η : 효율

(2) **축동력** : 전달계수 또는 여유율(K)를 고려하지 않은 동력이다.

$$P = \frac{0.163 QH}{\eta}$$

여기서, P : 축동력[kW]
Q : 유량[m³/min]
H : 전양정[m]
η : 효율

(3) **수동력** : 전달계수(K)와 효율(η)을 고려하지 않은 동력이다.

$$P = 0.163 QH$$

여기서, P : 수동력[kW]
Q : 유량[m³/min]
H : 전양정[m]

답 ②

★★★
25 뉴턴의 점성법칙과 직접적으로 관계없는 것은?

22.04.문38
20.08.문27
19.03.문21
17.09.문21
16.03.문31
06.09.문22
01.09.문32

① 압력
② 전단응력
③ 속도구배
④ 점성계수

해설 ① 압력은 뉴턴의 점성법칙과 관계없음

뉴턴(Newton)의 점성법칙

$$\tau = \mu \frac{du}{dy}$$

여기서, τ : 전단응력[N/m²] 보기 ②
μ : 점성계수[N·s/m²] 보기 ④
$\frac{du}{dy}$: 속도구배(속도기울기) 보기 ③

답 ①

★★
26 관지름 d, 관마찰계수 f, 부차손실계수 K인 관의 상당길이 L_e는?

22.04.문39
15.09.문33

① $\dfrac{f}{K \times d}$
② $\dfrac{K \times d}{f}$
③ $\dfrac{K}{d \times f}$
④ $\dfrac{d \times f}{K}$

해설 관의 상당관길이

$$L_e = \frac{KD}{f} = \frac{K \times d}{f} \quad \boxed{\text{보기 ②}}$$

여기서, L_e : 관의 상당관길이[m]
K : 손실계수
$D(d)$: 내경[m]
f : 마찰손실계수

• 상당관길이=상당길이=등가길이

답 ②

★★★
27 펌프의 이상현상 중 펌프의 유효흡입수두(NPSH) 와 가장 관련이 있는 것은?

20.08.문35
19.03.문40
16.03.문34
12.05.문33
05.03.문26

① 수온상승현상
② 수격현상
③ 공동현상
④ 서징현상

해설 공동현상 발생조건

$$\text{NPSH}_{re} > \text{NPSH}_{av}$$

여기서, NPSH_{re} : 필요한 유효흡입양정[m]
NPSH_{av} : 이용 가능한 유효흡입양정[m]

• 유효흡입수두=유효흡입양정

용어

공동현상(cavitation)
펌프의 흡입측 배관 내의 물의 정압이 기존의 증기압 보다 낮아져서 **기포**가 **발생**되어 **물**이 **흡입**되지 **않는** 현상

비교

수격현상(water hammer cashion)
(1) 배관 내를 흐르는 유체의 유속을 급격하게 변화시키므로 압력이 **상승** 또는 **하강**하여 **관로의 벽면**을 치는 현상
(2) 배관 속의 물 흐름을 급히 차단하였을 때 **동압**이 **정압**으로 전환되면서 일어나는 쇼크(shock)현상
(3) 관 내의 유동형가 급격히 변화하여 물의 운동에너지가 **압력파**의 형태로 나타나는 현상

답 ③

★★★ 28

20.08.문39
19.09.문38
19.04.문23
16.05.문35
12.05.문28

단면적이 10m²이고 두께가 2.5cm인 단열재를 통과하는 열전달량이 3kW이다. 내부(고온)면의 온도가 415℃이고 단열재의 열전도도가 0.2W/m·K일 때 외부(저온)면의 온도[℃]는?

① 353.7
② 377.5
③ 396.2
④ 402.4

해설 (1) **기호**

- A : 10m²
- l : 2.5cm=0.025m(100cm=1m)
- $\mathring{q}$: 3kW=3000W(1kW=1000W)
- T_2 : 415℃
- k : 0.2W/m·K
- T_1 : ?

(2) **전도**

$$\mathring{q} = \frac{kA(T_2 - T_1)}{l}$$

여기서, $\mathring{q}$: 열전달량[W]
　k : 열전도율[W/m·K]
　A : 면적[m²]
　$T_2 - T_1$: 온도차[℃] 또는 [K]
　l : 벽체두께[m]

- 열전달량=열전달률=열유동률=열흐름률

$$\mathring{q} = \frac{kA(T_2 - T_1)}{l}$$
$$\mathring{q}l = kA(T_2 - T_1)$$
$$\frac{\mathring{q}l}{kA} = T_2 - T_1$$
$$T_1 = T_2 - \frac{\mathring{q}l}{kA} = 415℃ - \frac{3000W \times 0.025m}{0.2W/m \cdot K \times 10m^2}$$
$$= 377.5℃$$

- $T_2 - T_1$은 온도차이므로 ℃ 또는 K 어느 단위를 적용해도 답은 동일하게 나옴

답 ②

★★★ 29

19.03.문24
12.05.문37
12.03.문24

20℃, 101kPa에서 산소(O₂) 25g의 부피는 약 몇 L인가? (단, 일반기체상수는 8314J/kmol·K이다.)

① 21.8
② 20.8
③ 19.8
④ 18.8

해설 (1) **기호**

- T : 273+℃=(273+20)K
- P : 101kPa
- m : 25g=0.025kg(1000g=1kg)
- V : ?
- R : 8314J/kmol·K=8.314kJ/kmol·K

(2) **표준대기압(P)**
1atm=760mmHg=1.0332kg_f/cm²
　　　　　　　=10.332mH₂O(mAq)
　　　　　　　=14.7PSI(lb_f/in²)
　　　　　　　=101.325kPa(kN/m²)
　　　　　　　=1013mbar

(3) **분자량(M)**

원소	원자량
H	1
C	12
N	14
O	16

산소(O₂)의 분자량=16×2=32kg/kmol

(4) **이상기체 상태 방정식**

$$PV = \frac{m}{M}RT$$

여기서, P : 압력[kN/m²] 또는 [kPa]
　V : 부피(체적)[m³]
　m : 질량[kg]
　M : 분자량[kg/kmol]
　R : 기체상수(8.314kJ/kmol·K)
　T : 절대온도(273+℃)[K]

체적 V는
$$V = \frac{m}{PM}RT$$
$$= \frac{0.025kg}{101kPa \times 32kg/kmol} \times 8.314kJ/kmol \cdot K$$
$$\times (273+20)K$$
$$= \frac{0.025kg}{101kN/m^2 \times 32kg/kmol} \times 8.314kN \cdot m/kmol \cdot K$$
$$\times (273+20)K$$
$$\fallingdotseq 0.0188m^3$$
$$= 18.8L$$

- 1kPa=1kN/m²
- 1kJ=1kN·m
- 0.0188m³=18.8L(1m³=1000L)

답 ④

★★★
30

19.03.문28
18.09.문21
14.03.문40
11.06.문23
10.09.문40

이상기체를 등온과정으로 서서히 가열한다. 이 과정을 'PV^n = Constant'와 같은 폴리트로픽 (polytropic) 과정으로 나타내고자 할 때, 지수 n의 값은?

① $n = 0$

② $n = 1$

③ $n = k$(비열비)

④ $n = \infty$

^{해설} 완전가스(이상기체)의 **상태변화**

상태변화	관 계
정압과정	$\dfrac{V}{T} = C$(Constant, 일정)
정적과정	$\dfrac{P}{T} = C$(Constant, 일정)
등온과정 보기 ②	$PV = C$(Constant, 일정)
단열과정	$PV^{k(n)} = C$(Constant, 일정)

여기서, V : 비체적(부피)[m³/kg]

T : 절대온도[K]

P : 압력[kPa]

$k(n)$: 비열비

C : 상수

등온과정 PV = Constant이므로

$PV^{n=1}$ = Constant

PV = Constant($\therefore n = 1$)

※ **단열변화** : 손실이 없는 상태에서의 과정

답 ②

★★★
31

19.03.문37
15.05.문25
11.06.문32
08.05.문28

그림에서 피스톤 A와 피스톤 B의 단면적이 각각 6cm², 600cm²이고, 피스톤 B의 무게가 90kN 이며, 내부에는 비중이 0.75인 기름으로 채워져 있다. 그림과 같은 상태를 유지하기 위한 피스톤 A의 무게는 약 몇 N인가? (단, C와 D는 수평선 상에 있다.)

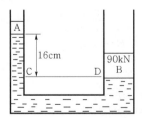

① 756

② 899

③ 1252

④ 1504

^{해설} (1) 기호

- A_1 : 6cm²=0.0006m²(1cm=0.01m, 1cm²=0.0001m²)
- A_2 : 600cm²=0.06m²(1cm=0.01m, 1cm²= 0.0001m²)
- F_2 : 90kN=90000N(1kN=1000N)
- s : 0.75
- F_1 : ?

(2) **파스칼의 원리**(Principle of Pascal)

$$\frac{F_1}{A_1} = \frac{F_2}{A_2}$$

여기서, F_1, F_2 : 가해진 힘[N]

A_1, A_2 : 단면적[m²]

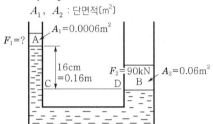

$$\frac{F_1}{A_1} = \frac{F_2}{A_2}$$

$$F_1 = \frac{F_2}{A_2} A_1 = \frac{90000N}{0.06m^2} \times 0.0006m^2 = 900N$$

위치수두가 동일하지 않으므로 **위치수두**에 의해 가해진 힘을 구하면

(3) **단위변환**

10.332mH₂O = 101.325kPa=101325Pa

$$0.16m = \frac{0.16m}{10.332m} \times 101325Pa ≒ 1569Pa$$

- 그림에서 16cm=0.16m(100cm=1m)

(4) **압력**

$$P = \frac{F}{A}$$

여기서, P : 압력([N/m²] 또는 [Pa])

F : 가해진 힘[N]

A : 단면적[m²]

가해진 힘 F'는

$F' = P \times A_1$

$= 1569Pa \times 0.0006m^2$

$= 1569N/m^2 \times 0.0006m^2$

$= 0.9414N$

- 1569Pa=1569N/m²(1Pa=1N/m²)

A부분의 하중 = $F_1 - F'$

$= (900 - 0.9414)N ≒ 899N$

답 ②

32 ★★
19.03.문27
13.09.문39

그림과 같이 수조차의 탱크 측벽에 지름이 25cm 인 노즐을 달아 깊이 $h=3$m만큼 물을 실었다. 차가 받는 추력 F는 약 몇 kN인가? (단, 노면과 의 마찰은 무시한다.)

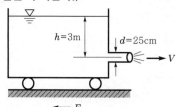

① 1.79
② 2.89
③ 4.56
④ 5.21

해설 **(1) 기호**

- D : 25cm=0.25m(100cm=1m)
- $h(H)$: 3m
- F : ?

(2) 토리첼리의 식

$$V = \sqrt{2gH}$$

여기서, V : 유속[m/s]
  g : 중력가속도(9.8m/s²)
  H : 높이[m]

유속 V는
$V = \sqrt{2gH}$
  $= \sqrt{2 \times 9.8 \text{m/s}^2 \times 3\text{m}} = 7.668$m/s

(3) 유량

$$Q = AV$$

여기서, Q : 유량[m³/s]
  A : 단면적[m²]
  V : 유속[m/s]

(4) 추력(힘)

$$F = \rho QV$$

여기서, F : 추력(힘)[N]
  ρ : 밀도(물의 밀도 1000N·s²/m⁴)
  Q : 유량[m³/s]
  V : 유속[m/s]

추력 F는
$F = \rho QV = \rho(AV)V = \rho AV^2 = \rho\left(\dfrac{\pi D^2}{4}\right)V^2$
  $= 1000\text{N·s}^2/\text{m}^4 \times \dfrac{\pi \times (0.25\text{m})^2}{4} \times (7.668\text{m/s})^2$
  $= 2886\text{N} = 2.886\text{kN} ≒ 2.89$kN

- $Q = AV$이므로 $F = \rho QV = \rho(AV)V$
- $A = \dfrac{\pi D^2}{4}$ (여기서, D : 지름[m])
- 100cm=1m이므로 25cm=0.25m

답 ②

---

33 ★★★
18.04.문34
11.03.문29
06.09.문27

유동손실을 유발하는 액체의 점성, 즉 점도를 측 정하는 장치에 관한 설명으로 옳은 것은?

① Stomer 점도계는 하겐-포아젤 법칙을 기초 로 한 방식이다.
② 낙구식 점도계는 Stokes의 법칙을 이용한 방식이다.
③ Saybolt 점도계는 액 중에 잠긴 원판의 회전 저항의 크기로 측정한다.
④ Ostwald 점도계는 Stokes의 법칙을 이용한 방식이다.

해설
① 하겐-포아젤 법칙 → 뉴턴의 점성법칙
③ Saybolt 점도계 → 스토머(Stormer) 점도계 또 는 맥마이클(Mac Michael) 점도계
④ Stokes의 법칙 → 하겐-포아젤의 법칙

점도계

관련 법	점도계	관련 법칙
세관법	• 세이볼트(Saybolt) 점도계 보기 ③ • 레드우드(Redwood) 점도계 • 엥글러(Engler) 점도계 • 바베이(Barbey) 점도계 • 오스트발트(Ostwald) 점도계 보기 ④	하겐-포아젤의 법칙
회전원통법 (원판의 회전 저항 크기 측정)	• 스토머(Stormer) 점도계 보기 ① • 맥마이클(Mac Michael) 점도계 기억법 뉴점스맥	뉴턴의 점성법칙
낙구법	• 낙구식 점도계 보기 ②	스토크스의 법칙

※ **점도계** : 점성계수를 측정할 수 있는 기기

답 ②

---

34 ★★
19.03.문39
06.05.문33

그림과 같이 수직관로를 통하여 물이 위에서 아래로 흐르고 있다. 손실을 무시할 때 상하에 설치된 압 력계의 눈금이 동일하게 지시되도록 하려면 아래 의 지름 d는 약 몇 mm로 하여야 하는가? (단, 위의 압력계가 있는 곳에서 유속은 3m/s, 안지름은 65mm 이고, 압력계의 설치높이 차이는 5m이다.)

① 30mm
② 35mm
③ 40mm
④ 45mm

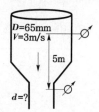

해설 (1) 기호

- D : 65mm
- V : 3m/s
- d : ?
- $Z_1 - Z_2$: 5m

(2) 베르누이 방정식

$$\frac{V_1^2}{2g} + \frac{P_1}{\gamma} + Z_1 = \frac{V_2^2}{2g} + \frac{P_2}{\gamma} + Z_2$$

여기서, V_1, V_2 : 유속[m/s]
$\quad\quad P_1$, P_2 : 압력[kPa 또는 kN/m^2]
$\quad\quad Z_1$, Z_2 : 높이[m]
$\quad\quad g$: 중력가속도(9.8m/s^2)
$\quad\quad \gamma$: 비중량[kN/m^3]

상하에 설치된 **압력계**의 **눈금**이 **동일**하므로

$$P_1 = P_2$$

$$\frac{V_1^2}{2g} + Z_1 = \frac{V_2^2}{2g} + Z_2$$

$$\frac{V_1^2}{2g} + Z_1 - Z_2 = \frac{V_2^2}{2g}$$

$$2g\left(\frac{V_1^2}{2g} + Z_1 - Z_2\right) = V_2^2$$

$$V_2^2 = 2g\left(\frac{V_1^2}{2g} + Z_1 - Z_2\right)$$

$$V_2 = \sqrt{2g\left(\frac{V_1^2}{2g} + Z_1 - Z_2\right)}$$

$$= \sqrt{2 \times 9.8\text{m/s}^2 \left(\frac{(3\text{m/s})^2}{2 \times 9.8\text{m/s}^2} + 5\text{m}\right)}$$

$$= 10.34\text{m/s}$$

(3) 유량

$$Q = A_1 V_1 = A_2 V_2$$

여기서, Q : 유량[m^3/s]
$\quad\quad A_1 \cdot A_2$: 단면적[m^2]
$\quad\quad V_1 \cdot V_2$: 유속[m/s]

$$A_1 V_1 = A_2 V_2$$

$$\left(\frac{\pi D_1^2}{4}\right) V_1 = \left(\frac{\pi D_2^2}{4}\right) V_2$$

$$\frac{D_1^2 V_1}{V_2} = D_2^2$$

$$\sqrt{\frac{D_1^2 V_1}{V_2}} = \sqrt{D_2^2}$$

$$\sqrt{\frac{D_1^2 V_1}{V_2}} = D_2$$

$$D_2 = \sqrt{\frac{D_1^2 V_1}{V_2}} = \sqrt{\frac{(65\text{mm})^2 \times 3\text{m/s}}{10.34\text{m/s}}} \fallingdotseq 35\,\text{mm}$$

답 ②

★★★
35 30℃의 물이 안지름 2cm인 원관 속을 흐르고 있는
경우 평균속도는 약 몇 m/s인가? (단, 레이놀즈수
는 2100, 동점성계수는 1.006×10^{-6}m^2/s이다.)

18.09.문37
03.05.문31
01.03.문32

① 0.106
② 1.067
③ 2.003
④ 0.703

해설 (1) 기호

- D : 2cm=0.02m(100cm=1m)
- V : ?
- Re : 2100
- ν : 1.006×10^{-6}m^2/s

(2) 레이놀즈수

$$Re = \frac{DV\rho}{\mu} = \frac{DV}{\nu}$$

여기서, Re : 레이놀즈수
$\quad\quad D$: 내경[m]
$\quad\quad V$: 유속[m/s]
$\quad\quad \rho$: 밀도[kg/m^3]
$\quad\quad \mu$: 점도[kg/m · s]
$\quad\quad \nu$: 동점성계수$\left(\dfrac{\mu}{\rho}\right)$[m^2/s]

유속(속도) V는

$$V = \frac{Re\,\nu}{D}$$

$$= \frac{2100 \times 1.006 \times 10^{-6}\text{m}^2/\text{s}}{0.02\text{m}}$$

$$\fallingdotseq 0.106\text{m/s}$$

답 ①

★★★
36 지름이 10mm인 노즐에서 물이 방사되는 방사
압(계기압력)이 392kPa이라면 방수량은 약 몇
m^3/min인가?

21.03.문36
18.03.문39
14.09.문28
09.03.문21
02.09.문29

① 0.402
② 0.220
③ 0.132
④ 0.012

해설 (1) 기호

- D : 10mm
- P : 392kPa=0.392MPa(k=10^3, M=10^6)
- Q : ?

(2) 방수량

$$Q = 0.653 D^2 \sqrt{10P} = 0.6597 C D^2 \sqrt{10P}$$

여기서, Q : 방수량[L/min]
$\quad\quad C$: 유량계수(노즐의 흐름계수)
$\quad\quad D$: 내경[mm]
$\quad\quad P$: 방수압력[MPa]

방수량 Q는

$$Q = 0.653D^2\sqrt{10P}$$
$$= 0.653 \times 10^2 \times \sqrt{10 \times 0.392}$$
$$\fallingdotseq 129 \text{L/min}$$
$$= 0.129\text{m}^3/\text{min}$$

(∴ 그러므로 근사값인 0.132m³/min이 정답)

 별해

(1) 단위변환

$$10.332\text{mH}_2\text{O} = 10.332\text{m} = 101.325\text{kPa}$$

$$392\text{kPa} = \frac{392\text{kPa}}{101.325\text{kPa}} \times 10.332\text{m} \fallingdotseq 39.97\text{m}$$

※ 표준대기압
1atm = 760mmHg = 1.0332kg$_f$/cm²
        = 10.332mH₂O[mAq]
        = 14.7PSI[lb$_f$/in²]
        = 101.325kPa[kN/m²]
        = 1013mbar

(2) 속도수두

$$H = \frac{V^2}{2g}$$

여기서, H : 속도수두[m]
　　　　V : 유속[m/s]
　　　　g : 중력가속도(9.8m/s²)

$$V^2 = 2gH$$
$$\sqrt{V^2} = \sqrt{2gH}$$

유속 $V = \sqrt{2gH} = \sqrt{2 \times 9.8\text{m/s}^2 \times 39.97\text{m}}$
$$= 27.99\text{m/s}$$

(3) 유량

$$Q = AV = \left(\frac{\pi D^2}{4}\right)V$$

여기서, Q : 유량(방사량)[m³/s]
　　　　A : 단면적[m²]
　　　　V : 유속[m/s]
　　　　D : 내경[m]

유량 Q는

$$Q = \left(\frac{\pi D^2}{4}\right)V$$
$$= \frac{\pi \times (10\text{mm})^2}{4} \times 27.99\text{m/s}$$
$$= \frac{\pi \times (0.01\text{m})^2}{4} \times 27.99\text{m/s}$$
$$= 2.198 \times 10^{-3}\text{m}^3/\text{s}$$
$$= 2.198 \times 10^{-3}\text{m}^3/\frac{1}{60}\text{min}$$
$$= (2.198 \times 10^{-3} \times 60)\text{m}^3/\text{min}$$
$$\fallingdotseq 0.132\text{m}^3/\text{min}$$

답 ③

 37 ★★

18.03.문21
16.03.문37

지름(D) 60mm인 물 분류가 30m/s의 속도(V)로 고정평판에 대하여 45° 각도로 부딪칠 때 지면에 수직방향으로 작용하는 힘(F_y)은 약 몇 N인가?

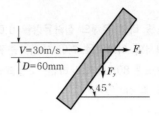

① 1700
② 1800
③ 1900
④ 2000

해설 **(1) 기호**

- D : 60mm = 0.06m(1000mm = 1m)
- V : 30m/s
- θ : 45°
- F_y

(2) 유량

$$Q = AV = \frac{\pi D^2}{4}V$$

여기서, Q : 유량[m³/s]
　　　　A : 단면적[m²]
　　　　V : 유속[m/s]
　　　　D : 지름[m]

(3) 판이 받는 y방향의 힘

$$F_y = \rho QV\sin\theta$$

여기서, F_y : 판이 받는 y방향의 힘[N]
　　　　ρ : 밀도(물의 밀도 1000N·s²/m⁴)
　　　　Q : 유량[m³/s]
　　　　V : 유속[m/s]

판이 받는 y방향의 힘 F_y는

$$F_y = \rho QV\sin\theta$$
$$= \rho\left(\frac{\pi D^2}{4}V\right)V\sin\theta$$
$$= \rho\frac{\pi D^2}{4}V^2\sin\theta$$
$$= 1000\text{N}\cdot\text{s}^2/\text{m}^4 \times \frac{\pi \times (0.06\text{m})^2}{4} \times (30\text{m/s})^2$$
$$\quad \times \sin45°$$
$$\fallingdotseq 1800\text{N}$$

비교

판이 받는 x방향의 힘

$$F_x = \rho QV(1 - \cos\theta)$$

여기서, F_x : 판이 받는 x방향의 힘[N]
　　　　ρ : 밀도[N·s²/m⁴]
　　　　Q : 유량[m³/s]
　　　　V : 속도(유속)[m/s]
　　　　θ : 유출방향

답 ②

38 노즐 내의 유체의 질량유량을 0.06kg/s, 출구에서의 비체적을 7.8m³/kg, 출구에서의 평균 속도를 80m/s라고 하면, 노즐출구의 단면적은 약 몇 cm²인가?

18.09.문25
09.08.문40
09.05.문39

① 88.5

② 78.5

③ 68.5

④ 58.5

해설

$$\overline{m} = AV\rho$$

(1) 기호

- $\overline{m}$: 0.06kg/s
- V_s : 7.8m³/kg
- V : 80m/s
- A : ?

(2) 밀도

$$\rho = \frac{1}{V_s}$$

여기서, ρ : 밀도[kg/m³]

V_s : 비체적[m³/kg]

밀도 ρ는

$$\rho = \frac{1}{V_s} = \frac{1}{7.8 \text{m}^3/\text{kg}} = 0.128 \text{kg/m}^3$$

(3) 질량유량

$$\overline{m} = AV\rho$$

여기서, $\overline{m}$: 질량유량[kg/s]

A : 단면적[m²]

V : 유속[m/s]

ρ : 밀도[kg/m³]

단면적 A는

$$A = \frac{\overline{m}}{V\rho}$$

$$= \frac{0.06 \text{kg/s}}{80 \text{m/s} \times 0.128 \text{kg/m}^3}$$

$$= 5.85 \times 10^{-3} \text{m}^2$$

$$= 58.5 \times 10^{-4} \text{m}^2$$

$$= 58.5 \text{cm}^2$$

답 ④

39 단면적이 0.1m²에서 0.5m²로 급격히 확대되는 관로에 0.5m³/s의 물이 흐를 때 급확대에 의한 손실수두는 약 몇 m인가? (단, 급확대에 의한 부차적 손실계수는 0.64이다.)

18.09.문39
16.03.문33
14.05.문25
08.03.문26

① 0.82   ② 0.99

③ 1.21   ④ 1.45

해설 (1) 기호

- A_1 : 0.1m²
- A_2 : 0.5m²
- Q : 0.5m³/s
- H : ?
- K : 0.64

(2) 유량

$$Q = AV = \left(\frac{\pi D^2}{4}\right)V$$

여기서, Q : 유량[m³/s]

A : 단면적[m²]

V : 유속[m/s]

D : 안지름[m]

축소관 유속 V_1은

$$V_1 = \frac{Q}{A_1} = \frac{0.5 \text{m}^3/\text{s}}{0.1 \text{m}^2} = 5 \text{m/s}$$

(3) 작은 관을 기준으로 한 손실계수

$$K_1 = \left(1 - \frac{A_1}{A_2}\right)^2 = \left(1 - \frac{0.1 \text{m}^2}{0.5 \text{m}^2}\right)^2 = 0.64$$

(4) 돌연확대관에서의 손실

㉠ $H = K\dfrac{(V_1 - V_2)^2}{2g}$

㉡ $H = K_1\dfrac{V_1^2}{2g}$

㉢ $H = K_2\dfrac{V_2^2}{2g}$

※ 문제 조건에 따라 편리한 식을 적용하면 된다.

여기서, H : 손실수두[m]

K : 손실계수

K_1 : 작은 관을 기준으로 한 손실계수

K_2 : 큰 관을 기준으로 한 손실계수

V_1 : 축소관 유속[m/s]

V_2 : 확대관 유속[m/s]

g : 중력가속도(9.8m/s²)

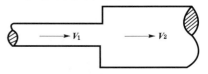

|돌연확대관|

$$H = K_1\frac{V_1^2}{2g} = 0.64 \times \frac{(5 \text{m/s})^2}{2 \times 9.8 \text{m/s}^2} = 0.82 \text{m}$$

답 ①

40 배관 내에서 물의 수격작용(water hammer)을 방지하는 대책으로 잘못된 것은?

18.09.문40
16.10.문29
15.09.문37
15.03.문28
14.09.문34
11.03.문38
09.05.문40
03.03.문29
01.09.문23

① 조압수조(surge tank)를 관로에 설치한다.

② 밸브를 펌프 송출구에서 멀게 설치한다.

③ 밸브를 서서히 조작한다.

④ 관경을 크게 하고 유속을 작게 한다.

해설 ② 멀게 → 가까이

수격작용(water hammer)

개요	• 배관 속의 물흐름을 급히 차단하였을 때 동압이 정압으로 전환되면서 일어나는 **쇼크**(shock)현상 • 배관 내를 흐르는 유체의 유속을 급격하게 변화시키므로 압력이 상승 또는 하강하여 관로의 벽면을 치는 현상
발생 원인	• 펌프가 갑자기 정지할 때 • 급히 밸브를 개폐할 때 • 정상운전시 유체의 압력변동이 생길 때
방지 대책	• **관**의 관경(직경)을 크게 한다. • 관 내의 유속을 낮게 한다.(관로에서 일부 고압수를 방출한다.) • **조압수조**(surge tank)를 관선(관로)에 설치한다. • **플라이휠**(flywheel)을 설치한다. • **펌프 송출구**(토출측) **가까이**에 밸브를 설치한다. • **에어체임버**(air chamber)를 설치한다. • 밸브를 서서히 조작한다.

기억법 수방관플에

비교

공동현상(cavitation, 캐비테이션)

개요	펌프의 흡입측 배관 내의 물의 정압이 기존의 증기압보다 낮아져서 기포가 발생되어 물이 흡입되지 않는 현상
발생 현상	• **소음**과 **진동** 발생 • 관 부식(펌프깃의 침식) • **임펠러**의 **손상**(수차의 날개를 해침) • 펌프의 성능 저하(양정곡선 저하) • 효율곡선 **저하**
발생 원인	• **펌프**가 물탱크보다 부적당하게 **높게** 설치되어 있을 때 • 펌프 **흡입수두**가 지나치게 **클 때** • 펌프 **회전수**가 지나치게 **높을 때** • 관 내를 흐르는 **물**의 **정압**이 그 물의 온도에 해당하는 증기압보다 **낮을 때**
방지 대책	• 펌프의 흡입수두를 작게 한다.(흡입양정을 짧게 함) • 펌프의 마찰손실을 작게 한다. • 펌프의 임펠러속도(**회전수**)를 **작게** 한다.(흡입 속도를 **감소**시킴) • 흡입압력을 **높게** 한다. • 펌프의 설치위치를 수원보다 **낮게** 한다. • 양(쪽)흡입펌프를 사용한다.(펌프의 흡입측을 가압함) • 관 내의 물의 정압을 그때의 증기압보다 높게 한다. • 흡입관의 **구경**을 **크게** 한다. • 펌프를 **2개** 이상 설치한다. • 회전차를 수중에 완전히 잠기게 한다.

답 ②

제3과목 소방관계법규

★★★
41 화재의 예방 및 안전관리에 관한 법률상 소방안전관리대상물의 소방안전관리자의 업무가 아닌 것은?

21.05.문58
19.09.문53
16.05.문46
11.03.문44
10.05.문55
06.05.문55

① 소방시설공사
② 소방훈련 및 교육
③ 소방계획서의 작성 및 시행
④ 자위소방대의 구성·운영·교육

해설 ① 소방시설공사업자의 업무

화재예방법 24조
관계인 및 소방안전관리자의 업무

특정소방대상물 (관계인)	소방안전관리대상물 (소방안전관리자)
① **피**난시설·방화구획 및 방화시설의 관리 ② **소**방시설, 그 밖의 소방관련시설의 관리 ③ **화기취급**의 감독 ④ 소방안전관리에 필요한 업무 ⑤ 화재발생시 초기대응	① **피**난시설·방화구획 및 방화시설의 관리 ② **소**방시설, 그 밖의 소방관련시설의 관리 ③ **화기취급**의 감독 ④ 소방안전관리에 필요한 업무 ⑤ **소방계획서**의 작성 및 시행(대통령령으로 정하는 사항 포함) 보기 ③ ⑥ **자위소방대** 및 초기대응체계의 구성·운영·교육 보기 ④ ⑦ 소방**훈련**및 교육 보기 ② ⑧ 소방안전관리에 관한 업무 수행에 관한 기록·유지 ⑨ 화재발생시 초기대응

기억법 계위 훈피소화

답 ①

★★★
42 위험물안전관리법령상 관계인이 예방규정을 정하여야 하는 제조소 등의 기준이 아닌 것은?

17.09.문41
15.03.문58
14.05.문57
11.06.문55

① 지정수량의 10배 이상의 위험물을 취급하는 제조소
② 지정수량의 200배 이상의 위험물을 저장하는 옥외탱크저장소
③ 지정수량의 50배 이상의 위험물을 저장하는 옥외저장소
④ 지정수량의 150배 이상의 위험물을 저장하는 옥내저장소

해설 ③ 50배 이상 → 100배 이상

위험물령 15조
예방규정을 정하여야 할 제조소 등

배 수	제조소 등
10배 이상	• **제**조소 [보기 ①] • **일**반취급소
100배 이상	• 옥**외**저장소 [보기 ③]
150배 이상	• 옥**내**저장소 [보기 ④]
200배 이상	• 옥외**탱**크저장소 [보기 ②]
모두 해당	• 이송취급소 • 암반탱크저장소

기억법
0 제일
0 외
5 내
2 탱

※ **예방규정** : 제조소 등의 화재예방과 화재 등 재해발생시의 비상조치를 위한 규정

답 ③

43 소방기본법령상 소방기관이 소방업무를 수행하는 데에 필요한 인력과 장비 등에 관한 기준은 어느 것으로 정하는가?
[15.03.문52]
① 대통령령
② 시·도의 조례
③ 행정안전부령
④ 국토교통부령

해설 기본법 8·9조
(1) 소방력의 기준 : **행정안전부령** [보기 ③]
(2) 소방장비 등에 대한 국고보조 기준 : **대통령령**

※ **소방력** : 소방기관이 소방업무를 수행하는 데 필요한 **인력**과 **장비**

답 ③

44 위험물안전관리법령상 점포에서 위험물을 용기에 담아 판매하기 위하여 지정수량의 40배 이하의 위험물을 취급하는 장소의 취급소 구분으로 옳은 것은? (단, 위험물을 제조 외의 목적으로 취급하기 위한 장소이다.)
[20.08.문55
17.09.문52
14.03.문56
11.06.문57]
① 이송취급소
② 일반취급소
③ 주유취급소
④ 판매취급소

해설 위험물령 [별표 3]
위험물 취급소의 구분

구 분	설 명
주유 취급소	고정된 주유설비에 의하여 **자동차·항공기** 또는 **선박** 등의 연료탱크에 직접 주유하기 위하여 위험물을 취급하는 장소
판매 취급소	**점포**에서 위험물을 용기에 담아 판매하기 위하여 지정수량의 **40배** 이하의 위험물을 취급하는 장소 **기억법** 점포4판(**점포**에서 **사**고 **판**다.)
이송 취급소	배관 및 이에 부속된 설비에 의하여 위험물을 이송하는 장소
일반 취급소	주유취급소·판매취급소·이송취급소 이외의 장소

중요

위험물규칙 [별표 14]

제1종 판매취급소	제2종 판매취급소
저장·취급하는 위험물의 수량이 지정수량의 **20배** 이하인 판매취급소	저장·취급하는 위험물의 수량이 지정수량의 **40배** 이하인 판매취급소

답 ④

45 소방시설 설치 및 관리에 관한 법령상 시·도지사는 관리업자에게 영업정지를 명하는 경우로서 그 영업정지가 국민에게 심한 불편을 주거나 그 밖에 공익을 해칠 우려가 있을 때에는 영업정지처분을 갈음하여 최대 얼마 이하의 과징금을 부과할 수 있는가?
[20.08.문46
11.03.문50]
① 1000만원 ② 2000만원
③ 3000만원 ④ 5000만원

해설 소방시설법 36조, 위험물법 13조, 공사업법 10조
과징금

3000만원 이하	2억원 이하
• **소방시설관리업** 영업정지처분 갈음 [보기 ③]	• **제조소** 사용정지처분 갈음 • **소방시설업** 영업정지처분 갈음

기억법 제2과

답 ③

46 소방기본법의 목적과 거리가 먼 것은?
[22.03.문41
14.09.문49
10.03.문55]
① 화재를 예방·경계하고 진압하는 것
② 건축물의 안전한 사용을 통하여 안락한 국민생활을 보장해 주는 것
③ 화재, 재난·재해로부터 구조·구급활동을 하는 것
④ 공공의 안녕 및 질서유지와 복리증진에 기여하는 것

기본법 1조
소방기본법의 목적
(1) 화재의 예방·경계·진압 보기 ①
(2) 국민의 생명·신체 및 재산보호
(3) 공공의 안녕 및 질서유지와 복리증진 보기 ④
(4) 구조·구급활동 보기 ③

답 ②

★★★
47 소방기본법령상 소방용수시설별 설치기준 중 옳
19.03.문47 은 것은?
17.09.문47
17.09.문47 ① 저수조는 지면으로부터의 낙차가 4.5m 이
14.05.문42   상일 것
11.03.문59
② 소화전은 상수도와 연결하여 지하식 또는 지
   상식의 구조로 하고, 소방용 호스와 연결하
   는 소화전의 연결금속구의 구경은 50mm로
   할 것
③ 저수조 흡수관의 투입구가 사각형의 경우에
   는 한 변의 길이가 60cm 이상일 것
④ 급수탑 급수배관의 구경은 65mm 이상으로
   하고, 개폐밸브는 지상에서 0.8m 이상 1.5m
   이하의 위치에 설치하도록 할 것

해설
① 4.5m 이상 → 4.5m 이하
② 50mm → 65mm
④ 0.8m 이상 1.5m 이하 → 1.5m 이상 1.7m 이하

기본규칙 〔별표 3〕
소방용수시설별 설치기준

구 분	소화전	급수탑
구경	65mm 보기 ②	100mm
개폐밸브 높이	–	지상 1.5~1.7m 이하 보기 ④

흡수관 투입구 : 한 변이 0.6m 이상이거나 직경이 0.6m 이
상인 것 보기 ③

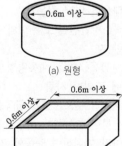
(a) 원형

(b) 사각형

‖ 흡수관 투입구 ‖

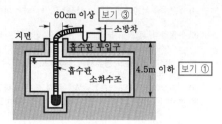
‖ 저수조의 깊이 ‖

중요
기본규칙 〔별표 3〕
소방용수시설의 설치기준

거리기준	지 역
100m 이하	• **주**거지역 • **공**업지역 • **상**업지역
140m 이하	• 기타지역

기억법 **주공 100상**(**주공**아파트에 **백상**어가 그려
져 있다.)

답 ③

★★★
48 위험물안전관리법령에 따라 위험물안전관리자
19.03.문59 를 해임하거나 퇴직한 때에는 해임하거나 퇴직
18.03.문56 한 날부터 며칠 이내에 다시 안전관리자를 선임
16.10.문54 하여야 하는가?
16.03.문55
11.03.문56 ① 30일   ② 35일
③ 40일   ④ 55일

해설 **30일**
(1) 소방시설업 등록사항 변경신고(공사업규칙 6조)
(2) **위험물안전관리자의 재선임**(위험물안전관리법 15조) 보기 ①
(3) 소방안전관리자의 재선임(화재예방법 시행규칙 14조)
(4) 도급계약 해지(공사업법 23조)
(5) 소방시설공사 중요사항 변경시의 신고일(공사업규칙 12조)
(6) 소방기술자 실무교육기관 지정서 발급(공사업규칙 32조)
(7) 소방공사감리자 변경서류 제출(공사업규칙 15조)
(8) 승계(위험물법 10조)
(9) 위험물안전관리자의 직무대행(위험물법 15조)
(10) 탱크시험자의 변경신고일(위험물법 16조)

답 ①

★★★
49 위험물안전관리법령상 제조소 또는 일반취급소
21.05.문48 의 위험물취급탱크 노즐 또는 맨홀을 신설하는 경
19.09.문57 우, 노즐 또는 맨홀의 직경이 몇 mm를 초과하는
18.04.문58 경우에 변경허가를 받아야 하는가?
① 250   ② 300
③ 450   ④ 600

해설 **위험물규칙 〔별표 1의 2〕**
제조소 또는 일반취급소의 변경허가
(1) 제조소 또는 일반취급소의 위치를 **이전**하는 경우
(2) 건축물의 벽·기둥·바닥·보 또는 지붕을 **증설** 또는 **철
   거**하는 경우
(3) **배출설비**를 **신설**하는 경우

(4) 위험물취급탱크를 신설·교체·철거 또는 보수(탱크의 본체를 절개)하는 경우
(5) 위험물취급탱크의 **노즐** 또는 **맨홀**을 신설하는 경우(노즐 또는 맨홀의 직경이 **250mm**를 초과하는 경우) 보기 ①
(6) 위험물취급탱크의 **방유제**의 **높이** 또는 방유제 내의 **면적을 변경**하는 경우
(7) 위험물취급탱크의 탱크전용실을 **증설** 또는 **교체**하는 경우
(8) 300m(지상에 설치하지 아니하는 배관은 30m)를 초과하는 위험물배관을 신설·교체·철거 또는 보수(배관 절개)하는 경우
(9) 불활성기체의 봉입장치를 **신설**하는 경우

기억법 노맨 250mm

답 ①

---

50 화재의 예방 및 안전관리에 관한 법령에 따라 소방안전관리대상물의 관계인의 소방안전관리업무에서 소방안전관리자를 선임하지 아니하였을 때 벌금기준은?

19.03.문48
17.03.문46
16.10.문52
14.05.문43
13.06.문43

① 100만원 이하
② 200만원 이하
③ 300만원 이하
④ 1천만원 이하

해설 **300만원 이하의 벌금**
(1) 화재안전조사를 정당한 사유없이 거부·방해·기피(화재예방법 50조)
(2) 위탁받은 업무종사자의 **비밀누설**(소방시설법 59조)
(3) 방염성능검사 합격표시 위조(소방시설법 59조)
(4) **소**방안전관리자, 총괄소방안전관리자 또는 소방안전관리보조자 **미**선임(화재예방법 50조) 보기 ③
(5) 다른 자에게 자기의 성명이나 상호를 사용하여 소방시설공사 등을 수급 또는 시공하게 하거나 소방시설업의 등록증·등록수첩을 빌려준 자(공사업법 37조)
(6) 감리원 미배치자(공사업법 37조)
(7) 소방기술인정 자격수첩을 빌려준 자(공사업법 37조)
(8) 2 이상의 업체에 취업한 자(공사업법 37조)
(9) 소방시설업자나 관계인 감독시 관계인의 업무를 방해하거나 비밀누설(공사업법 37조)

기억법 비3미소(비상미소)

답 ③

---

51 소방기본법령상 소방안전교육사의 배치대상별 배치기준에서 소방본부의 배치기준은 몇 명 이상인가?

20.09.문57
13.09.문46

① 1
② 2
③ 3
④ 4

해설 **기본령** [별표 2의 3]
소방안전교육사의 배치대상별 배치기준

배치대상	배치기준
소방서	•1명 이상
한국소방안전원	•시·도지부 : 1명 이상 •본회 : 2명 이상
소방본부	•2명 이상 보기 ②
소방청	•2명 이상
한국소방산업기술원	•2명 이상

답 ②

---

52 화재예방강화지구의 지정대상지역에 해당되지 않는 곳은?

22.04.문46
19.09.문55
16.03.문41
15.05.문55
14.05.문53
12.09.문46

① 시장지역
② 공장·창고가 밀집한 지역
③ 콘크리트건물이 밀집한 지역
④ 석유화학제품을 생산하는 공장이 있는 지역

해설 ③ 해당없음

화재예방법 18조
화재예방강화지구의 지정
(1) **지정권자** : 시·도지사
(2) **지정지역**
 ㉠ **시장지역** 보기 ①
 ㉡ **공장·창고** 등이 밀집한 지역 보기 ②
 ㉢ **목조건물**이 밀집한 지역
 ㉣ **노후·불량** 건축물이 밀집한 지역
 ㉤ **위험물**의 저장 및 **처리시설**이 밀집한 지역
 ㉥ **석유화학제품**을 생산하는 공장이 있는 지역 보기 ④
 ㉦ **소방시설·소방용수시설** 또는 **소방출동로**가 없는 지역
 ㉧ 「산업입지 및 개발에 관한 **법률**」에 따른 산업단지
 ㉨ 「물류시설의 개발 및 운영에 관한 법률」에 따른 물류단지
 ㉩ **소방청장, 소방본부장** 또는 **소방서장**(소방관서장)이 화재예방강화지구로 지정할 필요가 있다고 인정하는 지역

※ **화재예방강화지구** : 화재발생 우려가 크거나 화재가 발생할 경우 피해가 클 것으로 예상되는 지역에 대하여 화재의 예방 및 안전관리를 강화하기 위해 지정·관리하는 지역

비교
기본법 19조
화재로 오인할 만한 불을 피우거나 연막소독시 신고지역
(1) **시장지역**
(2) **공장·창고**가 밀집한 지역
(3) **목조건물**이 밀집한 지역
(4) **위험물**의 저장 및 **처리시설**이 밀집한 지역
(5) **석유화학제품**을 생산하는 공장이 있는 지역
(6) 그 밖에 **시·도의 조례**로 정하는 지역 또는 장소

답 ③

---

53 소방기본법령상 최대 200만원 이하의 과태료 처분 대상이 아닌 것은?

19.03.문42
19.03.문44
17.03.문47
15.09.문57

① 한국소방안전원 또는 이와 유사한 명칭을 사용한 자
② 소방활동구역을 대통령령으로 정하는 사람 외에 출입한 사람
③ 화재진압 구조·구급 활동을 위해 사이렌을 사용하여 출동하는 소방자동차에 진로를 양보하지 아니하여 출동에 지장을 준 자
④ 화재, 재난·재해, 그 밖의 위급한 상황이 발생한 구역에 소방본부장의 피난명령을 위반한 사람

해설 ④ 100만원 이하의 벌금

200만원 이하의 과태료
(1) 소방용수시설・소화기구 및 설비 등의 설치명령 위반(화재예방법 52조)
(2) **특수가연물의 저장・취급 기준 위반**(화재예방법 52조)
(3) 한국119청소년단 또는 이와 유사한 명칭을 사용한 자(기본법)
(4) 한국소방안전원 또는 이와 유사한 명칭을 사용하는 것 보기 ①
(5) **소방활동구역 출입**(기본법 56조) 보기 ②
(6) 소방자동차의 출동에 지장을 준 자(기본법 56조) 보기 ③
(7) 관계서류 미보관자(공사업법 40조)
(8) 소방기술자 미배치자(공사업법 40조)
(9) 하도급 미통지자(공사업법 40조)

비교
100만원 이하의 벌금 (1) 관계인의 소방활동 미수행(기본법 20조) (2) **피난명령** 위반(기본법 54조) 보기 ④ (3) 위험시설 등에 대한 긴급조치 방해(기본법 54조) (4) 거짓보고 또는 자료 미제출자(공사업법 38조) (5) 관계공무원의 출입・조사・검사 방해(공사업법 38조)

기억법 피1(차일피일)

답 ④

★
54
17.05.문43

위험물안전관리법령상 제조소 또는 일반취급소에서 취급하는 제4류 위험물의 최대수량의 합이 지정수량의 24만배 이상 48만배 미만인 사업소의 관계인이 두어야 하는 화학소방자동차와 자체소방대원의 수의 기준으로 옳은 것은? (단, 화재, 그 밖의 재난발생시 다른 사업소 등과 상호응원에 관한 협정을 체결하고 있는 사업소는 제외한다.)
① 화학소방자동차 : 2대, 자체소방대원의 수 : 10인
② 화학소방자동차 : 3대, 자체소방대원의 수 : 10인
③ 화학소방자동차 : 3대, 자체소방대원의 수 : 15인
④ 화학소방자동차 : 4대, 자체소방대원의 수 : 20인

해설 위험물령〔별표 8〕
자체소방대에 두는 화학소방자동차 및 인원

구 분	화학소방자동차	자체소방대원의 수
지정수량 3천~12만배 미만	1대	5인
지정수량 12~24만배 미만	2대	10인
지정수량 24~48만배 미만 보기 ③	3대	15인
지정수량 48만배 이상	4대	20인

옥외탱크저장소에 저장하는 제4류 위험물의 최대수량이 지정수량의 50만배 이상	2대	10인

답 ③

★★★
55
22.09.문14
21.03.문44
20.08.문41
19.09.문60
19.03.문01
18.09.문20
15.05.문43
15.03.문18
14.09.문04
14.03.문05
14.03.문16
13.09.문07

위험물안전관리법령상 산화성 고체인 제1류 위험물에 해당되는 것은?
① 질산염류
② 과염소산
③ 특수인화물
④ 유기과산화물

해설
② 과염소산 : 제6류
③ 특수인화물 : 제4류
④ 유기과산화물 : 제5류

위험물령〔별표 1〕
위험물

유 별	성 질	품 명
제1류	**산**화성 **고**체	• 아염소산염류 • 염소산염류 • 과염소산염류 • 질산염류(질산칼륨) 보기 ① • 무기과산화물(과산화바륨) **기억법** 1산고(일산GO)
제2류	가연성 고체	• **황**화인 • **적**린 • **황** • **마**그네슘 **기억법** 황화적황마
제3류	자연발화성 물질	• **황**린(P$_4$)
제3류	금수성 물질	• **칼**륨(K) • **나**트륨(Na) • 알킬알루미늄 • 알킬리튬 • **칼**슘 또는 알루미늄의 탄화물류 (**탄화칼슘**=CaC_2) **기억법** 황칼나알칼
제4류	인화성 액체	• 특수인화물(이황화탄소) 보기 ③ • 알코올류 • 석유류 • 동식물유류
제5류	자기반응성 물질	• 나이트로화합물 • 유기과산화물 보기 ④ • 나이트로소화합물 • 아조화합물 • 질산에스터류(셀룰로이드)
제6류	산화성 액체	• 과염소산 보기 ② • 과산화수소 • 질산

답 ①

★★★
56 소방기본법령상 특정 지역에 화재로 오인할 만
한 우려가 있는 불을 피우거나 연막소독을 하려
는 자는 관할 소방본부장 또는 소방서장에게 신
고하여야 한다. 이 지역이 아닌 것은?

19.09.문47
16.05.문42
12.05.문56

① 공장·창고가 밀집한 지역
② 시장지역
③ 목조건물이 밀집한 지역
④ 시·군의 조례로 정하는 지역

해설 ④ 시·군의 조례 → 시·도의 조례

(1) 화재로 오인할 만한 불을 피우거나 연막소독시 신고지
역(기본법 19조)
① 시장지역 [보기 ②]
② 공장·창고가 밀집한 지역 [보기 ①]
③ 목조건물이 밀집한 지역 [보기 ③]
④ 위험물의 저장 및 처리시설이 밀집한 지역
⑤ 석유화학제품을 생산하는 공장이 있는 지역
⑥ 그 밖에 시·도의 조례로 정하는 지역 또는 장소
[보기 ④]

(2) 과태료 20만원 이하(기본법 57조)
연막소독 신고를 하지 아니하여 소방자동차를 출동하게
한 자

답 ④

★★★
57 소방기본법령상 소방박물관을 설립·운영할 수
있는 자는?

19.09.문56
12.03.문48
08.03.문54

① 제주특별자치도지사
② 시장
③ 소방청장
④ 행정안전부장관

해설 기본법 5조
설립과 운영

구 분	소방박물관	소방체험관
설립·운영자	소방청장 [보기 ③]	시·도지사
설립·운영사항	행정안전부령	시·도의 조례

기억법 시체

답 ③

★
58 화재의 예방 및 안전관리에 관한 법령상 화재예
방을 위하여 불의 사용에 있어서 지켜야 하는 사
항에 따라 이동식 난로를 사용하여서는 안 되는
장소로 틀린 것은? (단, 난로를 받침대로 고정시
키거나 즉시 소화되고 연료 누출 차단이 가능한
경우는 제외한다.)

13.09.문48

① 역·터미널
② 슈퍼마켓
③ 가설건축물
④ 한의원

해설 화재예방법 시행령 〔별표 1〕
이동식 난로를 설치할 수 없는 장소
(1) 학원
(2) 종합병원
(3) 역·터미널
(4) 가설건축물
(5) 한의원

답 ②

★★★
59 ( ) 안의 내용으로 알맞은 것은?

22.09.문44
19.03.문54
15.09.문57
13.06.문53
11.10.문49

> 다량의 위험물을 저장·취급하는 제조소 등
> 으로서 ( ) 위험물을 취급하는 제조소 또는
> 일반취급소가 있는 동일한 사업소에서 지정
> 수량의 3천배 이상의 위험물을 저장 또는 취
> 급하는 경우 해당 사업소의 관계인은 대통령
> 령이 정하는 바에 따라 해당 사업소에 자체소
> 방대를 설치하여야 한다.

① 제1류　　　　② 제2류
③ 제3류　　　　④ 제4류

해설 위험물령 18조
자체소방대를 설치하여야 하는 사업소
(1) 제4류 위험물을 취급하는 제조소 또는 일반취급소(대통
령령이 정하는 제조소 등) : 제조소 또는 일반취급소에
서 취급하는 제4류 위험물의 최대수량의 합이 지정수량
의 3천배 이상 [보기 ④]
(2) 제4류 위험물을 저장하는 옥외탱크저장소 : 옥외탱크저
장소에 저장하는 제4류 위험물의 최대수량이 지정수량
의 50만배 이상

답 ④

★
60 소방시설 설치 및 관리에 관한 법령에 따라 소방
시설관리업자가 사망한 경우 소방시설관리업자
의 지위를 승계한 그 상속인은 누구에게 신고하
여야 하는가?

13.06.문51

① 소방본부장　　② 시·도지사
③ 소방청장　　　④ 소방서장

해설 소방시설법 32조
소방시설관리업자 지위승계 : 시·도지사

중요

시·도지사
(1) 제조소 등의 설치허가(위험물법 6조)
(2) 소방업무의 지휘·감독(기본법 3조)
(3) 소방체험관의 설립·운영(기본법 5조)
(4) 소방업무에 관한 세부적인 종합계획수립 및 소방업무
수행(기본법 6조)
(5) 소방시설업자의 지위승계(공사업법 7조)
(6) 제조소 등의 승계(위험물법 10조)
(7) 소방력의 기준에 따른 계획 수립(기본법 8조)

(8) **화**재예방강화지구의 지정(화재예방법 18조)
(9) 소방시설관리업의 **등록**(소방시설법 29조)
(10) 탱크**시**험자의 **등록**(위험물법 16조)
(11) 소방시설관리업자 지위승계(소방시설법 32조) 보기 ②
(12) 소방시설관리업의 과징금 부과(소방시설법 36조)
(13) 탱크안전성능검사(위험물법 8조)
(14) 제조소 등의 **완공검사**(위험물법 9조)
(15) 제조소 등의 용도 폐지(위험물법 11조)
(16) **예**방규정의 제출(위험물법 17조)

> 기억법 **허시승화예**(농구선수 **허**재가 **차 시승**장 에서 나와 **화해**했다.)

답 ②

제 4 과목 소방기계시설의 구조 및 원리

★★★
61 평상시 최고주위온도가 70℃인 장소에 폐쇄형 스프링클러헤드를 설치하는 경우 표시온도가 몇 ℃인 것을 설치해야 하는가?
16.05.문62
14.05.문69
05.09.문62
① 79℃ 미만
② 79℃ 이상 121℃ 미만
③ 121℃ 이상 162℃ 미만
④ 162℃ 이상

해설 **폐쇄형 헤드**의 **표시온도**(NFTC 103 2.7.6)

설치장소의 최고주위온도	표시온도
39℃ 미만	**79**℃ 미만
39~**64**℃ 미만	79~**121**℃ 미만
64~**106**℃ 미만 →	121~**162**℃ 미만
106℃ 이상	162℃ 이상

> 기억법 39 → 79
> 64 → 121
> 106 → 162

• 헤드의 표시온도는 **최**고주위온도보다 **높**은 것을 선택한다.

> 기억법 **최높**

답 ③

★★★
62 66000V 이하의 고압의 전기기기가 있는 장소에 물분무헤드 설치시 전기기기와 물분무헤드 사이의 최소이격거리는 몇 m인가?
16.05.문70
16.03.문74
15.03.문74
12.03.문65
① 0.7   ② 1.1
③ 1.8   ④ 2.6

해설 **물분무헤드**의 **이격거리**(NFPC 104 10조, NFTC 104 2.7.2)

전압	거리
66kV 이하 보기 ①	**70**cm 이상
67~**77**kV 이하	**80**cm 이상
78~**110**kV 이하	**110**cm 이상
111~**154**kV 이하	**150**cm 이상
155~**181**kV 이하	**180**cm 이상
182~**220**kV 이하	**210**cm 이상
221~**275**kV 이하	**260**cm 이상

> 기억법 66 → 70
> 77 → 80
> 110 → 110
> 154 → 150
> 181 → 180
> 220 → 210
> 275 → 260

• 66kV 이하=66000V 이하
• 70cm=0.7m

답 ①

★
63 연결살수설비의 송수구 설치기준에 관한 설명으로 옳은 것은?
16.05.문71
① 지면으로부터 높이가 1m 이상 1.5m 이하의 위치에 설치할 것
② 개방형 헤드를 사용하는 연결살수설비에 있어서 하나의 송수구역에 설치하는 살수헤드의 수는 15개 이하가 되도록 할 것
③ 폐쇄형 헤드를 사용하는 송수구의 호스접결구는 각 송수구역마다 설치할 것
④ 폐쇄형 헤드를 사용하는 설비의 경우에는 송수구·자동배수밸브·체크밸브의 순으로 설치할 것

해설
> ① 1m 이상 1.5m 이하 → 0.5m 이상 1m 이하
> ② 15개 이하 → 10개 이하
> ③ 폐쇄형 헤드 → 개방형 헤드

연결살수설비의 **송수구** 설치기준(NFPC 503 4조, NFTC 503 2.1.3)

폐쇄형 헤드 사용설비	개방형 헤드 사용설비
송수구 → 자동배수밸브 → 체크밸브	**송**수구 → **자**동배수밸브
	기억법 **송자개**(**자개농**)

답 ④

★★★
64 연결살수설비의 가지배관은 교차배관 또는 주배
관에서 분기되는 지점을 기점으로 한쪽 가지배
관에 설치되는 헤드의 개수는 최대 몇 개 이하로
하여야 하는가?

21.05.문66
18.04.문77
11.03.문65

① 8개　　　　② 10개

③ 12개　　　　④ 15개

해설 **연결살수설비**(NFPC 503 5조, NFTC 503 2.2.6)
한쪽 가지배관에 설치되는 헤드의 개수 : **8개** 이하

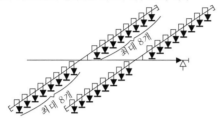

‖ 가지배관의 헤드개수 ‖

📌 **비교**

연결살수설비(NFPC 503 4조, NFTC 503 2.1.4)
연결살수설비에서 하나의 송수구역에 설치하는 개
방형 헤드의 수는 **10개** 이하이다.

답 ①

★★★
65 소화기구 및 자동소화장치의 화재안전기준상 노
유자시설에 대한 소화기구의 능력단위기준으로
옳은 것은? (단, 건축물의 주요구조부, 벽 및 반자
의 실내에 면하는 부분에 대한 조건은 무시한다.)

20.08.문80
19.03.문75
16.05.문64
15.03.문80
11.06.문67

① 해당 용도의 바닥면적 $30m^2$마다 능력단위
1단위 이상

② 해당 용도의 바닥면적 $50m^2$마다 능력단위
1단위 이상

③ 해당 용도의 바닥면적 $100m^2$마다 능력단위
1단위 이상

④ 해당 용도의 바닥면적 $200m^2$마다 능력단위
1단위 이상

해설 **특정소방대상물별 소화기구**의 **능력단위기준**(NFTC 101 2.1.1.2)

특정소방대상물	소화기구의 능력단위	건축물의 주요 구조부가 내화구조이고 벽 및 반자의 실내에 면하는 부분이 불연재료·준불연재료 또는 난연재료로 된 특정소방대상물의 능력단위
• **위**락시설 📌 기억법 위3(위상)	바닥면적 $30m^2$마다 1단위 이상	바닥면적 $60m^2$마다 1단위 이상

• **공**연장 • **집**회장 • **관람**장 및 **문**화재 • **의**료시설 · **장**례식장 📌 기억법 5공연장 문의 집관람 (손오공 연장 문의 집관람)	바닥면적 $50m^2$마다 1단위 이상	바닥면적 $100m^2$마다 1단위 이상
• **근**린생활시설 • **판**매시설 • **운**수시설 • **숙**박시설 • **노**유자시설 → • **전**시장 • 공동**주**택 • **업**무시설 • **방**송통신시설 • 공장 · **창**고 • **항**공기 및 자동**차** 관련시설 및 **관광**휴게시설 📌 기억법 근판숙노전 주업방차창 1항관광(근 판숙노전 주 업방차창 일 본항 관광)	바닥면적 $100m^2$마다 1단위 이상	바닥면적 $200m^2$마다 1단위 이상
• 그 밖의 것	바닥면적 $200m^2$마다 1단위 이상	바닥면적 $400m^2$마다 1단위 이상

📖 **용어**

소화능력단위
소화기구의 소화능력을 나타내는 수치

답 ③

★★★
66 포헤드의 설치기준 중 다음 (　　) 안에 알맞은
것은?

18.09.문61
16.05.문67
11.10.문71
09.08.문74

> 포워터 스프링클러헤드는 특정소방대상물의 천
> 장 또는 반자에 설치하되, 바닥면적 (　　)m^2마
> 다 1개 이상으로 하여 해당 방호대상물의 화
> 재를 유효하게 소화할 수 있도록 할 것

① 4　　　　② 6

③ 8　　　　④ 9

해설 **헤드**의 **설치개수**(NFPC 105 12조, NFTC 105 2.9.2)

헤드 종류		바닥면적/설치개수
포워터 스프링클러헤드 →		$8m^2$/개
포헤드		$9m^2$/개
압축공기포소화설비	특수가연물 저장소	$9.3m^2$/개
	유류탱크 주위	$13.9m^2$/개

답 ③

67 미분무소화설비 용어의 정의 중 다음 ( ) 안에
17.05.문75 알맞은 것은?

> 미분무란 물만을 사용하여 소화하는 방식으
> 로 최소설계압력에서 헤드로부터 방출되는
> 물입자 중 99%의 누적체적분포가 (㉠)μm
> 이하로 분무되고 (㉡)급 화재에 적응성을 갖
> 는 것을 말한다.

① ㉠ 200, ㉡ B, C
② ㉠ 400, ㉡ B, C
③ ㉠ 200, ㉡ A, B, C
④ ㉠ 400, ㉡ A, B, C

해설 미분무소화설비의 용어정의(NFPC 104A 3조, NFTC 104A 1.7)

용 어	설 명
미분무 소화설비	가압된 물이 헤드 통과 후 미세한 입자로 분무됨으로써 소화성능을 가지는 설비를 말하며, 소화력을 증가시키기 위해 강화액 등을 첨가할 수 있다.
미분무	물만을 사용하여 소화하는 방식으로 최소설계압력에서 헤드로부터 방출되는 물입자 중 **99%**의 누적체적분포가 **400μm** 이하로 분무되고 **A, B, C급** 화재에 적응성을 갖는 것 보기 ④
미분무헤드	하나 이상의 오리피스를 가지고 미분무소화설비에 사용되는 헤드

답 ④

68 분말소화약제 저장용기의 내부압력이 설정압력
17.03.문62 으로 되었을 때 정압작동장치에 의해 개방되는
15.03.문69
14.03.문77 밸브는?
07.03.문74
① 주밸브
② 클리닝밸브
③ 니들밸브
④ 기동용기밸브

해설 **정압작동장치**
약제저장용기 내의 내부압력이 설정압력이 되었을 때 **주밸브**를 개방시키는 장치로서 정압작동장치의 설치위치는 그림과 같다.

기억법 주정(**주정**뱅이가 되지 말라!)

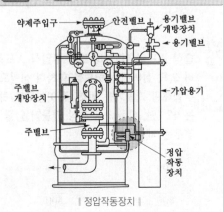

∥정압작동장치∥

중요

> **정압작동장치의 종류**
> (1) 봉판식
> (2) 기계식
> (3) 스프링식
> (4) 압력스위치식
> (5) 시한릴레이식

답 ①

69 완강기 및 간이완강기의 최대사용하중 기준은
21.05.문63 몇 N 이상이어야 하는가?
18.09.문76
16.10.문77
16.05.문76 ① 800
15.05.문69 ③ 1200
09.03.문61
② 1000
④ 1500

해설 **완강기** 및 **간이완강기**의 하중(완강기 형식 12조)
(1) 250N(최소하중)
(2) 750N
(3) 1500N(**최대하중**) 보기 ④

답 ④

70 옥내소화전설비 배관의 설치기준 중 다음 ( )
17.09.문72 안에 알맞은 것은?
11.10.문61
11.06.문80

> 연결송수관설비의 배관과 겸용할 경우의 주
> 배관은 구경 (㉠)mm 이상, 방수구로 연결
> 되는 배관의 구경은 (㉡)mm 이상의 것으로
> 하여야 한다.

① ㉠ 40, ㉡ 50
② ㉠ 50, ㉡ 40
③ ㉠ 65, ㉡ 100
④ ㉠ 100, ㉡ 65

해설 (1) **배관**의 **구경**(NFPC 102 6조, NFTC 102 2.3)

구 분	가지배관	주배관 중 수직배관
호스릴	25mm 이상	32mm 이상
일반	40mm 이상	50mm 이상

(2) **연결송수관설비**의 **배관**과 **겸용** 보기 ④

주배관	방수구로 연결되는 배관
구경 100mm 이상	구경 65mm 이상

답 ④

71 소방대상물에 제연 샤프트를 설치하여 건물 내
20.08.문67 ・외부의 온도차와 화재시 발생되는 열기에 의
18.09.문06
16.10.문13 한 밀도 차이를 이용하여 실내에서 발생한 화재
13.09.문71 열, 연기 등을 지붕 외부의 루프모니터 등을 통
04.03.문05 해 옥외로 배출・환기시키는 제연방식은?
① 자연제연방식
② 루프해치방식
③ 스모그타워 제연방식
④ 제3종 기계제연방식

해설 스모그타워식 자연배연방식(스모그타워방식)

구 분	스모그타워 제연방식
정의	제연설비에 전용 **샤프트**를 설치하여 건물 내·외부의 온도차와 화재시 발생되는 열기에 의한 밀도차이를 이용하여 지붕 외부의 **루프모니터** 등을 이용하여 옥외로 배출·환기시키는 방식 [보기 ③]
특징	• 배연(제연) 샤프트의 **굴뚝효과**를 이용한다. • **고층 빌딩**에 적당하다. • **자연배연방식**의 일종이다. • 모든 층의 **일반 거실화재**에 이용할 수 있다.

기억법 스루

중요

제연방식
(1) 자연제연방식 : **개구부** 이용
(2) 스모그타워 제연방식 : **루프모니터** 이용
(3) 기계제연방식
  ㉠ 제1종 기계제연방식 : **송풍기 + 배연기**
  ㉡ 제2종 기계제연방식 : **송풍기**
  ㉢ 제3종 기계제연방식 : **배연기**

답 ③

72 분말소화설비의 화재안전기준상 분말소화약제의 저장용기를 가압식으로 설치할 때 안전밸브의 작동압력기준은?

20.08.문76
18.09.문80

① 최고사용압력의 0.8배 이하
② 최고사용압력의 1.8배 이하
③ 내압시험압력의 0.8배 이하
④ 내압시험압력의 1.8배 이하

해설 분말소화약제의 저장용기 설치장소 기준(NFPC 108 4조, NFTC 108 2.1)
(1) **방호구역 외**의 장소에 설치할 것(단, 방호구역 내에 설치할 경우에는 피난 및 조작이 용이하도록 피난구 부근에 설치)
(2) 온도가 **40℃** 이하이고, 온도변화가 작은 곳에 설치할 것
(3) 직사광선 및 빗물이 침투할 우려가 없는 곳에 설치할 것
(4) 방화문으로 구획된 실에 설치할 것
(5) 용기의 설치장소에는 해당 용기가 설치된 곳임을 표시하는 표지를 할 것
(6) 용기 간의 간격은 점검에 지장이 없도록 **3cm** 이상의 간격을 유지할 것
(7) 저장용기와 집합관을 연결하는 연결배관에는 **체크밸브**를 설치할 것
(8) 주밸브를 개방하는 **정압작동장치** 실시
(9) 저장용기의 충전비는 0.8 이상
(10) 안전밸브의 설치

가압식	축압식
최고사용압력의 **1.8배** 이하 [보기 ②]	내압시험압력의 **0.8배** 이하

답 ②

73 호스릴 이산화탄소소화설비의 설치기준으로 틀린 것은?

19.04.문67
16.10.문69
16.05.문78
08.09.문66

① 소화약제 저장용기는 호스릴을 설치하는 장소마다 설치할 것
② 노즐은 20℃에서 하나의 노즐마다 40kg/min 이상의 소화약제를 방사할 수 있는 것으로 할 것
③ 방호대상물의 각 부분으로부터 하나의 호스 접결구까지의 수평거리가 15m 이하가 되도록 할 것
④ 소화약제 저장용기의 개방밸브는 호스의 설치장소에서 수동으로 개폐할 수 있는 것으로 할 것

해설 ② 40kg/min → 60kg/min

호스릴 이산화탄소소화설비의 설치기준(NFPC 106 10조, NFTC 106 2.7.4)
(1) 노즐당 소화약제 방출량은 **20℃**에서 **60kg/min** 이상
(2) 소화약제 저장용기는 **호스릴**을 **설치**하는 **장소**마다 설치 [보기 ①]
(3) 소화약제 저장용기의 가장 가까운 곳, 보기 쉬운 곳에 **표시등** 설치, 호스릴 이산화탄소소화설비가 있다는 뜻을 표시한 표지를 할 것
(4) 약제개방밸브는 호스의 설치장소에서 수동으로 개폐할 것 [보기 ④]
(5) 방호대상물의 각 부분으로부터 하나의 호스 접결구까지의 수평거리가 15m 이하가 되도록 할 것 [보기 ③]

답 ②

74 소화기의 정의 중 다음 ( ) 안에 알맞은 것은?

21.03.문76
19.04.문74
18.04.문74
13.09.문62
14.05.문75
04.09.문74

대형 소화기란 화재시 사람이 운반할 수 있도록 (㉠)와 (㉡)가 설치되어 있고 능력단위가 A급 10단위 이상, B급 20단위 이상인 소화기를 말한다.

① ㉠ 운반대, ㉡ 바퀴   ② ㉠ 수레, ㉡ 바퀴
③ ㉠ 손잡이, ㉡ 바퀴   ④ ㉠ 운반대, ㉡ 손잡이

해설 대형 소화기(NFPC 101 3조, NFTC 101 1.7)
화재시 사람이 운반할 수 있도록 **운반대**와 **바퀴**가 설치되어 있고 능력단위가 **A급 10단위** 이상, **B급 20단위** 이상인 소화기를 말한다. [보기 ①]

답 ①

75 습식 스프링클러설비 또는 부압식 스프링클러설비 외의 설비에는 헤드를 향하여 상향으로 수평주행배관 기울기를 최소 몇 이상으로 하여야 하는가? (단, 배관의 구조상 기울기를 줄 수 없는 경우는 제외한다.)

21.09.문79
19.04.문73
18.04.문74
13.09.문66

① $\frac{1}{100}$ ② $\frac{1}{200}$

③ $\frac{1}{300}$ ④ $\frac{1}{500}$

해설 기울기

구 분	설 명
$\frac{1}{100}$ 이상	연결살수설비의 수평주행배관
$\frac{2}{100}$ 이상	물분무소화설비의 배수설비
$\frac{1}{250}$ 이상	습식 설비·부압식 설비 외 설비의 가지배관
$\frac{1}{500}$ 이상	**습**식 설비·**부**압식 설비 외 설비의 **수**평주행 배관 보기 ④

기억법 습부수5

답 ④

---

76 완강기 및 완강기의 속도조절기에 관한 설명으로 틀린 것은?

22.03.문74
19.04.문71
14.03.문72
08.05.문79

① 견고하고 내구성이 있어야 한다.
② 강하시 발생하는 열에 의해 기능에 이상이 생기지 아니하여야 한다.
③ 속도조절기는 사용 중에 분해·손상·변형되지 아니하여야 하며, 속도조절기의 이탈이 생기지 아니하도록 덮개를 하여야 한다.
④ 평상시에는 분해, 청소 등을 하기 쉽게 만들어져 있어야 한다.

해설
④ 하기 쉽게 만들어져 있어야 한다. → 하지 아니하여도 작동할 수 있을 것

완강기 및 **완강기 속도조절기**의 **일반구조**(완강기 형식 3조)
(1) 견고하고 **내구성**이 있을 것 보기 ①
(2) 평상시에 분해, 청소 등을 하지 아니하여도 작동할 수 있을 것 보기 ④
(3) 강하시 발생하는 **열**에 의하여 기능에 이상이 생기지 아니할 것 보기 ②
(4) 속도조절기는 사용 중에 분해·손상·변형되지 아니하여야 하며, 속도조절기의 이탈이 생기지 아니하도록 덮개를 하여야 한다. 보기 ③
(5) 강하시 **로프**가 손상되지 아니할 것
(6) **속도조절기**의 **폴리** 등으로부터 로프가 노출되지 아니하는 구조

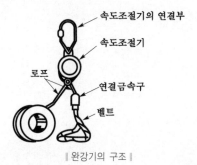

‖완강기의 구조‖

답 ④

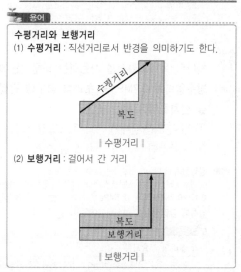

77 대형소화기를 설치하는 경우 특정소방대상물의 각 부분으로부터 1개의 소화기까지의 보행거리는 몇 m 이내로 배치하여야 하는가?

19.04.문77
15.09.문79
14.05.문63
12.05.문79

① 10 ② 20
③ 30 ④ 40

해설 (1) **수평거리**

수평거리	설 명
수평거리 10m 이하	• 예상제연구역
수평거리 15m 이하	• 분말호스릴 • 포호스릴 • CO_2 호스릴
수평거리 20m 이하	• 할론 호스릴
수평거리 25m 이하	• 옥내소화전 방수구(호스릴 포함) • 포소화전 방수구 • 연결송수관 방수구(지하가) • 연결송수관 방수구(지하층 바닥면적 3000m² 이상)
수평거리 40m 이하	• 옥외소화전 방수구
수평거리 50m 이하	• 연결송수관 방수구(사무실)

(2) **보행거리**

수평거리	설 명
보행거리 20m 이내	소형소화기
보행거리 30m 이내 보기 ③	대형소화기

용어

수평거리와 보행거리
(1) **수평거리** : 직선거리로서 반경을 의미하기도 한다.

‖ 수평거리 ‖

(2) **보행거리** : 걸어서 간 거리

‖ 보행거리 ‖

답 ③

---

78 소화용수설비에 설치하는 소화수조의 소요수량이 50m³인 경우 채수구의 수는 몇 개인가?

22.09.문79
20.08.문66
20.06.문62
19.09.문77
17.09.문67
11.06.문78

① 1 ② 4
③ 3 ④ 2

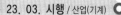
해설 소화수조 · 저수조(NFPC 402 4조, NFTC 402 2.1.3)
(1) 흡수관 투입구 : 한 변이 **0.6m 이상**이거나 직경이 **0.6m 이상**인 것

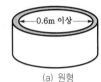

(a) 원형

(b) 사각형

∥ 흡수관 투입구 ∥

소요수량	80m³ 미만	80m³ 이상
흡수관 투입구의 수	1개 이상	2개 이상

(2) **채수구**

소요수량	20~40m³ 미만	40~100m³ 미만	100m³ 이상
채수구의 수	1개	2개 보기 ④	3개

> **용어**
>
> **채수구**
> 소방차의 소방호스와 접결되는 흡입구로 저장되어 있는
> 물을 소방차에 주입하기 위한 구멍

답 ④

★★
79
22.03.문78
18.04.문76

하나의 옥내소화전을 사용하는 노즐선단에서의 방수압력이 0.7MPa를 초과할 경우에 감압장치를 설치하여야 하는 곳은?

① 방수구 연결배관
② 호스접결구의 인입측
③ 노즐선단
④ 노즐 안쪽

해설 **감압장치**(NFPC 102 5조, NFTC 102 2.2.1.3)
옥내소화전설비의 소방호스 노즐의 방수압력의 허용범위는 **0.17~0.7MPa**이다. **0.7MPa**을 초과시에는 **호스접결구**의 **인입측**에 **감압장치**를 설치하여야 한다. 보기 ②

> 📣 **중요**
>
> **각 설비의 주요사항**
>
> | 구 분 | 옥내소화전설비 | 옥외소화전설비 |
> |---|---|---|
> | 방수압 | 0.17~0.7MPa 이하 | 0.25~0.7MPa 이하 |
> | 방수량 | 130L/min 이상 (30층 미만 : 최대 **2개**, 30층 이상 : 최대 **5개**) | 350L/min 이상 (최대 **2개**) |
> | 방수구경 | 40mm | 65mm |
> | 노즐구경 | 13mm | 19mm |

답 ②

★★★
80
21.03.문65
19.04.문62
12.05.문62

물분무소화설비가 설치된 주차장 바닥의 집수관 소화피트 등 기름분리장치는 몇 m 이하마다 설치하여야 하는가?

① 10m
② 20m
③ 30m
④ 40m

해설 **물분무소화설비**의 **배수설비**(NFPC 104 11조, NFTC 104 2.8)
(1) **10cm 이상**의 경계턱으로 배수구 설치(차량이 주차하는 곳)
(2) **40m 이하**마다 기름분리장치 설치 보기 ④

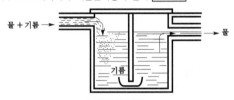

∥ 기름분리장치 ∥

(3) 차량이 주차하는 바닥은 $\dfrac{2}{100}$ 이상의 기울기 유지

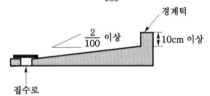

∥ 배수설비 ∥

(4) 배수설비는 가압송수장치의 **최대송수능력**의 수량을 유효하게 배수할 수 있는 크기 및 기울기일 것

> 🚗 **참고**
>
> **기울기**
>
> | 기울기 | 설 명 |
> |---|---|
> | $\dfrac{1}{100}$ 이상 | 연결살수설비의 수평주행배관 |
> | $\dfrac{2}{100}$ 이상 | 물분무소화설비의 배수설비 |
> | $\dfrac{1}{250}$ 이상 | 습식설비 · 부압식설비 외 설비의 가지 배관 |
> | $\dfrac{1}{500}$ 이상 | 습식설비 · 부압식설비 외 설비의 수평주행배관 |

답 ④

2023. 5. 13 시행

▌2023년 산업기사 제2회 필기시험 CBT 기출복원문제 ▌			수험번호	성명

자격종목 **소방설비산업기사(기계분야)**	종목코드	시험시간 **2시간**	형별		

※ 각 문항은 4지택일형으로 질문에 가장 적합한 보기 항을 선택하여 체크하여야 합니다.

제1과목　소방원론

01 열에너지원 중 화학적 열에너지가 아닌 것은?

18.03.문05
16.05.문14
16.03.문17
15.03.문04
09.05.문06
05.09.문12

① 분해열
② 용해열
③ 유도열
④ 생성열

해설 ③ 전기적 열에너지

열에너지원의 종류

기계열 (기계적 열에너지)	전기열 (전기적 열에너지)	화학열 (화학적 열에너지)
• **압**축열 • **마**찰열 • **마**찰스파크(스파크열)	• 유도열 • 유전열 • 저항열 • 아크열 • 정전기열 • 낙뢰에 의한 열	• **연**소열 • **용**해열 • **분**해열 • **생**성열 • **자**연발화열

기억법 기압마

기억법 화연용분생자

- 기계열=기계적 점화원=기계적 열에너지
- 전기열=전기적 점화원=전기적 열에너지
- 화학열=화학적 점화원=화학적 열에너지

답 ③

02 감광계수에 따른 가시거리 및 상황에 대한 설명으로 틀린 것은?

21.03.문02
17.05.문10
01.06.문17

① 감광계수 0.1m⁻¹는 연기감지기가 작동할 정도의 연기농도이고, 가시거리는 20~30m이다.
② 감광계수 0.5m⁻¹는 거의 앞이 보이지 않을 정도의 농도이고, 가시거리는 1~2m이다.
③ 감광계수 10m⁻¹는 화재 최성기 때의 연기농도를 나타낸다.
④ 감광계수 30m⁻¹는 출화실에서 연기가 분출할 때의 농도이다.

해설 ② $0.5m^{-1} \rightarrow 1m^{-1}$

감광계수에 따른 가시거리 및 상황

감광계수 [m⁻¹]	가시거리 [m]	상황
0.1	20~30	연기감지기가 작동할 때의 농도 보기 ①
0.3	5	건물 내부에 익숙한 사람이 피난에 지장을 느낄 정도의 농도
0.5	3	어두운 것을 느낄 정도의 농도
1	1~2	거의 앞이 보이지 않을 정도의 농도 보기 ②
10	0.2~0.5	화재 최성기 때의 농도 보기 ③
30	–	출화실에서 연기가 분출할 때의 농도 보기 ④

답 ②

03 실내 화재 발생시 순간적으로 실 전체로 화염이 확산되면서 온도가 급격히 상승하는 현상은?

21.05.문05
17.03.문10
12.03.문15
11.06.문06
09.08.문04
09.03.문13

① 제트 파이어(jet fire)
② 파이어볼(fireball)
③ 플래시오버(flashover)
④ 리프트(lift)

해설 **화재현상**

용어	설명
제트 파이어 (jet fire)	압축 또는 액화상태의 가스가 **저장탱크**나 **배관**에서 **누출**되어 분출하면서 주위 공기와 혼합되어 점화원을 만나 발생하는 화재
파이어볼 (fireball, 화구)	**인화성 액체**가 **대량**으로 **기화**되어 갑자기 발화될 때 발생하는 **공모양**의 화염
플래시오버 (flashover)	화재로 인하여 실내의 온도가 급격히 상승하여 화재가 **순간적**으로 **실내 전체**에 **확산**되어 연소되는 현상 보기 ③
리프트 (lift)	버너 내압이 높아져서 **분출속도**가 **빨라지는** 현상
백파이어 (backfire, 역화)	가스가 노즐에서 나가는 속도가 연소속도보다 느리게 되어 **버너 내부에서 연소**하게 되는 현상

답 ③

04 피난대책의 일반적인 원칙으로 틀린 것은?

21.09.문11
17.03.문08
15.03.문07
12.03.문12

① 피난경로는 간단 명료하게 한다.
② 피난구조설비는 고정식 설비보다 이동식 설비를 위주로 설치한다.
③ 피난수단은 원시적 방법에 의한 것을 원칙으로 한다.
④ 2방향 피난통로를 확보한다.

 ② 고정식 설비위주 설치

피난대책의 **일반적인 원칙**(피난안전계획)
(1) 피난경로는 **간단 명료**하게 한다.(피난경로는 가능한 한 짧게 한다.) 보기 ①
(2) 피난구조설비는 **고정식 설비**를 위주로 설치한다. 보기 ②
(3) 피난수단은 **원시적 방법**에 의한 것을 원칙으로 한다. 보기 ③
(4) **2방향**의 피난통로를 확보한다. 보기 ④
(5) 피난통로를 **완전불연화**한다.
(6) 막다른 복도가 없도록 계획한다.
(7) 피난구조설비는 Fool proof와 Fail safe의 원칙을 중시한다.
(8) 비상시 **본능상태**에서도 혼돈이 없도록 한다.
(9) 건축물의 용도를 고려한 피난계획을 수립한다.

답 ②

05 목조건축물의 온도와 시간에 따른 화재특성으로 옳은 것은?

22.03.문18
18.03.문16
17.03.문13
14.05.문09
13.09.문09
10.09.문08

① 저온단기형
② 저온장기형
③ 고온단기형
④ 고온장기형

목조건물의 화재온도 표준곡선	내화건물의 화재온도 표준곡선
• 화재성상 : **고온단**기형 보기 ③ • 최고온도(최성기온도) : <u>1300</u>℃	• 화재성상 : 저온장기형 • 최고온도(최성기온도) : 900~1000℃

온도 / 시간

온도 / 시간

기억법 목고단 13

• 목조건물=목재건물

답 ③

06 건축물 내부 화재시 연기의 평균 수직이동속도는 약 몇 m/s인가?

22.04.문15
21.03.문09
20.08.문07
17.03.문06
16.10.문19
06.03.문16

① 0.01~0.05
② 0.5~1
③ 2~3
④ 20~30

연기의 이동속도

방향 또는 장소	이동속도
수평방향(수평이동속도)	0.5~1m/s
수직방향(수직이동속도)	2~3m/s 보기 ③
계단실 내의 수직이동속도	3~5m/s

기억법 3계5(**삼계**탕 드시러 **오**세요.)

답 ③

07 적린의 착화온도는 약 몇 ℃인가?

22.03.문04
18.03.문06
14.09.문14
14.05.문04
12.03.문04
07.05.문03

① 34
② 157
③ 180
④ 260

물 질	인화점	발화점
프로필렌	−107℃	497℃
에틸에터, 다이에틸에터	−45℃	180℃
가솔린(휘발유)	−43℃	300℃
이황화탄소	−30℃	100℃
아세틸렌	−18℃	335℃
아세톤	−18℃	538℃
에틸알코올	13℃	423℃
적린	−	260℃ 보기 ④

기억법 적26(**적**이 **육**지에 있다.)

• 발화점=발화온도=착화온도=착화점

답 ④

08 햇볕에 장시간 노출된 기름걸레가 자연발화한 경우 그 원인으로 옳은 것은?

17.05.문07
15.05.문05
11.06.문12

① 산소의 결핍
② 산화열 축적
③ 단열 압축
④ 정전기 발생

산화열

산화열이 축적되는 경우	산화열이 축적되지 않는 경우
햇빛에 방치한 기름걸레는 산화열이 축적되어 자연발화를 일으킬 수 있다. 보기 ②	기름걸레를 빨랫줄에 걸어 놓으면 산화열이 축적되지 않아 자연발화는 일어나지 않는다.

중요

자연발화의 형태

자연발화 형태	종 류
분해열	• **셀**룰로이드 • **나**이트로셀룰로오스 **기억법** 분셀나
산화열	• 건성유(정어리유, 아마인유, 해바라기유) • 석탄 • 원면 • 고무분말
발효열	• **퇴**비 • **먼**지 • **곡**물 **기억법** 발퇴먼곡
흡착열	• **목**탄 • **활**성탄 **기억법** 흡목탄활

기억법 자분산발흡

답 ②

★★★
09

22.03.문17
18.03.문03
12.03.문08
11.06.문20
10.03.문14
09.08.문04
04.09.문05

기름탱크에서 화재가 발생하였을 때 탱크 하부에 있는 물 또는 물-기름 에멀션이 뜨거운 열유층에 의해서 가열되어 유류가 탱크 밖으로 갑자기 분출하는 현상은?

① 리프트(lift)

② 백파이어(backfire)

③ 플래시오버(flashover)

④ 보일오버(boilover)

해설 보일오버(boilover)

(1) 중질유의 탱크에서 장시간 조용히 연소하다 탱크 내의 잔존기름이 갑자기 분출하는 현상

(2) 유류탱크에서 탱크바닥에 물과 기름의 **에멀션**이 섞여 있을 때 이로 인하여 화재가 발생하는 현상 보기 ④

(3) 연소유면으로부터 100℃ 이상의 열파가 탱크 저부에 고여 있는 물을 비등하게 하면서 연소유를 탱크 밖으로 비산시키며 연소하는 현상

용어

구 분	설 명
리프트 (lift)	버너 내압이 높아져서 **분출속도가 빨라지는** 현상
백파이어 (backfire, 역화)	가스가 노즐에서 나가는 속도가 연소속도보다 느리게 되어 **버너 내부에서 연소**하게 되는 현상
플래시오버 (flashover)	화재로 인하여 실내의 온도가 급격히 상승하여 화재가 **순간적으로 실내 전체에 확산**되어 연소되는 현상

답 ④

★★★
10

22.04.문03
16.10.문09
16.05.문06
13.06.문12

건축법상 건축물의 주요구조부에 해당되지 않는 것은?

① 지붕틀   ② 내력벽

③ 주계단   ④ 최하층 바닥

해설

④ 최하층 바닥 : 주요구조부에서 제외

주요구조부

(1) 내력**벽** 보기 ②

(2) **보**(작은 보 제외)

(3) **지**붕틀(차양 제외) 보기 ①

(4) **바**닥(최하층 바닥 제외) 보기 ④

(5) **주**계단(옥외계단 제외) 보기 ③

(6) **기**둥(사잇기둥 제외)

기억법 벽보지 바주기

답 ④

★★
11

18.08.문03
16.05.문07

실험군 쥐를 15분 동안 노출시켰을 때 실험군의 절반이 사망하는 치사농도는?

① ODP   ② GWP

③ NOAEL   ④ ALC

해설 ALC(Approximate Lethal Concentration, 치사농도)

(1) 실험쥐의 50%를 15분 이내에 사망시킬 수 있는 허용농도

(2) 실험쥐를 15분 동안 노출시켰을 때 실험쥐의 **절반**이 사망하는 치사농도

중요

독성학의 허용농도

(1) LD₅₀과 LC₅₀

LD_{50}(Lethal Dose, 반수치사량)	LC_{50}(Lethal Concentration, 반수치사농도)
실험쥐의 50%를 사망시킬 수 있는 물질의 양	실험쥐의 50%를 사망시킬 수 있는 물질의 농도

(2) LOAEL과 NOAEL

LOAEL(Lowest Observed Adverse Effect Level)	NOAEL(No Observed Adverse Effect Level)
인간의 심장에 영향을 주지 않는 최소농도	인간의 심장에 영향을 주지 않는 최대농도

(3) TLV(Threshold Limit Values, 허용한계농도)
독성 물질의 섭취량과 인간에 대한 그 반응 정도를 나타내는 관계에서 손상을 입히지 않는 농도 중 가장 큰 값

TLV 농도표시법	정 의
TLV-TWA (시간가중 평균농도)	매일 일하는 근로자가 하루에 8시간씩 근무할 경우 근로자에게 노출되어도 아무런 영향을 주지 않는 최고평균농도
TLV-STEL (단시간 노출허용농도)	단시간 동안 노출되어도 유해한 증상이 나타나지 않는 최고 허용농도
TLV-C (최고 허용한계농도)	단 한순간이라도 초과하지 않아야 하는 농도

답 ④

12

17.05.문08

단백포 소화약제의 안정제로 철염을 첨가하였을 때 나타나는 현상이 아닌 것은?

① 포의 유면봉쇄성 저하
② 포의 유동성 저하
③ 포의 내화성 향상
④ 포의 내유성 향상

해설 ① 저하 → 향상(우수)

단백포의 장·단점

장 점	단 점
① **내열성** 우수	① 소화기간이 길다.
② **유면봉쇄성** 우수	② 유동성이 좋지 않다.
③ 내화성 향상(우수)	③ 변질에 의한 저장성 불량
④ 내유성 향상(우수)	④ 유류오염

답 ①

13

칼륨이 물과 반응하면 위험한 이유는?

21.05.문13
18.04.문17
15.03.문09
13.06.문15
10.05.문07

① 수소가 발생하기 때문에
② 산소가 발생하기 때문에
③ 이산화탄소가 발생하기 때문에
④ 아세틸렌이 발생하기 때문에

해설 **주수소화**(물소화)시 위험한 물질

위험물	발생물질
무기과산화물	**산소**(O_2) 발생
① 금속분 ② 마그네슘 ③ 알루미늄 ④ 칼륨 → ⑤ 나트륨 ⑥ 수소화리튬	**수소**(H_2) 발생
가연성 액체의 유류화재(경유)	**연소면**(화재면) 확대

중요

경유화재시 주수소화가 **부적당**한 이유
물보다 비중이 가벼워 물 위에 떠서 **화재 확대**의 우려가 있기 때문이다.

답 ①

14

가연물의 종류에 따른 화재의 분류로 틀린 것은?

18.04.문05
17.05.문09
16.10.문20
16.05.문09
15.09.문17
15.05.문15
15.03.문19
14.09.문01
14.09.문15
14.05.문05
14.05.문20
14.03.문19
13.06.문09
10.03.문07

① 일반화재 : A급
② 유류화재 : B급
③ 전기화재 : C급
④ 주방화재 : D급

해설 ④ D급 → K급

화재의 분류

화재 종류	표시색	적응물질
일반화재(A급)	백색	① 일반가연물(목탄) ② 종이류 화재 ③ 목재·섬유화재
유류화재(B급)	황색	① 가연성 액체(등유·아마인유 등) ② 가연성 가스 ③ 액화가스화재 ④ 석유화재 ⑤ 알코올류
전기화재(C급)	청색	전기설비
금속화재(D급)	무색	가연성 금속
주방화재(K급)	–	식용유화재

※ 요즘은 표시색의 의무규정은 없음

답 ④

15

18.09.문12
16.03.문46
14.09.문57
13.03.문09
13.03.문20

제4류 위험물을 취급하는 위험물제조소에 설치하는 게시판의 주의사항으로 옳은 것은?

① 화기엄금
② 물기주의
③ 화기주의
④ 충격주의

해설 **위험물규칙** 〔별표 4〕
위험물제조소의 게시판 설치기준

위험물	주의 사항	비 고
• 제1류 위험물(알칼리금속의 과산화물) • 제3류 위험물(금수성 물질)	물기 엄금	**청색**바탕에 **백색**문자
제2류 위험물(인화성 고체 제외)	화기 주의	**적색**바탕에 **백색**문자
• 제2류 위험물(인화성 고체) • 제3류 위험물(자연발화성 물질) • 제**4**류 위험물 • 제5류 위험물	**화기 엄금**	
제6류 위험물		별도의 표시를 하지 않는다.

기억법 화4엄(화사함), 화엄적백

답 ①

16

화재의 분류방법 중 전기화재의 표시색은?

17.05.문19
16.10.문20
16.05.문09
15.03.문19
14.09.문01
14.09.문15
14.05.문05
14.05.문20
14.03.문19
13.06.문09

① 무색
② 청색
③ 황색
④ 백색

화재 종류	표시색	적응물질
일반화재(A급)	**백**색	• 일반가연물 • **종이류** 화재 • **목재, 섬유**화재
유류화재(B급)	**황**색	• 가연성 액체 • 가연성 가스 • 액화가스화재 • 석유화재
전기화재(C급)	**청**색 보기 ②	• **전기설비**
금속화재(D급)	**무**색	• 가연성 금속
주방화재(K급)	–	• 식용유화재

기억법 백황청무

※ 요즘은 표시색의 의무규정은 없음

답 ②

★★★
17 다음 중 인화점이 가장 낮은 물질은?

22.04.문12
19.04.문06
17.09.문11
17.03.문02
14.03.문02
08.09.문06

① 산화프로필렌
② 이황화탄소
③ 아세틸렌
④ 다이에틸에터

해설
① -37℃ ② -30℃
③ -18℃ ④ -45℃

인화점 vs 착화점

물 질	인화점	착화점
• 프로필렌	-107℃	497℃
• 에틸에터 • 다이틸에터 보기 ④	-45℃	180℃
• 가솔린(휘발유)	-43℃	300℃
• **산**화프로필렌 보기 ①	-37℃	465℃
• **이**황화탄소 보기 ②	-30℃	100℃
• 아세틸렌 보기 ③	-18℃	335℃
• 아세톤	-18℃	538℃
• 벤젠	-11℃	562℃
• 톨루엔	4.4℃	480℃
• **메**틸알코올	11℃	464℃
• 에틸알코올	13℃	423℃
• 아세트산	40℃	–
• **등**유	43~72℃	210℃
• **경**유	50~70℃	200℃
• 적린	–	260℃

기억법 인산 이메등경

• 착화점=발화점=착화온도=발화온도
• 인화점=인화온도

답 ④

★★★
18 오존파괴지수(ODP)가 가장 큰 것은?

18.04.문20
17.09.문06
16.05.문10
11.03.문09
06.03.문18

① Halon 104
② CFC 11
③ Halon 1301
④ CFC 113

해설 **할론 1301**(Halon 1301)
(1) 할론소화약제 중 **소화효과**가 가장 좋다.
(2) 할론소화약제 중 **독성**이 가장 약하다.
(3) 할론소화약제 중 **오존파괴지수**가 가장 높다.

ODP=0인 **할로겐화합물 및 불활성기체 소화약제**
(1) FC-3-1-10
(2) HFC-125
(3) **HFC-227ea**
(4) HFC-23
(5) IG-541

용어

오존파괴지수(ODP ; Ozone Depletion Potential)
어떤 물질의 오존파괴능력을 상대적으로 나타내는 지표
$$ODP = \frac{\text{어떤 물질 1kg이 파괴하는 오존량}}{\text{CFC 11의 1kg이 파괴하는 오존량}}$$

답 ③

★★★
19 건축물 화재시 계단실 내 연기의 수직이동속도
는 약 몇 m/s인가?

17.03.문06
16.10.문19
06.03.문16

① 0.5~1 ② 1~2
③ 3~5   ④ 10~15

해설 **연기**의 **이동속도**

방향 또는 장소	이동속도
수평방향	0.5~1m/s
수직방향	2~3m/s
계단실 내의 수직이동속도	**3~5**m/s 보기 ③

기억법 3계5(**삼계**탕 드시러 **오**세요.)

답 ③

★★★
20 다음 불꽃의 색상 중 가장 온도가 높은 것은?

17.09.문04
17.03.문01
14.03.문17
13.06.문17

① 암적색 ② 적색
③ 휘백색 ④ 휘적색

해설 **연소**의 **색과 온도**

색	온도[℃]
암적색(진홍색)	700~750
적색	850
휘적색(주황색)	925~950
황적색	1100
백적색(백색)	1200~1300
휘백색 보기 ③	1500

※ 불꽃의 색상 중 낮은 온도에서 높은 온도의 순서
암적색<**황**적색<**백**적색<**휘**백색

 암황백휘

답 ③

제 2 과목   소방유체역학

★★★
21 단면적이 10m²이고 두께가 2.5cm인 단열재를 통
과하는 열전달량이 3kW이다. 내부(고온)면의 온
도가 415℃이고 단열재의 열전도도가 0.2W/m·K
일 때 외부(저온)면의 온도[℃]는?

21.05.문34
20.08.문39
19.09.문38
19.04.문23
16.05.문35
12.05.문28

① 353.7 ② 377.5
③ 396.2 ④ 402.4

해설 (1) 기호

- A : 10m²
- l : 2.5cm=0.025m(100cm=1m)
- $\mathring{q}$: 3kW=3000W(1kW=1000W)
- T_2 : 415℃
- k : 0.2W/m·K
- T_1 : ?

(2) 전도

$$\mathring{q} = \frac{kA(T_2 - T_1)}{l}$$

여기서, $\mathring{q}$: 열전달량[W]
    k : 열전도율[W/m·K]
    A : 면적[m²]
    $T_2 - T_1$: 온도차[℃] 또는 [K]
    l : 벽체두께[m]

- 열전달량=열전달률=열유동률=열흐름률

$$\mathring{q} = \frac{kA(T_2 - T_1)}{l}$$

$$\mathring{q}l = kA(T_2 - T_1)$$

$$\frac{\mathring{q}l}{kA} = T_2 - T_1$$

$$T_1 = T_2 - \frac{\mathring{q}l}{kA}$$

$$= 415℃ - \frac{3000W \times 0.025m}{0.2W/m·K \times 10m²}$$

$$= 377.5℃$$

- $T_2 - T_1$은 온도차이므로 ℃ 또는 K 어느 단위를 적용해도 답은 동일하게 나온다.

답 ②

★★★
22 급격 확대관과 급격 축소관에서 부차적 손실계
수를 정의하는 기준속도는?

21.05.문26
19.09.문24
17.09.문27
16.05.문29
14.03.문23
04.03.문24

① 급격 확대관 : 상류속도
   급격 축소관 : 상류속도
② 급격 확대관 : 하류속도
   급격 축소관 : 하류속도
③ 급격 확대관 : 상류속도
   급격 축소관 : 하류속도
④ 급격 확대관 : 하류속도
   급격 축소관 : 상류속도

해설 부차적 손실계수

급격 확대관	급격 축소관
상류속도 기준	**하**류속도 기준 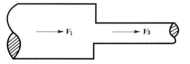 축하
작은 관을 기준으로 한다.	

- 급격 확대관=급확대관=돌연 확대관
- 급격 축소관=급축소관=돌연 축소관

🔧 **중요**

(1) **돌연 축소관**에서의 손실

$$H = K\frac{V_2{}^2}{2g}$$

여기서, H : 손실수두[m]
    K : 손실계수
    V_2 : 축소관 유속(출구속도)[m/s]
    g : 중력가속도(9.8m/s²)

| 돌연 축소관 |

(2) **돌연 확대관**에서의 손실

$$H = K\frac{(V_1 - V_2)^2}{2g}$$

여기서, H : 손실수두[m]
    K : 손실계수
    V_1 : 축소관 유속[m/s]
    V_2 : 확대관 유속[m/s]
    $V_1 - V_2$: 입·출구 속도차[m/s]
    g : 중력가속도(9.8m/s²)

| 돌연 확대관 |

답 ③

★★★
23
21.03.문29
18.03.문39
11.10.문26
11.03.문21
10.03.문28

관 속의 부속품을 통한 유체흐름에서 관의 등가길이(상당길이)를 표현하는 식은? (단, 부차적 손실계수는 K, 관의 지름은 d, 관마찰계수는 f이다.)

① Kfd
② $\dfrac{fd}{K}$
③ $\dfrac{Kf}{d}$
④ $\dfrac{Kd}{f}$

 해설 등가길이

$$L_e = \frac{Kd}{f}$$

여기서, L_e : 등가길이[m]
　　　　K : 부차적 손실계수
　　　　d : 내경(지름)[m]
　　　　f : 마찰손실계수(관마찰계수)

● 등가길이＝상당길이＝상당관길이
● 마찰계수＝마찰손실계수＝관마찰계수

답 ④

★★★
24
17.03.문29
17.09.문37
15.09.문38
11.10.문24

비중이 0.7인 물체를 물에 띄우면 전체 체적의 몇 %가 물속에 잠기는가?

① 30%
② 49%
③ 70%
④ 100%

해설 (1) 기호
● s_0 : 0.7

(2) 비중

$$V = \frac{s_0}{s}$$

여기서, V : 물에 잠겨진 체적
　　　　s_0 : 어떤 물질의 비중(물체의 비중)
　　　　s : 표준물질의 비중(물의 비중 1)
물에 잠겨진 체적 V는

$$V = \frac{s_0}{s} = \frac{0.7}{1} = 0.7 = 70\%$$

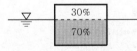

답 ③

★★★
25
21.03.문21
14.05.문24
13.09.문22

열역학 법칙 중 제2종 영구기관의 제작이 불가능함을 역설한 내용은?

① 열역학 제0법칙
② 열역학 제1법칙
③ 열역학 제2법칙
④ 열역학 제3법칙

해설 열역학의 법칙

(1) **열역학 제0법칙** (열평형의 법칙)
온도가 높은 물체에 낮은 물체를 접촉시키면 온도가 높은 물체에서 낮은 물체로 열이 이동하여 두 물체의 **온도**는 **평형**을 이루게 된다.

(2) **열역학 제1법칙** (에너지보존의 법칙)
기체의 공급에너지는 **내부에너지**와 외부에서 한 일의 합과 같다.

(3) **열역학 제2법칙**
㉠ 열은 스스로 **저온**에서 **고온**으로 절대로 흐르지 않는다.
㉡ 열은 그 스스로 저열원체에서 고열원체로 이동할 수 없다.
㉢ 자발적인 변화는 **비가역적**이다.
㉣ 열을 완전히 일로 바꿀 수 있는 **열기관**을 만들 수 **없다**. (제2종 영구기관의 제작이 불가능하다.) 보기 ③
㉤ 열기관에서 일을 얻으려면 최소 **두 개**의 **열원**이 필요하다.

기억법 2기(이기자!)

(4) **열역학 제3법칙**
순수한 물질이 1atm하에서 결정상태이면 엔트로피는 0K에서 0이다.

답 ③

★★★
26
22.03.문34
19.04.문40
15.09.문22
13.09.문32

물탱크에 연결된 마노미터의 눈금이 그림과 같을 때 점 A에서의 게이지압력은 몇 kPa인가? (단, 수은의 비중은 13.6이다.)

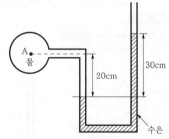

① 32
② 38
③ 43
④ 47

해설 (1) 기호
● P_A : ?
● s : 13.6
● h_1 : 20cm=0.2m
● h_2 : 30cm=0.3m

(2) 비중

$$s = \frac{\gamma}{\gamma_w}$$

여기서, s : 비중
　　　　γ : 어떤 물질의 비중량[N/m³]
　　　　γ_w : 물의 비중량(9800N/m³)
수은의 비중량 γ는
$\gamma = s \cdot \gamma_w$
　＝$13.6 \times 9800\text{N/m}^3$
　＝133280N/m^3
　＝133.28kN/m^3

(3) 시차액주계

$$P_A + \gamma_1 h_1 - \gamma_2 h_2 = 0$$

여기서, P_A : 계기압력[kPa] 또는 [kN/m²]
　　　　γ_1, γ_2 : 비중량(물의 비중량 9800N/m³)
　　　　h_1, h_2 : 높이[m]

• 마노미터의 한쪽 끝이 **대기압**이므로 이부분의 게이지압력=0

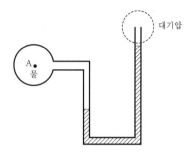

계기압력 P_A는

$$P_A = -\gamma_1 h_1 + \gamma_2 h_2$$
$$= -9.8\text{kN/m}^3 \times 0.2\text{m} + 133.28\text{kN/m}^3 \times 0.3\text{m}$$
$$\fallingdotseq 38\text{kN/m}^2$$
$$= 38\text{kPa}$$

• 1kN/m²=1kPa이므로 38kN/m²=38kPa

중요

시차액주계의 **압력계산방법**
점 A를 기준으로 내려가면 더하고, 올라가면 빼면 된다.

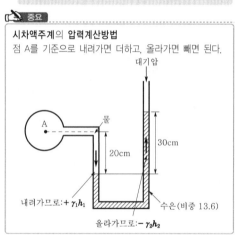

답 ②

★★★
27 다음 그림과 같은 U자관 차압마노미터가 있다. 압력차 $P_A - P_B$를 바르게 표시한 것은? (단, γ_1, γ_2, γ_3는 비중량, h_1, h_2, h_3는 높이 차이를 나타낸다.)

21.03.문22
19.09.문36
19.03.문30
13.06.문25

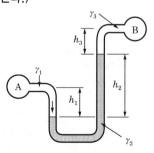

① $-\gamma_1 h_1 - \gamma_2 h_2 + \gamma_3 h_3$

② $-\gamma_1 h_1 + \gamma_2 h_2 + \gamma_3 h_3$

③ $\gamma_1 h_1 + \gamma_2 h_2 - \gamma_3 h_3$

④ $\gamma_1 h_1 - \gamma_2 h_2 - \gamma_3 h_3$

해설 (1) **주어진 값**

• 압력차 : $P_A - P_B$ [kN/m²=kPa]
• 비중량 : γ_1, γ_2, γ_3 [kN/m³]
• 높이차 : h_1, h_2, h_3 [m]

(2) **압력차**

$$P_A + \gamma_1 h_1 - \gamma_2 h_2 - \gamma_3 h_3 = P_B$$
$$P_A - P_B = -\gamma_1 h_1 + \gamma_2 h_2 + \gamma_3 h_3$$

중요

시차액주계의 **압력계산방법**
점 A를 기준으로 내려가면 더하고, 올라가면 빼면 된다.

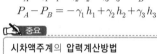

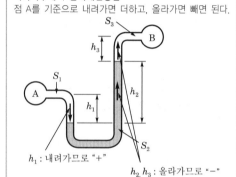

h_1 : 내려가므로 "+"

h_2, h_3 : 올라가므로 "−"

답 ②

★★★
28 표준 대기압 상태에서 15℃의 물 2kg을 모두 기체로 증발시키고자 할 때 필요한 에너지는 약 몇 kJ인가? (단, 물의 비열은 4.2kJ/kg·K, 기화열은 2256kJ/kg이다.)

21.03.문37
19.03.문25
17.03.문38
15.05.문19
14.05.문03
14.03.문28
11.10.문18

① 355   ② 1248

③ 2256   ④ 5226

해설 (1) **기호**

• m : 2kg
• C : 4.2kJ/kg·℃
• r : 2256kJ/kg
• Q : ?

(2) **열량**

$$Q = mC\Delta T + rm$$

여기서, Q : 열량[kJ]
r : 기화열[kJ/kg]
m : 질량[kg]
C : 비열[kJ/kg·℃] 또는 [kJ/kg·K]
ΔT : 온도차[℃] 또는 [K]

(3) 15℃ 물 → 100℃ 물

열량 Q_1는

$Q_1 = mC\Delta T$

$= 2\text{kg} \times 4.2\text{kJ/kg} \cdot \text{K} \times (100-15)℃$

$= 714\text{kJ}$

- ΔT(온도차)를 구할 때는 ℃로 구하든지 K로 구하든지 그 값은 같으므로 편한대로 구하면 된다.

   예 $(100-15)℃ = $**85℃**

   $\text{K} = 273+100 = 373\text{K}$

   $\text{K} = 273+15 = 288\text{K}$

   $(373-288)\text{K} = $**85K**

(4) 100℃ 물 → 100℃ 수증기

열량 Q_2는

$Q_2 = rm = 2256\text{kJ/kg} \times 2\text{kg} = 4512\text{kJ}$

(5) 전체 열량 Q는

$Q = Q_1 + Q_2 = (714 + 4512)\text{kJ} = 5226\text{kJ}$

답 ④

★★★ 29

22.03.문32
21.05.문27
18.03.문27
15.03.문38
10.03.문25

정지유체 속에 잠겨있는 경사진 평면에서 압력에 의해 작용하는 합력의 작용점에 대한 설명으로 옳은 것은?

① 도심의 아래에 있다.

② 도심의 위에 있다.

③ 도심의 위치와 같다.

④ 도심의 위치와 관계가 없다.

해설 힘의 작용점의 중심압력은 경사진 평판의 **도심**의(보다) **아래**에 있다. 보기 ①

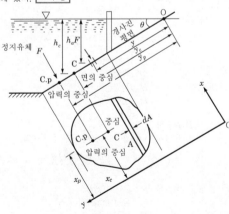

| 힘의 작용점의 중심압력 |

답 ①

★★★ 30

21.03.문34
18.03.문31
15.03.문22
07.03.문36
04.09.문27
02.05.문39

물이 안지름 600mm의 파이프를 통하여 평균 3m/s의 속도로 흐를 때, 유량은 약 몇 m³/s인가?

① 0.34　　　② 0.85

③ 1.82　　　④ 2.88

해설 (1) 기호

- D : 600mm = 0.6m(1000mm = 1m)
- V : 3m/s
- Q : ?

(2) 유량

$$Q = AV = \left(\frac{\pi}{4}D^2\right)V$$

여기서, Q : 유량[m³/s]

A : 단면적[m²]

V : 유속[m/s]

D : 안지름[m]

유량 Q는

$$Q = \left(\frac{\pi}{4}D^2\right)V = \frac{\pi}{4}(0.6\text{m})^2 \times 3\text{m/s} \fallingdotseq 0.85\text{m}^3/\text{s}$$

답 ②

★★★ 31

19.03.문29
18.03.문25
09.08.문26
09.05.문25
06.03.문30

길이 300m, 지름 10cm인 관에 1.2m/s의 평균속도로 물이 흐르고 있다면 손실수두는 약 몇 m인가? (단, 관의 마찰계수는 0.02이다.)

① 2.1　　　② 4.4

③ 6.7　　　④ 8.3

해설 다르시-웨버의 식

$$H = \frac{\Delta P}{\gamma} = \frac{flV^2}{2gD}$$

여기서, H : 마찰손실[m]

ΔP : 압력차[Pa]

γ : 비중량(물의 비중량 9800N/m³)

f : 관마찰계수

l : 길이[m]

V : 유속[m/s]

g : 중력가속도(9.8m/s²)

D : 내경(지름)[m]

속도수두 H는

$$H = \frac{flV^2}{2gD} = \frac{0.02 \times 300\text{m} \times (1.2\text{m/s})^2}{2 \times 9.8\text{m/s}^2 \times 10\text{cm}}$$

$$= \frac{0.02 \times 300\text{m} \times (1.2\text{m/s})^2}{2 \times 9.8\text{m/s}^2 \times 0.1\text{m}} \fallingdotseq 4.4\text{m}$$

답 ②

★★★ 32

22.03.문31
17.05.문22
09.05.문23

회전속도 1000rpm일 때 유량 Q[m³/min], 전양정 H[m]인 원심펌프가 상사한 조건에서 회전속도가 1200rpm으로 작동할 때 유량 및 전양정은 어떻게 변하는가?

① 유량 = $1.2Q$, 전양정 = $1.44H$

② 유량 = $1.2Q$, 전양정 = $1.2H$

③ 유량 = $1.44Q$, 전양정 = $1.44H$

④ 유량 = $1.44Q$, 전양정 = $1.2H$

해설 (1) **기호**

- N_1 : 1000rpm
- N_2 : 1200rpm
- Q_2 : ?
- H_2 : ?

(2) **유량**(송출량)

$$Q_2 = Q_1 \times \left(\frac{N_2}{N_1}\right)$$

여기서, Q_2 : 변경 후 유량[m³/min]
Q_1 : 변경 전 유량[m³/min]
N_2 : 변경 후 회전수[rpm]
N_1 : 변경 전 회전수[rpm]

유량 Q_2는

$$Q_2 = Q_1 \times \left(\frac{N_2}{N_1}\right) = Q_1 \times \left(\frac{1200\,\mathrm{rpm}}{1000\,\mathrm{rpm}}\right) = 1.2 Q_1$$

(3) **양정**(전양정)

$$H_2 = H_1 \times \left(\frac{N_2}{N_1}\right)^2$$

여기서, H_2 : 변경 후 양정[m]
H_1 : 변경 전 양정[m]
N_2 : 변경 후 회전수[rpm]
N_1 : 변경 전 회전수[rpm]

양정 H_2는

$$H_2 = H_1 \times \left(\frac{N_2}{N_1}\right)^2 = H_1 \times \left(\frac{1200\,\mathrm{rpm}}{1000\,\mathrm{rpm}}\right)^2 = 1.44 H_1$$

답 ①

★★★
33 유동하는 물의 속도가 12m/s, 압력이 98kPa이다. 이때 속도수두와 압력수두는 각각 얼마인가?

21.03.문24
18.04.문36
03.05.문35
01.06.문31

① 7.35m, 10m ② 43.5m, 10.5m
③ 7.35m, 20.3m ④ 0.66m, 10m

해설 (1) **기호**

- V : 12m/s
- P : 98kPa=98kN/m²(1kPa=1kN/m²)
- $H_속$: ?
- $H_압$: ?

(2) **속도수두**

$$H_속 = \frac{V^2}{2g}$$

여기서, $H_속$: 속도수두[m]
V : 유속[m/s]
g : 중력가속도(9.8m/s²)

속도수두 $H_속$는

$$H_속 = \frac{V^2}{2g} = \frac{(12\mathrm{m/s})^2}{2 \times 9.8\mathrm{m/s^2}} \fallingdotseq 7.35\mathrm{m}$$

(3) **압력수두**

$$H_압 = \frac{P}{\gamma}$$

여기서, $H_압$: 압력수두[m]
γ : 비중량[kN/m³]
P : 압력[kPa 또는 kN/m²]

압력수두 $H_압$는

$$H_압 = \frac{P}{\gamma} = \frac{98\mathrm{kN/m^2}}{9.8\mathrm{kN/m^3}} = 10\mathrm{m}$$

- **물의 비중량** $\gamma = 9.8\mathrm{kN/m^3}$

답 ①

★★★
34 물 소화펌프의 토출량이 0.7m³/min, 양정 60m, 펌프효율 72%일 경우 전동기 용량은 약 몇 kW인가? (단, 펌프의 전달계수는 1.1이다.)

21.05.문21
19.03.문22
17.09.문24
17.05.문36
11.06.문25
03.05.문80

① 10.5 ② 12.5
③ 14.5 ④ 15.5

해설 (1) **기호**

- Q : 0.7m³/min
- H : 60m
- η : 72%=0.72
- P : ?
- K : 1.1

(2) **전동기 용량**(소요동력) P는

$$P = \frac{0.163QH}{\eta}K$$
$$= \frac{0.163 \times 0.7\mathrm{m^3/min} \times 60\mathrm{m}}{0.72} \times 1.1 \fallingdotseq 10.5\mathrm{kW}$$

 중요

펌프의 동력
(1) **전동력**
일반적인 전동기의 동력(용량)을 말한다.

$$P = \frac{0.163\,QH}{\eta}K$$

여기서, P : 전동력[kW]
Q : 유량[m³/min]
H : 전양정[m]
K : 전달계수
η : 효율

(2) **축동력**
전달계수(K)를 고려하지 않은 동력이다.

$$P = \frac{0.163\,QH}{\eta}$$

여기서, P : 축동력[kW]
Q : 유량[m³/min]
H : 전양정[m]
η : 효율

(3) **수동력**
전달계수(K)와 효율(η)을 고려하지 않은 동력이다.

$$P = 0.163\,QH$$

여기서, P : 수동력[kW]
Q : 유량[m³/min]
H : 전양정[m]

답 ①

35

30℃의 물이 안지름 2cm인 원관 속을 흐르고 있는 경우 평균속도는 약 몇 m/s인가? (단, 레이놀즈수는 2100, 동점성계수는 $1.006 \times 10^{-6} m^2/s$ 이다.)

18.09.문37
03.05.문31
01.03.문32

① 0.106   ② 1.067
③ 2.003   ④ 0.703

해설 (1) 기호

- Re : 2100
- ν : $1.006 \times 10^{-6} m^2/s$
- D : 2cm=0.02m
- V : ?

(2) 레이놀즈수

$$Re = \frac{DV\rho}{\mu} = \frac{DV}{\nu}$$

여기서, Re : 레이놀즈수
    D : 내경[m]
    V : 유속[m/s]
    ρ : 밀도[kg/m³]
    μ : 점도[kg/m · s]
    ν : 동점성계수$\left(\frac{\mu}{\rho}\right)$[m²/s]

유속(속도) V는

$$V = \frac{Re\nu}{D}$$
$$= \frac{2100 \times 1.006 \times 10^{-6} m^2/s}{2cm}$$
$$= \frac{2100 \times 1.006 \times 10^{-6} m^2/s}{0.02m}$$
$$\fallingdotseq 0.106 m/s$$

답 ①

36

단면적이 $0.01m^2$인 옥내소화전 노즐로 그림과 같이 7m/s로 움직이는 벽에 수직으로 물을 방수할 때 벽이 받는 힘은 약 몇 kN인가?

22.04.문25
17.09.문26
17.05.문37
10.09.문34
09.05.문32

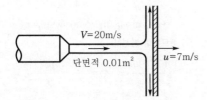

V=20m/s
단면적 0.01m²
u=7m/s

① 1.42   ② 1.69
③ 1.85   ④ 2.14

해설 (1) 기호

- A : $0.01m^2$
- V : 20m/s
- u : 7m/s
- F : ?

(2) 유량

$$Q = AV' = A(V-u)$$

여기서, Q : 유량[m³/s]
    A : 단면적[m²]
    V' : 유속[m/s]
    V : 노즐유속[m/s]
    u : 움직이는 벽의 유속[m/s]

유량 Q는
$$Q = A(V-u)$$
$$= 0.01m^2 \times (20-7)m/s = 0.13m^3/s$$

(3) 벽이 받는 힘

$$F = \rho QV' = \rho Q(V-u)$$

여기서, F : 힘[N]
    ρ : 밀도(물의 밀도 1000N · s²/m⁴)
    Q : 유량[m³/s]
    V' : 유속[m/s]
    V : 노즐유속[m/s]
    u : 움직이는 벽의 유속[m/s]

벽이 받는 힘 F는
$$F = \rho Q(V-u)$$
$$= 1000N \cdot s^2/m^4 \times 0.13m^3/s \times (20-7)m/s$$
$$= 1690N = 1.69kN$$

- 1000N=1kN이므로 1690N=1.69kN

답 ②

37

비중이 0.88인 벤젠에 안지름 1mm의 유리관을 세웠더니 벤젠이 유리관을 따라 9.8mm를 올라 갔다. 유리와의 접촉각이 0°라 하면 벤젠의 표면장력은 몇 N/m인가?

18.09.문22
14.05.문29
06.09.문36

① 0.021   ② 0.042
③ 0.084   ④ 0.128

해설 (1) 기호

- h : 98mm
- γ : $0.88 \times 9800 N/m^3$
- D : 1mm
- θ : 0°
- σ : ?

(2) 상승높이

$$h = \frac{4\sigma\cos\theta}{\gamma D}$$

여기서, h : 상승높이[m]
    σ : 표면장력[N/m]
    θ : 각도
    γ : 비중량(비중×9800N/m³)
    D : 내경[m]

표면장력 σ는
$$\sigma = \frac{h\gamma D}{4\cos\theta}$$
$$= \frac{9.8mm \times (0.88 \times 9800N/m^3) \times 1mm}{4 \times \cos 0°}$$
$$= \frac{9.8 \times 10^{-3}m \times (0.88 \times 9800N/m^3) \times (1 \times 10^{-3})m}{4 \times \cos 0°}$$
$$\fallingdotseq 0.021N/m$$

답 ①

★★★
38 어떤 오일의 동점성계수가 $2 \times 10^{-4}\text{m}^2/\text{s}$이고 비중이 0.9라면 점성계수는 약 몇 kg/m·s인가?

19.09.문29
18.03.문26
09.05.문29

① 1.2　　　　② 2.0

③ 0.18　　　　④ 1.8

 해설 (1) **비중**

$$s = \frac{\rho}{\rho_w}$$

여기서, s : 비중
ρ : 어떤 물질의 밀도[kg/m³]
ρ_w : 물의 밀도(1000kg/m³)

오일의 밀도 ρ는
$\rho = \rho_w \cdot s = 1000\text{kg/m}^3 \times 0.9 = 900\text{kg/m}^3$

(2) **동점성계수**

$$\nu = \frac{\mu}{\rho}$$

여기서, ν : 동점성계수[m²/s]
μ : 점성계수[kg/m·s]
ρ : 밀도(어떤 물질의 밀도)[kg/m³]

점성계수 μ는
$\mu = \nu \cdot \rho$
$\quad = 2 \times 10^{-4}\text{m}^2/\text{s} \times 900\text{kg/m}^3 = 0.18\text{kg/m} \cdot \text{s}$

답 ③

★★★
39 배관 내에서 물의 수격작용(water hammer)을 방지하는 대책으로 잘못된 것은?

21.05.문40
18.09.문40
16.10.문29
15.09.문37
15.03.문28
14.09.문34
11.03.문38
09.05.문40
03.03.문29
01.09.문23

① 조압수조(surge tank)를 관로에 설치한다.
② 밸브를 펌프 송출구에서 멀게 설치한다.
③ 밸브를 서서히 조작한다.
④ 관경을 크게 하고 유속을 작게 한다.

 해설 ② 멀게 → 가까이

수격작용(water hammer)

개요	• 배관 속의 물흐름을 급히 차단하였을 때 동압이 정압으로 전환되면서 일어나는 **쇼크**(shock)현상 • 배관 내를 흐르는 유체의 유속을 급격하게 변화시키므로 압력이 상승 또는 하강하여 관로의 벽면을 치는 현상
발생 원인	• 펌프가 갑자기 정지할 때 • 급히 밸브를 개폐할 때 • 정상운전시 유체의 압력변동이 생길 때
방지 대책	• **관**의 관경(직경)을 크게 한다. [보기 ④] • 관 내의 유속을 낮게 한다.(관로에서 일부 고압수를 방출한다.) [보기 ④] • **조압수조**(surge tank)를 관선(관로)에 설치한다. [보기 ①] • **플라이휠**(flywheel)을 설치한다. • 펌프 송출구(토출측) 가까이에 밸브를 설치한다. [보기 ②] • **에어챔버**(air chamber)를 설치한다. • 밸브를 서서히 조작한다. [보기 ③]

　기억법　**수방관플에**

답 ②

★★
40 다음 그림에서 단면 1의 관지름은 50cm이고 단면 2의 관지름은 30cm이다. 단면 1과 2의 압력계의 읽음이 같을 때 관을 통과하는 유량은 몇 m³/s인가? (단, 관로의 모든 손실은 무시한다.)

16.10.문27
12.05.문21
(기사)

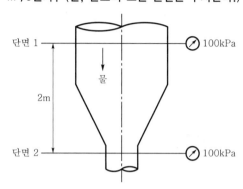

① 0.474　　　② 0.671

③ 4.74　　　④ 9.71

해설 (1) **유량**

$$Q = AV = \left(\frac{\pi D^2}{4}\right)V$$

여기서, Q : 유량[m³/s]
A : 단면적[m²]
V : 유속[m/s]
D : 직경[m]

단면 1의 유속 V_1은

$$V_1 = \frac{Q}{\frac{\pi D_1^{\,2}}{4}} = \frac{Q}{\frac{\pi \times (0.5\text{m})^2}{4}} \fallingdotseq 5.09Q$$

● 100cm=1m이므로 50cm=0.5m

단면 2의 유속 V_2는

$$V_2 = \frac{Q}{\frac{\pi D_2^{\,2}}{4}} = \frac{Q}{\frac{\pi \times (0.3\text{m})^2}{4}} \fallingdotseq 14.1Q$$

● 100cm=1m이므로 30cm=0.3m

(2) **베르누이 방정식**

$$\frac{V_1^{\,2}}{2g} + \frac{p_1}{\gamma} + Z_1 = \frac{V_2^{\,2}}{2g} + \frac{p_2}{\gamma} + Z_2 = \text{일정(또는 } H)$$

(속도수두) (압력수두) (위치수두)

여기서, V_1, V_2 : 유속[m/s]
p_1, p_2 : 압력[kPa] 또는 [kN/m²]
Z_1, Z_2 : 높이[m]
g : 중력가속도(9.8m/s²)
γ : 비중량[kN/m³]
H : 전수두[m]

문제에서 압력이 같으므로($p_1 = p_2$)

$$\frac{V_1^2}{2g} + \frac{\cancel{p_1}}{\gamma} + Z_1 = \frac{V_2^2}{2g} + \frac{\cancel{p_2}}{\gamma} + Z_2$$

$$\frac{V_1^2}{2g} + Z_1 = \frac{V_2^2}{2g} + Z_2$$

$$Z_1 - Z_2 = \frac{V_2^2}{2g} - \frac{V_1^2}{2g}$$

계산의 편리를 위해 좌우를 서로 이항하면

$$\frac{V_2^2}{2g} - \frac{V_1^2}{2g} = Z_1 - Z_2$$

$$\frac{V_2^2 - V_1^2}{2g} = Z_1 - Z_2$$

그림에서 단면 1과 단면 2의 높이차가 **2m**이므로

$$\frac{V_2^2 - V_1^2}{2g} = 2$$

$$\frac{(14.1Q)^2 - (5.09Q)^2}{2 \times 9.8} = 2$$

$$(14.1Q)^2 - (5.09Q)^2 = 2 \times 2 \times 9.8$$

$$191.81Q^2 - 25.9Q^2 = 39.2$$

$$172.91Q^2 = 39.2$$

$$Q^2 = \frac{39.2}{172.91}$$

$$Q = \sqrt{\frac{39.2}{172.91}}$$

$$\fallingdotseq 0.474$$

답 ①

제3과목 소방관계법규

★★★ 41 소방기본법령상 소방용수시설 및 지리조사의 기준 중 ㉠, ㉡에 알맞은 것은?

22.09.문50
21.05.문49
19.04.문50
17.09.문59
16.03.문57
09.08.문51

소방본부장 또는 소방서장은 원활한 소방활동을 위하여 설치된 소방용수시설에 대한 조사를 (㉠)회 이상 실시하여야 하며 그 조사 결과를 (㉡)년간 보관하여야 한다.

① ㉠ 월 1, ㉡ 1　　② ㉠ 월 1, ㉡ 2
③ ㉠ 연 1, ㉡ 1　　④ ㉠ 연 1, ㉡ 2

해설 **기본규칙 7조**
소방용수시설 및 지리조사
(1) 조사자 : 소방본부장 · 소방서장
(2) 조사일시 : 월 1회 이상 [보기 ②]
(3) 조사내용
　㉠ 소방용수시설
　㉡ 도로의 **폭 · 교통상황**
　㉢ 도로 주변의 **토지 고저**
　㉣ 건축물의 **개황**
(4) 조사결과 : 2년간 보관 [보기 ②]

 중요

횟수
(1) **월 1**회 이상 : 소방용수시설 및 **지**리조사(기본규칙 7조)

　기억법 월1지 (**월**요일이 **지**났다.)

(2) **연 1**회 이상
　㉠ 화재예방강화지구 안의 화재안전조사 · 훈련 · 교육(화재예방법 시행령 20조)
　㉡ 특정소방대상물의 소방훈련 · 교육(화재예방법 시행규칙 36조)
　㉢ 제조소 등의 **정**기점검(위험물규칙 64조)
　㉣ **종**합점검(소방시설법 시행규칙 [별표 3])
　㉤ **작동**점검(소방시설법 시행규칙 [별표 3])

　기억법 연1정종 (**연일 정종**술을 마셨다.)

(3) **2년**마다 1회 이상
　㉠ 소방대원의 소방교육 · 훈련(기본규칙 9조)
　㉡ **실**무교육(화재예방법 시행규칙 29조)

　기억법 실2 (**실리**)

답 ②

★★★ 42 화재의 예방 및 안전관리에 관한 법령상 특수가연물 중 품명과 지정수량의 연결이 틀린 것은?

21.05.문51
18.03.문50
17.05.문56
16.10.문53
13.03.문51
10.09.문46
10.05.문48
08.09.문46

① 사류－1000kg 이상
② 볏짚류－3000kg 이상
③ 석탄 · 목탄류－10000kg 이상
④ 고무류 · 플라스틱류 발포시킨 것－20m³ 이상

해설 ② 3000kg → 1000kg

화재예방법 시행령 [별표 2]
특수가연물

품 명		수량(지정수량)
가연성 **액**체류		**2**m³ 이상
목재가공품 및 나무부스러기		**10**m³ 이상
면화류		**2**00kg 이상
나무껍질 및 대팻밥		**4**00kg 이상
넝마 및 종이부스러기		
사류(絲類) 보기 ①		1000kg 이상
볏짚류 보기 ②		
가연성 **고**체류		3000kg 이상
고무류 · 플라스틱류	발포시킨 것 보기 ④	20m³ 이상
	그 밖의 것	**3**000kg 이상
석탄 · 목탄류 보기 ③		10000kg 이상

기억법 　□□　　□□ □□
　　　 가액목면나 넝사볏가고 고석
　　　 2 124　1 3 31

※ **특수가연물** : 화재가 발생하면 그 확대가 빠른 물품

답 ②

★★★ 43

소방기본법령상 인접하고 있는 시·도간 소방업무의 상호응원협정을 체결하고자 하는 때에 포함되도록 하여야 하는 사항이 아닌 것은?

22.09.문60
21.05.문56
18.04.문46
17.09.문57
15.05.문44
14.05.문41

① 소방교육·훈련의 종류 및 대상자에 관한 사항
② 출동대원의 수당·식사 및 의복의 수선 등 소요경비의 부담에 관한 사항
③ 화재의 경계·진압활동에 관한 사항
④ 화재조사활동에 관한 사항

해설

① 상호응원협정은 실제상황이므로 소방교육·훈련은 해당되지 않음

기본규칙 8조
소방업무의 상호응원협정
(1) 다음의 **소방활동**에 관한 사항
　㉠ 화재의 **경**계·진압활동 보기 ③
　㉡ 구조·구급업무의 지원
　㉢ 화재조사활동 보기 ④
(2) 응원출동 대상지역 및 규모
(3) 소요경비의 **부담**에 관한 사항
　㉠ **출**동대원의 수당·식사 및 의복의 수선 보기 ②
　㉡ 소방장비 및 기구의 정비와 연료의 보급
(4) 응원출동의 요청방법
(5) 응원출동훈련 및 평가

기억법 경응출

답 ①

★★★ 44

소방기본법에 따른 출동한 소방대의 소방장비를 파손하거나 그 효용을 해하여 화재진압·인명구조 또는 구급활동을 방해하는 행위를 한 사람에 대한 벌칙기준은?

18.09.문44
16.05.문43
15.09.문44
14.03.문42

① 5년 이하의 징역 또는 5000만원 이하의 벌금
② 5년 이하의 징역 또는 3000만원 이하의 벌금
③ 3년 이하의 징역 또는 3000만원 이하의 벌금
④ 3년 이하의 징역 또는 1500만원 이하의 벌금

해설 **기본법 50조**
5년 이하의 징역 또는 **5000만원** 이하의 벌금
(1) 소방자동차의 **출**동 방해
(2) 사람**구**출 방해(화재진압, 구급활동 방해)
(3) 소방용수시설 또는 비상소화장치의 효용 방해

기억법 출구용5

답 ①

★★★ 45

위험물안전관리법상 제조소 등을 설치하고자 하는 자는 누구의 허가를 받아 설치할 수 있는가?

22.03.문53
21.03.문46
20.06.문56
19.04.문47
14.03.문58

① 소방서장
② 소방청장
③ 시·도지사
④ 안전관리자

해설 **위험물법 6조**
제조소 등의 설치허가
(1) **설치허가자** : **시·도지사** 보기 ③
(2) **설치허가 제외장소**
　㉠ 주택의 난방시설(공동주택의 중앙난방시설은 제외)을 위한 **저장소** 또는 **취급소**
　㉡ 지정수량 **20배** 이하의 **농예용·축산용·수산용** 난방시설 또는 건조시설의 **저장소**
(3) **제조소 등의 변경신고** : 변경하고자 하는 날의 **1일** 전까지

참고

시·도지사
(1) 특별시
(2) 광역시
(3) 특별자치시
(4) 도지사
(5) 특별자치도지사

답 ③

★★★ 46

화재예방강화지구의 지정대상지역에 해당되지 않는 곳은?

22.04.문46
19.09.문55
16.03.문41
15.09.문55
14.05.문53
12.09.문46

① 시장지역
② 공장·창고가 밀집한 지역
③ 소방용수시설 또는 소방출동로가 있는 지역
④ 석유화학제품을 생산하는 공장이 있는 지역

해설

③ 있는 → 없는

화재예방법 18조
화재예방강화지구의 지정
(1) **지정권자** : **시·도지사**
(2) **지정지역**
　㉠ **시장**지역 보기 ①
　㉡ **공장·창고** 등이 밀집한 지역 보기 ②
　㉢ **목조건물**이 밀집한 지역
　㉣ **노후·불량** 건축물이 밀집한 지역
　㉤ **위험물**의 저장 및 **처리시설**이 밀집한 지역
　㉥ **석유화학제품**을 생산하는 공장이 있는 지역 보기 ④
　㉦ **소방시설·소방용수시설** 또는 **소방출동로**가 **없는** 지역 보기 ③
　㉧ 「**산업입지 및 개발에 관한 법률**」에 따른 산업단지
　㉨ 「물류시설의 개발 및 운영에 관한 법률」에 따른 물류단지
　㉪ **소방청장, 소방본부장** 또는 **소방서장(소방관서장)**이 화재예방강화지구로 지정할 필요가 있다고 인정하는 지역

※ **화재예방강화지구** : 화재발생 우려가 크거나 화재가 발생할 경우 피해가 클 것으로 예상되는 지역에 대하여 화재의 예방 및 안전관리를 강화하기 위해 지정·관리하는 지역

답 ③

★★★ 47 소방본부장 또는 소방서장은 건축허가 등의 동의 요구서류를 접수한 날부터 며칠 이내에 건축허가 등의 동의 여부를 회신하여야 하는가? (단, 지하층을 포함한 30층 이상의 사무실 건축물이다.)

21.09.문45
10.05.문60
09.05.문59
09.03.문53

① 5일   ② 7일
③ 10일   ④ 30일

해설 소방시설법 시행규칙 3조
건축허가 등의 동의

내 용	기 간
동의요구서류 보완	**4일** 이내
건축허가 등의 취소통보	**7일** 이내
동의 여부 회신	**5일** 이내 — 기타
	10일 이내 — • 50층 이상(지하층 제외) 또는 높이 200m 이상인 아파트 • 30층 이상(지하층 포함) 또는 높이 120m 이상(아파트 제외) 보기③ • 연면적 10만m² 이상(아파트 제외)

답 ③

★★★ 48 소방시설 설치 및 관리에 관한 법률에 따른 소방시설관리업자가 사망한 경우 그 상속인이 소방시설관리업자의 지위를 승계한 자는 누구에게 신고하여야 하는가?

18.09.문57
13.06.문51
11.03.문52
09.05.문45

① 소방청장   ② 시·도지사
③ 소방본부장   ④ 소방서장

해설 **시·도지사**
(1) 제조소 등의 설치허가(위험물법 6조)
(2) 소방업무의 지휘·감독(기본법 3조)
(3) 소방체험관의 설립·운영(기본법 5조)
(4) 소방업무에 관한 세부적인 종합계획 수립 및 소방업무 수행(기본법 6조)
(5) 소방시설업자의 지위승계(공사업법 7조)
(6) **소방시설관리업자**의 **지위승계**(소방시설법 32조)
(7) 제조소 등의 승계(위험물법 10조)

용어
소방시설업자
(1) 소방시설설계업자
(2) 소방시설공사업자
(3) 소방공사감리업자
(4) 방염처리업자

중요
공사업법 2~7조
소방시설업
(1) 등록권자
(2) 등록사항변경 ── 시·도지사 신고
(3) 지위승계

(4) 등록기준 ┬ 자본금
               └ 기술인력
(5) 종류 ┬ 소방시설설계업
      ├ 소방시설공사업
      ├ 소방공사감리업
      └ 방염처리업
(6) 업종별 영업범위 : 대통령령

답 ②

★★★ 49 화재예방과 화재 등 재해발생시 비상조치를 위하여 관계인에 예방규정을 정하여야 하는 제조소 등의 기준으로 틀린 것은?

21.03.문50
17.09.문41
15.03.문58
14.05.문57
11.06.문55

① 이송취급소
② 지정수량 10배 이상의 위험물을 취급하는 제조소
③ 지정수량 100배 이상의 위험물을 저장하는 옥외저장소
④ 지정수량 150배 이상의 위험물을 저장하는 옥외탱크저장소

해설 ④ 150배 이상 → 200배 이상

위험물령 15조
예방규정을 정하여야 할 제조소 등

배 수	제조소 등
10배 이상	• 제조소 보기② • 일반취급소
100배 이상	• 옥**외**저장소 보기③
150배 이상	• 옥**내**저장소
200배 이상	• 옥외**탱**크저장소 보기④
모두 해당	• 이송취급소 보기① • 암반탱크저장소

기억법 052
외내탱

※ **예방규정** : 제조소 등의 화재예방과 화재 등 재해발생시의 비상조치를 위한 규정

답 ④

★★★ 50 소방활동구역의 출입자로서 대통령령이 정하는 자에 속하는 사람은?

21.03.문42
19.03.문60
11.10.문57

① 의사·간호사 그 밖의 구조·구급업무에 종사하지 않는 자
② 소방활동구역 밖에 있는 소방대상물의 소유자·관리자 또는 점유자
③ 취재인력 등 보도업무에 종사하지 않는 자
④ 수사업무에 종사하는 자

해설
① 종사하지 않는 자 → 종사하는 자
② 밖에 → 안에
③ 종사하지 않는 자 → 종사하는 자

기본령 8조
소방활동구역 출입자(대통령령이 정하는 사람)
(1) 소방활동구역 안에 있는 **소유자·관리자** 또는 **점유자**
(2) 전기·가스·수도·통신·교통의 업무에 종사하는 자로서 원활한 **소방활동**을 위하여 필요한 자
(3) **의사·간호사** 그 밖의 구조·구급업무에 종사하는 자
(4) **취재인력** 등 보도업무에 종사하는 자
(5) **수사업무**에 종사하는 자
(6) 소방대장이 소방활동을 위하여 **출입**을 **허가**한 **자**

   ※ **소방활동구역** : 화재, 재난·재해 그 밖의 위급한 상황이 발생한 현장에 정하는 구역

답 ④

51 ★★★
19.03.문41
18.04.문44
17.09.문50
12.05.문44
08.09.문45

화재의 예방 및 안전관리에 관한 법령상 특수가연물의 저장기준 중 ㉠, ㉡, ㉢에 알맞은 것은? (단, 석탄·목탄류를 발전용으로 저장하는 경우는 제외한다.)

> 쌓는 높이는 10m 이하가 되도록 하고, 쌓는 부분의 바닥면적은 (㉠)m² 이하가 되도록 할 것. 다만, 살수설비를 설치하거나, 방사능력 범위에 해당 특수가연물이 포함되도록 대형 수동식 소화기를 설치하는 경우에는 쌓는 높이를 (㉡)m 이하, 쌓는 부분의 바닥면적을 (㉢)m² 이하로 할 수 있다.

① ㉠ 200, ㉡ 20, ㉢ 400
② ㉠ 200, ㉡ 15, ㉢ 300
③ ㉠ 50, ㉡ 20, ㉢ 100
④ ㉠ 50, ㉡ 15, ㉢ 200

해설 **화재예방법 시행령〔별표 3〕**
특수가연물의 저장 및 취급의 기준
(1) 특수가연물을 저장 또는 취급하는 장소에는 품명, 최대저장수량, 단위부피당 질량 또는 단위체적당 질량, 관리책임자 성명·직책·연락처 및 화기취급의 금지표지가 포함된 특수가연물 표지를 설치할 것
(2) 쌓아 저장하는 기준(단, 석탄·목탄류를 발전용으로 저장하는 것 제외)
   ㉠ 품명별로 구분하여 쌓을 것
   ㉡ 쌓는 높이는 10m 이하가 되도록 하고, 쌓는 부분의 바닥면적은 50m²(석탄·목탄류는 200m²) 이하가 되도록 할 것(단, 살수설비를 설치하거나, 방사능력 범위에 해당 특수가연물이 포함되도록 대형 수동식 소화기를 설치하는 경우에는 쌓는 높이를 15m 이하, 쌓는 부분의 바닥면적을 200m²(석탄·목탄류는 300m²) 이하로 할 수 있다) 보기 ④
   ㉢ 쌓는 부분 바닥면적의 사이는 실내의 경우 1.2m 또는 쌓는 높이의 $\frac{1}{2}$ 중 **큰 값** 이상으로 간격을 두어야 하며, **실외**의 경우 3m 또는 쌓는 높이 중 큰 값 이상으로 간격을 둘 것

답 ④

52 ★★★
22.03.문51
21.09.문41
19.04.문42
17.03.문59
15.03.문51
13.06.문44

제조 또는 가공 공정에서 방염처리를 하는 방염대상물품으로 틀린 것은? (단, 합판·목재류의 경우에는 설치현장에서 방염처리를 한 것을 포함한다.)

① 카펫
② 창문에 설치하는 커튼류
③ 두께가 2mm 미만인 종이벽지
④ 전시용 합판 또는 섬유판

해설 ③ 벽지류(두께가 2mm 미만인 종이벽지는 제외)

소방시설법 시행령 31조
방염대상물품

제조 또는 가공 공정에서 방염처리를 한 물품	건축물 내부의 천장이나 벽에 부착하거나 설치하는 것
① 창문에 설치하는 **커튼류** (블라인드 포함) ② 카펫 ③ **벽지류**(두께가 2mm 미만인 종이벽지는 제외) ④ 전시용 합판·목재 또는 섬유판 ⑤ 무대용 합판·목재 또는 섬유판 ⑥ 암막·무대막(영화상영관·가상체험 체육시설업의 **스크린** 포함) ⑦ 섬유류 또는 합성수지류 등을 원료로 하여 제작된 소파·의자(단란주점영업, 유흥주점영업 및 노래연습장업의 영업장에 설치하는 것만 해당)	① 종이류(두께 2mm 이상), **합성수지류** 또는 섬유류를 주원료로 한 물품 ② 합판이나 목재 ③ 공간을 구획하기 위하여 설치하는 **간이칸막이** ④ **흡음재**(흡음용 커튼 포함) 또는 **방음재**(방음용 커튼 포함) ※ 가구류(옷장, 찬장, 식탁, 식탁용 의자, 사무용 책상, 사무용 의자, 계산대)와 너비 10cm 이하인 반자돌림대, 내부 마감재료 제외

답 ③

53 ★★
21.03.문60
13.09.문46

소방시설공사의 하자보수기간으로 옳은 것은?

① 유도등 : 1년
② 자동소화장치 : 3년
③ 자동화재탐지설비 : 2년
④ 상수도소화용수설비 : 2년

해설 **공사업령 6조**
소방시설공사의 하자보수 보증기간

보증기간	소방시설
2년	• **유도등·유도표지·피난기구** • **비상조**명등·비상**경**보설비·비상**방**송설비 • **무**선통신보조설비
3년	• 자동소화장치 보기 ② • 옥내·외 소화전설비 • 스프링클러설비·간이스프링클러설비 • 물분무등소화설비·상수도소화용수설비 • 자동화재탐지설비·소화활동설비(무선통신보조설비 제외)

기억법 유비조경방무피2(유비조경방무피투)

답 ②

★★★ 54 1급 소방안전관리대상물에 대한 기준으로 옳지 않은 것은?

21.03.문54
19.09.문51
12.05.문49

① 특정소방대상물로서 층수가 11층 이상인 것
② 국보 또는 보물로 지정된 목조건축물
③ 연면적 15000m² 이상인 것
④ 가연성 가스를 1천톤 이상 저장·취급하는 시설

해설 ② 2급 소방안전관리대상물

화재예방법 시행령〔별표 4〕
소방안전관리자를 두어야 할 특정소방대상물

소방안전관리대상물	특정소방대상물
특급 소방안전관리대상물 (동식물원, 철강 등 불연성 물품 저장·취급창고, 지하구, 위험물제조소 등 제외)	• 50층 이상(지하층 제외) 또는 지상 200m 이상 아파트 • 30층 이상(지하층 포함) 또는 지상 120m 이상(아파트 제외) • 연면적 10만m² 이상(아파트 제외)
1급 소방안전관리대상물 (동식물원, 철강 등 불연성 물품 저장·취급창고, 지하구, 위험물제조소 등 제외)	• 30층 이상(지하층 제외) 또는 지상 120m 이상 **아파트** • 연면적 15000m² 이상인 것(아파트 및 연립주택 제외) 보기 ③ • 11층 이상(아파트 제외) 보기 ① • 가연성 가스를 1000t 이상 저장·취급하는 시설 보기 ④
2급 소방안전관리대상물	• 지하구 • 가스제조설비를 갖추고 도시가스사업 허가를 받아야 하는 시설 또는 가연성 가스를 100~1000t 미만 저장·취급하는 시설 • **옥내소화전설비·스프링클러설비** 설치대상물 • **물분무등소화설비**(호스릴방식의 물분무등소화설비만을 설치한 경우 제외) 설치대상물 • 공동주택(옥내소화전설비 또는 스프링클러설비가 설치된 공동주택 한정) • 목조건축물(국보·보물) 보기 ②
3급 소방안전관리대상물	• 간이스프링클러설비(주택전용 간이스프링클러설비 제외) 설치대상물 • **자동화재탐지설비** 설치대상물

답 ②

★★★ 55 소방시설 설치 및 관리에 관한 법령상 수용인원 산정 방법 중 다음의 수련시설의 수용인원은 몇 명인가?

18.04.문43
17.03.문48
15.05.문41
13.06.문42

수련시설의 종사자수는 5명, 숙박시설은 모두 2인용 침대이며 침대수량은 50개이다.

① 55　　　　② 75
③ 85　　　　④ 105

해설 **소방시설법 시행령〔별표 7〕**
수용인원의 산정방법

특정소방대상물		산정방법
숙박시설	침대가 있는 경우	종사자수＋침대수(2인용 침대는 2인으로 산정)
	침대가 없는 경우	종사자수＋$\dfrac{\text{바닥면적 합계}}{3m^2}$
• 강의실 • 교무실 • 상담실 • 실습실 • 휴게실		$\dfrac{\text{바닥면적 합계}}{1.9m^2}$
기타		$\dfrac{\text{바닥면적 합계}}{3m^2}$
• 강당 • 문화 및 집회시설, 운동시설 • 종교시설		$\dfrac{\text{바닥면적 합계}}{4.6m^2}$

숙박시설(침대가 있는 경우)＝종사자수＋침대수
＝5명＋50개×2인
＝105명

※ 수용인원 산정시 **소수점** 이하는 **반올림**한다. 특히 주의!

중요

기타 개수 산정 (감지기·유도등 개수)	수용인원 산정
소수점 이하는 **절상**	소수점 이하는 **반올림** **기억법** **수반**(**수반**! 동반)

용어

절상	반올림
소수점 다음의 수가 1~9이면 올림 예 5.5 → 6개	소수점 다음의 수가 0~4이면 버림, 5~90이면 올림 예 5.5 → 6개 5.4 → 5개

답 ④

★★ 56 과태료의 부과기준 중 특수가연물의 저장 및 취급 기준을 위반한 경우의 과태료 금액으로 옳은 것은?

17.05.문57

① 50만원　　　② 100만원
③ 150만원　　　④ 200만원

해설 **화재예방법 시행령〔별표 9〕**
과태료의 부과기준

위반사항	과태료금액
(1) 소방용수시설·소화기구 및 설비 등의 설치명령을 위반한 자	200

| (2) 불의 사용에 있어서 지켜야 하는 사항을 위반한 자 | 200 |
| (3) 특수가연물의 저장 및 취급의 기준을 위반한 자 | |

비교

기본령〔별표3〕

위반사항	과태료금액
(1) 화재 또는 구조·구급이 필요한 상황을 거짓으로 알린 자	• 1회 위반시 : 200 • 2회 위반시 : 400 • 3회 이상 위반시 : 500
(2) 소방활동구역 출입제한을 위반한 자	100
(3) 한국소방안전원 또는 이와 유사한 명칭을 사용한 경우	200

답 ④

★★★
57
22.03.문60
21.03.문49
18.09.문58
05.03.문54

소방기본법령에 따른 급수탑 및 지상에 설치하는 소화전·저수조의 경우 소방용수표지 기준 중 다음 (　　) 안에 알맞은 것은?

> 안쪽 문자는 (㉠), 안쪽 바탕은 (㉡), 바깥쪽 바탕은 (㉢)으로 하고 반사재료를 사용하여야 한다.

① ㉠ 검은색, ㉡ 파란색, ㉢ 붉은색
② ㉠ 검은색, ㉡ 붉은색, ㉢ 파란색
③ ㉠ 흰색, ㉡ 파란색, ㉢ 붉은색
④ ㉠ 흰색, ㉡ 붉은색, ㉢ 파란색

해설
• 안쪽 문자는 **흰색**, 바깥쪽 문자는 **노란색**, 안쪽 바탕은 **붉은색**, 바깥쪽 바탕은 **파란색**으로 하고 **반사재료** 사용 |보기 ④|

기본규칙〔별표 2〕
소방용수표지
(1) **지하**에 설치하는 소화전·저수조의 소방용수표지
　㉠ 맨홀뚜껑은 지름 **648mm** 이상의 것으로 할 것
　㉡ 맨홀뚜껑에는 "**소화전·주정차금지**" 또는 "**저수조·주정차금지**"의 표시를 할 것
　㉢ 맨홀뚜껑 부근에는 **노란색 반사도료**로 폭 **15cm**의 선을 그 둘레를 따라 칠할 것
(2) **지상**에 설치하는 소화전·저수조 및 **급수탑**의 소방용수표지

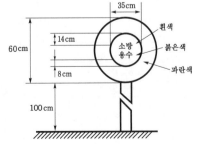

답 ④

★★★
58
21.03.문53
15.05.문46
13.09.문64

비상경보설비를 설치하여야 할 특정소방대상물이 아닌 것은?

① 연면적 400m² 이상이거나 지하층 또는 무창층의 바닥면적이 150m² 이상인 것
② 지하층에 위치한 바닥면적 100m²인 공연장
③ 지하가 중 터널로서 길이가 500m 이상인 것
④ 30명 이상의 근로자가 작업하는 옥내작업장

해설
④ 30명 이상 → 50명 이상

소방시설법 시행령〔별표 4〕
비상경보설비의 설치대상

설치대상	조 건
지하층·무창층	• 바닥면적 150m²(공연장 100m²) 이상 |보기 ① ②|
전부	• 연면적 400m² 이상 |보기 ①|
지하가 중 터널	• 길이 500m 이상 |보기 ③|
옥내작업장	• **50명** 이상 작업 |보기 ④|

답 ④

★★★
59
21.03.문55
15.09.문58
09.08.문58

소방본부장 또는 소방서장은 화재예방강화지구 안의 관계인에 대하여 소방상 필요한 훈련 또는 교육을 실시할 경우 관계인에게 훈련 또는 교육 며칠 전까지 그 사실을 통보해야 하는가?

① 3일　　　　② 5일
③ 7일　　　　④ 10일

해설
10일
(1) 화재예방강화지구 안의 소방훈련·교육 통보일(화재예방법 시행령 20조) |보기 ④|
(2) 건축허가 등의 동의 여부 회신(소방시설법 시행규칙 3조)
　㉠ **50층** 이상(지하층 제외) 또는 지상으로부터 높이 **200m** 이상인 **아파트**의 건축허가 등의 동의 여부 회신(소방시설법 시행규칙 3조)
　㉡ **30층** 이상(지하층 포함) 또는 지상 **120m** 이상(아파트 제외)의 건축허가 등의 동의 여부 회신(소방시설법 시행규칙 3조)
　㉢ 연면적 10만m² 이상의 건축허가 등의 동의 여부 회신 (소방시설법 시행규칙 3조)
(3) 소방기술자의 **실무교육** 통지일(공사업규칙 26조)
(4) **실무교육** 교육계획의 변경보고일(공사업규칙 35조)
(5) 소방기술자 **실무교육기관** 지정사항 변경보고일(공사업규칙 33조)
(6) 소방시설업의 등록신청서류 보완일(공사업규칙 2조 2)
(7) 제조소 등의 재발급 완공검사합격확인증 제출일(위험물령 10조)

답 ④

60
제조소 등의 지위승계 및 폐지에 관한 설명 중 다음 ( ) 안에 알맞은 것은?

제조소 등의 설치자가 사망하거나 그 제조소 등을 양도·인도한 때 또는 합병이 있는 때에는 그 설치자의 지위를 승계한 자는 승계한 날부터 (㉠)일 이내에 그리고 제조소 등의 관계인은 당해 제조소 등의 용도를 폐지한 때에는 용도를 폐지한 날부터 (㉡)일 이내에 시·도지사에게 신고하여야 한다.

① ㉠ 14, ㉡ 14
② ㉠ 14, ㉡ 30
③ ㉠ 30, ㉡ 14
④ ㉠ 30, ㉡ 30

해설 30일 vs 14일
(1) 30일
㉠ 소방시설업 등록사항 변경신고(공사업규칙 6조)
㉡ 위험물안전관리자의 **재선임**(위험물법 15조)
㉢ 소방안전관리자의 **재선임**(화재예방법 시행규칙 14조)
㉣ **도급계약** 해지(공사업법 23조)
㉤ 소방시설공사 중요사항 변경시의 신고일(공사업규칙 12조)
㉥ 소방기술자 실무교육기관 지정서 발급(공사업규칙 32조)
㉦ 소방공사감리자 변경서류제출(공사업규칙 15조)
㉧ **승계**(위험물법 10조)
(2) **14일**
㉠ 소방기술자 실무교육기관 휴폐업신고일(공사업규칙 34조)
㉡ **제조소** 등의 용도**폐**지 신고일(위험물법 11조)
㉢ 위험물안전관리자의 **선**임신고일(위험물법 15조)
㉣ 소방안전관리자의 **선**임신고일(화재예방법 26조)

기억법 14제폐선(**일사**천리로 **제패**하여 **성공**하라.)

답 ③

제 4 과목 소방기계시설의 구조 및 원리

61
22.03.문74
19.04.문71
14.03.문72
08.05.문79
완강기 및 완강기의 속도조절기에 관한 설명으로 틀린 것은?
① 견고하고 내구성이 있어야 한다.
② 강하시 발생하는 열에 의해 기능에 이상이 생기지 아니하여야 한다.
③ 속도조절기는 사용 중에 분해·손상·변형되지 아니하여야 하며, 속도조절기의 이탈이 생기지 아니하도록 덮개를 하여야 한다.
④ 평상시에는 분해, 청소 등을 하기 쉽게 만들어져 있어야 한다.

해설 ④ 하기 쉽게 만들어져 있어야 한다. → 하지 아니하여도 작동될 수 있을 것

완강기 및 완강기 속도조절기의 **일반구조**(완강기 형식 3조)
(1) 견고하고 **내구성**이 있을 것 보기①
(2) 평상시에 분해, 청소 등을 하지 아니하여도 작동할 수 있을 것 보기④
(3) 강하시 발생하는 **열**에 의하여 기능에 이상이 생기지 아니할 것 보기②
(4) 속도조절기는 사용 중에 분해·손상·변형되지 아니하여야 하며, 속도조절기의 이탈이 생기지 아니하도록 덮개를 하여야 한다. 보기③
(5) 강하시 **로프**가 손상되지 아니할 것
(6) **속도조절기**의 폴리 등으로부터 로프가 노출되지 아니하는 구조

‖완강기의 구조‖

답 ④

62
20.08.문69
17.03.문61
소화수조 및 저수조의 화재안전기준상 소화수조, 저수조의 채수구 또는 흡수관 투입구는 소방차가 최대 몇 m 이내의 지점까지 접근할 수 있는 위치에 설치하여야 하는가?
① 2 ② 4
③ 6 ④ 8

해설 **소화수조 또는 저수조**의 설치기준(NFPC 402 4·5조, NFTC 402 2.2, 2.1.1)
(1) 소화수조의 깊이가 **4.5m** 이상일 경우 가압송수장치를 설치할 것
(2) 소화수조는 소방펌프자동차가 **채**수구 또는 흡수관 투입**구**로부터 **2m** 이내의 지점까지 접근할 수 있는 위치에 설치할 것 보기①

기억법 2채(이체)

(3) 소화수조는 **옥상**에 **설치**할 수 있다.

답 ①

63
19.09.문62
19.03.문68
17.03.문66
16.05.문72
16.03.문69
15.09.문68
14.09.문68
13.03.문78
12.05.문65
의료시설 3층에 피난기구의 적응성이 없는 것은?
① 공기안전매트
② 구조대
③ 승강식 피난기
④ 피난용 트랩

해설 **피난기구**의 **적응성**(NFTC 301 2.1.1)

층별 설치 장소별 구분	1층	2층	3층	4층 이상 10층 이하
노유자시설	•미끄럼대 •구조대 •피난교 •다수인 피난 장비 •승강식 피난기	•미끄럼대 •구조대 •피난교 •다수인 피난 장비 •승강식 피난기	•미끄럼대 •구조대 •피난교 •다수인 피난 장비 •승강식 피난기	•구조대[1] •피난교 •다수인 피난 장비 •승강식 피난기
의료시설· 입원실이 있는 의원·접골원 ·조산원	–	–	•미끄럼대 •구조대 보기 ② •피난교 •피난용 트랩 보기 ④ •다수인 피난 장비 •승강식 피난기 보기 ③	•구조대 •피난교 •피난용 트랩 •다수인 피난 장비 •승강식 피난기
영업장의 위치가 4층 이하인 다중 이용업소	–	•미끄럼대 •피난사다리 •구조대 •완강기 •다수인 피난 장비 •승강식 피난기	•미끄럼대 •피난사다리 •구조대 •완강기 •다수인 피난 장비 •승강식 피난기	•미끄럼대 •피난사다리 •구조대 •완강기 •다수인 피난 장비 •승강식 피난기
그 밖의 것	–	–	•미끄럼대 •피난사다리 •구조대 •완강기 •피난교 •피난용 트랩 •간이완강기[2] •공기안전 매트[2] •다수인 피난 장비	•피난사다리 •구조대 •완강기 •피난교 •간이완강기[2] •공기안전 매트[2] •다수인 피난 장비 •승강식 피난기

[비고] 1) **구조대**의 적응성은 **장애인관련시설**로서 주된 사용자
 중 **스스로 피난**이 **불가**한 자가 있는 경우 추가로 설
 치하는 경우에 한한다.
 2) 간이완강기의 적응성은 **숙박시설**의 **3층 이상**에 있는
 객실에, **공기안전매트**의 적응성은 **공동주택**에 추가
 로 설치하는 경우에 한한다.

답 ①

★★★
64 미분무소화설비의 화재안전기준에 따른 용어의
22.03.문69
18.04.문79
17.05.문75 정리 중 다음 (　　) 안에 알맞은 것은?

> 미분무란 물만을 사용하여 소화하는 방식으로
> 최소설계압력에서 헤드로부터 방출되는 물입
> 자 중 99%의 누적체적분포가 (㉠)μm 이하
> 로 분무되고 (㉡)급 화재에 적응성을 갖는
> 것을 말한다.

① ㉠ 200, ㉡ B, C

② ㉠ 400, ㉡ B, C

③ ㉠ 200, ㉡ A, B, C

④ ㉠ 400, ㉡ A, B, C

해설 **미분무소화설비**의 **용어정의**(NFPC 104A 3조, NFTC 104A 1.7)

용어	설명
미분무소화설비	가압된 물이 헤드 통과 후 미세한 입자로 분무됨으로써 소화성능을 가지는 설비를 말하며, 소화력을 증가시키기 위해 강화액 등을 첨 가할 수 있다.
미분무	물만을 사용하여 소화하는 방식으 로 최소설계압력에서 헤드로부터 방출되는 물입자 중 **99%**의 누적 체적분포가 **400μm** 이하로 분무 되고 A, B, C급 화재에 적응성을 갖는 것 보기 ④
미분무헤드	하나 이상의 오리피스를 가지고 미분무소화설비에 사용되는 헤드

답 ④

★★★
65 펌프의 토출관에 압입기를 설치하여 포소화약제
21.05.문71
16.05.문61
15.09.문74
14.09.문79
10.05.문74 압입용 펌프로 포소화약제를 압입시켜 혼합하는
포소화약제의 혼합방식은?

① 펌프 프로포셔너

② 프레져 프로포셔너

③ 라인 프로포셔너

④ 프레져사이드 프로포셔너

해설 **포소화약제**의 **혼합장치**(NFPC 105 3조, NFTC 105 1.7)

(1) **펌프 프로포셔너방식**(펌프 혼합방식)

　㉠ 펌프 토출측과 흡입측에 바이패스를 설치하고 그 바이
　 패스 도중에 설치한 어댑터(adaptor)로 펌프 토출측
　 수량의 일부를 통과시켜 공기포용액을 만드는 방식
　㉡ 펌프의 **토출관**과 흡입관 사이의 배관 도중에 설치한 흡
　 입기에 펌프에서 토출된 물의 일부를 보내고 **농도조정
　 밸브**에서 조정된 포소화약제의 필요량을 포소화약제탱
　 크에서 펌프 흡입측으로 보내어 약제를 혼합하는 방식

(2) **프레져 프로포셔너방식**(차압 혼합방식)

　㉠ 가압송수관 도중에 공기포 소화원액 혼합조(P.P.T)와
　 혼합기를 접속하여 사용하는 방법
　㉡ **격막방식 휨탱크**를 사용하는 에어휨 혼합방식
　㉢ 펌프와 발포기의 중간에 설치된 벤츄리관의 **벤츄리작
　 용**과 펌프 가압수의 **포소화약제 저장탱크**에 대한 압
　 력에 의하여 포소화약제를 흡입·혼합하는 방식

(3) **라인 프로포셔너방식**(관로 혼합방식)

　㉠ 급수관의 배관 도중에 포소화약제 흡입기를 설치하여
　 그 흡입관에서 소화약제를 흡입하여 혼합하는 방식
　㉡ 펌프와 발포기의 중간에 설치된 **벤**츄리관의 **벤츄리작
　 용**에 의하여 포소화약제를 흡입·혼합하는 방식

• 벤츄리＝벤투리

기억법 라벤벤

(4) **프레져사이드 프로포셔너방식**(압입 혼합방식)

　⊙ 소화원액 **가압펌프**(압입용 펌프)를 별도로 사용하는 방식

　ⓛ 펌프 **토출관**에 압입기를 설치하여 포소화약제 **압입용 펌프**로 포소화약제를 압입시켜 혼합하는 방식　보기 ④

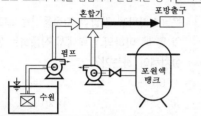

　기억법　프사압

(5) **압축공기포 믹싱챔버방식**

　포수용액에 공기를 강제로 주입시켜 **원거리 방수**가 가능하고 물 사용량을 줄여 **수손피해**를 **최소화**할 수 있는 방식

답 ④

---

66 평상시 최고주위온도가 70℃인 장소에 폐쇄형 스프링클러헤드를 설치하는 경우 표시온도가 몇 ℃인 것을 설치해야 하는가?

22.03.문70
16.05.문62
14.05.문69
05.09.문62

① 79℃ 미만

② 79℃ 이상 121℃ 미만

③ 121℃ 이상 162℃ 미만

④ 162℃ 이상

해설　**폐쇄형 헤드의 표시온도**(NFTC 103 2.7.6)

설치장소의 최고주위온도	표시온도
39℃ 미만	**79℃** 미만
39~**64**℃ 미만	79~**121**℃ 미만
64~**106**℃ 미만 →	121~**162**℃ 미만　보기 ③
106℃ 이상	162℃ 이상

　기억법　39 → 79
　　　　　64 → 121
　　　　　106 → 162

● 헤드의 표시온도는 **최고주위온도**보다 **높은** 것을 선택한다.

　기억법　최높

답 ③

---

67 피난기구의 설치기준 중 노유자시설로 사용되는 층에 있어서 그 층의 바닥면적 몇 m²마다 1개 이상을 설치하여야 하는가?

17.09.문76
06.03.문63

① 300

② 500

③ 800

④ 1000

해설　**피난기구의 설치개수**(NFPC 301 5조, NFTC 301 2.1.2.1 / NFPC 608 13조, NFTC 608 2.9.1.3)

(1) **층마다 설치할 것**

시 설	설치기준
① 숙박시설·노유자시설·의료시설	바닥면적 500m²마다 (층마다 설치)　보기 ②
② 위락시설·문화 및 집회시설, 운동시설 ③ 판매시설·복합용도의 층	바닥면적 800m²마다 (층마다 설치)
④ 그 밖의 용도의 층	바닥면적 1000m²마다
⑤ 아파트 등(계단실형 아파트)	각 세대마다

(2) 피난기구 외에 **숙박시설**(휴양콘도미니엄 제외)의 경우에는 추가로 객실마다 **완강기** 또는 둘 이상의 **간이완강기**를 설치할 것

(3) '**의무관리대상 공동주택**'의 경우에는 하나의 관리주체가 관리하는 공동주택 구역마다 **공기안전매트 1개 이상**을 추가로 설치할 것(단, 옥상으로 피난이 가능하거나 수평 또는 수직 방향의 인접세대로 피난할 수 있는 구조인 경우는 제외)

답 ②

---

68 전역방출방식의 이산화탄소소화설비를 설치한 특정소방대상물 또는 그 부분에 설치하는 자동폐쇄장치의 설치기준 중 다음 (　) 안에 알맞은 것은?

21.03.문67
19.03.문72
17.09.문64
14.09.문61

> 개구부가 있거나 천장으로부터 (⊙)m 이상의 아랫부분 또는 바닥으로부터 해당 층의 높이의 (ⓛ) 이내의 부분에 통기구가 있어 이산화탄소의 유출에 따라 소화효과를 감소시킬 우려가 있는 것은 이산화탄소가 방사되기 전에 해당 개구부 및 통기구를 폐쇄할 수 있도록 할 것

① ⊙ 1, ⓛ $\frac{2}{3}$　　② ⊙ 1, ⓛ $\frac{1}{2}$

③ ⊙ 0.3, ⓛ $\frac{2}{3}$　　④ ⊙ 0.3, ⓛ $\frac{1}{2}$

해설　할로겐화합물 및 불활성기체 소화설비·분말소화설비·이산화탄소소화설비 자동폐쇄장치 설치기준(NFPC 107A 15조, NFTC 107A 2.12.1.2 / NFPC 108 14조, NFTC 108 2.11.1.2 / NFPC 106 14조, NFTC 106 2.11.1.2)

개구부가 있거나 천장으로부터 **1m 이상**의 아랫부분 또는 바닥으로부터 해당 층의 높이의 $\frac{2}{3}$ 이내의 부분에 통기구가 있어 **소화약제**의 유출에 따라 소화효과를 감소시킬 우려가 있는 것은 소화약제가 방사되기 전에 해당 **개구부** 및 **통기구**를 폐쇄할 수 있도록 할 것

답 ①

69 소화기의 정의 중 다음 ( ) 안에 알맞은 것은?

21.03.문76
19.04.문74
18.04.문74
13.09.문62
14.05.문75
04.09.문74

대형 소화기란 화재시 사람이 운반할 수 있도록 운반대와 바퀴가 설치되어 있고 능력단위가 A급 (㉠)단위 이상, B급 (㉡)단위 이상인 소화기를 말한다.

① ㉠ 3, ㉡ 5
② ㉠ 5, ㉡ 3
③ ㉠ 10, ㉡ 20
④ ㉠ 20, ㉡ 10

해설 대형 소화기(NFPC 101 3조, NFTC 101 1.7)
화재시 사람이 운반할 수 있도록 운반대와 바퀴가 설치되어 있고 능력단위가 **A급 10단위** 이상, **B급 20단위** 이상인 소화기를 말한다.

답 ③

70 분말소화설비의 화재안전기준에 따라 분말소화설비의 소화약제 중 차고 또는 주차장에 설치해야 하는 것은?

22.04.문78
20.06.문72
19.04.문17
18.03.문08
17.03.문14
16.03.문10
15.05.문20
15.03.문16
13.09.문11
12.09.문04
11.03.문08
08.05.문18

① 제1종 분말
② 제2종 분말
③ 제3종 분말
④ 제4종 분말

해설 (1) **분말소화약제**

종 별	주성분	약제의 착색	적응 화재	비 고
제1종	중탄산나트륨 (NaHCO₃)	백색	BC급	**식용유** 및 **지방질유**의 화재에 적합 (**비**누화현상) **기억법** 1식분(**일식분식**), 비1(비일비재)
제2종	중탄산칼륨 (KHCO₃)	담자색 (담회색)	-	-
제**3**종	제1**인**산암모늄 (NH₄H₂PO₄)	담홍색	AB C급	**차고·주차장**에 적합 보기 ③ **기억법** 3분 차주 (**삼 보** 컴퓨터 **차주**), 인3
제4종	중탄산칼륨+ 요소 (KHCO₃+ (NH₂)₂CO)	회(백)색	BC급	

- 중탄산나트륨=탄산수소나트륨
- 중탄산칼륨=탄산수소칼륨
- 제1인산암모늄=인산암모늄=인산염
- 중탄산칼륨+요소=탄산수소칼륨+요소

(2) **이산화탄소 소화약제**

주성분	적응화재
이산화탄소(CO₂)	BC급

답 ③

71 분말소화약제 가압식 저장용기는 최고사용압력의 몇 배 이하의 압력에서 작동하는 안전밸브를 설치해야 하는가?

22.04.문63
21.09.문76
16.03.문68
15.05.문70
12.03.문63

① 0.8배
② 1.2배
③ 1.8배
④ 2.0배

해설 **분말소화설비**의 **저장용기 안전밸브**(NFPC 108 4조, NFTC 108 2.1.2.2)

가압식	축압식
최고사용압력×1.8배 이하 보기 ③	**내압시험압력×0.8배** 이하

답 ③

72 이산화탄소소화설비 배관의 설치기준 중 다음 ( ) 안에 알맞은 것은?

17.03.문78
14.03.문72
(기사)

동관을 사용하는 경우의 배관은 이음이 없는 동 및 동합금관(KS D 5301)으로서 고압식은 (㉠)MPa 이상, 저압식은 (㉡)MPa 이상의 압력에 견딜 수 있는 것을 사용할 것

① ㉠ 16.5, ㉡ 3.75
② ㉠ 25, ㉡ 3.5
③ ㉠ 16.5, ㉡ 2.5
④ ㉠ 25, ㉡ 3.75

해설 **이산화탄소소화설비**의 **배관**(NFPC 106 8조, NFTC 106 2.5.1)

구 분	고압식	저압식
강관	**스케줄 80**(호칭구경 20mm 이하 **스케줄 40**) 이상	**스케줄 40** 이상
동관	**16.5MPa** 이상 보기 ①	**3.75MPa** 이상 보기 ①
배관 부속	•1차측 배관부속 : 9.5MPa •2차측 배관부속 : 4.5MPa	4.5MPa

기억법 고동163

답 ①

73 포소화설비의 화재안전기준에 따른 팽창비의 정의로 옳은 것은?

21.03.문61
16.10.문71
10.03.문68

① 최종 발생한 포원액 체적/원래 포원액 체적
② 최종 발생한 포수용액 체적/원래 포원액 체적
③ 최종 발생한 포원액 체적/원래 포수용액 체적
④ 최종 발생한 포 체적/원래 포수용액 체적

해설 **발포배율식**(팽창비)

(1) 발포배율(팽창비) = $\dfrac{\text{내용적(용량)}}{\text{전체 중량} - \text{빈 시료용기의 중량}}$

(2) 발포배율(팽창비) = $\dfrac{\text{방출된 포의 체적[L]}}{\text{방출 전 포수용액의 체적[L]}}$

(3) 발포배율(팽창비) = $\dfrac{\text{최종 발생한 포 체적[L]}}{\text{원래 포수용액 체적[L]}}$

답 ④

---

74 ★★★

22.03.문75
17.05.문73
11.10.문02

다음의 할로겐화합물 및 불활성기체 소화약제 중 기본성분이 다른 것은?

① HCFC BLEND A ② HFC-125

③ IG-541 ④ HFC-227ea

해설

①, ②, ④ 할로겐화합물 소화약제
③ 불활성기체 소화약제

소화약제량(저장량)의 산정(NFPC 107A 7조, NFTC 107A 2.4)

구분	할로겐화합물 소화약제	불활성기체 소화약제
종류	• FC-3-1-10 • HCFC BLEND A 보기 ① • HCFC-124 • HFC-125 보기 ② • HFC-227ea 보기 ④ • HFC-23 • HFC-236fa • FIC-13I1 • FK-5-1-12	• IG-01 • IG-100 • IG-541 보기 ③ • IG-55

답 ③

---

75 ★★★

21.03.문62
15.05.문78
14.09.문78
13.06.문72
10.05.문72

간이소화용구 중 삽을 상비한 마른모래 50L 이상의 것 1포의 능력단위가 맞는 것은?

① 0.3 단위 ② 0.5 단위

③ 0.8 단위 ④ 1.0 단위

해설 **간이소화용구의 능력단위**(NFPC 101 3조, NFTC 101 1.7.1.6)

간이소화용구		능력단위
마른모래	삽을 상비한 **50L** 이상의 것 **1포**	**0.5**단위
팽창질석 또는 팽창진주암	삽을 상비한 **80L** 이상의 것 **1포**	

기억법 **마 0.5**

비교

능력단위(위험물규칙 〔별표 17〕)

소화설비	용량	능력단위
소화전용 물통	8L	0.3
수조(소화전용 물통 **3개** 포함)	80L	1.5
수조(소화전용 물통 **6개** 포함)	190L	2.5

답 ②

---

76 ★★★

21.09.문69
21.09.문66
16.10.문74
07.09.문74

소화기의 설치기준 중 다음 (   ) 안에 알맞은 것은? (단, 가연성 물질이 없는 작업장 및 지하구의 경우는 제외한다.)

> 각 층마다 설치하되, 특정소방대상물의 각 부분으로부터 1개의 소화기까지의 보행거리가 소형 소화기의 경우에는 (㉠)m 이내, 대형 소화기의 경우에는 (㉡)m 이내가 되도록 배치할 것

① ㉠ 20, ㉡ 10 ② ㉠ 10, ㉡ 20

③ ㉠ 20, ㉡ 30 ④ ㉠ 30, ㉡ 20

해설 (1) **보행거리**

구분	적용
20m 이하	• 소형 소화기 보기 ③
30m 이하	• 대형 소화기 보기 ③

(2) **수평거리**

구분	적용
10m 이하	• 예상제연구역
15m 이하	• 분말(호스릴) • 포(호스릴) • 이산화탄소(호스릴)
20m 이하	• 할론(호스릴)
25m 이하	• 음향장치 • 옥내소화전 방수구 • **옥**내소화전(**호**스릴) • 포소화전 방수구 • 연결송수관 방수구(지하가) • 연결송수관 방수구(지하층 바닥면적 3000m² 이상)
40m 이하	• 옥외소화전 방수구
50m 이하	• 연결송수관 방수구(사무실)

기억법 옥호25(**오후**에 **이사 오**세요.)

용어

수평거리와 보행거리

수평거리	보행거리
직선거리를 말하며, 반경을 의미하기도 한다.	걸어서 간 거리

답 ③

---

77 ★★★

21.05.문63
18.09.문76
16.10.문77
16.05.문76
15.05.문69
09.03.문61

완강기 및 간이완강기의 최대사용하중 기준은 몇 N 이상이어야 하는가?

① 800 ② 1000

③ 1200 ④ 1500

해설 **완강기** 및 **간이완강기**의 **하중**(완강기 형식 12조)
(1) 250N(최소하중)
(2) 750N
(3) **1500N**(최대하중) 보기 ④

답 ④

★★★
78 할로겐화합물 및 불활성기체 소화약제의 최대허용설계농도〔%〕 기준으로 옳은 것은?

18.06.문17
17.03.문70
16.05.문04

① HFC-125 : 9%

② IG-541 : 50%

③ FC-3-1-10 : 43%

④ HCFC-124 : 1%

해설
① 9% → 11.5%
② 50% → 43%
③ 43% → 40%

할로겐화합물 및 **불활성기체** 소화약제 **최대허용설계농도**
(NFTC 107A 2.4.2)

소화약제	최대허용설계농도〔%〕
FIC-13I1	0.3
HCFC-124	1.0 보기 ④
FK-5-1-12	10
HCFC BLEND A	
HFC-227ea	10.5
HFC-125	11.5
HFC-236fa	12.5
HFC-23	30
FC-3-1-10	40
IG-01	43
IG-100	
IG-541	
IG-55	

답 ④

★★★
79 상수도 소화용수설비는 호칭지름 75mm의 수도배관에 호칭지름 몇 mm 이상의 소화전을 접속하여야 하는가?

21.03.문72
19.03.문64
17.09.문65
15.09.문66
15.05.문65
15.03.문72
13.09.문73

① 50
② 65
③ 75
④ 100

해설 **상수도 소화용수설비**의 **기준**(NFPC 401 4조, NFTC 401 2.1.1)
(1) 호칭지름

수도배관	소화전
75mm 이상	100mm 이상 보기 ④

(2) 소화전은 소방자동차 등의 진입이 쉬운 **도로변** 또는 **공지**에 설치

---

(3) 소화전은 특정소방대상물의 수평투영면의 각 부분으로부터 **140m** 이하에 설치
(4) 지상식 소화전의 호스접결구는 지면으로부터 높이가 0.5m 이상 1m 이하가 되도록 설치

답 ④

★★★
80 연결송수관설비 방수용 기구함의 설치기준 중 틀린 것은?

17.09.문70
16.03.문73
11.10.문72

① 방수기구함은 피난층과 가장 가까운 층을 기준으로 2개층마다 설치하되, 그 층의 방수구마다 보행거리 5m 이내에 설치할 것

② 방수기구함에는 "방수기구함"이라고 표시한 축광식 표지를 할 것

③ 방수기구함의 길이 15m 호스는 방수구에 연결하였을 때 그 방수구가 담당하는 구역의 각 부분에 유효하게 물이 뿌려질 수 있는 개수 이상으로 비치할 것. 이 경우 쌍구형 방수구는 단구형 방수구의 2배 이상의 개수를 설치할 것

④ 방수기구함의 방사형 관창은 단구형 방수구의 경우에는 1개, 쌍구형 방수구의 경우에는 2개 이상 비치할 것

해설
① 2개층 → 3개층

방수기구함의 **기준**(NFPC 502 7조, NFTC 502 2.4)
(1) **3개층**마다 설치
(2) 보행거리 **5m** 이내마다 설치
(3) 길이 **15m** 호스와 **방사형 관창** 비치

답 ①

2023년 산업기사 제4회 필기시험 CBT 기출복원문제				수험번호	성명
자격종목 **소방설비산업기사(기계분야)**	종목코드	시험시간 **2시간**	형별		

※ 각 문항은 4지택일형으로 질문에 가장 적합한 보기 항을 선택하여 체크하여야 합니다.

제 1 과목   소방원론

★★★ 01 공기 중의 산소농도는 약 몇 vol%인가?

22.09.문06
21.09.문12
20.06.문04
14.05.문19
12.09.문08

① 15
② 28
③ 21
④ 32

해설 공기 중 **구성물질**

구성물질	비 율
아르곤(Ar)	1vol%
산소(O₂) →	21vol% 보기 ③
질소(N₂)	78vol%

중요

공기 중 **산소농도**

구 분	산소농도
체적비(부피백분율)	약 21vol%
중량비(중량백분율)	약 23wt%

• 문제 단위 **vol%**를 보고 **체적비**라는 것을 알 수 있다.

답 ③

★★★ 02 적린의 착화온도는 약 몇 ℃인가?

21.09.문20
18.03.문06
14.09.문14
14.05.문04
12.03.문04
07.05.문03

① 34
② 157
③ 180
④ 260

해설

물 질	인화점	발화점
프로필렌	−107℃	497℃
에틸에터, 다이에틸에터	−45℃	180℃
가솔린(휘발유)	−43℃	300℃
이황화탄소	−30℃	100℃
아세틸렌	−18℃	335℃
아세톤	−18℃	538℃
에틸알코올	13℃	423℃
적린	−	**260**℃ 보기 ④

기억법 적26(**적**이 **육**지에 있다.)

• 발화점=발화온도=착화온도=착화점

답 ④

★★★ 03 상온·상압 상태에서 기체로 존재하는 할론으로만 연결된 것은?

22.03.문05
19.04.문15
17.03.문15
16.10.문10

① Halon 2402, Halon 1211
② Halon 1211, Halon 1011
③ Halon 1301, Halon 1011
④ Halon 1301, Halon 1211

해설 상온에서의 **상태**

기체상태	액체상태
① Halon 1**3**01 보기 ④	① Halon 1011
② Halon 1**2**11 보기 ④	② Halon 104
③ 탄산가스(CO₂)	③ Halon 2402

기억법 132탄기

답 ④

★★★ 04 다음 물질 중 자연발화의 위험성이 가장 낮은 것은?

21.05.문09
17.03.문09
08.09.문01

① 석탄
② 팽창질석
③ 셀룰로이드
④ 퇴비

해설 ② **소화약제**로서 자연발화의 위험성이 낮다.

자연발화의 **형태**

구 분	종 류
분해열	셀룰로이드, 나이트로셀룰로오스 보기 ③
산화열	건성유(정어리유, 아마인유, 해바라기유), 석탄, 원면, 고무분말 보기 ①
발효열	퇴비, 먼지, 곡물 보기 ④
흡착열	목탄, 활성탄

답 ②

★★★ 05

피난계획의 일반원칙 중 Fool proof 원칙에 대한 설명으로 옳은 것은?

21.05.문08
17.09.문02
15.05.문03
13.03.문05

① 한 가지가 고장이 나도 다른 수단을 이용할 수 있도록 하는 원칙
② 두 방향의 피난동선을 항상 확보하는 원칙
③ 피난수단을 이동식 시설로 하는 원칙
④ 피난수단을 조작이 간편한 원시적 방법으로 하는 원칙

해설
①, ② Fail safe
③ 이동식 시설 → 고정식 시설(설비)

페일 세이프(fail safe)와 **풀 프루프**(fool proof)

용 어	설 명
페일 세이프 (fail safe)	① 한 가지 피난기구가 고장이 나도 다른 수단을 이용할 수 있도록 고려하는 것 ② 한 가지가 고장이 나도 다른 수단을 이용하는 원칙 보기 ① ③ **두 방향**의 피난동선을 항상 확보하는 원칙 보기 ②
풀 프루프 (fool proof)	① 피난경로는 **간단 명료**하게 한다. ② 피난구조설비는 **고정식 설비**를 위주로 설치한다. 보기 ③ ③ 피난수단은 **원시적 방법**에 의한 것을 원칙으로 한다. 보기 ④ ④ 피난통로를 **완전불연화**한다. ⑤ 막다른 복도가 없도록 계획한다. ⑥ **간단한 그림**이나 **색채**를 이용하여 표시한다.

답 ④

★★★ 06

이산화탄소소화기가 갖는 주된 소화효과는?

22.03.문13
21.03.문07
20.08.문05
19.09.문04
17.05.문15
14.05.문10
14.05.문13
13.03.문10

① 유화소화
② 질식소화
③ 제거소화
④ 부촉매소화

해설 **주된 소화효과**

할론 1301	이산화탄소
억제소화	질식소화 보기 ②

중요
주된 소화효과

소화약제	주된 소화효과
● **할**론	**억**제소화(화학소화, 부촉매소화)
● 포 ● **이**산화탄소	**질**식소화
● 물	냉각소화

기억법 **할억이질**

답 ②

★ 07

특별피난계단을 설치하여야 하는 층에 관한 기술로서 적당하지 않은 것은?

① 위락시설로서 5층 이상의 층
② 공동주택으로서 16층 이상의 층
③ 지하 3층 이하의 층(바닥면적 400m² 미만인 층은 제외)
④ 병원으로서의 11층 이상의 층

해설
① 위락시설 → 판매시설

피난계단의 설치기준(건축령 35조)

층 및 용도	계단의 종류	비 고
● 5~10층 이하 ● 지하 2층 이하	판매시설 보기 ①	피난계단 또는 특별피난계단 중 1개소 이상은 특별피난계단
● 11층 이상 보기 ④ ● 지하 3층 이하 보기 ③	특별피난계단	● 공동주택은 16층 이상 보기 ② ● 지하 3층 이하의 바닥면적이 400m² 미만인 층은 제외 보기 ③

중요
피난계단과 특별피난계단

피난계단	특별피난계단
계단의 출입구에 방화문이 설치되어 있는 계단이다.	건물 각 층으로 통하는 문은 방화문이 달리고 내화구조의 벽체나 연소우려가 없는 창문으로 구획된 피난용 계단으로 반드시 부속실을 거쳐서 계단실과 연결된다.

답 ①

★★★ 08

산소의 공급이 원활하지 못한 화재실에 급격히 산소가 공급이 될 경우 순간적으로 연소하여 화재가 폭풍을 동반하여 실외로 분출하는 현상은?

22.09.문13
20.06.문02
14.09.문12
12.09.문15

① 백파이어(backfire)
② 플래시오버(flashover)
③ 보일오버(boil over)
④ 백드래프트(back draft)

해설 **백드래프트**(back draft)
(1) **산소**의 **공급**이 **원활하지 못한** 화재실에 급격히 **산소** 공급이 될 경우 순간적으로 연소하여 화재가 폭풍을 동반하여 **실외로 분출**하는 현상 보기 ④
(2) 소방대가 소화활동을 위하여 화재실의 문을 개방할 때 신선한 공기가 유입되어 실내에 축적되었던 가연성 가스가 **단시간**에 **폭발적**으로 **연소**함으로써 화재가 폭풍을 동반하며 **실외로 분출**되는 현상으로 **감쇠기**에 나타난다.

(3) 화재로 인하여 **산소**가 **부족**한 건물 내에 산소가 새로 유입된 때 **고열가스**의 **폭발** 또는 급속한 **연소**가 발생하는 현상

(4) **통기력**이 좋지 않은 상태에서 연소가 계속되어 산소가 심히 부족한 상태가 되었을 때 **개구부**를 통하여 산소가 공급되면 실내의 가연성 혼합기가 공급되는 **산소**의 **방향**과 **반대**로 흐르며 급격히 연소하는 현상으로서 "**역화현상**"이라고 하며 이때에는 **화염**이 산소의 공급통로로 분출되는 현상을 눈으로 확인할 수 있다.

> 기억법 백감

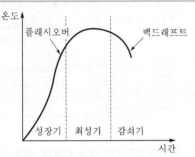

‖ 백드래프트와 플래시오버의 발생시기 ‖

📢 중요

용 어	설 명
플래시오버 (flashover) 보기 ②	화재로 인하여 **실내**의 온도가 **급격히 상승**하여 화재가 순간적으로 실내 전체에 **확산**되어 연소되는 현상
보일오버 (boil over) 보기 ③	**중질유**가 탱크에서 조용히 연소하다 열유층에 의해 가열된 하부의 물이 폭발적으로 끓어 올라와 상부의 뜨거운 기름과 함께 분출하는 현상
백드래프트 (back draft)	화재로 인해 **산소**가 **고갈**된 건물 안으로 외부의 **산소**가 **유입**될 경우 발생하는 현상
롤오버 (roll over)	플래시오버가 발생하기 직전에 작은 불들이 연기 속에서 산재해 있는 상태
슬롭오버 (slop over)	• 물이 연소유의 **뜨거운 표면**에 **들어갈 때** 기름표면에서 화재가 발생하는 현상 • 유화제로 소화하기 위한 **물**이 수분의 급격한 증발에 의하여 액면이 거품을 일으키면서 **열유층 밑**의 냉유가 급히 열팽창하여 **기름**의 **일부**가 불이 붙은 채 탱크벽을 넘어서 일출하는 현상

연소상의 문제점

구 분	설 명
백파이어 (Backfire, 역화) 보기 ①	가스가 노즐에서 분출되는 속도가 연소속도보다 느려져 버너 내부에서 연소하게 되는 현상 ‖ 백파이어 ‖ 혼합가스의 유출속도<연소속도

	가스가 노즐에서 나가는 속도가 연소속도보다 빠르게 되어 불꽃이 버너의 노즐에서 떨어져서 연소하게 되는 현상
리프트 (Lift, 불꽃뜨임)	‖ 리프트 ‖ 혼합가스의 유출속도>연소속도
블로오프 (Blowoff)	리프트 상태에서 불이 꺼지는 현상 ‖ 블로오프 ‖

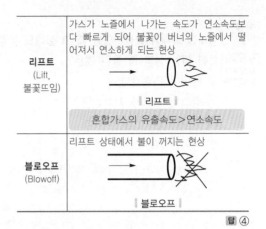

답 ④

★★★
09 건축물의 주요구조부에서 제외되는 것은?

22.04.문03
17.03.문16
16.05.문06
13.06.문12

① 지붕틀
② 내력벽
③ 바닥
④ 사잇기둥

해설 ④ **사잇기둥**: 주요구조부에서 **제외**

주요구조부
(1) 내력**벽** 보기 ②
(2) **보**(작은 보 제외)
(3) **지**붕틀(차양 제외) 보기 ①
(4) **바**닥(최하층 바닥 제외) 보기 ③
(5) **주**계단(옥외계단 제외)
(6) **기**둥(사잇기둥 제외) 보기 ④

> 기억법 벽보지 바주기

답 ④

★★★
10 정전기 발생 방지대책 중 틀린 것은?

18.04.문06
15.03.문20
13.03.문14
13.03.문41
12.05.문02
08.05.문09

① 상대습도를 70% 이상으로 한다.
② 공기를 이온화시킨다.
③ 접지시설을 한다.
④ 가능한 한 부도체를 사용한다.

해설 ④ 부도체 → 도체

정전기 방지대책
(1) **접지**(접지시설)를 한다. 보기 ③
(2) 공기의 **상대습도**를 **70%** 이상으로 한다.(상대습도를 높임) 보기 ①
(3) 공기를 **이온화**한다. 보기 ②
(4) 가능한 한 **도체**를 사용한다. 보기 ④
(5) 제전기를 사용한다.

> 기억법 정습7 접이도

답 ④

★★★ 11

실내에 화재가 발생하였을 때 그 실내의 환경변화에 대한 설명 중 틀린 것은?

| 18.09.문14 |
| 16.10.문17 |
| 01.03.문03 |

① 압력이 내려간다.

② 산소의 농도가 감소한다.

③ 일산화탄소가 증가한다.

④ 이산화탄소가 증가한다.

해설

① 밀폐된 내화건물의 실내에 화재가 발생하면 **압력**(기압)이 **상승**한다.

답 ①

★★★ 12

소화약제의 화학식에 대한 표기가 틀린 것은?

| 17.09.문17 |
| 17.05.문16 |
| 15.05.문02 |
| 10.09.문13 |

① C_3F_8 : FC-3-1-10

② N_2 : IG-100

③ CF_3CHFCF_3 : HFC-227ea

④ Ar : IG-01

해설

① $C_3F_8 \rightarrow C_4F_{10}$

할로겐화합물 및 불활성기체 소화약제의 종류(NFPC 107A 4조, NFTC 107A 2.1.1)

소화약제	화학식
퍼플루오로부탄 (FC-3-1-10) **기억법** FC31(**FC** 서울의 **3.1**절)	C_4F_{10} 보기 ①
하이드로클로로플루오로카본혼화제(HCFC BLEND A) **기억법** 475 82 95 375 (**사시오** 빨리 그래서 **구어 삼키시오!**)	HCFC-22($CHClF_2$) : **82%** HCFC-123($CHCl_2CF_3$) : **4.75%** HCFC-124($CHClFCF_3$) : **9.5%** $C_{10}H_{16}$: **3.75%**
클로로테트라플루오로에탄 (HCFC-124)	$CHClFCF_3$
펜타플루오로에탄 (HFC-**125**) **기억법** 125(**이리온**)	CHF_2CF_3
헵타플루오로프로판 (HFC-**227ea**) **기억법** 227e(**둘둘치킨 이** 맛있다.)	CF_3CHFCF_3 보기 ③
트리플루오로메탄(HFC-23)	CHF_3
헥사플루오로프로판 (HFC-236fa)	$CF_3CH_2CF_3$
트리플루오로이오다이드 (FIC-13I1)	CF_3I
불연성·불활성기체혼합가스 (IG-01)	Ar 보기 ④
불연성·불활성기체혼합가스 (IG-100)	N_2 보기 ②
불연성·불활성기체혼합가스 (IG-541)	N_2 : **52%**, Ar : **40%**, CO_2 : **8%** **기억법** NACO(**내코**) 52408
불연성·불활성기체혼합가스 (IG-55)	N_2 : 50%, Ar : 50%
도데카플루오로-2-메틸펜탄 -3원(FK-5-1-12)	$CF_3CF_2C(O)CF(CF_3)_2$

답 ①

★★★ 13

내화구조의 기준에서 바닥의 경우 철근콘크리트조로서 두께가 몇 cm 이상인 것이 내화구조에 해당하는가?

| 18.03.문09 |
| 14.09.문19 |
| 10.05.문17 |
| 09.03.문16 |

① 3　　　　② 5

③ 10　　　　④ 15

해설 내화구조의 기준

내화 구분	기 준
벽·바닥	철골·철근콘크리트조로서 두께가 **10cm** 이상인 것 보기 ③
기둥	철골을 두께 **5cm** 이상의 콘크리트로 덮은 것
보	두께 **5cm** 이상의 콘크리트로 덮은 것

기억법 벽바내1(**벽**을 **바**라보면 **내일**이 보인다.)

답 ③

★★★ 14

산소와 질소의 혼합물인 공기의 평균분자량은? (단, 공기는 산소 21vol%, 질소 79vol%로 구성되어 있다고 가정한다.)

| 19.09.문17 |
| 16.10.문02 |
| 11.06.문03 |

① 30.84　　　　② 29.84

③ 28.84　　　　④ 27.84

해설 원자량

원 소	원자량
H	1
C	12
N	14
O	16

O_2 : $16 \times 2 \times 0.21 = 6.72$
N_2 : $14 \times 2 \times 0.79 = 22.12$
∴ $6.72 + 22.12 = 28.84$

답 ③

15 산화성 고체와 관계가 없는 것은?

22.09.문03
21.09.문15
21.05.문07
20.08.문43
20.06.문20
19.09.문01
19.03.문51
17.03.문17
15.05.문43
15.03.문18
14.09.문04

① 과염소산
② 질산염류
③ 아염소산염류
④ 무기과산화물류

해설 ① 산화성 액체

위험물령 [별표 1]
위험물

유별	성질	품명
제1류	**산**화성 **고**체	• 아염소산염류 보기 ③ • 염소산염류 • 과염소산염류 • 질산염류(질산칼륨) 보기 ② • 무기과산화물(과산화바륨) 보기 ④ 기억법 1산고(일산GO)
제2류	가연성 고체	• **황화**인 • **적**린 • **황** • **마**그네슘 기억법 황화적황마
제3류	자연발화성 물질 금수성 물질	• **황**린(P₄) • **칼**륨(K) • **나**트륨(Na) • **알**킬알루미늄 • 알킬리튬 • **칼**슘 또는 알루미늄의 탄화물류 (**탄화칼슘=CaC₂**) 기억법 황칼나알칼
제4류	인화성 액체	• 특수인화물(이황화탄소) • 알코올류 • 석유류 • 동식물유류
제5류	자기반응성 물질	• 나이트로화합물 • 유기과산화물 • 나이트로소화합물 • 아조화합물 • 질산에스터류(셀룰로이드)
제6류	산화성 액체	• 과염소산 보기 ① • 과산화수소 • 질산

답 ①

16 화재발생시 물을 사용하여 소화하면 더 위험해지는 것은?

19.04.문14
12.03.문03
06.09.문08

① 적린
② 질산암모늄
③ 나트륨
④ 황린

해설 **주수소화(물소화)시 위험한 물질**

위험물	발생물질
• 무기과산화물	산소(O₂) 발생
• 금속분 • 마그네슘 • 알루미늄 • 칼륨 • **나트륨** 보기 ③ • 수소화리튬	**수소**(H₂) 발생
• 가연성 액체의 유류화재	**연소면**(화재면) 확대

답 ③

17 지하 주차장에 사용할 수 있는 법정 분말소화약제는?

04.09.문14

① 인산염계
② 탄화수소나트륨계
③ 탄화수소칼륨계
④ 탄화수소칼륨과 요소계

해설 **분말소화약제**

종별	주성분	착색	적응화재	비고
제1종	중탄산나트륨 (NaHCO₃)	**백**색	BC급	**식**용유 및 지**방**질유의 화재에 적합
제2종	중탄산칼륨 (KHCO₃)	담**자**색 (담회색)	BC급	–
제3종	제1인산암모늄 (NH₄H₂PO₄)	담**홍**색	ABC급	**차고·주차**장에 적합 보기 ①
제4종	중탄산칼륨 +요소 (KHCO₃+ (NH₂)₂CO)	**회**(백)색	BC급	

기억법 1식분(일식 분식)
3분 차주(삼보컴퓨터 차주)
백자홍회

∴ 차고는 제3종 분말소화설비 설치

답 ①

18 피난대책의 일반적 원칙이 아닌 것은?

22.09.문16
20.06.문13
19.04.문04
13.09.문02
11.10.문07

① 피난경로는 가능한 한 길어야 한다.
② 피난대책은 비상시 본능상태에서도 혼돈이 없도록 한다.
③ 피난시설은 가급적 고정식 시설이 바람직하다.
④ 피난수단은 원시적인 방법으로 하는 것이 바람직하다.

해설

① 길어야 한다. → 짧아야 한다.

피난대책의 일반적인 원칙

(1) 피난경로는 **간단명료**하게 한다(단순한 형태).

(2) 피난설비는 **고정식 설비**를 위주로 설치한다. 보기 ③

(3) 피난수단은 **원시적 방법**에 의한 것을 원칙으로 한다. 보기 ④

(4) **2방향**의 피난통로를 확보한다

(5) 피난통로를 **완전불연화** 한다.

(6) **화재층**의 피난을 **최우선**으로 고려한다.

(7) 피난시설 중 피난로는 **복도** 및 **거실**을 가리킨다.

(8) 인간의 **본능적 행동**을 무시하지 않도록 고려한다(본능상태에서도 혼동이 없도록 한다). 보기 ②

(9) 계단은 **직통계단**으로 한다.

(10) **정전시**에도 **피난방향**을 알 수 있는 표시를 한다.

(11) 모든 피난동선은 건물 중심부 한 곳으로 향해서는 안 된다.

(12) 피난동선은 그 말단이 짧을수록 좋다. 보기 ①

• 피난동선=피난경로

답 ①

★★★
19 물을 이용한 대표적인 소화효과로만 나열된 것은?

22.04.문11
20.06.문07
19.03.문18
15.09.문10
15.03.문05
14.09.문11

① 냉각효과, 부촉매효과

② 냉각효과, 질식효과

③ 질식효과, 부촉매효과

④ 제거효과, 냉각효과, 부촉매효과

해설 **소화약제**의 소화작용

소화약제	소화작용	주된 소화작용
물 (스프링클러)	• 냉각작용 • 희석작용	냉각작용 (냉각소화)

물(무상)	• **냉**각작용(증발
	  잠열 이용)
	  보기 ②
	• **질**식작용
	  보기 ②
	• **유**화작용(에멀
	  션 효과)
	• **희**석작용
		질식작용
		(질식소화)

포	• 냉각작용 • 질식작용	
분말	• 질식작용 • 부촉매작용 (억제작용) • 방사열 차단작용	
이산화탄소	• 냉각작용 • 질식작용 • 피복작용	
할론	• 질식작용 • 부촉매작용 (억제작용)	**부**촉매작용 (연쇄반응 억제)

기억법 할부(**할**아**버**지)

기억법 물냉질유희

• CO_2 소화기=이산화탄소소화기

• 에멀션효과=에멀전효과

• 작용=효과

• 물은 부촉매효과는 없으므로 부촉매효과가 없는 ②번이 정답

중요

부촉매효과

(1) 분말소화약제

(2) 할론소화약제

(3) 할로겐화합물소화약제

답 ②

★★
20 건물화재에서의 사망원인 중 가장 큰 비중을 차지하는 것은?

20.06.문15
11.10.문03

① 연소가스에 의한 질식

② 화상

③ 열충격

④ 기계적 상해

해설 ① 건물화재에서의 사망원인 중 가장 큰 비중을 차지하는 것 : **연소가스**에 의한 **질식사**이다.

답 ①

 제2과목 소방유체역학

★★★
21 비중이 0.75인 액체와 비중량이 6700N/m³인 액체를 부피비 1 : 2로 혼합한 혼합액의 밀도는 약 몇 kg/m³인가?

22.04.문24
21.09.문30
21.05.문29
18.04.문33

① 688   ② 706

③ 727   ④ 748

해설 (1) 기호

• s : 0.75

• γ : 6700N/m³

• ρ : ?

(2) 비중

$$s = \frac{\gamma}{\gamma_w} = \frac{\rho}{\rho_w}$$

여기서, s : 비중

γ : 어떤 물질의 비중량[N/m³]

γ_w : 물의 비중량(9800N/m³)

ρ : 어떤 물질의 밀도[kg/m³]

ρ_w : 물의 밀도(1000kg/m³)

어떤 물질의 비중량 $\gamma = s \times \gamma_w$

비중이 0.75인 액체를 γ_A, $\gamma_B = 6700\text{N/m}^3$이라 하면

$\gamma_A = s \cdot \gamma_w = 0.75 \times 9800\text{N/m}^3 = 7350\text{N/m}^3$

γ_A와 γ_B를 1 : 2로 혼합했으므로 혼합액의 비중량 γ는

$$\gamma = \frac{\gamma_A \times 1 + \gamma_B \times 2}{3}$$

$$= \frac{7350\text{N/m}^3 \times 1 + 6700\text{N/m}^3 \times 2}{3} ≒ 6916.67\text{N/m}^3$$

$$\boxed{\frac{\gamma}{\gamma_w} = \frac{\rho}{\rho_w}} \text{에서}$$

혼합액의 밀도 ρ는

$$\rho = \frac{\gamma \times \rho_w}{\gamma_w}$$

$$= \frac{6916.67\text{N/m}^3 \times 1000\text{kg/m}^3}{9800\text{N/m}^3} ≒ 706\text{kg/m}^3$$

답 ②

★★★ 22

22.04.문40
22.03.문30
21.05.문35
19.03.문27
13.09.문39
05.03.문23

그림과 같이 수조차의 탱크 측벽에 안지름이 25cm인 노즐을 설치하여 노즐로부터 물이 분사되고 있다. 노즐 중심은 수면으로부터 3m 아래에 있다고 할 때 수조차가 받는 추력 F는 약 몇 kN인가? (단, 노면과의 마찰은 무시한다.)

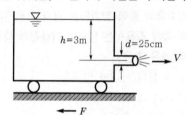

① 1.77 ② 2.89
③ 4.56 ④ 5.21

해설

(1) 기호

- $d(D)$: 25cm=0.25m(100cm=1m)
- $h(H)$: 3m
- F : ?

(2) 토리첼리의 식

$$V = \sqrt{2gH}$$

여기서, V : 유속[m/s]
g : 중력가속도(9.8m/s²)
H : 높이[m]

유속 V는

$$V = \sqrt{2gH}$$
$$= \sqrt{2 \times 9.8\text{m/s}^2 \times 3\text{m}} ≒ 7.668\text{m/s}$$

(3) 유량

$$Q = AV$$

여기서, Q : 유량[m³/s]
A : 단면적[m²]
V : 유속[m/s]

(4) 추력(힘)

$$F = \rho QV$$

여기서, F : 추력(힘)[N]
ρ : 밀도(물의 밀도 1000N · s²/m⁴)
Q : 유량[m³/s]
V : 유속[m/s]

추력 F는

$$F = \rho QV$$
$$= \rho(AV)V$$
$$= \rho AV^2$$
$$= \rho\left(\frac{\pi D^2}{4}\right)V^2$$
$$= 1000\text{N} \cdot \text{s}^2/\text{m}^4 \times \frac{\pi \times (0.25\text{m})^2}{4} \times (7.668\text{m/s})^2$$
$$= 2886\text{N} = 2.886\text{kN} ≒ 2.89\text{kN}$$

- $Q = AV$이므로 $F = \rho QV = \rho(AV)V$
- $A = \dfrac{\pi D^2}{4}$ (여기서, D : 지름[m])

답 ②

★★★ 23

22.04.문29
22.03.문26
21.09.문21
21.05.문39
21.03.문26
19.09.문27
16.10.문29
15.09.문37
14.09.문34
14.05.문33
11.03.문83

다음 중 캐비테이션(공동현상) 방지방법으로 옳은 것을 모두 고른 것은?

⊙ 펌프의 설치위치를 낮추어 흡입양정을 작게 한다.
ⓛ 흡입관 지름을 작게 한다.
ⓒ 펌프의 회전수를 작게 한다.

① ⊙, ⓛ
② ⊙, ⓒ
③ ⓛ, ⓒ
④ ⊙, ⓛ, ⓒ

해설

공동현상(cavitation, 캐비테이션)

개요	펌프의 흡입측 배관 내의 물의 정압이 기존의 증기압보다 낮아져서 기포가 발생되어 물이 흡입되지 않는 현상
발생현상	• **소음**과 **진동** 발생 • 관 부식(펌프깃의 침식) • **임펠러의 손상**(수차의 날개를 해친다.) • 펌프의 성능 저하(양정곡선 저하) • 효율곡선 **저하**
발생원인	• **펌프**가 물탱크보다 부적당하게 **높게** 설치되어 있을 때 • 펌프 **흡입수두**가 지나치게 **클** 때 • 펌프 **회전수**가 지나치게 **높을** 때 • 관내를 흐르는 **물**의 **정압**이 그 물의 온도에 해당하는 증기압보다 **낮을** 때

방지 대책 (방지 방법)	• 펌프의 흡입수두를 작게 한다.(흡입양정을 작게 한다.) 보기 ⑦ • 펌프의 마찰손실을 작게 한다. • 펌프의 임펠러속도(회전수)를 작게 한다. 보기 ⓒ • 펌프의 설치위치를 수원보다 낮게 한다. • 양흡입펌프를 사용한다.(펌프의 흡입측을 가압 한다.) • 관내의 물의 정압을 그때의 증기압보다 높게 한다. • 흡입관의 **구경**을 **크게** 한다. 보기 ⓒ • 펌프를 2개 이상 설치한다. • 회전차를 수중에 완전히 잠기게 한다.

[비교]

수격작용(water hammering)	
개요	• 배관 속의 물흐름을 급히 차단하였을 때 동압이 정압으로 전환되면서 일어나는 **쇼 크**(shock)현상 • 배관 내를 흐르는 유체의 유속을 급격하게 변화시키므로 압력이 상승 또는 하강하여 관로의 벽면을 치는 현상
발생 원인	• 펌프가 갑자기 정지할 때 • 급히 밸브를 개폐할 때 • 정상운전시 유체의 압력변동이 생길 때
방지 대책 (방지 방법)	• **관**의 관경(직경)을 크게 한다. • 관내의 유속을 낮게 한다.(관로에서 일부 고 압수를 방출한다.) • **조압수조**(surge tank)를 관선에 설치한다. • **플라이휠**(fly wheel)을 설치한다. • 펌프 송출구(토출측) 가까이에 밸브를 설치 한다. • **에어챔버**(air chamber)를 설치한다.

[기억법] 수방관플에

답 ②

★★★
24 20℃의 물 10L를 대기압에서 110℃의 증기로
만들려면, 공급해야 하는 열량은 약 몇 kJ인가?
(단, 대기압에서 물의 비열은 4.2kJ/kg·℃, 증
발잠열은 2260kJ/kg이고, 증기의 정압비열은
2.1kJ/kg·℃이다.)

21.09.문26
16.10.문26
11.03.문36

① 26380   ② 26170

③ 22600   ④ 3780

[해설] (1) **기호**

- ΔT_1 : $(100-20)$℃
- m : 10L=10kg(물 1L=1kg)
- ΔT_3 : $(110-100)$℃
- Q : ?
- c : 4.2kJ/kg·℃
- r : 2260kJ/kg
- C_p : 2.1kJ/kg·℃

(2) **열량**

$$Q = mc\Delta T_1 + rm + mC_p\Delta T_3$$

여기서, Q : 열량[kJ]
  m : 질량[kg]
  c : 비열(물의 비열 4.2kJ/kg·℃)
  ΔT_1, ΔT_3 : 온도차[℃]
  r : 증발잠열[kJ/kg]
  C_p : 정압비열[kJ/kg·℃]

(3) 20℃ 물 → 100℃ 물
$Q_1 = mc\Delta T_1$
   $= 10\text{kg} \times 4.2\text{kJ/kg}·℃ \times (100-20)℃$
   $= 3360\text{kJ}$

(4) 100℃ 물 → 100℃ 수증기
$Q_2 = rm$
   $= 2260\text{kJ/kg} \times 10\text{kg} = 22600\text{kJ}$

(5) 100℃ 수증기 → 110℃ 수증기
$Q_3 = mC_p\Delta T_3$
   $= 10\text{kg} \times 2.1\text{kJ/kg}·℃ \times (110-100)℃$
   $= 210\text{kJ}$

열량 Q는
$Q = Q_1 + Q_2 + Q_3$
  $= 3360\text{kJ} + 22600\text{kJ} + 210\text{kJ}$
  $= 26170\text{kJ}$

답 ②

★★★
25 정지유체 속에 잠겨있는 경사진 평면에서 압력
에 의해 작용하는 압력의 작용점에 대한 설명으
로 옳은 것은?

22.04.문31
22.03.문32
21.05.문27
18.03.문27
15.03.문38
10.03.문25

① 도심의 아래에 있다.

② 도심의 위에 있다.

③ 도심의 위치와 같다.

④ 도심의 위치와 관계가 없다.

[해설] 힘의 작용점의 중심압력은 경사진 평판의 **도심의**(보다) **아래**
에 있다. 보기 ①

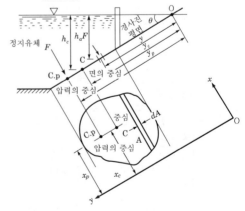

|| 힘의 작용점의 중심압력 ||

답 ①

26 ★★★

관 속의 부속품을 통한 유체흐름에서 관의 등가길이(상당길이)를 표현하는 식은? (단, 부차적 손실계수는 K, 관의 지름은 d, 관마찰계수는 f 이다.)

① Kfd

② $\dfrac{fd}{K}$

③ $\dfrac{Kf}{d}$

④ $\dfrac{Kd}{f}$

해설 등가길이

$$L_e = \frac{Kd}{f}$$

여기서, L_e : 등가길이[m]

　　　　K : 부차적 손실계수

　　　　d : 내경(지름)[m]

　　　　f : 마찰손실계수(관마찰계수)

- 등가길이＝상당길이＝상당관길이
- 마찰계수＝마찰손실계수＝관마찰계수

답 ④

27 ★★★

그림과 같이 고정된 노즐에서 균일한 유속 $V = 40\text{m/s}$, 유량 $Q = 0.2\text{m}^3/\text{s}$로 물이 분출되고 있다. 분류와 같은 방향으로 $u = 10\text{m/s}$의 일정 속도로 운동하고 있는 평판에 분사된 물이 수직으로 충돌할 때 분류가 평판에 미치는 충격력은 몇 kN인가?

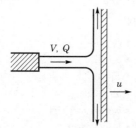

① 4.5

② 6

③ 44.1

④ 58.8

해설 (1) 기호

- V : 40m/s
- Q : 0.2m³/s
- u : 10m/s
- F : ?

(2) 유량

$$Q = AV = \left(\frac{\pi D^2}{4}\right) V$$

여기서, Q : 유량[m³/s]

A : 단면적[m²]

V : 유속[m/s]

D : 지름[m]

단면적 A는

$$A = \frac{Q}{V} = \frac{0.2\text{m}^3/\text{s}}{40\text{m/s}} = 5 \times 10^{-3}\text{m}^2$$

(3) 평판에 작용하는 힘

$$F = \rho A (V - u)^2$$

여기서, F : 평판에 작용하는 힘[N]

　　　　ρ : 밀도(물의 밀도 1000N · s²/m⁴)

　　　　A : 단면적[m²]

　　　　V : 액체의 속도[m/s]

　　　　u : 평판의 이동속도[m/s]

평판에 작용하는 힘 F는

$F = \rho A (V - u)^2$

$= 1000\text{N} \cdot \text{s}^2/\text{m}^4 \times (5 \times 10^{-3})\text{m}^2 \{(40 - 10)\text{m/s}\}^2$

$= 4500\text{N} = 4.5\text{kN}$

- 1000N＝1kN이므로 4500N＝4.5kN

답 ①

28 ★★★

비중이 0.88인 벤젠에 안지름 1mm의 유리관을 세웠더니 벤젠이 유리관을 따라 9.8mm를 올라갔다. 유리와의 접촉각이 0°라 하면 벤젠의 표면장력은 몇 N/m인가?

① 0.021

② 0.042

③ 0.084

④ 0.128

해설 (1) 기호

- h : 9.8mm
- θ : 0°
- γ : 비중×9800N/m³
- D : 1mm
- σ : ?

(2) 상승높이

$$h = \frac{4\sigma \cos\theta}{\gamma D}$$

여기서, h : 상승높이[m]

　　　　σ : 표면장력[N/m]

　　　　θ : 각도

　　　　γ : 비중량(비중×9800N/m³)

　　　　D : 내경[m]

표면장력 σ는

$\sigma = \dfrac{h\gamma D}{4\cos\theta}$

$= \dfrac{9.8\text{mm} \times (0.88 \times 9800\text{N/m}^3) \times 1\text{mm}}{4 \times \cos 0°}$

$= \dfrac{9.8 \times 10^{-3}\text{m} \times (0.88 \times 9800\text{N/m}^3) \times (1 \times 10^{-3})\text{m}}{4 \times \cos 0°}$

$\fallingdotseq 0.021\text{N/m}$

답 ①

29 다음 측정계기 중 유량 측정에 사용되는 것은?

18.03.문29
18.03.문36
16.10.문39
15.09.문34
12.03.문33
11.06.문24
11.03.문26
09.05.문34

① interferometer

② viscometer

③ potentiometer

④ rotameter

 ④ 로터미터(rotameter)는 유량을 측정하는 장치이기는 하지만 **부자**(float)의 오르내림에 의해서 배관 내의 유량 및 유속을 측정할 수 있는 기구로서 관의 단면에 **축소부분은 없다.**

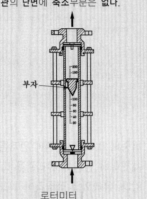

로터미터

측정기구

종 류	측정기구
동압 **(유속)**	• 시차액주계(differential manometer) • 피토관(pitot tube) • 피토-정압관(pitot-static tube) • 열선속도계(hot-wire anemometer)
정압	• 정압관(static tube) • 피에조미터(piezometer) • 마노미터(manometer) : 유체의 압력차 측정
유량	• 벤투리미터(venturimeter) • 오리피스(orifice) • 위어(weir) • **로터미터(rotameter)** • 노즐(nozzle)

답 ④

30 피스톤 내의 기체 0.5kg을 압축하는 데 15kJ의 열량이 가해졌다. 이때 12kJ의 열이 피스톤 밖으로 빠져나갔다면 내부에너지의 변화는 약 몇 kJ인가?

19.04.문32
18.09.문36
16.03.문27
02.03.문28

① 27

② 13.5

③ 3

④ 1.5

 열

$$Q = (U_2 - U_1) + W$$

여기서, Q : 열[kJ]

$U_2 - U_1$: 내부에너지 변화[kJ]

W : 일[kJ]

내부에너지 변화 $U_2 - U_1$ 은

$$U_2 - U_1 = Q - W = (-12\text{kJ}) - (-15\text{kJ}) = 3\text{kJ}$$

• W(일)이 필요로 하면 '−' 값을 적용한다.

• Q(열)이 계 밖으로 손실되면 '−' 값을 적용한다.

답 ③

31 다음 그림과 같은 U자관 차압마노미터가 있다. 비중 $S_1 = 0.9$, $S_2 = 13.6$, $S_3 = 1.2$이고 $h_1 = 10\text{cm}$, $h_2 = 30\text{cm}$, $h_3 = 20\text{cm}$일 때 $P_A - P_B$는 얼마인가?

21.09.문37
21.03.문22
19.09.문36
19.03.문30
13.06.문25

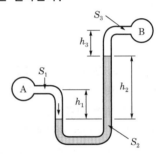

① 41.5kPa

② 28.8kPa

③ 41.5Pa

④ 28.8Pa

(1) 기호

• S_1 : 0.9

• S_2 : 13.6

• S_3 : 1.2

• h_1 : 10cm=0.1m

• h_2 : 30cm=0.3m

• h_3 : 20cm=0.2m

• $P_A - P_B$: ?

(2) 비중

$$s = \frac{\gamma}{\gamma_w}$$

여기서, s : 비중

γ : 어떤 물질의 비중량[kN/m³]

γ_w : 물의 비중량(9.8kN/m³)

물의 비중량 γ_w =9.8kN/m³

비중량 $\gamma_1 = S_1 \times \gamma_w = 0.9 \times 9.8\text{kN/m}^3 = 8.82\text{kN/m}^3$

비중량 $\gamma_2 = S_2 \times \gamma_w = 13.6 \times 9.8\text{kN/m}^3 = 133.28\text{kN/m}^3$

비중량 $\gamma_3 = S_3 \times \gamma_w = 1.2 \times 9.8\text{kN/m}^3 = 11.76\text{kN/m}^3$

(3) 압력차

$$P_A + \gamma_1 h_1 - \gamma_2 h_2 - \gamma_3 h_3 = P_B$$

$$
\begin{aligned}
P_A - P_B &= -\gamma_1 h_1 + \gamma_2 h_2 + \gamma_3 h_3 \\
&= -8.82\text{kN/m}^3 \times 0.1\text{m} + 133.28\text{kN/m}^3 \\
&\quad \times 0.3\text{m} + 11.76\text{kN/m}^3 \times 0.2\text{m} \\
&= 41.454 \fallingdotseq 41.5\text{kN/m} \\
&= 41.5\text{kPa}(1\text{kN/m}^2 = 1\text{kPa})
\end{aligned}
$$

중요

시차액주계의 압력계산방법
점 A를 기준으로 내려가면 더하고, 올라가면 빼면 된다.

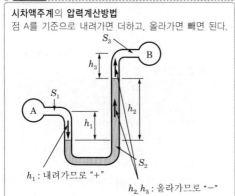

h_1 : 내려가므로 "+"

h_2, h_3 : 올라가므로 "−"

답 ①

32 계기압력이 1.2MPa이고, 대기압이 96kPa일 때 절대압력은 몇 kPa인가?

21.09.문23
16.10.문38
14.09.문24
14.03.문27
01.09.문30

① 108 ② 1104
③ 1200 ④ 1296

해설 (1) 주어진 값

- 계기압 : 1.2MPa=1.2×10³kPa(1MPa=10³kPa)
- 대기압 : 96kPa
- 절대압 : ?

(2) 절대압=대기압+게이지압(계기압)
  =96kPa+1.2×10³kPa
  =1296kPa

중요

절대압
(1) **절**대압=**대**기압+**게**이지압(계기압)
(2) 절대압=대기압−진공압

기억법 절대게

답 ④

33 이상기체에서 온도가 일정한 경우 부피(V)와 압력(P)의 관계를 맞게 표현한 것은?

19.03.문28
18.09.문21
14.03.문40
11.06.문21
10.09.문40

① P/V =일정 ② P/V^2 =일정
③ PV =일정 ④ PV^2 =일정

해설 완전가스(이상기체)의 상태변화

상태변화	관계
정압과정	$\dfrac{V}{T} = C$(Constant, 일정)
정적과정	$\dfrac{P}{T} = C$(Constant, 일정)
등온과정	$PV = C$(Constant, 일정) 보기 ③
단열과정	$PV^{k(n)} = C$(Constant, 일정)

여기서, V : 비체적(부피)[m³/kg]
　　　　T : 절대온도[K]
　　　　P : 압력[kPa]
　　　　$k(n)$: 비열비
　　　　C : 상수
등온과정 PV=Constant이므로
　　　　$PV^{n=1}$=Constant
　　　　PV=Constant($\therefore\ n=1$)

※ **단열변화** : 손실이 없는 상태에서의 과정

답 ③

34 온도 60℃, 압력 100kPa인 산소가 지름 10mm인 관 속을 흐르고 있다. 임계 레이놀즈가 2100인 층류로 흐를 수 있는 최대 평균속도[m/s]와 유량 [m²/s]은? (단, 점성계수는 $\mu = 23 \times 10^{-6}$ kg/m · s이고, 기체상수는 $R = 260\,\text{N} \cdot \text{m/kg}$이다.)

22.04.문28
19.04.문34
17.09.문40
17.05.문35
14.05.문40
14.03.문30
11.03.문33

① 4.18, 3.28×10⁻⁴
② 41.8, 32.8×10⁻⁴
③ 3.18, 24.8×10⁻⁴
④ 3.18, 2.48×10⁻⁴

해설 (1) 밀도

$$\rho = \frac{P}{RT}$$

여기서, ρ : 밀도[kg/m³]
　　　　P : 압력[Pa]
　　　　R : 기체상수[N · m/kg · K]
　　　　T : 절대온도(273+℃)[K]

$$1\text{Pa} = 1\text{N/m}^2$$

밀도 ρ는
$$
\begin{aligned}
\rho &= \frac{P}{RT} \\
&= \frac{100\text{kPa}}{260\text{N} \cdot \text{m/kg} \cdot \text{K} \times (273+60)\text{K}} \\
&= \frac{100 \times 10^3 \text{N/m}^2}{260\text{N} \cdot \text{m/kg} \cdot \text{K} \times (273+60)\text{K}} \\
&\fallingdotseq 1.155\text{kg/m}^3
\end{aligned}
$$

(2) 최대평균속도

$$V_{\max} = \frac{Re\mu}{D\rho}$$

여기서, V_{max} : 최대평균속도[m/s]
Re : 레이놀즈수
μ : 점성계수[kg/m·s]
D : 직경(관경)[m]
ρ : 밀도[kg/m³]

최대평균속도 V_{max} 는

$$V_{max} = \frac{Re\mu}{D\rho}$$
$$= \frac{2100 \times 23 \times 10^{-6} \text{kg/m·s}}{10\text{mm} \times 1.155\text{kg/m}^3}$$
$$= \frac{2100 \times 23 \times 10^{-6} \text{kg/m·s}}{0.01\text{m} \times 1.155\text{kg/m}^3}$$
$$\fallingdotseq 4.18\text{m/s}$$

(3) 유량

$$Q = AV$$

여기서, Q : 유량[m³/s]
A : 단면적[m²]
V : 유속[m/s]

유량 Q 는

$$Q = AV = \frac{\pi D^2}{4} V$$
$$= \frac{\pi \times (10\text{mm})^2}{4} \times 4.18\text{m/s}$$
$$= \frac{\pi \times (0.01\text{m})^2}{4} \times 4.18\text{m/s}$$
$$\fallingdotseq 3.28 \times 10^{-4} \text{ m}^3/\text{s}$$

답 ①

★35 20℃, 기름 5m³의 무게가 24kN일 때, 이 기름의 비중량은 몇 kN/m³인가?

① 4.7
② 4.8
③ 4.9
④ 5.0

해설 (1) 기호

- V : 5m³
- W : 24kN

(2) 비중량

$$\gamma = \rho g = \frac{W}{V}$$

여기서, γ : 비중량[kN/m³]
ρ : 밀도[kg/m³]
g : 중력가속도(9.8m/s²)
W : 중량[kN]
V : 체적[m³]

비중량 γ 는
$$\gamma = \frac{W}{V} = \frac{24\text{kN}}{5\text{m}^3} = 4.8\text{kN/m}^3$$

답 ②

★★★36 동점성계수와 비중이 각각 0.003m²/s, 1.2일 때 이 액체의 점성계수는 약 몇 N·s/m²인가?

21.09.문24
17.05.문40
11.10.문28

① 2.2
② 2.8
③ 3.6
④ 4.0

해설 (1) 기호

- ν : 0.003m²/s
- s : 1.2
- μ : ?

(2) 비중

$$s = \frac{\rho}{\rho_w}$$

여기서, s : 비중
ρ_w : 물의 밀도(1000N·s²/m⁴)
ρ : 어떤 물질의 밀도[N·s²/m⁴]
$\rho = s \times \rho_w = 1.2 \times 1000\text{N·s}^2/\text{m}^4 = 1200\text{N·s}^2/\text{m}^4$

(3) 동점성계수

$$\nu = \frac{\mu}{\rho}$$

여기서, ν : 동점성계수[m²/s]
μ : 점성계수[N·s/m²]
ρ : 어떤 물질의 밀도[N·s²/m⁴]
$\mu = \rho \times \nu$
$= 1200\text{N·s}^2/\text{m}^4 \times 0.003\text{m}^2/\text{s} = 3.6\text{N·s/m}^2$

답 ③

★★37 한 변의 길이가 10cm인 정육면체의 금속무게를 공기 중에서 달았더니 77N이었고, 어떤 액체 중에서 달아보니 70N이었다. 이 액체의 비중량은 몇 N/m³인가?

18.04.문23
08.03.문30

① 7700
② 7300
③ 7000
④ 6300

해설 (1) 체적
체적(V)=가로×세로×높이
$= 0.1\text{m} \times 0.1\text{m} \times 0.1\text{m}$
$= 0.001\text{m}^3$

(2) 부력

$$F_B = \gamma V$$

여기서, F_B : 부력[N]
γ : 비중량[N/m³]
V : 체적[m³]

(3) 공기 중 무게
공기 중 무게=부력+액체 중 무게
$77\text{N} = \gamma V + 70\text{N}$
$(77-70)\text{N} = \gamma V$
$7\text{N} = \gamma \times 0.001\text{m}^3$
$\frac{7\text{N}}{0.001\text{m}^3} = \gamma$
$7000\text{N/m}^3 = \gamma$
$\therefore \gamma = 7000\text{N/m}^3$

참고

물체의 비중 $= \dfrac{\text{공기 중의 무게}}{\text{공기 중의 무게} - \text{물속의 무게}}$

답 ③

★★★ 38 열역학 제2법칙에 관한 설명으로 틀린 것은?

22.04.문21
21.03.문21
20.06.문28
17.05.문25
14.05.문24
13.09.문22

① 열효율 100%인 열기관은 제작이 불가능하다.

② 열은 스스로 저온체에서 고온체로 이동할 수 없다.

③ 제2종 영구기관은 동작물질의 종류에 따라 존재할 수 있다.

④ 한 열원에서 발생하는 열량을 일로 바꾸기 위해서는 반드시 다른 열원의 도움이 필요하다.

 해설

③ 있다. → 없다.

열역학의 법칙

(1) **열역학 제0법칙** (열평형의 법칙) : 온도가 높은 물체에 낮은 물체를 접촉시키면 온도가 **높은** 물체에서 **낮은 물체**로 열이 이동하여 두 물체의 **온도**는 **평형**을 이루게 된다.

(2) **열역학 제1법칙** (에너지보존의 법칙) : 기체의 공급에너지는 **내부에너지**와 외부에서 한 일의 합과 같다.

(3) **열역학 제2법칙**

㉠ 열은 스스로 **저온**에서 **고온**으로 절대로 흐르지 않는다.

㉡ 열은 그 스스로 저온체에서 고온체로 이동할 수 없다. **보기 ②**

㉢ 자발적인 변화는 **비가역적**이다.

㉣ 열을 완전히 일로 바꿀 수 있는 **열기관**을 만들 수 **없다** (제2종 영구기관의 제작이 **불가능**하다). **보기 ① ③**

㉤ 열기관에서 일을 얻으려면 최소 **두 개의 열원**이 필요하다. **보기 ④**

(4) **열역학 제3법칙** : 순수한 물질이 1atm하에서 결정상태이면 엔트로피는 **0K**에서 **0**이다.

답 ③

★★ 39 수두가 9m일 때 오리피스에서 물의 유속이 11m/s이다. 속도계수는 약 얼마인가?

15.03.문27
04.03.문34

① 0.81 ② 0.83

③ 0.95 ④ 0.97

해설

(1) 기호

- V : 11m/s
- g : 9.8m/s²
- H : 9m
- C : ?

(2) 유속

$$V = C\sqrt{2gH}$$

여기서, V : 유속[m/s]

C : 속도계수 또는 유량계수

g : 중력가속도(9.8m/s²)

H : 수두[m]

속도계수 C는

$$C = \frac{V}{\sqrt{2gH}}$$

$$= \frac{11\text{m/s}}{\sqrt{2 \times 9.8\text{m/s}^2 \times 9\text{m}}}$$

$$≒ 0.83$$

답 ②

★ 40 공기가 그림과 같은 안지름 10cm인 직관의 두

17.09.문40 단면 사이를 정상유동으로 흐르고 있다. 각 단면에서의 온도와 압력은 일정하다고 하고, 단면 (2)에서의 공기의 평균속도가 10m/s일 때, 단면 (1)에서의 평균속도는 약 몇 m/s인가? (단, 공기는 이상기체라고 가정하고, 각 단면에서의 온도와 압력은 $P_1 = 100\text{Pa}$, $T_1 = 320\text{K}$, $P_2 = 20\text{Pa}$, $T_2 = 300\text{K}$이다.)

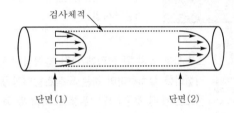

검사체적

단면(1)   단면(2)

① 1.675 ② 2.133

③ 2.875 ④ 3.732

해설 (1) 기호

- D : 10cm = 0.1m(100cm = 1m)
- V_2 : 10m/s
- V_1 : ?
- P_1 : 100Pa
- T_1 : 320K
- P_2 : 20Pa
- T_2 : 300K

(2) 밀도

$$\rho = \frac{P}{RT} \quad \cdots\cdots\cdots\cdots ㉠$$

여기서, ρ : 밀도[kg/m³]

P : 압력[kPa] 또는 [kN/m²]

R : 기체상수[kJ/kg · K]

T : 절대온도(273 + ℃)[K]

(3) **질량유량(mass flowrate)**

$$\overline{m} = A_1 V_1 \rho_1 = A_2 V_2 \rho_2 \quad \cdots\cdots\cdots\cdots ㉡$$

여기서, $\overline{m}$: 질량유량[kg/s]

A_1, A_2 : 단면적[m²]

V_1, V_2 : 유속[m/s]

ρ_1, ρ_2 : 밀도[kg/m³]

㉠식을 ㉡식에 대입하면

$$A_1 V_1 \rho_1 = A_2 V_2 \rho_2$$

$$A_1 V_1 \frac{P_1}{RT_1} = A_2 V_2 \frac{P_2}{RT_2}$$

같은 공기가 흐르므로 $\boxed{R = R}$

단면 (1), (2)가 같으므로 $\boxed{A_1 = A_2}$

$$\cancel{A_1} V_1 \frac{P_1}{RT_1} = \cancel{A_2} V_2 \frac{P_2}{RT_2}$$

$$V_1 \frac{P_1}{T_1} = V_2 \frac{P_2}{T_2}$$

$$V_1 = V_2 \frac{P_2}{T_2} \frac{T_1}{P_1}$$

$$= 10\text{m/s} \times \frac{20\text{Pa}}{300\text{K}} \times \frac{320\text{K}}{100\text{Pa}} ≒ 2.133\text{m/s}$$

답 ②

제3과목 소방관계법규

★★★
41
22.04.문41
21.05.문60
18.03.문44
15.03.문41
05.09.문52

소방시설 설치 및 관리에 관한 법령상 스프링클러설비를 설치하여야 하는 특정소방대상물의 기준으로 틀린 것은? (단, 위험물 저장 및 처리 시설 중 가스시설 또는 지하구를 제외한다.)

① 물류터미널로서 바닥면적 합계가 2000m² 이상인 경우에는 모든 층
② 숙박이 가능한 수련시설에 해당하는 용도로 사용되는 시설의 바닥면적의 합계가 600m² 이상인 것은 모든 층
③ 종교시설(주요구조부가 목조인 것은 제외)로서 수용인원이 100명 이상인 것에 해당하는 경우에는 모든 층
④ 지하가(터널은 제외)로서 연면적 1000m² 이상인 것

해설 ① 2000m² → 5000m²

소방시설법 시행령 〔별표 4〕
스프링클러설비의 설치대상

설치대상	조 건
• 문화 및 집회시설, 운동시설 • 종교시설 보기 ③	• 수용인원 : 100명 이상 • 영화상영관 : 지하층 · 무창층 500m²(기타 1000m²) 이상 • 무대부 – 지하층 · 무창층 · 4층 이상 : 300m² 이상 – 1~3층 : 500m² 이상

• 판매시설 • 운수시설 • 물류터미널 보기 ①	• 수용인원 : 500명 이상 • 바닥면적 합계 5000m² 이상
창고시설(물류터미널 제외)	바닥면적 합계 5000m² 이상 : 전층
• 노유자시설 • 정신의료기관 • 수련시설(숙박 가능한 곳) 보기 ② • 종합병원, 병원, 치과병원, 한방병원 및 요양병원(정신병원 제외) • 숙박시설	바닥면적 합계 600m² 이상
지하가(터널 제외) 보기 ④	연면적 1000m² 이상
지하층 · 무창층 · 4층 이상	바닥면적 1000m² 이상
10m 넘는 랙식 창고	연면적 1500m² 이상
• 복합건축물 • 기숙사	연면적 5000m² 이상 : 전층
6층 이상	전층
보일러실 · 연결통로	전부
특수가연물 저장 · 취급	지정수량 1000배 이상
발전시설	전기저장시설 : 전층

답 ①

★★★
42
22.03.문59
21.09.문50
20.06.문57
15.03.문50

위험물안전관리법상 업무상 과실로 제조소 등에서 위험물을 유출 · 방출 또는 확산시켜 사람의 생명 · 신체 또는 재산에 대하여 위험을 발생시킨 자에 대한 벌칙으로 옳은 것은?

① 5년 이하의 금고 또는 5천만원 이하의 벌금
② 5년 이하의 금고 또는 7천만원 이하의 벌금
③ 7년 이하의 금고 또는 5천만원 이하의 벌금
④ 7년 이하의 금고 또는 7천만원 이하의 벌금

해설 **위험물법 34조**
위험물 유출 · 방출 · 확산

위험 발생	사람 사상
7년 이하의 금고 또는 7000만원 이하의 벌금 보기 ④	10년 이하의 징역 또는 금고나 1억원 이하의 벌금

답 ④

★★★
43
22.03.문53
21.03.문46
20.06.문56
19.04.문47
14.03.문58

위험물안전관리법상 제조소 등을 설치하고자 하는 자는 누구의 허가를 받아 설치할 수 있는가?

① 소방서장
② 소방청장
③ 시 · 도지사
④ 안전관리자

해설 위험물법 6조
제조소 등의 설치허가

(1) 설치허가자 : **시·도지사** 보기 ③
(2) 설치허가 제외장소
　㉠ 주택의 **난방시설**(공동주택의 중앙난방시설은 제외)을 위한 **저장소** 또는 **취급소**
　㉡ 지정수량 **20배** 이하의 **농예용·축산용·수산용** 난방시설 또는 건조시설의 **저장소**
(3) 제조소 등의 변경신고 : 변경하고자 하는 날의 **1일** 전까지

참고

시·도지사
(1) 특별시장　　　　(2) 광역시장
(3) 특별자치시장　　(4) 도지사
(5) 특별자치도지사

답 ③

★★★
44 위험물안전관리법령상 위험물 및 지정수량에 대한 기준 중 다음 (　　) 안에 알맞은 것은?

21.05.문41
19.09.문58
17.05.문52

금속분이라 함은 알칼리금속·알칼리토류 금속·철 및 마그네슘 외의 금속의 분말을 말하고, 구리분·니켈분 및 (㉠)마이크로미터의 체를 통과하는 것이 (㉡)중량퍼센트 미만인 것은 제외한다.

① ㉠ 150, ㉡ 50　　② ㉠ 53, ㉡ 50
③ ㉠ 50, ㉡ 150　　④ ㉠ 50, ㉡ 53

해설 위험물령 〔별표 1〕
금속분
알칼리금속·알칼리토류 금속·철 및 마그네슘 외의 금속의 분말을 말하고, **구리분·니켈분** 및 **150마이크로미터**의 체를 통과하는 것이 **50중량퍼센트** 미만인 것은 제외한다.

답 ①

★★★
45 화재예방과 화재 등 재해발생시 비상조치를 위하여 관계인에 예방규정을 정하여야 하는 제조소 등의 기준으로 틀린 것은?

21.03.문50
18.03.문48
17.09.문41
15.03.문58
14.05.문57
11.06.문55

① 이송취급소
② 지정수량 10배 이상의 위험물을 취급하는 제조소
③ 지정수량 100배 이상의 위험물을 저장하는 옥외저장소
④ 지정수량 150배 이상의 위험물을 저장하는 옥외탱크저장소

해설
 ④ 150배 이상 → 200배 이상

위험물령 15조
예방규정을 정하여야 할 제조소 등

배 수	제조소 등
10배 이상	• 제조소 보기 ② • 일반취급소
100배 이상	• 옥**외**저장소 보기 ③
150배 이상	• 옥**내**저장소
200배 이상	• 옥외**탱**크저장소 보기 ④
모두 해당	• 이송취급소 보기 ① • 암반탱크저장소

기억법 052
　　　외내탱

※ **예방규정** : 제조소 등의 화재예방과 화재 등 재해발생시의 비상조치를 위한 규정

답 ④

★★★
46 기상법에 따른 이상기상의 예보 또는 특보가 있을 때 화재에 관한 경보를 발령하고 그에 따른 조치를 할 수 있는 자는?

18.03.문60
10.05.문51
10.03.문53

① 기상청장　　　　② 행정안전부장관
③ 소방본부장　　　④ 시·도지사

해설 화재예방법 17·20조
화재
(1) 화재위험경보 발령권자 ─┐
(2) 화재의 예방조치권자 ─┴─ **소방청장, 소방본부장, 소방서장**

답 ③

★★★
47 다음 중 소방신호의 종류별 방법에 해당하지 않는 것은?

19.04.문59
12.03.문56
11.03.문48

① 타종신호　　　② 사이렌신호
③ 게시판　　　　④ 스트로보신호

해설 기본규칙 〔별표 4〕
소방신호표

신호방법 \ 종별	타종신호	사이렌신호	기타신호
경계신호	1타와 연2타를 반복	5초 간격을 두고 30초씩 3회	• **통**풍대 • **게**시판
발화신호	난타	5초 간격을 두고 5초씩 3회	
해제신호	상당한 간격을 두고 1타씩 반복	1분간 1회	
훈련신호	연3타 반복	10초 간격을 두고 1분씩 3회	

기억법 타사통게(**타사통계**)

답 ④

48 제4류 위험물의 적응소화설비와 가장 거리가 먼 것은?

14.05.문54

① 옥내소화전설비　② 물분무소화설비

③ 포소화설비　④ 할론소화설비

해설 **제4류 위험물의 적응소화설비**
(1) 물분무소화설비
(2) 미분무소화설비
(3) 포소화설비
(4) 할론소화설비
(5) 할로겐화합물 및 불활성기체 소화설비
(6) 이산화탄소소화설비
(7) 분말소화설비
(8) 강화액소화설비

중요

위험물별 적응소화약제	
위험물	적응소화약제
제1류 위험물	• 물소화약제(단, **무기과산화물**은 **마른 모래**)
제2류 위험물	• 물소화약제(단, **금속분**은 **마른 모래**)
제3류 위험물	• 마른 모래
제4류 위험물	• 포소화약제 • 물분무·미분무소화설비 • 제1~4종 분말소화약제 • CO_2 소화약제 • 할론소화약제 • 할로겐화합물 및 불활성기체 소화설비
제5류 위험물	• 물소화약제
제6류 위험물	• 마른 모래(단, **과산화수소**는 **물소화약제**)
특수가연물	• 제3종 분말소화약제 • 포소화약제

답 ①

49 1급 소방안전관리대상물에 대한 기준으로 옳은 것은?

21.03.문54
19.09.문51
12.05.문49

① 스프링클러설비 또는 물분무등소화설비를 설치하는 연면적 3000m²인 소방대상물

② 자동화재탐지설비를 설치한 연면적 3000m²인 소방대상물

③ 전력용 또는 통신용 지하구

④ 가연성 가스를 1천톤 이상 저장·취급하는 시설

해설 **화재예방법 시행령〔별표 4〕**
소방안전관리자를 두어야 할 특정소방대상물

소방안전관리대상물	특정소방대상물
특급 소방안전관리대상물 (동식물원, 철강 등 불연성 물품 저장·취급창고, 지하구, 위험물제조소 등 제외)	• **50층** 이상(지하층 제외) 또는 지상 **200m** 이상 아파트 • **30층** 이상(지하층 포함) 또는 지상 **120m** 이상(아파트 제외) • 연면적 **10만m²** 이상(아파트 제외)
1급 소방안전관리대상물 (동식물원, 철강 등 불연성 물품 저장·취급창고, 지하구, 위험물제조소 등 제외)	• **30층** 이상(지하층 제외) 또는 지상 **120m** 이상 **아파트** • 연면적 **15000m²** 이상인 것(아파트 및 연립주택 제외) • **11층** 이상(아파트 제외) • 가연성 가스를 **1000t** 이상 저장·취급하는 시설 보기 ④
2급 소방안전관리대상물	• 지하구 보기 ③ • 가스제조설비를 갖추고 도시가스사업 허가를 받아야 하는 시설 또는 가연성 가스를 **100~1000t** 미만 저장·취급하는 시설 • **옥내소화전설비·스프링클러설비** 설치대상물 보기 ① • **물분무등소화설비**(호스릴방식의 물분무등소화설비만을 설치한 경우 제외) 설치대상물 보기 ① • 공동주택(옥내소화전설비 또는 스프링클러설비가 설치된 공동주택 한정) • 목조건축물(국보·보물)
3급 소방안전관리대상물	• **간이스프링클러설비**(주택전용 간이스프링클러설비 제외) 설치대상물 • **자동화재탐지설비** 설치대상물 보기 ②

답 ④

50 소방대상물이 있는 장소 및 그 이웃지역으로서 화재의 예방·경계·진압, 구조·구급 등의 활동에 필요한 지역으로 정의되는 것은?

14.09.문54

① 방화지역　② 밀집지역

③ 소방지역　④ 관계지역

해설 **기본법 2조**
관계지역
소방대상물이 있는 **장소** 및 그 **이웃지역**으로서 화재의 예방·경계·진압, 구조·구급 등의 활동에 필요한 지역

중요

기본법 2조
관계인
(1) 소유자
(2) 관리자
(3) 점유자

답 ④

51 일반음식점에서 조리를 위하여 불을 사용하는 설비를 설치할 경우 화재예방을 위하여 지켜야 할 사항 중 틀린 것은?

16.05.문53
14.09.문45
08.05.문51

① 주방설비에 부속된 배출덕트(공기배출통로)는 0.5mm 이상의 아연도금강판 또는 이와 동등 이상의 내식성 불연재료로 설치할 것
② 주방시설에는 동물 또는 식물의 기름을 제거할 수 있는 필터 등을 설치할 것
③ 열을 발생하는 조리기구는 반자 또는 선반으로부터 0.5m 이상 떨어지게 할 것
④ 열을 발생하는 조리기구로부터 0.15m 이내의 거리에 있는 가연성 주요구조부는 단열성이 있는 불연재로 덮어씌울 것

 해설
③ 0.5m 이상 → 0.6m 이상

화재예방법 시행령 [별표 1]
음식조리를 위하여 설치하는 설비
(1) 주방설비에 부속된 배출덕트(공기배출통로)는 0.5mm 이상의 **아연도금강판** 또는 이와 동등 이상의 내식성 **불연재료**로 설치 보기 ①
(2) 주방시설에는 동물 또는 식물의 기름을 제거할 수 있는 **필터** 등을 설치 보기 ②
(3) 열을 발생하는 조리기구는 반자 또는 선반으로부터 **0.6m** 이상 떨어지게 할 것 보기 ③
(4) 열을 발생하는 조리기구로부터 0.15m 이내의 거리에 있는 가연성 주요구조부는 **단열성**이 있는 불연재료로 덮어씌울 것 보기 ④

답 ③

52 화재의 예방 및 안전관리에 관한 법령상 정당한 사유 없이 화재안전조사 결과에 따른 조치명령을 위반한 자에 대한 최대 벌칙으로 옳은 것은?

22.09.문48
20.06.문48
17.09.문53

① 300만원 이하의 벌금
② 100만원 이하의 벌금
③ 1년 이하의 징역 또는 1천만원 이하의 벌금
④ 3년 이하의 징역 또는 3천만원 이하의 벌금

해설 **3년 이하의 징역** 또는 **3000만원** 이하의 벌금
(1) 화재안전조사 결과에 따른 조치명령(화재예방법 50조) 보기 ④
(2) **소방시설업** 무등록자(공사업법 35조)
(3) **부정한 청탁**을 받고 재물 또는 재산상의 **이익**을 취득하거나 부정한 청탁을 하면서 재물 또는 재산상의 이익을 제공한 자(공사업법 35조)
(4) **소방시설관리업** 무등록자(소방시설법 57조)
(5) **형식승인**을 얻지 않은 소방용품 제조·수입자(소방시설법 57조)
(6) **제품검사**를 받지 않은 사람(소방시설법 57조)
(7) 거짓이나 그 밖의 **부정한 방법**으로 제품검사 전문기관의 지정을 받은 사람(소방시설법 57조)

기억법 33형관(**삼삼**하게 **형**처럼 **관**리하기!)

답 ④

53 소화기구를 분류할 때 간이소화용구에 해당하지 않는 것은?

14.09.문70
09.03.문79

① 소화약제에 의한 간이소화용구
② 팽창질석 또는 팽창진주암
③ 수동식 소화기
④ 마른모래

해설 **간이소화용구**
(1) 소화약제를 이용한 간이소화용구
(2) 팽창질석 또는 팽창진주암
(3) 마른모래

비교

(1) **소화약제**를 이용한 **간이소화용구**
㉠ **투척식** 간이소화용구
㉡ **수동펌프식** 간이소화용구
㉢ **에어졸식** 간이소화용구
㉣ **자동확산소화기**

(2) **간이소화용구**의 능력단위(NFPC 101 3조, NFTC 101 1.7.1.6)

간이소화용구		능력단위
마른모래	삽을 상비한 **50L** 이상의 것 **1포**	0.5단위
팽창질석 또는 진주암	삽을 상비한 **80L** 이상의 것 **1포**	

기억법 **마 5**

(3) **능력단위**(위험물규칙 [별표 17])

소화설비	용량	능력단위
소화전용 물통	8L	0.3
수조(소화전용 물통 3개 포함)	80L	1.5
수조(소화전용 물통 6개 포함)	190L	2.5

답 ③

54 지정수량의 몇 배 이상의 위험물을 취급하는 제조소에는 피뢰침을 설치해야 하는가? (단, 제6류 위험물을 취급하는 위험물제조소는 제외한다.)

16.10.문60
11.10.문41

① 5배　　② 10배
③ 50배　　④ 100배

해설 **위험물규칙 [별표 4]**
지정수량의 **10배** 이상의 위험물을 취급하는 제조소(제6류 위험물을 취급하는 위험물제조소 제외)에는 **피뢰침**을 설치하여야 한다. (단, 제조소 주위의 상황에 따라 안전상 지장이 없는 경우에는 피뢰침을 설치하지 아니할 수 있다.)

기억법 피10(**피**식 웃다.)

답 ②

★★★ 55

소방기본법령상 인접하고 있는 시·도간 소방업무의 상호응원협정을 체결하고자 하는 때에 포함되도록 하여야 하는 사항이 아닌 것은?

22.09.문60
21.05.문56
17.09.문57
15.05.문44
14.05.문41

① 응원출동 대상지역 및 규모에 관한 사항
② 출동대원의 수당·식사 및 의복의 수선 등 소요경비의 부담에 관한 사항
③ 화재의 경계·진압활동에 관한 사항
④ 지휘권의 범위에 관한 사항

해설 **기본규칙 8조**
소방업무의 상호응원협정
(1) 다음의 **소방활동**에 관한 사항
 ㉠ 화재의 **경**계·진압활동 │보기 ③│
 ㉡ 구조·구급업무의 지원
 ㉢ 화재조사활동
(2) **응**원출동 대상지역 및 **규**모 │보기 ①│
(3) 소요경비의 **부**담에 관한 사항
 ㉠ **출**동대원의 수당·식사 및 의복의 수선 │보기 ②│
 ㉡ 소방장비 및 기구의 정비와 연료의 보급
(4) **응**원출동의 요청방법
(5) **응**원출동훈련 및 평가

│기억법│ 경응출

답 ④

★★★ 56

화재의 예방 및 안전관리에 관한 법률상 소방안전관리대상물의 관계인이 소방안전관리자를 선임할 경우에는 선임한 날부터 며칠 이내에 소방본부장 또는 소방서장에게 신고하여야 하는가?

20.06.문45
17.03.문43
15.05.문51
15.03.문45
12.09.문48

① 7   ② 14
③ 21   ④ 30

해설 **14일**
(1) 소방기술자 실무교육기관 휴폐업신고일(공사업규칙 34조)
(2) **제**조소 등의 용도**폐**지 신고일(위험물법 11조)
(3) 위험물안전관리자의 **선**임신고일(위험물법 15조)
(4) 소방안전관리자의 **선**임신고일(화재예방법 26조) │보기 ②│

│기억법│ 14제폐선(**일사**천리로 **제패**하여 **성공**하라.)

비교

30일
(1) 소방시설업 등록사항 변경신고(공사업규칙 6조)
(2) 위험물안전관리자의 **재선임**(위험물법 15조)
(3) 소방안전관리자의 **재선임**(화재예방법 시행규칙 14조)
(4) **도급계약** 해지(공사업법 23조)
(5) 소방시설공사 중요사항 변경시의 신고일(공사업규칙 12조)
(6) 소방기술자 실무교육기관 지정서 발급(공사업규칙 32조)
(7) 소방공사감리자 변경서류제출(공사업규칙 15조)
(8) **승계**(위험물법 10조)

답 ②

★★★ 57

하자보수대상 소방시설 중 하자보수 보증기간이 3년이 아닌 것은?

22.04.문45
21.09.문49
21.03.문60
17.03.문57
12.05.문59

① 옥내소화전설비   ② 자동화재탐지설비
③ 비상방송설비   ④ 물분무등소화설비

해설

①, ②, ④ : 3년
③ : 2년

공사업령 6조
소방시설공사의 하자보수 보증기간

보증기간	소방시설
2년	① **유**도등·유도표지·**피**난기구 ② **비상조**명등·비상**경**보설비·비상**방**송설비 │보기 ③│ ③ **무**선통신보조설비 │기억법│ 유비 조경방 무피2
3년	① 자동소화장치 ② 옥내·외소화전설비 │보기 ①│ ③ 스프링클러설비·간이스프링클러설비 ④ 물분무등소화설비·상수도소화용수설비 │보기 ④│ ⑤ 자동화재탐지설비·소화활동설비(무선통신보조설비 제외) │보기 ②│

답 ③

★★★ 58

화재의 예방 및 안전관리에 관한 법률상 2급 소방안전관리대상물의 소방안전관리자로 선임될 수 없는 사람은? (단, 2급 소방안전관리자 자격증을 받은 사람이다.)

20.06.문44
15.03.문54
14.09.문60
14.03.문47
12.03.문55

① 위험물기능사 자격을 가진 사람
② 소방공무원으로 3년 이상 근무한 경력이 있는 사람
③ 의용소방대원으로 3년 이상 근무한 경력이 있는 사람
④ 소방청장이 실시하는 2급 소방안전관리대상물의 소방안전관리에 관한 시험에 합격한 사람

해설

③ 해당없음

화재예방법 시행령 〔별표 4〕
(1) **특급 소방안전관리대상물의 소방안전관리자 선임조건**

자격	경력	비고
• 소방기술사 • 소방시설관리사	경력 필요 없음	특급 소방안전관리자 자격증을 받은 사람
• 1급 소방안전관리자(소방설비기사)	5년	
• 1급 소방안전관리자(소방설비산업기사)	7년	
• 소방공무원	20년	
• 소방청장이 실시하는 특급 소방안전관리대상물의 소방안전관리에 관한 시험에 합격한 사람	경력 필요 없음	

(2) **1급 소방안전관리대상물**의 **소방안전관리자 선임조건**

자 격	경 력	비 고
• 소방설비기사 · 소방설비산업기사	경력 필요 없음	1급 소방안전관리자 자격증을 받은 사람
• 소방공무원	7년	
• 소방청장이 실시하는 1급 소방안전관리대상물의 소방안전관리에 관한 시험에 합격한 사람	경력 필요 없음	
• 특급 소방안전관리대상물의 소방안전관리자 자격이 인정되는 사람		

(3) **2급 소방안전관리대상물**의 **소방안전관리자 선임조건**

자 격	경 력	비 고
• 위험물기능장 · 위험물산업기사 · 위험물기능사 보기 ①	경력 필요 없음	2급 소방안전관리자 자격증을 받은 사람
• 소방공무원 보기 ②	3년	
• 소방청장이 실시하는 2급 소방안전관리대상물의 소방안전관리에 관한 시험에 합격한 사람 보기 ④	경력 필요 없음	
• 「기업활동 규제완화에 관한 특별조치법」에 따라 소방안전관리자로 선임된 사람(소방안전관리자로 선임된 기간으로 한정)		
• 특급 또는 1급 소방안전관리대상물의 소방안전관리자 자격이 인정되는 사람		

(4) **3급 소방안전관리대상물**의 **소방안전관리자 선임조건**

자 격	경 력	비 고
• 소방공무원	1년	3급 소방안전관리자 자격증을 받은 사람
• 소방청장이 실시하는 3급 소방안전관리대상물의 소방안전관리에 관한 시험에 합격한 사람		
• 「기업활동 규제완화에 관한 특별조치법」에 따라 소방안전관리자로 선임된 사람(소방안전관리자로 선임된 기간으로 한정)	경력 필요 없음	
• 특급 소방안전관리대상물, 1급 소방안전관리대상물 또는 2급 소방안전관리대상물의 소방안전관리자 자격이 인정되는 사람		

답 ③

59 소방시설공사업법상 소방시설업의 등록을 하지 아니하고 영업을 한 사람에 대한 벌칙은?

20.06.문48
17.09.문53
16.05.문59
15.09.문59

① 500만원 이하의 벌금

② 1년 이하의 징역 또는 2천만원 이하의 벌금

③ 3년 이하의 징역 또는 3천만원 이하의 벌금

④ 5년 이하의 징역 또는 5천만원 이하의 벌금

해설 **3년 이하**의 **징역** 또는 **3000만원 이하**의 **벌금**
(1) 화재안전조사 결과에 따른 조치명령(화재예방법 50조)
(2) **소방시설업** 무등록자(공사업법 35조) 보기 ③

---

(3) **부정**한 **청탁**을 받고 재물 또는 재산상의 **이익**을 취득하거나 부정한 청탁을 하면서 재물 또는 재산상의 이익을 제공한 자(공사업법 35조)

(4) **소방시설관리업** 무등록자(소방시설법 57조)

(5) **형식승인**을 얻지 않은 소방용품 제조 · 수입자(소방시설법 57조)

(6) **제품검사**를 받지 않은 사람(소방시설법 57조)

(7) 거짓이나 그 밖의 **부정한 방법**으로 제품검사 전문기관의 지정을 받은 사람(소방시설법 57조)

기억법 **33형관(삼삼**하게 **형**처럼 **관**리하기!)

답 ③

60 소방기본법령상 소방활동구역에 출입할 수 있는 자는?

20.06.문60
19.03.문60
11.10.문57

① 한국소방안전원에 종사하는 자

② 수사업무에 종사하지 않는 검찰청 소속 공무원

③ 의사 · 간호사 그 밖의 구조 · 구급업무에 종사하는 사람

④ 소방활동구역 밖에 있는 소방대상물의 소유자 · 관리자 또는 점유자

해설
① 한국소방안전원은 해당사항 없음
② 종사하지 않는 → 종사하는
④ 소방활동구역 밖 → 소방활동구역 안

기본령 8조
소방활동구역 출입자
(1) 소방활동구역 안에 있는 **소유자 · 관리자** 또는 **점유자** 보기 ④
(2) **전기 · 가스 · 수도 · 통신 · 교통**의 업무에 종사하는 자로서 원활한 **소방활동**을 위하여 필요한 자
(3) **의사 · 간호사**, 그 밖의 구조 · 구급업무에 종사하는 자 보기 ③
(4) **취재인력** 등 보도업무에 종사하는 자
(5) **수사업무**에 종사하는 자 보기 ②
(6) **소방대장**이 소방활동을 위하여 **출입**을 **허가**한 자

※ **소방활동구역**: 화재, 재난 · 재해 그 밖의 위급한 상황이 발생한 현장에 정하는 구역

답 ③

제 4 과목 **소방기계시설의 구조 및 원리**

61 포소화설비에서 부상지붕구조의 탱크에 상부포 주입법을 이용한 포방출구 형태는?

22.03.문71
21.05.문72
19.09.문80
18.04.문64
14.05.문72

① Ⅰ형 방출구 ② Ⅱ형 방출구

③ 특형 방출구 ④ 표면하 주입식 방출구

해설 포방출구(위험물기준 133조)

탱크의 구조	포방출구
고정지붕구조(원추형 루프탱크, 콘루프탱크)	• Ⅰ형 방출구 • Ⅱ형 방출구 • Ⅲ형 방출구(표면하 주입식 방출구) • Ⅳ형 방출구(반표면하 주입식 방출구)
부상덮개부착 고정지붕구조	• Ⅱ형 방출구
부상지붕구조(부상식 루프탱크, **플**로팅 루프탱크)	• **특**형 방출구 [보기 ③]

기억법 **특플부**(**터프**가이 **부상**)

※ 제1석유류 옥외탱크저장소 : **부상식 루프탱크**

답 ③

★★★ 62

**20.06.문73
16.03.문78
12.05.문73**

스프링클러설비의 화재안전기준에 따라 극장에 설치된 무대부에 스프링클러설비를 설치할 때, 스프링클러헤드를 설치하는 천장 및 반자 등의 각 부분으로부터 하나의 스프링클러헤드까지의 수평거리는 최대 몇 m 이하인가?

① 1.0
② 1.7
③ 2.0
④ 2.7

해설 수평거리(R)

설치장소	설치기준
무대부·특수가연물 (창고 포함) →	수평거리 **1.7m** 이하
기타구조(창고 포함)	수평거리 **2.1m** 이하
내화구조(창고 포함)	수평거리 **2.3m** 이하
공동주택(**아**파트) 세대 내	수평거리 **2.6m** 이하

기억법 무기내아(**무기** 내려놔 **아**!)

답 ②

★★★ 63

**21.09.문61
15.05.문76
12.03.문61**

폐쇄형 스프링클러헤드를 사용하는 연결살수설비의 주배관이 접속할 수 없는 것은?

① 옥내소화전설비의 주배관
② 옥외소화전설비의 주배관
③ 수도배관
④ 옥상수조

해설 **폐쇄형 헤드**를 사용하는 **연결살수설비의 주배관** 연결
(NFPC 503 5조, NFTC 503 2.2.4.1)
(1) 옥내소화전설비의 주배관 [보기 ①]
(2) 수도배관 [보기 ③]
(3) 옥상수조(옥상에 설치된 수조) [보기 ④]

답 ②

★★★ 64

**21.05.문67
21.03.문74
19.03.문69
18.04.문75
16.05.문66
15.03.문78
08.05.문76**

이산화탄소소화설비 중 호스릴방식으로 설치되는 호스접결구는 방호대상물의 각 부분으로부터 수평거리 몇 m 이하이어야 하는가?

① 15m 이하
② 20m 이하
③ 25m 이하
④ 40m 이하

해설 (1) 보행거리

구 분	적 용
20m 이내	• 소형 소화기
30m 이내	• 대형 소화기

(2) 수평거리

구 분	적 용
10m 이내	• 예상제연구역
15m 이하 ←	• 분말(호스릴) • 포(호스릴) • 이산화탄소(호스릴) [보기 ①]
20m 이하	• 할론(호스릴)
25m 이하	• 음향장치 • 옥내소화전 방수구 • 옥내소화전(호스릴) • 포소화전 방수구 • 연결송수관 방수구(지하가) • 연결송수관 방수구(지하층 바닥면적 3000m² 이상)
40m 이하	• 옥외소화전 방수구
50m 이하	• 연결송수관 방수구(사무실)

용어

수평거리와 보행거리

수평거리	보행거리
직선거리를 말하며, 반경을 의미하기도 한다.	걸어서 간 거리이다.

답 ①

★★★ 65

**21.03.문62
16.05.문79
15.05.문78
14.09.문78
10.05.문72**

간이소화용구 중 삽을 상비한 마른모래 50L 이상의 것 1포의 능력단위가 맞는 것은?

① 0.3단위
② 0.5단위
③ 0.8단위
④ 1.0단위

해설 간이소화용구의 능력단위(NFPC 101 3조, NFTC 101 1.7.1.6)

간이소화용구		능력단위
마른모래	삽을 상비한 **50L** 이상의 것 1포	**0.5**단위
팽창질석 또는 팽창진주암	삽을 상비한 **80L** 이상의 것 1포	

기억법 마 0.5

답 ②

능력단위(위험물규칙 〔별표 17〕)

소화설비	용 량	능력단위
소화전용 물통	8L	0.3
수조(소화전용 물통 **3개** 포함)	80L	1.5
수조(소화전용 물통 **6개** 포함)	190L	2.5

답 ②

66 포소화설비의 화재안전기준에 따른 팽창비의 정의로 옳은 것은?

21.03.문61
16.10.문71
10.03.문68

① 최종 발생한 포원액 체적/원래 포원액 체적
② 최종 발생한 포수용액 체적/원래 포원액 체적
③ 최종 발생한 포원액 체적/원래 포수용액 체적
④ 최종 발생한 포 체적/원래 포수용액 체적

해설 **발포배율식**(팽창비)

(1) 발포배율(팽창비) = $\dfrac{\text{내용적(용량)}}{\text{전체 중량} - \text{빈 시료용기의 중량}}$

(2) 발포배율(팽창비) = $\dfrac{\text{방출된 포의 체적〔L〕}}{\text{방출 전 포수용액의 체적〔L〕}}$

(3) 발포배율(팽창비) = $\dfrac{\text{최종 발생한 포 체적〔L〕}}{\text{원래 포수용액 체적〔L〕}}$

답 ④

67 소방용수시설의 저수조는 지면으로부터 낙차가 몇 m 이하로 설치하여야 하는가?

22.03.문42
20.06.문55
19.04.문46
16.05.문47
15.05.문50
15.05.문57
11.03.문42
10.05.문46

① 0.5
② 1.7
③ 4.5
④ 5.5

해설 ③ 지면으로부터의 낙차가 **4.5m** 이하일 것

기본규칙 〔별표 3〕
소방용수시설의 저수조의 설치기준

구 분	기 준
낙차	**4.5m** 이하 보기 ③
수심	**0.5m** 이상
투입구의 길이 또는 지름	**60cm** 이상

(1) 소방펌프자동차가 쉽게 **접근**할 수 있도록 할 것
(2) 흡수에 지장이 없도록 **토사** 및 **쓰레기** 등을 제거할 수 있는 설비를 갖출 것
(3) 저수조에 물을 공급하는 방법은 **상수도**에 연결하여 **자동**으로 **급수**되는 구조일 것

답 ③

68 옥외소화전설비의 가압송수장치로서 틀린 것은?

19.04.문68
10.05.문76

① 펌프방식
② 고가수조방식
③ 압력수조방식
④ 지상수조방식

해설 **옥외소화전설비**의 **가압송수장치**(NFPC 109 5조, NFTC 109 2.2)

(1) **펌**프방식
(2) **고**가수조방식
(3) **압**력수조방식(지하수조방식)

 기억법 가압펌고

(1) **물분무소화설비**의 **가압송수장치**

가압송수장치	설 명
고가수조방식	**자연낙차**를 이용한 가압송수장치
압력수조방식	**압력수조**를 이용한 가압송수장치
펌프방식 (지하수조방식)	**전동기** 또는 **내연기관**에 따른 펌프를 이용하는 가압송수장치

(2) **미분무소화설비**의 **가압송수장치**

가압송수장치	설 명
가압수조방식	**가압수조**를 이용한 **가압송수장치**
압력수조방식	**압력수조**를 이용한 **가압송수장치**
펌프방식 (지하수조방식)	**전동기** 또는 **내연기관**에 따른 펌프를 이용하는 가압송수장치

답 ④

69 할로겐화합물(자동확산소화기 제외)을 방출하는 소화기구에 관한 설명이다. 설치장소로 적합한 것은?

18.03.문75
17.05.문72
15.09.문72
13.09.문75
10.09.문74

① 지하층으로서 그 바닥면적이 20m² 미만인 곳
② 무창층으로서 그 바닥면적이 20m² 미만인 곳
③ 밀폐된 거실로서 그 바닥면적이 20m² 미만인 곳
④ 밀폐된 거실로서 그 바닥면적이 20m² 이상인 곳

해설 **이산화탄소**(자동확산소화기 제외)·**할로겐화합물 소화기구**(자동확산소화기 제외)의 **설치제외 장소**(NFPC 101 4조, NFTC 101 2.1.3)

(1) 지하층
(2) 무창층 ┐ ── 바닥면적 **20m²** 미만인 장소
(3) 밀폐된 거실 ┘

답 ④

70 할론 1301을 사용하는 호스릴방식에서 하나의 노즐에서 1분당 방사하여야 하는 소화약제량은? (단, 온도는 20℃이다.)

21.05.문80
18.03.문76
15.09.문64
12.09.문62

① 35kg
② 30kg
③ 25kg
④ 20kg

해설 **호스릴방식**

(1) CO₂ 소화설비

약제종별	약제저장량	약제방사량(20℃)
CO₂	90kg	60kg/min

(2) 할론소화설비

약제종별	약제저장량	약제방사량(20℃)
할론 1301	45kg	35kg/min 보기 ①
할론 1211	50kg	40kg/min
할론 2402	50kg	45kg/min

(3) 분말소화설비

약제종별	약제저장량	약제방사량
제1종 분말	50kg	45kg/min
제2·3종 분말	30kg	27kg/min
제4종 분말	20kg	18kg/min

• 문제에서 1분당 방사량이므로 저장량이 아니고 **약제방사량**을 답하는 것임을 기억할 것

답 ①

⭐⭐ **71**

19.09.문67
16.05.문63
10.05.문66

스프링클러설비의 화재안전기준상 폐쇄형 스프링클러헤드의 **방호구역·유수검지장치에** 대한 기준으로 틀린 것은?

① 하나의 방호구역에는 1개 이상의 유수검지장치를 설치하되, 화재발생시 접근이 쉽고 점검하기 편리한 장소에 설치할 것

② 하나의 방호구역은 2개층에 미치지 아니하도록 할 것. 다만, 1개층에 설치되는 스프링클러헤드의 수가 10개 이하인 경우와 복층형 구조의 공동주택에는 3개층 이내로 할 수 있다.

③ 송수구를 통하여 스프링클러헤드에 공급되는 물은 유수검지장치 등을 지나도록 할 것

④ 조기반응형 스프링클러헤드를 설치하는 경우에는 습식 유수검지장치 또는 부압식 스프링클러설비를 설치할 것

해설 ③ 송수구 제외

폐쇄형 설비의 방호구역 및 유수검지장치(NFPC 103 6조, NFTC 103 2.3)

(1) 하나의 방호구역의 바닥면적은 **3000m²**를 초과하지 않을 것

(2) 하나의 방호구역에는 1개 이상의 유수검지장치를 설치할 것 보기 ①

(3) 하나의 방호구역은 **2개층**에 미치지 아니하도록 하되, 1개층에 설치되는 스프링클러헤드의 수가 **10개 이하**인 경우와 복층형 구조의 공동주택 **3개층** 이내 보기 ②

---

(4) 유수검지장치를 실내에 설치하거나 보호용 철망 등으로 구획하여 바닥으로부터 **0.8m 이상 1.5m 이하**의 위치에 설치하되, 그 실 등에는 개구부가 가로 **0.5m 이상** 세로 **1m 이상**의 출입문을 설치하고 그 출입문 상단에 "**유수검지장치실**"이라고 표시한 표지를 설치할 것[단, 유수검지장치를 기계실(공조용 기계실 포함) 안에 설치하는 경우에는 별도의 실 또는 보호용 철망을 설치하지 않고 기계실 출입문 상단에 "**유수검지장치실**"이라고 표시한 표지 설치가능]

(5) 스프링클러헤드에 공급되는 물은 **유수검지장치**를 지나도록 할 것(단, **송수구**를 통하여 공급되는 물은 **제외**) 보기 ③

(6) **조기반응형** 스프링클러헤드를 설치하는 경우에는 **습식** 유수검지장치 또는 **부압식** 스프링클러설비를 설치할 것 보기 ④

👆 **중요**

설치높이

0.5~1m 이하	0.8~1.5m 이하	1.5m 이하
• **연**결송수관설비의 송구구·방수구	• **제**어밸브(수동식 개방밸브)	• **옥내**소화전설비의 방수구
• **연**결살수설비의 송수구	• **유**수검지장치	• **호**스릴함
• 물분무소화설비의 송수구	• **일**제개방밸브	• **소**화기(투척용 소화기 포함)
• **소**화용수설비의 채수구	기억법 제유일 85(**제**가 **유일**하게 **팔았어요.**)	기억법 옥내호 소 5(옥내에서 호소하시오.)
기억법 연소용 51(**연소용 오일**은 잘 탄다.)		

답 ③

⭐⭐⭐ **72**

19.04.문61
19.03.문78
18.04.문71
17.03.문76
11.10.문79
08.09.문67

다음은 옥외소화전설비에서 소화전함의 설치기준에 관한 설명이다. 괄호 안에 들어갈 말로 옳은 것은?

• 옥외소화전이 10개 이하 설치된 때에는 옥외소화전마다 (㉠)m 이내의 장소에 1개 이상의 소화전함을 설치하여야 한다.

• 옥외소화전이 11개 이상 30개 이하 설치된 때에는 (㉡)개 이상의 소화전함을 각각 분산하여 설치하여야 한다.

• 옥외소화전이 31개 이상 설치된 때에는 옥외소화전 3개마다 1개 이상의 소화전함을 설치하여야 한다.

① ㉠ 5, ㉡ 11

② ㉠ 7, ㉡ 11

③ ㉠ 5, ㉡ 15

④ ㉠ 7, ㉡ 15

해설 옥외소화전함 설치기구(NFTC 109 2.4)

옥외소화전의 개수	소화전함의 개수
10개 이하	**5m** 이내의 장소에 **1개** 이상
11~30개 이하	**11개** 이상 소화전함 분산설치
31개 이상	소화전 **3개**마다 1개 이상

답 ①

★★★
73

21.09.문68
21.05.문63
18.09.문76
16.10.문77
16.05.문76
15.05.문69
09.03.문61

완강기 및 간이완강기의 최대사용하중 기준은 몇 N 이상이어야 하는가?

① 800
② 1000
③ 1200
④ 1500

해설 완강기 및 간이완강기의 하중(완강기의 형식 12조)
(1) 250N(최소하중)
(2) 750N
(3) 1500N(최대하중)

답 ④

★★★
74

21.03.문71
17.09.문70
17.05.문77
01.03.문70

연결송수관설비의 방수용 기구함 설치기준 중 다음 ( ) 안에 알맞은 것은?

> 방수기구함은 피난층과 가장 가까운 층을 기준으로 (㉠)개층마다 설치하되, 그 층의 방수구마다 보행거리 (㉡)m 이내에 설치할 것

① ㉠ 2, ㉡ 3
② ㉠ 3, ㉡ 5
③ ㉠ 3, ㉡ 2
④ ㉠ 5, ㉡ 3

해설 연결송수관설비의 설치기준(NFPC 502 5~7조, NFTC 502 2.2~2.4)
(1) 층마다 설치(아파트인 경우 3층부터 설치)
(2) 11층 이상에는 쌍구형으로 설치(아파트인 경우 단구형 설치 가능)
(3) 방수구는 개폐기능을 가진 것으로 한다.
(4) 방수구는 구경 65mm로 한다.
(5) 방수구는 바닥에서 0.5~1m 이하에 설치
(6) 높이 70m 이상 소방대상물에는 가압송수장치를 설치
(7) 방수기구함은 피난층과 가장 가까운 층을 기준으로 3개 층마다 설치하되, 그 층의 방수구마다 보행거리 5m 이내에 설치할 것 보기 ②
(8) 주배관의 구경은 100mm 이상(단, 주배관의 구경이 100mm 이상인 옥내소화전설비의 배관과 겸용 가능)

기억법 연송65, 송7가(송치가 가능한가?),
방기3(방에서 기상)

답 ②

★
75

08.03.문67

펌프, 송풍기 등의 건물바닥에 대한 진동을 줄이기 위해 사용하는 방진재료가 아닌 것은?

① 방진고무
② 워터 해머쿠션
③ 금속스프링
④ 공기스프링

해설 ② 워터 해머쿠션(Water hammer cushion : 수격방지기) : 수격작용에 의한 충격흡수

방진재료
(1) 방진고무
(2) 금속스프링
(3) 공기스프링

답 ②

★★★
76

22.03.문67
21.05.문64
20.08.문61
19.04.문61
12.05.문77

옥외소화전설비의 화재안전기준상 옥외소화전설비의 배관 등에 관한 기준 중 호스의 구경은 몇 mm로 하여야 하는가?

① 35
② 45
③ 55
④ 65

해설 호스의 구경(NFPC 109 6조, NFTC 109 2.3.2)

옥내소화전설비	옥외소화전설비
40mm	**65mm** 보기 ④

기억법 내4(내사종결)

답 ④

★★★
77

17.09.문74
17.03.문71
10.03.문78

간이스프링클러설비의 배관 및 밸브 등의 설치순서 중 다음 ( ) 안에 알맞은 것은?

> 펌프 등의 가압송수장치를 이용하여 배관 및 밸브 등을 설치하는 경우에는 수원, 연성계 또는 진공계(수원이 펌프보다 높은 경우를 제외), 펌프 또는 압력수조, 압력계, 체크밸브, ( ), 개폐표시형밸브, 유수검지장치, 시험밸브의 순으로 설치할 것

① 진공계
② 플렉시블 조인트
③ 성능시험배관
④ 편심 레듀서

해설 간이스프링클러설비(펌프 등 사용)(NFPC 103A 8조, NFTC 103A 2.5.16)

수원-**연**성계 또는 **진**공계-**펌**프 또는 압력수조-**압**력계-**체**크밸브-**성**능시험배관-**개**폐표시형밸브-**유**수검지장치-**시**험밸브

기억법 수연펌프 압체성 개유시

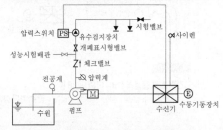

압력스위치 PS	유수검지장치	시험밸브	사이렌
성능시험배관	개폐표시형밸브		
	체크밸브		
전공계	압력계		
흡	M		E
수원	펌프	수신기 수동기동장치

∥ 펌프 등의 가압송수장치를 이용하는 방식 ∥

비교

(1) 간이스프링클러설비(**가**압수조 사용)

수원 – **가**압수조 – **압**력계 – **체**크밸브 – **성**능시험배관 – **개**폐표시형밸브 – **유**수검지장치 – **2**개의 **시**험밸브

기억법 가수가2 압체성 개유시(**가수가인**)

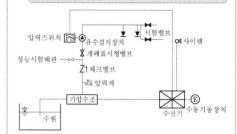

압력스위치 [PS] 유수검지장치 시험밸브 사이렌
성능시험배관 개폐표시형밸브 체크밸브 압력계 가압수조 수원 수신기 수동기동장치

∥ 가압수조를 가압송수장치로 이용하는 방식 ∥

(2) 간이스프링클러설비(**캐**비닛형)

수원 – **연**성계 또는 진공계 – **펌**프 또는 **압**력수조 – **압**력계 – **체**크밸브 – **개**폐표시형밸브 – **2**개의 **시**험밸브

기억법 2캐수연 펌압체개시(가구회사 **이케아**)

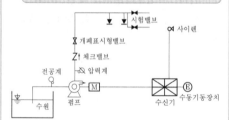

시험밸브 사이렌
개폐표시형밸브 체크밸브 압력계 전공계 M 펌프 수원 수신기 수동기동장치

∥ 캐비닛형의 가압송수장치 이용 ∥

(3) 간이스프링클러설비(**상수도직결형**)

수도용계량기 – **급수**차단장치 – **개**폐표시형밸브 – **체**크밸브 – **압**력계 – **유**수검지장치 – **2**개의 **시**험밸브

기억법 상수도2 급수 개체 압유시(**상수도가 이**상함)

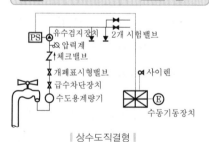

유수검지장치 2개 시험밸브
[PS] 압력계 체크밸브 개폐표시형밸브 사이렌 급수차단장치 수도용계량기 수동기동장치

∥ 상수도직결형 ∥

중요

간이스프링클러설비 **이외**의 배관
화재시 배관을 차단할 수 있는 **급수차단장치**를 설치할 것

답 ③

★★★ 78

특별피난계단의 계단실 및 부속실 제연설비의 차압 등에 관한 기준으로 틀린 것은?

19.04.문79
17.09.문68
17.03.문65

① 제연구역과 옥내와의 사이에 유지해야 하는 최소차압은 40Pa 이상으로 해야 한다.
② 제연설비가 가동되었을 경우 출입문의 개방에 필요한 힘은 100N 이하로 해야 한다.
③ 옥내에 스프링클러가 설치된 경우 제연구역과 옥내와의 사이에 유지해야 하는 최소차압은 12.5Pa 이상으로 해야 한다.
④ 계단실과 부속실을 동시에 제연하는 경우 부속실의 기압은 계단실과 같게 하거나 계단실의 기압보다 낮게 할 경우에는 부속실과 계단실의 압력차이는 5Pa 이하가 되도록 해야 한다.

해설 ② 100N → 110N

차압(NFPC 501A 6조, NFTC 501A 2.3)
(1) 제연구역과 옥내와의 사이에 유지해야 하는 최소차압은 40Pa (옥내에 **스프링클러설비**가 설치된 경우는 12.5Pa) 이상 보기 ①③
(2) 제연설비가 가동되었을 경우 출입문의 개방에 필요한 힘은 **110N 이하** 보기 ②
(3) 계단실과 부속실을 동시에 제연하는 경우 부속실의 기압은 계단실과 같게 하거나 계단실의 기압보다 낮게 할 경우에는 부속실과 계단실의 압력차이는 **5Pa 이하** 보기 ④
(4) 계단실 및 그 부속실을 동시에 제연하는 것 또는 계단실만 단독으로 제연할 때의 방연풍속은 0.5m/s 이상

답 ②

★★ 79

소화수조, 저수조의 채수구 또는 흡수관 투입구는 소방차가 몇 m 이내의 지점까지 접근할 수 있는 위치에 설치하여야 하는가?

20.08.문69
17.03.문61

① 2　　　② 3
③ 4　　　④ 5

해설 **소화수조 또는 저수조의 설치기준**(NFPC 402 4·5조, NFTC 402 2.2, 2.1.1)
(1) 소화수조의 깊이가 **4.5m** 이상일 경우 가압송수장치를 설치할 것
(2) 소화수조는 소방펌프 자동차가 **채**수구로부터 **2m** 이내의 지점까지 접근할 수 있는 위치에 설치할 것 보기 ①

기억법 2채(이체)

(3) 소화수조는 **옥상**에 **설치**할 수 있다.

답 ①

80 스프링클러설비의 화재안전기준상 가압송수장치에서 폐쇄형 스프링클러헤드까지 배관 내에 항상 물이 가압되어 있다가 화재로 인한 열로 폐쇄형 스프링클러헤드가 개방되면 배관 내에 유수가 발생하여 습식 유수검지장치가 작동하게 되는 스프링클러설비는?

20.08.문71
19.04.문70
12.05.문70

① 건식 스프링클러설비
② 습식 스프링클러설비
③ 부압식 스프링클러설비
④ 준비작동식 스프링클러설비

해설 스프링클러설비의 종류(NFPC 103 3조, NFTC 103 1.7)

종류	설명	헤드
습식 스프링클러설비 보기 ②	습식 밸브의 1차측 및 2차측 배관 내에 항상 가압수가 충수되어 있다가 화재발생시 열에 의해 헤드가 개방되어 소화한다.	폐쇄형
건식 스프링클러설비	건식 밸브의 1차측에는 가압수, 2차측에는 공기가 압축되어 있다가 화재발생시 열에 의해 헤드가 개방되어 소화한다.	폐쇄형
준비작동식 스프링클러설비	① 준비작동밸브의 1차측에는 가압수, 2차측에는 대기압상태로 있다가 화재발생시 감지기에 의하여 준비작동밸브(preaction valve)를 개방하여 헤드까지 가압수를 송수시켜 놓고 열에 의해 헤드가 개방되면 소화한다. ② 화재감지기의 작동에 의해 밸브가 개방되고 다시 열에 의해 헤드가 개방되는 방식이다. • 준비작동밸브=준비작동식 밸브	폐쇄형
부압식 스프링클러설비	준비작동식 밸브의 1차측에는 가압수, 2차측에는 부압(진공)상태로 있다가 화재발생시 감지기에 의하여 준비작동식 밸브(preaction valve)를 개방하여 헤드까지 가압수를 송수시켜 놓고 열에 의해 헤드가 개방되면 소화한다.	폐쇄형
일제살수식 스프링클러설비	일제개방밸브의 1차측에는 가압수, 2차측에는 대기압상태로 있다가 화재발생시 감지기에 의하여 일제개방밸브(deluge valve)가 개방되어 소화한다.	개방형

답 ②

공부 최적화를 위한 좋은 신발 고르기

1. 신발을 신은 뒤 엄지손가락을 엄지발가락 끝에 놓고 눌러본다. (엄지손가락으로 가볍게 약간 눌려지는 것이 적당)
2. 신발을 신어본 뒤 볼이 조이지 않는지 확인한다. (신발의 볼이 여유가 있어야 발이 편하다)
3. 신발 구입은 저녁 무렵에 한다. (발은 아침 기상시 가장 작고 저녁 무렵에는 0.5~1cm 커지기 때문)
4. 선 상태에서 신발을 신어본다. (서면 의자에 앉았을 때보다 발길이가 1cm까지 커지기 때문)
5. 양 발 중 큰 발의 크기에 따라 맞춘다.
6. 신발 모양보다 기능에 초점을 맞춘다.
7. 외국인 평균치에 맞춘 신발을 살 때는 발등 높이·발너비를 잘 살핀다. (한국인은 발등이 높고 발너비가 상대적으로 넓다)
8. 앞쪽이 뾰족하고 굽이 3cm 이상인 하이힐은 가능한 한 피한다.
9. 통굽·뽀빠이 구두는 피한다. (보행이 불안해지고 보행시 척추·뇌에 충격)

자료 : 을지병원 족부클리닉

CBT 기출복원문제

2022년

소방설비산업기사 필기(기계분야)

✱✱ 수험자 유의사항 ✱✱

1. 문제지를 받는 즉시 본인이 응시한 종목이 맞는지 확인하시기 바랍니다.

2. 문제지 표지에 본인의 수험번호와 성명을 기재하여야 합니다.

3. 문제지의 총면수, 문제번호 일련순서, 인쇄상태, 중복 및 누락 페이지 유무를 확인하시기 바랍니다.

4. 답안은 각 문제마다 요구하는 가장 적합하거나 가까운 답 1개만을 선택하여야 합니다.

5. 답안카드는 뒷면의 「수험자 유의사항」에 따라 작성하시고, 답안카드 작성 시 형별누락, 마킹착오로 인한 불이익은 전적으로 수험자에게 책임이 있음을 알려드립니다.

6. 문제지는 시험 종료 후 본인이 가져갈 수 있습니다.

✱✱ 안내사항 ✱✱

• 가답안/최종정답은 큐넷(www.q-net.or.kr)에서 확인하실 수 있습니다. 가답안에 대한 의견은 큐넷의 [가답안 의견 제시]를 통해 제시할 수 있으며, 확정된 답안은 최종정답으로 갈음합니다.

• 공단에서 제공하는 자격검정서비스에 대해 개선할 점이 있으시면 고객참여(http://hrdkorea.or.kr/7/1/1)를 통해 건의하여 주시기 바랍니다.

2022. 3. 2 시행

2022년 산업기사 제1회 필기시험 CBT 기출복원문제				수험번호	성명

자격종목	종목코드	시험시간	형별
소방설비산업기사(기계분야)		2시간	

※ 각 문항은 4지택일형으로 질문에 가장 적합한 보기 항을 선택하여 체크하여야 합니다.

제1과목 소방원론

01 폭발에 대한 설명으로 틀린 것은?
19.09.문20
16.03.문05

① 보일러폭발은 화학적 폭발이라 할 수 없다.
② 분무폭발은 기상폭발에 속하지 않는다.
③ 수증기폭발은 기상폭발에 속하지 않는다.
④ 화약류 폭발은 화학적 폭발이라 할 수 있다.

유사문제부터 풀어보세요. 실력이 팍! 팍! 올라갑니다.

해설 ② **분무폭발**은 기상폭발에 속한다.

기상폭발
(1) 가스폭발(혼합가스폭발)
(2) 분무폭발 보기②
(3) 분진폭발

답 ②

02 연소의 3요소에 해당하지 않는 것은?
14.09.문10
13.06.문19

① 점화원
② 가연물
③ 산소
④ 촉매

해설 **연소의 3요소와 4요소**

연소의 3요소	연소의 4요소
• 가연물(연료) 보기②	• 가연물(연료)
• 산소공급원(산소, 공기) 보기③	• 산소공급원(산소, 공기)
	• 점화원(점화에너지)
• 점화원(점화에너지) 보기①	• **연쇄반응**

기억법 연4(연사)

답 ④

03 다음의 위험물 중 위험물안전관리법령상 지정수량이 나머지 셋과 다른 것은?
20.08.문10

① 적린
② 황화인
③ 유기과산화물(제2종)
④ 질산에스터류(제1종)

해설 **위험물**의 지정수량

위험물	지정수량
• 질산에스터류(제1종) 보기④ • 알킬알루미늄	10kg
• 황린	20kg
• 무기과산화물 • 과산화나트륨	50kg
• 황화인 보기② • 적린 보기① • 유기과산화물(제2종) 보기③	100kg
• 트리나이트로톨루엔	200kg
• 탄화알루미늄	300kg

답 ④

04 적린의 착화온도는 약 몇 ℃인가?
18.03.문06
14.09.문14
14.05.문04
12.03.문04
07.05.문03

① 34
② 157
③ 180
④ 260

해설

물질	인화점	발화점
프로필렌	-107℃	497℃
에틸에터, 다이에틸에터	-45℃	180℃
가솔린(휘발유)	-43℃	300℃
이황화탄소	-30℃	100℃
아세틸렌	-18℃	335℃
아세톤	-18℃	538℃
에틸알코올	13℃	423℃
적린	-	**260**℃ 보기④

기억법 적26(적이 육지에 있다.)

• 발화점=발화온도=착화온도=착화점

답 ④

05

★★★

상온·상압 상태에서 기체로 존재하는 할론으로만 연결된 것은?

19.04.문15
17.03.문15
16.10.문10

① Halon 2402, Halon 1211
② Halon 1211, Halon 1011
③ Halon 1301, Halon 1011
④ Halon 1301, Halon 1211

해설 상온에서의 **상태**

기체상태	액체상태
① Halon 13**01** 보기 ④ ② Halon 12**11** 보기 ④ ③ **탄산가스**(CO_2)	① Halon 1011 ② Halon 104 ③ Halon 2402

기억법 132탄기

답 ④

06

★

표준상태에서 44.8m³의 용적을 가진 이산화탄소가스를 모두 액화하면 몇 kg인가? (단, 이산화탄소의 분자량은 44이다.)

20.08.문14
12.09.문03

① 88
② 44
③ 22
④ 11

해설 (1) **분자량**

원 소	원자량
H	1
C	12
N	14
O	16

이산화탄소(CO_2)의 분자량 $= 12 + 16 \times 2 = 44g/mol$

(2) **증기밀도**

$$증기밀도[g/L] = \frac{분자량}{22.4}$$

여기서, 22.4 : 공기의 부피[L]

$$증기밀도[g/L] = \frac{분자량}{22.4}$$

$$\frac{g(질량)}{44800L} = \frac{44}{22.4}$$

$$g(질량) = \frac{44}{22.4} \times 44800L = 88000g = 88kg$$

• $1m^3 = 1000L$이므로 $44.8m^3 = 44800L$
• 단위를 보고 계산하면 쉽다.

답 ①

07

★★★

제2종 분말소화약제의 주성분은?

19.04.문17
19.03.문07
15.05.문20
15.03.문16
13.09.문11

① 탄산수소칼륨
② 탄산수소나트륨
③ 제1인산암모늄
④ 탄산수소칼륨＋요소

해설 분말소화약제

종 별	분자식	착 색	적응 화재	비 고
제1종	중탄산나트륨 ($NaHCO_3$)	백색	BC급	**식용유** 및 **지방질유**의 화재에 적합
제2종	중탄산칼륨 ($KHCO_3$) 보기 ①	담자색 (담회색)	BC급	–
제3종	제1인산암모늄 ($NH_4H_2PO_4$)	담홍색	ABC 급	**차고·주차장** 에 적합
제4종	중탄산칼륨 ＋요소 ($KHCO_3 +$ $(NH_2)_2CO$)	회(백)색	BC급	–

• 중탄산나트륨＝탄산수소나트륨
• 중탄산칼륨＝탄산**수소칼륨** 보기 ①
• 제1인산암모늄＝인산암모늄＝인산염
• 중탄산칼륨＋요소＝탄산수소칼륨＋요소

기억법 2수칼(**이수**역에 칼이 있다.)

답 ①

08

★★★

스테판-볼츠만(Stefan-Boltzmann)의 법칙에서 복사체의 단위표면적에서 단위시간당 방출되는 복사에너지는 절대온도의 얼마에 비례하는가?

19.03.문08
14.05.문08
13.06.문11
13.03.문06

① 제곱근
② 제곱
③ 3제곱
④ 4제곱

해설 스테판-볼츠만의 법칙

$$Q = aAF(T_1^4 - T_2^4)$$

여기서, Q : 복사열[W]
a : 스테판-볼츠만 상수[$W/m^2 \cdot K^4$]
A : 단면적[m^2]
T_1 : 고온(273+℃)[K]
T_2 : 저온(273+℃)[K]

※ **스**테판-**볼**츠만의 법칙 : 복사체에서 발산되는 복사열은 복사체의 절대온도의 **4**제곱에 비례한다.
보기 ④

기억법 스볼4

• 4제곱＝4승

답 ④

09 19.03.문12 16.10.문15 나이트로셀룰로오스의 용도, 성상 및 위험성과 저장·취급에 대한 설명 중 틀린 것은?

① 질화도가 낮을수록 위험성이 크다.
② 운반시 물, 알코올을 첨가하여 습윤시킨다.
③ 무연화약의 원료로 사용된다.
④ 햇빛에서 황갈색으로 변하고 물에 녹지 않지만 아세톤, 초산에스터, 나이트로벤젠에 녹는다.

 해설 ① 질화도가 클수록 위험성이 크다.

중요

질화도

구 분	설 명
정의	나이트로셀룰로오스의 질소 함유율이다.
특징	질화도가 높을수록 위험하다.

답 ①

10 18.03.문02 17.03.문14 16.03.문10 15.09.문07 15.03.문03 14.05.문14 14.03.문07 13.03.문18 12.05.문20 12.03.문09 11.03.문08 06.05.문10 04.09.문15 분말소화약제 중 A, B, C급의 화재에 모두 사용할 수 있는 것은?

① 제1종 분말소화약제
② 제2종 분말소화약제
③ 제3종 분말소화약제
④ 제4종 분말소화약제

해설 분말소화약제(질식효과)

종 별	주성분	약제의 착색	적응 화재	비 고
제1종	중탄산나트륨 ($NaHCO_3$)	백색	BC급	**식용유** 및 **지방질유**의 화재에 적합
제2종	중탄산칼륨 ($KHCO_3$)	담자색 (담회색)		–
제**3**종	인산암모늄 ($NH_4H_2PO_4$)	담홍색	**ABC급** 보기③	**차고·주차장**에 적합
제4종	중탄산칼륨+요소 ($KHCO_3$+$(NH_2)_2CO$)	회(백)색	BC급	

기억법 3ABC(3종이니까 3가지 **ABC**급)

- 중탄산나트륨=탄산수소나트륨
- 중탄산칼륨=탄산수소칼륨
- 제1인산암모늄=인산암모늄=인산염
- 중탄산칼륨+요소=탄산수소칼륨+요소

답 ③

11 16.03.문15 15.09.문17 10.03.문07 가연물의 종류 및 성상에 따른 화재의 분류 중 A급 화재에 해당하는 것은?

① 통전 중인 전기설비 및 전기기기의 화재
② 마그네슘, 칼륨 등의 화재

③ 목재, 섬유화재
④ 도시가스 화재

해설 ③ 목재, 섬유화재 : A급 화재

화재 종류	표시색	적응물질
일반화재(A급)	백색	• 일반가연물(목탄) • 종이류 화재 • 목재, 섬유화재 보기③
유류화재(B급)	황색	• 가연성 액체(등유·아마인유) • 가연성 가스(도시가스) 보기④ • 액화가스화재 • 석유화재 • 알코올류
전기화재(C급)	청색	• 전기설비 보기①
금속화재(D급)	무색	• 가연성 금속(마그네슘, 칼륨) 보기②
주방화재(K급)	–	• 식용유화재

※ 요즘은 표시색의 의무규정은 없음

답 ③

12 12.03.문13 다음 중 할로젠족 원소에 해당하는 것은?

① F, Cl, I, Ar
② F, I, Ar, Br
③ F, Cl, Br, I
④ F, Cl, Br, Ar

해설 할로젠족 원소
(1) 불소 : **F**
(2) 염소 : **Cl**
(3) 브로민(취소) : **Br**
(4) 아이오딘(옥소) : **I**

기억법 FCIBrI

답 ③

13 21.03.문07 20.08.문05 19.09.문04 17.05.문15 14.05.문10 14.05.문13 13.03.문10 이산화탄소소화기가 갖는 주된 소화효과는?

① 유화소화
② 질식소화
③ 제거소화
④ 부촉매소화

해설 주된 소화효과

할론 1301	이산화탄소
억제소화	질식소화 보기②

중요

주된 소화효과

소화약제	주된 소화효과
• **할**론	**억**제소화(화학소화, 부촉매효과)
• **포** • **이**산화탄소	**질**식소화
• 물	냉각소화

기억법 할억이질

답 ②

14 고비점 유류의 화재에 적응성이 있는 소화설비는?

`18.09.문17`

① 옥내소화전설비

② 옥외소화전설비

③ 미분무설비

④ 연결송수관설비

해설 **고비점 유류화재의 적응성**

(1) 미분무소화설비(미분무설비) 보기 ③

(2) 물분무소화설비

(3) 포소화설비

답 ③

15 피난계획의 일반원칙 중 Fool proof 원칙에 대한 설명으로 옳은 것은?

`17.09.문02`
`15.05.문03`
`13.03.문05`

① 한 가지가 고장이 나도 다른 수단을 이용할 수 있도록 하는 원칙

② 두 방향의 피난동선을 항상 확보하는 원칙

③ 피난수단을 이동식 시설로 하는 원칙

④ 피난수단을 조작이 간편한 원시적 방법으로 하는 원칙

해설
①, ② Fail safe
③ 이동식 시설 → 고정식 시설(설비)

페일 세이프(fail safe)와 **풀 프루프**(fool proof)

용 어	설 명
페일 세이프 (fail safe)	① 한 가지 피난기구가 고장이 나도 다른 수단을 이용할 수 있도록 고려하는 것 보기 ① ② 한 가지가 고장이 나도 다른 수단을 이용하는 원칙 ③ **두 방향**의 피난동선을 항상 확보하는 원칙 보기 ②
풀 프루프 (fool proof)	① 피난경로는 **간단 명료**하게 한다. ② 피난구조설비는 **고정식 설비**를 위주로 설치한다. 보기 ③ ③ 피난수단은 **원시적 방법**에 의한 것을 원칙으로 한다. 보기 ④ ④ 피난통로를 **완전불연화**한다. ⑤ **막다른 복도**가 없도록 계획한다. ⑥ **간단한 그림**이나 **색채**를 이용하여 표시한다.

답 ④

16 15℃의 물 1g을 1℃ 상승시키는 데 필요한 열량은 몇 cal인가?

`19.03.문05`
`17.05.문05`
`15.09.문03`
`15.05.문19`
`14.05.문03`
`11.10.문18`
`10.05.문03`

① 1

② 15

③ 1000

④ 15000

해설
- 15℃ 물 → 16℃ 물로 변화
- 15℃를 1℃ 상승시키므로 16℃가 됨

열량

$$Q = r_1 m + mC\Delta T + r_2 m$$

여기서, Q : 열량[cal]

$\quad\quad r_1$: 융해열[cal/g]

$\quad\quad r_2$: 기화열[cal/g]

$\quad\quad m$: 질량[g]

$\quad\quad C$: 비열[cal/g·℃]

$\quad\quad \Delta T$: 온도차[℃]

(1) **기호**

- m : 1g
- C : 1cal/g·℃
- ΔT : (16−15)℃

(2) 15℃ 물 → 16℃ 물(1℃ 상승시키므로)

열량 $Q = mC\Delta T$

$\quad\quad = 1g \times 1cal/g \cdot ℃ \times (16-15)℃$

$\quad\quad = 1cal$

- '**융해열**'과 '**기화열**'은 없으므로 이 문제에서는 $r_1 m$, $r_2 m$ 식은 제외

🔖 중요

비열(specific heat)

단 위	정 의
1cal	**1g**의 물체를 **1℃**만큼 온도 상승시키는 데 필요한 열량
1BTU	**1 lb**의 물체를 **1℉**만큼 온도 상승시키는 데 필요한 열량
1chu	**1 lb**의 물체를 **1℃**만큼 온도 상승시키는 데 필요한 열량

답 ①

17 기름탱크에서 화재가 발생하였을 때 탱크 하부에 있는 물 또는 물-기름 에멀션이 뜨거운 열유층에 의해서 가열되어 유류가 탱크 밖으로 갑자기 분출하는 현상은?

`18.03.문03`
`12.03.문08`
`11.06.문20`
`10.03.문14`
`09.08.문04`
`04.09.문05`

① 리프트(lift)

② 백파이어(backfire)

③ 플래시오버(flashover)

④ 보일오버(boil over)

해설 **보일오버**(boil over)

(1) **중질유**의 탱크에서 장시간 조용히 연소하다 탱크 내의 잔존기름이 갑자기 분출하는 현상

(2) **유류탱크**에서 탱크바닥에 물과 기름의 **에멀션**이 섞여 있을 때 이로 인하여 화재가 발생하는 현상 보기 ④

(3) 연소유면으로부터 100℃ 이상의 열파가 탱크 저부에 고여 있는 물을 비등하게 하면서 연소유를 탱크 밖으로 비산시키며 연소하는 현상

용어

구 분	설 명
리프트 (lift)	버너 내압이 높아져서 **분출속도가 빨라지는** 현상
백파이어 (backfire, 역화)	가스가 노즐에서 나가는 속도가 연소속도보다 느리게 되어 **버너 내부에서 연소**하게 되는 현상
플래시오버 (flashover)	화재로 인하여 실내의 온도가 급격히 상승하여 화재가 **순간적으로 실내 전체에 확산**되어 연소되는 현상

답 ④

★★★
18 목조건축물의 온도와 시간에 따른 화재특성으로 옳은 것은?

18.03.문16
17.03.문13
14.05.문09
13.09.문09
10.09.문08

① 저온단기형　　② 저온장기형
③ 고온단기형　　④ 고온장기형

해설

목조건물의 화재온도 표준곡선	내화건물의 화재온도 표준곡선
• 화재성상 : **고온단**기형 보기 ③	• 화재성상 : 저온장기형
• 최고온도(최성기온도) : 1300℃	• 최고온도(최성기온도) : 900~1000℃

기억법 목고단 13

• 목조건물＝목재건물

답 ③

★★
19 동식물유류에서 "아이오딘값이 크다."라는 의미로 옳은 것은?

17.03.문19
11.06.문16

① 불포화도가 높다.
② 불건성유이다.
③ 자연발화성이 낮다.
④ 산소와의 결합이 어렵다.

해설 **"아이오딘값이 크다."라는 의미**
(1) **불포**화도가 높다. 보기 ①
(2) **건성**유이다. 보기 ②
(3) 자연발화성이 높다. 보기 ③
(4) 산소와 결합이 쉽다. 보기 ④

※ **아이오딘값** : 기름 100g에 첨가되는 아이오딘의 g수

기억법 아불포

답 ①

★
20 공기 중에 분산된 밀가루, 알루미늄가루 등이 에너지를 받아 폭발하는 현상은?

16.03.문20
16.10.문16
11.10.문13

① 분진폭발　　② 분무폭발
③ 충격폭발　　④ 단열압축폭발

해설 **분진폭발** 보기 ①
공기 중에 분산된 **밀가루, 알루미늄가루** 등이 에너지를 받아 폭발하는 현상

중요

분진폭발을 일으키지 않는 물질
(1) **시**멘트
(2) **석**회석(소석회)
(3) **탄**산칼슘($CaCO_3$)
(4) **생**석회(CaO)＝산화칼슘

• 분진폭발을 일으키지 않는 물질＝물과 반응하여 가연성 기체를 발생시키지 않는 것

기억법 분시석탄생

답 ①

제 2 과목　　소방유체역학

★★★
21 운동량의 단위로 맞는 것은?

21.03.문38
17.09.문25
16.03.문36
15.09.문28
15.05.문23
13.09.문28

① N
② J/s
③ $N \cdot s^2/m$
④ $N \cdot s$

해설

차 원	중력단위[차원]	절대단위[차원]
길이	m[L]	m[L]
시간	s[T]	s[T]
운동량	$N \cdot s$[FT] 보기 ④	$kg \cdot m/s$[MLT^{-1}]
힘	N[F]	$kg \cdot m/s^2$[MLT^{-2}]
속도	m/s[LT^{-1}]	m/s[LT^{-1}]
가속도	m/s^2[LT^{-2}]	m/s^2[LT^{-2}]
질량	$N \cdot s^2/m$[FL^{-1}T^2]	kg[M]
압력	N/m^2[FL^{-2}]	$kg/m \cdot s^2$[ML^{-1}T^{-2}]
밀도	$N \cdot s^2/m^4$[FL^{-4}T^2]	kg/m^3[ML^{-3}]
비중	무차원	무차원
비중량	N/m^3[FL^{-3}]	$kg/m^2 \cdot s^2$[ML^{-2}T^{-2}]
비체적	$m^4/N \cdot s^2$[F^{-1}L^{4}T^{-2}]	m^3/kg[M^{-1}L^3]
일률	$N \cdot m/s$[FLT^{-1}]	$kg \cdot m^2/s^3$[ML^{2}T^{-3}]
일	$N \cdot m$[FL]	$kg \cdot m^2/s^2$[ML^{2}T^{-2}]
점성계수	$N \cdot s/m^2$[FL^{-2}T]	$kg/m \cdot s$[ML^{-1}T^{-1}]

④ 운동량[$N \cdot s$]

답 ④

22 뉴턴의 점성법칙과 직접적으로 관계없는 것은?

20.08.문27
19.03.문21
17.09.문21
16.03.문31
06.09.문22
01.09.문32

① 압력
② 전단응력
③ 속도구배
④ 점성계수

해설 뉴턴(Newton)의 점성법칙

$$\tau = \mu \frac{du}{dy}$$

여기서, τ : 전단응력[N/m²] 보기 ②

μ : 점성계수[N·s/m²] 보기 ④

$\frac{du}{dy}$: 속도구배(속도기울기) 보기 ③

답 ①

23 직경이 d인 소방호스 끝에 직경이 $\frac{d}{2}$인 노즐이

20.08.문28

연결되어 있다. 노즐에서 유출되는 유체의 평균 속도는 호스에서의 평균속도에 얼마인가?

① $\frac{1}{4}$
② $\frac{1}{2}$

③ 2배
④ 4배

해설 (1) 기호

- $D_{호스}$: d
- $D_{노즐}$: $\frac{d}{2}$
- $\frac{V_{노즐}}{V_{호스}}$: ?(일반적으로 **먼저** 나온 말을 **분자**, 나중에 나온 말을 **분모**로 보면 됨)

(2) 유량

$$Q = AV = \left(\frac{\pi D^2}{4}\right)V$$

여기서, Q : 유량[m³/s]

A : 단면적[m²]

V : 유속[m/s]

D : 지름[m]

$Q = \left(\frac{\pi D^2}{4}\right)V$

$Q\left(\frac{4}{\pi D^2}\right) = V$

$V = Q\left(\frac{4}{\pi D^2}\right) \propto \frac{1}{D^2} = \frac{1}{\left(\frac{D_{노즐}}{D_{호스}}\right)^2}$

$\frac{V_{노즐}}{V_{호스}} = \frac{1}{\left(\frac{D_{노즐}}{D_{호스}}\right)^2} = \frac{1}{\left(\frac{\frac{d}{2}}{d}\right)^2} = \frac{1}{\left(\frac{1}{2}\right)^2} = 4배$

답 ④

24 가로 80cm, 세로 50cm이고 300℃로 가열된

19.09.문38
17.05.문31
16.03.문23
15.09.문25
13.06.문40

평판에 수직한 방향으로 25℃의 공기를 불어주고 있다. 대류열전달계수가 25W/m²·K일 때 공기를 불어넣는 면에서의 열전달률[kW]은?

① 2.04
② 2.75
③ 5.16
④ 7.33

해설 (1) 기호

- A : 80cm×50cm=0.8m×0.5m(100cm=1m)
- T_2 : 273+300℃=573K
- T_1 : 273+25℃=298K
- h : 25W/m²·K
- $\overset{\circ}{q}$: ?

(2) 대류(열전달률)

$$\overset{\circ}{q} = Ah(T_2 - T_1)$$

여기서, $\overset{\circ}{q}$: 대류열류(열전달률)[W]

A : 대류면적[m²]

h : 대류열전달계수[W/m²·℃]

$T_2 - T_1$: 온도차[℃] 또는 [K]

열전달률 $\overset{\circ}{q}$ 는

$\overset{\circ}{q} = Ah(T_2 - T_1)$

$= (0.8m \times 0.5m) \times 25W/m² \cdot K \times (573-298)K$

$= 2750W = 2.75kW$

- 1000W=1kW이므로 2750W=2.75kW

답 ②

25 안지름이 5mm인 원형 직선관 내에 0.2×10^{-3}m³/min

21.03.문25
18.03.문26
10.05.문26
09.05.문29

의 물이 흐르고 있다. 유량을 두 배로 하기 위해서는 직선관 양단의 압력차가 몇 배가 되어야 하는가? (단, 물의 동점성계수는 10^{-6}m²/s이다.)

① 1.14배
② 1.41배
③ 2배
④ 4배

해설 (1) 기호

- D : 5mm=0.005m(1000mm=1m)
- Q : 0.2×10^{-3}m³/min
- ν : 10^{-6}m²/s
- ΔP : ?

(2) **하겐-포아젤의 법칙** : 유속이 주어지지 않은 경우 적용하는 식

$$\Delta P = \frac{128\mu Q l}{\pi D^4} \propto Q$$

여기서, ΔP : 압력차(압력강하)[kPa]

μ : 점성계수[kg/m·s] 또는 [N·s/m²]

Q : 유량[m³/s]

l : 길이[m]

D : 내경[m]

- 유량(Q)을 2배로 하기 위해서는 직선관 양단의 **압력차(ΔP)가 2배**가 되어야 한다.
- 이 문제는 비례관계로만 풀면 되지 위의 수치를 적용할 필요는 없음

비교

층류 : 손실수두

유체의 속도를 알 수 있는 경우	유체의 속도를 알 수 없는 경우
$H=\dfrac{\Delta P}{\gamma}=\dfrac{flV^2}{2gD}$ [m] (다르시-바이스바하의 식)	$H=\dfrac{\Delta P}{\gamma}=\dfrac{128\mu Ql}{\gamma\pi D^4}$ [m] (하젠-포아젤의 식)
여기서, H : 마찰손실(손실수두)[m] ΔP : 압력차[Pa] 또는 [N/m²] γ : 비중량(물의 비중량 9800N/m³) f : 관마찰계수 l : 길이[m] V : 유속[m/s] g : 중력가속도(9.8m/s²) D : 내경[m]	여기서, ΔP : 압력차(압력강하, 압력 손실)[N/m²] γ : 비중량(물의 비중량 9800N/m³) μ : 점성계수[N·s/m²] Q : 유량[m³/s] l : 길이[m] D : 내경[m]

답 ③

★★★
26 다음 중 캐비테이션(공동현상) 방지방법으로 옳은 것을 모두 고른 것은?

21.03.문26
19.09.문27
16.10.문29
15.09.문37
14.09.문34
14.05.문33
11.03.문83

┌─────────────────────────────────┐
│ ㉠ 펌프의 설치위치를 낮추어 흡입양정을 작게 한다. │
│ ㉡ 흡입관 지름을 작게 한다. │
│ ㉢ 펌프의 회전수를 작게 한다. │
└─────────────────────────────────┘

① ㉠, ㉡   ② ㉠, ㉢
③ ㉡, ㉢   ④ ㉠, ㉡, ㉢

해설 **공동현상**(cavitation, 캐비테이션)

개요	펌프의 흡입측 배관 내의 물의 정압이 기존의 증기압보다 낮아져서 기포가 발생되어 물이 흡입되지 않는 현상
발생 현상	• **소음**과 **진동** 발생 • 관 **부식**(펌프깃의 침식) • **임펠러**의 **손상**(수차의 날개를 해친다.) • 펌프의 성능 저하(양정곡선 저하) • 효율곡선 **저하**
발생 원인	• **펌프**가 물탱크보다 부적당하게 **높게** 설치되어 있을 때 • 펌프 **흡입수두**가 지나치게 **클** 때 • 펌프 **회전수**가 지나치게 **높을** 때 • 관내를 흐르는 **물**의 **정압**이 그 물의 온도에 해당하는 증기압보다 **낮을** 때

방지 대책 (방지 방법)	• 펌프의 흡입수두를 작게 한다.(흡입양정을 작게 한다.) 보기 ㉠ • 펌프의 마찰손실을 작게 한다. • 펌프의 임펠러속도(**회전수**)를 **작게** 한다. 보기 ㉢ • 펌프의 설치위치를 수원보다 낮게 한다. • 양흡입펌프를 사용한다.(펌프의 흡입측을 가압한다.) • 관내의 물의 정압을 그때의 증기압보다 높게 한다. • 흡입관의 **구경**을 **크게** 한다. 보기 ㉡ • 펌프를 **2개** 이상 설치한다. • 회전차를 수중에 완전히 잠기게 한다.

비교

수격작용(water hammering)

개요	• 배관 속의 물흐름을 급히 차단하였을 때 동압이 정압으로 전환되면서 일어나는 **쇼크**(shock)현상 • 배관 내를 흐르는 유체의 유속을 급격하게 변화시키므로 압력이 상승 또는 하강하여 관로의 벽면을 치는 현상
발생 원인	• 펌프가 갑자기 정지할 때 • 급히 밸브를 개폐할 때 • 정상운전시 유체의 압력변동이 생길 때
방지 대책 (방지 방법)	• **관**의 관경(직경)을 크게 한다. • 관내의 유속을 낮게 한다.(관로에서 일부 고압수를 방출한다.) • **조압수조**(surge tank)를 관선에 설치한다. • **플라이휠**(fly wheel)을 설치한다. • 펌프 송출구(토출측) 가까이에 밸브를 설치한다. • **에어챔버**(air chamber)를 설치한다.

기억법 수방관플에

답 ②

★★
27 비중이 1.03인 바닷물에 전체 부피의 90%가 잠겨 있는 빙산이 있다. 이 빙산의 비중은 얼마인가?

19.04.문33
15.03.문35
04.09.문34

① 0.856   ② 0.956
③ 0.927   ④ 0.882

해설 (1) **기호**

┌─────────────────────┐
│ • s : 1.03 │
│ • V : 90%=0.9 │
│ • s_s : ? │
└─────────────────────┘

(2) 잠겨 있는 **체적(부피) 비율**

$$V=\dfrac{s_s}{s}$$

여기서, V : 잠겨 있는 체적(부피) 비율
s_s : 어떤 물질의 비중(빙산의 비중)
s : 표준물질의 비중(바닷물의 비중)

빙산의 비중 s_s는

$$s_s = s \cdot V$$
$$= 1.03 \times 0.9$$
$$\fallingdotseq 0.927$$

바닷물 | 10% / 빙산 90%

답 ③

28
20.06.문36
17.09.문36

동점성계수가 $2.4 \times 10^{-4} \mathrm{m^2/s}$이고, 비중이 0.88인 40℃ 엔진오일을 1km 떨어진 곳으로 원형관을 통하여 완전발달 층류상태로 수송할 때 관의 직경 100mm이고 유량 $0.02\mathrm{m^3/s}$라면 필요한 최소 펌프동력(kW)은?

① 28.2
② 30.1
③ 32.2
④ 34.4

해설 **(1) 기호**

- ν : $2.4 \times 10^{-4} \mathrm{m^2/s}$
- s : 0.88
- T : 40℃=(273+40)K
- L : 1km=1000m
- D : 100mm=0.1m(1000mm=1m)
- Q : $0.02\mathrm{m^3/s}$
- P : ?

(2) 유량

$$Q = AV = \left(\frac{\pi D^2}{4}\right)V$$

여기서, Q : 유량($\mathrm{m^3/s}$)
　　　A : 단면적($\mathrm{m^2}$)
　　　V : 유속(m/s)
　　　D : 직경(내경)(m)

유속 V는

$$V = \frac{Q}{\frac{\pi D^2}{4}} = \frac{0.02\mathrm{m^3/s}}{\frac{\pi \times (0.1\mathrm{m})^2}{4}} \fallingdotseq 2.546\mathrm{m/s}$$

(3) 비중

$$s = \frac{\gamma}{\gamma_w}$$

여기서, s : 비중
　　　γ : 어떤 물질(엔진오일)의 비중량($\mathrm{N/m^3}$)
　　　γ_w : 물의 비중량($9800\mathrm{N/m^3}$)

엔진오일의 비중량 γ은

$$\gamma = s \times \gamma_w = 0.88 \times 9800\mathrm{N/m^3}$$
$$= 8624\mathrm{N/m^3}$$
$$= 8.624\mathrm{kN/m^3}$$

(4) 레이놀즈수

$$Re = \frac{DV\rho}{\mu} = \frac{DV}{\nu}$$

여기서, Re : 레이놀즈수
　　　D : 내경(직경)(m)
　　　V : 유속(속도)(m/s)

ρ : 밀도($\mathrm{kg/m^3}$)
μ : 점성계수(kg/(m·s))
ν : 동점성계수$\left(\frac{\mu}{\rho}\right)$($\mathrm{m^2/s}$)

레이놀즈수 $Re = \frac{DV}{\nu} = \frac{0.1\mathrm{m} \times 2.546\mathrm{m/s}}{2.4 \times 10^{-4}\mathrm{m^2/s}} \fallingdotseq 1060$

- Re(레이놀즈수)가 2100 이하이므로 층류식 적용

(5) 관마찰계수(층류)

$$f = \frac{64}{Re}$$

여기서, f : 관마찰계수
　　　Re : 레이놀즈수

관마찰계수 $f = \frac{64}{Re} = \frac{64}{1060} \fallingdotseq 0.06$

(6) 달시-웨버의 식

$$H = \frac{\Delta P}{\gamma} = \frac{fLV^2}{2gD}$$

여기서, H : 마찰손실(m)
　　　ΔP : 압력차(압력손실)(kPa) 또는 ($\mathrm{kN/m^2}$)
　　　γ : 비중량($\mathrm{kN/m^3}$)
　　　f : 관마찰계수
　　　L : 길이(m)
　　　V : 유속(m/s)
　　　g : 중력가속도($9.8\mathrm{m/s^2}$)
　　　D : 내경(직경)(m)

압력차 ΔP는

$$\Delta P = \frac{\gamma fLV^2}{2gD}$$
$$= \frac{8.624\mathrm{kN/m^3} \times 0.06 \times 1000\mathrm{m} \times (2.546\mathrm{m/s})^2}{2 \times 9.8\mathrm{m/s^2} \times 0.1\mathrm{m}}$$
$$\fallingdotseq 1711\mathrm{kN/m^2}$$
$$= 1711\mathrm{kPa}$$

(7) 표준대기압

1atm=760mmHg=1.0332$\mathrm{kg_f/cm^2}$
　　　=10.332mH₂O(mAq)
　　　=10.332m
　　　=14.7PSI($\mathrm{lb_f/in^2}$)
　　　=101.325kPa($\mathrm{kN/m^2}$)
　　　=1013mbar

$$1711\mathrm{kPa} = \frac{1711\mathrm{kPa}}{101.325\mathrm{kPa}} \times 10.332\mathrm{m} \fallingdotseq 174.47\mathrm{m}$$

- 101.325kPa=10.332m

(8) 펌프에 필요한 동력

$$P = \frac{0.163QH}{\eta}K$$

여기서, P : 전동력(펌프동력)(kW)
　　　Q : 유량($\mathrm{m^3/min}$)
　　　H : 전양정(m)
　　　η : 효율
　　　K : 전달계수

펌프에 필요한 **동력** P는

$$P = \frac{0.163QH}{\eta}K$$

$$= 0.163 \times 0.02\text{m}^3/\text{s} \times 174.47\text{m}$$

$$= 0.163 \times 0.02\text{m}^3 \left| \frac{1}{60}\text{min} \times 174.47\text{m} \right.$$

$$= 0.163 \times (0.02 \times 60)\text{m}^3/\text{min} \times 174.47\text{m}$$

$$\fallingdotseq 34.13\text{kW}$$

- 계산과정 중 반올림이나 올림 등을 고려하면 34.4kW 정답!
- η, K는 주어지지 않았으므로 무시

답 ④

★★★
29 관지름 d, 관마찰계수 f, 부차손실계수 K인
15.09.문33 관의 상당길이 L_e는?

① $\dfrac{f}{K \times d}$ ② $\dfrac{K \times d}{f}$

③ $\dfrac{K}{d \times f}$ ④ $\dfrac{d \times f}{K}$

해설 관의 상당관길이

$$L_e = \frac{KD}{f} = \frac{K \times d}{f}$$

여기서, L_e : 관의 상당관길이[m]
    K : (부차)손실계수
    $D(d)$: 내경[m]
    f : 마찰손실계수

- 상당관길이＝상당길이＝등가길이

답 ②

★★
30 그림과 같이 수조차의 탱크 측벽에 안지름이
19.03.문27 25cm인 노즐을 설치하여 노즐로부터 물이 분사
13.09.문39 되고 있다. 노즐 중심은 수면으로부터 3m 아래
05.03.문23 에 있다고 할 때 수조차가 받는 추력 F는 약 몇
kN인가? (단, 노면과의 마찰은 무시한다.)

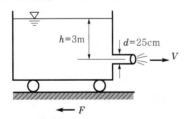

① 1.77   ② 2.89

③ 4.56   ④ 5.21

해설 (1) 기호

- $d(D)$: 25cm＝0.25m(100cm＝1m)
- $h(H)$: 3m
- F : ?

(2) 토리첼리의 식

$$V = \sqrt{2gH}$$

여기서, V : 유속[m/s]
    g : 중력가속도(9.8m/s²)
    H : 높이[m]

유속 V는

$$V = \sqrt{2gH}$$

$$= \sqrt{2 \times 9.8\text{m/s}^2 \times 3\text{m}} \fallingdotseq 7.668\text{m/s}$$

(3) 유량

$$Q = AV$$

여기서, Q : 유량[m³/s]
    A : 단면적[m²]
    V : 유속[m/s]

(4) 추력(힘)

$$F = \rho QV$$

여기서, F : 추력(힘)[N]
    ρ : 밀도(물의 밀도 1000N·s²/m⁴)
    Q : 유량[m³/s]
    V : 유속[m/s]

추력 F는

$$F = \rho QV$$

$$= \rho(AV)V$$

$$= \rho AV^2$$

$$= \rho\left(\frac{\pi D^2}{4}\right)V^2$$

$$= 1000\text{N} \cdot \text{s}^2/\text{m}^4 \times \frac{\pi \times (0.25\text{m})^2}{4} \times (7.668\text{m/s})^2$$

$$= 2886\text{N} = 2.886\text{kN} \fallingdotseq 2.89\text{kN}$$

- $Q = AV$이므로 $F = \rho QV = \rho(AV)V$
- $A = \dfrac{\pi D^2}{4}$ (여기서, D : 지름[m])

답 ②

★★
31 회전속도 1000rpm일 때 유량 Q[m³/min], 전
17.05.문22 양정 H[m]인 원심펌프가 상사한 조건에서 회
09.05.문23 전속도가 1200rpm으로 작동할 때 유량 및 전양
정은 어떻게 변하는가?

① 유량＝1.2Q, 전양정＝1.44H

② 유량＝1.2Q, 전양정＝1.2H

③ 유량＝1.44Q, 전양정＝1.44H

④ 유량＝1.44Q, 전양정＝1.2H

해설 (1) 기호

- N_1 : 1000rpm
- N_2 : 1200rpm
- Q_2 : ?
- H_2 : ?

(2) **유량**(송출량)

$$Q_2 = Q_1 \times \left(\frac{N_2}{N_1}\right)$$

여기서, Q_2 : 변경 후 유량[m³/min]

Q_1 : 변경 전 유량[m³/min]

N_2 : 변경 후 회전수[rpm]

N_1 : 변경 전 회전수[rpm]

유량 Q_2는

$$Q_2 = Q_1 \times \left(\frac{N_2}{N_1}\right) = Q_1 \times \left(\frac{1200\,\mathrm{rpm}}{1000\,\mathrm{rpm}}\right) = 1.2Q_1$$

(3) **양정**(전양정)

$$H_2 = H_1 \times \left(\frac{N_2}{N_1}\right)^2$$

여기서, H_2 : 변경 후 양정[m]

H_1 : 변경 전 양정[m]

N_2 : 변경 후 회전수[rpm]

N_1 : 변경 전 회전수[rpm]

양정 H_2는

$$H_2 = H_1 \times \left(\frac{N_2}{N_1}\right)^2 = H_1 \times \left(\frac{1200\,\mathrm{rpm}}{1000\,\mathrm{rpm}}\right)^2 = 1.44H_1$$

답 ①

★★
32 정지유체 속에 잠겨있는 경사진 평면에서 압력

21.05.문27
18.03.문27
15.03.문38
10.03.문25

에 의해 작용하는 합력의 작용점에 대한 설명으로 옳은 것은?

① 도심의 아래에 있다.

② 도심의 위에 있다.

③ 도심의 위치와 같다.

④ 도심의 위치와 관계가 없다.

해설 힘의 작용점의 중심압력은 경사진 평판의 **도심의**(보다) 아래에 있다. 보기 ①

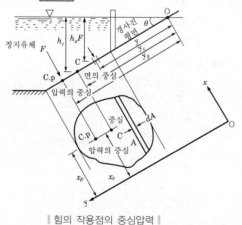

∥ 힘의 작용점의 중심압력 ∥

답 ①

★★★
33 안지름이 2cm인 원관 내에 물을 흐르게 하여 층

19.09.문35
15.09.문23
14.09.문33
05.05.문23

류 상태로부터 점차 유속을 빠르게 하여 완전난류 상태로 될 때의 한계유속[cm/s]은? (단, 물의 동점성계수는 0.01cm²/s, 완전난류가 되는 임계 레이놀즈수는 4000이다.)

① 10 ② 15

③ 20 ④ 40

해설 (1) **기호**

- D : 2cm
- V : ?
- ν : 0.01cm²/s
- Re : 4000

(2) **레이놀즈수**

$$Re = \frac{DV\rho}{\mu} = \frac{DV}{\nu}$$

여기서, Re : 레이놀즈수

D : 내경[m]

V : 유속[m/s]

ρ : 밀도[kg/m³]

μ : 점도[kg/m·s]

ν : 동점성 계수$\left(\frac{\mu}{\rho}\right)$[m²/s]

유속 V는

$$V = \frac{Re\,\nu}{D} = \frac{4000 \times 0.01\mathrm{cm}^2/\mathrm{s}}{2\mathrm{cm}} = 20\mathrm{cm/s}$$

답 ③

★★★
34 물탱크에 연결된 마노미터의 눈금이 그림과 같을

19.04.문40
15.09.문22
13.09.문32

때 점 A에서의 게이지압력은 몇 kPa인가? (단, 수은의 비중은 13.6이다.)

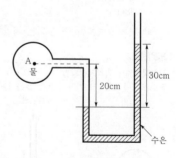

① 32 ② 38

③ 43 ④ 47

해설 (1) **기호**

- P_A : ?
- s : 13.6
- h_1 : 20cm=0.2m
- h_2 : 30cm=0.3m

(2) 비중

$$s = \frac{\gamma}{\gamma_w}$$

여기서, s : 비중
γ : 어떤 물질의 비중량[N/m³]
γ_w : 물의 비중량(9800N/m³)

수은의 비중량 γ는
$\gamma = s \cdot \gamma_w$
$= 13.6 \times 9800 \text{N/m}^3$
$= 133280 \text{N/m}^3$
$= 133.28 \text{kN/m}^3$

(3) 시차액주계

$$P_A + \gamma_1 h_1 - \gamma_2 h_2 = 0$$

여기서, P_A : 계기압력[kPa] 또는 [kN/m²]
γ_1, γ_2 : 비중량(물의 비중량 9800N/m³)
h_1, h_2 : 높이[m]

• 마노미터의 한쪽 끝이 **대기압**이므로 이부분의 게이지압력=0

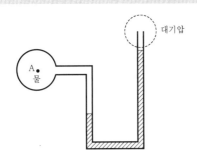

계기압력 P_A는
$P_A = -\gamma_1 h_1 + \gamma_2 h_2$
$= -9.8 \text{kN/m}^3 \times 0.2\text{m} + 133.28 \text{kN/m}^3 \times 0.3\text{m}$
$≒ 38 \text{kN/m}^2$
$= 38 \text{kPa}$

• 1kN/m²=1kPa이므로 38kN/m²=38kPa

중요

시차액주계의 **압력계산방법**
점 A를 기준으로 내려가면 더하고, 올라가면 빼면 된다.

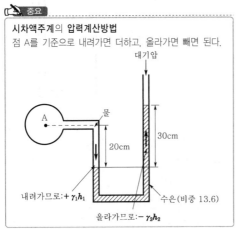

내려가므로:$+\gamma_1 h_1$
올라가므로:$-\gamma_2 h_2$

답 ②

---

35 다음 중 동점성계수의 차원으로 올바른 것은? (단, M, L, T는 각각 질량, 길이, 시간을 나타낸다.)
12.05.문29
① $ML^{-1}T^{-1}$
② $ML^{-1}T^{-2}$
③ L^2T^{-1}
④ MLT^{-2}

해설

차 원	중력단위[차원]	절대단위[차원]
길이	m[L]	m[L]
시간	s[T]	s[T]
운동량	N·s[FT]	kg·m/s[MLT⁻¹]
힘	N[F]	kg·m/s²[MLT⁻²]
속도	m/s[LT⁻¹]	m/s[LT⁻¹]
가속도	m/s²[LT⁻²]	m/s²[LT⁻²]
질량	N·s²/m[FL⁻¹T²]	kg[M]
압력	N/m²[FL⁻²]	kg/m·s²[ML⁻¹T⁻²]
밀도	N·s²/m⁴[FL⁻⁴T²]	kg/m³[ML⁻³]
비중	무차원	무차원
비중량	N/m³[FL⁻³]	kg/m²·s²[ML⁻²T⁻²]
비체적	m⁴/N·s²[F⁻¹L⁴T⁻²]	m³/kg[M⁻¹L³]
일률	N·m/s[FLT⁻¹]	kg·m²/s³[ML²T⁻³]
일	N·m[FL]	kg·m²/s²[ML²T⁻²]
점성계수	N·s/m²[FL⁻²T]	kg/m·s[ML⁻¹T⁻¹]
동점성계수 보기③	m²/s[L²T⁻¹]	m²/s[L²T⁻¹]

답 ③

---

36 화씨온도 122℉는 섭씨온도로 몇 ℃인가?
19.09.문11
16.10.문08
14.03.문11
① 40
② 50
③ 60
④ 70

해설 (1) 기호
• ℉ : 120℉
• ℃ : ?

(2) 섭씨온도

$$℃ = \frac{5}{9}(℉ - 32)$$

여기서, ℃ : 섭씨온도[℃]
℉ : 화씨온도[℉]

섭씨온도 $℃ = \frac{5}{9}(℉ - 32)$
$= \frac{5}{9}(122 - 32) = 50℃$

중요

섭씨온도와 켈빈온도

(1) 섭씨온도

$$\text{℃} = \frac{5}{9}(\text{℉} - 32)$$

여기서, ℃ : 섭씨온도[℃]
℉ : 화씨온도[℉]

(2) 켈빈온도

$$K = 273 + \text{℃}$$

여기서, K : 켈빈온도[K]
℃ : 섭씨온도[℃]

비교

화씨온도와 랭킨온도

(1) 화씨온도

$$\text{℉} = \frac{9}{5}\text{℃} + 32$$

여기서, ℉ : 화씨온도[℉]
℃ : 섭씨온도[℃]

(2) 랭킨온도

$$R = 460 + \text{℉}$$

여기서, R : 랭킨온도[R]
℉ : 화씨온도[℉]

답 ②

★★★ 37

16.05.문32
03.08.문35

이산화탄소가 압력 2×10^5Pa, 비체적 0.04m³/kg 상태로 저장되었다가 온도가 일정한 상태로 압축되어 압력이 8×10^5Pa이 되었다면 변화 후 비체적은 몇 m³/kg인가?

① 0.01
② 0.02
③ 0.16
④ 0.32

해설 (1) 기호

- P_1 : 2×10^5Pa
- v_1 : 0.04m³/kg
- P_2 : 8×10^5Pa
- v_2 : ?

(2) 등온과정

$$\frac{P_2}{P_1} = \frac{v_1}{v_2}$$

여기서, P_1, P_2 : 변화 전후의 압력[Pa]
v_1, v_2 : 변화 전후의 비체적[m³/kg]

변화 후 비체적 v_2는

$$v_2 = \frac{v_1}{\dfrac{P_2}{P_1}} = \frac{0.04\text{m}^3/\text{kg}}{\dfrac{8 \times 10^5 \text{Pa}}{2 \times 10^5 \text{Pa}}} = 0.01\text{m}^3/\text{kg}$$

답 ①

★★★ 38

17.03.문39
15.03.문33
10.05.문30

그림과 같이 안쪽 원의 지름이 D_1, 바깥쪽 원의 지름이 D_2인 두 개의 동심원 사이에 유체가 흐르고 있다. 이 유동 단면의 수력지름(hydraulic diameter)을 구하면?

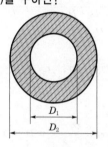

① $D_2 + D_1$
② $D_2 - D_1$
③ $\pi(D_2 + D_1)$
④ $\pi(D_2 - D_1)$

해설 (1) 수력반경(hydraulic radius)

$$R_h = \frac{A}{l} = \frac{1}{4}(D - d)$$

여기서, R_h : 수력반경[m]
A : 단면적[m²]
l : 접수길이[m]
D : 관의 외경[m]
d : 관의 내경[m]

(2) 수력직경(수력지름)(hydraulic diameter)

$$D_h = 4R_h$$

여기서, D_h : 수력직경[m]
R_h : 수력반경[m]

바깥지름 D_2, 안지름 D_1인 동심이중관

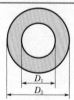

수력반경

$$R_h = \frac{A}{l} = \frac{\pi r^2}{2\pi r \text{(원둘레)}}$$

$$= \frac{\pi(r_2^2 - r_1^2)}{2\pi(r_2 + r_1)} = \frac{\pi\left[\left(\dfrac{D_2}{2}\right)^2 - \left(\dfrac{D_1}{2}\right)^2\right]}{2\pi\left(\dfrac{D_2}{2} + \dfrac{D_1}{2}\right)}$$

$$= \frac{\dfrac{D_2^2}{4} - \dfrac{D_1^2}{4}}{2\left(\dfrac{D_2 + D_1}{2}\right)} = \frac{\dfrac{D_2^2 - D_1^2}{4}}{D_2 + D_1}$$

인수분해 기본공식
$A^2 - B^2 = (A+B)(A-B)$ 이므로

$$D_2^2 - D_1^2 = (D_2 + D_1)(D_2 - D_1)$$

$$R_h = \frac{A}{l} = \frac{\dfrac{D_2^2 - D_1^2}{4}}{D_2 + D_1} = \frac{\dfrac{(D_2 + D_1)(D_2 - D_1)}{4}}{D_2 + D_1}$$

$$= \frac{D_2 - D_1}{4}$$

- 원형이므로 단면적 $A = \pi r^2$, 원둘레 $l = 2\pi r$
  여기서, r : 반지름[m]

수력지름

$$D_h = 4R_h = \cancel{4} \times \frac{D_2 - D_1}{\cancel{4}} = D_2 - D_1$$

답 ②

★
39 온도와 압력이 각각 15℃, 101.3kPa이고 밀도
18.09.문27
02.05.문33
1.225kg/m³인 공기가 흐르는 관로 속에 U자관 액주계를 설치하여 유속을 측정하였더니 수은주 높이 차이가 250mm이었다. 이때 공기는 비압축성 유동이라고 가정할 때 공기의 유속은 약 몇 m/s인가? (단, 수은의 비중은 13.6이다.)

① 174 ② 233
③ 296 ④ 355

해설 (1) 기호

- C : 1.225kg/m³ = 1.225N·s²/m⁴
  (1kg/m³ = 1N·s²/m⁴)
- H : 250mm = 0.25m(1000mm = 1m)
- s : 13.6
- V : ?

(2) 비중

$$s = \frac{\gamma_h}{\gamma_w}$$

여기서, s : 비중(수은비중)
　　　γ_h : 어떤 물질의 비중량(수은의 비중량)[N/m³]
　　　γ_w : 물의 비중량(9800N/m³)
수은의 비중량 γ_h는

$$\gamma_h = s\gamma_w = 13.6 \times 9800\text{N/m}^3 = 133280\text{N/m}^3$$

(3) 비중량

$$\gamma_a = \rho g$$

여기서, γ_a : 비중량(공기의 비중량)[N/m³]
　　　ρ : 밀도[N·s²/m⁴]
　　　g : 중력가속도(9.8m/s²)
공기의 비중량 γ_a는

$$\gamma_a = \rho g = 1.225\text{N·s}^2/\text{m}^4 \times 9.8\text{m/s}^2$$
$$= 12.005\text{N/m}^3$$

---

(4) 유속

$$V = C\sqrt{2gH\left(\frac{\gamma_h}{\gamma_a} - 1\right)}$$

여기서, V : 유속[m/s]
　　　C : 보정계수
　　　g : 중력가속도(9.8m/s²)
　　　H : 높이[m]
　　　γ_h : 비중량(수은의 비중량 133280N/m³)
　　　γ_a : 공기의 비중량[N/m³]

유속 V는

$$V = C\sqrt{2gH\left(\frac{\gamma_h}{\gamma_a} - 1\right)}$$
$$= \sqrt{2 \times 9.8\text{m/s}^2 \times 0.25\text{m}\left(\frac{133280\text{N/m}^3}{12.005\text{N/m}^3} - 1\right)}$$
$$\fallingdotseq 233\text{m/s}$$

답 ②

★★
40 평면벽을 통해 전도되는 열전달량에 대한 설명
19.04.문23
16.05.문35
12.05.문28
으로 옳은 것은?

① 면적과 온도차에 비례한다.
② 면적과 온도차에 반비례한다.
③ 면적에 비례하며 온도차에 반비례한다.
④ 면적에 반비례하며 온도차에 비례한다.

해설 ① 분자에 있으면 비례, 분모에 있으면 반비례

전도

$$\mathring{q} = \frac{kA(T_2 - T_1)}{l} \begin{array}{l}\to \text{비례} \\ \to \text{반비례}\end{array}$$

여기서, $\mathring{q}$: 열전달량[W]
　　　k : 열전도율[W/m·K]
　　　A : 면적[m²]
　　　$T_2 - T_1$: 온도차[℃] 또는 [K]
　　　l : 벽체두께[m]

- 열전달량 = 열전달률 = 열유동률 = 열흐름률

답 ①

제3과목　　**소방관계법규**

★★
41 소방기본법의 목적과 거리가 먼 것은?
14.09.문49
10.03.문55
① 화재를 예방·경계하고 진압하는 것
② 건축물의 안전한 사용을 통하여 안락한 국민 생활을 보장해 주는 것
③ 화재, 재난·재해로부터 구조·구급활동을 하는 것
④ 공공의 안녕 및 질서유지와 복리증진에 기여 하는 것

해설 **기본법 1조**
소방기본법의 목적
(1) 화재의 예방·경계·진압 보기 ①
(2) 국민의 생명·신체 및 재산보호
(3) 공공의 안녕 및 질서유지와 복리증진 보기 ④
(4) 구조·구급활동 보기 ③

답 ②

 42 소방기본법령상 소방용수시설인 저수조의 설치 기준으로 맞는 것은?

20.06.문55
19.04.문46
16.05.문47
15.05.문50
15.05.문57
11.03.문42
10.05.문46

① 흡수부분의 수심이 0.5m 이하일 것
② 지면으로부터의 낙차가 4.5m 이하일 것
③ 흡수관의 투입구가 사각형의 경우에는 한 변의 길이가 60cm 이하일 것
④ 저수조에 물을 공급하는 방법은 상수도에 연결하여 수동으로 급수되는 구조일 것

해설
① 0.5m 이하 → 0.5m 이상
③ 60cm 이하 → 60cm 이상
④ 수동으로 → 자동으로

기본규칙〔별표 3〕
소방용수시설의 저수조의 설치기준

구 분	기 준
낙차	4.5m 이하 보기 ②
수심	0.5m 이상 보기 ①
투입구의 길이 또는 지름	60cm 이상 보기 ③

(1) 소방펌프자동차가 쉽게 접근할 수 있도록 할 것
(2) 흡수에 지장이 없도록 토사 및 쓰레기 등을 제거할 수 있는 설비를 갖출 것
(3) 저수조에 물을 공급하는 방법은 상수도에 연결하여 자동으로 급수되는 구조일 것 보기 ④

답 ②

 43 소방기본법령상 소방서 종합상황실의 실장이 서면·모사전송 또는 컴퓨터통신 등으로 소방본부의 종합상황실에 지체 없이 보고하여야 하는 화재의 기준으로 틀린 것은?

20.08.문52
17.05.문44
10.03.문60

① 이재민이 50인 이상 발생한 화재
② 재산피해액이 50억원 이상 발생한 화재
③ 층수가 11층 이상인 건축물에서 발생한 화재
④ 사망자가 5인 이상 발생하거나 사상자가 10인 이상 발생한 화재

해설
① 50인 → 100인

기본규칙 3조
종합상황실 실장의 보고화재
(1) 사망자 5인 이상 화재 보기 ④

(2) 사상자 10인 이상 화재 보기 ④
(3) 이재민 100인 이상 화재 보기 ①
(4) 재산피해액 50억원 이상 화재 보기 ②
(5) 관광호텔, 층수가 11층 이상인 건축물, 지하상가, 시장, 백화점 보기 ③
(6) 5층 이상 또는 객실 30실 이상인 숙박시설
(7) 5층 이상 또는 병상 30개 이상인 종합병원·정신병원·한방병원·요양소
(8) 1000t 이상인 선박(항구에 매어둔 것)
(9) 지정수량 3000배 이상의 위험물 제조소·저장소·취급소
(10) 연면적 15000m² 이상인 공장 또는 화재예방강화지구에서 발생한 화재
(11) 가스 및 화약류의 폭발에 의한 화재
(12) 관공서·학교·정부미 도정공장·문화재·지하철 또는 지하구의 화재
(13) 철도차량, 항공기, 발전소 또는 변전소에서 발생한 화재
(14) 다중이용업소의 화재

※ **종합상황실** : 화재·재난·재해·구조·구급 등이 필요한 때에 신속한 소방활동을 위한 정보를 수집·전파하는 소방서 또는 소방본부의 지령관제실

답 ①

 44 소방시설 설치 및 관리에 관한 법령상 건축허가 등을 할 때 미리 소방본부장 또는 소방서장의 동의를 받아야 하는 건축물의 범위에 해당하는 것은?

20.08.문47
19.03.문50
15.09.문45
15.03.문49
13.06.문41
13.03.문45

① 연면적이 200m²인 노유자시설 및 수련시설
② 연면적이 300m²인 업무시설로 사용되는 건축물
③ 승강기 등 기계장치에 의한 주차시설로서 자동차 10대를 주차할 수 있는 시설
④ 차고·주차장으로 사용되는 층 중 바닥면적이 150m²인 층이 있는 건축물

해설
② 300m² → 400m² 이상
③ 10대 → 20대 이상
④ 150m² → 200m² 이상

소방시설법 시행령 7조
건축허가 등의 동의대상물
(1) 연면적 400m²(학교시설 : 100m², 수련시설·노유자시설 : 200m², 정신의료기관·장애인의료재활시설 : 300m²) 이상 보기 ①②
(2) 6층 이상인 건축물
(3) 차고·주차장으로서 바닥면적 200m² 이상(자동차 20대 이상) 보기 ③④
(4) 항공기격납고, 관망탑, 항공관제탑, 방송용 송수신탑
(5) 지하층 또는 무창층의 바닥면적 150m²(공연장은 100m²) 이상
(6) 위험물저장 및 처리시설
(7) 전기저장시설, 풍력발전소
(8) 조산원, 산후조리원, 의원(입원실 있는 것)
(9) 결핵환자나 한센인이 24시간 생활하는 노유자시설
(10) 지하구

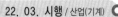

(11) 노인주거복지시설 · 노인의료복지시설 및 재가노인복지시설, 학대피해노인 전용쉼터, 아동복지시설, 장애인거주시설
(12) 정신질환자 관련시설(공동생활가정을 제외한 재활훈련시설과 종합시설 중 24시간 주거를 제공하지 않는 시설 제외)
(13) 노숙인자활시설, 노숙인재활시설 및 노숙인 요양시설
(14) **요양병원**(의료재활시설 제외)
(15) 공장 또는 창고시설로서 지정수량의 **750배** 이상의 특수가연물을 저장 · 취급하는 것
(16) 가스시설로서 지상에 노출된 탱크의 저장용량의 합계가 **100t** 이상인 것

답 ①

45 소방시설 설치 및 관리에 관한 법령에서 정하는 소방시설이 아닌 것은?

`19.09.문52`

① 캐비닛형 자동소화장치
② 이산화탄소소화설비
③ 가스누설경보기
④ 방염성 물질

해설 **④ 해당없음**

소방시설법 2조
소방시설

소방시설	세부 종류
소화설비	① 캐비닛형 자동소화장치 보기 ① ② 이산화탄소소화설비 등 보기 ②
경보설비	• 가스누설경보기 등 보기 ③
피난구조설비	• 완강기 등
소화용수설비	① 상수도소화용수설비 ② 소화수조 및 저수조
소화활동설비	• 비상콘센트설비 등

답 ④

46 소방시설 설치 및 관리에 관한 법령상 소화설비를 구성하는 제품 또는 기기에 해당하지 않는 것은?

`12.09.문56`

① 가스누설경보기   ② 소방호스
③ 스프링클러헤드   ④ 분말자동소화장치

해설 **① 가스누설경보기**는 소화설비가 아니고 **경보설비**

소방시설법 시행령 〔별표 3〕
소방용품

구 분	설 명
소화설비를 구성하는 제품 또는 기기	• 소화기구(소화약제 외의 것을 이용한 간이소화용구 제외) 보기 ④ • 소화전 • 자동소화장치 • 관창(菅槍) • 소방호스 보기 ② • 스프링클러헤드 보기 ③ • 기동용 수압개폐장치 • 유수제어밸브 • 가스관선택밸브

경보설비를 구성하는 제품 또는 기기	• 누전경보기 • 가스누설경보기 • 발신기 • 수신기 • 중계기 • 감지기 및 음향장치(경종만 해당)
피난구조설비를 구성하는 제품 또는 기기	• 피난사다리 • 구조대 • 완강기(간이완강기 및 지지대 포함) • 공기호흡기(충전기 포함) • 유도등 • 예비전원이 내장된 비상조명등
소화용으로 사용하는 제품 또는 기기	• 소화약제 • 방염제

답 ①

47 소방시설 설치 및 관리에 관한 법령상 특정소방대상물에 설치되어 소방본부장 또는 소방서장의 건축허가 등의 동의대상에서 제외되게 하는 소방시설이 아닌 것은? (단, 설치되는 소방시설은 화재안전기준에 적합하다.)

`20.08.문59`
`17.09.문43`

① 유도표지   ② 누전경보기
③ 비상조명등   ④ 인공소생기

해설 **소방시설법 시행령 7조 〔별표 1〕**
건축허가 등의 동의대상 제외
(1) **소**화기구
(2) 자동소화장치
(3) **누**전경보기 보기 ②
(4) 단독경보형 감지기
(5) 시각경보기
(6) 가스누설경보기
(7) **피**난구조설비(비상조명등 제외)
(8) **인**명구조기구 ─ **방열**복
        ├ 방화복(안전모, 보호장갑, 안전화 포함)
        ├ **공**기호흡기
        └ **인**공소생기 보기 ④

기억법 방화열공인

(9) **유**도등
(10) **유**도표지 보기 ①
(11) 건축물의 증축 또는 용도변경으로 인하여 해당 특정소방대상물에 추가로 소방시설이 설치되지 않는 경우 해당 특정소방대상물

기억법 소누피 유인(**스누피**를 **유인**하다.)

답 ③

48 소방시설 설치 및 관리에 관한 법령상 소방용품으로 틀린 것은?

`21.09.문60`
`19.04.문54`
`15.05.문47`
`11.06.문52`
`10.03.문57`

① 시각경보기   ② 자동소화장치
③ 가스누설경보기   ④ 방염제

해설 **소방시설법 시행령 6조**
소방용품 제외대상
(1) 주거용 주방자동소화장치용 소화약제
(2) 가스자동소화장치용 소화약제
(3) 분말자동소화장치용 소화약제
(4) 고체에어로졸 자동소화장치용 소화약제
(5) 소화약제 외의 것을 이용한 간이소화용구
(6) 휴대용 비상조명등
(7) 유도표지
(8) 벨용 푸시버튼스위치
(9) 피난밧줄
(10) 옥내소화전함
(11) 방수구
(12) 안전매트
(13) 방수복
(14) 시각경보기 보기 ①

답 ①

★★
49 대통령령 또는 화재안전기준이 변경되어 그 기준이 강화되는 경우 기존의 특정소방대상물의 소방시설 중 대통령령으로 정하는 것으로 변경으로 강화된 기준을 적용하여야 하는 소방시설은? (단, 건축물의 신축·개축·재축·이전 및 대수선 중인 특정소방대상물을 포함한다.)
18.03.문43
08.05.문59
① 비상경보설비
② 화재조기진압용 스프링클러설비
③ 옥내소화전설비
④ 제연설비

해설 **소방시설법 13조, 소방시설법 시행령 13조**
변경강화기준 적용설비
(1) 소화기구
(2) 비상경보설비 보기 ①
(3) 자동화재탐지설비
(4) 자동화재속보설비
(5) 피난구조설비
(6) 소방시설(**공동구** 설치용, 전력 및 통신사업용 지하구)
(7) **노유자시설, 의료시설**

공동구, 전력 및 통신사업용 지하구	노유자시설에 설치하여야 하는 소방시설	의료시설에 설치하여야 하는 소방시설
① 소화기	① 간이스프링클러설비	① 스프링클러설비
② 자동소화장치	② 자동화재탐지설비	② 간이스프링클러설비
③ 자동화재탐지설비	③ 단독경보형 감지기	③ 자동화재탐지설비
④ 통합감시시설		④ 자동화재속보설비
⑤ 유도등		
⑥ 연소방지설비		

답 ①

★★
50 소방기본법령상 소방대상물에 해당하지 않는 것은?
21.03.문45
20.08.문45
16.10.문57
16.05.문51
① 차량
② 건축물
③ 운항 중인 선박
④ 선박건조구조물

해설 ③ 운항 중인 → 매어 둔

기본법 2조 1호
소방대상물
(1) **건**축물 보기 ②
(2) **차**량 보기 ①
(3) **선**박(매어둔 것) 보기 ③
(4) **선**박건조구조물 보기 ④
(5) **인**공구조물
(6) **물**건
(7) **산**림

기억법 건차선 인물산

┃ 비교 ┃
위험물법 3조
위험물의 저장·운반·취급에 대한 적용 제외
(1) 항공기   (2) 선박
(3) 철도(기차)   (4) 궤도

답 ③

★★★
51 제조 또는 가공 공정에서 방염처리를 하는 방염대상물품으로 틀린 것은? (단, 합판·목재류의 경우에는 설치현장에서 방염처리를 한 것을 포함한다.)
21.09.문41
19.04.문42
17.03.문59
15.03.문51
13.06.문44
① 카펫
② 창문에 설치하는 커튼류
③ 두께가 2mm 미만인 종이벽지
④ 전시용 합판 또는 섬유판

해설 ③ 두께 2mm 미만인 종이벽지 → 두께 2mm 미만인 종이벽지 제외

소방시설법 시행령 31조
방염대상물품

제조 또는 가공 공정에서 방염처리를 한 물품	건축물 내부의 천장이나 벽에 부착하거나 설치하는 것
① 창문에 설치하는 **커튼류** (블라인드 포함)	① 종이류(두께 **2mm 이상**), **합성수지류** 또는 **섬유류**를 주원료로 한 물품
② 카펫	② **합판**이나 **목재**
③ **벽지류**(두께 **2mm 미만인 종이벽지 제외**)	③ 공간을 구획하기 위하여 설치하는 **간이칸막이**
④ 전시용 **합판·목재** 또는 **섬유판**	④ **흡음재**(흡음용 커튼 포함) 또는 **방음재**(방음용 커튼 포함)
⑤ 무대용 **합판·목재** 또는 **섬유판**	※ 가구류(옷장, 찬장, 식탁, 식탁용 의자, 사무용 책상, 사무용 의자, 계산대)와 너비 10cm 이하인 반자돌림대, 내부 마감재료 제외
⑥ 암막·무대막(영화상영관·가상체험 체육시설업의 스크린 포함)	
⑦ 섬유류 또는 합성수지류 등을 원료로 하여 제작된 소파·의자(단란주점영업, 유흥주점영업 및 노래연습장업의 영업장에 설치하는 것만 해당)	

답 ③

52

★★

21.05.문50
19.09.문44
17.05.문41

특정소방대상물의 건축·대수선·용도변경 또는 설치 등을 위한 공사를 시공하는 자가 공사현장에서 인화성 물품을 취급하는 작업 등 대통령령으로 정하는 작업을 하기 전에 설치하고 유지·관리하는 임시소방시설의 종류가 아닌 것은? (단, 용접·용단 등 불꽃을 발생시키거나 화기를 취급하는 작업이다.)

① 간이소화장치
② 비상경보장치
③ 자동확산소화기
④ 간이피난유도선

해설 **소방시설법 시행령 〔별표 8〕**
임시소방시설의 종류

종 류	설 명
소화기	–
간이소화장치 보기 ①	물을 방사하여 화재를 **진화**할 수 있는 장치로서 **소방청장**이 정하는 성능을 갖추고 있을 것
비상경보장치 보기 ②	화재가 발생한 경우 주변에 있는 작업자에게 **화재사실**을 **알릴** 수 있는 장치로서 **소방청장**이 정하는 성능을 갖추고 있을 것
간이피난유도선 보기 ④	화재가 발생한 경우 **피난구 방향**을 **안내**할 수 있는 장치로서 **소방청장**이 정하는 성능을 갖추고 있을 것
가스누설경보기	**가연성 가스**가 **누설** 또는 발생된 경우 **탐지**하여 경보하는 장치로서 **소방청장**이 실시하는 형식승인 및 제품검사를 받은 것
비상조명등	화재발생시 안전하고 원활한 피난활동을 할 수 있도록 **자동점등**되는 조명장치로서 **소방청장**이 정하는 성능을 갖추고 있을 것
방화포	용접·용단 등 작업시 발생하는 **불티**로부터 가연물이 점화되는 것을 방지해주는 **천** 또는 **불연성** 물품으로서 **소방청장**이 정하는 성능을 갖추고 있을 것

답 ③

53

★★

21.03.문46
20.06.문56
19.04.문47
14.03.문58

위험물안전관리법상 제조소 등을 설치하고자 하는 자는 누구의 허가를 받아 설치할 수 있는가?

① 소방서장
② 소방청장
③ 시·도지사
④ 안전관리자

해설 **위험물법 6조**
제조소 등의 설치허가

(1) 설치허가자 : **시·도지사** 보기 ③
(2) 설치허가 제외장소
　㉠ 주택의 난방시설(공동주택의 중앙난방시설은 제외)을 위한 **저장소** 또는 취급소
　㉡ 지정수량 **20배** 이하의 **농예용·축산용·수산용** 난방시설 또는 건조시설의 **저장소**

---

(3) 제조소 등의 변경신고 : 변경하고자 하는 날의 **1일** 전까지

참고

시·도지사
(1) 특별시장
(2) 광역시장
(3) 특별자치시장
(4) 도지사
(5) 특별자치도지사

답 ③

54

★★

20.06.문53
18.09.문53
15.09.문53

소방기본법령상 소방대원에게 실시할 교육·훈련의 횟수 및 기간으로 옳은 것은?

① 1년마다 1회, 2주 이상
② 2년마다 1회, 2주 이상
③ 3년마다 1회, 2주 이상
④ 3년마다 1회, 4주 이상

해설 (1) **2년**마다 1회 이상 보기 ②
　㉠ 소방대원의 소방교육·훈련(기본규칙 9조)
　㉡ **실**무교육(화재예방법 시행규칙 29조)

기억법 실2(실리)

(2) **소방기본법 시행규칙 〔별표 3의 2〕**
소방대원의 소방 교육·훈련

구 분	설 명
전문교육기간	**2주** 이상 보기 ②

비교

화재예방법 시행규칙 29조
소방안전관리자의 실무교육
(1) 실시자 : **소방청장**(위탁 : 한국소방안전원장)
(2) 실시 : **2년**마다 1회 이상
(3) 교육통보 : **30일** 전

답 ②

55

★

20.08.문60
13.09.문47

소방시설 설치 및 관리에 관한 법령상 소방시설관리사의 결격사유가 아닌 것은?

① 피성년후견인
② 소방기본법령에 따른 금고 이상의 실형을 선고받고 그 집행이 면제된 날부터 2년이 지나지 아니한 사람
③ 소방시설공사업법령에 따른 금고 이상의 형의 집행유예를 선고받고 그 유예기간이 지난후 2년이 지나지 아니한 사람
④ 거짓이나 그 밖의 부정한 방법으로 관리사 시험에 합격하여 자격이 취소된 날부터 2년이 지나지 아니한 사람

해설

③ 그 유예기간이 지난 후 2년이 지나지 아니한 사람 → 금고 이상의 형의 집행유예를 선고받고 그 유예기간 중에 있는 사람

소방시설법 27조
소방시설관리사의 결격사유
(1) 피성년후견인 보기 ①
(2) 금고 이상의 실형을 선고받고 그 집행이 끝나거나 집행이 면제된 날부터 **2년**이 지나지 아니한 사람 보기 ②
(3) 금고 이상의 형의 집행유예를 선고받고 그 유예기간 중에 있는 사람 보기 ③
(4) 자격취소 후 **2년**이 지나지 아니한 사람 보기 ④

용어

> **피성년후견인**
> 질병, 장애, 노령, 그 밖의 사유로 인한 정신적 제약으로 사무를 처리할 능력이 없어서 가정법원에서 판정을 받은 사람

답 ③

---

56 다음 위험물 중 위험물안전관리법령에서 정하고 있는 지정수량이 가장 적은 것은?

`19.03.문41`

① 브로민산염류
② 황
③ 알칼리토금속
④ 과염소산

해설 위험물령 〔별표 1〕
지정수량

위험물	지정수량
•**알**칼리**토**금속	50kg 보기 ③
	기억법 **알토**(소프라노, **알토**)
•황	100kg
•브로민산염류 •과염소산	300kg

답 ③

---

57 특정소방대상물이 증축되는 경우 기존부분에 대해서 증축 당시의 소방시설의 설치에 관한 대통령령 또는 화재안전기준을 적용하지 않는 경우로 틀린 것은?

① 증축으로 인하여 천장·바닥·벽 등에 고정되어 있는 가연성 물질의 양이 줄어드는 경우
② 자동차 생산공장 등 화재위험이 낮은 특정소방대상물 내부에 연면적 $33m^2$ 이하의 직원 휴게실을 증축하는 경우
③ 기존부분과 증축부분이 자동방화셔터 또는 60분+방화문으로 구획되어 있는 경우

④ 자동차 생산공장 등 화재위험이 낮은 특정소방대상물에 캐노피(3면 이상에 벽이 없는 구조의 캐노피)를 설치하는 경우

해설 ① 해당사항 없음

소방시설법 시행령 15조
화재안전기준 적용제외
(1) 기존부분과 증축부분이 **내화구조**로 된 **바닥**과 **벽**으로 구획된 경우
(2) 기존부분과 증축부분이 **자동방화셔터** 또는 60분+**방화문**으로 구획되어 있는 경우
(3) 자동차 생산공장 등 화재위험이 낮은 특정소방대상물 내부에 연면적 $33m^2$ 이하의 직원 휴게실을 증축하는 경우
(4) 자동차 생산공장 등 화재위험이 낮은 특정소방대상물에 **캐노피(3면 이상에 벽이 없는 구조의 것)**를 설치하는 경우

비교

> **소방시설법 시행령 15조**
> 용도변경 전의 대통령령 또는 화재안전기준을 적용하는 경우
> (1) 특정소방대상물의 구조·설비가 **화재연소 확대요인**이 **적어지거나 피난** 또는 **화재진압활동이 쉬워지**도록 변경되는 경우
> (2) 용도변경으로 인하여 천장·바닥·벽 등에 고정되어 있는 **가연성 물질의 양이 줄어드는** 경우

답 ①

---

58 화재의 예방 및 안전관리에 관한 법률상 소방안전특별관리시설물의 대상기준 중 틀린 것은?

① 수련시설
② 항만시설
③ 전력용 및 통신용 지하구
④ 지정문화유산인 시설(시설이 아닌 지정문화유산을 보호하거나 소장하고 있는 시설을 포함)

해설 ① 해당없음

화재예방법 40조
소방안전특별관리시설물의 안전관리
(1) 공항시설
(2) 철도시설
(3) 도시철도시설
(4) **항만시설** 보기 ②
(5) **지정문화유산** 및 천연기념물 등인 시설(시설이 아닌 지정문화유산 및 천연기념물 등을 보호하거나 소장하고 있는 시설 포함) 보기 ④
(6) 산업기술단지
(7) 산업단지
(8) 초고층 건축물 및 지하연계 복합건축물
(9) 영화상영관 중 수용인원 1000명 이상인 영화상영관
(10) **전력용 및 통신용 지하구** 보기 ③
(11) 석유비축시설
(12) 천연가스 인수기지 및 공급망
(13) 전통시장(**대통령령**으로 정하는 전통시장)

답 ①

59 위험물안전관리법상 업무상 과실로 제조소 등에서 위험물을 유출·방출 또는 확산시켜 사람의 생명·신체 또는 재산에 대하여 위험을 발생시킨 자에 대한 벌칙으로 옳은 것은?

21.09.문50
20.06.문57
15.03.문50

① 5년 이하의 금고 또는 5천만원 이하의 벌금

② 5년 이하의 금고 또는 7천만원 이하의 벌금

③ 7년 이하의 금고 또는 5천만원 이하의 벌금

④ 7년 이하의 금고 또는 7천만원 이하의 벌금

해설 위험물법 34조
위험물 유출·방출·확산

위험 발생	사람 사상
7년 이하의 금고 또는 7000만원 이하의 벌금 보기 ④	10년 이하의 징역 또는 금고나 1억원 이하의 벌금

답 ④

60 소방기본법령에 따른 급수탑 및 지상에 설치하는 소화전·저수조의 경우 소방용수표지 기준 중 다음 ( ) 안에 알맞은 것은?

21.03.문49
18.09.문58
05.03.문54

안쪽 문자는 (㉠), 안쪽 바탕은 (㉡), 바깥쪽 바탕은 (㉢)으로 하고 반사재료를 사용하여야 한다.

① ㉠ 검은색, ㉡ 파란색, ㉢ 붉은색

② ㉠ 검은색, ㉡ 붉은색, ㉢ 파란색

③ ㉠ 흰색, ㉡ 파란색, ㉢ 붉은색

④ ㉠ 흰색, ㉡ 붉은색, ㉢ 파란색

해설 기본규칙 〔별표 2〕
소방용수표지
(1) **지하**에 설치하는 소화전·저수조의 소방용수표지
　㉠ 맨홀뚜껑은 지름 **648mm** 이상의 것으로 할 것
　㉡ 맨홀뚜껑에는 "소화전·주정차금지" 또는 "저수조·주정차금지"의 표시를 할 것
　㉢ 맨홀뚜껑 부근에는 **노란색 반사도료**로 폭 15cm의 선을 그 둘레를 따라 칠할 것
(2) **지상**에 설치하는 소화전·저수조 및 **급수탑**의 소방용수표지

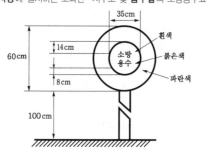

61 소화수조 및 저수조의 화재안전기준에 따라 소화용수 소요수량이 120m³일 때 소화용수설비에 설치하는 채수구는 몇 개가 소요되는가?

20.06.문62
19.09.문77
17.09.문67
11.06.문78
07.09.문77

① 2　　　　② 3

③ 4　　　　④ 5

해설 소화수조·저수조(NFPC 402 4조, NFTC 402 2.1.3)
(1) **흡수관 투입구**

소요수량	80m³ 미만	80m³ 이상
흡수관 투입구의 수	1개 이상	2개 이상

(2) **채수구**

소요수량	20~40m³ 미만	40~100m³ 미만	100m³ 이상
채수구의 수	1개	2개	3개 보기 ②

용어

채수구
소방차의 소방호스와 접결되는 흡입구

답 ②

62 물분무소화설비의 화재안전기준상 물분무헤드를 설치하지 않을 수 있는 장소 기준 중 다음 괄호 안에 알맞은 것은?

20.08.문68
18.09.문62
17.03.문79
15.05.문79

운전시에 표면의 온도가 ( )℃ 이상으로 되는 등 직접 분무를 하는 경우 그 부분에 손상을 입힐 우려가 있는 기계장치 등이 있는 장소

① 250　　　② 260

③ 270　　　④ 280

해설 **물분무헤드**의 설치제외대상(NFPC 104 15조, NFTC 104 2.12)
(1) 물과 심하게 반응하거나 위험한 물질을 생성하는 물질 저장·취급 장소
(2) **고온물질** 저장·취급 장소
(3) 운전시에 표면의 온도가 **260℃** 이상 되는 장소 보기 ②

기억법 물26(물이 이륙)

위쪽 칸:
• 안쪽 문자는 **흰색**, 바깥쪽 문자는 **노란색**, 안쪽 바탕은 **붉은색**, 바깥쪽 바탕은 **파란색**으로 하고 **반사재료** 사용 보기 ④

답 ④

제 4 과목 　소방기계시설의 구조 및 원리

비교

옥내소화전설비 방수구 설치제외장소(NFPC 102 11조, NFTC 102 2.8)

(1) **냉**장창고 중 온도가 영하인 **냉장실** 또는 냉동창고의 **냉동실**

(2) **고온**의 노가 설치된 장소 또는 **물**과 격렬하게 **반응**하는 **물품**의 저장 또는 취급 장소

(3) **발전소·변전소** 등으로서 전기시설이 설치된 장소

(4) **식물원·수족관·목욕실·수영장**(관람석 부분을 제외) 또는 그 밖의 이와 비슷한 장소

(5) **야외음악당·야외극장** 또는 그 밖의 이와 비슷한 장소

기억법 내냉방 야식 고발

답 ②

63 화재조기진압용 스프링클러설비를 설치할 장소의 구조기준 중 틀린 것은?

18.03.문80
17.05.문66

① 천장의 기울기가 $\dfrac{168}{1000}$을 초과하지 않아야 하고, 이를 초과하는 경우에는 반자를 지면과 수평으로 설치할 것

② 천장은 평평하여야 하며 철재나 목재트러스 구조인 경우 철재나 목재의 돌출부분이 102mm를 초과하지 않을 것

③ 보로 사용되는 목재·콘크리트 및 철재 사이의 간격이 0.9m 이상 2.3m 이하일 것. 다만, 보의 간격이 2.3m 이상인 경우에는 화재조기진압용 스프링클러헤드의 동작을 원활히 하기 위하여 보로 구획된 부분의 천장 및 반자의 넓이가 28m²를 초과하지 않을 것

④ 해당층의 높이가 10m 이하일 것. 다만, 2층 이상일 경우에는 해당층의 바닥을 내화구조로 하고 다른 부분과 방화구획할 것

해설 ④ 10m 이하 → 13.7m 이하

화재조기진압용 스프링클러설비의 **설치장소**의 **구조**(NFPC 103B 4조, NFTC 103B 2.1)

(1) 해당층의 높이가 **13.7m** 이하일 것(단, **2층** 이상일 경우에는 해당층의 바닥을 **내화구조**로 하고 다른 부분과 **방화구획**할 것) 보기 ④

(2) 천장의 기울기가 $\dfrac{168}{1000}$을 초과하지 않아야 하고, 이를 초과하는 경우에는 반자를 지면과 **수평**으로 설치할 것 보기 ①

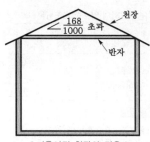

| 기울어진 천장의 경우 |

(3) 천장은 평평하여야 하며 철재나 목재트러스 구조인 경우 철재나 목재의 돌출부분이 102mm를 초과하지 않을 것 보기 ②

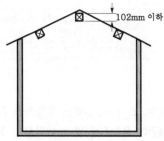

| 철재 또는 목재의 돌출치수 |

(4) 보로 사용되는 목재·콘크리트 및 철재 사이의 간격이 **0.9~2.3m 이하**일 것(단, 보의 간격이 2.3m 이상인 경우에는 화재조기진압형 스프링클러헤드의 동작을 원활히 하기 위하여 보로 구획된 부분의 천장 및 반자의 넓이가 **28m²**를 초과하지 않을 것) 보기 ③

(5) 창고 내의 선반의 형태는 하부로 **물**이 **침투**되는 구조로 할 것

용어

화재조기진압형 스프링클러헤드(early suppression fast-response sprinkler)

화재를 **초기**에 **진압**할 수 있도록 정해진 면적에 충분한 물을 방사할 수 있는 빠른 작동능력의 스프링클러헤드로서 일반적으로 최대 360L/min의 물을 방사한다.

| 화재조기진압형 스프링클러헤드 |

답 ④

64 소화수조 또는 저수조가 지표면으로부터 깊이가

18.04.문80
17.09.문67
17.05.문65
11.06.문78

4.5m 이상인 지하에 있는 경우 설치하여야 하는 가압송수장치의 1분당 최소양수량은 몇 L인가? (단, 소요수량은 80m³이다.)

① 1100 　　　　② 2200

③ 3300 　　　　④ 4400

해설 **가압송수장치의 양수량(토출량)**(NFPC 402 5조, NFTC 402 2.2.1)

소화수조 또는 저수조 저수량	20~40m³ 미만	40~100m³ 미만	100m³ 이상
양수량 (토출량)	1100L/min 이상	2200L/min 이상 보기 ②	3300L/min 이상

 중요

소화수조·저수조(NFPC 402 4조, NFTC 402 2.1.3)

(1) 흡수관 투입구

소요수량	80m³ 미만	80m³ 이상
흡수관 투입구의 수	1개 이상	2개 이상

(2) 채수구

소요수량	20~40m³ 미만	40~100m³ 미만	100m³ 이상
채수구의 수	1개	2개	3개

답 ②

★★★
65 상수도소화용수설비는 호칭지름 75mm의 수도배관에 호칭지름 몇 mm 이상의 소화전을 접속하여야 하는가?

19.03.문64
17.09.문65
15.09.문66
15.05.문65
15.03.문72
13.09.문73

① 50 ② 65
③ 75 ④ 100

해설 **상수도소화용수설비의 기준**(NFPC 401 4조, NFTC 401 2.1.1)

(1) 호칭지름

수도배관	소화전
75mm 이상	100mm 이상 보기 ④

(2) 소화전은 소방자동차 등의 진입이 쉬운 **도로변** 또는 **공지**에 설치
(3) 소화전은 특정소방대상물의 수평투영면의 각 부분으로부터 **140m** 이하에 설치
(4) 지상식 소화전의 호스접결구는 지면으로부터 높이가 0.5m 이상 1m 이하가 되도록 설치

답 ④

★★★
66 분말소화설비의 화재안전기준상 분말소화약제 저장용기의 내부압력이 설정압력으로 되었을 때 주밸브를 개방하기 위해 설치하는 장치는?

20.08.문78
17.03.문62
15.03.문69
14.03.문77
07.03.문74

① 자동폐쇄장치
② 전자개방장치
③ 자동청소장치
④ 정압작동장치

해설 **정압작동장치**
약제저장용기 내의 내부압력이 설정압력이 되었을 때 **주밸브**를 **개방**시키는 장치로서 정압작동장치의 설치위치는 그림과 같다. 보기 ④

기억법 **주정**(**주정**뱅이가 되지 말라!)

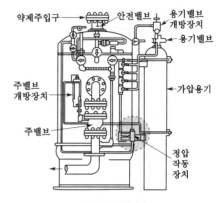

┃정압작동장치┃

중요

정압작동장치의 종류
(1) 봉판식
(2) 기계식
(3) 스프링식
(4) 압력스위치식
(5) 시한릴레이식

답 ④

★★
67 옥외소화전설비의 화재안전기준상 옥외소화전설비의 배관 등에 관한 기준 중 호스의 구경은 몇 mm로 하여야 하는가?

21.05.문64
20.08.문61
19.04.문61
12.05.문77

① 35 ② 45
③ 55 ④ 65

해설 **호스의 구경**(NFPC 109 6조, NFTC 109 2.3.2)

옥내소화전설비	옥외소화전설비
40mm	65mm 보기 ④

기억법 내4(**내사**종결)

답 ④

★
68 스프링클러설비의 화재안전기준에 따라 스프링클러설비 가압송수장치의 정격토출압력 기준으로 맞는 것은?

20.06.문80
11.03.문80

① 하나의 헤드 선단의 방수압력이 0.2MPa 이상 1.0MPa 이하가 되어야 한다.
② 하나의 헤드 선단의 방수압력이 0.2MPa 이상 1.2MPa 이하가 되어야 한다.
③ 하나의 헤드 선단의 방수압력이 0.1MPa 이상 1.0MPa 이하가 되어야 한다.
④ 하나의 헤드 선단의 방수압력이 0.1MPa 이상 1.2MPa 이하가 되어야 한다.

해설 각 설비의 주요사항

구 분	드렌처설비	스프링클러설비	소화용수설비	옥내소화전설비	옥외소화전설비	포소화설비, 물분무소화설비, 연결송수관설비
방수압 (정격토출압력)	0.1MPa 이상	0.1~1.2MPa 이하 보기 ④	0.15MPa 이상	0.17~0.7MPa 이하	0.25~0.7MPa 이하	0.35MPa 이상
방수량	80L/min 이상	80L/min 이상	800L/min 이상 (가압송수장치 설치)	130L/min 이상 (30층 미만 : 최대 2개, 30층 이상 : 최대 5개)	350L/min 이상 (최대 2개)	75L/min 이상 (포워터 스프링클러 헤드 설치)
방수구경	–	–	–	40mm	65mm	–
노즐구경	–	–	–	13mm	19mm	–

답 ④

☆
69
18.04.문79
17.05.문75

미분무소화설비의 화재안전기준에 따른 용어의 정리 중 다음 ( ) 안에 알맞은 것은?

> 미분무란 물만을 사용하여 소화하는 방식으로 최소설계압력에서 헤드로부터 방출되는 물입자 중 (㉠)%의 누적체적분포가 (㉡)μm 이하로 분무되고 A, B, C급 화재에 적응성을 갖는 것을 말한다.

① ㉠ 30, ㉡ 200
② ㉠ 50, ㉡ 200
③ ㉠ 60, ㉡ 400
④ ㉠ 99, ㉡ 400

해설 미분무소화설비의 용어정의(NFPC 104A 3조, NFTC 104A 1.7)

용 어	설 명
미분무소화설비	가압된 물이 헤드 통과 후 미세한 입자로 분무됨으로써 소화성능을 가지는 설비를 말하며, 소화력을 증가시키기 위해 강화액 등을 첨가할 수 있다.
미분무	물만을 사용하여 소화하는 방식으로 최소설계압력에서 헤드로부터 방출되는 물입자 중 **99%**의 누적체적분포가 **400μm** 이하로 분무되고 A, B, C급 화재에 적응성을 갖는 것 보기 ④
미분무헤드	하나 이상의 오리피스를 가지고 미분무소화설비에 사용되는 헤드

답 ④

☆☆☆
70
16.05.문62
14.05.문69
05.09.문62

평상시 최고주위온도가 70℃인 장소에 폐쇄형 스프링클러헤드를 설치하는 경우 표시온도가 몇 ℃인 것을 설치해야 하는가?

① 79℃ 미만
② 79℃ 이상 121℃ 미만
③ 121℃ 이상 162℃ 미만
④ 162℃ 이상

해설 폐쇄형 헤드의 표시온도(NFTC 103 2.7.6)

설치장소의 최고주위온도	표시온도
39℃ 미만	**79**℃ 미만
39~**64**℃ 미만	79~**121**℃ 미만
64~**106**℃ 미만 →	121~**162**℃ 미만 보기 ③
106℃ 이상	162℃ 이상

> 기억법 39 → 79
> 64 → 121
> 106 → 162

● 헤드의 표시온도는 **최고주위온도**보다 **높은** 것을 선택한다.

기억법 **최높**

답 ③

☆☆
71
21.05.문72
19.09.문80
18.04.문64
14.05.문72

포소화설비에서 부상지붕구조의 탱크에 상부포 주입법을 이용한 포방출구 형태는?

① Ⅰ형 방출구
② Ⅱ형 방출구
③ 특형 방출구
④ 표면하 주입식 방출구

해설 포방출구(위험물기준 133조)

탱크의 구조	포방출구
고정지붕구조(원추형 루프탱크, 콘루프탱크)	● Ⅰ형 방출구 ● Ⅱ형 방출구 ● Ⅲ형 방출구(표면하 주입식 방출구) ● Ⅳ형 방출구(반표면하 주입식 방출구)
부상덮개부착 고정지붕구조	● Ⅱ형 방출구
부상지붕구조(부상식 루프탱크, **플**로팅 루프탱크)	● **특**형 방출구 보기 ③

기억법 **특플부**(**터프**가이 **부상**)

※ 제1석유류 옥외탱크저장소 : **부상식 루프탱크**

답 ③

72 할론 1301을 전역방출방식으로 방출할 때 분사헤드의 최소방출압력[MPa]은?

21.05.문77
19.09.문72
17.09.문69
15.09.문70
14.09.문77
14.05.문74
11.06.문75

① 0.1
② 0.2
③ 0.9
④ 1.05

해설 **할론소화약제**(NFPC 107 10조, NFTC 107 2.7)

구 분		할론 1301	할론 1211	할론 2402
저장압력		2.5MPa 또는 4.2MPa	1.1MPa 또는 2.5MPa	-
방출압력 →		**0.9MPa** 보기 ③	0.2MPa	0.1MPa
충전비	가압식	0.9~1.6 이하	0.7~1.4 이하	0.51~0.67 미만
	축압식			0.67~2.75 이하

답 ③

73 방호대상물 주변에 설치된 벽면적의 합계가 20m², 방호공간의 벽면적 합계가 50m², 방호공간체적이 30m³인 장소에 국소방출방식의 분말소화설비를 설치할 때 저장할 소화약제량은 약 몇 kg인가? (단, 소화약제의 종별에 따른 X, Y의 수치에서 X의 수치는 5.2, Y의 수치는 3.9로 하며, 여유율(K)은 1.1로 한다.)

21.05.문62
17.05.문71
12.05.문67

① 120
② 199
③ 314
④ 349

해설 **분말소화설비**(국소방출방식)(NFPC 108 6조, NFTC 108 2.3.2.2)

(1) 기호

- X : 5.2
- Y : 3.9
- a : 20m²
- A : 50m²
- Q : ?

(2) 방호공간 1m³에 대한 분말소화약제량

$$Q = \left(X - Y\frac{a}{A}\right) \times 1.1$$

여기서, Q : 방호공간 1m³에 대한 분말소화약제의 양[kg/m³]
  a : 방호대상물의 주변에 설치된 벽면적의 합계[m²]
  A : 방호공간의 벽면적의 합계[m²]
  X, Y : 주어진 수치

방호공간 1m³에 대한 분말소화약제량 Q는

$$Q = \left(X - Y\frac{a}{A}\right) \times 1.1 = \left(5.2 - 3.9 \times \frac{20m^2}{50m^2}\right) \times 1.1$$

$$\fallingdotseq 4kg/m^3$$

(3) 분말소화약제량

$$Q' = Q \times 방호공간체적$$

여기서, Q' : 분말소화약제량[kg]
  Q : 방호공간 1m³에 대한 분말소화약제의 양[kg/m³]

분말소화약제량 Q'는

$$Q' = Q \times 방호공간체적$$
$$= 4kg/m^3 \times 30m^3 = 120kg$$

용어

방호공간
방호대상물의 각 부분으로부터 0.6m의 거리에 의하여 둘러싸인 공간

답 ①

74 완강기 및 완강기의 속도조절기에 관한 설명으로 틀린 것은?

19.04.문71
14.03.문72
08.05.문79

① 견고하고 내구성이 있어야 한다.
② 강하시 발생하는 열에 의해 기능에 이상이 생기지 아니하여야 한다.
③ 속도조절기는 사용 중에 분해·손상·변형되지 아니하여야 하며, 속도조절기의 이탈이 생기지 아니하도록 덮개를 하여야 한다.
④ 평상시에는 분해, 청소 등을 하기 쉽게 만들어져 있어야 한다.

해설 ④ 하기 쉽게 만들어져 있어야 한다. → 하지 아니하여도 작동될 수 있을 것

완강기 및 완강기 속도조절기의 일반구조(완강기 형식 3조)
(1) 견고하고 **내구성**이 있을 것 보기 ①
(2) 평상시에 분해, 청소 등을 하지 아니하여도 작동할 수 있을 것 보기 ④
(3) 강하시 발생하는 **열**에 의하여 기능에 이상이 생기지 아니할 것 보기 ②
(4) 속도조절기는 사용 중에 분해·손상·변형되지 아니하여야 하며, 속도조절기의 이탈이 생기지 아니하도록 덮개를 하여야 한다. 보기 ③
(5) 강하시 로프가 손상되지 아니할 것
(6) **속도조절기의 폴리** 등으로부터 로프가 노출되지 아니하는 구조

‖완강기의 구조‖

답 ④

75 ★★★

17.05.문73
11.10.문02

다음의 할로겐화합물 및 불활성기체 소화약제 중 기본성분이 다른 것은?

① HCFC BLEND A ② HFC-125
③ IG-541 ④ HFC-227ea

해설

①, ②, ④ 할로겐화합물 소화약제
③ 불활성기체 소화약제

소화약제량(저장량)의 산정(NFPC 107A 7조, NFTC 107A 2.4)

구 분	할로겐화합물 소화약제	불활성기체 소화약제
종류	• FC-3-1-10 • HCFC BLEND A 보기 ① • HCFC-124 • HFC-125 보기 ② • HFC-227ea 보기 ④ • HFC-23 • HFC-236fa • FIC-13I1 • FK-5-1-12	• IG-01 • IG-100 • IG-541 보기 ③ • IG-55

답 ③

76 ★★★

19.09.문69
17.03.문63
15.05.문80
14.05.문79
11.10.문77

제연구역 구획기준 중 제연경계의 폭과 수직거리 기준으로 옳은 것은? (단, 구조상 불가피한 경우는 제외한다.)

① 폭 : 0.3m 이상, 수직거리 : 0.6m 이내
② 폭 : 0.6m 이내, 수직거리 : 2m 이상
③ 폭 : 0.6m 이상, 수직거리 : 2m 이내
④ 폭 : 2m 이상, 수직거리 : 0.6m 이내

해설 제연구획에서 제연경계의 폭은 **0.6m** 이상, 수직거리는 **2m** 이내이어야 한다. 보기 ③

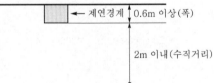

|제연경계|

중요

제연구역의 구획(NFPC 501 4조, NFTC 501 2.1)
(1) 1제연구역의 면적은 **1000㎡** 이내로 할 것
(2) 거실과 통로는 **각각 제연구획**할 것
(3) 통로상의 제연구역은 보행중심선의 길이가 **60m**를 초과하지 않을 것
(4) 1제연구역은 직경 **60m** 원 내에 들어갈 것
(5) 1제연구역은 **2개** 이상의 층에 미치지 않을 것

기억법 제10006(**제천 육**포)

답 ③

77 ★★★

17.05.문76

호스릴 이산화탄소소화설비 하나의 노즐에 대하여 저장량은 최소 몇 kg 이상이어야 하는가?

① 60
② 70
③ 80
④ 90

해설 **호스릴 CO₂ 소화설비**(NFPC 106 5·10조, NFTC 106 2.2.1.4, 2.7.4.2)

소화약제 저장량	분사헤드 방사량
90kg 이상 보기 ④	**60kg/min** 이상

기억법 호소9

비교

호스릴방식(분말소화설비)(NFPC 108 6·11조, NFTC 108 2.3.2.3, 2.8.4.4)

약제 종별	약제저장량	약제방사량
제1종 분말	50kg	45kg/min
제2·3종 분말	30kg	27kg/min
제4종 분말	20kg	18kg/min

답 ④

78 ★

18.04.문76

하나의 옥내소화전을 사용하는 노즐선단에서의 방수압력이 0.7MPa를 초과할 경우에 감압장치를 설치하여야 하는 곳은?

① 방수구 연결배관
② 호스접결구의 인입측
③ 노즐선단
④ 노즐 안쪽

해설 **감압장치**(NFPC 102 5조, NFTC 102 2.2.1.3)
옥내소화전설비의 소방호스 노즐의 방수압력의 허용범위는 **0.17~0.7MPa**이다. **0.7MPa**을 초과시에는 **호스접결구의 인입측**에 **감압장치**를 설치하여야 한다. 보기 ②

중요

각 설비의 주요사항

구 분	옥내소화전설비	옥외소화전설비
방수압	0.17~0.7MPa 이하	0.25~0.7MPa 이하
방수량	130L/min 이상 (30층 미만 : 최대 2개, 30층 이상 : 최대 5개)	350L/min 이상 (최대 2개)
방수구경	40mm	65mm
노즐구경	13mm	19mm

답 ②

★★★
79 연결송수관설비의 송수구 설치기준 중 건식의 경우 송수구 부근 자동배수밸브 및 체크밸브의 설치순서로 옳은 것은?

18.03.문64
15.09.문78
13.03.문61

① 송수구 → 체크밸브 → 자동배수밸브 → 체크밸브

② 송수구 → 체크밸브 → 자동배수밸브 → 개폐밸브

③ 송수구 → 자동배수밸브 → 체크밸브 → 개폐밸브

④ 송수구 → 자동배수밸브 → 체크밸브 → 자동배수밸브

해설 **연결송수관설비**(NFPC 502 4조, NFTC 502 2.1.1.8)

(1) **습식** : 송수구 → 자동배수밸브 → 체크밸브

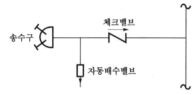

∥ 연결송수관설비(습식) ∥

(2) **건식** : **송**수구 → **자**동배수밸브 → **체**크밸브 → **자**동배수밸브

보기 ④

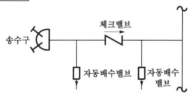

∥ 연결송수관설비(건식) ∥

> **기억법** 송자체자건

> **비교**
> **연결살수설비**의 **송수구**(NFPC 503 4조, NFTC 503 2.1.3)
>
> | 폐쇄형 헤드 | 개방형 헤드 |
> |---|---|
> | 송수구 → 자동배수밸브 → 체크밸브 | 송수구 → 자동배수밸브 |

답 ④

★★
80 최대방수구역의 바닥면적이 60m²인 주차장에 물분무소화설비를 설치하려고 하는 경우 수원의 최소저수량은 몇 m³인가?

19.09.문66
16.10.문70
11.10.문68

① 12   ② 16

③ 20   ④ 24

해설 **물분무소화설비**의 **수원**(NFPC 104 4조, NFTC 104 2.1.1)

특정소방대상물	토출량	최소기준	비 고
컨베이어벨트	10L/min·m²	–	벨트부분의 바닥면적
절연유 봉입변압기	10L/min·m²	–	표면적을 합한 면적 (바닥면적 제외)
특수가연물	10L/min·m²	최소 50m²	최대방수구역의 바닥면적 기준
케이블트레이 · 덕트	12L/min·m²	–	투영된 바닥면적
차고 · 주차장	20L/min·m²	최소 50m²	최대방수구역의 바닥면적 기준
위험물 저장탱크	37L/min·m	–	위험물탱크 둘레길 이(원주길이) : 위험물규칙 〔별표 6〕 Ⅱ

※ 모두 **20분**간 방수할 수 있는 양 이상으로 하여야 한다.

> **기억법**
> 컨 0
> 절 0
> 특 0
> 케 2
> 차 0
> 위 37

> 차고 · 주차장의 토출량 : **20L/min · m²**
> =바닥면적(최소 50m²)×토출량×20min

주차장 방사량=바닥면적(최소 50m²)×20L/min · m²×20min
=60m²×20L/min · m²×20min
=24000L
=24m³

● 1000L=1m³이므로 24000L=24m³

답 ④

2022년 산업기사 제2회 필기시험 CBT 기출복원문제				수험번호	성명
자격종목 **소방설비산업기사(기계분야)**	종목코드	시험시간 **2시간**	형별		

※ 각 문항은 4지택일형으로 질문에 가장 적합한 보기 항을 선택하여 체크하여야 합니다.

제1과목 소방원론

01 목조건축물의 온도와 시간에 따른 화재특성으로 옳은 것은?

18.03.문16
17.03.문13
14.05.문09
13.09.문09
10.09.문08

① 저온단기형
② 저온장기형
③ 고온단기형
④ 고온장기형

해설

목조건물의 화재온도 표준곡선	내화건물의 화재온도 표준곡선
• 화재성상 : **고온단**기형 보기 ③	• 화재성상 : 저온장기형
• 최고온도(최성기온도) : **1300℃**	• 최고온도(최성기온도) : 900~1000℃

온도 / 시간

기억법 목고단 13

• 목조건물=목재건물

답 ③

02 폭발에 대한 설명으로 틀린 것은?

19.09.문20
16.03.문05

① 보일러 폭발은 화학적 폭발이라 할 수 없다.
② 분무폭발은 기상폭발에 속하지 않는다.
③ 수증기 폭발은 기상폭발에 속하지 않는다.
④ 화약류 폭발은 화학적 폭발이라 할 수 있다.

해설

② 속하지 않는다. → 속한다.

기상폭발
(1) 가스폭발(혼합가스폭발)
(2) 분무폭발 보기 ②
(3) 분진폭발

중요

폭발의 종류

화학적 폭발	물리적 폭발
• 가스폭발 • 유증기폭발 • 분진폭발 • 화약류의 폭발 보기 ④ • 산화폭발 • 분해폭발 • 중합폭발 • 증기운폭발	• 증기폭발(=수증기폭발) 보기 ③ • 전선폭발 • 상전이폭발 • 압력방출에 의한 폭발

답 ②

03 건축법상 건축물의 주요구조부에 해당되지 않는 것은?

16.10.문09
16.05.문06
13.06.문12

① 지붕틀
② 내력벽
③ 주계단
④ 최하층 바닥

해설

④ 최하층 바닥 : 주요구조부에서 제외

주요구조부
(1) 내력**벽** 보기 ②
(2) **보**(작은 보 제외)
(3) **지**붕틀(차양 제외) 보기 ①
(4) **바**닥(최하층 바닥 제외) 보기 ④
(5) **주**계단(옥외계단 제외) 보기 ③
(6) **기**둥(사잇기둥 제외)

기억법 벽보지 바주기

답 ④

04 기름탱크에서 화재가 발생하였을 때 탱크 하부에 있는 물 또는 물-기름 에멀션이 뜨거운 열유층에 의해서 가열되어 유류가 탱크 밖으로 갑자기 분출하는 현상은?

21.03.문03
18.03.문03
12.03.문08
11.06.문20
10.03.문14
09.08.문04
04.09.문05

① 리프트(lift)
② 백파이어(backfire)
③ 플래시오버(flashover)
④ 보일오버(boil over)

해설 **보일오버**(boil over)
(1) 중질유의 탱크에서 장시간 조용히 연소하다 탱크 내의 잔존기름이 갑자기 분출하는 현상
(2) 유류탱크에서 탱크바닥에 물과 기름의 **에멀션**이 섞여 있을 때 이로 인하여 화재가 발생하는 현상 보기 ④
(3) 연소유면으로부터 100℃ 이상의 열파가 탱크 저부에 고여 있는 물을 비등하게 하면서 연소유를 탱크 밖으로 비산시키며 연소하는 현상

용어

구 분	설 명
리프트(lift) 보기 ①	버너 내압이 높아져서 **분출속도가 빨라지는 현상**
백파이어 (backfire, 역화) 보기 ②	가스가 노즐에서 나가는 속도가 연소속도보다 느리게 되어 **버너 내부에서 연소**하게 되는 현상
플래시오버 (flashover) 보기 ③	화재로 인하여 실내의 온도가 급격히 상승하여 화재가 **순간적으로 실내 전체에 확산**되어 연소되는 현상

답 ④

05 소화약제로 사용되는 물에 대한 설명 중 틀린 것은?

20.08.문19
11.06.문16

① 극성 분자이다.
② 수소결합을 하고 있다.
③ 아세톤, 벤젠보다 증발잠열이 크다.
④ 아세톤, 구리보다 비열이 작다.

해설 **물**(H_2O)
(1) **극성 분자**이다. 보기 ①
(2) **수소결합**을 하고 있다. 보기 ②
(3) 아세톤, 벤젠보다 증발잠열이 크다. 보기 ③
(4) 아세톤, 구리보다 비열이 매우 **크다.** 보기 ④

중요

물의 비열	물의 증발잠열
1cal/g·℃	539cal/g

답 ④

06 고체연료의 연소형태를 구분할 때 해당하지 않는 것은?

17.09.문09
11.06.문11

① 증발연소   ② 분해연소
③ 표면연소   ④ 예혼합연소

해설 ④ 기체의 연소형태

연소의 형태

연소형태	종 류
기체 연소형태	• **예**혼합연소 보기 ④ • **확**산연소 기억법 **확예기**(우리 확률 얘기 좀 할까?)

액체 연소형태	• 증발연소 • 분해연소 • 액적연소
고체 연소형태	• 표면연소 보기 ③ • 분해연소 보기 ② • 증발연소 보기 ① • 자기연소

답 ④

07 물이 소화약제로서 널리 사용되고 있는 이유에 대한 설명으로 틀린 것은?

21.09.문04
18.04.문13
15.05.문04
14.05.문02
13.03.문08
11.10.문01

① 다른 약제에 비해 쉽게 구할 수 있다.
② 비열이 크다.
③ 증발잠열이 크다.
④ 점도가 크다.

해설 ④ 크다. → 크지 않다.

물이 **소화작업**에 **사용**되는 이유
(1) 가격이 싸다.(가격이 저렴하다.)
(2) 쉽게 구할 수 있다.(많은 양을 구할 수 있다.) 보기 ①
(3) 열흡수가 매우 크다.(**증발잠열**이 크다.) 보기 ③
(4) 사용방법이 비교적 간단하다.
(5) **비열**이 크다. 보기 ②
(6) 밀폐된 장소에서 증발가열하면 수증기에 의해서 **산소희석작용** 또는 **질식소화작용**을 한다.
(7) **무상**으로 주수하면 **중질유화재**에도 사용할 수 있다.

• 증발잠열=기화잠열

참고

물이 **소화약제**로 많이 쓰이는 이유

장 점	단 점
① 쉽게 구할 수 있다. ② 증발잠열(기화잠열)이 크다. ③ 취급이 간편하다.	① 가스계 소화약제에 비해 사용 후 **오염**이 **크다.** ② 일반적으로 **전기화재**에는 **사용**이 **불가**하다.

답 ④

08 동식물유류에서 "아이오딘값이 크다."라는 의미로 옳은 것은?

17.03.문19
11.06.문16

① 불포화도가 높다.
② 불건성유이다.
③ 자연발화성이 낮다.
④ 산소와의 결합이 어렵다.

해설 "아이오딘값이 크다."라는 의미
(1) **불포**화도가 높다. 보기 ①
(2) **건**성유이다. 보기 ②
(3) 자연발화성이 높다. 보기 ③
(4) 산소와 결합이 쉽다. 보기 ④

※ **아이오딘값** : 기름 100g에 첨가되는 아이오딘의 g수

기억법 아불포

답 ①

★★★ 09 다음 중 전기화재에 해당하는 것은?

19.03.문02
19.03.문19
17.05.문19
16.10.문20
16.05.문09
15.05.문19
15.03.문19
14.09.문01
14.09.문15
14.05.문05

① A급 화재
② B급 화재
③ C급 화재
④ D급 화재

해설

화재 종류	표시색	적응물질
일반화재(A급)	**백**색	• 일반 가연물 • **종이**류 화재 • **목재, 섬유**화재
유류화재(B급)	**황**색	• 가연성 액체(등유 · 경유) • 가연성 가스 • 액화가스화재 • 석유화재
전기화재(C급) 보기 ③	**청**색	• **전기설비**
금속화재(D급)	**무**색	• 가연성 금속
주방화재(K급)	–	• 식용유화재

기억법 백황청무

※ 요즘은 표시색의 의무규정은 없음

답 ③

★★ 10 할론 1301의 화학식으로 옳은 것은?

19.03.문06
16.03.문09
15.03.문02
14.03.문06

① CBr_3Cl
② $CBrCl_3$
③ CF_3Br
④ $CFBr_3$

해설

종류	약칭	분자식
Halon 1011	CB	CH_2ClBr
Halon 104	CTC	CCl_4
Halon 1211	BCF	$CF_2ClBr(CBrClF_2)$
Halon 1301	BTM	$CF_3Br(CBrF_3)$ 보기 ③
Halon 2402	FB	$C_2F_4Br_2(C_2Br_2F_4)$

중요

```
            Halon  1  3  0  1

탄소원자수(C) ───────────┘ ↑  ↑  ↑
불소원자수(F) ──────────────┘  │  │
염소원자수(Cl) ───────────────────┘  │
브로민원자수(Br) ─────────────────────┘
```

※ 수소원자의 수＝(첫 번째 숫자×2)＋2－나머지 숫자의 합

답 ③

★★★ 11 물을 이용한 대표적인 소화효과로만 나열된 것은?

20.06.문07
19.03.문18
15.09.문10
15.03.문05
14.09.문11

① 냉각효과, 부촉매효과
② 냉각효과, 질식효과
③ 질식효과, 부촉매효과
④ 제거효과, 냉각효과, 부촉매효과

해설 **소화약제의 소화작용**

소화약제	소화작용	주된 소화작용
물 (스프링클러)	• 냉각작용 • 희석작용	냉각작용 (냉각소화)
물(무상)	• **냉**각작용(증발 잠열 이용) 보기 ② • **질**식작용 보기 ② • **유**화작용(에멀 션 효과) • **희**석작용	질식작용 (질식소화)
포	• 냉각작용 • 질식작용	
분말	• 질식작용 • 부촉매작용 (억제작용) • 방사열 차단작용	
이산화탄소	• 냉각작용 • 질식작용 • 피복작용	
할론	• 질식작용 • 부촉매작용 (억제작용)	**부**촉매작용 (연쇄반응 억제) 기억법 할부(할아**버**지)

기억법 물냉질유회

• CO_2 소화기＝이산화탄소소화기
• 에멀션효과＝에멀전효과
• 작용＝효과
• 물은 부촉매효과는 없으므로 부촉매효과가 없는
②번이 정답

중요

부촉매효과
(1) 분말소화약제
(2) 할론소화약제
(3) 할로겐화합물소화약제

답 ②

★★★ 12 다음 중 인화점이 가장 낮은 물질은?

19.04.문06
17.09.문11
17.03.문02
14.03.문02
08.09.문06

① 등유
② 아세톤
③ 경유
④ 아세트산

해설

① 43~72℃   ② -18℃
③ 50~70℃   ④ 40℃

인화점 vs 착화점

물 질	인화점	착화점
• 프로필렌	-107℃	497℃
• 에틸에터 • 다이에틸에터	-45℃	180℃
• 가솔린(휘발유)	-43℃	300℃
• **산**화프로필렌	-37℃	465℃
• **이**황화탄소	-30℃	100℃
• 아세틸렌	-18℃	335℃
• 아세톤 보기 ②	-18℃	538℃
• 벤젠	-11℃	562℃
• 톨루엔	4.4℃	480℃
• **메**틸알코올	11℃	464℃
• 에틸알코올	13℃	423℃
• 아세트산 보기 ④	40℃	-
• **등**유 보기 ①	43~72℃	210℃
• **경**유 보기 ③	50~70℃	200℃
• 적린	-	260℃

기억법 인산 이메등경

• 착화점=발화점=착화온도=발화온도
• 인화점=인화온도

답 ②

★★★ 13 분말소화약제의 주성분 중에서 A, B, C급 화재 모두에 적응성이 있는 것은?

19.04.문17
17.03.문14
16.03.문10
11.03.문08

① KHCO₃   ② NaHCO₃
③ Al₂(SO₄)₃   ④ NH₄H₂PO₄

$KHCO_3$ $NaHCO_3$ $Al_2(SO_4)_3$ $NH_4H_2PO_4$

해설 분말소화약제

종 별	분자식	착 색	적응 화재	비 고
제1종	중탄산나트륨 ($NaHCO_3$) 보기 ②	백색	BC급	**식용유** 및 **지방질유**의 화재에 적합
제2종	중탄산칼륨 ($KHCO_3$) 보기 ①	담자색 (담회색)	BC급	-
제3종	제1인산암모늄 ($NH_4H_2PO_4$) 보기 ④	담홍색	ABC 급	차고·주차장 에 적합
제4종	중탄산칼륨 +요소 ($KHCO_3$+ $(NH_2)_2CO$)	회(백)색	BC급	-

• 중탄산나트륨=탄산수소나트륨
• 중탄산칼륨=탄산수소칼륨
• 제1인산암모늄=인산암모늄=인산염
• 중탄산칼륨+요소=탄산수소칼륨+요소

답 ④

★★ 14 위험물안전관리법령상 품명이 특수인화물에 해당하는 것은?

21.09.문09
16.03.문46
14.09.문57
13.03.문20

① 등유   ② 경유
③ 다이에틸에터   ④ 휘발유

해설 제4류 위험물

품 명	대표물질
특수인화물	• 다이에틸**에**터 보기 ③ • **이**황화탄소 **기억법** 에이특(에이특시럽)
제**1**석유류	• **아**세톤 • 휘발유(**가**솔린) 보기 ④ • **콜**로디온 **기억법** 아가콜1(**아가**의 **콜**로일기)
제2석유류	• 등유 보기 ① • 경유 보기 ②
제3석유류	• 중유 • 크레오소트유
제4석유류	• 기어유 • 실린더유

답 ③

★★★ 15 건축물 내부 화재시 연기의 평균 수직이동속도는 약 몇 m/s인가?

21.03.문09
20.08.문07
17.03.문06
16.10.문19
06.03.문16

① 0.01~0.05
② 0.5~1
③ 2~3
④ 20~30

해설 연기의 이동속도

방향 또는 장소	이동속도
수평방향(수평이동속도)	0.5~1m/s
수직방향(수직이동속도)	2~3m/s 보기 ③
계단실 내의 수직이동속도	3~5m/s

기억법 3계5(**삼계**탕 드시러 **오**세요.)

답 ③

★★ 16 물질의 연소범위에 대한 설명 중 옳은 것은?

16.03.문08
12.09.문10

① 연소범위의 상한이 높을수록 발화위험이 낮다.
② 연소범위의 상한과 하한 사이의 폭은 발화위험과 무관하다.
③ 연소범위의 하한이 낮은 물질을 취급시 주의를 요한다.
④ 연소범위의 하한이 낮은 물질은 발열량이 크다.

 해설

① 낮다. → 높다.
② 무관하다. → 관계가 있다.
④ 연소범위의 하한과 발열량과는 무관하다.

연소범위와 발화위험
(1) 연소하한과 연소상한의 범위를 나타낸다.
(2) **연소하한**이 **낮을수록** 발화위험이 높다. 보기 ③
(3) **연소범위**가 **넓을수록** 발화위험이 높다.
(4) 연소범위는 주위온도와 관계가 있다.
(5) 연소범위의 하한은 그 물질의 **인화점**에 해당된다.
(6) 압력상승시 **연소하한**은 **불변**, **연소상한**만 **상승**한다.

- 연소한계=연소범위=폭발한계=폭발범위=가연한계=가연범위
- 연소하한=하한계
- 연소상한=상한계

답 ③

★★ 17 화재시 이산화탄소를 사용하여 질식소화 하는 경우, 산소의 농도를 14vol%까지 낮추려면 공기 중의 이산화탄소 농도는 약 몇 vol%가 되어야 하는가?

19.04.문03
17.09.문12

① 22.3vol%
② 33.3vol%
③ 44.3vol%
④ 55.3vol%

 해설

$$CO_2 = \frac{방출가스량}{방호구역체적 + 방출가스량} \times 100$$
$$= \frac{21 - O_2}{21} \times 100$$

여기서, CO_2 : CO_2의 농도[%], O_2 : O_2의 농도[%]
이산화탄소의 농도 CO_2는

$$CO_2 = \frac{21 - O_2}{21} \times 100 = \frac{21 - 14}{21} \times 100 ≒ 33.3vol\%$$

 용어

%	vol%
수를 100의 비로 나타낸 것	어떤 공간에 차지하는 부피를 백분율로 나타낸 것
50%	공기 50vol% 50vol%
|50%|	|50vol%|

답 ②

★★ 18 대형 소화기에 충전하는 소화약제 양의 기준으로 틀린 것은?

16.03.문16

① 할로겐화합물소화기 : 20kg 이상
② 강화액소화기 : 60L 이상
③ 분말소화기 : 20kg 이상
④ 이산화탄소소소화기 : 50kg 이상

해설

① 20kg → 30kg

대형 소화기의 소화약제 충전량(소화기 형식 10조)

종 별	충전량
포(기계포)	**2**0L 이상
분말	**2**0kg 이상 보기 ③
할로겐화합물	**3**0kg 이상 보기 ①
이산화탄소(CO_2)	**5**0kg 이상 보기 ④
강화액	**6**0L 이상 보기 ②
물	**8**0L 이상

기억법
포 2
분 2
할 3
이 5
강 6
물 8

답 ①

★★★ 19 화학적 점화원의 종류가 아닌 것은?

18.04.문14
16.10.문04
16.05.문14
16.03.문17
15.03.문04

① 연소열
② 중합열
③ 분해열
④ 아크열

해설

④ 아크열 : 전기적 점화원

열에너지원의 종류

기계열 (기계적 점화원)	전기열 (전기적 점화원)	화학열 (화학적 점화원)
• **압**축열 • **마**찰열 • **마**찰스파크(스파크열) 기억법 기압마	• 유도열 • 유전열 • 저항열 • 아크열 보기 ④ • 정전기열 • 낙뢰에 의한 열	• **연**소열 보기 ① • **용**해열 • **분**해열 보기 ③ • **생**성열 • **자**연발화열 • **중**합열 보기 ② 기억법 화연용분생자

답 ④

★★★
20 열의 전달형태가 아닌 것은?

17.03.문05
14.09.문06
12.05.문11

① 대류
② 산화
③ 전도
④ 복사

해설 **열전달**(열의 전달방법)의 **종류**

종 류	설 명
전도 보기③ (conduction)	하나의 물체가 다른 물체와 직접 접촉하여 열이 이동하는 현상
대류 보기① (convection)	유체의 흐름에 의하여 열이 이동하는 현상
복사 보기④ (radiation)	• 화재시 화원과 격리된 인접 가연물에 불이 옮겨 붙는 현상 • 열전달 매질이 없이 열이 전달되는 형태 • 열에너지가 전자파의 형태로 옮겨지는 현상으로, 가장 크게 작용한다.

기억법 전대복

용어

산화
가연물이 산소와 화합하는 것

비교

목조건축물의 화재원인

종 류	설 명
접염 (화염의 접촉)	화염 또는 열의 **접촉**에 의하여 불이 다른 곳으로 옮겨 붙는 것
비화	불티가 **바람**에 날리거나 화재현장에서 상승하는 **열기류** 중심에 휩쓸려 원거리 가연물에 착화하는 현상
복사열	복사파에 의하여 열이 **고온**에서 **저온**으로 이동하는 것

답 ②

제 2 과목 소방유체역학

★★★
21 열역학 제2법칙에 관한 설명으로 틀린 것은?

20.06.문28
17.05.문25
14.05.문24
13.09.문22

① 열효율 100%인 열기관은 제작이 불가능하다.
② 열은 스스로 저온체에서 고온체로 이동할 수 없다.
③ 제2종 영구기관은 동작물질의 종류에 따라 존재할 수 있다.
④ 한 열원에서 발생하는 열량을 일로 바꾸기 위해서는 반드시 다른 열원의 도움이 필요하다.

해설 ③ 있다. → 없다.

열역학의 법칙
(1) **열역학 제0법칙** (열평형의 법칙) : 온도가 높은 물체에 낮은 물체를 접촉시키면 온도가 높은 물체에서 **낮은 물체**로 열이 이동하여 두 물체의 **온도**는 **평형**을 이루게 된다.
(2) **열역학 제1법칙** (에너지보존의 법칙) : 기체의 공급에너지는 내부에너지와 외부에서 한 일의 합과 같다.
(3) **열역학 제2법칙**
ㄱ 열은 스스로 **저온**에서 **고온**으로 절대로 흐르지 않는다.
ㄴ 열은 그 스스로 저온체에서 고온체로 이동할 수 없다. 보기②
ㄷ 자발적인 변화는 **비가역적**이다.
ㄹ 열을 완전히 일로 바꿀 수 있는 **열기관**을 만들 수 **없다** (제2종 영구기관의 제작이 **불가능**하다). 보기① ③
ㅁ 열기관에서 일을 얻으려면 최소 **두 개**의 **열원**이 필요하다. 보기④
(4) **열역학 제3법칙** : 순수한 물질이 1atm하에서 결정상태이면 엔트로피는 0K에서 0이다.

답 ③

★★★
22 비열이 0.475kJ/(kg·K)인 철 10kg을 20℃에서 80℃로 올리는 데 필요한 열량은 약 몇 kJ인가?

19.03.문25
17.05.문05
17.03.문38
16.05.문27
15.09.문03
15.05.문19
14.05.문03
14.03.문28
11.10.문18
11.06.문34

① 222
② 232
③ 285
④ 315

해설 (1) 기호

• C : 0.475kJ/(kg·K)
• m : 10kg
• ΔT : (80−20)℃ 또는 (80−20)K
• Q : ?

(2) 열량

$$Q = r_1 m + mC\Delta T + r_2 m$$

여기서, Q : 열량[kJ]
r_1 : 융해열[kJ/kg]
r_2 : 기화열[kJ/kg]
m : 질량[kg]
C : 비열[kJ/(kg·℃)] 또는 [kJ/(kg·K)]
ΔT : 온도차[℃] 또는 [K]

(3) 20℃철 → 80℃철

온도만 변화하고 융해열, 기화열은 없으므로 $r_1 m$, $r_2 m$은 무시

$Q = mC\Delta T$
$= 10\text{kg} \times 0.475\text{kJ/(kg·K)} \times (80-20)\text{K}$
$= 285\text{kJ}$

- $\varDelta T$(온도차)를 구할 때는 ℃로 구하든지 K로 구하든지 그 값은 같으므로 단위를 편한대로 적용하면 된다.

  예 $(80-20)℃=60℃$

  $K=273+80=353K$

  $K=273+20=293K$

  $(353-293)K=60K$

답 ③

★★ 23

어떤 오일의 동점성계수가 $2 \times 10^{-4} m^2/s$이고 비중이 0.9라면 점성계수는 약 몇 kg/m·s인가?

19.09.문29
18.03.문26
09.05.문29

① 1.2　　② 2.0

③ 0.18　　④ 1.8

해설 (1) 기호

- $\nu : 2 \times 10^{-4} m^2/s$
- $s : 0.9$
- $\mu : ?$

(2) 비중

$$s = \frac{\rho}{\rho_w}$$

여기서, s : 비중

ρ : 어떤 물질의 밀도[kg/m³]

ρ_w : 물의 밀도(1000kg/m³)

오일의 밀도 ρ는

$\rho = \rho_w \cdot s = 1000kg/m^3 \times 0.9 = 900kg/m^3$

(3) 동점성계수

$$\nu = \frac{\mu}{\rho}$$

여기서, ν : 동점성계수[m²/s]

μ : 점성계수[kg/m·s]

ρ : 밀도(어떤 물질의 밀도)[kg/m³]

점성계수 μ는

$\mu = \nu \cdot \rho$

$= 2 \times 10^{-4} m^2/s \times 900kg/m^3 = 0.18kg/m \cdot s$

답 ③

★ 24

비중이 0.75인 액체와 비중량이 6700N/m³인 액체를 부피비 1 : 2로 혼합한 혼합액의 밀도는 약 몇 kg/m³인가?

18.04.문33

① 688　　② 706

③ 727　　④ 748

해설 (1) 기호

- $s : 0.75$
- $\gamma : 6700N/m^3$
- $\rho : ?$

(2) 비중

$$s = \frac{\gamma}{\gamma_w} = \frac{\rho}{\rho_w}$$

여기서, s : 비중

γ : 어떤 물질의 비중량[N/m³]

γ_w : 물의 비중량(9800N/m³)

ρ : 어떤 물질의 밀도[kg/m³]

ρ_w : 물의 밀도(1000kg/m³)

어떤 물질의 비중량 $\gamma = s \times \gamma_w$

비중이 0.75인 액체를 γ_A, $\gamma_B = 6700N/m^3$이라 하면

$\gamma_A = s \cdot \gamma_w = 0.75 \times 9800N/m^3 = 7350N/m^3$

γ_A와 γ_B를 1 : 2로 혼합했으므로 혼합액의 비중량 γ는

$$\gamma = \frac{\gamma_A \times 1 + \gamma_B \times 2}{3}$$

$$= \frac{7350N/m^3 \times 1 + 6700N/m^3 \times 2}{3} ≒ 6916.67N/m^3$$

$$\boxed{\frac{\gamma}{\gamma_w} = \frac{\rho}{\rho_w}}$$ 에서

혼합액의 밀도 ρ는

$$\rho = \frac{\gamma \times \rho_w}{\gamma_w}$$

$$= \frac{6916.67N/m^3 \times 1000kg/m^3}{9800N/m^3} ≒ 706kg/m^3$$

답 ②

★★★ 25

단면적이 0.01m²인 옥내소화전 노즐로 그림과 같이 7m/s로 움직이는 벽에 수직으로 물을 방수할 때 벽이 받는 힘은 약 몇 kN인가?

17.09.문26
17.05.문37
10.09.문34
09.05.문32

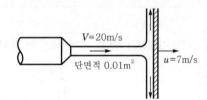

① 1.42　　② 1.69

③ 1.85　　④ 2.14

해설 (1) 기호

- $A : 0.01m^2$
- $V : 20m/s$
- $u : 7m/s$
- $F : ?$

(2) 유량

$$Q = AV' = A(V-u)$$

여기서, Q : 유량[m³/s]

A : 단면적[m²]

V' : 유속[m/s]

V : 노즐유속[m/s]

u : 움직이는 벽의 유속[m/s]

유량 Q는

$Q = A(V-u)$

$= 0.01m^2 \times (20-7)m/s = 0.13m^3/s$

(3) 벽이 받는 힘

$$F = \rho Q V' = \rho Q(V-u)$$

여기서, F : 힘[N]
ρ : 밀도(물의 밀도 1000N·s²/m⁴)
Q : 유량[m³/s]
V' : 유속[m/s]
V : 노즐유속[m/s]
u : 움직이는 벽의 유속[m/s]

벽이 받는 힘 F는

$F = \rho Q(V-u)$
$= 1000\text{N} \cdot \text{s}^2/\text{m}^4 \times 0.13\text{m}^3/\text{s} \times (20-7)\text{m/s}$
$= 1690\text{N} = 1.69\text{kN}$

• 1000N=1kN이므로 1690N=1.69kN

답 ②

★★★
26 부력의 작용점에 관한 설명으로 옳은 것은?
14.05.문37

① 떠 있는 물체의 중심
② 물체의 수직투영면 중심
③ 잠겨진 물체의 중력 중심
④ 잠겨진 물체 체적의 중심

해설
부 력	부력의 **작용점**
정지된 유체에 잠겨 있거나 떠 있는 물체가 유체에 의해 **수직**상방으로 받는 힘	잠겨진 물체 **체적**의 중심 보기 ④
	기억법 작체(자체)

답 ④

★★
27 다음 그림에서 A점의 계기압력은 약 몇 kPa인가?
19.04.문40
15.09.문22
13.09.문32

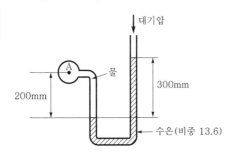

① 0.38   ② 38
③ 0.42   ④ 42

해설 **시차액주계**

$$P_A + \gamma_1 h_1 - \gamma_2 h_2 = 0$$

(1) 기호

• h_1 : 200mm=0.2m(1000mm=1m)
• h_2 : 300mm=0.3m(1000mm=1m)
• s : 13.6
• P_A : ?

(2) 비중

$$s = \frac{\gamma}{\gamma_w}$$

여기서, s : 비중
γ : 어떤 물질의 비중량[N/m³]
γ_w : 물의 비중량(9800N/m³)

수은의 비중량 γ는
$\gamma = s \cdot \gamma_w$
$= 13.6 \times 9800\text{N/m}^3$
$= 133280\text{N/m}^3$
$= 133.28\text{kN/m}^3$

(3) **시차액주계**

$$P_A + \gamma_1 h_1 - \gamma_2 h_2 = 0$$

여기서, P_A : 계기압력[kPa] 또는 [kN/m²]
γ_1, γ_2 : 비중량(물의 비중량 9800N/m³)
h_1, h_2 : 높이[m]

• 마노미터의 한쪽 게이지 압력=0

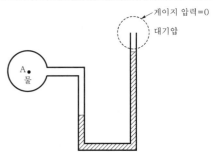

계기압력 P_A는
$P_A = -\gamma_1 h_1 + \gamma_2 h_2$
$= -9.8\text{kN/m}^3 \times 0.2\text{m} + 133.28\text{kN/m}^3 \times 0.3\text{m}$
$≒ 38\text{kN/m}^2$
$= 38\text{kPa}$

• 1kN/m²=1kPa이므로 38kN/m²=38kPa

중요

시차액주계의 **압력계산방법**
점 A를 기준으로 내려가면 더하고, 올라가면 빼면 된다.

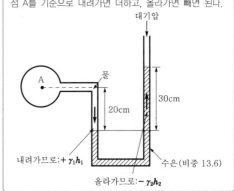

답 ②

★★★ 28

지름 1m인 곧은 수평원관에서 층류로 흐를 수 있는 유체의 최대평균속도는 몇 m/s인가? (단, 임계 레이놀즈(Reynolds)수는 2000이고, 유체의 동점성계수는 $4 \times 10^{-4} m^2/s$이다.)

19.04.문34
17.09.문40
17.05.문35
14.05.문40
14.03.문30
11.03.문33

① 0.4　　　　② 0.8
③ 40　　　　④ 80

해설 (1) 기호

- D : 1m
- V_{max} : ?
- Re : 2000
- ν : $4 \times 10^{-4} m^2/s$

(2) 레이놀즈수

$$Re = \frac{DV\rho}{\mu} = \frac{DV}{\nu}$$

여기서, Re : 레이놀즈수
　　　D : 내경[m]
　　　V : 유속[m/s]
　　　ρ : 밀도[kg/m³]
　　　μ : 점성계수[kg/m·s]
　　　ν : 동점성계수$\left(\dfrac{\mu}{\rho}\right)$[m²/s]

$Re = \dfrac{DV}{\nu}$ 에서 V는

$$V = \frac{Re\nu}{D} = \frac{2000 \times (4 \times 10^{-4})m^2/s}{1m} = 0.8 m/s$$

답 ②

★★★ 29

펌프의 공동현상(cavitation) 방지대책으로 가장 적절한 것은?

19.09.문27
16.10.문29
15.09.문37
14.09.문34
11.03.문38

① 펌프를 수원보다 되도록 높게 설치한다.
② 흡입속도를 증가시킨다.
③ 흡입압력을 낮게 한다.
④ 양쪽을 흡입한다.

해설
① 높게 → 낮게
② 증가 → 감소
③ 낮게 → 높게

공동현상(cavitation, 캐비테이션)

개요	펌프의 흡입측 배관 내의 물의 정압이 기존의 증기압보다 낮아져서 기포가 발생되어 물이 흡입되지 않는 현상
발생현상	• **소음**과 **진동** 발생 • 관 부식(펌프깃의 침식) • **임펠러**의 **손상**(수차의 날개를 해친다.) • 펌프의 성능 저하(양정곡선 저하) • 효율곡선 **저하**

발생원인	• 펌프가 물탱크보다 부적당하게 **높게** 설치되어 있을 때 • 펌프 **흡입수두**가 지나치게 **클** 때 • 펌프 **회전수**가 지나치게 **높을** 때 • 관 내를 흐르는 **물**의 **정압**이 그 물의 온도에 해당하는 증기압보다 **낮을** 때
방지대책	• 펌프의 흡입수두를 작게 한다.(흡입양정을 짧게 한다.) • 펌프의 마찰손실을 작게 한다. • 펌프의 임펠러속도(**회전수**)를 **작게** 한다.(흡입속도를 **감소**시킨다.) 보기 ② • 흡입압력을 **높게** 한다. 보기 ③ • 펌프의 설치위치를 수원보다 **낮게** 한다. 보기 ① • 양(쪽)흡입펌프를 사용한다.(펌프의 흡입측을 가압한다.) 보기 ④ • 관 내의 물의 정압을 그때의 증기압보다 높게 한다. • **흡입관**의 **구경**을 **크게** 한다. • 펌프를 **2개** 이상 설치한다. • 회전차를 수중에 완전히 잠기게 한다.

비교

수격작용(water hammering)	
개요	• 배관 속의 물흐름을 급히 차단하였을 때 동압이 정압으로 전환되면서 일어나는 **쇼크**(shock)현상 • 배관 내를 흐르는 유체의 유속을 급격하게 변화시키므로 압력이 상승 또는 하강하여 관로의 벽면을 치는 현상
발생원인	• 펌프가 갑자기 정지할 때 • 급히 밸브를 개폐할 때 • 정상운전시 유체의 압력변동이 생길 때
방지대책	• **관**의 관경(직경)을 크게 한다. • 관 내의 유속을 낮게 한다.(관로에서 일부 고압수를 방출한다.) • **조압수조**(surge tank)를 관선에 설치한다. • **플라이휠**(fly wheel)을 설치한다. • 펌프 송출구(토출측) 가까이에 밸브를 설치한다. • **에어체임버**(air chamber)를 설치한다.

기억법 수방관플에

답 ④

★★ 30

옥내소화전설비의 배관유속이 3m/s인 위치에 피토정압관을 설치하였을 때, 정체압과 정압의 차를 수두로 나타내면 몇 m가 되겠는가?

18.03.문40
14.03.문26
02.09.문22

① 0.46　　　　② 4.6
③ 0.92　　　　④ 9.2

해설 (1) 기호

- V : 3m/s
- H : ?

(2) 수두

$$H = \frac{V^2}{2g}$$

여기서, H : 수두[m]

V : 유속[m/s]

g : 중력가속도(9.8m/s²)

$$H = \frac{V^2}{2g} = \frac{(3\text{m/s})^2}{2 \times 9.8\text{m/s}^2} ≒ 0.46\text{m}$$

답 ①

⭐⭐ 31

21.05.문27
18.03.문27
15.03.문38
10.03.문25

정지유체 속에 잠겨있는 경사진 평면에서 압력에 의해 작용하는 합력의 작용점에 대한 설명으로 옳은 것은?

① 도심의 아래에 있다.

② 도심의 위에 있다.

③ 도심의 위치와 같다.

④ 도심의 위치와 관계가 없다.

해설 힘의 작용점의 중심압력은 경사진 평판의 **도심**의(보다) **아래**에 있다. 보기 ①

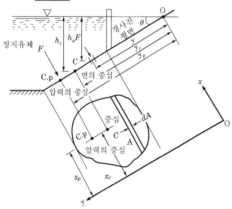

‖ 힘의 작용점의 중심압력 ‖

답 ①

⭐⭐⭐ 32

20.06.문25
19.03.문24
12.05.문37
12.03.문24

10kg의 액화이산화탄소가 15℃의 대기(표준대기압) 중으로 방출되었을 때 이산화탄소의 부피[m³]는? (단, 일반기체상수는 8.314kJ/kmol·K 이다.)

① 5.4　　　　② 6.2

③ 7.3　　　　④ 8.2

해설 (1) 기호

- m : 10kg
- T : 15℃=(273+15)K
- P : 1atm=101.325kPa(표준대기압이므로)
  =101.325kN/m²(1kPa=1kN/m²)
- M(이산화탄소) : 44kg/kmol
- V :
- R : 8.314kJ/kmol·K=8.314kN·m/kmol·K
  (1kJ=1kN·m)

(2) 표준대기압(P)

1atm=760mmHg=1.0332kg$_f$/cm³

=10.332mH₂O(mAq)

=14.7PSI(lb$_f$/in²)

=101.325kPa(kN/m²)

=1013mbar

(3) 분자량(M)

원소	원자량
H	1
C	→ 12
N	14
O	→ 16

이산화탄소(CO_2)의 분자량= $12+16 \times 2 = 44$kg/kmol

(4) 이상기체상태 방정식

$$PV = \frac{m}{M}RT$$

여기서, P : 압력[kN/m²] 또는 [kPa]

V : 부피(체적)[m³]

m : 질량[kg]

M : 분자량[kg/kmol]

R : 기체상수(8.314kJ/(kmol·K))

T : 절대온도(273+℃)[K]

부피 V는

$$V = \frac{m}{PM}RT$$

$$= \frac{10\text{kg}}{101.325\text{kN/m}^2 \times 44\text{kg/kmol}}$$
$$\times 8.314\text{kN·m/kmol·K} \times (273+15)\text{K}$$

$$≒ 5.4\text{m}^3$$

답 ①

⭐⭐⭐ 33

16.03.문39

배관 내 유체의 유량 또는 유속 측정법이 아닌 것은?

① 삼각위어에 의한 방법

② 오리피스에 의한 방법

③ 벤츄리관에 의한 방법

④ 피토관에 의한 방법

해설 ① 위어 : 개수로의 유량 측정

배관의 유량 또는 유속 측정	개수로의 유량 측정
① 벤츄리관 보기 ③ ② 오리피스 보기 ② ③ 로터미터 ④ 노즐(유동노즐) ⑤ 피토관 보기 ④	위어(삼각위어) 보기 ①

답 ①

⭐⭐ 34

20.06.문26
18.03.문30
02.05.문27

점성계수 μ의 차원으로 옳은 것은? (단, M은 질량, L은 길이, T는 시간이다.)

① $ML^{-1}T^{-1}$　　　② MLT

③ $M^{-2}L^{-1}T$　　　④ MLT^2

해설 **중력단위와 절대단위의 차원**

차 원	중력단위[차원]	절대단위[차원]
길이	m[L]	m[L]
시간	s[T]	s[T]
운동량	$N \cdot s[FT]$	$kg \cdot m/s[MLT^{-1}]$
힘	N[F]	$kg \cdot m/s^2[MLT^{-2}]$
속도	$m/s[LT^{-1}]$	$m/s[LT^{-1}]$
가속도	$m/s^2[LT^{-2}]$	$m/s^2[LT^{-2}]$
질량	$N \cdot s^2/m[FL^{-1}T^2]$	kg[M]
압력	$N/m^2[FL^{-2}]$	$kg/m \cdot s^2[ML^{-1}T^{-2}]$
밀도	$N \cdot s^2/m^4[FL^{-4}T^2]$	$kg/m^3[ML^{-3}]$
비중	무차원	무차원
비중량	$N/m^3[FL^{-3}]$	$kg/m^2 \cdot s^2[ML^{-2}T^{-2}]$
비체적	$m^4/N \cdot s^2[F^{-1}L^4T^{-2}]$	$m^3/kg[M^{-1}L^3]$
일률	$N \cdot m/s[FLT^{-1}]$	$kg \cdot m^2/s^3[ML^2T^{-3}]$
일	$N \cdot m[FL]$	$kg \cdot m^2/s^2[ML^2T^{-2}]$
점성계수	$N \cdot s/m^2[FL^{-2}T]$	$kg/m \cdot s[ML^{-1}T^{-1}]$ 보기 ①
동점성계수	$m^2/s[L^2T^{-1}]$	$m^2/s[L^2T^{-1}]$

답 ①

★★★
35 웨버수(Weber number)의 물리적 의미를 옳게
17.05.문33
08.09.문27
나타낸 것은?

① $\dfrac{관성력}{표면장력}$ ② $\dfrac{관성력}{중력}$

③ $\dfrac{표면장력}{관성력}$ ④ $\dfrac{중력}{관성력}$

해설 **무차원수의 물리적 의미**

명 칭	물리적 의미
레이놀즈(Reynolds)수	$\dfrac{\textbf{관}성력}{\textbf{점}성력}$ **기억법** 레관점
프루드(Froude)수	$\dfrac{\textbf{관}성력}{\textbf{중}력}$ **기억법** 프관중
코시(Cauchy)수	$\dfrac{관성력}{탄성력}$
웨버(Weber)수	$\dfrac{\textbf{관}성력}{\textbf{표면장}력}$ 보기 ① **기억법** 웨관표
오일러(Euler)수	$\dfrac{압축력}{관성력}$
마하(Mach)수	$\dfrac{관성력}{압축력}$

답 ①

★★
36 안지름이 30cm, 길이가 800m인 관로를 통하여
14.03.문36
05.09.문34
$0.3m^3/s$의 물을 50m 높이까지 양수하는 데 있
어 펌프에 필요한 동력은 몇 kW인가? (단, 관마
찰계수는 0.030이고, 펌프의 효율은 85%이다.)

① 402

② 409

③ 415

④ 427

해설 (1) **기호**

- D : 30cm=0.3m(100cm=1m)
- l : 800m
- Q : $0.3m^3/s$
- $H_{낙차}$: 50m
- P : ?

(2) **유량**(flowrate)=**체적유량**

$$Q = AV = \left(\frac{\pi D^2}{4}\right)V$$

여기서, Q : 유량[m^3/s]
　　　A : 단면적[m^2]
　　　V : 유속[m/s]
　　　D : 지름[m]

유속 $V = \dfrac{Q}{\dfrac{\pi D^2}{4}} = \dfrac{0.3m^3/s}{\dfrac{\pi \times (0.3m)^2}{4}} ≒ 4.24m/s$

- 100cm=1m이므로 30cm=0.3m

(3) **마찰손실**

$$H = \frac{flV^2}{2gD}$$

여기서, H : 마찰손실[m]
　　　f : 관마찰계수
　　　l : 길이[m]
　　　V : 유속[m/s]
　　　g : 중력가속도(9.8m/s^2)
　　　D : 내경[m]

마찰손실 H는
$$H = \frac{flV^2}{2gD} = \frac{0.03 \times 800m \times (4.24m/s)^2}{2 \times 9.8m/s^2 \times 0.3m} ≒ 73.4m$$

(4) **동력**

$$P = \frac{0.163QH}{\eta}K$$

여기서, P : 동력[kW]
　　　Q : 유량[m^3/min]
　　　H : 전양정[m]
　　　K : 전달계수
　　　η : 효율

동력 P는

$$P = \frac{0.163\,QH}{\eta}K$$

$$= \frac{0.163 \times 0.3\text{m}^3 \left| \dfrac{1}{60}\min \times (50+73.4)\text{m} \right.}{0.85}$$

$$= \frac{0.163 \times (0.3 \times 60)\text{m}^3/\min \times (50+73.4)\text{m}}{0.85}$$

$$≒ 427\text{kW}$$

- 전양정(H)=낙차+손실수두=$(50+73.4)$m
- K : 주어지지 않았으므로 무시
- 1min=60s이므로 1s=$\dfrac{1}{60}$min

답 ④

★★★ 37

그림에서 $h_1 = 300$mm, $h_2 = 150$mm, $h_3 = 350$mm 일 때 A와 B의 압력차($p_A - p_B$)는 약 몇 kPa 인가? (단, A, B의 액체는 물이고, 그 사이의 액주계 유체는 비중이 13.6인 수은이다.)

17.03.문35
16.03.문28
15.03.문21
14.09.문23
14.05.문36
11.10.문22
08.05.문29
08.03.문32

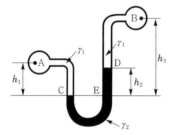

① 15
② 17
③ 19
④ 21

 해설 (1) 기호

- h_1 : 300mm=0.3m(1000mm=1m)
- h_2 : 150mm=0.15m(1000mm=1m)
- h_3 : 350mm=0.35m(1000mm=1m)
- s : 13.6
- $p_A - p_B$: ?

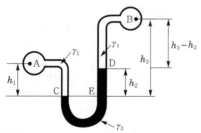

(2) 압력차

$$p_A + \gamma_1 h_1 - \gamma_2 h_2 - \gamma_1 (h_3 - h_2) = p_B$$

$$p_A - p_B = -\gamma_1 h_1 + \gamma_2 h_2 + \gamma_1 (h_3 - h_2)$$

$$= -9.8\text{kN/m}^3 \times 0.3\text{m} + 133.28\text{kN/m}^3$$
$$\times 0.15\text{m} + 9.8\text{kN/m}^3 \times (0.35-0.15)\text{m}$$

$$≒ 19\text{kN/m}^2$$

$$= 19\text{kPa}$$

- 물의 비중량 : 9.8kN/m³
- 수은의 비중 : 13.6=133.28kN/m³

$$s = \frac{\gamma}{\gamma_w}$$

여기서, s : 비중
  γ : 어떤 물질의 비중량(kN/m³)
  γ_w : 물의 비중량(9.8kN/m³)

수은의 비중량 γ는

$$\gamma = s \times \gamma_w = 13.6 \times 9.8\text{kN/m}^3$$

$$= 133.28\text{kN/m}^3$$

- 1kN/m²=1kPa이므로 19kN/m²=19kPa

 중요

시차액주계의 압력계산방법
점 A를 기준으로 내려가면 더하고, 올라가면 빼면 된다.

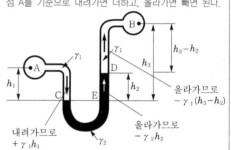

올라가므로
$-\gamma_1(h_3 - h_2)$

내려가므로
$+\gamma_1 h_1$

올라가므로
$-\gamma_2 h_2$

답 ③

★★★ 38

뉴턴의 점성법칙과 직접적으로 관계없는 것은?

20.08.문27
19.03.문21
17.09.문21
16.03.문31
06.09.문22
01.09.문32

① 압력
② 전단응력
③ 속도구배
④ 점성계수

 해설

① 압력은 뉴턴의 점성법칙과 관계없음

뉴턴(Newton)의 **점성법칙**

$$\tau = \mu \frac{du}{dy}$$

여기서, τ : 전단응력(N/m²) 보기 ②
  μ : 점성계수(N·s/m²) 보기 ④
  $\dfrac{du}{dy}$: 속도구배(속도기울기) 보기 ③

답 ①

39 ★★★
15.09.문33

관지름 d, 관마찰계수 f, 부차손실계수 K인 관의 상당길이 L_e는?

① $\dfrac{f}{K \times d}$　　② $\dfrac{K \times d}{f}$

③ $\dfrac{K}{d \times f}$　　④ $\dfrac{d \times f}{K}$

해설 **관의 상당관길이**

$$L_e = \frac{KD}{f} = \frac{K \times d}{f} \quad \boxed{보기 ②}$$

여기서, L_e : 관의 상당관길이[m]
　　　　K : 손실계수
　　　　$D(d)$: 내경[m]
　　　　f : 마찰손실계수

• 상당관길이=상당길이=등가길이

답 ②

40 ★★
21.05.문35
19.03.문27
13.09.문39
05.03.문23

그림과 같이 수조차의 탱크 측벽에 안지름이 25cm인 노즐을 설치하여 노즐로부터 물이 분사되고 있다. 노즐 중심은 수면으로부터 3m 아래에 있다고 할 때 수조차가 받는 추력 F는 약 몇 kN인가? (단, 노면과의 마찰은 무시한다.)

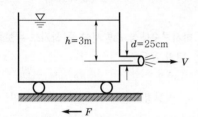

① 1.77　　② 2.89
③ 4.56　　④ 5.21

해설 **(1) 기호**

• $d(D)$: 25cm=0.25m(100cm=1m)
• $h(H)$: 3m
• F : ?

(2) 토리첼리의 식

$$V = \sqrt{2gH}$$

여기서, V : 유속[m/s]
　　　　g : 중력가속도(9.8m/s²)
　　　　H : 높이[m]

유속 V는
$V = \sqrt{2gH}$
　　$= \sqrt{2 \times 9.8\text{m/s}^2 \times 3\text{m}} \fallingdotseq 7.668\text{m/s}$

(3) 유량

$$Q = AV$$

여기서, Q : 유량[m³/s]
　　　　A : 단면적[m²]
　　　　V : 유속[m/s]

(4) 추력(힘)

$$F = \rho QV$$

여기서, F : 추력(힘)[N]
　　　　ρ : 밀도(물의 밀도 1000N·s²/m⁴)
　　　　Q : 유량[m³/s]
　　　　V : 유속[m/s]

추력 F는

$$F = \rho QV = \rho (AV)V = \rho AV^2 = \rho \left(\frac{\pi D^2}{4} \right) V^2$$

$$= 1000\text{N} \cdot \text{s}^2/\text{m}^4 \times \frac{\pi \times (0.25\text{m})^2}{4} \times (7.668\text{m/s})^2$$

$$= 2886\text{N} = 2.886\text{kN} \fallingdotseq 2.89\text{kN}$$

• $Q = AV$이므로 $F = \rho QV = \rho (AV)V$
• $A = \dfrac{\pi D^2}{4}$ (여기서, D : 지름[m])

답 ②

제3과목 소방관계법규

41 ★★★
21.09.문44

국가가 시·도의 소방업무에 필요한 경비의 일부를 보조하는 국고보조대상이 아닌 것은?

① 사무용 기기
② 소방전용통신설비
③ 소방자동차
④ 소방관서용 청사의 건축

해설 ① 국고보조대상이 아님

기본령 2조
국고보조의 대상 및 기준
(1) **국고보조의 대상**
　㉠ 소방활동장비와 설비의 구입 및 설치
　　• 소방**자**동차 　보기 ③
　　• 소방**헬**리콥터·소방정
　　• 소방**전**용통신설비·전산설비 　보기 ②
　　• 방**화**복
　㉡ 소방관서용 **청**사 　보기 ④
(2) **소방활동장비 및 설비의 종류와 규격** : 행정안전부령
(3) **대상사업의 기준보조율** : 「보조금관리에 관한 법률 시행령」에 따름

기억법 국화복 활자 전헬청

답 ①

★★★
42 다음 중 유별을 달리하는 위험물을 혼재하여 저장할 수 있는 것으로 짝지어진 것은?

16.03.문46
14.09.문51

① 제1류-제2류 ② 제2류-제3류
③ 제3류-제4류 ④ 제5류-제6류

해설 **위험물규칙〔별표 19〕**
위험물의 혼재기준
(1) 제**1**류+제**6**류
(2) 제**2**류+제**4**류
(3) 제**2**류+제**5**류
(4) 제**3**류+제**4**류 보기 ③
(5) 제**4**류+제**5**류

기억법 1-6
2-4·5
3-4-5

답 ③

★
43 위험물안전관리법령상 제조소와 사용전압이 35000V를 초과하는 특고압가공전선에 있어서 안전거리는 몇 m 이상을 두어야 하는가? (단, 제6류 위험물을 취급하는 제조소는 제외한다.)

18.03.문49
15.03.문56
09.05.문51

① 3 ② 5
③ 20 ④ 30

해설 **위험물규칙〔별표 4〕**
위험물제조소의 안전거리

안전거리	대상
3m 이상	7000~35000V 이하의 특고압가공전선
5m 이상	35000V를 초과하는 특고압가공전선 보기 ②
10m 이상	**주거용**으로 사용되는 것
20m 이상	• 고압가스 **제조**시설(용기에 충전하는 것 포함) • 고압가스 **사용**시설(1일 30m³ 이상 용적 취급) • 고압가스 **저장**시설 • 액화산소 **소비**시설 • 액화석유가스 제조·저장시설 • 도시가스 공급시설
30m 이상	• 학교 • 병원급 의료기관 • 공연장 ─ 300명 이상 수용시설 • 영화상영관 ─ • 아동복지시설 ─ • 노인복지시설 • 장애인복지시설 • 한부모가족복지시설 ─ 20명 이상 수용시설 • 어린이집 • 성매매피해자 등을 위한 지원시설 • 정신건강증진시설 • 가정폭력피해자 보호시설

50m 이상
• 유형**문**화재
• 지정문화재

기억법 문5(문어)

답 ②

★★★
44 보일러 등의 위치·구조 및 관리와 화재예방을 위하여 불의 사용에 있어서 지켜야 하는 사항 중 난로의 연통은 천장으로부터 최소 몇 m 이상 떨어지게 설치하여야 하는가?

17.05.문46
10.09.문45

① 0.3 ② 0.6
③ 1 ④ 2

해설 **화재예방법 시행령〔별표 1〕**
벽·천장 사이의 거리

종류	벽·천장 사이의 거리
건조설비	0.5m 이상
보일러	0.6m 이상 보기 ②

기억법 보6(보육시설)

보일러 이격거리

답 ②

★★★
45 하자보수대상 소방시설 중 하자보수 보증기간이 3년인 것은?

21.09.문49
17.03.문57
12.05.문59

① 유도등 ② 피난기구
③ 비상방송설비 ④ 간이스프링클러설비

해설 ①, ②, ③ 2년
④ 3년

공사업령 6조
소방시설공사의 하자보수 보증기간

보증기간	소방시설
2년	① **유**도등·유도표지·**피**난기구 보기 ①② ② 비상**조**명등·비상**경**보설비·비상**방**송설비 보기 ③ ③ **무**선통신보조설비 기억법 유비 조경방 무피2
3년	① 자동소화장치 ② 옥내·외소화전설비 ③ 스프링클러설비·**간이스프링클러설비** 보기 ④ ④ 물분무등소화설비·상수도소화용수설비 ⑤ 자동화재탐지설비·소화활동설비(무선통신보조설비 제외)

답 ④

★★★
46 화재예방강화지구의 지정대상지역에 해당되지

19.09.문55
16.03.문41
15.09.문55
14.05.문53
12.09.문46

않는 곳은?

① 시장지역
② 공장·창고가 밀집한 지역
③ 소방용수시설 또는 소방출동로가 있는 지역
④ 석유화학제품을 생산하는 공장이 있는 지역

 ③ 있는 → 없는

화재예방법 18조
화재예방강화지구의 지정
(1) **지정권자 : 시·도지사**
(2) **지정지역**

　㉠ **시장**지역 보기 ①
　㉡ **공장·창고** 등이 밀집한 지역 보기 ②
　㉢ **목조건물**이 밀집한 지역
　㉣ **노후·불량** 건축물이 밀집한 지역
　㉤ **위험물**의 저장 및 **처리시설**이 밀집한 지역
　㉥ **석유화학제품**을 생산하는 공장이 있는 지역 보기 ④
　㉦ **소방시설·소방용수시설** 또는 **소방출동로**가 **없는** 지역 보기 ③
　㉧ 「**산업입지 및 개발에 관한 법률**」에 따른 산업단지
　㉨ 「**물류시설의 개발 및 운영에 관한 법률**」에 따른 물류단지
　㉩ **소방청장, 소방본부장** 또는 **소방서장(소방관서장)**이 화재예방강화지구로 지정할 필요가 있다고 인정하는 지역

　　※ **화재예방강화지구** : 화재발생 우려가 크거나 화재가 발생할 경우 피해가 클 것으로 예상되는 지역에 대하여 화재의 예방 및 안전관리를 강화하기 위해 지정·관리하는 지역

답 ③

★★★
47 방염성능기준 이상의 실내장식물 등을 설치하여

16.10.문48
16.03.문58
15.09.문54
15.05.문54
14.05.문48

야 하는 특정소방대상물이 아닌 것은?

① 방송국
② 종합병원
③ 11층 이상의 아파트
④ 숙박이 가능한 수련시설

 ③ 아파트 → 아파트 제외

소방시설법 시행령 30조
방염성능기준 이상 적용 특정소방대상물
(1) **층수가 11층 이상**인 것(아파트 제외 : 2026. 12. 1. 삭제) 보기 ③
(2) 체력단련장, 공연장 및 종교집회장
(3) 문화 및 집회시설
(4) 종교시설
(5) 운동시설(수영장은 제외)
(6) **의료시설**(종합병원, 정신의료기관) 보기 ②
(7) 의원, 조산원, 산후조리원
(8) 교육연구시설 중 합숙소
(9) 노유자시설
(10) 숙박이 가능한 수련시설 보기 ④
(11) 숙박시설

(12) 방송국 및 촬영소 보기 ①
(13) 다중이용업소(단란주점영업, 유흥주점영업, 노래연습장업의 영업장 등)

답 ③

★
48 다음 위험물 중 위험물안전관리법령에서 정하고

19.03.문41

있는 지정수량이 가장 적은 것은?

① 브로민산염류
② 황
③ 알칼리토금속
④ 과염소산

 위험물령 [별표 1]
지정수량

위험물	지정수량
• **알칼리토**금속	50kg 보기 ③
기억법 알토(소프라노, **알토**)	
• 황	100kg 보기 ②
• 브로민산염류 • 과염소산	300kg 보기 ①④

답 ③

★
49 소방시설공사업법령상 공사감리자 지정대상 특

정소방대상물의 범위가 아닌 것은?

① 물분무등소화설비(호스릴방식의 소화설비는 제외)를 신설·개설하거나 방호·방수구역을 증설할 때
② 제연설비를 신설·개설하거나 제연구역을 증설할 때
③ 연소방지설비를 신설·개설하거나 살수구역을 증설할 때
④ 캐비닛형 간이스프링클러설비를 신설·개설하거나 방호·방수구역을 증설할 때

 ④ 캐비닛형 간이스프링클러설비를 → 스프링클러설비(캐비닛형 간이스프링클러설비 제외)를

공사업령 10조
소방공사감리자 지정대상 특정소방대상물의 범위
(1) **옥내소화전설비**를 신설·개설 또는 **증설**할 때
(2) **스프링클러설비** 등(캐비닛형 간이스프링클러설비 제외)을 신설·개설하거나 방호·**방수구역**을 증설할 때 보기 ④
(3) **물분무등소화설비**(호스릴방식의 소화설비 제외)를 신설·개설하거나 방호·방수구역을 **증설**할 때 보기 ①
(4) **옥외소화전설비**를 신설·개설 또는 **증설**할 때
(5) **자동화재탐지설비**를 신설·개설할 때
(6) **비상방송설비**를 신설 또는 개설할 때
(7) **통합감시시설**을 신설 또는 **개설**할 때
(8) **소화용수설비**를 신설 또는 **개설**할 때

(9) 다음의 **소화활동설비**에 대하여 시공할 때
　㉠ **제연설비**를 신설·개설하거나 제연구역을 증설할 때
　　보기 ②
　㉡ 연결송수관설비를 신설 또는 개설할 때
　㉢ 연결살수설비를 신설·개설하거나 송수구역을 증설할 때
　㉣ 비상콘센트설비를 신설·개설하거나 전용회로를 증설할 때
　㉤ 무선통신보조설비를 신설 또는 개설할 때
　㉥ **연소방지설비**를 신설·개설하거나 살수구역을 증설할 때
　　보기 ③

답 ④

50 소방기본법령상 소방대상물에 해당하지 않는 것은?

★★★
21.09.문51
20.08.문45
16.10.문57
16.05.문51

① 차량　　　　② 건축물
③ 운항 중인 선박　④ 선박건조구조물

해설　③ 운항 중인 → 매어 둔

기본법 2조 1호
소방대상물
(1) **건**축물　보기 ②
(2) **차**량　보기 ①
(3) **선**박(매어둔 것)　보기 ③
(4) **선**박건조구조물　보기 ④
(5) **인**공구조물
(6) **물**건
(7) **산**림

기억법　건차선 인물산

비교

위험물법 3조
위험물의 저장·운반·취급에 대한 적용 제외
(1) **항**공기
(2) **선**박
(3) **철**도(기차)
(4) **궤**도

기억법　항선철궤

답 ③

51 소방시설 설치 및 관리에 관한 법령상 소방용품으로 틀린 것은?

★★★
21.09.문60
19.04.문54
15.05.문47
11.06.문52
10.03.문57

① 시각경보기　　② 자동소화장치
③ 가스누설경보기　④ 방염제

해설　**소방시설법 시행령 6조**
소방용품 제외대상
(1) 주거용 주방자동소화장치용 소화약제
(2) 가스자동소화장치용 소화약제
(3) 분말자동소화장치용 소화약제
(4) 고체에어로졸 자동소화장치용 소화약제
(5) 소화약제 외의 것을 이용한 간이소화용구
(6) 휴대용 비상조명등
(7) 유도표지
(8) 벨용 푸시버튼스위치
(9) 피난밧줄

(10) 옥내소화전함
(11) 방수구
(12) 안전매트
(13) 방수복
(14) 시각경보기　보기 ①

답 ①

52 위험물안전관리법상 제조소 등을 설치하고자 하는 자는 누구의 허가를 받아 설치할 수 있는가?

★★
20.06.문56
19.04.문47
14.03.문58

① 소방서장　　　② 소방청장
③ 시·도지사　　④ 안전관리자

해설　**위험물법 6조**
제조소 등의 설치허가
(1) **설치허가자 : 시·도지사**　보기 ③
(2) 설치허가 제외장소
　㉠ 주택의 난방시설(공동주택의 중앙난방시설은 제외)을 위한 **저장소** 또는 **취급소**
　㉡ 지정수량 **20배** 이하의 **농예용·축산용·수산용** 난방시설 또는 건조시설의 **저장소**
(3) 제조소 등의 변경신고 : 변경하고자 하는 날의 **1일** 전까지

참고

시·도지사
(1) 특별시장
(2) 광역시장
(3) 특별자치시장
(4) 도지사
(5) 특별자치도지사

답 ③

53 특정소방대상물의 건축·대수선·용도변경 또는 설치 등을 위한 공사를 시공하는 자가 공사현장에서 인화성 물품을 취급하는 작업 등 대통령령으로 정하는 작업을 하기 전에 설치하고 유지·관리해야 하는 임시소방시설의 종류가 아닌 것은? (단, 용접·용단 등 불꽃을 발생시키거나 화기를 취급하는 작업이다.)

★★
19.09.문44
17.09.문54
17.05.문41

① 간이소화장치　　② 비상경보장치
③ 자동확산소화기　④ 간이피난유도선

해설　③ 자동확산소화기는 해당없음

소방시설법 시행령 [별표 8]
임시소방시설의 종류

종류	설명
소화기	–
간이소화장치 보기 ①	물을 방사하여 **화재**를 **진화**할 수 있는 장치로서 **소방청장**이 정하는 성능을 갖추고 있을 것
비상경보장치 보기 ②	화재가 발생한 경우 주변에 있는 작업자에게 **화재사실**을 **알릴** 수 있는 장치로서 **소방청장**이 정하는 성능을 갖추고 있을 것

간이피난유도선 보기 ④	화재가 발생한 경우 **피난구 방향**을 안내할 수 있는 장치로서 **소방청장**이 정하는 성능을 갖추고 있을 것
가스누설경보기	**가연성 가스**가 **누설** 또는 발생된 경우 **탐지**하여 **경보**하는 장치로서 **소방청장**이 실시하는 형식승인 및 제품검사를 받은 것
비상조명등	화재발생시 안전하고 원활한 피난활동을 할 수 있도록 **자동점등**되는 **조명장치**로서 **소방청장**이 정하는 성능을 갖추고 있을 것
방화포	**용접·용단** 등 작업시 발생하는 불티로부터 가연물이 점화되는 것을 방지해주는 **천** 또는 **불연성 물품**으로서 **소방청장**이 정하는 성능을 갖추고 있을 것

비교

소방시설법 시행령 [별표 8]
임시소방시설을 설치하여야 하는 공사의 종류와 규모

공사 종류	규 모
간이소화장치	• 연면적 3천m² 이상 • 지하층, 무창층 또는 **4층** 이상의 층. 바닥면적이 600m² 이상인 경우만 해당
비상경보장치	• 연면적 400m² 이상 • 지하층 또는 무창층. 바닥면적이 150m² 이상인 경우만 해당
간이피난유도선	• 바닥면적이 150m² 이상인 지하층 또는 무창층의 화재위험작업현장에 설치
소화기	• 건축허가 등을 할 때 **소방본부장** 또는 **소방서장**의 동의를 받아야 하는 특정소방대상물의 **신축·증축·개축·재축·이전·용도변경** 또는 **대수선** 등을 위한 공사 중 화재위험작업현장에 설치
가스누설경보기 비상조명등	• 바닥면적이 150m² 이상인 **지하층** 또는 **무창층**의 화재위험작업현장에 설치
방화포	• **용접·용단** 작업이 진행되는 화재위험작업현장에 설치

답 ③

⭐⭐
54 소방시설 설치 및 관리에 관한 법령상 소방청장 또는 시·도지사가 청문을 하여야 하는 처분이 아닌 것은?

20.08.문42
17.05.문42
12.05.문55

① 소방시설관리사 자격의 정지
② 소방안전관리자 자격의 취소
③ 소방시설관리업의 등록취소
④ 소방용품의 형식승인 취소

해설
> ② 소방안전관리자는 청문 해당없음

소방시설법 49조
청문실시 대상
(1) 소방시설**관리사** 자격의 취소 및 정지 보기 ①
(2) 소방시설**관리업**의 등록취소 및 영업정지 보기 ③
(3) **소방용품**의 **형식승인취소** 및 제품검사중지 보기 ④
(4) 소방용품의 **제품검사 전문기관**의 **지정취소** 및 업무정지
(5) 우수품질인증의 취소
(6) 소방용품의 성능인증 취소

기억법 청사 용업(청사 용역)

답 ②

⭐⭐
55 지정수량 미만인 위험물의 저장 또는 취급기준은 무엇으로 정하는가?

19.04.문49
16.03.문44
06.03.문42

① 시·도의 조례   ② 행정안전부령
③ 소방청 고시   ④ 대통령령

해설
위험물법 4·5조
위험물
(1) 지정수량 미만인 위험물의 저장·취급 : **시·도의 조례** 보기 ①
(2) 위험물의 **임**시저장기간 : **90일** 이내

기억법 9임(구인)

답 ①

⭐⭐⭐
56 소방용수시설 급수탑 개폐밸브의 설치기준으로 옳은 것은?

① 지상에서 1.0m 이상 1.5m 이하
② 지상에서 1.5m 이상 1.7m 이하
③ 지상에서 1.2m 이상 1.8m 이하
④ 지상에서 1.5m 이상 2.0m 이하

해설
기본규칙 [별표 3]
소방용수시설별 설치기준

소화전	급수탑
• 65mm : 연결금속구의 구경	• 100mm : 급수배관의 구경 • 1.5~1.7m 이하 : 개폐밸브 높이 **기억법** 57탑(57층 탑)

답 ②

⭐
57 건축허가 등의 동의요구시 동의요구서에 첨부하여야 할 서류가 아닌 것은?

16.03.문54
14.09.문46
05.03.문53

① 건축허가신청서 및 건축허가서 사본
② 소방시설 설치계획표
③ 임시소방시설 설치계획서
④ 소방시설공사업 등록증

해설
④ 공사업은 건축허가 동의에 해당없음

소방시설법 시행규칙 3조
건축허가 동의시 첨부서류
(1) 건축허가신청서 및 건축허가서 사본 보기 ①
(2) 설계도서 및 소방시설 설치계획표 보기 ②
(3) **임시소방시설** 설치계획서(설치시기 · 위치 · 종류 · 방법 등 임시소방시설의 설치와 관련한 세부사항 포함) 보기 ③
(4) **소방시설설계업 등록증**과 소방시설을 설계한 기술인력의 기술자격증 사본
(5) 건축 · 대수선 · 용도변경신고서 사본
(6) 주단면도 및 입면도
(7) 소방시설별 층별 평면도
(8) 방화구획도(창호도 포함)

※ 건축허가 등의 동의권자 : **소방본부장 · 소방서장**

답 ④

★★ 58

소방기본법령상 소방대원에게 실시할 교육 · 훈련의 횟수 및 기간으로 옳은 것은?

21.09.문58
20.06.문53
18.09.문53
15.09.문53

① 1년마다 1회, 2주 이상
② 2년마다 1회, 2주 이상
③ 3년마다 1회, 2주 이상
④ 3년마다 1회, 4주 이상

해설 (1) **2년**마다 **1회** 이상
  ㉠ 소방대원의 소방교육 · 훈련(기본규칙 9조) 보기 ②
  ㉡ **실무교육**(화재예방법 시행규칙 29조)

기억법 실2(실리)

(2) **소방기본법 시행규칙** 〔별표 3의 2〕
  소방대원의 소방 교육 · 훈련

구분	설명
전문교육기간	**2주** 이상 보기 ②

비교
화재예방법 시행규칙 29조
소방안전관리자의 실무교육
(1) 실시자 : **소방청장**(위탁 : 한국소방안전원장)
(2) 실시 : **2년**마다 **1회** 이상
(3) 교육통보 : **30일** 전

답 ②

★ 59

소방시설 설치 및 관리에 관한 법령상 소방시설관리사의 결격사유가 아닌 것은?

20.08.문60
13.09.문47

① 피성년후견인
② 소방기본법령에 따른 금고 이상의 실형을 선고받고 그 집행이 면제된 날부터 2년이 지나지 아니한 사람

③ 소방시설공사업법령에 따른 금고 이상의 형의 집행유예를 선고받고 그 유예기간이 지난 후 2년이 지나지 아니한 사람
④ 거짓이나 그 밖의 부정한 방법으로 관리사 시험에 합격하여 자격이 취소된 날부터 2년이 지나지 아니한 사람

해설
③ 그 유예기간이 지난 후 2년이 지나지 아니한 사람 → 금고 이상의 형의 집행유예를 선고받고 그 유예기간 중에 있는 사람

소방시설법 27조
소방시설관리사의 결격사유
(1) 피성년후견인 보기 ①
(2) 금고 이상의 실형을 선고받고 그 집행이 끝나거나 집행이 면제된 날부터 **2년**이 지나지 아니한 사람 보기 ②
(3) 금고 이상의 형의 집행유예를 선고받고 그 유예기간 중에 있는 사람 보기 ③
(4) 자격취소 후 **2년**이 지나지 아니한 사람 보기 ④

답 ③

★★ 60

소방시설 설치 및 관리에 관한 법령상 스프링클러설비를 설치하여야 하는 특정소방대상물의 기준으로 틀린 것은? (단, 위험물 저장 및 처리 시설 중 가스시설 또는 지하구를 제외한다.)

21.05.문60
18.03.문44
15.03.문41
05.09.문52

① 물류터미널로서 바닥면적 합계가 2000m² 이상인 경우에는 모든 층
② 숙박이 가능한 수련시설에 해당하는 용도로 사용되는 시설의 바닥면적의 합계가 600m² 이상인 것은 모든 층
③ 종교시설(주요구조부가 목조인 것은 제외)로서 수용인원이 100명 이상인 것에 해당하는 경우에는 모든 층
④ 지하가(터널은 제외)로서 연면적 1000m² 이상인 것

해설
① 2000m² → 5000m²

소방시설법 시행령 〔별표 4〕
스프링클러설비의 설치대상

설치대상	조건
• 문화 및 집회시설, 운동시설 • **종교시설** 보기 ③	• 수용인원 : **100명** 이상 • 영화상영관 : 지하층 · 무창층 **500m²**(기타 1000m²) 이상 • 무대부 – 지하층 · 무창층 · **4층** 이상 : **300m²** 이상 – 1~3층 : **500m²** 이상
• 판매시설 • 운수시설 • 물류터미널 보기 ①	• 수용인원 : **500명** 이상 • 바닥면적 합계 **5000m²** 이상

창고시설(물류터미널 제외)	바닥면적 합계 5000m² 이상 : 전층
• 노유자시설 • 정신의료기관 • 수련시설(숙박 가능한 곳) 보기 ② • 종합병원, 병원, 치과병원, 한방병원 및 요양병원(정신병원 제외) • 숙박시설	바닥면적 합계 600m² 이상
지하가(터널 제외) 보기 ④	연면적 1000m² 이상
지하층·무창층·4층 이상	바닥면적 1000m² 이상
10m 넘는 랙식 창고	연면적 1500m² 이상
• 복합건축물 • 기숙사	연면적 5000m² 이상 : 전층
6층 이상	전층
보일러실·연결통로	전부
특수가연물 저장·취급	지정수량 1000배 이상
발전시설	전기저장시설 : 전층

답 ①

제 4 과목 소방기계시설의 구조 및 원리 ::

★★★
61 상수도소화용수설비의 설치기준 중 다음 (   ) 안에 알맞은 것은?

19.04.문75
17.09.문65
15.09.문66
15.05.문65
15.03.문72
13.09.문73

> 호칭지름 (㉠)mm 이상의 수도배관에 호칭지름 (㉡)mm 이상의 소화전을 접속할 것

① ㉠ 80, ㉡ 65

② ㉠ 75, ㉡ 100

③ ㉠ 65, ㉡ 100

④ ㉠ 50, ㉡ 65

해설 **상수도소화용수설비**의 **기준**(NFPC 401 4조, NFTC 401 2.1.1)
(1) 호칭지름

수도배관	소화전
75mm 이상 보기 ②	100mm 이상 보기 ②

기억법 수75(수치료)

(2) 소화전은 소방자동차 등의 진입이 쉬운 **도로변** 또는 **공지**에 설치
(3) 소화전은 특정소방대상물의 수평투영면의 각 부분으로부터 **140m** 이하에 설치
(4) 지상식 소화전의 호스접결구는 지면으로부터 높이 0.5m 이상 1m 이하가 되도록 설치

답 ②

★★★
62 분말소화설비의 화재안전기준상 분말소화약제 저장용기의 내부압력이 설정압력으로 되었을 때 주밸브를 개방하기 위해 설치하는 장치는?

20.08.문78
17.03.문62
15.03.문69
14.03.문77
07.03.문74

① 자동폐쇄장치
② 전자개방장치
③ 자동청소장치
④ 정압작동장치

해설 **정압작동장치**
약제저장용기 내의 내부압력이 설정압력이 되었을 때 **주밸브**를 **개방**시키는 장치로서 정압작동장치의 설치위치는 그림과 같다. 보기 ④

기억법 주정(주정뱅이가 되지 말라!)

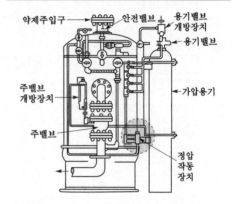

| 정압작동장치 |

중요

정압작동장치의 종류
(1) 봉판식
(2) 기계식
(3) 스프링식
(4) 압력스위치식
(5) 시한릴레이식

답 ④

★★★
63 분말소화약제 가압식 저장용기는 최고사용압력의 몇 배 이하의 압력에서 작동하는 안전밸브를 설치해야 하는가?

21.09.문76
16.03.문68
15.05.문70
12.03.문63

① 0.8배
② 1.2배
③ 1.8배
④ 2.0배

해설 **분말소화설비**의 **저장용기 안전밸브**(NFPC 108 4조, NFTC 108 2.1.2.2)

가압식	축압식
최고사용압력×1.8배 이하 보기 ③	내압시험압력×0.8배 이하

답 ③

★
64 포소화설비에서 고정지붕구조 또는 부상덮개부
[19.03.문70]
[18.04.문64]
착 고정지붕구조의 탱크에 사용하는 포방출구 형식으로 방출된 포가 탱크 옆판의 내면을 따라 흘러내려 가면서 액면 아래로 몰입되거나 액면을 뒤섞지 않고 액면상을 덮을 수 있는 반사판 및 탱크 내의 위험물증기가 외부로 역류되는 것을 저지할 수 있는 구조·기구를 갖는 포방출구는?

① Ⅰ형 방출구
② Ⅱ형 방출구
③ Ⅲ형 방출구
④ 특형 방출구

해설 **Ⅰ형 방출구 vs Ⅱ형 방출구**

Ⅰ형 방출구	Ⅱ형 방출구
고정지붕구조의 탱크에 상부포주입법을 이용하는 것으로서 방출된 포가 액면 아래로 몰입되거나 액면을 뒤섞지 않고 액면상을 덮을 수 있는 통계단 또는 미끄럼판 등의 설비 및 탱크 내의 위험물증기가 외부로 역류되는 것을 저지할 수 있는 구조·기구를 갖는 포방출구	**고정지붕구조** 또는 **부상덮개부착 고정지붕구조**의 탱크에 상부포주입법을 이용하는 것으로서 방출된 포가 탱크 옆판의 내면을 따라 흘러내려 가면서 액면 아래로 몰입되거나 액면을 뒤섞지 않고 액면상을 덮을 수 있는 반사판 및 탱크 내의 위험물증기가 외부로 역류되는 것을 저지할 수 있는 구조·기구를 갖는 포방출구 보기②

🔧 중요

고정포방출구의 포방출구(위험물기준 133조)

탱크의 구조	포방출구
고정지붕구조	• Ⅰ형 방출구 • Ⅱ형 방출구 • Ⅲ형 방출구 • Ⅳ형 방출구
고정지붕구조 또는 부상덮개부착 고정지붕구조	• Ⅱ형 방출구
부상지붕구조	• 특형 방출구

답 ②

★★★
65 할론 1301을 전역방출방식으로 방출할 때 분사
[19.09.문72]
[17.09.문69]
[15.09.문70]
[14.09.문72]
[14.05.문74]
[11.06.문75]
헤드의 최소방출압력[MPa]은?

① 0.1
② 0.2
③ 0.9
④ 1.05

해설 **할론소화약제**(NFPC 107 10조, NFTC 107 2.7)

구 분		할론 1301	할론 1211	할론 2402
저장압력		2.5MPa 또는 4.2MPa	1.1MPa 또는 2.5MPa	–
방출압력 →		**0.9MPa** 보기③	0.2MPa	0.1MPa
충전비	가압식	0.9~1.6 이하	0.7~1.4 이하	0.51~0.67 미만
	축압식			0.67~2.75 이하

답 ③

★★★
66 소화용수설비의 소요수량이 40m³ 이상 100m³
[19.09.문77]
[17.09.문67]
[11.06.문78]
[07.09.문77]
미만일 경우에 채수구는 몇 개를 설치하여야 하는가?

① 1
② 2
③ 3
④ 4

해설 **소화수조·저수조**(NFPC 402 4조, NFTC 402 2.1.3)
(1) 흡수관 투입구

소요수량	80m³ 미만	80m³ 이상
흡수관 투입구의 수	1개 이상	2개 이상

(2) 채수구

소요수량	20~40m³ 미만	40~100m³ 미만	100m³ 이상
채수구의 수	1개	2개 ↓ 보기②	3개

🔧 용어

채수구
소방차의 소방호스와 접결되는 흡입구

답 ②

★
67 완강기 및 완강기의 속도조절기에 관한 기술 중
[19.04.문71]
[14.03.문72]
[08.05.문79]
옳지 않은 것은?

① 견고하고 내구성이 있어야 한다.
② 강하시 발생하는 열에 의해 기능에 이상이 생기지 아니하여야 한다.
③ 속도조절기는 사용 중에 분해·손상·변형되지 아니하여야 하며, 속도조절기의 이탈이 생기지 아니하도록 덮개를 하여야 한다.
④ 평상시에는 분해, 청소 등을 하기 쉽게 만들어져 있어야 한다.

해설 **완강기** 및 **완강기 속도조절기**의 **일반구조**
(1) 견고하고 **내구성**이 있을 것 보기①
(2) 평상시에 분해, 청소 등을 하지 아니하여도 작동할 수 있을 것 보기④
(3) 강하시 발생하는 **열**에 의하여 기능에 이상이 생기지 아니할 것 보기②

(4) 속도조절기는 사용 중에 분해·손상·변형되지 아니하여야
하며, 속도조절기의 이탈이 생기지 아니하도록 덮개를 하여
야 한다. 보기 ③

(5) 강하시 **로프**가 손상되지 아니할 것

(6) **속도조절기**의 **폴리** 등으로부터 로프가 노출되지 아니하
는 구조

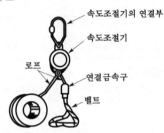

┃완강기의 구조┃

답 ④

★★★
68
17.03.문74
16.10.문63
16.03.문66

스프링클러설비의 배관 중 수직배수배관의 구경은
최소 몇 mm 이상으로 하여야 하는가? (단, 수직배
관의 구경이 50mm 미만인 경우는 제외한다.)

① 40   ② 45

③ 50   ④ 60

 스프링클러설비의 **배관**(NFPC 103 8조, NFTC 103 2.5)

(1) 배관의 구경

교차배관	**수**직배수배관
40mm 이상	**5**0mm 이상 보기 ③

> 기억법   교4(교사), 수5(수호천사)

(2) 가지배관의 배열은 **토너먼트방식**이 아닐 것

(3) 기울기

구 분	설 비
$\dfrac{1}{100}$ 이상	연결살수설비의 수평주행배관
$\dfrac{2}{100}$ 이상	물분무소화설비의 배수설비
$\dfrac{1}{250}$ 이상	습식·부압식 설비 외 설비의 가지배관
$\dfrac{1}{500}$ 이상	습식·부압식 설비 외 설비의 수평주행배관

답 ③

★★
69
17.05.문71
12.05.문67

방호대상물 주변에 설치된 벽면적의 합계가 20m², 방호공간의 벽면적 합계가 50m², 방호공간체적이
30m³인 장소에 국소방출방식의 분말소화설비
를 설치할 때 저장할 소화약제량은 약 몇 kg인
가? (단, 소화약제의 종별에 따른 X, Y의 수치
에서 X의 수치는 5.2, Y의 수치는 3.9로 하며,
여유율(K)은 1.1로 한다.)

① 120   ② 199

③ 314   ④ 349

해설 **분말소화설비**(국소방출방식)(NFPC 108 6조, NFTC 108 2.3.2.2)

(1) 기호

- X : 5.2
- Y : 3.9
- a : 20m²
- A : 50m²
- Q : ?

(2) 방호공간 1m³에 대한 분말소화약제량

$$Q = \left(X - Y\frac{a}{A}\right) \times 1.1$$

여기서, Q : 방호공간 1m³에 대한 분말소화약제의 양(kg/m³)
    a : 방호대상물의 주변에 설치된 벽면적의 합계(m²)
    A : 방호공간의 벽면적의 합계(m²)
    X, Y : 주어진 수치

방호공간 1m³에 대한 분말소화약제량 Q는

$$\begin{aligned} Q &= \left(X - Y\frac{a}{A}\right) \times 1.1 \\ &= \left(5.2 - 3.9 \times \frac{20m^2}{50m^2}\right) \times 1.1 \\ &\fallingdotseq 4\text{kg/m}^3 \end{aligned}$$

(3) 분말소화약제량

$$Q' = Q \times 방호공간체적$$

여기서, Q' : 분말소화약제량(kg)
    Q : 방호공간 1m³에 대한 분말소화제의 양(kg/m³)

분말소화약제량 Q'는

$$\begin{aligned} Q' &= Q \times 방호공간체적 \\ &= 4\text{kg/m}^3 \times 30m^3 \\ &= 120\text{kg} \end{aligned}$$

> 용어
> **방호공간**
> 방호대상물의 각 부분으로부터 0.6m의 거리에 의하여
> 둘러싸인 공간

답 ①

★
70
18.04.문79
17.05.문75

미분무소화설비의 화재안전기준에 따른 용어의
정리 중 다음 ( ) 안에 알맞은 것은?

> 미분무란 물만을 사용하여 소화하는 방식으로
> 최소설계압력에서 헤드로부터 방출되는 물입
> 자 중 (㉠)%의 누적체적분포가 (㉡)μm 이
> 하로 분무되고 A, B, C급 화재에 적응성을
> 갖는 것을 말한다.

① ㉠ 30, ㉡ 200

② ㉠ 50, ㉡ 200

③ ㉠ 60, ㉡ 400

④ ㉠ 99, ㉡ 400

해설 **미분무소화설비**의 **용어정의**(NFPC 104A 3조, NFTC 104A 1.7)

용 어	설 명
미분무소화설비	가압된 물이 헤드 통과 후 미세한 입자로 분무됨으로써 소화성능을 가지는 설비를 말하며, 소화력을 증가시키기 위해 강화액 등을 첨가할 수 있다.
미분무	물만을 사용하여 소화하는 방식으로 최소설계압력에서 헤드로부터 방출되는 물입자 중 **99%**의 누적체적분포가 **400μm** 이하로 분무되고 A, B, C급 화재에 적응성을 갖는 것 보기 ④
미분무헤드	하나 이상의 오리피스를 가지고 미분무소화설비에 사용되는 헤드

답 ④

71

1개층의 거실면적이 400m²이고 복도면적이 300m²인 소방대상물에 제연설비를 설치할 경우, 제연구역은 최소 몇 개로 할 수 있는가?

19.09.문69
17.03.문63
15.05.문80
14.05.문79
11.10.문77

① 1개 　　　　② 2개
③ 3개 　　　　④ 4개

해설

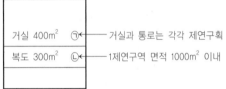

| 거실 400m² | ㉠ | 거실과 통로는 각각 제연구획 |
| 복도 300m² | ㉡ | 1제연구역 면적 1000m² 이내 |

1제연구역(거실 400m²) + 1제연구역(복도 300m²) = 2제연구역

중요

제연구역의 **구획**(NFPC 501 4조, NFTC 501 2.1)
(1) 1제연구역의 면적은 **1000m²** 이내로 할 것 보기 ②
(2) 거실과 통로는 **각각** 제연구획할 것 보기 ②
(3) 통로상의 제연구역은 보행중심선의 길이가 **60m**를 초과하지 않을 것
(4) 1제연구역은 직경 **60m** 원 내에 들어갈 것
(5) 1제연구역은 **2개** 이상의 층에 미치지 않을 것

기억법 제10006(제천 육포)

• 제연구획에서 제연경계의 폭은 **0.6m** 이상, 수직거리는 **2m** 이내이어야 한다.

답 ②

72

하나의 배관에 부착하는 살수헤드의 개수가 7개인 경우 연결살수설비 배관의 최소구경은 몇 mm인가? (단, 연결살수설비 전용 헤드를 사용하는 경우이다.)

16.10.문64
16.03.문62
15.05.문77
11.10.문65

① 32 　　　　② 40
③ 50 　　　　④ 80

해설 **연결살수설비**(NFPC 503 5조, NFTC 503 2.2.3.1)

배관의 구경	살수헤드 개수
32mm	1개
40mm	2개
50mm	3개
65mm	4개 또는 5개
80mm	← 6~10개 이하 보기 ④

비교

연결살수설비에서 하나의 송수구역에 설치하는 개방형 헤드수는 **10개** 이하로 하여야 한다.

답 ④

73

대형 소화기를 설치하여야 할 특정소방대상물 또는 그 부분에 옥내소화전설비를 설치한 경우 해당 설비의 유효범위 안의 부분에 대한 대형 소화기 감소기준으로 옳은 것은?

17.09.문63
15.03.문62
07.05.문62

① $\frac{1}{3}$ 을 감소할 수 있다.

② $\frac{1}{2}$ 을 감소할 수 있다.

③ $\frac{2}{3}$ 를 감소할 수 있다.

④ 설치하지 아니할 수 있다.

해설 **대형 소화기**의 **설치면제기준**(NFPC 101 5조, NFTC 101 2.2.2)

면제대상	대체설비
대형 소화기	•옥내·외소화전설비 보기 ④ •스프링클러설비 •물분무등소화설비

비교

소화기의 **감소기준**(NFPC 101 5조, NFTC 101 2.2.1)

감소대상	감소기준	적용설비
소형 소화기	$\frac{1}{2}$	•대형 소화기
	$\frac{2}{3}$	•옥내·외소화전설비 •스프링클러설비 •물분무등소화설비

답 ④

74

할론화합물 소화설비의 자동식 기동장치의 종류에 속하지 않는 것은?

12.03.문71

① 기계식 방식
② 전기식 방식
③ 가스압력식
④ 수압압력식

해설 자동식 기동장치의 종류(NFPC 107 6조, NFTC 107 2.3.2)

(1) **기계식 방식** : 잘 사용되지 않음 보기 ①
(2) **전기식 방식** 보기 ②
(3) **가스압력식**(뉴메틱 방식) : 기동용기의 개방에 따라 저장 용기가 개방되는 방식 보기 ③

답 ④

75 수계소화설비의 가압송수장치인 압력수조의 설치부속물이 아닌 것은?

16.05.문65
14.03.문74
07.05.문76

① 수위계
② 물올림장치
③ 자동식 공기압축기
④ 맨홀

해설 필요설비

고가수조	압력수조
• 수위계	• **수**위계 보기 ①
• 배수관	• **배**수관
• 급수관	• **급**수관
• 맨홀	• **맨**홀 보기 ④
• **오**버플로우관	• 급기관
	• 압력계
	• 안전장치
	• **자**동식 공기압축기 보기 ③

기억법 고오(GO!), 기압안자 배급수맨

답 ②

76 스프링클러설비헤드의 설치기준 중 높이가 4m 이상인 공장에 설치하는 스프링클러헤드는 그 설치장소의 평상시 최고주위온도에 관계없이 최소표시온도 몇 ℃ 이상의 것으로 설치할 수 있는가?

17.09.문71

① 162℃   ② 121℃
③ 79℃   ④ 64℃

해설 스프링클러헤드의 설치기준(NFTC 103 2.7.6)

설치장소의 최고주위온도	표시온도
39℃ 미만	**79**℃ 미만
39~**64**℃ 미만	79~**121**℃ 미만
64~**106**℃ 미만	121~**162**℃ 미만
106℃ 이상	162℃ 이상

※ 높이 4m 이상인 공장은 표시온도 121℃ 이상으로 할 것 보기 ②

기억법 39 79
64 121
106 162

답 ②

77 전동기 또는 내연기관에 따른 펌프를 이용하는 가압송수장치의 설치기준에 있어 해당 소방대상물에 설치된 옥외소화전을 동시에 사용하는 경우 각 옥외소화전의 노즐선단에서의 ⊙ 방수압력과 ⓒ 방수량으로 옳은 것은?

15.03.문70
14.05.문61
12.09.문70

① ⊙ 0.25MPa 이상, ⓒ 350L/min 이상
② ⊙ 0.17MPa 이상, ⓒ 350L/min 이상
③ ⊙ 0.25MPa 이상, ⓒ 100L/min 이상
④ ⊙ 0.17MPa 이상, ⓒ 100L/min 이상

해설 옥외소화전설비(NFPC 109 5조, NFTC 109 2.2.1.3)

방수압력	방수량
0.25MPa 이상 보기 ①	350L/min 이상 보기 ①

비교

옥내소화전설비(호스릴 포함)(NFPC 102 5조, NFTC 102 2.2.1.3)

방수압력	방수량
0.17MPa 이상	130L/min 이상

답 ①

78 분말소화설비의 화재안전기준에 따라 분말소화설비의 소화약제 중 차고 또는 주차장에 설치해야 하는 것은?

20.06.문72
19.04.문17
18.03.문08
17.03.문14
16.03.문10
15.05.문20
15.03.문16
13.09.문14
12.09.문04
11.03.문08
08.05.문18

① 제1종 분말
② 제2종 분말
③ 제3종 분말
④ 제4종 분말

해설 (1) 분말소화약제

종 별	주성분	약제의 착색	적응 화재	비 고
제1종	중탄산나트륨 ($NaHCO_3$)	백색	BC급	**식용유** 및 **지방질유**의 화재에 적합 (**비**누화현상) **기억법** 1식분(**일식분**식), 비1(**비일**비재)
제2종	중탄산칼륨 ($KHCO_3$)	담자색 (담회색)	-	-
제3종	제1**인**산암모늄 ($NH_4H_2PO_4$)	담홍색	AB C급	**차고 · 주차장**에 적합 보기 ③ **기억법** 3분 차주 (**삼보**컴퓨터 **차주**), 인3(**인삼**)

제4종	중탄산칼륨+ 요소 ($KHCO_3$+ $(NH_2)_2CO$)	회(백)색	BC급	–

- 중탄산나트륨=탄산수소나트륨
- 중탄산칼륨=탄산수소칼륨
- 제1인산암모늄=인산암모늄=인산염
- 중탄산칼륨+요소=탄산수소칼륨+요소

(2) 이산화탄소 소화약제

주성분	적응화재
이산화탄소(CO_2)	BC급

답 ③

★★★
79 다음의 할로겐화합물 및 불활성기체 소화약제 중 기본성분이 다른 것은?
17.05.문73
11.10.문02

① HCFC BLEND A

② HFC-125

③ IG-541

④ HFC-227ea

해설 **할로겐화합물 소화약제 vs 불활성기체 소화약제**

구 분	할로겐화합물 소화약제	불활성기체 소화약제
종류	• FC-3-1-10 • HCFC BLEND A 보기 ① • HCFC-124 • HFC-125 보기 ② • HFC-227ea 보기 ④ • HFC-23 • HFC-236fa • FIC-13I1 • FK-5-1-12	• IG-01 • IG-100 • IG-541 보기 ③ • IG-55

답 ③

★★★
80 폐쇄형 스프링클러헤드가 설치된 건물에 하나의 유수검지장치가 담당해야 할 방호구역의 바닥면적은 몇 m^2를 초과하지 않아야 하는가? (단, 폐쇄형 스프링클러설비에 격자형 배관방식은 제외한다.)
19.09.문67
16.05.문63
10.05.문66

① 1000 ② 2000

③ 2500 ④ 3000

해설 **폐쇄형 설비의 방호구역 및 유수검지장치**(NFPC 103 6조, NFTC 103 2.3.1)
(1) 하나의 방호구역의 바닥면적은 **3000㎡**를 초과하지 않을 것 보기 ④
(2) 하나의 방호구역에는 1개 이상의 유수검지장치 설치
(3) 하나의 방호구역은 **2개층**에 미치지 아니하도록 하되, 1개층에 설치되는 스프링클러헤드의 수가 **10개 이하** 및 복층형 구조의 공동주택에는 **3개층** 이내
(4) 유수검지장치는 바닥에서 **0.8~1.5m** 이하의 높이에 설치하여야 하며, 개구부가 가로 **0.5m** 이상 세로 **1m** 이상의 출입문을 설치하고 그 출입문 상단에 "유수검지장치실"이라고 표시한 표지 설치

답 ④

2022. 9. 27 시행

※ 각 문항은 4지택일형으로 질문에 가장 적합한 보기 항을 선택하여 체크하여야 합니다.

제 1 과목 소방원론

01 산소와 질소의 혼합물인 공기의 평균 분자량은? (단, 공기는 산소 21vol%, 질소 79vol% 로 구성되어 있다고 가정한다.)

① 28.84   ② 27.84
③ 30.84   ④ 29.84

해설 원자량

원 소	원자량
H	1
C	12
N →	14
O →	16

(1) 산소(O_2) 21vol% : $16 \times 2 \times 0.21 = 6.72$

(2) 질소(N_2) 79vol% : $14 \times 2 \times 0.79 = 22.12$

∴ $6.72 + 22.12 = 28.84$

답 ①

02 다음 중 착화온도가 가장 높은 물질은?

21.03.문06
19.04.문06
17.09.문11
17.03.문02
14.03.문02
08.09.문06

① 이황화탄소
② 황린
③ 아세트알데하이드
④ 메탄

해설

물 질	인화점	착화점
• 아세트산	40℃	–
• **이황화탄소** 보기 ①	-30℃	100℃
• 에틸에터 • 다이에틸에터	-45℃	180℃
• 아세트알데하이드 보기 ③	-37.8℃	185℃
• **경유**	50~70℃	200℃
• **등유**	43~72℃	210℃
• 황린, 적린 보기 ②	–	260℃

• 가솔린(휘발유)	-43℃	300℃
• 아세틸렌	-18℃	335℃
• 에틸알코올	13℃	423℃
• **메틸알코올**	11℃	464℃
• **산화프로필렌**	-37℃	465℃
• 톨루엔	4.4℃	480℃
• 프로필렌	-107℃	497℃
• 아세톤	-18℃	538℃
• 메탄 보기 ④	-188℃	540℃
• 벤젠	-11℃	562℃

기억법 인산 이메등경

• 착화점＝발화점＝착화온도＝발화온도
• 인화점＝인화온도

답 ④

03 다음 중 제3류 위험물로 금수성 물질에 해당하는 것은?

21.03.문44
20.08.문41
19.09.문60
19.03.문01
18.09.문20
15.05.문43
15.03.문18
14.09.문04
14.03.문05
14.03.문16
13.09.문07

① 황
② 황린
③ 이황화탄소
④ 탄화칼슘

해설 위험물령 [별표 1]
위험물

유 별	성 질	품 명
제**1**류	**산**화성 **고**체	• 아염소산염류 • 염소산염류 • 과염소산염류 • 질산염류(질산칼륨) • 무기과산화물(과산화바륨) 기억법 1산고(**일산GO**)
제2류	가연성 고체	• **황화**인 • **적**린 • **황** 보기 ① • **마**그네슘 기억법 황화적황마

제3류	자연발화성 물질	• **황린**(P₄) 보기 ②
	금수성 물질	• **칼륨**(K) • **나트륨**(Na) • 알킬알루미늄 • 알킬리튬 • **칼슘** 또는 알루미늄의 탄화물류 (**탄화칼슘**=CaC₂) 보기 ④ 기억법 **황칼나알칼**
제4류	인화성 액체	• 특수인화물(이황화탄소) 보기 ③ • 알코올류 • 석유류 • 동식물유류
제5류	자기반응성 물질	• 나이트로화합물 • 유기과산화물 • 나이트로소화합물 • 아조화합물 • 질산에스터류(셀룰로이드)
제6류	산화성 액체	• 과염소산 • 과산화수소 • 질산

답 ④

★★★ 04 기름탱크에서 화재가 발생하였을 때 탱크 하부에 있는 물 또는 물-기름 에멀션이 뜨거운 열유층에 의해서 가열되어 유류가 탱크 밖으로 갑자기 분출하는 현상은?

21.03.문03
18.03.문03
12.03.문08
11.06.문20
10.03.문14
09.08.문04
04.09.문05

① 플래시오버(flash over)
② 보일오버(boil over)
③ 리프트(lift)
④ 백파이어(back-fire)

해설 **보일오버**(boil over)
(1) 중질유의 탱크에서 장시간 조용히 연소하다 탱크 내의 잔존기름이 갑자기 분출하는 현상
(2) 유류탱크에서 탱크바닥에 물과 기름의 **에멀션**이 섞여 있을 때 이로 인하여 화재가 발생하는 현상
(3) 연소유면으로부터 100℃ 이상의 열파가 **탱크 저부**에 고여 있는 물을 비등하게 하면서 연소유를 탱크 밖으로 비산시키며 연소하는 현상
(4) 기름탱크에서 화재가 발생하였을 때 **탱크 하부**에 있는 물 또는 물-기름 **에멀션**이 뜨거운 열유층에 의해서 가열되어 유류가 탱크 밖으로 갑자기 분출하는 현상 보기 ②

용어

구 분	설 명
리프트(lift)	버너 내압이 높아져서 **분출속도가 빨라지는** 현상 보기 ③
백파이어 (backfire, 역화)	가스가 노즐에서 나가는 속도가 연소속도보다 느리게 되어 **버너 내부에서 연소**하게 되는 현상 보기 ④
플래시오버 (flashover)	화재로 인하여 실내의 온도가 급격히 상승하여 화재가 **순간적**으로 **실내 전체**에 **확산**되어 연소되는 현상 보기 ①

답 ②

★★ 05 소화약제에 관한 설명 중 옳지 않은 것은?

20.08.문19
11.06.문16

① 소화약제는 현저한 독성이나 부식성이 없어야 한다.
② 수용액 및 액체상태의 소화약제는 침전물이 발생하지 않아야 한다.
③ 수용액 및 액체상태의 소화약제는 결정이 석출되고 용액의 분리가 쉬워야 한다.
④ 소화약제는 열과 접촉할 때 현저한 독성이나 부식성의 가스를 발생하지 않아야 한다.

해설 ③ 쉬워야 한다. → 생기지 않아야 한다.

소화약제의 형식승인 및 제품검사의 기술기준 제3조
소화약제의 공통적 성질
(1) 소화약제는 현저한 **독성**이나 **부식성**이 없어야 한다. 보기 ①
(2) 수용액 및 액체상태의 소화약제는 **침전물**이 발생하지 않아야 한다. 보기 ②
(3) 수용액의 소화약제 및 액체상태의 소화약제는 **결정**의 **석출, 용액의 분리, 부유물** 또는 침전물의 발생 등 그 밖의 이상이 생기지 아니하여야 하며 과불화옥탄술폰산을 함유하지 않아야 한다. 보기 ③
(4) 소화약제는 **열**과 **접촉**할 때 현저한 **독성**이나 **부식성**의 가스를 발생하지 않아야 한다. 보기 ④

답 ③

★★★ 06 공기 중의 산소농도는 약 몇 vol%인가?

21.09.문12
20.06.문04
14.05.문19
12.09.문08

① 15
② 25
③ 21
④ 18

해설 **공기 중 구성물질**

구성물질	비 율
아르곤(Ar)	1vol%
산소(O₂) ──	21vol%
질소(N₂)	78vol%

중요

공기 중 산소농도

구 분	산소농도
체적비(부피백분율)	약 21vol%
중량비(중량백분율)	약 23wt%

• 문제 단위 **vol%**를 보고 **체적비**라는 것을 알 수 있다.

답 ③

★★★ 07 물의 증발잠열은 약 몇 cal/g인가?

21.05.문16
19.04.문19
16.05.문01
15.03.문14
13.06.문04

① 810
② 79
③ 539
④ 750

해설 **물의 잠열**

잠열 및 열량	설 명
80cal/g	융해잠열
539cal/g 보기③	기화(증발)잠열
639cal	0℃의 **물** 1g이 100℃의 수증기가 되는 데 필요한 열량
719cal	0℃의 **얼음** 1g이 100℃의 수증기가 되는 데 필요한 열량

답 ③

08 연소의 3요소가 모두 포함된 것은?

22.03.문02
20.08.문17
14.09.문10
14.03.문08
13.06.문19

① 산화열, 산소, 점화에너지
② 나무, 산소, 불꽃
③ 질소, 가연물, 산소
④ 가연물, 헬륨, 공기

해설 **연소의 3요소와 4요소**

연소의 3요소	연소의 4요소
• 가연물(연료, 나무) 보기①	• 가연물(연료, 나무)
• 산소공급원(**산소**, 공기) 보기②	• 산소공급원(산소, 공기)
• 점화원(**점화에너지**, 불꽃 산화열) 보기②	• 점화원(점화에너지, 불꽃, 산화열) • **연쇄반응**

기억법 연4(연사)

• 산화열 : 연소과정에서 발생하는 열을 의미하므로 **열**은 **점화원**이다.

답 ②

09 다음 중 가연성 가스가 아닌 것은?

21.09.문13
20.08.문12
16.05.문12
12.05.문15

① 메탄   ② 수소
③ 산소   ④ 암모니아

해설 **가연성 가스**와 **지연성 가스**

가연성 가스(가연성 물질)	지연성 가스(지연성 물질)
• 수소 보기②	• **산소** 보기③
• 메탄 보기①	• **공기**
• 암모니아 보기④	• **오존**
• 일산화탄소	• **불소**
• 천연가스	• **염소**
• 에탄	
• 프로판	기억법 지산공 오불염

• 지연성 가스=조연성 가스=지연성 물질=조연성 물질

답 ③

10 폭발에 대한 설명으로 틀린 것은?

19.09.문20
16.03.문05

① 화약류폭발은 화학적 폭발이라 할 수 있다.
② 보일러폭발은 물리적 폭발이라 할 수 있다.
③ 수증기폭발은 기상폭발에 속하지 않는다.
④ 분무폭발은 기상폭발에 속하지 않는다.

해설 ④ 속하지 않는다. → 속한다.

기상폭발
(1) 가스폭발(혼합가스폭발)
(2) 분무폭발 보기④
(3) 분진폭발

답 ④

11 물이 소화약제로 사용되는 장점으로 가장 거리가 먼 것은?

21.09.문04
18.04.문13
15.05.문04
14.05.문02
13.03.문08
11.10.문01

① 모든 종류의 화재에 사용할 수 있다.
② 가격이 저렴하다.
③ 많은 양을 구할 수 있다.
④ 기화잠열이 비교적 크다.

해설 **물**이 **소화작업**에 **사용되는 이유**
(1) 가격이 싸다.(가격이 저렴하다.) 보기②
(2) 쉽게 구할 수 있다.(많은 양을 구할 수 있다.) 보기③
(3) 열흡수가 매우 크다.[**증발잠열**(기화잠열)이 크다.] 보기④
(4) 사용방법이 비교적 간단하다.
(5) **비열**이 크다.
(6) 밀폐된 장소에서 증발가열하면 수증기에 의해서 **산소희석작용** 또는 **질식소화작용**을 한다.
(7) **무상**으로 주수하면 **중질유화재**에도 사용할 수 있다.

• 증발잠열=기화잠열

참고

물이 **소화약제**로 많이 쓰이는 이유

장 점	단 점
① 쉽게 구할 수 있다. ② 증발잠열(기화잠열)이 크다. ③ 취급이 간편하다.	① 가스계 소화약제에 비해 사용 후 **오염**이 크다. ② 일반적으로 전기화재에는 **사용**이 **불가**하다.

답 ①

12 공기 중에 분산된 밀가루, 알루미늄가루 등이 에너지를 받아 폭발하는 현상은?

21.09.문10
16.10.문16
16.03.문20
11.10.문13

① 분무폭발   ② 충격폭발
③ 분진폭발   ④ 단열압축폭발

해설 **분진폭발**
공기 중에 분산된 **밀가루**, **알루미늄가루** 등이 에너지를 받아 폭발하는 현상 보기③

중요

분진폭발을 일으키지 않는 물질
(1) **시**멘트
(2) **석**회석(소석회)
(3) **탄**산칼슘($CaCO_3$)
(4) **생**석회(CaO)=산화칼슘

• 분진폭발을 일으키지 않는 물질 = 물과 반응하여 가연성 기체를 발생시키지 않는 것

기억법 분시석탄생

답 ③

★★★
13 산소의 공급이 원활하지 못한 화재실에 급격히 산소가 공급이 될 경우 순간적으로 연소하여 화재가 폭풍을 동반하여 실외로 분출하는 현상은?

20.06.문02
14.09.문12
12.09.문15

① 백드래프트
② 플래시오버
③ 보일오버
④ 슬롭오버

해설 **백드래프트**(back draft)
(1) 산소의 **공급**이 **원활하지 못한** 화재실에 급격히 **산소**가 공급이 될 경우 순간적으로 연소하여 화재가 폭풍을 동반하여 **실외**로 **분출**하는 현상 보기 ①
(2) 소방대가 소화활동을 위하여 화재실의 문을 개방할 때 신선한 공기가 유입되어 실내에 축적되었던 가연성 가스가 **단시간에 폭발적**으로 **연소**함으로써 화재가 폭풍을 동반하며 실외로 분출되는 현상으로 **감쇠기**에 나타난다.
(3) 화재로 인하여 **산소**가 **부족**한 건물 내에 산소가 새로 유입된 때 **고열가스**의 폭발 또는 급속한 연소가 발생하는 현상
(4) **통기력**이 좋지 않은 상태에서 연소가 계속되어 산소가 심히 부족한 상태가 되었을 때 **개구부**를 통하여 산소가 공급되면 실내의 가연성 혼합기가 공급되는 **산소의 방향과 반대**로 흐르며 급격히 연소하는 현상으로서 "**역화현상**"이라고 하며 이때에는 **화염**이 산소의 공급통로로 분출되는 현상을 눈으로 확인할 수 있다.

[기억법] 백감

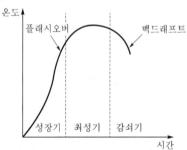

| 백드래프트와 플래시오버의 발생시기 |

🔥 중요

용어	설명
플래시오버 (flash over)	화재로 인하여 **실내**의 온도가 **급격히 상승**하여 화재가 순간적으로 실내 전체에 **확산**되어 연소되는 현상
보일오버 (boil over)	**중질유**가 탱크에서 조용히 연소하다 열유층에 의해 가열된 하부의 물이 폭발적으로 끓어 올라와 상부의 뜨거운 기름과 함께 분출하는 현상
백드래프트 (back draft)	화재로 인해 **산소**가 **고갈**된 건물 안으로 외부의 **산소**가 **유입**될 경우 발생하는 현상
롤오버 (roll over)	플래시오버가 발생하기 직전에 작은 불들이 연기 속에서 산재해 있는 상태

| 슬롭오버
(slop over) | • 물이 연소유의 **뜨거운 표면**에 들어갈 때 기름표면에서 화재가 발생하는 현상
• 유화제로 소화하기 위한 **물**이 수분의 급격한 증발에 의하여 액면이 거품을 일으키면서 **열유층 밑의 냉유**가 급히 열팽창하여 **기름의 일부**가 불이 붙은 채 탱크벽을 넘어서 외출하는 현상 |

답 ①

★★★
14 위험물안전관리법령에 따른 제1류 위험물의 종류에 해당되지 않는 것은?

21.03.문44
20.08.문41
19.09.문60
19.03.문01
18.09.문20
15.05.문43
15.03.문18
14.09.문04
14.03.문05
14.03.문16
13.09.문07

① 무기과산화물
② 과염소산
③ 과염소산염류
④ 염소산염류

해설 ② 제6류 위험물

위험물령 〔별표 1〕
위험물

유별	성질	품명
제1류	**산**화성 **고**체	• 아염소산염류 • 염소산염류 보기 ④ • 과염소산염류 보기 ③ • 질산염류(질산칼륨) • 무기과산화물(과산화바륨) 보기 ① [기억법] 1산고(**일산GO**)
제2류	가연성 고체	• **황화**인 • **적**린 • **황** • **마**그네슘 [기억법] 황화적황마
제3류	자연발화성 물질	• **황린**(P₄)
제3류	금수성 물질	• **칼륨**(K) • **나**트륨(Na) • **알**킬알루미늄 • 알킬리튬 • **칼**슘 또는 알루미늄의 탄화물류(**탄화칼슘**=CaC₂) [기억법] 황칼나알칼
제4류	인화성 액체	• 특수인화물(이황화탄소) • 알코올류 • 석유류 • 동식물유류
제5류	자기반응성 물질	• 나이트로화합물 • 유기과산화물 • 나이트로소화합물 • 아조화합물 • 질산에스터류(셀룰로이드)
제6류	산화성 액체	• 과염소산 보기 ② • 과산화수소 • 질산

답 ②

★★★ 15 불완전연소 시 발생되는 가스로서 헤모글로빈과 결합하여 인체에 유해한 영향을 주는 것은?

20.06.문17
18.04.문09
17.09.문13
16.10.문12
14.09.문13
14.05.문07
14.05.문18
13.09.문19
08.05.문20

① CO
② CO_2
③ O_2
④ N_2

해설 연소가스

구 분	설 명
일산화탄소 (CO)	• 화재시 흡입된 일산화탄소(CO)의 화학적 작용에 의해 **헤모글로빈**(Hb)이 혈액의 산소 운반작용을 저해하여 사람을 **질식·사망**하게 한다. 보기 ① • 목재류의 화재시 **인**명피해를 가장 많이 주며, 연기로 인한 의식불명 또는 질식을 가져온다. • 인체의 **폐**에 큰 자극을 준다. • **산**소와의 **결**합력이 극히 강하여 질식작용에 의한 독성을 나타낸다. 기억법 일헤인 폐산결
이산화탄소 (CO_2)	연소가스 중 **가장 많**은 양을 차지하고 있으며 가스 그 자체의 독성은 거의 없으나 다량이 존재할 경우 호흡속도를 증가시키고, 이로 인하여 화재가스에 혼합된 유해가스의 혼입을 증가시켜 위험을 가중시키는 가스이다. 기억법 이많(이만큼)
암모니아 (NH_3)	• 나무, **페**놀수지, **멜**라민수지 등의 **질소함유물**이 연소할 때 발생하며, 냉동시설의 **냉**매로 쓰인다. • 눈·코·폐 등에 매우 **자극성**이 큰 가연성 가스이다. 기억법 암페 멜냉자
포스겐 ($COCl_2$)	매우 **독**성이 **강**한 가스로서 **소**화제인 **사**염화탄소(CCl_4)를 화재시에 사용할 때도 발생한다. 기억법 독강 소사포
황화수소 (H_2S)	• 달걀 썩는 냄새가 나는 특성이 있다. • 황분이 포함되어 있는 물질의 불완전 연소에 의하여 발생하는 가스이다. • **자**극성이 있다. 기억법 황달자
아크롤레인 (CH_2=CHCHO)	독성이 매우 높은 가스로서 **석유제품, 유지** 등이 연소할 때 생성되는 가스이다. 기억법 아석유
시안화수소 (HCN, 청산가스)	**질소**성분을 가지고 있는 **합성수지, 동물의 털, 인조견** 등의 섬유가 불완전연소할 때 발생하는 맹독성 가스로 0.3%의 농도에서 즉시 사망할 수 있다.

아황산가스 (SO_2, 이산화황)	• **황**이 함유된 물질인 **동물**의 **털, 고무** 등이 연소하는 화재시에 발생되며 **무색**의 자극성 냄새를 가진 유독성 기체 • 눈 및 호흡기 등에 점막을 상하게 하고 질식사할 우려가 있다.
프로판 (C_3H_8)	• LPG의 주성분 • 물보다 가볍다.

답 ①

★★★ 16 피난대책의 일반적 원칙이 아닌 것은?

20.06.문13
19.04.문04
13.09.문02
11.10.문07

① 피난경로는 가능한 한 길어야 한다.
② 피난대책은 비상시 본능상태에서도 혼돈이 없도록 한다.
③ 피난시설은 가급적 고정식 시설이 바람직하다.
④ 피난수단은 원시적인 방법으로 하는 것이 바람직하다.

해설

 ① 길어야 한다. → 짧아야 한다.

피난대책의 일반적인 원칙
(1) 피난경로는 **간단명료**하게 한다(단순한 형태).
(2) 피난설비는 **고정식 설비**를 위주로 설치한다. 보기 ③
(3) 피난수단은 **원시적 방법**에 의한 것을 원칙으로 한다. 보기 ④
(4) **2방향**의 피난통로를 확보한다
(5) 피난통로를 **완전불연화** 한다.
(6) **화재층**의 피난을 **최우선**으로 고려한다.
(7) 피난시설 중 피난로는 **복도** 및 **거실**을 가리킨다.
(8) 인간의 **본능적 행동**을 무시하지 않도록 고려한다(본능상태에서도 혼동이 없도록 한다). 보기 ②
(9) 계단은 **직통계단**으로 한다.
(10) **정전시**에도 **피난방향**을 알 수 있는 표시를 한다.
(11) 모든 피난동선은 건물 중심부 한 곳으로 향해서는 안 된다.
(12) 피난동선은 그 말단이 짧을수록 좋다. 보기 ①

• 피난동선＝피난경로

답 ①

★ 17 15℃의 물 1g을 1℃ 상승시키는데 필요한 열량은 몇 cal인가?

① 15000
② 1000
③ 15
④ 1

해설 1cal 보기 ④
물 1g을 1℃ 상승시키는 데 필요한 열량

답 ④

★★★ 18 자연발화를 방지하는 방법이 아닌 것은?

15.09.문15
14.05.문15
08.05.문06

① 저장실의 온도를 높인다.
② 통풍을 잘 시킨다.
③ 열이 쌓이지 않게 퇴적방법에 주의한다.
④ 습도가 높은 곳을 피한다.

해설

① 높인다. → 낮춘다.

자연발화의 방지법

(1) **습**도가 높은 곳을 **피**할 것(건조하게 유지할 것) 보기 ④
(2) 저장실의 온도를 낮출 것(주위온도를 낮게 유지)
  보기 ①
(3) 통풍이 잘 되게 할 것 보기 ②
(4) 퇴적 및 수납시 열이 쌓이지 않게 할 것(**열축적방지**)
  보기 ③
(5) 발열반응에 정촉매작용을 하는 물질을 피할 것

기억법 **자습피**

답 ①

★★★ 19

다음 중 제3류 위험물인 나트륨 화재시의 소화 방법으로 가장 적합한 것은?

15.03.문01
14.05.문06
08.05.문13

① 이산화탄소 소화약제를 분사한다.
② 할론 1301을 분사한다.
③ 물을 뿌린다.
④ 건조사를 뿌린다.

해설 **소화방법**

구 분	소화방법
제1류	물에 의한 **냉각소화**(단, **무기과산화물**은 **마른모래** 등에 의한 질식소화)
제2류	물에 의한 **냉각소화**(단, **황화인 · 철분 · 마그네슘 · 금속분**은 **마른모래** 등에 의한 질식소화)
제3류	**마른모래** 등에 의한 질식소화 보기 ④
제4류	포 · 분말 · CO_2 · 할론소화약제에 의한 **질식소화**
제5류	화재 초기에만 대량의 물에 의한 **냉각소화**(단, 화재가 진행되면 자연진화 되도록 기다릴 것)
제6류	마른모래 등에 의한 **질식소화**(단, **과산화수소**는 다량의 **물**로 **희석소화**)

기억법 **마3(마산)**

• 건조사 = 마른모래

답 ④

★★★ 20

270℃에서 다음의 열분해 반응식과 관계가 있는 분말소화약제는?

17.03.문18
16.05.문08
14.09.문18
13.09.문17

$$2NaHCO_3 \rightarrow Na_2CO_3 + CO_2 + H_2O$$

① 제1종 분말
② 제3종 분말
③ 제2종 분말
④ 제4종 분말

해설 **분말소화기** : 질식효과

종 별	소화약제	약제의 착색	화학반응식	적응화재
제1종 →	중탄산나트륨 ($NaHCO_3$)	백색	$2NaHCO_3 \rightarrow Na_2CO_3 + CO_2 + H_2O$	BC급
제2종	중탄산칼륨 ($KHCO_3$)	담자색 (담회색)	$2KHCO_3 \rightarrow K_2CO_3 + CO_2 + H_2O$	BC급
제3종	인산암모늄 ($NH_4H_2PO_4$)	담홍색	$NH_4H_2PO_4 \rightarrow HPO_3 + NH_3 + H_2O$	ABC급
제4종	중탄산칼륨+요소 ($KHCO_3 + (NH_2)_2CO$)	회(백)색	$2KHCO_3 + (NH_2)_2CO \rightarrow K_2CO_3 + 2NH_3 + 2CO_2$	BC급

• 화학반응식 = 열분해반응식

답 ①

제 2 과목

소방유체역학

★★★ 21

대기압 101kPa인 곳에서 측정된 진공압력이 7kPa일 때, 절대압력[kPa]은?

21.09.문23
16.10.문38
14.09.문24
14.03.문27
01.09.문30

① −7
② 108
③ 94
④ 7

해설 (1) **주어진 값**

• 대기압 : 101KPa
• 진공압(력) : 7kPa
• 절대압(력) : ?

(2) 절대압 = 대기압 − 진공압
  = (101−7)kPa = 94kPa

중요

절대압
(1) **절**대압 = **대**기압 + **게**이지압(계기압)
(2) 절대압 = 대기압 − 진공압

기억법 **절대게**

답 ③

★★★ 22

펌프의 비속도를 나타내는 식의 요소가 아닌 것은?

19.03.문26
15.05.문24
07.03.문27

① 유량
② 전양정
③ 압력
④ 회전수

해설 **펌프의 비속도**

$$n_s = n \frac{\sqrt{Q}}{H^{\frac{3}{4}}}$$

여기서, n_s : 펌프의 비교회전도(비속도)[m^3/min·m/rpm]
  n : 회전수[rpm] 보기 ④
  Q : 유량[m^3/min] 보기 ①
  H : 양정(전양정)[m] 보기 ②

비속도(비교회전도)
펌프의 성능을 나타내거나 가장 적합한 **회전수**를 결정하는 데 이용되며, 회전자의 **형상**을 나타내는 척도가 된다.

답 ③

★★★
23

21.03.문22
19.09.문36
19.03.문30
13.06.문25

관 A에는 물이, 관 B에는 비중 0.9의 기름이 흐르고 있으며 그 사이에 마노미터 액체는 비중이 13.6인 수은이 들어 있다. 그림에서 $h_1 = 120mm$, $h_2 = 180mm$, $h_3 = 300mm$일 때 두 관의 압력차 $(P_A - P_B)$는 약 몇 kPa인가?

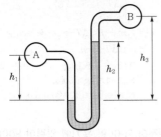

① 33.4   ② 18.4
③ 12.3   ④ 23.9

(1) 기호

- s_1 : 1(물이므로)
- s_3 : 0.9
- s_2 : 13.6
- h_1 : 120mm = 0.12m(1000mm = 1m)
- h_2 : 180mm = 0.18m(1000mm = 1m)
- h_3' : $(h_3 - h_2) = (300 - 180)$mm
          = 120mm
          = 0.12m(1000mm = 1m)
- $P_A - P_B$: ?

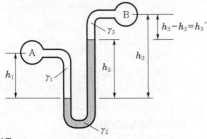

(2) 비중

$$s = \frac{\gamma}{\gamma_w}$$

여기서, s : 비중
       γ : 어떤 물질의 비중량[kN/m³]
       γ_w : 물의 비중량(9.8kN/m³)

물의 비중량 $s_1 = 9.8kN/m^3$
기름의 비중량 γ_3는
$\gamma_3 = s_3 \times \gamma_w = 0.9 \times 9.8kN/m^3 = 8.82kN/m^3$
수은의 비중량 γ_2는
$\gamma_2 = s_2 \times \gamma_w = 13.6 \times 9.8kN/m^3 = 133.28kN/m^3$

(3) 압력차
$P_A + \gamma_1 h_1 - \gamma_2 h_2 - \gamma_3 h_3' = P_B$
$P_A - P_B = -\gamma_1 h_1 + \gamma_2 h_2 + \gamma_3 h_3'$
            $= -9.8kN/m^3 \times 0.12m + 133.28kN/m^3$
            $\times 0.18m + 8.82kN/m^3 \times 0.12m$
            $\fallingdotseq 23.87 \fallingdotseq 23.9kN/m^2$
            $= 23.9kPa(1kN/m^2 = 1kPa)$

시차액주계의 **압력계산방법**
점 A를 기준으로 내려가면 더하고, 올라가면 빼면 된다.

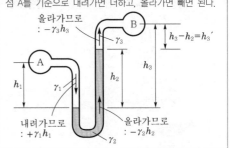

답 ④

★★★
24

21.05.문32
19.09.문23
16.03.문30
11.03.문31

안지름 60cm의 수평 원관에 정상류의 층류흐름이 있다. 이 관의 길이 60m에 대한 수두손실이 9m였다면 이 관에 대하여 관 벽으로부터 10cm 떨어진 지점에서의 전단응력의 크기[N/m²]는?

① 294
② 147
③ 98
④ 196

(1) 기호

- r : 30cm = 0.3m(안지름이 60cm이므로 반지름은 30cm, 100cm = 1m)
- r' : (30 - 10)cm = 20cm = 0.2m(100cm = 1m)
- l : 60m
- h : 9m
- τ : ?

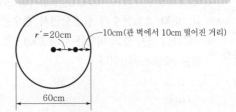

(2) 압력차

$$\Delta P = \gamma h$$

여기서, ΔP : 압력차[N/m²] 또는 [Pa]
γ : 비중량(물의 비중량 9800N/m³)
h : 높이(수두손실)[m]
압력차 ΔP는
$$\Delta P = \gamma h = 9800\text{N/m}^3 \times 9\text{m} = 88200\text{N/m}^2$$

(3) 뉴턴의 점성법칙

$$\tau = \frac{P_A - P_B}{l} \cdot \frac{r}{2}$$

여기서, τ : 전단응력[N/m²] 또는 [Pa]
$P_A - P_B$: 압력강하[N/m²] 또는 [Pa]
l : 관의 길이[m]
r : 반경[m]

중심에서 20cm 떨어진 지점에서의 전단응력 τ는
$$\tau = \frac{P_A - P_B}{l} \cdot \frac{r'}{2}$$
$$= \frac{88200\text{N/m}^2}{60\text{m}} \times \frac{0.2\text{m}}{2}$$
$$= 147\text{N/m}^2$$

- 전단응력＝전단력

🔧 중요

전단응력

층류	난류
$\tau = \dfrac{P_A - P_B}{l} \cdot \dfrac{r}{2}$	$\tau = \mu \dfrac{du}{dy}$
여기서, τ : 전단응력[N/m²] 또는 [Pa] $P_A - P_B$: 압력강하 [N/m²] l : 관의 길이[m] r : 반경[m]	여기서, τ : 전단응력[N/m²] 또는 [Pa] μ : 점성계수 [N·s/m²] 또는 [kg/m·s] $\dfrac{du}{dy}$: 속도구배(속도 변화율)$\left(\dfrac{1}{\text{s}}\right)$ du : 속도[m/s] dy : 높이[m]

답 ②

⭐⭐⭐
25 대기에 노출된 상태로 저장 중인 20℃의 소화용수 500kg을 연소 중인 가연물에 분사하였을 때 소화용수가 모두 100℃인 수증기로 증발하였다. 이때 소화용수가 증발하면서 흡수한 열량[MJ]은? (단, 물의 비열은 4.2kJ/kg·℃, 기화열은 2250kJ/kg이다.)

21.03.문04
19.03.문05
17.05.문05
15.09.문03
15.05.문19
14.05.문03
11.10.문18
10.05.문03

① 1125
② 2.59
③ 168
④ 1293

해설 (1) 기호
- m : 500kg
- ΔT : (100−20)℃
- Q : ?
- C : 4.2kJ/kg·℃
- r_2 : 2250kJ/kg

(2) 열량

$$Q = r_1 m + mC\Delta T + r_2 m$$

여기서, Q : 열량[cal]
r_1 : 융해열[cal/g]
r_2 : 기화열[cal/g]
m : 질량[kg]
C : 비열[cal/g·℃]
ΔT : 온도차[℃]

열량 Q는
$$Q = \cancel{r_1 m} + mC\Delta T + r_2 m \quad \leftarrow \text{융해열은 없으므로 } r_1 m \text{ 삭제}$$
$$= mC\Delta T + r_2 m$$
$$= 500\text{kg} \times 4.2\text{kJ/kg·℃} \times (100-20)℃$$
$$\quad + 2250\text{kJ/kg} \times 500\text{kg}$$
$$= 1293000\text{kJ} = 1293\text{MJ}(1000\text{kJ} = 1\text{MJ})$$

답 ④

⭐⭐
26 체적이 200L인 용기에 압력이 800kPa이고 온도가 200℃의 공기가 들어 있다. 공기를 냉각하여 압력을 500kPa로 낮추기 위해 제거해야 하는 열[kJ]은? (단, 공기의 정적비열은 0.718kJ/kg·K이고, 기체상수는 0.287kJ/kg·K이다.)

16.10.문22
09.03.문40

① 1400
② 570
③ 990
④ 150

해설 (1) 기호
- V : 200L＝0.2m³(1000L=1m³)
- P_1 : 800kPa＝800kN/m²(1kPa=1kN/m²)
- T_1 : 200℃＝(273+200)K
- P_2 : 500kPa
- Q : ?
- C_V : 0.718kJ/kg·K
- R : 0.287kJ/kg·K＝0.287kN·m/kg·K (1kJ=1kN·m)

(2) 이상기체상태방정식

$$PV = mRT$$

여기서, P : 압력[kPa]
V : 체적[m³]
m : 질량[kg]
R : 기체상수[kJ/kg·K]
T : 절대온도(273+℃)[K]

질량 m은

$$m = \frac{PV}{RT}$$

$$= \frac{800\text{kN/m}^2 \times 0.2\text{m}^3}{0.287\text{kN} \cdot \text{m/kg} \cdot \text{K} \times (273+200)\text{K}} \fallingdotseq 1.18\text{kg}$$

(3) **정적과정**(체적이 변하지 않으므로)시의 온도와 압력과의 관계

$$\frac{P_2}{P_1} = \frac{T_2}{T_1}$$

여기서, P_1, P_2 : 변화 전후의 압력[kJ/m³]

T_1, T_2 : 변화 전후의 온도(273+℃)[K]

변화 후의 온도 T_2는

$$T_2 = \frac{P_2}{P_1} \times T_1$$

$$= \frac{500\text{kPa}}{800\text{kPa}} \times (273+200)\text{K} \fallingdotseq 295.6\text{K}$$

(4) **열**

$$Q = mC_V(T_2 - T_1)$$

여기서, Q : 열[kJ]

m : 질량[kg]

C_V : 정적비열[kJ/kg · K]

$(T_2 - T_1)$: 온도차 [K] 또는 [℃]

열 Q는

$$Q = mC_V(T_2 - T_1)$$

$$= 1.18\text{kg} \times 0.718\text{kJ/kg} \cdot \text{K}$$

$$\times [295.6 - (273+200)]\text{K}$$

$$\fallingdotseq -150\text{kJ}$$

• '−'는 제거열에 해당

답 ④

27 다음 물성량 중 길이의 단위로 표시할 수 없는 것은?

① 수차의 유효낙차 ② 속도수두

③ 물의 밀도   ④ 펌프 전양정

해설

③ 물의 밀도(kg/m³=N · s²/m⁴)

길이의 단위

(1) 수차의 유효낙차[m] 보기 ①

(2) 속도수두[m] 보기 ②

(3) 위치수두[m]

(4) 압력수두[m]

(5) 펌프 전양정[m] 보기 ④

답 ③

★★★

28 운동량(Momentum)의 차원을 MLT계로 옳게 나타낸 것은? (단, M은 질량, L은 길이, T는 시간을 나타낸다.)

21.03.문32
18.03.문30
02.05.문27

① MLT^{-1} ② MLT

③ MLT^2 ④ MLT^{-2}

해설 **중력단위와 절대단위의 차원**

차 원	중력단위[차원]	절대단위[차원]
길이	m[L]	m[L]
시간	s[T]	s[T]
운동량	N · s[FT]	kg · m/s[MLT⁻¹] 보기 ①
힘	N[F]	kg · m/s²[MLT⁻²]
속도	m/s[LT⁻¹]	m/s[LT⁻¹]
가속도	m/s²[LT⁻²]	m/s²[LT⁻²]
질량	N · s²/m[FL⁻¹T²]	kg[M]
압력	N/m²[FL⁻²]	kg/m · s²[ML⁻¹T⁻²]
밀도	N · s²/m⁴[FL⁻⁴T²]	kg/m³[ML⁻³]
비중	무차원	무차원
비중량	N/m³[FL⁻³]	kg/m² · s²[ML⁻²T⁻²]
비체적	m⁴/N · s²[F⁻¹L⁴T⁻²]	m³/kg[M⁻¹L³]
일률	N · m/s[FLT⁻¹]	kg · m²/s³[ML²T⁻³]
일	N · m[FL]	kg · m²/s²[ML²T⁻²]
점성계수	N · s/m²[FL⁻²T]	kg/m · s[ML⁻¹T⁻¹]
동점성계수	m²/s[L²T⁻¹]	m²/s[L²T⁻¹]

답 ①

★★★

29 지름 60cm, 관마찰계수가 0.3인 배관에 설치한 밸브의 부차적 손실계수(K)가 10이라면 이 밸브의 상당길이[m]는?

21.03.문29
18.03.문39
11.10.문26
11.03.문21
10.03.문28

① 20   ② 22

③ 26   ④ 24

해설 (1) **기호**

• d : 60cm=0.6m(100cm=1m)

• f : 0.3

• K : 10

• L_e : ?

(2) **등가길이(상당길이)**

$$L_e = \frac{Kd}{f}$$

여기서, L_e : 등가길이[m]

K : 부차적 손실계수

d : 내경(지름)[m]

f : 마찰손실계수(관마찰계수)

• 등가길이=상당길이=상당관길이

• 마찰계수=마찰손실계수=관마찰계수

상당길이 L_e는

$$L_e = \frac{Kd}{f} = \frac{10 \times 0.6\text{m}}{0.3} = 20\text{m}$$

답 ①

★★★ 30

안지름 19mm인 옥외소화전 노즐로 방수량을 측정하기 위하여 노즐 출구에서의 방수압을 측정한 결과 압력계가 608kPa로 측정되었다. 이때 방수량[m³/min]은?

| 21.03.문36 |
| 18.03.문39 |
| 14.09.문28 |
| 09.03.문21 |
| 02.09.문29 |

① 0.891   ② 0.435

③ 0.742   ④ 0.593

해설 (1) 기호

- D : 19mm
- P : 608kPa=0.608MPa(1000kPa=1MPa)
- Q : ?

(2) 방수량

$$Q = 0.653D^2\sqrt{10P} = 0.6597CD^2\sqrt{10P}$$

여기서, Q : 방수량[L/min]
C : 유량계수(노즐의 흐름계수)
D : 내경[mm]
P : 방수압력[MPa]

방수량 Q는
$Q = 0.653D^2\sqrt{10P}$
$= 0.653 \times (19\text{mm})^2 \times \sqrt{10 \times 0.608\text{MPa}}$
$≒ 581\text{L/min}$
$= 0.581\text{m}^3/\text{min}(1000\text{L}=1\text{m}^3)$

- 여기서는 근접한 ④ 0.593m³/min이 답

답 ④

★★★ 31

수조의 수면으로부터 20m 아래에 설치된 지름 5cm의 오리피스에서 30초 동안 분출된 유량[m³]은? (단, 수심은 일정하게 유지된다고 가정하고 오리피스의 유량계수 $C=0.98$로 하여 다른 조건은 무시한다.)

| 17.03.문34 |
| 15.03.문37 |
| 13.03.문28 |
| 03.08.문22 |

① 3.46   ② 1.14

③ 31.6   ④ 11.4

해설 (1) 기호

- H : 20m
- D : 5cm=0.05m(100cm=1m)
- t : 30s
- Q : ?
- C : 0.98

(2) 토리첼리의 식

$$V = C\sqrt{2gH}$$

여기서, V : 유속[m/s]
C : 유량계수
g : 중력가속도(9.8m/s²)
H : 물의 높이[m]

유속 V는
$V = C\sqrt{2gH}$
$= 0.98 \times \sqrt{2 \times 9.8\text{m/s}^2 \times 20\text{m}} ≒ 19.4\text{m/s}$

(3) 유량

$$Q = AV = \left(\frac{\pi D^2}{4}\right)V$$

여기서, Q : 유량[m³/s]
A : 단면적[m²]
V : 유속[m/s]
D : 지름[m]

유량 Q는
$Q = \left(\frac{\pi D}{4}\right)^2 V$
$= \frac{\pi \times (0.05\text{m})^2}{4} \times 19.4\text{m/s} = 0.038\text{m}^3/\text{s}$
$0.038\text{m}^3/\text{s} \times 30\text{s} = 1.14\text{m}^3$

답 ②

★★★ 32

유체의 마찰에 의하여 발생하는 성질을 점성이라 한다. 뉴턴의 점성법칙을 설명한 것으로 옳지 않은 것은?

| 20.08.문27 |
| 19.03.문21 |
| 17.09.문21 |
| 16.03.문31 |
| 06.09.문22 |
| 01.09.문32 |

① 전단응력은 속도기울기에 비례한다.

② 속도기울기가 크면 전단응력이 크다.

③ 점성계수가 크면 전단응력이 작다.

④ 전단응력과 속도기울기가 선형적인 관계를 가지면 뉴턴유체라고 한다.

해설 ③ 작다. → 크다.

뉴턴(Newton)의 점성법칙

$$\tau = \mu\frac{du\,(비례)}{dy\,(반비례)}$$

여기서, τ : 전단응력[N/m²]
μ : 점성계수[N·s/m²]
$\frac{du}{dy}$: 속도구배(속도기울기)[s⁻¹]
du : 속도[m/s]
dy : 높이[m]

답 ③

★ 33

그림과 같이 바닥면적이 4m²인 어느 물탱크에 차있는 물의 수위가 4m일 때 탱크의 바닥이 받는 물에 의한 힘[kN]은?

① 156.8

② 15.68

③ 39.1

④ 3.91

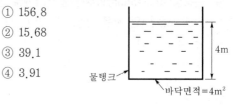

해설 (1) 기호

- V : $4\text{m}^2 \times 4\text{m} = 16\text{m}^3$
- F : ?

(2) 힘

$$F = \gamma V$$

여기서, F : 힘[N]

γ : 비중량(물의 비중량 9.8kN/m^3)

V : 체적[m³]

힘 F 는

$$F = \gamma V = 9.8\text{kN/m}^3 \times 16\text{m}^3 = 156.8\text{kN}$$

답 ①

34 그림과 같은 사이펀(Siphon)에서 흐를 수 있는 유량[m³/min]은? (단, 관의 안지름은 50mm이며, 관로 손실은 무시한다.)

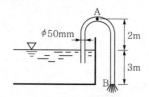

① 60

② 0.903

③ 15

④ 0.015

해설 (1) 기호

- Q : ?
- D : 50mm = 0.05m(1000mm = 1m)
- H : 3m(그림)

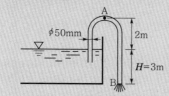

(2) 토리첼리의 식

$$V = C\sqrt{2gH}$$

여기서, V : 유속[m/s]

C : 유량계수

g : 중력가속도(9.8m/s^2)

H : 높이[m]

유속 V 는

$$V = C\sqrt{2gH}$$
$$= \sqrt{2 \times 9.8\text{m/s}^2 \times 3\text{m}}$$
$$\fallingdotseq 7.668\text{m/s}$$

- C : 주어지지 않으므로 무시

(3) 유량

$$Q = AV = \left(\frac{\pi D^2}{4}\right)V$$

여기서, Q : 유량[m³/s]

A : 단면적[m²]

V : 유속[m/s]

D : 직경[m]

유량 Q 는

$$Q = \left(\frac{\pi D}{4}\right)^2 V$$
$$= \frac{\pi \times (0.05\text{m})^2}{4} \times 7.668\text{m/s}$$
$$= 0.01505\text{m}^3/\text{s}$$
$$= 0.01505\text{m}^3 \left| \frac{1}{60}\text{min}\left(1\text{min} = 60\text{s}, 1\text{s} = \frac{1}{60}\text{min}\right)\right.$$
$$= 0.01505 \times 60\text{m}^3/\text{min}$$
$$= 0.903\text{m}^3/\text{min}$$

답 ②

35 원형 파이프 내에서 유체의 흐름이 난류라고 할 때 다음 설명 중 틀린 것은?

19.09.문35
15.09.문27
14.09.문33

① 파이프의 거칠기는 마찰계수에 영향을 미친다.

② 레이놀즈수가 2000 이하일 때 난류가 발생한다.

③ 무작위적이고 불규칙적인 흐름으로 인해 난류유동에서는 전단응력이 시간 평균의 기울기에 비례하지 않는다.

④ 평균유속이 파이프 중심에서의 유속과 거의 비슷하게 된다.

해설 ② 난류 → 층류

레이놀즈수

구 분	설 명
층류	$Re < 2100(2000)$
천이영역(임계영역)	$2100(2000) < Re < 4000$
난류	$Re > 4000$

중요

관마찰계수

구 분	설 명
층류	레이놀즈수에만 관계되는 계수(언제나 **레이놀즈**의 함수)
천이영역 (임계영역)	레이놀즈수와 관의 상대조도에 관계되는 계수
난류	관의 상대조도에 무관한 계수

답 ②

여기서, R : 기체상수[kJ/kg · K]

C_P : 정압비열[kJ/kg · K]

C_V : 정적비열[kJ/kg · K]

$\overline{R}$: 일반기체상수[kJ/kmol · K]

M : 분자량[kg/kmol]

분자량 M은

$$M = \frac{\overline{R}}{R} = \frac{8.314\text{kJ/kmol} \cdot \text{K}}{4.15\text{kJ/kg} \cdot \text{K}} ≒ 2\text{kg/kmol}$$

(∴ 분자량 약 2kg/kmol인 ②번 정답)

답 ②

★★★ 36

안지름이 150mm인 금속구(球)의 질량을 내부가 진공일 때와 875kPa까지 미지의 가스로 채워졌을 때 각각 측정하였다. 이때 질량의 차이가 0.00125kg이었고 실온은 25℃이었다. 이 가스를 순수물질이라고 할 때 이 가스는 무엇으로 추정되는가? (단, 일반기체상수는 8314J/kmol · K 이다.)

21.09.문02
20.06.문17
18.09.문11
14.09.문07
12.03.문19
06.09.문13

① 헬륨(He, 분자량 약 4)

② 수소(H₂, 분자량 약 2)

③ 아르곤(Ar, 분자량 약 40)

④ 산소(O₂, 분자량 약 32)

해설 (1) 기호

- D : 150mm=0.15m(1000mm=1m)
- P : 875kPa=875kN/m²(1kPa=1kN/m²)
- m : 0.00125kg
- T : 25℃=(273+25)K
- $\overline{R}$: 8314J/kmol · K=8.314kJ/kmol · K (1000J=1kJ)
- M : ?

(2) 구의 부피

$$V = \frac{\pi}{6}D^3$$

여기서, V : 구의 부피[m³]

D : 구의 안지름[m]

구의 부피 V는

$$V = \frac{\pi}{6}D^3 = \frac{\pi}{6} \times (0.15\text{m})^3$$

(3) 이상기체상태 방정식

$$PV = mRT$$

여기서, P : 기압[kPa]

V : 부피[m³]

m : 질량[kg]

R : 기체상수[kJ/kg · K]

T : 절대온도(273+℃)[K]

기체상수 R는

$$R = \frac{PV}{mT}$$

$$= \frac{875\text{kN/m}^2 \times \frac{\pi}{6} \times (0.15\text{m})^3}{0.00125\text{kg} \times (273+25)\text{K}}$$

$$≒ 4.15\text{kN} \cdot \text{m/kg} \cdot \text{K}$$

$$= 4.15\text{kJ/kg} \cdot \text{K} \, (1\text{kN} \cdot \text{m} = 1\text{kJ})$$

(4) 기체상수

$$R = C_P - C_V = \frac{\overline{R}}{M}$$

★★★ 37

실린더 내 액체의 압력이 0.1GPa일 때 체적이 0.5cm³이었다. 이후 압력을 0.2GPa로 가했을 때 체적이 0.495cm³로 되었다면, 이 액체의 체적탄성계수[GPa]는?

21.03.문35
19.09.문33
18.03.문37
12.03.문30

① 20

② 1

③ 2

④ 10

해설 (1) 기호

- ΔP : (0.2−0.1)GPa
- V : 0.5cm³
- ΔV : (0.5−0.495)cm³
- K : ?

(2) 체적탄성계수

$$K = -\frac{\Delta P}{\dfrac{\Delta V}{V}}$$

여기서, K : 체적탄성계수[kPa]

ΔP : 가해진 압력[kPa]

$\dfrac{\Delta V}{V}$: 체적의 감소율

ΔV : 체적의 변화(체적의 차)[m³]

V : 처음 체적[m³]

체적탄성계수 K는

$$K = -\frac{\Delta P}{\dfrac{\Delta V}{V}} = -\frac{(0.2-0.1)\text{GPa}}{\dfrac{(0.5-0.495)\text{cm}^3}{0.5\text{cm}^3}} = -10\text{GPa}$$

- '−'는 누르는 방향이 위 또는 아래를 나타내는 것으로 특별한 의미는 없다.
- 단위만 일치시켜 주면 되므로 GPa, cm³ 그대로 사용

🌱 **용어**

체적탄성계수

어떤 압력으로 누를 때 이를 떠받치는 힘의 크기를 의미하며, 체적탄성계수가 클수록 압축하기 힘들다.

답 ④

38

★★★
21.09.문25
17.09.문35
16.10.문40

대류에 의한 열전달률은 아래의 식과 같이 단순화하여 나타낼 수 있는데 이와 관련한 법칙은? (단, q는 대류열전달률, h는 대류열전달계수, A는 열전달면적, T_w는 물체의 표면온도, T_x는 물체 주위의 유체온도이다.)

$$q = hA(T_w - T_x)$$

① 줄의 법칙
② 뉴턴의 냉각법칙
③ 스테판-볼츠만 법칙
④ 푸리에의 법칙

해설 **열전달**의 종류

종류	공식	관련 법칙
전도 (conduction)	$Q = \dfrac{kA(T_2 - T_1)}{l}$ 여기서, Q : 전도열[W] k : 열전도율[W/m·K] A : 단면적[m²] $(T_2 - T_1)$: 온도차[K] l : 벽체 두께[m]	**푸리에** (Fourier) 의 법칙
대류 (convection)	$Q = hA(T_2 - T_1)$ 여기서, Q : 대류열[W] h : 열전달률[W/m²·℃] A : 단면적[m²] $(T_2 - T_1)$: 온도차[℃]	**뉴턴**의 냉각법칙 보기 ②
복사 (radiation)	$Q = aAF(T_1^{\,4} - T_2^{\,4})$ 여기서, Q : 복사열[W] a : 스테판-볼츠만 상수 [W/m²·K⁴] A : 단면적[m²] F : 기하학적 Factor T_1 : 고온[K] T_2 : 저온[K]	**스테판-볼츠만**의 법칙

👉 중요

용어

구분	설명
전도	하나의 물체가 다른 물체와 직접 **접촉**하여 열이 이동하는 현상
대류	**유체**의 흐름에 의하여 열이 이동하는 현상
복사	① 화재시 화원과 **격리**된 인접 가연물에 불이 옮겨 붙는 현상 ② **열전달 매질**이 없이 열이 전달되는 형태 ③ 열에너지가 **전자파**의 형태로 옮겨지는 현상으로, 가장 크게 작용

답 ②

39

★
21.09.문25
17.09.문35
16.10.문40

설계규정에 의하면 어떤 장치에서의 원형관의 유체속도는 2m/s 내외이다. 이 관을 이용하여 물을 1m³/min 유량으로 수송하려면 관의 안지름[mm]은?

① 505
② 13
③ 103
④ 25

해설 (1) 기호
- V : 2m/s
- Q : 1m³/min=1m³/60s
- D : ?

(2) 유량

$$Q = AV = \left(\dfrac{\pi D^2}{4}\right)V$$

여기서, Q : 유량[m³/s]
A : 단면적[m²]
V : 유속[m/s]
D : 직경[m]

유량 Q는

$$Q = \left(\dfrac{\pi D^2}{4}\right)V$$

$$\dfrac{4Q}{\pi V} = D^2$$

$$D^2 = \dfrac{4Q}{\pi V} \quad \leftarrow \text{좌우 이항}$$

$$\sqrt{D^2} = \sqrt{\dfrac{4Q}{\pi V}}$$

$$D = \sqrt{\dfrac{4Q}{\pi V}} = \sqrt{\dfrac{4 \times 1\text{m}^3/60\text{s}}{\pi \times 2\text{m/s}}}$$

$$\fallingdotseq 0.103\text{m} = 103\text{mm} \,(1\text{m} = 1000\text{mm})$$

답 ③

40

★★★
21.05.문21
19.03.문22
17.09.문24
17.05.문36
11.06.문25
03.05.문80

전양정 50m, 유량 1.5m³/min로 운전 중인 펌프가 유체에 가해주는 이론적인 동력[kW]은?

① 16.45
② 14.85
③ 18.35
④ 12.25

해설 (1) 기호
- H : 50m
- Q : 1.5m³/min
- P : ?

(2) **수동력**(이론동력) : 이론적인 동력

$$P = 0.163QH$$

여기서, P : 수동력[kW]
Q : 유량[m³/min]
H : 전양정[m]

수동력 P는

$P = 0.163QH$

$= 0.163 \times 1.5 \text{m}^3/\text{min} \times 50\text{m}$

$= 12.225 \text{kW}$

(∴ 여기서는 ④ 12.25kW가 정답)

중요

펌프의 동력

(1) **전동력**(모터동력)

일반적인 전동기의 동력(용량)을 말한다.

$$P = \frac{0.163\,QH}{\eta}K$$

여기서, P : 전동력(kW)

Q : 유량(m³/min)

H : 전양정(m)

K : 전달계수

η : 효율

(2) **축동력**(제동동력)

전달계수(K)를 고려하지 않은 동력이다.

$$P = \frac{0.163\,QH}{\eta}$$

여기서, P : 축동력(kW)

Q : 유량(m³/min)

H : 전양정(m)

η : 효율

(3) **수동력**(이론동력)

전달계수(K)와 효율(η)을 고려하지 않은 동력이다.

$$P = 0.163\,QH$$

여기서, P : 수동력(kW)

Q : 유량(m³/min)

H : 전양정(m)

답 ④

제3과목 소방관계법규

★★★
41

21.09.문72
18.09.문71
17.03.문41
07.05.문45

소방시설 설치 및 관리에 관한 법령상 단독경보형 감지기를 설치하여야 하는 특정소방대상물로 틀린 것은?

① 연면적 600m²의 유치원

② 연면적 300m²의 유치원

③ 100명 미만의 숙박시설이 있는 수련시설

④ 교육연구시설 또는 수련시설 내에 있는 합숙소 또는 기숙사로서 연면적 2000m² 미만인 것

해설

① 600m² → 400m² 미만

② 유치원은 400m² 미만이므로 300m²는 옳은 답

③ 100명 미만의 수련시설(숙박시설이 있는 것)은 옳은 답

소방시설법 시행령 〔별표 4〕
단독경보형 감지기의 설치대상

연면적	설치대상
400m² 미만	유치원 보기 ①②
2000m² 미만 보기 ④	• 교육연구시설 · 수련시설 내의 합숙소 • 교육연구시설 · 수련시설 내의 기숙사
모두 적용 보기 ③	• 100명 미만의 수련시설(숙박시설이 있는 것) • 연립주택 • 다세대주택

답 ①

★★
42

17.05.문53
13.06.문59

소방시설공사업법령상 지하층을 포함한 층수가 16층 이상 40층 미만인 특정소방대상물의 소방시설 공사현장에 배치하여야 할 소방공사 책임감리원의 배치기준에서 ( ) 안에 들어갈 등급으로 옳은 것은?

행정안전부령으로 정하는 ( )감리원 이상의 소방공사 감리원(기계분야 및 전기분야)

① 특급　　② 중급

③ 고급　　④ 초급

해설 **공사업령 〔별표 4〕**
소방공사감리원의 배치기준

공사현장	배치기준	
	책임감리원	보조감리원
• 연면적 5천m² 미만 • 지하구	**초급**감리원 이상 (기계 및 전기)	
• 연면적 5천~3만m² 미만	**중급**감리원 이상 (기계 및 전기)	
• 물분무등소화설비(호스릴 제외) 설치 • 제연설비 설치 • 연면적 3만~20만m² 미만 (아파트)	**고급**감리원 이상 (기계 및 전기)	**초급**감리원 이상 (기계 및 전기)
• 연면적 3만~20만m² 미만 (아파트 제외) • 16~40층 미만(지하층 포함) 보기 ①	**특급**감리원 이상 (기계 및 전기)	**초급**감리원 이상 (기계 및 전기)
• 연면적 20만m² 이상 • 40층 이상(지하층 포함)	특급감리원 중 **소방기술사**	**초급**감리원 이상 (기계 및 전기)

비교

공사업령 〔별표 2〕
소방기술자의 배치기준

공사현장	배치기준
• 연면적 1천m² 미만	• 소방기술인정자격수첩 발급자
• 연면적 1천~5천m² 미만(아파트 제외) • 연면적 1천~1만m² 미만(아파트) • 지하구	• **초급**기술자 이상(기계 및 전기분야)

• 물분무등소화설비(호스릴 제외) 또는 **제연설비** 설치 • 연면적 **5천~3만㎡** 미만(아파트 제외) • 연면적 **1만~20만㎡** 미만(아파트)	• **중급기술자** 이상(기계 및 전기분야)
• 연면적 **3만~20만㎡** 미만 (아파트 제외) • **16~40층** 미만(지하층 포함)	• **고급기술자** 이상(기계 및 전기분야)
• 연면적 **20만㎡** 이상 • **40층** 이상(지하층 포함)	• **특급기술자** 이상(기계 및 전기분야)

답 ①

 43 소방시설공사업법령상 소방시설업의 등록권자는?

① 한국소방안전원장

② 소방서장

③ 시·도지사

④ 국무총리

해설 **시·도지사**

(1) 제조소 등의 설치**허**가(위험물법 6조)
(2) 소방업무의 지휘·감독(기본법 3조)
(3) 소방체험관의 설립·운영(기본법 5조)
(4) 소방업무에 관한 세부적인 종합계획수립 및 소방업무 수행 (기본법 6조)
(5) 소방시설업자의 지위**승**계(공사업법 7조)
(6) 제조소 등의 **승**계(위험물법 10조)
(7) 소방력의 기준에 따른 계획 수립(기본법 8조)
(8) **화**재예방강화지구의 지정(화재예방법 18조)
(9) 소방시설관리업의 **등록**(소방시설법 29조)
(10) 소방시설업 등록(공사업법 4조) 보기 ③
(11) 탱크시험자의 **등록**(위험물법 16조)
(12) 소방시설관리업의 과징금 부과(소방시설법 36조)
(13) 탱크안전성능검사(위험물법 8조)
(14) 제조소 등의 **완공검사**(위험물법 9조)
(15) 제조소 등의 용도 폐지(위험물법 11조)
(16) **예**방규정의 제출(위험물법 17조)

기억법 허시승화예(농구선수 **허**재가 차 **시승**장에서 나와 **화해**했다.)

답 ③

44 위험물안전관리법령상 자체소방대를 설치하여야 하는 제조소 등으로 옳은 것은?
19.03.문54
15.09.문57
13.06.문53
11.10.문49
① 지정수량 3500배의 칼륨을 취급하는 제조소

② 지정수량 3000배의 아세톤을 취급하는 일반취급소

③ 지정수량 4000배의 등유를 이동저장탱크에 주입하는 일반취급소

④ 지정수량 4500배의 기계유를 유압장치로 취급하는 일반취급소

해설
① 칼륨 : 제3류 위험물
② 아세톤 : 제4류 위험물
③ 등유 : 제4류 위험물
④ 기계유 : 제4류 위험물

위험물령 18조
자체소방대를 설치하여야 하는 사업소
(1) **제4류 위험물**을 취급하는 **제조소** 또는 **일반취급소**(단, 보일러로 위험물을 소비하는 일반취급소 등 행정안전부령으로 정하는 일반취급소는 제외)

• **제조소** 또는 **일반취급소**에서 취급하는 **제4류 위험물**의 **최대수량**의 합이 지정수량의 **3천배** 이상 보기 ②

(2) **제4류 위험물**을 저장하는 **옥외탱크저장소**

• **옥외탱크저장소**에 저장하는 제4류 위험물의 최대수량이 지정수량의 **50만배** 이상

답 ②

45 소방시설 설치 및 관리에 관한 법령상 소방용품 중 피난구조설비를 구성하는 제품 또는 기기에 속하지 않는 것은?
14.09.문58
12.09.문56
① 통로유도등

② 소화기구

③ 공기호흡기

④ 피난사다리

해설 ② 소화설비

소방시설법 시행령 〔별표 3〕
소방용품

소방시설	제품 또는 기기
소화용	① 소화**약**제 ② **방**염제(방염액·방염도료·방염성 물질) 기억법 **소약방**
피난구조설비	① **피난사다리**, 구조대, 완강기(간이완강기 및 지지대 포함) 보기 ④ ② **공기호흡기**(충전기를 포함) 보기 ③ ③ 피난구유도등, **통로유도등**, 객석유도등 및 예비전원이 내장된 비상조명등 보기 ①
소화설비	① 소화기 보기 ② ② 자동소화장치 ③ 간이소화용구(소화약제 외의 것을 이용한 간이소화용구 제외) ④ 소화전 ⑤ 송수구 ⑥ 관창 ⑦ 소방호스 ⑧ 스프링클러헤드 ⑨ 기동용 수압개폐장치 ⑩ 유수제어밸브 ⑪ 가스관 선택밸브

답 ②

46 위험물안전관리법령상 제4류 위험물 중 경유의 지정수량은 몇 리터인가?

19.09.문05
16.03.문45
09.05.문12
05.03.문41

① 1500
② 2000
③ 500
④ 1000

해설 위험물령 [별표 1]
제4류 위험물

성 질	품 명		지정수량	대표물질
인화성액체	특수인화물		50L	• 다이에틸에터 • 이황화탄소
	제1석유류	비수용성	200L	• 휘발유 • 콜로디온
		수용성	400L	• 아세톤
	알코올류		400L	• 변성알코올
	제2석유류	비수용성	1000L	• 등유 • 경유 보기 ④
		수용성	2000L	• 아세트산
	제3석유류	비수용성	2000L	• 중유 • 크레오소트유
		수용성	4000L	• 글리세린
	제4석유류		6000L	• 기어유 • 실린더유
	동식물유류		10000L	• 아마인유

답 ④

47 소방기본법령상 지상에 설치하는 소화전, 저수조 및 급수탑에 대한 소방용수표지기준 중 다음 ( ) 안에 알맞은 것은?

18.09.문58
05.03.문54

> 안쪽 문자는 (㉠), 바깥쪽 문자는 노란색으로, 안쪽 바탕은 (㉡), 바깥쪽 바탕은 (㉢)으로 하고, 반사재료를 사용해야 한다.

① ㉠ 검은색, ㉡ 파란색, ㉢ 붉은색
② ㉠ 흰색, ㉡ 붉은색, ㉢ 파란색
③ ㉠ 흰색, ㉡ 파란색, ㉢ 붉은색
④ ㉠ 검은색, ㉡ 붉은색, ㉢ 파란색

해설 기본규칙 [별표 2]
소방용수표지
(1) **지하**에 설치하는 소화전 · 저수조의 소방용수표지
  ㉠ 맨홀뚜껑은 지름 648mm 이상의 것으로 할 것
  ㉡ 맨홀뚜껑에는 "소화전 · 주정차금지" 또는 "저수조 · 주정차금지"의 표시를 할 것
  ㉢ 맨홀뚜껑 부근에는 **노란색 반사도료**로 폭 15cm의 선을 그 둘레를 따라 칠할 것
(2) **지상**에 설치하는 소화전 · 저수조 및 **급수탑**의 소방용수표지

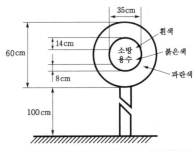

• 안쪽 문자는 **흰색**, 바깥쪽 문자는 **노란색**, 안쪽 바탕은 **붉은색**, 바깥쪽 바탕은 **파란색**으로 하고 **반사재료** 사용 보기 ②

답 ②

48 화재의 예방 및 안전관리에 관한 법령상 정당한 사유 없이 화재안전조사 결과에 따른 조치명령을 위반한 자에 대한 최대 벌칙으로 옳은 것은?

20.06.문48
17.09.문53

① 300만원 이하의 벌금
② 100만원 이하의 벌금
③ 1년 이하의 징역 또는 1천만원 이하의 벌금
④ 3년 이하의 징역 또는 3천만원 이하의 벌금

해설 **3년** 이하의 징역 또는 **3000만원** 이하의 벌금
(1) **화재안전조사** 결과에 따른 조치명령(화재예방법 50조) 보기 ④
(2) **소방시설업** 무등록자(공사업법 35조)
(3) **부정한 청탁**을 받고 재물 또는 재산상의 **이익**을 취득하거나 부정한 청탁을 하면서 재물 또는 재산상의 이익을 제공한 자(공사업법 35조)
(4) **소방시설관리업** 무등록자(소방시설법 57조)
(5) **형식승인**을 얻지 않은 소방용품 제조 · 수입자(소방시설법 57조)
(6) **제품검사**를 받지 않은 사람(소방시설법 57조)
(7) 거짓이나 그 밖의 **부정한 방법**으로 제품검사 전문기관의 지정을 받은 사람(소방시설법 57조)

기억법 **33형관(삼삼**하게 **형**처럼 **관**리하기!)

답 ④

49 소방시설 설치 및 관리에 관한 법령상 모든 층에 스프링클러설비를 설치하여야 하는 특정소방대상물의 기준으로 틀린 것은? (단, 위험물 저장 및 처리시설 중 가스시설 또는 지하구는 제외한다.)

21.05.문60
18.03.문44
15.03.문41
05.09.문52

① 바닥면적 합계가 5000m² 이상인 창고시설(물류터미널은 제외)
② 바닥면적의 합계가 600m² 이상인 숙박이 가능한 수련시설
③ 연면적 3500m² 이상인 복합건축물
④ 바닥면적의 합계가 5000m² 이상이거나 수용인원이 500명 이상인 판매시설, 운수시설 및 창고시설(물류터미널에 한정)

해설 ③ 3500m² 이상 → 5000m² 이상

소방시설법 시행령〔별표 4〕
스프링클러설비의 설치대상

설치대상	조 건
• 문화 및 집회시설, 운동시설 • **종교시설**	• 수용인원 : 100명 이상 • 영화상영관 : 지하층·무창층 500m²(기타 1000m²) 이상 • 무대부 – 지하층·무창층·4층 이상 : 300m² 이상 – 1~3층 : 500m² 이상
• 판매시설 • 운수시설 • 물류터미널 [보기 ④]	• 수용인원 : 500명 이상 • 바닥면적 합계 5000m² 이상
창고시설(물류터미널 제외)	바닥면적 합계 5000m² 이상 : 전층 [보기 ①]
• 노유자시설 • 정신의료기관 • 수련시설(숙박 가능한 것) [보기 ②] • 종합병원, 병원, 치과병원, 한방병원 및 요양병원(정신병원 제외) • 숙박시설	바닥면적 합계 600m² 이상
지하가(터널 제외)	연면적 1000m² 이상
지하층·무창층·4층 이상	바닥면적 1000m² 이상
10m 넘는 랙식 창고	연면적 1500m² 이상
• 복합건축물 [보기 ③] • 기숙사	연면적 5000m² 이상 : 전층
6층 이상	전층
보일러실·연결통로	전부
특수가연물 저장·취급	지정수량 1000배 이상
발전시설	전기저장시설 : 전층

답 ③

★★★
50 소화활동을 위한 소방용수시설 및 지리조사의 실시 횟수는?

21.05.문49
19.04.문50
17.09.문59
16.03.문47
09.08.문51

① 주 1회 이상 ② 주 2회 이상
③ 월 1회 이상 ④ 분기별 1회 이상

해설 기본규칙 7조
소방용수시설 및 지리조사
(1) 조사자 : **소방본부장·소방서장**
(2) 조사일시 : **월 1회 이상**
(3) 조사내용
 ㉠ 소방용수시설
 ㉡ 도로의 **폭·교통상황**
 ㉢ 도로주변의 **토지고저**
 ㉣ 건축물의 **개황**
(4) 조사결과 : **2년**간 보관

↻ 중요

횟수
(1) **월 1**회 이상 : 소방용수시설 및 **지**리조사(기본규칙 7조)

기억법 월1지 (**월**요**일**이 **지**났다.)

(2) **연 1**회 이상
 ㉠ 화재예방강화지구 안의 화재안전조사·훈련·교육(화재예방법 시행령 20조)

 ㉡ 특정소방대상물의 소방훈련·교육(화재예방법 시행규칙 36조)
 ㉢ 제조소 등의 **정**기점검(위험물규칙 64조)
 ㉣ **종**합점검(소방시설법 시행규칙〔별표 3〕)
 ㉤ **작**동점검(소방시설법 시행규칙〔별표 3〕)

기억법 연1정종 (**연일 정종**술을 마셨다.)

(3) **2년**마다 1회 이상
 ㉠ 소방대원의 소방교육·훈련(기본규칙 9조)
 ㉡ **실**무교육(화재예방법 시행규칙 29조)

기억법 실2 (**실**리)

답 ③

★★★
51 소방시설 설치 및 관리에 관한 법령상 건축허가 등의 동의요구시 동의요구서에 첨부하여야 할 서류가 아닌 것은?

16.03.문54
14.09.문46
05.03.문53

① 소방시설공사업 등록증
② 소방시설설계업 등록증
③ 소방시설 설치계획표
④ 건축허가신청서 및 건축허가서

해설 ① 공사업은 건축허가 동의에 해당없음

소방시설법 시행규칙 3조
건축허가 동의시 첨부서류
(1) 건축허가신청서 및 건축허가서 사본 [보기 ④]
(2) 설계도서 및 소방시설 설치계획표 [보기 ③]
(3) **임시소방시설** 설치계획서(설치시기·위치·종류·방법 등 임시소방시설의 설치와 관련한 세부사항 포함)
(4) **소방시설설계업 등록증**과 소방시설을 설계한 기술인력의 기술자격증 사본 [보기 ②]
(5) 건축·대수선·용도변경신고서 사본
(6) 주단면도 및 입면도
(7) 소방시설별 층별 평면도
(8) 방화구획도(창호도 포함)

※ 건축허가 등의 동의권자 : **소방본부장·소방서장**

답 ①

★★★
52 위험물안전관리법령상 허가를 받지 아니하고 당해 제조소 등을 설치하거나 그 위치·구조 또는 설비를 변경할 수 있으며, 신고를 하지 아니하고 위험물의 품명·수량 또는 지정수량의 배수를 변경할 수 있는 기준으로 옳은 것은?

21.03.문46
20.06.문56
19.04.문47
14.03.문58

① 축산용으로 필요한 건조시설을 위한 지정수량 40배 이하의 저장소
② 농예용으로 필요한 난방시설을 위한 지정수량 40배 이하의 저장소
③ 수산용으로 필요한 건조시설을 위한 지정수량 30배 이하의 저장소
④ 주택의 난방시설(공동주택의 중앙난방시설 제외)을 위한 저장소

해설

① 40배 이하 → 20배 이하
② 40배 이하 → 20배 이하
③ 30배 이하 → 20배 이하

위험물법 6조
제조소 등의 설치허가
(1) 설치허가자 : 시·도지사
(2) 설치허가 제외장소
  ㉠ 주택의 난방시설(공동주택의 중앙난방시설은 제외)을 위한 저장소 또는 취급소 보기 ④
  ㉡ 지정수량 **20배** 이하의 **농예용·축산용·수산용** 난방시설 또는 건조시설의 **저장소** 보기 ①②③
(3) **제조소 등의 변경신고** : 변경하고자 하는 날의 **1일** 전까지

참고

시·도지사
(1) 특별시장
(2) 광역시장
(3) 특별자치시장
(4) 도지사
(5) 특별자치도지사

답 ④

53 위험물안전관리법령상 제조소 등에 전기설비(전기배선, 조명기구 등은 제외)가 설치된 장소의 면적이 300m²일 경우, 소형 수동식 소화기는 최소 몇 개 설치하여야 하는가?

21.03.문43
20.08.문54
17.03.문55

① 2개　　② 4개
③ 3개　　④ 1개

해설 **위험물규칙** 〔별표 17〕
전기설비의 소화설비
제조소 등에 전기설비(전기배선, 조명기구 등 제외)가 설치된 경우에는 당해 장소의 면적 **100m²** 마다 **소형 수동식 소화기**를 **1개 이상** 설치할 것

제조소 등의 전기설비 소형 수동식 소화기 개수

$$\frac{바닥면적}{100m^2}(절상) = \frac{300m^2}{100m^2} = 3개$$

중요

절상 : '소수점 이하는 무조건 올린다.'는 뜻

답 ③

54 소방기본법령상 소방대상물에 해당하지 않는 것은?

21.03.문45
20.08.문45
16.10.문57
16.05.문51

① 차량　　　　② 운항 중인 선박
③ 선박건조구조물　④ 건축물

해설 ② 운항 중인 → 매어 둔

기본법 2조 1호
소방대상물
(1) **건**축물 보기 ④
(2) **차**량 보기 ①

(3) **선**박(매어둔 것) 보기 ②
(4) **선**박건조구조물 보기 ③
(5) **인**공구조물
(6) **물**건
(7) **산**림

기억법 건차선 인물산

비교

위험물법 3조
위험물의 저장·운반·취급에 대한 적용 제외
(1) 항공기
(2) 선박
(3) 철도(기차)
(4) 궤도

답 ②

55 소방시설 설치 및 관리에 관한 법령상 방염성능기준 이상의 실내장식물 등을 설치하여야 하는 특정소방대상물에 속하지 않는 것은?

18.04.문50
16.10.문48
16.03.문58
15.09.문54
15.05.문54
14.05.문48

① 의료시설
② 숙박시설
③ 11층 이상인 아파트
④ 노유자시설

해설 ③ 아파트 → 아파트 제외

소방시설법 시행령 30조
방염성능기준 이상 적용 특정소방대상물
(1) 체력단련장, 공연장 및 종교집회장
(2) 문화 및 집회시설
(3) **종**교시설
(4) 운동시설(수영장은 제외)
(5) 의료시설(종합병원, 정신의료기관) 보기 ①
(6) 의원, 조산원, 산후조리원
(7) 합숙소
(8) **노**유자시설 보기 ④
(9) 숙박이 가능한 **수**련시설
(10) **숙**박시설 보기 ②
(11) 방송국 및 촬영소
(12) 다중이용업소(단란주점영업, 유흥주점영업, 노래연습장업의 연습장)
(13) 층수가 **11층** 이상인 것(아파트 제외 : 2026. 12. 1. 삭제) 보기 ③

기억법 방숙 노종수

답 ③

56 소방시설 설치 및 관리에 관한 법령상 지하가 중 터널로서 길이가 1000m일 때 설치하여야 하는 소방시설이 아닌 것은?

20.08.문46
11.10.문46

① 인명구조기구　② 연결송수관설비
③ 무선통신보조설비　④ 옥내소화전설비

해설 **소방시설법 시행령 〔별표 4〕**
지하가 중 터널길이

터널길이	적용설비
500m 이상	• 비상조명등설비 • 비상경보설비 • 무선통신보조설비 [보기 ③] • 비상콘센트설비
1000m 이상	• 옥내소화전설비 [보기 ④] • 연결송수관설비 [보기 ②] • 자동화재탐지설비 • 제연설비

> ②·③ 무선통신보조설비·연결송수관설비는 500m 이상에 설치해야 하므로 1000m에도 당연히 설치

중요

소방시설법 시행령 〔별표 4〕
인명구조기구의 설치장소
(1) 지하층을 포함한 **7층** 이상의 **관광호텔**[방열복, 방화복(안전모, 보호장갑, 안전화 포함), 인공소생기, 공기호흡기]
(2) 지하층을 포함한 **5층** 이상의 **병원**[방화복(안전모, 보호장갑, 안전화 포함), 공기호흡기]

> 기억법 **5병(오병**이어의 기적)

(3) 공기호흡기를 설치하여야 하는 특정소방대상물
① 수용인원 100명 이상인 **영화상영관**
② 대규모점포
③ 지하역사
④ 지하상가
⑤ **이산화탄소 소화설비**(호스릴 이산화탄소 소화설비 제외)를 설치하여야 하는 특정소방대상물

답 ①

57 소방시설 설치 및 관리에 관한 법령상 다음 소방시설 중 경보설비에 속하지 않는 것은?
17.03.문53
① 자동화재속보설비 ② 자동화재탐지설비
③ 무선통신보조설비 ④ 통합감시시설

해설 > ③ 무선통신보조설비 : 소화활동설비

소방시설법 시행령 〔별표 1〕
경보설비
(1) 비상경보설비 ─┬─ 비상벨설비
　　　　　　　　　└─ 자동식 사이렌설비
(2) 단독경보형 감지기
(3) 비상방송설비
(4) 누전경보기
(5) 자동화재탐지설비 및 시각경보기 [보기 ②]
(6) 자동화재속보설비 [보기 ①]
(7) 가스누설경보기
(8) 통합감시시설 [보기 ④]
(9) 화재알림설비

> ※ **경보설비** : 화재발생 사실을 통보하는 기계·기구 또는 설비

답 ③

58 위험물안전관리법령상 위험물의 안전관리와 관련된 업무를 수행하는 자로서 소방청장이 실시하는 안전교육의 대상자가 아닌 자는?
21.03.문48
20.06.문47
① 탱크시험자의 기술인력으로 종사하는 자
② 위험물운송자로 종사하는 자
③ 제조소 등의 관계인
④ 안전관리자로 선임된 자

해설 **위험물법 28조**
위험물 안전교육대상자
(1) 안전관리자 [보기 ④]
(2) 탱크시험자 [보기 ①]
(3) 위험물운반자
(4) 위험물운송자 [보기 ②]

답 ③

59 소방시설 설치 및 관리에 관한 법령상 특정소방대상물에 실내장식 등의 목적으로 설치 또는 부착하는 물품으로서 제조 또는 가공 공정에서 방염처리를 한 방염대상물품이 아닌 것은? (단, 합판·목재류의 경우에는 설치현장에서 방염처리를 한 것을 말한다.)
21.09.문41
19.04.문42
17.03.문59
15.03.문51
13.06.문44
① 암막·무대막
② 전시용 합판 또는 섬유판
③ 두께가 2mm 미만인 종이벽지
④ 창문에 설치하는 커튼류

해설 > ③ 두께가 2mm 미만인 종이벽지 → 두께가 2mm 미만인 종이벽지 제외

소방시설법 시행령 31조
방염대상물품

제조 또는 가공 공정에서 방염처리를 한 물품	건축물 내부의 천장이나 벽에 부착하거나 설치하는 것
① 창문에 설치하는 **커튼류**(블라인드 포함) [보기 ④] ② 카펫 ③ **벽지류**(두께 2mm 미만인 **종이벽지 제외**) [보기 ③] ④ **전시용 합판·목재** 또는 **섬유판** [보기 ②] ⑤ **무대용 합판·목재** 또는 **섬유판** ⑥ **암막·무대막**(영화상영관·가상체험 체육시설업의 **스크린** 포함) [보기 ①] ⑦ 섬유류 또는 합성수지류 등을 원료로 하여 제작된 소파·의자(단란주점영업, 유흥주점영업 및 노래연습장업의 영업장에 설치하는 것만 해당)	① 종이류(두께 **2mm 이상**), **합성수지류** 또는 섬유류를 주원료로 한 물품 ② **합판**이나 **목재** ③ 공간을 구획하기 위하여 설치하는 **간이칸막이** ④ **흡음재**(흡음용 커튼 포함) 또는 **방음재**(방음용 커튼 포함) ※ 가구류(옷장, 찬장, 식탁, 식탁용 의자, 사무용 책상 사무용 의자, 계산대)와 너비 10cm 이하인 반자돌림대, 내부 마감재료 제외

답 ③

60

★★★

소방기본법령상 인접하고 있는 시·도간 소방업무의 상호응원협정을 체결하고자 하는 때에 포함되도록 하여야 하는 사항이 아닌 것은?

21.05.문56
17.09.문57
15.05.문44
14.05.문41

① 소방교육·훈련의 종류 및 대상자에 관한 사항
② 출동대원의 수당·식사 및 의복의 수선 등 소요경비의 부담에 관한 사항
③ 화재의 경계·진압활동에 관한 사항
④ 화재조사활동에 관한 사항

해설 ① 상호응원협정은 실제상황이므로 소방교육·훈련은 해당되지 않음

기본규칙 8조
소방업무의 상호응원협정
(1) 다음의 **소방활동**에 관한 사항
  ㉠ 화재의 **경계**·진압활동 보기 ③
  ㉡ 구조·구급업무의 지원
  ㉢ 화재조사활동 보기 ④
(2) **응원출동** 대상지역 및 규모
(3) 소요경비의 **부담**에 관한 사항
  ㉠ **출동대원**의 수당·식사 및 의복의 수선 보기 ②
  ㉡ 소방장비 및 기구의 정비와 연료의 보급
(4) **응원출동**의 요청방법
(5) **응원출동훈련** 및 평가

기억법 경응출

답 ①

제 4 과목 소방기계시설의 구조 및 원리 ∷

61

★★

다음 소화기구 및 자동소화장치의 화재안전기준에 관한 설명 중 (   ) 안에 해당하는 설비가 아닌 것은?

15.03.문62
07.05.문62

> 대형소화기를 설치하여야 할 특정소방대상물 또는 그 부분에 (   ), (   ), (   ) 또는 옥외소화전설비를 설치한 경우에는 해당 설비의 유효범위 안의 부분에 대하여는 대형소화기를 설치하지 아니할 수 있다.

① 스프링클러설비
② 제연설비
③ 물분무등소화설비
④ 옥내소화전설비

해설 대형소화기의 설치면제기준(NFPC 101 5조, NFTC 101 2.2.2)

면제대상	대체설비
대형소화기	• **옥**내·**외**소화전설비 보기 ④ • **스**프링클러설비 보기 ① • **물**분무등소화설비 보기 ③

기억법 옥내외 스물대

비교

소화기의 감소기준(NFPC 101 5조, NFTC 101 2.2.1)

감소대상	감소기준	적용설비
소형소화기	$\frac{1}{2}$	• 대형소화기
	$\frac{2}{3}$	• 옥내·외소화전설비 • 스프링클러설비 • 물분무등소화설비

답 ②

62

★★★

연결살수설비의 화재안전기준상 배관의 설치기준 중 하나의 배관에 부착하는 살수헤드의 개수가 7개인 경우 배관의 구경은 최소 몇 mm 이상으로 설치해야 하는가? (단, 연결살수설비 전용 헤드를 사용하는 경우이다.)

21.05.문65
17.05.문67
16.03.문62
15.05.문77
11.10.문65

① 40
② 32
③ 50
④ 80

해설 연결살수설비(NFPC 503 5조, NFTC 503 2.2.3.1)

배관의 구경	살수헤드 개수
32mm	1개
40mm	2개
50mm	3개
65mm	4개 또는 5개
80mm	← 6~10개 이하 보기 ④

※ 연결살수설비에서 하나의 송수구역에 설치하는 개방형 헤드수는 **10개** 이하로 하여야 한다.

답 ④

63

★

피난기구의 화재안전기준상 승강식 피난기 및 하향식 피난구용 내림식 사다리 설치시 2세대 이상일 경우 대피실의 면적은 최소 몇 m^2 이상인가?

17.05.문79

① $3m^2$ 이상
② $1m^2$ 이상
③ $1.2m^2$ 이상
④ $2m^2$ 이상

해설 승강식 피난기 및 하향식 피난구용 내림식 사다리의 설치
기준(NFPC 301 5조, NFTC 301 2.1.3.9)
(1) 대피실의 면적은 **2m²**(2세대 이상일 경우에는 **3m²**) 이
상으로 하고, 건축법 시행령 제46조 제4항의 규정에 적
합하여야 하며 하강구(개구부) 규격은 직경 **60cm** 이상
일 것(단, 외기와 개방된 장소에는 제외) 보기 ①
(2) 하강구 내측에는 기구의 연결금속구 등이 없어야 하며
전개된 피난기구는 하강구 수평투영면적 공간 내의 범
위를 침범하지 않는 구조이어야 할 것(단, 직경 **60cm**
크기의 범위를 벗어난 경우이거나, 직하층의 바닥면으
로부터 높이 **50cm** 이하의 범위는 제외)
(3) 착지점과 하강구는 상호 수평거리 **15cm** 이상의 간격을
둘 것

답 ①

⭐⭐⭐
64 물분무소화설비의 화재안전기준에 따라 차고 또
21.05.문76
16.10.문68
09.08.문66
는 주차장에 물분무소화설비 설치시 저수량은 바
닥면적 1m²에 대하여 최소 몇 L/min으로 20분간
방수할 수 있는 양 이상으로 해야 하는가?
① 20 　　　　② 30
③ 10 　　　　④ 40

해설 **물분무소화설비**의 **수원**(NFPC 104 4조, NFTC 104 2.1.1)

특정소방대상물	토출량	최소기준	비 고
컨베이어벨트	10L/min · m²	–	벨트부분의 바닥면적
절연유 봉입변압기	10L/min · m²	–	표면적을 합한 면적 (바닥면적 제외)
특수가연물	10L/min · m²	최소 50m²	최대방수구역의 바닥면적 기준
케이블트레이 · 덕트	12L/min · m²	–	투영된 바닥면적
차고 · 주차장	20L/min · m²	최소 50m²	최대방수구역의 바닥면적 기준
위험물 저장탱크	37L/min · m	–	위험물탱크 둘레길이(원주길이) : 위험물규칙 〔별표 6〕 Ⅱ

※ 모두 **20분**간 방수할 수 있는 양 이상으로 하여야 한다.

기억법		
컨	0	
절	0	
특	0	
케	2	
차	0	
위	37	

답 ①

⭐⭐⭐
65 특별피난계단의 계단실 및 부속실 제연설비의
16.03.문71
12.03.문77
11.10.문64
화재안전기준에 따라 특별피난계단의 계단실 및
부속실 제연설비에서 사용하는 유입공기의 배출
방식으로 적절하지 않은 것은?

① 굴뚝효과에 따라 배출하는 자연배출방식
② 제연설비에 따른 배출방식
③ 배출구에 따른 배출방식
④ 수평풍도에 따른 배출방식

해설 ④ 수평풍도 → 수직풍도

유입공기의 **배출방식**(NFPC 501A 13조, NFTC 501A 2.10)

구 분		설 명
수직풍도에 따른 배출 보기 ④	자연배출식 보기 ①	• **굴뚝효과**에 따라 배출하는 것
	기계배출식	• 수직풍도의 상부에 전용의 **배출용 송풍기**를 설치하여 강제로 배출하는 것
배출구에 따른 배출 보기 ③		• 건물의 옥내와 면하는 **외벽**마다 옥외와 통하는 **배출구**를 설치하여 배출하는 것
제연설비에 따른 배출 보기 ②		• **거실제연설비**가 설치되어 있고 해당 옥내로부터 옥외로 배출하여야 하는 유입공기의 양을 거실제연설비의 배출량에 합하여 배출하는 경우 유입공기의 배출은 해당 거실제연설비에 따른 배출로 갈음

기억법 제직수배(**제**는 **직**접 **수배**하세요.)

※ **수직풍도에 따른 배출** : 옥상으로 직통하는 전용의 배출용 수직풍도를 설치하여 배출하는 것

용어
풍도(duct)
공기를 배출시켜 주기 위한 덕트(duct)를 말한다.

답 ④

⭐⭐
66 소화기구 및 자동소화장치의 화재안전기준에 따
15.03.문62
07.05.문62
라 옥내소화전설비가 설치된 특정소방대상물에
서 소형소화기 감면기준은?
① 소화기의 2분의 1을 감소할 수 있다.
② 소화기의 4분의 3을 감소할 수 있다.
③ 소화기의 3분의 1을 감소할 수 있다.
④ 소화기의 3분의 2를 감소할 수 있다.

해설 **소화기**의 **감소기준**(NFPC 101 5조, NFTC 101 2.2.1)

감소대상	감소기준	적용설비
소형소화기	$\frac{1}{2}$	• 대형소화기
	$\frac{2}{3}$ 보기 ④	• 옥내 · 외소화전설비 • 스프링클러설비 • 물분무등소화설비

비교

대형소화기의 **설치면제기준**(NFPC 101 5조, NFTC 101 2.2.1)

면제대상	대체설비
대형소화기	• **옥**내 · **외**소화전설비 • **스**프링클러설비 • **물**분무등소화설비

기억법 옥내외 스물대

답 ④

★★
67 피난기구의 화재안전기준에 따른 피난기구의 설
20.08.문77
15.03.문61
치기준으로 **틀린** 것은?

① 피난기구를 설치하는 개구부는 서로 동일 직
선상이 아닌 위치에 있을 것
② 완강기 로프 길이는 부착위치에서 피난상 유
효한 착지면까지의 길이로 할 것
③ 피난기구는 소방대상물의 견고한 부분에 볼
트조임, 용접 등으로 견고하게 부착할 것
④ 4층 이상의 층에 설치하는 피난사다리는 고
강도 경량폴리에틸렌 재질을 사용할 것

해설
④ 고강도 경량폴리에틸렌 재질을 → 금속성 고정
사다리를

피난기구의 **설치기준**(NFPC 301 5조, NFTC 301 2.1.3)
(1) **4층 이상**의 층에 **피난사다리**(하향식 피난구용 내림식 사
다리 제외)를 설치하는 경우에는 **금속성 고정사다리**를
설치하고, 당해 고정사다리에는 쉽게 피난할 수 있는
구조의 **노대**를 설치 보기 ④
(2) 피난기구를 설치하는 **개구부**는 서로 **동일 직선상**이 아
닌 위치에 있을 것

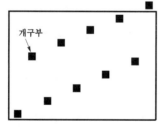

개구부

|| 동일 직선상이 아닌 위치 ||

답 ④

★
68 차고 · 주차장의 부분에 호스릴포소화설비 또는 포
17.05.문70
소화전설비를 설치할 수 있는 기준 중 옳은 것은?

① 지상 1층으로서 방화구획 되거나 지붕이 있
는 부분
② 지상에서 수동 또는 원격조직에 따라 개방이
가능한 개구부의 유효면적의 합계가 바닥면
적의 20% 이상인 부분
③ 옥외로 통하는 개구부가 상시 개방된 구조의
부분으로서 그 개방된 부분의 합계면적이
해당 차고 또는 주차장의 바닥면적의 20%
이상인 부분
④ 완전 개방된 옥상주차장 또는 고가 밑의 주차
장 등으로서 주된 벽이 없고 기둥뿐이거나 주
위가 위해방지용 철주 등으로 둘러싸인 부분

해설 **차고 · 주차장**에 **호스릴포화설비** 또는 **포소화설비**를 설치할
수 있는 **경우**(NFPC 105 4조, NFTC 105 2.1.1.2)
(1) **완전 개방**된 **옥상주차장** 또는 **고가 밑**의 **주차장**으로서
주된 벽이 없고 기둥뿐이거나 주위가 위해방지용 철주
등으로 둘러싸인 부분 보기 ④
(2) **지상 1층**으로서 지붕이 없는 부분 보기 ①

기억법 차호완고1

답 ④

★★★
69 분말소화설비의 화재안전기준상 차고 또는 주차
21.05.문79
16.05.문75
15.05.문20
15.03.문16
13.09.문11
장에 설치하는 분말소화설비의 소화약제는?

① 제1종 분말   ② 제2종 분말
③ 제3종 분말   ④ 제4종 분말

해설 **분말소화약제**

종 별	분자식	착 색	적응 화재	비 고
제**1**종	중탄산나트륨 ($NaHCO_3$)	백색	BC급	**식용유** 및 **지방질유** 의 화재에 적합(**비**누 화 반응) **기억법** 비1(**비** **일**비재)
제**2**종	중탄산칼륨 ($KHCO_3$)	담자색 (담회색)	BC급	–
제**3**종	제1인산암모늄 ($NH_4H_2PO_4$)	담홍색	AB C급	**차고 · 주차장**에 적합 보기 ③ **기억법** 차주3 (**차주**는 **삼**가하 세요.)
제4종	중탄산칼륨 +요소 ($KHCO_3$ + $(NH_2)_2CO$)	회(백)색	BC급	–

- 중탄산나트륨 = 탄산수소나트륨
- 중탄산칼륨 = 탄산**수소칼륨**

  기억법 2수칼(이수역에 칼이 있다.)

- 제1인산암모늄 = 인산암모늄 = 인산염
- 중탄산칼륨 + 요소 = 탄산수소칼륨 + 요소

답 ③

★★★
70

| 19.09.문67 |
| 16.05.문63 |
| 15.03.문73 |
| 10.03.문66 |

스프링클러설비의 화재안전기준에 따라 폐쇄형 스프링클러헤드를 사용하는 설비 하나의 방호구역의 바닥면적은 몇 m²를 초과하지 않아야 하는가? (단, 격자형 배관방식은 제외한다.)

① 2000
② 2500
③ 3000
④ 1000

해설 **폐쇄형 설비**의 방호구역 및 유수검지장치 (NFPC 103 6조, NFTC 103 2.3.1)
  (1) 하나의 방호구역의 바닥면적은 **3000m²**를 초과하지 않을 것 **보기 ③**
  (2) 하나의 방호구역에는 **1개** 이상의 **유수검지장치** 설치
  (3) 하나의 방호구역은 **2개층**에 미치지 아니하도록 하되, 1개층에 설치되는 스프링클러헤드의 수가 **10개 이하** 및 복층형 구조의 공동주택에는 **3개층** 이내
  (4) 유수검지장치는 바닥에서 **0.8~1.5m** 이하의 높이에 설치하여야 하며, 개구부가 가로 **0.5m** 이상 세로 **1m** 이상의 **출입문**을 설치하고 그 출입문 상단에 '유수검지장치실'이라고 표시한 표지 설치

답 ③

★★
71

| 14.09.문63 |
| 08.05.문75 |

다음 중 불소, 염소, 브로민 또는 아이오딘 중 하나 이상의 원소를 포함하고 있는 유기화합물을 기본 성분으로 하는 할로겐화합물 소화약제가 아닌 것은?

① HFC−227ea
② HCFC BLEND A
③ HFC−125
④ IG−541

해설 ④ 불활성기체 소화약제

할로겐화합물 및 불활성기체 소화약제의 종류 (NFPC 107A 3조, NFTC 107A 1.7)

구분	할로겐화합물 소화약제	불활성기체 소화약제
정의	불소, 염소, 브로민 또는 아이오딘 중 하나 이상의 원소를 포함하고 있는 유기화합물을 기본성분으로 하는 소화약제	헬륨, 네온, 아르곤 또는 질소가스 중 하나 이상의 원소를 기본성분으로 하는 소화약제

| 종류 | ① FC−3−1−10 ② HCFC BLEND A **보기 ②** ③ HCFC−124 ④ HFC−125 **보기 ③** ⑤ HFC−227ea **보기 ①** ⑥ HFC−23 ⑦ HFC−236fa ⑧ FIC−13l1 ⑨ FK−5−1−12 | ① IG−01 ② IG−100 ③ IG−541 **보기 ④** ④ IG−55 |

답 ④

★
72

| 15.03.문66 |

할로겐화합물 및 불활성기체 소화설비의 화재안전기준에 따른 할로겐화합물 및 불활성기체 소화약제의 저장용기에 대한 기준으로 틀린 것은?

① 저장용기는 약제명·저장용기의 자체중량과 총중량·충전일시·충전압력 및 약제의 체적을 표시할 것
② 집합관에 접속되는 저장용기는 동일한 내용적을 가진 것으로 충전량 및 충전압력이 같도록 할 것
③ 저장용기에 충전량 및 충전압력을 확인할 수 있는 장치를 하는 경우에는 해당 소화약제에 적합한 구조로 할 것
④ 불활성기체 소화약제 저장용기의 약제량 손실이 10%를 초과할 경우에는 재충전하거나 저장용기를 교체할 것

해설 ④ 10% → 5%

할로겐화합물 및 불활성기체 소화약제 저장용기 설치기준 (NFPC 107A 6조, NFTC 107A 2.3.1)
  (1) **방호구역 외**의 장소에 설치할 것 (단, 방호구역 내에 설치할 경우에는 피난 및 조작이 용이하도록 **피난구 부근**에 설치할 것)
  (2) 온도가 **55℃** 이하이고 온도의 변화가 작은 곳에 설치할 것
  (3) 직사광선 및 빗물이 침투할 우려가 없는 곳에 설치할 것
  (4) **방화문**으로 구획된 실에 설치할 것
  (5) 용기의 설치장소에는 해당 용기가 설치된 곳임을 표시하는 표지를 할 것
  (6) 용기 간의 간격은 점검에 지장이 없도록 **3cm** 이상의 간격을 유지할 것
  (7) 저장용기와 집합관을 연결하는 연결배관에는 **체크밸브**를 설치할 것 (단, 저장용기가 하나의 방호구역만을 담당하는 경우는 제외)
  (8) 저장용기는 약제명·저장용기의 자체중량과 **총중량·충전일시·충전압력** 및 약제의 체적을 표시할 것 **보기 ①**
  (9) 집합관에 접속되는 저장용기는 **동일**한 내용적을 가진 것으로 충전량 및 충전압력이 같도록 할 것 **보기 ②**

⑽ 저장용기에 **충전량** 및 **충전압력**을 확인할 수 있는 장치를 하는 경우에는 해당 소화약제에 적합한 구조로 할 것 보기 ③

⑾ 저장용기의 **약제량** 손실이 **5%**를 초과하거나 **압력손실**이 **10%**를 초과할 경우에는 재충전하거나 저장용기를 교체할 것 보기 ④

답 ④

★
73 스프링클러설비의 화재안전기준에 따른 스프링클러설비에 설치하는 음향장치 및 기동장치에 대한 설명으로 틀린 것은?

① 음향장치는 경종 또는 사이렌(전자식사이렌을 포함한다)으로 하되, 주위의 소음 및 다른 용도의 경보와 구별이 가능한 음색으로 할 것

② 준비작동식 유수검지장치 또는 일제개방밸브를 사용하는 설비에는 화재감지기의 감지에 따른 음향장치가 경보되도록 할 것

③ 습식 유수검지장치 또는 건식 유수검지장치를 사용하는 설비에 있어서는 헤드가 개방되면 유수검지장치가 화재신호를 발신하고 그에 따라 음향장치가 경보되도록 할 것

④ 음향장치는 정격전압의 90% 전압에서 음향을 발할 수 있는 것으로 할 것

해설
④ 90% → 80%

음향장치의 **구조** 및 **성능기준**

• **스프링클러설비** 음향장치의 구조 및 성능기준 • **간이스프링클러설비** 음향장치의 구조 및 성능기준 • **화재조기진압용 스프링클러설비** 음향장치의 구조 및 성능기준	**자동화재탐지설비** 음향장치의 구조 및 성능기준	**비상방송설비** 음향장치의 구조 및 성능기준
① 정격전압의 **80%** 전압에서 음향을 발할 것 보기 ④ ② 음량은 1m 떨어진 곳에서 **90dB** 이상일 것	① **정격전압**의 **80%** 전압에서 음향을 발할 것 ② **음량**은 1m 떨어진 곳에서 **90dB** 이상일 것 ③ **감지기 · 발신기**의 작동과 **연동**하여 작동할 것	① 정격전압의 **80%** 전압에서 음향을 발할 것 ② **자동화재탐지설비**의 작동과 연동하여 작동할 것

답 ④

★★★
74 분말소화설비의 화재안전기준에 따라 분말소화약제 가압식 저장용기는 최고사용압력의 몇 배 이하의 압력에서 작동하는 안전밸브를 설치해야 하는가?

21.09.문76
16.03.문68
15.05.문70
12.03.문63

① 1.2 ② 2.0
③ 1.8 ④ 0.8

해설 **분말소화설비**의 **저장용기 안전밸브**(NFPC 108 4조, NFTC 108 2.1.2.2)

가압식	축압식
최고사용압력 **1.8배** 이하 보기 ③	내압시험압력 **0.8배** 이하

답 ③

★★★
75 상수도소화용수설비와 화재안전기준에 따라 소화전은 특정소방대상물의 수평투영면의 각 부분으로부터 몇 m 이하가 되도록 설치해야 하는가?

21.03.문72
19.03.문64
17.09.문65
15.09.문66
15.05.문65
15.03.문72
13.09.문73

① 25
② 75
③ 40
④ 140

해설 **상수도소화용수설비**의 **기준**(NFPC 401 4조, NFTC 401 2.1.1)
⑴ **호칭지름**

수도배관	소화전
75mm 이상	**100mm** 이상

⑵ 소화전은 소방자동차 등의 진입이 쉬운 **도로변** 또는 **공지**에 설치
⑶ 소화전은 특정소방대상물의 수평투영면의 각 부분으로부터 **140m** 이하에 설치 보기 ④
⑷ 지상식 소화전의 호스접결구는 지면으로부터 높이가 0.5m 이상 1m 이하가 되도록 설치

답 ④

★★
76 미분무소화설비의 화재안전기준상 용어 정의 중 다음 (   ) 안에 알맞은 것은?

21.03.문63
17.05.문75

'미분무'란 물만을 사용하여 소화하는 방식으로 최소설계압력에서 헤드로부터 방출되는 물입자 중 99%의 누적체적분포가 (㉠)μm 이하로 분무되고 (㉡)급 화재에 적응성을 갖는 것을 말한다.

① ㉠ 200, ㉡ B, C
② ㉠ 400, ㉡ A, B, C
③ ㉠ 200, ㉡ A, B, C
④ ㉠ 400, ㉡ B, C

해설 **미분무소화설비**의 용어 정의(NFPC 104A 3조, NFTC 104A 1.7)

용어	설 명
미분무 소화설비	가압된 물이 헤드 통과 후 미세한 입자로 분무됨으로써 소화성능을 가지는 설비를 말하며, 소화력을 증가시키기 위해 강화액 등을 첨가할 수 있다.
미분무	물만을 사용하여 소화하는 방식으로 최소설계압력에서 헤드로부터 방출되는 물입자 중 **99%**의 누적체적분포가 **$400\mu m$** 이하로 분무되고 **A, B, C급** 화재에 적응성을 갖는 것 보기 ②
미분무헤드	하나 이상의 오리피스를 가지고 미분무소화설비에 사용되는 헤드

답 ②

★★★
77 분말소화설비의 화재안전기준상 제1종 분말(탄산수소나트륨을 주성분으로 한 분말)의 경우 소화약제 1kg당 저장용기의 내용적은 몇 L인가?

19.04.문69
18.04.문68
14.05.문73
12.05.문63
12.03.문72

① 1

② 0.5

③ 1.25

④ 0.8

해설 **분말소화약제**

종 별	소화약제	1kg당 내용적 〔L/kg〕	적응 화재	비 고
제**1**종	중탄산나트륨 (NaHCO₃)	0.8 보기 ④	BC급	**식**용유 및 지방질유의 화재에 적합
제2종	중탄산칼륨 (KHCO₃)	1.0	BC급	–
제**3**종	인산암모늄 (NH₄H₂PO₄)		ABC급	**차**고·**주**차장에 적합
제4종	중탄산칼륨+요소 (KHCO₃+(NH₂)₂CO)	1.25	BC급	–

기억법 **1식분**(일식 분식)
3분 차주(삼보컴퓨터 차주)

용어
충전비
소화약제 1kg당 저장용기의 내용적

답 ④

★
78 할로겐화합물 및 불활성기체 소화설비의 화재안전기준에 따른 할로겐화합물 및 불활성기체 소화설비의 배관설치기준으로 틀린 것은?

① 강관을 사용하는 경우의 배관은 입력배관용 탄소강관(KS D 3562) 또는 이와 동등 이상의 강도를 가진 것으로 사용할 것

② 강관을 사용하는 경우의 배관은 아연도금 등에 따라 방식처리된 것을 사용할 것

③ 배관은 전용으로 할 것

④ 동관을 사용하는 경우 배관은 이음이 많고 동 및 동합금관(KS D 5301)의 것을 사용할 것

해설 ④ 이음이 많고 → 이음이 없는

할로겐화합물 및 불활성기체 소화설비의 배관설치기준(NFPC 107A 10조, NFTC 107A 2.7.1.2)

강관	동관
압력배관용 탄소강관(KS D 3562) 또는 이와 동등 이상의 강도를 가진 것으로서 **아연도금** 등에 따라 방식처리된 것	**이음이 없는 동** 및 **동합금관** (KS D 5301) 보기 ④

답 ④

★★★
79 소화용수설비에 설치하는 소화수조의 소요수량이 50m³인 경우 채수구의 수는 몇 개인가?

20.08.문66
20.06.문62
19.09.문77
17.09.문67
11.06.문78

① 1 ② 4

③ 3 ④ 2

해설 **소화수조·저수조**(NFPC 402 4조, NFTC 402 2.1.3)
(1) **흡수관 투입구** : 한 변이 **0.6m 이상**이거나 직경이 **0.6m 이상**인 것

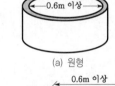

(a) 원형

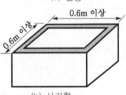

(b) 사각형
∥ 흡수관 투입구 ∥

소요수량	80m³ 미만	80m³ 이상
흡수관 투입구의 수	1개 이상	2개 이상

(2) **채수구**

소요수량	20~40m³ 미만	40~100m³ 미만	100m³ 이상
채수구의 수	1개	2개 보기 ④	3개

용어
채수구
소방차의 소방호스와 접결되는 흡입구로 저장되어 있는 물을 소방차에 주입하기 위한 구멍

답 ④

★★★
80 스프링클러설비의 화재안전기준상 압력수조를
이용한 가압송수장치 설치시 압력수조의 설치부
속물이 아닌 것은?

17.05.문63
16.05.문65
14.03.문74
07.05.문76

① 물올림장치

② 자동식 공기압축기

③ 수위계

④ 맨홀

해설 **설치부속물**(NFTC 103 2.2)

고가수조	압력수조
● 수위계	● **수**위계 보기 ③
● 배수관	● **배**수관
● 급수관	● **급**수관
● 맨홀	● **맨**홀 보기 ④
● **오**버플로우관	● **급기**관
	● 압력계
	● **안**전장치
	● **자**동식 공기압축기 보기 ②

기억법 고오(GO!), 기안자 배급수맨

답 ①

CBT 기출복원문제

2021년

소방설비산업기사 필기(기계분야)

** 수험자 유의사항 **

1. 문제지를 받는 즉시 본인이 응시한 종목이 맞는지 확인하시기 바랍니다.
2. 문제지 표지에 본인의 수험번호와 성명을 기재하여야 합니다.
3. 문제지의 총면수, 문제번호 일련순서, 인쇄상태, 중복 및 누락 페이지 유무를 확인하시기 바랍니다.
4. 답안은 각 문제마다 요구하는 가장 적합하거나 가까운 답 1개만을 선택하여야 합니다.
5. 답안카드는 뒷면의 「수험자 유의사항」에 따라 작성하시고, 답안카드 작성 시 형별누락, 마킹착오로 인한 불이익은 전적으로 수험자에게 책임이 있음을 알려드립니다.
6. 문제지는 시험 종료 후 본인이 가져갈 수 있습니다.

** 안내사항 **

• 가답안/최종정답은 큐넷(www.q-net.or.kr)에서 확인하실 수 있습니다. 가답안에 대한 의견은 큐넷의 [가답안 의견 제시]를 통해 제시할 수 있으며, 확정된 답안은 최종정답으로 갈음합니다.
• 공단에서 제공하는 자격검정서비스에 대해 개선할 점이 있으시면 고객참여(http://hrdkorea.or.kr/7/1/1)를 통해 건의하여 주시기 바랍니다.

■ 2021년 산업기사 제1회 필기시험 CBT 기출복원문제 ■

자격종목	종목코드	시험시간	형별	수험번호	성명
소방설비산업기사(기계분야)		**2시간**			

※ 각 문항은 4지택일형으로 질문에 가장 적합한 보기 항을 선택하여 체크하여야 합니다.

제1과목　소방원론

01 다음 물질 중 연소하였을 때 시안화수소를 가장 많이 발생시키는 물질은?

`20.06.문16`

① Polyethylene

② Polyurethane

③ Polyvinyl chloride

④ Polystyrene

해설　연소시 **시안화수소**(HCN) 발생물질

(1) 요소

(2) 멜라민

(3) 아닐린

(4) Polyurethane(**폴리우**레탄) 보기 ②

기억법　시폴우

답 ②

02 감광계수에 따른 가시거리 및 상황에 대한 설명으로 틀린 것은?

`17.05.문10`
`01.06.문17`

① 감광계수 0.1m⁻¹는 연기감지기가 작동할 정도의 연기농도이고, 가시거리는 20~30m이다.

② 감광계수 0.5m⁻¹는 거의 앞이 보이지 않을 정도의 농도이고, 가시거리는 1~2m이다.

③ 감광계수 10m⁻¹는 화재 최성기 때의 연기 농도를 나타낸다.

④ 감광계수 30m⁻¹는 출화실에서 연기가 분출할 때의 농도이다.

해설　② $0.5m^{-1} \rightarrow 1m^{-1}$

감광계수에 따른 **가시거리** 및 **상황**

감광계수 〔m⁻¹〕	가시거리 〔m〕	상 황
0.1	20~30	연기감지기가 작동할 때의 농도 보기 ①
0.3	5	건물 내부에 익숙한 사람이 피난에 지장을 느낄 정도의 농도
0.5	3	어두운 것을 느낄 정도의 농도
1	1~2	거의 앞이 보이지 않을 정도의 농도 보기 ②
10	0.2~0.5	화재 최성기 때의 농도 보기 ③
30	–	출화실에서 연기가 분출할 때의 농도 보기 ④

답 ②

03 기름탱크에서 화재가 발생하였을 때 탱크 하부에 있는 물 또는 물-기름 에멀션이 뜨거운 열유층에 의해서 가열되어 유류가 탱크 밖으로 갑자기 분출하는 현상은?

`18.03.문03`
`12.03.문08`
`11.06.문20`
`10.03.문14`
`09.08.문04`
`04.09.문05`

① 리프트(lift)

② 백파이어(backfire)

③ 플래시오버(flashover)

④ 보일오버(boil over)

해설　**보일오버**(boil over)

(1) 중질유의 탱크에서 장시간 조용히 연소하다 탱크 내의 잔존기름이 갑자기 분출하는 현상

(2) 유류탱크에서 탱크바닥에 물과 기름의 **에멀션**이 섞여 있을 때 이로 인하여 화재가 발생하는 현상 보기 ④

(3) 연소유면으로부터 100℃ 이상의 열파가 탱크 저부에 고여 있는 물을 비등하게 하면서 연소유를 탱크 밖으로 비산시키며 연소하는 현상

용어

구 분	설 명
리프트 (lift)	버너 내압이 높아져서 **분출속도가 빨라지는** 현상
백파이어 (backfire, 역화)	가스가 노즐에서 나가는 속도가 연소속도보다 느리게 되어 **버너 내부**에서 **연소**하게 되는 현상
플래시오버 (flashover)	화재로 인하여 실내의 온도가 급격히 상승하여 화재가 순간적으로 **실내 전체**에 **확산**되어 연소되는 현상

답 ④

★★★
04 15℃의 물 1g을 1℃ 상승시키는 데 필요한 열량은 몇 cal인가?

19.03.문05
17.05.문05
15.09.문03
15.05.문19
14.05.문03
11.10.문18
10.05.문03

① 1

② 15

③ 1000

④ 15000

해설
• 15℃ 물 → 16℃ 물로 변화
• 15℃를 1℃ 상승시키므로 16℃가 됨

열량

$$Q = r_1 m + mC\Delta T + r_2 m$$

여기서, Q : 열량[cal]
r_1 : 융해열[cal/g]
r_2 : 기화열[cal/g]
m : 질량[g]
C : 비열[cal/g · ℃]
ΔT : 온도차[℃]

(1) **기호**
• m : 1g
• C : 1cal/g · ℃
• ΔT : (16−15)℃

(2) 15℃ 물 → 16℃ 물(1℃ 상승시키므로)
열량 $Q = mC\Delta T$
$= 1g \times 1cal/g · ℃ \times (16-15)℃$
$= 1cal$

• '**융해열**'과 '**기화열**'은 없으므로 이 문제에서는 $r_1 m$, $r_2 m$ 식은 제외

중요

단위	정의
1cal	1g의 물체를 1℃만큼 온도 상승시키는 데 필요한 열량
1BTU	1 lb의 물체를 1℉만큼 온도 상승시키는 데 필요한 열량
1chu	1 lb의 물체를 1℃만큼 온도 상승시키는 데 필요한 열량

비열(specific heat)

답 ①

★★★
05 열에너지원 중 화학적 열에너지가 아닌 것은?

18.03.문05
16.05.문14
16.03.문17
15.03.문04
09.05.문06
05.09.문12

① 분해열

② 용해열

③ 유도열

④ 생성열

해설
③ 전기적 열에너지

열에너지원의 종류

기계열 (기계적 열에너지)	전기열 (전기적 열에너지)	화학열 (화학적 열에너지)
• **압**축열 • **마**찰열 • **마**찰스파크(스파크열)	• **유**도열 • **유**전열 • **저**항열 • **아**크열 • **정**전기열 • **낙**뢰에 의한 열	• **연**소열 • **용**해열 • **분**해열 • **생**성열 • **자**연발화열

기억법 기압마

기억법 화연용분생자

• 기계열＝기계적 점화원＝기계적 열에너지
• 전기열＝전기적 점화원＝전기적 열에너지
• 화학열＝화학적 점화원＝화학적 열에너지

답 ③

★★★
06 다음 중 착화점이 가장 낮은 물질은?

19.04.문06
17.09.문11
17.03.문02
14.03.문02
08.09.문06

① 등유

② 아세톤

③ 경유

④ 톨루엔

해설
① 210℃ ② 538℃
③ 200℃ ④ 480℃

물 질	인화점	착화점
• 프로필렌	−107℃	497℃
• 에틸에터 • 다이에틸에터	−45℃	180℃
• 가솔린(휘발유)	−43℃	300℃
• **산**화프로필렌	−37℃	465℃
• **이**황화탄소	−30℃	100℃
• 아세틸렌	−18℃	335℃
• 아세톤 보기 ②	−18℃	538℃
• 벤젠	−11℃	562℃
• 톨루엔 보기 ④	4.4℃	480℃
• **메**틸알코올	11℃	464℃
• 에틸알코올	13℃	423℃
• 아세트산	40℃	−
• **등**유 보기 ①	43~72℃	210℃
• **경**유 보기 ③	50~70℃	200℃
• 적린	−	260℃

기억법 인산 이메등경

• 착화점＝발화점＝착화온도＝발화온도
• 인화점＝인화온도

답 ③

★★★ 07 이산화탄소소화기가 갖는 주된 소화효과는?

20.08.문05
19.09.문04
17.05.문15
14.05.문10
14.05.문13
13.03.문10

① 유화소화
② 질식소화
③ 제거소화
④ 부촉매소화

해설 주된 소화효과

할론 1301	이산화탄소
억제소화	질식소화 보기 ②

중요

주된 소화효과

소화약제	주된 소화효과
• **할**론	**억**제소화(화학소화, 부촉매효과)
• 포 • **이**산화탄소	**질**식소화
• 물	냉각소화

기억법 할억이질

답 ②

★★★ 08 Halon 1301의 화학식에 포함되지 않는 원소는?

20.08.문20
19.03.문06
16.03.문09
15.03.문02
14.03.문06

① C
② Cl
③ F
④ Br

해설 ② Halon 1301 : Cl의 개수는 0이므로 포함되지 않음

할론소화약제

종 류	약 칭	분자식
Halon 1011	CB	CH_2ClBr
Halon 104	CTC	CCl_4
Halon 1211	BCF	$CF_2ClBr(CBrClF_2)$
Halon 1301	BTM	$CF_3Br(CBrF_3)$
Halon 2402	FB	$C_2F_4Br_2(C_2Br_2F_4)$

중요

Halon 1 3 0 1

탄소원자수(C)
불소원자수(F)
염소원자수(Cl)
브로민원자수(Br)

※ 수소원자의 수=(첫 번째 숫자×2)+2-나머지 숫자의 합

답 ②

★★★ 09 건축물 내부 화재시 연기의 평균 수직이동속도는 약 몇 m/s인가?

20.08.문07
17.03.문06
16.10.문19
06.03.문16

① 0.01~0.05
② 0.5~1
③ 2~3
④ 20~30

해설 연기의 이동속도

방향 또는 장소	이동속도
수평방향(수평이동속도)	0.5~1m/s
수직방향(수직이동속도)	2~3m/s 보기 ③
계단실 내의 수직이동속도	3~5m/s

기억법 3계5(**삼계**탕 드시러 **오**세요.)

답 ③

★★ 10 건축법상 건축물의 주요 구조부에 해당되지 않는 것은?

20.08.문01
17.03.문16
12.09.문19

① 지붕틀
② 내력벽
③ 주계단
④ 최하층 바닥

해설 주요 구조부
(1) 내력**벽**
(2) **보**(작은 보 제외)
(3) **지**붕틀(차양 제외)
(4) **바**닥(최하층 바닥 제외) 보기 ④
(5) **주**계단(옥외계단 제외)
(6) **기**둥(사이기둥 제외)

※ **주요 구조부** : 건물의 구조 내력상 주요한 부분

기억법 벽보지 바주기

답 ④

★★ 11 물과 반응하여 가연성인 아세틸렌가스를 발생하는 것은?

20.08.문11
19.04.문12
10.09.문11

① 나트륨
② 아세톤
③ 마그네슘
④ 탄화칼슘

해설 (1) **탄화칼슘**과 물의 반응식

$$CaC_2 + 2H_2O \rightarrow Ca(OH)_2 + C_2H_2 \uparrow \quad 보기 ④$$
탄화칼슘　물　　수산화칼슘　**아세틸렌**

(2) **탄화알루미늄**과 물의 반응식

$$Al_4C_3 + 12H_2O \rightarrow 4Al(OH)_3 + 3CH_4 \uparrow$$
탄화알루미늄　물　　수산화알루미늄　메탄

(3) **인화칼슘**과 물의 반응식

$$Ca_3P_2 + 6H_2O \rightarrow 3Ca(OH)_2 + 2PH_3 \uparrow$$
인화칼슘　물　　수산화칼슘　포스핀

(4) **수소화리튬**과 물의 반응식

$$LiH + H_2O \rightarrow LiOH + H_2$$
수소화리튬　물　수산화리튬　수소

답 ④

★★★ 12 Halon 1211의 화학식으로 옳은 것은?

19.03.문06
16.03.문09
15.03.문02
14.03.문06

① CF_2BrCl

② $CFBrCl_2$

③ $C_2F_2Br_2$

④ CH_2BrCl

해설

종 류	약 칭	분자식
Halon 1011	CB	CH_2ClBr
Halon 104	CTC	CCl_4
Halon 1211	BCF	$CF_2ClBr(CBrClF_2,\ CF_2BrCl)$
Halon 1301	BTM	$CF_3Br(CBrF_3)$
Halon 2402	FB	$C_2F_4Br_2(C_2Br_2F_4)$

답 ①

★★★ 13 장기간 방치하면 습기, 고온 등에 의해 분해가 촉진되고 분해열이 축적되면 자연발화 위험성이 있는 것은?

16.03.문12
15.03.문08
12.09.문12

① 셀룰로이드
② 질산나트륨
③ 과망가니즈산칼륨
④ 과염소산

해설 자연발화의 형태

자연발화형태	종 류
분해열	• **셀**룰로이드 보기 ① • **나**이트로셀룰로오스 기억법 **분셀나**
산화열	• 건성유(정어리유, 아마인유, 해바라기유) • 석탄 • 원면 • 고무분말
발효열	• **퇴**비 • **먼**지 • **곡**물 기억법 **발퇴먼곡**
흡착열	• **목**탄 • **활**성탄 기억법 **흡목탄활**

답 ①

★★★ 14 햇빛에 방치한 기름걸레가 자연발화를 일으켰다. 다음 중 이때의 원인에 가장 가까운 것은?

17.05.문07
15.05.문05
11.06.문12

① 광합성 작용
② 산화열 축적
③ 흡열반응
④ 단열압축

해설 산화열

산화열이 축적되는 경우	산화열이 축적되지 않는 경우
햇빛에 방치한 기름걸레는 **산화열**이 **축적**되어 자연발화를 일으킬 수 있다. 보기 ②	기름걸레를 빨랫줄에 걸어 놓으면 산화열이 축적되지 않아 자연발화는 일어나지 않는다.

답 ②

★★ 15 어떤 기체의 확산속도가 이산화탄소의 2배였다면 그 기체의 분자량은 얼마로 예상할 수 있는가?

13.03.문08

① 11
② 22
③ 44
④ 88

해설 그레이엄의 법칙

$$\frac{V_B}{V_A} = \sqrt{\frac{M_A}{M_B}} = \sqrt{\frac{d_B}{d_A}}$$

여기서, $V_A \cdot V_B$: 확산속도[m/s]
$M_A \cdot M_B$: 분자량[kg/kmol]
$d_A \cdot d_B$: 밀도[kg/m³]

변형식 $V = \sqrt{\dfrac{1}{M}}$

원자량	
원 소	원자량
H	1
C	12
N	14
O	16

이산화탄소의 분자량(CO_2)=12+16×2=44
이산화탄소(CO_2)의 확산속도 V는

$$V = \sqrt{\frac{1}{M}} = \sqrt{\frac{1}{44}} \fallingdotseq 0.15$$

확산속도가 이산화탄소의 **2배**가 되는 기체의 분자량 V'는

$$V' = \sqrt{\frac{1}{M'}}$$

$$2V = \sqrt{\frac{1}{M'}}$$

$$2 \times 0.15 = \sqrt{\frac{1}{M'}}$$

$$0.3 = \sqrt{\frac{1}{M'}}$$

$$0.3^2 = \left(\sqrt{\frac{1}{M'}}\right)^2$$

$$0.09 = \frac{1}{M'}$$

$$M' = \frac{1}{0.09} \fallingdotseq 11$$

※ **그레이엄**의 **법칙**(Graham's law) : 일정온도, 일정 압력에서 기체의 확산속도는 **밀도**의 **제곱근**에 반비례한다.

답 ①

• 벤젠	−11℃	562℃
• 톨루엔	4.4℃	480℃
• **메**틸알코올	11℃	464℃
• 에틸알코올	13℃	423℃
• 아세트산 보기 ④	40℃	−
• **등**유 보기 ①	43~72℃	210℃
• **경**유 보기 ③	50~70℃	200℃
• 적린	−	260℃

기억법 인산 이메등경

- 착화점=발화점=착화온도=발화온도
- 인화점=인화온도

답 ②

★★★
16 15℃의 물 10kg이 100℃의 수증기가 되기 위해

19.09.문39
19.03.문05
17.05.문05
15.09.문03
15.05.문19
14.05.문03
11.10.문18
10.05.문03

서는 약 몇 kcal의 열량이 필요한가?

① 850
② 1650
③ 5390
④ 6240

해설 열량

$$Q = rm + mC\Delta T$$

여기서, Q : 열량[kcal]
r : 융해열 또는 기화열[kcal/kg]
m : 질량[kg]
C : 비열[kcal/kg·℃]
ΔT : 온도차[℃]

(1) 기호

- m : 10kg
- C : 1kcal/kg·℃
- r : 기화열 539kcal/kg
- Q : ?

(2) 15℃ 물 → 100℃ 물
열량 Q_1는
$Q_1 = mC\Delta T = 10kg \times 1kcal/kg·℃ \times (100-15)℃$
$= 850kcal$

(3) 100℃ 물 → 100℃ 수증기
열량 Q_2는
$Q_2 = rm = 539kcal/kg \times 10kg = 5390kcal$

(4) 전체 열량 Q는
$Q = Q_1 + Q_2 = (850+5390)kcal = 6240kcal$

답 ④

★★★
17 다음 중 인화점이 가장 낮은 물질은?

19.04.문06
17.09.문11
17.03.문02
14.03.문02
08.09.문06

① 등유
② 아세톤
③ 경유
④ 아세트산

해설
① 43~72℃	② −18℃
③ 50~70℃	④ 40℃

물 질	**인**화점	착화점
• 프로필렌	−107℃	497℃
• 에틸에터 • 다이에틸에터	−45℃	180℃
• 가솔린(휘발유)	−43℃	300℃
• **산화프로필렌**	−37℃	465℃
• **이황화탄소**	−30℃	100℃
• 아세틸렌	−18℃	335℃
• 아세톤 보기 ②	−18℃	538℃

★★
18 제1종 분말소화약제의 주성분은?

19.03.문07
13.06.문18

① 탄산수소나트륨　　② 탄산수소칼슘
③ 요소　　　　　　④ 황산알루미늄

해설 분말소화약제

종 별	분자식	착 색	적응 화재	비 고
제1종	중탄산나트륨 ($NaHCO_3$) 보기 ①	백색	BC급	**식용유** 및 **지방질유**의 화재에 적합
제2종	중탄산칼륨 ($KHCO_3$)	담자색 (담회색)	BC급	−
제3종	제1인산암모늄 ($NH_4H_2PO_4$)	담홍색	ABC 급	**차고·주차장** 에 적합
제4종	중탄산칼륨 +요소 ($KHCO_3 +$ $(NH_2)_2CO$)	회(백)색	BC급	−

- 중탄산나트륨=탄산수소나트륨 보기 ①
- 중탄산칼륨=탄산수소칼륨
- 제1인산암모늄=인산암모늄=인산염
- 중탄산칼륨+요소=탄산수소칼륨+요소

답 ①

★★
19 경유화재시 주수(물)에 의한 소화가 부적당한 이

15.03.문09
13.06.문15

유는?

① 물보다 비중이 가벼워 물 위에 떠서 화재 확
대의 우려가 있으므로
② 물과 반응하여 유독가스를 발생하므로
③ 경유의 연소열로 산소가 방출되어 연소를 돕
기 때문에
④ 경유가 연소할 때 수소가스가 발생하여 연소
를 돕기 때문에

해설 **경유화재시 주수소화가 부적당한 이유**
물보다 비중이 가벼워 물 위에 떠서 **화재 확대**의 우려가 있기 때문이다. 보기 ①

중요

주수소화(물소화)시 위험한 물질

위험물	발생물질
• 무기과산화물	**산소**(O_2) 발생
• 금속분 • 마그네슘 • 알루미늄 • 칼륨 • 나트륨 • 수소화리튬	**수소**(H_2) 발생
• 가연성 액체의 유류화재(경유)	**연소면**(화재면) 확대

답 ①

★★★
20
19.03.문08
14.05.문08
13.03.문06

복사에 관한 Stefan-Boltzmann의 법칙에서 흑체의 단위표면적에서 단위시간에 내는 에너지의 총량은 절대온도의 얼마에 비례하는가?

① 제곱근
② 제곱
③ 3제곱
④ 4제곱

해설 **스테판-볼츠만의 법칙**
복사체에서 발산되는 복사열은 복사체의 절대온도의 **4제곱**에 비례한다.

답 ④

제2과목 소방유체역학

★★★
21
14.05.문24
13.09.문22

열역학 법칙 중 제2종 영구기관의 제작이 불가능함을 역설한 내용은?

① 열역학 제0법칙　② 열역학 제1법칙
③ 열역학 제2법칙　④ 열역학 제3법칙

해설 **열역학의 법칙**
(1) **열역학 제0법칙** (열평형의 법칙)
온도가 높은 물체에 낮은 물체를 접촉시키면 온도가 높은 물체에서 낮은 물체로 열이 이동하여 두 물체의 **온도는 평형**을 이루게 된다.
(2) **열역학 제1법칙** (에너지보존의 법칙)
기체의 공급에너지는 **내부에너지**와 외부에서 한 일의 합과 같다.
(3) **열역학 제2법칙**
㉠ 열은 스스로 **저온**에서 **고온**으로 절대로 흐르지 않는다.
㉡ 열은 그 스스로 저열원체에서 고열원체로 이동할 수 없다.
㉢ 자발적인 변화는 **비가역적**이다.
㉣ 열을 완전히 일로 바꿀 수 있는 **열기관**을 만들 수 **없다**. (제2종 영구기관의 제작이 불가능하다.) 보기 ③

㉤ 열기관에서 일을 얻으려면 최소 **두 개**의 **열원**이 필요하다.

기억법 **2기**(**이기**자!)

(4) **열역학 제3법칙**
순수한 물질이 1atm하에서 결정상태이면 엔트로피는 0K에서 0이다.

답 ③

★★★
22
19.09.문36
19.03.문30
13.06.문25

다음 그림과 같은 U자관 차압마노미터가 있다. 압력차 $P_A - P_B$를 바르게 표시한 것은? (단, γ_1, γ_2, γ_3는 비중량, h_1, h_2, h_3는 높이 차이를 나타낸다.)

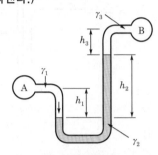

① $-\gamma_1 h_1 - \gamma_2 h_2 + \gamma_3 h_3$
② $-\gamma_1 h_1 + \gamma_2 h_2 + \gamma_3 h_3$
③ $\gamma_1 h_1 + \gamma_2 h_2 - \gamma_3 h_3$
④ $\gamma_1 h_1 - \gamma_2 h_2 - \gamma_3 h_3$

해설 (1) 주어진 값
- 압력차 : $P_A - P_B$[kN/m²=kPa]
- 비중량 : γ_1, γ_2, γ_3[kN/m³]
- 높이차 : h_1, h_2, h_3[m]

(2) 압력차
$$P_A + \gamma_1 h_1 - \gamma_2 h_2 - \gamma_3 h_3 = P_B$$
$$P_A - P_B = -\gamma_1 h_1 + \gamma_2 h_2 + \gamma_3 h_3$$

중요

시차액주계의 **압력계산방법**
점 A를 기준으로 내려가면 더하고, 올라가면 빼면 된다.

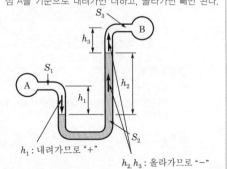

h_1 : 내려가므로 "+"

h_2, h_3 : 올라가므로 "-"

답 ②

★★★
23
16.10.문23
13.03.문22

그림과 같이 고정된 노즐에서 균일한 유속 $V=$ 40m/s, 유량 $Q=0.2\text{m}^3/\text{s}$로 물이 분출되고 있다. 분류와 같은 방향으로 $u=10\text{m/s}$의 일정 속도로 운동하고 있는 평판에 분사된 물이 수직으로 충돌할 때 분류가 평판에 미치는 충격력은 몇 kN인가?

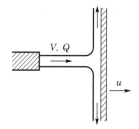

① 4.5 ② 6
③ 44.1 ④ 58.8

해설 (1) 기호

- V : 40m/s
- Q : 0.2m³/s
- u : 10m/s
- F : ?

(2) 유량

$$Q = AV = \left(\frac{\pi D^2}{4}\right)V$$

여기서, Q : 유량[m³/s]
  A : 단면적[m²]
  V : 유속[m/s]
  D : 지름[m]

단면적 A는

$$A = \frac{Q}{V} = \frac{0.2\text{m}^3/\text{s}}{40\text{m/s}} = 5 \times 10^{-3}\text{m}^2$$

(3) 평판에 작용하는 힘

$$F = \rho A (V-u)^2$$

여기서, F : 평판에 작용하는 힘[N]
  ρ : 밀도(물의 밀도 1000N·s²/m⁴)
  A : 단면적[m²]
  V : 액체의 속도[m/s]
  u : 평판의 이동속도[m/s]

평판에 작용하는 힘 F는
$F = \rho A (V-u)^2$
$= 1000\text{N·s}^2/\text{m}^4 \times (5 \times 10^{-3})\text{m}^2 \{(40-10)\text{m/s}\}^2$
$= 4500\text{N} = 4.5\text{kN}$

- 1000N=1kN이므로 4500N=4.5kN

답 ①

★★
24
18.04.문36
03.05.문35
01.06.문31

유동하는 물의 속도가 12m/s, 압력이 98kPa이다. 이때 속도수두와 압력수두는 각각 얼마인가?

① 7.35m, 10m
② 43.5m, 10.5m
③ 7.35m, 20.3m
④ 0.66m, 10m

해설 (1) 기호

- V : 12m/s
- P : 98kPa=98kN/m²(1kPa=1kN/m²)
- $H_{속}$: ?
- $H_{압}$: ?

(2) 속도수두

$$H_{속} = \frac{V^2}{2g}$$

여기서, $H_{속}$: 속도수두[m]
  V : 유속[m/s]
  g : 중력가속도(9.8m/s²)

속도수두 $H_{속}$는

$$H_{속} = \frac{V^2}{2g} = \frac{(12\text{m/s})^2}{2 \times 9.8\text{m/s}^2} \fallingdotseq 7.35\text{m}$$

(3) 압력수두

$$H_{압} = \frac{P}{\gamma}$$

여기서, $H_{압}$: 압력수두[m]
  γ : 비중량[kN/m³]
  P : 압력[kPa 또는 kN/m²]

압력수두 $H_{압}$는

$$H_{압} = \frac{P}{\gamma} = \frac{98\text{kN/m}^2}{9.8\text{kN/m}^3} = 10\text{m}$$

- 물의 비중량 $\gamma = 9.8\text{kN/m}^3$

답 ①

★★
25
18.03.문26
10.05.문26
09.05.문29

안지름이 5mm인 원형 직선관 내에 $0.2 \times 10^{-3}\text{m}^3/\text{min}$의 물이 흐르고 있다. 유량을 두 배로 하기 위해서는 직선관 양단의 압력차가 몇 배가 되어야 하는가? (단, 물의 동점성계수는 $10^{-6}\text{m}^2/\text{s}$이다.)

① 1.14배 ② 1.41배
③ 2배 ④ 4배

해설 (1) 기호

- D : 5mm=0.005m(1000mm=1m)
- Q : 0.2×10⁻³m³/min
- ν : 10⁻⁶m²/s
- ΔP : ?

(2) **하겐 – 포아젤의 법칙** : 유속이 주어지지 않은 경우 적용하는 식

$$\Delta P = \frac{128 \mu Q l}{\pi D^4} \propto Q$$

여기서, ΔP : 압력차(압력강하)[kPa]
μ : 점성계수[kg/m·s] 또는 [N·s/m²]
Q : 유량[m³/s]
l : 길이[m]
D : 내경[m]

- 유량(Q)을 **2배**로 하기 위해서는 직선관 양단의 **압력차**(ΔP)가 **2배**가 되어야 한다.
- 이 문제는 비례관계로만 풀면 되지 위의 수치를 적용할 필요는 없음

답 ③

★★★
26 다음 중 캐비테이션(공동현상) 방지방법으로 옳은 것을 모두 고른 것은?

19.09.문27
16.10.문29
15.09.문37
14.09.문34
14.05.문33
11.03.문83

㉠ 펌프의 설치위치를 낮추어 흡입양정을 작게 한다.
㉡ 흡입관 지름을 작게 한다.
㉢ 펌프의 회전수를 작게 한다.

① ㉠, ㉡   ② ㉠, ㉢
③ ㉡, ㉢   ④ ㉠, ㉡, ㉢

해설 **공동현상**(cavitation, 캐비테이션)

개 요	펌프의 흡입측 배관 내의 물의 정압이 기존의 증기압보다 낮아져서 기포가 발생되어 물이 흡입되지 않는 현상
발생현상	• **소음**과 **진동** 발생 • 관 부식(펌프깃의 침식) • **임펠러**의 **손상**(수차의 날개를 해친다.) • 펌프의 성능 저하(양정곡선 저하) • 효율곡선 **저하**
발생원인	• **펌프**가 물탱크보다 부적당하게 **높게** 설치되어 있을 때 • 펌프 **흡입수두**가 지나치게 **클 때** • 펌프 **회전수**가 지나치게 **높을 때** • 관내를 흐르는 **물의 정압**이 그 물의 온도에 해당하는 증기압보다 **낮을 때**
방지대책 (방지방법)	• 펌프의 흡입수두를 작게 한다.(흡입양정을 작게 한다.) 보기 ㉠ • 펌프의 마찰손실을 작게 한다. • 펌프의 임펠러속도(**회전수**)를 **작게** 한다. 보기 ㉢ • 펌프의 설치위치를 수원보다 낮게 한다. • 양흡입펌프를 사용한다.(펌프의 흡입측을 가압한다.) • 관내의 물의 정압을 그때의 증기압보다 높게 한다. • 흡입관의 **구경**을 크게 한다. 보기 ㉡ • 펌프를 **2개** 이상 설치한다. • 회전차를 수중에 완전히 잠기게 한다.

비교

	수격작용(water hammering)
개 요	• 배관 속의 물흐름을 급히 차단하였을 때 동압이 정압으로 전환되면서 일어나는 **쇼크**(shock)현상 • 배관 내를 흐르는 유체의 유속을 급격하게 변화시키므로 압력이 상승 또는 하강하여 관로의 벽면을 치는 현상
발생원인	• 펌프가 갑자기 정지할 때 • 급히 밸브를 개폐할 때 • 정상운전시 유체의 압력변동이 생길 때
방지대책 (방지방법)	• **관**의 관경(직경)을 크게 한다. • 관내의 유속을 낮게 한다.(관로에서 일부 고압수를 방출한다.) • **조압수조**(surge tank)를 관선에 설치한다. • **플라이휠**(fly wheel)을 설치한다. • 펌프 송출구(토출측) 가까이에 밸브를 설치한다. • **에어챔버**(air chamber)를 설치한다.

기억법 수방관플에

답 ②

★★★
27 저장용기에 압력이 800kPa이고, 온도가 80℃인 이산화탄소가 들어 있다. 이산화탄소의 비중량[N/m³]은? (단, 일반기체상수는 8314J/kmol·K이다.)

19.09.문26
18.03.문22
17.05.문30
16.05.문30
15.09.문39
13.06.문31
10.03.문26

① 113.4   ② 117.6
③ 121.3   ④ 125.4

해설 (1) **기호**

- P : 800kPa=800kN/m²(1Pa=1N/m²)
- T : (273+80)℃=353K
- γ : ?
- R : 8314J/kmol·K=8.314kJ/kmol·K
  =8.314kN·m/kmol·K
  (1J=1N·m)

(2) **이상기체 상태 방정식**

$$\rho = \frac{PM}{RT}$$

여기서, ρ : 밀도[kg/m³] 또는 [N·s²/m⁴]
P : 압력[kPa] 또는 [kN/m²]
M : 분자량[kg/kmol]
R : 기체상수[kJ/kmol·K] 또는 [kN·m/kmol·K]
T : (273+℃)[K]

밀도 ρ는

$$\rho = \frac{PM}{RT}$$

$$= \frac{800kN/m^2 \times 44kg/kmol}{8.314kN·m/kmol·K \times 353K}$$

$$= 12kg/m^3 = 12N·s^2/m^4$$

• 이산화탄소의 분자량(M) : 44kg/kmol

(3) 비중량

$$\gamma = \rho g$$

여기서, γ : 비중량[N/m³]
　　　　ρ : 밀도[N·s²/m⁴]
　　　　g : 중력가속도(9.8m/s²)

비중량 γ는
$\gamma = \rho g = 12\text{N} \cdot \text{s}^2/\text{m}^4 \times 9.8\text{m/s}^2 = 117.6\text{N/m}^3$

답 ②

28
18.04.문32
15.09.문22
10.03.문36

출구지름이 1cm인 노즐이 달린 호스로 20L의 생수통에 물을 채운다. 생수통을 채우는 시간이 50초가 걸린다면, 노즐출구에서의 물의 평균속도는 몇 m/s인가?

① 5.1　　　　② 7.2
③ 11.2　　　④ 20.4

해설

$$Q = \frac{\pi D^2}{4} V$$

(1) 기호

• D : 1cm=0.01m(100cm=1m)
• Q : 20L/50초=0.02m³/50s(1000L1=m³)
• V : ?

(2) 유량(flowrate, 체적유량)

$$Q = AV = \left(\frac{\pi D^2}{4}\right) V$$

여기서, Q : 유량[m³/s]
　　　　A : 단면적[m²]
　　　　V : 유속[m/s]
　　　　D : 직경(지름)[m]

유속 V는
$$V = \frac{Q}{\frac{\pi D^2}{4}} = \frac{0.02\text{m}^3/50\text{s}}{\frac{\pi \times (0.01\text{m})^2}{4}} \fallingdotseq 5.1\text{m/s}$$

답 ①

29
18.03.문39
11.10.문26
11.03.문21
10.03.문28

관 속의 부속품을 통한 유체흐름에서 관의 등가길이(상당길이)를 표현하는 식은? (단, 부차적 손실계수는 K, 관의 지름은 d, 관마찰계수는 f이다.)

① Kfd　　　② $\dfrac{fd}{K}$

③ $\dfrac{Kf}{d}$　　　④ $\dfrac{Kd}{f}$

해설 등가길이

$$L_e = \frac{Kd}{f}$$

여기서, L_e : 등가길이[m]
　　　　K : 부차적 손실계수

d : 내경(지름)[m]
f : 마찰손실계수(관마찰계수)

• 등가길이＝상당길이＝상당관길이
• 마찰계수＝마찰손실계수＝관마찰계수

답 ④

30
14.05.문34

30×50cm의 평판이 수면에서 깊이 30cm되는 곳에 수평으로 놓여 있을 때 평판에 작용하는 물에 의한 힘은 몇 N인가?

① 341　　　　② 441
③ 541　　　　④ 641

해설 (1) 기호

• A : 30×50cm=0.3×0.5m(100cm=1m)
• h : 30cm=0.3m(100cm=1m)
• F : ?

(2) 수평면에 작용하는 힘

$$F = \gamma h A$$

여기서, F : 수평면에 작용하는 힘[N]
　　　　γ : 비중량(물의 비중량 9800N/m³)
　　　　h : 깊이[m]
　　　　A : 면적[m²]

수평면에 작용하는 힘 F는
$F = \gamma h A$
　$= 9800\text{N/m}^3 \times 0.3\text{m} \times (0.3\text{m} \times 0.5\text{m}) = 441\text{N}$

비교

유량과 유속이 주어진 경우 평판에 작용하는 힘

$$F = \rho Q V$$

여기서, F : 힘[N]
　　　　ρ : 밀도(물의 밀도 1000N·s²/m⁴)
　　　　Q : 유량[m³/s]
　　　　V : 유속[m/s]

답 ②

31
19.09.문35
15.09.문27
14.09.문33
05.05.문23

안지름이 2cm인 원관 내에 물을 흐르게 하여 층류 상태로부터 점차 유속을 빠르게 하여 완전난류 상태로 될 때의 한계유속[cm/s]은? (단, 물의 동점성계수는 0.01cm²/s, 완전난류가 되는 임계 레이놀즈수는 4000이다.)

① 10　　　　② 15
③ 20　　　　④ 40

해설 (1) 기호

• D : 2cm
• V : ?
• ν : 0.01cm²/s
• Re : 4000

(2) 레이놀즈수

$$Re = \frac{DV\rho}{\mu} = \frac{DV}{\nu}$$

여기서, Re : 레이놀즈수
D : 내경(m)
V : 유속(m/s)
ρ : 밀도(kg/m³)
μ : 점도(kg/m · s)
ν : 동점성계수$\left(\dfrac{\mu}{\rho}\right)$(m²/s)

유속 V는

$$V = \frac{Re\,\nu}{D} = \frac{4000 \times 0.01 cm^2/s}{2cm} = 20cm/s$$

답 ③

★★ 32

18.03.문30
02.05.문27

다음 중 동점성 계수의 차원으로 올바른 것은? (단, M, L, T는 각각 질량, 길이, 시간을 나타낸다.)

① $ML^{-1}T^{-1}$
② $ML^{-1}T^{-2}$
③ L^2T^{-1}
④ MLT^{-1}

해설 동점성계수

$$\nu = \frac{\mu}{\rho}$$

여기서, ν : 동점성계수(동점도)(m²/s)
μ : 일반점도(점성계수×중력가속도)(kg/m · s)
ρ : 밀도(물의 밀도 1000kg/m³)

동점성계수$(\nu) = \dfrac{m^2}{s} = \left[\dfrac{L^2}{T}\right] = [L^2T^{-1}]$

중요

중력단위와 절대단위의 차원

차 원	중력단위(차원)	절대단위(차원)
길이	m[L]	m[L]
시간	s[T]	s[T]
운동량	N · s[FT]	kg · m/s[MLT⁻¹]
힘	N[F]	kg · m/s²[MLT⁻²]
속도	m/s[LT⁻¹]	m/s[LT⁻¹]
가속도	m/s²[LT⁻²]	m/s²[LT⁻²]
질량	N · s²/m[FL⁻¹T²]	kg[M]
압력	N/m²[FL⁻²]	kg/m · s²[ML⁻¹T⁻²]
밀도	N · s²/m⁴[FL⁻⁴T²]	kg/m³[ML⁻³]
비중	무차원	무차원
비중량	N/m³[FL⁻³]	kg/m² · s²[ML⁻²T⁻²]
비체적	m⁴/N · s²[F⁻¹L⁴T⁻²]	m³/kg[M⁻¹L³]
일률	N · m/s[FLT⁻¹]	kg · m²/s³[ML²T⁻³]
일	N · m[FL]	kg · m²/s²[ML²T⁻²]
점성계수	N · s/m²[FL⁻²T]	kg/m · s[ML⁻¹T⁻¹]
동점성계수	m²/s[L²T⁻¹]	m²/s[L²T⁻¹]

답 ③

★★ 33

18.03.문28
17.05.문21
15.03.문36

20℃, 100kPa의 공기 1kg을 일차적으로 300kPa까지 등온압축시키고 다시 1000kPa까지 단열압축시켰다. 압축 후의 절대온도는 약 몇 K인가? (단, 모든 과정은 가역과정이고 공기의 비열비는 1.4이다.)

① 413K
② 433K
③ 453K
④ 473K

해설 (1) 기호

- T_1 : (273+20)K
- T_2 : ?
- P_1 : 300kPa
- P_2 : 1000kPa
- K : 1.4

(2) 단열변화(단열압축)

$$\frac{T_2}{T_1} = \left(\frac{P_2}{P_1}\right)^{\frac{k-1}{k}}$$

여기서, T_1, T_2 : 변화 전후의 절대온도(273+℃)(K)
P_1, P_2 : 변화 전후의 압력(kPa)
k : 비열비(1.4)

$$T_2 = T_1 \left(\frac{P_2}{P_1}\right)^{\frac{k-1}{k}}$$

$$= (273+20)K \times \left(\frac{1000kPa}{300kPa}\right)^{\frac{1.4-1}{1.4}} \fallingdotseq 413K$$

용어

단열변화
손실이 없는 상태에서의 과정

답 ①

★★★ 34

18.03.문31
15.03.문22
07.03.문36
04.09.문27
02.05.문39

물이 안지름 600mm의 파이프를 통하여 평균 3m/s의 속도로 흐를 때, 유량은 약 몇 m³/s인가?

① 0.34
② 0.85
③ 1.82
④ 2.88

해설 (1) 기호

- D : 600mm=0.6m(1000mm=1m)
- V : 3m/s
- Q : ?

(2) 유량

$$Q = AV = \left(\frac{\pi}{4}D^2\right)V$$

여기서, Q : 유량(m³/s)
A : 단면적(m²)
V : 유속(m/s)
D : 안지름(m)

유량 Q는

$$Q = \left(\frac{\pi}{4}D^2\right)V = \frac{\pi}{4}(0.6\text{m})^2 \times 3\text{m/s} ≒ 0.85\text{m}^3/\text{s}$$

답 ②

35

19.09.문33
18.03.문37
12.03.문30

체적이 0.031m³인 액체에 61000kPa의 압력을 가했을 때 체적이 0.025m³가 되었다. 이때 액체의 체적탄성계수는 약 얼마인가?

① 2.38×10^8Pa
② 2.62×10^8Pa
③ 1.23×10^8Pa
④ 3.15×10^8Pa

해설 (1) 기호

- V : 0.031m³
- ΔP : 61000kPa
- ΔV : (0.031−0.025)m³
- K : ?

(2) 체적탄성계수

$$K = -\frac{\Delta P}{\dfrac{\Delta V}{V}}$$

여기서, K : 체적탄성계수[kPa]
ΔP : 가해진 압력[kPa]
$\dfrac{\Delta V}{V}$: 체적의 감소율
ΔV : 체적의 변화(체적의 차)[m³]
V : 처음 체적[m³]

체적탄성계수 K는

$$K = -\frac{\Delta P}{\dfrac{\Delta V}{V}} = -\frac{61000 \times 10^3\text{Pa}}{\dfrac{(0.031-0.025)\text{m}^3}{0.031\text{m}^3}}$$

$$≒ -315000000\text{Pa} = -3.15 \times 10^8\text{Pa}$$

- '−'는 누르는 방향이 위 또는 아래를 나타내는 것으로 특별한 의미는 없다.

용어

체적탄성계수
어떤 압력으로 누를 때 이를 떠받치는 힘의 크기를 의미하며, 체적탄성계수가 클수록 압축하기 힘들다.

답 ④

36

18.03.문39
14.09.문28
09.03.문21
02.09.문29

지름이 10mm인 노즐에서 물이 방사되는 방사압(계기압력)이 392kPa이라면 방수량은 약 몇 m³/min인가?

① 0.402
② 0.220
③ 0.132
④ 0.012

해설 (1) 기호

- D : 10mm
- P : 392kPa=0.392MPa(k=10³, M=10⁶)
- Q : ?

(2) 방수량

$$Q = 0.653D^2\sqrt{10P} = 0.6597CD^2\sqrt{10P}$$

여기서, Q : 방수량[L/min]
C : 유량계수(노즐의 흐름계수)
D : 내경[mm]
P : 방수압력[MPa]

방수량 Q는

$$Q = 0.653D^2\sqrt{10P}$$
$$= 0.653 \times 10^2 \times \sqrt{10 \times 0.392}$$
$$≒ 129\text{L/min}$$
$$= 0.129\text{m}^3/\text{min}$$
(∴ 그러므로 근사값인 0.132m³/min이 정답)

별해

(1) 단위변환

$$10.332\text{mH}_2\text{O} = 10.332\text{m} = 101.325\text{kPa}$$

$$392\text{kPa} = \frac{392\text{kPa}}{101.325\text{kPa}} \times 10.332\text{m} ≒ 39.97\text{m}$$

※ 표준대기압
1atm=760mmHg=1.0332kg_f/cm²
=10.332mH₂O[mAq]
=14.7PSI[lb_f/in²]
=101.325kPa[kN/m²]
=1013mbar

(2) 속도수두

$$H = \frac{V^2}{2g}$$

여기서, H : 속도수두[m]
V : 유속[m/s]
g : 중력가속도(9.8m/s²)

$$V^2 = 2gH$$
$$\sqrt{V^2} = \sqrt{2gH}$$
유속 $V = \sqrt{2gH} = \sqrt{2 \times 9.8\text{m/s}^2 \times 39.97\text{m}}$
$$≒ 27.99\text{m/s}$$

(3) 유량

$$Q = AV = \left(\frac{\pi D^2}{4}\right)V$$

여기서, Q : 유량(방사량)[m³/s]
A : 단면적[m²]
V : 유속[m/s]
D : 내경[m]

유량 Q는

$$Q = \left(\frac{\pi D^2}{4}\right)V$$
$$= \frac{\pi \times (10\text{mm})^2}{4} \times 27.99\text{m/s}$$
$$= \frac{\pi \times (0.01\text{m})^2}{4} \times 27.99\text{m/s}$$
$$= 2.198 \times 10^{-3}\text{m}^3/\text{s}$$
$$= 2.198 \times 10^{-3}\text{m}^3\frac{1}{60}\text{min}$$
$$= (2.198 \times 10^{-3} \times 60)\text{m}^3/\text{min}$$
$$≒ 0.132\text{m}^3/\text{min}$$

답 ③

37

표준 대기압 상태에서 15℃의 물 2kg을 모두 기체로 증발시키고자 할 때 필요한 에너지는 약 몇 kJ인가? (단, 물의 비열은 4.2kJ/kg·K, 기화열은 2256kJ/kg이다.)

19.03.문25
17.03.문38
15.05.문19
14.05.문03
14.03.문28
11.10.문18

① 355 ② 1248
③ 2256 ④ 5226

해설 (1) 기호

- m : 2kg
- C : 4.2kJ/kg·℃
- r : 2256kJ/kg
- Q : ?

(2) 열량

$$Q = mC\Delta T + rm$$

여기서, Q : 열량[kJ]
r : 기화열[kJ/kg]
m : 질량[kg]
C : 비열[kJ/kg·℃] 또는 [kJ/kg·K]
ΔT : 온도차[℃] 또는 [K]

(3) 15℃ 물 → 100℃ 물

열량 Q_1는
$Q_1 = mC\Delta T$
$= 2\text{kg} \times 4.2\text{kJ/kg·K} \times (100-15)℃$
$= 714\text{kJ}$

- ΔT(온도차)를 구할 때는 ℃로 구하든지 K로 구하든지 그 값은 같으므로 편한대로 구하면 된다.
예 $(100-15)℃ = $ **85℃**
K=273+100=373K
K=273+15=288K
$(373-288)K = $ **85K**

(4) 100℃ 물 → 100℃ 수증기

열량 Q_2는
$Q_2 = rm = 2256\text{kJ/kg} \times 2\text{kg} = $ **4512kJ**

(5) 전체 열량 Q는
$Q = Q_1 + Q_2 = (714+4512)\text{kJ} = $ **5226kJ**

답 ④

38

운동량의 단위로 맞는 것은?

17.09.문25
16.03.문36
15.09.문28
15.05.문23
13.09.문28

① N
② J/s
③ N·s²/m
④ N·s

해설 ④ 운동량[N·s]

차 원	중력단위[차원]	절대단위[차원]
길이	m[L]	m[L]
시간	s[T]	s[T]

운동량	N·s[FT]	kg·m/s[MLT^{-1}]
힘	N[F]	kg·m/s²[MLT^{-2}]
속도	m/s[LT^{-1}]	m/s[LT^{-1}]
가속도	m/s²[LT^{-2}]	m/s²[LT^{-2}]
질량	N·s²/m[FL^{-1}T²]	kg[M]
압력	N/m²[FL^{-2}]	kg/m·s²[ML^{-1}T^{-2}]
밀도	N·s²/m⁴[FL^{-4}T²]	kg/m³[ML^{-3}]
비중	무차원	무차원
비중량	N/m³[FL^{-3}]	kg/m²·s²[ML^{-2}T^{-2}]
비체적	m⁴/N·s²[F^{-1}L⁴T^{-2}]	m³/kg[M^{-1}L³]
일률	N·m/s[FLT^{-1}]	kg·m²/s³[ML²T^{-3}]
일	N·m[FL]	kg·m²/s²[ML²T^{-2}]
점성계수	N·s/m²[FL^{-2}T]	kg/m·s[ML^{-1}T^{-1}]

답 ④

39

옥외소화전 노즐선단에서 물 제트의 방사량이 0.1m³/min, 노즐선단 내경이 25mm일 때 방사압력(계기압력)은 약 몇 kPa인가?

16.05.문33
13.06.문29

① 3.27 ② 4.41
③ 5.32 ④ 5.78

해설 (1) 기호

- Q : 0.1m³/min=0.1m³/60s(1min=60s)
- D : 25mm=0.025m(1000mm=1m)
- P : ?

(2) 유량

$$Q = AV = \left(\frac{\pi D^2}{4}\right)V$$

여기서, Q : 유량(방사량)[m³/s]
A : 단면적[m²]
V : 유속[m/s]
D : 내경[m]

유속 V는
$$V = \frac{Q}{\frac{\pi D^2}{4}} = \frac{0.1\text{m}^3/60\text{s}}{\frac{\pi \times (0.025\text{m})^2}{4}} \fallingdotseq 3.395\text{m/s}$$

(3) 속도수두

$$H = \frac{V^2}{2g}$$

여기서, H : 속도수두[m]
V : 유속[m/s]
g : 중력가속도(9.8m/s²)

속도수두 H는
$$H = \frac{V^2}{2g} = \frac{(3.395\text{m/s})^2}{2 \times 9.8\text{m/s}^2} \fallingdotseq 0.588\text{m}$$

방사압력으로 환산하면

$$10.332\text{mH}_2\text{O} = 10.332\text{m} = 101.325\text{kPa}$$

$$0.588\text{m} = \frac{0.588\text{m}}{10.332\text{m}} \times 101.325\text{kPa} \fallingdotseq 5.78\text{kPa}$$

③ 43

④ 47

해설 (1) 기호

- P_A : ?
- s : 13.6
- h_1 : 20cm=0.2m(그림)
- h_2 : 30cm=0.3m(그림)

(2) 비중

$$s = \frac{\gamma}{\gamma_w}$$

여기서, s : 비중
γ : 어떤 물질의 비중량[N/m³]
γ_w : 물의 비중량(9800N/m³)

수은의 비중량 γ는
$\gamma = s \cdot \gamma_w$
  $= 13.6 \times 9800 \text{N/m}^3$
  $= 133280 \text{N/m}^3$
  $= 133.28 \text{kN/m}^3$

(3) 시차액주계

$$P_A + \gamma_1 h_1 - \gamma_2 h_2 = 0$$

여기서, P_A : 계기압력[kPa] 또는 [kN/m²]
γ_1, γ_2 : 비중량(물의 비중량 9.8kN/m³)
h_1, h_2 : 높이[m]

계기압력 P_A는
$P_A = -\gamma_1 h_1 + \gamma_2 h_2$
  $= -9.8 \text{kN/m}^3 \times 0.2 \text{m} + 133.28 \text{kN/m}^3 \times 0.3 \text{m}$
  $\approx 38 \text{kN/m}^2$
  $= 38 \text{kPa}$

- 1kN/m²=1kPa이므로 38kN/m²=38kPa

중요

시차액주계의 압력계산방법
점 A를 기준으로 내려가면 더하고, 올라가면 빼면 된다.

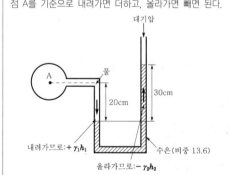

답 ②

※ **표준대기압**
1atm=760mmHg=1.0332kg$_f$/cm²
    =10.332mH₂O[mAq]
    =14.7PSI[lb$_f$/in²]
    =101,325kPa[kN/m²]
    =1013mbar

별해

방수량

$$Q = 0.653D^2\sqrt{10P} = 0.6597CD^2\sqrt{10P}$$

여기서, Q : 방수량[L/min]
C : 유량계수(노즐의 흐름계수)
D : 내경[mm]
P : 방수압력[MPa]

$Q = 0.653D^2\sqrt{10P}$

$0.653D^2\sqrt{10P} = Q$

$\sqrt{10P} = \dfrac{Q}{0.653D^2}$

$(\sqrt{10P})^2 = \left(\dfrac{Q}{0.653D^2}\right)^2$

$10P = \left(\dfrac{Q}{0.653D^2}\right)^2$

$P = \dfrac{1}{10} \times \left(\dfrac{Q}{0.653D^2}\right)^2$

  $= \dfrac{1}{10} \times \left(\dfrac{0.1\text{m}^3/\text{min}}{0.653 \times (25\text{mm})^2}\right)^2$

  $= \dfrac{1}{10} \times \left(\dfrac{100\text{L}/\text{min}}{0.653 \times (25\text{mm})^2}\right)^2$

  $\approx 6 \times 10^{-3}\text{MPa}$

  $= 6\text{kPa}$

(∴ 근사값인 5.78kPa 정답!)

답 ④

★★★
40 물탱크에 연결된 마노미터의 눈금이 그림과 같을 때 점 A에서의 게이지압력은 몇 kPa인가? (단, 수은의 비중은 13.6이다.)

19.04.문40
15.09.문22
13.09.문32

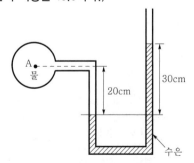

① 32

② 38

제3과목   소방관계법규

★★ 41
20.08.문42
17.05.문42
12.05.문55

소방시설 설치 및 관리에 관한 법령상 소방청장 또는 시·도지사가 청문을 하여야 하는 처분이 아닌 것은?

① 소방시설관리사 자격의 정지
② 소방안전관리자 자격의 취소
③ 소방시설관리업의 등록취소
④ 소방용품의 형식승인 취소

해설 **소방시설법 49조**
청문실시 대상
(1) 소방시설**관리사** 자격의 **취소** 및 **정지** 보기 ①
(2) 소방시설**관리업**의 **등록취소** 및 영업정지 보기 ③
(3) **소방용품**의 **형식승인취소** 및 제품검사중지 보기 ④
(4) 소방용품의 **제품검사 전문기관**의 **지정취소** 및 업무정지
(5) 우수품질인증의 취소
(6) 소방용품의 성능인증 취소

기억법 청사 용업(청사 용역)

답 ②

★ 42
19.03.문60
11.10.문57

소방활동구역의 출입자로서 대통령령이 정하는 자에 속하는 사람은?

① 의사·간호사 그 밖의 구조·구급업무에 종사하지 않는 자
② 소방활동구역 밖에 있는 소방대상물의 소유자·관리자 또는 점유자
③ 취재인력 등 보도업무에 종사하지 않는 자
④ 수사업무에 종사하는 자

해설
① 종사하지 않는 자 → 종사하는 자
② 밖에 → 안에
③ 종사하지 않는 자 → 종사하는 자

기본령 8조
소방활동구역 출입자(대통령령이 정하는 사람)
(1) 소방활동구역 안에 있는 **소유자·관리자** 또는 **점유자**
(2) 전기·가스·수도·통신·교통의 업무에 종사하는 자로서 원활한 **소방활동**을 위하여 필요한 자
(3) 의사·간호사 그 밖의 구조·구급업무에 종사하는 자
(4) 취재인력 등 보도업무에 종사하는 자
(5) 수사업무에 종사하는 자
(6) 소방대장이 소방활동을 위하여 **출입**을 **허가**한 자

※ **소방활동구역** : 화재, 재난·재해 그 밖의 위급한 상황이 발생한 현장에 정하는 구역

답 ④

★★ 43
20.08.문54
17.03.문55

위험물안전관리법령상 제조소 등에 전기설비(전기배선, 조명기구 등은 제외)가 설치된 장소의 면적이 300m²일 경우, 소형 수동식 소화기는 최소 몇 개 설치하여야 하는가?

① 1개   ② 2개
③ 3개   ④ 4개

해설 **위험물규칙 〔별표 17〕**
전기설비의 소화설비
제조소 등에 전기설비(전기배선, 조명기구 등 제외)가 설치된 경우에는 당해 장소의 면적 100m²마다 **소형 수동식 소화기**를 **1개 이상** 설치할 것

제조소 등의 전기설비 소형 수동식 소화기 개수

$$\frac{바닥면적}{100m^2}(절상) = \frac{300m^2}{100m^2} = 3개$$

 중요

절상 : '소수점 이하는 무조건 올린다.'는 뜻

답 ③

★★★ 44
20.08.문41
19.09.문60
19.03.문01
18.09.문20
15.05.문43
15.03.문18
14.09.문04
14.03.문05
14.03.문16
13.09.문07

위험물안전관리법령상 제3류 위험물이 아닌 것은?

① 칼륨
② 황린
③ 나트륨
④ 마그네슘

해설 ④ 제2류 위험물

위험물령 〔별표 1〕
위험물

유별	성질	품명
제1류	**산**화성 **고**체	• 아염소산염류 • 염소산염류 • 과염소산염류 • 질산염류(질산칼륨) • 무기과산화물(과산화바륨) 기억법 1산고(일산GO)
제2류	가연성 고체	• **황화인** • **적린** • **황** • **마그네슘** 보기 ④ 기억법 황화적황마
제3류	자연발화성 물질	• **황린**(P₄) 보기 ②
제3류	금수성 물질	• **칼륨**(K) 보기 ① • **나트륨**(Na) 보기 ③ • **알**킬알루미늄 • 알킬리튬 • **칼**슘 또는 알루미늄의 탄화물류 (탄화칼슘=CaC₂) 기억법 황칼나알칼

제4류	인화성 액체	• 특수인화물(이황화탄소) • 알코올류 • 석유류 • 동식물유류
제5류	자기반응성 물질	• 나이트로화합물 • 유기과산화물 • 나이트로소화합물 • 아조화합물 • 질산에스터류(셀룰로이드)
제6류	산화성 액체	• 과염소산 • 과산화수소 • 질산

답 ④

45 소방기본법령상 소방대상물에 해당하지 않는 것은?

20.08.문45
16.10.문57
16.05.문51

① 차량
② 건축물
③ 운항 중인 선박
④ 선박건조구조물

해설 ③ 운항 중인 → 매어 둔

기본법 2조 1호
소방대상물
(1) **건**축물
(2) **차**량
(3) **선**박(매어둔 것)
(4) **선**박건조구조물
(5) **인**공구조물
(6) **물**건
(7) **산**림

기억법 건차선 인물산

비교

위험물법 3
위험물의 저장·운반·취급에 대한 적용 제외
(1) 항공기
(2) 선박
(3) 철도(기차)
(4) 궤도

답 ③

46 위험물안전관리법상 제조소 등을 설치하고자 하는 자는 누구의 허가를 받아 설치할 수 있는가?

20.06.문56
19.04.문47
14.03.문58

① 소방서장
② 소방청장
③ 시·도지사
④ 안전관리자

해설 위험물법 6조
제조소 등의 설치허가
(1) 설치허가자 : 시·도지사 보기 ③
(2) 설치허가 제외장소
   ㉠ 주택의 난방시설(공동주택의 중앙난방시설은 제외)을 위한 **저장소** 또는 **취급소**
   ㉡ 지정수량 20배 이하의 **농예용·축산용·수산용** 난방시설 또는 건조시설의 **저장소**
(3) 제조소 등의 변경신고 : 변경하고자 하는 날의 **1일** 전까지

참고

시·도지사
(1) 특별시장
(2) 광역시장
(3) 특별자치시장
(4) 도지사
(5) 특별자치도지사

답 ③

47 소방기본법령상 소방용수시설의 설치기준 중 급수탑의 급수배관의 구경은 최소 몇 mm 이상이어야 하는가?

20.06.문46
13.09.문42

① 100
② 150
③ 200
④ 250

해설 기본규칙〔별표 3〕
소방용수시설별 설치기준

| 소화전 | 급수탑 |
| • 65mm : 연결금속구의 구경 | • 100mm : 급수배관의 구경 보기 ①
• 1.5~1.7m 이하 : 개폐밸브 높이 |

기억법 57탑(57층 탑)

답 ①

48 위험물안전관리법령상 위험물의 안전관리와 관련된 업무를 시행하는 자로서 소방청장이 실시하는 안전교육대상자가 아닌 사람은?

20.06.문47

① 제조소 등의 관계인
② 안전관리자로 선임된 자
③ 위험물운송자로 종사하는 자
④ 탱크시험자의 기술인력으로 종사하는 자

해설 위험물안전관리법 28조
위험물 안전교육대상자
(1) 안전관리자 보기 ②
(2) 탱크시험자 보기 ④
(3) 위험물운반자
(4) 위험물운송자 보기 ③

답 ①

49 소방기본법령에 따른 급수탑 및 지상에 설치하는 소화전·저수조의 경우 소방용수표지 기준 중 다음 ( ) 안에 알맞은 것은?

18.09.문58
05.03.문54

안쪽 문자는 (㉠), 안쪽 바탕은 (㉡), 바깥쪽 바탕은 (㉢)으로 하고 반사재료를 사용하여야 한다.

① ㉠ 검은색, ㉡ 파란색, ㉢ 붉은색
② ㉠ 검은색, ㉡ 붉은색, ㉢ 파란색
③ ㉠ 흰색, ㉡ 파란색, ㉢ 붉은색
④ ㉠ 흰색, ㉡ 붉은색, ㉢ 파란색

해설 기본규칙〔별표 2〕
소방용수표지
(1) **지하**에 설치하는 소화전·저수조의 소방용수표지
　㉠ 맨홀뚜껑은 지름 648mm 이상의 것으로 할 것
　㉡ 맨홀뚜껑에는 "소화전·주정차금지" 또는 "저수조·주정차금지"의 표시를 할 것
　㉢ 맨홀뚜껑 부근에는 **노란색 반사도료**로 폭 15cm의 선을 그 둘레를 따라 칠할 것
(2) **지상**에 설치하는 소화전·저수조 및 **급수탑**의 소방용수표지

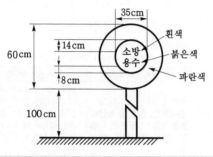

※ 안쪽 문자는 **흰색**, 바깥쪽 문자는 **노란색**, 안쪽 바탕은 **붉은색**, 바깥쪽 바탕은 **파란색**으로 하고 **반사재료** 사용 보기 ④

답 ④

★★★
50 화재예방과 화재 등 재해발생시 비상조치를 위하여 관계인에 예방규정을 정하여야 하는 제조소 등의 기준으로 틀린 것은?
17.09.문41
15.03.문58
14.05.문57
11.06.문55
① 이송취급소
② 지정수량 10배 이상의 위험물을 취급하는 제조소
③ 지정수량 100배 이상의 위험물을 저장하는 옥외저장소
④ 지정수량 150배 이상의 위험물을 저장하는 옥외탱크저장소

 ④ 150배 이상 → 200배 이상

위험물령 15조
예방규정을 정하여야 할 제조소 등

배 수	제조소 등
10배 이상	• 제조소 보기 ② • 일반취급소
1<u>00</u>배 이상	• 옥**외**저장소 보기 ③
1<u>50</u>배 이상	• 옥내저장소
<u>200</u>배 이상	• 옥외**탱**크저장소 보기 ④
모두 해당	• 이송취급소 보기 ① • 암반탱크저장소

기억법 052
외내탱

※ **예방규정** : 제조소 등의 화재예방과 화재 등 재해발생시의 비상조치를 위한 규정

답 ④

★★★
51 건축허가 등을 할 때 소방본부장 또는 소방서장의 동의를 미리 받아야 하는 대상이 아닌 것은?
19.03.문50
16.05.문54
15.09.문45
15.03.문49
13.06.문41
① 연면적 200m² 이상인 노유자시설 및 수련시설
② 항공기격납고, 관망탑
③ 차고·주차장으로 사용되는 층 중 바닥면적이 100m² 이상인 층이 있는 시설
④ 지하층 또는 무창층이 있는 건축물로서 바닥면적이 150m² 이상인 층이 있는 것

 ③ 100m² → 200m²

소방시설법 시행령 7조
건축허가 등의 동의대상물
(1) 연면적 400m²(학교시설 : 100m², 수련시설·노유자시설 : 200m², 정신의료기관·장애인의료재활시설 : 300m²) 이상 보기 ①
(2) 6층 이상인 건축물
(3) 차고·주차장으로서 바닥면적 200m² 이상(자동차 20대 이상) 보기 ③
(4) **항공기격납고, 관망탑, 항공관제탑, 방송용 송수신탑** 보기 ②
(5) 지하층 또는 무창층의 바닥면적 150m²(공연장은 100m²) 이상 보기 ④
(6) 위험물저장 및 처리시설, 지하구
(7) **결핵환자**나 **한센인**이 24시간 생활하는 **노유자시설**
(8) 전기저장시설, 풍력발전소
(9) 요양병원(의료재활시설 제외)
(10) 노인주거복지시설·노인의료복지시설 및 재가노인복지시설, 학대피해노인 전용쉼터, 아동복지시설, 장애인거주시설
(11) 정신질환자 관련시설(공동생활가정을 제외한 재활훈련시설과 종합시설 중 24시간 주거를 제공하지 않는 시설 제외)
(12) 노숙인자활시설, 노숙인재활시설 및 노숙인요양시설
(13) 조산원, 산후조리원, 의원(입원실이 있는 것)
(14) 공장 또는 창고시설로서 지정수량의 750배 이상의 특수가연물을 저장·취급하는 것
(15) 가스시설로서 지상에 노출된 탱크의 저장용량의 합계가 100t 이상인 것

답 ③

★★
52 문화유산의 보존 및 활용에 관한 법률의 규정에 의한 유형문화재와 지정문화재에 있어서는 제조소 등과의 수평거리를 몇 m 이상 유지하여야 하는가?
15.03.문56
① 20　　② 30
③ 50　　④ 70

해설 위험물규칙 〔별표 4〕
위험물제조소의 안전거리

안전거리	대상
3m 이상	•7~35kV 이하의 특고압가공전선
5m 이상	•35kV를 초과하는 특고압가공전선
10m 이상	•주거용으로 사용되는 것
20m 이상	•고압가스 제조시설(용기에 충전하는 것 포함) •고압가스 사용시설(1일 30m³ 이상 용적 취급) •고압가스 저장시설 •액화산소 소비시설 •액화석유가스 제조·저장시설 •도시가스 공급시설
30m 이상	•학교 •병원급 의료기관 •공연장 ┐ •영화상영관 ┘ 300명 이상 수용시설 •아동복지시설 •노인복지시설 •장애인복지시설 •한부모가족복지시설 •어린이집 •성매매피해자 등을 위한 지원시설 •정신건강증진시설 •가정폭력 피해자 보호시설 ┘ 20명 이상 수용 시설
50m 이상	•유형문화재 보기 ③ •지정문화재

기억법 문5(문어)

답 ③

★★
53 비상경보설비를 설치하여야 할 특정소방대상물이 아닌 것은?
15.05.문46
13.09.문64
① 연면적 400m² 이상이거나 지하층 또는 무창층의 바닥면적이 150m² 이상인 것
② 지하층에 위치한 바닥면적 100m²인 공연장
③ 지하가 중 터널로서 길이가 500m 이상인 것
④ 30명 이상의 근로자가 작업하는 옥내작업장

해설 ④ 30명 이상 → 50명 이상

소방시설법 시행령 〔별표 4〕
비상경보설비의 설치대상

설치대상	조건
지하층·무창층	•바닥면적 150m²(공연장 100m²) 이상 보기 ① ②
전부	•연면적 400m² 이상 보기 ①
지하가 중 터널	•길이 500m 이상 보기 ③
옥내작업장	•50명 이상 작업 보기 ④

답 ④

★★★
54 1급 소방안전관리대상물에 대한 기준으로 옳지 않은 것은?
19.09.문51
12.05.문49
① 특정소방대상물로서 층수가 11층 이상인 것
② 국보 또는 보물로 지정된 목조건축물
③ 연면적 15000m² 이상인 것
④ 가연성 가스를 1천톤 이상 저장·취급하는 시설

해설 ② 2급 소방안전관리대상물

화재예방법 시행령 〔별표 4〕
소방안전관리자를 두어야 할 특정소방대상물

소방안전관리대상물	특정소방대상물
특급 소방안전관리대상물 (동식물원, 철강 등 불연성 물품 저장·취급창고, 지하구, 위험물제조소 등 제외)	•50층 이상(지하층 제외) 또는 지상 200m 이상 아파트 •30층 이상(지하층 포함) 또는 지상 120m 이상(아파트 제외) •연면적 10만m² 이상(아파트 제외)
1급 소방안전관리대상물 (동식물원, 철강 등 불연성 물품 저장·취급창고, 지하구, 위험물제조소 등 제외)	•30층 이상(지하층 제외) 또는 지상 120m 이상 아파트 •연면적 15000m² 이상인 것(아파트 및 연립주택 제외) 보기 ③ •11층 이상(아파트 제외) 보기 ① •가연성 가스를 1000t 이상 저장·취급하는 시설 보기 ④
2급 소방안전관리대상물	•지하구 •가스제조설비를 갖추고 도시가스사업 허가를 받아야 하는 시설 또는 가연성 가스를 100~1000t 미만 저장·취급하는 시설 •옥내소화전설비·스프링클러설비 설치대상물 •물분무등소화설비(호스릴방식의 물분무등소화설비만을 설치한 경우 제외) 설치대상물 •공동주택(옥내소화전설비 또는 스프링클러설비가 설치된 공동주택 한정) •목조건축물(국보·보물) 보기 ②
3급 소방안전관리대상물	•간이스프링클러설비(주택전용 간이스프링클러설비 제외) 설치대상물 •자동화재탐지설비 설치대상물

답 ②

★★★
55 소방본부장 또는 소방서장은 화재예방강화지구 안의 관계인에 대하여 소방상 필요한 훈련 또는 교육을 실시할 경우 관계인에게 훈련 또는 교육 며칠 전까지 그 사실을 통보해야 하는가?
15.09.문58
09.08.문58
① 3일　　　② 5일
③ 7일　　　④ 10일

해설 **10일**
(1) 화재예방강화지구 안의 소방훈련·교육 통보일(화재예방법 시행령 20조) 보기 ④
(2) 건축허가 등의 동의 여부 회신(소방시설법 시행규칙 3조)
　ㄱ 50층 이상(지하층 제외) 또는 지상으로부터 높이 200m 이상인 **아파트**의 건축허가 등의 동의 여부 회신(소방시설법 시행규칙 3조)
　ㄴ 30층 이상(지하층 포함) 또는 지상 120m 이상(아파트 제외)의 건축허가 등의 동의 여부 회신(소방시설법 시행규칙 3조)
　ㄷ 연면적 10만㎡ 이상의 건축허가 등의 동의 여부 회신(소방시설법 시행규칙 3조)
(3) 소방기술자의 **실무교육** 통지일(공사업규칙 26조)
(4) **실무교육** 교육계획의 변경보고일(공사업규칙 35조)
(5) 소방기술자 **실무교육기관** 지정사항 변경보고일(공사업규칙 33조)
(6) 소방시설업의 등록신청서류 보완일(공사업규칙 2조 2)
(7) 제조소 등의 재발급 완공검사합격확인증 제출일(위험물령 10조)
　　　　　　　　　　　　　　　　　　　답 ④

★★★
56 소방용수시설의 저수조 설치기준으로 틀린 것은?
19.04.문46
15.05.문50
15.05.문57
11.03.문42
① 흡수에 지장이 없도록 토사 및 쓰레기 등을 제거할 수 있는 설비를 갖출 것
② 흡수부분의 수심이 0.5m 이상일 것
③ 흡수관의 투입구가 사각형의 경우에는 한 변의 길이가 60cm 이상일 것
④ 저수조에 물을 공급하는 방법은 상수도에 연결하여 수동으로 급수되는 구조일 것

해설 ④ 수동 → 자동

기본규칙〔별표 3〕
소방용수시설의 저수조의 설치기준
(1) 낙차 : 4.5m 이하
(2) 수심 : 0.5m 이상 보기 ②
(3) 투입구의 길이 또는 지름 : 60cm 이상 보기 ③

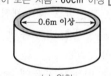
(a) 원형

0.6m 이상
0.6m 이상
(b) 사각형

‖흡수관 투입구‖

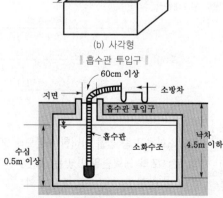

‖저수조의 깊이‖

(4) 소방펌프자동차가 **쉽게 접근**할 수 있도록 할 것
(5) 흡수에 지장이 없도록 **토사** 및 **쓰레기** 등을 제거할 수 있는 설비를 갖출 것 보기 ①
(6) 저수조에 물을 공급하는 방법은 **상수도**에 연결하여 **자동**으로 **급수**되는 구조일 것 보기 ④
　　　　　　　　　　　　　　　　　　　답 ④

★★★
57 소방시설 설치 및 관리에 관한 법률상 소방시설관리업 등록의 결격사유에 해당하지 않는 사람은?
20.06.문51
13.09.문47
11.06.문50
① 피성년후견인
② 소방시설관리업의 등록이 취소된 날로부터 2년이 지난 자
③ 금고 이상의 형의 집행유예를 선고받고 그 유예기간 중에 있는 자
④ 금고 이상의 실형을 선고받고 그 집행이 면제된 날부터 2년이 지나지 아니한 자

해설 ② 지난 자 → 지나지 아니한 자

소방시설법 30조
소방시설관리업의 등록결격사유
(1) 피성년후견인 보기 ①
(2) 금고 이상의 선고를 받고 끝난 후 **2년**이 지나지 아니한 사람 보기 ④
(3) **집행유예기간** 중에 있는 사람 보기 ③
(4) 등록취소 후 **2년**이 지나지 아니한 사람 보기 ②

비교
소방시설법 27조
소방시설관리사의 결격사유
(1) 피성년후견인
(2) 금고 이상의 실형을 선고받고 그 집행이 끝나거나(집행이 끝난 것으로 보는 경우 포함) 집행이 면제된 날부터 **2년**이 지나지 아니한 사람
(3) 금고 이상의 형의 집행유예를 선고받고 그 유예기간 중에 있는 사람
(4) 자격취소 후 **2년**이 지나지 아니한 사람

　　　　　　　　　　　　　　　　　　　답 ②

★★★
58 화재예방강화지구의 지정대상지역에 해당되지 않는 곳은?
19.09.문55
16.03.문41
15.09.문55
14.05.문53
12.09.문46
① 시장지역
② 공장·창고가 밀집한 지역
③ 소방용수시설 또는 소방출동로가 있는 지역
④ 석유화학제품을 생산하는 공장이 있는 지역

해설 ③ 소방출동로가 있는 지역 → 소방출동로가 없는 지역

화재예방법 18조
화재예방강화지구의 지정
(1) **지정권자** : **시**·도지사

(2) 지정지역

- ㉠ 시장지역 보기 ①
- ㉡ 공장·창고 등이 밀집한 지역 보기 ②
- ㉢ 목조건물이 밀집한 지역
- ㉣ 노후·불량 건축물이 밀집한 지역
- ㉤ 위험물의 저장 및 처리시설이 밀집한 지역
- ㉥ 석유화학제품을 생산하는 공장이 있는 지역 보기 ④
- ㉦ 소방시설·소방용수시설 또는 소방출동로가 없는 지역
- ㉧ 「산업입지 및 개발에 관한 법률」에 따른 산업단지
- ㉨ 「물류시설의 개발 및 운영에 관한 법률」에 따른 물류단지
- ㉩ 소방청장·소방본부장 또는 소방서장(소방관서장)이 화재예방강화지구로 지정할 필요가 있다고 인정하는 지역

기억법 **화강시**

> ※ **화재예방강화지구** : 화재발생 우려가 크거나 화재가 발생할 경우 피해가 클 것으로 예상되는 지역에 대하여 화재의 예방 및 안전관리를 강화하기 위해 지정·관리하는 지역

답 ③

★ 59

11.10.문47

특정소방대상물에 사용하는 물품으로 방염대상물품에 해당하지 않는 것은? (단, 제조 또는 가공 공정에서 방염처리한 물품이다.)

① 가구류
② 창문에 설치하는 커튼류
③ 무대용 합판
④ 두께가 2밀리미터 미만인 종이벽지를 제외한 벽지류

해설 **소방시설법 시행령 31조**
방염대상물품

제조 또는 가공 공정에서 방염처리를 한 물품	건축물 내부의 천장이나 벽에 부착하거나 설치하는 것
① 창문에 설치하는 **커튼류**(블라인드 포함) 보기 ② ② 카펫 ③ 벽지류(두께 2mm 미만인 종이벽지 제외) 보기 ④ ④ 전시용 합판·목재 또는 섬유판 ⑤ 무대용 합판·목재 또는 섬유판 보기 ③ ⑥ 암막·무대막(영화상영관·가상체험 체육시설업의 스크린 포함) ⑦ 섬유류 또는 합성수지류 등을 원료로 하여 제작된 소파·의자(단란주점영업, 유흥주점영업 및 노래연습장업의 영업장에 설치하는 것만 해당)	① 종이류(두께 2mm 이상), 합성수지류 또는 섬유류를 주원료로 한 물품 ② 합판이나 목재 ③ 공간을 구획하기 위하여 설치하는 간이칸막이 ④ 흡음재(흡음용 커튼 포함) 또는 방음재(방음용 커튼 포함) ※ **가구류**(옷장, 찬장, 식탁, 식탁용 의자, 사무용 책상, 사무용 의자, 계산대)와 너비 **10cm 이하인 반자돌림대, 내부 마감재료** 제외 보기 ①

답 ①

★ 60

13.09.문46

소방시설공사의 하자보수기간으로 옳은 것은?

① 유도등 : 1년
② 자동소화장치 : 3년
③ 자동화재탐지설비 : 2년
④ 상수도소화용수설비 : 2년

해설 **공사업령 6조**
소방시설공사의 하자보수 보증기간

보증기간	소방시설
2년	• **유**도등·**유**도표지·**피**난기구 • **비**상**조**명등·비상**경**보설비·비상**방**송설비 • **무**선통신보조설비
3년	• 자동소화장치 보기 ② • 옥내·외 소화전설비 • 스프링클러설비·간이스프링클러설비 • 물분무등소화설비·상수도소화용수설비 • 자동화재탐지설비·소화활동설비(무선통신보조설비 제외)

기억법 유비조경방무피2(유비조경방무피투)

답 ②

제 4 과목 **소방기계시설의 구조 및 원리**

★ 61

16.10.문71
10.03.문68

포소화설비의 화재안전기준에 따른 팽창비의 정의로 옳은 것은?

① 최종 발생한 포원액 체적/원래 포원액 체적
② 최종 발생한 포수용액 체적/원래 포원액 체적
③ 최종 발생한 포원액 체적/원래 포수용액 체적
④ 최종 발생한 포 체적/원래 포수용액 체적

해설 **발포배율식(팽창비)**

(1) 발포배율(팽창비) $= \dfrac{\text{내용적(용량)}}{\text{전체 중량}-\text{빈 시료용기의 중량}}$

(2) 발포배율(팽창비) $= \dfrac{\text{방출된 포의 체적[L]}}{\text{방출 전 포수용액의 체적[L]}}$

(3) 발포배율(팽창비) $= \dfrac{\text{최종 발생한 포 체적[L]}}{\text{원래 포수용액 체적[L]}}$

답 ④

★★★ 62

15.05.문78
14.09.문78
10.05.문72

간이소화용구 중 삽을 상비한 마른모래 50L 이상의 것 1포의 능력단위가 맞는 것은?

① 0.3 단위
② 0.5 단위
③ 0.8 단위
④ 1.0 단위

해설 **간이소화용구**의 **능력단위**(NFPC 101 3조, NFTC 101 1.7.1.6)

간이소화용구		능력단위
마른모래	삽을 상비한 **50L 이상**의 것 **1포**	**0.5단위**
팽창질석 또는 팽창진주암	삽을 상비한 **80L 이상**의 것 **1포**	

 기억법 마 0.5

비교

능력단위(위험물규칙 [별표 17])

소화설비	용량	능력단위
소화전용 물통	8L	0.3
수조(소화전용 물통 **3개** 포함)	80L	1.5
수조(소화전용 물통 **6개** 포함)	190L	2.5

답 ②

⭐ **63** 미분무소화설비 용어의 정의 중 다음 ( ) 안에
17.05.문75 알맞은 것은?

> 미분무란 물만을 사용하여 소화하는 방식으로 최소설계압력에서 헤드로부터 방출되는 물입자 중 99%의 누적체적분포가 (㉠)μm 이하로 분무되고 (㉡)급 화재에 적응성을 갖는 것을 말한다.

① ㉠ 200, ㉡ B, C
② ㉠ 400, ㉡ B, C
③ ㉠ 200, ㉡ A, B, C
④ ㉠ 400, ㉡ A, B, C

해설 **미분무소화설비**의 **용어정의**(NFPC 104A 3조, NFTC 104A 1.7)

용어	설명
미분무 소화설비	가압된 물이 헤드 통과 후 미세한 입자로 분무됨으로써 소화성능을 가지는 설비를 말하며, 소화력을 증가시키기 위해 강화액 등을 첨가할 수 있다.
미분무	물만을 사용하여 소화하는 방식으로 최소설계압력에서 헤드로부터 방출되는 물입자 중 **99%**의 누적체적분포가 <u>400μm</u> 이하로 분무되고 **A, B, C급 화재**에 적응성을 갖는 것
미분무헤드	하나 이상의 오리피스를 가지고 미분무소화설비에 사용되는 헤드

답 ④

⭐⭐ **64** 이산화탄소소화설비에서 기동용기의 개방에 따
16.03.문72 라 이산화탄소(CO_2) 저장용기가 개방되는 시스
12.05.문64 템방식은?

① 전기식
② 가스압력식
③ 기계식
④ 유압식

해설 **자동식 기동장치**의 **종류**(NFPC 106 6조, NFTC 106 2.3.2)
(1) **기계식 방식** : 잘 사용되지 않음
(2) **전기식 방식**
(3) **가스압력식**(뉴메틱 방식) : **기동용기**의 개방에 따라 저장용기가 개방되는 방식 보기 ②

중요

가스압력식 이산화탄소소화설비의 **구성요소**
(1) 솔레노이드장치
(2) 압력스위치
(3) 피스톤릴리스
(4) 기동용기

답 ②

⭐⭐⭐ **65** 물분무소화설비가 설치된 주차장 바닥의 집수관
19.04.문62 소화피트 등 기름분리장치는 몇 m 이하마다 설
12.05.문62 치하여야 하는가?

① 10m
② 20m
③ 30m
④ 40m

해설 **물분무소화설비**의 **배수설비**(NFPC 104 11조, NFTC 104 2.8)
(1) **10cm 이상**의 경계턱으로 배수구 설치(차량이 주차하는 곳)
(2) **40m 이하**마다 기름분리장치 설치

| 기름분리장치 |

(3) 차량이 주차하는 바닥은 $\dfrac{2}{100}$ 이상의 기울기 유지

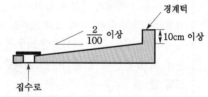

| 배수설비 |

(4) 배수설비는 가압송수장치의 **최대송수능력**의 수량을 유효하게 배수할 수 있는 크기 및 기울기일 것

참고

기울기

기울기	설명
$\dfrac{1}{100}$ 이상	연결살수설비의 수평주행배관
$\dfrac{2}{100}$ 이상	물분무소화설비의 배수설비
$\dfrac{1}{250}$ 이상	습식설비·부압식설비 외 설비의 가지배관
$\dfrac{1}{500}$ 이상	습식설비·부압식설비 외 설비의 수평주행배관

답 ④

★★★ 66

19.04.문62
17.03.문73
16.05.문73
15.09.문71
11.03.문71

물분무소화설비를 설치하는 차고, 주차장의 배수설비기준에 관한 설명으로 옳은 것은?

① 차량이 주차하는 장소의 적당한 곳에 높이 11cm 이상의 경계턱으로 배수구를 설치할 것
② 길이 50m 이하마다 집수관, 소화피트 등 기름분리장치를 설치할 것
③ 차량이 주차하는 바닥은 배수구를 향하여 1/100 이상의 기울기를 유지할 것
④ 배수설비는 가압송수장치 최대송수능력의 수량을 유효하게 배수할 수 있는 크기 및 기울기로 할 것

해설 문제 65 참조

① 11cm 이상 → 10cm 이상
② 50m 이하 → 40m 이하
③ 1/100 이상 → 2/100 이상

답 ④

★ 67

19.03.문72
17.09.문64
14.09.문61

전역방출방식의 이산화탄소소화설비를 설치한 특정소방대상물 또는 그 부분에 설치하는 자동폐쇄장치의 설치기준 중 다음 (   ) 안에 알맞은 것은?

개구부가 있거나 천장으로부터 (㉠)m 이상의 아랫부분 또는 바닥으로부터 해당 층의 높이의 (㉡) 이내의 부분에 통기구가 있어 이산화탄소의 유출에 따라 소화효과를 감소시킬 우려가 있는 것은 이산화탄소가 방사되기 전에 해당 개구부 및 통기구를 폐쇄할 수 있도록 할 것

① ㉠ 1, ㉡ $\frac{2}{3}$ ② ㉠ 1, ㉡ $\frac{1}{2}$

③ ㉠ 0.3, ㉡ $\frac{2}{3}$ ④ ㉠ 0.3, ㉡ $\frac{1}{2}$

해설 할로겐화합물 및 불활성기체 소화설비·분말소화설비·이산화탄소소화설비 자동폐쇄장치 설치기준(NFPC 107A 15조, NFTC 107A 2.12.1.2 / NFPC 108 14조, NFTC 108 2.11.1.2 / NFPC 106 14조, NFTC 106 2.11.1.2)

개구부가 있거나 천장으로부터 **1m 이상**의 아랫부분 또는 바닥으로부터 해당 층의 높이의 $\frac{2}{3}$ 이내의 부분에 통기구가 있어 **소화약제**의 유출에 따라 소화효과를 감소시킬 우려가 있는 것은 **소화약제**가 방사되기 전에 해당 **개구부** 및 **통기구**를 폐쇄할 수 있도록 할 것

답 ①

★★★ 68

19.03.문69
16.05.문66
08.05.문76

호스릴 이산화탄소 소화설비는 방호대상물의 각 부분으로부터 하나의 호스접결구까지의 수평거리는 최대 몇 m 이하인가?

① 10   ② 15
③ 20   ④ 25

해설 (1) 보행거리

구분	적용
20m 이내	• 소형 소화기
30m 이내	• 대형 소화기

(2) 수평거리

구분	적용
10m 이내	• 예상제연구역
15m 이하	• 분말(호스릴) • 포(호스릴) • 이산화탄소(호스릴) 보기 ②
20m 이하	• 할론(호스릴)
25m 이하	• 음향장치 • 옥내소화전 방수구 • 옥내소화전(호스릴) • 포소화전 방수구 • 연결송수관 방수구(지하가) • 연결송수관 방수구(지하층 바닥면적 3000m² 이상)
40m 이하	• 옥외소화전 방수구
50m 이하	• 연결송수관 방수구(사무실)

용어

수평거리와 **보행거리**

수평거리	보행거리
직선거리를 말하며, 반경을 의미하기도 한다.	걸어서 간 거리이다.

답 ②

★★ 69

14.03.문66
01.06.문12

습식 스프링클러설비의 구성요소가 아닌 것은?

① 유수검지장치   ② 압력스위치
③ 엑셀레이터   ④ 리타딩챔버

해설 ③ 엑셀레이터 : **건식** 스프링클러설비의 구성요소

습식 스프링클러설비의 구성

구성	설명
안전밸브	배관 내의 압력이 일정압력 이상 상승시 개방되어 **배관**을 **보호**하는 밸브
압력스위치	유수검지장치가 개방되면 작동하여 **사이렌경보**를 울림과 동시에 **감시제어반에 신호**를 보낸다. 보기 ②
알람밸브	헤드의 개방에 의해 개방되어 1차측의 **가압수**를 2차측으로 **송수**시킨다.
리타딩챔버	유수경보밸브에 의한 **오동작**을 **방지**하기 위한 안전장치로서 경보용 압력스위치에 대한 수압의 작용시간을 **지연**시켜 주는 것 보기 ④
유수검지장치	물의 흐름을 검지하는 장치 보기 ①

기억법 습안 압알리유

답 ③

70 대형소화기로 인정되는 소화능력단위의 적합한 기준은?

19.04.문74
13.09.문62

① A급 10단위 이상, B급 10단위 이상
② A급 20단위 이상, B급 10단위 이상
③ A급 10단위 이상, B급 20단위 이상
④ A급 20단위 이상, B급 20단위 이상

해설 소화능력단위에 의한 분류(소화기 형식 4조)

소화기 분류		능력단위
소형 소화기		1단위 이상
대형 소화기	A급	10단위 이상
	B급	20단위 이상

기억법 대2B(데이빗!)

답 ③

71 연결송수관설비에서 가압송수장치를 하여야 하는 소방대상물의 높이는 얼마인가?

14.05.문77

① 50m 이상
② 31m 이상
③ 70m 이상
④ 100m 이상

해설 **연결송수관설비**의 설치기준(NFPC 502 5~7조, NFTC 502 2.2~2.4)
(1) **층**마다 설치(아파트인 경우 **3층**부터 설치)
(2) 11층 이상에는 **쌍구형**으로 설치(아파트인 경우 **단구형** 설치 가능)
(3) 방수구는 **개폐기능**을 가진 것으로 한다.
(4) 방수구는 구경 **65mm**로 한다.
(5) 방수구는 바닥에서 **0.5~1m** 이하에 설치
(6) 높이 **70m** 이상 소방대상물에는 **가**압송수장치를 설치 보기 ③
(7) **방수기**구함은 피난층과 가장 가까운 층을 기준으로 **3개 층**마다 설치하되, 그 층의 방수구마다 보행거리 5m 이내에 설치할 것
(8) 주배관의 구경은 100mm 이상(단, 주배관의 구경이 100mm 이상인 옥내소화전설비의 배관과 겸용 가능)

기억법 연송65, 송7가(**송치가** 가능한가?),
방기3(**방**에서 **기상**)

답 ③

72 상수도 소화용수설비는 호칭지름 75mm의 수도배관에 호칭지름 몇 mm 이상의 소화전을 접속하여야 하는가?

19.03.문64
17.09.문65
15.09.문66
15.05.문65
15.03.문72
13.09.문73

① 50
② 65
③ 75
④ 100

해설 상수도 소화용수설비의 기준(NFPC 401 4조, NFTC 401 2.1.1)
(1) 호칭지름

수도배관	소화전
75mm 이상	100mm 이상 보기 ④

(2) 소화전은 소방자동차 등의 진입이 쉬운 **도로변** 또는 **공지**에 설치
(3) 소화전은 특정소방대상물의 수평투영면의 각 부분으로부터 **140m** 이하에 설치
(4) 지상식 소화전의 호스접결구는 지면으로부터 높이가 0.5m 이상 1m 이하가 되도록 설치

답 ④

73 다음 ( ) 안에 맞는 숫자와 용어는?

13.09.문70

> 국소방출방식의 고정포방출구는 방호대상물의 구분에 따라 해당 방호대상물의 높이의 ( )의 거리를 수평으로 연장한 선으로 둘러싸인 부분의 면적을 ( )이라 한다.

① 3배, 방호면적
② 2배, 관포면적
③ 1.5배, 방호면적
④ 2배를 더한 길이, 외주선 면적

해설 방호면적 vs 관포체적(NFPC 105 12조, NFTC 105 2.9.4.2.2, 2.9.4.1.2)

방호면적	관포체적
방호대상물의 구분에 따라 해당 방호대상물의 높이의 **3배**(1m 미만은 **1m**)의 거리를 수평으로 연장한 선으로 둘러싸인 부분의 면적(국소방출방식의 고정포방출구)	해당 바닥면으로부터 방호대상물의 높이보다 **0.5m** 높은 위치까지의 체적
기억법 3방(3방출)	**기억법** 관5(관우)

답 ①

74 할론소화설비 중 호스릴방식으로 설치되는 호스접결구는 방호대상물의 각 부분으로부터 수평거리 몇 m 이하이어야 하는가?

19.03.문69
18.04.문75
16.05.문66
15.03.문78
08.05.문76

① 15m 이하
② 20m 이하
③ 25m 이하
④ 40m 이하

해설 (1) 보행거리

구 분	적 용
20m 이내	• 소형 소화기
30m 이내	• 대형 소화기

(2) 수평거리

구 분	적 용
10m 이내	• 예상제연구역
15m 이하	• 분말(호스릴) • 포(호스릴) • 이산화탄소(호스릴)

20m 이하	• 할론(호스릴) 보기 ②
25m 이하	• 음향장치 • 옥내소화전 방수구 • 옥내소화전(호스릴) • 포소화전 방수구 • 연결송수관 방수구(지하가) • 연결송수관 방수구(지하층 바닥면적 3000m² 이상)
40m 이하	• 옥외소화전 방수구
50m 이하	• 연결송수관 방수구(사무실)

용어

수평거리와 보행거리

수평거리	보행거리
직선거리를 말하며, 반경을 의미하기도 한다.	걸어서 간 거리이다.

답 ②

75

물분무소화설비를 설치하는 차고 또는 주차장의 배수설비 중 차량이 주차하는 장소의 적당한 곳에 높이 몇 cm 이상의 경계턱으로 배수구를 설치하여야 하는가?

19.04.문62
17.03.문73
16.05.문73
15.09.문71
15.03.문71
13.06.문69
12.05.문62
11.03.문71

① 10 　　② 40
③ 50 　　④ 100

해설 **물분무소화설비**의 **배수설비**(NFPC 104 11조, NFTC 104 2.8)

구 분	설 명
배수구	10cm 이상의 경계턱으로 배수구 설치(차량이 주차하는 곳) 보기 ①
기름분리장치	40m 이하마다 기름분리장치 설치
기울기	차량이 주차하는 바닥은 $\frac{2}{100}$ 이상의 기울기 유지
배수설비	배수설비는 가압송수장치의 **최대송수능력**의 수량을 유효하게 배수할 수 있는 크기 및 기울기일 것

답 ①

76

소화기의 정의 중 다음 (　) 안에 알맞은 것은?

19.04.문74
18.04.문74
13.09.문62
14.05.문75
04.09.문74

대형 소화기란 화재시 사람이 운반할 수 있도록 (㉠)와 (㉡)가 설치되어 있고 능력단위가 A급 10단위 이상, B급 20단위 이상인 소화기를 말한다.

① ㉠ 운반대, ㉡ 바퀴
② ㉠ 수레, ㉡ 바퀴

---

③ ㉠ 손잡이, ㉡ 바퀴
④ ㉠ 운반대, ㉡ 손잡이

해설 **대형 소화기**(NFPC 101 3조, NFTC 101 1.7)
화재시 사람이 운반할 수 있도록 **운반대**와 **바퀴**가 설치되어 있고 능력단위가 A급 10단위 이상, B급 20단위 이상인 소화기를 말한다.

답 ①

77

연결송수관설비 방수구의 설치기준에 대한 내용이다. 다음 (　) 안에 들어갈 내용으로 알맞은 것은? (단, 집회장·관람장·백화점·도매시장·소매시장·판매시설·공장·창고시설 또는 지하가를 제외한다.)

19.09.문68
17.03.문69

송수구가 부설된 옥내소화전을 설치한 특정소방대상물로서 지하층을 제외한 층수가 (㉠)층 이하이고 연면적이 (㉡)m² 미만인 특정소방대상물의 지상층에는 방수구를 설치하지 아니할 수 있다.

① ㉠ 4, ㉡ 6000　　② ㉠ 5, ㉡ 6000
③ ㉠ 4, ㉡ 3000　　④ ㉠ 5, ㉡ 3000

해설 **연결송수관설비**의 **방수구** 설치제외장소(NFTC 502 2.3.1.1)
(1) **아파트**의 **1층** 및 **2층**
(2) 소방차의 접근이 가능하고 소방대원이 소방차로부터 각 부분에 쉽게 도달할 수 있는 피난층
(3) 송수구가 부설된 옥내소화전을 설치한 특정소방대상물(집회장·관람장·백화점·도매시장·소매시설·공장·창고시설 또는 지하가 제외)로서 다음에 해당하는 층
　㉠ 지하층을 제외한 **4층** 이하이고 연면적이 **6000m²** 미만인 특정소방대상물의 지상층 보기 ①

기억법 송46(송사리로 육포를 만들다.)
　㉡ 지하층의 층수가 2 이하인 특정소방대상물의 지하층

답 ①

78

옥외소화전설비 설치시 고가수조의 자연낙차를 이용한 가압송수장치의 설치기준 중 고가수조의 최소 자연낙차수두 산출공식으로 옳은 것은? (단, H : 필요한 낙차[m], h_1 : 소방용 호스 마찰손실수두[m], h_2 : 배관의 마찰손실수두[m]이다.)

① $H = h_1 + h_2 + 25$
② $H = h_1 + h_2 + 17$
③ $H = h_1 + h_2 + 12$
④ $H = h_1 + h_2 + 10$

해설 소화설비에 따른 **필요한 낙차**

소화설비	필요한 낙차
스프링클러설비	$H = h_1 + 10$ 여기서, H : 필요한 낙차[m] h_1 : 배관 및 관부속품의 마찰 손실수두[m]
옥내소화전설비	$H = h_1 + h_2 + 17$ 여기서, H : 필요한 낙차[m] h_1 : 소방용 호스의 마찰손실 수두[m] h_2 : 배관 및 관부속품의 마찰 손실수두[m]
옥외소화전설비	$H = h_1 + h_2 + 25$ 보기 ① 여기서, H : 필요한 낙차[m] h_1 : 소방용 호스의 마찰손실 수두[m] h_2 : 배관 및 관부속품의 마찰 손실수두[m]

용어

자연낙차수두
수조의 하단으로부터 최고층에 설치된 소화전 호스접결구
까지의 수직거리

비교

소화설비에 따른 **필요한 압력**

소화설비	필요한 압력
스프링클러설비	$P = P_1 + P_2 + 0.1$ 여기서, P : 필요한 압력[MPa] P_1 : 배관 및 관 부속품의 마찰손 실수두압[m] P_2 : 낙차의 환산수두압[MPa]
옥내소화전설비	$P = P_1 + P_2 + P_3 + 0.17$ 여기서, P : 필요한 압력[MPa] P_1 : 소방호스의 마찰손실수 두압[m] P_2 : 배관 및 관 부속품의 마찰 손실수두압[m] P_3 : 낙차의 환산수두압[MPa]
옥외소화전설비	$P = P_1 + P_2 + P_3 + 0.25$ 여기서, P : 필요한 압력[MPa] P_1 : 소방호스의 마찰손실수 두압[MPa] P_2 : 배관 및 관 부속품의 마찰 손실수두압[MPa] P_3 : 낙차의 환산수두압[MPa]

답 ①

---

79 도로터널의 화재안전기준상 옥내소화전설비 설치기준 중 괄호 안에 알맞은 것은?

> 가압송수장치는 옥내소화전 2개(4차로 이상의 터널인 경우 3개)를 동시에 사용할 경우 각 옥내소화전의 노즐선단에서의 방수압력은 (㉠)MPa 이상이고 방수량은 (㉡)L/min 이상이 되는 성능의 것으로 할 것

① ㉠ 0.1, ㉡ 130
② ㉠ 0.17, ㉡ 130
③ ㉠ 0.25, ㉡ 350
④ ㉠ 0.35, ㉡ 190

해설 **도로터널**의 **옥내소화전설비 설치기준**(NFPC 603 6조, NFTC 603 2.2.1.3)
가압송수장치는 옥내소화전 **2개(4차로 이상의 터널인 경우 3개**)를 동시에 사용할 경우 각 옥내소화전의 노즐선단에서의 방수압력은 **0.35MPa 이상**이고 방수량은 **190L/min 이상**이 되는 성능의 것으로 할 것(단, 하나의 옥내소화전을 사용하는 노즐선단에서의 방수압력이 **0.7MPa**을 초과할 경우에는 호스접결구의 **인입측**에 감압장치 설치)

답 ④

80 소화기구의 소화약제별 적응성 중 C급 화재에 적응성이 없는 소화약제는?

① 마른모래
② 할로겐화합물 및 불활성기체 소화약제
③ 이산화탄소소화약제
④ 중탄산염류소화약제

해설 **전기화재(C급 화재)**에 **적응성**이 있는 소화약제(NFTC 101 2.1.1.1)
(1) 이산화탄소소화약제 보기 ③
(2) 할론소화약제
(3) 할로겐화합물 및 불활성기체 소화약제 보기 ②
(4) 인산염류소화약제(분말)
(5) 중탄산염류소화약제(분말) 보기 ④
(6) 고체에어로졸화합물

답 ①

▌2021년 산업기사 제2회 필기시험 CBT 기출복원문제▐

수험번호	성명

자격종목	종목코드	시험시간	형별		
소방설비산업기사(기계분야)		**2시간**			

※ 각 문항은 4지택일형으로 질문에 가장 적합한 보기 항을 선택하여 체크하여야 합니다.

제1과목   소방원론

★★★
01 목조건축물의 온도와 시간에 따른 화재특성으로 옳은 것은?

18.03.문16
17.03.문13
14.05.문09
13.09.문09
10.09.문08

① 저온단기형 ② 저온장기형
③ 고온단기형 ④ 고온장기형

해설

유사문제부터 풀어보세요. 실력이 팍!팍! 올라갑니다.

목조건물의 화재온도 표준곡선	내화건물의 화재온도 표준곡선
• 화재성상 : **고온단**기형 [보기 ③] • 최고온도(최성기온도) : **1300℃**	• 화재성상 : 저온장기형 • 최고온도(최성기온도) : 900~1000℃

온도 / 시간 그래프 (목조) | 온도 / 시간 그래프 (내화)

| **기억법** 목고단 13 |

• 목조건물=목재건물

답 ③

★★★
02 등유 또는 경유화재에 해당하는 것은?

19.03.문02
17.05.문19
16.10.문20
16.05.문09
16.05.문15
15.03.문19
14.09.문15
14.05.문05
14.05.문16
14.03.문19
11.06.문13

① A급 화재
② B급 화재
③ C급 화재
④ D급 화재

해설

화재 종류	표시색	적응물질
일반화재(A급)	**백**색	• 일반 가연물 • **종**이류 화재 • **목**재, 섬유화재
유류화재(B급)	**황**색	• 가연성 액체(**등유·경유**) [보기 ②] • 가연성 가스 • 액화가스화재 • 석유화재
전기화재(C급)	**청**색	• **전**기설비
금속화재(D급)	**무**색	• 가연성 금속
주방화재(K급)	–	• 식용유화재

| **기억법** 백황청무 |

※ 요즘은 표시색의 의무규정은 없음

답 ②

★★★
03 열에너지원 중 화학적 열에너지가 아닌 것은?

18.03.문05
16.05.문14
16.03.문17
15.03.문04
09.05.문06
05.09.문12

① 분해열
② 용해열
③ 유도열
④ 생성열

해설 ③ 전기적 열에너지

열에너지원의 종류

기계열 (기계적 열에너지)	**전기열** (전기적 열에너지)	**화학열** (화학적 열에너지)
• **압**축열 • **마**찰열 • **마**찰스파크(스파크열)	• 유도열 [보기 ③] • 유전열 • 저항열 • 아크열 • 정전기열 • 낙뢰에 의한 열	• **연**소열 • **용**해열 [보기 ②] • **분**해열 [보기 ①] • **생**성열 [보기 ④] • **자**연발화열
기억법 기압마		**기억법** 화연용분생자

• 기계열=기계적 점화원=기계적 열에너지
• 전기열=전기적 점화원=전기적 열에너지
• 화학열=화학적 점화원=화학적 열에너지

답 ③

★
04 출화의 시기를 나타낸 것 중 옥외출화에 해당되는 것은?

18.09.문08

① 목재사용 가옥에서는 벽, 추녀 밑의 판자나 목재에 발염착화한 때
② 불연벽체나 칸막이 및 불연천장인 경우 실내에서는 그 뒤판에 발염착화한 때
③ 보통 가옥 구조시에는 천장판의 발염착화한 때
④ 천장 속, 벽 속 등에서 발염착화한 때

해설

②, ③, ④ 옥내출화

옥외출화	옥내출화
① **창·출입구** 등에 **발염 착화**한 경우 ② 목재사용 가옥에서는 **벽·추녀 밑**의 판자나 목재에 **발염착화**한 경우 보기 ④	① **천장 속·벽 속** 등에서 **발염착화**한 경우 보기 ④ ② 가옥 구조시에는 천장판에 **발염착화**한 경우 보기 ③ ③ 불연벽체나 칸막이의 불연천장인 경우 실내에서는 그 뒤판에 발염착화한 경우 보기 ②

기억법 외창출

답 ①

★★★
05 실내 화재 발생시 순간적으로 실 전체로 화염이 확산되면서 온도가 급격히 상승하는 현상은?

17.03.문10
12.03.문15
11.06.문06
09.08.문04
09.03.문13

① 제트 파이어(jet fire)
② 파이어볼(fireball)
③ 플래시오버(flashover)
④ 리프트(lift)

해설 화재현상

용 어	설 명
제트 파이어 (jet fire)	압축 또는 액화상태의 가스가 **저장탱크**나 **배관**에서 **누출**되어 분출하면서 주위 공기와 혼합되어 점화원을 만나 발생하는 화재
파이어볼 (fireball, 화구)	**인화성 액체**가 **대량**으로 **기화**되어 갑자기 발화될 때 발생하는 **공모양**의 화염
플래시오버 (flashover)	화재로 인하여 실내의 온도가 급격히 상승하여 화재가 순간적으로 **실내 전체**에 **확산**되어 연소되는 현상 보기 ③
리프트 (lift)	버너 내압이 높아져서 **분출속도**가 **빨라지는 현상**
백파이어 (backfire, 역화)	가스가 노즐에서 나가는 속도가 연소속도보다 느리게 되어 **버너 내부**에서 **연소**하게 되는 현상

답 ③

★★★
06 공기 중 산소의 농도를 낮추어 화재를 진압하는 소화방법에 해당하는 것은?

20.03.문16
19.03.문20
16.10.문03
14.09.문05
14.03.문03
13.06.문16
05.09.문09

① 부촉매소화
② 냉각소화
③ 제거소화
④ 질식소화

해설 소화방법

소화방법	설 명
냉각소화	• **점화원**을 냉각하여 소화하는 방법 • **증발잠열**을 이용하여 열을 빼앗아 가연물의 온도를 떨어뜨려 화재를 진압하는 소화방법

냉각소화	• **다량**의 **물**을 뿌려 소화하는 방법 • 가연성 물질을 **발화점 이하**로 냉각 • **식용유화재**에 신선한 **야채**를 넣어 소화 기억법 냉점증발
질식소화	• 공기 중의 **산소농도**를 15~16%(16%, 10~15%) 이하로 희박하게 하여 소화하는 방법 보기 ① • **산**화제의 농도를 낮추어 연소가 지속될 수 없도록 함(산소의 농도를 낮추어 소화하는 방법) • **산**소공급을 차단하는 소화방법 기억법 질산
제거소화	• **가연물**을 **제거**하여 소화하는 방법
부촉매소화 (= 화학소화)	• **연쇄반응**을 **차단**하여 소화하는 방법 • 화학적인 방법으로 화재 억제
희석소화	• 기체·고체·액체에서 나오는 분해가스나 증기의 농도를 낮춰 소화하는 방법
유화소화	• 물을 무상으로 방사하여 유류표면에 **유화층**의 **막**을 **형성**시켜 공기의 접촉을 막아 소화하는 방법
피복소화	• 비중이 공기의 **1.5배** 정도로 무거운 소화약제를 방사하여 가연물의 구석구석까지 침투·피복하여 소화하는 방법

답 ④

★★★
07 제1류 위험물로서 그 성질이 산화성 고체인 것은?

19.09.문01
15.05.문43
15.03.문18
14.09.문04
14.03.문16
13.09.문07

① 셀룰로이드류
② 금속분류
③ 아염소산염류
④ 과염소산

해설

① 제5류	② 제3류
③ 제1류	④ 제6류

위험물령 〔별표 1〕
위험물

유별	성질	품 명
제**1**류	**산**화성 **고체**	• 아염소산염류(아염소산나트륨) 보기 ③ • 염소산염류 • 과염소산염류 • 질산염류(질산칼륨) • 무기과산화물(과산화바륨) 기억법 1산고(일산GO)
제**2**류	가연성 고체	• **황화**인 • **적**린 • **황** • **마**그네슘 기억법 2황화적황마
제**3**류	자연발화성 물질 및 금수성 물질	• **황**린 • **칼**륨 • **나**트륨 ┐ 금속분 • **트**리에틸**알**루미늄 ┘ 보기 ② 기억법 황칼나트알

제4류	인화성 액체	• 특수인화물 • 석유류(벤젠) • 알코올류 • 동식물유류
제5류	자기반응성 물질	• 질산에스터류(셀룰로이드) 보기 ① • 유기과산화물 • 나이트로화합물 • 나이트로소화합물 • 아조화합물 • 나이트로글리세린
제6류	**산**화성 **액**체	• **과염**소산 보기 ④ • 과산화수소 • **질산** 기억법 6산액과염산질산

답 ③

 ★★★
08 피난계획의 일반원칙 중 Fool proof 원칙에 대한 설명으로 옳은 것은?

17.09.문02
15.05.문03
13.03.문05

① 한 가지가 고장이 나도 다른 수단을 이용할 수 있도록 하는 원칙
② 두 방향의 피난동선을 항상 확보하는 원칙
③ 피난수단을 이동식 시설로 하는 원칙
④ 피난수단을 조작이 간편한 원시적 방법으로 하는 원칙

해설
①, ② Fail safe
③ 이동식 시설 → 고정식 시설(설비)

페일 세이프(fail safe)와 **풀 프루프**(fool proof)

용 어	설 명
페일 세이프 (fail safe)	① 한 가지 피난기구가 고장이 나도 다른 수단을 이용할 수 있도록 고려하는 것 ② 한 가지가 고장이 나도 다른 수단을 이용하는 원칙 보기 ① ③ 두 방향의 피난동선을 항상 확보하는 원칙 보기 ②
풀 프루프 (fool proof)	① 피난경로는 **간단 명료**하게 한다. ② 피난구조설비는 **고정식 설비**를 위주로 설치한다. 보기 ③ ③ 피난수단은 **원시적 방법**에 의한 것을 원칙으로 한다. 보기 ④ ④ 피난통로를 **완전불연화**한다. ⑤ 막다른 복도가 없도록 계획한다. ⑥ **간단한 그림**이나 **색채**를 이용하여 표시한다.

답 ④

★★
09 다음 물질 중 자연발화의 위험성이 가장 낮은 것은?

17.03.문09
08.09.문01

① 석탄
② 팽창질석
③ 셀룰로이드
④ 퇴비

해설
② **소화약제**로서 자연발화의 위험성이 낮다.

자연발화의 형태

구 분	종 류
분해열	셀룰로이드, 나이트로셀룰로오스 보기 ③
산화열	건성유(정어리유, 아마인유, 해바라기유), 석탄, 원면, 고무분말 보기 ①
발효열	퇴비, 먼지, 곡물 보기 ④
흡착열	목탄, 활성탄

답 ②

★
10 식용유화재시 가연물과 결합하여 비누화반응을 일으키는 소화약제는?

19.04.문18

① 물
② Halon 1301
③ 제1종 분말소화약제
④ 이산화탄소소화약제

해설
③ 제1종 분말소화약제 : 식용유화재

(1) **분말소화약제**

종 별	주성분	약제의 착색	적응 화재	비 고
제**1**종	중탄산나트륨 ($NaHCO_3$)	백색	BC급	**식용유** 및 **지방질유**의 화재에 적합 (**비**누화현상) 기억법 1식분(일식분식), 비1(비일비재)
제2종	중탄산칼륨 ($KHCO_3$)	담자색 (담회색)	BC급	–
제**3**종	제1**인**산암모늄 ($NH_4H_2PO_4$)	담홍색	ABC급	**차고·주차장**에 적합 기억법 3분 차주(삼보컴퓨터 차주), 인3(인삼)
제4종	중탄산칼륨+ 요소 ($KHCO_3$+ $(NH_2)_2CO$)	회(백)색	BC급	–

• 중탄산나트륨＝탄산수소나트륨
• 중탄산칼륨＝탄산수소칼륨
• 제1인산암모늄＝인산암모늄＝인산염
• 중탄산칼륨+요소＝탄산수소칼륨+요소

용어

비누화현상(saponification phenomenon)

구 분	설 명
정의	**소화약제**가 식용유에서 분리된 **지방산**과 **결합**해 **비누거품**처럼 부풀어 오르는 현상
발생원리	에스터가 알칼리에 의해 가수분해되어 알코올과 산의 알칼리염이 됨
화재에 미치는 효과	주방의 식용유화재시에 나트륨이 기름을 둘러싸 외부와 분리시켜 **질식소화 및 재발화 억제효과**

비누화현상

| 화학식 | RCOOR′ + NaOH → RCOONa + R′OH |

(2) 이산화탄소소화약제

주성분	적응화재
이산화탄소(CO_2)	BC급

답 ③

11 상온·상압 상태에서 기체로 존재하는 할론으로만 연결된 것은?

19.04.문15
17.03.문15
16.10.문10

① Halon 2402, Halon 1211
② Halon 1211, Halon 1011
③ Halon 1301, Halon 1011
④ Halon 1301, Halon 1211

해설 **상온·상압에서의 상태**

기체상태	액체상태
① Halon **13**01	① Halon 1011
② Halon 1**2**11	② Halon 104
③ **탄**산가스(CO_2)	③ Halon 2402

기억법 132탄기

답 ④

12 탄화칼슘이 물과 반응할 때 생성되는 가연성가스는?

19.04.문12
10.09.문11

① 메탄
② 에탄
③ 아세틸렌
④ 프로필렌

해설 **물과의 반응식**
(1)

$$CaC_2 + 2H_2O \rightarrow Ca(OH)_2 + C_2H_2 \uparrow$$
탄화칼슘　물　수산화칼슘　아세틸렌　보기 ③

(2)

$$AIP + 3H_2O \rightarrow Al(OH)_3 + PH_3$$
인화알루미늄　물　수산화알루미늄　포스핀=인화수소

(3)

$$Ca_3P_2 + 6H_2O \rightarrow 3Ca(OH)_2 + 2PH_3 \uparrow$$
인화칼슘　물　수산화칼슘　포스핀

(4)

$$Al_4C_3 + 12H_2O \rightarrow 4Al(OH)_3 + 3CH_4 \uparrow$$
탄화알루미늄　물　수산화알루미늄　메탄

(5)

$$2K_2O_2 + 2H_2O \rightarrow 4KOH + O_2 \uparrow$$
과산화칼륨　물　수산화칼륨　산소

답 ③

13 칼륨이 물과 반응하면 위험한 이유는?

18.04.문17
15.03.문09
13.06.문15
10.05.문07

① 수소가 발생하기 때문에
② 산소가 발생하기 때문에
③ 이산화탄소가 발생하기 때문에
④ 아세틸렌이 발생하기 때문에

해설 **주수소화**(물소화)시 위험한 물질

위험물	발생물질
무기과산화물	**산소**(O_2) 발생
① 금속분 ② 마그네슘 ③ 알루미늄 ④ 칼륨 ⑤ 나트륨 ⑥ 수소화리튬	**수소**(H_2) 발생
가연성 액체의 유류화재(경유)	**연소면**(화재면) 확대

중요

경유화재시 주수소화가 부적당한 이유
물보다 비중이 가벼워 물 위에 떠서 **화재 확대**의 우려가 있기 때문이다.

답 ①

14 다음 중 황린의 완전 연소시에 주로 발생되는 물질은?

19.04.문09
15.09.문18
09.03.문02

① P_2O
② PO_2
③ P_2O_3
④ P_2O_5

해설 ④ 황린의 연소생성물은 P_2O_5(오산화인)이다.

황린의 연소분해반응식

$$P_4 + 5O_2 \rightarrow 2P_2O_5$$
황린　산소　　오산화인

답 ④

15 건축물의 방화계획에서 공간적 대응에 해당되지 않는 것은?

15.09.문04
14.03.문01
06.09.문17

① 대항성
② 회피성
③ 도피성
④ 피난성

해설 건축방재의 계획
(1) 공간적 대응

종 류	설 명
대항성	내화성능 · 방연성능 · 초기 소화대응 등의 화재사상의 저항능력
회피성	불연화 · 난연화 · 내장제한 · 구획의 세분화 · 방화훈련(소방훈련) · 불조심 등 출화유발 · 확대 등을 저감시키는 예방조치강구
도피성	화재가 발생한 경우 안전하게 피난할 수 있는 시스템

기억법 도대회

(2) 설비적 대응
화재에 대응하여 설치하는 **소화설비, 경보설비, 피난구조설비, 소화활동설비** 등의 제반 소방시설

기억법 설설

답 ④

---

16 0℃의 얼음 1g이 100℃의 수증기가 되려면 약 몇 cal의 열량이 필요한가? (단, 0℃ 얼음의 융해열은 80cal/g이고, 100℃ 물의 증발잠열은 539cal/g이다.)

18.04.문19
16.05.문01
15.03.문14
13.06.문04

① 539
② 719
③ 939
④ 1119

해설 물의 잠열

잠열 및 열량	설 명
80cal/g	융해잠열
539cal/g	기화(증발)잠열
639cal	0℃의 물 1g이 100℃의 수증기가 되는 데 필요한 열량
719cal	0℃의 얼음 1g이 100℃의 수증기가 되는 데 필요한 열량 보기 ②

답 ②

---

17 상태의 변화 없이 물질의 온도를 변화시키기 위해서 가해진 열을 무엇이라 하는가?

17.05.문14
10.05.문16
05.09.문20

① 현열
② 잠열
③ 기화열
④ 융해열

해설 현열과 잠열

현 열	잠 열
상태의 변화 없이 물질의 **온도**를 **변화**시키기 위해서 가해진 열 보기 ①	온도의 변화 없이 물질의 **상태**를 **변화**시키기 위해서 가해진 열
예 물 0℃ → 물 100℃	예 물 100℃ → 수증기 100℃

용어

기화열 vs 융해열

기화열(증발열)	융해열
액체가 **기체**로 되면서 주위에서 빼앗는 열량	**고체**를 녹여서 **액체**로 바꾸는 데 소요되는 열량

답 ①

---

18 분말소화약제 중 A, B, C급의 화재에 모두 사용할 수 있는 것은?

18.03.문02
17.03.문14
16.03.문10
15.09.문07
15.03.문03
14.05.문14
14.03.문07
13.03.문18
12.05.문20
12.03.문09
11.03.문08
06.05.문10
04.09.문15

① 제1종 분말소화약제
② 제2종 분말소화약제
③ 제3종 분말소화약제
④ 제4종 분말소화약제

해설 분말소화약제(질식효과)

종 별	주성분	약제의 착색	적응 화재	비 고
제1종	중탄산나트륨 ($NaHCO_3$)	백색	BC급	**식용유** 및 **지방질유**의 화재에 적합
제2종	중탄산칼륨 ($KHCO_3$)	담자색 (담회색)	BC급	–
제**3**종	인산암모늄 ($NH_4H_2PO_4$)	담홍색	ABC급	**차고 · 주차장**에 적합
제4종	중탄산칼륨+요소 ($KHCO_3+(NH_2)_2CO$)	회(백)색	BC급	–

기억법 3ABC(**3**종이니까 3가지 **ABC**급)

- 중탄산나트륨 = 탄산수소나트륨
- 중탄산칼륨 = 탄산수소칼륨
- 제1인산암모늄 = 인산암모늄 = 인산염
- 중탄산칼륨 + 요소 = 탄산수소칼륨 + 요소

답 ③

---

19 기름탱크에서 화재가 발생하였을 때 탱크 하부에 있는 물 또는 물-기름 에멀션이 뜨거운 열유층에 의해서 가열되어 유류가 탱크 밖으로 갑자기 분출하는 현상은?

18.03.문03
12.03.문08
11.06.문20
10.03.문14
09.08.문04
04.09.문05

① 리프트(lift)
② 백파이어(backfire)
③ 플래시오버(flashover)
④ 보일오버(boil over)

해설 보일오버(boil over)
(1) 중질유의 탱크에서 장시간 조용히 연소하다 탱크 내의 잔존기름이 갑자기 분출하는 현상
(2) 유류탱크에서 탱크바닥에 물과 기름의 **에멀션**이 섞여 있을 때 이로 인하여 화재가 발생하는 현상 보기 ④
(3) 연소유면으로부터 100℃ 이상의 열파가 탱크 저부에 고여 있는 물을 비등하게 하면서 연소유를 탱크 밖으로 비산시키며 연소하는 현상

용어

구 분	설 명
리프트 (lift)	버너 내압이 높아져서 **분출속도**가 **빨라지는** 현상
백파이어 (backfire, 역화)	가스가 노즐에서 나가는 속도가 연소속도보다 느리게 되어 **버너 내부에서 연소**하게 되는 현상
플래시오버 (flashover)	화재로 인하여 실내의 온도가 급격히 상승하여 화재가 **순간적으**로 **실내 전체**에 **확산**되어 연소되는 현상

답 ④

★★
20 다음 중 인화점이 가장 낮은 물질은?

19.04.문06
17.09.문11
14.03.문02

① 산화프로필렌
② 이황화탄소
③ 아세틸렌
④ 다이에틸에터

해설

① −37℃
② −30℃
③ −18℃
④ −45℃

물 질	인화점	착화점
• 프로필렌	−107℃	497℃
• 에틸에터 • **다이에틸에터**	−45℃ 보기 ④	180℃
• 가솔린(휘발유)	−43℃	300℃
• 이황화탄소	−30℃ 보기 ②	100℃
• 아세틸렌	−18℃ 보기 ③	335℃
• 아세톤	−18℃	538℃
• 산화프로필렌	−37℃ 보기 ①	465℃
• 벤젠	−11℃	562℃
• 톨루엔	4.4℃	480℃
• 에틸알코올	13℃	423℃
• **아세트산**	40℃	−
• **등유**	43~72℃	210℃
• **경유**	50~70℃	200℃
• 적린	−	260℃

• 인화점=인화온도
• 착화점=발화점=착화온도=발화온도

답 ④

제 2 과목   소방유체역학

★★★
21 물 소화펌프의 토출량이 0.7m³/min, 양정 60m, 펌프효율 72%일 경우 전동기 용량은 약 몇 kW 인가? (단, 펌프의 전달계수는 1.10이다.)

19.03.문22
17.09.문24
17.05.문36
11.06.문25
03.05.문80

① 10.5   ② 12.5
③ 14.5   ④ 15.5

해설 (1) 기호

- Q : 0.7m³/min
- H : 60m
- η : 72%=0.72
- P : ?
- K : 1.1

(2) **전동기 용량**(소요동력) P는

$$P = \frac{0.163QH}{\eta}K$$

$$= \frac{0.163 \times 0.7\text{m}^3/\text{min} \times 60\text{m}}{0.72} \times 1.1 = 10.5\text{kW}$$

중요

펌프의 동력

(1) **전동력**

일반적인 전동기의 동력(용량)을 말한다.

$$P = \frac{0.163QH}{\eta}K$$

여기서, P : 전동력[kW]
    Q : 유량[m³/min]
    H : 전양정[m]
    K : 전달계수
    η : 효율

(2) **축동력**

전달계수(K)를 고려하지 않은 동력이다.

$$P = \frac{0.163QH}{\eta}$$

여기서, P : 축동력[kW]
    Q : 유량[m³/min]
    H : 전양정[m]
    η : 효율

(3) **수동력**

전달계수(K)와 효율(η)을 고려하지 않은 동력이다.

$$P = 0.163QH$$

여기서, P : 수동력[kW]
    Q : 유량[m³/min]
    H : 전양정[m]

답 ①

★★
22
17.03.문33
14.03.문22
04.09.문25

텅스텐, 백금 또는 백금-이리듐 등을 전기적으로 가열하고 통과 풍량에 따른 열교환 양으로 속도를 측정하는 것은?

① 열선 풍속계
② 도플러 풍속계
③ 컵형 풍속계
④ 포토디텍터 풍속계

해설

열선 풍속계	열선 속도계
• 유동하는 유체의 동압을 **휘트스톤 브리지**(Wheatstone bridge)의 원리를 이용하여 전압을 측정하고 그 값을 속도로 환산하여 유속을 측정하는 장치 • **텅스텐, 백금** 또는 **백금-이리듐** 등을 전기적으로 가열하고 **통과 풍량**에 따른 **열교환** 양으로 속도를 측정하는 유속계 보기 ①	• 유동하는 기체의 속도 측정 • 기체유동의 국소속도 측정
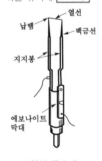 | 열선 풍속계 |	 | 열선 속도계 |

답 ①

★★
23
19.03.문29
18.03.문25
11.06.문33
09.08.문26
09.05.문25
06.03.문30

안지름이 250mm, 길이가 218m인 주철관을 통하여 물이 유속 3.6m/s로 흐를 때 손실수두는 약 몇 m인가? (단, 관마찰계수는 0.05이다.)

① 20.1   ② 23.0
③ 25.8   ④ 28.8

해설 (1) 기호

- D : 250mm=0.25m(1000mm=1m)
- l : 218m
- V : 3.6m/s
- f : 0.05
- H : ?

(2) 달시-웨버의 식

$$H = \frac{\Delta P}{\gamma} = \frac{flV^2}{2gD}$$

여기서, H : 마찰손실[m]
ΔP : 압력차[Pa]
γ : 비중량(물의 비중량 9800N/m³)
f : 관마찰계수
l : 길이[m]
V : 유속[m/s]
g : 중력가속도(9.8m/s²)
D : 내경[m]

손실수두 H는

$$H = \frac{flV^2}{2gD} = \frac{0.05 \times 218m \times (3.6m/s)^2}{2 \times 9.8m/s^2 \times 0.25m} = 28.8m$$

답 ④

★★
24
17.05.문22
09.05.문23

회전속도 1000rpm일 때 유량 Q[m³/min], 전양정 H[m]인 원심펌프가 상사한 조건에서 회전속도가 1200rpm으로 작동할 때 유량 및 전양정은 어떻게 변하는가?

① 유량=1.2Q, 전양정=1.44H
② 유량=1.2Q, 전양정=1.2H
③ 유량=1.44Q, 전양정=1.44H
④ 유량=1.44Q, 전양정=1.2H

해설 (1) 기호

- N_1 : 1000rpm
- Q_1 : ?
- H_1 : ?
- N_2 : 1200rpm
- Q_2 : ?
- H_2 : ?

(2) 유량(송출량)

$$Q_2 = Q_1 \times \left(\frac{N_2}{N_1}\right)$$

여기서, Q_2 : 변경 후 유량[m³/min]
Q_1 : 변경 전 유량[m³/min]
N_2 : 변경 후 회전수[rpm]
N_1 : 변경 전 회전수[rpm]

유량 Q_2는

$$Q_2 = Q_1 \times \left(\frac{N_2}{N_1}\right) = Q_1 \times \left(\frac{1200 \text{rpm}}{1000 \text{rpm}}\right) = 1.2Q_1$$

(3) 양정(전양정)

$$H_2 = H_1 \times \left(\frac{N_2}{N_1}\right)^2$$

여기서, H_2 : 변경 후 양정[m]
H_1 : 변경 전 양정[m]
N_2 : 변경 후 회전수[rpm]
N_1 : 변경 전 회전수[rpm]

양정 H_2는

$$H_2 = H_1 \times \left(\frac{N_2}{N_1}\right)^2 = H_1 \times \left(\frac{1200 \text{rpm}}{1000 \text{rpm}}\right)^2 = 1.44H_1$$

중요

유량, 양정, 축동력

유 량	$$Q_2 = Q_1\left(\frac{N_2}{N_1}\right)\left(\frac{D_2}{D_1}\right)^3$$ 또는 $$Q_2 = Q_1\left(\frac{N_2}{N_1}\right)$$ 여기서, Q_2 : 변경 후 유량[L/min] $\quad Q_1$: 변경 전 유량[L/min] $\quad N_2$: 변경 후 회전수[rpm] $\quad N_1$: 변경 전 회전수[rpm] $\quad D_2$: 변경 후 직경(관경)[mm] $\quad D_1$: 변경 전 직경(관경)[mm]
양 정	$$H_2 = H_1\left(\frac{N_2}{N_1}\right)^2\left(\frac{D_2}{D_1}\right)^2$$ 또는 $$H_2 = H_1\left(\frac{N_2}{N_1}\right)^2$$ 여기서, H_2 : 변경 후 양정[m] $\quad H_1$: 변경 전 양정[m] $\quad N_2$: 변경 후 회전수[rpm] $\quad N_1$: 변경 전 회전수[rpm] $\quad D_2$: 변경 후 직경(관경)[mm] $\quad D_1$: 변경 전 직경(관경)[mm]
축동력	$$P_2 = P_1\left(\frac{N_2}{N_1}\right)^3\left(\frac{D_2}{D_1}\right)^5$$ 또는 $$P_2 = P_1\left(\frac{N_2}{N_1}\right)^3$$ 여기서, P_2 : 변경 후 축동력[kW] $\quad P_1$: 변경 전 축동력[kW] $\quad N_2$: 변경 후 회전수[rpm] $\quad N_1$: 변경 전 회전수[rpm] $\quad D_2$: 변경 후 직경(관경)[mm] $\quad D_1$: 변경 전 직경(관경)[mm]

답 ①

★★★
25 안지름 65mm의 관내를 유량 $0.24m^3$/min로 물이 흘러간다면 평균유속은 약 몇 m/s인가?

19.04.문35
16.03.문37
10.05.문33
06.09.문30

① 1.2 ② 2.4
③ 3.6 ④ 4.8

해설 (1) 기호

- D : 65mm=0.065m(1000mm=1m)
- Q : $0.24m^3$/min
- V : ?

(2) 유량
$$Q = AV = \left(\frac{\pi D^2}{4}\right)V$$

여기서, Q : 유량[m^3/s]
$\quad A$: 단면적[m^2]
$\quad V$: 유속[m/s]
$\quad D$: (안)지름[m]

유속 V는

$$V = \frac{Q}{A} = \frac{Q}{\frac{\pi}{4}D^2}$$

$$= \frac{0.24m^3/min}{\frac{\pi\times(0.065m)^2}{4}} = \frac{0.24m^3/60s}{\frac{\pi\times(0.065m)^2}{4}} ≒ 1.2m/s$$

- 1min=60s이므로 $0.24m^3$/min=$0.24m^3$/60s

답 ①

★
26 급격 확대관과 급격 축소관에서 부차적 손실계수를 정의하는 기준속도는?

19.09.문24
17.09.문27
16.05.문29
14.03.문23
04.03.문24

① 급격 확대관 : 상류속도
　급격 축소관 : 상류속도
② 급격 확대관 : 하류속도
　급격 축소관 : 하류속도
③ 급격 확대관 : 상류속도
　급격 축소관 : 하류속도
④ 급격 확대관 : 하류속도
　급격 축소관 : 상류속도

해설 부차적 손실계수

급격 확대관	급격 축소관
상류속도 기준	**하**류속도 기준 [기억법] **축하**

작은 관을 기준으로 한다.

- 급격 확대관=급확대관=돌연 확대관
- 급격 축소관=급축소관=돌연 축소관

중요

(1) **돌연 축소관**에서의 손실

$$H = K\frac{V_2^2}{2g}$$

여기서, H : 손실수두[m]
$\quad K$: 손실계수
$\quad V_2$: 축소관 유속(출구속도)[m/s]
$\quad g$: 중력가속도(9.8m/s²)

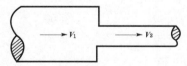

| 돌연 축소관 |

(2) **돌연 확대관**에서의 손실

$$H = K\frac{(V_1 - V_2)^2}{2g}$$

여기서, H : 손실수두[m]
K : 손실계수
V_1 : 축소관 유속[m/s]
V_2 : 확대관 유속[m/s]
$V_1 - V_2$: 입·출구 속도차[m/s]
g : 중력가속도(9.8m/s^2)

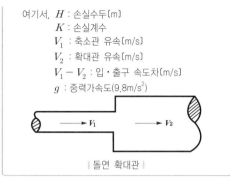

| 돌연 확대관 |

답 ③

★★ 27

18.03.문27
15.03.문38
10.03.문25

정지유체 속에 잠겨있는 경사진 평면에서 압력에 의해 작용하는 합력의 작용점에 대한 설명으로 옳은 것은?

① 도심의 아래에 있다.
② 도심의 위에 있다.
③ 도심의 위치와 같다.
④ 도심의 위치와 관계가 없다.

해설 힘의 작용점의 중심압력은 경사진 평판의 **도심**보다 **아래**에 있다.

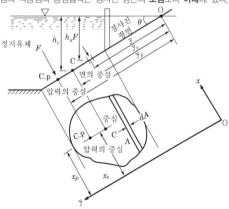

| 힘의 작용점의 중심압력 |

답 ①

★★★ 28

17.09.문29
15.05.문38
02.09.문32

유속이 2.21m/s인 관에 비중이 0.8인 유체가 0.26m^3/min의 유량으로 흐를 때 이 관의 안지름[mm]은?

① 40
② 50
③ 60
④ 70

해설 (1) 기호
- V : 2.21m/s
- s : 0.8
- Q : 0.26m^3/min=0.26m^3/60s(1min=60s)
- D : ?

(2) 유량

$$Q = AV = \frac{\pi D^2}{4}V$$

여기서, Q : 방수량[m^3/s]
A : 단면적[m^2]
V : 유속[m/s]
D : 내경[m]

$$Q = \frac{\pi D^2}{4}V$$

$$\frac{4Q}{\pi V} = D^2$$

$$D^2 = \frac{4Q}{\pi V} \quad \leftarrow \text{좌우 위치 바꿈}$$

$$\sqrt{D^2} = \sqrt{\frac{4Q}{\pi V}}$$

$$D = \sqrt{\frac{4Q}{\pi V}} = \sqrt{\frac{4 \times 0.26\text{m}^3/60\text{s}}{\pi \times 2.21\text{m/s}}}$$

$$\fallingdotseq 0.05\text{m} = 50\text{mm}\,(1\text{m} = 1000\text{mm})$$

• 이 문제에서 비중은 필요 없음

답 ②

★ 29

18.04.문33

비중이 0.75인 액체와 비중량이 6700N/m^{3}인 액체를 부피비 1 : 2로 혼합한 혼합액의 밀도는 약 몇 kg/m^{3}인가?

① 688
② 706
③ 727
④ 748

해설 (1) 기호
- s : 0.75
- γ_B : 6700N/m^3
- ρ : ?

(2) 비중

$$s = \frac{\gamma}{\gamma_w} = \frac{\rho}{\rho_w}$$

여기서, s : 비중
γ : 어떤 물질의 비중량[N/m^3]
γ_w : 물의 비중량(9800N/m^3)
ρ : 어떤 물질의 밀도[kg/m^3]
ρ_w : 물의 밀도(1000kg/m^3)

어떤 물질의 비중량 $\gamma = s \times \gamma_w$

비중이 0.75인 액체를 $\gamma_A = 6700\text{N/m}^3 = \gamma_B$라 하면

$s = \dfrac{\gamma_A}{\gamma_w}$에서

$\gamma_A = s \cdot \gamma_w = 0.75 \times 9800\text{N/m}^3 = 7350\text{N/m}^3$

γ_A와 γ_B를 1 : 2로 혼합했으므로 혼합액의 비중량 γ는

$$\gamma = \frac{\gamma_A \times 1 + \gamma_B \times 2}{3}$$

$$= \frac{7350\text{N/m}^3 \times 1 + 6700\text{N/m}^3 \times 2}{3}$$

$$\fallingdotseq 6916.67\text{N/m}^3$$

$$\frac{\gamma}{\gamma_w} = \frac{\rho}{\rho_w}$$ 에서

혼합액의 밀도 ρ는

$$\rho = \frac{\gamma \times \rho_w}{\gamma_w}$$

$$= \frac{6916.67\text{N/m}^3 \times 1000\text{kg/m}^3}{9800\text{N/m}^3} \fallingdotseq 706\text{kg/m}^3$$

답 ②

★★★
30

17.03.문35
16.03.문28
15.03.문21
14.09.문23
14.05.문36
11.10.문22
08.05.문29
08.03.문32

그림에서 각각의 높이를 h_1, h_2, h_3라고 할 때 A와 B의 압력차$(p_A - p_B)$는 어떻게 표현되는가?

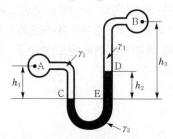

① $\gamma_1 h_1 - \gamma_2 h_2 - \gamma_1(h_3 - h_2)$

② $-\gamma_1 h_1 + \gamma_2 h_2 + \gamma_1(h_3 - h_2)$

③ $\gamma_1 h_1 - \gamma_2 h_2 - \gamma_1 h_3$

④ $-\gamma_1 h_1 + \gamma_2 h_2 + \gamma_1 h_3$

 해설

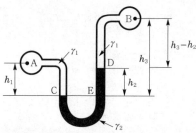

압력차

$p_A + \gamma_1 h_1 - \gamma_2 h_2 - \gamma_1(h_3 - h_2) = p_B$

$p_A - p_B = -\gamma_1 h_1 + \gamma_2 h_2 + \gamma_1(h_3 - h_2)$

👆 중요

시차액주계의 압력계산방법
점 A를 기준으로 내려가면 더하고, 올라가면 빼면 된다.

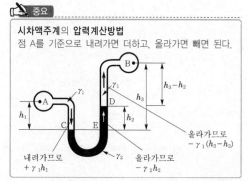

답 ②

★
31

17.05.문32
11.10.문33
09.05.문35

공기의 평균속도가 16m/s인 원형 관속을 5kg/s의 공기가 흐르고 있다. 관속 공기의 절대압력은 200kPa, 온도는 23℃일 때 원형관의 내경은 몇 mm인가? (단, 공기의 기체상수는 287J/kg·K이다.)

① 300

② 400

③ 520

④ 600

해설 **(1) 기호**

- V : 16m/s
- $\overline{m}$: 5kg/s
- P : 200kPa=200kN/m²(1kPa=1kN/m²)
- T : (273+23)K
- D : ?
- R : 287J/kg·K=287N·m/kg·K(1J=1N·m)

(2) 밀도

$$\rho = \frac{P}{RT}$$

여기서, ρ : 밀도[kg/m³]
　　　　P : 압력[Pa]
　　　　R : 기체상수[N·m/kg·K]
　　　　T : 절대온도(273+℃)[K]

밀도 ρ는

$$\rho = \frac{P}{RT} = \frac{200\text{kN/m}^2}{287\text{N}\cdot\text{m/kg}\cdot\text{K} \times (273+23)\text{K}}$$

$$= \frac{200 \times 10^3 \text{N/m}^2}{287\text{N}\cdot\text{m/kg}\cdot\text{K} \times (273+23)\text{K}}$$

$$\fallingdotseq 2.35\text{kg/m}^3$$

(3) 질량유량(mass flowrate)

$$\overline{m} = AV\rho = \left(\frac{\pi D^2}{4}\right)V\rho$$

여기서, $\overline{m}$: 질량유량[kg/s]
　　　　A : 단면적[m²]
　　　　V : 유속[m/s]
　　　　ρ : 밀도(물의 밀도 1000kg/m³)
　　　　D : 직경[m]

내경 D는

$$\frac{4\overline{m}}{\pi V\rho} = D^2$$

$$D^2 = \frac{4\overline{m}}{\pi V\rho} \quad \leftarrow \text{좌우 위치 바꿈}$$

$$\sqrt{D^2} = \sqrt{\frac{4\overline{m}}{\pi V\rho}}$$

$$D = \sqrt{\frac{4\overline{m}}{\pi V\rho}}$$

$$= \sqrt{\frac{4 \times 5\text{kg/s}}{\pi \times 16\text{m/s} \times 2.35\text{kg/m}^3}}$$

$$\fallingdotseq 0.4\text{m} = 400\text{mm} \,(1\text{m} = 1000\text{mm})$$

답 ②

32

19.09.문23
16.03.문30
11.03.문31

안지름 50cm의 수평원관 속에 물이 흐르고 있다. 입구구역이 아닌 50m 길이에서 80kPa의 압력강하가 생겼다. 관벽에서의 전단응력은 몇 Pa인가?

① 0.002 　　　　② 200
③ 8000 　　　　④ 0

해설 (1) 기호

- $P_A - P_B$: 80kPa=80000Pa(1kPa=1000Pa)
- l : 50m
- r : 안지름이 50cm이므로 반지름(반경)은 25cm =0.25m(100cm=1m)
- τ : ?

(2) 뉴턴의 점성법칙

$$\tau = \frac{P_A - P_B}{l} \cdot \frac{r}{2}$$

여기서, τ : 전단응력[N/m²] 또는 [Pa]
　　　$P_A - P_B$: 압력강하[N/m²] 또는 [Pa]
　　　l : 관의 길이[m]
　　　r : 반경[m]

$$N/m^2 = Pa$$

층류의 **전단응력** τ는

$$\tau = \frac{P_A - P_B}{l} \cdot \frac{r}{2} = \frac{80000Pa}{50m} \times \frac{0.25m}{2} = 200Pa$$

- 전단응력=전단력
- 특별한 조건이 없으면 **층류** 적용

답 ②

33

20.06.문26
18.03.문30
02.05.문27

점성계수 μ의 차원으로 옳은 것은? (단, M은 질량, L은 길이, T는 시간이다.)

① $ML^{-1}T^{-1}$ 　　　② MLT
③ $M^{-2}L^{-1}T$ 　　　④ MLT^2

해설 **중력단위**와 **절대단위**의 **차원**

차 원	중력단위[차원]	절대단위[차원]
길이	m[L]	m[L]
시간	s[T]	s[T]
운동량	N · s[FT]	kg · m/s[MLT⁻¹]
힘	N[F]	kg · m/s²[MLT⁻²]
속도	m/s[LT⁻¹]	m/s[LT⁻¹]
가속도	m/s²[LT⁻²]	m/s²[LT⁻²]
질량	N · s²/m[FL⁻¹T²]	kg[M]
압력	N/m²[FL⁻²]	kg/m · s²[ML⁻¹T⁻²]
밀도	N · s²/m⁴[FL⁻⁴T²]	kg/m³[ML⁻³]

비중	무차원	무차원
비중량	N/m³[FL⁻³]	kg/m² · s²[ML⁻²T⁻²]
비체적	m⁴/N · s²[F⁻¹L⁴T⁻²]	m³/kg[M⁻¹L³]
일률	N · m/s[FLT⁻¹]	kg · m²/s³[ML²T⁻³]
일	N · m[FL]	kg · m²/s²[ML²T⁻²]
점성계수	N · s/m²[FL⁻²T]	kg/m · s[ML⁻¹T⁻¹]
동점성계수	m²/s[L²T⁻¹]	m²/s[L²T⁻¹]

답 ①

34

20.08.문39
19.09.문38
19.04.문23
16.05.문35
12.05.문28

단면적이 10m²이고 두께가 2.5cm인 단열재를 통과하는 열전달량이 3kW이다. 내부(고온)면의 온도가 415℃이고 단열재의 열전도가 0.2W/m · K일 때 외부(저온)면의 온도[℃]는?

① 353.7 　　　　② 377.5
③ 396.2 　　　　④ 402.4

해설 (1) 기호

- A : 10m²
- l : 2.5cm=0.025m(100cm=1m)
- $\mathring{q}$: 3kW=3000W(1kW=1000W)
- T_2 : 415℃
- k : 0.2W/m · K
- T_1 : ?

(2) 전도

$$\mathring{q} = \frac{kA(T_2 - T_1)}{l}$$

여기서, $\mathring{q}$: 열전달량[W]
　　　k : 열전도율[W/m · K]
　　　A : 면적[m²]
　　　$T_2 - T_1$: 온도차[℃] 또는 [K]
　　　l : 벽체두께[m]

- 열전달량=열전달률=열유동률=열흐름률

$$\mathring{q} = \frac{kA(T_2 - T_1)}{l}$$

$$\mathring{q}l = kA(T_2 - T_1)$$

$$\frac{\mathring{q}l}{kA} = T_2 - T_1$$

$$T_1 = T_2 - \frac{\mathring{q}l}{kA}$$

$$= 415℃ - \frac{3000W \times 0.025m}{0.2W/m \cdot K \times 10m^2}$$

$$= 377.5℃$$

- $T_2 - T_1$은 온도차이므로 ℃ 또는 K 어느 단위를 적용해도 답은 동일하게 나온다.

답 ②

35

19.03.문27
13.09.문39
05.03.문23

그림과 같이 수조차의 탱크 측벽에 안지름이 25cm인 노즐을 설치하여 노즐로부터 물이 분사되고 있다. 노즐 중심은 수면으로부터 3m 아래에 있다고 할 때 수조차가 받는 추력 F는 약 몇 kN인가? (단, 노면과의 마찰은 무시한다.)

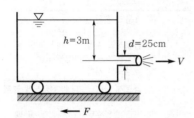

① 1.77
② 2.89
③ 4.56
④ 5.21

해설 (1) 기호

- $d(D)$: 25cm=0.25m(100cm=1m)
- $h(H)$: 3m
- F : ?

(2) 토리첼리의 식

$$V = \sqrt{2gH}$$

여기서, V : 유속[m/s]
g : 중력가속도(9.8m/s²)
H : 높이[m]

유속 V는
$$V = \sqrt{2gH}$$
$$= \sqrt{2 \times 9.8\text{m/s}^2 \times 3\text{m}} \fallingdotseq 7.668\text{m/s}$$

(3) 유량

$$Q = AV$$

여기서, Q : 유량[m³/s]
A : 단면적[m²]
V : 유속[m/s]

(4) 추력(힘)

$$F = \rho QV$$

여기서, F : 추력(힘)[N]
ρ : 밀도(물의 밀도 1000N·s²/m⁴)
Q : 유량[m³/s]
V : 유속[m/s]

추력 F는
$$F = \rho QV = \rho(AV)V = \rho AV^2 = \rho\left(\frac{\pi D^2}{4}\right)V^2$$
$$= 1000\text{N·s}^2/\text{m}^4 \times \frac{\pi \times (0.25\text{m})^2}{4} \times (7.668\text{m/s})^2$$
$$= 2886\text{N} = 2.886\text{kN} \fallingdotseq 2.89\text{kN}$$

- $Q = AV$이므로 $F = \rho QV = \rho(AV)V$
- $A = \dfrac{\pi D^2}{4}$ (여기서, D : 지름[m])

답 ②

36

19.09.문40
14.09.문39
03.03.문24

옥내소화전용 소방펌프 2대를 직렬로 연결하였다. 마찰손실을 무시할 때 기대할 수 있는 효과는?

① 펌프의 양정은 증가하나 유량은 감소한다.
② 펌프의 유량은 증대하나 양정은 감소한다.
③ 펌프의 양정은 증가하나 유량과는 무관한다.
④ 펌프의 유량은 증대하나 양정과는 무관하다.

해설 ③ 직렬연결 : 양정은 증가, 유량은 무관(동일)

펌프의 연결

직렬연결	병렬연결
① 토출량(양수량, 유량) : Q	① 토출량(양수량, 유량) : $2Q$
② 양정 : $2H$	② 양정 : H
③ 토출압 : $2P$	③ 토출압 : P

직렬연결	병렬연결

답 ③

37

18.03.문38
12.05.문33

흐르는 유체에서 정상유동(steady flow)이란 어떤 것을 지칭하는가?

① 임의의 점에서 유체속도가 시간에 따라 일정하게 변하는 흐름
② 임의의 점에서 유체속도가 시간에 따라 변하지 않는 흐름
③ 임의의 시각에서 유로 내 모든 점의 속도벡터가 일정한 흐름
④ 임의의 시각에서 유로 내 각 점의 속도벡터가 서로 다른 흐름

해설 **유체 관련**

구 분	설 명
정상유동	• 유동장에서 유체흐름의 특성이 시간에 따라 변하지 않는 흐름 • 임의의 점에서 유체속도가 시간에 따라 **변하지 않는** 흐름 보기 ②
정상류	• 직관로 속의 어느 지점에서 항상 일정한 유속을 가지는 물의 흐름
연속방정식	• **질량보존**의 **법칙**

답 ②

38

다음 중 동점성계수의 차원으로 올바른 것은? (단, M, L, T는 각각 질량, 길이, 시간을 나타낸다.)

[18.03.문30]
[02.05.문27]

① $ML^{-1}T^{-1}$
② $ML^{-1}T^{-2}$
③ L^2T^{-1}
④ MLT^{-2}

해설 동점성계수

$$\nu = \frac{\mu}{\rho}$$

여기서, ν : 동점성계수(동점도)[m^2/s]
μ : 일반점도(점성계수×중력가속도)[kg/m·s]
ρ : 밀도(물의 밀도 1000kg/m^3)

동점성계수(ν) = $\dfrac{m^2}{s} = \left[\dfrac{L^2}{T}\right] = [L^2T^{-1}]$

📢 중요

중력단위와 절대단위의 차원

차 원	중력단위[차원]	절대단위[차원]
길이	m[L]	m[L]
시간	s[T]	s[T]
운동량	N·s[FT]	kg·m/s[MLT^{-1}]
힘	N[F]	kg·m/s^2[MLT^{-2}]
속도	m/s[LT^{-1}]	m/s[LT^{-1}]
가속도	m/s^2[LT^{-2}]	m/s^2[LT^{-2}]
질량	N·s^2/m[$FL^{-1}T^2$]	kg[M]
압력	N/m^2[FL^{-2}]	kg/m·s^2[$ML^{-1}T^{-2}$]
밀도	N·s^2/m^4[$FL^{-4}T^2$]	kg/m^3[ML^{-3}]
비중	무차원	무차원
비중량	N/m^3[FL^{-3}]	kg/m^2·s^2[$ML^{-2}T^{-2}$]
비체적	m^4/N·s^2[$F^{-1}L^4T^{-2}$]	m^3/kg[$M^{-1}L^3$]
일률	N·m/s[FLT^{-1}]	kg·m^2/s^3[ML^2T^{-3}]
일	N·m[FL]	kg·m^2/s^2[ML^2T^{-2}]
점성계수	N·s/m^2[$FL^{-2}T$]	kg/m·s[$ML^{-1}T^{-1}$]
동점성계수	m^2/s[L^2T^{-1}]	m^2/s[L^2T^{-1}]

답 ③

39

공동현상(cavitation)의 방지법으로 적절하지 않은 것은?

[18.04.문27]
[17.09.문32]
[17.05.문28]
[16.10.문29]
[15.09.문37]
[14.09.문34]
[14.05.문33]
[12.03.문34]
[11.03.문38]

① 단흡입펌프보다는 양흡입펌프를 사용한다.
② 펌프의 회전수를 낮추어 흡입 비속도를 적게 한다.
③ 펌프의 설치위치를 가능한 한 높여서 흡입양정을 크게 한다.
④ 마찰저항이 작은 흡입관을 사용하여 흡입관의 손실을 줄인다.

해설 ③ 높여서 → 낮춰서, 크게 → 작게

공동현상(cavitation, 캐비테이션)

개 요	펌프의 흡입측 배관 내의 물의 정압이 기존의 증기압보다 낮아져서 기포가 발생되어 물이 흡입되지 않는 현상
발생 현상	① **소음**과 **진동** 발생 ② 관 부식(펌프깃의 침식) ③ **임펠러**의 **손상**(수차의 날개를 해침) ④ 펌프의 성능 저하(양정곡선 저하) ⑤ 효율곡선 저하
발생 원인	① **펌프**가 수탱크보다 부적당하게 **높게** 설치되어 있을 때 ② 펌프 **흡입수두**가 지나치게 **클** 때 ③ 펌프 **회전수**가 지나치게 **높을** 때 ④ 관 내를 흐르는 물의 **정압**이 그 물의 온도에 해당하는 증기압보다 **낮을** 때
방지 대책 (방지법)	① 펌프의 흡입수두를 작게 한다.(흡입양정을 작게 함) [보기 ③] ② 마찰저항이 **작은 흡입관** 사용 [보기 ④] ③ 펌프의 마찰손실을 작게 한다. ④ 펌프의 임펠러속도(**회전수**)를 **작게** 한다.(흡입속도를 **감소**시킴) [보기 ②] ⑤ 흡입압력을 **높게** 한다. ⑥ 펌프의 설치위치를 수원보다 **낮게** 한다. [보기 ③] ⑦ 양(쪽)흡입펌프를 사용한다.(펌프의 흡입측을 가압함) [보기 ①] ⑧ 관 내의 물의 정압을 그때의 증기압보다 높게 한다. ⑨ 흡입관의 **구경**을 **크게** 한다. ⑩ 펌프를 **2개** 이상 설치한다. ⑪ 회전차를 수중에 완전히 잠기게 한다.

답 ③

40

배관 내에서 물의 수격작용(water hammer)을 방지하는 대책으로 잘못된 것은?

[18.09.문40]
[16.10.문29]
[15.09.문37]
[15.03.문28]
[14.09.문34]
[11.03.문38]
[09.05.문40]
[03.03.문29]
[01.09.문23]

① 조압수조(surge tank)를 관로에 설치한다.
② 밸브를 펌프 송출구에서 멀게 설치한다.
③ 밸브를 서서히 조작한다.
④ 관경을 크게 하고 유속을 작게 한다.

해설 ② 멀게 → 가까이

수격작용(water hammer)

개 요	• 배관 속의 물흐름을 급히 차단하였을 때 동압이 정압으로 전환되면서 일어나는 **쇼크**(shock)현상 • 배관 내를 흐르는 유체의 유속을 급격하게 변화시키므로 압력이 상승 또는 하강하여 관로의 벽면을 치는 현상
발생 원인	• 펌프가 갑자기 정지할 때 • 급히 밸브를 개폐할 때 • 정상운전시 유체의 압력변동이 생길 때

- **관**의 관경(직경)을 크게 한다. 보기 ④
- 관 내의 유속을 낮게 한다.(관로에서 일부 고압수를 방출한다.) 보기 ④
- **조압수조**(surge tank)를 관선(관로)에 설치한다. 보기 ①

방지대책
- **플라이휠**(flywheel)을 설치한다.
- 펌프 송출구(토출측) 가까이에 밸브를 설치한다. 보기 ②
- **에어체임버**(air chamber)를 설치한다.
- 밸브를 서서히 조작한다. 보기 ③

기억법 수방관플에

답 ②

제3과목 소방관계법규

⭐ **41**
19.09.문58
17.05.문52

위험물안전관리법령상 위험물 및 지정수량에 대한 기준 중 다음 (   ) 안에 알맞은 것은?

금속분이라 함은 알칼리금속·알칼리토류금속·철 및 마그네슘 외의 금속의 분말을 말하고, 구리분·니켈분 및 (㉠)마이크로미터의 체를 통과하는 것이 (㉡)중량퍼센트 미만인 것은 제외한다.

① ㉠ 150, ㉡ 50
② ㉠ 53, ㉡ 50
③ ㉠ 50, ㉡ 150
④ ㉠ 50, ㉡ 53

해설 **위험물령〔별표 1〕**
금속분
알칼리금속·알칼리토류 금속·철 및 마그네슘 외의 금속의 분말을 말하고, **구리분·니켈분** 및 **150마이크로미터**의 체를 통과하는 것이 **50중량퍼센트** 미만인 것은 제외한다.

답 ①

⭐ **42**
18.03.문48
14.09.문47

위험물안전관리법령상 정기점검의 대상인 제조소 등의 기준으로 틀린 것은?

① 이송취급소
② 위험물을 취급하는 탱크로서 지하에 매설된 탱크가 있는 일반취급소
③ 지정수량의 50배 이상의 위험물을 저장하는 옥외저장소
④ 지정수량의 200배 이상의 위험물을 저장하는 옥외탱크저장소

해설 ③ 50배 이상 → 100배 이상

위험물령 16조
정기점검대상인 제조소 등
(1) 예방규정을 정하여야 하는 제조소 등
   ㉠ 지정수량 **10배** 이상의 **제조소·일반취급소**
   ㉡ 지정수량 **100배** 이상의 **옥외저장소**
   ㉢ 지정수량 **150배** 이상의 **옥내저장소**
   ㉣ 지정수량 **200배** 이상의 **옥외탱크저장소**

기억법	1	제일
	0	외
	5	내
	2	탱

   ㉤ 암반탱크저장소
   ㉥ 이송취급소
(2) 지하탱크저장소
(3) 이동탱크저장소
(4) **지하**에 매설된 탱크가 있는 **제조소·주유취급소** 또는 **일반취급소**

답 ③

⭐⭐ **43**
22.09.문60
21.05.문56
17.09.문57
15.05.문44

소방기본법령상 이웃하는 다른 시·도지사와 소방업무에 관하여 시·도지사가 체결할 상호응원협정 사항이 아닌 것은?

① 화재조사활동
② 응원출동의 요청방법
③ 소방교육 및 응원출동훈련
④ 응원출동 대상지역 및 규모

해설 ③ 소방교육은 해당없음

기본규칙 8조
소방업무의 상호응원협정
(1) 다음의 **소방활동**에 관한 사항
   ㉠ 화재의 경계·진압활동
   ㉡ 구조·구급업무의 지원
   ㉢ 화재**조**사활동
(2) **응원출동 대상지역** 및 규모
(3) **소요경비**의 **부담**에 관한 사항
   ㉠ 출동대원의 수당·식사 및 의복의 수선
   ㉡ 소방장비 및 기구의 정비와 연료의 보급
(4) **응원출동의 요청방법**
(5) **응원출동 훈련** 및 **평가**

기억법 조응(조아?)

답 ③

★★★
44 다음 중 화재예방강화지구의 지정대상 지역과 가장 거리가 먼 것은?

19.09.문55
16.03.문41
15.09.문55
14.05.문53
12.09.문46
10.05.문55
10.03.문48

① 공장지역
② 시장지역
③ 목조건물이 밀집한 지역
④ 소방용수시설이 없는 지역

해설 ① 공장지역 → 공장 등이 밀집한 지역

화재예방법 18조
화재예방강화지구의 지정
(1) 지정권자 : **시·도지사**
(2) 지정지역
　㉠ **시장**지역 [보기 ②]
　㉡ **공장·창고** 등이 밀집한 지역 [보기 ①]
　㉢ **목조**건물이 밀집한 지역 [보기 ③]
　㉣ **노후·불량** 건축물이 밀집한 지역
　㉤ **위험물**의 저장 및 **처리**시설이 **밀집**한 지역
　㉥ **석유화학**제품을 생산하는 공장이 있는 지역
　㉦ **소방시설·소방용수시설** 또는 **소방출동로**가 없는 지역 [보기 ④]
　㉧ 「**산업입지 및 개발에 관한 법률**」에 따른 산업단지
　㉨ 「**물류시설의 개발 및 운영에 관한 법률**」에 따른 물류단지
　㉩ **소방청장·소방본부장** 또는 **소방서장**(소방관서장)이 화재예방강화지구로 지정할 필요가 있다고 인정하는 지역

기억법 화강시

※ **화재예방강화지구** : 화재발생 우려가 크거나 화재가 발생할 경우 피해가 클 것으로 예상되는 지역에 대하여 화재의 예방 및 안전관리를 강화하기 위해 지정·관리하는 지역

비교

기본법 19조
화재로 오인할 만한 불을 피우거나 연막소독시 신고지역
(1) **시장**지역
(2) **공장·창고**가 밀집한 지역
(3) **목조**건물이 밀집한 지역
(4) **위험물**의 저장 및 처리시설이 **밀집**한 지역
(5) **석유화학**제품을 생산하는 공장이 있는 지역
(6) 그 밖에 **시·도의 조례**로 정하는 지역 또는 장소

답 ①

★★★
45 소방시설공사업법상 소방시설공사 결과 소방시설의 하자발생시 통보를 받은 공사업자는 며칠 이내에 하자를 보수해야 하는가?

17.03.문51
11.06.문59

① 3
② 5
③ 7
④ 10

해설 **공사업법 15조**
소방시설공사의 하자보수기간 : **3일** 이내

중요

3일
(1) **하**자보수기간(공사업법 15조)
(2) 소방시설업 **등록증 분실** 등의 **재발급**(공사업규칙 4조)

기억법 3하등분재(**상하**이에서 **동생**이 **분재**를 가져왔다.)

답 ①

★
46 다음 위험물 중 위험물안전관리법령에서 정하고 있는 지정수량이 가장 적은 것은?

19.03.문41

① 브로민산염류
② 황
③ 알칼리토금속
④ 과염소산

해설 **위험물령〔별표 1〕**
지정수량

위험물	지정수량
● **알칼리토**금속　**기억법** 알토(소프라노, **알토**)	50kg
● 황	100kg
● 브로민산염류 ● 과염소산	300kg

답 ③

★★★
47 국가가 시·도의 소방업무에 필요한 경비의 일부를 보조하는 국고보조대상이 아닌 것은?

17.04.문54

① 소방용수시설
② 소방전용통신설비
③ 소방자동차
④ 소방관서용 청사의 건축

해설 ① 국고보조대상이 아님

기본령 2조
국고보조의 대상 및 기준
(1) **국고보조의 대상**
　㉠ 소방**활**동장비와 설비의 구입 및 설치
　　● 소방**자**동차 [보기 ③]
　　● 소방**헬**리콥터 · 소방정
　　● 소방**전**용통신설비 · 전산설비 [보기 ②]
　　● 방**화복**
　㉡ 소방관서용 **청**사 [보기 ④]
(2) **소방활동장비 및 설비의 종류와 규격** : 행정안전부령
(3) **대상사업의 기준보조율** : 「보조금관리에 관한 법률 시행령」에 따름

ⓒ 도로 주변의 **토지 고저**
ⓓ **건축물**의 **개황**

(4) **조사결과** : 2년간 보관 보기 ②

답 ②

기억법 국화복 활자 전헬청

답 ①

★
48 위험물안전관리법령상 제조소 또는 일반취급소
19.09.문57 의 위험물취급탱크 노즐 또는 맨홀을 신설하는
18.04.문58 경우, 노즐 또는 맨홀의 직경이 몇 mm를 초과하
는 경우에 변경허가를 받아야 하는가?

① 250　　　　② 300
③ 450　　　　④ 600

해설 위험물규칙 〔별표 1의 2〕
제조소 또는 일반취급소의 변경허가
(1) **제조소** 또는 **일반취급소**의 **위치**를 **이전**하는 경우
(2) 건축물의 벽·기둥·바닥·보 또는 지붕을 **증설** 또는 **철거**하는 경우
(3) **배출설비**를 **신설**하는 경우
(4) 위험물취급탱크를 신설·교체·철거 또는 보수(탱크의 본체를 절개)하는 경우
(5) 위험물취급탱크의 **노즐** 또는 **맨홀**을 신설하는 경우(노즐 또는 맨홀의 직경이 **250mm**를 초과하는 경우) 보기 ①
(6) 위험물취급탱크의 **방유제**의 **높이** 또는 방유제 내의 **면적**을 **변경**하는 경우
(7) 위험물취급탱크의 탱크전용실을 **증설** 또는 **교체**하는 경우
(8) **300m**(지상에 설치하지 아니하는 배관은 **30m**)를 초과하는 위험물배관을 신설·교체·철거 또는 보수(배관 절개)하는 경우
(9) 불활성기체의 봉입장치를 **신설**하는 경우

기억법 노맨 250mm

답 ①

★★★
49 소방기본법령상 소방용수시설 및 지리조사의 기
19.04.문50 준 중 ㉠, ㉡에 알맞은 것은?
17.09.문59
16.03.문57
09.08.문51

> 소방본부장 또는 소방서장은 원활한 소방활동을 위하여 설치된 소방용수시설에 대한 조사를 (㉠)회 이상 실시하여야 하며 그 조사결과를 (㉡)년간 보관하여야 한다.

① ㉠ 월 1, ㉡ 1　　② ㉠ 월 1, ㉡ 2
③ ㉠ 연 1, ㉡ 1　　④ ㉠ 연 1, ㉡ 2

해설 기본규칙 7조
소방용수시설 및 지리조사
(1) **조사자** : 소방본부장·소방서장
(2) **조사일시** : 월 1회 이상 보기 ②
(3) **조사내용**
　㉠ 소방용수시설
　㉡ 도로의 **폭·교통상황**

★★
50 특정소방대상물의 건축·대수선·용도변경 또
19.09.문44 는 설치 등을 위한 공사를 시공하는 자가 공사현
17.05.문41 장에서 인화성 물품을 취급하는 작업 등 대통령
령으로 정하는 작업을 하기 전에 설치하고 유지
·관리하는 임시소방시설의 종류가 아닌 것은?
(단, 용접·용단 등 불꽃을 발생시키거나 화기를
취급하는 작업이다.)

① 간이소화장치　　② 비상경보장치
③ 자동확산소화기　④ 간이피난유도선

해설 소방시설법 시행령 〔별표 8〕
임시소방시설의 종류

종류	설명
소화기	—
간이소화장치 보기 ①	물을 방사하여 **화재**를 **진화**할 수 있는 장치로서 **소방청장**이 정하는 성능을 갖추고 있을 것
비상경보장치 보기 ②	화재가 발생한 경우 주변에 있는 작업자에게 **화재사실**을 **알릴** 수 있는 장치로서 **소방청장**이 정하는 성능을 갖추고 있을 것
간이피난유도선 보기 ④	화재가 발생한 경우 **피난구 방향**을 **안내**할 수 있는 장치로서 **소방청장**이 정하는 성능을 갖추고 있을 것
가스누설경보기	**가연성 가스**가 누설 또는 발생된 경우 **탐지**하여 **경보**하는 장치로서 **소방청장**이 실시하는 형식승인 및 제품검사를 받은 것
비상조명등	**화재발생시** 안전하고 원활한 피난활동을 할 수 있도록 **자동점등**되는 조명장치로서 **소방청장**이 정하는 성능을 갖추고 있을 것
방화포	**용접·용단** 등 **작업**시 발생하는 불티로부터 가연물이 점화되는 것을 방지해주는 **천** 또는 **불연성 물품**으로서 **소방청장**이 정하는 성능을 갖추고 있을 것

답 ③

★★★
51 화재의 예방 및 안전관리에 관한 법령상 특수가
18.03.문50 연물 중 품명과 지정수량의 연결이 틀린 것은?
17.05.문56
16.10.문53 ① 사류-1000kg 이상
13.03.문51
10.09.문46 ② 볏짚류-3000kg 이상
10.05.문48
08.09.문46 ③ 석탄·목탄류-10000kg 이상

④ 고무류·플라스틱류 발포시킨 것-20m³ 이상

해설 ② 3000kg → 1000kg

화재예방법 시행령 〔별표 2〕
특수가연물

품 명		수량(지정수량)
가연성 **액**체류		**2**m³ 이상
목재가공품 및 나무부스러기		**10**m³ 이상
면화류		**2**00kg 이상
나무껍질 및 대팻밥		**4**00kg 이상
넝마 및 종이부스러기		
사류(絲類) 보기 ①		1000kg 이상
볏짚류 보기 ②		
가연성 **고**체류		3000kg 이상
고무류·플라스틱류	발포시킨 것 보기 ④	20m³ 이상
	그 밖의 것	**3**000kg 이상
석탄·목탄류 보기 ③		10000kg 이상

기억법 가액목면나 넝사볏가고 고석
    2 1 2 4   1 3 3 1

※ **특수가연물** : 화재가 발생하면 그 확대가 빠른 물품

답 ②

---

52 위험물안전관리법령상 제조소와 사용전압이 35000V를 초과하는 특고압가공전선에 있어서 안전거리는 몇 m 이상을 두어야 하는가? (단, 제6류 위험물을 취급하는 제조소는 제외한다.)

18.03.문49
15.03.문56
09.05.문51

① 3   ② 5
③ 20   ④ 30

해설 **위험물규칙 〔별표 4〕**
위험물제조소의 안전거리

안전거리	대 상
3m 이상	7000~35000V 이하의 특고압가공전선
5m 이상	35000V를 초과하는 특고압가공전선
10m 이상	**주거용**으로 사용되는 것
20m 이상	• 고압가스 **제조**시설(용기에 충전하는 것 포함) • 고압가스 **사용**시설(1일 30m³ 이상 용적 취급) • 고압가스 **저장**시설 • 액화산소 **소비**시설 • 액화석유가스 제조·저장시설 • 도시가스 공급시설

30m 이상	• 학교 • 병원급 의료기관 • 공연장 ┐ • 영화상영관 ┘ 300명 이상 수용시설 • 아동복지시설 ┐ • 노인복지시설 │ • 장애인복지시설 │ • 한부모가족복지시설 │ 20명 이상 • 어린이집 ├ 수용시설 • 성매매피해자 등을 위한 지원시설 │ • 정신건강증진시설 │ • 가정폭력피해자 보호시설 ┘
50m 이상	• 유형**문**화재 • 지정문화재 **기억법** 문5(문어)

답 ②

---

53 화재안전기준을 달리 적용하여야 하는 특수한 용도 또는 구조를 가진 특정소방대상물인 원자력발전소에 설치하지 않을 수 있는 소방시설은?

19.09.문59
17.03.문42
14.03.문49

① 옥내소화전설비 및 소화용수설비
② 연결송수관설비 및 연결살수설비
③ 옥내소화전설비 및 자동화재탐지설비
④ 스프링클러설비 및 물분무등소화설비

해설 **소방시설법 시행령 〔별표 6〕**
소방시설을 설치하지 않을 수 있는 특정소방대상물 및 소방시설의 범위

구 분	특정소방대상물	소방시설
화재 안 전 **기**준을 달리 적용하여야 하는 특수한 용도 또는 구조를 가진 특정소방대상물	• 원자력발전소 • 중·저준위방사성 폐기물의 저장시설	• **연**결송수관설비 • **연**결살수설비 보기 ② **기억법** 화기연(화기연구)
자체소방대가 설치된 특정소방대상물	자체소방대가 설치된 위험물 제조소 등에 부속된 사무실	• 옥내소화전설비 • 소화용수설비 • 연결살수설비 • 연결송수관설비

답 ②

---

54 화재의 예방 및 안전관리에 관한 법률상 시·도지사가 화재예방강화지구로 지정할 필요가 있는 지역을 화재예방강화지구로 지정하지 아니하는 경우 해당 시·도지사에게 해당 지역의 화재예방강화지구 지정을 요청할 수 있는 자는?

① 행정안전부장관   ② 소방청장
③ 소방본부장   ④ 소방서장

해설 화재예방법 18조
화재예방강화지구

지 정	지정요청	화재안전조사
시·도지사	소방청장 보기 ②	소방청장·소방본부장 또는 소방서장

답 ②

55
19.04.문53
18.04.문57

소방시설공사업법상 특정소방대상물의 관계인 또는 발주자로부터 소방시설공사 등을 도급받은 소방시설업자가 제3자에게 소방시설공사 시공을 하도급할 수 없다. 이를 위반하는 경우의 벌칙기준은? (단, 대통령령으로 도급받은 소방시설공사의 일부를 한 번만 제3자에게 하도급할 수 있는 경우는 제외한다.)

① 100만원 이하의 벌금

② 300만원 이하의 벌금

③ 1년 이하의 징역 또는 1000만원 이하의 벌금

④ 3년 이하의 징역 또는 1500만원 이하의 벌금

해설 **1년 이하의 징역 또는 1000만원 이하의 벌금**
(1) **소방시설**의 **자체점검** 미실시자(소방시설법 58조)
(2) **소방시설관리사증** 대여(소방시설법 58조)
(3) **소방시설관리업**의 등록증 또는 등록수첩 대여(소방시설법 58조)
(4) 제조소 등의 정기점검기록 허위 작성(위험물법 35조)
(5) **자체소방대**를 두지 않고 제조소 등의 허가를 받은 자(위험물법 35조)
(6) **위험물 운반용기**의 검사를 받지 않고 유통시킨 자(위험물법 35조)
(7) 제조소 등의 긴급사용정지 위반자(위험물법 35조)
(8) 영업정지처분 위반자(공사업법 36조)
(9) 거짓감리자(공사업법 36조)
(10) 공사감리자 미지정자(공사업법 36조)
(11) 소방시설 설계·시공·감리 **하도급자**(공사업법 36조)
   보기 ③
(12) 소방시설공사 재하도급자(공사업법 36조)
(13) 소방시설업자가 아닌 자에게 소방시설공사 등을 도급한 관계인(공사업법 36조)

기억법 1 1000하(일천하)

답 ③

56
17.09.문57
15.05.문44
14.05.문41

소방기본법령상 소방업무 상호응원협정 체결시 포함되도록 하여야 하는 사항이 아닌 것은?

① 응원출동의 요청방법

② 응원출동훈련 및 평가

③ 응원출동대상지역 및 규모

④ 응원출동시 현장지휘에 관한 사항

해설 ④ 현장지휘는 응원출동을 요청한 쪽에서 하는 것으로 이미 정해져 있으므로 상호응원협정 체결시 고려할 사항이 아님

기본규칙 8조
소방업무의 상호응원협정
(1) 다음의 **소방활동**에 관한 사항
   ㉠ 화재의 **경**계·진압활동
   ㉡ 구조·구급업무의 지원
   ㉢ 화재조사활동
(2) **응원출동** 대상지역 및 규모 보기 ③
(3) 소요경비의 **부담**에 관한 사항
   ㉠ **출동**대원의 수당·식사 및 의복의 수선
   ㉡ 소방장비 및 기구의 정비와 연료의 보급
(4) **응원출동**의 요청방법 보기 ①
(5) **응원출동훈련** 및 평가 보기 ②

기억법 경응출

답 ④

57
18.04.문42

소방시설 설치 및 관리에 관한 법령상 둘 이상의 특정소방대상물이 내화구조로 된 연결통로가 벽이 없는 구조로서 그 길이가 몇 m 이하인 경우 하나의 소방대상물로 보는가?

① 6

② 9

③ 10

④ 12

해설 **소방시설법 시행령 〔별표 2〕**
둘 이상의 특정소방대상물이 내화구조의 복도 또는 통로(연결통로)로 연결된 경우로 하나의 소방대상물로 보는 경우

벽이 없는 경우	벽이 있는 경우
길이 6m 이하 보기 ①	길이 10m 이하

답 ①

58
19.09.문53
16.05.문46
11.03.문44
10.05.문55
06.05.문55

소방안전관리자의 업무라고 볼 수 없는 것은?

① 소방계획서의 작성 및 시행

② 화재예방강화지구의 지정

③ 자위소방대의 구성·운영·교육

④ 피난시설, 방화구획 및 방화시설의 관리

해설 ② 시·도지사의 업무

화재예방법 24조
관계인 및 소방안전관리자의 업무

특정소방대상물 (관계인)	소방안전관리대상물 (소방안전관리자)
① **피**난시설·방화구획 및 방화시설의 관리 ② **소**방시설, 그 밖의 소방 관련시설의 관리 ③ **화**기취급의 감독 ④ 소방안전관리에 필요한 업무 ⑤ 화재발생시 초기대응	① **피**난시설·방화구획 및 방화시설의 관리 보기 ④ ② **소**방시설, 그 밖의 소방 관련시설의 관리 ③ **화**기취급의 감독 ④ 소방안전관리에 필요한 업무 ⑤ **소방계획서**의 작성 및 시행(대통령령으로 정하는 사항 포함) 보기 ① ⑥ **자위**소방대 및 **초기대응체계**의 구성·운영·교육 보기 ③ ⑦ 소방**훈**련 및 교육 ⑧ 소방안전관리에 관한 업무 수행에 관한 기록·유지 ⑨ 화재발생시 초기대응

기억법 계위 훈피소화

용어

특정소방대상물	소방안전관리대상물
건축물 등의 규모·용도 및 수용인원 등을 고려하여 소방시설을 설치하여야 하는 소방대상물로서 대통령령으로 정하는 것	대통령령으로 정하는 특정소방대상물

중요

화재예방법 18조
화재예방강화지구의 지정
(1) **지정권자 : 시·도지사** 보기 ②
(2) **지정지역**
  ① **시장**지역
  ② **공장·창고** 등이 밀집한 지역
  ③ **목조건물**이 밀집한 지역
  ④ 노후·불량 건축물이 밀집한 지역
  ⑤ **위험물**의 **저장 및 처리시설**이 밀집한 지역
  ⑥ 석유화학제품을 생산하는 공장이 있는 지역
  ⑦ **소방시설·소방용수시설** 또는 **소방출동로**가 없는 지역
  ⑧ 「산업입지 및 개발에 관한 법률」에 따른 산업단지
  ⑨ 「물류시설의 개발 및 운영에 관한 법률」에 따른 물류단지
  ⑩ **소방청장·소방본부장** 또는 **소방서장**(소방관서장)이 화재예방강화지구로 지정할 필요가 있다고 인정하는 지역

답 ②

★★★
59 소방기본법상 정당한 사유없이 물의 사용이나 수도의 개폐장치의 사용 또는 조작을 하지 못하게 하거나 방해한 자에 대한 벌칙기준으로 옳은 것은?

19.09.문42
18.04.문51
17.05.문55
16.03.문42
07.03.문45

① 400만원 이하의 벌금
② 300만원 이하의 벌금
③ 200만원 이하의 벌금
④ 100만원 이하의 벌금

해설 **100만원 이하의 벌금**
(1) 관계인의 **소방활동 미수행**(기본법 54조)
(2) **피난명령** 위반(기본법 54조)
(3) 위험시설 등에 대한 긴급조치 방해(기본법 54조)
(4) 거짓보고 또는 자료 미제출(공사업법 38조)
(5) **관계공무원**의 출입·조사·**검사 방해**(공사업법 38조)
(6) 정당한 사유없이 물의 **사용**이나 **수도**의 **개폐장치**의 사용 또는 조작을 하지 못하게 하거나 **방해**한 자(기본법 54조)
(7) 소방대의 생활안전활동을 방해한 자(기본법 54조)

기억법 피1(차일**피**일)

답 ④

★★
60 소방시설 설치 및 관리에 관한 법령상 스프링클러설비를 설치하여야 하는 특정소방대상물의 기준으로 틀린 것은? (단, 위험물 저장 및 처리 시설 중 가스시설 또는 지하구를 제외한다.)

18.03.문44
15.03.문41
05.09.문52

① 물류터미널로서 바닥면적 합계가 2000m² 이상인 경우에는 모든 층
② 숙박이 가능한 수련시설에 해당하는 용도로 사용되는 시설의 바닥면적의 합계가 600m² 이상인 것은 모든 층
③ 종교시설(주요구조부가 목조인 것은 제외)로서 수용인원이 100명 이상인 것에 해당하는 경우에는 모든 층
④ 지하가(터널은 제외)로서 연면적 1000m² 이상인 것

해설 ① 2000m² → 5000m²

소방시설법 시행령 〔별표 4〕
스프링클러설비의 설치대상

설치대상	조 건

① 문화 및 집회시설, 운동시설
② **종교시설**(주요구조부가 목조인 것은 제외) 보기 ③
	• 수용인원 : **100명** 이상
	• 영화상영관 : 지하층·무창층 **500m²**(기타 1000m²) 이상
	• 무대부
	  – 지하층·무창층·**4층** 이상 : **300m²** 이상
	  – 1~3층 : **500m²** 이상

③ 판매시설 ④ 운수시설 ⑤ 물류터미널 보기 ①	• 수용인원 : **500명** 이상 • 바닥면적 합계 **5000m²** 이상
⑥ 창고시설(물류터미널 제외)	바닥면적 합계 **5000m²** 이상 : 전층
⑦ 노유자시설 ⑧ 정신의료기관 ⑨ 수련시설(숙박 가능한 것) 보기 ② ⑩ 종합병원, 병원, 치과병원, 한방병원 및 요양병원(정신병원 제외) ⑪ 숙박시설	바닥면적 합계 **600m²** 이상

⑫ 지하가(터널 제외) 보기 ④	연면적 1000m² 이상
⑬ 지하층·무창층·4층 이상	바닥면적 1000m² 이상
⑭ 10m 넘는 랙식 창고	연면적 1500m² 이상
⑮ 복합건축물 ⑯ 기숙사	연면적 5000m² 이상 : 전층
⑰ 6층 이상	전층
⑱ 보일러실·연결통로	전부
⑲ 특수가연물 저장·취급	지정수량 1000배 이상
⑳ 발전시설	전기저장시설 : 전부

답 ①

제4과목 소방기계시설의 구조 및 원리

61 완강기 및 완강기의 속도조절기에 관한 설명으로 틀린 것은?

19.04.문71
14.03.문72
08.05.문79

① 견고하고 내구성이 있어야 한다.
② 강하시 발생하는 열에 의해 기능에 이상이 생기지 아니하여야 한다.
③ 속도조절기는 사용 중에 분해·손상·변형되지 아니하여야 하며, 속도조절기의 이탈이 생기지 아니하도록 덮개를 하여야 한다.
④ 평상시에는 분해, 청소 등을 하기 쉽게 만들어져 있어야 한다.

④ 하기 쉽게 만들어져 있어야 한다. → 하지 아니하여도 작동될 수 있을 것

완강기 및 완강기 속도조절기의 일반구조(완강기 형식 3조)
(1) 견고하고 내구성이 있을 것 보기 ①
(2) 평상시에 분해, 청소 등을 하지 아니하여도 작동할 수 있을 것 보기 ④
(3) 강하시 발생하는 열에 의하여 기능에 이상이 생기지 아니할 것 보기 ②
(4) 속도조절기는 사용 중에 분해·손상·변형되지 아니하여야 하며, 속도조절기의 이탈이 생기지 아니하도록 덮개를 하여야 한다. 보기 ③
(5) 강하시 로프가 손상되지 아니할 것
(6) 속도조절기의 폴리 등으로부터 로프가 노출되지 아니하는 구조

‖ 완강기의 구조 ‖

답 ④

---

62 방호대상물 주변에 설치된 벽면적의 합계가 20m², 방호공간의 벽면적 합계가 50m², 방호공간체적이 30m³인 장소에 국소방출방식의 분말소화설비를 설치할 때 저장할 소화약제량은 약 몇 kg인가? (단, 소화약제의 종별에 따른 X, Y의 수치에서 X의 수치는 5.2, Y의 수치는 3.9로 하며, 여유율(K)은 1.1로 한다.)

17.05.문71
12.05.문67

① 120
② 199
③ 314
④ 349

해설 **분말소화설비**(국소방출방식)(NFPC 108 6조, NFTC 108 2.3.2.2)
(1) 기호

- X : 5.2
- Y : 3.9
- a : 20m²
- A : 50m²
- Q : ?

(2) **방호공간 1m³**에 대한 **분말소화약제량**

$$Q = \left(X - Y\frac{a}{A}\right) \times 1.1$$

여기서, Q : 방호공간 1m³에 대한 분말소화약제의 양[kg/m³]
 a : 방호대상물의 주변에 설치된 벽면적의 합계[m²]
 A : 방호공간의 벽면적의 합계[m²]
 X, Y : 주어진 수치
방호공간 1m³에 대한 분말소화약제량 Q는

$$Q = \left(X - Y\frac{a}{A}\right) \times 1.1 = \left(5.2 - 3.9 \times \frac{20m^2}{50m^2}\right) \times 1.1$$
$$\fallingdotseq 4kg/m^3$$

(3) **분말소화약제량**

$$Q' = Q \times 방호공간체적$$

여기서, Q' : 분말소화약제량[kg]
 Q : 방호공간 1m³에 대한 분말소화약제의 양[kg/m³]
분말소화약제량 Q'는
$Q' = Q \times 방호공간체적 = 4kg/m^3 \times 30m^3 = 120kg$

용어

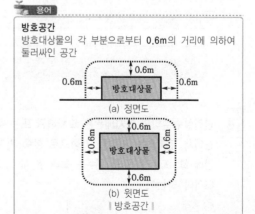

방호공간
방호대상물의 각 부분으로부터 0.6m의 거리에 의하여 둘러싸인 공간

‖ 방호공간 ‖

답 ①

★★★
63 완강기 및 간이완강기의 최대사용하중 기준은 몇 N 이상이어야 하는가?

18.09.문76
16.10.문77
16.05.문76
15.05.문69
09.03.문61

① 800
② 1000
③ 1200
④ 1500

[해설] **완강기 및 간이완강기의 하중**(완강기 형식 12조)
(1) 250N(최소하중)
(2) 750N
(3) 1500N(최대하중)

답 ④

★★
64 옥외소화전설비의 화재안전기준상 옥외소화전설비의 배관 등에 관한 기준 중 호스의 구경은 몇 mm로 하여야 하는가?

20.08.문61
19.04.문61
12.05.문77

① 35
② 45
③ 55
④ 65

[해설] **호스의 구경**(NFPC 109 6조, NFTC 109 2.3.2)

옥내소화전설비	옥외소화전설비
40mm	65mm 보기 ④

[기억법] 내4(내사종결)

답 ④

★★★
65 연결살수설비 전용 헤드를 사용하는 배관의 설치에서 하나의 배관에 부착하는 살수헤드가 4개일 때 배관의 구경은 몇 mm 이상으로 하는가?

17.05.문67
16.03.문62
15.05.문77
11.10.문65

① 40
② 50
③ 65
④ 80

[해설] **연결살수설비**(NFPC 503 5조, NFTC 503 2.2.3.1)

배관의 구경	살수헤드 개수
32mm	1개
40mm	2개
50mm	3개
65mm	← 4개 또는 5개
80mm	6~10개 이하

※ 연결살수설비에서 하나의 송수구역에 설치하는 개방형 헤드수는 **10개** 이하로 하여야 한다.

답 ③

★★★
66 연결살수설비의 가지배관은 교차배관 또는 주배관에서 분기되는 지점을 기점으로 한쪽 가지배관에 설치되는 헤드의 개수는 최대 몇 개 이하로 하여야 하는가?

18.04.문77
11.03.문65

① 8개
② 10개
③ 12개
④ 15개

[해설] **연결살수설비**(NFPC 503 5조, NFTC 503 2.2.6)
한쪽 가지배관에 설치되는 헤드의 개수 : **8개 이하**

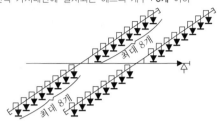

| 가지배관의 헤드개수 |

[비교]

연결살수설비(NFPC 503 4조, NFTC 503 2.1.4)
연결살수설비에서 하나의 송수구역에 설치하는 개방형 헤드의 수는 **10개** 이하이다.

답 ①

★★★
67 이산화탄소소화설비 중 호스릴방식으로 설치되는 호스접결구는 방호대상물의 각 부분으로부터 수평거리 몇 m 이하이어야 하는가?

19.03.문69
18.04.문75
16.05.문66
15.03.문78
08.05.문76

① 15m 이하
② 20m 이하
③ 25m 이하
④ 40m 이하

[해설] (1) **보행거리**

구분	적용
20m 이내	• 소형 소화기
30m 이내	• 대형 소화기

(2) **수평거리**

구분	적용
10m 이내	• 예상제연구역
15m 이하	• 분말(호스릴) • 포(호스릴) ← • 이산화탄소(호스릴) 보기 ①
20m 이하	• 할론(호스릴)
25m 이하	• 음향장치 • 옥내소화전 방수구 • 옥내소화전(호스릴) • 포소화전 방수구 • 연결송수관 방수구(지하가) • 연결송수관 방수구(지하층 바닥면적 3000m² 이상)
40m 이하	• 옥외소화전 방수구
50m 이하	• 연결송수관 방수구(사무실)

[용어]

수평거리와 보행거리

수평거리	보행거리
직선거리를 말하며, 반경을 의미하기도 한다.	걸어서 간 거리이다.

답 ①

68

20.08.문73
17.03.문68
08.03.문11

피난기구의 화재안전기준상 피난기구의 종류가 아닌 것은?

① 미끄럼대
② 간이완강기
③ 인공소생기
④ 피난용 트랩

해설 ③ 인명구조기구

피난기구(NFPC 301 3조, NFTC 301 1.7) vs **인명구조기구**(NFPC 302 3조, NFTC 302 1.7)

피난기구	인명구조기구
① **피**난사다리 ② **구**조대 ③ **완**강기 ④ 소방청장이 정하여 고시하는 화재안전기준으로 정하는 것(**미끄럼대**, 피난교, 공기안전매트, **피난용 트랩**, 다수인 피난장비, 승강식 피난기, **간이 완강기**, 하향식 피난구용 내림식 사다리)	① 방**열**복 ② **방화**복(안전모, 보호장갑, 안전화 포함) ③ **공**기호흡기 ④ **인**공소생기 보기 ③

기억법 방화열공인

기억법 피구완

답 ③

69

19.09.문79
17.05.문62
16.10.문72
15.03.문03
14.05.문14
14.03.문07
13.03.문18

분말소화설비에 사용하는 소화약제 중 제3종 분말의 주성분으로 옳은 것은?

① 인산염
② 탄산수소칼륨
③ 탄산수소나트륨
④ 요소

해설 분말소화기(질식효과)

종 별	소화약제	약제의 착색	화학반응식	적응 화재
제1종	중탄산나트륨 (NaHCO₃)	**백**색	$2NaHCO_3 \rightarrow$ $Na_2CO_3 + CO_2 + H_2O$	BC급
제2종	중탄산칼륨 (KHCO₃)	담**자**색 (담회색)	$2KHCO_3 \rightarrow$ $K_2CO_3 + CO_2 + H_2O$	
제**3**종	**인**산암모늄 (NH₄H₂PO₄)	담**홍**색 (황색)	$NH_4H_2PO_4 \rightarrow$ $HPO_3 + NH_3 + H_2O$	**ABC** 급
제4종	중탄산칼륨 +요소 (KHCO₃+ (NH₂)₂CO)	**회**(백)색	$2KHCO_3 +$ $(NH_2)_2CO \rightarrow K_2CO_3 +$ $2NH_3 + 2CO_2$	BC급

- 중탄산나트륨 = 탄산수소나트륨
- 중탄산칼륨 = 탄산수소칼륨
- 제1인산암모늄 = 인산암모늄 = **인산염** 보기 ①
- 중탄산칼륨 + 요소 = 탄산수소칼륨 + 요소

기억법 백자홍회, 3인ABC(**3**종이니까 3가지 **ABC**급)

답 ①

70

19.09.문69
17.03.문63
15.05.문80
14.05.문79
11.10.문77

1개층의 거실면적이 400m²이고 복도면적이 300m²인 소방대상물에 제연설비를 설치할 경우, 제연구역은 최소 몇 개인가?

① 1
② 2
③ 3
④ 4

해설

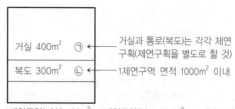

거실 400m² ㉠ ← 거실과 통로(복도)는 각각 제연구획(제연구역을 별도로 할 것)

복도 300m² ㉡ ← 1제연구역 면적 1000m² 이내

1제연구역(거실 400m²) + 1제연구역(복도 300m²) = 2제연구역

중요

제연구역의 **구획**(NFPC 501 4조, NFTC 501 2.1)
(1) 1제연구역의 면적은 **1000m²** 이내로 할 것
(2) **거실과 통로(복도)는 각각 제연구획**할 것
(3) 통로상의 제연구역은 보행중심선의 길이가 **60m**를 초과하지 않을 것
(4) 1제연구역은 직경 **60m** 원 내에 들어갈 것
(5) 1제연구역은 **2개** 이상의 층에 미치지 않을 것

기억법 제10006(제천 육포)

※ 제연구획에서 제연경계의 폭은 **0.6m** 이상, 수직거리는 **2m** 이내이어야 한다.

답 ②

71

16.05.문61
15.09.문74
14.09.문79
10.05.문74

펌프의 토출관에 압입기를 설치하여 포소화약제 압입용 펌프로 포소화약제를 압입시켜 혼합하는 포소화약제의 혼합방식은?

① 펌프 프로포셔너
② 프레져 프로포셔너
③ 라인 프로포셔너
④ 프레져사이드 프로포셔너

해설 **포소화약제**의 **혼합장치**(NFPC 105 3조, NFTC 105 1.7)

(1) **펌프 프로포셔너방식**(펌프 혼합방식)
㉠ 펌프 토출측과 흡입측에 바이패스를 설치하고 그 바이패스 도중에 설치한 어댑터(adaptor)로 펌프 토출측 수량의 일부를 통과시켜 공기포용액을 만드는 방식
㉡ 펌프의 **토출관**과 **흡입관** 사이의 배관 도중에 설치한 흡입기에 펌프에서 토출된 물의 일부를 보내고 **농도조정밸브**에서 조정된 포소화약제의 필요량을 포소화약제탱크에서 펌프 흡입측으로 보내어 약제를 혼합하는 방식

(2) **프레져 프로포셔너방식**(차압 혼합방식)
㉠ 가압송수관 도중에 공기포 소화원액 혼합조(P.P.T)와 혼합기를 접속하여 사용하는 방법
㉡ **격막방식 휨탱크**를 사용하는 에어휨 혼합방식

ⓒ 펌프와 발포기의 중간에 설치된 벤츄리관의 **벤츄리작용**과 펌프 가압수의 **포소화약제 저장탱크**에 대한 압력에 의하여 포소화약제를 흡입·혼합하는 방식

(3) **라인 프로포셔너방식(관로 혼합방식)**

ⓐ 급수관의 배관 도중에 포소화약제 흡입기를 설치하여 그 흡입관에서 소화약제를 흡입하여 혼합하는 방식

ⓑ 펌프와 발포기의 중간에 설치된 **벤**츄리관의 **벤츄리작용**에 의하여 포소화약제를 흡입·혼합하는 방식

• 벤츄리＝벤투리

기억법 **라벤벤**

(4) **프레져사이드 프로포셔너방식(압입 혼합방식)**

ⓐ 소화원액 **가압펌프(압입용 펌프)**를 별도로 사용하는 방식

ⓑ 펌프 **토출관**에 압입기를 설치하여 포소화약제를 **압입용 펌프**로 포소화약제를 압입시켜 혼합하는 방식 보기 ④

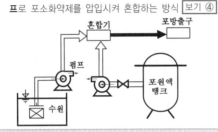

기억법 **프사압**

(5) **압축공기포 믹싱챔버방식**

포수용액에 공기를 강제로 주입시켜 원거리 방수가 가능하고 물 사용량을 줄여 **수손피해를 최소화**할 수 있는 방식

답 ④

★★
72 포소화설비에서 부상지붕구조의 탱크에 상부포주입법을 이용한 포방출구 형태는?

19.09.문80
18.04.문64
14.05.문72

① Ⅰ형 방출구
② Ⅱ형 방출구
③ 특형 방출구
④ 표면하 주입식 방출구

해설 **포방출구**(위험물기준 133조)

탱크의 구조	포방출구
고정지붕구조(원추형 루프탱크, 콘루프탱크)	• Ⅰ형 방출구 • Ⅱ형 방출구 • Ⅲ형 방출구(표면하 주입식 방출구) • Ⅳ형 방출구(반표면하 주입식 방출구)
부상덮개부착 고정지붕구조	• Ⅱ형 방출구
부상지붕구조(부상식 루프탱크, **플**로팅 루프탱크)	• **특**형 방출구

기억법 **특플부(터프**가이 **부상)**

※ 제1석유류 옥외탱크저장소 : **부상식 루프탱크**

답 ③

★
73 상수도소화용수설비 설치시 호칭지름 75mm 이상의 수도배관에는 호칭지름 몇 mm 이상의 소화전을 접속하여야 하는가?

19.04.문76
10.05.문62

① 50mm
② 75mm
③ 80mm
④ 100mm

해설 **상수도소화용수설비**의 **기준**(NFPC 401 4조, NFTC 401 2.1.1)
(1) **호칭지름**

수도배관	소화전
75mm 이상	100mm 이상 보기 ④

(2) 소화전은 소방자동차 등의 진입이 쉬운 **도로변** 또는 **공지**에 설치
(3) 소화전은 특정소방대상물의 수평투영면의 각 부분으로부터 **140m** 이하에 설치
(4) 지상식 소화전의 호스접결구는 지면으로부터 높이가 0.5m 이상 1m 이하가 되도록 설치

답 ④

★★★
74 물분무소화설비를 설치하는 차고 또는 주차장의 배수설비 중 배수구에서 새어나온 기름을 모아 소화할 수 있도록 최대 몇 m마다 집수관·소화피트 등 기름분리장치를 설치하여야 하는가?

19.04.문62
17.03.문73
16.05.문73
15.09.문71
15.03.문71
13.06.문69
12.05.문62
11.03.문71

① 10
② 40
③ 50
④ 100

해설 **물분무소화설비**의 **배수설비**(NFPC 104 11조, NFTC 104 2.8)

구 분	설 명
배수구	**10cm** 이상의 경계턱으로 배수구 설치(차량이 주차하는 곳)
기름분리장치	**40m** 이하마다 기름분리장치 설치 ▮ 기름분리장치 ▮
기울기	차량이 주차하는 바닥은 $\frac{2}{100}$ 이상의 기울기 유지 ▮ 배수설비 ▮
배수설비	배수설비는 가압송수장치의 **최대송수능력**의 수량을 유효하게 배수할 수 있는 크기 및 기울기일 것

중요

기울기

구 분	배관 및 설비
$\frac{1}{100}$ 이상	연결살수설비의 수평주행배관
$\frac{2}{100}$ 이상	물분무소화설비의 배수설비
$\frac{1}{250}$ 이상	습식 · 부압식 설비 **외 설비의 가지배관**
$\frac{1}{500}$ 이상	습식 · 부압식 설비 **외 설비의 수평주행배관**

답 ②

75 이산화탄소소화설비에서 기동용기의 개방에 따라 이산화탄소(CO_2) 저장용기가 개방되는 시스템방식은?

16.03.문72
12.05.문64

① 전기식
② 가스압력식
③ 기계식
④ 유압식

해설 **자동식 기동장치의 종류**(NFPC 106 6조, NFTC 106 2.3.2)
(1) **기계식 방식** : 잘 사용되지 않음
(2) **전기식 방식**
(3) **가스압력식**(뉴메틱 방식) : **기동용기**의 개방에 따라 저장용기가 개방되는 방식

중요

가스압력식 이산화탄소소화설비의 구성요소
(1) 솔레노이드장치
(2) 압력스위치
(3) 피스톤릴리스
(4) 기동용기

답 ②

76 물분무소화설비의 수원 저수량 기준으로 옳은 것은?

16.10.문68
09.08.문66

① 특수가연물을 저장하는 또는 취급하는 특정소방대상물 또는 그 부분에 있어서 그 바닥면적 $1m^2$에 대하여 20L/min로 20분간 방수할 수 있는 양 이상으로 할 것
② 주차장은 그 바닥면적 $1m^2$에 대하여 10L/min로 20분간 방수할 수 있는 양 이상으로 할 것
③ 케이블트레이는 투영된 바닥면적 $1m^2$에 대하여 10L/min로 20분간 방수할 수 있는 양 이상으로 할 것
④ 케이블덕트는 투영된 바닥면적 $1m^2$에 대하여 12L/min로 20분간 방수할 수 있는 양 이상으로 할 것

해설
① 20L/min → 10L/min
② 10L/min → 20L/min
③ 10L/min → 12L/min

물분무소화설비의 수원(NFPC 104 4조, NFTC 104 2.1.1)

특정소방대상물	토출량	최소기준	비 고
컨베이어벨트	10L/min · m^2	–	벨트부분의 바닥면적
절연유 봉입변압기	10L/min · m^2	–	표면적을 합한 면적 (바닥면적 제외)
특수가연물	10L/min · m^2	최소 50m^2	최대방수구역의 바닥면적 기준
케이블트레이 · 덕트	12L/min · m^2	–	투영된 바닥면적
차고 · 주차장	20L/min · m^2	최소 50m^2	최대방수구역의 바닥면적 기준
위험물 저장탱크	37L/min · m	–	위험물탱크 둘레길이(원주길이) : 위험물규칙 〔별표 6〕 II

※ 모두 **20분간** 방수할 수 있는 양 이상으로 하여야 한다.

기억법
컨	0
절	0
특	0
케	2
차	0
위	37

답 ④

77 할론 1301을 전역방출방식으로 방출할 때 분사헤드의 최소방출압력〔MPa〕은?

19.09.문72
17.09.문69
15.09.문70
14.09.문77
14.05.문74
11.06.문75

① 0.1
② 0.2
③ 0.9
④ 1.05

해설 **할론소화약제**(NFPC 107 10조, NFTC 107 2.7)

구 분		할론 1301	할론 1211	할론 2402
저장압력		2.5MPa 또는 4.2MPa	1.1MPa 또는 2.5MPa	–
방출압력 →		0.9MPa	0.2MPa	0.1MPa
충전비	가압식	0.9~1.6 이하	0.7~1.4 이하	0.51~0.67 미만
	축압식			0.67~2.75 이하

답 ③

78 대형 소화기의 종별 소화약제의 최소충전용량으로 옳은 것은?

18.03.문67
17.03.문64
16.03.문16
12.09.문77
11.06.문79

① 기계포 : 15L
② 분말 : 20kg
③ CO_2 : 40kg
④ 강화액 : 50L

해설

① 15L → 20L
③ 40kg → 50kg
④ 50L → 60L

대형 소화기의 소화약제 충전량(소화기 형식 10조)

종 별	충전량
포(기계포)	**2**0L 이상
분말	**2**0kg 이상
할로겐화합물	**3**0kg 이상
이산화탄소(CO_2)	**5**0kg 이상
강화액	**6**0L 이상
물	**8**0L 이상

기억법 포 → 2
분 → 2
할 → 3
이 → 5
강 → 6
물 → 8

답 ②

⭐⭐⭐
79 차고 또는 주차장에 설치하는 분말소화설비의 소화약제는?

16.05.문75
15.05.문20
15.03.문16
13.09.문11

① 제1종 분말　② 제2종 분말
③ 제3종 분말　④ 제4종 분말

해설 **분말소화약제**

종 별	분자식	착 색	적응화재	비 고
제**1**종	중탄산나트륨 ($NaHCO_3$)	백색	BC급	**식용유** 및 **지방질유**의 화재에 적합(**비**누화 반응) **기억법** 비1(**비**일비재)
제**2**종	중탄산칼륨 ($KHCO_3$)	담자색 (담회색)	BC급	–
제**3**종	제1인산암모늄 ($NH_4H_2PO_4$)	담홍색	AB C급	**차고·주차장**에 적합 보기 ③
제**4**종	중탄산칼륨 +요소 ($KHCO_3$ + $(NH_2)_2CO$)	회(백)색	BC급	–

- 중탄산나트륨＝탄산수소나트륨
- 중탄산칼륨＝탄산**수소칼**륨
- 제1인산암모늄＝인산암모늄＝인산염
- 중탄산칼륨＋요소＝탄산수소칼륨＋요소

기억법 2수칼(이수역에 칼이 있다.)
차주3(차주는 삼가하세요.)

답 ③

⭐⭐⭐
80 호스릴분말소화설비 노즐이 하나의 노즐마다 1분당 방사하는 소화약제의 양 기준으로 옳은 것은?

18.03.문76
15.09.문64
12.09.문62

① 제1종 분말 － 45kg
② 제2종 분말 － 30kg
③ 제3종 분말 － 30kg
④ 제4종 분말 － 20kg

해설

②, ③ 30kg → 27kg
④ 20kg → 18kg

호스릴방식
(1) CO_2 소화설비

약제종별	약제저장량	약제방사량(20℃)
CO_2	90kg	60kg/min

(2) 할론소화설비

약제종별	약제저장량	약제방사량(20℃)
할론 1301	45kg	35kg/min
할론 1211	50kg	40kg/min
할론 2402	50kg	45kg/min

(3) 분말소화설비

약제종별	약제저장량	약제방사량
제1종 분말	50kg	45kg/min 보기 ①
제2·3종 분말	30kg	27kg/min
제4종 분말	20kg	18kg/min

- 문제에서 1분당 방사량이므로 저장량이 아니고 **약제방사량**을 답하는 것임을 기억할 것

답 ①

■ 2021년 산업기사 제4회 필기시험 CBT 기출복원문제 ■

		수험번호	성명

자격종목	종목코드	시험시간	형별		
소방설비산업기사(기계분야)		**2시간**			

※ 각 문항은 4지택일형으로 질문에 가장 적합한 보기 항을 선택하여 체크하여야 합니다.

제 1 과목 　 소방원론

★★★
01 상온 · 상압 상태에서 액체로 존재하는 할론으로만 연결된 것은?

19.04.문15
17.03.문15
16.10.문10

① Halon 2402, Halon 1211
② Halon 1211, Halon 1011
③ Halon 1301, Halon 1011
④ Halon 1011, Halon 2402

사문제부터 어보세요. 럭이 팍!팍! 라갑니다.

해설 **상온 · 상압에서의 상태**

기체상태	액체상태
① Halon 1**3**01	① Halon 1011 보기 ④
② Halon 1**2**11	② Halon 104
③ **탄**산가스(CO₂)	③ Halon 2402 보기 ④

기억법 132탄기

답 ④

★★★
02 0℃, 1기압에서 44.8m³의 용적을 가진 이산화 탄소를 액화하여 얻을 수 있는 액화탄산가스의 무게는 약 몇 kg인가?

20.06.문17
18.09.문11
14.09.문07
12.03.문19
06.09.문13

① 88
② 44
③ 22
④ 11

해설 (1) 기호

- T : 0℃=(273+0℃)K
- P : 1기압=1atm
- V : 44.8m³
- m : ?

(2) 이상기체상태 방정식

$$PV = nRT$$

여기서, P : 기압[atm]
　　　　V : 부피[m³]
　　　　n : 몰수$\left(n = \dfrac{m(질량)[kg]}{M(분자량)[kg/kmol]}\right)$
　　　　R : 기체상수(0.082atm · m³/kmol · K)
　　　　T : 절대온도(273+℃)[K]

$PV = \dfrac{m}{M}RT$ 에서

$m = \dfrac{PVM}{RT}$

$= \dfrac{1atm \times 44.8m^3 \times 44kg/kmol}{0.082atm \cdot m^3/kmol \cdot K \times (273+0℃)K}$

≒ 88kg

- 이산화탄소 분자량(M)=44kg/kmol

답 ①

★★★
03 건축법상 건축물의 주요 구조부에 해당되지 않는 것은?

20.08.문01
17.03.문16
12.09.문19

① 지붕틀
② 내력벽
③ 주계단
④ 최하층 바닥

해설 **주요 구조부**
(1) 내력**벽**
(2) **보**(작은 보 제외)
(3) **지**붕틀(차양 제외)
(4) **바**닥(최하층 바닥 제외) 보기 ④
(5) **주**계단(옥외계단 제외)
(6) **기**둥(사이기둥 제외)

※ **주요 구조부** : 건물의 구조 내력상 주요한 부분

기억법 벽보지 바주기

답 ④

★★★
04 물이 소화약제로서 널리 사용되고 있는 이유에 대한 설명으로 틀린 것은?

18.04.문13
15.05.문04
14.05.문02
13.03.문08
11.10.문01

① 다른 약제에 비해 쉽게 구할 수 있다.
② 비열이 크다.
③ 증발잠열이 크다.
④ 점도가 크다.

해설 　④ 점도는 크지 않다.

물이 소화작업에 사용되는 이유
(1) 가격이 싸다.(가격이 저렴하다.)
(2) 쉽게 구할 수 있다.(많은 양을 구할 수 있다.) 보기 ①
(3) 열흡수가 매우 크다.(증발잠열이 크다.) 보기 ③
(4) 사용방법이 비교적 간단하다.

(5) **비열**이 크다. 보기 ②

(6) 밀폐된 장소에서 증발가열하면 수증기에 의해서 **산소희석작용**을 한다.

(7) **무상**으로 주수하면 **중질유화재**에도 사용할 수 있다.

● 증발잠열=기화잠열

참고

물이 **소화약제**로 많이 쓰이는 이유	
장 점	단 점
① 쉽게 구할 수 있다. ② 증발잠열(기화잠열)이 크다. ③ 취급이 간편하다.	① 가스계 소화약제에 비해 사용 후 **오염**이 **크다.** ② 일반적으로 **전기화재**에는 **사용**이 **불가**하다.

답 ④

05 물의 증발잠열은 약 몇 kcal/kg인가?

18.04.문15
16.05.문01
15.03.문14
13.06.문04
12.09.문18
10.09.문14
09.08.문19

① 439
② 539
③ 639
④ 739

해설 **물의 잠열**

잠열 및 열량	설 명
80kcal/kg	융해잠열
539kcal/kg	기화(증발)잠열
639cal	0℃의 **물** 1g이 100℃의 수증기가 되는 데 필요한 열량
719cal	0℃의 **얼음** 1g이 100℃의 수증기가 되는 데 필요한 열량

답 ②

06 내화건축물과 비교한 목조건축물 화재의 일반적인 특징은?

17.03.문13
10.09.문08

① 고온 단기형
② 저온 단기형
③ 고온 장기형
④ 저온 장기형

해설

목조건축물의 화재온도 표준곡선	**내화건축물**의 화재온도 표준곡선
① 화재성상: **고**온 **단**기형 ② 최고온도(최성기 온도): **1300℃**	① 화재성상: 저온 장기형 ② 최고온도(최성기 온도): 900~1000℃
온도 / 시간 그래프	온도 / 시간 그래프

기억법 목고단 13

● 목조건축물=목재건축물

답 ①

07 감광계수에 따른 가시거리 및 상황에 대한 설명으로 틀린 것은?

17.05.문10
01.06.문17

① 감광계수 $0.1m^{-1}$는 연기감지기가 작동할 정도의 연기농도이고, 가시거리는 20~30m이다.
② 감광계수 $0.5m^{-1}$는 거의 앞이 보이지 않을 정도의 농도이고, 가시거리는 1~2m이다.
③ 감광계수 $10m^{-1}$는 화재 최성기 때의 연기농도를 나타낸다.
④ 감광계수 $30m^{-1}$는 출화실에서 연기가 분출할 때의 농도이다.

해설 $0.5m^{-1}$ → $1m^{-1}$

감광계수에 따른 **가시거리** 및 **상황**

감광계수 [m^{-1}]	가시거리 [m]	상 황
0.1	20~30	연기감지기가 작동할 때의 농도 보기 ①
0.3	5	건물 내부에 익숙한 사람이 피난에 지장을 느낄 정도의 농도
0.5	3	어두운 것을 느낄 정도의 농도
1	1~2	거의 앞이 보이지 않을 정도의 농도 보기 ②
10	0.2~0.5	화재 최성기 때의 농도 보기 ③
30	–	출화실에서 연기가 분출할 때의 농도 보기 ④

답 ②

08 고체연료의 연소형태를 구분할 때 해당하지 않는 것은?

17.09.문09
11.06.문11

① 증발연소
② 분해연소
③ 표면연소
④ 예혼합연소

해설 ④ 기체의 **연소형태**

연소의 형태

연소형태	종 류
기체 연소형태	● **예**혼합연소 보기 ④ ● **확**산연소 **기억법** 확예기(우리 **확률 얘기** 좀 할까?)
액체 연소형태	● 증발연소 ● 분해연소 ● 액적연소
고체 연소형태 →	● 표면연소 ● 분해연소 ● 증발연소 ● 자기연소

답 ④

★★★ 09 위험물안전관리법령상 품명이 특수인화물에 해당하는 것은?

16.03.문46
14.09.문57
13.03.문20

① 등유   ② 경유
③ 다이에틸에터   ④ 휘발유

해설 제4류 위험물

품 명	대표물질
특수인화물	• 다이에틸**에**터 보기 ③ • **이**황화탄소 [기억법] 에이특(에이**특**시럽)
제**1**석유류	• **아**세톤 • 휘발유(**가**솔린) 보기 ④ • **콜**로디온 [기억법] 아가콜1(**아가**의 **콜**로**일**기)
제2석유류	• 등유 보기 ① • 경유 보기 ②
제3석유류	• 중유 • 크레오소트유
제4석유류	• 기어유 • 실린더유

답 ③

★★★ 10 공기 중에 분산된 밀가루, 알루미늄가루 등이 에너지를 받아 폭발하는 현상은?

16.10.문16
16.03.문20
11.10.문13

① 분진폭발   ② 분무폭발
③ 충격폭발   ④ 단열압축폭발

해설 분진폭발
공기 중에 분산된 **밀가루, 알루미늄가루** 등이 에너지를 받아 폭발하는 현상

 중요

> **분진폭발**을 일으키지 않는 물질
> (1) **시**멘트
> (2) **석**회석(소석회)
> (3) **탄**산칼슘($CaCO_3$)
> (4) **생**석회(CaO)=산화칼슘
>
> • 분진폭발을 일으키지 않는 물질 = 물과 반응하여 가연성 기체를 발생시키지 않는 것
>
> [기억법] 분시석탄생

답 ①

★★★ 11 피난대책의 일반적인 원칙으로 틀린 것은?

17.03.문08
15.03.문07
12.03.문12

① 피난경로는 간단 명료하게 한다.
② 피난구조설비는 고정식 설비보다 이동식 설비를 위주로 설치한다.
③ 피난수단은 원시적 방법에 의한 것을 원칙으로 한다.
④ 2방향 피난통로를 확보한다.

해설 ② 고정식 설비위주 설치

피난대책의 일반적인 **원칙**(피난안전계획)
(1) 피난경로는 **간단 명료**하게 한다.(피난경로는 가능한 한 짧게 한다.) 보기 ①
(2) 피난구조설비는 **고정식 설비**를 위주로 설치한다. 보기 ②
(3) 피난수단은 **원시적 방법**에 의한 것을 원칙으로 한다. 보기 ③
(4) **2방향**의 피난통로를 확보한다. 보기 ④
(5) 피난통로를 **완전불연화**한다.
(6) 막다른 복도가 없도록 계획한다.
(7) 피난구조설비는 **Fool proof**와 **Fail safe**의 원칙을 중시한다.
(8) 비상시 **본능상태**에서도 혼돈이 없도록 한다.
(9) 건축물의 용도를 고려한 피난계획을 수립한다.

답 ②

★★★ 12 공기 중의 산소는 약 몇 vol%인가?

20.06.문04
14.05.문19
12.09.문08

① 15   ② 21
③ 28   ④ 32

해설 공기 중 **구성물질**

구성물질	비 율
아르곤(Ar)	1vol%
산소(O_2) ⟶	21vol%
질소(N_2)	78vol%

중요

공기 중 산소농도

구 분	산소농도
체적비(부피백분율)	약 21vol%
중량비(중량백분율)	약 23wt%

• 용적=부피

답 ②

★★★ 13 다음 중 가연성 물질이 아닌 것은?

20.08.문12
16.05.문12
12.05.문15

① 프로판   ② 산소
③ 에탄   ④ 암모니아

해설 ② 지연성 물질

가연성 가스와 **지연성 가스**

가연성 가스(가연성 물질)	지연성 가스(지연성 물질)
• 수소 • 메탄 • 암모니아 보기 ④ • 일산화탄소 • 천연가스 • 에탄 보기 ③ • 프로판 보기 ①	• **산**소 보기 ② • **공**기 • **오**존 • **불**소 • **염**소 [기억법] 지산공 오불염

• 지연성 가스 = 조연성 가스 = 지연성 물질 = 조연성 물질

| 제2류 | 가연성 고체 | • **황화**인
• **적**린
• **황**
• **마**그네슘 |

기억법 2황화적황마

| 제3류 | 자연발화성 물질
및 금수성 물질 | • **황**린
• **칼**륨 ─┐
• **나**트륨 ─┤── 금속분
• **트**리에틸**알**루미늄 ─┘ |

기억법 황칼나트알

| 제4류 | 인화성 액체 | • 특수인화물
• 석유류(벤젠)
• 알코올류
• 동식물유류 |

| 제5류 | 자기반응성 물질 | • 질산에스터류(셀룰로이드)
• 유기과산화물
• 나이트로화합물
• 나이트로소화합물
• 아조화합물
• 나이트로글리세린 |

| 제6류 | **산**화성 **액**체 | • **과염**소산 보기 ④
• **과산**화수소
• **질**산 |

기억법 6산액과염산질산

답 ④

참고

가연성 가스와 지연성 가스

가연성 가스	지연성 가스
물질 자체가 연소하는 것	자기 자신은 연소하지 않지만 연소를 도와주는 가스

답 ②

☆ 14

[20.08.문10] 다음의 위험물 중 위험물안전관리법령상 지정수량이 나머지 셋과 다른 것은?

① 적린
② 황화인
③ 유기과산화물(제2종)
④ 질산에스터류(제1종)

해설 **위험물의 지정수량**

위험물	지정수량
• 질산에스터류(제1종) 보기 ④ • 알킬알루미늄	10kg
• 황린	20kg
• 무기과산화물 • 과산화나트륨	50kg
• 황화인 보기 ② • 적린 보기 ① • 유기과산화물(제2종) 보기 ③	100kg
• 트리나이트로톨루엔	200kg
• 탄화알루미늄	300kg

답 ④

☆☆☆ 15

[19.09.문01]
[15.05.문43]
[15.03.문18]
[14.09.문04]
[14.03.문16]
[13.09.문07]
제1류 위험물에 속하지 않는 것은?

① 과염소산염류
② 무기과산화물
③ 아염소산염류
④ 과염소산

해설 ④ 제6류

위험물령 [별표 1]
위험물

유별	성질	품명

제1류	**산**화성 **고**체	• 아염소산염류(아염소산나트륨)
		  보기 ③
		• 염소산염류
		• 과염소산염류 보기 ①
		• 질산염류(질산칼륨)
		• 무기과산화물(과산화바륨)
		  보기 ②
		
		기억법 1산고(일산GO)

☆☆☆ 16

[18.04.문11]
[17.03.문10]
[12.03.문15]
[11.06.문06]
[09.08.문04]
[09.03.문13]
실내 화재 발생시 순간적으로 실 전체로 화염이 확산되면서 온도가 급격히 상승하는 현상은?

① 제트 파이어(jet fire)
② 파이어볼(fireball)
③ 플래시오버(flashover)
④ 리프트(lift)

해설 **화재현상**

용어	설명
제트 파이어 (jet fire)	압축 또는 액화상태의 가스가 **저장탱크**나 **배관**에서 **누출**되어 분출하면서 주위 공기와 혼합되어 점화원을 만나 발생하는 화재
파이어볼 (fireball, 화구)	**인화성 액체**가 대량으로 기화되어 갑자기 발화될 때 발생하는 **공모양**의 화염
플래시오버 (flashover)	화재로 인하여 실내의 온도가 급격히 상승하여 화재가 순간적으로 **실내 전체**에 **확산**되어 연소되는 현상 보기 ③
리프트 (lift)	버너 내압이 높아져서 **분출속도가 빨라지는** 현상
백파이어 (backfire, 역화)	가스가 노즐에서 나가는 속도가 연소속도보다 느리게 되어 **버너 내부에서 연소**하게 되는 현상

답 ③

⭐⭐⭐ 17 화재의 분류에서 A급 화재에 속하는 것은?

19.03.문02
19.03.문19
17.05.문19
16.10.문20
15.05.문09
15.05.문15
15.03.문19
14.09.문01

① 유류
② 목재
③ 전기
④ 가스

해설

① 유류 : B급
③ 전기 : C급
④ 가스 : B급

화재 종류	표시색	적응물질
일반화재(A급)	백색	• 일반가연물 • **종이류** 화재 • **목재, 섬유**화재 보기 ②
유류화재(B급)	황색	• 가연성 액체 • 가연성 가스 • 액화가스화재 • 석유화재 • 유류
전기화재(C급)	청색	• **전기**설비
금속화재(D급)	무색	• 가연성 금속
주방화재(K급)	–	• 식용유화재

※ 요즘은 표시색의 의무규정은 없음

답 ②

⭐⭐⭐ 18 제2종 분말소화약제의 주성분은?

19.04.문17
19.03.문07
15.05.문20
15.03.문16
13.09.문11

① 탄산수소칼륨
② 탄산수소나트륨
③ 제1인산암모늄
④ 탄산수소칼륨＋요소

해설 분말소화약제

종 별	분자식	착 색	적응 화재	비 고
제1종	중탄산나트륨 ($NaHCO_3$)	백색	BC급	**식용유** 및 **지방질유**의 화재에 적합
제**2**종→	중탄산칼륨 ($KHCO_3$)	담자색 (담회색)	BC급	–
제3종	제1인산암모늄 ($NH_4H_2PO_4$)	담홍색	ABC 급	**차고·주차장** 에 적합
제4종	중탄산칼륨 ＋요소 ($KHCO_3$＋ $(NH_2)_2CO$)	회(백)색	BC급	–

• 중탄산나트륨＝탄산수소나트륨
• 중탄산칼륨＝탄산**수**소**칼**륨 보기 ①
• 제1인산암모늄＝인산암모늄＝인산염
• 중탄산칼륨＋요소＝탄산수소칼륨＋요소

기억법 **2**수**칼**(**이수**역에 **칼**이 있다.)

답 ①

⭐⭐ 19 다음 중 인화점이 가장 낮은 물질은?

19.04.문06
17.09.문11
14.03.문02

① 산화프로필렌
② 이황화탄소
③ 아세틸렌
④ 다이에틸에터

해설

① −37℃
② −30℃
③ −18℃
④ −45℃

물 질	인화점	착화점
• 프로필렌	−107℃	497℃
• 에틸에터 • **다이에틸에터** 보기 ④	**−45℃**	180℃
• 가솔린(휘발유)	−43℃	300℃
• **이황화탄소** 보기 ②	**−30℃**	100℃
• **아세틸렌** 보기 ③	**−18℃**	335℃
• 아세톤	−18℃	538℃
• **산화프로필렌** 보기 ①	**−37℃**	465℃
• 벤젠	−11℃	562℃
• 톨루엔	4.4℃	480℃
• 에틸알코올	13℃	423℃
• 아세트산	40℃	–
• 등유	43~72℃	210℃
• 경유	50~70℃	200℃
• 적린	–	260℃

• 인화점＝인화온도
• 착화점＝발화점＝착화온도＝발화온도

답 ④

⭐⭐⭐ 20 적린의 착화온도는 약 몇 ℃인가?

18.03.문06
14.09.문14
14.05.문04
12.03.문04
07.05.문03

① 34
② 157
③ 180
④ 260

해설

물 질	인화점	발화점
프로필렌	−107℃	497℃
에틸에터, 다이에틸에터	−45℃	180℃
가솔린(휘발유)	−43℃	300℃
이황화탄소	−30℃	100℃
아세틸렌	−18℃	335℃
아세톤	−18℃	538℃
에틸알코올	13℃	423℃
적린	–	**26**0℃

기억법 적26(**적이 육**지에 있다.)

• 발화점＝발화온도＝착화온도＝착화점

답 ④

제2과목 소방유체역학

★★★ 21 공동현상(cavitation)의 방지법으로 적절하지 않은 것은?

17.09.문32
17.05.문28
16.10.문29
15.09.문37
14.09.문34
14.05.문33
12.03.문34
11.03.문38

① 단흡입펌프보다는 양흡입펌프를 사용한다.
② 펌프의 회전수를 낮추어 흡입 비속도를 적게 한다.
③ 펌프의 설치위치를 가능한 한 높여서 흡입양정을 크게 한다.
④ 마찰저항이 작은 흡입관을 사용하여 흡입관의 손실을 줄인다.

해설 ③ 높여서 → 낮춰서, 크게 → 작게

공동현상(cavitation, 캐비테이션)

개요	펌프의 흡입측 배관 내의 물의 정압이 기존의 증기압보다 낮아져서 기포가 발생되어 물이 흡입되지 않는 현상
발생현상	① **소음**과 **진동** 발생 ② 관 부식(펌프깃의 침식) ③ **임펠러**의 **손상**(수차의 날개를 해침) ④ 펌프의 성능 저하(양정곡선 저하) ⑤ 효율곡선 **저하**
발생원인	① **펌프**가 물탱크보다 부적당하게 **높게** 설치되어 있을 때 ② 펌프 **흡입수두**가 지나치게 **클 때** ③ 펌프 **회전수**가 지나치게 **높을 때** ④ 관 내를 흐르는 **물**의 **정압**이 그 물의 온도에 해당하는 증기압보다 **낮을 때**
방지대책	① 펌프의 흡입수두를 작게 한다.(흡입양정을 작게 함) ② 마찰저항이 **작은 흡입관**을 사용한다. ③ 펌프의 마찰손실을 작게 한다. ④ 펌프의 임펠러속도(**회전수**)를 **작게** 한다.(흡입속도를 감소시킴) ⑤ 흡입압력을 **높게** 한다. ⑥ 펌프의 설치위치를 수원보다 **낮게** 한다. ⑦ 양(쪽)흡입펌프를 사용한다.(펌프의 흡입측을 가압함) ⑧ 관 내의 물의 정압을 그때의 증기압보다 높게 한다. ⑨ 흡입관의 **구경**을 **크게** 한다. ⑩ 펌프를 2개 이상 설치한다. ⑪ 회전차를 수중에 완전히 잠기게 한다.

비교

수격작용(water hammering)

개요	① 배관 속의 물흐름을 급히 차단하였을 때 동압이 정압으로 전환되면서 일어나는 **쇼크**(shock)현상 ② 배관 내에 흐르는 유체의 유속을 급격하게 변화시키므로 압력이 상승 또는 하강하여 관로의 벽면을 치는 현상
발생원인	① 펌프가 갑자기 정지할 때 ② 급히 밸브를 개폐할 때 ③ 정상운전시 유체의 압력변동이 생길 때

방지대책	① **관**의 관경(직경)을 크게 한다. ② 관 내의 유속을 낮게 한다.(관로에서 일부 고압수를 방출함) ③ **조압수조**(surge tank)를 관선에 설치한다. ④ **플라이휠**(flywheel)을 설치한다. ⑤ 펌프 송출구(토출측) 가까이에 밸브를 설치한다. ⑥ **에어체임버**(air chamber)를 설치한다.

기억법 수방관플에

답 ③

★★★ 22 대기에 노출된 상태로 저장 중인 20℃의 소화용수 500kg을 연소 중인 가연물에 분사하는 경우 소화용수가 증발하면서 흡수한 열량은 몇 MJ인가? (단, 물의 비열은 4.2kJ/kg·℃, 기화열은 2250kJ/kg이다.)

19.03.문25
17.03.문38
15.05.문19
14.05.문03
14.03.문22
11.10.문18

① 2.59
② 168
③ 1125
④ 1293

해설 열량

$$Q = rm + mC\Delta T$$

여기서, Q : 열량[kJ]
　　　　r : 융해열 또는 기화열[kJ/kg]
　　　　m : 질량[kg]
　　　　C : 비열[kJ/kg·℃]
　　　　ΔT : 온도차[℃]

(1) 기호
- m : 500kg
- C : 4.2kJ/kg·℃
- r : 2250kJ/kg

(2) 20℃ 물 → 100℃ 물
열량 Q_1 는
$Q_1 = mC\Delta T = 500\text{kg} \times 4.2\text{kJ/kg·℃} \times (100-20)\text{℃}$
　　$= 168000\text{kJ} = 168\text{MJ}$

(3) 100℃ 물 → 100℃ 수증기
열량 Q_2 는
$Q_2 = rm = 2250\text{kJ/kg} \times 500\text{kg} = 1125000\text{kJ} = 1125\text{MJ}$

(4) 전체 열량 Q 는
$Q = Q_1 + Q_2 = (168 + 1125)\text{MJ} = 1293\text{MJ}(1000\text{kJ} = 1\text{MJ})$

답 ④

★★★ 23 계기압력이 1.2MPa이고, 대기압이 96kPa일 때 절대압력은 몇 kPa인가?

16.10.문38
14.09.문24
14.03.문27
01.09.문30

① 108
② 1104
③ 1200
④ 1296

해설 (1) 주어진 값
- 계기압 : 1.2MPa = 1.2 × 10³kPa(1MPa = 10³kPa)
- 대기압 : 96kPa
- 절대압 : ?

(2) 절대압＝대기압＋게이지압(계기압)
  ＝96kPa＋1.2×10³kPa
  ＝1296kPa

중요

절대압
(1) **절**대압＝**대**기압＋**게**이지압(계기압)
(2) 절대압＝대기압－진공압

기억법 절대게

답 ④

24

17.05.문40
11.10.문28

동점성계수와 비중이 각각 0.003m²/s, 1.2일 때 이 액체의 점성계수는 약 몇 N·s/m²인가?

① 2.2 ② 2.8
③ 3.6 ④ 4.0

해설 (1) 기호

- ν : 0.003m²/s
- s : 1.2
- μ : ?

(2) 비중

$$s = \frac{\rho}{\rho_w}$$

여기서, s : 비중
  ρ_w : 물의 밀도(1000N·s²/m⁴)
  ρ : 어떤 물질의 밀도(N·s²/m⁴)

$\rho = s \times \rho_w = 1.2 \times 1000\text{N·s}^2/\text{m}^4 = 1200\text{N·s}^2/\text{m}^4$

(3) 동점성계수

$$\nu = \frac{\mu}{\rho}$$

여기서, ν : 동점성계수(m²/s)
  μ : 점성계수(N·s/m²)
  ρ : 어떤 물질의 밀도(N·s²/m⁴)

$\mu = \rho \times \nu$
  $= 1200\text{N·s}^2/\text{m}^4 \times 0.003\text{m}^2/\text{s} = 3.6\text{N·s/m}^2$

답 ③

25

17.09.문35
16.10.문40

두께 10cm인 벽의 내부 표면의 온도는 20℃이고 외부 표면의 온도는 0℃이다. 외부 벽은 온도가 －10℃인 공기에 노출되어 있어 대류열전달이 일어난다. 외부 표면에서의 대류열전달계수가 200W/m²·K라면 정상상태에서 벽의 열전도율은 몇 W/m·K인가? (단, 복사열전달은 무시한다.)

① 10 ② 20
③ 30 ④ 40

해설 (1) 기호

- l : 10cm＝0.1m
- $T_{2전}$: 20℃＝(273＋20)K＝293K
- $T_{1전}$, $T_{2대}$: 0℃＝(273＋0)K＝273K
- $T_{1대}$: －10℃＝(273－10)K＝263K
- k : ?

(2) 전도 열전달

$$\mathring{q} = \frac{kA(T_2 - T_1)}{l}$$

여기서, $\mathring{q}$: 열전달량(J/s＝W)
  k : 열전도율(W/m·K)
  A : 단면적(m²)
  T_2 : 내부 벽온도(273＋℃)(K)
  T_1 : 외부 벽온도(273＋℃)(K)
  l : 두께(m)

- 열전달량＝열전달률
- 열전도율＝열전달계수

(3) 대류 열전달

$$\mathring{q} = Ah(T_2 - T_1)$$

여기서, $\mathring{q}$: 대류열류(W)
  A : 대류면적(m²)
  h : 대류전열계수(대류열전달계수)(W/m²·K)
  T_2 : 외부 벽온도(273＋℃)(K)
  T_1 : 대기온도(273＋℃)(K)

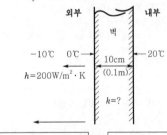

| 0℃에서 －10℃로 대류 열전달 | ＝ | 20℃에서 0℃로 전도 열전달 |

$$h(T_{2대} - T_{1대}) = \frac{k(T_{2전} - T_{1전})}{l}$$

$$200\text{W/m}^2\text{·K} \times (273 - 263)\text{K} = \frac{k(293 - 273)\text{K}}{0.1\text{m}}$$

$$2000\text{W/m}^2 = \frac{k(293 - 273)\text{K}}{0.1\text{m}} \leftarrow \text{좌우 위치 바꿈}$$

$$\frac{k(293 - 273)\text{K}}{0.1\text{m}} = 2000\text{W/m}^2$$

$$k = \frac{2000\text{W/m}^2 \times 0.1\text{m}}{(293 - 273)\text{K}} = 10\text{W/m·K}$$

- 온도차는 ℃로 나타내던지 K로 나타내던지 계산해 보면 값은 같다. 그러므로 여기서는 단위를 일치시키기 위해 K로 쓰기로 한다.

답 ①

★★ 26

(16.10.문26)
(11.03.문36)

20℃의 물 10L를 대기압에서 110℃의 증기로 만들려면, 공급해야 하는 열량은 약 몇 kJ인가? (단, 대기압에서 물의 비열은 4.2kJ/kg · ℃, 증발잠열은 2260kJ/kg이고, 증기의 정압비열은 2.1kJ/kg · ℃이다.)

① 26380   ② 26170

③ 22600   ④ 3780

해설 (1) 기호

- ΔT_1 : $(100-20)$℃
- m : 10L=10kg(물 1L=1kg)
- ΔT_3 : $(110-100)$℃
- Q : ?
- c : 4.2kJ/kg · ℃
- r : 2260kJ/kg
- C_p : 2.1kJ/kg · ℃

(2) 열량

$$Q = mc\Delta T_1 + rm + mC_p\Delta T_3$$

여기서, Q : 열량[kJ]
m : 질량[kg]
c : 비열(물의 비열 4.2kJ/kg · ℃)
ΔT_1, ΔT_3 : 온도차[℃]
r : 증발잠열[kJ/kg]
C_p : 정압비열[kJ/kg · ℃]

(3) 20℃ 물 → 100℃ 물
$Q_1 = mc\Delta T_1$
$= 10\text{kg} \times 4.2\text{kJ/kg} \cdot ℃ \times (100-20)℃$
$= 3360\text{kJ}$

(4) 100℃ 물 → 100℃ 수증기
$Q_2 = rm$
$= 2260\text{kJ/kg} \times 10\text{kg} = 22600\text{kJ}$

(5) 100℃ 수증기 → 110℃ 수증기
$Q_3 = mC_p\Delta T_3$
$= 10\text{kg} \times 2.1\text{kJ/kg} \cdot ℃ \times (110-100)℃$
$= 210\text{kJ}$

열량 Q는
$Q = Q_1 + Q_2 + Q_3$
$= 3360\text{kJ} + 22600\text{kJ} + 210\text{kJ}$
$= 26170\text{kJ}$

답 ②

★★★ 27

(19.09.문34)
(17.09.문24)
(17.05.문36)
(10.03.문39)
(03.05.문80)

유효낙차가 65m이고 유량이 20m³/s인 수력발전소에서 수차의 이론출력[kW]은?

① 12740   ② 1300

③ 12.74   ④ 1.3

해설 (1) 기호

- H : 65m
- Q : 20m³/s
- P : ?

(2) 수동력(이론동력, 이론출력)

$$P = 0.163QH$$

여기서, P : 전동력[kW]
Q : 유량[m³/min]
H : 전양정[m]

수동력 P는
$P = 0.163QH$
$= 0.163 \times 20\text{m}^3/\text{s} \times 65\text{m}$
$= 0.163 \times 20\text{m}^3 \times \dfrac{1}{60}\text{min} \times 65\text{m}$
$= 0.163 \times (20 \times 60)\text{m}^3/\text{min} \times 65\text{m}$
$≒ 12740\text{kW}$

중요

(1) 전동력(모터동력)

$$P = \frac{0.163QH}{\eta}K$$

여기서, P : 전동력[kW]
Q : 유량[m³/min]
H : 전양정[m]
K : 전달계수
η : 효율

(2) 축동력

$$P = \frac{0.163QH}{\eta}$$

여기서, P : 축동력[kW]
Q : 유량[m³/min]
H : 전양정[m]
η : 효율

답 ①

★★★ 28

(15.05.문35)
(06.09.문29)

옥내소화전설비에서 노즐구경이 같은 노즐에서 방수압력(계기압력)을 9배로 올리면 방수량은 몇 배로 되는가?

① $\sqrt{3}$ ② 2

③ 3   ④ 9

해설 (1) 기호

- P : 9배
- Q : ?

(2) 방수량

$$Q = 0.653D^2\sqrt{10P} = 0.6597CD^2\sqrt{10P}$$

여기서, Q : 방수량[L/min]
C : 유량계수(노즐의 흐름계수)
D : 구경[mm]
P : 방수압[MPa]

$Q = 0.653D^2\sqrt{10P} \propto \sqrt{P} = \sqrt{9} = 3$

∴ 3배

답 ③

29 관 속에 물이 흐르고 있다. 피토-정압관을 수은
19.04.문31 이 든 U자관에 연결하여 전압과 정압을 측정하
11.06.문39 였더니 20mm의 액면차가 생겼다. 피토-정압관
의 위치에서의 유속은 약 몇 m/s인가? (단, 속
도계수는 0.95이다.)

① 2.11   ② 3.65
③ 11.11   ④ 12.35

해설 (1) 기호

- R : 20mm=0.02m(1000mm=1m)
- C : 0.95
- V : ?

(2) 피토-정압관의 유속

$$V = C\sqrt{2gR\left(\frac{S_0}{S}-1\right)}$$

여기서, V : 유속[m/s]
C : 속도계수
g : 중력가속도(9.8m/s²)
R : 액면차[m]
S_0 : 수은의 비중(13.6)
S : 물의 비중(1)

유속 V는

$$V = C\sqrt{2gR\left(\frac{S_0}{S}-1\right)}$$

$$= 0.95\sqrt{2\times9.8\text{m/s}^2\times0.02\text{m}\times\left(\frac{13.6}{1}-1\right)}$$

$$= 2.11\text{m/s}$$

답 ①

30 비중이 0.75인 액체와 비중량이 6700N/m³인
18.04.문33 액체를 부피비 1 : 2로 혼합한 혼합액의 밀도는
약 몇 kg/m³인가?

① 688   ② 706
③ 727   ④ 748

해설 (1) 기호

- S : 0.75
- γ_B : 6700N/m³
- $\gamma_A : \gamma_B = 1 : 2$
- ρ : ?

(2) 비중

$$s = \frac{\gamma}{\gamma_w} = \frac{\rho}{\rho_w}$$

여기서, s : 비중
γ : 어떤 물질의 비중량[N/m³]
γ_w : 물의 비중량(9800N/m³)

ρ : 어떤 물질의 밀도[kg/m³]
ρ_w : 물의 밀도(1000kg/m³)

어떤 물질의 비중량 $\gamma = s \times \gamma_w$

비중이 0.75인 액체를 γ_A, $\gamma_B = 6700\text{N/m}^3$이라 하면

$\gamma_A = s \cdot \gamma_w = 0.75\times9800\text{N/m}^3 = 7350\text{N/m}^3$

γ_A와 γ_B를 1 : 2로 혼합했으므로 혼합액의 비중량 γ는

$$\gamma = \frac{\gamma_A\times1+\gamma_B\times2}{3}$$

$$= \frac{7350\text{N/m}^3\times1+6700\text{N/m}^3\times2}{3} = 6916.67\text{N/m}^3$$

$$\frac{\gamma}{\gamma_w} = \frac{\rho}{\rho_w} \quad \text{에서}$$

혼합액의 밀도 ρ는

$$\rho = \frac{\gamma\times\rho_w}{\gamma_w}$$

$$= \frac{6916.67\text{N/m}^3\times1000\text{kg/m}^3}{9800\text{N/m}^3} = 706\text{kg/m}^3$$

답 ②

31 U자관 액주계가 2개의 큰 저수조 사이의 압력차
17.03.문35 를 측정하기 위하여 그림과 같이 설치되어 있다.
16.03.문28 오일 레벨의 차이가 수면 레벨의 차이의 10배가
15.03.문21 되도록 하는 오일의 비중은? (단, $h_2 = 10h_1$)
14.09.문23
14.05.문36
11.10.문22
08.05.문29
08.03.문32

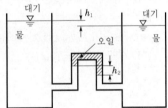

① 0.1   ② 0.5
③ 0.9   ④ 1.5

해설 (1) 기호

- s : 1(물이므로)
- $h_2 = 10h_1$

(2) U자관 액주계의 압력차

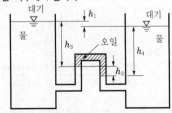

$$P_A = P_B$$

$$s = \frac{\gamma}{\gamma_w}$$

여기서, s : 비중

γ : 어떤 물질의 비중량[kN/m³]

γ_w : 물의 비중량(9.8kN/m³)

물의 비중량 $\gamma_1 = s \times \gamma_w = 1 \times \gamma_w = \gamma_w$

물의 비중량 $\gamma_3 = s \times \gamma_w = 1 \times \gamma_w = \gamma_w$

오일의 비중량 $\gamma_2 = s \times \gamma_w$

물의 비중량 $\gamma_4 = s \times \gamma_w = 1 \times \gamma_w = \gamma_w$

$P_A + \gamma_1 h_1 + \gamma_3 h_3 + \gamma_2 h_2 = P_B + \gamma_4 h_4$

$P_A + \gamma_w h_1 + \gamma_w h_3 + s\gamma_w h_2 = P_B + \gamma_w (h_3 + h_2)$

$\cancel{P_A} + \gamma_w h_1 + \cancel{\gamma_w h_3} + s\gamma_w h_2 = \cancel{P_B} + \cancel{\gamma_w h_3} + \gamma_w h_2 \ \leftarrow\ P_A = P_B$

이므로

$\cancel{\gamma_w} h_1 + s\cancel{\gamma_w} h_2 = \cancel{\gamma_w} h_2$

$h_1 + s h_2 = h_2 \ \leftarrow\ h_2 = 10h_1$ 대입

$h_1 + s(10h_1) = 10h_1$

$s(10h_1) = 10h_1 - h_1$

$s = \dfrac{10h_1 - h_1}{10h_1} = \dfrac{9h_1}{10h_1} = 0.9$

답 ③

32

19.03.문29
18.03.문25
11.06.문33
09.08.문26
09.05.문25
06.03.문30

안지름이 250mm, 길이가 218m인 주철관을 통하여 물이 유속 3.6m/s로 흐를 때 손실수두는 약 몇 m인가? (단, 관마찰계수는 0.05이다.)

① 20.1　　　　② 23.0
③ 25.8　　　　④ 28.8

해설 (1) 기호

• D : 250mm=0.25m(1000mm=1m)
• l : 218m
• V : 3.6m/s
• f : 0.05
• H : ?

(2) 달시-웨버의 식

$$H = \frac{\Delta P}{\gamma} = \frac{flV^2}{2gD}$$

여기서, H : 마찰손실[m]

ΔP : 압력차[Pa]

γ : 비중량(물의 비중량 9800N/m³)

f : 관마찰계수

l : 길이[m]

V : 유속[m/s]

g : 중력가속도(9.8m/s²)

D : 내경[m]

손실수두 H는

$H = \dfrac{flV^2}{2gD} = \dfrac{0.05 \times 218\text{m} \times (3.6\text{m/s})^2}{2 \times 9.8\text{m/s}^2 \times 0.25\text{m}} \fallingdotseq 28.8\text{m}$

답 ④

33

19.04.문35
16.03.문37
10.05.문33
06.09.문30

안지름 65mm의 관내를 유량 0.24m³/min로 물이 흘러간다면 평균유속은 약 몇 m/s인가?

① 1.2　　　　② 2.4
③ 3.6　　　　④ 4.8

해설 (1) 기호

• D : 65mm=0.065m(1000mm=1m)
• Q : 0.24m³/min
• V : ?

(2) 유량

$$Q = AV = \left(\frac{\pi D^2}{4}\right)V$$

여기서, Q : 유량[m³/s]

A : 단면적[m²]

V : 유속[m/s]

D : (안)지름[m]

유속 V는

$V = \dfrac{Q}{A} = \dfrac{Q}{\dfrac{\pi}{4}D^2}$

$= \dfrac{0.24\text{m}^3/\text{min}}{\dfrac{\pi \times (0.065\text{m})^2}{4}} = \dfrac{0.24\text{m}^3/60\text{s}}{\dfrac{\pi \times (0.065\text{m})^2}{4}}$

$\fallingdotseq 1.2\text{m/s}$

• 1min=60s이므로 0.24m³/min=0.24m³/60s

답 ①

★★ 34

16.10.문36
14.09.문38
(기사)
10.03.문25
(기사)

물방울(20℃)의 내부 압력이 외부 압력보다 1kPa 만큼 더 큰 압력을 유지하도록 하려면 물방울의 지름은 약 몇 mm로 해야 하는가? (단, 20℃에서 물의 표면장력은 0.0727N/m이다.)

① 0.15　　　　② 0.3
③ 0.6　　　　④ 0.9

해설 (1) 기호

• σ : 0.0727N/m
• Δp : 1kPa=1000Pa
• D : ?

(2) 물방울의 표면장력(surface tension)

$$\sigma = \frac{\Delta p D}{4}$$

여기서, σ : 물방울의 표면장력[N/m]

Δp : 압력차[Pa] 또는 [N/m²]

D : 직경[m]

물방울의 직경(지름) D는

$D = \dfrac{4\sigma}{\Delta p} = \dfrac{4 \times 0.0727\text{N/m}}{1000\text{Pa}} = \dfrac{4 \times 0.0727\text{N/m}}{1000\text{N/m}^2}$

$\fallingdotseq 3 \times 10^{-4}\text{m}$

$= 0.0003\text{m}$

$= 0.3\text{mm}$

• 1kPa=1000Pa
• 1Pa=1N/m²이므로 1000Pa=1000N/m²
• 1m=1000mm이므로 0.0003m=0.3mm

비교

비눗방울의 표면장력(surface tension)

$$\sigma = \frac{\Delta p D}{8}$$

여기서, σ : 비눗방울의 표면장력[N/m]
　　　　Δp : 압력차[Pa] 또는 [N/m²]
　　　　D : 직경[m]

답 ②

35

18.03.문35
10.05.문34

어떤 펌프가 1400rpm으로 회전할 때 12.6m의 전양정을 갖는다고 한다. 이 펌프를 1450rpm으로 회전할 경우 전양정은 약 몇 m인가? (단, 상사법칙을 만족한다고 한다.)

① 10.6
② 12.6
③ 13.5
④ 14.8

해설 (1) 기호

- N_1 : 1400rpm
- H_1 : 12.6m
- N_2 : 1450rpm

(2) 상사법칙

㉠ 유량

$$Q_2 = Q_1 \left(\frac{N_2}{N_1} \right)$$

여기서, Q_1, Q_2 : 변화 전후의 유량[m³/min]
　　　　N_1, N_2 : 변화 전후의 회전수[rpm]

㉡ 양정

$$H_2 = H_1 \left(\frac{N_2}{N_1} \right)^2$$

여기서, H_1, H_2 : 변화 전후의 양정[m]
　　　　N_1, N_2 : 변화 전후의 회전수[rpm]

㉢ 축동력

$$P_2 = P_1 \left(\frac{N_2}{N_1} \right)^3$$

여기서, P_1, P_2 : 변화 전후의 축동력[kW]
　　　　N_1, N_2 : 변화 전후의 회전수[rpm]

∴ 양정 H_2는

$$H_2 = H_1 \left(\frac{N_2}{N_1} \right)^2$$
$$= 12.6 \times \left(\frac{1450}{1400} \right)^2 = 13.5 \text{m}$$

※ **상사법칙** : 기하학적으로 유사하거나 같은 펌프에 적용하는 법칙

답 ③

36

19.03.문31
16.05.문27
(기사)
14.09.문36
13.09.문29
(기사)
04.03.문24

유속이 2m/s, 유로에 설치된 부차적 손실계수 (K_L)가 6인 밸브에서의 수두손실은 약 얼마인가?

① 0.523m
② 0.876m
③ 1.024m
④ 1.224m

해설 (1) 기호

- V : 2m/s
- K_L : 6
- H : ?

(2) 부차적 손실

$$H = K_L \frac{V^2}{2g}$$

여기서, H : 부차적 손실[m]
　　　　K_L : 손실계수
　　　　V : 유속[m/s]
　　　　g : 중력가속도(9.8m/s²)

부차적 손실 H는

$$H = K_L \frac{V^2}{2g} = 6 \times \frac{(2\text{m/s})^2}{2 \times 9.8\text{m/s}^2} \fallingdotseq 1.224 \text{m}$$

답 ④

37

19.09.문36
19.03.문30
13.06.문25

다음 그림과 같은 U자관 차압마노미터가 있다. 압력차 $P_A - P_B$를 바르게 표시한 것은? (단, γ_1, γ_2, γ_3는 비중량, h_1, h_2, h_3는 높이 차이를 나타낸다.)

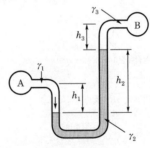

① $-\gamma_1 h_1 - \gamma_2 h_2 + \gamma_3 h_3$
② $-\gamma_1 h_1 + \gamma_2 h_2 + \gamma_3 h_3$
③ $\gamma_1 h_1 + \gamma_2 h_2 - \gamma_3 h_3$
④ $\gamma_1 h_1 - \gamma_2 h_2 - \gamma_3 h_3$

해설 $P_A + \gamma_1 h_1 - \gamma_2 h_2 - \gamma_3 h_3 = P_B$
　　　$P_A - P_B = -\gamma_1 h_1 + \gamma_2 h_2 + \gamma_3 h_3$

시차액주계의 압력계산방법

점 A를 기준으로 내려가면 더하고, 올라가면 빼면
된다.

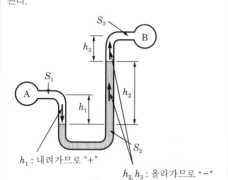

h_1 : 내려가므로 "+"

h_2, h_3 : 올라가므로 "−"

답 ②

⭐⭐⭐
38

20.06.문40
19.03.문27
13.09.문39
05.03.문23

4kg/s의 물 제트가 평판에 수직으로 부딪힐 때
평판을 고정시키기 위하여 60N의 힘이 필요하
다면 제트의 분출속도[m/s]는?

① 3　　　　② 7

③ 15　　　　④ 30

해설 (1) 기호

- $\overline{m}$: 4kg/s
- F : 60N
- V : ?

(2) 유량

$$Q = AV$$

여기서, Q : 유량[m³/s]
　　　　A : 단면적[m²]
　　　　V : 유속[m/s]

(3) 질량유량(mass flowrate)

$$\overline{m} = AV\rho = Q\rho$$

여기서, $\overline{m}$: 질량유량[kg/s]
　　　　A : 단면적[m²]
　　　　V : 유속[m/s]
　　　　ρ : 밀도(물의 밀도 1000kg/m³=1000N · s²/m⁴)
　　　　Q : 유량[m³/s]

유량 Q 는

$$Q = \frac{\overline{m}}{\rho}$$

$$= \frac{4\text{kg/s}}{1000\text{kg/m}^3} = 4 \times 10^{-3}\text{m}^3/\text{s}$$

(4) 힘

$$F = \rho QV$$

여기서, F : 힘[N]
　　　　ρ : 밀도(물의 밀도 1000N · s²/m⁴=1000kg/m³)
　　　　Q : 유량[m³/s]
　　　　V : 유속[m/s]

유속 V 는

$$V = \frac{F}{\rho Q}$$

$$= \frac{60\text{N}}{1000\text{N} \cdot \text{s}^2/\text{m}^4 \times (4 \times 10^{-3})\text{m}^3/\text{s}} = 15\text{m/s}$$

답 ③

⭐⭐⭐
39

18.09.문34
17.05.문37
14.05.문26
10.09.문34
09.05.문32
07.03.문37

지름 6cm인 원관으로부터 매분 4000L의 물이
고정된 평면판에 직각으로 부딪칠 때 평면에 작
용하는 충격력은 약 몇 N인가?

① 1380　　　　② 1570

③ 1700　　　　④ 1930

해설 (1) 기호

- D : 6cm=0.06m(1000cm=1m)
- Q : 4000L/min=4m³/60s
　　(1000L=1m³, 1min=60s)
- F : ?

(2) 유량

$$Q = AV = \left(\frac{\pi D^2}{4}\right)V$$

여기서, Q : 유량[m³/s]
　　　　A : 단면적[m²]
　　　　V : 유속[m/s]
　　　　D : 지름[m]

유속 $V = \dfrac{Q}{\dfrac{\pi D^2}{4}} = \dfrac{4\text{m}^3/60\text{s}}{\dfrac{\pi \times (0.06\text{m})^2}{4}} \fallingdotseq 23.57\text{m/s}$

- 1000L=1m³, 1min=60s이므로
　4000L/min=4m³/60s
- 100cm=1m이므로 6cm=0.06m

(3) 평면에 작용하는 힘

$$F = \rho QV$$

여기서, F : 평면에 작용하는 힘[N]
　　　　ρ : 밀도(물의 밀도 1000N · s²/m⁴)
　　　　Q : 유량[m³/s]
　　　　V : 유속[m/s]
평면에 작용하는 힘 F 는
$F = \rho QV$
　　$= 1000\text{N} \cdot \text{s}^2/\text{m}^4 \times 4\text{m}^3/60\text{s} \times 23.57\text{m/s} \fallingdotseq 1570\text{N}$

답 ②

⭐
40

18.09.문38

지름이 10cm인 원통에 물이 담겨있다. 중심축
에 대하여 300rpm의 속도로 원통을 회전시켰을
때 수면의 최고점과 최저점의 높이차는 약 몇
cm인가? (단, 회전시켰을 때 물이 넘치지 않았
다고 가정한다.)

① 8.5　　　　② 10.2

③ 11.4　　　　④ 12.6

해설 (1) 기호

- D : 10cm=0.1m[반지름(r) 5cm=0.05m]
- N : 300rpm
- ΔH : ?

(2) 주파수

$$f = \frac{N}{60}$$

여기서, f : 주파수[Hz]
N : 회전속도[rpm]

주파수 f 는

$$f = \frac{N}{60} = \frac{300}{60} = 5\text{Hz}$$

(3) 각속도

$$\omega = 2\pi f$$

여기서, ω : 각속도[rad/s]
f : 주파수[Hz]

각속도 ω 는
$$\omega = 2\pi f = 2\pi \times 5 = 10\pi$$

(4) 높이차

$$\Delta H = \frac{r^2 \omega^2}{2g}$$

여기서, ΔH : 높이차[cm]
r : 반지름[cm]
ω : 각속도[rad/s]
g : 중력가속도(9.8m/s^2)

높이차 ΔH 는

$$\Delta H = \frac{r^2 \omega^2}{2g}$$
$$= \frac{(0.05\text{m})^2 \times (10\pi[\text{rad/s}])^2}{2 \times 9.8\text{m/s}^2}$$
$$\fallingdotseq 0.126\text{m}$$
$$= 12.6\text{cm}(1\text{m} = 100\text{cm})$$

답 ④

제3과목 소방관계법규

★★★
41 제조 또는 가공 공정에서 방염처리를 하는 방염
19.04.문42 대상물품으로 틀린 것은? (단, 합판·목재류의
17.03.문59 경우에는 설치현장에서 방염처리를 한 것을 포
15.03.문51 함한다.)
13.06.문44
① 카펫
② 창문에 설치하는 커튼류
③ 두께가 2mm 미만인 종이벽지
④ 전시용 합판 또는 섬유판

해설 ③ 두께 2mm 미만인 종이벽지 → 두께 2mm 미만
인 종이벽지 제외

소방시설법 시행령 31조
방염대상물품

제조 또는 가공 공정에서 방염처리를 한 물품	건축물 내부의 천장이나 벽에 부착하거나 설치하는 것
① 창문에 설치하는 **커튼류** (블라인드 포함) 보기 ②	① 종이류(두께 2mm 이상), **합성수지류** 또는 섬유류를 주원료로 한 물품
② 카펫 보기 ①	② **합판**이나 목재
③ 벽지류(두께 2mm 미만인 종이벽지 제외) 보기 ③	③ 공간을 구획하기 위하여 설치하는 **간이칸막이**
④ 전시용 합판·목재 또는 섬유판 보기 ④	④ **흡음재**(흡음용 커튼 포함) 또는 **방음재**(방음용 커튼 포함)
⑤ 무대용 합판·목재 또는 섬유판	※ **가구류**(옷장, 찬장, 식탁, 식탁용 의자, 사무용 책상, 사무용 의자, 계산대)와 너비 **10cm 이하인 반자돌림대, 내부 마감재료** 제외
⑥ 암막·무대막(영화상영관·가상체험 체육시설업의 **스크린** 포함)	
⑦ 섬유류 또는 합성수지류 등을 원료로 하여 제작된 소파·의자(단란주점영업, 유흥주점영업 및 노래연습장업의 영업장에 설치하는 것만 해당)	

답 ③

★
42 소방안전교육사가 수행하는 소방안전교육의 업
무에 직접적으로 해당되지 않는 것은?
① 소방안전교육의 분석
② 소방안전교육의 기획
③ 소방안전관리자 양성교육
④ 소방안전교육의 평가

해설 **기본법 17조 2**
소방안전교육사의 수행업무
(1) 소방안전교육의 **기획** 보기 ②
(2) 소방안전교육의 **진**행
(3) 소방안전교육의 **분**석 보기 ①
(4) 소방안전교육의 **평**가 보기 ④
(5) 소방안전교육의 **교**수업무

기억법 기진분평교

답 ③

★★★
43 소방안전관리자의 업무라고 볼 수 없는 것은?
16.05.문46 ① 소방계획서의 작성 및 시행
11.03.문44 ② 화재예방강화지구의 지정
10.05.문55
06.05.문55 ③ 자위소방대의 구성·운영·교육
④ 피난시설, 방화구획 및 방화시설의 관리

해설 ② 시·도지사의 업무

화재예방법 24조 ⑤항
관계인 및 소방안전관리자의 업무

특정소방대상물 (관계인)	소방안전관리대상물 (소방안전관리자)
① **피**난시설·방화구획 및 방화시설의 관리	① **피**난시설·방화구획 및 방화시설의 관리 보기 ④
② **소**방시설, 그 밖의 소방 관련시설의 관리	② **소**방시설, 그 밖의 소방 관련시설의 관리
③ **화기**취급의 감독	③ **화기**취급의 감독
④ 소방안전관리에 필요한 업무	④ 소방안전관리에 필요한 업무
⑤ 화재발생시 초기대응	⑤ **소방계획서**의 작성 및 시행(**대통령령**으로 정하는 사항 포함) 보기 ①
	⑥ **자위소방대** 및 초기대응 체계의 구성·운영·교육 보기 ③
	⑦ 소방**훈**련 및 교육
	⑧ 소방안전관리에 관한 업무수행에 관한 기록·유지
	⑨ 화재발생시 초기대응

기억법 계위 훈피소화

용어

특정소방대상물	소방안전관리대상물
건축물 등의 규모·용도 및 수용인원 등을 고려하여 소방시설을 설치하여야 하는 소방대상물로서 대통령령으로 정하는 것	**대통령령**으로 정하는 특정소방대상물

중요

화재예방법 18조
화재예방강화지구의 지정
(1) **지정권자** : **시·도지사**
(2) 지정지역
 ① **시장**지역
 ② **공장·창고** 등이 밀집한 지역
 ③ **목조건물**이 밀집한 지역
 ④ 노후·불량 건축물이 밀집한 지역
 ⑤ **위험물**의 저장 및 **처리시설**이 밀집한 지역
 ⑥ **석유화학제품**을 생산하는 공장이 있는 지역
 ⑦ 소방시설·소방용수시설 또는 소방출동로가 **없는** 지역
 ⑧ 「산업입지 및 개발에 관한 법률」에 따른 산업단지
 ⑨ 「물류시설의 개발 및 운영에 관한 법률」에 따른 물류단지
 ⑩ **소방청장·소방본부장** 또는 **소방서장**(소방관서장)이 화재예방강화지구로 지정할 필요가 있다고 인정하는 지역

 ※ **화재예방강화지구** : 화재발생 우려가 크거나 화재가 발생할 경우 피해가 클 것으로 예상되는 지역에 대하여 화재의 예방 및 안전관리를 강화하기 위해 지정·관리하는 지역

답 ②

⭐⭐⭐
44 국가가 시·도의 소방업무에 필요한 경비의 일부를 보조하는 국고보조대상이 아닌 것은?
 ① 사무용 기기
 ② 소방전용통신설비
 ③ 소방자동차
 ④ 소방관서용 청사의 건축

해설 ① 국고보조대상이 아님

기본령 2조
국고보조의 대상 및 기준
(1) **국고보조**의 대상
 ㉠ 소방**활**동장비와 설비의 구입 및 설치
  • 소방**자**동차 보기 ③
  • 소방**헬**리콥터·소방정
  • 소방**전**용통신설비·전산설비 보기 ②
  • 방**화**복
 ㉡ 소방관서용 **청**사 보기 ④
(2) **소방활동장비** 및 설비의 종류와 규격 : 행정안전부령
(3) **대상사업의 기준보조율** : 「보조금관리에 관한 법률 시행령」에 따름

기억법 국화복 활자 전헬청

답 ①

⭐⭐⭐
45 소방본부장 또는 소방서장은 건축허가 등의 동의요구서류를 접수한 날부터 며칠 이내에 건축허가 등의 동의 여부를 회신하여야 하는가? (단, 지하층을 포함한 50층 이상의 건축물이다.)

10.05.문60
09.05.문59
09.03.문53

 ① 5일   ② 7일
 ③ 10일   ④ 30일

해설 **소방시설법 시행규칙 3조**
건축허가 등의 동의

내 용		기 간
동의요구서류 보완		**4일** 이내
건축허가 등의 취소통보		**7일** 이내
동의 여부 회신	**5일** 이내	기타
	10일 이내	• **50층** 이상(지하층 제외) 또는 높이 **200m** 이상인 아파트 • **30층** 이상(지하층 포함) 또는 높이 **120m** 이상(아파트 제외) 보기 ③ • 연면적 **10만m²** 이상(아파트 제외)

답 ③

★★★ 46

19.09.문55
16.03.문41
15.09.문55
12.09.문46

화재가 발생할 우려가 높거나 화재가 발생하는 경우 그로 인하여 피해가 클 것으로 예상되는 일정한 구역으로서 대통령령으로 정하는 지역을 화재예방강화지구로 지정할 수 있는데, 화재예방강화지구의 지정권자는?

① 국무총리　　　　② 행정안전부장관
③ 시·도지사　　　④ 소방청장

해설 **화재예방법 18조**
화재예방강화지구의 지정
(1) **지정권자** : 시·도지사 　보기 ③
(2) **지정지역**
　㉠ **시장**지역
　㉡ **공장·창고** 등이 밀집한 지역
　㉢ **목조건물**이 밀집한 지역
　㉣ 노후·불량 **건축물**이 밀집한 지역
　㉤ **위험물**의 **저장** 및 **처리시설**이 **밀집**한 지역
　㉥ **석유화학제품**을 생산하는 공장이 있는 지역
　㉦ **소방시설·소방용수시설** 또는 **소방출동로**가 **없는** 지역
　㉧ 「**산업입지 및 개발에 관한 법률**」에 따른 산업단지
　㉨ 「**물류시설의 개발 및 운영에 관한 법률**」에 따른 물류단지
　㉩ **소방청장·소방본부장** 또는 **소방서장**(소방관서장)이 화재예방강화지구로 지정할 필요가 있다고 인정하는 지역

　※ **화재예방강화지구** : 화재발생 우려가 크거나 화재가 발생할 경우 피해가 클 것으로 예상되는 지역에 대하여 화재의 예방 및 안전관리를 강화하기 위해 지정·관리하는 지역

답 ③

★ 47

18.03.문43
08.05.문59

대통령령 또는 화재안전기준이 변경되어 그 기준이 강화되는 경우 기존의 특정소방대상물의 소방시설 중 대통령령으로 정하는 것으로 변경으로 강화된 기준을 적용하여야 하는 소방시설은? (단, 건축물의 신축·개축·재축·이전 및 대수선 중인 특정소방대상물을 포함한다.)

① 비상경보설비
② 화재조기진압용 스프링클러설비
③ 옥내소화전설비
④ 제연설비

해설 **소방시설법 13조, 소방시설법 시행령 13조**
변경강화기준 적용설비
(1) **소화기구**
(2) **비상경보설비**　보기 ①
(3) **자동화재탐지설비**
(4) **자동화재속보설비**
(5) **피난구조설비**
(6) 소방시설(**공동구** 설치용, 전력 및 통신사업용 지하구)
(7) **노유자시설, 의료시설**

공동구, 전력 및 통신사업용 지하구	노유자시설에 설치하여야 하는 소방시설	의료시설에 설치하여야 하는 소방시설
① 소화기 ② 자동소화장치 ③ 자동화재탐지설비 ④ 통합감시시설 ⑤ 유도등 및 연소방지설비	① 간이스프링클러설비 ② 자동화재탐지설비 ③ 단독경보형 감지기	① 스프링클러설비 ② 간이스프링클러설비 ③ 자동화재탐지설비 ④ 자동화재속보설비

답 ①

★★★ 48

17.09.문51
14.09.문59

특정소방대상물의 소방시설 설치의 면제기준 중 다음 (　　) 안에 알맞은 것은?

　물분무등소화설비를 설치하여야 하는 차고·주차장에 (　　)를 화재안전기준에 적합하게 설치한 경우에는 그 설비의 유효범위에서 설치가 면제된다.

① 옥내소화전설비
② 스프링클러설비
③ 간이스프링클러설비
④ 할로겐화합물 및 불활성기체 소화설비

해설 **소방시설법 시행령 〔별표 5〕**
소방시설 면제기준

면제대상	대체설비
스프링클러설비	• **물분무등소화설비**
물분무등소화설비 →	• **스프링클러설비** 기억법 **물**(**스물스물** 하다.)
간이스프링클러설비	• **스프링클러설비** • 물분무소화설비·미분무소화설비
비상경보설비 또는 단독경보형 감지기	• **자동화재탐지설비**
비상경보설비	• **2개 이상 단독경보형 감지기** 연동
비상방송설비	• 자동화재탐지설비 • 비상경보설비
연결살수설비	• 스프링클러설비 • 간이스프링클러설비·미분무소화설비 • 물분무소화설비·미분무소화설비
제연설비	• **공기조화설비**
연소방지설비	• 스프링클러설비 • 물분무소화설비·미분무소화설비
연결송수관설비	• 옥내소화전설비 • 스프링클러설비 • 간이스프링클러설비 • 연결살수설비

자동화재**탐**지설비	• 자동화재**탐**지설비의 기능을 가진 **스**프링클러설비 • **물**분무등소화설비 **기억법** 탐탐스물
옥내소화전설비	• 옥외소화전설비 • 미분무소화설비(호스릴방식)

답 ②

49 ★★★ 하자보수대상 소방시설 중 하자보수 보증기간이 3년인 것은?
17.03.문57
12.05.문59

① 유도등   ② 피난기구
③ 비상방송설비   ④ 간이스프링클러설비

해설

①, ②, ③ 2년
④ 3년

공사업령 6조
소방시설공사의 하자보수 보증기간

보증 기간	소방시설
2년	① **유**도등·유도표지·**피**난기구 ② **비**상조명등·비상**경**보설비·비상**방**송설비 ③ **무**선통신보조설비 **기억법** 유비조경방무피2
3년	① 자동소화장치 ② 옥내·외소화전설비 ③ 스프링클러설비·**간이스프링클러설비** 보기 ④ ④ 물분무등소화설비·상수도 소화용수설비 ⑤ 자동화재탐지설비·소화활동설비(무선통신보조설비 제외)

답 ④

50 ★ 위험물안전관리법상 업무상 과실로 제조소 등에서 위험물을 유출·방출 또는 확산시켜 사람의 생명·신체 또는 재산에 대하여 위험을 발생시킨 자에 대한 벌칙으로 옳은 것은?
20.06.문57
15.03.문50

① 5년 이하의 금고 또는 5천만원 이하의 벌금
② 5년 이하의 금고 또는 7천만원 이하의 벌금
③ 7년 이하의 금고 또는 5천만원 이하의 벌금
④ 7년 이하의 금고 또는 7천만원 이하의 벌금

해설 **위험물법 34조**
위험물 유출·방출·확산

위험 발생	사람 사상
7년 이하의 금고 또는 7000만원 이하의 벌금 보기 ④	10년 이하의 징역 또는 금고나 1억원 이하의 벌금

답 ④

51 ★★ 소방기본법령상 소방대상물에 해당하지 않는 것은?
20.08.문45
16.10.문57
16.05.문51

① 차량   ② 건축물
③ 운항 중인 선박   ④ 선박건조구조물

해설

③ 운항 중인 → 매어 둔

기본법 2조 1호
소방대상물
(1) **건**축물 보기 ②
(2) **차**량 보기 ①
(3) **선**박(매어둔 것) 보기 ③
(4) **선**박건조구조물 보기 ④
(5) **인**공구조물
(6) **물**건
(7) **산**림

기억법 건차선 인물산

비교

위험물법 3조
위험물의 저장·운반·취급에 대한 적용 제외
(1) **항**공기
(2) **선**박
(3) **철**도(기차)
(4) **궤**도

기억법 항선철궤

답 ③

52 ★★★ 소방시설 중 경보설비에 속하지 않는 것은?
19.04.문43
17.05.문60
14.05.문56
13.09.문43
13.09.문57

① 통합감시시설
② 자동화재탐지설비
③ 자동화재속보설비
④ 무선통신보조설비

해설

④ 무선통신보조설비 : 소화활동설비

소방시설법 시행령 〔별표 1〕
경보설비
(1) 비상**경**보설비 ┌ 비상벨설비
└ 자동식 사이렌설비
(2) **단**독경보형 감지기
(3) 비상**방**송설비
(4) **누**전경보기
(5) 자동화재**탐**지설비 및 시각경보기 보기 ②
(6) 자동화재**속**보설비 보기 ③
(7) **가**스누설경보기
(8) **통**합감시시설 보기 ①
(9) 화재알림설비

기억법 경단방 누탐속가통

※ **경보설비** : 화재발생 사실을 통보하는 기계·기구 또는 설비

중요

소방시설법 시행령 〔별표 1〕
소화활동설비
(1) **연**결송수관설비
(2) **연**결살수설비
(3) **연**소방지설비
(4) **무**선통신보조설비
(5) **제**연설비
(6) **비**상콘센트설비

기억법 3연무제비콘

용어

소화활동설비
화재를 진압하거나 인명구조활동을 위하여 사용하는 설비

답 ④

★★★
53 소방기본법령상 인접하고 있는 시·도간 소방업무의 상호응원협정을 체결하고자 하는 때에 포함되도록 하여야 하는 사항이 아닌 것은?

18.04.문46
17.09.문57
15.05.문44
14.05.문41

① 소방교육·훈련의 종류 및 대상자에 관한 사항
② 화재의 경계·진압활동에 관한 사항
③ 출동대원의 수당·식가 및 의복의 수선 소요 경비의 부담에 관한 사항
④ 화재조사활동에 관한 사항

해설 기본규칙 8조
소방업무의 상호응원협정
(1) 다음의 **소방활동**에 관한 사항
  ㉠ 화재의 **경계**·진압활동 보기 ②
  ㉡ 구조·구급업무의 지원
  ㉢ 화재조사활동 보기 ④
(2) **응원출동** 대상지역 및 규모
(3) **소요경비**의 **부담**에 관한 사항
  ㉠ **출동대원**의 수당·식사 및 의복의 수선 보기 ③
  ㉡ 소방장비 및 기구의 정비와 연료의 보급
(4) **응원출동**의 요청방법
(5) **응원출동훈련** 및 **평가**

기억법 경응출

답 ①

★★
54 소방기본법에 따른 공동주택에 소방자동차 전용구역에 차를 주차하거나 전용구역에의 진입을 가로막는 등의 방해행위를 한 자에게는 몇 만원 이하의 과태료를 부과하는가?

18.09.문48
14.03.문53
12.09.문58

① 20만원   ② 100만원
③ 200만원   ④ 300만원

해설 기본법 56조
100만원 이하의 과태료
공동주택에 **소방자동차 전용구역**에 **차**를 **주차**하거나 전용구역에의 진입을 가로막는 등의 방해행위를 한 자

비교

300만원 이하의 **과태료**
(1) **관**계인의 **소**방안전관리 **업**무 미수행(화재예방법 52조)
(2) **소방훈련** 및 **교육** 미실시자(화재예방법 52조)
(3) 소방시설의 점검결과 미보고(소방시설법 61조)

기억법 **3과관소업**

답 ②

★
55 소방기본법령에 따른 급수탑 및 지상에 설치하는 소화전·저수조의 경우 소방용수표지 기준 중 다음 (   ) 안에 알맞은 것은?

18.09.문58
05.03.문54

안쪽 문자는 (㉠), 안쪽 바탕은 (㉡), 바깥쪽 바탕은 (㉢)으로 하고 반사재료를 사용하여야 한다.

① ㉠ 검은색, ㉡ 파란색, ㉢ 붉은색
② ㉠ 검은색, ㉡ 붉은색, ㉢ 파란색
③ ㉠ 흰색, ㉡ 파란색, ㉢ 붉은색
④ ㉠ 흰색, ㉡ 붉은색, ㉢ 파란색

해설 기본규칙 〔별표 2〕
소방용수표지
(1) **지하**에 설치하는 소화전·저수조의 소방용수표지
  ㉠ 맨홀뚜껑은 지름 648mm 이상의 것으로 할 것
  ㉡ 맨홀뚜껑에는 "소화전·주정차금지" 또는 "저수조·주정차금지"의 표시를 할 것
  ㉢ 맨홀뚜껑 부근에는 **노란색 반사도료**로 폭 15cm의 선을 그 둘레를 따라 칠할 것
(2) **지상**에 설치하는 소화전·저수조 및 **급수탑**의 소방용수표지

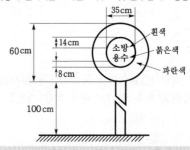

※ 안쪽 문자는 **흰색**, 바깥쪽 문자는 **노란색**, 안쪽 바탕은 **붉은색**, 바깥쪽 바탕은 **파란색**으로 하고 **반사재료** 사용 보기 ④

답 ④

★
56 위험물안전관리법상 허가를 받지 아니하고 당해 제조소 등을 설치하거나 그 위치·구조 또는 설비를 변경할 수 있으며, 신고를 하지 아니하고 위험물의 품명·수량 또는 지정수량의 배수를 변경할 수 있는 기준으로 틀린 것은?

19.09.문49
18.04.문60
14.03.문58

① 주택의 난방시설을 위한 저장소 또는 취급소
② 공동주택의 중앙난방시설을 위한 저장소 또는 취급소
③ 수산용으로 필요한 건조시설을 위한 지정수량 20배 이하의 저장소
④ 농예용으로 필요한 난방시설을 위한 지정수량 20배 이하의 저장소

해설 위험물법 6조
제조소 등의 설치허가
(1) 설치허가자 : **시·도지사** 문제 57
(2) 설치허가 제외장소
　㉠ **주택**의 난방시설(공동주택의 중앙난방시설 제외)을
　　위한 **저장소** 또는 취급소 보기 ①
　㉡ 지정수량 **20배** 이하의 **농예용·축산용·수산용** 난방
　　시설 또는 건조시설의 **저장소** 보기 ③④
(3) 제조소 등의 **변경신고** : 변경하고자 하는 날의 **1일** 전까지

참고

시·도지사
(1) 특별시장
(2) 광역시장
(3) 특별자치시장
(4) 도지사
(5) 특별자치도지사

답 ②

★
57 위험물안전관리법상 제조소 등을 설치하고자 하
20.06.문56
19.04.문47
14.03.문58
는 자는 누구의 허가를 받아 설치할 수 있는가?
① 소방서장
② 소방청장
③ 시·도지사
④ 안전관리자

해설 문제 56 참조

답 ③

★★
58 소방기본법령상 소방대원에게 실시할 교육·훈
20.06.문53
18.09.문53
15.09.문53
련의 횟수 및 기간으로 옳은 것은?
① 1년마다 1회, 2주 이상
② 2년마다 1회, 2주 이상
③ 3년마다 1회, 2주 이상
④ 3년마다 1회, 4주 이상

해설 (1) **2년**마다 **1회** 이상
　㉠ 소방대원의 소방교육·훈련(기본규칙 9조) 보기 ②
　㉡ **실**무교육(화재예방법 시행규칙 29조)

기억법 실2(실리)

(2) **소방기본법 시행규칙** 〔별표 3의 2〕
소방대원의 소방 교육·훈련

구 분	설 명
전문교육기간	2주 이상

비교

화재예방법 시행규칙 29조
소방안전관리자의 실무교육
① 실시자 : **소방청장**(위탁 : 한국소방안전원장)
② 실시 : **2년**마다 **1회** 이상
③ 교육통보 : **30일** 전

답 ②

★
59 위험물안전관리법령상 제조소 또는 일반취급소
18.03.문57
17.05.문43
11.06.문42
에서 취급하는 제4류 위험물의 최대수량의 합이
지정수량의 48만배 이상인 사업소의 자체소방
대에 두는 화학소방자동차 및 인원기준으로 다
음 (　) 안에 알맞은 것은?

화학소방자동차	자체소방대원의 수
(　㉠　)	(　㉡　)

① ㉠ 1대, ㉡ 5인　　② ㉠ 2대, ㉡ 10인
③ ㉠ 3대, ㉡ 15인　　④ ㉠ 4대, ㉡ 20인

해설 위험물령 〔별표 8〕
자체소방대에 두는 화학소방자동차 및 인원

구 분	화학소방자동차	자체소방대원의 수
지정수량 3천~12만배 미만	1대	5인
지정수량 12~24만배 미만	2대	10인
지정수량 24~48만배 미만	3대	15인
지정수량 48만배 이상 →	4대	20인
옥외탱크저장소에 저장하는 제4류 위험물의 최대수량이 지정수량의 50만배 이상	2대	10인

답 ④

★★★
60 소방시설 설치 및 관리에 관한 법령상 소방용품
19.04.문54
15.05.문47
11.06.문52
10.03.문57
으로 틀린 것은?
① 시각경보기　　② 자동소화장치
③ 가스누설경보기　　④ 방염제

해설 소방시설법 시행령 6조
소방용품 제외대상
(1) 주거용 주방자동소화장치용 소화약제
(2) 가스자동소화장치용 소화약제
(3) 분말자동소화장치용 소화약제
(4) 고체에어로졸 자동소화장치용 소화약제
(5) 소화약제 외의 것을 이용한 간이소화용구
(6) 휴대용 비상조명등
(7) 유도표지
(8) 벨용 푸시버튼스위치
(9) 피난밧줄
(10) 옥내소화전함
(11) 방수구
(12) 안전매트
(13) 방수복
(14) 시각경보기 보기 ①

답 ①

제 4 과목 　소방기계시설의 구조 및 원리

61 폐쇄형 스프링클러헤드를 사용하는 연결살수설

15.05.문76
12.03.문61
비의 주배관이 접속할 수 없는 것은?

① 옥내소화전설비의 주배관
② 옥외소화전설비의 주배관
③ 수도배관
④ 옥상수조

해설 **폐쇄형 헤드**를 사용하는 **연결살수설비**의 **주배관** 연결
(NFPC 503 5조, NFTC 503 2.2.4.1)
(1) 옥내소화전설비의 주배관 보기 ①
(2) 수도배관 보기 ③
(3) 옥상수조(옥상에 설치된 수조) 보기 ④

답 ②

62 옥내소화전설비의 설치기준 중 틀린 것은?

18.03.문62
13.06.문78
13.03.문67
08.09.문80

① 성능시험배관은 펌프의 토출측에 설치된 개폐밸브 이후에서 분기하여 설치하고, 유량측정장치를 기준으로 전단 직관부에 개폐밸브를, 후단 직관부에는 유량조절밸브를 설치하여야 한다.

② 가압송수장치의 체절운전시 수온의 상승을 방지하기 위하여 체크밸브와 펌프 사이에서 분기한 구경 20mm 이상의 배관에 체절압력 미만에서 개방되는 릴리프밸브를 설치하여야 한다.

③ 펌프의 성능은 체절운전시 정격토출압력의 140%를 초과하지 않고, 정격토출량의 150%로 운전시 정격토출압력의 65% 이상이 되어야 한다.

④ 연결송수관설비의 배관과 겸용할 경우의 주배관은 구경 100mm 이상, 방수구로 연결되는 배관의 구경은 65mm 이상의 것으로 하여야 한다.

해설
① 이후 → 이전

펌프의 **성능시험배관**(NFPC 102 5·6조, NFTC 102 2.2, 2.3)

성능시험배관	유량측정장치
• 펌프의 **토출측**에 설치된 **개폐밸브 이전**에 설치 보기 ①	• **성능시험배관**의 **직관부**에 설치
• **유량측정장치**를 기준으로 **전단 직관부**에 **개폐밸브** 설치	• 펌프의 정격토출량의 **175%** 이상 측정할 수 있는 성능

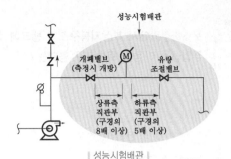

성능시험배관

| 성능시험배관 |
| 개폐밸브 (측정시 개방) ⓜ 유량 조절밸브 |
| 상류측 직관부 (구경의 8배 이상) 하류측 직관부 (구경의 5배 이상) |

‖ 성능시험배관 ‖

답 ①

63 이산화탄소소화설비의 수동식 기동장치에 대한

19.09.문65
11.03.문75
설명으로 틀린 것은?

① 전역방출방식에 있어서는 방호구역마다, 국소방출방식에 있어서는 방호대상물마다 설치한다.

② 해당 방호구역의 출입구 부분 등 조작을 하는 자가 쉽게 피난할 수 있는 장소에 설치한다.

③ 전기를 사용하는 기동장치에 전원표시등을 설치한다.

④ 기동장치의 조작부는 바닥으로부터 높이 0.5m 이상 1.0m 이하의 위치에 설치한다.

해설 **이산화탄소소화설비**의 **수동식 기동장치**(NFPC 106 6조, NFTC 106 2.3.1)
(1) 전역방출방식은 **방호구역**마다, 국소방출방식은 **방호대상물**마다 설치 보기 ①
(2) 해당 방호구역의 **출입구부분** 등 조작을 하는 자가 쉽게 피난할 수 있는 장소에 설치 보기 ②
(3) 기동장치의 조작부는 바닥에서 **0.8~1.5m** 이하의 위치에 설치하고, 보호판 등에 의한 보호장치 설치 보기 ④
(4) 기동장치에는 "**이산화탄소소화설비 기동장치**"라고 표시한 표지를 함
(5) 전기를 사용하는 기동장치에는 **전원표시등**을 설치 보기 ③
(6) 기동장치의 **방출용 스위치**는 음향경보장치와 연동하여 조작될 수 있는 것
(7) 기동장치에는 보호장치를 설치해야 하며, 보호장치를 개방하는 경우 기동장치에 설치된 버저 또는 벨 등에 의하여 경고음을 발할 것
(8) 기동장치를 옥외에 설치하는 경우 빗물 또는 외부 충격의 영향을 받지 아니하도록 설치할 것

 중요

설치높이

0.5~1m 이하	0.8~1.5m 이하	1.5m 이하
① **연**결송수관설비의 송구구	① **제**어밸브(수동식 개방밸브)	① **옥내**소화전설비의 방수구
② **연**결살수설비의 송수구	② **유**수검지장치	② **호**스릴함
③ **소**용수설비의 채수구	③ **일**제개방밸브	③ **소**화기(투척용 소화기)
기억법 연소용 51 (연소용 오일은 잘 탄다.)	기억법 제유일 85 (제가 유일하게 팔았어요.)	기억법 옥내호소 5 (옥내에서 호소하시오.)

답 ④

64 포소화설비에서 부상지붕구조의 탱크에 상부포 주입법을 이용한 포방출구 형태는?

19.09.문80
18.04.문64
14.05.문72

① Ⅰ형 방출구
② Ⅱ형 방출구
③ 특형 방출구
④ 표면하 주입식 방출구

해설 위험물기준 133조
포방출구

탱크의 구조	포방출구
고정지붕구조(원추형 루프탱크, 콘루프탱크)	• Ⅰ형 방출구 • Ⅱ형 방출구 • Ⅲ형 방출구(표면하 주입식 방출구) • Ⅳ형 방출구(반표면하 주입식 방출구)
부상덮개부착 고정지붕구조	• Ⅱ형 방출구
부상지붕구조(부상식 루프탱크, **플**로팅 루프탱크)	• **특**형 방출구 보기 ③

기억법 특플부(**터프**가이 **부상**)

답 ③

65 다음 중 연결송수관설비를 건식으로 설치하는 경우의 밸브 설치순서로 옳은 것은?

15.09.문78
13.03.문61

① 송수구 → 자동배수밸브 → 체크밸브 → 자동배수밸브
② 송수구 → 체크밸브 → 자동배수밸브 → 체크밸브
③ 송수구 → 체크밸브 → 자동배수밸브 → 개폐밸브
④ 송수구 → 자동배수밸브 → 체크밸브 → 개폐밸브

해설 **연결송수관설비**(NFPC 502 4조, NFTC 502 2.1.1.8)

(1) **습식**
송수구 → 자동배수밸브 → 체크밸브

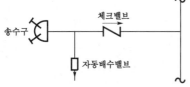

‖ 연결송수관설비(습식) ‖

(2) **건식** 보기 ①
송수구 → **자**동배수밸브 → **체**크밸브 → **자**동배수밸브

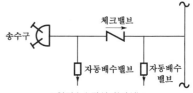

‖ 연결송수관설비(건식) ‖

기억법 송자체자건

답 ①

66 소화기의 설치수량 산정에 대한 설명 중 틀린 것은?

19.04.문77
14.05.문63
12.05.문79

① 소화기의 설치기준은 소화기의 수량으로 정하는 것이 아니라 용도별, 면적별로 소요단위수로 산정한다.
② 소형 소화기의 경우 보행거리 30m마다 설치하는 기준으로 적용한다.
③ 11층 이상의 고층부분에서는 소화기 감소조항이 적용되지 않는다.
④ 감소조항을 적용 받아도 보행거리 조항은 준수해야 한다.

해설
② 소형 소화기 → 대형 소화기

(1) **수평거리**

수평거리	설명
수평거리 10m 이하	• 예상제연구역
수평거리 15m 이하	• 분말호스릴 • 포호스릴 • CO_2호스릴
수평거리 20m 이하	• 할론호스릴
수평거리 25m 이하	• 옥내소화전 방수구(호스릴 포함) • 포소화전 방수구 • 연결송수관 방수구(지하가) • 연결송수관 방수구(지하층 바닥면적 3000m² 이상)
수평거리 40m 이하	• 옥외소화전 방수구
수평거리 50m 이하	• 연결송수관 방수구(사무실)

(2) **보행거리**

보행거리	설명
보행거리 20m 이내	소형 소화기 보기 ②
보행거리 30m 이내	대형 소화기

용어

수평거리와 보행거리

(1) **수평거리** : 직선거리로서 반경을 의미하기도 한다.

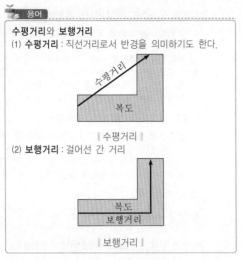

┃ 수평거리 ┃

(2) **보행거리** : 걸어선 간 거리

┃ 보행거리 ┃

답 ②

해설 **완강기**의 **하중**(완강기 형식 12조)
(1) 250N(최소하중)
(2) 750N
(3) 1500N(최대하중) 보기 ④

답 ④

---

67 상수도소화용수설비 설치시 소화전 설치기준으로 옳은 것은?

19.04.문75
17.09.문65
15.09.문66
15.05.문65
15.03.문64
15.03.문72
14.03.문65
11.10.문69
10.05.문62
02.03.문79

① 특정소방대상물의 수평투영반경의 각 부분으로부터 140m 이하가 되도록 설치
② 특정소방대상물의 수평투영면의 각 부분으로부터 140m 이하가 되도록 설치
③ 특정소방대상물의 수평투영반경의 각 부분으로부터 100m 이하가 되도록 설치
④ 특정소방대상물의 수평투영면의 각 부분으로부터 100m 이하가 되도록 설치

해설
① 수평투영반경 → 수평투영면
③ 수평투영반경 → 수평투영면, 100m → 140m
④ 100m → 140m

상수도소화용수설비의 **기준**(NFPC 401 4조, NFTC 401 2.1.1)
(1) **호칭지름**

수도배관	소화전
75mm 이상	**100mm 이상**

(2) 소화전은 소방자동차 등의 진입이 쉬운 **도로변** 또는 **공지**에 설치
(3) 소화전은 특정소방대상물의 **수평투영면**의 각 부분으로부터 **140m** 이하에 설치 보기 ②
(4) 지상식 소화전의 호스접결구는 지면으로부터 높이가 0.5m 이상 1m 이하가 되도록 설치

답 ②

---

68 피난기구인 완강기의 기술기준 중 최대사용하중은 몇 N 이상인가?

16.05.문76
15.05.문69
14.09.문64
(기사)

① 800
② 1000
③ 1200
④ 1500

---

69 소화기의 설치기준 중 다음 (   ) 안에 알맞은 것은? (단, 가연성 물질이 없는 작업장 및 지하구의 경우는 제외한다.)

16.10.문74
07.09.문74

각 층마다 설치하되, 특정소방대상물의 각 부분으로부터 1개의 소화기까지의 보행거리가 소형 소화기의 경우에는 (㉠)m 이내, 대형 소화기의 경우에는 (㉡)m 이내가 되도록 배치할 것

① ㉠ 20, ㉡ 10
② ㉠ 10, ㉡ 20
③ ㉠ 20, ㉡ 30
④ ㉠ 30, ㉡ 20

해설 (1) **보행거리**

구분	적용
20m 이하	• 소형 소화기 보기 ③
30m 이하	• 대형 소화기 보기 ③

(2) **수평거리**

구분	적용
10m 이하	• 예상제연구역
15m 이하	• 분말(호스릴) • 포(호스릴) • 이산화탄소(호스릴)
20m 이하	• 할론(호스릴)
25m 이하	• 음향장치 • 옥내소화전 방수구 • **옥**내소화전(**호**스릴) • 포소화전 방수구 • 연결송수관 방수구(지하가) • 연결송수관 방수구(지하층 바닥면적 3000m² 이상)
40m 이하	• 옥외소화전 방수구
50m 이하	• 연결송수관 방수구(사무실)

기억법 옥호25(**오후**에 **이사 오**세요.)

용어

수평거리와 보행거리

수평거리	보행거리
직선거리를 말하며, 반경을 의미하기도 한다.	걸어서 간 거리

답 ③

★★★
70 제3종 분말소화약제의 열분해시 생성되는 물질과 관계없는 것은?

17.03.문18
16.05.문08
14.09.문18
13.09.문17

① NH_3
② HPO_3
③ H_2O
④ CO_2

해설

① NH_3(암모니아)
② HPO_3(메탄인산)
③ H_2O(물)
④ 이산화탄소(CO_2) 미발생

분말소화기 : 질식효과

종 별	소화약제	약제의 착색	화학반응식	적응화재
제1종	탄산수소나트륨 ($NaHCO_3$)	백색	$2NaHCO_3 \rightarrow Na_2CO_3+CO_2+H_2O$	BC급
제2종	탄산수소칼륨 ($KHCO_3$)	담자색(담회색)	$2KHCO_3 \rightarrow K_2CO_3+CO_2+H_2O$	BC급
제3종	인산암모늄 ($NH_4H_2PO_4$)	담홍색	$NH_4H_2PO_4 \rightarrow HPO_3+NH_3+H_2O$ 보기 ④	ABC급
제4종	탄산수소칼륨+요소 ($KHCO_3+$ $(NH_2)_2CO$)	회(백)색	$2KHCO_3+$ $(NH_2)_2CO \rightarrow K_2CO_3+$ $2NH_3+2CO_2$	BC급

- 탄산수소나트륨=중탄산나트륨
- 탄산수소칼륨=중탄산칼륨
- 제1인산암모늄=인산암모늄=인산염
- 탄산수소칼륨+요소=중탄산칼륨+요소

답 ④

★★★
71 펌프의 토출관에 압입기를 설치하여 포소화약제 압입용 펌프로 포소화약제를 압입시켜 혼합하는 포소화약제의 혼합방식은?

16.05.문61
15.09.문74
14.09.문79
10.05.문74

① 펌프 프로포셔너
② 프레져 프로포셔너
③ 라인 프로포셔너
④ 프레져사이드 프로포셔너

해설 포소화약제의 혼합장치(NFPC 105 3조, NFTC 105 1.7)

(1) **펌프 프로포셔너방식(펌프 혼합방식)**

㉠ 펌프 토출측과 흡입측에 바이패스를 설치하고 그 바이패스 도중에 설치한 어댑터(adaptor)로 펌프 토출측 수량의 일부를 통과시켜 공기포용액을 만드는 방식

㉡ 펌프의 **토출관**과 **흡입관** 사이의 배관 도중에 설치한 흡입기에 펌프에서 토출된 물의 일부를 보내고 **농도 조정밸브**에서 조정된 포소화약제의 필요량을 포소화약제탱크에서 펌프 흡입측으로 보내어 약제를 혼합하는 방식

(2) **프레져 프로포셔너방식(차압 혼합방식)**

㉠ 가압송수관 도중에 공기포 소화원액 혼합조(P.P.T)와 혼합기를 접속하여 사용하는 방법

㉡ **격막방식 휩탱크**를 사용하는 에어휨 혼합방식

㉢ 펌프와 발포기의 중간에 설치된 벤츄리관의 **벤츄리작용**과 펌프 가압수의 **포소화약제 저장탱크**에 대한 압력에 의하여 포소화약제를 흡입·혼합하는 방식

(3) **라인 프로포셔너방식(관로 혼합방식)**

㉠ 급수관의 배관 도중에 포소화약제 흡입기를 설치하여 그 흡입관에서 소화약제를 흡입하여 혼합하는 방식

㉡ 펌프와 발포기의 중간에 설치된 **벤츄리관**의 **벤츄리작용**에 의하여 포소화약제를 흡입·혼합하는 방식

- 벤츄리=벤투리

기억법 라벤벤

(4) **프레져사이드 프로포셔너방식(압입 혼합방식)**

㉠ 소화원액 가압펌프(**압입용 펌프**)를 별도로 사용하는 방식

㉡ 펌프 **토출관**에 압입기를 설치하여 포소화약제 **압입용 펌프**로 포소화약제를 압입시켜 혼합하는 방식 보기 ④

기억법 프사압

(5) **압축공기포 믹싱챔버방식**

포수용액에 공기를 강제로 주입시켜 **원거리 방수**가 가능하고 물 사용량을 줄여 **수손피해**를 **최소화**할 수 있는 방식

답 ④

★★★
72 평상시 최고주위온도가 70℃인 장소에 폐쇄형 스프링클러헤드를 설치하는 경우 표시온도가 몇 ℃인 것을 설치해야 하는가?

16.05.문62
14.05.문69
05.09.문62

① 79℃ 미만
② 79℃ 이상 121℃ 미만
③ 121℃ 이상 162℃ 미만
④ 162℃ 이상

해설 폐쇄형 헤드의 표시온도(NFTC 103 2.7.6)

설치장소의 최고주위온도	표시온도
39℃ 미만	**79**℃ 미만
39~**64**℃ 미만	79~**121**℃ 미만
64~**106**℃ 미만 →	121~**162**℃ 미만 보기 ③
106℃ 이상	162℃ 이상

기억법 39 → 79
64 → 121
106 → 162

- 헤드의 표시온도는 **최고주위온도**보다 **높은** 것을 선택한다.

기억법 최높

답 ③

73

★★

17.09.문72
11.10.문61
11.06.문80

옥내소화전설비 배관의 설치기준 중 다음 (   ) 안에 알맞은 것은?

연결송수관설비의 배관과 겸용할 경우의 주배관은 구경 (㉠)mm 이상, 방수구로 연결되는 배관의 구경은 (㉡)mm 이상의 것으로 하여야 한다.

① ㉠ 40, ㉡ 50
② ㉠ 50, ㉡ 40
③ ㉠ 65, ㉡ 100
④ ㉠ 100, ㉡ 65

해설 (1) 배관의 구경(NFPC 102 6조, NFTC 102 2.3)

구 분	가지배관	주배관 중 수직배관
호스릴	25mm 이상	32mm 이상
일반	40mm 이상	50mm 이상

(2) 연결송수관설비의 배관과 겸용 보기 ④

주배관	방수구로 연결되는 배관
구경 100mm 이상	구경 65mm 이상

답 ④

74

★

19.03.문72
17.09.문64
14.09.문61

전역방출방식의 이산화탄소소화설비를 설치한 특정소방대상물 또는 그 부분에 설치하는 자동폐쇄장치의 설치기준 중 다음 (   ) 안에 알맞은 것은?

개구부가 있거나 천장으로부터 (㉠)m 이상의 아랫부분 또는 바닥으로부터 해당 층의 높이의 (㉡) 이내의 부분에 통기구가 있어 이산화탄소의 유출에 따라 소화효과를 감소시킬 우려가 있는 것은 이산화탄소가 방사되기 전에 해당 개구부 및 통기구를 폐쇄할 수 있도록 할 것

① ㉠ 1, ㉡ $\frac{2}{3}$　② ㉠ 1, ㉡ $\frac{1}{2}$

③ ㉠ 0.3, ㉡ $\frac{2}{3}$　④ ㉠ 0.3, ㉡ $\frac{1}{2}$

해설 할로겐화합물 및 불활성기체 소화설비·분말소화설비·이산화탄소 소화설비 자동폐쇄장치 설치기준(NFPC 107A 15조, NFTC 107A 2.12.1.2 / NFPC 108 14조, NFTC 108 2.11.1.2 / NFPC 106 14조, NFTC 106 2.11.1.2)

개구부가 있거나 **천장**으로부터 **1m 이상**의 아랫부분 또는 바닥으로부터 해당 층의 높이의 $\frac{2}{3}$ **이내**의 부분에 통기구

가 있어 **소화약제**의 유출에 따라 소화효과를 감소시킬 우려가 있는 것은 **소화약제**가 방사되기 전에 해당 **개구부** 및 **통기구**를 폐쇄할 수 있도록 할 것

답 ①

75

★★★

19.03.문80
16.03.문63
15.03.문79
13.03.문74

차고 또는 주차장에 설치하는 포소화설비의 수동식 기동장치는 방사구역마다 몇 개 이상을 설치해야 하는가?

① 1개 이상
② 2개 이상
③ 3개 이상
④ 4개 이상

해설 포소화설비 수동식 기동장치(NFTC 105 2.8.1)

(1) 직접조작 또는 원격조작에 의하여 가압송수장치·수동식 개방밸브 및 소화약제 혼합장치를 기동할 수 있는 것
(2) **2 이상**의 방사구역을 가진 포소화설비에는 방사구역을 선택할 수 있는 구조
(3) 기동장치의 조작부는 화재시 쉽게 접근할 수 있는 곳에 설치하되, 바닥으로부터 **0.8~1.5m 이하**의 위치에 설치하고, 유효한 보호장치 설치
(4) 기동장치의 조작부 및 호스접결구에는 가까운 곳의 보기 쉬운 곳에 각각 "**기동장치의 조작부**" 및 "**접결구**"라고 표시한 표지 설치
(5) 설치개수

차고·주차장	항공기 격납고
1개 이상 보기 ①	2개 이상

기억법 차1(차일피일!)

답 ①

76

★★★

16.03.문68
15.05.문70
12.03.문63

분말소화약제 가압식 저장용기는 최고사용압력의 몇 배 이하의 압력에서 작동하는 안전밸브를 설치해야 하는가?

① 0.8배　　　② 1.2배

③ 1.8배　　　④ 2.0배

해설 분말소화설비의 저장용기 안전밸브(NFPC 108 4조, NFTC 108 2.1.2.2)

가압식	축압식
최고사용압력 **1.8배** 이하 보기 ③	내압시험압력 **0.8배** 이하

답 ③

77

★★

18.03.문61
17.03.문68

물분무등소화설비 중 이산화탄소소화설비를 설치하여야 하는 특정소방대상물에 설치하여야 할 인명구조기구의 종류로 옳은 것은?

① 방열복　　　② 방화복

③ 인공소생기　④ 공기호흡기

해설 **특정소방대상물**의 용도 및 **장소별**로 **설치**하여야 할 **인명구조기구**(NFTC 302 2.1.1.1)

특정소방대상물	인명구조기구의 종류	설치수량
• 7층 이상인 **관광호텔** 및 5층 이상인 **병원**(지하층 포함)	• **방열복** • **방화복**(안전모, 보호장갑, 안전화 포함) • **공기호흡기** • **인공소생기**	• 각 2개 이상 비치할 것(단, 병원의 경우에는 인공소생기 설치 제외 가능)
• 문화 및 집회시설 중 수용인원 100명 이상의 영화상영관 • 대규모 점포 • 지하역사 • **지하상가**	• **공기호흡기**	• 층마다 2개 이상 비치할 것(단, 각 층마다 갖추어 두어야 할 공기호흡기 중 일부를 직원이 상주하는 인근 사무실에 갖추어 둘 수 있다.)
• **이산화탄소소화설비**(호스릴 이산화탄소소화설비 제외)를 설치하여야 하는 특정소방대상물	• **공기호흡기** 보기 ④	• 이산화탄소소화설비가 설치된 장소의 출입구 외부 인근에 1대 이상 비치할 것

답 ④

★★★ 78 할론소화설비 자동식 기동장치의 설치기준 중 다음 (   ) 안에 알맞은 것은?

18.04.문72
17.09.문80
17.03.문67

전기식 기동장치로서 (   )병 이상의 저장용기를 동시에 개방하는 설비는 2병 이상의 저장용기에 전자개방밸브를 부착할 것

① 3 ② 5
③ 7 ④ 10

해설 **전자개방밸브 부착**(NFTC 107 2.3.2.2)

분말소화약제 가압용 가스용기	**할론 · 이산화탄소 · 분말**소화설비 전기식 기동장치
3병 이상 설치한 경우 2개 이상	**7병** 이상 개방시 **2병** 이상 보기 ③ 기억법 할이72

🚒 중요

압력조정장치(압력조정기)의 **압력**

할론소화설비	분말소화설비(분말소화약제)
2MPa 이하	2.5MPa 이하

기억법 분압25(분압이오.)

답 ③

★★ 79 습식 스프링클러설비 또는 부압식 스프링클러설비 외의 설비에는 헤드를 향하여 상향으로 수평주행배관 기울기를 최소 몇 이상으로 하여야 하는가? (단, 배관의 구조상 기울기를 줄 수 없는 경우는 제외한다.)

19.04.문73
18.04.문65
13.09.문66

① $\frac{1}{100}$ ② $\frac{1}{200}$
③ $\frac{1}{300}$ ④ $\frac{1}{500}$

해설 **기울기**

구 분	설 명
$\frac{1}{100}$ 이상	연결살수설비의 수평주행배관
$\frac{2}{100}$ 이상	물분무소화설비의 배수설비
$\frac{1}{250}$ 이상	습식 설비 · 부압식 설비 외 설비의 가지배관
$\frac{1}{500}$ 이상	**습**식 설비 · **부**압식 설비 외 설비의 **수**평주행배관 보기 ④

기억법 습부수5

답 ④

★★ 80 연결살수설비의 화재안전기준상 연결살수설비의 가지배관은 교차배관 또는 주배관에서 분기되는 지점을 기점으로 한쪽 가지배관에 설치되는 헤드의 개수를 최대 몇 개 이하로 해야 하는가?

18.04.문77
11.03.문65

① 8 ② 10
③ 12 ④ 15

해설 **연결살수설비**(NFPC 503 5조, NFTC 503 2.2.6)
한쪽 가지배관에 설치되는 헤드의 개수 : 8개 이하 보기 ①

∥ 가지배관의 헤드개수 ∥

📋 비교

연결살수설비(NFPC 503 4조, NFTC 503 2.1.4)
연결살수설비에서 하나의 송수구역에 설치하는 개방형 헤드의 수는 **10개** 이하이다.

답 ①

과년도 기출문제

2020년

소방설비산업기사 필기(기계분야)

** 수험자 유의사항 **

1. 문제지를 받는 즉시 **본인**이 **응시한 종목**이 맞는지 확인하시기 바랍니다.
2. 문제지 표지에 본인의 **수험번호**와 **성명**을 기재하여야 합니다.
3. 문제지의 **총면수, 문제번호 일련순서, 인쇄상태, 중복 및 누락 페이지 유무**를 확인하시기 바랍니다.
4. 답안은 각 문제마다 요구하는 가장 적합하거나 가까운 답 1개만을 선택하여야 합니다.
5. 답안카드는 뒷면의 「수험자 유의사항」에 따라 작성하시고, 답안카드 작성 시 형별누락, 마킹착오로 인한 불이익은 전적으로 수험자에게 책임이 있음을 알려드립니다.
6. 문제지는 시험 종료 후 본인이 가져갈 수 있습니다.

** 안내사항 **

• 가답안/최종정답은 큐넷(www.q-net.or.kr)에서 확인하실 수 있습니다. 가답안에 대한 의견은 큐넷의 [가답안 의견 제시]를 통해 제시할 수 있으며, 확정된 답안은 최종정답으로 갈음합니다.
• 공단에서 제공하는 자격검정서비스에 대해 개선할 점이 있으시면 고객참여(http://hrdkorea.or.kr/7/1/1)를 통해 건의하여 주시기 바랍니다.

2020. 6. 13 시행

2020년 산업기사 제1·2회 통합 필기시험				수험번호	성명

자격종목	종목코드	시험시간	형별		
소방설비산업기사(기계분야)		2시간			

※ 각 문항은 4지택일형으로 질문에 가장 적합한 보기 항을 선택하여 체크하여야 합니다.

제1과목 소방원론

01 화재안전기준상 이산화탄소소화약제 저압식 저장용기의 설치기준에 대한 설명으로 틀린 것은?

① 충전비는 1.1 이상 1.4 이하로 한다.

② 3.5MPa 이상의 내압시험압력에 합격한 것이어야 한다.

③ 용기 내부의 온도가 −18℃ 이하에서 2.1MPa의 압력을 유지할 수 있는 자동냉동장치를 설치해야 한다.

④ 내압시험압력의 0.64~0.8배의 압력에서 작동하는 봉판을 설치해야 한다.

해설 ④ 봉판 → 안전밸브

이산화탄소소화설비의 **저장용기** (NFPC 106 4조, NFTC 106 2.1.2)

자동냉동장치	2.1MPa 유지, −18℃ 이하	
압력경보장치	2.3MPa 이상 1.9MPa 이하	
선택밸브 또는 **개**폐밸브의 **안**전장치	내압시험압력의 0.8배 **기억법** 선개안내08	
저장용기	**고**압식	25MPa 이상
	저압식	3.5MPa 이상
	기억법 이고25저35	
안전밸브	내압시험압력의 0.64~0.8배	
봉판	내압시험압력의 0.8~내압시험압력	
충전비	고압식	1.5~1.9 이하
	저압식	1.1~1.4 이하

답 ④

02 화재로 인하여 산소가 부족한 건물 내에 산소가 새로 유입된 때에는 고열가스의 폭발 또는 급속한 연소가 발생하는데 이 현상을 무엇이라고 하는가?

`14.09.문12`
`12.09.문15`

유사문제부터 풀어보세요. 실력이 팍!팍! 올라갑니다.

① 파이어볼
② 보일오버
③ 백드래프트
④ 백파이어

해설 백드래프트(back draft)

(1) 산소의 공급이 **원활하지 못한** 화재실에 급격히 산소가 공급이 될 경우 순간적으로 연소하여 화재가 폭풍을 동반하여 **실외**로 **분출**하는 현상

(2) 소방대가 소화활동을 위하여 화재실의 문을 개방할 때 신선한 공기가 유입되어 실내에 축적되었던 가연성 가스가 **단시간에 폭발적으로 연소**함으로써 화재가 폭풍을 동반하며 **실외**로 분출되는 현상으로 **감쇠기**에 나타난다.

(3) 화재로 인하여 **산소**가 **부족**한 건물 내에 산소가 새로 유입된 때 **고열가스**의 **폭발** 또는 급속한 **연소**가 발생하는 현상

(4) **통기력**이 좋지 않은 상태에서 연소가 계속되어 산소가 심히 부족한 상태가 되었을 때 **개구부**를 통하여 산소가 공급되면 실내의 가연성 혼합기가 공급되는 **산소의 방향**과 **반대**로 흐르며 급격히 연소하는 현상으로서 "**역화현상**"이라고 하며 이때에는 **화염**이 산소의 공급통로로 분출되는 현상을 눈으로 확인할 수 있다.

기억법 백감

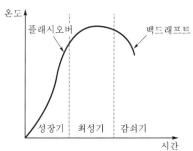

| 백드래프트와 플래시오버의 발생시기 |

중요

용어	설명
플래시오버 (flash over)	화재로 인하여 **실내**의 온도가 **급격히 상승**하여 화재가 순간적으로 실내 전체에 **확산**되어 연소되는 현상
보일오버 (boil over)	**중질유가** 탱크에서 조용히 연소하다 열유층에 의해 가열된 하부의 물이 폭발적으로 끓어 올라와 상부의 뜨거운 기름과 함께 분출하는 현상
백드래프트 (back draft)	화재로 인해 **산소**가 **고갈**된 건물 안으로 외부의 **산소**가 **유입**될 경우 발생하는 현상
롤오버 (roll over)	플래시오버가 발생하기 직전에 작은 불들이 **연기 속**에서 **산재**해 있는 상태

제트파이어 (jet fire)	압축 또는 액화상태의 가스가 **저장탱크**나 **배관**에서 **누출**되어 분출하면서 주위 공기와 혼합되어 점화원을 만나 발생하는 화재
파이어볼 (fireball, 화구)	**인화성 액체**가 **대량**으로 **기화**되어 갑자기 발화될 때 발생하는 **공모양의 화염**
리프트 (lift)	버너 내압이 높아져서 **분출속도가 빨라지는** 현상
백파이어 (backfire, 역화)	가스가 노즐에서 나가는 속도가 연소속도보다 느리게 되어 **버너 내부에서 연소**하게 되는 현상

답 ③

★★★ 03

0℃의 얼음 1g을 100℃의 수증기로 만드는 데 필요한 열량은 약 몇 cal인가? (단, 물의 용융열은 80cal/g, 증발잠열은 539cal/g이다.)

19.04.문19
16.05.문01
15.03.문14
13.06.문04

① 518   ② 539
③ 619   ④ 719

해설 **물**의 **잠열**

잠열 및 열량	설 명
80cal/g	융해잠열
539cal/g	기화(증발)잠열
639cal	0℃의 **물** 1g이 100℃의 수증기가 되는 데 필요한 열량
719cal	0℃의 **얼음** 1g이 100℃의 수증기가 되는 데 필요한 열량

답 ④

★★ 04

공기 중의 산소는 약 몇 vol%인가?

14.05.문19
12.09.문08

① 15   ② 21
③ 28   ④ 32

해설 **공기 중 구성물질**

구성물질	비 율
아르곤(Ar)	1vol%
산소(O_2)	21vol%
질소(N_2)	78vol%

중요

공기 중 산소농도

구 분	산소농도
체적비(부피백분율)	약 21vol%
중량비(중량백분율)	약 23wt%

● 용적=부피

답 ②

★ 05

연소 또는 소화약제에 관한 설명으로 틀린 것은?

11.03.문06

① 기체의 정압비열은 정적비열보다 크다.
② 프로판가스가 완전연소하면 일산화탄소와 물이 발생한다.
③ 이산화탄소소화약제는 액화할 수 있다.
④ 물의 증발잠열은 아세톤, 벤젠보다 크다.

해설 ② 일산화탄소 → 이산화탄소

완전연소시 발생물질	불완전연소시 발생물질
이산화탄소+물	일산화탄소+물

답 ②

★★★ 06

다음 중 전기화재에 해당하는 것은?

19.03.문02
17.05.문19
16.10.문20
16.05.문09
15.05.문15
15.03.문19
14.09.문01
14.09.문16
14.05.문05
14.05.문20
14.03.문19
13.06.문09

① A급 화재
② B급 화재
③ C급 화재
④ K급 화재

해설

화재 종류	표시색	적응물질
일반화재(A급)	**백**색	● 일반 가연물 ● **종이류** 화재 ● **목재**, 섬유화재
유류화재(B급)	**황**색	● 가연성 액체(등유·경유) ● 가연성 가스 ● 액화가스화재 ● 석유화재
전기화재(C급)	**청**색	● **전기설비**
금속화재(D급)	**무**색	● 가연성 금속
주방화재(K급)	–	● 식용유화재

기억법 백황청무

※ 요즘은 표시색의 의무규정은 없음

답 ③

★★★ 07

물을 이용한 대표적인 소화효과로만 나열된 것은?

19.03.문18
15.09.문10
15.03.문05
14.09.문11

① 냉각효과, 부촉매효과
② 냉각효과, 질식효과
③ 질식효과, 부촉매효과
④ 제거효과, 냉각효과, 부촉매효과

해설 **소화약제의 소화작용**

소화약제	소화작용	주된 소화작용
물 (스프링클러)	● 냉각작용 ● 희석작용	냉각작용 (냉각소화)

물(무상)	• **냉**각작용(증발 잠열 이용) • **질**식작용 • **유**화작용(에멀 션 효과) • **희**석작용	
포	• 냉각작용 • 질식작용	질식작용 (질식소화)
분말	• 질식작용 • 부촉매작용 (억제작용) • 방사열 차단작용	
이산화탄소	• 냉각작용 • 질식작용 • 피복작용	
할론	• 질식작용 • 부촉매작용 (억제작용)	**부**촉매작용 (연쇄반응 억제) 기억법 할부(**할**아**버**지)

기억법 물냉질유희

• CO_2 소화기＝이산화탄소소화기
• 에멀션효과＝에멀전효과
• 물은 부촉매효과는 없으므로 부촉매효과가 없는
  ②번이 정답

중요

부촉매효과
(1) 분말소화약제
(2) 할론소화약제
(3) 할로겐화합물소화약제

답 ②

★
08 포소화약제의 포가 갖추어야 할 조건으로 적합하
13.03.문01 지 않은 것은?
① 화재면과의 부착성이 좋을 것
② 응집성과 안정성이 우수할 것
③ 환원시간(drainage time)이 짧을 것
④ 약제는 독성이 없고 변질되지 말 것

해설
③ 짧을 것 → 길 것

포소화약제의 구비조건
(1) **유동성**이 좋아야 한다.
(2) **안정성**을 가지고 내열성이 있어야 한다.
(3) 독성이 적어야 한다(독성이 없고 변질되지 말 것).
(4) 화재면에 부착하는 성질이 커야 한다(**응집성**과 **안정성**이
    있을 것).
(5) 바람에 견디는 힘이 커야 한다.
(6) **유면봉쇄성**이 좋아야 한다.
(7) **내유성**이 좋아야 한다.
(8) 환원시간이 **길 것**

25% 환원시간(drainage time)
발포된 포중량의 25%가 원래의 포수용액으로 되돌아가
는 데 걸리는 시간

답 ③

★★★
09 다음 중 인화점이 가장 낮은 것은?
19.04.문06 ① 경유
17.09.문11
17.03.문02 ② 메틸알코올
14.03.문02 ③ 이황화탄소
08.09.문06 ④ 등유

해설
① 경유 : 50~70℃   ② 메틸알코올 : 11℃
③ 이황화탄소 : -30℃   ④ 등유 : 43~72℃

인화점 vs 착화점

물 질	**인화점**	착화점
• 프로필렌	-107℃	497℃
• 에틸에터 • 다이에틸에터	-45℃	180℃
• 가솔린(휘발유)	-43℃	300℃
• **산화프로필렌**	-37℃	465℃
• **이황화탄소**	**-30℃**	100℃
• 아세틸렌	-18℃	335℃
• 아세톤	-18℃	538℃
• 벤젠	-11℃	562℃
• 톨루엔	4.4℃	480℃
• **메틸알코올**	**11℃**	464℃
• 에틸알코올	13℃	423℃
• 아세트산	40℃	-
• **등유**	**43~72℃**	210℃
• **경유**	**50~70℃**	200℃
• 적린	-	260℃

기억법 인산 이메등경

• 착화점＝발화점＝착화온도＝발화온도
• 인화점＝인화온도

인화점(flash point)
(1) 휘발성 물질에 **불꽃**을 접하여 연소가 가능한 최저온도
(2) 가연성 증기발생시 연소범위의 **하한계**에 이르는 **최저
    온도**
(3) 가연성 증기를 발생하는 액체가 공기와 혼합하여 기상
    부에 다른 불꽃이 닿았을 때 연소가 일어나는 **최저온도**
(4) **위험성 기준**의 척도
(5) 가연성 액체의 발화와 깊은 관계가 있다.
(6) 연료의 조성, 점도, 비중에 따라 달라진다.
(7) 인화점은 보통 **연소점 이하, 발화점 이하**의 온도이다.

기억법 인불하저위

답 ③

★★★
10 자연발화를 일으키는 원인이 아닌 것은?

18.04.문10
17.05.문07
17.03.문09
15.05.문05
15.03.문08
12.09.문12
11.06.문12
08.09.문01

① 산화열
② 분해열
③ 흡착열
④ 기화열

해설 **자연발화의 형태**

구 분	종 류
분해열	• **셀**룰로이드 • **나**이트로셀룰로오스 기억법 분셀나
산화열	• 건성유(정어리유, 아마인유, 해바라기유) • 석탄 • 원면 • 고무분말
발효열	• **퇴**비 • **먼**지 • **곡**물 기억법 발퇴먼곡
흡착열	• **목**탄 • **활**성탄 기억법 흡목탄활

중요
(1) 산화열

산화열이 축적되는 경우	산화열이 축적되지 않는 경우
햇빛에 방치한 기름걸레는 산화열이 축적되어 자연발화를 일으킬 수 있다.	기름걸레를 빨랫줄에 걸어 놓으면 산화열이 축적되지 않아 자연발화는 일어나지 않는다.

(2) 발화원이 아닌 것
① 기화열
② 융해열

답 ④

★
11 열전달에 대한 설명으로 틀린 것은?

11.03.문19
① 전도에 의한 열전달은 물질표면을 보온하여 완전히 막을 수 있다.
② 대류는 밀도 차이에 의해서 열이 전달된다.
③ 진공 속에서도 복사에 의한 열전달이 가능하다.
④ 화재시의 열전달은 전도, 대류, 복사가 모두 관여된다.

① 전도에 의한 열전달은 물질표면을 보온한다 해도 완전히 막을 수는 없다.

중요
열전달의 종류

종 류	설 명
전도(Conduction)	하나의 물체가 다른 물체와 **직접 접촉**하여 열이 이동하는 현상
대류(Convection)	**유체**의 흐름에 의하여 열이 이동하는 현상
복사(Radiation)	열에너지가 **전자파**의 형태로 옮겨지는 현상으로, **가장 크게 작용**한다.

기억법 열전대복

답 ①

★★★
12 불연성 물질로만 이루어진 것은?

19.03.문04
17.05.문17
14.09.문03
13.09.문13
11.10.문19
11.03.문02

① 황린, 나트륨
② 직린, 황
③ 이황화탄소, 나이트로글리세린
④ 과산화나트륨, 질산

해설 **불연성 물질**

제1류 위험물	제6류 위험물
• 과산화칼륨 • 과산화나트륨 • 과산화바륨	• 과염소산 • 과산화수소 • 질산

중요
(1) 과산화나트륨(Na_2O_2)
① 제1류 위험물(무기과산화물)
② 자신은 **불연성** 물질이지만 **산소공급원** 역할을 하는 물질

기억법 과나불산

(2) 질산
① 제6류 위험물
② **부식성**이 있다.
③ **불연성** 물질이다.
④ **산화제**이다.
⑤ 산화성 물질과의 접촉을 피할 것

답 ④

★★★
13 피난대책의 일반적 원칙이 아닌 것은?

19.04.문04
13.09.문02
11.10.문07

① 피난수단은 원시적인 방법으로 하는 것이 바람직하다.
② 피난대책은 비상시 본능상태에서도 혼돈이 없도록 한다.
③ 피난경로는 가능한 한 길어야 한다.
④ 피난시설은 가급적 고정식 시설이 바람직하다.

 ③ 길어야 한다. → 짧아야 한다.

피난대책의 일반적인 원칙
(1) 피난경로는 **간단명료**하게 한다(단순한 형태).
(2) 피난설비는 **고정식 설비**를 위주로 설치한다. 보기 ④
(3) 피난수단은 **원시적 방법**에 의한 것을 원칙으로 한다. 보기 ①
(4) **2방향**의 피난통로를 확보한다
(5) 피난통로를 **완전불연화** 한다.
(6) **화재층**의 피난을 **최우선**으로 고려한다.
(7) 피난시설 중 피난로는 **복도** 및 **거실**을 가리킨다.
(8) 인간의 **본능적 행동**을 무시하지 않도록 고려한다(본능상태에서도 혼동이 없도록 한다). 보기 ②
(9) 계단은 **직통계단**으로 한다.
(10) 정전시에도 **피난방향**을 알 수 있는 표시를 한다.
(11) 모든 피난동선은 건물 중심부 한 곳으로 향해서는 안 된다.
(12) 피난동선은 그 말단이 짧을수록 좋다. 보기 ③

● 피난동선=피난경로

답 ③

★★★
14 기체상태의 Halon 1301은 공기보다 약 몇 배 무거운가? (단, 공기의 평균분자량은 28.84이다.)
19.09.문07
17.05.문03
16.03.문02
14.03.문14
07.09.문05
① 4.05배　② 5.17배
③ 6.12배　④ 7.01배

 (1) 원자량

원 소	원자량
H	1
C	12
N	14
O	16
F	19
S	32
Cl	35
Br	80

(2) 분자량
Halon 1301(CF_3Br)=12+19×3+80=149

(3) 증기비중
$$증기비중=\frac{분자량}{28.84}≒\frac{분자량}{29}$$
여기서, 29 : 공기의 평균분자량
$$증기비중=\frac{분자량}{29}=\frac{149}{28.84}≒5.17$$

비교

증기밀도
$$증기밀도[g/L]=\frac{분자량}{22.4}$$
여기서, 22.4 : 기체 1몰의 부피[L]

 중요

할론소화약제의 약칭 및 분자식

종 류	약 칭	분자식
Halon 1011	CB	CH_2ClBr
Halon 104	CTC	CCl_4
Halon 1211	BCF	CF_2ClBr(CF_2BrCl, $CBrClF_2$)
Halon 1301	BTM	CF_3Br
Halon 2402	FB	$C_2F_4Br_2$

답 ②

★
15 건물화재에서의 사망원인 중 가장 큰 비중을 차지하는 것은?
11.10.문03
① 연소가스에 의한 질식
② 화상
③ 열충격
④ 기계적 상해

① 건물화재에서의 사망원인 중 가장 큰 비중을 차지하는 것 : **연소가스**에 의한 **질식사**이다.

답 ①

★★★
16 공기 중 산소의 농도를 낮추어 화재를 진압하는 소화방법에 해당하는 것은?
19.03.문20
16.10.문03
14.09.문05
14.03.문03
13.06.문16
05.09.문09
① 부촉매소화
② 냉각소화
③ 제거소화
④ 질식소화

소화방법

소화방법	설 명
냉각소화	● **점화원**을 냉각하여 소화하는 방법 ● **증**발잠열을 이용하여 열을 빼앗아 가연물의 온도를 떨어뜨려 화재를 진압하는 소화방법 ● **다량**의 **물**을 뿌려 소화하는 방법 ● 가연성 물질을 **발화점** 이하로 **냉각** ● 식용유화재에 신선한 **야채**를 넣어 소화 기억법 냉점증발
질식소화	● 공기 중의 **산소농도**를 15~16%(16%, 10~15%) 이하로 희박하게 하여 소화하는 방법 ● **산**화제의 농도를 낮추어 연소가 지속될 수 없도록 함(산소의 농도를 낮추어 소화하는 방법) ● **산소**공급을 차단하는 소화방법 기억법 질산

제거소화	• **가연물**을 **제거**하여 소화하는 방법
부촉매소화 (= 화학소화)	• **연쇄반응**을 **차단**하여 소화하는 방법 • 화학적인 방법으로 화재 억제
희석소화	• 기체·고체·액체에서 나오는 분해가스나 증기의 농도를 낮춰 소화하는 방법
유화소화	• 물을 무상으로 방사하여 유류표면에 **유화층의 막**을 **형성**시켜 공기의 접촉을 막아 소화하는 방법
피복소화	• 비중이 공기의 **1.5배** 정도로 무거운 소화약제를 방사하여 가연물의 구석구석까지 침투·피복하여 소화하는 방법

답 ④

★★★
17 다음 중 독성이 가장 강한 가스는?

18.04.문09
17.09.문13
16.10.문12
14.09.문13
14.05.문07
14.05.문18
13.09.문19
08.05.문20

① C_3H_8
② O_2
③ CO_2
④ $COCl_2$

해설 연소가스

구 분	설 명
일산화탄소 (CO)	• 화재시 흡입된 일산화탄소(CO)의 화학적 작용에 의해 **헤모글로빈**(Hb)이 혈액의 산소 운반작용을 저해하여 사람을 **질식·사망**하게 한다. • 목재류의 화재시 **인**명피해를 가장 많이 주며, 연기로 인한 의식불명 또는 질식을 가져온다. • 인체의 **폐**에 큰 자극을 준다. • **산**소와의 **결**합력이 극히 강하여 질식작용에 의한 독성을 나타낸다. 기억법 일헤인 폐산결
이산화탄소 (CO₂)	연소가스 중 **가장 많은 양**을 차지하고 있으며 가스 그 자체의 독성은 거의 없으나 다량이 존재할 경우 호흡속도를 증가시키고, 이로 인하여 화재가스에 혼합된 유해가스의 혼입을 증가시켜 위험을 가중시키는 가스이다. 기억법 이많(**이만큼**)
암모니아 (NH₃)	• 나무, **페**놀수지, **멜**라민수지 등의 **질소함유물**이 연소할 때 발생하며, 냉동시설의 **냉**매로 쓰인다. • **눈·코·폐** 등에 매우 **자극성**이 큰 가연성 가스이다. 기억법 암페 멜냉자
포스겐 (COCl₂)	매우 **독성**이 **강**한 가스로서 **소**화제인 **사염화탄소**(CCl₄)를 화재시 사용할 때도 발생한다. 기억법 독강 소사포

황화수소 (H₂S)	• **달걀 썩는 냄새**가 나는 특성이 있다. • 황분이 포함되어 있는 물질의 불완전 연소에 의하여 발생하는 가스이다. • **자극성**이 있다. 기억법 황달자
아크롤레인 (CH₂=CHCHO)	독성이 매우 높은 가스로서 **석유제품, 유지** 등이 연소할 때 생성되는 가스이다. 기억법 아석유
시안화수소 (HCN, 청산가스)	**질소성분**을 가지고 있는 **합성수지, 동물**의 **털, 인조견** 등의 섬유가 불완전연소할 때 발생하는 맹독성 가스로 **0.3%**의 농도에서 즉시 사망할 수 있다.
아황산가스 (SO₂, 이산화황)	• **황**이 함유된 물질인 **동물**의 **털, 고무** 등이 연소하는 화재시에 발생되며 **무색**의 자극성 냄새를 가진 유독성 기체 • 눈 및 호흡기 등에 점막을 상하게 하고 질식사할 우려가 있다.
프로판 (C₃H₈)	• LPG의 주성분 • 물보다 가볍다.

답 ④

★
18 물과 반응하여 가연성 가스를 발생시키는 물질이 아닌 것은?

12.05.문03

① 탄화알루미늄 ② 칼륨
③ 과산화수소 ④ 트리에틸알루미늄

해설 **과산화수소**(H_2O_2)
물과 반응하여 가연성 가스를 발생시키지 않으므로 다량의 물로 주수하여 소화한다.

 중요

과산화수소의 일반성질
(1) 순수한 것은 **무취**하며 옅은 **푸른색**을 띠는 투명한 액체이다.
(2) 물보다 무겁다.
(3) 물·알코올·에터에는 잘 녹지만, 석유·벤젠 등에는 녹지 않는다.
(4) **강산화제**이지만 **환원제**로도 사용된다.
(5) **표백작용·살균작용**이 있다.

답 ③

★★★
19 전기화재의 원인으로 볼 수 없는 것은?

19.09.문19
16.03.문11
15.05.문16
13.09.문01

① 중합반응에 의한 발화
② 과전류에 의한 발화
③ 누전에 의한 발화
④ 단락에 의한 발화

해설 ① 중합반응은 관련이 적다.

전기화재를 일으키는 **원인**
(1) 단락(**합선**)에 의한 발화(배선의 **단락**)
(2) 과부하(**과전류**)에 의한 발화(**과부하**에 의한 발열)
(3) 절연저항 감소(**누전**)에 의한 발화

(4) 전열기기 과열에 의한 발화
(5) 전기불꽃에 의한 발화
(6) 용접불꽃에 의한 발화
(7) 낙뢰에 의한 발화
(8) **정전기**로 인한 스파크 발생

답 ①

★★★
20 위험물별 성질의 연결로 틀린 것은?

19.03.문01
15.05.문43
15.03.문18
14.09.문04
14.03.문05
14.03.문16
13.09.문07

① 제2류 위험물-가연성 고체
② 제3류 위험물-자연발화성 물질 및 금수성 물질
③ 제4류 위험물-산화성 고체
④ 제5류 위험물-자기반응성 물질

해설 ③ 산화성 고체 → 인화성 액체

위험물령 〔별표 1〕
위험물

유별	성질	품명
제**1**류	**산**화성 **고**체	• 아염소산염류(아염소산나트륨) • 염소산염류 • 과염소산염류 • 질산염류(질산칼륨) • 무기과산화물(과산화바륨) 기억법 1산고(일산GO)
제**2**류	가연성 고체	• **황화**인 • **적**린 • **황** • **마**그네슘 기억법 2황화적황마
제3류	자연발화성 물질 및 금수성 물질	• **황**린 • **칼**륨 • **나**트륨 • 트리에틸**알**루미늄 기억법 황칼나알
제4류	인화성 액체	• 특수인화물 • 석유류(벤젠) • 알코올류 • 동식물유류
제5류	자기반응성 물질	• 질산에스터류(셀룰로이드) • 유기과산화물 • 나이트로화합물 • 나이트로소화합물 • 아조화합물 • 나이트로글리세린
제6류	**산**화성 **액**체	• **과염**소산 • 과**산**화수소 • **질산** 기억법 산액과염산질산

답 ③

★★★
21 표준대기압하에서 온도가 20℃인 공기의 밀도 〔kg/m³〕는? (단, 공기의 기체상수는 287J/kg · K 이다.)

19.09.문26
18.03.문22
17.05.문30
16.05.문30
15.09.문39
13.06.문31

① 0.012
② 1.2
③ 17.6
④ 1000

해설 **(1) 기호**

• P : 1atm=101.325kPa(표준대기압이므로)
  =101.325kN/m²(1Pa=1N/m²)
• T : 20℃=(273+20)K
• ρ : ?
• R : 287J/kg · K=0.287kJ/kg · K(1kJ=1kN · m)
  =0.287kN · m/kg · K

(2) 밀도

$$\rho = \frac{m}{V}$$

여기서, ρ : 밀도〔kg/m³〕
  m : 질량〔kg〕
  V : 부피〔m³〕

(3) 이상기체상태 방정식

$$PV = mRT$$

여기서, P : 압력〔kPa〕 또는 〔kN/m²〕
  V : 부피(체적)〔m³〕
  m : 질량〔kg〕
  R : 기체상수〔kJ/kg · K〕
  T : 절대온도(273+℃)〔K〕

$$P = \frac{m}{V}RT = \rho RT$$

밀도 ρ는

$$\rho = \frac{P}{RT} = \frac{101.325\text{kN/m}^2}{0.287\text{kN} \cdot \text{m/kg} \cdot \text{K} \times (273+20)\text{K}}$$

$$\fallingdotseq 1.2\text{kg/m}^3$$

답 ②

★★★
22 안지름 25cm인 원관으로 1500m 떨어진 곳 (수평거리)에 하루에 10000m³의 물을 보내는 경우 압력강하〔kPa〕는 얼마인가? (단, 마찰계수는 0.035이다.)

19.03.문29
18.03.문25
11.06.문33
09.08.문26
09.05.문25
06.03.문30

① 58.4
② 584
③ 84.8
④ 848

해설 **(1) 기호**

- D : 25cm=0.25m(100cm=1m)
- l : 1500m
- Q : 10000m³/24h=10000m³/24×3600s
  ≒ 0.115m³/s(1h=3600s)
- ΔP : ?
- f : 0.035

(2) 유량

$$Q = AV = \frac{\pi D^2}{4} V$$

여기서, Q : 유량[m³/s]
  A : 단면적[m²]
  V : 유속[m/s]
  D : 안지름(직경)[m]

유속 V는

$$V = \frac{Q}{\frac{\pi D^2}{4}} = \frac{0.115\text{m}^3/\text{s}}{\frac{\pi \times (0.25\text{m})^2}{4}} = 2.343\text{m/s}$$

(3) 달시-웨버의 식

$$H = \frac{\Delta P}{\gamma} = \frac{flV^2}{2gD}$$

여기서, H : 마찰손실[m]
  ΔP : 압력차(압력강하)[Pa]
  γ : 비중량(물의 비중량 9800N/m³)
  f : 관마찰계수
  l : 길이[m]
  V : 유속[m/s]
  g : 중력가속도(9.8m/s²)
  D : 내경[m]

압력강하 ΔP는

$$\Delta P = \frac{\gamma flV^2}{2gD}$$
$$= \frac{9800\text{N/m}^3 \times 0.035 \times 1500\text{m} \times (2.343\text{m/s})^2}{2 \times 9.8\text{m/s}^2 \times 0.25\text{m}}$$
$$= 576413\text{Pa}$$
$$= 576.413\text{kPa}$$

∴ ②번의 584kPa이 가장 가까우므로 정답!

답 ②

★★★
23 직경이 20mm에서 40mm로 돌연 확대하는 원형
관이 있다. 이때 직경이 20mm인 관에서 레이놀
즈수가 5000이라면 직경이 40mm인 관에서의
레이놀즈수는 얼마인가?

19.09.문24
19.09.문35
15.09.문27
14.09.문33
05.05.문23

① 2500 ② 5000
③ 7500 ④ 10000

해설 **(1) 기호**

- D_1 : 20mm
- D_2 : 40mm
- Re_1 : 5000
- Re_2 : ?

(2) 유량

$$Q = AV = \left(\frac{\pi D^2}{4}\right) V$$

여기서, Q : 유량[m³/s]
  A : 단면적[m²]
  V : 유속[m/s]
  D : 직경[m]

유속 V는

$$V = \frac{Q}{\frac{\pi D^2}{4}} = \frac{4Q}{\pi D^2}$$

(3) 레이놀즈수

$$Re = \frac{DV\rho}{\mu} = \frac{DV}{\nu}$$

여기서, Re : 레이놀즈수
  D : 내경[m]
  V : 유속[m/s]
  ρ : 밀도[kg/m³]
  μ : 점도[kg/m · s]
  ν : 동점성계수$\left(\frac{\mu}{\rho}\right)$[m²/s]

레이놀즈수 Re는

$$Re = \frac{DV}{\nu} = \frac{\cancel{D}\left(\frac{4Q}{\pi D^{\cancel{2}}}\right)}{\nu} = \frac{\frac{4Q}{\pi D}}{\nu} = \frac{4Q}{\pi D \nu} \propto \frac{1}{D}$$

$Re \propto \dfrac{1}{D}$ 이므로

$$Re_1 : \frac{1}{D_1} = Re_2 : \frac{1}{D_2}$$

$$5000 : \frac{1}{20\text{mm}} = Re_2 : \frac{1}{40\text{mm}}$$

$$\frac{1}{20} Re_2 = 5000 \times \frac{1}{40} \quad \leftarrow \text{계산의 편의를 위해 단위 생략}$$

$$Re_2 = \frac{5000 \times \frac{1}{40}}{\frac{1}{20}} = 2500$$

> 중요
>
> **돌연 확대관**에서의 손실
>
> $$H = K\frac{(V_1 - V_2)^2}{2g}$$
>
> 여기서, H : 손실수두[m]
> K : 손실계수
> V_1 : 축소관 유속[m/s]
> V_2 : 확대관 유속[m/s]
> $V_1 - V_2$: 입 · 출구 속도차[m/s]
> g : 중력가속도(9.8m/s²)
>
>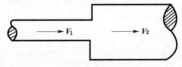
>
> ‖ 돌연 확대관 ‖

답 ①

24 다음 중 점성계수가 큰 순서대로 바르게 나열한 것은?

14.05.문31

① 공기 > 물 > 글리세린
② 글리세린 > 공기 > 물
③ 물 > 글리세린 > 공기
④ 글리세린 > 물 > 공기

해설 20℃에서의 점성계수

유 체	점성계수
글리세린	1410cp=14.10g/cm · s
물	1cp=0.01g/cm · s
공기	0.018cp=0.00018g/cm · s

🔧 중요

점도
(1) 1p=1g/cm · s=1dyne · s/cm²
(2) 1cp=0.01g/cm · s
(3) 1stokes=1cm²/s(동점성계수)

답 ④

25 10kg의 액화이산화탄소가 15℃의 대기(표준대기압) 중으로 방출되었을 때 이산화탄소의 부피[m³]는? (단, 일반기체상수는 8.314kJ/kmol · K이다.)

19.03.문24
12.05.문37
12.03.문24

① 5.4   ② 6.2
③ 7.3   ④ 8.2

해설 (1) 기호
- m : 10kg
- T : 15℃=(273+15)K
- P : 1atm=101.325kPa(표준대기압이므로)
  =101.325kN/m²(1kPa=1kN/m²)
- M(이산화탄소) : 44kg/kmol
- V : ?
- R : 8.314kJ/kmol · K=8.314kN · m/kmol · K
  (1kJ=1kN · m)

(2) 표준대기압(P)
1atm=760mmHg=1.0332kg$_f$/cm²
=10.332mH₂O(mAq)
=14.7PSI(lb$_f$/in²)
=101.325kPa(kN/m²)
=1013mbar

(3) 분자량(M)

원 소	원자량
H	1
C	→ 12
N	14
O	→ 16

이산화탄소(CO_2)의 분자량=12+16×2=44kg/kmol

---

(4) 이상기체상태 방정식

$$PV = \frac{m}{M}RT$$

여기서, P : 압력[kN/m²] 또는 [kPa]
V : 부피(체적)[m³]
m : 질량[kg]
M : 분자량[kg/kmol]
R : 기체상수(8.314kJ/(kmol · K))
T : 절대온도(273+℃)[K]

부피 V는
$$V = \frac{m}{PM}RT$$
$$= \frac{10kg}{101.325kN/m² \times 44kg/kmol} \times 8.314kN \cdot m/kmol \cdot K \times (273+15)K$$
$$\fallingdotseq 5.4m³$$

답 ①

26 점성계수 μ의 차원으로 옳은 것은? (단, M은 질량, L은 길이, T는 시간이다.)

18.03.문30
02.05.문27

① $ML^{-1}T^{-1}$ ② MLT
③ $M^{-2}L^{-1}T$ ④ MLT^2

해설 중력단위와 절대단위의 차원

차 원	중력단위[차원]	절대단위[차원]
길이	m[L]	m[L]
시간	s[T]	s[T]
운동량	N · s[FT]	kg · m/s[MLT^{-1}]
힘	N[F]	kg · m/s²[MLT^{-2}]
속도	m/s[LT^{-1}]	m/s[LT^{-1}]
가속도	m/s²[LT^{-2}]	m/s²[LT^{-2}]
질량	N · s²/m[$FL^{-1}T^2$]	kg[M]
압력	N/m²[FL^{-2}]	kg/m · s²[$ML^{-1}T^{-2}$]
밀도	N · s²/m⁴[$FL^{-4}T^2$]	kg/m³[ML^{-3}]
비중	무차원	무차원
비중량	N/m³[FL^{-3}]	kg/m² · s²[$ML^{-2}T^{-2}$]
비체적	m⁴/N · s²[$F^{-1}L^4T^{-2}$]	m³/kg[$M^{-1}L^3$]
일률	N · m/s[FLT^{-1}]	kg · m²/s³[ML^2T^{-3}]
일	N · m[FL]	kg · m²/s²[ML^2T^{-2}]
점성계수	N · s/m²[$FL^{-2}T$]	kg/m · s[$ML^{-1}T^{-1}$]
동점성계수	m²/s[L^2T^{-1}]	m²/s[L^2T^{-1}]

답 ①

27 어떤 펌프가 1000rpm으로 회전하여 전양정 10m에 0.5m³/min의 유량을 방출한다. 이때 펌프가 2000rpm으로 운전된다면 유량[m³/min]은 얼마인가?

18.03.문35
10.05.문34

① 1.2   ② 1
③ 0.7   ④ 0.5

해설 (1) 기호

- N_1 : 1000rpm
- H_1 : 10m
- Q_1 : 0.5m³/min
- N_2 : 2000rpm
- Q_2 : ?

(2) **상사법칙**(유량)

$$Q_2 = Q_1\left(\frac{N_2}{N_1}\right)$$

여기서, Q_1, Q_2 : 변화 전후의 유량[m³/min]
N_1, N_2 : 변화 전후의 회전수[rpm]

$$Q_2 = Q_1\left(\frac{N_2}{N_1}\right) = 0.5\text{m}^3/\text{min} \times \left(\frac{2000\text{rpm}}{1000\text{rpm}}\right)$$
$$= 1\text{m}^3/\text{min}$$

- 이 문제에서 H_1은 계산에 사용되지 않으므로 필요 없음. H_1를 어디에 적용할지 고민하지 말라!

비교

(1) 양정

$$H_2 = H_1\left(\frac{N_2}{N_1}\right)^2$$

여기서, H_1, H_2 : 변화 전후의 양정[m]
N_1, N_2 : 변화 전후의 회전수[rpm]

(2) 축동력

$$P_2 = P_1\left(\frac{N_2}{N_1}\right)^3$$

여기서, P_1, P_2 : 변화 전후의 축동력[kW]
N_1, N_2 : 변화 전후의 회전수[rpm]

용어

상사법칙
기하학적으로 유사하거나 같은 펌프에 적용하는 법칙

답 ②

⭐⭐⭐
28 열역학 제2법칙에 관한 설명으로 틀린 것은?

17.05.문25
14.05.문24
13.09.문22

① 열효율 100%인 열기관은 제작이 불가능하다.
② 열은 스스로 저온체에서 고온체로 이동할 수 없다.
③ 제2종 영구기관은 동작물질의 종류에 따라 존재할 수 있다.
④ 한 열원에서 발생하는 열량을 일로 바꾸기 위해서는 반드시 다른 열원의 도움이 필요하다.

해설 ③ 있다. → 없다.

열역학의 법칙

(1) **열역학 제0법칙** (열평형의 법칙) : 온도가 높은 물체에 낮은 물체를 접촉시키면 온도가 **높은 물체**에서 **낮은 물체**로 열이 이동하여 두 물체의 **온도**는 **평형**을 이루게 된다.

(2) **열역학 제1법칙** (에너지보존의 법칙) : 기체의 공급 에너지는 **내부에너지**와 외부에서 한 일의 합과 같다.

(3) **열역학 제2법칙**
㉠ 열은 스스로 **저온**에서 **고온**으로 절대로 흐르지 않는다.
㉡ 열은 그 스스로 저온체에서 고온체로 이동할 수 없다.
㉢ 자발적인 변화는 **비가역적**이다.
㉣ 열을 완전히 일로 바꿀 수 있는 **열기관**을 만들 수 **없다** (**제2종 영구기관**의 제작이 **불가능**하다).
㉤ 열기관에서 일을 얻으려면 최소 **두 개**의 **열원**이 필요하다.

(4) **열역학 제3법칙** : 순수한 물질이 1atm하에서 결정 상태이면 엔트로피는 0K에서 0이다.

답 ③

⭐⭐
29 밑면은 한 변의 길이가 2m인 정사각형이고 높이

17.05.문38
11.10.문31

가 4m인 직육면체 탱크에 비중이 0.8인 유체를 가득 채웠다. 유체에 의해 탱크의 한쪽 측면에 작용하는 힘[kN]은?

① 125.4
② 169.2
③ 178.4
④ 186.2

해설 (1) 기호

- A : (가로×세로)=2m×2m=4m²
- h : 4m
- s : 0.8
- F : ?

(2) 비중

$$s = \frac{\gamma}{\gamma_w}$$

여기서, s : 비중
γ : 어떤 물질의 비중량[N/m³]
γ_w : 물의 비중량(9800N/m³)

어떤 물질의 비중량 γ는

$$\gamma = s \times \gamma_w = 0.8 \times 9800\text{N/m}^3 = 7840\text{N/m}^3$$

(3) **측면(수평면)에 작용하는 힘**

$$F = \gamma h A$$

여기서, F : 측면(수평면)에 작용하는 힘[N]
γ : 비중량[N/m³]
h : 표면에서 중심까지의 수직거리[m]
A : 단면적[m²]

측면에 작용하는 힘 F는

$$F = \gamma h A = 7840\text{N/m}^3 \times 4\text{m} \times 4\text{m}^2$$
$$= 125440\text{N}$$
$$= 125.44\text{kN}$$
$$\fallingdotseq 125.4\text{kN}$$

비교

경사면에 작용하는 힘

$$F = \gamma y \sin\theta A$$

여기서, F : 경사면에 작용하는 힘(전압력)[N]
γ : 비중량(물의 비중량 9800N/m³)
y : 표면에서 수문 중심까지의 경사거리[m]
θ : 각도
A : 수문의 단면적[m²]

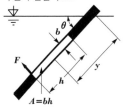

| 경사면에 작용하는 힘 |

답 ①

★★★ 30

단면적이 0.1m²에서 0.5m²로 급격히 확대되는 관로에 0.5m³/s의 물이 흐를 때 급격 확대에 의한 부차적 손실수두[m]는?

19.03.문31
14.09.문36
04.03.문24

① 0.61
② 0.78
③ 0.82
④ 0.98

해설 (1) 기호

- A_1 : 0.1m²
- A_2 : 0.5m²
- Q : 0.5m³/s
- H : ?

(2) 유량

$$Q = AV = \frac{\pi D^2}{4}V$$

여기서, Q : 유량[m³/s]
A : 단면적[m²]
V : 유속[m/s]
D : 내경[m]

축소관 유속 V_1은

$$V_1 = \frac{Q}{A_1} = \frac{0.5\text{m}^3/\text{s}}{0.1\text{m}^2} = 5\text{m/s}$$

확대관 유속 V_2는

$$V_2 = \frac{Q}{A_2} = \frac{0.5\text{m}^3/\text{s}}{0.5\text{m}^2} = 1\text{m/s}$$

(3) 돌연 확대관에서의 손실

$$H = K\frac{(V_1 - V_2)^2}{2g}$$

여기서, H : 손실수두[m]
K : 손실계수

V_1 : 축소관 유속[m/s]
V_2 : 확대관 유속[m/s]
$V_1 - V_2$: 입·출구 속도차[m/s]
g : 중력가속도(9.8m/s²)

| 돌연 확대관 |

돌연 확대관에서의 손실 H는

$$H = K\frac{(V_1 - V_2)^2}{2g} = \frac{(5\text{m/s} - 1\text{m/s})^2}{2 \times 9.8\text{m/s}^2} ≒ 0.82\text{m}$$

- K : 주어지지 않았으므로 무시

답 ③

★★★ 31

어떤 수평관에서 물의 속도는 28m/s이고, 압력은 160kPa이다. (㉠) 속도수두와 (㉡) 압력수두는 각각 얼마인가?

19.04.문38
17.05.문29
13.06.문34

① ㉠ 40m, ㉡ 14.3m
② ㉠ 50m, ㉡ 14.3m
③ ㉠ 40m, ㉡ 16.3m
④ ㉠ 50m, ㉡ 16.3m

해설 (1) 기호

- V : 28m/s
- P : 160kPa=160kN/m²=160000N/m²(1kPa=1kN/m²)
- $H_속$: ?
- $H_압$: ?

(2) 속도수두

$$H_속 = \frac{V^2}{2g}$$

여기서, $H_속$: 속도수두[m]
V : 속도(유속)[m/s]
g : 중력가속도(9.8m/s²)

속도수두 $H_속$은

$$H_속 = \frac{V^2}{2g} = \frac{(28\text{m/s})^2}{2 \times 9.8\text{m/s}^2} = 40\text{m}$$

(3) 압력수두

$$H_압 = \frac{P}{\gamma}$$

여기서, $H_압$: 압력수두[m]
P : 압력[kPa] 또는 [kN/m²]
γ : 비중량(물의 비중량 9800N/m³)

압력수두 $H_압$은

$$H_압 = \frac{P}{\gamma} = \frac{160000\text{N/m}^2}{9800\text{N/m}^3} ≒ 16.3\text{m}$$

답 ③

★★★
32 대기압이 100kPa인 지역에서 이론적으로 펌프로 물을 끌어올릴 수 있는 최대높이[m]는?

19.04.문38
17.05.문29
13.06.문34

① 8.8   ② 10.2

③ 12.6   ④ 14.1

 (1) 기호

- P : 100kPa=100kN/m²(1kPa=1kN/m²)
- H : ?

(2) 높이(압력수두)

$$H = \frac{P}{\gamma}$$

여기서, H : 높이(압력수두)[m]
P : 압력[kPa] 또는 [kN/m²]
γ : 비중량(물의 비중량 9.8kN/m³)
높이(압력수두) H는

$$H = \frac{P}{\gamma} = \frac{100\text{kN/m}^2}{9.8\text{kN/m}^3} ≒ 10.2\text{m}$$

답 ②

★
33 유체의 흐름에 있어서 유선에 대한 설명으로 옳은 것은?

11.06.문35

① 유동단면의 중심을 연결한 선이다.

② 유체의 흐름에 있어서 위치벡터에 수직한 방향을 갖는 연속적인 선이다.

③ 모든 점에서 유체흐름의 속도벡터의 방향을 갖는 연속적인 선이다.

④ 정상류에만 존재하고 난류에서는 존재하지 않는다.

해설 유선, 유적선, 유맥선

구 분	설 명
유선 (stream line)	① **유동장**의 한 선상의 모든 점에서 그은 접선이 그 점에서 **속도방향**과 **일치**되는 선이다. ② **유동장** 내의 모든 점에서 **속도벡터**에 접하는 **가상적인** 선이다. ③ 모든 점에서 유체흐름의 **속도벡터**의 방향을 갖는 **연속**적인 선이다.
유적선 (path line)	한 유체입자가 일정한 기간 내에 **움직여 간 경로**를 말한다.
유맥선 (streak line)	모든 유체입자의 순간적인 **부피**를 말하며, 연소하는 물질의 **체적** 등을 말한다.

기억법 유속

답 ③

☆
34 비중이 0.85인 가연성 액체가 직경 20m, 높이 15m인 탱크에 저장되어 있을 때 탱크 최저부에서의 액체에 의한 압력[kPa]은?

① 147   ② 12.7

③ 125   ④ 14.7

해설 (1) 기호

- s : 0.85
- D : 20m
- h : 15m
- P : ?

(2) 비중

$$s = \frac{\gamma}{\gamma_w}$$

여기서, s : 비중
γ : 어떤 물질의 비중량[N/m³]
γ_w : 물의 비중량(9800N/m³)
어떤 물질의 비중량 γ는
$\gamma = s \times \gamma_w$
$= 0.85 \times 9800\text{N/m}^3 = 8330\text{N/m}^3 = 8.33\text{kN/m}^3$

(3) 액체 속의 압력(게이지압)

$$P = \gamma h$$

여기서, P : 액체 속의 압력(탱크 밑바닥의 압력)[Pa]
γ : 어떤 물질의 비중량[N/m³]
h : 높이(깊이)[m]
탱크 밑바닥의 압력(게이지압) P는
$P = \gamma h$
$= 8.33\text{kN/m}^3 \times 15\text{m} ≒ 125\text{kN/m}^2 = 125\text{kPa}$

비교

액체 속의 압력(절대압)

$$P = P_0 + \gamma h$$

여기서, P : 액체 속의 압력(탱크 밑바닥의 압력)[Pa]
P_0 : 대기압(101.325kPa=101.325kN/m²)
γ : 어떤 물질의 비중량[N/m³]
h : 높이(깊이)[m]
탱크 밑바닥의 압력(절대압) P는
$P = P_0 + \gamma h = 101.325\text{kN/m}^2 + 8.33\text{kN/m}^3 \times 15\text{m}$
$≒ 226\text{kN/m}^2 = 226\text{kPa}$

답 ③

 ★★★
35 표준대기압 상태에서 소방펌프차가 양수 시작 후 펌프 입구의 진공계가 10cmHg을 표시하였다면 펌프에서 수면까지의 높이[m]는? (단, 수은의 비중은 13.60이며, 모든 마찰손실 및 펌프 입구에서의 속도수두는 무시한다.)

19.09.문31
17.03.문34
15.03.문37
13.03.문28
03.08.문22

① 0.36   ② 1.36

③ 2.36   ④ 3.36

해설 (1) 기호

- $H_{수은}$: 10cmHg=0.1mHg
- s : 13.6
- $H_물$: ?

(2) 물의 높이

$$H_물 = sH_{수은}$$

여기서, $H_물$: 물의 높이[m]
s : 수은의 비중
$H_{수은}$: 수은주[m]

물의 높이 $H_물$은

$$H_물 = sH_{수은} = 13.6 \times 0.1mHg = 1.36m$$

- **진공계**가 가리키는 눈금은 **수은주**(Hg)이다.

답 ②

⭐36 동점성계수가 $2.4 \times 10^{-4} m^2/s$이고, 비중이 0.88
17.09.문36 인 40℃ 엔진오일을 1km 떨어진 곳으로 원형
관을 통하여 완전발달 층류상태로 수송할 때 관
의 직경 100mm이고 유량 $0.02m^3/s$라면 필요
한 최소 펌프동력[kW]은?

① 28.2　　② 30.1
③ 32.2　　④ 34.4

해설 (1) 기호

- ν : $2.4 \times 10^{-4} m^2/s$
- s : 0.88
- T : 40℃=(273+40)K
- L : 1km=1000m
- D : 100mm=0.1m(1000mm=1m)
- Q : $0.02m^3/s$
- P : ?

(2) 유량

$$Q = AV = \left(\frac{\pi D^2}{4}\right)V$$

여기서, Q : 유량[m³/s]
A : 단면적[m²]
V : 유속[m/s]
D : 직경(내경)[m]

유속 V는

$$V = \frac{Q}{\frac{\pi D^2}{4}} = \frac{0.02m^3/s}{\frac{\pi \times (0.1m)^2}{4}} ≒ 2.546m/s$$

(3) 비중

$$s = \frac{\gamma}{\gamma_w}$$

여기서, s : 비중
γ : 어떤 물질(엔진오일)의 비중량[N/m³]
γ_w : 물의 비중량(9800N/m³)

엔진오일의 비중량 γ은

$$\gamma = s \times \gamma_w = 0.88 \times 9800N/m^3$$
$$= 8624N/m^3$$
$$= 8.624kN/m^3$$

(4) 레이놀즈수

$$Re = \frac{DV\rho}{\mu} = \frac{DV}{\nu}$$

여기서, Re : 레이놀즈수
D : 내경(직경)[m]
V : 유속(속도)[m/s]
ρ : 밀도[kg/m³]
μ : 점성계수[kg/(m·s)]
ν : 동점성계수$\left(\frac{\mu}{\rho}\right)$[m²/s]

레이놀즈수 $Re = \frac{DV}{\nu} = \frac{0.1m \times 2.546m/s}{2.4 \times 10^{-4}m^2/s} ≒ 1060$

- Re(레이놀즈수)가 2100 이하이므로 층류식 적용

(5) 관마찰계수(층류)

$$f = \frac{64}{Re}$$

여기서, f : 관마찰계수
Re : 레이놀즈수

관마찰계수 $f = \frac{64}{Re} = \frac{64}{1060} ≒ 0.06$

(6) 달시-웨버의 식

$$H = \frac{\Delta P}{\gamma} = \frac{fLV^2}{2gD}$$

여기서, H : 마찰손실[m]
ΔP : 압력차(압력손실)[kPa] 또는 [kN/m²]
γ : 비중량[kN/m³]
f : 관마찰계수
L : 길이[m]
V : 유속[m/s]
g : 중력가속도(9.8m/s²)
D : 내경(직경)[m]

압력차 ΔP는

$$\Delta P = \frac{\gamma f L V^2}{2gD}$$
$$= \frac{8.624kN/m^3 \times 0.06 \times 1000m \times (2.546m/s)^2}{2 \times 9.8m/s^2 \times 0.1m}$$
$$≒ 1711kN/m^2$$
$$= 1711kPa$$

(7) 표준대기압

1atm=760mmHg=1.0332kg$_f$/cm²
　　　　　　=10.332mH₂O(mAq)
　　　　　　=10.332m
　　　　　　=14.7PSI(lb$_f$/in²)
　　　　　　=101.325kPa(kN/m²)
　　　　　　=1013mbar

$$1711kPa = \frac{1711kPa}{101.325kPa} \times 10.332m ≒ 174.47m$$

- 101.325kPa=10.332m

(8) **펌프**에 필요한 **동력**

$$P = \frac{0.163QH}{\eta}K$$

여기서, P : 전동력(펌프동력)[kW]
Q : 유량[m³/min]
H : 전양정[m]
η : 효율
K : 전달계수

펌프에 필요한 **동력** P는

$P = \frac{0.163QH}{\eta}K$

$= 0.163 \times 0.02\text{m}^3/\text{s} \times 174.47\text{m}$

$= 0.163 \times 0.02\text{m}^3 \Big/ \frac{1}{60} \text{min} \times 174.47\text{m}$

$= 0.163 \times (0.02 \times 60)\text{m}^3/\text{min} \times 174.47\text{m}$

$≒ 34.13\text{kW}$

- 계산과정 중 반올림이나 올림 등을 고려하면 34.4kW 정답!
- η, K는 주어지지 않았으므로 무시

답 ④

★
37
18.09.문23

완전 흑체로 가정한 흑연의 표면온도가 450℃이다. 단위면적당 방출되는 복사에너지의 열유속[kW/m²]은? (단, 흑체의 Stefan-Boltzmann 상수 $\sigma = 5.67 \times 10^{-8}$W/m² · K⁴이다.)

① 2.33 ② 15.5
③ 21.4 ④ 232.5

해설 (1) **기호**

- ε : 1(완전 흑체이므로)
- T : 450℃=(273+450)K
- $\overset{\circ}{q}''$: ?
- σ : 5.67×10^{-8}W/m² · K⁴

(2) **복사열**

$$\overset{\circ}{q} = AF_{12}\varepsilon\sigma T^4$$
$$\overset{\circ}{q}'' = F_{12}\varepsilon\sigma T^4$$

여기서, $\overset{\circ}{q}$: 복사열[W]
$\overset{\circ}{q}''$: 단위면적당 복사열(단위면적당 방출되는 복사에너지의 열유속)[W/m²]
A : 단면적[m²]
F_{12} : 배치계수(형상계수)
ε : 복사능(방사율)$[1-e^{(-kl)}]$(완전 흑체 : 1)
k : 흡수계수(absorption coefficient)[m⁻¹]
l : 화염두께[m]
σ : 스테판-볼츠만 상수(5.67×10^{-8}W/m² · K⁴)
T : 절대온도[K]

단위면적당 복사열 $\overset{\circ}{q}''$는

$\overset{\circ}{q}'' = F_{12}\varepsilon\sigma T^4$

$= 1 \times (5.67 \times 10^{-8}\text{W/m}^2 \cdot \text{K}^4) \times [(273+450)\text{K}]^4$

$= 15493\text{W/m}^2 = 15.493\text{kW/m}^2 ≒ 15.5\text{kW/m}^2$

- F_{12} : 주어지지 않았으므로 무시

답 ②

★★
38
17.05.문26
02.03.문23

그림과 같은 단순 피토관에서 물의 유속[m/s]은?

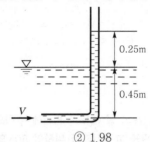

① 1.71 ② 1.98
③ 2.21 ④ 3.28

해설 (1) **기호**

- H : 0.25m(그림에 주어짐)
- V : ?

(2) **피토관의 유속**

$$V = C\sqrt{2gH}$$

여기서, V : 유속[m/s]
C : 측정계수
g : 중력가속도(9.8m/s²)
H : 높이[m]

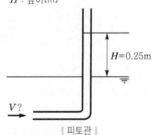

| 피토관 |

피토관 유속 V는

$V = C\sqrt{2gH} = \sqrt{2 \times 9.8\text{m/s}^2 \times 0.25\text{m}} ≒ 2.21\text{m/s}$

- C : 주어지지 않았으므로 무시

답 ③

★★
39
16.05.문32
03.08.문35

온도 20℃, 절대압력 400kPa, 기체 15m³을 등온압축하여 체적이 2m³로 되었다면 압축 후의 절대압력[kPa]은?

① 2000 ② 2500
③ 3000 ④ 4000

해설 (1) **기호**

- T_1 : 20℃
- P_1 : 400kPa
- V_1 : 15m³
- V_2 : 2m³
- P_2 : ?

(2) 등온과정(문제에서 등온압축이라고 주어짐)

$$\frac{P_2}{P_1} = \frac{v_1}{v_2} = \frac{V_1}{V_2}$$

여기서, P_1, P_2 : 변화 전후의 (절대)압력[kPa]
v_1, v_2 : 변화 전후의 비체적[m³/kg]
V_1, V_2 : 변화 전후의 체적[m³]

변화(압축) 후의 (절대)압력 P_2는

$$P_2 = P_1 \times \frac{V_1}{V_2} = 400\text{kPa} \times \frac{15\text{m}^3}{2\text{m}^3} = 3000\text{kPa}$$

답 ③

★★★
40 4kg/s의 물 제트가 평판에 수직으로 부딪힐 때
19.03.문27
13.09.문39
05.03.문23
평판을 고정시키기 위하여 60N의 힘이 필요하다면 제트의 분출속도[m/s]는?

① 3　　　　② 7
③ 15　　　④ 30

 (1) 기호

- $\overline{m}$: 4kg/s
- F : 60N
- V : ?

(2) 유량

$$Q = AV$$

여기서, Q : 유량[m³/s]
A : 단면적[m²]
V : 유속[m/s]

(3) 질량유량(mass flowrate)

$$\overline{m} = AV\rho = Q\rho$$

여기서, $\overline{m}$: 질량유량[kg/s]
A : 단면적[m²]
V : 유속[m/s]
ρ : 밀도(물의 밀도 1000kg/m³ = 1000N·s²/m⁴)
Q : 유량[m³/s]

유량 Q는

$$Q = \frac{\overline{m}}{\rho}$$
$$= \frac{4\text{kg/s}}{1000\text{kg/m}^3} = 4 \times 10^{-3}\text{m}^3/\text{s}$$

(4) 힘

$$F = \rho QV$$

여기서, F : 힘[N]
ρ : 밀도(물의 밀도 1000N·s²/m⁴ = 1000kg/m³)
Q : 유량[m³/s]
V : 유속[m/s]

유속 V는

$$V = \frac{F}{\rho Q}$$
$$= \frac{60\text{N}}{1000\text{N·s}^2/\text{m}^4 \times (4 \times 10^{-3})\text{m}^3/\text{s}} = 15\text{m/s}$$

답 ③

제3과목 소방관계법규

★
41 소방기본법령상 소방활동에 필요한 소화전·급
12.05.문57
수탑·저수조를 설치하고 유지·관리하여야 하는 사람은? (단, 수도법에 따라 설치되는 소화전은 제외한다.)

① 소방서장　　　② 시·도지사
③ 소방본부장　　④ 소방파출소장

 기본법 10조
소방용수시설
(1) 종류 : 소화전·급수탑·저수조
(2) 기준 : 행정안전부령
(3) 설치·유지·관리 : **시·도지사**(단, 수도법에 의한 소화전은 일반수도사업자가 관할소방서장과 협의하여 설치)

답 ②

★★★
42 다음 소방시설 중 소방시설공사업법령상 하자보
17.03.문57
12.05.문59
수 보증기간이 3년이 아닌 것은?

① 비상방송설비
② 옥내소화전설비
③ 자동화재탐지설비
④ 물분무등소화설비

해설 ① 2년

공사업령 6조
소방시설공사의 하자보수 보증기간

보증 기간	소방시설
2년	① **유**도등·유도표지·**피**난기구 ② **비**상**조**명등·비상**경**보설비·**비상방송**설비 ③ **무**선통신보조설비 **기억법** 유비조경방무2
3년	① 자동소화장치 ② **옥내**·외소화전설비 ③ 스프링클러설비·간이스프링클러설비 ④ **물분무등소화설비**·상수도 소화용수설비 ⑤ **자동화재탐지설비**·소화활동설비(무선통신보조설비 제외)

답 ①

★★★
43 다음 중 위험물안전관리법령상 제6류 위험물은?
19.03.문51
15.05.문43
14.09.문04
14.03.문16
13.09.문07
10.09.문49
① 황
② 칼륨
③ 황린
④ 질산

해설
① 황 : 제2류
② 칼륨 : 제3류
③ 황린 : 제3류

위험물령 〔별표 1〕
위험물

유 별	성 질	품 명
제**1**류	**산**화성 **고**체	• 아염소산염류(아염소산나트륨) • 염소산염류 • 과염소산염류 • 질산염류(질산칼륨) • 무기과산화물(과산화바륨) **기억법** 1산고(일산GO)
제**2**류	가연성 고체	• **황화**인 • **적**린 • **황** • **마**그네슘 **기억법** 2황화적황마
제**3**류	자연발화성 물질 및 금수성 물질	• **황**린 • **칼**륨 • **나**트륨 • **트**리에틸**알**루미늄 **기억법** 황칼나트알
제**4**류	인화성 액체	• 특수인화물 • 석유류(벤젠) • 알코올류 • 동식물유류
제**5**류	자기반응성 물질	• 셀룰로이드(질산에스터류) • 유기과산화물 • 나이트로화합물 • 나이트로소화합물 • 아조화합물 • 나이트로글리세린
제**6**류	**산**화성 **액**체	• **과염**소산 • 과산화수소 • **질**산 **기억법** 산액과염산질산

답 ④

⭐⭐⭐
44

15.03.문54
14.09.문60
14.03.문47
12.03.문55

화재의 예방 및 안전관리에 관한 법률상 2급 소방안전관리대상물의 소방안전관리자로 선임될 수 없는 사람은? (단, 2급 소방안전관리자 자격증을 받은 사람이다.)
① 위험물기능사 자격을 가진 사람
② 소방공무원으로 2년 이상 근무한 경력이 있는 사람
③ 위험물산업기사 자격을 가진 사람
④ 소방청장이 실시하는 2급 소방안전관리대상물의 소방안전관리에 관한 시험에 합격한 사람

 해설
② 2년 → 3년

화재예방법 시행령 〔별표 4〕
(1) 특급 소방안전관리대상물의 소방안전관리자 선임조건

자 격	경 력	비 고
• 소방기술사 • 소방시설관리사	경력 필요 없음	특급 소방안전관리자 자격증을 받은 사람
• 1급 소방안전관리자(소방설비기사)	5년	
• 1급 소방안전관리자(소방설비산업기사)	7년	
• 소방공무원	20년	
• 소방청장이 실시하는 특급 소방안전관리대상물의 소방안전관리에 관한 시험에 합격한 사람	경력 필요 없음	

(2) 1급 소방안전관리대상물의 소방안전관리자 선임조건

자 격	경 력	비 고
• 소방설비기사·소방설비산업기사	경력 필요 없음	1급 소방안전관리자 자격증을 받은 사람
• 소방공무원	7년	
• 소방청장이 실시하는 1급 소방안전관리대상물의 소방안전관리에 관한 시험에 합격한 사람	경력 필요 없음	
• 특급 소방안전관리대상물의 소방안전관리자 자격이 인정되는 사람		

(3) 2급 소방안전관리대상물의 소방안전관리자 선임조건

자 격	경 력	비 고
• 위험물기능장·위험물산업기사·위험물기능사	경력 필요 없음	2급 소방안전관리자 자격증을 받은 사람
• 소방공무원 보기 ②	3년	
• 소방청장이 실시하는 2급 소방안전관리대상물의 소방안전관리에 관한 시험에 합격한 사람		
• 「기업활동 규제완화에 관한 특별조치법」에 따라 소방안전관리자로 선임된 사람(소방안전관리자로 선임된 기간으로 한정)	경력 필요 없음	
• 특급 또는 1급 소방안전관리대상물의 소방안전관리자 자격이 인정되는 사람		

(4) 3급 소방안전관리대상물의 소방안전관리자 선임조건

자 격	경 력	비 고
• 소방공무원	1년	
• 소방청장이 실시하는 3급 소방안전관리대상물의 소방안전관리에 관한 시험에 합격한 사람	경력 필요 없음	3급 소방안전관리자 자격증을 받은 사람
• 「기업활동 규제완화에 관한 특별조치법」에 따라 소방안전관리자로 선임된 사람(소방안전관리자로 선임된 기간으로 한정)		
• 특급 소방안전관리대상물, 1급 소방안전관리대상물 또는 2급 소방안전관리대상물의 소방안전관리자 자격이 인정되는 사람		

답 ②

⭐
45 화재의 예방 및 안전관리에 관한 법률상 소방안
[17.03.문43] 전관리대상물의 관계인이 소방안전관리자를 선임할 경우에는 선임한 날부터 며칠 이내에 소방본부장 또는 소방서장에게 신고하여야 하는가?

① 7 ② 14
③ 21 ④ 30

해설 **14**일
(1) 소방기술자 실무교육기관 휴폐업신고일(공사업규칙 34조)
(2) **제**조소 등의 용도**폐**지 신고일(위험물법 11조)
(3) 위험물안전관리자의 **선**임신고일(위험물법 15조)
(4) 소방안전관리자의 **선**임신고일(화재예방법 26조)

기억법 **14제폐선(일사**천리로 **제패**하여 **성**공하라.)

 비교
30일
(1) 소방시설업 등록사항 변경신고(공사업규칙 6조)
(2) 위험물안전관리자의 **재선임**(위험물법 15조)
(3) 소방안전관리자의 **재선임**(화재예방법 시행규칙 14조)
(4) **도급계약** 해지(공사업법 23조)
(5) 소방시설공사 중요사항 변경시의 신고일(공사업규칙 12조)
(6) 소방기술자 실무교육기관 지정서 발급(공사업규칙 32조)
(7) 소방공사감리자 변경서류제출(공사업규칙 15조)
(8) **승계**(위험물법 10조)

답 ②

⭐
46 소방기본법령상 이웃하는 다른 시·도지사와 소
[13.09.문42] 방업무에 관하여 시·도지사가 체결할 상호응원협정 사항이 아닌 것은?

① 화재조사활동
② 응원출동의 요청방법
③ 소방교육 및 응원출동훈련
④ 응원출동 대상지역 및 규모

해설 ③ 소방교육은 해당없음

기본규칙 8조
소방업무의 상호응원협정
(1) 다음의 **소방활동**에 관한 사항
 ㉠ 화재의 경계·진압활동
 ㉡ 구조·구급업무의 지원
 ㉢ 화재**조**사활동
(2) **응원출동 대상지역** 및 규모
(3) **소요경비**의 **부담**에 관한 사항
 ㉠ 출동대원의 수당·식사 및 의복의 수선
 ㉡ 소방장비 및 기구의 정비와 연료의 보급
(4) **응원출동의 요청방법**
(5) **응원출동 훈련** 및 **평가**

기억법 조응(**조아**?)

답 ③

⭐
47 위험물안전관리법령상 위험물의 안전관리와 관련된 업무를 시행하는 자로서 소방청장이 실시하는 안전교육대상자가 아닌 사람은?

① 제조소 등의 관계인
② 안전관리자로 선임된 자
③ 위험물운송자로 종사하는 자
④ 탱크시험자의 기술인력으로 종사하는 자

해설 위험물안전관리법 28조
위험물 안전교육대상자
(1) 안전관리자
(2) 탱크시험자
(3) 위험물운반자
(4) 위험물운송자

답 ①

⭐
48 소방시설공사업법상 소방시설업의 등록을 하지
[17.09.문53] 아니하고 영업을 한 사람에 대한 벌칙은?

① 500만원 이하의 벌금
② 1년 이하의 징역 또는 2천만원 이하의 벌금
③ 3년 이하의 징역 또는 3천만원 이하의 벌금
④ 5년 이하의 징역 또는 5천만원 이하의 벌금

해설 **3**년 이하의 **징역** 또는 **3000**만원 이하의 **벌금**
(1) 화재안전조사 결과에 따른 조치명령(화재예방법 50조)
(2) **소방시설업** 무등록자(공사업법 35조)
(3) **부정**한 청탁을 받고 재물 또는 재산상의 **이익**을 취득하거나 부정한 청탁을 하면서 재물 또는 재산상의 이익을 제공한 자(공사업법 35조)
(4) **소방시설관리업** 무등록자(소방시설법 57조)
(5) **형식승인**을 얻지 않은 소방용품 제조·수입자(소방시설법 57조)
(6) **제품검사**를 받지 않은 사람(소방시설법 57조)
(7) 거짓이나 그 밖의 **부정**한 **방법**으로 제품검사 전문기관의 지정을 받은 사람(소방시설법 57조)

기억법 **33형관(삼삼**하게 **형**처럼 **관**리하기!)

답 ③

★★★
49 소방시설 설치 및 관리에 관한 법률상 건축물
18.04.문42
17.05.문59
08.03.문49
대장의 건축물 현황도에 표시된 대지경계선 안에 둘 이상의 건축물이 있는 경우, 연소 우려가 있는 건축물의 구조에 대한 기준으로 맞는 것은?

① 건축물이 다른 건축물의 외벽으로부터 수평거리가 1층의 경우에는 6m 이하인 경우
② 건축물이 다른 건축물의 외벽으로부터 수평거리가 2층의 경우에는 6m 이하인 경우
③ 건축물이 다른 건축물의 외벽으로부터 수평거리가 1층의 경우에는 20m 이상의 경우
④ 건축물이 다른 건축물의 외벽으로부터 수평거리라 2층의 경우에는 20m 이상인 경우

해설 **소방시설법 시행규칙 17조**
연소 우려가 있는 건축물의 구조
(1) **1층** : 타건축물 외벽으로부터 **6m** 이하
(2) **2층 이상** : 타건축물 외벽으로부터 **10m** 이하
(3) 대지경계선 안에 2 이상의 건축물이 있는 경우
(4) 개구부가 다른 건축물을 향하여 설치된 구조

📋 **비교**

소방시설법 시행령 〔별표 2〕
둘 이상의 특정소방대상물이 내화구조의 복도 또는 통로(연결통로)로 연결된 경우로 하나의 소방대상물로 보는 경우

벽이 없는 경우	벽이 있는 경우
길이 **6m** 이하	길이 **10m** 이하

답 ①

★★★
50 소방시설 설치 및 관리에 관한 법률상 무창층
19.09.문43
14.03.문48
12.09.문54
11.06.문49
05.09.문46
여부 판단시 개구부 요건에 대한 기준으로 맞는 것은?
① 도로 또는 차량이 진입할 수 없는 빈터를 향할 것
② 내부 또는 외부에서 쉽게 부수거나 열 수 없을 것
③ 크기는 지름 50cm 이상의 원이 통과할 수 있을 것
④ 해당 층의 바닥면으로부터 개구부 밑부분까지의 높이가 1.5m 이내일 것

해설
① 없는 → 있는
② 없을 것 → 있을 것
④ 1.5m 이내 → 1.2m 이내

소방시설법 시행령 2조
무창층의 개구부의 기준
(1) 개구부의 크기는 지름 **50cm** 이상의 원이 통과할 수 있을 것
(2) 해당 층의 바닥면으로부터 개구부 밑부분까지의 높이가 **1.2m** 이내일 것
(3) 개구부는 **도로** 또는 **차량**이 진입할 수 있는 **빈터**를 향할 것
(4) 화재시 건축물로부터 **쉽게 피난**할 수 있도록 개구부에 창살 그 밖의 장애물이 설치되지 않을 것
(5) 내부 또는 외부에서 **쉽게** 부수거나 열 수 있을 것

🔑 **기억법** 무125

답 ③

★★
51 소방시설 설치 및 관리에 관한 법률상 소방시
13.09.문47
11.06.문50
설관리업 등록의 결격사유에 해당하지 않는 사람은?
① 피성년후견인
② 소방시설관리업의 등록이 취소된 날로부터 2년이 지난 자
③ 금고 이상의 형의 집행유예를 선고받고 그 유예기간 중에 있는 자
④ 금고 이상의 실형을 선고받고 그 집행이 면제된 날부터 2년이 지나지 아니한 자

해설 ② 지난 자 → 지나지 아니한 자

소방시설법 30조
소방시설관리업의 등록결격사유
(1) 피성년후견인
(2) 금고 이상의 실형을 선고받고 그 집행이 끝나거나 집행이 면제된 날부터 **2년**이 지나지 아니한 사람
(3) 금고 이상의 형의 집행유예를 선고받고 그 유예기간 중에 있는 사람
(4) 관리업의 등록이 취소된 날부터 **2년**이 지나지 아니한 사람

📋 **비교**

소방시설법 27조
소방시설관리사의 결격사유
(1) 피성년후견인
(2) 금고 이상의 실형을 선고받고 그 집행이 끝나거나(집행이 끝난 것으로 보는 경우 포함) 집행이 면제된 날부터 **2년**이 지나지 아니한 사람
(3) 금고 이상의 형의 집행유예를 선고받고 그 유예기간 중에 있는 사람
(4) 자격취소 후 **2년**이 지나지 아니한 사람

답 ②

★
52 다음 보기 중 소방시설 설치 및 관리에 관한 법률상
13.09.문56 소방용품의 형식승인을 반드시 취소하여야만 하는 경우를 모두 고른 것은?

> ㉠ 형식승인을 위한 시험시설의 시설기준에 미달되는 경우
> ㉡ 거짓이나 그 밖의 부정한 방법으로 형식 승인을 받은 경우
> ㉢ 제품검사시 소방용품의 형식승인 및 제품 검사의 기술기준에 미달되는 경우

① ㉡

② ㉢

③ ㉡, ㉢

④ ㉠, ㉡, ㉢

해설　　㉠, ㉢ 제품검사 중지사항

소방시설법 39조
(1) 제품검사의 **중지**사항
　㉠ 시험시설이 시설기준에 미달한 경우
　㉡ 제품검사의 기술기준에 미달한 경우
(2) 형식승인 **취소**사항
　㉠ 거짓이나 그 밖의 **부**정한 방법으로 형식승인을 받은 경우
　㉡ 거짓이나 그 밖의 **부**정한 방법으로 제품검사를 받은 경우
　㉢ 변경승인을 받지 아니하거나 거짓이나 그 밖의 **부**정한 방법으로 변경승인을 얻은 경우

> 기억법 취부(**취부**하다.)

답 ①

★★
53 소방기본법령상 소방대원에게 실시할 교육·훈련의 횟수 및 기간으로 옳은 것은?
18.09.문53
15.09.문53
① 1년마다 1회, 2주 이상

② 2년마다 1회, 2주 이상

③ 3년마다 1회, 2주 이상

④ 3년마다 1회, 4주 이상

해설　(1) **2**년마다 1회 이상
　㉠ 소방대원의 소방교육·훈련(기본규칙 9조)
　㉡ **실**무교육(화재예방법 시행규칙 29조)

> 기억법 실2(**실리**)

(2) **소방기본법 시행규칙 [별표 3의 2]**
　소방대원의 소방 교육·훈련

구 분	설 명
전문교육기간	2주 이상

> 비교

화재예방법 시행규칙 29조
소방안전관리자의 실무교육
① 실시자 : **소방청장**(위탁 : 한국소방안전원장)
② 실시 : **2**년마다 **1**회 이상
③ 교육통보 : **30**일 전

답 ②

★★★
54 소방기본법령상 벌칙이 5년 이하의 징역 또는 5천 만원 이하의 벌금에 해당하지 않는 것은?
18.09.문44
16.05.문43
15.09.문44
14.03.문42
① 정당한 사유 없이 소방용수시설의 효용을 해 치거나 그 정당한 사용을 방해하는 자

② 소방자동차가 화재진압 및 구조·구급 활동 을 위하여 출동할 때 그 출동을 방해한 자

③ 출동한 소방대의 소방장비를 파손하거나 그 효용을 해하여 화재진압·인명구조 또는 구 급활동을 방해한 자

④ 사람을 구출하거나 불이 번지는 것을 막기 위 하여 불이 번질 우려가 있는 소방대상물 사용 제한의 강제처분을 방해한 자

해설　④ 3년 이하의 징역 또는 3000만원 이하의 벌금

기본법 50조
5년 이하의 징역 또는 5000만원 이하의 벌금
(1) 소방자동차의 **출**동 방해
(2) 사람**구**출 방해(화재진압, 구급활동 방해)
(3) **소방용수시설** 또는 **비상소화장치**의 효용 방해

> 기억법 출구용5

> 중요

3년 이하의 징역 또는 **3000만원 이하의 벌금**
(1) 소방활동에 필요한 소방대상물 및 토지의 강제처분을 방해한 자(기본법 51조)
(2) 소방시설업 무등록자(공사업법 35조)

답 ④

★★★
55 소방기본법령상 소방용수시설인 저수조의 설치 기준으로 맞는 것은?
19.04.문46
16.05.문47
15.05.문50
15.05.문57
11.03.문42
10.05.문46
① 흡수부분의 수심이 0.5m 이하일 것

② 지면으로부터의 낙차가 4.5m 이하일 것

③ 흡수관의 투입구가 사각형의 경우에는 한 변 의 길이가 60cm 이하일 것

④ 저수조에 물을 공급하는 방법은 상수도에 연 결하여 수동으로 급수되는 구조일 것

해설

① 0.5m 이하 → 0.5m 이상
③ 60cm 이하 → 60cm 이상
④ 수동으로 → 자동으로

소방용수시설의 저수조의 설치기준(기본규칙 〔별표 3〕)

구 분	기 준
낙차	4.5m 이하
수심	0.5m 이상
투입구의 길이 또는 지름	60cm 이상

(1) 소방펌프자동차가 **쉽게 접근**할 수 있도록 할 것
(2) 흡수에 지장이 없도록 **토사 및 쓰레기** 등을 제거할 수 있는 설비를 갖출 것
(3) 저수조에 물을 공급하는 방법은 **상수도**에 연결하여 **자동**으로 **급수**되는 구조일 것

답 ②

56
19.04.문47
14.03.문58

위험물안전관리법상 제조소 등을 설치하고자 하는 자는 누구의 허가를 받아 설치할 수 있는가?

① 소방서장
② 소방청장
③ 시·도지사
④ 안전관리자

해설 **위험물법 6조**
제조소 등의 설치허가
(1) 설치허가자 : **시·도지사**
(2) 설치허가 제외장소
   ㉠ 주택의 난방시설(공동주택의 중앙난방시설은 제외)을 위한 **저장소** 또는 **취급소**
   ㉡ 지정수량 **20배** 이하의 **농예용·축산용·수산용** 난방시설 또는 건조시설의 **저장소**
(3) 제조소 등의 변경신고 : 변경하고자 하는 날의 **1일** 전까지

참고

시·도지사
(1) 특별시장
(2) 광역시장
(3) 특별자치시장
(4) 도지사
(5) 특별자치도지사

답 ③

57
15.03.문50

위험물안전관리법상 업무상 과실로 제조소 등에서 위험물을 유출·방출 또는 확산시켜 사람의 생명·신체 또는 재산에 대하여 위험을 발생시킨 자에 대한 벌칙으로 옳은 것은?

① 5년 이하의 금고 또는 5천만원 이하의 벌금
② 5년 이하의 금고 또는 7천만원 이하의 벌금
③ 7년 이하의 금고 또는 5천만원 이하의 벌금
④ 7년 이하의 금고 또는 7천만원 이하의 벌금

해설 **위험물법 34조**
위험물 유출·방출·확산

위험 발생	사람 사상
7년 이하의 금고 또는 **7000만원** 이하의 벌금	**10년** 이하의 징역 또는 금고나 **1억원** 이하의 벌금

답 ④

58
10.09.문54

소방시설 설치 및 관리에 관한 법률상 특정소방대상물 중 숙박시설에 해당하지 않는 것은?

① 모텔
② 오피스텔
③ 가족호텔
④ 한국전통호텔

해설

② 오피스텔 : 업무시설

소방시설법 시행령 〔별표 2〕
숙박시설

구 분	세부종류	
일반형 숙박시설 (취사 제외)	• 호텔 • 여인숙	• 여관 • **모텔** 보기 ①
생활형 숙박시설 (취사 포함)	• 관광호텔 • 수상관광호텔 • **한국전통호텔** 보기 ④ • **가족호텔 휴양콘도미니엄** 보기 ③	
고시원	바닥면적 합계 500m² 이상으로 근린생활시설에 해당하지 않는 것	

답 ②

59
19.03.문50
15.09.문45
15.03.문49
13.06.문41
13.03.문45

소방시설 설치 및 관리에 관한 법률상 건축물의 신축·증축·용도변경 등의 허가 권한이 있는 행정기관은 건축허가를 할 때 미리 그 건축물 등의 시공지 또는 소재지를 관할하는 소방본부장이나 소방서장의 동의를 받아야 한다. 다음 중 건축허가 등의 동의대상물의 범위가 아닌 것은?

① 수련시설로서 연면적 200m² 이상인 건축물
② 지하층 또는 무창층이 있는 건축물로서 바닥면적이 150m² 이상인 층이 있는 것
③ 승강기 등 기계장치에 의한 주차시설로서 자동차 10대 이상을 주차할 수 있는 시설
④ 차고·주차장으로 사용되는 바닥면적이 200m² 이상인 층이 있는 건축물이나 주차시설

해설 ③ 10대 이상 → 20대 이상

소방시설법 시행령 7조
건축허가 등의 동의대상물
(1) 연면적 **400m²**(학교시설 : **100m²**, 수련시설 · 노유자시설 : **200m²**, 정신의료기관 · 장애인의료재활시설 : **300m²**) 이상
  보기 ①
(2) **6층 이상**인 건축물
(3) 차고 · 주차장으로서 바닥면적 **200m² 이상**(자동차 **20대 이상**)
  보기 ④
(4) **항공기격납고, 관망탑, 항공관제탑, 방송용 송수신탑**
(5) 지하층 또는 무창층의 바닥면적 **150m²**(공연장은 **100m²**) 이상 보기 ②
(6) **위험물저장 및 처리시설, 지하구**
(7) **결핵환자**나 **한센인**이 24시간 생활하는 **노유자시설**
(8) 전기저장시설, 풍력발전소
(9) 요양병원(의료재활시설 제외)
(10) 노인주거복지시설 · 노인의료복지시설 및 재가노인복지시설, 학대피해노인 전용쉼터, 아동복지시설, 장애인거주시설
(11) 정신질환자 관련시설(공동생활가정을 제외한 재활훈련시설과 종합시설 중 24시간 주거를 제공하지 않는 시설 제외)
(12) 노숙인자활시설, 노숙인재활시설 및 노숙인요양시설
(13) 조산원, 산후조리원, 의원(입원실이 있는 것)
(14) 공장 또는 창고시설로서 지정수량의 **750배 이상**의 특수가연물을 저장 · 취급하는 것
(15) 가스시설로서 지상에 노출된 탱크의 저장용량의 합계가 **100t 이상**인 것
  답 ③

 ★★
60 **소방기본법령상 소방활동구역에 출입할 수 있는**
19.03.문60
11.10.문57
자는?
① 한국소방안전원에 종사하는 자
② 수사업무에 종사하지 않는 검찰청 소속 공무원
③ 의사 · 간호사 그 밖의 구조 · 구급업무에 종사하는 사람
④ 소방활동구역 밖에 있는 소방대상물의 소유자 · 관리자 또는 점유자

해설 ① 한국소방안전원은 해당사항 없음
  ② 종사하지 않는 → 종사하는
  ④ 소방활동구역 밖 → 소방활동구역 안

기본령 8조
소방활동구역 출입자
(1) 소방활동구역 안에 있는 **소유자 · 관리자** 또는 **점유자**
(2) **전기 · 가스 · 수도 · 통신 · 교통**의 업무에 종사하는 자로서 원활한 **소방활동**을 위하여 필요한 자
(3) **의사 · 간호사**, 그 밖의 구조 · 구급업무에 종사하는 자
  보기 ③
(4) **취재인력** 등 보도업무에 종사하는 자
(5) **수사업무**에 종사하는 자
(6) **소방대장**이 소방활동을 위하여 **출입**을 **허가**한 **자**

※ **소방활동구역** : 화재, 재난 · 재해 그 밖의 위급한 상황이 발생한 현장에 정하는 구역
  답 ③

┌─────────┐
│ 제 4 과목 │ **소방기계시설의 구조 및 원리** ∷
└─────────┘

★★★
61 **상수도소화용수설비의 화재안전기준에 따라 상**
19.03.문64
15.05.문65
15.03.문72
13.09.문73
10.05.문62
수도소화용수설비의 소화전은 특정소방대상물의 수평투영면의 각 부분으로부터 최대 몇 m 이하가 되도록 설치하여야 하는가?
① 100
② 120
③ 140
④ 160

해설 **상수도소화용수설비**의 기준(NFPC 401 4조, NFTC 401 2.1.1)
(1) **호칭지름**

수도배관(상수도배관)	소화전(상수도소화전)
75mm 이상	100mm 이상

(2) 소화전은 소방자동차 등의 진입이 쉬운 **도로변** 또는 **공지**에 설치
(3) 소화전은 특정소방대상물의 수평투영면의 각 부분으로부터 **140m 이하**에 설치
(4) 지상식 소화전의 호스접결구는 지면으로부터 높이가 0.5m 이상 1m 이하가 되도록 설치
  답 ③

★★★
62 **소화수조 및 저수조의 화재안전기준에 따라 소**
19.09.문77
17.09.문67
11.06.문78
07.09.문77
화용수 소요수량이 120m³일 때 소화용수설비에 설치하는 채수구는 몇 개가 소요되는가?
① 2   ② 3
③ 4   ④ 5

해설 **소화수조 · 저수조**(NFPC 402 4조, NFTC 402 2.1.3)
(1) **흡수관 투입구**

소요수량	80m³ 미만	80m³ 이상
흡수관 투입구의 수	1개 이상	2개 이상

(2) **채수구**

소요수량	20~40m³ 미만	40~100m³ 미만	100m³ 이상
채수구의 수	1개	2개	3개

┌─────┐
│ 용어 │
└─────┘
채수구
소방차의 소방호스와 접결되는 흡입구
  답 ②

★★★ 63

18.09.문61
16.05.문67
11.10.문71
09.08.문74

포소화설비의 화재안전기준에 따른 포소화설비 설치기준에 대한 설명으로 틀린 것은?

① 포워터스프링클러헤드는 바닥면적 8m²마다 1개 이상 설치하여야 한다.
② 포헤드를 정방형으로 배치하든 장방형으로 배치하든 간에 그 유효반경은 2.1m로 한다.
③ 포헤드는 특정소방대상물의 천장 또는 반자에 설치하되, 바닥면적 7m²마다 1개 이상으로 한다.
④ 전역방출방식의 고발포용 고정포방출구는 바닥면적 500m² 이내마다 1개 이상을 설치하여야 한다.

 해설 ③ 7m²마다 → 9m²마다

헤드의 설치개수(NFPC 105 12조, NFTC 105 2.9.2)

헤드 종류		바닥면적/설치개수
포워터스프링클러헤드		8m²/개
포헤드 →		9m²/개
압축공기포 소화설비	특수가연물 저장소	9.3m²/개
	유류탱크 주위	13.9m²/개
고정포방출구		500m²/1개

답 ③

★★ 64

16.03.문67
11.06.문71

소화기구 및 자동소화장치의 화재안전기준에 따라 부속용도별 추가하여야 할 소화기구 중 음식점의 주방에 추가하여야 할 소화기구의 능력단위는? (단, 지하가의 음식점을 포함한다.)

① 해당 용도 바닥면적 10m²마다 1단위 이상
② 해당 용도 바닥면적 15m²마다 1단위 이상
③ 해당 용도 바닥면적 20m²마다 1단위 이상
④ 해당 용도 바닥면적 25m²마다 1단위 이상

해설 **부속용도별로 추가되어야 할 소화기구**(소화기)(NFTC 101 2.1.1.3)

소화기	자동확산소화기
① 능력단위 : 해당 용도의 바닥면적 25m²마다 1단위 이상	① 10m² 이하 : **1개**
② 능력단위= $\dfrac{바닥면적}{25m^2}$	② 10m² 초과 : **2개**

답 ④

★★ 65

15.05.문64
10.03.문67

분말소화설비의 화재안전기준에 따라 전역방출방식 분말소화설비의 분사헤드는 소화약제 저장량을 최대 몇 초 이내에 방사할 수 있는 것으로 하여야 하는가?

① 10
② 20
③ 30
④ 60

해설 **약제방사시간**

소화설비		전역방출방식		국소방출방식	
		일반 건축물	위험물 제조소	일반 건축물	위험물 제조소
할론소화설비		10초 이내 ↓	30초 이내	10초 이내	30초 이내
분말소화설비		30초 이내		30초 이내	
CO₂ 소화설비	표면 화재	1분 이내	60초 이내		
	심부 화재	7분 이내			

• 문제에서 특정한 조건이 없으면 "**일반건축물**"을 적용하면 된다.

답 ③

★★ 66

18.04.문69
10.03.문65

연결살수설비의 화재안전기준에 따라 연결살수설비 전용헤드를 사용하는 배관의 설치에서 하나의 배관에 부착하는 살수헤드가 4개일 때 배관의 구경은 몇 mm 이상으로 하는가?

① 50
② 65
③ 80
④ 100

해설 **배관의 기준**(NFPC 503 5조, NFTC 503 2.2.3.1)

살수헤드 개수	1개	2개	3개	4개 또는 5개 ↓	6~10개 이하
배관구경 [mm]	32	40	50	65	80

비교

(1) 스프링클러설비

급수 관의 구경 구 분	25 mm	32 mm	40 mm	50 mm	65 mm	80 mm	90 mm	100 mm	125 mm	150 mm
폐쇄형 헤드수	2개	3개	5개	10개	30개	60개	80개	100개	160개	161개 이상
개방형 헤드수	1개	2개	5개	8개	15개	27개	40개	55개	90개	91개 이상

※ 폐쇄형 스프링클러헤드 : 최대면적 3000m² 이하

(2) 옥내소화전설비

배관 구경	40mm	50mm	65mm	80mm	100mm
방수량	130 L/min	260 L/min	390 L/min	520 L/min	650 L/min
소화 전수	1개	2개	3개	4개	5개

답 ②

67

18.04.문77
11.03.문65

연결살수설비의 화재안전기준상 연결살수설비의 가지배관은 교차배관 또는 주배관에서 분기되는 지점을 기점으로 한쪽 가지배관에 설치되는 헤드의 개수를 최대 몇 개 이하로 해야 하는가?

① 8

② 10

③ 12

④ 15

해설 **연결살수설비**(NFPC 503 5조, NFTC 503 2.2.6)
한쪽 가지배관에 설치되는 헤드의 개수 : **8개** 이하

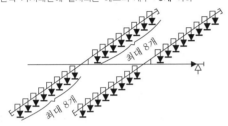

| 가지배관의 헤드개수 |

비교

연결살수설비(NFPC 503 4조, NFTC 503 2.1.4)
연결살수설비에서 하나의 송수구역에 설치하는 개방형 헤드의 수는 **10개** 이하이다.

답 ①

68

16.05.문62
14.05.문69
05.09.문62

스프링클러설비의 화재안전기준에 따라 설치장소의 최고 주위온도가 70℃인 장소에 폐쇄형 스프링클러헤드를 설치하는 경우 표시온도가 몇 ℃인 것을 설치해야 하는가?

① 79℃ 미만

② 162℃ 이상

③ 79℃ 이상 121℃ 미만

④ 121℃ 이상 162℃ 미만

해설 **폐쇄형 헤드의 표시온도**(NFTC 103 2.7.6)

설치장소의 최고 주위온도	표시온도
39℃ 미만	**79**℃ 미만
39~**64**℃ 미만	79~**121**℃ 미만
64~**106**℃ 미만	121~**162**℃ 미만
106℃ 이상	162℃ 이상

기억법	39	79
	64	121
	106	162

참고

헤드의 표시온도는 **최고온도**보다 **높은** 것을 선택한다.

기억법 **최높**

답 ④

69

18.09.문74
11.06.문69
01.06.문62

옥외소화전설비의 화재안전기준에 따라 옥외소화전설비의 수원은 그 저수량이 옥외소화전의 설치개수에 몇 m³를 곱한 양 이상이 되도록 하여야 하는가? (단, 옥외소화전이 2개 이상 설치된 경우에는 2개로 고려한다.)

① 3

② 5

③ 7

④ 9

해설 **수원의 저수량**(NFPC 109 4조, NFTC 109 2.1.1)

옥내소화전설비	옥외소화전설비
$Q = 2.6N$(29층 이하, N : 최대 2개) $Q = 5.2N$(30~49층 이하, N : 최대 5개) $Q = 7.8N$(50층 이상, N : 최대 5개) 여기서, Q : 옥내소화전 수원의 저수량(m³) N : 가장 많은 층의 소화전개수	$Q = 7N$ 여기서, Q : 옥외소화전 수원의 저수량(m³) N : 옥외소화전 설치개수(**최대 2개**)

답 ③

70

18.03.문79

피난사다리의 형식승인 및 제품검사의 기술기준에 따른 피난사다리에 대한 설명으로 틀린 것은?

① 수납식 사다리는 평소에 실내에 두다가 필요시 꺼내어 사용하는 사다리를 말한다.

② 올림식 사다리는 소방대상물 등에 기대어 세워서 사용하는 사다리를 말한다.

③ 고정식 사다리는 항시 사용 가능한 상태로 소방대상물에 고정되어 사용되는 사다리를 말한다.

④ 내림식 사다리는 평상시에는 접어둔 상태로 두었다가 사용하는 때에 소방대상물 등에 걸어 내려 사용하는 사다리를 말한다.

해설

① 평소에 실내에 두다가 필요시 꺼내어 사용하는
사다리 → 횡봉이 종봉 내에 수납되어 사용하는
때에 횡봉을 꺼내어 사용할 수 있는 구조

용어의 정의(피난사다리 형식 2조)

용 어	정 의
피난사다리	화재시 긴급대피에 사용하는 사다리로 서 **고정식·올림식** 및 **내림식** 사다리
고정식 사다리	항시 사용 가능한 상태로 소방대상물 에 **고정**되어 사용되는 사다리(수납식· 접는식·신축식을 포함)
수납식	횡봉이 종봉 내에 **수납**되어 사용하는 때 에 횡봉을 꺼내어 사용할 수 있는 구조
접는식	사다리를 **접을 수** 있는 구조
신축식	사다리 하부를 **신축**할 수 있는 구조
올림식 사다리	소방대상물 등에 **기대어** 세워서 사용 하는 사다리
내림식 사다리	평상시에는 **접어둔** 상태로 두었다가 사 용하는 때에 소방대상물 등에 **걸어 내려** 사용하는 사다리(하향식 피난구용 내림 식 사다리를 포함)
하향식 피난구용 내림식 사다리	하향식 피난구 해치(피난사다리를 항상 사용 가능한 상태로 넣어 두는 장치를 말함)에 **격납**하여 보관되다가 사용하는 때에 **사다리의 돌자** 등이 소방대상물 과 접촉되지 아니하는 내림식 사다리

답 ①

71
19.03.문53
18.04.문49

소방시설 설치 및 관리에 관한 법률상 주거용 주
방자동소화장치를 설치하여야 하는 기준은?

① 30층 오피스텔의 16층에 있는 세대의 주방
② 층수와 관계없이 모든 오피스텔의 주방
③ 30층 아파트의 16층에 있는 세대의 주방
④ 20층 아파트의 3층에 있는 세대의 주방

해설

② 모든 층에 설치하므로 정답

소방시설법 시행령 [별표 4]
소화설비의 설치대상

종 류	설치대상
소화기구	① 연면적 **33m²** 이상(단, **노유자시설**은 **투척용 소화용구** 등을 산정된 소화기 수량의 $\frac{1}{2}$ 이상으로 설치 가능) ② 국가유산 ③ 가스시설, 전기저장시설 ④ 터널 ⑤ 지하구
주거용 주방자동소화장치	① 아파트 등(모든 층) ② **오피스텔**(모든 층)

답 ②

72
19.04.문17
18.03.문08
17.03.문14
16.03.문10
15.05.문20
15.03.문16
13.09.문11
12.09.문04
11.03.문08
08.05.문18

분말소화설비의 화재안전기준에 따라 분말소화
설비의 소화약제 중 차고 또는 주차장에 설치해
야 하는 것은?

① 제1종 분말
② 제2종 분말
③ 제3종 분말
④ 제4종 분말

해설 (1) **분말소화약제**

종 별	주성분	약제의 착색	적응 화재	비 고
제1종	중탄산나트륨 ($NaHCO_3$)	백색	BC급	**식용유** 및 **지방질유**의 화재에 적합 (**비**누화현상) **기억법** 1식분(일 식분식), 비1(비일 비재)
제2종	중탄산칼륨 ($KHCO_3$)	담자색 (담회색)		–
제3종	제1인산암모늄 ($NH_4H_2PO_4$)	담홍색	AB C급	**차고·주차장**에 적합 **기억법** 3분 차주 (삼보컴퓨 터 차주), 인3(인삼)
제4종	중탄산칼륨+ 요소 ($KHCO_3$ + $(NH_2)_2CO$)	회(백)색	BC급	–

- 중탄산나트륨 = 탄산수소나트륨
- 중탄산칼륨 = 탄산수소칼륨
- 제1인산암모늄 = 인산암모늄 = 인산염
- 중탄산칼륨 + 요소 = 탄산수소칼륨 + 요소

(2) **이산화탄소 소화약제**

주성분	적응화재
이산화탄소(CO_2)	BC급

답 ③

73
16.03.문78
12.05.문73

스프링클러설비의 화재안전기준에 따라 극장에
설치된 무대부에 스프링클러설비를 설치할 때,
스프링클러헤드를 설치하는 천장 및 반자 등의
각 부분으로부터 하나의 스프링클러헤드까지의
수평거리는 최대 몇 m 이하인가?

① 1.0
② 1.7
③ 2.0
④ 2.7

해설 수평거리(R)

설치장소	설치기준
무대부 · 특수가연물 ─→ (창고 포함)	수평거리 **1.7m** 이하
기타구조(창고 포함)	수평거리 **2.1m** 이하
내화구조(창고 포함)	수평거리 **2.3m** 이하
공동주택(**아**파트) 세대 내	수평거리 **2.6m** 이하

기억법 무기내아(**무기** 내려놔 **아**!)

답 ②

74 이산화탄소 소화설비의 화재안전기준에 따른 이산화탄소 소화설비의 수동식 기동장치 설치기준으로 틀린 것은?

① 기동장치의 조작부는 보호판 등에 따른 보호장치를 설치하여야 한다.
② 기동장치의 조작부는 바닥으로부터 0.8m 이상 1.5m 이하의 위치에 설치한다.
③ 전역방출방식은 방호구역마다, 국소방출방식은 방호대상물마다 설치한다.
④ 기동장치의 **복구스위치**는 음향경보장치와 연동하여 조작될 수 있는 것이어야 한다.

해설 ④ 복구위치 → 방출용 스위치

이산화탄소 소화설비의 **수동식 기동장치 설치기준**(NFPC 106 6조, NFTC 106 2.3.1)
(1) **전역방출방식**은 **방호구역**마다, **국소방출방식**은 방호대상물마다 설치할 것 **보기 ③**
(2) 해당 방호구역의 **출입구부분** 등 조작을 하는 자가 쉽게 피난할 수 있는 장소에 설치할 것
(3) 기동장치의 **조작부**는 바닥으로부터 높이 **0.8~1.5m 이하**의 위치에 설치하고, 보호판 등에 따른 보호장치를 설치할 것 **보기 ①, ②**
(4) 기동장치에는 그 가까운 곳의 보기 쉬운 곳에 "**이산화탄소 소화설비 기동장치**"라고 표시한 **표지**를 할 것
(5) 전기를 사용하는 기동장치에는 **전원표시등**을 설치할 것
(6) 기동장치의 **방출용** 스위치는 음향경보장치와 연동하여 조작될 수 있는 것으로 할 것 **보기 ④**
(7) 기동장치에는 보호장치를 설치해야 하며, 보호장치를 개방하는 경우 기동장치에 설치된 버저 또는 벨 등에 의하여 경고음을 발할 것
(8) 기동장치를 옥외에 설치하는 경우 빗물 또는 외부 충격의 영향을 받지 아니하도록 설치할 것

기억법 이수전국 출조표 방전

답 ④

75 포소화설비의 화재안전기준에 따라 차고 또는 주차장에 설치하는 포소화설비의 수동식 기동장치는 방사구역마다 최소한 몇 개 이상을 설치해야 하는가?

19.03.문80
16.03.문63
15.03.문79
13.03.문74

① 1
② 2
③ 3
④ 4

해설 포소화설비의 **수동식 기동장치**(NFTC 105 2.8.1)
(1) 직접조작 또는 원격조작에 의하여 가압송수장치 · 수동식 개방밸브 및 소화약제 혼합장치를 기동할 수 있는 것
(2) **2** 이상의 방사구역을 가진 포소화설비에는 방사구역을 선택할 수 있는 구조
(3) 기동장치의 조작부는 화재시 쉽게 접근할 수 있는 곳에 설치하되, 바닥으로부터 **0.8~1.5m** 이하의 위치에 설치하고, 유효한 보호장치 설치
(4) 기동장치의 조작부 및 호스접결구에는 가까운 곳의 보기 쉬운 곳에 각각 "**기동장치의 조작부**" 및 "**접결구**"라고 표시한 표지 설치
(5) 설치개수

차고 · 주차장	항공기 격납고
1개 이상	**2**개 이상

기억법 차1(**차**일피일!)

답 ①

76 소화활동시에 화재로 인하여 발생하는 각종 유독가스 중에서 일정 시간 사용할 수 있도록 제조된 압축공기식 개인호흡장비는?

13.09.문68

① 산소발생기
② 공기호흡기
③ 방열마스크
④ 인공소생기

해설 인명구조기구(NFPC 302 3조, NFTC 302 1.7)

종 류	설 명
방열복	고온의 복사열에 가까이 접근하여 소방활동을 수행할 수 있는 내열피복
방화복	안전모, 보호장갑, 안전화 포함
공기**호**흡기	소화활동시에 화재로 인하여 발생하는 각종 유독가스 중에서 일정 시간 사용할 수 있도록 제조된 압축공기식 개인**호**흡장비
인공소생기	호흡부전상태인 사람에게 인공호흡을 시켜 환자를 보호하거나 구급하는 기구

기억법 호호

답 ②

77 미분무소화설비의 화재안전기준에 따른 다음 용어에 대한 설명 중 ( ) 안에 알맞은 것은?

> 미분무란 물만을 사용하여 소화하는 방식으로 최소설계압력에서 헤드로부터 방출되는 물입자 중 (㉠)%의 누적체적분포가 (㉡)μm 이하로 분무되고 A, B, C급 화재에 적응성을 갖는 것을 말한다.

① ㉠ 30, ㉡ 120
② ㉠ 50, ㉡ 120
③ ㉠ 60, ㉡ 200
④ ㉠ 99, ㉡ 400

해설 **미분무**의 **정의**(NFPC 104A 3조, NFTC 104A 1.7)
물만을 사용하여 소화하는 방식으로 최소설계압력에서 헤드로부터 방출되는 물입자 중 **99%**의 누적체적분포가 **400 μm** 이하로 분무되고 **A, B, C급 화재**에 적응성을 갖는 것

답 ④

78 물분무소화설비의 수원을 옥내소화전설비, 스프링클러설비, 옥외소화전설비, 포소화전설비의 수원과 겸용하여 사용하고 있다. 이 중 옥내소화전설비와 옥외소화전설비가 고정식으로 설치되어 있고, 그 소화설비가 설치된 부분이 방화벽과 방화문으로 구획되어 있는 경우 필요한 수원의 저수량은?

① 스프링클러설비에 필요한 저수량 이상
② 모든 소화설비에 필요한 저수량 중 최소의 것 이상
③ 각 고정식 소화설비에 필요한 저수량 중 최대의 것 이상
④ 각 고정식 소화설비에 필요한 저수량 중 최소의 것 이상

해설 **물분무소화설비의 수원 및 가압송수장치의 펌프 등의 겸용**
(NFPC 104 16조, NFTC 104 2.13)
물분무소화설비의 수원을 **옥내소화전설비 · 스프링클러설비 · 간이스프링클러설비 · 화재조기진압용 스프링클러설비 · 포소화전설비** 및 **옥외소화전설비**의 수원과 겸용하여 설치하는 경우의 저수량은 각 소화설비에 필요한 **저수량**을 합한 양 이상이 되도록 해야 한다. 단, 이들 소화설비 중 고정식 소화설비(펌프 · 배관과 소화수 또는 소화약제를 최종 방출하는 방출구가 고정된 설비)가 2 이상 설치되어 있고, 그 소화설비가 설치된 부분이 방화벽과 방화문으로 구획되어 있는 경우에는 각 고정식 소화설비에 필요한 **저수량** 중 **최대**의 것 **이상**으로 할 수 있다.

답 ③

79 할론소화설비의 화재안전기준에 따른 할론소화약제의 저장용기 설치장소에 대한 설명으로 틀린 것은?

① 가능한 한 방호구역 외의 장소에 설치해야 한다.
② 온도가 40℃ 이하이고, 온도변화가 작은 곳에 설치해야 한다.
③ 용기 간에 이물질이 들어가지 않도록 용기 간의 간격을 1cm 이하로 유지해야 한다.
④ 저장용기가 여러 개의 방호구역을 담당하는 경우 저장용기와 집합관을 연결하는 연결배관에는 체크밸브를 설치해야 한다.

해설 ③ 1cm 이하 → 3cm 이상

할론소화약제의 저장용기 설치기준(NFPC 107 4조, NFTC 107 2.1.1)
(1) **방호구역 외**의 장소에 설치할 것(단, 방호구역 내에 설치할 경우에는 피난 및 조작이 용이하도록 **피난구 부근**에 설치)
(2) 온도가 **40℃ 이하**이고, 온도변화가 작은 곳에 설치할 것
(3) **직사광선** 및 **빗물**이 침투할 우려가 없는 곳에 설치할 것
(4) **방화문**으로 구획된 실에 설치할 것
(5) 용기의 설치장소에는 해당 용기가 설치된 곳임을 표시하는 표지를 할 것
(6) 용기 간의 간격은 점검에 지장이 없도록 **3cm 이상**의 간격을 유지할 것
(7) 저장용기와 집합관을 연결하는 연결배관에는 **체크밸브**를 설치할 것(단, 저장용기가 하나의 방호구역만을 담당하는 경우 제외)

답 ③

80 스프링클러설비의 화재안전기준에 따라 스프링클러설비 가압송수장치의 정격토출압력 기준으로 맞는 것은?

[11.03.문80]

① 하나의 헤드 선단의 방수압력이 0.2MPa 이상 1.0MPa 이하가 되어야 한다.
② 하나의 헤드 선단의 방수압력이 0.2MPa 이상 1.2MPa 이하가 되어야 한다.
③ 하나의 헤드 선단의 방수압력이 0.1MPa 이상 1.0MPa 이하가 되어야 한다.
④ 하나의 헤드 선단의 방수압력이 0.1MPa 이상 1.2MPa 이하가 되어야 한다.

해설 **각 설비**의 **주요사항**

구 분	드렌처설비	스프링클러설비	소화용수설비	옥내소화전설비	옥외소화전설비	포소화설비, 물분무소화설비, 연결송수관설비
방수압 (정격토출압력)	0.1MPa 이상	0.1~1.2MPa 이하	0.15MPa 이상	0.17~0.7MPa 이하	0.25~0.7MPa 이하	0.35MPa 이상
방수량	80L/min 이상	80L/min 이상	800L/min 이상 (가압송수장치 설치)	130L/min 이상 (30층 미만 : 최대 2개, 30층 이상 : 최대 5개)	350L/min 이상 (최대 2개)	75L/min 이상 (포워터 스프링클러헤드 설치)
방수구경	–	–	–	40mm	65mm	–
노즐구경	–	–	–	13mm	19mm	–

답 ④

■ 2020년 산업기사 제3회 필기시험 ■

자격종목	종목코드	시험시간	형별	수험번호	성명
소방설비산업기사(기계분야)		**2시간**			

※ 각 문항은 4지택일형으로 질문에 가장 적합한 보기 항을 선택하여 체크하여야 합니다.

제1과목 소방원론

01 건축법상 건축물의 주요 구조부에 해당되지 않는 것은?

17.03.문16
12.09.문19

① 지붕틀 ② 내력벽
③ 주계단 ④ 최하층 바닥

해설 **주요 구조부**

(1) 내력**벽**
(2) **보**(작은 보 제외)
(3) **지**붕틀(차양 제외)
(4) **바**닥(최하층 바닥 제외)
(5) **주**계단(옥외계단 제외)
(6) **기**둥(사이기둥 제외)

※ **주요 구조부** : 건물의 구조 내력상 주요한 부분

기억법 벽보지 바주기

답 ④

02 가연물이 되기 위한 조건이 아닌 것은?

18.03.문12
15.03.문12
10.09.문08
09.03.문10
08.05.문02
08.03.문18
05.03.문01
04.03.문14
04.03.문16

① 산화되기 쉬울 것
② 산소와의 친화력이 클 것
③ 활성화에너지가 클 것
④ 열전도도가 작을 것

해설 ③ 클 것 → 작을 것

가연물이 **연소**하기 쉬운 **조건**(가연물이 되기 위한 조건)
(1) 산소와 **친화력**이 클 것(산화되기 쉬울 것)
(2) **발열량**이 클 것(연소열이 많을 것)
(3) **표면적**이 넓을 것(공기와 접촉면이 클 것)
(4) 열전도율이 작을 것(열전도도가 작을 것)
(5) 활성화에너지가 작을 것
(6) 연쇄반응을 일으킬 수 있을 것

용어

활성화에너지
가연물이 처음 연소하는 데 필요한 열

답 ③

03 위험물안전관리법령상 제1석유류, 제2석유류, 제3석유류를 구분하는 기준은?

19.09.문16
11.06.문01

① 인화점 ② 발화점
③ 비점 ④ 녹는점

해설 • 제1석유류~제4석유류의 분류기준 : 인화점

중요

제4류 위험물

구 분	설 명
제1석유류	인화점이 21℃ 미만
제2석유류	인화점이 21~70℃ 미만
제3석유류	인화점이 70~200℃ 미만
제4석유류	인화점이 200~250℃ 미만

답 ①

04 어떤 기체의 확산속도가 이산화탄소의 2배였다면 그 기체의 분자량은 얼마로 예상할 수 있는가?

10.05.문02

① 11 ② 22
③ 44 ④ 88

해설 그레이엄의 법칙

$$\frac{V_B}{V_A} = \sqrt{\frac{M_A}{M_B}} = \sqrt{\frac{d_B}{d_A}}$$

여기서, V_A, V_B : 확산속도[m/s]
M_A, M_B : 분자량[kg/kmol]
d_A, d_B : 밀도[kg/m³]
변형식

$$V = \sqrt{\frac{1}{M}}$$

원자량

원 소	원자량
H	1
C	12
N	14
O	16

이산화탄소의 분자량(CO_2)$=12+16\times2=44$

이산화탄소(CO_2)의 확산속도 V는

$$V=\sqrt{\frac{1}{M}}=\sqrt{\frac{1}{44}}≒0.15$$

확산속도가 이산화탄소의 **2배**가 되는 기체의 분자량 V'는

$$V'=\sqrt{\frac{1}{M'}}$$

$$2V=\sqrt{\frac{1}{M'}}$$

$$2\times0.15=\sqrt{\frac{1}{M'}}$$

$$0.3=\sqrt{\frac{1}{M'}}$$

$$0.3^2=\left(\sqrt{\frac{1}{M'}}\right)^2$$

$$0.09=\frac{1}{M'}$$

$$M'=\frac{1}{0.09}≒11$$

> ※ **그레이엄**의 **법칙**(Graham's law)
> "일정온도, 일정압력에서 기체의 확산속도는 **밀도**의 **제곱근**에 반비례한다"는 법칙

답 ①

★★★
05 이산화탄소소화기가 갖는 주된 소화효과는?

19.09.문04
17.05.문15
14.05.문10
14.05.문13
13.03.문10

① 유화소화
② 질식소화
③ 제거소화
④ 부촉매소화

해설 주된 소화효과

할론 1301	이산화탄소
억제소화	질식소화

중요

주된 소화효과

소화약제	주된 소화효과
•**할**론	**억**제소화 (화학소화, 부촉매효과)
•포 •**이**산화탄소	**질**식소화
•물	냉각소화

기억법 할억이질

답 ②

★★★
06 물과 접촉하면 발열하면서 수소기체를 발생하는 것은?

19.04.문14
12.03.문03
06.09.문08

① 과산화수소
② 나트륨
③ 황린
④ 아세톤

해설 주수소화(물소화)시 위험한 물질

위험물	발생물질
•무기과산화물	**산소**(O_2) 발생
•금속분 •마그네슘 •알루미늄 •칼륨 •**나트륨** •수소화리튬	**수소**(H_2) 발생
•가연성 액체의 유류화재	**연소면**(화재면) 확대

답 ②

★★★
07 건축물 내부 화재시 연기의 평균 수평이동속도는 약 몇 m/s인가?

17.03.문06
16.10.문19
06.03.문16

① 0.01~0.05
② 0.5~1
③ 10~15
④ 20~30

해설 연기의 이동속도

방향 또는 장소	이동속도
수평방향(수평이동속도)	0.5~1m/s
수직방향(수직이동속도)	2~3m/s
계단실 내의 수직이동속도	**3~5m/s**

기억법 3계5(**삼계**탕 드시러 **오**세요.)

답 ②

★★★
08 질소(N_2)의 증기비중은 약 얼마인가? (단, 공기 분자량은 29이다.)

19.09.문07
17.05.문03
16.03.문02
14.03.문14
07.09.문05

① 0.8
② 0.97
③ 1.5
④ 1.8

해설 (1) 원자량

원소	원자량
H	1
C	12
N	14
O	16

질소(N_2) : $14\times2=28$

(2) 증기비중

$$증기비중=\frac{분자량}{29}$$

여기서, 29 : 공기의 평균분자량

질소의 증기비중$=\frac{분자량}{29}=\frac{28}{29}≒0.97$

비교

증기밀도

$$증기밀도[g/L]=\frac{분자량}{22.4}$$

여기서, 22.4 : 기체 1몰의 부피[L]

답 ②

★★★
09 위험물안전관리법령상 제3류 위험물에 해당되지 않는 것은?

19.03.문01
15.05.문43
15.03.문18
14.09.문04
14.03.문05
14.03.문16
13.09.문07

① Ca
② K
③ Na
④ Al

해설
④ Al : 제2류 위험물

위험물령 〔별표 1〕
위험물

유별	성질	품명
제**1**류	**산**화성 **고**체	• 아염소산염류(아염소산나트륨) • 염소산염류 • 과염소산염류 • 질산염류(질산칼륨) • 무기과산화물(과산화바륨) **기억법** 1산고(일산GO)
제**2**류	가연성 고체	• **황화**인 • **적**린 • **황** • **마**그네슘 • 알루미늄분(Al) **기억법** 2황화적황마
제**3**류	자연발화성 물질 및 금수성 물질	• **황**린(P₄) • **칼**륨(K) • **나**트륨(Na) • 칼슘(Ca) • 트리에틸**알**루미늄 **기억법** 황칼나알
제4류	인화성 액체	• 특수인화물 • 석유류(벤젠) • 알코올류 • 동식물유류
제5류	자기반응성 물질	• 질산에스터류(셀룰로이드) • 유기과산화물 • 나이트로화합물 • 나이트로소화합물 • 아조화합물 • 나이트로글리세린

답 ④

★
10 다음의 위험물 중 위험물안전관리법령상 지정수량이 나머지 셋과 다른 것은?

① 적린
② 황화인
③ 유기과산화물(제2종)
④ 질산에스터류(제1종)

해설 위험물의 지정수량

위험물	지정수량
• 질산에스터류(제1종) • 알킬알루미늄	10kg
• 황린	20kg
• 무기과산화물 • 과산화나트륨	50kg
• 황화인 • 적린 • 유기과산화물(제2종)	100kg
• 트리나이트로톨루엔	200kg
• 탄화알루미늄	300kg

답 ④

★★
11 물과 반응하여 가연성인 아세틸렌가스를 발생하는 것은?

19.04.문12
10.09.문11

① 나트륨
② 아세톤
③ 마그네슘
④ 탄화칼슘

해설 **물**과의 **반**응식

$$CaC_2 + 2H_2O \rightarrow Ca(OH)_2 + C_2H_2 \uparrow$$
(탄화칼슘)　　(물)　　(수산화칼슘)　(아세틸렌)

답 ④

★★
12 다음 중 가연성 물질이 아닌 것은?

16.05.문12
12.05.문15

① 프로판
② 산소
③ 에탄
④ 암모니아

해설
② 지연성 가스

가연성 가스와 **지연성 가스**

가연성 가스(가연성 물질)	지연성 가스(지연성 물질)
• 수소 • 메탄 • 암모니아 • 일산화탄소 • 천연가스 • 에탄 • 프로판	• 산소 • 공기 • 오존 • 불소 • 염소

• 지연성 가스 = 조연성 가스 = 지연성 물질 = 조연성 물질

 참고

가연성 가스와 **지연성 가스**

가연성 가스	지연성 가스
물질 자체가 연소하는 것	자기 자신은 연소하지 않지만 연소를 도와주는 가스

답 ②

★★★
13 칼륨 화재시 주수소화가 적응성이 없는 이유는?

`19.04.문14`
`12.03.문03`
`06.09.문08`

① 수소가 발생되기 때문

② 아세틸렌이 발생되기 때문

③ 산소가 발생되기 때문

④ 메탄가스가 발생하기 때문

해설 주수소화(물소화)시 **위험한 물질**

위험물	발생물질
• 무기과산화물	**산소**(O_2) 발생
• 금속분 • 마그네슘 • 알루미늄 • **칼륨**───→ • 나트륨 • 수소화리튬	**수소**(H_2) 발생
• 가연성 액체의 유류화재	**연소면**(화재면) 확대

답 ①

★
14 표준상태에서 44.8m³의 용적을 가진 이산화탄소가스를 모두 액화하면 몇 kg인가? (단, 이산화탄소의 분자량은 44이다.)

`12.09.문03`

① 88

② 44

③ 22

④ 11

해설 (1) **분자량**

원소	원자량
H	1
C	12
N	14
O	16

이산화탄소(CO_2)의 분자량 = $12 + 16 \times 2 = 44g/mol$

(2) **증기밀도**

$$증기밀도[g/L] = \frac{분자량}{22.4}$$

여기서, 22.4는 공기의 부피[L]

$증기밀도[g/L] = \dfrac{분자량}{22.4}$

$\dfrac{g(질량)}{44800L} = \dfrac{44}{22.4}$

$g(질량) = \dfrac{44}{22.4} \times 44800L = 88000g = 88kg$

• $1m^3 = 1000L$이므로 $44.8m^3 = 44800L$
• 단위를 보고 계산하면 쉽다.

답 ①

★★★
15 가연성 기체의 일반적인 연소범위에 관한 설명으로서 옳지 못한 것은?

`18.09.문02`
`16.03.문16`
`12.09.문10`
`12.05.문04`

① 연소범위에는 상한과 하한이 있다.

② 연소범위의 값은 공기와 혼합된 가연성 기체의 체적농도로 표시된다.

③ 연소범위의 값은 압력과 무관하다.

④ 연소범위는 가연성 기체의 종류에 따라 다른 값을 갖는다.

해설
③ 무관하다. → 관계있다.

연소범위
(1) 연소하한과 연소상한의 범위를 나타낸다(상한과 하한의 값을 가지고 있다).
(2) **연소하한**이 **낮을수록** 발화위험이 높다.
(3) **연소범위**가 **넓을수록** 발화위험이 높다(연소범위가 넓을수록 연소위험성은 높아진다).
(4) 연소범위는 주위온도와 관계가 있다(동일 물질이라도 환경에 따라 연소범위가 달라질 수 있다).
(5) 연소범위의 하한은 그 물질의 **인화점**에 해당된다.
(6) 연소범위는 **압력상승**시 **연소하한**은 **불변**, **연소상한**만 **상승**한다.
(7) 연소에 필요한 혼합가스의 농도를 말한다.
(8) 연소범위의 값은 공기와 혼합된 가연성 기체의 체적농도로 표시된다.
(9) 연소범위는 가연성 기체의 종류에 따라 다른 값을 갖는다.

• 연소한계=연소범위=폭발한계=폭발범위=가연한계=가연범위
• 연소하한=하한계
• 연소상한=상한계

답 ③

★★★
16 A급 화재에 해당하는 가연물이 아닌 것은?

`19.03.문02`
`16.10.문20`
`16.05.문09`
`15.05.문15`
`15.03.문19`
`14.09.문01`
`14.09.문15`
`14.05.문05`
`14.05.문20`

① 섬유

② 목재

③ 종이

④ 유류

해설 ④ B급 화재

화재 종류	표시색	적응물질
일반화재(A급)	**백**색	• 일반 가연물 • **종이류** 화재 • **목재, 섬유**화재
유류화재(B급)	**황**색	• 가연성 액체(등유 · 경유) • 가연성 가스 • 액화가스화재 • 석유화재
전기화재(C급)	**청**색	• **전기설비**
금속화재(D급)	**무**색	• 가연성 금속
주방화재(K급)	–	• 식용유화재

기억법 백황청무

※ 요즘은 표시색의 의무규정은 없음

답 ④

★★★ 17 연소의 3요소에 해당하지 않는 것은?

14.09.문10
14.03.문08
13.06.문19

① 점화원
② 연쇄반응
③ 가연물질
④ 산소공급원

해설 **연소의 3요소와 4요소**

연소의 3요소	연소의 4요소
• 가연물(연료)	• 가연물(연료)
• 산소공급원(산소, 공기)	• 산소공급원(산소, 공기)
• 점화원(점화에너지)	• 점화원(점화에너지)
	• **연쇄반응**

기억법 연4(연사)

답 ②

★★★ 18 기계적 열에너지에 의한 점화원에 해당되는 것은?

18.03.문05
16.05.문14
16.03.문17
15.03.문04
09.05.문06
05.09.문12

① 충격, 기화, 산화
② 촉매, 열방사선, 중합
③ 충격, 마찰, 압축
④ 응축, 증발, 촉매

해설 **열에너지원의 종류**

기계열 (기계적 열에너지)	전기열 (전기적 열에너지)	화학열 (화학적 열에너지)
• **압**축열	• 유도열	• **연**소열
• **마**찰열	• 유전열	• **용**해열
• **마**찰스파크(스파크열)	• 저항열	• **분**해열
• 충격열	• 아크열	• **생**성열
	• 정전기열	• **자**연발화열
	• 낙뢰에 의한 열	

| 기억법 기압마 | | 기억법 화연용분생자 |

• 기계열=기계적 점화원=기계적 열에너지
• 전기열=전기적 점화원=전기적 열에너지
• 화학열=화학적 점화원=화학적 열에너지

답 ③

★ 19 소화약제로 사용되는 물에 대한 설명 중 틀린 것은?

11.06.문16

① 극성 분자이다.
② 수소결합을 하고 있다.
③ 아세톤, 벤젠보다 증발잠열이 크다.
④ 아세톤, 구리보다 비열이 작다.

해설 **물**(H_2O)
(1) **극성 분자**이다.
(2) **수소결합**을 하고 있다.

(3) 아세톤, 벤젠보다 증발잠열이 크다.
(4) 아세톤, 구리보다 비열이 매우 **크다**.

중요

물의 비열	물의 증발잠열
1cal/g · ℃	539cal/g

답 ④

★★★ 20 Halon 1301의 화학식에 포함되지 않는 원소는?

19.03.문06
16.03.문09
15.03.문02
14.03.문06

① C
② Cl
③ F
④ Br

해설 ② Halon 1301 : Cl의 개수는 0이므로 포함되지 않음

할론소화약제

종류	약칭	분자식
Halon 1011	CB	CH_2ClBr
Halon 104	CTC	CCl_4
Halon 1211	BCF	$CF_2ClBr(CBrClF_2)$
Halon 1301	BTM	$CF_3Br(CBrF_3)$
Halon 2402	FB	$C_2F_4Br_2(C_2Br_2F_4)$

중요

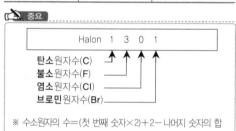

Halon 1 3 0 1

탄소원자수(C)
불소원자수(F)
염소원자수(Cl)
브로민원자수(Br)

※ 수소원자의 수=(첫 번째 숫자×2)+2-나머지 숫자의 합

답 ②

제2과목 소방유체역학

★★ 21 그림과 같이 수면으로부터 2m 아래에 직경 3m 의 평면 원형 수문이 수직으로 설치되어 있다. 물의 압력에 의해 수문이 받는 전압력의 세기〔kN〕는?

17.05.문38
11.10.문31

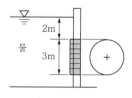

물
2m
3m

① 104.5
② 242.5
③ 346.5
④ 417.5

해설 (1) 기호

- D : 3m
- h : 3.5m
- F : ?

(2) **수평면**에 **작용**하는 **힘**(전압력의 세기)

$$F = \gamma h A = \gamma h \frac{\pi D^2}{4}$$

여기서, F : 수평면에 작용하는 힘(전압력의 세기)[N]
γ : 비중량(물의 비중량 9800N/m³)
h : 표면에서 수문 중심까지의 수직거리[m]
A : 수문의 단면적[m²]
D : 직경[m]

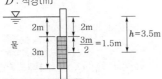

수평면에 작용하는 힘(전압력) F는

$$F = \gamma h \frac{\pi D^2}{4} = 9800\text{N/m}^3 \times 3.5\text{m} \times \frac{\pi \times (3\text{m})^2}{4}$$
$$= 242452\text{N} \fallingdotseq 242500\text{N} = 242.5\text{kN}$$

비교

경사면에 **작용**하는 **힘**

$$F = \gamma y \sin\theta A$$

여기서, F : 경사면에 작용하는 힘(전압력의 세기)[N]
γ : 비중량(물의 비중량 9800N/m³)
y : 표면에서 수문 중심까지의 경사거리[m]
θ : 각도
A : 수문의 단면적[m²]

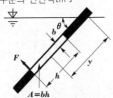

‖ 경사면에 작용하는 힘 ‖

답 ②

★★★
22 송풍기의 전압이 1.47kPa, 풍량이 20m³/min, 전압효율이 0.6일 때 축동력[W]은?

18.03.문33
17.09.문24
17.05.문36
16.10.문32
15.09.문36
13.09.문30
13.06.문24
11.06.문25
03.05.문80

① 463.2
② 816.7
③ 1110.3
④ 1264.4

해설 ② 816.4W와 근사값인 816.7W가 정답

(1) 기호

$$\bullet\, P_T : 1.47\text{kPa} = \frac{1.47\text{kPa}}{101.325\text{kPa}} \times 10332\text{mmH}_2\text{O}$$
$$\fallingdotseq 149.9\text{mmH}_2\text{O}$$

$$101.325\text{kPa} = 10.332\text{mH}_2\text{O} = 10332\text{mmH}_2\text{O}$$
$$(1\text{m} = 1000\text{mm})$$

- Q : 20m³/min
- η : 0.6
- P : ?

(2) **송풍기 축동력**

$$P = \frac{P_T Q}{102 \times 60\eta}$$

여기서, P : 송풍기 축동력[kW]
P_T : 송풍기전압(정압)[mmAq] 또는 [mmH₂O]
Q : 풍량(배출량) 또는 체적유량[m³/min]
η : 효율

송풍기 축동력 P는

$$P = \frac{P_T Q}{102 \times 60\eta} = \frac{149.9\text{mmH}_2\text{O} \times 20\text{m}^3/\text{min}}{102 \times 60 \times 0.6}$$
$$= 0.8164\text{kW}$$
$$= 816.4\text{W}$$

용어

송풍기 축동력
동력에서 전달계수 또는 여유율(K)를 고려하지 않는 것

$$\text{축동력 } P = \frac{P_T Q}{102 \times 60\eta}$$

비교

펌프의 **동력**(물을 사용하는 설비)

(1) **전동력** : 일반적인 전동기의 동력(용량)을 말한다.

$$P = \frac{0.163\, QH}{\eta} K$$

여기서, P : 전동력[kW]
Q : 유량[m³/min]
H : 전양정[m]
K : 전달계수
η : 효율

(2) **축동력** : 전달계수 또는 여유율(K)를 고려하지 않은 동력이다.

$$P = \frac{0.163\, QH}{\eta}$$

여기서, P : 축동력[kW]
Q : 유량[m³/min]
H : 전양정[m]
η : 효율

(3) **수동력** : 전달계수(K)와 효율(η)을 고려하지 않은 동력이다.

$$P = 0.163\, QH$$

여기서, P : 수동력[kW]
Q : 유량[m³/min]
H : 전양정[m]

표준대기압

중요

표준대기압
$$1atm = 760mmHg = 1.0332kg_f/cm^2$$
$$= 10.332mH_2O(mAq)$$
$$= 14.7PSI(lb_f/in^2)$$
$$= 101.325kPa(kN/m^2)$$
$$= 1013mbar$$

답 ②

★★★ 23

17.05.문25
14.05.문24
13.09.문22

열역학 제1법칙(에너지 보존의 법칙)에 대한 설명으로 옳은 것은?

① 공급열량은 총 에너지 변화에 외부에 한 일량과의 합계이다.

② 열효율이 100%인 열기관은 없다.

③ 순수물질이 상압(1기압), 0K에서 결정상태이면 엔트로피는 0이다.

④ 일에너지는 열에너지로 쉽게 변환될 수 있으나, 열에너지는 일에너지로 변환되기 어렵다.

해설 열역학의 법칙

(1) **열역학 제0법칙** (열평형의 법칙) : 온도가 높은 물체에 낮은 물체를 접촉시키면 온도가 높은 물체에서 낮은 물체로 열이 이동하여 두 물체의 **온도**는 **평형**을 이루게 된다.

(2) **열역학 제1법칙** (에너지 보존의 법칙)
  ㉠ 기체의 공급에너지는 **내부에너지**와 외부에서 한 일의 합과 같다.
  ㉡ 공급열량은 총 에너지 변화에 외부에 한 일량과의 합계이다.

(3) **열역학 제2법칙**
  ㉠ 열은 스스로 **저온**에서 **고온**으로 절대로 흐르지 않는다.
  ㉡ 열은 그 스스로 저열원체에서 고열원체로 이동할 수 없다.
  ㉢ 자발적인 변화는 **비가역적**이다.
  ㉣ 열을 완전히 일로 바꿀 수 있는 **열기관**을 만들 수 **없다**(제2종 영구기관의 제작이 불가능).
  ㉤ 열기관에서 일을 얻으려면 최소 **두 개의 열원**이 필요하다.

기억법 2기(이기자!)

(4) **열역학 제3법칙** : 순수한 물질이 1atm하에서 결정상태이면 엔트로피는 **0K**에서 **0**이다.

답 ①

★★★ 24

18.03.문35
17.03.문37
10.05.문34
09.03.문38

원심펌프의 임펠러 직경이 20cm이다. 이 펌프와 상사한 동일한 모양의 펌프를 임펠러 직경 60cm로 만들었을 때 같은 회전수에서 운전하면 새로운 펌프의 설계점 성능 특성 중 유량은 몇 배가 되는가? (단, 레이놀즈수의 영향은 무시한다.)

① 1배
② 3배
③ 9배
④ 27배

해설 (1) 기호

- D_1 : 20cm
- D_2 : 60cm
- Q_2 : ?

(2) 펌프의 상사법칙

㉠ 유량

$$Q_2 = Q_1 \times \frac{N_2}{N_1} \times \left(\frac{D_2}{D_1}\right)^3$$ 또는

$$Q_2 = Q_1 \times \frac{N_2}{N_1}$$

여기서, Q_1, Q_2 : 변화 전후의 유량[m^3/s]
N_1, N_2 : 변화 전후의 회전수[rpm]
D_1, D_2 : 변화 전후의 직경[m]

㉡ 전양정

$$H_2 = H_1 \times \left(\frac{N_2}{N_1}\right)^2 \times \left(\frac{D_2}{D_1}\right)^2$$ 또는

$$H_2 = H_1 \times \left(\frac{N_2}{N_1}\right)^2$$

여기서, H_1, H_2 : 변화 전후의 전양정[m]
N_1, N_2 : 변화 전후의 회전수[rpm]
D_1, D_2 : 변화 전후의 직경[m]

㉢ 동력

$$P_2 = P_1 \times \left(\frac{N_2}{N_1}\right)^3 \times \left(\frac{D_2}{D_1}\right)^5$$ 또는

$$P_2 = P_1 \times \left(\frac{N_2}{N_1}\right)^3$$

여기서, P_1, P_2 : 변화 전후의 동력[kW]
N_1, N_2 : 변화 전후의 회전수[rpm]
D_1, D_2 : 변화 전후의 직경[m]

유량 Q_2는
$$Q_2 = Q_1 \times \frac{N_2}{N_1} \times \left(\frac{D_2}{D_1}\right)^3$$
$$= Q_1 \times \frac{N_2}{N_1} \times \left(\frac{60cm}{20cm}\right)^3$$
$$= 27Q_1 \times \frac{N_2}{N_1}$$

∴ 27배

답 ④

★★★

25

19.04.문37
16.10.문24
12.03.문26
10.09.문28

정상상태의 원형 관의 유동에서 주손실에 의한 압력강하(ΔP)는 어떻게 나타내는가? (단, V는 평균속도, D는 관 직경, L은 관 길이, f는 마찰계수, ρ는 유체의 밀도, γ는 비중량이다.)

① $\rho f \dfrac{L}{D} \dfrac{V^2}{2}$ ② $\rho f \dfrac{D}{L} \dfrac{V^2}{2}$

③ $\gamma f \dfrac{L}{D} \dfrac{V^2}{2}$ ④ $\gamma f \dfrac{D}{L} \dfrac{V^2}{2}$

해설 (1) 비중량

$$\gamma = \rho g$$

여기서, γ : 비중량[N/m³]
ρ : 밀도[N·s²/m⁴]
g : 중력가속도[m/s²]

밀도 ρ는

$\rho = \dfrac{\gamma}{g}$

(2) **달시-웨버**의 **식**(Darcy-Weisbach formula, 층류)

$$H = \frac{\Delta P}{\gamma} = \frac{fLV^2}{2gD}$$

여기서, H : 마찰손실[m]
ΔP : 압력차(압력강하)[kPa] 또는 [kN/m²]
γ : 비중량(물의 비중량 9800N/m³)
f : 관마찰계수
L : 길이(관 길이)[m]
V : 유속(평균속도)[m/s]
g : 중력가속도(9.8m/s²)
D : 내경(관 직경)[m]

압력강하 ΔP는

$\Delta P = \dfrac{\gamma f L V^2}{2gD} = \dfrac{\rho f L V^2}{2D} \left(\because \rho = \dfrac{\gamma}{g} \right)$

$= \rho f \dfrac{L}{D} \dfrac{V^2}{2}$

답 ①

★★★

26

19.09.문28
14.05.문30
14.03.문24
13.03.문38

유체에 대한 일반적인 설명으로 틀린 것은?

① 아무리 작은 전단응력이라도 물질 내부에 전단응력이 생기면 정지상태로 있을 수가 없다.
② 점성이 작은 유체일수록 유동저항이 작아 더 쉽게 움직일 수 있다.
③ 충격파는 비압축성 유체에서는 잘 관찰되지 않는다.
④ 유체에 미치는 압축의 정도가 커서 밀도가 변하는 유체를 비압축성 유체라 한다.

해설 ④ 비압축성 유체 → 압축성 유체

유체의 종류

종류	설명
실제유체	**점**성이 있으며, **압축성**인 유체 **기억법** 실점있압(**실점**이 **있는** 사람만 **압**박해!)
이상유체	① 점성이 없으며(비점성), **비압축성**인 유체 ② 유체유동시 **마찰전단응력**이 **발생**하지 **않**으며 압력변화에 따른 **체적변화**가 **없는** 유체 ③ 유체유동시 마찰전단응력이 발생하지 않으며 분자 간에 분자력이 작용하지 않는 유체
압축성 유체	① **기체**와 같이 체적이 변화하는 유체 **기억법** 기압(**기압**) ② 밀도가 변하는 유체
비압축성 유체	**액체**와 같이 체적이 변화하지 않는 유체
점성 유체	유동시 마찰저항이 유발되는 유체
비점성 유체	유동시 마찰저항이 유발되지 않는 유체

답 ④

★★★

27

19.03.문21
17.09.문21
16.03.문31
06.09.문22
01.09.문32

뉴턴의 점성법칙과 직접적으로 관계없는 것은?

① 압력
② 전단응력
③ 속도구배
④ 점성계수

 해설 **뉴턴**(Newton)의 **점성법칙**

$$\tau = \mu \frac{du}{dy}$$

여기서, τ : 전단응력[N/m²]
μ : 점성계수[N·s/m²]
$\dfrac{du}{dy}$: 속도구배(속도기울기)

답 ①

★

28

직경이 d인 소방호스 끝에 직경이 $\dfrac{d}{2}$인 노즐이 연결되어 있다. 노즐에서 유출되는 유체의 평균속도는 호스에서의 평균속도에 얼마인가?

① $\dfrac{1}{4}$ ② $\dfrac{1}{2}$

③ 2배 ④ 4배

해설 (1) 기호

- $D_{호스}$: d
- $D_{노즐}$: $\dfrac{d}{2}$
- $\dfrac{V_{노즐}}{V_{호스}}$: ?(일반적으로 **먼저** 나온 말을 **분자**, 나중에 나온 말을 **분모**로 보면 됨)

(2) 유량

$$Q=AV=\left(\frac{\pi D^2}{4}\right)V$$

여기서, Q : 유량$[m^3/s]$
A : 단면적$[m^2]$
V : 유속$[m/s]$
D : 지름$[m]$

$$Q=\left(\frac{\pi D^2}{4}\right)V$$

$$Q\left(\frac{4}{\pi D^2}\right)=V$$

$$V=Q\left(\frac{4}{\pi D^2}\right)\propto\frac{1}{D^2}=\frac{1}{\left(\dfrac{D_{노즐}}{D_{호스}}\right)^2}$$

$$\frac{V_{노즐}}{V_{호스}}=\frac{1}{\left(\dfrac{D_{노즐}}{D_{호스}}\right)^2}=\frac{1}{\left(\dfrac{\cancel{d}}{2}\right)^2}=\frac{1}{\left(\dfrac{1}{2}\right)^2}=4배$$

답 ④

★★★
29

19.09.문26
19.04.문34
17.09.문40
17.05.문35
15.09.문39
14.05.문40
14.03.문30
11.03.문33

온도 54.64℃, 압력 100kPa인 산소가 지름 10cm인 관 속을 흐를 때 층류로 흐를 수 있는 평균속도의 최대값$[m/s]$은 얼마인가? (단, 임계레이놀즈수는 2100, 산소의 점성계수는 23.16×10^{-6}kg/m·s, 기체상수는 259.75N·m/kg·K이다.)

① 0.212
② 0.414
③ 0.616
④ 0.818

해설 (1) 기호

- T : 54.64℃=(273+54.64)K
- P : 100kPa=100kN/m^2(1kPa=1kN/m^2)
- D : 10cm=0.1m(100cm=1m)
- V : ?
- Re : 2100
- μ : 23.16×10^{-6}kg/m·s
- R : 259.75N·m/kg·K=0.25975kN·m/kg·K

(2) 밀도

$$\rho=\frac{m}{V}$$

여기서, ρ : 밀도$[kg/m^3]$ 또는 $[N\cdot s^2/m^4]$
m : 질량$[kg]$
V : 부피$[m^3]$

(3) 이상기체상태방정식

$$PV=mRT$$

여기서, P : 압력$[kN/m^2]$
V : 부피$[m^3]$
m : 질량$[kg]$
R : 기체상수$[kN\cdot m/kg\cdot K]$
T : 절대온도(273+℃)$[K]$

$$PV=mRT$$

$$P=\frac{m}{V}RT$$

$$P=\rho RT \leftarrow \rho=\frac{m}{V}\text{이므로}$$

$$\frac{P}{RT}=\rho$$

$$\rho=\frac{P}{RT}$$

$$=\frac{100kN/m^2}{0.25975kN\cdot m/kg\cdot K\times(273+54.64)K}$$

$$\fallingdotseq 1.175kg/m^3$$

(4) 레이놀즈수

$$Re=\frac{DV\rho}{\mu}=\frac{DV}{\nu}$$

여기서, Re : 레이놀즈수
D : 내경$[m]$
V : 유속$[m/s]$
ρ : 밀도$[kg/m^3]$
μ : 점성계수$[kg/m\cdot s]$
ν : 동점성계수$\left(\dfrac{\mu}{\rho}\right)[m^2/s]$

$$Re=\frac{DV\rho}{\mu}$$

$$Re\mu=DV\rho$$

$$\frac{Re\mu}{D\rho}=V$$

$$V=\frac{Re\mu}{D\rho}$$

$$=\frac{2100\times(23.16\times10^{-6})kg/m\cdot s}{0.1m\times1.175kg/m^3}\fallingdotseq0.414m/s$$

답 ②

★
30

15.09.문30

수평 노즐 입구에서의 계기압력이 $P_1[Pa]$, 면적이 $A_1[m^2]$이고, 출구에서의 면적은 $A_2[m^2]$이다. 물이 노즐을 통해 $V_2[m/s]$의 속도로 대기 중으로 방출될 때 노즐을 고정시키는 데 필요한 힘$[N]$은 얼마인가? (단, 물의 밀도는 $\rho[kg/m^3]$이다.)

① $P_1A_1-\rho A_2{V_2}^2\left(1-\dfrac{A_2}{A_1}\right)$

② $P_1A_1+\rho A_2{V_2}^2\left(1-\dfrac{A_2}{A_1}\right)$

③ $P_1A_1-\rho A_2{V_2}^2\left(1+\dfrac{A_1}{A_2}\right)$

④ $P_1A_1+\rho A_2{V_2}^2\left(1+\dfrac{A_1}{A_2}\right)$

해설 노즐을 고정하기 위한 수평방향의 힘

$$F = P_1 A_1 - \rho A_2 {V_2}^2 \left(1 - \frac{A_2}{A_1}\right)$$

여기서, F : 노즐을 고정하기 위한 수평방향의 힘[N]
$\quad\quad P_1$: 입구압력(계기압력)[N/m²]
$\quad\quad A_1$: 입구면적[m²]
$\quad\quad A_2$: 출구면적[m²]
$\quad\quad \rho$: 밀도[N · s²/m⁴]
$\quad\quad V_2$: 출구유속[m/s]

중요

(1) 유량

$$Q = AV = \left(\frac{\pi D^2}{4}\right) V$$

여기서, Q : 유량[m³/s]
$\quad\quad A$: 단면적[m²]
$\quad\quad V$: 유속[m/s]
$\quad\quad D$: 직경[m]

(2) 변형식

$$F = P_1 A_1 - \rho Q V_2 \left(1 - \frac{A_2}{A_1}\right)(\because Q = A_2 V_2)$$

$$= P_1 A_1 - \rho Q \left(V_2 - \frac{A_2 V_2}{A_1}\right)$$

$$= P_1 A_1 - \rho Q \left(V_2 - \frac{Q}{A_1}\right)(\because Q = A_2 V_2)$$

$$\boxed{F = P_1 A_1 - \rho Q (V_2 - V_1)}\left(\because V_1 = \frac{Q}{A_1}\right)$$

여기서, F : 노즐을 고정하기 위한 수평방향의 힘[N]
$\quad\quad P_1$: 입구압력(계기압력)[N/m²]
$\quad\quad A_1$: 입구면적[m²]
$\quad\quad A_2$: 출구면적[m²]
$\quad\quad \rho$: 밀도[N · s²/m⁴]
$\quad\quad V_1$: 입구유속[m/s]
$\quad\quad V_2$: 출구유속[m/s]
$\quad\quad Q$: 유량[m³/s]

답 ①

31 풍동에서 유속을 측정하기 위해서 피토관을 설치하였다. 이때 피토관에 연결된 U자관 액주계 내 비중이 0.8인 알코올이 10cm 상승하였다. 풍동 내의 공기의 압력이 100kPa이고, 온도가 20℃일 때 풍동에서 공기의 속도[m/s]는? (단, 일반기체상수는 0.287kJ/kg · K이다.)

19.09.문26
19.03.문32
15.09.문39
10.05.문33

① 33.5
② 36.3
③ 38.6
④ 40.4

해설 (1) 기호
• s : 0.8
• h : 10cm=0.1m
• P : 100kPa
• T : 20℃=(273+20)K
• V : ?
• R : 0.287kJ/kg · K=0.287kN · m/kg · K
　　　　　=0.287kPa · m³/kg · K

(2) 밀도

$$\rho = \frac{m}{V}$$

여기서, ρ : 밀도[kg/m³]
$\quad\quad m$: 질량[kg]
$\quad\quad V$: 부피(체적)[m³]

(3) 이상기체 상태방정식

$$PV = mRT$$

여기서, P : 압력[kPa] 또는 [kN/m²]
$\quad\quad V$: 부피(체적)[m³]
$\quad\quad m$: 질량[kg]
$\quad\quad R$: 기체상수[kJ/kg · K] 또는 [kN · m/kg · K]
$\quad\quad\quad$ 또는 [kPa · m³/kg · K]
$\quad\quad T$: 절대온도(273+℃)[K]

$$PV = mRT$$
$$P = \frac{m}{V} RT$$
$$P = \rho RT$$
$$\frac{P}{RT} = \rho$$

공기의 밀도 $\rho = \dfrac{P}{RT}$

$$= \frac{100\text{kPa}}{0.287\text{kPa} \cdot \text{m}^3/\text{kg} \cdot \text{K} \times (273+20)\text{K}}$$

$$≒ 1.19\text{kg/m}^3 = 1.19\text{N} \cdot \text{s}^2/\text{m}^4$$

$$(1\text{kg/m}^3 = 1\text{N} \cdot \text{s}^2/\text{m}^4)$$

(4) 비중

$$s = \frac{\rho}{\rho_w} = \frac{\gamma}{\gamma_w}$$

여기서, s : 비중
$\quad\quad \rho$: 어떤 물질(알코올)의 밀도[kg/m³] 또는 [N · s²/m⁴]
$\quad\quad \rho_w$: 물의 밀도(1000kg/m³ 또는 1000N · s²/m⁴)
$\quad\quad \gamma$: 어떤 물질(알코올)의 비중량[N/m³]
$\quad\quad \gamma_w$: 물의 비중량(9800N/m³)
어떤 물질(알코올)의 비중량 γ는
$$\gamma = s \times \gamma_w = 0.8 \times 9800\text{N/m}^3 = 7840\text{N/m}^3$$

(5) 비중량

$$\gamma = \rho g$$

여기서, γ : 비중량[kN/m³]
$\quad\quad \rho$: 밀도[kg/m³] 또는 [N · s²/m⁴]
$\quad\quad g$: 중력가속도(9.8m/s²)

(6) 압력수두

$$H = \frac{P}{\gamma_a} = \frac{\gamma h}{\gamma_a}$$

여기서, H : 압력수두(높이)[m]

P : 압력[N/m²]

γ : 어떤 물질(알코올)의 비중량[N/m³]

γ_a : 공기의 비중량[N/m³]

h : 수두(수주)[m]

압력수두 H는

$$H = \frac{\gamma h}{\gamma_a} = \frac{\gamma h}{\rho g}$$

(7) **피토관**(pitot tube)

$$V = C\sqrt{2gH}$$

여기서, V : 유속(공기의 속도)[m/s]

C : 피토관계수

g : 중력가속도(9.8m/s²)

H : 높이(압력수두)[m]

유속(공기의 속도) V는

$$\begin{aligned} V &= C\sqrt{2gH} \\ &= C\sqrt{2g\frac{\gamma h}{\rho g}} \\ &= C\sqrt{\frac{2\gamma h}{\rho}} \\ &= \sqrt{\frac{2 \times 7840\text{N/m}^3 \times 0.1\text{m}}{1.19\text{N} \cdot \text{s}^2/\text{m}^4}} = 36.3\text{m/s} \end{aligned}$$

• C : 주어지지 않았으므로 무시

답 ②

★★ 32 관지름 d, 관마찰계수 f, 부차손실계수 K인 관의 상당길이 L_e는?

19.09.문21
11.10.문26

① $\dfrac{f}{K \times d}$

② $\dfrac{K \times d}{f}$

③ $\dfrac{K}{d \times f}$

④ $\dfrac{d \times f}{K}$

해설 등가길이 공식

$$L_e = \frac{KD}{f} = \frac{K \times d}{f}$$

여기서, L_e : 등가길이[m]

K : (부차)손실계수

$D(d)$: 내경[m]

f : 마찰손실계수

• 등가길이＝상당길이＝상당관길이

• 마찰계수＝마찰손실계수＝관마찰계수

• 부차손실계수＝부차적 손실계수

용어

등가길이
부차적 손실과 같은 크기의 마찰손실이 발생할 수 있는 직관의 길이

답 ②

★ 33 압력 300kPa, 체적 1.66m³인 상태의 가스를 정압하에서 열을 방출시켜 체적을 $\frac{1}{2}$로 만들었다. 이때 기체에 해준 일[kJ]은 얼마인가?

① 129

② 249

③ 399

④ 981

해설 정압과정

(1) **기호**

• P : 300kPa

• V_2 : 1.66m³

• V_1 : $\left(1.66 \times \dfrac{1}{2}\right)$m³ = 0.83m³

• $_1W_2$: ?

(2) **절대일**(압축일)

$$_1W_2 = P(V_2 - V_1) = mR(T_2 - T_1)$$

여기서, $_1W_2$: 절대일[kJ]

P : 압력[kJ/m³] 또는 [kPa]

V_1, V_2 : 변화 전후의 체적[m³]

m : 질량[kg]

R : 기체상수[kJ/kg·K]

T_1, T_2 : 변화 전후의 온도(273+℃)[K]

절대일 $_1W_2$는

$$\begin{aligned} _1W_2 &= P(V_2 - V_1) \\ &= 300\text{kPa} \times (1.66 - 0.83)\text{m}^3 \\ &= 249\text{kPa} \cdot \text{m}^3 (1\text{kPa} \cdot \text{m}^3 = 1\text{kJ}) \\ &= 249\text{kJ} \end{aligned}$$

답 ②

★ 34 다음 중 기체상수가 가장 큰 것은?

① 수소

② 산소

③ 공기

④ 질소

해설 기체상수

기 체	기체상수 R[kJ/kg·K]
아르곤(Ar)	0.20813
산소(O_2)	0.25984
공기	0.28700
질소(N_2)	0.29680
네온(Ne)	0.41203
헬륨(He)	2.07725
수소(H_2)	4.12446

답 ①

35 펌프의 이상현상 중 펌프의 유효흡입수두(NPSH)와 가장 관련이 있는 것은?

★★★
19.03.문40
16.03.문34
12.05.문33
05.03.문26

① 수온상승현상   ② 수격현상
③ 공동현상   ④ 서징현상

해설 공동현상 발생조건

$$\text{NPSH}_{re} > \text{NPSH}_{av}$$

여기서, NPSH_{re} : 필요한 유효흡입양정[m]
NPSH_{av} : 이용 가능한 유효흡입양정[m]

- 유효흡입수두=유효흡입양정

용어

공동현상(cavitation)
펌프의 흡입측 배관 내의 물의 정압이 기존의 증기압보다 낮아져서 **기포**가 **발생**되어 물이 **흡입**되지 **않는** 현상

비교

수격현상(water hammer cashion)
(1) 배관 내를 흐르는 유체의 유속을 급격하게 변화시키므로 **압력**이 **상승** 또는 **하강**하여 **관로**의 **벽면**을 **치는 현상**
(2) 배관 속의 물 흐름을 급히 차단하였을 때 **동압**이 **정압**으로 전환되면서 일어나는 쇼크(shock)현상
(3) 관 내의 유동형태가 급격히 변화하여 물의 운동에너지가 **압력파**의 형태로 나타나는 현상

답 ③

36 점성계수의 MLT계 차원으로 옳은 것은?

★★
18.03.문30
02.05.문27

① $[ML^{-1}T^{-1}]$ ② $[ML^2T^{-1}]$
③ $[L^2T^{-2}]$ ④ $[ML^{-2}T^{-2}]$

해설 중력단위와 절대단위의 차원

차 원	중력단위[차원]	절대단위[차원]
길이	m[L]	m[L]
시간	s[T]	s[T]
운동량	$N \cdot s[FT]$	$kg \cdot m/s[MLT^{-1}]$
힘	N[F]	$kg \cdot m/s^2[MLT^{-2}]$
속도	m/s[LT^{-1}]	m/s[LT^{-1}]
가속도	m/s^2[LT^{-2}]	m/s^2[LT^{-2}]
질량	$N \cdot s^2/m[FL^{-1}T^2]$	kg[M]
압력	N/m^2[FL^{-2}]	$kg/m \cdot s^2[ML^{-1}T^{-2}]$
밀도	$N \cdot s^2/m^4[FL^{-4}T^2]$	$kg/m^3[ML^{-3}]$
비중	무차원	무차원
비중량	N/m^3[FL^{-3}]	$kg/m^2 \cdot s^2[ML^{-2}T^{-2}]$
비체적	$m^4/N \cdot s^2[F^{-1}L^4T^{-2}]$	$m^3/kg[M^{-1}L^3]$
일률	$N \cdot m/s[FLT^{-1}]$	$kg \cdot m^2/s^3[ML^2T^{-3}]$
일	$N \cdot m[FL]$	$kg \cdot m^2/s^2[ML^2T^{-2}]$
점성계수	$N \cdot s/m^2[FL^{-2}T]$	$kg/m \cdot s[ML^{-1}T^{-1}]$
동점성계수	$m^2/s[L^2T^{-1}]$	$m^2/s[L^2T^{-1}]$

답 ①

37 부력에 대한 설명으로 틀린 것은?

★★★
16.05.문28
11.03.문37
10.03.문33

① 부력의 중심인 부심은 유체에 잠긴 물체 체적의 중심이다.
② 부력의 크기는 물체에 의해 배제된 유체의 무게와 같다.
③ 부력이 작용하므로 모든 물체는 항상 유체 속에 잠기지 않고 유체 표면에 뜨게 된다.
④ 정지유체에 잠겨있거나 떠 있는 물체가 유체에 의하여 수직 상방향으로 받는 힘을 부력이라고 한다.

해설

③ 물체는 비중에 따라 유체 속에 잠길 수도 있고 뜰 수도 있다.

부력(buoyant force)
(1) 정지된 유체에 잠겨있거나 떠 있는 물체가 유체에 의해 **수직상방**으로 받는 힘이다.
(2) **물체**에 의하여 배제된 유체의 **무게**와 같다.
(3) 떠 있는 물체의 부력은 '**물체의 비중량×물체의 체적**'으로 계산할 수 있다.

 중요

부력공식

$$F_B = \gamma V$$

여기서, F_B : 부력[kN]
γ : 비중량[kN/m^3]
V : 물체가 잠긴 체적[m^3]

원리

아르키메데스의 원리
유체 속에 잠겨진 물체는 그 물체에 의해서 **배제**된 유체의 **무게**만큼 부력을 받는다는 원리

답 ③

38 U자관 액주계가 오리피스 유량계에 설치되어 있다. 액주계 내부에는 비중 13.6인 수은으로 채워져 있으며, 유량계에는 비중 1.6인 유체가 유동하고 있다. 액주계에서 수은의 높이차이가 200mm이라면 오리피스 전후의 압력차[kPa]는 얼마인가?

★★
14.03.문31
11.10.문21

① 13.5   ② 23.5
③ 33.5   ④ 43.5

해설 (1) **기호**

- s_1 : 13.6
- s_2 : 1.6
- R : 200mm=0.2m(1000mm=1m)
- ΔP : ?

(2) 비중과 압력차

㉠ 비중

$$s = \frac{\gamma}{\gamma_w}$$

여기서, s : 비중
γ : 어떤 물질의 비중량[N/m³]
γ_w : 물의 비중량(9800N/m³)

수은의 비중량 γ_s 는

$\gamma_s = s_1 \times \gamma_w = 13.6 \times 9800\text{N/m}^3 = 133280\text{N/m}^3$

유체의 비중량 γ 는

$\gamma = s_2 \times \gamma_w = 1.6 \times 9800\text{N/m}^3 = 15680\text{N/m}^3$

㉡ 압력차

$$\Delta P = p_2 - p_1 = (\gamma_s - \gamma)R$$

여기서, ΔP : U자관 마노미터(오리피스)의 압력차[Pa] 또는 [N/m²]
p_2 : 출구압력[Pa] 또는 [N/m²]
p_1 : 입구압력[Pa] 또는 [N/m²]
R : 마노미터 읽음[m]
γ_s : 수은의 비중량[N/m³]
γ : 유체의 비중량[N/m³]

압력차 ΔP는

$\Delta P = (\gamma_s - \gamma)R$
$\quad = (133280 - 15680)\text{N/m}^3 \times 0.2\text{m}$
$\quad = 23520\text{N/m}^2$
$\quad = 23.52\text{kN/m}^2$
$\quad \fallingdotseq 23.5\text{kN/m}^2$
$\quad = 23.5\text{kPa} (\because 1\text{kN/m}^2 = 1\text{kPa})$

답 ②

39 단면적이 10m²이고 두께가 2.5cm인 단열재를 통과하는 열전달량이 3kW이다. 내부(고온)면의 온도가 415℃이고 단열재의 열전도도가 0.2W/m·K일 때 외부(저온)면의 온도[℃]는?

19.09.문38
19.04.문23
16.05.문35
12.05.문28

① 353.7 　　② 377.5
③ 396.2 　　④ 402.4

해설 (1) 기호
- A : 10m²
- l : 2.5cm=0.025m(100cm=1m)
- $\mathring{q}$: 3kW=3000W(1kW=1000W)
- T_2 : 415℃
- k : 0.2W/m·K
- T_1 : ?

(2) 전도

$$\mathring{q} = \frac{kA(T_2 - T_1)}{l}$$

여기서, $\mathring{q}$: 열전달량[W]
k : 열전도율[W/m·K]
A : 면적[m²]
$T_2 - T_1$: 온도차[℃] 또는 [K]
l : 벽체두께[m]

● 열전달량=열전달률=열유동률=열흐름률

$\mathring{q} = \dfrac{kA(T_2 - T_1)}{l}$

$\mathring{q}l = kA(T_2 - T_1)$

$\dfrac{\mathring{q}l}{kA} = T_2 - T_1$

$T_1 = T_2 - \dfrac{\mathring{q}l}{kA} = 415℃ - \dfrac{3000\text{W} \times 0.025\text{m}}{0.2\text{W/m} \cdot \text{K} \times 10\text{m}^2}$
$\quad = 377.5℃$

● $T_2 - T_1$은 온도차이므로 ℃ 또는 K 어느 단위를 적용해도 답은 동일하게 나옴

답 ②

40 기준면에서 7.5m 높은 곳에서 유속이 6.5m/s인 물이 흐르고 있을 때 압력이 55kPa이었다. 전수두[m]는 얼마인가?

19.04.문38
19.03.문39
17.05.문29
16.10.문27
16.03.문21
13.06.문34
06.05.문33
02.05.문36

① 15.3
② 17.4
③ 19.1
④ 23.5

해설 (1) 기호
- Z : 7.5m
- V : 6.5m/s
- P : 55kPa=55kN/m²(1kPa=1kN/m²)
- H : ?

(2) 베르누이 방정식

$$H = \frac{V^2}{2g} + \frac{P}{\gamma} + Z$$

여기서, H : 전수두[m]
V : 유속[m/s]
g : 중력가속도(9.8m/s²)
P : 압력[kPa] 또는 [kN/m²]
γ : 비중량(물의 비중량 9.8kN/m³)
Z : 위치수두[m]

전수두 H는

$H = \dfrac{V^2}{2g} + \dfrac{P}{\gamma} + Z$
$\quad = \dfrac{(6.5\text{m/s})^2}{2 \times 9.8\text{m/s}^2} + \dfrac{55\text{kN/m}^2}{9.8\text{kN/m}^3} + 7.5\text{m}$
$\quad \fallingdotseq 15.3\text{m}$

답 ①

제3과목 소방관계법규

★★★ 41 위험물안전관리법령상 제3류 위험물이 아닌 것은?

19.09.문60
19.03.문01
18.09.문20
15.05.문43
15.03.문18
14.09.문04
14.03.문05
14.03.문16
13.09.문07

① 칼륨
② 황린
③ 나트륨
④ 마그네슘

해설 ④ 제2류 위험물

위험물령〔별표 1〕
위험물

유별	성질	품명
제1류	**산**화성 **고**체	• 아염소산염류 • 염소산염류 • 과염소산염류 • 질산염류(질산칼륨) • 무기과산화물(과산화바륨) **기억법** 1산고(**일산GO**)
제2류	가연성 고체	• **황화**인 • **적**린 • **황** • **마**그네슘 **기억법** 황화적황마
제3류	자연발화성 물질 금수성 물질	• **황**린(P₄) • **칼**륨(K) • **나**트륨(Na) • **알**킬알루미늄 • 알킬리튬 • **칼**슘 또는 알루미늄의 탄화물류(**탄화칼슘**=CaC₂) **기억법** 황칼나알칼
제4류	인화성 액체	• 특수인화물(이황화탄소) • 알코올류 • 석유류 • 동식물유류
제5류	자기반응성 물질	• 나이트로화합물 • 유기과산화물 • 나이트로소화합물 • 아조화합물 • 질산에스터류(셀룰로이드)
제6류	산화성 액체	• 과염소산 • 과산화수소 • 질산

답 ④

★★ 42 소방시설 설치 및 관리에 관한 법령상 소방청장 또는 시·도지사가 청문을 하여야 하는 처분이 아닌 것은?

17.05.문42
12.05.문55

① 소방시설관리사 자격의 정지
② 소방안전관리자 자격의 취소
③ 소방시설관리업의 등록취소
④ 소방용품의 형식승인 취소

해설 소방시설법 49조
청문실시 대상
(1) 소방시설**관리사** 자격의 **취소** 및 정지
(2) 소방시설**관리업**의 **등록취소** 및 영업정지
(3) **소방용품**의 **형식승인취소** 및 제품검사중지
(4) 소방용품의 **제품검사 전문기관**의 **지정취소** 및 업무정지
(5) 우수품질인증의 취소
(6) 소방용품의 성능인증 취소

기억법 청사 용업(**청사 용역**)

답 ②

★★★ 43 위험물안전관리법령상 산화성 고체이며 제1류 위험물에 해당하는 것은?

19.09.문60
19.03.문01
18.09.문20
15.05.문43
15.03.문18
14.09.문04
14.03.문05
14.03.문16
13.09.문07

① 칼륨
② 황화인
③ 염소산염류
④ 유기과산화물

해설 문제 41 참조

① 칼륨 : 제3류
② 황화인 : 제2류
④ 유기과산화물 : 제5류

답 ③

★★★ 44 소방시설 설치 및 관리에 관한 법령상 특정소방 대상물 중 교육연구시설에 포함되지 않은 것은?

19.09.문41
16.03.문59
11.10.문52
07.03.문58

① 도서관 　　② 초등학교
③ 직업훈련소 　② 자동차운전학원

해설 ④ 자동차운전학원 제외

소방시설법 시행령〔별표 2〕
교육연구시설
(1) 학교
　㉠ 초등학교, 중학교, 고등학교, 특수학교
　㉡ 대학, 대학교
(2) **교육원**(연수원 포함)
(3) **직업훈련소**
(4) **학원**(근린생활시설에 해당하는 것과 자동차운전학원, 정비학원 및 무도학원은 제외)

(5) 연구소(연구소에 준하는 시험소와 계량계측소 포함)
(6) 도서관

답 ④

45 소방기본법령상 소방대상물에 해당하지 않는 것은?

16.10.문57
16.05.문51

① 차량
② 건축물
③ 운항 중인 선박
④ 선박건조구조물

해설
③ 운항 중인 → 매어 둔

기본법 2조 1호
소방대상물
(1) 건축물
(2) 차량
(3) 선박(매어둔 것)
(4) 선박건조구조물
(5) 인공구조물
(6) 물건
(7) 산림

비교
위험물법 3조
위험물의 저장·운반·취급에 대한 적용 제외
(1) 항공기
(2) 선박
(3) 철도(기차)
(4) 궤도

답 ③

46 소방시설 설치 및 관리에 관한 법령상 시·도지사는 관리업자에게 영업정지를 명하는 경우로서 그 영업정지가 국민에게 심한 불편을 주거나 그 밖에 공익을 해칠 우려가 있을 때에는 영업정지처분을 갈음하여 최대 얼마 이하의 과징금을 부과할 수 있는가?

11.03.문50

① 1000만원
② 2000만원
③ 3000만원
④ 5000만원

해설 **소방시설법 36조, 위험물법 13조, 공사업법 10조**
과징금

3000만원 이하	2억원 이하
• 소방시설관리업의 영업정지처분 갈음	• 소방시설업 영업정지처분 갈음 • 제조소 사용정지처분 갈음

기억법 제2과

답 ③

47 소방시설 설치 및 관리에 관한 법령상 건축허가 등을 할 때 미리 소방본부장 또는 소방서장의 동의를 받아야 하는 건축물의 범위에 해당하는 것은?

19.03.문50
15.09.문45
15.03.문49
13.06.문41
13.03.문45

① 연면적이 200m²인 노유자시설 및 수련시설
② 연면적 300m²인 업무시설로 사용되는 건축물
③ 승강기 등 기계장치에 의한 주차시설로서 자동차 10대를 주차할 수 있는 시설
④ 차고·주차장으로 사용되는 층 중 바닥면적이 150m²인 층이 있는 건축물

해설
② 300m² → 400m² 이상
③ 10대 → 20대 이상
④ 150m² → 200m² 이상

소방시설법 시행령 12조
건축허가 등의 동의대상물
(1) 연면적 400m²(학교시설 : 100m², 수련시설·노유자시설 : 200m², 정신의료기관·장애인의료재활시설 : 300m²) 이상
  보기 ①, ②
(2) 6층 이상인 건축물
(3) 차고·주차장으로서 바닥면적 200m² 이상(자동차 20대 이상)
  보기 ③, ④
(4) 항공기격납고, 관망탑, 항공관제탑, 방송용 송수신탑
(5) 지하층 또는 무창층의 바닥면적 150m²(공연장은 100m²) 이상
(6) 위험물저장 및 처리시설
(7) 전기저장시설, 풍력발전소
(8) 조산원, 산후조리원, 의원(입원실 있는 것)
(9) 결핵환자나 한센인이 24시간 생활하는 노유자시설
(10) 지하구
(11) 노인주거복지시설·노인의료복지시설 및 재가노인복지시설, 학대피해노인 전용쉼터, 아동복지시설, 장애인거주시설
(12) 정신질환자 관련시설(공동생활가정을 제외한 재활훈련시설과 종합시설 중 24시간 주거를 제공하지 않는 시설 제외)
(13) 노숙인자활시설, 노숙인재활시설 및 노숙인 요양시설
(14) 요양병원(의료재활시설 제외)
(15) 공장 또는 창고시설로서 지정수량의 750배 이상의 특수가연물을 저장·취급하는 것
(16) 가스시설로서 지상에 노출된 탱크의 저장용량의 합계가 100t 이상인 것

답 ①

48 소방시설공사업법령상 소방본부장이나 소방서장이 소방시설공사가 공사감리 결과보고서대로 완공되었는지를 현장에서 확인할 수 있는 특정소방대상물이 아닌 것은?

19.09.문03
18.03.문42
17.09.문58
16.10.문55

① 판매시설
② 문화 및 집회시설
③ 11층 이상인 아파트
④ 수련시설 및 노유자시설

해설
③ 아파트 제외

공사업령 5조
완공검사를 위한 현장확인 대상 특정소방대상물
(1) 수련시설
(2) 노유자시설
(3) 문화 및 집회시설, 운동시설
(4) 종교시설

(5) **판**매시설
(6) **숙**박시설
(7) **창**고시설
(8) 지하**상**가
(9) 다중이용업소
(10) 다음에 해당하는 설비가 설치되는 특정소방대상물
　㉠ 스프링클러설비 등
　㉡ **물**분무등소화설비(호스릴방식 제외)
(11) 연면적 $10000m^2$ 이상이거나 11층 이상인 특정소방대상물 (아파트 제외)
(12) 가연성 가스를 제조·저장 또는 취급하는 시설 중 지상에 노출된 가연성 가스탱크의 저장용량 합계가 **1000t** 이상인 시설

> **기억법** 문종판 노수운 숙창상현

답 ③

★
49
17.09.문44

소방기본법령상 동원된 소방력의 운용과 관련하여 필요한 사항을 정하는 자는? (단, 동원된 소방력의 소방활동 수행과정에서 발생하는 경비 및 동원된 민간소방인력이 소방활동을 수행하다가 사망하거나 부상을 입은 경우와 관련된 사항은 제외한다.)

① 대통령
② 소방청장
③ 시·도지사
④ 행정안전부장관

해설 **소방청장**
(1) **방**염성능 **검**사(소방시설법 21조)
(2) 소방박물관의 설립·운영(기본법 5조)
(3) 소방**력**의 **동**원 및 운용(기본법 11조 2)
(4) 한국소방안전원의 정관 변경(기본법 43조)
(5) 한국소방안전원의 **감**독(기본법 48조)
(6) 소방대원의 소방교육·훈련이 정하는 것(기본규칙 9조)
(7) 소방박물관의 설립·운영(기본규칙 4조)
(8) 소방용품의 형식승인(소방시설법 37조)
(9) 우수품질제품 인증(소방시설법 43조)
(10) 화재안전조사에 필요한 사항(화재예방법 시행령 15조)
(11) 시공능력평가의 공시(공사업법 26조)
(12) 실무교육기관의 지정(공사업법 29조)
(13) 소방기술자의 실무교육 필요사항 제정(공사업규칙 26조)

> **기억법** 력동 청장 방검(**역동**적인 **청장**님이 **방금** 오셨다.)

답 ②

★★★
50
19.09.문55
16.03.문55
15.09.문55
14.05.문53
12.09.문46
10.05.문55
10.03.문48

화재의 예방 및 안전관리에 관한 법령상 화재예방강화지구로 지정할 수 있는 대상지역이 아닌 것은? (단, 소방청장·소방본부장 또는 소방서장이 화재예방강화지구로 지정할 필요가 있다고 별도로 지정한 지역은 제외한다.)

① 시장지역
② 석조건물이 있는 지역
③ 위험물의 저장 및 처리시설이 밀집한 지역
④ 석유화학제품을 생산하는 공장이 있는 지역

해설 화재예방법 18조
화재예방**강**화지구의 지정

---

(1) **지정권자** : **시**·도지사
(2) **지정지역**
　㉠ **시**장지역
　㉡ **공장**·**창고** 등이 밀집한 지역
　㉢ **목조건물**이 밀집한 지역
　㉣ 노후·불량 건축물이 밀집한 지역
　㉤ **위험물**의 저장 및 **처리시설**이 **밀집**한 지역
　㉥ **석유화학제품**을 생산하는 공장이 있는 지역
　㉦ **소방시설**·**소방용수시설** 또는 **소방출동로**가 **없는** 지역
　㉧ 「**산업입지 및 개발에 관한 법률**」에 따른 산업단지
　㉨ 「**물류시설의 개발 및 운영에 관한 법률**」에 따른 물류단지
　㉩ **소방청장**·**소방본부장** 또는 **소방서장**(소방관서장)이 화재예방강화지구로 지정할 필요가 있다고 인정하는 지역

> **기억법** 화강시

> ※ **화재예방강화지구** : 화재발생 우려가 크거나 화재가 발생할 경우 피해가 클 것으로 예상되는 지역에 대하여 화재의 예방 및 안전관리를 강화하기 위해 지정·관리하는 지역

> **비교**
> **기본법 19조**
> 화재로 오인할 만한 불을 피우거나 연막소독시 신고지역
> (1) **시장**지역
> (2) 공장·**창고**가 밀집한 지역
> (3) 목조건물이 밀집한 지역
> (4) 위험물의 저장 및 처리시설이 밀집한 지역
> (5) 석유화학제품을 생산하는 공장이 있는 지역
> (6) 그 밖에 **시**·도의 **조례**로 정하는 지역 또는 장소

답 ②

★★★
51
19.04.문50
(기사)
17.03.문50
(기사)
14.09.문54
(기사)
11.06.문50
(기사)
09.03.문56
(기사)

소방시설 설치 및 관리에 관한 법령상 특정소방대상물 중 숙박시설의 종류가 아닌 것은?

① 학교 기숙사
② 일반형 숙박시설
③ 생활형 숙박시설
④ 근린생활시설에 해당하지 않는 고시원

해설
> ① 공동주택에 해당

숙박시설
(1) 일반형 숙박시설
(2) 생활형 숙박시설
(3) 고시원(근린생활시설에 해당하지 않는 것)

답 ①

★★
52
17.05.문44
10.03.문60

소방기본법령상 소방서 종합상황실의 실장이 서면·모사전송 또는 컴퓨터통신 등으로 소방본부의 종합상황실에 지체 없이 보고하여야 하는 화재의 기준으로 틀린 것은?

① 이재민이 50인 이상 발생한 화재
② 재산피해액이 50억원 이상 발생한 화재
③ 층수가 11층 이상인 건축물에서 발생한 화재
④ 사망자가 5인 이상 발생하거나 사상자가 10인 이상 발생한 화재

해설 ① 50인 → 100인

기본규칙 3조
종합상황실 실장의 보고화재
(1) 사망자 **5인** 이상 화재
(2) 사상자 **10인** 이상 화재
(3) 이재민 **100인** 이상 화재
(4) 재산피해액 **50억원** 이상 화재
(5) 관광호텔, 층수가 11층 이상인 건축물, 지하상가, 시장, 백화점
(6) **5층** 이상 또는 객실 **30실** 이상인 **숙박시설**
(7) **5층** 이상 또는 병상 **30개** 이상인 **종합병원·정신병원·한방병원·요양소**
(8) 1000t 이상인 선박(항구에 매어둔 것), 철도차량, 항공기, 발전소 또는 변전소
(9) 지정수량 **3000배** 이상의 위험물 제조소·저장소·취급소
(10) 연면적 15000m² 이상인 **공장** 또는 화재예방강화지구에서 발생한 화재
(11) 가스 및 **화약류**의 폭발에 의한 화재
(12) 관공서·학교·정부미 도정공장·문화재·지하철 또는 지하구의 **화재**
(13) 다중이용업소의 화재

※ **종합상황실** : 화재·재난·재해·구조·구급 등이 필요한 때에 신속한 소방활동을 위한 정보를 수집·전파하는 소방서 또는 소방본부의 지령관제실

답 ①

53 소방기본법령상 소방신호의 종류가 아닌 것은?

19.03.문45
12.05.문42
12.03.문56

① 발화신호
② 해제신호
③ 훈련신호
④ 소화신호

해설 **기본규칙 10조**
소방신호의 종류

소방신호	설 명
경계신호	• 화재예방상 필요하다고 인정되거나 **화재위험경보**시 발령
발화신호	• 화재가 **발생**한 때 발령
해제신호	• 소화활동이 필요없다고 인정되는 때 발령
훈련신호	• **훈련**상 필요하다고 인정되는 때 발령

기억법 **경발해훈**

중요

기본규칙 〔별표 4〕
소방신호표

신호방법 / 종별	타종 신호	사이렌 신호
경계신호	1타와 연 **2타**를 반복	**5초** 간격을 두고 **30초**씩 3회
발화신호	**난타**	5초 간격을 두고 5초씩 3회
해제신호	상당한 간격을 두고 1타씩 반복	1분간 1회
훈련신호	연 **3타** 반복	10초 간격을 두고 1분씩 3회

답 ④

54 위험물안전관리법령상 제조소 등에 전기설비(전기배선, 조명기구 등은 제외)가 설치된 장소의 면적이 300m²일 경우, 소형 수동식 소화기는 최소 몇 개 설치하여야 하는가?

17.03.문55

① 1개
② 2개
③ 3개
④ 4개

해설 **위험물규칙 〔별표 17〕**
전기설비의 소화설비
제조소 등에 전기설비(전기배선, 조명기구 등 제외)가 설치된 경우에는 당해 장소의 면적 **100m²마다 소형 수동식 소화기를 1개 이상** 설치할 것

제조소 등의 전기설비 소형 수동식 소화기 개수
$\dfrac{\text{바닥면적}}{100\text{m}^2}$ (절상) $= \dfrac{300\text{m}^2}{100\text{m}^2} = 3$개

중요

절상 : '소수점 이하는 무조건 올린다.'는 뜻

답 ③

55 위험물안전관리법령상 점포에서 위험물을 용기에 담아 판매하기 위하여 지정수량의 40배 이하의 위험물을 취급하는 장소의 취급소 구분으로 옳은 것은? (단, 위험물을 제조 외의 목적으로 취급하기 위한 장소이다.)

17.09.문52
14.03.문56
11.06.문57

① 이송취급소
② 일반취급소
③ 주유취급소
④ 판매취급소

해설 **위험물령 〔별표 3〕**
위험물 취급소의 구분

구분	설 명
주유취급소	고정된 주유설비에 의하여 **자동차·항공기** 또는 **선박** 등의 연료탱크에 직접 주유하기 위하여 위험물을 취급하는 장소
판매취급소	**점포**에서 위험물을 용기에 담아 판매하기 위하여 지정수량의 **40배** 이하의 위험물을 취급하는 장소 **기억법** 점포4판(**점포**에서 **사**고 **판**다.)
이송취급소	배관 및 이에 부속된 설비에 의하여 위험물을 이**송**하는 장소
일반취급소	주유취급소·판매취급소·이송취급소 이외의 장소

중요

위험물규칙 〔별표 14〕

제1종 판매취급소	제2종 판매취급소
저장·취급하는 위험물의 수량이 지정수량의 **20배** 이하인 판매취급소	저장·취급하는 위험물의 수량이 지정수량의 **40배** 이하인 판매취급소

답 ④

56 소방시설 설치 및 관리에 관한 법령상 자동화재속보설비를 설치하여야 하는 특정소방대상물의 기준으로 틀린 것은? (단, 사람이 24시간 상시 근무하고 있는 경우는 제외한다.)

19.03.문62
14.03.문44
12.03.문58

① 정신병원으로서 바닥면적이 500m² 이상인 층이 있는 것
② 문화유산의 보존 및 활용에 관한 법률에 따라 보물 또는 국보로 지정된 목조건축물
③ 노유자 생활시설에 해당하지 않는 노유자시설로서 바닥면적이 300m² 이상인 층이 있는 것
④ 수련시설(숙박시설이 있는 건축물만 해당)로서 바닥면적이 500m² 이상인 층이 있는 것

해설 ③ 300m² → 500m²

소방시설법 시행령 〔별표 4〕
자동화재속보설비의 설치대상

설치대상	조 건
① **수**련시설(숙박시설이 있는 것) ② **노**유자시설 ③ 정신병원 및 의료재활시설	→ 바닥면적 **500m² 이상**
④ 목조건축물	국보·보물
⑤ 노유자 생활시설 ⑥ 종합병원, 병원, 치과병원, 한방병원 및 요양병원(의료재활시설 제외) ⑦ 의원, 치과의원 및 한의원(입원실이 있는 시설) ⑧ 조산원 및 산후조리원 ⑨ 전통시장	전부

기억법 5수노속

답 ③

57 소방시설공사업법령상 상주 공사감리의 대상기준 중 다음 괄호 안에 알맞은 것은?

15.09.문47
12.09.문50

• 연면적 (㉠)m² 이상의 특정소방대상물(아파트는 제외)에 대한 소방시설의 공사
• 지하층을 포함한 층수가 (㉡)층 이상으로서 (㉢)세대 이상인 아파트에 대한 소방시설의 공사

① ㉠ 30000, ㉡ 16, ㉢ 500
② ㉠ 30000, ㉡ 11, ㉢ 300
③ ㉠ 50000, ㉡ 16, ㉢ 500
④ ㉠ 50000, ㉡ 11, ㉢ 300

해설 **공사업령 〔별표 3〕**
상주공사감리 대상
(1) 연면적 **30000m²** 이상의 특정소방대상물(**아파트 제외**)
(2) 16층 이상(**지하층** 포함)으로서 **500세대** 이상인 **아파트**

비교

공사업규칙 16조 소방공사감리원의 세부배치기준	
감리대상	**책임감리원**
일반공사감리대상	• 주1회 이상 방문감리 • 담당감리현장 5개 이하로서 연면적 총합계 100000m² 이하

답 ①

58 소방기본법령상 국가가 시·도의 소방업무에 필요한 경비의 일부를 보조하는 국고보조대상이 아닌 것은?

17.03.문54

① 소방자동차 구입
② 소방용수시설 설치
③ 소방전용통신설비 설치
④ 소방관서용 청사의 건축

해설 **기본령 2조**
국고보조의 대상 및 기준
(1) **국고보조의 대상**
　㉠ 소방**활**동장비와 설비의 구입 및 설치
　　• 소방**자**동차
　　• 소방**헬**리콥터·소방정
　　• 소방**전**용통신설비·전산설비
　　• 방**화복**
　㉡ 소방관서용 **청**사
(2) **소방활동장비 및 설비의 종류와 규격** : 행정안전부령
(3) **대상사업의 기준 보조율** : 「보조금관리에 관한 법률 시행령」에 따름

기억법 국화복 활자 전헬청

답 ②

59 소방시설 설치 및 관리에 관한 법령상 특정소방대상물에 설치되어 소방본부장 또는 소방서장의 건축허가 등의 동의대상에서 제외되게 하는 소방시설이 아닌 것은? (단, 설치되는 소방시설은 화재안전기준에 적합하다.)

17.09.문43

① 유도표지　　② 누전경보기
③ 비상조명등　　④ 인공소생기

해설 **소방시설법 시행령 7조**
건축허가 등의 동의대상 제외
(1) 소화기구
(2) 자동소화장치
(3) 누전경보기
(4) 단독경보형감지기
(5) 시각경보기
(6) 가스누설경보기
(7) 피난구조설비(비상조명등 제외)
(8) 건축물의 증축 또는 용도변경으로 인하여 해당 특정소방대상물에 추가로 소방시설이 설치되지 않는 경우 해당 특정소방대상물

용어

피난구조설비
(1) 유도등
(2) 유도표지
(3) 인명구조기구 ── **방열**복
　　　　　　　── 방**화**복(안전모, 보호장갑, 안전화 포함)
　　　　　　　── **공**기호흡기
　　　　　　　── **인**공소생기

기억법 방열화공인

답 ③

---

60 소방시설 설치 및 관리에 관한 법령상 소방시설관리
13.09.문47 사의 결격사유가 아닌 것은?

① 피성년후견인
② 소방기본법령에 따른 금고 이상의 실형을 선고받고 그 집행이 면제된 날부터 2년이 지나지 아니한 사람
③ 소방시설공사업법령에 따른 금고 이상의 형의 집행유예를 선고받고 그 유예기간이 지난 후 2년이 지나지 아니한 사람
④ 거짓이나 그 밖의 부정한 방법으로 관리사 시험에 합격하여 자격이 취소된 날부터 2년이 지나지 아니한 사람

해설
③ 그 유예기간이 지난 후 2년이 지나지 아니한 사람 → 집행유예기간 중에 있는 사람

소방시설법 27조
소방시설관리사의 결격사유
(1) 피성년후견인
(2) 금고 이상의 실형을 선고받고 그 집행이 끝나거나(집행이 끝난 것으로 보는 경우 포함) 집행이 면제된 날부터 **2년**이 지나지 아니한 사람
(3) 금고 이상의 형의 집행유예를 선고받고 그 유예기간 중에 있는 사람
(4) 자격취소 후 **2년**이 지나지 아니한 사람

답 ③

제4과목 소방기계시설의 구조 및 원리

---

61 옥외소화전설비의 화재안전기준상 옥외소화전
19.04.문61 설비의 배관 등에 관한 기준 중 호스의 구경은
12.05.문77 몇 mm로 하여야 하는가?

① 35　　　　　② 45
③ 55　　　　　④ 65

해설 **호스의 구경**(NFPC 109 6조, NFTC 109 2.3.2)

옥내소화전설비	옥외소화전설비
40mm	65mm

기억법 내4(내사종결)

답 ④

---

62 옥내소화전설비 배관의 설치기준 중 다음 ( )
17.09.문72 안에 알맞은 것은?
11.10.문61
11.06.문80

연결송수관설비의 배관과 겸용할 경우의 주배관은 구경 (㉠)mm 이상, 방수구로 연결되는 배관의 구경은 (㉡)mm 이상의 것으로 하여야 한다.

① ㉠ 40, ㉡ 50　　② ㉠ 50, ㉡ 40
③ ㉠ 65, ㉡ 100　　④ ㉠ 100, ㉡ 65

해설 (1) **배관의 구경**(NFPC 102 6조, NFTC 102 2.3)

구 분	가지배관	주배관 중 수직배관
호스릴	25mm 이상	32mm 이상
일반	40mm 이상	50mm 이상

(2) **연결송수관설비**의 배관과 **겸용** 보기 ④

주배관	방수구로 연결되는 배관
구경 100mm 이상	구경 65mm 이상

답 ④

---

63 물분무소화설비의 화재안전기준상 66kV 이하
16.03.문74 인 고압의 전기기기가 있는 장소에 물분무헤드
15.03.문74 를 설치시 전기기기와 물분무헤드 사이의 이격
12.09.문71 거리는 최소 몇 cm인가?
12.03.문65

① 70　　　　　② 80
③ 90　　　　　④ 100

해설 **물분무헤드의 이격거리**(NFPC 104 10조, NFTC 104 2.7.2)

전 압	이격거리
66kV 이하 ──→	**70**cm 이상
67~**77**kV 이하	**80**cm 이상
78~**110**kV 이하	**110**cm 이상
111~**154**kV 이하	**150**cm 이상
155~**181**kV 이하	**180**cm 이상
182~**220**kV 이하	**210**cm 이상
221~**275**kV 이하	**260**cm 이상

기억법
66 → 70
77 → 80
110 → 110
154 → 150
181 → 180
220 → 210
275 → 260

답 ①

★
64 이산화탄소 소화설비의 화재안전기준상 전역방
15.09.문62 출식 이산화탄소 소화설비 분사헤드의 방사압력
은 최소 몇 MPa 이상이 되어야 하는가? (단, 저
압식은 제외한다.)

① 1.2
② 2.1
③ 3.6
④ 4.2

해설 **전역방출방식 이산화탄소 소화설비 분사헤드**의 **방사압력**
(NFPC 106 10조, NFTC 106 2.7.1.2)

저압식	고압식
1.05MPa	2.1MPa ↓

답 ②

★
65 소화기구 및 자동소화장치의 화재안전기준상 소
17.03.문77 화기구의 설치기준 중 다음 괄호 안에 알맞은
것은?

> 능력단위가 2단위 이상이 되도록 소화기를
> 설치하여야 할 특정소방대상물 또는 그 부분
> 에 있어서는 간이소화용구의 능력단위가 전
> 체 능력단위의 ( )을 초과하지 아니하게
> 할 것

① $\frac{1}{2}$　　　　② $\frac{1}{3}$

③ $\frac{1}{4}$　　　　④ $\frac{1}{5}$

해설 **소화기구의 설치기준**(NFPC 101 4조, NFTC 101 2.1.1.5)
능력단위가 **2단위** 이상이 되도록 소화기를 설치하여야 할
특정소방대상물 또는 그 부분에 있어서는 간이소화용구의
능력단위가 전체 능력단위의 $\frac{1}{2}$을 초과하지 아니하게 할
것(단, **노유자시설**은 제외)

답 ①

★★★
66 소화수조 및 저수조의 화재안전기준상 소화용수
19.09.문77 설비 소화수조의 소요수량이 120m³일 때 채수
17.09.문67
11.06.문78 구는 몇 개를 설치하여야 하는가?

① 1　　　　② 2
③ 3　　　　④ 4

해설 **소화수조·저수조**(NFPC 402 4조, NFTC 402 2.1.3)
(1) **흡수관 투입구** : 한 변이 **0.6m 이상**이거나 직경이 **0.6m**
이상인 것

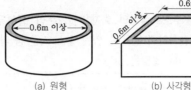

(a) 원형　　　　(b) 사각형

┃흡수관 투입구┃		
소요수량	80m³ 미만	80m³ 이상
흡수관 투입구의 수	1개 이상	2개 이상

(2) **채수구**

소요수량	20~40m³ 미만	40~100m³ 미만	100m³ 이상 ↓
채수구의 수	1개	2개	3개

용어
채수구
소방차의 소방호스와 접결되는 흡입구

답 ③

★★★
67 소방대상물에 제연 샤프트를 설치하여 건물 내
18.09.문06 ·외부의 온도차와 화재시 발생되는 열기에 의
16.10.문13
13.09.문71 한 밀도 차이를 이용하여 실내에서 발생한 화재
04.03.문05 열, 연기 등을 지붕 외부의 루프모니터 등을 통
해 옥외로 배출·환기시키는 제연방식은?

① 자연제연방식
② 루프해치방식
③ 스모크타워 제연방식
④ 제3종 기계제연방식

해설 **스모그타워식 자연배연방식(스모그타워방식)**

구 분	스모그타워 제연방식
정의	제연설비에 전용 **샤프트**를 설치하여 건물 내·외부의 온도차와 화재시 발생되는 열기에 의한 밀도 차이를 이용하여 지붕 외부의 **루프모니터** 등을 이용하여 옥외로 배출·환기시키는 방식
특징	• 배연(제연) **샤프트**의 **굴뚝효과**를 이용한다. • **고층 빌딩**에 적당하다. • **자연배연방식**의 일종이다. • 모든 층의 **일반 거실화재**에 이용할 수 있다.

기억법 스루

중요
제연방식
(1) 자연제연방식 : **개구부** 이용
(2) 스모그타워 제연방식 : **루프모니터** 이용
(3) 기계제연방식
　㉠ 제1종 기계제연방식 : **송풍기+배연기**
　㉡ 제2종 기계제연방식 : **송풍기**
　㉢ 제3종 기계제연방식 : **배연기**

답 ③

★★★
68 물분무소화설비의 화재안전기준상 물분무헤드
18.09.문62
17.03.문79
15.05.문79
를 설치하지 않을 수 있는 장소 기준 중 다음 괄호 안에 알맞은 것은?

> 운전시에 표면의 온도가 (　　)℃ 이상으로
> 되는 등 직접 분무를 하는 경우 그 부분에 손
> 상을 입힐 우려가 있는 기계장치 등이 있는
> 장소

① 250 　　　② 260
③ 270 　　　④ 280

해설 **물분무헤드**의 **설치제외대상**(NFPC 104 15조, NFTC 104 2.12)
(1) 물과 심하게 반응하거나 위험한 물질을 생성하는 물질 저장·취급 장소
(2) **고온물질** 저장·취급 장소
(3) 운전시에 표면의 온도가 **260℃** 이상 되는 장소

기억법 **물26(물**이 **이륙)**

📝 비교

옥내소화전설비 방수구 설치제외장소(NFPC 102 11조, NFTC 102 2.8)
(1) **냉**장창고 중 온도가 영하인 **냉장실** 또는 냉동창고의 **냉동실**
(2) **고온**의 노가 설치된 장소 또는 물과 격렬하게 **반응**하는 **물**품의 저장 또는 취급 장소
(3) **발전소·변전소** 등으로서 전기시설이 설치된 장소
(4) **식물원·수족관·목욕실·수영장**(관람석 부분을 제외) 또는 그 밖의 이와 비슷한 장소
(5) **야외음악당·야외극장** 또는 그 밖의 이와 비슷한 장소

기억법 **내냉방 야식 고발**

답 ②

★
69 소화수조 및 저수조의 화재안전기준상 소화수
17.03.문61
조, 저수조의 채수구 또는 흡수관 투입구는 소방차가 최대 몇 m 이내의 지점까지 접근할 수 있는 위치에 설치하여야 하는가?

① 2 　　　② 4
③ 6 　　　④ 8

해설 **소화수조 또는 저수조**의 **설치기준**(NFPC 402 4·5조, NFTC 402 2.2, 2.1.1)
(1) 소화수조의 깊이가 **4.5m** 이상일 경우 가압송수장치를 설치할 것
(2) 소화수조는 소방펌프자동차가 **채**수구 또는 흡수관 **투입구**로부터 **2m** 이내의 지점까지 접근할 수 있는 위치에 설치할 것

기억법 **2채(이체)**

(3) 소화수조는 **옥상**에 **설치**할 수 있다.

답 ①

★★
70 특별피난계단의 계단실 및 부속실 제연설비의
08.05.문71
03.03.문75
화재안전기준상 제연설비에 사용되는 플랩댐퍼의 정의로 옳은 것은?

① 급기가압공간의 제연량을 자동으로 조절하는 장치를 말한다.
② 제연덕트 내에 설치되어 화재시 자동으로 폐쇄 또는 개방되는 장치를 말한다.
③ 제연구역과 화재구역 사이의 연결을 자동으로 차단할 수 있는 댐퍼를 말한다.
④ 부속실의 설정압력범위를 초과하는 경우 압력을 배출하여 설정압범위를 유지하게 하는 과압방지장치를 말한다.

해설 **용어**(NFPC 501A 3조, NFTC 501A 1.7)

용 어	설 명
플랩댐퍼	부속실의 설정압력범위를 초과하는 경우 압력을 배출하여 설정압범위를 유지하게 하는 과압방지장치 외부　내부 날개 솔레노이드밸브 ㅣ플랩댐퍼ㅣ
제연구역	제연하고자 하는 계단실, 부속실
방연풍속	옥내로부터 제연구역 내로 연기의 유입을 유효하게 방지할 수 있는 풍속
급기량	제연구역에 공급하여야 할 공기의 양
누설량	**틈새**를 통하여 제연구역으로부터 흘러나가는 공기량
보충량	**방연풍속**을 유지하기 위하여 제연구역에 보충하여야 할 공기량
유입공기	제연구역으로부터 옥내로 유입하는 공기로서 **차압**에 따라 누설하는 것과 **출입문의 개방**에 따라 유입하는 것
자동차압·과압조절형 급기댐퍼	제연구역과 옥내 사이의 **차압**을 압력 **센서** 등으로 감지하여 제연구역에 공급되는 풍량의 조절로 제연구역의 **차압 유지** 및 **과압 방지**를 **자동**으로 제어할 수 있는 댐퍼
자동폐쇄장치	제연구역의 **출입문** 등에 설치하는 것으로서 화재발생시 옥내에 설치된 **감지기** 작동과 연동하여 출입문을 **자동**적으로 닫게 하는 장치

답 ④

71 스프링클러설비의 화재안전기준상 가압송수장치에서 폐쇄형 스프링클러헤드까지 배관 내에 항상 물이 가압되어 있다가 화재로 인한 열로 폐쇄형 스프링클러헤드가 개방되면 배관 내에 유수가 발생하여 습식 유수검지장치가 작동하게 되는 스프링클러설비는?

19.04.문70
12.05.문70

① 건식 스프링클러설비
② 습식 스프링클러설비
③ 부압식 스프링클러설비
④ 준비작동식 스프링클러설비

해설 스프링클러설비의 **종류**(NFPC 103 3조, NFTC 103 1.7)

종 류	설 명	헤 드
습식 **스프링클러설비**	**습식** 밸브의 **1차측** 및 **2차측** 배관 내에 항상 **가압수**가 충수되어 있다가 화재발생시 열에 의해 헤드가 개방되어 소화한다.	폐쇄형
건식 **스프링클러설비**	**건식** 밸브의 **1차측**에는 **가압수**, **2차측**에는 **공기**가 압축되어 있다가 화재발생시 열에 의해 헤드가 개방되어 소화한다.	폐쇄형
준비작동식 **스프링클러설비**	① **준비작동밸브**의 **1차측**에는 **가압수**, **2차측**에는 **대기압**상태로 있다가 화재발생시 감지기에 의하여 **준비작동밸브**(preaction valve)를 개방하여 헤드까지 가압수를 송수시켜 놓고 열에 의해 헤드가 개방되면 소화한다. ② **화재감지기**의 작동에 의해 밸브가 개방되고 다시 **열**에 의해 **헤드**가 개방되는 방식이다. • 준비작동밸브＝준비작동식밸브	폐쇄형
부압식 **스프링클러설비**	준비작동식 밸브의 **1차측**에는 **가압수**, **2차측**에는 **부압(진공)**상태로 있다가 화재발생시 감지기에 의하여 준비작동식 밸브(preaction valve)를 개방하여 헤드까지 가압수를 송수시켜 놓고 열에 의해 헤드가 개방되면 소화한다.	폐쇄형
일제살수식 **스프링클러설비**	일제개방밸브의 **1차측**에는 **가압수**, **2차측**에는 **대기압**상태로 있다가 화재발생시 감지기에 의하여 **일제개방밸브**(deluge valve)가 개방되어 소화한다.	개방형

답 ②

72 이산화탄소 소화설비의 화재안전기준상 이산화탄소 소화설비의 가스압력식 기동장치에 대한 기준 중 틀린 것은?

18.03.문74
05.09.문74

① 기동용 가스용기에는 충전 여부를 확인할 수 있는 압력게이지를 설치할 것

② 기동용 가스용기 및 해당 용기에 사용하는 밸브는 25MPa 이상의 압력에 견딜 수 있는 것으로 할 것
③ 기동용 가스용기에는 내압시험압력의 0.64배부터 내압시험압력 이하에서 작동하는 안전장치를 설치할 것
④ 기동용 가스용기의 체적은 5L 이상으로 하고, 해당 용기에 저장하는 질소 등의 비활성 기체는 6.0MPa 이상(21℃ 기준)의 압력으로 충전할 것

해설 ③ 0.64배 → 0.8배

이산화탄소 소화설비 가스압력식 기동장치(NFTC 106 2.3.2.3)

구 분	기 준
비활성 기체 충전압력	**6MPa** 이상(21℃ 기준)
기동용 가스용기의 체적	**5L** 이상
기동용 가스용기 안전장치의 압력	내압시험압력의 **0.8배**~ 내압시험압력 이하
기동용 가스용기 및 해당 용기에 사용하는 밸브의 견디는 압력	**25MPa** 이상
충전 여부 확인	**압력게이지** 설치

기동용 가스용기의 체적은 **5L** 이상으로 하고, 해당 용기에 저장하는 질소 등의 비활성 기체는 6.0MPa 이상(21℃ 기준)의 압력으로 충전할 것

비교

분말소화설비의 가스압력식 기동장치(NFTC 108 2.4, 2.3.3)

구 분	기 준
기동용 가스용기의 체적	**5L** 이상(단, 1L 이상시 CO_2량 0.6kg 이상)

답 ③

73 피난기구의 화재안전기준상 피난기구의 종류가 아닌 것은?

17.03.문68
08.03.문11

① 미끄럼대
② 간이완강기
③ 인공소생기
④ 피난용 트랩

해설 ③ 인명구조기구

피난기구(NFPC 301 3조, NFTC 301 1.7) vs **인명구조기구**(NFPC 302 3조, NFTC 302 1.7)

피난기구	인명구조기구
① **피난**사다리 ② **구**조대 ③ **완**강기 ④ 소방청장이 정하여 고시하는 화재안전기준으로 정하는 것(미끄럼대, 피난교, 공기안전매트, 피난용 트랩, 다수인 피난장비, 승강식 피난기, 간이완강기, 하향식 피난구용 내림식 사다리)	① 방**열**복 ② **방화**복(안전모, 보호장갑, 안전화 포함) ③ **공**기호흡기 ④ **인**공소생기
기억법 피구완	기억법 방화열공인

답 ③

74 분말소화설비의 화재안전기준상 호스릴 분말소화설비의 설치기준으로 틀린 것은?

18.03.문76
15.09.문64
12.09.문62

① 소화약제의 저장용기는 호스릴을 설치하는 장소마다 설치할 것
② 방호대상물의 각 부분으로부터 하나의 호스접결구까지의 수평거리가 15m 이하가 되도록 할 것
③ 소화약제의 저장용기의 개방밸브는 호스릴의 설치장소에서 수동으로 개폐할 수 있는 것으로 할 것
④ 제1종 분말소화약제를 사용하는 호스릴 분말소화설비의 노즐은 하나의 노즐마다 1분당 27kg을 방사할 수 있는 것으로 할 것

 ④ 27kg → 45kg

호스릴 분말소화설비의 **설치기준**(NFPC 108 11조, NFTC 108 2.8.4)
(1) 방호대상물의 각 부분으로부터 하나의 호스접결구까지의 **수평거리**가 **15m** 이하가 되도록 할 것
(2) 소화약제의 저장용기의 개방밸브는 호스릴의 설치장소에서 **수동**으로 개폐할 수 있는 것으로 할 것
(3) 소화약제의 저장용기는 **호스릴**을 설치하는 장소마다 설치할 것
(4) 호스릴방식의 분말소화설비의 노즐은 하나의 노즐마다 1분당 다음 표에 따른 소화약제를 방출할 수 있는 것으로 할 것

소화약제의 종별	1분당 방사하는 소화약제의 양
제1종 분말 →	45kg
제2종 분말 또는 제3종 분말	27kg
제4종 분말	18kg

(5) 소화약제 저장용기의 가장 가까운 곳의 보기 쉬운 곳에 **적색**의 표시등을 설치하고, 호스릴방식의 분말소화설비가 있다는 뜻을 표시한 표지를 할 것

중요

호스릴방식
(1) CO₂ 소화설비

약제종별	약제저장량	약제방사량(20℃)
CO₂	90kg	60kg/min

(2) 할론소화설비

약제종별	약제저장량	약제방사량(20℃)
할론 1301	45kg	35kg/min
할론 1211	50kg	40kg/min
할론 2402	50kg	45kg/min

(3) 분말소화설비

약제종별	약제저장량	약제방사량
제1종 분말	50kg	45kg/min
제2·3종 분말	30kg	27kg/min
제4종 분말	20kg	18kg/min

답 ④

75 스프링클러설비의 화재안전기준상 스프링클러헤드를 설치하지 않을 수 있는 장소 기준으로 틀린 것은?

17.05.문68

① 계단실·경사로·목욕실·화장실·기타 이와 유사한 장소
② 통신기기실·전자기기실·기타 이와 유사한 장소
③ 천장과 반자 양쪽이 불연재료로 되어 있는 경우로서 천장과 반자 사이의 거리가 2m 미만인 부분
④ 천장 및 반자가 불연재료 외의 것으로 되어 있고 천장과 반자 사이의 거리가 1.5m 미만인 부분

 ④ 1.5m → 0.5m

스프링클러헤드의 **설치제외장소**(NFPC 103 15조, NFTC 103 2.12)
(1) 계단실, 경사로, 승강기의 승강로, 파이프덕트, 목욕실, 수영장(관람석 제외), 화장실, 직접 외기에 개방되어 있는 복도, 기타 이와 유사한 장소 보기 ①
(2) **통신기기실·전자기기실**, 기타 이와 유사한 장소 보기 ②
(3) **발전실·변전실·변압기**, 기타 이와 유사한 전기설비가 설치되어 있는 장소
(4) **병원의 수술실·응급처치실**, 기타 이와 유사한 장소
(5) 천장과 반자 양쪽이 **불연재료**로 되어 있는 경우로서 그 사이의 거리 및 구조가 다음에 해당하는 부분
  ㉠ 천장과 반자 사이의 거리가 **2m** 미만인 부분 보기 ③
  ㉡ 천장과 반자 사이의 벽이 **불연재료**이고 천장과 반자 사이의 거리가 **2m** 이상으로서 그 사이에 **가연물**이 존재하지 **아니하는** 부분
(6) 천장·반자 중 한쪽이 **불연재료**로 되어 있고, 천장과 반자 사이의 거리가 **1m** 미만인 부분
(7) 천장 및 반자가 **불연재료 외**의 것으로 되어 있고, 천장과 반자 사이의 거리가 **0.5m 미만**인 경우 보기 ④
(8) 펌프실·물탱크실, 그 밖의 이와 비슷한 장소
(9) 현관·로비 등으로서 바닥에서 높이가 20m 이상인 장소

답 ④

76 분말소화설비의 화재안전기준상 분말소화약제의 저장용기를 가압식으로 설치할 때 안전밸브의 작동압력기준은?

18.09.문80

① 최고사용압력의 0.8배 이하
② 최고사용압력의 1.8배 이하
③ 내압시험압력의 0.8배 이하
④ 내압시험압력의 1.8배 이하

해설 분말소화약제의 저장용기 설치장소 기준(NFPC 108 4조, NFTC 108 2.1)
(1) **방호구역 외**의 장소에 설치할 것(단, 방호구역 내에 설치할 경우에는 피난 및 조작이 용이하도록 피난구 부근에 설치)
(2) 온도가 **40℃** 이하이고, 온도변화가 작은 곳에 설치할 것
(3) 직사광선 및 빗물이 침투할 우려가 없는 곳에 설치할 것
(4) 방화문으로 구획된 실에 설치할 것
(5) 용기의 설치장소에는 해당 용기가 설치된 곳임을 표시하는 표지를 할 것
(6) 용기 간의 간격은 점검에 지장이 없도록 **3cm** 이상의 간격을 유지할 것
(7) 저장용기와 집합관을 연결하는 연결배관에는 **체크밸브**를 설치할 것
(8) 주밸브를 개방하는 **정압작동장치** 실시
(9) 저장용기의 **충전비**는 **0.8** 이상
(10) 안전밸브의 설치

가압식	축압식
최고사용압력의 **1.8배** 이하	내압시험압력의 **0.8배** 이하

답 ②

77 피난기구의 화재안전기준상 피난기구의 설치기준 중 피난사다리 설치시 금속성 고정사다리를 설치하여야 하는 층의 기준으로 옳은 것은? (단, 하향식 피난구용 내림식 사다리는 제외한다.)
15.03.문61
① 4층 이상
② 5층 이상
③ 7층 이상
④ 11층 이상

해설 피난기구의 **설치기준**(NFPC 301 5조, NFTC 301 2.1.3.4)
4층 이상의 층에 피난사다리(하향식 피난구용 내림식 사다리 제외)를 설치하는 경우에는 **금속성 고정사다리**를 설치하고, 당해 고정사다리에는 쉽게 피난할 수 있는 구조의 **노대**를 설치

답 ①

78 분말소화설비의 화재안전기준상 분말소화약제 저장용기의 내부압력이 설정압력으로 되었을 때 주밸브를 개방하기 위해 설치하는 장치는?
17.03.문62
15.03.문69
14.03.문77
07.03.문74
① 자동폐쇄장치
② 전자개방장치
③ 자동청소장치
④ 정압작동장치

해설 정압작동장치
약제저장용기 내의 내부압력이 설정압력이 되었을 때 **주밸브**를 **개방**시키는 장치로서 정압작동장치의 설치위치는 그림과 같다.

기억법 주정(주정뱅이가 되지 말라!)

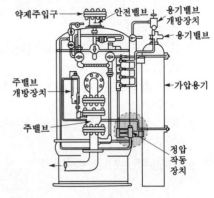

∥ 정압작동장치 ∥

중요
정압작동장치의 종류
(1) 봉판식
(2) 기계식
(3) 스프링식
(4) 압력스위치식
(5) 시한릴레이식

답 ④

79 포소화설비의 화재안전기준상 전역방출방식의 고발포용 고정포방출구 설치기준 중 다음 괄호 안에 알맞은 것은?
17.09.문61
14.05.문76

고정포방출구는 바닥면적 ( )m²마다 1개 이상으로 하여 방호대상물의 화재를 유효하게 소화할 수 있도록 할 것

① 300
② 400
③ 500
④ 600

해설 전역방출방식의 **고발포용 고정포방출구**(NFPC 105 12조, NFTC 105 2.9.4.1)
(1) 개구부에 **자동폐쇄장치**를 설치할 것
(2) 고정포방출구는 바닥면적 **500m²**마다 1개 이상으로 할 것
(3) 고정포방출구는 방호대상물의 **최고부분**보다 높은 위치에 설치할 것
(4) 해당 방호구역의 관포체적 1m³에 대한 포수용액 방출량은 소방대상물 및 포의 팽창비에 따라 달라진다.

기억법 고5(GO)

답 ③

★★★
80

19.03.문75
16.05.문64
15.03.문80
11.06.문67

소화기구 및 자동소화장치의 화재안전기준상 노유자시설에 대한 소화기구의 능력단위기준으로 옳은 것은? (단, 건축물의 주요구조부, 벽 및 반자의 실내에 면하는 부분에 대한 조건은 무시한다.)

① 해당 용도의 바닥면적 30m²마다 능력단위 1단위 이상

② 해당 용도의 바닥면적 50m²마다 능력단위 1단위 이상

③ 해당 용도의 바닥면적 100m²마다 능력단위 1단위 이상

④ 해당 용도의 바닥면적 200m²마다 능력단위 1단위 이상

해설 **특정소방대상물별 소화기구의 능력단위기준**(NFTC 101 2.1.1.2)

특정소방대상물	소화기구의 능력단위	건축물의 주요 구조부가 내화구조이고, 벽 및 반자의 실내에 면하는 부분이 불연재료·준불연재료 또는 난연재료로 된 특정소방대상물의 능력단위
• **위**락시설 기억법 위3(**위상**)	바닥면적 **30m²**마다 1단위 이상	바닥면적 **60m²**마다 1단위 이상
• **공연**장 • **집**회장 • **관람**장 및 **문**화재 • **의**료시설·**장**례식장 기억법 5공연장 문의 집관람 (손**오공** 연장 문의 집관람)	바닥면적 **50m²**마다 1단위 이상	바닥면적 **100m²**마다 1단위 이상
• **근**린생활시설 • **판**매시설 • 운수시설 • **숙**박시설 • **노**유자시설 → • **전**시장 • 공동**주**택 • **업**무시설 • **방**송통신시설 • 공장·**창**고 • **항**공기 및 자동**차** 관련시설 및 **관광**휴게시설 기억법 근판숙노전 주업방차창 1항관광(근 판숙노전 주 업방차창 일 본항 관광)	바닥면적 **100m²**마다 1단위 이상	바닥면적 **200m²**마다 1단위 이상
• 그 밖의 것	바닥면적 **200m²**마다 1단위 이상	바닥면적 **400m²**마다 1단위 이상

용어

소화능력단위
소화기구의 소화능력을 나타내는 수치

답 ③

과년도 기출문제

2019년

소방설비산업기사 필기(기계분야)

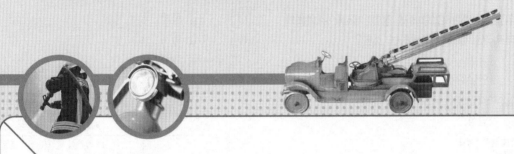

** 수험자 유의사항 **

1. 문제지를 받는 즉시 본인이 응시한 종목이 맞는지 확인하시기 바랍니다.
2. 문제지 표지에 본인의 수험번호와 성명을 기재하여야 합니다.
3. 문제지의 총면수, 문제번호 일련순서, 인쇄상태, 중복 및 누락 페이지 유무를 확인하시기 바랍니다.
4. 답안은 각 문제마다 요구하는 가장 적합하거나 가까운 답 1개만을 선택하여야 합니다.
5. 답안카드는 뒷면의 「수험자 유의사항」에 따라 작성하시고, 답안카드 작성 시 형별누락, 마킹착오로 인한 불이익은 전적으로 수험자에게 책임이 있음을 알려드립니다.
6. 문제지는 시험 종료 후 본인이 가져갈 수 있습니다.

** 안내사항 **

• 가답안/최종정답은 큐넷(www.q-net.or.kr)에서 확인하실 수 있습니다. 가답안에 대한 의견은 큐넷의 [가답안 의견 제시]를 통해 제시할 수 있으며, 확정된 답안은 최종정답으로 갈음합니다.
• 공단에서 제공하는 자격검정서비스에 대해 개선할 점이 있으시면 고객참여(http://hrdkorea.or.kr/7/1/1)를 통해 건의하여 주시기 바랍니다.

2019. 3. 3 시행

2019년 산업기사 제1회 필기시험				수험번호	성명
자격종목 **소방설비산업기사(기계분야)**	종목코드	시험시간 **2시간**	형별		

※ 각 문항은 4지택일형으로 질문에 가장 적합한 보기 항을 선택하여 체크하여야 합니다.

제1과목 소방원론

★★★
01 위험물안전관리법령에서 정한 제5류 위험물의 대표적인 성질에 해당하는 것은?

15.05.문43
15.03.문18
14.09.문04
14.03.문05
14.03.문16
13.09.문07

① 산화성
② 자연발화성
③ 자기반응성
④ 가연성

유사문제부터 풀어보세요. 실력이 팍!팍! 올라갑니다.

해설 위험물령 〔별표 1〕
위험물

유별	성질	품명
제1류	**산**화성 **고**체	• 아염소산염류(아염소산나트륨) • 염소산염류 • 과염소산염류 • 질산염류(질산칼륨) • 무기과산화물(과산화바륨) **기억법** 1산고(일산GO)
제2류	가연성 고체	• **황화**인 • **적**린 • **황** • **마**그네슘 **기억법** 2황화적황마
제3류	자연발화성 물질 및 금수성 물질	• **황**린 • **칼**륨 • **나**트륨 • 트리에틸**알**루미늄 **기억법** 황칼나알
제4류	인화성 액체	• 특수인화물 • 석유류(벤젠) • 알코올류 • 동식물유류
제5류	자기반응성 물질	• 질산에스터류(셀룰로이드) • 유기과산화물 • 나이트로화합물 • 나이트로소화합물 • 아조화합물 • 나이트로글리세린

답 ③

★★★
02 등유 또는 경유화재에 해당하는 것은?

16.10.문20
16.05.문09
15.05.문19
15.03.문19
14.09.문01
14.09.문15
14.05.문05
14.05.문20
14.03.문19
13.06.문09
11.06.문13

① A급 화재
② B급 화재
③ C급 화재
④ D급 화재

해설

화재 종류	표시색	적응물질
일반화재(A급)	**백**색	• 일반 가연물 • **종이**류 화재 • **목재**, 섬유화재
유류화재(B급)	**황**색	• 가연성 액체(등유·경유) • 가연성 가스 • 액화가스화재 • 석유화재
전기화재(C급)	**청**색	• **전기**설비
금속화재(D급)	**무**색	• 가연성 금속
주방화재(K급)	–	• 식용유화재

기억법 백황청무

※ 요즘은 표시색의 의무규정은 없음

답 ②

★
03 소화기의 소화약제에 관한 공통적 성질에 대한 설명으로 틀린 것은?

① 산알칼리소화약제는 양질의 유기산을 사용한다.
② 소화약제는 현저한 독성 또는 부식성이 없어야 한다.
③ 분말상의 소화약제는 고체화 및 변질 등 이상이 없어야 한다.
④ 액상의 소화약제는 결정의 석출, 용액의 분리, 부유물 또는 침전물 등 기타 이상이 없어야 한다.

해설 ① 유기산 → 무기산

소화약제의 형식승인 및 **제품검사**의 **기술기준** 5조
산알칼리소화약제의 적합기준

(1) 산은 양질의 **무기산** 또는 이와 같은 염류일 것
(2) 알칼리는 물에 잘 용해되는 양질의 **알칼리 염류**일 것
(3) 방사액의 수소이온농도는 KS M 0011(수용액의 pH 측정 방법)에 따라 측정하는 경우 **5.5 이하**의 산성을 나타내지 않을 것

답 ①

04 질산에 대한 설명으로 틀린 것은?

14.09.문03
11.10.문19

① 산화제이다.
② 부식성이 있다.
③ 불연성 물질이다.
④ 산화되기 쉬운 물질이다.

 질산(제6류 위험물)의 특징
(1) **부식성**이 있다.
(2) **불연성 물질**이다.
(3) **산화제**이다.
(4) 산화성 물질과의 접촉을 피할 것

> 중요
>
> **제6류 위험물**
> (1) 과염소산
> (2) 과산화수소
> (3) 질산

답 ④

05 15℃의 물 1g을 1℃ 상승시키는 데 필요한 열량은 몇 cal인가?

17.05.문05
15.09.문03
15.05.문19
14.05.문03
11.10.문18
10.05.문03

① 1
② 15
③ 1000
④ 15000

> 해설
> • 15℃ 물 → 16℃ 물로 변화
> • 15℃를 1℃ 상승시키므로 16℃가 됨

열량

$$Q = r_1 m + mC\Delta T + r_2 m$$

여기서, Q : 열량[cal]
r_1 : 융해열[cal/g]
r_2 : 기화열[cal/g]
m : 질량[g]
C : 비열[cal/g·℃]
ΔT : 온도차[℃]

(1) 기호
• m : 1g
• C : 1cal/g·℃
• ΔT : (16-15)℃

(2) 15℃ 물 → 16℃ 물(1℃ 상승시키므로)
열량 $Q = mC\Delta T$
$= 1g \times 1cal/g·℃ \times (16-15)℃$
$= 1cal$

• '융해열'과 '기화열'은 없으므로 이 문제에서는 $r_1 m$, $r_2 m$ 식은 제외

> 중요
>
> **비열(specific heat)**
>
> | 단 위 | 정 의 |
> |---|---|
> | 1cal | **1g**의 물체를 **1℃**만큼 온도 상승시키는 데 필요한 열량 |
> | 1BTU | **1 lb**의 물체를 **1℉**만큼 온도 상승시키는 데 필요한 열량 |
> | 1chu | **1 lb**의 물체를 **1℃**만큼 온도 상승시키는 데 필요한 열량 |

답 ①

06 다음 중 부촉매 소화효과로서 가장 적절한 것은?

16.03.문09
15.03.문02
14.03.문06

① CO_2
② $C_2F_4Br_2$
③ 질소
④ 아르곤

> 해설
> ② 할론소화약제(Halon 2402)

부촉매 소화효과
(1) 분말소화약제
(2) 할론소화약제
(3) 할로겐화합물소화약제

• 부촉매 소화효과=부촉매효과

> 중요
>
> **할론소화약제**
>
> | 종 류 | 약 칭 | 분자식 |
> |---|---|---|
> | Halon 1011 | CB | CH_2ClBr |
> | Halon 104 | CTC | CCl_4 |
> | Halon 1211 | BCF | $CF_2ClBr(CBrClF_2)$ |
> | Halon 1301 | BTM | $CF_3Br(CBrF_3)$ |
> | Halon 2402 | FB | $C_2F_4Br_2(C_2Br_2F_4)$ |

답 ②

07 제2종 분말소화약제의 주성분은?

17.05.문13
16.05.문15
15.05.문20
15.03.문16
13.09.문11
13.06.문18
12.03.문09
11.06.문08
02.09.문12

① 탄산수소칼륨
② 탄산수소나트륨
③ 제1인산암모늄
④ 탄산수소칼륨+요소

> 해설 **분말소화약제**
>
> | 종 별 | 분자식 | 착 색 | 적응 화재 | 비 고 |
> |---|---|---|---|---|
> | 제1종 | 중탄산나트륨 ($NaHCO_3$) | 백색 | BC급 | **식용유** 및 **지방질유**의 화재에 적합 |
> | 제**2**종 | 중탄산칼륨 ($KHCO_3$) | 담자색 (담회색) | BC급 | – |
> | 제3종 | 제1인산암모늄 ($NH_4H_2PO_4$) | 담홍색 | ABC급 | **차고·주차장**에 적합 |
> | 제4종 | 중탄산칼륨 +요소 ($KHCO_3$+ ($NH_2)_2CO$) | 회(백)색 | BC급 | – |

- 중탄산나트륨=탄산수소나트륨
- 중탄산칼륨=탄산**수소칼**륨
- 제1인산암모늄=인산암모늄=인산염
- 중탄산칼륨+요소=탄산수소칼륨+요소

기억법 2수칼(**이수**역에서 **칼**국수 먹자.)

답 ①

★★★
08 스테판-볼츠만(Stefan-Boltzmann)의 법칙에서 복사체의 단위표면적에서 단위시간당 방출되는 복사에너지는 절대온도의 얼마에 비례하는가?

14.05.문08
13.06.문11
13.03.문06

① 제곱근 　　　② 제곱
③ 3제곱 　　　④ 4제곱

해설 **스테판-볼츠만**의 **법칙**

$$Q = aAF(T_1{}^4 - T_2{}^4)$$

여기서, Q : 복사열[W]
　　　a : 스테판-볼츠만 상수[W/m²·K⁴]
　　　A : 단면적[m²]
　　　T_1 : 고온(273+℃)[K]
　　　T_2 : 저온(273+℃)[K]

※ **스**테판-**볼**츠만의 법칙 : 복사체에서 발산되는 복사열은 복사체의 절대온도의 **4**제곱에 비례한다.

기억법 스볼4

● 4제곱=4승

답 ④

★★★
09 연소시 분해연소의 전형적인 특성을 보여줄 수 있는 것은?

14.03.문15
13.03.문12
11.06.문04

① 나프탈렌 　　　② 목재
③ 목탄 　　　　　④ 휘발유

해설 **연소**의 **형태**

연소형태	종 류
표면연소	● **숯**, **코**크스 ● **목탄**, **금속분** 기억법 표숯코목탄금
분해연소	● **석**탄, 종이 ● **플**라스틱, **목**재 ● **고**무, **중**유 ● **아**스팔트 기억법 분석종플목고중아팔

증발연소	● **황**, **왁**스 ● **파**라핀, **나**프탈렌 ● **가**솔린, **등**유 ● **경**유, **알**코올 ● **아**세톤 기억법 증황왁파 나가등경알아
자기연소	● 나이트로글리세린, 나이트로셀룰로오스(질화면) ● TNT, 피크린산
액적연소	● 벙커C유
확산연소	● 메탄(CH_4), 암모니아(NH_3) ● 아세틸렌(C_2H_2), 일산화탄소(CO) ● 수소(H_2)

답 ②

★★★
10 플래시오버(flash-over) 현상과 관련이 없는 것은?

12.03.문15
06.03.문02
01.06.문10

① 화재의 확산
② 다량의 연기방출
③ 파이어볼의 발생
④ 실내온도의 급격한 상승

해설 ③ 파이어볼(fireball) : 증기운 폭발(vapor cloud explosion)에서 발생

플래시오버(flash over)

구 분	설 명
정의	① 폭발적인 착화현상 ② 순발적인 연소확대현상 ③ 화재로 인하여 실내의 온도가 급격히 상승하여 화재가 **순간적**으로 **실내 전체**에 **확산**되어 연소되는 현상 ④ 연소의 급속한 확대현상 ⑤ 건물 화재에서 발생한 가연성 가스가 축적되다가 **일순간**에 **화염**이 크게 되는 현상 ⑥ 실내의 가연물이 연소됨에 따라 생성되는 가연성 가스가 실내에 누적되어 폭발적으로 순간적으로 실 전체가 순간적으로 불길에 쌓이는 현상 ⑦ 옥내화재가 서서히 진행하여 열이 축적되었다가 일시에 화염이 크게 발생하는 상태
발생시점	**성장기~최성기**(성장기에서 최성기로 넘어가는 분기점)
실내온도	**800~900℃** 기억법 내플89(**내 풀 팔고** 네 풀 쓰자.)

● 파이어볼= 화이어볼

✎ 중요

플래시오버 현상
(1) 화재의 확산
(2) 다량의 연기방출
(3) 실내온도의 급격한 상승

답 ③

11 포소화약제가 유류화재를 소화시킬 수 있는 능력과 관계가 없는 것은?

① 수분의 증발잠열을 이용한다.
② 유류표면으로부터 기름의 증발을 억제 또는 차단한다.
③ 포의 연쇄반응 차단효과를 이용한다.
④ 포가 유류표면을 덮어 기름과 공기와의 접촉을 차단한다.

해설 **연쇄반응 차단효과**
(1) **분**말소화약제
(2) **할**론소화약제
(3) **할**로겐화합물소화약제

기억법 연분할

답 ③

12 나이트로셀룰로오스의 용도, 성상 및 위험성과 저장·취급에 대한 설명 중 틀린 것은?

16.10.문15

① 질화도가 낮을수록 위험성이 크다.
② 운반시 물, 알코올을 첨가하여 습윤시킨다.
③ 무연화약의 원료로 사용된다.
④ 햇빛에서 황갈색으로 변하고 물에 녹지 않지만 아세톤, 초산에스터, 나이트로벤젠에 녹는다.

해설 ① 질화도가 클수록 위험성이 크다.

중요

질화도

구 분	설 명
정의	나이트로셀룰로오스의 질소 함유율이다.
특징	질화도가 높을수록 위험하다.

답 ①

13 화재시 고층건물 내의 연기유동인 굴뚝효과와 관계가 없는 것은?

15.05.문09
04.09.문16

① 건물 내·외의 온도차
② 건물의 높이
③ 층의 면적
④ 화재실의 온도

해설 연기거동 중 **굴뚝효과**와 관계 있는 것
(1) 건물 내·외의 온도차
(2) 화재실의 온도
(3) 건물의 높이(**고층건물**에서 발생)

용어

굴뚝효과
(1) 건물 내의 연기가 압력차에 의하여 순식간에 상승하여 상층부 또는 외부로 빠르게 이동하는 현상
(2) 실내·외 공기 사이의 **온도**와 **밀도**의 **차이**에 의해 공기가 건물의 수직방향으로 빠르게 이동하는 현상

답 ③

14 270℃에서 다음의 열분해반응식과 관계가 있는 분말소화약제는?

17.03.문18
16.05.문08
14.09.문18
13.09.문17

$$2NaHCO_3 \rightarrow Na_2CO_3 + CO_2 + H_2O$$

① 제1종 분말
② 제2종 분말
③ 제3종 분말
④ 제4종 분말

해설 **분말소화기 : 질식효과**

종 별	소화약제	약제의 착색	화학반응식	적응화재
제1종	중탄산나트륨 ($NaHCO_3$)	백색	$2NaHCO_3 \rightarrow$ $Na_2CO_3 + CO_2 + H_2O$	BC급
제2종	중탄산칼륨 ($KHCO_3$)	담자색 (담회색)	$2KHCO_3 \rightarrow$ $K_2CO_3 + CO_2 + H_2O$	BC급
제3종	인산암모늄 ($NH_4H_2PO_4$)	담홍색	$NH_4H_2PO_4 \rightarrow$ $HPO_3 + NH_3 + H_2O$	ABC급
제4종	중탄산칼륨+요소 ($KHCO_3$+ $(NH_2)_2CO$)	회(백)색	$2KHCO_3 + (NH_2)_2CO$ $\rightarrow K_2CO_3 + 2NH_3$ $+ 2CO_2$	BC급

• 화학반응식＝열분해반응식

답 ①

15 인화점에 대한 설명 중 틀린 것은?

16.10.문05
15.05.문06
11.03.문11
10.03.문05
03.05.문02

① 인화점은 공기 중에서 액체를 가열하는 경우 액체표면에서 증기가 발생하여 점화원에서 착화하는 최저온도를 말한다.
② 인화점 이하의 온도에서는 성냥불을 접근시켜도 착화하지 않는다.
③ 인화점 이상 가열하면 증기가 발생되어 성냥불이 접근하면 착화한다.
④ 인화점은 보통 연소점 이상, 발화점 이하의 온도이다.

해설 ④ 연소점 이상 → 연소점 이하

인화점(flash point)
(1) 휘발성 물질에 **불꽃**을 접하여 연소가 가능한 최저온도
(2) 가연성 증기발생시 연소범위의 **하한계**에 이르는 **최저온도**
(3) 가연성 증기를 발생하는 액체가 공기와 혼합하여 기상부에 다른 불꽃이 닿았을 때 연소가 일어나는 **최저온도**
(4) **위험성 기준**의 척도
(5) 가연성 액체의 발화와 깊은 관계가 있다.

(6) 연료의 조성, 점도, 비중에 따라 달라진다.
(7) 인화점은 보통 **연소점 이하**, 발화점 이하의 온도이다.

기억법 인불하저위

비교

용어	설 명
발화점	가연성 물질에 불꽃을 접하지 아니하였을 때 연소가 가능한 **최저온도**
연소점	어떤 인화성 액체가 공기 중에서 열을 받아 점화원의 존재하에 **지속**적인 연소를 일으킬 수 있는 온도

답 ④

16 건축물의 방재센터에 대한 설명으로 틀린 것은?

05.05.문09
03.08.문09

① 피난층에 두는 것이 가장 바람직하다.
② 화재 및 안전관리의 중추적 기능을 수행한다.
③ 방재센터는 직통계단 위치와 관계없이 안전한 곳에 설치한다.
④ 소방차의 접근이 용이한 곳에 두는 것이 바람직하다.

해설
③ 직통계단 위치와 관계없이 안전한 곳에 설치
→ 직통계단으로 이동하기 쉬운 곳에 설치

방재센터에 대한 **위치, 구조**
(1) 소방대의 **출입**이 **쉬운** 장소일 것
(2) 지상으로 직접 통하는 출입구가 **1개소** 이상 있을 것
(3) 다른 방(실)과는 독립된 방화구획의 구조일 것
(4) **피난층**에 두는 것이 가장 바람직
(5) 화재 및 안전관리의 중추적 기능 수행
(6) 소방차의 접근이 용이한 곳에 두는 것이 바람직

용어

방재센터
화재를 사전에 예방하고 초기에 진압하기 위해 모든 소방시설을 제어하고 비상방송 등을 통해 인명을 대피시키는 총체적 지휘본부

답 ③

17 목재가 열분해할 때 발생하는 가스가 아닌 것은?

01.06.문07
① 수증기　　② 염화수소
③ 일산화탄소　　④ 이산화탄소

해설
목재가 **200℃**에서 **발생**하는 **가스**
(1) 수증기
(2) 일산화탄소
(3) 이산화탄소
(4) 개미산 가스
(5) 초산

답 ②

18 물의 소화작용과 가장 거리가 먼 것은?

15.09.문10
15.03.문05
14.09.문11
① 증발잠열의 이용　　② 질식효과
③ 에멀션효과　　④ 부촉매효과

해설 **소화약제**의 **소화작용**

소화약제	소화작용	주된 소화작용
물(스프링클러)	• 냉각작용 • 희석작용	냉각작용 (냉각소화)
물(무상)	• **냉**각작용(증발잠열 이용) • **질**식작용 • **유**화작용(에멀션효과) • **희**석작용	질식작용 (질식소화)
포	• 냉각작용 • 질식작용	
분말	• 질식작용 • 부촉매작용 （억제작용） • 방사열 차단작용	
이산화탄소	• 냉각작용 • 질식작용 • 피복작용	
할론	• 질식작용 • 부촉매작용 （억제작용）	**부**촉매작용 (연쇄반응 억제)

기억법 할부(할아버지)

기억법 물냉질유희

• CO₂ 소화기 = 이산화탄소소화기
• 에멀션효과 = 에멀젼효과

중요

부촉매효과
(1) 분말소화약제
(2) 할론소화약제
(3) 할로겐화합물소화약제

답 ④

19 소화제의 적응대상에 따라 분류한 화재종류 중 C급 화재에 해당되는 것은?

15.05.문15
14.05.문05
14.05.문20
14.03.문19
13.06.문09
02.03.문03
① 금속분화재　　② 유류화재
③ 일반화재　　④ 전기화재

해설

화재 종류	표시색	적응물질
일반화재(A급)	**백**색	• 일반 가연물 • **종**이류 화재 • **목**재, **섬유**화재
유류화재(B급)	**황**색	• 가연성 액체 • 가연성 가스 • 액화가스화재 • 석유화재
전기화재(C급)	**청**색	• 전기설비
금속화재(D급)	**무**색	• 가연성 금속
주방화재(K급)	–	• 식용유화재

기억법 백황청무

※ 요즘은 표시색의 의무규정은 없음

답 ④

여기서, τ : 전단응력[N/m²]

μ : 점성계수[N·s/m²]

$\dfrac{du}{dy}$: 속도구배(속도기울기)

⚡ 중요

유체의 종류

유체 종류	설 명
실제유체	**점**성이 **있**으며, **압축성**인 유체 [기억법] **실**점**있압**(**실**점이 **있**는 사람만 **압**박해!)
이상유체	① 점성이 없으며, **비압축성**인 유체 ② 유체유동시 **마찰전단응력**이 **발생**하지 **않으**며 압력변화에 따른 **체적변화**가 **없는** 유체 ③ 유체유동시 마찰전단응력이 발생하지 않으며 분자 간에 분자력이 작용하지 않는 유체
압축성 유체	**기체**와 같이 체적이 변화하는 유체 [기억법] **기압**(**기압**)
비압축성 유체	**액체**와 같이 체적이 변화하지 않는 유체

답 ④

⭐⭐⭐

22 물 소화펌프의 토출량이 0.7m³/min, 양정 60m, 펌프효율 72%일 경우 전동기 용량은 약 몇 kW 인가? (단, 펌프의 전달계수는 1.10이다.)

17.09.문24
17.05.문36
11.06.문25
03.05.문80

① 10.5　　② 12.5

③ 14.5　　④ 15.5

해설 (1) **기호**

- Q : 0.7m³/min
- H : 60m
- η : 72%=0.72
- P : ?
- K : 1.1

(2) **전동기 용량**(소요동력) P는

$$P = \frac{0.163QH}{\eta}K$$

$$= \frac{0.163 \times 0.7\text{m}^3/\text{min} \times 60\text{m}}{0.72} \times 1.1 = 10.5\text{kW}$$

⚡ 중요

펌프의 동력

(1) **전동력**

일반적인 전동기의 동력(용량)을 말한다.

$$P = \frac{0.163\,QH}{\eta}K$$

여기서, P : 전동력[kW]

Q : 유량[m³/min]

H : 전양정[m]

K : 전달계수

η : 효율

⭐⭐⭐

20 가연물이 연소할 때 연쇄반응을 차단하기 위해서는 공기 중의 산소량을 일반적으로 약 몇 % 이하로 억제해야 하는가?

16.10.문03
14.09.문05
14.03.문03
13.06.문16
05.09.문09

① 15　　② 17

③ 19　　④ 21

해설 **소화방법**

소화방법	설 명
냉각소화	• **점화원**을 냉각하여 소화하는 방법 • **증**발잠열을 이용하여 열을 빼앗아 가연물의 온도를 떨어뜨려 화재를 진압하는 소화방법 • **다량의 물**을 뿌려 소화하는 방법 • 가연성 물질을 **발화점 이하**로 냉각 • **식용유화재**에 신선한 **야채**를 넣어 소화 [기억법] **냉점증발**
질식소화	• 공기 중의 **산소농도**를 15~16%(16%, 10~15%) 이하로 희박하게 하여 소화하는 방법 • **산**화제의 농도를 낮추어 연소가 지속될 수 없도록 함 • **산**소공급을 차단하는 소화방법 [기억법] **질산**
제거소화	• 가연물을 **제거**하여 소화하는 방법
부촉매 소화 (= 화학소화)	• **연쇄반응**을 **차단**하여 소화하는 방법 • 화학적인 방법으로 화재 억제
희석소화	• 기체·고체·액체에서 나오는 분해가스나 증기의 농도를 낮춰 소화하는 방법
유화소화	• 물을 무상으로 방사하여 유류표면에 **유화층**의 막을 **형성**시켜 공기의 접촉을 막아 소화하는 방법
피복소화	• 비중이 공기의 **1.5배** 정도로 무거운 소화약제를 방사하여 가연물의 구석구석까지 침투·피복하여 소화하는 방법

답 ①

제2과목　소방유체역학

⭐⭐⭐

21 Newton 유체와 관련한 유체의 점성법칙과 직접적으로 관계가 없는 것은?

17.09.문21
16.03.문31
06.09.문22
01.09.문32

① 점성계수　　② 전단응력

③ 속도구배　　④ 중력가속도

해설 **뉴턴**(Newton)의 **점성법칙**

$$\tau = \mu \frac{du}{dy}$$

(2) 축동력

전달계수(K)를 고려하지 않은 동력이다.

$$P = \frac{0.163\,QH}{\eta}$$

여기서, P : 축동력[kW]
　　　　Q : 유량[m³/min]
　　　　H : 전양정[m]
　　　　η : 효율

(3) 수동력

전달계수(K)와 효율(η)을 고려하지 않은 동력이다.

$$P = 0.163\,QH$$

여기서, P : 수동력[kW]
　　　　Q : 유량[m³/min]
　　　　H : 전양정[m]

답 ①

23

[16.05.문40]

반지름 R인 수평원관 내 유동의 속도분포가 $u(r) = U\left[1 - \left(\dfrac{r}{R}\right)^2\right]$으로 주어질 때 유량으로 옳은 것은? (단, U는 관 중심에서 이루는 최대 유속이며, r은 관 중심에서 반지름 방향으로의 거리이다.)

① $\pi R^2 U$

② $\dfrac{\pi R^2 U}{2}$

③ $\dfrac{3\pi R^2 U}{4}$

④ $\dfrac{5\pi R^2 U}{8}$

해설 (1) 곧은 원형관 속도분포

$$u(r) = U\left(1 - \frac{r^2}{R^2}\right)$$

여기서, $u(r)$: 관의 속도분포[m/s]
　　　　U : 관의 속도[m/s]
　　　　r : 관 중심선으로부터의 거리[m]
　　　　R : 관의 반지름[m]

(2) 체적유량

$$Q = \frac{\pi R^2 U}{2}$$

여기서, Q : 체적유량[m³/s]
　　　　U : 관의 속도[m/s]
　　　　R : 관의 반지름[m]

답 ②

24

[12.05.문37]
[12.03.문24]

20℃, 101kPa에서 산소(O_2) 25g의 부피는 약 몇 L인가? (단, 일반기체상수는 8314J/(kmol·K)이다.)

① 21.8

② 20.8

③ 19.8

④ 18.8

해설 (1) 표준대기압(P)

1atm=760mmHg=1.0332kg₁/cm³
　　　=10.332mH₂O(mAq)
　　　=14.7PSI(lb₁/in²)
　　　=101.325kPa(kN/m²)
　　　=1013mbar

(2) 분자량(M)

원 소	원자량
H	1
C	12
N	14
O	16

산소(O_2)의 분자량=16×2=32kg/kmol

(3) 이상기체 상태 방정식

$$PV = \frac{m}{M}RT$$

여기서, P : 압력[kN/m²] 또는 [kPa]
　　　　V : 부피(체적)[m³]
　　　　m : 질량[kg]
　　　　M : 분자량[kg/kmol]
　　　　R : 기체상수(8.314kJ/(kmol·K))
　　　　T : 절대온도(273+℃)[K]

체적 V는

$$
\begin{aligned}
V &= \frac{m}{PM}RT \\
&= \frac{0.025\text{kg}}{101.325\text{kPa} \times 32\text{kg/kmol}} \times 8.314\text{kJ/(kmol·K)} \\
&\quad \times (273+20)\text{K} \\
&= \frac{0.025\text{kg}}{101.325\text{kN/m}^2 \times 32\text{kg/kmol}} \\
&\quad \times 8.314\text{kN·m/(kmol·K)} \times (273+20)\text{K} \\
&\fallingdotseq 0.0188\text{m}^3 \\
&= 18.8\text{L}
\end{aligned}
$$

- 25g=0.025kg(1000g=1kg)
- 1kPa=1kN/m²
- 1kJ=1kN·m
- 0.0188m³=18.8L(1m³=1000L)

답 ④

25

[17.05.문05]
[17.03.문38]
[16.05.문27]
[15.09.문03]
[15.05.문19]
[14.05.문03]
[14.03.문28]
[11.10.문18]
[11.06.문34]

비열이 0.475kJ/(kg·K)인 철 10kg을 20℃에서 80℃로 올리는 데 필요한 열량은 약 몇 kJ인가?

① 222

② 232

③ 285

④ 315

해설 열량

$$Q = r_1 m + mC\Delta T + r_2 m$$

여기서, Q : 열량[kJ]
　　　　r_1 : 융해열[kJ/kg]

r_2 : 기화열[kJ/kg]

m : 질량[kg]

C : 비열[kJ/(kg・℃)〕 또는 〔kJ/(kg・K)〕

ΔT : 온도차[℃〕 또는 〔K〕

(1) 기호

- C : 0.475kJ/(kg・K)
- m : 10kg
- ΔT : (80−20)℃ 또는 (80−20)K
- Q : ?

(2) 20℃철 → 80℃철

온도만 변화하고 융해열, 기화열은 없으므로
$r_1 m$, $r_2 m$은 무시

$Q = mC\Delta T$
$= 10\text{kg} \times 0.475\text{kJ}/(\text{kg}・\text{K}) \times (80-20)\text{K}$
$= 285\text{kJ}$

- ΔT(온도차)를 구할 때는 ℃로 구하든지 K로 구하든지 그 값은 같으므로 단위를 편한대로 적용하면 된다.
  예 (80−20)℃=60℃
  K=273+80=353K
  K=273+20=293K
  (353−293)K=60K

답 ③

26 회전수 1800rpm, 유량 4m³/min, 양정 50m인 원심펌프의 비속도[m³/min・m/rpm]는 약 얼마인가?

15.05.문24
07.03.문27

① 46　　　　② 72

③ 126　　　　④ 191

 (1) 기호

- n : 1800rpm
- Q : 4m³/min
- H : 50m
- n_s : ?

(2) 펌프의 비속도

$$n_s = n \frac{\sqrt{Q}}{H^{\frac{3}{4}}}$$

여기서, n_s : 펌프의 비교회전도(비속도)[m³/min・m/rpm]

　　　　n : 회전수[rpm]

　　　　Q : 유량[m³/min]

　　　　H : 양정[m]

비속도 n_s는

$n_s = n \dfrac{\sqrt{Q}}{H^{\frac{3}{4}}}$

$= 1800\text{rpm} \times \dfrac{\sqrt{4\text{m}^3/\text{min}}}{50\text{m}^{\frac{3}{4}}}$

$\fallingdotseq 191\text{m}^3/\text{min}・\text{m}/\text{rpm}$

※ **rpm**(revolution per minute) : 분당 회전속도

용어

비속도
펌프의 성능을 나타내거나 가장 적합한 **회전수**를 결정하는 데 이용되며, **회전자**의 **형상**을 나타내는 척도가 된다.

답 ④

27 그림과 같이 수조차의 탱크 측벽에 안지름이 25cm인 노즐을 설치하여 노즐로부터 물이 분사되고 있다. 노즐 중심은 수면으로부터 3m 아래에 있다고 할 때 수조차가 받는 추력 F는 약 몇 kN인가? (단, 노면과의 마찰은 무시한다.)

13.09.문39
05.03.문23

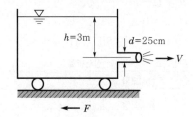

① 1.77　　　　② 2.89

③ 4.56　　　　④ 5.21

 (1) 기호

- $d(D)$: 25cm=0.25m(100cm=1m)
- $h(H)$: 3m
- F : ?

(2) 토리첼리의 식

$$V = \sqrt{2gH}$$

여기서, V : 유속[m/s]

　　　　g : 중력가속도(9.8m/s²)

　　　　H : 높이[m]

유속 V는

$V = \sqrt{2gH}$

$= \sqrt{2 \times 9.8\text{m/s}^2 \times 3\text{m}} \fallingdotseq 7.668\text{m/s}$

(3) 유량

$$Q = AV$$

여기서, Q : 유량[m³/s]

　　　　A : 단면적[m²]

　　　　V : 유속[m/s]

(4) 추력(힘)

$$F = \rho QV$$

여기서, F : 추력(힘)[N]

　　　　ρ : 밀도(물의 밀도 1000N・s²/m⁴)

　　　　Q : 유량[m³/s]

　　　　V : 유속[m/s]

추력 F는

$$F = \rho QV = \rho(AV)V = \rho AV^2 = \rho\left(\frac{\pi D^2}{4}\right)V^2$$

$$= 1000\text{N}\cdot\text{s}^2/\text{m}^4 \times \frac{\pi\times(0.25\text{m})^2}{4}\times(7.668\text{m/s})^2$$

$$= 2886\text{N} = 2.886\text{kN} \fallingdotseq 2.89\text{kN}$$

- $Q = AV$이므로 $F = \rho QV = \rho(AV)V$
- $A = \frac{\pi D^2}{4}$ (여기서, D : 지름[m])

답 ②

★★★ 28

이상기체를 등온과정으로 서서히 가열한다. 이 과정을 '$PV^n = $Constant'와 같은 폴리트로픽 (polytropic) 과정으로 나타내고자 할 때, 지수 n의 값은?

18.09.문21
14.03.문40
11.06.문23
10.09.문40

① $n = 0$　　② $n = 1$
③ $n = k$(비열비)　　④ $n = \infty$

해설 **완전가스**(이상기체)의 **상태변화**

상태변화	관계
정압과정	$\frac{V}{T} = C$(Constant, 일정)
정적과정	$\frac{P}{T} = C$(Constant, 일정)
등온과정	$PV = C$(Constant, 일정)
단열과정	$PV^{k(n)} = C$(Constant, 일정)

여기서, V : 비체적(부피)[m³/kg]
　　T : 절대온도[K]
　　P : 압력[kPa]
　　$k(n)$: 비열비
　　C : 상수
등온과정 $PV = $Constant이므로
　　$PV^{n=1} = $Constant
　　$PV = $Constant($\therefore$ $n = 1$)

※ **단열변화** : 손실이 없는 상태에서의 과정

답 ②

★★★ 29

안지름이 250mm, 길이가 218m인 주철관을 통하여 물이 유속 3.6m/s로 흐를 때 손실수두는 약 몇 m인가? (단, 관마찰계수는 0.05이다.)

18.03.문25
11.06.문33
09.08.문26
09.05.문25
06.03.문30

① 20.1　　② 23.0
③ 25.8　　④ 28.8

해설 (1) 기호

- D : 250mm = 0.25m(1000mm = 1m)
- l : 218m
- V : 3.6m/s
- f : 0.05
- H : ?

(2) **달시-웨버의 식**

$$H = \frac{\Delta P}{\gamma} = \frac{flV^2}{2gD}$$

여기서, H : 마찰손실[m]
　　ΔP : 압력차[Pa]
　　γ : 비중량(물의 비중량 9800N/m³)
　　f : 관마찰계수
　　l : 길이[m]
　　V : 유속[m/s]
　　g : 중력가속도(9.8m/s²)
　　D : 내경[m]

손실수두 H는

$$H = \frac{flV^2}{2gD} = \frac{0.05\times218\text{m}\times(3.6\text{m/s})^2}{2\times9.8\text{m/s}^2\times0.25\text{m}} \fallingdotseq 28.8\text{m}$$

답 ④

★★ 30

그림과 같이 비중량이 γ_1, γ_2, γ_3인 세 가지의 유체로 채워진 마노미터에서 A점과 B점의 압력 차이($P_A - P_B$)는?

13.06.문25
10.03.문27

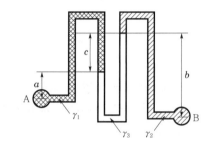

① $-a\gamma_1 - b\gamma_2 + c\gamma_3$
② $a\gamma_1 + b\gamma_2 - c\gamma_3$
③ $a\gamma_1 - b\gamma_2 + c\gamma_3$
④ $a\gamma_1 - b\gamma_2 - c\gamma_3$

해설 **시차액주계**
점 A를 기준으로 내려가면 더하고, 올라가면 빼면 된다.

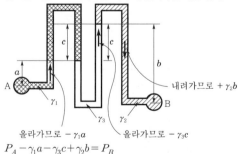

내려가므로 + $\gamma_2 b$
올라가므로 - $\gamma_1 a$　　올라가므로 - $\gamma_3 c$

$$P_A - \gamma_1 a - \gamma_3 c + \gamma_2 b = P_B$$
$$P_A - P_B = \gamma_1 a + \gamma_3 c - \gamma_2 b$$
$$= \gamma_1 a - \gamma_2 b + \gamma_3 c$$
$$= a\gamma_1 - b\gamma_2 + c\gamma_3$$

답 ③

31

14.09.문36
04.03.문24

관 내 유동 중 지름이 급격히 커지면서 발생하는 부차적 손실계수는 0.38이다. 지름이 작은 부분에서의 속도가 0.8m/s라고 할 때 부차적 손실수두는 약 몇 m인가?

① 0.0045 ② 0.0092
③ 0.0124 ④ 0.0825

해설 (1) 기호

- K_L : 0.38
- V : 0.8m/s
- H : ?

(2) 부차적 손실수두

$$H = K_L \frac{V^2}{2g}$$

여기서, H : 부차적 손실수두[m]
K_L : 손실계수
V : 유속(m/s)
g : 중력가속도(9.8m/s^2)

부차적 손실수두 H는

$$H = K_L \frac{V^2}{2g} = 0.38 \times \frac{(0.8 \text{m/s})^2}{2 \times 9.8 \text{m/s}^2} = 0.0124 \text{m}$$

답 ③

32

10.05.문33

피토정압관으로 지름이 400mm인 풍동의 유속을 측정하였을 때 풍동의 중심에서 정체압과 정압이 각각 수주로 80mmAq, 40mmAq이었다. 풍동 내에서 평균유속을 중심부 유속의 $\frac{3}{4}$ 이라 할 때 공기의 유량은 약 몇 m^3/s인가? (단, 풍동 내의 공기밀도는 1.25kg/m^{3}이고, 피토관 계수(C)는 1로 한다.)

① 1.15 ② 2.36
③ 3.56 ④ 4.71

해설 (1) 기호

- D : 400mm = 0.4m(1000mm = 1m)
- h_1 : 80mmAq = 0.08mAq(1000mm = 1m)
- h_2 : 40mmAq = 0.04mAq(1000mm = 1m)
- V_{av} : $V_{av} = \frac{3}{4} V$
- Q : ?
- ρ : 1.25kg/m^3 = 1.25N · s^2/m^4(1kg/m^3 = 1N · s^2/m^4)
- C : 1

(2) 비중

$$s = \frac{\rho}{\rho_w} = \frac{\gamma}{\gamma_w}$$

여기서, s : 비중
ρ : 어떤 물질(공기)의 밀도[kg/m^3] 또는 [N · s^2/m^4]
ρ_w : 물의 밀도(1000kg/m^3 또는 1000N · s^2/m^4)
γ : 어떤 물질(공기)의 비중량[N/m^3]
γ_w : 물의 비중량(9800N/m^3)

$$\frac{\rho}{\rho_w} = \frac{\gamma}{\gamma_w}$$

$$\frac{\gamma}{\gamma_w} = \frac{\rho}{\rho_w}$$

$$\gamma = \frac{\rho}{\rho_w} \times \gamma_w = \frac{1.25 \text{N} \cdot \text{s}^2/\text{m}^4}{1000 \text{N} \cdot \text{s}^2/\text{m}^4} \times 9800 \text{N/m}$$
$$= 12.25 \text{N/m}^3$$

(3) 압력수두

$$H = \frac{P}{\gamma} = \frac{\gamma_w h}{\gamma} = \frac{\gamma_w (h_1 - h_2)}{\gamma}$$

여기서, H : 압력수두[m]
P : 압력[N/m^2]
γ : 비중량[N/m^3]
γ_w : 물의 비중량(9800N/m^3)
h, h_1, h_2 : 수두(수주)[m]

압력수두 H는

$$H = \frac{\gamma_w (h_1 - h_2)}{\gamma}$$
$$= \frac{9800 \text{N/m}^3 \times (0.08 - 0.04) \text{mAq}}{12.25 \text{N/m}^3} = 32 \text{m}$$

(4) 피토관(pitot tube)

$$V = C\sqrt{2gH}$$

여기서, V : 유속[m/s]
C : 피토관 계수
g : 중력가속도(9.8m/s^2)
H : 높이[m]

유속 V는
$$V = C\sqrt{2gH}$$
$$= 1 \times \sqrt{2 \times 9.8 \text{m/s}^2 \times 32 \text{m}} = 25.04 \text{m/s}$$

(5) 중심부의 유속

$$V_{av} = \frac{3}{4} V$$

여기서, V_{av} : 중심부의 유속[m/s]
V : 평균유속(m/s)

중심부의 유속 V_{av}는
$$V_{av} = \frac{3}{4} V = \frac{3}{4} \times 25.04 \text{m/s} = 18.78 \text{m/s}$$

(6) 유량

$$Q = A V_{av} = \left(\frac{\pi D^2}{4} \right) V_{av}$$

여기서, Q : 유량[m^3/s]
A : 단면적[m^2]
V_{av} : 중심부의 유속[m/s]
D : 지름[m]

유량 Q는

$$Q = \left(\frac{\pi D^2}{4}\right) V_{av}$$

$$= \frac{\pi \times (0.4\text{m})^2}{4} \times 18.78\text{m/s} \fallingdotseq 2.36\text{m}^3/\text{s}$$

답 ②

33
[10.03.문21]
비중이 0.89이며 중량이 35N인 유체의 체적은 약 몇 m³인가?

① 0.13×10^{-3}

② 2.43×10^{-3}

③ 3.03×10^{-3}

④ 4.01×10^{-3}

해설 (1) 기호

- s : 0.89
- W : 35N
- V : ?

(2) 비중

$$s = \frac{\gamma}{\gamma_w}$$

여기서, s : 비중
γ : 어떤 물질의 비중량(N/m³)
γ_w : 물의 비중량(9800N/m³)

$\gamma = s \times \gamma_w = 0.89 \times 9800\text{N/m}^3 = 8722\text{N/m}^3$

(3) 비중량

$$\gamma = \frac{W}{V}$$

여기서, γ : 비중량(N/m³)
W : 중량(N)
V : 체적(m³)

$$V = \frac{W}{\gamma} = \frac{35\text{N}}{8722\text{N/m}^3} \fallingdotseq 0.00401 = 4.01 \times 10^{-3}\text{m}^3$$

답 ④

34
[03.05.문27]
할론 1301이 밀도 1.4g/cm³, 속도 15m/s로 지름 50mm 배관을 통해 정상류로 흐르고 있다. 이때 할론 1301의 질량유량은 약 몇 kg/s인가?

① 20.4   ② 30.6

③ 41.2   ④ 52.5

해설 (1) 기호

- ρ : 1.4g/cm³=1.4×10⁻³kg/10⁻⁶m³(1000g=1kg, 1cm=10⁻²m, 1cm³=(10⁻²m)³=10⁻⁶m³)
- V : 15m/s
- D : 50mm=0.05m(1000mm=1m)
- $\overline{m}$: ?

(2) 질량유량

$$\overline{m} = A\,V\rho = \frac{\pi D^2}{4}\,V\rho$$

여기서, $\overline{m}$: 질량유량(kg/s)
A : 단면적(m²)
V : 유속(m/s)
ρ : 밀도(kg/m³)
D : 직경(m)

질량유량(질량유동률) $\overline{m}$는

$$\overline{m} = \frac{\pi D^2}{4}\,V\rho$$

$$= \frac{\pi \times (0.05\text{m})^2}{4} \times 15\text{m/s} \times 1.4 \times 10^{-3}\,\text{kg}/10^{-6}\,\text{m}^3$$

$$= \frac{\pi \times (0.05\text{m})^2}{4} \times 15\text{m/s} \times 1.4 \times 10^{-3} \times 10^{6}\,\text{kg/m}^3$$

$$= 41.2\text{kg/s}$$

시간의 단위인 '**초**'는 'sec' 또는 's'로 나타낸다.

답 ③

35
[11.06.문21]
다음 중 멀리 떨어진 화염으로부터 관찰자가 직접 열기를 느꼈다고 할 때 가장 크게 영향을 미친 열전달 원리는? (단, 화염과 관찰자 사이에 공기흐름은 거의 없다고 가정한다.)

① 복사

② 대류

③ 전도

④ 비등

해설 **열전달**의 종류(열의 전달수단)

종류	설명
전도(conduction)	하나의 물체가 다른 물체와 직접 **접촉**하여 열이 이동하는 현상
대류(convection)	**유체**(액체 또는 기체)의 흐름에 의하여 열이 이동하는 현상
복사(radiation)	① 열에너지가 **전자파**의 형태로 옮겨지는 현상으로, **가장 크게 작용**한다. ② 화재시 화원과 **격리**된 **인접 가연물**에 불이 옮겨 붙는 현상 ③ 멀리 떨어진 화염에 열기 전달

답 ①

36
기체를 액체로 변화시킬 때의 조건으로 가장 적합한 것은?

① 온도를 낮추고 압력을 높인다.

② 온도를 높이고 압력을 낮춘다.

③ 온도와 압력을 모두 낮춘다.

④ 온도와 압력을 모두 높인다.

해설 **기체**를 **액체**로 **변화시킬 때**의 **조건**(기체의 용해도)
(1) 온도를 낮추고 압력을 높인다.
(2) 저온, 고압일수록 용해가 잘 된다.

답 ①

37

15.05.문25
11.06.문32
08.05.문28

그림에서 피스톤 A와 피스톤 B의 단면적이 각각 6cm², 600cm²이고, 피스톤 B의 무게가 90kN이며, 내부에는 비중이 0.75인 기름으로 채워져 있다. 그림과 같은 상태를 유지하기 위한 피스톤 A의 무게는 약 몇 N인가? (단, C와 D는 수평선상에 있다.)

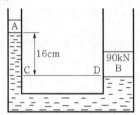

① 756
② 899
③ 1252
④ 1504

해설 (1) 기호

- A_1 : 6cm²=0.0006m²(1cm=0.01m, 1cm²=0.0001m²)
- A_2 : 600cm²=0.06m²(1cm=0.01m, 1cm²=0.0001m²)
- F_2 : 90kN=90000N(1kN=1000N)
- s : 0.75
- F_1 : ?

(2) **파스칼**의 **원리**(Principle of Pascal)

$$\frac{F_1}{A_1}=\frac{F_2}{A_2}$$

여기서, F_1, F_2 : 가해진 힘[N]
A_1, A_2 : 단면적[m²]

$$\frac{F_1}{A_1}=\frac{F_2}{A_2}$$

$$F_1 = \frac{F_2}{A_2}A_1 = \frac{90000N}{0.06m^2}\times 0.0006m^2 = 900N$$

위치수두가 동일하지 않으므로 **위치수두**에 의해 가해진 힘을 구하면

(3) 단위변환

$$10.332mH_2O = 101.325kPa = 101325Pa$$

$$0.16m = \frac{0.16m}{10.332m}\times 101325Pa \fallingdotseq 1569Pa$$

- 그림에서 16cm=0.16m(100cm=1m)

(4) 압력

$$P=\frac{F}{A}$$

여기서, P : 압력([N/m²] 또는 [Pa])
F : 가해진 힘[N]
A : 단면적[m²]

가해진 힘 F'는
$F' = P\times A_1$
$= 1569Pa \times 0.0006m^2$
$= 1569N/m^2 \times 0.0006m^2$
$= 0.9414N$

- 1569Pa=1569N/m²(1Pa=1N/m²)

A부분의 하중=$F_1 - F'$

$= (900-0.9414)N \fallingdotseq 899N$

답 ②

38

12.03.문39

그림과 같이 높이가 h이고 윗변의 길이가 $\frac{h}{2}$인 직각 삼각형으로 된 평판이 자유표면에 윗변을 두고 물속에 수직으로 놓여 있다. 물의 비중량을 γ라고 하면, 이 평판에 작용하는 힘은?

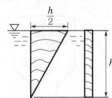

① $\frac{\gamma h^3}{2}$
② $\frac{\gamma h^3}{6}$
③ $\frac{\gamma h^3}{8}$
④ $\frac{\gamma h^3}{12}$

해설

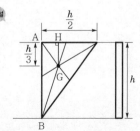

(1) 표면에서 평판 중심까지의 수직거리

무게중심 G에서 수선의 발을 내리면

$$\overline{AB} : \overline{HG} = 3 : 1$$

즉, $\overline{HG}$는 높이(h)의 $\frac{1}{3}$이다. 즉 삼각형의 성질

$$\therefore \overline{HG} = \frac{h}{3}$$

이것이 수면에서 무게중심까지의 거리(h')이다.

(2) 평판에 작용하는 힘

$$F_H = \gamma h' A$$

여기서, F_H : 수평분력(수평면에 작용하는 힘)[N]
γ : 비중량(물의 비중량 9.8kN/m³)
h : 표면에서 평판 중심까지의 수직거리[m]
A : 평판의 단면적[m²]

$$F = \gamma \cdot h' \cdot A = \gamma \cdot \frac{h}{3} \times \left(\frac{h}{2} \times h \times \frac{1}{2} \right)$$

삼각형 단면적이므로 가로×세로에서 $\frac{1}{2}$을 곱해주어야 한다.

$$\therefore F = \frac{\gamma h^3}{12}$$

답 ④

39 그림과 같이 수직관로를 통하여 물이 위에서 아래로 흐르고 있다. 손실을 무시할 때 상하에 설치된 압력계의 눈금이 동일하게 지시되도록 하려면 아래의 지름 d는 약 몇 mm로 하여야 하는가? (단, 위의 압력계가 있는 곳에서 유속은 3m/s, 안지름은 65mm이고, 압력계의 설치높이 차이는 5m이다.)
〔06.05.문33〕

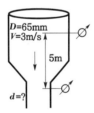

① 30mm   ② 35mm
③ 40mm   ④ 45mm

해설 (1) 기호

• D : 65mm
• V : 3m/s
• d : ?
• $Z_1 - Z_2$: 5m

(2) 베르누이 방정식

$$\frac{V_1^2}{2g} + \frac{P_1}{\gamma} + Z_1 = \frac{V_2^2}{2g} + \frac{P_2}{\gamma} + Z_2$$

여기서, V_1, V_2 : 유속[m/s]
P_1, P_2 : 압력[kPa 또는 kN/m²]
Z_1, Z_2 : 높이[m]
g : 중력가속도(9.8m/s²)
γ : 비중량[kN/m³]

상하에 설치된 압력계의 눈금이 동일하므로

$$P_1 = P_2$$

$$\frac{V_1^2}{2g} + Z_1 = \frac{V_2^2}{2g} + Z_2$$

$$\frac{V_1^2}{2g} + Z_1 - Z_2 = \frac{V_2^2}{2g}$$

$$2g\left(\frac{V_1^2}{2g} + Z_1 - Z_2 \right) = V_2^2$$

$$V_2^2 = 2g\left(\frac{V_1^2}{2g} + Z_1 - Z_2 \right)$$

$$V_2 = \sqrt{2g\left(\frac{V_1^2}{2g} + Z_1 - Z_2 \right)}$$

$$= \sqrt{2 \times 9.8 \text{m/s}^2 \left(\frac{(3\text{m/s})^2}{2 \times 9.8 \text{m/s}^2} + 5\text{m} \right)}$$

$$= 10.34 \text{m/s}$$

(3) 유량

$$Q = A_1 V_1 = A_2 V_2$$

여기서, Q : 유량[m³/s]
$A_1 \cdot A_2$: 단면적[m²]
$V_1 \cdot V_2$: 유속[m/s]

$$A_1 V_1 = A_2 V_2$$

$$\left(\frac{\pi D_1^2}{4} \right) V_1 = \left(\frac{\pi D_2^2}{4} \right) V_2$$

$$\frac{D_1^2 V_1}{V_2} = D_2^2$$

$$\sqrt{\frac{D_1^2 V_1}{V_2}} = \sqrt{D_2^2}$$

$$\sqrt{\frac{D_1^2 V_1}{V_2}} = D_2$$

$$D_2 = \sqrt{\frac{D_1^2 V_1}{V_2}} = \sqrt{\frac{(65\text{mm})^2 \times 3\text{m/s}}{10.34\text{m/s}}} \fallingdotseq 35\text{mm}$$

답 ②

40 배관 내 유체의 흐름속도가 급격히 변화될 때 속도에너지가 압력에너지로 변화되면서 배관 및 관 부속물에 심한 압력파로 때리는 현상을 무엇이라고 하는가?
〔15.03.문28〕
〔12.05.문33〕
〔03.09.문29〕

① 수격현상
② 서징현상
③ 공동현상
④ 무구속현상

해설 **수격현상**(water hammer cashion)
(1) 배관 내를 흐르는 유체의 유속을 급격하게 변화시키므로 **압력**이 **상승** 또는 **하강**하여 **관로**의 **벽면**을 **치는 현상**
(2) 배관 속의 물 흐름을 급히 차단하였을 때 **동압**이 **정압**으로 전환되면서 일어나는 쇼크(shock) 현상
(3) 관 내의 유동형태가 급격히 변화하여 물의 운동에너지가 **압력파**의 형태로 나타나는 현상
(4) 배관 내 유체의 흐름속도가 급격히 변화될 때 **속도에너지**가 **압력에너지**로 변화되면서 배관 및 관 부속물에 심한 **압력파**로 때리는 현상

│비교
공동현상(cavitation)
펌프의 흡입측 배관 내의 물의 정압이 기존의 증기압보다 낮아져서 **기포**가 **발생**되어 **물이 흡입되지 않는 현상**

│중요
수격작용의 방지대책
(1) 관로의 **관경**을 크게 한다.
(2) 관로 내의 유속을 낮게 한다. (관로에서 일부 고압수를 방출한다.)
(3) **조압수조**(surge tank)를 설치하여 적정압력을 유지한다.
(4) **플라이휠**(fly wheel)을 설치한다.
(5) 펌프 송출구 가까이에 밸브를 설치한다.
(6) 펌프 송출구에 **수격**을 **방지**하는 **체크밸브**를 달아 역류를 막는다.
(7) **에어챔버**(air chamber)를 설치한다.
(8) 밸브를 서서히 조작한다.

● 조압수조＝써지탱크(서지탱크)

답 ①

제3과목 **소방관계법규**

41 다음 위험물 중 위험물안전관리법령에서 정하고 있는 지정수량이 가장 적은 것은?
① 브로민산염류
② 황
③ 알칼리토금속
④ 과염소산

해설 **위험물령〔별표 1〕**
지정수량

위험물	지정수량
● **알**칼리**토**금속	50kg
	기억법 알토(소프라노, **알토**)
● 황	100kg
● 브로민산염류 ● 과염소산	300kg

답 ③

42 화재안전조사를 정당한 사유없이 거부·방해 또는 기피한 자에 대한 벌칙은?

① 100만원 이하의 벌금
② 150만원 이하의 벌금
③ 200만원 이하의 벌금
④ 300만원 이하의 벌금

해설 **300만원 이하의 벌금**
(1) 화재안전조사를 정당한 사유없이 거부·방해·기피(화재예방법 50조)
(2) 위탁받은 업무종사자의 **비밀누설**(소방시설법 59조)
(3) **2 이상**의 업체에 취업한 자(공사업법 37조)

기억법 비3(비상)

│비교
소방시설법 61조
300만원 이하의 과태료
(1) 소방시설을 화재안전기준에 따라 설치·관리하지 아니한 자
(2) 피난시설, 방화구획 또는 방화시설의 **폐쇄·훼손·변경** 등의 행위를 한 자
(3) 임시소방시설을 설치·관리하지 아니한 자

답 ④

43 위험물안전관리법령상 인화성 액체위험물(이황화탄소를 제외)의 옥외탱크저장소의 탱크주위에 설치하여야 하는 방유제의 기준 중 틀린 것은?
① 방유제의 유량은 방유제 안에 설치된 탱크가 하나인 때에는 그 탱크용량의 110% 이상으로 할 것
② 방유제의 용량은 방유제 안에 설치된 탱크가 2기 이상인 때에는 그 탱크 중 용량이 최대인 것의 용량의 110% 이상으로 할 것
③ 방유제의 높이 1m 이상 3m 이하, 두께 0.2m 이상, 지하매설깊이 0.5m 이상으로 할 것
④ 방유제 내의 면적은 80000m^2 이하로 할 것

해설 ③ 방유제의 높이는 **0.5m** 이상 **3m** 이하

위험물규칙〔별표 6〕
옥외탱크저장소의 방유제
(1) 높이 : **0.5m** 이상 **3m** 이하
(2) 탱크 : 10기(모든 탱크용량이 **20만L** 이하, 인화점이 70℃ 이상 200℃ 미만은 **20기**) 이하
(3) 면적 : **80000m^2** 이하
(4) 용량

1기 이상	2기 이상
탱크용량×110% 이상	탱크최대용량×110% 이상

답 ③

★★★ 44

소방시설의 설치 및 관리에 관한 법령상 특정소방대상물의 피난시설, 방화구획 또는 방화시설의 폐쇄·훼손·변경 등의 행위를 한 자에 대한 과태료 기준으로 옳은 것은?

① 200만원 이하의 과태료

② 300만원 이하의 과태료

③ 500만원 이하의 과태료

④ 600만원 이하의 과태료

해설 소방시설법 61조
300만원 이하의 과태료
(1) 소방시설을 화재안전기준에 따라 설치·관리하지 아니한 자
(2) 피난시설, 방화구획 또는 방화시설의 **폐쇄·훼손·변경** 등의 행위를 한 자
(3) 임시소방시설을 설치·관리하지 아니한 자

비교

(1) **300만원** 이하의 **벌금**
　① 화재안전조사를 정당한 사유없이 거부·방해·기피(화재예방법 50조)
　② 위탁받은 업무종사자의 **비밀누설**(소방시설법 59조)
　③ 방염성능검사 합격표시 위조(소방시설법 59조)
　④ **소**방안전관리자, 총괄소방안전관리자 또는 소방안전관리보조자 **미**선임(화재예방법 50조)
　⑤ 다른 자에게 자기의 성명이나 상호를 사용하여 소방시설공사 등을 수급 또는 시공하게 하거나 소방시설업의 등록증·등록수첩을 빌려준 자(공사업법 37조)
　⑥ 감리원 미배치자(공사업법 37조)
　⑦ 소방기술인정 자격수첩을 빌려준 자(공사업법 37조)
　⑧ 2 이상의 업체에 취업한 자(공사업법 37조)
　⑨ 소방시설업자나 관계인 감독시 관계인의 업무를 방해하거나 비밀누설(공사업법 37조)

기억법 비3미소(비상미소)

(2) **200만원** 이하의 **과태료**
　① 소방용수시설·소화기구 및 설비 등의 설치명령 위반(화재예방법 52조)
　② **특수가연물의 저장·취급 기준 위반**(화재예방법 52조)
　③ 한국119청소년단 또는 이와 유사한 명칭을 사용한 자(기본법 56조)
　④ **소방활동구역 출입**(기본법 56조)
　⑤ 소방자동차의 출동에 지장을 준 자(기본법 56조)
　⑥ 관계서류 미보관자(공사업법 40조)
　⑦ 소방기술자 미배치자(공사업법 40조)
　⑧ 하도급 미통지자(공사업법 40조)

답 ②

★★★ 45

소방신호의 종류가 아닌 것은?

① 진화신호

② 발화신호

③ 경계신호

④ 해제신호

해설 기본규칙 10조
소방신호의 종류

소방신호	설 명
경계신호	• 화재예방상 필요하다고 인정되거나 **화재위험경보시** 발령
발화신호	• **화재**가 **발생**한 때 발령
해제신호	• 소화활동이 필요없다고 인정되는 때 발령
훈련신호	• **훈련**상 필요하다고 인정되는 때 발령

중요

기본규칙 [별표 4]
소방신호표

신호방법 종 별	타종 신호	사이렌 신호
경계신호	1타와 연 **2타**를 반복	**5초** 간격을 두고 **30초**씩 **3회**
발화신호	난타	5초 간격을 두고 5초씩 3회
해제신호	상당한 간격을 두고 **1타**씩 반복	**1분간 1회**
훈련신호	연 **3타** 반복	**10초** 간격을 두고 **1분**씩 **3회**

답 ①

★ 46

자동화재탐지설비를 설치하여야 하는 특정소방대상물의 기준으로 틀린 것은?

① 지하구

② 지하가 중 터널로서 길이 700m 이상인 것

③ 노유자생활시설

④ 복합건축물로서 연면적 600m² 이상인 것

해설 ② 700m 이상 → 1000m 이상

소방시설법 시행령 [별표 4]
자동화재탐지설비의 설치대상

설치대상	조 건
① 정신의료기관·의료재활시설	• 창살설치 : 바닥면적 **300m²** 미만 • 기타 : 바닥면적 **300m²** 이상
② 노유자시설	• 연면적 **400m²** 이상
③ **근**린생활시설·**위**락시설 ④ **의**료시설(정신의료기관, 요양병원 제외) ⑤ **복**합건축물·장례시설	• 연면적 **600m²** 이상

기억법 근위의복 6

⑥ 목욕장·문화 및 집회시설, 운동시설 ⑦ 종교시설 ⑧ 방송통신시설·관광휴게시설 ⑨ 업무시설·판매시설 ⑩ 항공기 및 자동차 관련시설·공장·창고시설 ⑪ 지하가(터널 제외)·운수시설·발전시설·위험물 저장 및 처리시설 ⑫ 교정 및 군사시설 중 국방·군사시설	● 연면적 1000㎡ 이상
⑬ **교**육연구시설·**동**식물관련시설 ⑭ **자**원순환 관련시설·**교**정 및 군사시설(국방·군사시설 제외)	
⑮ **수**련시설(숙박시설이 있는 것 제외) ⑯ 묘지관련시설	● 연면적 2000㎡ 이상

기억법 **교동자교수 2**

⑰ 지하가 중 터널	● 길이 1000m 이상
⑱ 지하구 ⑲ 노유자생활시설 ⑳ 공동주택 ㉑ 숙박시설 ㉒ **6층** 이상인 건축물 ㉓ 조산원 및 산후조리원 ㉔ 전통시장 ㉕ 요양병원(정신병원, 의료재활시설 제외)	● 전부
㉖ 특수가연물 저장·취급	● 지정수량 500배 이상
㉗ 수련시설(숙박시설이 있는 것)	● 수용인원 100명 이상
㉘ 발전시설	● 전기저장시설

답 ②

★★★
47
17.09.문42
17.09.문47
14.05.문42
11.03.문59

소방기본법령상 소방용수시설별 설치기준 중 틀린 것은?

① 급수탑 개폐밸브는 지상에서 1.5m 이상 1.7m 이하의 위치에 설치하도록 할 것

② 소화전은 상수도와 연결하여 지하식 또는 지상식의 구조로 하고, 소방용 호스와 연결하는 소화전의 연결금속구의 구경은 100mm로 할 것

③ 저수조 흡수관의 투입구가 사각형의 경우에는 한 변의 길이가 60cm 이상, 원형의 경우에는 지름이 60cm 이상일 것

④ 저수조는 지면으로부터의 낙차가 4.5m 이하일 것

해설 **기본규칙〔별표 3〕**
소방용수시설별 설치기준

구 분	소화전	급수탑
구경	65mm	100mm
개폐밸브 높이	–	지상 1.5~1.7m 이하

중요

소방용수시설의 설치기준(기본규칙〔별표 3〕)

거리기준	지 역
100m 이하	● **주**거지역 ● **공**업지역 ● **상**업지역
140m 이하	● 기타지역

기억법 **주공 100상**(**주공**아파트에 **백상**어가 그려져 있다.)

답 ②

★★★
48
17.03.문46
16.10.문52
14.05.문43
13.06.문43

대통령령이 정하는 특정소방대상물에는 관계인이 소방안전관리자를 선임하지 않은 경우의 벌금 규정은?

① 100만원 이하
② 200만원 이하
③ 300만원 이하
④ 1천만원 이하

해설 **300만원 이하의 벌금**
(1) 화재안전조사를 정당한 사유없이 거부·방해·기피(화재예방법 50조)
(2) 위탁받은 업무종사자의 **비밀누설**(소방시설법 59조)
(3) 방염성능검사 합격표시 위조(소방시설법 59조)
(4) **소**방안전관리자, 총괄소방안전관리자 또는 소방안전관리보조자 **미**선임(화재예방법 50조)
(5) 다른 자에게 자기의 성명이나 상호를 사용하여 소방시설공사 등을 수급 또는 시공하게 하거나 소방시설업의 등록증·등록수첩을 빌려준 자(공사업법 37조)
(6) 감리원 미배치자(공사업법 37조)
(7) 소방기술인정 자격수첩을 빌려준 자(공사업법 37조)
(8) 2 이상의 업체에 취업한 자(공사업법 37조)
(9) 소방시설업자나 관계인 감독시 관계인의 업무를 방해하거나 비밀누설(공사업법 37조)

기억법 **비3미소**(**비상미소**)

답 ③

★★★
49
14.03.문50

소방기본법상 소방활동구역의 설정권자로 옳은 것은?

① 소방본부장
② 소방서장
③ 소방대장
④ 시·도지사

해설 **기본법 23**
소방활동구역의 설정
(1) 설정권자 : 소방대장
(2) 설정구역 ┬ 화재현장
              └ 재난·재해 등의 위급한 상황이 발생한 현장

비교

화재예방강화지구의 지정 : **시·도지사**

답 ③

★★★
50 건축허가 등을 함에 있어서 미리 소방본부장 또
┌────────┐ 는 소방서장의 동의를 받아야 하는 건축물 등의
│15.09.문45│ 범위로 차고·주차장으로 사용되는 층 중 바닥
│15.03.문49│
│13.06.문41│ 면적이 몇 제곱미터 이상인 층이 있는 시설에 시
│13.03.문45│ 설하여야 하는가?
└────────┘
① 50

② 100

③ 200

④ 400

해설 **소방시설법 시행령 7조**
건축허가 등의 동의대상물
(1) 연면적 **400m²**(학교시설 : **100m²**, 수련시설·노유자시설 : **200m²**, 정신의료기관·장애인의료재활시설 : **300m²**) 이상
(2) **6층** 이상인 건축물
(3) 차고·주차장으로서 바닥면적 **200m²** 이상(자동차 **20대** 이상)
(4) **항공기격납고, 관망탑, 항공관제탑, 방송용 송수신탑**
(5) 지하층 또는 무창층의 바닥면적 **150m²**(공연장은 **100m²**) 이상
(6) **위험물저장 및 처리시설**
(7) **전기저장시설, 풍력발전소**
(8) 조산원, 산후조리원, 의원(입원실 있는 것)
(9) **결핵환자**나 **한센인**이 24시간 생활하는 **노유자시설**
(10) **지하구**
(11) 노인주거복지시설·노인의료복지시설 및 재가노인복지시설, 학대피해노인 전용쉼터, 아동복지시설, 장애인거주시설
(12) 정신질환자 관련시설(공동생활가정을 제외한 재활훈련시설과 종합시설 중 24시간 주거를 제공하지 않는 시설 제외)
(13) 노숙인자활시설, 노숙인재활시설 및 노숙인 요양시설
(14) **요양병원**(의료재활시설 제외)
(15) 공장 또는 창고시설로서 지정수량의 **750배** 이상의 특수가연물을 저장·취급하는 것
(16) 가스시설로서 지상에 노출된 탱크의 저장용량의 합계가 **100t** 이상인 것

답 ③

★★★
51 위험물안전관리법상 제1류 위험물의 성질은?
┌────────┐
│15.05.문43│ ① 산화성 액체
│14.09.문04│
│14.03.문16│ ② 가연성 고체
│13.09.문07│
│10.09.문49│ ③ 금수성 물질
└────────┘
④ 산화성 고체

해설 **위험물**(위험물령 〔별표 1〕)

유 별	성 질	품 명
제**1**류	**산**화성 **고**체	• 아염소산염류(아염소산나트륨) • 염소산염류 • 과염소산염류 • 질산염류(질산칼륨) • 무기과산화물(과산화바륨) **기억법** 1산고(일산GO)
제**2**류	가연성 고체	• **황화**인 • **적**린 • **황** • **마**그네슘 **기억법** 2황화적황마
제**3**류	자연발화성 물질 및 금수성 물질	• **황**린 • **칼**륨 • **나**트륨 • **트**리에틸**알**루미늄 **기억법** 황칼나트알
제**4**류	인화성 액체	• 특수인화물 • 석유류(벤젠) • 알코올류 • 동식물유류
제**5**류	자기반응성 물질	• 질산에스터류(셀룰로이드) • 유기과산화물 • 나이트로화합물 • 나이트로소화합물 • 아조화합물 • 나이트로글리세린
제**6**류	**산**화성 **액**체	• **과염**소산 • 과**산**화수소 • **질**산 **기억법** 산액과염산질산

답 ④

★★
52 소방시설공사업법상 소방시설업자가 등록을 한
┌────────┐ 후 정당한 사유없이 1년이 지날 때까지 영업을
│08.09.문51│ 개시하지 아니하거나 계속하여 1년 이상 휴업한
│07.09.문47│
└────────┘ 때는 몇 개월 이내의 영업정지를 당할 수 있나?
① 1개월 이내

② 2개월 이내

③ 3개월 이내

④ 6개월 이내

해설 **공사업법 9조**
소방시설업 등록의 취소와 6개월 이내 영업정지
(1) **등록의 취소 또는 6개월 이내 영업정지**
　㉠ 등록기준에 미달하게 된 후 30일 경과
　㉡ 등록의 결격사유에 해당하는 경우
　㉢ **거짓**, 그 밖의 **부정한 방법**으로 등록을 한 경우
　㉣ 계속하여 **1년 이상 휴업**한 때
　㉤ 등록을 한 후 정당한 사유없이 **1년**이 지날 경우
　㉥ 등록증 또는 등록수첩을 빌려준 경우

(2) **등록 취소**
　⊙ 거짓, 그 밖의 **부정한 방법**으로 등록을 한 경우
　ⓒ 등록 **결격사유**에 해당된 경우
　ⓒ 영업정지기간 중에 소방시설공사 등을 한 경우

답 ④

53 소방시설 설치 및 관리에 관한 법령상 특정소방대상물의 관계인이 특정소방대상물의 규모·용도 및 수용인원 등을 고려하여 갖추어야 하는 소방시설의 종류 기준 중 ⊙, ⓒ에 알맞은 것은?

18.04.문49

> 화재안전기준에 따라 소화기구를 설치하여야 하는 특정소방대상물은 연면적 (⊙)m² 이상인 것. 다만, 노유자시설의 경우에는 투척용 소화용구 등을 화재안전기준에 따라 산정된 소화기수량의 (ⓒ) 이상으로 설치할 수 있다.

① ⊙ 33, ⓒ $\frac{1}{2}$

② ⊙ 33, ⓒ $\frac{1}{3}$

③ ⊙ 50, ⓒ $\frac{1}{2}$

④ ⊙ 50, ⓒ $\frac{1}{3}$

해설 **소방시설법 시행령 〔별표 4〕**
소화설비의 설치대상

종 류	설치대상
소화기구	① 연면적 **33m² 이상**(단, **노유자시설은 투척용 소화용구** 등을 산정된 소화기 수량의 $\frac{1}{2}$ 이상으로 설치 가능) ② 국가유산 ③ 가스시설, 전기저장시설 ④ 터널 ⑤ 지하구
주거용 주방자동소화장치	① 아파트 등(모든 층) ② **오피스텔**(모든 층)

답 ①

54 자체소방대를 설치하여야 하는 제조소 등으로 옳은 것은?

15.09.문57
13.06.문53
11.10.문49

① 지정수량 3000배의 아세톤을 취급하는 일반취급소

② 지정수량 3500배의 칼륨을 취급하는 제조소

③ 지정수량 4000배의 등유를 이동저장탱크에 주입하는 일반취급소

④ 지정수량 4500배의 기계유를 유압장치로 취급하는 일반취급소

해설
> ① 아세톤 : 제4류 위험물
> ② 칼륨 : 제3류 위험물
> ③ 등유 : 제4류 위험물
> ④ 기계유 : 제4류 위험물

위험물령 18조
자체소방대를 설치하여야 하는 사업소
(1) 제4류 위험물을 취급하는 제조소 또는 일반취급소(단, 보일러로 위험물을 소비하는 일반취급소 등 행정안전부령으로 정하는 일반취급소는 제외)
(2) 제4류 위험물을 저장하는 옥외탱크저장소
(3) 대통령령이 정하는 수량 이상
　⊙ 위 (1)에 해당하는 경우 : 제조소 또는 일반취급소에서 취급하는 제4류 위험물의 최대수량의 합이 지정수량의 3천배 이상
　ⓒ 위 (2)에 해당하는 경우 : 옥외탱크저장소에 저장하는 제4류 위험물의 최대수량이 지정수량의 50만배 이상

답 ①

55 화재의 예방 및 안전관리에 관한 법령상 소방안전관리대상물의 소방계획서에 포함되어야 하는 사항이 아닌 것은?

① 예방규정을 정하는 제조소 등의 위험물 저장·취급에 관한 사항

② 소방시설·피난시설 및 방화시설의 점검·정비계획

③ 특정소방대상물의 근무자 및 거주자의 자위소방대 조직과 대원의 임무에 관한 사항

④ 방화구획, 제연구획, 건축물의 내부 마감재료(불연재료·준불연재료 또는 난연재료로 사용된 것) 및 방염대상물품의 사용현황과 그 밖의 방화구조 및 설비의 유지·관리계획

해설 **화재예방법 시행령 27조**
소방안전관리대상물의 소방계획서 작성
(1) 소방안전관리대상물의 위치·구조·연면적·용도 및 수용인원 등의 **일반현황**
(2) 화재예방을 위한 **자체점검계획** 및 **대응대책**
(3) 특정소방대상물의 **근무자** 및 거주자의 **자위소방대** 조직과 대원의 임무에 관한 사항
(4) **소방시설·피난시설** 및 **방화시설**의 점검·정비계획
(5) 방화구획, 제연구획, 건축물의 **내부 마감재료(불연재료·준불연재료** 또는 **난연재료**로 사용된 것) 및 **방염대상물품**의 사용현황과 그 밖의 방화구조 및 설비의 유지·관리계획

답 ①

56

18.04.문41
17.09.문50
12.05.문44
08.09.문45

화재의 예방 및 안전관리에 관한 법령상 특수가연물의 저장기준 중 ⊙, ⓒ, ⓒ에 알맞은 것은? (단, 석탄·목탄류를 발전용으로 저장하는 경우는 제외한다.)

> 쌓는 높이는 10m 이하가 되도록 하고, 쌓는 부분의 바닥면적은 (⊙)m² 이하가 되도록 할 것. 다만, 살수설비를 설치하거나, 방사능력 범위에 해당 특수가연물이 포함되도록 대형 수동식 소화기를 설치하는 경우에는 쌓는 높이를 (ⓒ)m 이하, 쌓는 부분의 바닥면적을 (ⓒ)m² 이하로 할 수 있다.

① ⊙ 200, ⓒ 20, ⓒ 400

② ⊙ 200, ⓒ 15, ⓒ 300

③ ⊙ 50, ⓒ 20, ⓒ 100

④ ⊙ 50, ⓒ 15, ⓒ 200

해설 **화재예방법 시행령 〔별표 3〕**
특수가연물의 저장 및 취급의 기준
(1) 특수가연물을 저장 또는 취급하는 장소에는 품명, 최대저장수량, 단위부피당 질량 또는 단위체적당 질량, 관리책임자 성명·직책·연락처 및 화기취급의 금지표지가 포함된 특수가연물 표지를 설치할 것
(2) 쌓아 저장하는 기준(단, 석탄·목탄류를 발전용으로 저장하는 것 제외)
　⊙ 품명별로 구분하여 쌓을 것
　ⓒ 쌓는 높이는 **10m 이하**가 되도록 하고, 쌓는 부분의 바닥면적은 **50m²**(석탄·목탄류는 **200m²**) 이하가 되도록 할 것(단, 살수설비를 설치하거나, 방사능력 범위에 해당 특수가연물이 포함되도록 대형 수동식 소화기를 설치하는 경우에는 쌓는 높이를 **15m 이하**, 쌓는 부분의 바닥면적을 **200m²**(석탄·목탄류는 **300m²**) 이하로 할 수 있다)
　ⓒ 쌓는 부분 바닥면적의 사이는 실내의 경우 **1.2m** 또는 쌓는 높이의 $\frac{1}{2}$ 중 **큰 값** 이상으로 간격을 두어야 하며, **실외**의 경우 **3m** 또는 쌓는 높이 중 큰 값 이상으로 간격을 둘 것

답 ④

57

18.04.문54
11.03.문51

소방시설 설치 및 관리에 관한 법령상 시·도지사가 소방시설 등의 자체점검을 하지 아니한 관리업자에게 영업정지를 명할 수 있으나, 이로 인해 국민에게 심한 불편을 줄 때에는 영업정지 처분을 갈음하여 과징금 처분을 한다. 과징금의 기준은?

① 1000만원 이하　　② 2000만원 이하

③ 3000만원 이하　　④ 5000만원 이하

해설 **소방시설법 36조, 위험물법 13조, 공사업법 10조**
과징금

3000만원 이하	2억원 이하
• **소방시설관리업** 영업정지처분 갈음	• **제조소** 사용정지처분 갈음 • **소방시설업** 영업정지처분 갈음

　　소방시설업
　　(1) 소방시설설계업
　　(2) 소방시설공사업
　　(3) 소방공사감리업
　　(4) 방염처리업

답 ③

58

17.05.문48
15.05.문53
14.05.문44
14.03.문52
05.09.문60

화재안전조사 결과에 따른 조치명령으로 인하여 손실을 입은 자에 대한 손실보상에 관한 설명으로 틀린 것은?

① 손실보상에 관하여는 소방청장, 시·도지사와 손실을 입은 자가 협의하여야 한다.

② 보상금액에 관한 협의가 성립되지 아니한 경우에는 소방청장 또는 시·도지사는 그 보상금액을 지급하거나 공탁하고 이를 상대방에게 알려야 한다.

③ 소방청장 또는 시·도지사가 손실을 보상하는 경우에는 공시지가로 보상하여야 한다.

④ 보상금의 지급 또는 공탁의 통지에 불복이 있는 자는 지급 또는 공탁의 통지를 받은 날부터 30일 이내에 관할토지수용위원회에 재결을 신청할 수 있다.

해설

> ③ 소방청장 또는 시·도지사가 손실을 보상하는 경우에는 **시가**로 보상하여야 한다.

화재예방법 시행령 14조
(1) 손실보상권자 : **소방청장** 또는 시·도지사
(2) 손실보상방법 : **시가 보상**

답 ③

59

16.05.문50
15.05.문56
14.09.문43
12.09.문53

소방시설 설치 및 관리에 관한 법령상 소방시설 등에 대한 자체점검 중 종합점검 대상기준으로 틀린 것은?

① 제연설비가 설치된 터널

② 노래연습장으로서 연면적이 2000m² 이상인 것

③ 물분무등소화설비가 설치된 아파트로서 연면적 3000m²이고 11층 이상인 것

④ 소방대가 근무하지 않는 국공립학교 중 연면적이 1000m² 이상인 것으로서 자동화재탐지설비가 설치된 것

해설

> ② 노래연습장은 다중이용업소이므로 연면적 2000m² 이상이 맞음
> ③ 3000m²이고 11층 이상인 것 → 5000m² 이상인 것

소방시설법 시행규칙 [별표 3]
소방시설 등 자체점검의 점검대상, 점검자의 자격, 점검횟수 및 시기

점검구분	정 의	점검대상	점검자의 자격(주된 인력)	점검횟수 및 점검시기
작동점검	소방시설 등을 인위적으로 조작하여 정상적으로 작동하는지를 점검하는 것	① 간이스프링클러설비·자동화재탐지설비	● 관계인 ● 소방안전관리자로 선임된 소방시설관리사 또는 소방기술사 ● 소방시설관리업에 등록된 기술인력 중 소방시설관리사 또는 「소방시설공사업법 시행규칙」에 따른 특급 점검자	작동점검은 **연 1회** 이상 실시하며, 종합점검대상은 종합점검을 받은 달부터 **6개월**이 되는 달에 실시
		② ①에 해당하지 아니하는 특정소방대상물	● 소방시설관리업에 등록된 기술인력 중 소방시설관리사 ● 소방안전관리자로 선임된 소방시설관리사 또는 소방기술사	
		③ 작동점검 제외대상 ● 특정소방대상물 중 소방안전관리자를 선임하지 않는 대상 ● 위험물제조소 등 ● 특급 소방안전관리대상물		
종합점검	소방시설 등의 작동점검을 포함하여 소방시설 등의 설비별 주요 구성부품의 구조기준이 화재안전기준과 「건축법」 등 관련 법령에서 정하는 기준에 적합한지 여부를 점검하는 것 (1) 최초점검 : 특정소방대상물의 소방시설이 새로 설치되는 경우 건축물을 사용할 수 있게 된 날부터 60일 이내에 점검하는 것 (2) 그 밖의 종합점검 : 최초점검을 제외한 종합점검	④ 소방시설 등이 신설된 경우에 해당하는 특정소방대상물 ⑤ **스프링클러설비**가 설치된 특정소방대상물 ⑥ **물분무등소화설비**(호스릴 방식의 물분무등소화설비만을 설치한 경우는 제외)가 설치된 연면적 **5000m²** 이상인 특정소방대상물(위험물제조소 등 제외) ⑦ 다중이용업의 영업장이 설치된 특정소방대상물로서 연면적이 **2000m²** 이상인 것 ⑧ **제연설비**가 설치된 터널 ⑨ **공공기관** 중 연면적(터널·지하구의 경우 그 길이와 평균폭을 곱하여 계산한 값)이 **1000m²** 이상인 것으로서 옥내소화전설비 또는 자동화재탐지설비가 설치된 것(단, 소방대가 근무하는 공공기관 제외) **중요** **종합점검** ① 공공기관 : 1000m² ② 다중이용업 : 2000m² ③ 물분무등(호스릴 ✕) : 5000m²	● 소방시설관리업에 등록된 기술인력 중 **소방시설관리사** ● 소방안전관리자로 선임된 **소방시설관리사** 또는 **소방기술사**	〈점검횟수〉 ㉠ 연 1회 이상(특급 소방안전관리대상물은 반기에 1회 이상) 실시 ㉡ ㉠에도 불구하고 소방본부장 또는 소방서장은 소방청장이 소방안전관리가 우수하다고 인정한 특정소방대상물에 대해서는 3년의 범위에서 소방청장이 고시하거나 정한 기간 동안 종합점검을 면제할 수 있다(단, 면제기간 중 화재가 발생한 경우는 제외). 〈점검시기〉 ㉠ ④에 해당하는 특정소방대상물은 건축물을 사용할 수 있게 된 날부터 60일 이내 실시 ㉡ ㉠을 제외한 특정소방대상물은 건축물의 사용승인일이 속하는 달에 실시(단, 학교의 경우 해당 건축물의 사용승인일이 1월에서 6월 사이에 있는 경우에는 6월 30일까지 실시할 수 있다.) ㉢ 건축물 사용승인일 이후 ⑥에 따라 종합점검대상에 해당하게 된 경우에는 그 다음 해부터 실시 ㉣ 하나의 대지경계선 안에 2개 이상의 자체점검대상 건축물 등이 있는 경우 그 건축물 중 사용승인일이 가장 빠른 연도의 건축물의 사용승인일을 기준으로 점검할 수 있다.

답 ③

⭐ **60** 소방활동구역의 출입자로서 대통령령이 정하는
[11.10.문57] 자에 속하지 않는 사람은?

① 의사·간호사 그 밖의 구조·구급업무에 종사
하는 자
② 소방활동구역 밖에 있는 소방대상물의 소유
자·관리자 또는 점유자
③ 취재인력 등 보도업무에 종사하는 자
④ 수사업무에 종사하는 자

해설

② 소방활동구역 **안**에 있는 소방대상물의 소유자·
관리자 또는 점유자

기본령 8조
소방활동구역 출입자
(1) 소방활동구역 안에 있는 **소유자·관리자** 또는 **점유자**
(2) **전기·가스·수도·통신·교통**의 업무에 종사하는 자로
서 원활한 **소방활동**을 위하여 필요한 자
(3) **의사·간호사** 그 밖의 구조·구급업무에 종사하는 자
(4) **취재인력** 등 보도업무에 종사하는 자
(5) **수사업무**에 종사하는 자
(6) **소방대장**이 소방활동을 위하여 **출입**을 **허가**한 **자**

※ **소방활동구역** : 화재, 재난·재해 그 밖의 위급한
상황이 발생한 현장에 정하는 구역

답 ②

제 4 과목 소방기계시설의 구조 및 원리

⭐ **61** 스프링클러설비에서 건식 설비와 비교한 습식
설비의 특징에 관한 설명으로 옳지 않은 것은?

① 구조가 상대적으로 간단하고 설비비가 적게
든다.
② 동결의 우려가 있는 곳에는 사용하기가 적절
하지 않다.
③ 헤드 개방시 즉시 방수된다.
④ 오동작이 발생할 때 물에 의해 야기되는 피
해가 적다.

해설

④ 적다 → 많을 수 있다.

건식 설비 vs 습식 설비

습 식	건 식
① 습식 밸브의 1·2차측 배관 내에 가압수가 상시 충수되어 있다.	① 건식 밸브의 1차측에는 가압수, 2차측에는 압축공기 또는 질소로 충전되어 있다.
② **구조**가 **간단**하다.	② **구조**가 **복잡**하다.
③ 설치비(설비비)가 적게 든다.	③ 설치비(설비비)가 많이 든다.
④ **보온**이 **필요**요하다. (동결 우려가 있는 곳은 사용하기 부적절)	④ **보온**이 **불필요**하다.
	⑤ 소화활동시간이 **느리다**.

⑤ 소화활동시간이 **빠르다**.
⑥ 헤드 개방시 즉시 방수
된다.
⑦ 오동작이 발생할 때 **물**
에 의해 야기되는 **피해**
가 많을 수 있다.

답 ④

⭐⭐⭐ **62** 지상 5층인 사무실 용도의 소방대상물에 연결송
[13.03.문68] 수관설비를 설치할 경우 최소로 설치할 수 있는
[12.09.문61] 방수구의 총수는? (단, 방수구는 각 층별 1개의
설치로 충분하고, 소방차 접근이 가능한 피난층
은 1개층(1층)이다.)

① 2개 ② 3개
③ 4개 ④ 5개

해설 **연결송수관설비**의 **방수구**(NFTC 502 2.3.1.1)

설치장소	설치제외
층마다 설치	• 아파트 1층 • 아파트 2층 • 피난층

연결송수관설비 방수구수=층수 − 피난층(1개층)
=5(지상 5층)−1(1개층)
=4개

답 ③

⭐⭐⭐ **63** 다음 중 완강기의 주요 구성요소가 아닌 것은?
[18.04.문66]
[15.09.문67] ① 앵커볼트
[14.05.문64] ② 속도조절기
[13.06.문79] ③ 연결금속구
[08.05.문79] ④ 로프

해설 **완강기**의 **구성**(완강기 형식 3조)
(1) 속도조절기
(2) **로프**
(3) **벨트**
(4) 속도조절기의 연결부
(5) 연결금속구

기억법 조로벨후

🔊 중요

속도조절기의 **커버 피복 이유**
기능에 이상을 생기게 하는 **모**래 따위의 잡물이 들
어가는 것을 방지하기 위하여

기억법 모조(모조품)

답 ①

⭐⭐⭐ **64** 상수도소화용수설비에서 소화전의 호칭지름 100mm
[15.05.문65] 이상을 연결할 수 있는 상수도 배관의 호칭지름
[15.03.문72] 은 몇 mm 이상이어야 하는가?
[13.09.문73]
[10.05.문62] ① 50 ② 75
③ 80 ④ 100

해설 **상수도 소화용수설비**의 **기준**(NFPC 401 4조, NFTC 401 2.1.1)
(1) 호칭지름

수도배관(상수도 배관)	소화전(상수도 소화전)
75mm 이상	**100mm** 이상

(2) 소화전은 소방자동차 등의 진입이 쉬운 **도로변** 또는 **공지**에 설치
(3) 소화전은 특정소방대상물의 수평투영면의 각 부분으로부터 **140m** 이하에 설치
(4) 지상식 소화전의 호스접결구는 지면으로부터 높이가 **0.5m** 이상 **1m** 이하가 되도록 설치

답 ②

65 인명구조기구를 설치하여야 하는 특정소방대상물 중 공기호흡기만을 설치 가능한 대상물에 포함되지 않는 것은?

18.09.문73
17.05.문78
16.10.문79

① 수용인원 100명 이상인 영화상영관
② 운수시설 중 지하역사
③ 판매시설 중 대규모점포
④ 호스릴 이산화탄소소화설비를 설치하여야 하는 특정소방대상물

해설 **인명구조기구 설치장소**(NFTC 302 2.1.1.1)

특정소방대상물	인명구조기구의 종류	설치수량
•**7층** 이상인 관광호텔(지하층 포함) •**5층** 이상인 병원(지하층 포함)	•방열복 •방화복(안전모, 보호장갑, 안전화 포함) •공기호흡기 •인공소생기	•각 **2개** 이상 비치할 것(단, **병원**의 경우 **인공소생기** 설치 제외)
•수용인원 **100명** 이상의 영화상영관 •대규모 점포 •지하역사 •**지하상가**	•공기호흡기	•**층**마다 2개 이상 비치할 것(단, 각 층마다 갖추어 두어야 할 공기호흡기 중 일부를 **직원**이 **상주**하는 인근 **사무실**에 비치 가능)
•이산화탄소소화설비(호스릴 이산화탄소소화설비 제외) 설치대상물	•공기호흡기	•이산화탄소소화설비가 설치된 장소의 출입구 외부 인근에 **1대** 이상 비치

답 ④

66 소화능력단위에 의한 분류에서 소형 소화기를 올바르게 설명한 것은?

14.05.문75
13.03.문75

① 능력단위가 1단위 이상이면서 대형 소화기의 능력단위 미만인 소화기이다.
② 능력단위가 3단위 이상이면서 대형 소화기의 능력단위 미만인 소화기이다.
③ 능력단위가 5단위 이상이면서 대형 소화기의 능력단위 미만인 소화기이다.
④ 능력단위가 10단위 이상이면서 대형 소화기의 능력단위 미만인 소화기이다.

해설 **소형 소화기 vs 대형 소화기**(NFPC 101 3조, NFTC 101 1.7)

소형 소화기	대형 소화기
능력단위가 **1단위** 이상이고 대형 소화기의 능력단위 미만인 소화기	화재시 사람이 운반할 수 있도록 운반대와 **바퀴**가 설치되어 있고 능력단위가 A급 **10단위** 이상, B급 **20단위** 이상인 소화기

 중요

소화능력단위에 의한 분류(소화기 형식 4조)

소화기 분류		능력단위
소형 소화기		1단위 이상
대형 소화기	A급	10단위 이상
	B급	20단위 이상

기억법 대2B(데이빗!)

답 ①

67 이산화탄소소화약제 저장용기에 대한 설명으로 옳지 않은 것은?

13.06.문65
08.09.문69

① 온도가 40℃ 이하인 장소에 설치할 것
② 방화문으로 구획된 실에 설치할 것
③ 고압식 저장용기의 충전비는 1.3 이상 1.7 이하로 할 것
④ 저압식 저장용기에는 2.3MPa 이상 1.9MPa 이하에서 작동하는 압력경보장치를 설치할 것

해설 ③ 1.3 이상 1.7 이하 → 1.5 이상 1.9 이하

이산화탄소소화약제 저장용기 설치기준(NFPC 106 4조, NFTC 106 2.1)

‖이산화탄소소화설비 충전비‖

구 분	저장용기
고압식	1.5~1.9 이하
저압식	1.1~1.4 이하

(1) **온도**가 **40**℃ 이하인 장소
(2) **방호구역 외**의 장소에 설치할 것
(3) 직사광선 및 빗물이 침투할 우려가 없는 곳
(4) 온도의 변화가 작은 곳에 설치
(5) **방화문**으로 구획된 실에 설치할 것
(6) 방호구역 내에 설치할 경우에는 피난 및 조작이 용이하도록 **피난구 부근**에 설치
(7) 용기의 설치장소에는 해당 용기가 설치된 곳임을 표시하는 표지할 것
(8) 용기 간의 간격은 점검에 지장이 없도록 **3cm 이상**의 간격 유지
(9) 저장용기와 집합관을 연결하는 연결배관에는 **체크밸브** 설치
(10) 저압식 저장용기에는 **2.3MPa** 이상 **1.9MPa** 이하에서 작동하는 **압력경보장치**를 설치할 것

기억법 이온4(이혼사유)

답 ③

★★★
68 노유자시설 1층에 적응성을 가진 피난기구가 아닌 것은?

17.05.문77
16.10.문68
16.05.문74
06.03.문65
05.03.문73

① 미끄럼대 ② 다수인 피난장비
③ 피난교 ④ 피난용 트랩

해설 피난기구의 **적응성**(NFTC 301 2.1.1)

층별 설치 장소별 구분	1층	2층	3층	4층 이상 10층 이하
노유자시설	•미끄럼대 •구조대 •피난교 •다수인 피난 장비 •승강식 피난기	•미끄럼대 •구조대 •피난교 •다수인 피난 장비 •승강식 피난기	•미끄럼대 •구조대 •피난교 •다수인 피난 장비 •승강식 피난기	•구조대[1] •피난교 •다수인 피난 장비 •승강식 피난기
의료시설· 입원실이 있는 의원·접골원 ·조산원	–	–	•미끄럼대 •구조대 •피난교 •피난용 트랩 •다수인 피난 장비 •승강식 피난기	•구조대 •피난교 •피난용 트랩 •다수인 피난 장비 •승강식 피난기
영업장의 위치가 4층 이하인 다중 이용업소	–	•미끄럼대 •피난사다리 •구조대 •완강기 •다수인 피난 장비 •승강식 피난기	•미끄럼대 •피난사다리 •구조대 •완강기 •다수인 피난 장비 •승강식 피난기	•미끄럼대 •피난사다리 •구조대 •완강기 •다수인 피난 장비 •승강식 피난기
그 밖의 것	–	–	•미끄럼대 •피난사다리 •구조대 •완강기 •피난교 •피난용 트랩 •간이완강기[2] •공기안전 매트[2] •다수인 피난 장비 •승강식 피난기	•피난사다리 •구조대 •완강기 •피난교 •간이완강기[2] •공기안전 매트[2] •다수인 피난 장비 •승강식 피난기

[비고] 1) **구조대**의 적응성은 **장애인관련시설**로서 주된 사용자 중 **스스로 피난**이 **불가**한 자가 있는 경우 추가로 설치하는 경우에 한한다.
2) 간이완강기의 적응성은 **숙박시설**의 **3층 이상**에 있는 객실에, **공기안전매트**의 적응성은 **공동주택**에 추가로 설치하는 경우에 한한다.

답 ④

★★★
69 이산화탄소소화설비 중 호스릴방식으로 설치되는 호스접결구는 방호대상물의 각 부분으로부터 수평거리 몇 m 이하이어야 하는가?

18.04.문75
16.05.문66
15.03.문78
08.05.문76

① 15m 이하 ② 20m 이하
③ 25m 이하 ④ 40m 이하

해설 (1) **보행거리**

구분	적용
20m 이내	•소형 소화기
30m 이내	•대형 소화기

(2) **수평거리**

구분	적용
10m 이내	•예상제연구역
15m 이하 ←	•분말(호스릴) •포(호스릴) •이산화탄소(호스릴)
20m 이하	•할론(호스릴)
25m 이하	•음향장치 •옥내소화전 방수구 •옥내소화전(호스릴) •포소화전 방수구 •연결송수관 방수구(지하가) •연결송수관 방수구(지하층 바닥면적 3000m² 이상)
40m 이하	•옥외소화전 방수구
50m 이하	•연결송수관 방수구(사무실)

용어

수평거리와 보행거리

수평거리	보행거리
직선거리를 말하며, 반경을 의미하기도 한다.	걸어서 간 거리이다.

답 ①

★
70 포소화설비에서 고정지붕구조 또는 부상덮개부착 고정지붕구조의 탱크에 사용하는 포방출구 형식으로 방출된 포가 탱크 옆판의 내면을 따라 흘러내려 가면서 액면 아래로 몰입되거나 액면을 뒤섞지 않고 액면상을 덮을 수 있는 반사판 및 탱크 내의 위험물증기가 외부로 역류되는 것을 저지할 수 있는 구조·기구를 갖는 포방출구는?

18.04.문64

① Ⅰ형 방출구
② Ⅱ형 방출구
③ Ⅲ형 방출구
④ 특형 방출구

해설 Ⅰ형 방출구 vs Ⅱ형 방출구

Ⅰ형 방출구	Ⅱ형 방출구
고정지붕구조의 탱크에 상부포주입법을 이용하는 것으로서 방출된 포가 액면 아래로 몰입되거나 액면을 뒤섞지 않고 액면상을 덮을 수 있는 통계단 또는 미끄럼판 등의 설비 및 탱크 내의 위험물증기가 외부로 역류되는 것을 저지할 수 있는 구조·기구를 갖는 포방출구	**고정지붕구조** 또는 **부상덮개부착 고정지붕구조**의 탱크에 상부포주입법을 이용하는 것으로서 방출된 포가 탱크 옆판의 내면을 따라 흘러내려 가면서 액면 아래로 몰입되거나 액면을 뒤섞지 않고 액면상을 덮을 수 있는 반사판 및 탱크 내의 위험물증기가 외부로 역류되는 것을 저지할 수 있는 구조·기구를 갖는 포방출구

중요

고정포방출구의 포방출구(위험물기준 133조)

탱크의 구조	포방출구
고정지붕구조	• Ⅰ형 방출구 • Ⅱ형 방출구 • Ⅲ형 방출구 • Ⅳ형 방출구
고정지붕구조 또는 부상덮개부착 고정지붕구조	• Ⅱ형 방출구
부상지붕구조	• 특형 방출구

답 ②

71 습식 스프링클러설비 및 부압식 스프링클러설비 외의 스프링클러설비에는 특정한 제외조건 이외에는 상향식 스프링클러헤드를 설치해야 하는데, 다음 중 특정한 제외조건에 해당하지 않는 경우는?

① 스프링클러헤드의 설치장소가 동파의 우려가 없는 곳인 경우
② 플러쉬형 스프링클러헤드를 사용하는 경우
③ 드라이펜던트 스프링클러헤드를 사용하는 경우
④ 개방형 스프링클러헤드를 사용하는 경우

해설 스프링클러설비의 화재안전기준(NFPC 103 10조, NFTC 103 2.7.7.7)
습식 스프링클러설비 및 부압식 스프링클러설비 외의 설비에 상향식 스프링클러헤드 제외조건
(1) **드**라이펜던트 스프링클러헤드를 사용하는 경우
(2) 스프링클러헤드의 설치장소가 **동파**의 **우려**가 없는 곳인 경우
(3) **개방**형 스프링클러헤드를 사용하는 경우

기억법 드개동

답 ②

72 전역방출방식의 분말소화설비에서 분말이 방사되기 전, 다음에 해당하는 개구부 또는 통기구 중 폐쇄하지 않아도 되는 것은?
18.03.문77
17.09.문64
14.09.문61

① 천장에 설치된 통기구
② 바닥으로부터 해당 층의 높이의 $\frac{1}{2}$ 높이 위치에 설치된 통기구
③ 바닥으로부터 해당 층의 높이의 $\frac{1}{3}$ 높이 위치에 설치된 개구부
④ 천장으로부터 아래로 1.2m 떨어진 벽체에 설치된 통기구

해설 ① 천장에 설치된 통기구는 제외

전역방출방식의 **분말소화설비** 개구부 및 **통기구**를 폐쇄해야 하는 **경우**(NFPC 108 14조, NFTC 108 2.11.1.2)
(1) 개구부가 있는 경우
(2) 천장으로부터 **1m 이상**의 아랫부분에 설치된 통기구

보기 ④

(3) 바닥으로부터 해당층 높이의 $\frac{2}{3}$ **이내** 부분에 설치된 통기구 보기 ②, ③

• 이 기준은 할로겐화합물 및 불활성기체 소화설비 • 분말소화설비 • 이산화탄소소화설비 자동폐쇄장치 설치기준(NFPC 107A 15조, NFTC 107A 2.12.1.2/ NFPC 108 14조, NFTC 108 2.11.1.2 / NFPC 106 14조, NFTC 106 2.11.1.2)이 모두 동일

답 ①

73 다음 소방시설 중 내진설계가 요구되는 소방시설이 아닌 것은?
17.05.문45
16.10.문49
14.09.문65

① 옥내소화전설비 ② 옥외소화전설비
③ 물분무소화설비 ④ 스프링클러설비

해설 소방시설법 시행령 8조
소방시설의 내진설계 대상
(1) 옥**내**소화전설비
(2) **스**프링클러설비
(3) **물**분무등소화설비

기억법 스물내(스물네살)

중요

물분무등소화설비
(1) **분**말소화설비
(2) **포**소화설비
(3) **할**론소화설비
(4) **이**산화탄소 소화설비
(5) **할**로겐화합물 및 불활성기체 소화설비
(6) **강**화액소화설비
(7) **미**분무소화설비
(8) **물**분무소화설비
(9) **고**체에어로졸 소화설비

기억법 분포할이 할강미고

답 ②

74 제연설비 설치장소의 제연구역 구획기준으로 틀린 것은?
15.03.문76
11.06.문65

① 하나의 제연구역의 면적은 1000m² 이내로 할 것
② 거실과 통로는 각각 제연구획할 것
③ 통로상의 제연구역은 보행중심선의 길이가 60m를 초과하지 아니할 것
④ 하나의 제연구역은 지름 40m 원 내에 들어갈 수 있을 것

해설 ④ 40m → 60m

제연구역의 구획(NFPC 501 4조, NFTC 501 2.1)
(1) 1제연구역의 면적은 1000m² 이내로 할 것
(2) 거실과 통로는 각각 제연구획할 것
(3) 통로상의 제연구역은 보행중심선의 길이가 60m를 초과하지 않을 것
(4) 1제연구역은 직경 60m 원 내에 들어갈 것
(5) 1제연구역은 2개 이상의 층에 미치지 않을 것

답 ④

★★★
75
16.05.문64
15.03.문80
11.06.문67

바닥면적이 500m²인 의료시설에 필요한 소화기구의 소화능력단위는 몇 단위 이상인가? (단, 소화능력단위 기준은 바닥면적만 고려한다.)

① 2.5
② 5
③ 10
④ 16.7

해설 특정소방대상물별 소화기구의 능력단위 기준(NFTC 101 2.1.1.2)

특정소방대상물	능력단위 (바닥면적)	내화구조이고 불연재료 · 준불연재료 · 난연재료 (바닥면적)
• 위락시설 [기억법] 위상(위상)	30m²마다 1단위 이상	60m²마다 1단위 이상
• 공연장 · 집회장 · 관람장 · 문화재 · 장례식장 및 의료시설 [기억법] 5공연장 문의 집관람(손오공 연장 문의 집관람)	50m²마다 1단위 이상	100m²마다 1단위 이상
• 근린생활시설 · 판매시설 · 운수시설 · 숙박시설 · 노유자시설 · 전시장 · 공동주택 · 업무시설 · 방송통신시설 · 공장 · 창고시설 · 항공기 및 자동차 관련 시설 및 관광휴게시설 [기억법] 근판숙노전 주업방차창 1항관광(근판숙노전 주업방차장 일본항 관광)	100m²마다 1단위 이상	200m²마다 1단위 이상
• 그 밖의 것	200m²마다 1단위 이상	400m²마다 1단위 이상

의료시설로서 500m²이므로 50m²마다 1단위 이상

$$단위 = \frac{바닥면적}{기준면적} = \frac{500m^2}{50m^2} = 10단위$$

용어
소화능력단위
소화기구의 소화능력을 나타내는 수치

답 ③

★★
76
18.09.문71
11.10.문68

상수도 소화용수설비를 설치하여야 하는 특정소방대상물의 연면적 기준으로 옳은 것은? (단, 특정소방대상물 중 숙박시설로 한정한다.)

① 연면적 1000m² 이상인 경우
② 연면적 1500m² 이상인 경우
③ 연면적 3000m² 이상인 경우
④ 연면적 5000m² 이상인 경우

해설 상수도 소화용수설비의 설치대상(소방시설법 시행령 〔별표 4〕)
(1) 연면적 5000m² 이상(단, 위험물 저장 및 처리시설 중 가스시설, 지하가 중 터널 또는 지하구의 경우 제외)
(2) 가스시설로서 저장용량 100t 이상
(3) 폐기물재활용시설 및 폐기물처분시설

답 ④

★
77

지상 5층 건물의 2층 슈퍼마켓에 스프링클러설비가 설치되어 있다. 이때 설치된 폐쇄형 헤드의 수는 총 40개라고 할 때 최소저수량 산출시 스프링클러헤드의 기준개수로 옳은 것은? (단, 다른 층의 폐쇄형 헤드의 수는 모두 40개 미만이라고 가정한다.)

① 10개
② 20개
③ 30개
④ 40개

해설 폐쇄형 헤드의 기준개수(NFPC 103 4조, NFTC 103 2.1.1.1)

특정소방대상물		폐쇄형 헤드의 기준개수
지하가 · 지하역사		30 보기 ③
11층 이상		
10층 이하	공장(특수가연물)	
	판매시설(슈퍼마켓, 백화점 등), 복합건축물(판매시설이 설치된 것) →	
	근린생활시설, 운수시설	20
	8m 이상	
	8m 미만	10
공동주택(아파트 등)		10(각 동이 주차장으로 연결된 주차장 : 30)

답 ③

78

18.04.문71
17.03.문76
11.10.문79
08.09.문67

다음은 옥외소화전설비에서 소화전함의 설치기준에 관한 설명이다. 팔호 안에 들어갈 말로 옳은 것은?

- 옥외소화전이 10개 이하 설치된 때에는 옥외소화전마다 (㉠)m 이내의 장소에 1개 이상의 소화전함을 설치하여야 한다.
- 옥외소화전이 11개 이상 30개 이하 설치된 때에는 (㉡)개 이상의 소화전함을 각각 분산하여 설치하여야 한다.
- 옥외소화전이 31개 이상 설치된 때에는 옥외소화전 3개마다 1개 이상의 소화전함을 설치하여야 한다.

① ㉠ 5, ㉡ 11　　② ㉠ 7, ㉡ 11

③ ㉠ 5, ㉡ 15　　④ ㉠ 7, ㉡ 15

해설 **옥외소화전함 설치기구**(NFTC 109 2.4)

옥외소화전의 개수	소화전함의 개수
10개 이하	**5m** 이내의 장소에 **1개** 이상
11~30개 이하	**11개** 이상 소화전함 분산설치
31개 이상	소화전 **3개**마다 **1개** 이상

답 ①

79

14.09.문65

소방시설 설치 및 관리에 관한 법령에 따라 구분된 소방설비 중 "물분무등소화설비"에 속하지 않는 것은?

① 포소화설비　　② 이산화탄소소화설비

③ 스프링클러설비　　④ 강화액소화설비

해설 **물분무등소화설비**
(1) **분**말소화설비
(2) **포**소화설비
(3) **할**론소화설비
(4) **이**산화탄소소화설비
(5) 할로겐화합물 및 불활성기체 소화설비
(6) **강**화액소화설비
(7) **미**분무소화설비
(8) 물분무소화설비
(9) 고체에어로졸소화설비

> **기억법** 분포할 이강미

답 ③

80

16.03.문63
15.03.문79
13.03.문74
12.03.문70

포소화설비의 수동식 기동장치의 조작부 설치위치는?

① 바닥으로부터 0.5m 이상, 1.2m 이하

② 바닥으로부터 0.8m 이상, 1.2m 이하

③ 바닥으로부터 0.8m 이상, 1.5m 이하

④ 바닥으로부터 0.5m 이상, 1.5m 이하

해설 **포소화설비 수동식 기동장치**(NFTC 105 2.8.1)
(1) 직접조작 또는 원격조작에 의하여 가압송수장치·수동식 개방밸브 및 소화약제 혼합장치를 기동할 수 있는 것
(2) **2 이상**의 방사구역을 가진 포소화설비에는 방사구역을 선택할 수 있는 구조
(3) 기동장치의 조작부는 화재시 쉽게 접근할 수 있는 곳에 설치하되, 바닥으로부터 **0.8~1.5m 이하**의 위치에 설치하고, 유효한 보호장치 설치
(4) 기동장치의 조작부 및 호스접결구에는 가까운 곳의 보기 쉬운 곳에 각각 '**기동장치의 조작부**' 및 '**접결구**'라고 표시한 표지 설치

답 ③

2019. 4. 27 시행

■ 2019년 산업기사 제2회 필기시험 ■

자격종목	종목코드	시험시간	형별	수험번호	성명
소방설비산업기사(기계분야)		**2시간**			

※ 각 문항은 4지택일형으로 질문에 가장 적합한 보기 항을 선택하여 체크하여야 합니다.

제 1 과목   소방원론

★★★
01 촛불(양초)의 연소형태로 옳은 것은?

15.09.문09
15.05.문10
14.09.문09
14.09.문20
13.09.문20
11.10.문20

① 증발연소
② 액적연소
③ 표면연소
④ 자기연소

해설 연소의 형태

유사문제부터
풀어보세요.
실력이 팍!팍!
올라갑니다.

연소형태	종 류
표면연소	• **숯**, **코**크스 • **목탄**, **금**속분 **기억법** 표숯코 목탄금
분해연소	• **석**탄, **종**이 • **플**라스틱, **목**재 • **고**무, **중**유, **아**스팔트, **면**직물 **기억법** 분석종플 목고중아면
증발연소	• 황, 왁스 • **파**라핀(**양**초), 나프탈렌 • 가솔린, 등유 • 경유, 알코올, 아세톤 **기억법** 양파증(**양파증**가)
자기연소	• 나이트로글리세린, 나이트로셀룰로오스(질화면) • **T**NT, 피크린산 **기억법** 자T나
액적연소	• 벙커C유
확산연소	• 메탄(CH_4), 암모니아(NH_3) • 아세틸렌(C_2H_2), 일산화탄소(CO) • 수소(H_2)

답 ①

★
02 소방안전관리대상물에서 소방안전관리자가 작성하는 것으로, 소방계획서 내에 포함되지 않는 것은?

① 화재예방을 위한 자체검사계획

② 화새시 화재실 진입에 따른 전술계획
③ 소방시설·피난시설 및 방화시설의 점검·정비계획
④ 소방훈련 및 교육계획

해설 ② 해당없음

화재예방법 시행령 27조
소방안전관리대상물의 소방계획서 작성
(1) 소방안전관리대상물의 위치·구조·연면적·용도 및 수용인원 등의 **일반현황**
(2) 화재예방을 위한 **자체점검계획** 및 대응대책
(3) 특정소방대상물의 **근무자** 및 거주자의 **자위소방대** 조직과 대원의 임무에 관한 사항
(4) **소방시설·피난시설** 및 **방화시설**의 점검·정비계획
(5) 방화구획, 제연구획, 건축물의 내부 마감재료(불연재료·준불연재료 또는 난연재료로 사용된 것)와 방염대상물품의 사용현황과 그 밖의 방화구조 및 설비의 유지·관리계획
(6) 소방훈련 및 교육에 관한 계획

답 ②

★★
03 이산화탄소소화약제가 공기 중에 34vol% 공급되면 산소의 농도는 약 몇 vol%가 되는가?

17.09.문12
16.10.문06

① 12
② 14
③ 16
④ 18

해설 이산화탄소의 농도

$$CO_2 = \frac{21 - O_2}{21} \times 100$$

여기서, CO_2 : CO_2의 농도[vol%]
        O_2 : O_2의 농도[vol%]

$$CO_2 = \frac{21 - O_2}{21} \times 100$$

$$34 = \frac{21 - O_2}{21} \times 100$$

$$\frac{34 \times 21}{100} = 21 - O_2$$

$$O_2 + \frac{34 \times 21}{100} = 21$$

$$O_2 = 21 - \frac{34 \times 21}{100} ≒ 14\text{vol}\%$$

답 ②

(4) 미세한 액적으로 분무시키는 이유는 **표면적**을 **크게** 하여 공기와의 혼합을 좋게 하기 위함이다.

> **용어**
>
> **분무연소**
> 점도가 높고 **비휘발성**인 **액체**를 일단 가열 등의 방법으로 점도를 낮추어 버너 등을 사용하여 액체의 입자를 안개상으로 분출시켜 액체표면적을 넓게 하여 공기와의 접촉면을 많게 하는 연소방법

답 ④

★★★
04 건물 내 피난동선의 조건에 대한 설명으로 옳은 것은?

13.09.문02
11.10.문07

① 피난동선은 그 말단이 길수록 좋다.
② 모든 피난동선은 건물 중심부 한 곳으로 향해야 한다.
③ 피난동선의 한 쪽은 막다른 통로와 연결되어 화재시 연소가 되지 않도록 하여야 한다.
④ 2개 이상의 방향으로 피난할 수 있으며 그 말단은 화재로부터 안전한 장소이어야 한다.

 해설

> ① 길수록 → 짧을수록
> ② 중심부 한 곳으로 향해야 한다. → 중심부 한 곳으로 향해서는 안 된다.
> ③ 막다른 통로가 없을 것

피난대책의 일반적인 원칙
(1) 피난경로는 **간단명료**하게 한다. (단순한 형태)
(2) 피난설비는 **고정식 설비**를 위주로 설치한다.
(3) 피난수단은 **원시적 방법**에 의한 것을 원칙으로 한다.
(4) **2방향**의 피난통로를 확보한다. 보기 ③
(5) 피난통로를 **완전불연화**한다.
(6) **화재층**의 피난을 **최우선**으로 고려한다.
(7) 피난시설 중 피난로는 **복도** 및 **거실**을 가리킨다.
(8) 인간의 **본능적 행동**을 무시하지 않도록 고려한다.
(9) 계단은 **직통계단**으로 한다.
(10) **정전시**에도 **피난방향**을 알 수 있는 표시를 한다.
(11) 모든 피난동선은 건물 중심부 한 곳으로 향해서는 안 된다. 보기 ②
(12) 피난동선은 그 말단이 짧을수록 좋다. 보기 ①

> • 피난동선=피난경로

답 ④

★
05 분무연소에 대한 설명으로 틀린 것은?

05.05.문03

① 휘발성이 낮은 액체연료의 연소가 여기에 해당된다.
② 점도가 높은 중질유의 연소에 많이 이용된다.
③ 액체연료를 수~수백[μm] 크기의 액적으로 미립화시켜 연소시킨다.
④ 미세한 액적으로 분무시키는 이유는 표면적을 작게 하여 공기와의 혼합을 좋게 하기 위함이다.

 해설

> ④ 작게 → 크게

분무연소
(1) 액체연료를 수~수백[μm] 크기의 액적으로 미립화시켜 연소시킨다.
(2) 휘발성이 낮은 **액체**연료의 연소가 여기에 해당한다.
(3) **점도**가 **높은** 중질유의 연소에 많이 이용된다.

★★★
06 다음 중 인화점이 가장 낮은 물질은?

17.09.문11
17.03.문02
14.03.문02
08.09.문06

① 등유
② 아세톤
③ 경유
④ 아세트산

해설

> ① 43~72℃   ② −18℃
> ③ 50~70℃   ④ 40℃

물 질	인화점	착화점
• 프로필렌	−107℃	497℃
• 에틸에터 다이에틸에터	−45℃	180℃
• 가솔린(휘발유)	−43℃	300℃
• **산화프로필렌**	−37℃	465℃
• **이황화탄소**	−30℃	100℃
• 아세틸렌	−18℃	335℃
• 아세톤	−18℃	538℃
• 벤젠	−11℃	562℃
• 톨루엔	4.4℃	480℃
• **메틸알코올**	11℃	464℃
• 에틸알코올	13℃	423℃
• 아세트산	40℃	−
• **등유**	43~72℃	210℃
• **경유**	50~70℃	200℃
• 적린	−	260℃

기억법 인산 이메등경

> • 착화점=발화점=착화온도=발화온도
> • 인화점=인화온도

답 ②

★
07 다음 중 증기밀도가 가장 큰 것은?

① 공기
② 메탄
③ 부탄
④ 에틸렌

해설

① 공기 $=\dfrac{29}{22.4}=1.29\,\text{g/L}$

② 메탄 $=\dfrac{16}{22.4}=0.71\,\text{g/L}$

③ 부탄 $=\dfrac{58}{22.4}=2.59\,\text{g/L}$

④ 에틸렌 $=\dfrac{28}{22.4}=1.25\,\text{g/L}$

(1) 분자량

원소	원자량
H →	1
C →	12
N	14
O	16

㉠ 공기 O_2 21%, N_2 79%

$O_2 : 16 \times 2 \times 0.21 = 6.72$

$N_2 : 14 \times 2 \times 0.79 = 22.12$

─────────────

28.84(약 29) : 이것은 암기해도 좋다!

㉡ 메탄 $CH_4 = 12 + 1 \times 4 = 16$

㉢ 부탄 $C_4H_{10} = 12 \times 4 + 1 \times 10 = 58$

㉣ 에틸렌 $C_2H_4 = 12 \times 2 + 1 \times 4 = 28$

(2) 증기밀도

$$\text{증기밀도[g/L]} = \frac{\text{분자량}}{22.4}$$

여기서, 22.4 : 기체 1몰의 부피[L]

답 ③

08 건물화재에서 플래시오버(flash over)에 관한 설명으로 옳은 것은?

12.03.문15
11.06.문06

① 가연물이 착화되는 초기 단계에서 발생한다.

② 화재시 발생한 가연성 가스가 축적되다가 일순간에 화염이 실 전체로 확대되는 현상을 말한다.

③ 소화활동이 끝난 단계에서 발생한다.

④ 화재시 모두 연소하여 자연 진화된 상태를 말한다.

해설 **플래시오버**(flash over)

(1) 정의

㉠ 폭발적인 착화현상

㉡ 순발적인 연소확대현상

㉢ 화재로 인하여 실내의 온도가 급격히 상승하여 화재가 **순간적**으로 **실내 전체**에 **확산**되어 연소되는 현상

㉣ 연소의 급속한 확대현상

㉤ 건물 화재에서 발생한 가연성 가스가 축적되다가 **일순간**에 **화염**이 크게 되는 현상

(2) 발생시점

성장기~최성기(성장기에서 최성기로 넘어가는 분기점)

답 ②

09 다음 중 황린의 완전 연소시에 주로 발생되는 물질은?

15.09.문18
09.03.문02

① P_2O ② PO_2

③ P_2O_3 ④ P_2O_5

해설

④ 황린의 연소생성물은 P_2O_5(오산화인)이다.

황린의 연소분해반응식

$$P_4 + 5O_2 \longrightarrow 2P_2O_5$$

황린   산소   오산화인

답 ④

10 부피비가 메탄 80%, 에탄 15%, 프로판 4%, 부탄 1%인 혼합기체가 있다. 이 기체의 공기 중 폭발하한계는 약 몇 vol%인가? (단, 공기 중 단일가스의 폭발하한계는 메탄 5vol%, 에탄 2vol%, 프로판 2vol%, 부탄 1.8vol%이다.)

15.09.문14
13.09.문16
10.03.문11
02.03.문06

① 2.2   ② 3.8

③ 4.9   ④ 6.2

해설 **혼합가스**의 **폭발하한계**

$$\frac{100}{L} = \frac{V_1}{L_1} + \frac{V_2}{L_2} + \frac{V_3}{L_3} + \cdots + \frac{V_n}{L_n}$$

여기서, L : 혼합가스의 폭발하한계[vol%]

L_1, L_2, L_3, L_n : 가연성 가스의 폭발하한계[vol%]

V_1, V_2, V_3, V_n : 가연성 가스의 용량[vol%]

$$\frac{100}{L} = \frac{V_1}{L_1} + \frac{V_2}{L_2} + \frac{V_3}{L_3} + \frac{V_4}{L_4}$$

$$\frac{100}{L} = \frac{80}{5} + \frac{15}{2} + \frac{4}{2} + \frac{1}{1.8}$$

$$\frac{100}{\frac{80}{5} + \frac{15}{2} + \frac{4}{2} + \frac{1}{1.8}} = L$$

$$L = \frac{100}{\frac{80}{5} + \frac{15}{2} + \frac{4}{2} + \frac{1}{1.8}} \fallingdotseq 3.8\,\text{vol%}$$

● 폭발하한계 = 연소하한계

용어

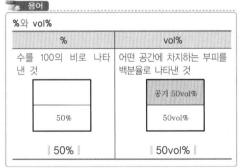

%	vol%
수를 100의 비로 나타낸 것	어떤 공간에 차지하는 부피를 백분율로 나타낸 것
50%	공기 50vol% 50vol%
50%	50vol%

답 ②

11 다음 중 연소시 발생하는 가스로 독성이 가장 강한 것은?

17.09.문13
14.05.문07
14.05.문18
13.09.문19
09.05.문16

① 수소   ② 질소

③ 이산화탄소   ④ 일산화탄소

수소·질소	이산화탄소	일산화탄소
비독성 가스	독성이 거의 없음	① 독성이 강하다. ② 인체에 영향을 미치는 농도 : 50ppm

중요

일산화탄소(CO)
(1) **연소시 발생**하는 가스로 **독성이 강**하다.
(2) 화재시 흡입된 일산화탄소(CO)의 화학적 작용에 의해 **헤모글로빈**(Hb)이 혈액의 산소운반작용을 저해하여 사람을 질식·사망하게 한다.
(3) **유독성**이 커서 화재시 인명피해 위험성이 높은 가스이다.
(4) 목재류의 화재시 인명피해를 가장 많이 주며, 연기로 인한 의식불명 또는 질식을 가져온다.
(5) 인체의 폐에 큰 자극을 준다.
(6) 산소와의 결합력이 극히 강하여 질식작용에 의한 독성을 나타낸다.

답 ④

★ 12 탄화칼슘이 물과 반응할 때 생성되는 가연성가스는?

`10.09.문11`

① 메탄 ② 에탄
③ 아세틸렌 ④ 프로필렌

해설 물과의 반응식
$CaC_2 + 2H_2O \rightarrow Ca(OH)_2 + C_2H_2\uparrow$
(탄화칼슘) (물) (수산화칼슘) (아세틸렌)

● C_2H_2 : 아세틸렌

답 ③

★★★ 13 화재를 소화시키는 소화작용이 아닌 것은?

`11.06.문10`
① 냉각작용 ② 질식작용
③ 부촉매작용 ④ 활성화작용

해설 ④ '활성화작용'이란 말은 듣보잡!

소화의 형태

소화형태	설 명
냉각작용	① **점화원**을 냉각하여 소화하는 방법 ② 증발잠열을 이용하여 열을 빼앗아 가연물의 온도를 떨어뜨려 화재를 진압하는 소화 방법 ③ **다량**의 **물**을 뿌려 소화하는 방법
질식작용	① 공기 중의 **산소농도**를 **16%**(또는 15%) 이하로 희박하게 하여 소화하는 방법 ② 공기 중의 **산소**의 **농도**를 낮추어 화재를 진압하는 소화방법
제거작용	● **가연물**을 **제거**하여 소화하는 방법
부촉매작용 (화학작용, 억제작용)	● **연쇄반응**을 **차단**하여 소화하는 방법
희석작용	● 기체·고체·액체에서 나오는 분해가스나 증기의 농도를 낮춰 소화하는 방법

답 ④

★★★ 14 화재발생시 물을 사용하여 소화하면 더 위험해지는 것은?

`12.03.문03`
`06.09.문08`
① 적린 ② 질산암모늄
③ 나트륨 ④ 황린

해설 주수소화(물소화)시 위험한 물질

위험물	발생물질
● 무기과산화물	산소(O_2) 발생
● 금속분 ● 마그네슘 ● 알루미늄 ● 칼륨 ● 나트륨 ● 수소화리튬	수소(H_2) 발생
● 가연성 액체의 유류화재	연소면(화재면) 확대

답 ③

★★ 15 소화약제에 대한 설명 중 옳은 것은?

`17.03.문15`
`16.10.문04`
`14.05.문02`
`13.06.문05`
`11.10.문01`
① 물이 냉각효과가 가장 큰 이유는 비열과 증발잠열이 크기 때문이다.
② 이산화탄소는 순도가 95.0% 이상인 것을 소화약제로 사용해야 한다.
③ 할론 2402는 상온에서 기체로 존재하므로 저장시에는 액화시켜 저장한다.
④ 이산화탄소는 전기적으로 비전도성이며 공기보다 3배 정도 무거운 기체이다.

해설
② 95% 이상 → 99.5% 이상
③ 기체 → 액체
④ 3배 → 1.52배

보기 ① 물이 소화작업에 사용되는 이유
(1) 가격이 싸다.
(2) 쉽게 구할 수 있다.
(3) 열흡수가 매우 크다. (증발잠열)
(4) 사용방법이 비교적 간단하다.
(5) 비열이 크다.

보기 ②④ 이산화탄소의 물성

구 분	물 성
임계압력	72.75atm
임계온도	31℃
3중점	**−56**.3℃(약 −56℃)
승화점(**비**점)	**−78**.5℃
허용농도	0.5%
보기 ② 수분	0.05% 이하(함량 99.5% 이상)
보기 ④ **증**기비중	1.**5**2

기억법 이356, 이비78, 이증15

보기 ③ 상온에서의 상태

기체상태	액체상태
① 할론 **13**01	① 할론 1011
② 할론 **12**11	② 할론 104
③ **탄**산가스(CO_2)	③ 할론 2402

기억법 132탄기

답 ①

★★★ 16

15.05.문06
11.03.문11

다른 곳에서 화원, 전기스파크 등의 착화원을 부여하지 않고 가연성 물질을 공기 또는 산소 중에서 가열함으로써 발화 또는 폭발을 일으키는 최저온도를 나타내는 용어는?

① 인화점　　　② 발열점
③ 연소점　　　④ 발화점

해설 **용어**

용 어	설 명
인화점	① 휘발성 물질에 **불꽃**을 접하여 연소가 가능한 **최저온도** ② 가연물에 **점화원**을 가했을 때 연소가 일어나는 **최저온도**
발화점	① 가연성 물질에 불꽃을 접하지 아니하였을 때 연소가 가능한 **최저온도** ② 다른 곳에서 화원, 전기스파크 등의 착화원을 부여하지 않고 가연성 물질을 공기 또는 산소 중에서 **가열**함으로써 발화 또는 폭발을 일으키는 최저온도
연소점	• 어떤 인화성 액체가 공기 중에서 열을 받아 점화원의 존재하에 **지속**적인 연소를 일으킬 수 있는 온도
자연발열 (자연발화)	• 어떤 물질이 외부로부터 열의 공급을 받지 아니하고 온도가 상승하는 현상

답 ④

★★★ 17

18.03.문08
17.03.문14
16.03.문10
15.05.문20
15.03.문16
13.09.문11
12.09.문04
11.03.문08
08.05.문18

제3종 분말소화약제의 주성분은?

① 요소
② 탄산수소나트륨
③ 제1인산암모늄
④ 탄산수소칼륨

해설 (1) **분말소화약제**

종 별	주성분	약제의 착색	적응 화재	비 고
제**1**종	중탄산나트륨 ($NaHCO_3$)	백색	BC급	**식용유** 및 **지방질유**의 화재에 적합 (**비**누화현상) 기억법 1식분(일식분식), 비1(비일비재)
제2종	중탄산칼륨 ($KHCO_3$)	담자색 (담회색)	—	–

제3종 | 제**1인**산암모늄
($NH_4H_2PO_4$) | 담홍색 | ABC급 | **차고·주차장**에 적합
기억법 3분 차주(삼보컴퓨터 차주),
인3(인삼)

| 제4종 | 중탄산칼륨+
요소
($KHCO_3$+
$(NH_2)_2CO$) | 회(백)색 | BC급 | — |

- 중탄산나트륨=탄산수소나트륨
- 중탄산칼륨=탄산수소칼륨
- 제1인산암모늄=인산암모늄=인산염
- 중탄산칼륨+요소=탄산수소칼륨+요소

(2) **이산화탄소소화약제**

주성분	적응화재
이산화탄소(CO_2)	BC급

답 ③

★ 18

식용유화재시 가연물과 결합하여 비누화반응을 일으키는 소화약제는?

① 물
② Halon 1301
③ 제1종 분말소화약제
④ 이산화탄소소화약제

해설 **문제 17 참조**

③ 제1종 분말소화약제 : 식용유화재

답 ③

★★★ 19

16.05.문01
15.03.문14
13.06.문04

0℃의 얼음 1g이 100℃의 수증기가 되려면 약 몇 cal의 열량이 필요한가? (단, 0℃ 얼음의 융해열은 80cal/g이고, 100℃ 물의 증발잠열은 539cal/g이다.)

① 539　　　② 719
③ 939　　　④ 1119

해설 **물의 잠열**

잠열 및 열량	설 명
80cal/g	융해잠열
539cal/g	기화(증발)잠열
639cal	0℃의 **물** 1g이 100℃의 수증기가 되는 데 필요한 열량
719cal	0℃의 **얼음** 1g이 100℃의 수증기가 되는 데 필요한 열량

답 ②

★ 20

벤젠화재시 이산화탄소소화약제를 사용하여 소화하는 경우 한계산소량은 약 몇 vol%인가?

① 14　　　② 19
③ 24　　　④ 28

해설 CO_2 설계농도는 기본적으로 **34vol%** 이상으로 설계하므로 CO_2의 농도(이론소화농도)

$$CO_2 = \frac{21-O_2}{21} \times 100$$

여기서, CO_2 : CO_2의 이론소화농도[vol%]
O_2 : 한계산소농도[vol%]

$$CO_2 = \frac{21-O_2}{21} \times 100$$

$$34 = \frac{21-O_2}{21} \times 100, \quad \frac{34}{100} = \frac{21-O_2}{21}$$

$$0.34 = \frac{21-O_2}{21}, \quad 0.34 \times 21 = 21 - O_2$$

$$O_2 + (0.34 \times 21) = 21$$

$$O_2 = 21 - (0.34 \times 21) ≒ 14 \text{vol}\%$$

🌱 **용어**

vol%
어떤 공간에 차지하는 부피를 백분율로 나타낸 것

답 ①

 제2과목 소방유체역학 ∷∷

⭐ **21** 압력은 0.1MPa이고 비체적은 0.8m³/kg인 기체
11.06.문23 를 다음과 같은 폴리트로픽 과정을 거쳐 압력을 0.2MPa로 압축하였을 때의 비체적은 약 몇 m³/kg인가? (단, 이 기체의 n은 1.4이다.)

$$Pv^n = \text{constant}(P\text{는 압력}, v\text{는 비체적})$$

① 0.42   ② 0.49
③ 0.84   ④ 0.98

해설 (1) **기호**

- P_1 : 0.1MPa
- v_1 : 0.8m³/kg
- P_2 : 0.2MPa
- v_2 : ?
- n : 1.4

(2) **폴리트로픽 과정**

$$Pv^n = \text{constant}(일정)$$

여기서, P : 압력[kJ/m³] 또는 [kPa]
v : 비체적[m³/kg]
n : 폴리트로픽지수

$Pv^n = $ 일정

$$v^n = \frac{1}{P} \propto \frac{1}{P}$$

$$v_1{}^n : \frac{1}{P_1} = v_2{}^n : \frac{1}{P_2}$$

$$0.8^{1.4} : \frac{1}{0.1} = v_2{}^{1.4} : \frac{1}{0.2}$$

$$\frac{v_2{}^{1.4}}{0.1} = \frac{0.8^{1.4}}{0.2}$$

$$v_2{}^{1.4} = \frac{0.8^{1.4}}{0.2} \times 0.1$$

$$v_2{}^{1.4 \times \frac{1}{1.4}} = \left(\frac{0.8^{1.4}}{0.2} \times 0.1\right)^{\frac{1}{1.4}}$$

$$v_2 = \left(\frac{0.8^{1.4}}{0.2} \times 0.1\right)^{\frac{1}{1.4}} ≒ 0.49\text{m}^3/\text{kg}$$

답 ②

⭐⭐⭐ **22** 작동원리와 구조를 기준으로 펌프를 분류할 때
15.03.문30 터보형 중에서 원심식 펌프에 속하는 것은?
02.09.문35
01.06.문25 ① 기어펌프   ② 벌류트펌프
③ 피스톤펌프   ④ 플런저펌프

해설
① 회전펌프
③ 왕복펌프
④ 왕복펌프

펌프의 종류

원심펌프 (원심식 펌프)	왕복펌프 (왕복도식 펌프)	회전펌프 (회전식 펌프)

① 볼류트펌프
  (벌류트펌프)
② 터빈펌프
	① **피**스톤펌프
	② **플**런저펌프
	③ **워**싱톤펌프
	④ **다**이어프램펌프
		① 기어펌프
		  (치차펌프)
		② 베인펌프
		③ 나사펌프

🧠 **기억법** 왕피플워다

답 ②

⭐⭐ **23** 평면벽을 통해 전도되는 열전달량에 대한 설명
16.05.문35 으로 옳은 것은?
12.05.문28
① 면적과 온도차에 비례한다.
② 면적과 온도차에 반비례한다.
③ 면적에 비례하며 온도차에 반비례한다.
④ 면적에 반비례하며 온도차에 비례한다.

해설
① 분자에 있으면 **비례**, 분모에 있으면 **반비례**

전도

$$\mathring{q} = \frac{kA(T_2 - T_1)}{l}$$
→ 비례
→ 반비례

여기서, $\mathring{q}$: 열전달량[W]
k : 열전도율[W/m·K]
A : 면적[m²]
$T_2 - T_1$: 온도차[℃] 또는 [K]
l : 벽체두께[m]

- 열전달량=열전달률=열유동률=열흐름률

답 ①

24

14.03.문25

그림과 같이 거리 b만큼 떨어진 평행평판 사이에 점성계수 μ인 유체가 채워져 있다. 위 판이 동쪽으로, 아래판은 북쪽으로 일정한 속도 V로 움직일 때, 위판이 받는 전단응력은? (단, 평판 내 유체의 속도분포는 선형적이다.)

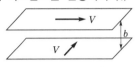

① $\mu \dfrac{V}{\sqrt{2}\,b}$ ② $\mu \dfrac{V}{b}$

③ $\mu \dfrac{\sqrt{2}\,V}{b}$ ④ $\mu \dfrac{2V}{b}$

해설 (1) 기호

- dy : b
- τ : ?

(2) 속도(du)

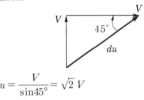

$$du = \frac{V}{\sin 45°} = \sqrt{2}\,V$$

(3) 전단응력

층 류	난 류
$\tau = \dfrac{P_A - P_B}{l} \cdot \dfrac{r}{2}$	$\tau = \mu \dfrac{du}{dy}$
여기서, τ : 전단응력[N/m²] $P_A - P_B$: 압력강하 [N/m²] l : 관의 길이[m] r : 반경[m]	여기서, τ : 전단응력[N/m²] 또는 [Pa] μ : 점성계수 [N·s/m²] 또는 [kg/m·s] $\dfrac{du}{dy}$: 속도구배 (속도변화율)$\left(\dfrac{1}{s}\right)$ du : 속도[m/s] dy : 높이[m]

전단응력 $\tau = \mu \dfrac{du}{dy} = \mu \dfrac{\sqrt{2}\,V}{b}$

답 ③

25

15.03.문28
03.03.문29
01.09.문23

어떤 기술자가 펌프에서 일어나는 수격현상을 방지하기 위한 방안으로 다음과 같은 방법을 제시하였는데 이 중 옳은 방지법을 모두 고른 것은?

ㄱ 공기실을 설치한다.
ㄴ 플라이휠을 설치한다.
ㄷ 역류가 많이 일어나는 밸브를 사용한다.

① ㄱ, ㄴ ② ㄱ, ㄷ
③ ㄴ, ㄷ ④ ㄱ, ㄴ, ㄷ

해설 **수격작용**의 **방지대책**

(1) 관로의 **관경**을 크게 한다.
(2) 관로 내의 유속을 낮게 한다. (관로에서 일부 고압수를 방출한다.)
(3) **조압수조**(surge tank)를 설치하여 적정압력을 유지한다.
(4) **플라이휠**(fly wheel)을 설치한다.
(5) 펌프 송출구 가까이에 밸브를 설치한다.
(6) 펌프 송출구에 **수격**을 **방지**하는 **체크밸브**를 달아 역류를 막는다.
(7) **공기실**(**에**어챔버, air chamber)을 설치한다.
(8) 밸브를 서서히 조작한다.
(9) 회전체의 **관성 모멘트**를 **크게** 한다.

- 조압수조＝써지탱크(서지탱크)

기억법 **수방관플에**

용어

수격작용(수격현상)
배관 내를 흐르는 유체의 유속을 급격하게 변화시키므로 압력이 상승 또는 하강하여 관로의 벽면을 치는 현상

답 ①

26

16.05.문21
11.03.문28
05.03.문37
03.08.문23

다음 용어의 정의들 중 잘못된 것은?

① 뉴턴의 점성법칙을 만족하는 유체를 뉴턴의 유체라고 한다.
② 시간에 따라 유동형태가 변화하지 않는 유체를 비정상유체라고 한다.
③ 큰 압력변화에 대하여 체적변화가 없는 유체를 비압축성 유체라고 한다.
④ 입자의 상대운동에 저해하려는 성질을 점성이라고 하고 이러한 성질을 가진 유체를 점성유체라고 한다.

해설 유체의 종류

용 어	설 명
뉴턴의 유체	뉴턴의 **점성법칙**을 만족하는 유체
비정상유체	시간에 따라 유동형태가 **변하는** 유체
정상유체	시간에 따라 유동형태가 **변하지 않는** 유체
압축성 유체	**기체**와 같이 체적이 변화하는 유체
비압축성 유체	① **액체**와 같이 체적이 변하지 않는 유체 ② 큰 압력변화에 대하여 **체적변화**가 **없는** 유체
실제유체	점성이 있으며, **압축성**인 유체
이상유체	점성이 없으며, **비압축성**인 유체
점성유체	① 유동시 마찰저항이 **유발**되는 유체 ② 입자의 상대운동에 저해하려는 성질을 **점성**이라고 하고 이러한 성질을 가진 **유체**
비점성유체	유동시 **마찰저항**이 **유발되지 않는** 유체

기억법 이비

답 ②

⭐
27 그림과 같이 입구와 출구가 β의 각을 이루고 있
12.03.문39 는 고정된 판에 질량유량 $\dot{m}$의 분류가 V의 속
도로 충돌하고 있다. 분류에 의해 판이 받는 힘
의 크기는?

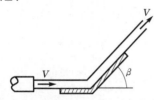

① $\dot{m}V(1-\sin\beta)$

② $\dot{m}V(1-\cos\beta)$

③ $\dot{m}V\sqrt{2(1-\sin\beta)}$

④ $\dot{m}V\sqrt{2(1-\cos\beta)}$

해설 (1) **기호**

- $\dot{m}$: 질량유량[kg/s]
- V : 속도[m/s]
- β : 입구와 출구의 각
- F : ?

(2) **합력**

$$F=\sqrt{F_H{}^2+F_V{}^2}$$

여기서, F : 합력[kN]
$\quad\quad F_H$: 수평분력[kN]
$\quad\quad F_V$: 수직분력[kN]

$F_H=\dot{m}V(1-\cos\beta)$

$F_V=\dot{m}V\cdot\sin\beta$

합력 F는

$$\begin{aligned}F&=\sqrt{F_H{}^2+F_V{}^2}\\&=\sqrt{[\dot{m}V(1-\cos\beta)]^2+(\dot{m}V\cdot\sin\beta)^2}\\&=\sqrt{(\dot{m}V)^2(1-\cos\beta)^2+(\dot{m}V)^2\cdot\sin\beta^2}\\&=\sqrt{(\dot{m}V)^2[(1-\cos\beta)^2+\sin\beta^2]}\\&=\dot{m}V\sqrt{(1-\cos\beta)^2+\sin\beta^2}\\&=\dot{m}V\sqrt{(1-\cos\beta)(1-\cos\beta)+\sin\beta^2}\\&=\dot{m}V\sqrt{1-\cos\beta-\cos\beta+\cos\beta^2+\sin\beta^2}\\&=\dot{m}V\sqrt{1-2\cos\beta+\cos\beta^2+\sin\beta^2}\end{aligned}$$

$\cos\beta^2+\sin\beta^2=1$이므로

$$\begin{aligned}&=\dot{m}V\sqrt{1-2\cos\beta+1}\\&=\dot{m}V\sqrt{2-2\cos\beta}\\&=\dot{m}V\sqrt{2(1-\cos\beta)}\end{aligned}$$

답 ④

⭐⭐⭐
28 비중량이 9806N/m³인 유체를 전양정 95m에
17.09.문24 70m³/min의 유량으로 송수하려고 한다. 이때
17.05.문36 소요되는 펌프의 수동력은 약 몇 kW인가?
11.06.문25
03.05.문80
① 1054　　　　② 1063

③ 1071　　　　④ 1087

해설 (1) **기호**

- γ : 9806N/m³
- H : 95m
- Q : 70m³/min=70m³/60s(1min=60s)
- P : ?

(2) **수동력**

$$P=\frac{\gamma QH}{1000}$$

여기서, P : 수동력[kW]
$\quad\quad \gamma$: 비중량(물의 비중량 9800N/m³)
$\quad\quad Q$: 유량[m³/s]
$\quad\quad H$: 전양정[m]

수동력 P는

$$\begin{aligned}P&=\frac{\gamma QH}{1000}\\&=\frac{9806N/m^3\times70m^3/60s\times95m}{1000}\\&≒1087kW\end{aligned}$$

🔥 중요

펌프의 동력
(1) **전동력** : 일반적인 전동기의 동력(용량)을 말한다.

$$P=\frac{0.163\,QH}{\eta}K$$

여기서, P : 전동력[kW]
$\quad\quad Q$: 유량[m³/min]
$\quad\quad H$: 전양정[m]
$\quad\quad K$: 전달계수
$\quad\quad \eta$: 효율

(2) **축동력** : 전달계수(K)를 고려하지 않은 동력이다.

$$P=\frac{0.163\,QH}{\eta}$$

여기서, P : 축동력[kW]
$\quad\quad Q$: 유량[m³/min]
$\quad\quad H$: 전양정[m]
$\quad\quad \eta$: 효율

(3) **수동력** : 전달계수(K)와 효율(η)을 고려하지 않은 동력이다.

$$P=0.163\,QH$$

여기서, P : 수동력[kW]
$\quad\quad Q$: 유량[m³/min]
$\quad\quad H$: 전양정[m]

답 ④

29

[13.03.문34]

배관에서 소화약제 압송시 발생하는 손실은 주손실과 부차적 손실로 구분할 수 있다. 다음 중 부차적 손실을 야기하는 요소는?

① 마찰계수
② 상대조도
③ 배관의 길이
④ 배관의 급격한 확대

해설 배관의 **마찰손실**

주손실	부차적 손실
관로에 의한 마찰손실	① 관의 급격한 **확**대 손실 ② 관의 급격한 **축소** 손실 ③ 관부속품에 의한 손실

중요

부차적 손실계수의 기준속도

급격확대관	급격**축**소관
상류속도	**하**류속도

기억법 축하

답 ④

30

[14.03.문32]
[01.03.문36]

액면으로부터 40m인 지점의 계기압력이 515.8kPa일 때 이 액체의 비중량은 몇 kN/m³인가?

① 11.8
② 12.9
③ 14.2
④ 16.4

해설 (1) 기호

- H : 40m
- P : 515.8kPa=515.8kN/m² (1kPa=1kN/m²)
- γ : ?

(2) 수두

$$H = \frac{P}{\gamma}$$

여기서, H : 수두[m]
P : 압력[kPa] 또는 [kN/m²]
γ : 비중량(물의 비중량 9800N/m³)

비중량 γ은

$$\gamma = \frac{P}{H} = \frac{515.8\text{kN/m}^2}{40\text{m}} ≒ 12.9\text{kN/m}^3$$

답 ②

31

[13.06.문33]
[11.06.문39]

물이 흐르고 있는 관내에 피토정압관을 넣어 정체압 P_s와 정압 P_o을 측정하였더니, 수은이 들어있는 피토정압관에 연결한 U자관에서 75mm의 액면차가 생겼다. 피토정압관 위치에서의 유속은 몇 m/s인가? (단, 수은의 비중은 13.6이다.)

① 4.3
② 4.45
③ 4.6
④ 4.75

해설 (1) 기호

- R : 75mm=0.075m(1000mm=1m)
- s_0 : 13.6
- V : ?

(2) 피토-정압관의 유속

$$V = C\sqrt{2gR\left(\frac{s_0}{s} - 1\right)}$$

여기서, V : 유속[m/s]
C : 속도계수
g : 중력가속도(9.8m/s²)
R : 액면차[m]
s_0 : 수은의 비중(13.6)
s : 물의 비중(1)

유속 V는

$$V = C\sqrt{2gR\left(\frac{s_0}{s} - 1\right)}$$

$$= \sqrt{2\times9.8\text{m/s}^2 \times 0.075\text{m} \times \left(\frac{13.6}{1} - 1\right)}$$

$$≒ 4.3\text{m/s}$$

- C : 주어지지 않았으므로 무시

답 ①

32

[18.09.문36]
[16.03.문27]
[02.03.문28]

기체가 0.3MPa의 일정한 압력하에 8m³에서 4m³까지 마찰없이 압축되면서 동시에 500kJ의 열을 외부에 방출하였다면, 내부에너지[kJ]의 변화는 어떻게 되는가?

① 700kJ 증가하였다.
② 1700kJ 증가하였다.
③ 1200kJ 증가하였다.
④ 1500kJ 증가하였다.

해설 (1) 기호

- P : 0.3MPa=0.3×10³kPa(1MPa=1×10³kPa)
- V_2 : 8m³
- V_1 : 4m³
- Q : 500kJ
- $u_2 - u_1$: ?

(2) 일

$$_1W_2 = P(V_2 - V_1)$$

여기서, $_1W_2$: 상태가 1에서 2까지 변화할 때의 일[kJ]
P : 압력[kPa] 또는 [kN/m²]
$V_2 - V_1$: 체적변화[m³]

상태가 1에서 2까지 변화할 때의 일 $_1W_2$는

$$_1W_2 = P(V_2 - V_1)$$

$$= 0.3\times10^3\text{kPa} \times (8-4)\text{m}^3$$

$$= 1200\text{kPa} \cdot \text{m}^3$$

$$= 1200\text{kJ}$$

• $\boxed{1\text{kPa}=1\text{kN/m}^2}$ 이므로

$1200\text{kPa}\cdot\text{m}^3=1200\text{kN/m}^2/\text{m}^3$
$\qquad\qquad\qquad =1200\text{kN}\cdot\text{m}=1200\text{kJ}$

(3) 열

$$Q=(u_2-u_1)+W$$

여기서, Q : 열[kJ]
$\quad u_2-u_1$: 내부에너지 변화[kJ]
$\quad W$: 일[kJ]
내부에너지 변화 u_2-u_1은
$u_2-u_1=Q-W$
$\qquad\quad =(500-1200)\text{kJ}=-700\text{kJ}$

• '−'는 증가의 의미

답 ①

33

⭐⭐
15.03.문35
04.09.문34

비중이 1.03인 바닷물에 전체 부피의 90%가 잠겨 있는 빙산이 있다. 이 빙산의 비중은 얼마인가?

① 0.856
② 0.956
③ 0.927
④ 0.882

해설 (1) 기호

• s : 1.03
• V : 90%=0.9
• s_s : ?

(2) 잠겨 있는 체적(부피) 비율

$$V=\frac{s_s}{s}$$

여기서, V : 잠겨 있는 체적(부피) 비율
$\quad s_s$: 어떤 물질의 비중(빙산의 비중)
$\quad s$: 표준물질의 비중(바닷물의 비중)

빙산의 비중 s_s 는
$s_s=s\cdot V$
$\quad =1.03\times0.9$
$\quad \fallingdotseq 0.927$

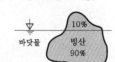

답 ③

34

⭐⭐⭐
17.09.문40
17.05.문35
14.05.문40
14.03.문30
11.03.문33

지름 1m인 곧은 수평원관에서 층류로 흐를 수 있는 유체의 최대평균속도는 몇 m/s인가? (단, 임계 레이놀즈(Reynolds)수는 2000이고, 유체의 동점성계수는 $4\times10^{-4}\text{m}^2$/s이다.)

① 0.4
② 0.8
③ 40
④ 80

해설 (1) 기호

• D : 1m
• $V_{\max}$: ?
• Re : 2000
• ν : $4\times10^{-4}\text{m}^2$/s

(2) 레이놀즈수

$$Re=\frac{DV\rho}{\mu}=\frac{DV}{\nu}$$

여기서, Re : 레이놀즈수
$\quad D$: 내경[m]
$\quad V$: 유속[m/s]
$\quad \rho$: 밀도[kg/m³]
$\quad \mu$: 점성계수[kg/m・s]
$\quad \nu$: 동점성계수$\left(\dfrac{\mu}{\rho}\right)$[m²/s]

$Re=\dfrac{DV}{\nu}$ 에서 V는

$V=\dfrac{Re\nu}{D}=\dfrac{2000\times(4\times10^{-4})\text{m}^2/\text{s}}{1\text{m}}=0.8\text{m/s}$

답 ②

35

⭐⭐⭐
16.03.문37
10.05.문33
06.09.문30

안지름 65mm의 관내를 유량 0.24m³/min로 물이 흘러간다면 평균유속은 약 몇 m/s인가?

① 1.2
② 2.4
③ 3.6
④ 4.8

해설 (1) 기호

• D : 65mm=0.065m(1000mm=1m)
• Q : 0.24m³/min
• V : ?

(2) 유량

$$Q=AV=\left(\frac{\pi D^2}{4}\right)V$$

여기서, Q : 유량[m³/s]
$\quad A$: 단면적[m²]
$\quad V$: 유속[m/s]
$\quad D$: (안)지름[m]

유속 V는
$V=\dfrac{Q}{A}=\dfrac{Q}{\dfrac{\pi}{4}D^2}$

$\quad =\dfrac{0.24\text{m}^3/\text{min}}{\dfrac{\pi\times(0.065\text{m})^2}{4}}=\dfrac{0.24\text{m}^3/60\text{s}}{\dfrac{\pi\times(0.065\text{m})^2}{4}}$

$\quad \fallingdotseq 1.2\text{m/s}$

• 1min=60s이므로 0.24m³/min=0.24m³/60s

답 ①

36

[18.04.문21]

원통형 탱크(지름 3m)에 물이 3m 깊이로 채워져 있다. 물의 비중을 1이라 할 때, 물에 의해 탱크 밑면에 받는 힘은 약 몇 kN인가?

① 62.9
② 102
③ 165
④ 208

해설 (1) 기호

- D : 3m
- h : 3m
- s : 1
- F : ?

(2) 비중

$$s = \frac{\gamma}{\gamma_w}$$

여기서, s : 비중
γ : 어떤 물질의 비중량[N/m³]
γ_w : 물의 비중량(9800N/m³)
어떤 물질의 비중량 γ는
$\gamma = s \times \gamma_w = 1 \times 9800\text{N/m}^3 = 9800\text{N/m}^3$

(3) 탱크 밑면에 작용하는 힘

$$F = \gamma y \sin\theta A = \gamma h A$$

여기서, F : 탱크 밑면에 작용하는 힘[N]
γ : 비중량(물의 비중량 9800N/m³)
y : 표면에서 탱크 중심까지의 경사거리[m]
h : 표면에서 탱크 중심까지의 수직거리[m]
A : 단면적[m²]
θ : 경사각도[°]
탱크 밑면에 작용하는 힘 F는

$F = \gamma h A = \gamma h \dfrac{\pi D^2}{4}$

$\quad = 9800\text{N/m}^3 \times 3\text{m} \times \dfrac{\pi \times (3\text{m})^2}{4}$

$\quad = 208000\text{N} = 208\text{kN}$

- A : 원통형 탱크이므로 $A = \dfrac{\pi D^2}{4}$

여기서, A : 단면적[m²]
D : 지름[m]

답 ④

37

16.10.문24
12.03.문26
10.09.문28

압력 1.5MPa, 온도 300℃인 과열증기를 질량유량 18000kg/h가 되도록 총길이 20m인 관로에 유속 30m/s로 유동시킬 때 압력강하는 약 몇 Pa인가? (단, 압력 1.5MPa, 온도 300℃인 과열

증기의 비체적은 0.1697m³/kg이고, 관마찰계수는 0.02이다.)

① 5459
② 5588
③ 5696
④ 5723

해설 (1) 기호

- P : 1.5MPa=1.5×10^6Pa(M : 10^6)
- T : (273+300℃)[K]
- $\overline{m}$: 18000kg/h=18000kg/3600s(1h=3600s)
- L : 20m
- V : 30m/s
- ΔP : ?
- V_s : 0.1697m³/kg
- f : 0.02

(2) 비체적

$$V_s = \frac{1}{\rho}$$

여기서, V_s : 비체적[m³/kg]
ρ : 밀도[kg/m³]
밀도 ρ는
$\rho = \dfrac{1}{V_s} = \dfrac{1}{0.1697\text{m}^3/\text{kg}}$
$\quad = 5.893\text{kg/m}^3(5.893\text{N} \cdot \text{s}^2/\text{m}^4)$

(3) 질량유량(mass flowrate)

$$\overline{m} = A V \rho = \left(\frac{\pi D^2}{4}\right) V \rho$$

여기서, $\overline{m}$: 질량유량[kg/s]
A : 단면적[m²]
V : 유속[m/s]
ρ : 밀도[kg/m³]
D : 직경[m]

$\overline{m} = \left(\dfrac{\pi D^2}{4}\right) V \rho$

$\dfrac{4\overline{m}}{\pi V \rho} = D^2$

$D^2 = \dfrac{4\overline{m}}{\pi V \rho}$

$\sqrt{D^2} = \sqrt{\dfrac{4\overline{m}}{\pi V \rho}}$

$D = \sqrt{\dfrac{4\overline{m}}{\pi V \rho}} = \sqrt{\dfrac{4 \times 18000\text{kg}/3600\text{s}}{\pi \times 30\text{m/s} \times 5.893\text{kg/m}^3}}$
$\quad = 0.1898\text{m}$

(4) 비중량

$$\gamma = \rho g$$

여기서, γ : 비중량[N/m³]
ρ : 밀도[kg/m³] 또는 [N·s²/m⁴]
g : 중력가속도(9.8m/s²)

(5) 달시-웨버의 식(Darcy-Weisbach formula) : 층류

$$H = \frac{\Delta P}{\gamma} = \frac{f l V^2}{2gD}$$

여기서, H : 마찰손실[m]

$\quad \Delta P$: 압력차(압력강하)[kPa 또는 kN/m²]

$\quad \gamma$: 비중량(물의 비중량 9800N/m³)

$\quad f$: 관마찰계수

$\quad l$: 길이[m]

$\quad V$: 유속[m/s]

$\quad g$: 중력가속도(9.8m/s²)

$\quad D$: 내경[m]

압력강하 ΔP는

$$\Delta P = \frac{\gamma f L V^2}{2gD} = \frac{(\rho g)f L V^2}{2gD}$$

$$= \frac{\rho f L V^2}{2D} = \frac{fLV^2}{2V_s D}\left(\because \rho = \frac{1}{V_s}\right)$$

$$= \frac{0.02 \times 20\text{m} \times (30\text{m/s})^2}{2 \times 0.1697\text{m}^3/\text{kg} \times 0.1898\text{m}}$$

$$= \frac{0.02 \times 20\text{m} \times (30\text{m/s})^2}{2 \times 0.1697\text{m}^4/\text{N} \cdot \text{s}^2 \times 0.1898\text{m}}$$

$$\approx 5588\text{N/m}^2 = 5588\text{Pa}$$

- 1kg/m³=1N · s²/m⁴이므로 0.1697m³/kg=0.1697m⁴/N · s²

답 ②

★38

17.05.문29
16.10.문27
16.03.문21
13.06.문34
02.05.문36

관 출구 단면적이 입구 단면적의 $\frac{1}{2}$ 이고, 마찰손실을 무시하였을 때, 압력계 P의 계기압력은 얼마인가? (단, 유속 V=5m/s, 입구 단면적 A=0.01m², 대기압=101.3kPa, 밀도=1000kg/m³이다.)

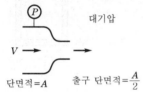

① 375Pa
② 12.5kPa
③ 37.5kPa
④ 138.8kPa

해설

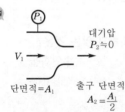

(1) 기호

- $A_2 : \frac{1}{2}A_1$
- V_1 : 5m/s
- A_1 : 0.01m²

(2) 유량(flowrate)=체적유량

$$Q = A_1 V_1 = A_2 V_2$$

여기서, Q : 유량[m³/s]

$\quad A_1, A_2$: 단면적[m²]

$\quad V_1, V_2$: 유속[m/s]

유속 $V_2 = \dfrac{A_1}{A_2}V_1$

$$= \frac{A_1}{\frac{1}{2}A_1}V_1 = 2V_1 = 2 \times 5\text{m/s} = 10\text{m/s}$$

(3) 베르누이 방정식

$$\frac{V_1^2}{2g} + \frac{P_1}{\gamma} + Z_1 = \frac{V_2^2}{2g} + \frac{P_2}{\gamma} + Z_2$$

여기서, V_1, V_2 : 유속[m/s]

$\quad P_1, P_2$: 압력[kPa] 또는 [kN/m²]

$\quad Z_1, Z_2$: 높이[m]

$\quad g$: 중력가속도(9.8m/s²)

$\quad \gamma$: 비중량(물의 비중량 9.8kN/m³)

$\quad \Delta H$: 손실수두[m]

$$\frac{V_1^2}{2g} + \frac{P_1}{\gamma} + \cancel{Z_1} = \frac{V_2^2}{2g} + \frac{P_2}{\gamma} + \cancel{Z_2}$$

- 그림에서 높이차는 $Z_1 = Z_2$이므로 Z_1, Z_2 삭제
- $P_2 \approx 0$(그림에서 대기압 상태이므로 계기압은 거의 0이다.)

$$\frac{V_1^2}{2g} + \frac{P_1}{\gamma} = \frac{V_2^2}{2g}$$

$$\frac{P_1}{\gamma} = \frac{V_2^2}{2g} - \frac{V_1^2}{2g} = \frac{V_2^2 - V_1^2}{2g}$$

$$P_1 = \gamma \frac{V_2^2 - V_1^2}{2g}$$

$$= 9.8\text{kN/m}^3 \times \frac{(10\text{m/s})^2 - (5\text{m/s})^2}{2 \times 9.8\text{m/s}^2}$$

$$= 37.5\text{kN/m}^2$$

$$= 37.5\text{kPa}$$

- 37.5kN/m²=37.5kPa(1kN/m²=1kPa)

답 ③

39

12.05.문37

진공 밀폐된 20m³의 방호구역에 이산화탄소약제를 방사하여 30℃, 101kPa 상태가 되었다. 이때 방사된 이산화탄소량은 약 몇 kg인가? (단, 일반기체상수는 8.314kJ/(kmol · K)이다.)

① 33.6
② 35.3
③ 37.1
④ 39.2

해설 (1) 기호

- V : 20m³
- T : (273+t)=(273+30℃)[K]
- P : 101kPa=101kN/m²(1kPa=1kN/m²)
- m : ?
- R : 8.314kJ/kmol · K=8.314kN · m/(kmol · K)
  (1kJ=1kN · m)

(2) 분자량(M)

원 소	원자량
H	1
C	12
N	14
O	16

이산화탄소(CO_2)의 분자량 $= 12 + 16 \times 2 = 44kg/kmol$

(3) 이상기체 상태 방정식

$$PV = \frac{m}{M}RT$$

여기서, P : 압력[kN/m²] 또는 [kPa]
  V : 부피(체적)[m³]
  m : 질량[kg]
  M : 분자량[kg/kmol]
  R : 기체상수(8.314kJ/(kmol · K))
  T : 절대온도(273+℃)[K]

질량 m은

$$m = \frac{PVM}{RT}$$

$$= \frac{101kN/m^2 \times 20m^3 \times 44kg/kmol}{8.314kN \cdot m/(kmol \cdot K) \times (273+30)K}$$

$$\fallingdotseq 35.3kg$$

답 ②

★★ 40 다음 그림에서 A점의 계기압력은 약 몇 kPa 인가?

15.09.문22
13.09.문32

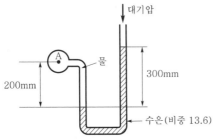

① 0.38
② 38
③ 0.42
④ 42

해설 **시차액주계**

$$P_A + \gamma_1 h_1 - \gamma_2 h_2 = 0$$

(1) 기호

• h_1 : 200mm=0.2m(1000mm=1m)
• h_2 : 300mm=0.3m(1000mm=1m)
• s : 13.6
• P_A : ?

(2) 비중

$$s = \frac{\gamma}{\gamma_w}$$

여기서, s : 비중
  γ : 어떤 물질의 비중량[N/m³]
  γ_w : 물의 비중량(9800N/m³)

수은의 비중량 γ는

$\gamma = s \cdot \gamma_w$
  $= 13.6 \times 9800N/m^3$
  $= 133280N/m^3$
  $= 133.28kN/m^3$

(3) 시차액주계

$$P_A + \gamma_1 h_1 - \gamma_2 h_2 = 0$$

여기서, P_A : 계기압력[kPa] 또는 [kN/m²]
  γ_1, γ_2 : 비중량(물의 비중량 9800N/m³)
  h_1, h_2 : 높이[m]

계기압력 P_A는

$P_A = -\gamma_1 h_1 + \gamma_2 h_2$
  $= -9.8kN/m^3 \times 0.2m + 133.28kN/m^3 \times 0.3m$
  $\fallingdotseq 38kN/m^2$
  $= 38kPa$

• 1kN/m²=1kPa이므로 38kN/m²=38kPa

 중요

시차액주계의 압력계산방법
점 A를 기준으로 내려가면 더하고, 올라가면 빼면 된다.

내려가므로:$+ \gamma_1 h_1$
올라가므로:$- \gamma_2 h_2$
수은(비중 13.6)

답 ②

제 3 과목 소방관계법규 ○○○

★★★ 41 제4류 위험물에 속하지 않는 것은?

12.09.문07
10.03.문52

① 아염소산염류
② 특수인화물
③ 알코올류
④ 동식물유류

해설 ① 아염소산염류 : 제1류 위험물

위험물령 [별표 1]
위험물

유 별	성 질	품 명
제1류	**산**화성 **고**체	• 아염소산염류 보기 ① • 염소산염류 • 과염소산염류 • 질산염류(질산칼륨) • 무기과산화물 **기억법** 1산고(일산GO)

제2류	가연성 고체	● **황화**인 ● **적**린 ● **황** ● **마**그네슘 ● 금속분 [기억법] 2황화적황마
제3류	자연발화성 물질 및 금수성 물질	● **황**린 ● **칼**륨 ● **나**트륨 ● **트**리에틸**알**루미늄 ● 금속의 수소화물 [기억법] 황칼나트알
제4류	인화성 액체	● 특수인화물 [보기 ②] ● 석유류(벤젠)(제1석유류 : 톨루엔) [보기 ③] ● 알코올류 [보기 ③] ● 동식물유류 [보기 ④]
제5류	자기반응성 물질	● 유기과산화물 ● 나이트로화합물 ● 나이트로소화합물 ● 아조화합물 ● 질산에스터류(셀룰로이드)
제6류	산화성 액체	● 과염소산 ● 과산화수소 ● 질산

답 ①

 ★★★
42 제조 또는 가공 공정에서 방염처리를 하는 방염대상물품으로 틀린 것은? (단, 합판 · 목재류의 경우에는 설치현장에서 방염처리를 한 것을 포함한다.)

17.03.문59
15.03.문51
13.06.문44

① 카펫
② 창문에 설치하는 커튼류
③ 두께가 2mm 미만인 종이벽지
④ 전시용 합판 또는 섬유판

해설

③ 두께가 2mm 미만인 종이벽지 → 두께가 2mm 미만인 종이벽지 제외

소방시설법 시행령 31조
방염대상물품

제조 또는 가공 공정에서 방염처리를 한 물품	건축물 내부의 **천장**이나 벽에 부착하거나 설치하는 것
① 창문에 설치하는 **커튼류** (블라인드 포함) [보기 ②] ② 카펫 [보기 ①] ③ 벽지류(두께 2mm 미만인 종이벽지 제외) [보기 ③] ④ 전시용 **합판 · 목재** 또는 섬유판 [보기 ④] ⑤ 무대용 **합판 · 목재** 또는 섬유판 ⑥ 암막 · **무대막**(영화상영관 · 가상체험 체육시설업의 스크린 포함) ⑦ 섬유류 또는 합성수지류 등을 원료로 하여 제작된 소파 · 의 자(단란주점영업, 유흥주점 영업 및 노래연습장업의 영업 장에 설치하는 것만 해당)	① 종이류(두께 **2mm 이상**), **합성수지류** 또는 **섬유류** 를 주원료로 한 물품 ② **합판**이나 **목재** ③ 공간을 구획하기 위하여 설치하는 **간이칸막이** ④ **흡음재**(흡음용 커튼 포함) 또는 **방음재**(방음용 커 튼 포함) ※ **가구류**(옷장, 찬장, 식탁, 식탁용 의자, 사무용 책상, 사무용 의자, 계산대)와 너 비 **10cm 이하**인 **반 자돌림대**, 내부 마감 재료 제외

답 ③

★★★
43 소방시설 중 경보설비에 속하지 않는 것은?

17.05.문60
14.05.문56
13.09.문43
13.09.문57

① 통합감시시설
② 자동화재탐지설비
③ 자동화재속보설비
④ 무선통신보조설비

해설

④ 무선통신보조설비 : 소화활동설비

소방시설법 시행령 [별표 1]
경보설비
(1) 비상경보설비 ─┬─ 비상벨설비
　　　　　　　　└─ 자동식 사이렌설비
(2) 단독경보형 감지기
(3) 비상방송설비
(4) 누전경보기
(5) 자동화재탐지설비 및 시각경보기
(6) 자동화재속보설비
(7) 가스누설경보기
(8) 통합감시시설
(9) 화재알림설비

※ **경보설비** : 화재발생 사실을 통보하는 기계 · 기구
또는 설비

🔋 중요

소방시설법 시행령 [별표 1]
소화활동설비
(1) **연결송수관**설비
(2) **연결살수**설비
(3) **연소방지**설비
(4) **무선통신보조**설비
(5) **제연**설비
(6) **비상콘센트**설비

[기억법] 3연무제비콘

🦌 용어

소화활동설비
화재를 진압하거나 인명구조활동을 위하여 사용하는 설비

답 ④

★★
44 소방시설 설치 및 관리에 관한 법령상 방염성능 기준으로 틀린 것은?

05.09.문45

① 버너의 불꽃을 제거한 때부터 불꽃을 올리며 연소하는 상태가 그칠 때까지 시간은 20초 이내
② 버너의 불꽃을 제거한 때부터 불꽃을 올리지 않고 연소하는 상태가 그칠 때까지 시간은 30초 이내
③ 탄화한 면적은 50cm^2 이내, 탄화한 길이는 20cm 이내
④ 불꽃에 의하여 완전히 녹을 때까지 불꽃의 접촉횟수는 2회 이상

④ 2회 이상 → 3회 이상

소방시설법 시행령 31조
방염성능기준
(1) 잔염시간 : **20초** 이내
(2) 잔진시간 : **30초** 이내
(3) 탄화길이 : **20cm** 이내
(4) 탄화면적 : **50cm²** 이내
(5) 불꽃 접촉횟수 : **3회** 이상
(6) 최대연기밀도 : **400** 이하

 용어

잔염시간	잔진시간(잔신시간)
버너의 불꽃을 제거한 때부터 불꽃을 올리며 연소하는 상태가 그칠 때까지의 시간	버너의 불꽃을 제거한 때부터 불꽃을 올리지 않고 연소하는 상태가 그칠 때까지의 시간

답 ④

45 소방시설 설치 및 관리에 관한 법률상 지방소방기술심의위원회의 심의사항은?

① 화재안전기준에 관한 사항
② 소방시설의 성능위주설계에 관한 사항
③ 소방시설에 하자가 있는지의 판단에 관한 사항
④ 소방시설의 설계 및 공사감리의 방법에 관한 사항

③ 지방소방기술심의위원회의 심의사항

소방시설법 18조
소방기술심의위원회의 심의사항

중앙소방기술심의위원회	지방소방기술심의위원회
① 화재안전기준에 관한 사항 ② 소방시설의 구조 및 원리 등에서 공법이 특수한 설계 및 시공에 관한 사항 ③ 소방시설의 설계 및 공사감리의 방법에 관한 사항 ④ **소방시설공사**의 하자를 판단하는 기준에 관한 사항 ⑤ 신기술·신공법 등 검토평가에 고도의 기술이 필요한 경우로서 중앙위원회에 심의를 요청한 상태	**소방시설**에 하자가 있는지의 판단에 관한 사항

답 ③

46 소방용수시설 저수조의 설치기준으로 틀린 것은?

16.05.문47
15.05.문50
15.05.문57
11.03.문42
10.05.문46

① 지면으로부터의 낙차가 4.5m 이하일 것
② 흡수부분의 수심이 0.3m 이상일 것
③ 흡수관의 투입구가 사각형의 경우에는 한 변의 길이가 60cm 이상일 것
④ 흡수관의 투입구가 원형의 경우에는 지름이 60cm 이상일 것

② 0.3m 이상 → 0.5m 이상

소방용수시설의 저수조의 **설치기준**(기본규칙 [별표 3])

구 분	기 준
낙차	4.5m 이하 보기①
수심	**0.5m** 이상
투입구의 길이 또는 지름	60cm 이상 보기③④

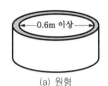

(a) 원형

(b) 사각형

| 흡수관 투입구 |

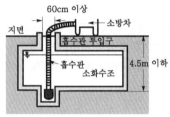

| 저수조의 깊이 |

(1) 소방펌프자동차가 **쉽게 접근**할 수 있도록 할 것
(2) 흡수에 지장이 없도록 **토사 및 쓰레기** 등을 제거할 수 있는 설비를 갖출 것
(3) 저수조에 물을 공급하는 방법은 **상수도**에 연결하여 **자동**으로 **급수**되는 구조일 것

답 ②

47 다음 ( ) 안에 들어갈 말로 옳은 것은?

14.03.문58

> 위험물의 제조소 등을 설치하고자 할 때 설치장소를 관할하는 ( )의 허가를 받아야 한다.

① 행정안전부장관　② 소방청장
③ 경찰청장　④ 시·도지사

위험물법 6조
제조소 등의 설치허가
(1) 설치허가자 : 시·도지사
(2) 설치허가 제외장소
　㉠ 주택의 난방시설(공동주택의 중앙난방시설은 제외)을 위한 **저장소** 또는 **취급소**
　㉡ 지정수량 **20배** 이하의 **농예용·축산용·수산용** 난방시설 또는 건조시설의 **저장소**
(3) 제조소 등의 **변경신고** : 변경하고자 하는 날의 **1일** 전까지

참고

시·도지사
(1) 특별시장
(2) 광역시장
(3) 특별자치시장
(4) 도지사
(5) 특별자치도지사

답 ④

★★★ 48 소방안전관리자를 선임하지 아니한 경우의 벌칙 기준은?

17.03.문46
14.05.문43
13.06.문43

① 100만원 이하 과태료
② 200만원 이하 벌금
③ 200만원 이하 과태료
④ 300만원 이하 벌금

해설 300만원 이하의 벌금
(1) 화재안전조사를 정당한 사유없이 거부·방해·기피(화재예방법 50조)
(2) 위탁받은 업무종사자의 **비밀누설**(소방시설법 59조)
(3) 성능위주설계평가단 비밀누설(소방시설법 59조)
(4) 방염성능검사 합격표시 위조(소방시설법 59조)
(5) **소**방안전관리자, 총괄소방안전관리자 또는 소방안전관리보조자 **미**선임(화재예방법 50조)
(6) 다른 자에게 자기의 성명이나 상호를 사용하여 소방시설공사 등을 수급 또는 시공하게 하거나 소방시설업의 등록증·등록수첩을 빌려준 자(공사업법 37조)
(7) 감리원 미배치자(공사업법 37조)
(8) 소방기술인정 자격수첩을 빌려준 자(공사업법 37조)
(9) 2 이상의 업체에 취업한 자(공사업법 37조)
(10) 소방시설업자나 관계인 감독시 관계인의 업무를 방해하거나 비밀누설(공사업법 37조)

기억법 **비3미소(비상미소)**

답 ④

★★★ 49 위험물안전관리법상 지정수량 미만인 위험물의 저장 또는 취급에 관한 기술상의 기준은 무엇으로 정하는가?

16.03.문44
11.03.문46
06.03.문42

① 대통령령
② 국무총리령
③ 시·도의 조례
④ 행정안전부령

해설 시·도의 조례
(1) 소방**체**험관(기본법 5조)
(2) 지정수량 **미**만인 위험물의 취급(위험물법 4조)
(3) 위험물의 임시저장 취급기준(위험물법 5조)

기억법 **시체미(시체는 미(美)가 없다.)**

답 ③

★★★ 50 소방기본법령상 소방용수시설 및 지리조사의 기준 중 ㉠, ㉡에 알맞은 것은?

17.09.문59
16.03.문57
09.08.문51

소방본부장 또는 소방서장은 원활한 소방활동을 위하여 설치된 소방용수시설에 대한 조사를 (㉠)회 이상 실시하여야 하며 그 조사결과를 (㉡)년간 보관하여야 한다.

① ㉠ 월 1, ㉡ 1   ② ㉠ 월 1, ㉡ 2
③ ㉠ 연 1, ㉡ 1   ④ ㉠ 연 1, ㉡ 2

해설 기본규칙 7조
소방용수시설 및 지리조사
(1) 조사자 : 소방본부장·소방서장
(2) 조사일시 : 월 1회 이상
(3) 조사내용
　㉠ 소방용수시설
　㉡ 도로의 **폭·교통상황**
　㉢ 도로 주변의 **토지 고저**
　㉣ 건축물의 **개황**
(4) 조사결과 : 2년간 보관

답 ②

★★★ 51 화재의 예방 및 안전관리에 관한 법률상 화재의 예방조치 명령이 아닌 것은?

15.03.문53
08.03.문43
05.05.문44
04.09.문43

① 모닥불·흡연 및 화기취급 제한
② 풍등 등 소형 열기구 날리기 제한
③ 용접·용단 등 불꽃을 발생시키는 행위 제한
④ 불이 번지는 것을 막기 위하여 불이 번질 우려가 있는 소방대상물의 사용 제한

해설 화재예방법 17조
누구든지 화재예방강화지구 및 이에 준하는 대통령령으로 정하는 장소에서는 다음의 어느 하나에 해당하는 행위를 하여서는 아니 된다. (단, 행정안전부령으로 정하는 바에 따라 안전조치를 한 경우는 제외)
(1) 모닥불, 흡연 등 화기의 취급
(2) 풍등 등 소형 열기구 날리기
(3) 용접·용단 등 불꽃을 발생시키는 행위
(4) 그 밖에 **대통령령**으로 정하는 화재발생위험이 있는 행위

답 ④

★★★ 52 화재를 진압하고 화재, 재난·재해, 그 밖의 위급한 상황에서 구조·구급 활동 등을 하기 위하여 소방공무원, 의무소방원, 의용소방대원으로 구성된 조직체는?

15.03.문55
10.05.문57

① 구조구급대
② 소방대
③ 의무소방대
④ 의용소방대

해설 **기본법 2조 ⑤항**
소방대
(1) 소방**공**무원
(2) **의**무소방원
(3) **의**용소방대원

기억법 공의(**공의**가 살아 있다!)

용어

소방대
화재를 진압하고 화재, 재난·재해 그 밖의 위급한 상황에서의 구조·구급활동 등을 하기 위하여 **소방공무원·의무소방원·의용소방대원**으로 구성된 조직체

답 ②

★★
53 소방시설공사업법상 특정소방대상물의 관계인
18.04.문57 또는 발주자로부터 소방시설공사 등을 도급받은 소방시설업자가 제3자에게 소방시설공사 시공을 하도급할 수 없다. 이를 위반하는 경우의 벌칙기준은? (단, 대통령령으로 도급받은 소방시설공사의 일부를 한 번만 제3자에게 하도급할 수 있는 경우는 제외한다.)
① 100만원 이하의 벌금
② 300만원 이하의 벌금
③ 1년 이하의 징역 또는 1000만원 이하의 벌금
④ 3년 이하의 징역 또는 1500만원 이하의 벌금

해설 **1년 이하의 징역 또는 1000만원 이하의 벌금**
(1) 소방시설의 **자체점검** 미실시자(소방시설법 58조)
(2) 소방시설관리사증 대여(소방시설법 58조)
(3) **소방시설관리업**의 등록증 또는 등록수첩 대여(소방시설법 58조)
(4) 제조소 등의 정기점검기록 허위 작성(위험물법 35조)
(5) **자체소방대**를 두지 않고 제조소 등의 허가를 받은 자(위험물법 35조)
(6) **위험물 운반용기**의 검사를 받지 않고 유통시킨 자(위험물법 35조)
(7) 제조소 등의 긴급사용정지 위반자(위험물법 35조)
(8) 영업정지처분 위반자(공사업법 36조)
(9) 거짓감리자(공사업법 36조)
(10) 공사감리자 미지정자(공사업법 36조)
(11) 소방시설 설계·시공·감리 **하도급자**(공사업법 36조)
(12) 소방시설공사 재하도급자(공사업법 36조)
(13) 소방시설업자가 아닌 자에게 소방시설공사 등을 도급한 관계인(공사업법 36조)

기억법 1 1000하(**일천하**)

답 ③

★★★
54 소방시설 설치 및 관리에 관한 법령상 소방용품
15.05.문47 으로 틀린 것은?
11.06.문52
10.03.문57 ① 시각경보기
② 자동소화장치
③ 가스누설경보기
④ 방염제

해설 **소방시설법 시행령 6조**
소방용품 제외 대상
(1) 주거용 주방자동소화장치용 소화약제
(2) 가스자동소화장치용 소화약제
(3) 분말자동소화장치용 소화약제
(4) 고체에어로졸자동소화장치용 소화약제
(5) 소화약제 외의 것을 이용한 간이소화용구
(6) 휴대용 비상조명등
(7) 유도표지
(8) 벨용 푸시버튼스위치
(9) 피난밧줄
(10) 옥내소화전함
(11) 방수구
(12) 안전매트
(13) 방수복
(14) 시각경보기

답 ①

★★★
55 위험물제조소에 환기설비를 설치할 경우 바닥면
16.10.문51 적이 100m²이면 급기구의 면적은 몇 cm² 이상이어야 하는가?
① 150   ② 300
③ 450   ④ 600

해설 **위험물규칙 〔별표 4〕**
위험물제조소의 환기설비
(1) 환기는 **자연배기방식**으로 할 것
(2) 급기구는 바닥면적 150m²마다 1개 이상으로 하되, 그 크기는 800cm² 이상일 것

바닥면적	급기구의 면적
60m² 미만	150cm² 이상
60~90m² 미만	300cm² 이상
90~120m² 미만 →	450cm² 이상
120~150m² 미만	600cm² 이상

(3) 급기구는 **낮은 곳**에 설치하고, 가는 눈의 구리망 등으로 **인화방지망**을 설치할 것
(4) 환기구는 지붕 위 또는 지상 **2m** 이상의 높이에 **회전식 고정벤틸레이터** 또는 **루프팬방식**으로 설치할 것

답 ③

56 화재안전조사를 실시할 수 있는 경우가 아닌 것은?

① 화재가 자주 발생하였거나 발생할 우려가 뚜렷한 곳에 대한 조사가 필요한 경우

② 재난예측정보, 기상예보 등을 분석한 결과 소방대상물에 화재의 발생 위험이 크다고 판단되는 경우

③ 화재 등이 발생할 경우 인명 또는 재산피해의 우려가 낮다고 판단되는 경우

④ 관계인이 실시하는 소방시설 등에 대한 자체점검이 불성실하거나 불완전하다고 인정되는 경우

  ③ 낮다고 판단되는 경우 → 현저하다고 판단되는 경우

화재예방법 7조
화재안전조사의 실시
(1) 관계인이 이 법 또는 다른 법령에 따라 실시하는 소방시설 등, 방화시설, 피난시설 등에 대한 자체점검이 **불성실**하거나 불완전하다고 인정되는 경우
(2) 화재예방강화지구 등 법령에서 화재안전조사를 하도록 규정되어 있는 경우
(3) 화재예방안전진단이 불성실하거나 불완전하다고 인정되는 경우
(4) **국가적 행사** 등 주요 행사가 개최되는 장소 및 그 주변의 관계지역에 대하여 소방안전관리 실태를 조사할 필요가 있는 경우
(5) **화재**가 **자주 발생**하였거나 발생할 우려가 뚜렷한 곳에 대한 조사가 필요한 경우
(6) **재난예측정보**, 기상예보 등을 분석한 결과 소방대상물에 화재의 발생 위험이 크다고 판단되는 경우
(7) 화재, 그 밖의 긴급한 상황이 발생할 경우 인명 또는 재산피해의 우려가 **현저하다고** 판단되는 경우

【중요】
화재예방법 7·8조
화재안전조사
(1) 실시자 : 소방청장·소방본부장·소방서장
(2) 관계인의 승낙이 필요한 곳 : **주거**(주택)

【용어】
화재안전조사
소방대상물, 관계지역 또는 관계인에 대하여 소방시설 등이 소방관계법령에 적합하게 설치·관리되고 있는지, 소방대상물에 화재의 발생위험이 있는지 등을 확인하기 위하여 실시하는 현장조사·문서열람·보고요구 등을 하는 활동

답 ③

57 피난시설, 방화구획 및 방화시설에서 해서는 안 될 사항으로 틀린 것은?

① 피난시설, 방화구획 및 방화시설을 패쇄하거나 훼손하는 등의 행위

② 피난시설, 방화구획 및 방화시설을 유지·관리하는 행위

③ 피난시설, 방화구획 및 방화시설의 주위에 물건을 쌓는 행위

④ 피난시설, 방화구획 및 방화시설의 용도에 장애를 주는 행위

【해설】 ② 유지·관리하는 행위 → 변경하는 행위

소방시설법 16조
피난시설, 방화구획 및 방화시설의 관리에 대한 관계인의 잘못된 행위
(1) 피난시설, 방화구획 및 방화시설을 **폐쇄**하거나 **훼손**하는 등의 행위
(2) 피난시설, 방화구획 및 방화시설의 주위에 물건을 쌓아두거나 **장애물**을 설치하는 행위
(3) 피난시설, 방화구획 및 방화시설의 용도에 장애를 주거나 **소방활동**에 지장을 주는 행위
(4) 피난시설, 방화구획 및 방화시설을 **변경**하는 행위

답 ②

58 [16.10.문41] 공사업자가 소방시설공사를 마친 때에는 누구에게 완공검사를 받는가?

① 소방본부장 또는 소방서장
② 군수
③ 시·도지사
④ 소방청장

【해설】 **착공신고·완공검사 등**(공사업법 13~15조)
(1) 소방시설공사의 착공신고
(2) 소방시설공사의 완공검사 ─ **소방본부장·소방서장**
(3) 하자보수기간 : **3일** 이내

답 ①

59 [12.03.문56] [11.03.문48] 화재예방상 필요하다고 인정되거나 화재위험경보시 발령하는 소방신호는?

① 경계신호
② 발화신호
③ 해제신호
④ 훈련신호

해설 기본규칙 10조
소방신호의 종류

소방신호	설 명
경계신호	• 화재예방상 필요하다고 인정되거나 **화재위험경보시** 발령
발화신호	• **화재**가 **발생**할 때 발령
해제신호	• 소화활동이 필요없다고 인정되는 때 발령
훈련신호	• **훈련**상 필요하다고 인정되는 때 발령

중요

기본규칙 〔별표 4〕
소방신호표

신호방법 / 종별	타종신호	사이렌 신호
경계신호	1타와 연 2타를 반복	**5초** 간격을 두고 **30초**씩 3회
발화신호	**난타**	**5초** 간격을 두고 **5초**씩 3회
해제신호	상당한 간격을 두고 1타씩 반복	**1분간 1회**
훈련신호	연 **3타** 반복	**10초** 간격을 두고 **1분**씩 3회

답 ①

★★★
60 소방시설 설치 및 관리에 관한 법령상 종합점검을 실시하여야 하는 특정소방대상물의 기준 중 틀린 것은?

16.05.문50
15.05.문56
14.09.문43
12.09.문53
10.09.문52

① 물분무등소화설비(호스릴방식의 물분무등소화설비만을 설치한 경우는 제외)가 설치된 연면적 5000m² 이상인 아파트

② 물분무등소화설비(호스릴방식의 물분무등소화설비만을 설치한 경우는 제외)가 설치된 연면적 5000m² 이상인 특정소방대상물(위험물제조소 등은 제외)

③ 공공기관 중 연면적이 1000m² 이상인 것으로서 옥내소화전설비 또는 자동화재탐지설비가 설치된 것(소방대가 근무하는 공공기관은 제외)

④ 노래연습장업이 설치된 특정소방대상물로서 연면적이 1500m² 이상인 것

해설 ④ 노래방은 다중이용업소로서 연면적 2000m² 이상

소방시설법 시행규칙 〔별표 3〕
소방시설 등 자체점검의 구분과 대상, 점검자의 자격

점검구분	정 의	점검대상	점검자의 자격 (주된 인력)
작동점검	소방시설 등을 인위적으로 조작하여 정상적으로 작동하는지를 점검하는 것	① 간이스프링클러설비 ② 자동화재탐지설비	① 관계인 ② 소방안전관리자로 선임된 **소방시설관리사 또는 소방기술사** ③ 소방시설관리업에 등록된 소방시설관리사 또는 **특급점검자**
		③ 간이스프링클러설비 또는 자동화재탐지설비가 미설치된 특정소방대상물	① 소방시설관리업에 등록된 기술인력 중 소방시설관리사 ② 소방안전관리자로 선임된 소방시설관리사 또는 소방기술사
	④ **작동점검**대상 제외 ⊙ 특정소방대상물 중 소방안전관리자를 선임하지 않는 대상 ⓛ 위험물제조소 등 ⓒ **특급**소방안전관리대상물		
종합점검	소방시설 등의 작동점검을 포함하여 소방시설 등의 설비별 주요구성부품의 구조 기준이 관련법령에서 정하는 기준에 적합한지 여부를 점검하는 것 (1) 최초점검 : 특정소방대상물의 소방시설이 새로 설치되는 경우 건축물을 사용할 수 있게 된 날부터 60일 이내 점검하는 것 (2) 그 밖의 종합점검 : 최초점검을 제외한 종합점검	① 소방시설 등이 신설된 경우에 해당하는 특정소방대상물 ② **스프링클러설비**가 설치된 특정소방대상물 ③ **물분무등소화설비**(호스릴방식의 물분무등소화설비만을 설치한 경우는 제외)가 설치된 연면적 **5000m²** 이상인 특정소방대상물(위험물제조소 등 제외) ④ 다중이용업의 영업장이 설치된 특정소방대상물로서 연면적이 2000m² 이상인 것 ⑤ 제연설비가 설치된 터널 ⑥ 공공기관 중 연면적(터널·지하구의 경우 그 길이와 평균 폭을 곱하여 계산된 값을 말한다)이 1000m² 이상인 것으로서 옥내소화전설비 또는 자동화재탐지설비가 설치된 것(단, 소방대가 근무하는 공공기관 제외)	① 소방시설관리업에 등록된 기술인력 중 소방시설관리사 ② 소방안전관리자로 선임된 소방시설관리사 또는 소방기술사

답 ④

제4과목 **소방기계시설의 구조 및 원리**

61 옥외소화전에 관한 설명으로 옳은 것은?

12.09.문70
12.05.문77
06.05.문75

① 호스는 구경 40mm의 것으로 한다.
② 노즐선단에서 방수압력 0.17MPa 이상, 방수량이 130L/min 이상의 가압송수장치가 필요하다.
③ 압력챔버를 사용할 경우 그 용적은 50L 이하의 것으로 한다.
④ 옥외소화전이 10개 이하 설치된 때에는 옥외소화전마다 5m 이내의 장소에 1개 이상의 소화전함을 설치하여야 한다.

 해설

① 40mm → 65mm
② 0.17MPa → 0.25MPa, 130L/min → 350L/min
③ 50L 이하 → 100L 이상

옥외소화전(NFPC 109 5~7조, NFTC 109 2.2~2.4)
(1) 호스는 구경 **65mm** 이상의 것으로 한다.
(2) 노즐선단에서 방수압력 **0.25MPa** 이상, 방수량이 **350L/min** 이상의 가압송수장치가 필요하다.
(3) 압력챔버를 사용할 경우 그 용적은 **100L** 이상의 것으로 한다.
(4) 면적은 **0.5m^2** 이상으로 한다.

🔊 중요

(1) **옥외소화전함**의 설치거리 및 면적

〔옥외소화전함의 설치거리(실제도)〕

(2) **옥외소화전함** 설치기구(NFTC 109 2.4)

옥외소화전의 개수	소화전함의 개수
10개 이하	소화전마다 **5m** 이내의 장소에 1개 이상
11~30개 이하	**11개** 이상 소화전함 분산설치
31개 이상	소화전 **3개**마다 1개 이상

답 ④

62 물분무소화설비를 설치하는 차고 또는 주차장의 배수설비 중 배수구에서 새어나온 기름을 모아 소화할 수 있도록 최대 몇 m마다 집수관·소화피트 등 기름분리장치를 설치하여야 하는가?

17.03.문73
16.05.문73
15.09.문71
15.03.문71
13.06.문69
13.05.문62
11.03.문71

① 10
② 40
③ 50
④ 100

🔊 해설 **물분무소화설비**의 **배수설비**(NFPC 104 11조, NFTC 104 2.8)

구 분	설 명
배수구	10cm 이상의 경계턱으로 배수구 설치(차량이 주차하는 곳)
기름분리장치	40m 이하마다 기름분리장치 설치
기울기	차량이 주차하는 바닥은 $\frac{2}{100}$ 이상의 기울기 유지
배수설비	배수설비는 가압송수장치의 **최대송수능력**의 수량을 유효하게 배수할 수 있는 크기 및 기울기일 것

🔊 중요

기울기

구 분	배관 및 설비
$\frac{1}{100}$ 이상	연결살수설비의 수평주행배관
$\frac{2}{100}$ 이상	물분무소화설비의 배수설비
$\frac{1}{250}$ 이상	습식·부압식 설비 외 설비의 **가지배관**
$\frac{1}{500}$ 이상	습식·부압식 설비 외 설비의 **수평주행배관**

답 ②

63 다음 중 분말소화설비의 구성품이 아닌 것은?

16.03.문77
13.09.문61

① 정압작동장치
② 압력조정기
③ 가압용 가스용기
④ 기화기

🔊 해설 **분말소화설비**의 **구성품**
(1) **정**압작동장치
(2) **압**력조정기
(3) **가**압용 가스용기
(4) 분사헤드
(5) 안전밸브

기억법 분정압가

답 ④

64 할론소화설비 중 가압용 가스용기의 충전가스로 옳은 것은?

16.10.문62
05.03.문68
01.09.문75

① NO_2
② O_2
③ N_2
④ H_2

해설 압력원(충전가스)(NFPC 107 4조, NFTC 107 2.1.3)

소화기	압력원(충전가스)
• 강화액 • 산 · 알칼리 • 화학포 • 분말(가스가압식)	이산화탄소(CO₂)
• 할론 • 분말(축압식) →	질소(N₂)

답 ③

★★★
65
16.10.문73
11.06.문73
09.05.문67

연소할 우려가 있는 개구부에는 상하좌우 몇 m 간격으로 스프링클러헤드를 설치하여야 하는가?

① 1.5m   ② 2.0m

③ 2.5m   ④ 3.0m

해설 연소할 우려가 있는 **개구부**(NFPC 103 10조, NFTC 103 2.7.7.6)
(1) 개구부 상하좌우에 **2.5m** 간격으로 헤드 설치
(2) 스프링클러헤드와 개구부의 내측면으로부터 직선거리는 **15cm** 이하
(3) 개구부 폭이 **2.5m** 이하인 경우 그 **중앙**에 1개의 헤드 설치
(4) 사람이 상시 출입하는 개구부로서 통행에 지장이 있는 때에는 **개구부**의 **상부** 또는 **측면**에 설치

답 ③

★★★
66
14.03.문80
13.06.문64
11.03.문79

고정식 할론공급장치에 배관 및 분사헤드를 고정설치하여 밀폐방호구역 내에 할론을 방출하는 설비방식은?

① 전역방출방식   ② 국소방출방식

③ 이동식 방출방식   ④ 반이동식 방출방식

해설 **분말소화설비**의 **방출방식**(NFPC 108 3조, NFTC 108 1.7)

분말소화설비의 방출방식	설 명
전역방출방식	고정식 분말소화약제 공급장치에 배관 및 분사헤드를 고정설치하여 **밀폐방호구역** 내에 분말소화약제를 방출하는 설비 **기억법** 밀전
국소방출방식	고정식 분말소화약제 공급장치에 배관 및 분사헤드를 설치하여 **직접 화점**에 분말소화약제를 방출하는 설비로 화재발생 **부**분에만 **집**중적으로 소화약제를 방출하도록 설치하는 방식 **기억법** 국부
호스릴방식	분사헤드가 배관에 고정되어 있지 않고 소화약제 저장용기에 호스를 연결하여 사람이 직접 화점에 소화약제를 방출하는 **이동식 소화설비** **기억법** 호이(호일)

답 ①

★★★
67
16.10.문69
16.05.문78
08.09.문66

호스릴 이산화탄소소화설비의 설치기준으로 틀린 것은?

① 소화약제 저장용기는 호스릴을 설치하는 장소마다 설치할 것

② 노즐은 20℃에서 하나의 노즐마다 40kg/min 이상의 소화약제를 방사할 수 있는 것으로 할 것

③ 방호대상물의 각 부분으로부터 하나의 호스 접결구까지의 수평거리가 15m 이하가 되도록 할 것

④ 소화약제 저장용기의 개방밸브는 호스의 설치장소에서 수동으로 개폐할 수 있는 것으로 할 것

해설 ② 40kg/min → 60kg/min

호스릴 이산화탄소소화설비의 설치기준(NFPC 106 10조, NFTC 106 2.7.4)
(1) 노즐당 소화약제 방출량은 20℃에서 **60kg/min** 이상
(2) 소화약제 저장용기는 **호스릴**을 설치하는 **장소마다** 설치 보기 ①
(3) 소화약제 저장용기의 가장 가까운 곳, 보기 쉬운 곳에 **표시등** 설치, 호스릴 이산화탄소소화설비가 있다는 뜻을 표시한 표지를 할 것
(4) 약제개방밸브는 호스의 설치장소에서 수동으로 개폐할 것 보기 ④
(5) 방호대상물의 각 부분으로부터 하나의 호스 접결구까지의 수평거리가 15m 이하가 되도록 할 것 보기 ③

답 ②

★
68
10.05.문76

미분무소화설비의 화재안전기준에서 나타내고 있는 가압송수장치방식으로 가장 거리가 먼 것은?

① 고가수조방식   ② 펌프방식

③ 압력수조방식   ④ 가압수조방식

해설 **미분무소화설비**의 **가압송수장치**

가압송수장치	설 명
가압수조방식	**가압수조**를 이용한 **가압송수장치**
압력수조방식	**압력수조**를 이용한 **가압송수장치**
펌프방식 (지하수조방식)	**전동기** 또는 **내연기관**에 따른 펌프를 이용하는 가압송수장치

🖊️ 비교

물분무소화설비의 **가압송수장치**

가압송수장치	설 명
고가수조방식	**자연낙차**를 이용한 가압송수장치
압력수조방식	**압력수조**를 이용한 가압송수장치
펌프방식 (지하수조방식)	**전동기** 또는 **내연기관**에 따른 펌프를 이용하는 가압송수장치

답 ①

★★★
69
18.04.문68
14.05.문73
12.05.문63
12.03.문72

다음 중 분말소화약제 1kg당 저장용기의 내용적이 가장 작은 것은?

① 제1종 분말   ② 제2종 분말

③ 제3종 분말   ④ 제4종 분말

해설
① 제1종 분말의 내용적이 0.8로서 가장 작다.

분말소화약제

종별	소화약제	충전비 〔L/kg〕	적응 화재	비고
제**1**종	중탄산나트륨 ($NaHCO_3$)	0.8	BC급	**식**용유 및 지방질유의 화재에 적합
제2종	중탄산칼륨 ($KHCO_3$)	1.0	BC급	–
제**3**종	인산암모늄 ($NH_4H_2PO_4$)		ABC급	**차**고·**주**차장에 적합
제4종	중탄산칼륨+요소 ($KHCO_3+(NH_2)_2CO$)	1.25	BC급	–

기억법 1식분(**일식 분**식)
3**분 차주**(**삼보**컴퓨터 **차주**)

• 1kg당 저장용기의 내용적=충전비

답 ①

⭐
70 일제살수식 스프링클러설비에 대한 설명으로 옳은 것은?

12.05.문70

① 정상상태에서 방수구를 막고 있는 감열체가 일정온도에서 자동적으로 파괴·용해 또는 이탈됨으로써 방수구가 개방되는 방식이다.
② 가압된 물이 분사될 때 헤드의 축심을 중심으로 한 반원상에 균일하게 분산시키는 방식이다.
③ 물과 오리피스가 분리되어 동파를 방지할 수 있는 특징을 가진 방식이다.
④ 화재발생시 자동감지장치의 작동으로 일제 개방밸브가 개방되면 스프링클러헤드까지 소화용수가 송수되는 방식이다.

해설 **스프링클러설비**의 **종류**(NFPC 103 3조, NFTC 103 1.7)

종류	설명
습식 스프링클러설비	습식 밸브의 **1차측** 및 **2차측** 배관 내에 항상 **가압수**가 충수되어 있다가 화재발생시 열에 의해 헤드가 개방되어 소화한다.
건식 스프링클러설비	건식 밸브의 **1차측**에는 **가압수**, **2차측**에는 **공기**가 압축되어 있다가 화재발생시 열에 의해 헤드가 개방되어 소화한다.
준비작동식 스프링클러설비	• 준비작동밸브의 **1차측**에는 **가압수**, 2차측에는 **대기압** 상태로 있다가 화재발생시 감지기에 의하여 **준비작동밸브**(pre-action valve)를 개방하여 헤드까지 가압수를 송수시켜 놓고 있다가 열에 의해 헤드가 개방되면 소화한다. • **화재감지기**의 작동에 의해 밸브가 개방되고 다시 **열**에 의해 **헤드**가 개방되는 방식이다.
일제살수식 스프링클러설비	일제개방밸브의 **1차측**에는 **가압수**, 2차측에는 **대기압** 상태로 있다가 화재발생시 감지기에 의하여 **일제개방밸브**(deluge valve)가 개방되어 소화한다.

답 ④

⭐⭐
71 완강기 및 완강기의 속도조절기에 관한 설명으로 틀린 것은?

14.03.문72
08.05.문79

① 견고하고 내구성이 있어야 한다.
② 강하시 발생하는 열에 의해 기능에 이상이 생기지 아니하여야 한다.
③ 속도조절기는 사용 중에 분해·손상·변형되지 아니하여야 하며, 속도조절기의 이탈이 생기지 아니하도록 덮개를 하여야 한다.
④ 평상시에는 분해, 청소 등을 하기 쉽게 만들어져 있어야 한다.

해설
④ 하기 쉽게 만들어져 있어야 한다. → 하지 아니하여도 작동될 수 있을 것

완강기 및 **완강기 속도조절기**의 **일반구조**(완강기 형식 3조)
(1) 견고하고 **내구성**이 있을 것
(2) 평상시에 분해, 청소 등을 하지 아니하여도 작동할 수 있을 것
(3) 강하시 발생하는 **열**에 의하여 기능에 이상이 생기지 아니할 것
(4) 속도조절기는 사용 중에 분해·손상·변형되지 아니하여야 하며, 속도조절기의 이탈이 생기지 아니하도록 덮개를 하여야 할 것
(5) 강하시 **로프**가 손상되지 아니할 것
(6) **속도조절기의 폴리** 등으로부터 로프가 노출되지 아니하는 구조

‖ 완강기의 구조 ‖

답 ④

⭐⭐⭐
72 완강기의 부품구성으로서 옳은 것은?

18.04.문66
15.09.문67
14.05.문64
13.06.문79
08.05.문79

① 체인, 속도조절기의 연결부, 벨트, 연결금속구
② 속도조절기의 연결부, 체인, 벨트, 속도조절기
③ 로프, 벨트, 속도조절기의 연결부, 속도조절기
④ 로프, 릴, 속도조절기의 연결부, 벨트

해설 **완강기**의 **구성**(완강기 형식 3조)
(1) 속도조절기
(2) **로프**
(3) 벨트
(4) 속도조절기의 연결부
(5) 연결금속구

기억법 **조로벨후**

중요

속도조절기의 커버 피복 이유
기능에 이상을 생기게 하는 **모**래 따위의 잡물이 들어가는 것을 방지하기 위하여

기억법 모조(**모조**품)

답 ③

★★
73 습식 스프링클러설비 또는 부압식 스프링클러설비 외의 설비에는 헤드를 향하여 상향으로 수평주행배관 기울기를 최소 몇 이상으로 하여야 하는가? (단, 배관의 구조상 기울기를 줄 수 없는 경우는 제외한다.)

18.04.문65
13.09.문66

① $\dfrac{1}{100}$ ② $\dfrac{1}{200}$

③ $\dfrac{1}{300}$ ④ $\dfrac{1}{500}$

해설 **기울기**

구 분	설 명
$\dfrac{1}{100}$ 이상	연결살수설비의 수평주행배관
$\dfrac{2}{100}$ 이상	물분무소화설비의 배수설비
$\dfrac{1}{250}$ 이상	습식 설비·부압식 설비 외 설비의 가지배관
$\dfrac{1}{500}$ 이상	**습**식 설비·**부**압식 설비 외 설비의 **수**평주행배관

기억법 습부수5

답 ④

★★★
74 소화기의 정의 중 다음 ( ) 안에 알맞은 것은?

18.04.문74
13.09.문62
14.05.문75
04.09.문74

대형 소화기란 화재시 사람이 운반할 수 있도록 운반대와 바퀴가 설치되어 있고 능력단위가 A급 (㉠)단위 이상, B급 (㉡)단위 이상인 소화기를 말한다.

① ㉠ 10, ㉡ 5 ② ㉠ 20, ㉡ 5
③ ㉠ 10, ㉡ 20 ④ ㉠ 20, ㉡ 20

해설 **소화능력단위**에 의한 **분류**(소화기 형식 4조)

소화기 분류		능력단위
소형 소화기		1단위 이상
대형 소화기	A급	10단위 이상
	B급	20단위 이상

기억법 대2B(데이빗!)

답 ③

★★★
75 상수도소화용수설비 설치시 소화전 설치기준으로 옳은 것은?

17.09.문65
15.09.문66
15.05.문65
15.03.문64
15.03.문72
14.03.문65
11.10.문69
10.05.문62
02.03.문79

① 특정소방대상물의 수평투영반경의 각 부분으로부터 140m 이하가 되도록 설치
② 특정소방대상물의 수평투영면의 각 부분으로부터 140m 이하가 되도록 설치
③ 특정소방대상물의 수평투영반경의 각 부분으로부터 100m 이하가 되도록 설치
④ 특정소방대상물의 수평투영면의 각 부분으로부터 100m 이하가 되도록 설치

해설 **상수도소화용수설비**의 **기준**(NFPC 401 4조, NFTC 401 2.1.1)
(1) 호칭지름

수도배관	소화전
75mm 이상	100mm 이상

(2) 소화전은 소방자동차 등의 진입이 쉬운 **도로변** 또는 **공지**에 설치
(3) 소화전은 특정소방대상물의 수평투영면의 각 부분으로부터 **140m** 이하에 설치
(4) 지상식 소화전의 호스접결구는 지면으로부터 높이가 0.5m 이상 1m 이하가 되도록 설치

답 ②

★
76 상수도소화용수설비 설치시 호칭지름 75mm 이상의 수도배관에는 호칭지름 몇 mm 이상의 소화전을 접속하여야 하는가?

10.05.문62

① 50mm ② 75mm
③ 80mm ④ 100mm

해설 문제 75 참조

④ 소화전 : 100mm 이상

답 ④

★★★
77 대형 소화기를 설치하는 경우 특정소방대상물의 각 부분으로부터 1개의 소화기까지의 보행거리는 몇 m 이내로 배치하여야 하는가?

15.09.문79
14.05.문63
12.05.문79
10.05.문80

① 10 ② 20
③ 30 ④ 40

해설 (1) **수평거리**

수평거리	설 명
수평거리 10m 이하	• 예상제연구역
수평거리 15m 이하	• 분말호스릴 • 포호스릴 • CO_2 호스릴
수평거리 20m 이하	• 할론 호스릴
수평거리 25m 이하	• 옥내소화전 방수구(호스릴 포함) • 포소화전 방수구 • 연결송수관 방수구(지하가) • 연결송수관 방수구(지하층 바닥면적 3000m² 이상)
수평거리 40m 이하	• 옥외소화전 방수구
수평거리 50m 이하	• 연결송수관 방수구(사무실)

(2) **보행거리**

수평거리	설 명
보행거리 20m 이내	소형 소화기
보행거리 30m 이내 ←	대형 소화기

---용어---

수평거리와 보행거리
(1) **수평거리** : 직선거리로서 반경을 의미하기도 한다.

‖ 수평거리 ‖

(2) **보행거리** : 걸어서 간 거리이다.

‖ 보행거리 ‖

답 ③

☆
78 포헤드를 정방형으로 배치한 경우 포헤드 상호
18.04.문70 간 거리(S) 산정식으로 옳은 것은? (단, r은 유효반경이다.)

① $S = 2r \times \sin 30°$
② $S = 2r \times \cos 30°$
③ $S = 2r$
④ $S = 2r \times \cos 45°$

해설 **포헤드 상호간의 거리기준**(NFPC 105 12조, NFTC 105 2.9.2.5)

정방형(정사각형)	장방형(직사각형)
$S = 2r \times \cos 45°$ $L = S$	$P_t = 2r$
여기서, S : 포헤드 상호간의 거리[m] r : 유효반경(2.1m) L : 배관간격[m]	여기서, P_t : 대각선의 길이 [m] r : 유효반경(2.1m)

답 ④

★★★
79 계단실 및 그 부속실을 동시에 제연구역으로 선
17.09.문68 정시 방연풍속은 최소 얼마 이상이어야 하는가?
17.03.문65
16.05.문80
12.05.문80 ① 0.3m/s   ② 0.5m/s
③ 0.7m/s   ④ 1.0m/s

해설 **차압**(NFPC 501A 6·10조, NFTC 501A 2.3, 2.7)
(1) 계단실 및 그 부속실을 동시에 제연하는 것 또는 계단실만 단독으로 제연할 때의 방연풍속 : **0.5m/s 이상**
(2) 계단실과 부속실을 동시에 제연하는 경우 부속실의 기압은 계단실과 같게 하거나 계단실의 기압보다 낮게 할 경우에는 부속실과 계단실의 압력차이 : **5Pa 이하**
(3) 제연구역과 옥내와의 사이에 유지하여야 하는 최소차압 : **40Pa**(옥내에 **스프링클러설비**가 설치된 경우는 **12.5Pa**)**이상**
(4) 제연설비가 가동되었을 경우 출입문의 개방에 필요한 힘 : **110N 이하**

답 ②

☆
80 연결살수설비의 설치기준에 대한 설명으로 옳은
11.03.문66 것은?
① 송수구는 반드시 65mm의 쌍구형으로만 한다.
② 연결살수설비 전용헤드를 사용하는 경우 천장으로부터 하나의 살수헤드까지 수평거리는 3.2m 이하로 한다.
③ 개방형 헤드를 사용하는 연결살수설비의 수평주행배관은 헤드를 향해 상향으로 $\dfrac{1}{100}$ 이상의 기울기로 설치한다.
④ 천장·반자 중 한쪽이 불연재료로 되어 있고 천장과 반자 사이의 거리가 0.5m 미만인 부분은 연결살수설비 헤드를 설치하지 않아도 된다.

해설
① 65mm의 쌍구형이 원칙이지만 살수헤드수 **10개** 이하는 **단구형**도 **가능**
② 연결살수설비 헤드의 수평거리

전용헤드	스프링클러헤드
3.7m 이하	**2.3m** 이하

④ 0.5m 미만 → 1m 미만

👍중요

기울기

기울기	설 명
$\dfrac{1}{100}$ 이상 ←	연결살수설비의 수평주행배관
$\dfrac{2}{100}$ 이상	물분무소화설비의 배수설비
$\dfrac{1}{250}$ 이상	습식 설비·부압식 설비 외 설비의 가지배관
$\dfrac{1}{500}$ 이상	습식 설비·부압식 설비 외 설비의 수평주행배관

답 ③

2019. 9. 21 시행

■ 2019년 산업기사 제4회 필기시험 ■				수험번호	성명
자격종목 **소방설비산업기사(기계분야)**	종목코드	시험시간 **2시간**	형별		

※ 각 문항은 4지택일형으로 질문에 가장 적합한 보기 항을 선택하여 체크하여야 합니다.

제1과목 소방원론

★★★
01 제1류 위험물로서 그 성질이 산화성 고체인 것은?

15.05.문43
15.03.문18
14.09.문04
14.03.문16
13.09.문07

① 셀룰로이드류
② 금속분류
③ 아염소산염류
④ 과염소산

해설

① 제5류	② 제3류
③ 제1류	④ 제6류

유사문제부터
풀어보세요.
실력이 팍!팍!
올라갑니다.

위험물령 〔별표 1〕
위험물

유별	성질	품명
제1류	**산**화성 **고**체	• 아염소산염류(아염소산나트륨) • 염소산염류 • 과염소산염류 • 질산염류(질산칼륨) • 무기과산화물(과산화바륨) **기억법** 1산고(일산GO)
제**2**류	가연성 고체	• **황화**인 • **적**린 • **황** • **마**그네슘 **기억법** 2황화적황마
제3류	자연발화성 물질 및 금수성 물질	• **황**린 • **칼**륨 ─── 금속분 • **나**트륨 ─── • **트**리에틸**알**루미늄 **기억법** 황칼나트알
제4류	인화성 액체	• 특수인화물 • 석유류(벤젠) • 알코올류 • 동식물유류
제5류	자기반응성 물질	• 질산에스터류(셀룰로이드) • 유기과산화물 • 나이트로화합물 • 나이트로소화합물 • 아조화합물 • 나이트로글리세린

| 제6류 | 산화성 **액체** | • **과염**소산
• 과산화수소
• **질산**

기억법 6산액과염산질산 |

답 ③

★★★
02 건축물 화재시 플래시오버(flash over)에 영향을 주는 요소가 아닌 것은?

18.03.문18
09.08.문02
09.03.문13
05.05.문14
04.03.문03
03.08.문17
03.05.문07
03.03.문01

① 내장재료
② 개구율
③ 화원의 크기
④ 건물의 층수

해설 플래시오버(flash over)에 **영향**을 미치는 것
(1) 개구율(벽면적에 대한 개구부면적의 비)
(2) 내장재료(내장재료의 제성상)
(3) 화원의 크기

※ **화원**(source of fire) : 불이 난 근원

✏ 중요

플래시오버(flash over)의 **지연대책**
(1) **두께가 두꺼운** 가연성 내장재료 사용
(2) **열전도율**이 큰 내장재료 사용
(3) 주요구조부를 **내화구조**로 하고 **개구부**를 **적게** 설치
(4) 실내에 저장하는 **가연물**의 양을 줄임

답 ④

★
03 다음 중 가스계 소화약제가 아닌 것은?

18.03.문42

① 포소화약제
② 할로겐화합물 및 불활성기체 소화약제
③ 이산화탄소소화약제
④ 할론소화약제

해설 | ① 수계 소화약제 |

가스계 소화약제
(1) 할로겐화합물 및 불활성기체 소화약제
(2) 이산화탄소소화약제
(3) 할론소화약제

답 ①

★★★ 04 할론소화약제로부터 기대할 수 있는 소화작용으로 틀린 것은?

18.03.문19
17.05.문15
15.09.문10
15.03.문05
14.09.문11
08.05.문16

① 부촉매작용
② 냉각작용
③ 유화작용
④ 질식작용

해설

③ 유화작용 : 물분무소화약제

소화약제의 소화작용

소화약제	소화작용	주된 소화작용
물(스프링클러)	• 냉각작용 • 희석작용	냉각작용 (냉각소화)
물분무, 미분무	• **냉**각작용(증발잠열 이용) • **질**식작용 • **유**화작용(에멀션효과) • **희**석작용 **기억법** 물냉질유희	질식작용 (질식소화)
포	• 냉각작용 • 질식작용	
분말	• 질식작용 • 부촉매작용(억제작용) • 방사열 차단작용	
이산화탄소	• 냉각작용 • 질식작용 • 피복작용	
할론	• 질식작용 • 부촉매작용(억제작용)	부촉매작용 (연쇄반응 차단소화)

• **할론소화약제** : 주로 **질식작용**, **부촉매작용**을 나타내지만 일부 **냉각작용**도 나타낼 수 있음

중요

부촉매효과 (1) 분말소화약제 (2) 할론소화약제 (3) 할로겐화합물소화약제

답 ③

★★★ 05 제1석유류는 어떤 위험물에 속하는가?

16.03.문45
09.05.문12
05.03.문41

① 산화성 액체
② 인화성 액체
③ 자기반응성 물질
④ 금수성 물질

해설 위험물령 〔별표 1〕
제4류 위험물

성질	품 명		지정수량	대표물질
인화성액체	특수인화물		50L	• 다이에틸에터 • 이황화탄소
	제1석유류	비수용성	200L	• 휘발유 • 콜로디온
		수용성	400L	• 아세톤
	알코올류		400L	• 변성알코올
	제2석유류	비수용성	1000L	• 등유 • 경유
		수용성	2000L	• 아세트산
	제3석유류	비수용성	2000L	• 중유 • 크레오소트유
		수용성	4000L	• 글리세린
	제4석유류		6000L	• 기어유 • 실린더유
	동식물유류		10000L	• 아마인유

답 ②

★★ 06 질식소화방법에 대한 예를 설명한 것으로 옳은 것은?

12.05.문18
11.03.문14

① 열을 흡수할 수 있는 매체를 화염 속에 투입한다.
② 열용량이 큰 고체물질을 이용하여 소화한다.
③ 중질유 화재시 물을 무상으로 분무한다.
④ 가연성 기체의 분출화재시 주밸브를 닫아서 연료공급을 차단한다.

해설

① 냉각소화	② 냉각소화
③ 질식소화	④ 제거소화

중요

소화의 형태

소화형태	설 명
냉각소화	• **점화원**을 냉각시켜 소화하는 방법 • **증**발잠열을 이용하여 열을 빼앗아 가연물의 온도를 떨어뜨려 화재를 진압하는 소화 • 다량의 물을 뿌려 소화하는 방법 • 가연성 물질을 **발화점 이하**로 **냉각** **기억법** 냉점증발
질식소화	• 공기 중의 **산소농도**를 16%(10~15%) 이하로 희박하게 하여 소화 • 산화제의 농도를 낮추어 연소가 지속될 수 없도록 함 • **산소공급**을 **차단**하는 소화방법 **기억법** 질산

제거소화	• **가연물**을 **제거**하여 소화하는 방법
부촉매소화 (=화학소화, 억제소화)	• **연쇄반응**을 **차단**하여 소화하는 방법 화학적인 방법으로 화재 억제
희석소화	• 기체・고체・액체에서 나오는 분해가스 나 증기의 농도를 낮춰 소화하는 방법

• 부촉매소화=연쇄반응 차단소화

답 ③

07 증기비중을 구하는 식은 다음과 같다. ( ) 안에
들어갈 알맞은 값은?

17.05.문03
16.03.문02
14.03.문14
07.09.문05

$$증기비중 = \frac{분자량}{(\quad)}$$

① 15　　　　② 21
③ 22.4　　　④ 29

 증기비중

$$증기비중 = \frac{분자량}{29}$$

여기서, 29 : 공기의 평균분자량

비교

증기밀도

$$증기밀도[g/L] = \frac{분자량}{22.4}$$

여기서, 22.4 : 기체 1몰의 부피[L]

답 ④

08 물의 물리・화학적 성질에 대한 설명으로 틀린
것은?

16.05.문01
16.03.문18
15.03.문14
13.06.문04

① 수소결합성 물질로서 비점이 높고 비열이
크다.
② 100℃의 액체물이 100℃의 수증기로 변하면
체적이 약 1600배 증가한다.
③ 유류화재에 물을 무상으로 주수하면 질식효
과 이외에 유탁액에 생성되어 유화효과가
나타난다.
④ 비극성 공유결합성 물질로 비점이 높다.

 ④ 비극성 → 극성

물의 물리・화학적 성질
(1) 물의 비열은 1cal/g・℃이다.
(2) 100℃, 1기압에서 증발잠열은 약 539cal/g이다.
(3) 물의 비중은 4℃에서 가장 크다.
(4) 액체상태에서 수증기로 바뀌면 체적이 **1600배**(또는 **1650~
1700배**) 증가한다.
(5) 물 분자 간 결합은 분자 간 인력인 **수소결합**이다.

(6) 물 분자 내의 결합은 수소원자와 산소원자 사이의 결합
인 **극성 공유결합**이다.
(7) **공유결합**은 수소결합보다 **강한 결합**이다.
(8) 비점이 높고 비열이 크다.
(9) 무상주수하면 **질식효과**, **유화효과** 등도 나타난다.

답 ④

09 자연발화의 조건으로 틀린 것은?

18.04.문04
05.05.문18

① 열전도율이 낮을 것
② 발열량이 클 것
③ 주위의 온도가 높을 것
④ 표면적이 작을 것

해설 ④ 작을 것 → 넓을 것

자연발화 조건
(1) 열전도율이 작을 것
(2) 발열량이 클 것
(3) 주위의 온도가 높을 것
(4) 표면적이 넓을 것

비교

자연발화의 방지법
(1) 습도가 높은 곳을 피할 것(건조하게 유지할 것)
(2) 저장실의 온도를 낮출 것
(3) 통풍이 잘 되게 할 것
(4) 퇴적 및 수납시 열이 쌓이지 않게 할 것

답 ④

10 부피비로 질소가 65%, 수소가 15%, 이산화탄소
가 20%로 혼합된 전압이 760mmHg인 기체가
있다. 이때 질소의 분압은 약 몇 mmHg인가?
(단, 모두 이상기체로 간주한다.)

08.09.문11

① 152　　　　② 252
③ 394　　　　④ 494

해설 (1) 기호
• 혼합된 기체의 합 : 760mmHg
• 질소 : 65%=0.65
• 질소분압 : ?

(2) **달톤의 분압법칙**

질소분압=혼합된 기체의 합×질소부피비
　　　　=760mmHg×0.65=494mmHg

중요

법 칙	설 명
달톤의 분압법칙 (Dalton's law of portial pressure)	① 일정온도, 일정압력에서 **여러 가지 이상기체**를 혼합하여 하나의 혼합 기체를 만들 때 혼합기체가 차지 하는 체적은 혼합 전에 각 기체가 차지했던 **체적의 합**과 같고, 혼합 기체의 압력은 각 기체에서 분압 의 합과 같다. ② 혼합가스의 전압력은 각 가스의 분 압의 합과 같다.

그레이엄의 법칙 (Graham's law)	일정온도, 일정압력에서 기체의 확산 속도는 **밀도**의 **제곱근**에 반비례한다.
아보가드로의 법칙 (Avogadro's law)	일정온도, 일정압력하에 있는 모든 기체는 단위체적 속에 같은 수의 분자를 갖는다.
헨리의 법칙 (Henry's law)	일정한 온도에서 일정량의 **용매에 녹는 기체의 양**이 용액과 평형에 있는 기체의 분압에 비례한다.

답 ④

11 화씨온도 122°F는 섭씨온도로 몇 ℃인가?

16.10.문08
14.03.문11

① 40   ② 50
③ 60   ④ 70

해설 섭씨온도

$$\text{℃} = \frac{5}{9}(\text{°F} - 32)$$

여기서, ℃ : 섭씨온도[℃]
　　　°F : 화씨온도[°F]

섭씨온도 $\text{℃} = \frac{5}{9}(\text{°F} - 32) = \frac{5}{9}(122 - 32) = 50\text{℃}$

 중요

섭씨온도와 **켈빈온도**
(1) 섭씨온도

$$\text{℃} = \frac{5}{9}(\text{°F} - 32)$$

여기서, ℃ : 섭씨온도[℃]
　　　°F : 화씨온도[°F]
(2) 켈빈온도

$$K = 273 + \text{℃}$$

여기서, K : 켈빈온도[K]
　　　℃ : 섭씨온도[℃]

비교

화씨온도와 **랭킨온도**
(1) 화씨온도

$$\text{°F} = \frac{9}{5}\text{℃} + 32$$

여기서, °F : 화씨온도[°F]
　　　℃ : 섭씨온도[℃]
(2) 랭킨온도

$$R = 460 + \text{°F}$$

여기서, R : 랭킨온도[R]
　　　°F : 화씨온도[°F]

답 ②

12 연기의 물리·화학적인 설명으로 틀린 것은?
① 화재시 발생하는 연소생성물을 의미한다.

② 연기의 색상은 연소물질에 따라 다양하다.
③ 연기는 기체로만 이루어진다.
④ 연기의 감광계수가 크면 피난장애를 일으킨다.

해설
③ 기체로만 → 고체 또는 액체로

연기의 물리·화학적인 설명
(1) 화재시 발생하는 **연소생성물**을 의미한다.
(2) 연기의 **색상**은 연소물질에 따라 **다양**하다.
(3) 연기는 **고체** 또는 **액체**로 이루어진다.
(4) 연기의 **감광계수**가 **크면 피난장애**를 일으킨다.

답 ③

13 건축물에 화재가 발생할 때 연소확대를 방지하기 위한 계획에 해당되지 않는 것은?

16.03.문04
04.05.문06

① 수직계획   ② 입면계획
③ 수평계획   ④ 용도계획

해설 건축물 내부의 연소확대 방지를 위한 **방화계획**
(1) 수평계획(면적단위)
(2) 수직계획(층단위)
(3) 용도계획(용도단위)

답 ②

14 화재발생시 물을 소화약제로 사용할 수 있는 것은?
① 칼슘카바이드   ② 무기과산화물류
③ 마그네슘분말   ④ 염소산염류

해설
④ 제1류 위험물 : 주수소화

주수소화시 위험한 물질

위험물	발생물질
• 무기과산화물(류) 보기 ②	산소 발생
• 금속분	
• 마그네슘(분말) 보기 ③	
• 알루미늄	수소 발생
• 칼륨(금속칼륨)	
• 나트륨	
• 수소화리튬	
• 칼슘카바이드(탄화칼슘) 보기 ①	아세틸렌 발생
• 가연성 액체의 유류화재	**연소면**(화재면) 확대

용어

주수소화
물을 뿌려 소화하는 방법

답 ④

15 알루미늄분말 화재시 적응성이 있는 소화약제는?
① 물   ② 마른모래
③ 포말   ④ 강화액

해설 알킬알루미늄 : 제3류 위험물

중요

위험물의 소화방법

종 류	소화방법
제1류	물에 의한 **냉각소화**(단, **무기과산화물**은 마른모래 등에 의한 **질식소화**)
제2류	물에 의한 **냉각소화**(단, **황화인·철분·마그네슘·금속분**은 마른모래 등에 의한 **질식소화**)
제3류	**마른모래**, 팽창질석, 팽창진주암에 의한 **질식소화**(마른모래보다 **팽창질석** 또는 **팽창진주암**이 더 효과적)
제4류	**포·분말·CO_2·할론소화약제**에 의한 **질식소화**
제5류	화재 초기에만 대량의 물에 의한 **냉각소화**(단, 화재가 진행되면 자연진화되도록 기다릴 것)
제6류	마른모래 등에 의한 **질식소화**(단, **과산화수소**는 다량의 **물**로 **희석소화**)

답 ②

16 ★★★

제4류 위험물 중 제1석유류, 제2석유류, 제3석유류, 제4석유류를 각 품명별로 구분하는 분류의 기준은?

16.10.문14
11.06.문01
10.09.문20

① 발화점　　　　② 인화점
③ 비중　　　　　④ 연소범위

해설
② 제1석유류~제4석유류의 분류기준 : 인화점

중요

제4류 위험물

구 분	설 명
제1석유류	인화점이 21℃ 미만
제2석유류	인화점이 21~70℃ 미만
제3석유류	인화점이 70~200℃ 미만
제4석유류	인화점이 200~250℃ 미만

답 ②

17 ★★

산소와 질소의 혼합물인 공기의 평균분자량은? (단, 공기는 산소 21vol%, 질소 79vol%로 구성되어 있다고 가정한다.)

16.10.문02
11.06.문03

① 30.84　　　　② 29.84
③ 28.84　　　　④ 27.84

해설
원자량

원 소	원자량
H	1
C	12
N	14
O	16

O_2 : $16 \times 2 \times 0.21 = 6.72$
N_2 : $14 \times 2 \times 0.79 = 22.12$
　　　　　　　　　　28.84

답 ③

18 ★★

고가의 압력탱크가 필요하지 않아서 대용량의 포소화설비에 채용되는 것으로 펌프의 토출관에 압입기를 설치하여 포소화약제 압입용 펌프로 포소화약제를 압입시켜 혼합하는 방식은?

02.09.문10

① 프레져 프로포셔너 방식(pressure proportioner type)
② 프레져 사이드 프로포셔너 방식(pressure side proportioner type)
③ 펌프 프로포셔너 방식(pump proportioner type)
④ 라인 프로포셔너 방식(line proportioner type)

해설 포소화약제의 **혼합장치**(NFPC 105 3조, NFTC 105 1.7)

(1) **펌프 프로포셔너 방식**(펌프 혼합방식)
　㉠ 펌프 토출측과 흡입측에 바이패스를 설치하고, 그 바이패스의 도중에 설치한 어댑터(Adaptor)로 펌프 토출측 수량의 일부를 통과시켜 공기포 용액을 만드는 방식
　㉡ 펌프의 **토출관**과 **흡입관** 사이의 배관 도중에 설치한 흡입기에 펌프에서 토출된 물의 일부를 보내고 **농도조정밸브**에서 조정된 포소화약제의 필요량을 포소화약제 탱크에서 펌프 흡입측으로 보내어 약제를 혼합하는 방식

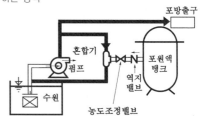

‖ 펌프 프로포셔너 방식 ‖

(2) **프레져 프로포셔너 방식**(차압 혼합방식)
　㉠ 가압송수관 도중에 공기포 소화원액 혼합조(P.P.T)와 혼합기를 접속하여 사용하는 방법
　㉡ **격막방식 휨탱크**를 사용하는 에어휨 혼합방식
　㉢ 펌프와 발포기의 중간에 설치된 벤투리관의 **벤투리작용**과 펌프 가압수의 **포소화약제 저장탱크**에 대한 압력에 의하여 포소화약제를 흡입·혼합하는 방식

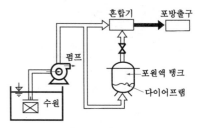

‖ 프레져 프로포셔너 방식 ‖

(3) **라인 프로포셔너 방식(관로 혼합방식)**
　㉠ 급수관의 배관 도중에 포소화약제 흡입기를 설치하여
　　 그 흡입관에서 소화약제를 흡입하여 혼합하는 방식
　㉡ 펌프와 발포기의 중간에 설치된 벤투리관의 **벤투리작**
　　 용에 의하여 포소화약제를 흡입·혼합하는 방식

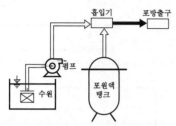

‖ 라인 프로포셔너 방식 ‖

(4) **프레져 사이드 프로포셔너 방식(압입 혼합방식)**
　㉠ 소화원액 가압펌프(압입용 펌프)를 별도로 사용하는
　　 방식
　㉡ 펌프 **토출관**에 압입기를 설치하여 포소화약제 **압입**
　　 용 펌프로 포소화약제를 압입시켜 혼합하는 방식

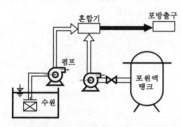

‖ 프레져 사이드 프로포셔너 방식 ‖

기억법 프사압

● 프레져 사이드 프로포셔너 방식=프레셔 사이드
　프로포셔너 방식

(5) **압축공기포 믹싱챔버방식**
　포수용액에 공기를 강제로 주입시켜 **원거리 방수**가 가
　능하고 물 사용량을 줄여 **수손피해**를 **최소화**할 수 있는
　방식

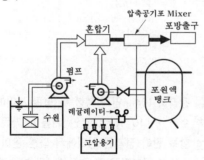

‖ 압축공기포 믹싱챔버방식 ‖

답 ②

★★★
19 전기화재가 발생되는 발화요인으로 틀린 것은?

18.09.문09
16.03.문11
15.05.문16
13.09.문01

① 역률　　　　　② 합선
③ 누전　　　　　④ 과전류

해설　① 해당없음

전기화재를 일으키는 원인
(1) 단락(**합선**)에 의한 발화(배선의 **단락**)
(2) 과부하(**과전류**)에 의한 발화(**과부하**에 의한 발열)
(3) 절연저항 감소(**누전**)에 의한 발화
(4) 전열기기 과열에 의한 발화
(5) 전기불꽃에 의한 발화
(6) 용접불꽃에 의한 발화
(7) 낙뢰에 의한 발화
(8) **정전기**로 인한 스파크 발생

답 ①

★
20 폭발에 대한 설명으로 틀린 것은?

16.03.문05
① 보일러 폭발은 화학적 폭발이라 할 수 없다.
② 분무폭발은 기상폭발에 속하지 않는다.
③ 수증기 폭발은 기상폭발에 속하지 않는다.
④ 화약류 폭발은 화학적 폭발이라 할 수 있다.

해설　② **분무폭발**은 **기상폭발**에 속한다.

기상폭발
(1) 가스폭발(혼합가스폭발)
(2) 분무폭발
(3) 분진폭발

답 ②

제 2 과목　소방유체역학

★★★
21 관로의 손실에 관한 내용 중 등가길이의 의미로
11.10.문26 옳은 것은?

① 부차적 손실과 같은 크기의 마찰손실이 발생
　할 수 있는 직관의 길이
② 배관요소 중 곡관에 해당하는 총길이
③ 손실계수에 손실수두를 곱한 값
④ 배관시스템의 밸브, 벤드, 티 등 추가적 부
　품의 총길이

해설　**등가길이**
부차적 손실과 같은 크기의 마찰손실이 발생할 수 있는 직
관의 길이

등가길이 공식

$$L_e = \frac{KD}{f}$$

여기서, L_e : 등가길이[m]
K : 손실계수
D : 내경[m]
f : 마찰손실계수

• 등가길이＝상당길이＝상당관길이
• 마찰계수＝마찰손실계수

답 ①

22 그림에서 수문의 길이는 1.5m이고 폭은 1m이다. 유체의 비중(s)이 0.8일 때 수문에 수직방향으로 작용하는 압력에 의한 힘 F[kN]의 크기는?

[18.09.문33]
[12.03.문39]

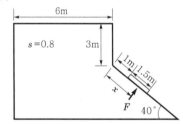

① 96.9   ② 75.5
③ 60.2   ④ 48.5

해설 **(1) 기호**

• A : 1.5m×1m
• s : 0.8
• F : ?

(2) 표면에서 수문 중심까지의 수직거리(h)

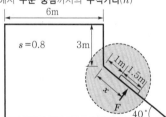

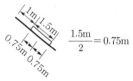

$$\frac{1.5\text{m}}{2} = 0.75\text{m}$$

수면 중심의 수직거리를 구해야 하므로

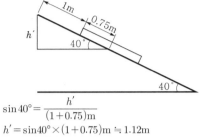

$$\sin 40° = \frac{h'}{(1+0.75)\text{m}}$$
$$h' = \sin 40° \times (1+0.75)\text{m} ≒ 1.12\text{m}$$

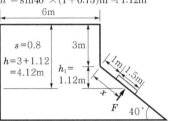

표면에서 수문 중심까지의 수직거리 h는
$$h = (3+1.12)\text{m} = 4.12\text{m}$$

(3) 유체의 비중

$$s = \frac{\gamma}{\gamma_w} = \frac{\rho}{\rho_w}$$

여기서, s : 어떤 물질의 비중(유체의 비중)
γ : 어떤 물질의 비중량(유체의 비중량)[N/m³]
γ_w : 물의 비중량(9800N/m³)
ρ : 어떤 물질의 밀도[kg/m³] 또는 [N·s²/m⁴]
ρ_w : 물의 밀도(1000kg/m³ 또는 1000N·s²/m⁴)

유체의 비중량 γ는
$$\gamma = s \times \gamma_w = 0.8 \times 9800\text{N/m}^3 = 7840\text{N/m}^3$$

(4) 수직분력(수직방향으로 작용하는 압력에 의한 힘)

$$F = \gamma V$$

여기서, F : 수직분력[N]
γ : 비중량[N/m³]
V : 체적[m³]

수직분력 F는
$$F = \gamma V = \gamma h A$$
$$= 7840\text{N/m}^3 \times 4.12\text{m} \times (1.5\text{m} \times 1\text{m})$$
$$≒ 48450\text{N}$$
$$≒ 48.45\text{kN}$$
$$≒ 48.5\text{kN}$$

답 ④

23 간격이 10mm인 평행한 두 평판 사이에 점성계수가 8×10^{-2}N·s/m²인 기름이 가득 차있다. 한쪽 판이 정지된 상태에서 다른 판이 6m/s의 속도로 미끄러질 때 면적 1m²당 받는 힘[N]은? (단, 평판 내 유체의 속도분포는 선형적이다.)

[16.03.문30]
[11.03.문31]
[01.09.문32]

① 12   ② 24
③ 48   ④ 96

해설 (1) 기호

- dy : 10mm=0.01m(1000mm=1m)
- μ : 8×10^{-2}N · s/m²
- du : 6m/s
- τ : ?

(2) 뉴턴(Newton)의 점성법칙(난류)

$$\tau=\frac{F}{A}=\mu\frac{du}{dy}$$

여기서, τ : 전단응력(N/m²)
  F : 힘(N)
  A : 단면적(m²)
  μ : 점성계수(점도)(N · s/m²)
  du : 속도의 변화(m/s)
  dy : 거리(간격)의 변화(m)

전단응력 τ는

$$\tau=\mu\frac{du}{dy}=8\times10^{-2}\text{N · s/m}^2\times\frac{6\text{m/s}}{0.01\text{m}}=48\text{N/m}^2$$

- 면적 1m²당 받는 힘(N)=N/m²

비교

뉴턴(Newton)의 점성법칙(층류)

$$\tau=\frac{p_A-p_B}{l}\cdot\frac{r}{2}$$

여기서, τ : 전단응력(N/m²)
  p_A-p_B : 압력강하(N/m²)
  l : 관의 길이(m)
  r : 반경(m)

답 ③

★★
24 내경이 D인 배관에 비압축성 유체인 물이 V의
17.09.문27 속도로 흐르다가 갑자기 내경이 $3D$가 되는 확
13.06.문35 대관으로 흘렀다. 확대된 배관에서 물의 속도는
어떻게 되는가?

① 변화 없다.　　② $\frac{1}{3}$로 줄어든다.

③ $\frac{1}{6}$로 줄어든다.　④ $\frac{1}{9}$로 줄어든다.

해설 유량

$$Q=AV=\left(\frac{\pi D^2}{4}\right)V$$

여기서, Q : 유량(m³/s)
  A : 단면적(m³)
  V : 유속(m/s)
  D : 내경(m)

유속 V는

$$V=\frac{Q}{\frac{\pi D^2}{4}}\propto\frac{1}{D^2}=\frac{1}{(3D)^2}=\frac{1}{9D^2}=\frac{1}{9}\text{배}$$

중요

돌연 확대관에서의 손실

$$H=K\frac{(V_1-V_2)^2}{2g}$$

여기서, H : 손실수두(m)
  K : 손실계수
  V_1 : 축소관 유속(m/s)
  V_2 : 확대관 유속(m/s)
  V_1-V_2 : 입·출구 속도차(m/s)
  g : 중력가속도(9.8m/s²)

‖돌연 확대관‖

답 ④

★★★
25 온도가 20℃이고, 압력이 100kPa인 공기를 가
17.05.문21 역단열 과정으로 압축하여 체적을 30%로 줄였
15.03.문36 을 때의 압력(kPa)은? (단, 공기의 비열비는 1.4
12.03.문23 이다.)

① 263.9

② 324.5

③ 403.5

④ 539.5

해설 (1) 기호

- T_1 : 273+20℃=293K
- P_1 : 100kPa
- v_2 : 30%=0.3
- P_2 : ?
- K : 1.4

(2) 단열변화(단열 과정)

$$\frac{P_2}{P_1}=\left(\frac{v_1}{v_2}\right)^K$$

여기서, P_1, P_2 : 변화 전·후의 압력(kPa)
  v_1, v_2 : 변화 전·후의 비체적(m³/kg)
  K : 비열비

$$\frac{P_2}{100\text{kPa}}=\left(\frac{1}{0.3}\right)^{1.4}$$

$$P_2=\left(\frac{1}{0.3}\right)^{1.4}\times100\text{kPa}\fallingdotseq539.5\text{kPa}$$

용어

단열변화
손실이 없는 상태에서의 과정

비교

단열변화

$$\frac{T_2}{T_1}=\left(\frac{P_2}{P_1}\right)^{\frac{k-1}{k}}$$

여기서, T_1, T_2 : 변화 전·후의 온도(273+℃)[K]
P_1, P_2 : 변화 전·후의 압력[kPa]
k : 비열비(1.4)

답 ④

★★★ 26

저장용기에 압력이 800kPa이고, 온도가 80℃인 이산화탄소가 들어 있다. 이산화탄소의 비중량[N/m³]은? (단, 일반기체상수는 8314J/kmol·K 이다.)

18.03.문22
17.05.문30
16.05.문30
15.09.문30
13.06.문31
10.03.문26

① 113.4

② 117.6

③ 121.3

④ 125.4

해설 (1) 기호

• P : 800kPa=800kN/m²(1Pa=1N/m²)
• T : (273+80)℃=353K
• γ : ?
• R : 8314J/kmol·K=8.314kJ/kmol·K
  =8.314kN·m/kmol·K
  (1J=1N·m)

(2) 이상기체 상태 방정식

$$\rho=\frac{PM}{RT}$$

여기서, ρ : 밀도[kg/m³] 또는 [N·s²/m⁴]
P : 압력[kPa] 또는 [kN/m²]
M : 분자량[kg/kmol]
R : 기체상수[kJ/kmol·K] 또는 [kN·m/kmol·K]
T : (273+℃)[K]

밀도 ρ는

$$\rho=\frac{PM}{RT}$$

$$=\frac{800\text{kN/m}^2\times44\text{kg/kmol}}{8.314\text{kN}\cdot\text{m/kmol}\cdot\text{K}\times353\text{K}}$$

$$\fallingdotseq 12\text{kg/m}^3=12\text{N}\cdot\text{s}^2/\text{m}^4$$

• 이산화탄소의 분자량(M) : 44kg/kmol

(3) 비중량

$$\gamma=\rho g$$

여기서, γ : 비중량[N/m³]
ρ : 밀도[N·s²/m⁴]
g : 중력가속도(9.8m/s²)

비중량 γ는

$$\gamma=\rho g=12\text{N}\cdot\text{s}^2/\text{m}^4\times9.8\text{m/s}^2=117.6\text{N/m}^3$$

답 ②

★★★ 27

다음 중 캐비테이션(공동현상) 방지방법으로 옳은 것을 모두 고른 것은?

16.10.문29
15.09.문37
14.05.문33
14.09.문34
11.03.문83

㉠ 펌프의 설치위치를 낮추어 흡입양정을 작게 한다.
㉡ 흡입관 지름을 작게 한다.
㉢ 펌프의 회전수를 작게 한다.

① ㉠, ㉡

② ㉠, ㉢

③ ㉡, ㉢

④ ㉠, ㉡, ㉢

해설 공동현상(cavitation, 캐비테이션)

개요	펌프의 흡입측 배관 내의 물의 정압이 기존의 증기압보다 낮아져서 기포가 발생되어 물이 흡입되지 않는 현상
발생 현상	• **소음**과 **진동** 발생 • 관 부식(펌프깃의 침식) • **임펠러의 손상**(수차의 날개를 해친다.) • 펌프의 성능 저하(양정곡선 저하) • 효율곡선 **저하**
발생 원인	• 펌프가 물탱크보다 부적당하게 **높게** 설치되어 있을 때 • 펌프 **흡입수두**가 지나치게 **클 때** • 펌프 **회전수**가 지나치게 **높을 때** • 관내를 흐르는 **물의 정압**이 그 물의 온도에 해당하는 증기압보다 **낮을 때**
방지 대책	• 펌프의 흡입수두를 작게 한다. (흡입양정을 작게 한다.) • 펌프의 마찰손실을 작게 한다. • 펌프의 임펠러속도(**회전수**)를 **작게** 한다. • 펌프의 설치위치를 수원보다 낮게 한다. • 양흡입펌프를 사용한다. (펌프의 흡입측을 가압한다.) • 관내의 물의 정압을 그때의 증기압보다 높게 한다. • **흡입관**의 **구경**을 **크게** 한다. • 펌프를 **2개** 이상 설치한다. • 회전차를 수중에 완전히 잠기게 한다.

비교

수격작용(water hammering)

개요	• 배관 속의 물흐름을 급히 차단하였을 때 동압이 정압으로 전환되면서 일어나는 쇼크(shock)현상 • 배관 내를 흐르는 유체의 유속을 급격하게 변화시키므로 압력이 상승 또는 하강하여 관로의 벽면을 치는 현상
발생 원인	• 펌프가 갑자기 정지할 때 • 급히 밸브를 개폐할 때 • 정상운전시 유체의 압력변동이 생길 때
방지 대책	• **관**의 관경(직경)을 크게 한다. • 관내의 유속을 낮게 한다. (관로에서 일부 고압수를 방출한다.) • **조**압수조(surge tank)를 관선에 설치한다. • **플**라이휠(fly wheel)을 설치한다. • 펌프 송출구(토출측) 가까이에 밸브를 설치한다. • **에**어챔버(air chamber)를 설치한다.

기억법 수방관플에

답 ②

⭐⭐⭐
28
14.05.문30
14.03.문24
13.03.문38
12.09.문25
11.06.문22

다음 중 이상유체(ideal fluid)에 대한 설명으로 가장 적합한 것은?

① 점성이 없는 유체
② 압축성이 없는 유체
③ 점성과 압축성이 없는 유체
④ 뉴턴의 점성법칙을 만족하는 유체

해설 유체의 종류

종류	설명
실제유체	**점**성이 **있**으며, **압**축성인 유체 **기억법** 실점있압(실점이 있는 사람만 압박해!)
이상유체	① 비점성, 비압축성 유체 ② 점성과 압축성이 없는 유체
압축성 유체	**기**체와 같이 체적이 변화하는 유체(밀도가 변하는 유체) **기억법** 기압(기압)
비압축성 유체	**액**체와 같이 체적이 변화하지 않는 유체
점성 유체	유동시 마찰저항이 유발되는 유체
비점성 유체	유동시 마찰저항이 유발되지 않는 유체

답 ③

⭐⭐
29
18.03.문26
10.05.문26
09.05.문29

안지름이 5mm인 원형 직선관 내에 $0.2 \times 10^{-3} m^3/min$의 물이 흐르고 있다. 유량을 두 배로 하기 위해서는 직선관 양단의 압력차가 몇 배가 되어야 하는가? (단, 물의 동점성 계수는 $10^{-6} m^2/s$이다.)

① 1.14배
② 1.41배
③ 2배
④ 4배

해설 (1) 기호

- D : 5mm=0.005m(1000mm=1m)
- Q : $0.2 \times 10^{-3} m^3/min$
- ν : $10^{-6} m^2/s$
- ΔP : ?

(2) 하겐-포아젤의 법칙

$$\Delta P = \frac{128 \mu Q l}{\pi D^4} \propto Q$$

여기서, ΔP : 압력차(압력강하)[kPa]
　　　　μ : 점성계수[kg/m·s] 또는 [N·s/m²]
　　　　Q : 유량[m³/s]
　　　　l : 길이[m]
　　　　D : 내경[m]

- 유량(Q)을 2배로 하기 위해서는 직선관 양단의 **압력차**(ΔP)가 2배가 되어야 한다.
- 이 문제는 비례관계로만 풀면 되지 위의 수치를 적용할 필요는 없음

답 ③

⭐
30

중력가속도가 $10.6 m/s^2$인 곳에서 어떤 금속체의 중량이 100N이었다. 중력가속도가 $1.67 m/s^2$인 달 표면에서 이 금속체의 중량[N]은?

① 13.1
② 14.2
③ 15.8
④ 17.2

해설 (1) 기호

- g_{c_1} : $10.6 m/s^2$
- W_1 : 100N
- g_{c_2} : $1.67 m/s^2$
- W_2 : ?

(2) 힘

$$F = \frac{Wg}{g_c}$$

여기서, F : 힘[N]
　　　　W : 중량[N]
　　　　g : 표준중력가속도(9.8m/s²)
　　　　g_c : 중력가속도[m/s²]

$$\frac{g_c}{g} = \frac{W}{F}$$

$$\frac{W}{F} = \frac{g_c}{g} \propto g_c$$

$$g_{c_1} : W_1 = g_{c_2} : W_2$$

$$10.6\text{m/s}^2 : 100\text{N} = 1.67\text{m/s}^2 : W_2$$

$10.6\,W_2 = 100 \times 1.67$ ← 계산편의를 위해 단위 생략

$$W_2 = \frac{100 \times 1.67}{10.6} ≒ 15.8\text{N}$$

답 ③

★★★
31
17.03.문34
15.03.문37
13.03.문28
03.08.문22

관 속에 물이 흐르고 있다. 피토-정압관을 수은 이 든 U자관에 연결하여 전압과 정압을 측정하 였더니 20mm의 액면 차가 생겼다. 피토-정압관 의 위치에서의 유속(m/s)은? (단, 수은의 비중 은 13.6이고, 유량계수는 0.9이며, 유체는 정상 상태, 비점성, 비압축성 유동이라고 가정한다.)

① 2.0   ② 3.0
③ 11.0   ④ 12.0

해설 (1) **기호**

- $H_{수은}$: 20mmHg
- V : ?
- s : 13.6
- C : 0.9

(2) **물의 높이**

$$H_물 = sH_{수은}$$

여기서, $H_물$: 물의 높이[m]
    s : 수은의 비중
    $H_{수은}$: 수은주[m]

물의 높이 $H_물$ 은

$$H_물 = sH_{수은} = 13.6 \times 20\text{mmHg}$$
$$≒ 272\text{mm} = 0.272\text{m}$$

- 272mm=0.272m(1000mm=1m)

(3) **토리첼리의 식**

$$V = C\sqrt{2gH}$$

여기서, V : 유속[m/s]
    C : 유량계수
    g : 중력가속도(9.8m/s²)
    H : 물의 높이[m]

유속 V는
$$V = C\sqrt{2gH} = 0.9 \times \sqrt{2 \times 9.8\text{m/s}^2 \times 0.272\text{m}}$$
$$≒ 2\text{m/s}$$

답 ①

★★
32
14.03.문33
10.03.문38

그림과 같이 속도 V인 자유제트가 곡면에 부딪 혀 θ의 각도로 유동방향이 바뀐다. 유체가 곡면 에 가하는 힘의 x, y 성분의 크기인 F_x와 F_y는 θ가 증가함에 따라 각각 어떻게 되겠는가? (단, 유동단면적은 일정하고, $0° < \theta < 90°$이다.)

① F_x : 감소한다, F_y : 감소한다.
② F_x : 감소한다, F_y : 증가한다.
③ F_x : 증가한다, F_y : 감소한다.
④ F_x : 증가한다, F_y : 증가한다.

해설 (1) **곡면판이 받는 x방향의 힘**

$$F_x = \rho Q V(1 - \cos\theta)$$

여기서, F_x : 곡면판이 받는 x방향의 힘[N]
    ρ : 밀도[N·s²/m⁴]
    Q : 유량[m³/s]
    V : 속도[m/s]
    θ : 유출방향

(2) **곡면판이 받는 y방향의 힘**

$$F_y = \rho Q V \sin\theta$$

여기서, F_y : 곡면판이 받는 y방향의 힘[N]
    ρ : 밀도[N·s²/m⁴]
    Q : 유량[m³/s]
    V : 속도[m/s]
    θ : 유출방향

- F_x와 F_y는 θ(유출방향)에 비례하므로 F_x : **증가**, F_y : **증가**

중요

각도(θ)값

힘	각도(θ)
수직방향의 힘이 **최소**일 때	0°
수직방향의 힘이 **최대**일 때	90°

답 ④

★★★
33
18.03.문37
15.05.문27
12.03.문30

물의 체적을 2% 축소시키는 데 필요한 압력[MPa] 은? (단, 물의 체적탄성계수는 2.08GPa이다.)

① 32.1   ② 41.6
③ 45.4   ④ 52.5

(1) 기호

- $\dfrac{\Delta V}{V}$: 2%=0.02

- ΔP : ?

- K : 2.08GPa=2.08×10^3MPa(G : 10^9, M : 10^6)

(2) 체적탄성계수

$$K=-\dfrac{\Delta P}{\dfrac{\Delta V}{V}}$$

여기서, K : 체적탄성계수[kPa]
ΔP : 가해진 압력[kPa]
$\dfrac{\Delta V}{V}$: 체적의 감소율(체적의 축소율)
ΔV : 체적의 변화(체적의 차)[m^3]
V : 처음 체적[m^3]

(3) 압축률

$$\beta=\dfrac{1}{K}$$

여기서, β : 압축률[m^2/N]
K : 체적탄성계수[Pa] 또는 [N/m^2]

$K=-\dfrac{\Delta P}{\dfrac{\Delta V}{V}}$ 에서

가해진 압력 ΔP 는

$$\Delta P=-\dfrac{\Delta V}{V}\cdot K$$

$$=-0.02\times(2.08\times10^3\text{MPa})$$

$$=-41.6\text{MPa}$$

- '$-$'는 누르는 방향의 위 또는 아래를 나타내는 것으로 특별한 의미는 없다.

 용어

체적탄성계수
어떤 압력으로 누를 때 이를 떠받치는 힘의 크기를 의미하며, 체적탄성계수가 클수록 압축하기 힘들다.

답 ②

★★★
34 유효낙차가 65m이고 유량이 20m^3/s인 수력발
17.09.문24
17.05.문36 전소에서 수차의 이론출력[kW]은?
10.03.문39
03.05.문80 ① 12740   ② 1300
③ 12.74   ④ 1.3

(1) 기호

- H : 65m
- Q : 20m^3/s
- P : ?

(2) 수동력(이론동력, 이론출력)

$$P=0.163QH$$

여기서, P : 전동력[kW]
Q : 유량[m^3/min]
H : 전양정[m]

수동력 P는

$P=0.163QH$

$=0.163\times20\text{m}^3\text{/s}\times65\text{m}$

$=0.163\times20\text{m}^3/\dfrac{1}{60}\text{min}\times65\text{m}$

$=0.163\times(20\times60)\text{m}^3\text{/min}\times65\text{m}$

$≒12740\text{kW}$

중요

(1) 전동력(모터동력)

$$P=\dfrac{0.163QH}{\eta}K$$

여기서, P : 전동력[kW]
Q : 유량[m^3/min]
H : 전양정[m]
K : 전달계수
η : 효율

(2) 축동력

$$P=\dfrac{0.163QH}{\eta}$$

여기서, P : 축동력[kW]
Q : 유량[m^3/min]
H : 전양정[m]
η : 효율

답 ①

★★★
35 안지름이 2cm인 원관 내에 물을 흐르게 하여 층
15.09.문27
14.09.문33 류 상태로부터 점차 유속을 빠르게 하여 완전난
05.05.문23 류 상태로 될 때의 한계유속[cm/s]은? (단, 물
의 동점성 계수는 0.01cm^2/s, 완전난류가 되는
임계 레이놀즈수는 4000이다.)
① 10   ② 15
③ 20   ④ 40

(1) 기호

- D : 2cm
- V : ?
- ν : 0.01cm^2/s
- Re : 4000

(2) 레이놀즈수

$$Re=\dfrac{DV\rho}{\mu}=\dfrac{DV}{\nu}$$

여기서, Re : 레이놀즈수
D : 내경[m]
V : 유속[m/s]
ρ : 밀도[kg/m^3]
μ : 점도[kg/m·s]
ν : 동점성 계수$\left(\dfrac{\mu}{\rho}\right)$[$m^2$/s]

유속 V는

$$V=\dfrac{Re\nu}{D}=\dfrac{4000\times0.01\text{cm}^2\text{/s}}{2\text{cm}}=20\text{cm/s}$$

답 ③

★
36 세 액체가 그림과 같은 U자관에 들어있을 때, 가운데
13.06.문25 유체 S_2의 비중은 얼마인가? (단, 비중 $S_1=1$, $S_3=$
2, $h_1=20cm$, $h_2=10cm$, $h_3=30cm$이다.)

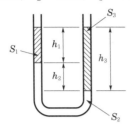

① 1　　　　② 2
③ 4　　　　④ 8

해설 **(1) 기호**

- $S_1=1$
- $S_2:?$
- $S_3=2$
- $h_1=20cm=0.2m(100cm=1m)$
- $h_2=10cm=0.1m(100cm=1m)$
- $h_3=30cm=0.3m(100cm=1m)$

(2) 비중

$$S=\frac{\gamma}{\gamma_w}=\frac{\rho}{\rho_w}$$

여기서, S : 비중
　γ : 어떤 물질의 비중량(N/m³)
　γ_w : 물의 비중량(9800N/m³)
　ρ : 어떤 물질의 밀도(kg/m³)
　ρ_w : 물의 밀도(1000kg/m³)
어떤 물질의 비중량 γ는
$\gamma=S\gamma_w$ ·················· ㉠

(3) 압력

$$P=\gamma h$$　······· ㉡

여기서, P : 압력(N/m²)
　γ : 비중량(N/m³)
　h : 높이(m)
㉠식을 ㉡식에 대입하면

 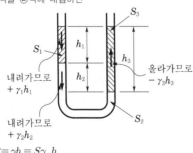

내려가므로
$+\gamma_1 h_1$

내려가므로
$+\gamma_2 h_2$

올라가므로
$-\gamma_3 h_3$

$P=\gamma h=S\gamma_w h$
$\gamma_1 h_1+\gamma_2 h_2-\gamma_3 h_3=0$

$S_1\gamma_w h_1+S_2\gamma_w h_2-S_3\gamma_w h_3=0$
$1\times 9800N/m^3\times 0.2m+S_2\times 9800N/m^3\times 0.1m-$
$2\times 9800N/m^3\times 0.3m=0$
$1960+980S_2-5880=0$ ← 계산편의를 위해 단위 생략
$980S_2-3920=0$
$980S_2=3920$
$S_2=\frac{3920}{980}=4$

답 ③

★★
37 물이 들어가 있는 그림과 같은 수조에서 바닥에
10.05.문27 지름 D의 구멍이 있다. 모든 손실과 표면장력
08.03.문34 의 영향을 무시할 때, 바닥 아래 y지점에서의
분류 반지름 r의 값은? (단, H는 일정하게 유
지된다고 가정한다.)

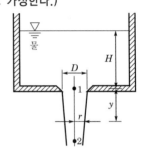

① $r=\frac{\pi D^2}{4}\left(\frac{H+y}{H}\right)^{\frac{1}{2}}$

② $r=\frac{D}{4}\left(\frac{H+y}{H}\right)^{\frac{1}{4}}$

③ $r=\frac{D}{2}\left(\frac{H}{H+y}\right)^{\frac{1}{4}}$

④ $r=\frac{D}{2}\left(\frac{H+y}{H}\right)^{\frac{1}{2}}$

해설 **(1) 유량**

$$Q=A_1 V_1=A_2 V_2$$

여기서, Q : 유량(m³/s)
　A_1, A_2 : 단면적(m²)
　V_1, V_2 : 유속(m/s)

(2) 유속

$$V=\sqrt{2gH}$$

여기서, V : 유속(m/s)
　g : 중력가속도(9.8m/s²)
　H : 높이(m)
그림에서
$A_1=\pi\left(\frac{D}{2}\right)^2$, $V_1=\sqrt{2gH}$
$A_2=\pi r^2$, $V_2=\sqrt{2g(H+y)}$

$$A_1 V_1 = A_2 V_2$$

$$\pi \left(\frac{D}{2}\right)^2 \cdot \sqrt{2gH} = \pi r^2 \cdot \sqrt{2g(H+y)}$$

$$\left(\frac{D}{2}\right)^2 \cdot \sqrt{2gH} = r^2 \cdot \sqrt{2g(H+y)}$$

$$\left(\frac{D}{2}\right)^4 \cdot 2gH = r^4 \cdot 2g(H+y)$$

$$\left(\frac{D}{2}\right)^4 \cdot \frac{2gH}{2g(H+y)} = r^4$$

$$r^4 = \left(\frac{D}{2}\right)^4 \cdot \frac{2gH}{2g(H+y)} = \left(\frac{D}{2}\right)^4 \cdot \frac{H}{H+y}$$

$$r = \frac{D}{2}\left(\frac{H}{H+y}\right)^{\frac{1}{4}}$$

답 ③

★★★
38 가로 80cm, 세로 50cm이고 300℃로 가열된
17.05.문31
16.03.문23
15.09.문25
13.06.문40
평판에 수직한 방향으로 25℃의 공기를 불어주고 있다. 대류열전달계수가 25W/m²·K일 때 공기를 불어넣는 면에서의 열전달률[kW]은?

① 2.04   ② 2.75

③ 5.16   ④ 7.33

해설 (1) 기호

- A : 80cm×50cm=0.8m×0.5m(100cm=1m)
- T_2 : 273+300℃=573K
- T_1 : 273+25℃=298K
- h : 25W/m²·K
- $\mathring{q}$: ?

(2) 대류(열전달률)

$$\mathring{q} = Ah(T_2 - T_1)$$

여기서, $\mathring{q}$: 대류열류(열전달률)[W]
    A : 대류면적[m²]
    h : 대류열전달계수[W/m²·℃]
    $T_2 - T_1$: 온도차[℃] 또는 [K]

열전달률 $\mathring{q}$ 는
$\mathring{q} = Ah(T_2 - T_1)$
$= (0.8\text{m} \times 0.5\text{m}) \times 25\text{W/m}^2 \cdot \text{K} \times (573-298)\text{K}$
$= 2750\text{W} = 2.75\text{kW}$

- 1000W=1kW이므로 2750W=2.75kW

답 ②

★
39 15℃의 물 24kg과 80℃의 물 85kg을 혼합한
15.09.문03
15.05.문19
14.05.문03
11.10.문18
경우, 최종 물의 온도[℃]는?

① 32.8   ② 42.5

③ 65.7   ④ 75.5

해설 (1) 기호

- ΔT_1 : $x-15$℃
- m_1 : 24kg
- ΔT_2 : $x-80$℃
- m_2 : 85kg

(2) 열량

$$Q = mC\Delta T + rm$$

여기서, Q : 열량[kcal]
    m : 질량[kg]
    C : 비열[kcal/kg·℃]
    ΔT : 온도차[℃]
    r : 융해열 또는 기화열[kcal/kg](물의 기화열 539kcal/kg)

$Q = mC\Delta T$의 변형식

- 24kg 물이 얻은 열용량=-85kg 물이 잃은 열용량
- $m_1 C\Delta T_1 = -m_2 C\Delta T_2$

$24\text{kg} \times 1\text{kcal/kg} \cdot ℃ \times (x-15)℃$
$= -85\text{kg} \times 1\text{kcal/kg} \cdot ℃ \times (x-80)℃$
$24x - 360 = -85x + 6800$
$24x + 85x = 6800 + 360$
$109x = 7160$
$x = \dfrac{7160}{109} ≒ 65.7℃$

답 ③

★★
40 옥내소화전용 소방펌프 2대를 직렬로 연결하였다.
14.09.문39
03.03.문24
마찰손실을 무시할 때 기대할 수 있는 효과는?

① 펌프의 양정은 증가하나 유량은 감소한다.
② 펌프의 유량은 증대하나 양정은 감소한다.
③ 펌프의 양정은 증가하나 유량과는 무관한다.
④ 펌프의 유량은 증대하나 양정과는 무관하다.

해설 **펌프**의 연결

직렬연결	병렬연결
① 토출량(양수량, 유량) : Q	① 토출량(양수량, 유량) : $2Q$
② 양정 : $2H$	② 양정 : H
③ 토출압 : $2P$	③ 토출압 : P
직렬연결	병렬연결

답 ③

제3과목 소방관계법규

41 소방시설 설치 및 관리에 관한 법령에서 정하는 특정소방대상물의 분류로 틀린 것은?
`11.10.문52`

① 카지노영업소－위락시설
② 박물관－문화 및 집회시설
③ 물류터미널－운수시설
④ 변전소－업무시설

해설 ③ 물류터미널 : 창고시설

소방시설법 시행령 [별표 2]
운수시설
(1) 여객자동차터미널
(2) 철도 및 도시철도 시설(정비창 등 관련시설 포함)
(3) 공항시설(항공관제탑 포함)
(4) 항만시설 및 종합여객시설

비교

소방시설법 시행령 [별표 2]
창고시설
(1) 창고(물품저장시설로서 냉장·냉동 창고 포함)
(2) 하역장
(3) **물류터미널**
(4) 집배송시설

답 ③

42 소방기본법상 관계인의 소방활동을 위반하여 정당한 사유없이 소방대가 현장에 도착할 때까지 사람을 구출하는 조치 또는 불을 끄거나 불이 번지지 아니하도록 하는 조치를 하지 아니한 자에 대한 벌칙으로 옳은 것은?
`18.04.문51`
`17.05.문55`
`16.10.문59`
`16.03.문42`
`07.03.문45`

① 100만원 이하의 벌금
② 200만원 이하의 벌금
③ 300만원 이하의 벌금
④ 1000만원 이하의 벌금

해설 **100만원 이하의 벌금**
(1) 관계인의 **소방활동 미수행**(기본법 54조)
(2) **피난명령** 위반(기본법 54조)
(3) 위험시설 등에 대한 긴급조치 방해(기본법 54조)
(4) 거짓보고 또는 자료 미제출자(공사업법 38조)
(5) **관계공무원**의 출입·조사·**검사 방해**(공사업법 38조)
(6) 정당한 사유없이 물의 **사용**이나 수도의 개폐장치의 사용 또는 조작을 하지 못하게 하거나 **방해**한 자(기본법 54조)
(7) 소방대의 생활안전활동을 방해한 자(기본법 54조)

기억법 피1(차일피일)

답 ①

43 소방시설 설치 및 관리에 관한 법령상 무창층으로 판정하기 위한 개구부가 갖추어야 할 요건으로 틀린 것은?
`14.03.문48`
`12.09.문54`
`11.06.문49`
`05.09.문46`

① 크기는 반지름 30cm 이상의 원이 통과할 수 있을 것
② 해당 층의 바닥면으로부터 개구부 밑부분까지 높이가 1.2m 이내일 것
③ 도로 또는 차량이 진입할 수 있는 빈터를 향할 것
④ 화재시 건축물로부터 쉽게 피난할 수 있도록 창살이나 그 밖의 장애물이 설치되지 않을 것

해설
 ① 30cm 이상 → 50cm 이상

소방시설법 시행령 2조
무창층의 개구부의 기준
(1) 개구부의 크기는 지름 **50cm** 이상의 원이 통과할 수 있을 것
(2) 해당 층의 바닥면으로부터 개구부 밑부분까지의 높이가 **1.2m** 이내일 것
(3) 개구부는 **도로** 또는 **차량**이 진입할 수 있는 **빈터**를 향할 것
(4) 화재시 건축물로부터 **쉽게 피난**할 수 있도록 개구부에 창살 그 밖의 장애물이 설치되지 않을 것
(5) 내부 또는 외부에서 **쉽게** 부수거나 열 수 있을 것

기억법 무125

답 ①

44 특정소방대상물의 건축·대수선·용도변경 또는 설치 등을 위한 공사를 시공하는 자가 공사현장에서 인화성 물품을 취급하는 작업 등 대통령령으로 정하는 작업을 하기 전에 설치하고 유지·관리해야 하는 임시소방시설의 종류가 아닌 것은? (단, 용접·용단 등 불꽃을 발생시키거나 화기를 취급하는 작업이다.)
`17.09.문54`
`17.05.문41`

① 간이소화장치
② 비상경보장치
③ 자동확산소화기
④ 간이피난유도선

해설 소방시설법 시행령 〔별표 8〕
임시소방시설의 종류

종류	설명
소화기	–
간이소화장치	물을 방사하여 **화재**를 **진화**할 수 있는 장치로서 **소방청장**이 정하는 성능을 갖추고 있을 것
비상경보장치	화재가 발생한 경우 주변에 있는 작업자에게 **화재사실**을 **알릴** 수 있는 장치로서 **소방청장**이 정하는 성능을 갖추고 있을 것
간이피난유도선	화재가 발생한 경우 **피난구 방향**을 **안내**할 수 있는 장치로서 **소방청장**이 정하는 성능을 갖추고 있을 것
가스누설경보기	**가연성 가스**가 누설 또는 발생된 경우 **탐지**하여 **경보**하는 장치로서 **소방청장**이 실시하는 형식승인 및 제품검사를 받은 것
비상조명등	**화재발생시** 안전하고 원활한 피난활동을 할 수 있도록 **자동점등**되는 조명장치로서 **소방청장**이 정하는 성능을 갖추고 있을 것
방화포	**용접·용단** 등 작업시 발생하는 불티로부터 가연물이 점화되는 것을 방지해주는 **천** 또는 **불연성 물품**으로서 **소방청장**이 정하는 성능을 갖추고 있을 것

비교

소방시설법 시행령 〔별표 8〕
임시소방시설을 설치하여야 하는 공사의 종류와 규모

공사 종류	규모
간이소화장치	• 연면적 **3천㎡** 이상 • 지하층, 무창층 또는 **4층** 이상의 층. 바닥면적이 **600㎡** 이상인 경우만 해당
비상경보장치	• 연면적 **400㎡** 이상 • 지하층 또는 무창층. 바닥면적이 **150㎡** 이상인 경우만 해당
간이피난유도선	• 바닥면적이 **150㎡** 이상인 지하층 또는 무창층의 화재위험작업현장에 설치
소화기	건축허가 등을 할 때 소방본부장 또는 소방서장의 동의를 받아야 하는 특정소방대상물의 신축·증축·개축·이전·용도변경 또는 대수선 등을 위한 공사 중 화재위험작업현장에 설치
가스누설경보기 비상조명등	바닥면적이 **150㎡** 이상인 지하층 또는 무창층의 화재위험작업현장에 설치
방화포	용접·용단 작업이 진행되는 화재위험작업현장에 설치

답 ③

45
16.10.문54

보일러, 난로, 건조설비, 가스·전기시설, 그 밖에 화재발생 우려가 있는 설비 또는 기구 등의 위치·구조 및 관리와 화재예방을 위하여 불을 사용할 때 지켜야 하는 사항은 다음 중 어느 것으로 정하는가?

① 대통령령　　② 총리령
③ 행정안전부령　　④ 소방청훈령

해설 대통령령
(1) 소방**장**비 등에 대한 **국**고보조기준(기본법 9조)
(2) **불**을 **사용**하는 설비의 관리사항을 정하는 기준(화재예방법 17조)
(3) **특**수가연물 저장·취급(화재예방법 17조)
(4) **방**염성능기준(소방시설법 20조)
(5) 건축허가 등의 동의대상물의 범위(소방시설법 6조)
(6) 소방시설관리업의 등록기준(소방시설법 29조)
(7) 소방시설업의 업종별 영업범위(공사업법 4조)
(8) 소방공사감리의 종류 및 대상에 따른 감리원 배치, 감리의 방법(공사업법 16조)
(9) 위험물의 정의(위험물법 2조)
(10) 탱크안전성능검사의 내용(위험물법 8조)
(11) 제조소 등의 안전관리자의 자격(위험물법 15조)

기억법 대국장 특방(**대구** 시**장**에서 **특**수 **방**한복 지급)

답 ①

46
14.03.문45
12.09.문42

소방시설공사업자는 소방시설착공신고서의 중요한 사항이 변경된 경우에는 해당서류를 첨부하여 변경일로부터 며칠 이내에 소방본부장 또는 소방서장에게 신고하여야 하는가?

① 7일　　② 15일
③ 21일　　④ 30일

해설 30일
(1) 소방시설 착공신고서의 중요사항 변경신고(공사업규칙 12조)
(2) **소방시설업** 등록사항 **변경신고**(공사업규칙 6조)
(3) 위험물안전관리자의 **재선임**(위험물법 15조)
(4) 소방안전관리자의 **재선임**(소방시설법 시행규칙 14조)
(5) **도급계약** 해지(공사업법 23조)
(6) 소방기술자 실무교육기관 지정서 발급(공사업규칙 32조)
(7) 소방공사감리자 변경서류제출(공사업규칙 15조)
(8) **승계**(위험물법 10조)
(9) 위험물안전관리자의 직무대행(위험물법 15조)
(10) 탱크시험자의 변경신고일(위험물법 16조)

답 ④

47
16.05.문42
12.05.문56

시장지역에서 화재로 오인할 만한 우려가 있는 불을 피우거나 연막소독을 한 자가 소방본부장 또는 소방서장에게 신고를 하지 아니하여 소방자동차를 출동하게 한 때에 과태료 부과 금액 기준으로 옳은 것은?

① 20만원 이하　　② 50만원 이하
③ 100만원 이하　　④ 200만원 이하

해설 기본법 57조
과태료 20만원 이하
연막소독 신고를 하지 아니하여 소방자동차를 출동하게 한 자

중요
기본법 19조
화재로 오인할 만한 불을 피우거나 연막소독시 신고 지역
(1) **시장**지역
(2) **공장·창고**가 밀집한 지역
(3) **목조건물**이 밀집한 지역
(4) **위험물**의 **저장** 및 **처리시설**이 밀집한 지역
(5) **석유화학제품**을 생산하는 공장이 있는 지역
(6) 그 밖에 **시·도**의 **조례**로 정하는 지역 또는 장소

답 ①

★
48 특정소방대상물의 소방시설 등에 대한 자체점검 기술자격자의 범위에서 '행정안전부령으로 정하는 기술자격자'는?
① 소방안전관리자로 선임된 소방설비산업기사
② 소방안전관리자로 선임된 소방설비기사
③ 소방안전관리자로 선임된 전기기사
④ 소방안전관리자로 선임된 소방시설관리사 및 소방기술사

해설 소방시설법 시행규칙 19조
소방시설 등 자체점검 기술자격자
(1) 소방안전관리자로 선임된 **소방시설관리사**
(2) 소방안전관리자로 선임된 **소방기술사**

답 ④

★★
49 제조소 등의 설치허가 또는 변경허가를 받고자
18.04.문60
11.03.문52 하는 자는 설치허가 또는 변경허가신청서에 행정안전부령으로 정하는 서류를 첨부하여 누구에게 제출하여야 하는가?
① 소방본부장　　② 소방서장
③ 소방청장　　④ 시·도지사

해설 시·도지사
(1) **제조소 등의 설치허가**(위험물법 6조)
(2) 소방업무의 지휘·감독(기본법 3조)
(3) 소방체험관의 설립·운영(기본법 5조)
(4) 소방업무에 관한 세부적인 종합계획수립 및 소방업무수행(기본법 6조)
(5) 소방시설업자의 지위승계(공사업법 7조)
(6) 제조소 등의 승계(위험물법 10조)

중요
소방시설업(공사업법 2~7조)
(1) 등록권자
(2) 등록사항변경 ── 시·도지사
(3) 지위승계
(4) 등록기준 ── 자본금
　　　　　　　 └ 기술인력
(5) 종류 ── 소방시설 설계업
　　　　 ├ 소방시설 공사업
　　　　 ├ 소방공사 감리업
　　　　 └ 방염처리업
(6) 업종별 영업범위 : 대통령령

답 ④

★★★
50 화재의 예방 및 안전관리에 관한 법령상 대통령
16.10.문53
13.03.문51
08.05.문55 령으로 정하는 특수가연물의 품명별 수량의 기준으로 옳은 것은?
① 가연성 고체류 : 2m³ 이상
② 목재가공품 및 나무부스러기 : 5m³ 이상
③ 석탄·목탄류 : 3000kg 이상
④ 면화류 : 200kg 이상

해설
① 2m³ 이상 → 3000kg 이상
② 5m³ 이상 → 10m³ 이상
③ 3000kg 이상 → 10000kg 이상

화재예방법 시행령 〔별표 2〕
특수가연물

품 명		수 량
가연성 **액**체류		**2**m³ 이상
목재가공품 및 나무부스러기		**10**m³ 이상
면화류		**2**00kg 이상
나무껍질 및 대팻밥		**4**00kg 이상
넝마 및 종이부스러기		
사류(絲類)		1000kg 이상
볏짚류		
가연성 **고**체류		**3**000kg 이상
고무류·플라스틱류	발포시킨 것	**20**m³ 이상
	그 밖의 것	**3**000kg 이상
석탄·목탄류		**10000**kg 이상

기억법
가액목면나 넝사볏가고 고석
　2 1 2 4　1　3 3 1

※ **특수가연물** : 화재가 발생하면 그 확대가 빠른 물품

답 ④

★★★
51 다음 중 1급 소방안전관리대상물이 아닌 것은?

13.06.문56
13.03.문49
12.05.문49

① 연면적 15000m² 이상인 공장
② 층수가 11층 이상인 업무시설
③ 지하구
④ 가연성 가스를 1000톤 이상 저장·취급하는 시설

해설 **③ 2급 소방안전관리대상물**

화재예방법 시행령〔별표 4〕
소방안전관리자를 두어야 할 특정소방대상물

소방안전관리대상물	특정소방대상물
특급 소방안전관리대상물 (동식물원, 철강 등 불연성 물품 저장·취급창고, 지하구, 위험물제조소 등 제외)	• 50층 이상(지하층 제외) 또는 지상 200m 이상 아파트 • 30층 이상(지하층 포함) 또는 지상 120m 이상(아파트 제외) • 연면적 10만m² 이상(아파트 제외)
1급 소방안전관리대상물 (동식물원, 철강 등 불연성 물품 저장·취급창고, 지하구, 위험물제조소 등 제외)	• 30층 이상(지하층 제외) 또는 지상 120m 이상 아파트 • 연면적 15000m² 이상인 것 (아파트 및 연립주택 제외) • 11층 이상(아파트 제외) • 가연성 가스를 1000t 이상 저장·취급하는 시설
2급 소방안전관리대상물	• 지하구 [보기 ③] • 가스제조설비를 갖추고 도시가스사업 허가를 받아야 하는 시설 또는 가연성 가스를 100~1000t 미만 저장·취급하는 시설 • 옥내소화전설비·스프링클러설비 설치대상물 • 물분무등소화설비(호스릴방식의 물분무등소화설비만을 설치한 경우 제외) 설치대상물 • 공동주택(옥내소화전설비 또는 스프링클러설비가 설치된 공동주택 한정) • 목조건축물(국보·보물)
3급 소방안전관리대상물	• 간이스프링클러설비(주택전용 간이스프링클러설비 제외) 설치대상물 • 자동화재탐지설비 설치대상물

답 ③

 ★
52 소방시설 설치 및 관리에 관한 법령에서 정하는 소방시설이 아닌 것은?

① 캐비닛형 자동소화장치
② 이산화탄소소화설비
③ 가스누설경보기
④ 방염성 물질

해설 **④ 해당없음**

소방시설법 2조
소방시설

소방시설	세부 종류
소화설비	① 캐비닛형 자동소화장치 ② 이산화탄소소화설비 등
경보설비	• 가스누설경보기 등
피난구조설비	• 완강기 등
소화용수설비	① 상수도 소화용수설비 ② 소화수조 및 저수조
소화활동설비	• 비상콘센트설비 등

답 ④

★★★
53 소방안전관리자의 업무라고 볼 수 없는 것은?

16.05.문46
11.03.문44
10.05.문55
06.05.문55

① 소방계획서의 작성 및 시행
② 화재예방강화지구의 지정
③ 자위소방대의 구성·운영·교육
④ 피난시설, 방화구획 및 방화시설의 관리

해설 **② 시·도지사의 업무**

화재예방법 24조 ⑤항
관계인 및 소방안전관리자의 업무

특정소방대상물 (관계인)	소방안전관리대상물 (소방안전관리자)
① **피**난시설·방화구획 및 방화시설의 관리	① **피**난시설·방화구획 및 방화시설의 관리
② **소**방시설, 그 밖의 소방관련시설의 관리	② **소**방시설, 그 밖의 소방관련시설의 관리
③ **화기취급**의 감독	③ **화기취급**의 감독
④ 소방안전관리에 필요한 업무	④ 소방안전관리에 필요한 업무
⑤ 화재발생시 초기대응	⑤ **소방계획서**의 작성 및 시행(대통령령으로 정하는 사항 포함)
	⑥ **자위소방대** 및 **초기대응체계**의 구성·운영·교육
	⑦ 소방**훈**련 및 교육
	⑧ 소방안전관리에 관한 업무 수행에 관한 기록·유지
	⑨ 화재발생시 초기대응

기억법 계위 훈피소화

용어

특정소방대상물	소방안전관리대상물
건축물 등의 규모·용도 및 수용인원 등을 고려하여 소방시설을 설치하여야 하는 소방대상물로서 대통령령으로 정하는 것	대통령령으로 정하는 특정 소방대상물

중요

화재예방법 18조
화재예방강화지구의 지정
(1) **지정권자 : 시 · 도지사**
(2) **지정지역**
① **시장지역**
② **공장 · 창고** 등이 밀집한 지역
③ **목조건물**이 밀집한 지역
④ **노후 · 불량** 건축물이 밀집한 지역
⑤ **위험물**의 **저장** 및 **처리시설**이 **밀집**한 지역
⑥ **석유화학제품**을 생산하는 공장이 있는 지역
⑦ **소방시설 · 소방용수시설** 또는 **소방출동로**가 **없는** 지역
⑧ 「**산업입지 및 개발에 관한 법률**」에 따른 산업단지
⑨ 「**물류시설의 개발 및 운영에 관한 법률**」에 따른 물류단지
⑩ **소방청장 · 소방본부장** 또는 **소방서장**(소방관서장)이 화재예방강화지구로 지정할 필요가 있다고 인정하는 지역

> ※ **화재예방강화지구** : 화재발생 우려가 크거나 화재가 발생할 경우 피해가 클 것으로 예상되는 지역에 대하여 화재의 예방 및 안전관리를 강화하기 위해 지정 · 관리하는 지역

답 ②

54 ★★★
성능위주설계를 할 수 있는 자의 기술인력에 대한 기준으로 옳은 것은?

18.03.문58
10.03.문54
09.03.문45

① 소방기술사 1명 이상
② 소방기술사 2명 이상
③ 소방기술사 3명 이상
④ 소방기술사 4명 이상

해설 공사업령 〔별표 1의 2〕
성능위주설계를 할 수 있는 자의 자격 · 기술인력 및 자격에 따른 설계범위

성능위주설계자의 자격	기술인력	설계범위
① 전문 소방시설설계업을 등록한 자 ② 전문 소방시설설계업 등록기준에 따른 기술인력을 갖춘 자로서 **소방청장**이 정하여 고시하는 연구기관 또는 단체	**소방기술사 2명** 이상	성능위주설계를 하여야 하는 특정소방대상물

비교

소방시설법 시행령 9조
성능위주설계를 해야 할 특정소방대상물의 범위
(1) 연면적 20만m² 이상인 특정소방대상물(아파트 등 제외)
(2) 50층 이상(지하층 제외)이거나 지상으로부터 높이가 200m 이상인 아파트
(3) 30층 이상(지하층 포함)이거나 지상으로부터 높이가 120m 이상인 특정소방대상물(아파트 등 제외)
(4) 연면적 3만m² 이상인 철도 및 도시철도 시설, 공항시설
(5) 하나의 건축물에 관련법에 따른 **영화상영관**이 **10개** 이상인 특정소방대상물
(6) 연면적 10만m² 이상이거나 지하 2층 이하이고 지하층의 바닥면적의 합이 3만m² 이상인 창고시설
(7) 지하연계 복합건축물에 해당하는 특정소방대상물
(8) 터널 중 수저터널 또는 길이가 5000m 이상인 것

답 ②

55 ★★★
다음 중 화재예방강화지구의 지정대상 지역과 가장 거리가 먼 것은?

16.03.문41
15.09.문55
14.05.문53
12.09.문46
10.05.문55
10.03.문48

① 공장지역
② 시장지역
③ 목조건물이 밀집한 지역
④ 소방용수시설이 없는 지역

해설 ① 공장지역 → 공장 등이 밀집한 지역

화재예방법 18조
화재예방강화지구의 지정
(1) 지정권자 : **시** · 도지사
(2) 지정지역
㉠ **시장지역**
㉡ **공장 · 창고** 등이 밀집한 지역
㉢ **목조건물**이 밀집한 지역
㉣ **노후 · 불량** 건축물이 밀집한 지역
㉤ **위험물**의 **저장** 및 **처리시설**이 **밀집**한 지역
㉥ **석유화학제품**을 생산하는 공장이 있는 지역
㉦ **소방시설 · 소방용수시설** 또는 **소방출동로**가 **없는** 지역
㉧ 「**산업입지 및 개발에 관한 법률**」에 따른 산업단지
㉨ 「**물류시설의 개발 및 운영에 관한 법률**」에 따른 물류단지
㉩ **소방청장, 소방본부장** 또는 **소방서장**(소방관서장)이 화재예방강화지구로 지정할 필요가 있다고 인정하는 지역

기억법 화강시

> ※ **화재예방강화지구** : 화재발생 우려가 크거나 화재가 발생할 경우 피해가 클 것으로 예상되는 지역에 대하여 화재의 예방 및 안전관리를 강화하기 위해 지정 · 관리하는 지역

비교

기본법 19조
화재로 오인할 만한 불을 피우거나 연막소독시 신고지역
(1) **시장지역**
(2) **공장 · 창고**가 밀집한 지역
(3) **목조건물**이 밀집한 지역
(4) **위험물**의 **저장** 및 **처리시설**이 **밀집**한 지역
(5) **석유화학제품**을 생산하는 공장이 있는 지역
(6) 그 밖에 **시 · 도**의 **조례**로 정하는 지역 또는 장소

답 ①

56 ★★
소방기본법상 소방의 역사와 안전문화를 발전시키고 국민의 안전의식을 높이기 위하여 소방체험관을 설립하여 운영할 수 있는 자는? (단, 소방체험관은 화재현장에서의 피난 등을 체험할 수 있는 체험관을 말한다.)

12.03.문48
08.03.문54

① 행정안전부장관
② 소방청장
③ 시 · 도지사
④ 소방본부장

해설 기본법 5조
설립과 운영

구 분	소방박물관	소방**체**험관
설립·운영자	소방청장	**시**·도지사
설립·운영사항	행정안전부령	**시**·도의 조례

기억법 시체

답 ③

★
57 위험물안전관리법령상 제조소 또는 일반취급소
18.04.문58 의 위험물취급탱크 노즐 또는 맨홀을 신설하는
경우, 노즐 또는 맨홀의 직경이 몇 mm를 초과하
는 경우에 변경허가를 받아야 하는가?

① 250   ② 300

③ 450   ④ 600

해설 위험물규칙 〔별표 1의 2〕
제조소 또는 일반취급소의 변경허가
(1) 제조소 또는 **일반취급소**의 **위치**를 **이전**하는 경우
(2) 건축물의 벽·기둥·바닥·보 또는 지붕을 **증설** 또는 **철
거**하는 경우
(3) **배출설비**를 **신설**하는 경우
(4) 위험물취급탱크를 신설·교체·철거 또는 보수(탱크의
본체를 절개)하는 경우
(5) 위험물취급탱크의 **노즐** 또는 **맨홀**을 신설하는 경우(노즐
또는 맨홀의 직경이 **250mm**를 초과하는 경우)
(6) 위험물취급탱크의 **방유제**의 **높이** 또는 방유제 내의 **면
적**을 **변경**하는 경우
(7) 위험물취급탱크의 탱크전용실을 **증설** 또는 **교체**하는
경우
(8) **300m**(지상에 설치하지 아니하는 배관은 **30m**)를 초과
하는 위험물배관을 신설·교체·철거 또는 보수(배관
절개)하는 경우
(9) 불활성기체의 봉입장치를 **신설**하는 경우

기억법 250mm

답 ①

★
58 위험물안전관리법령상 위험물 및 지정수량에 대
17.05.문52 한 기준 중 다음 (   ) 안에 알맞은 것은?

금속분이라 함은 알칼리금속·알칼리토류금
속·철 및 마그네슘 외의 금속의 분말을 말하
고, 구리분·니켈분 및 (㉠)마이크로미터의
체를 통과하는 것이 (㉡)중량퍼센트 미만인
것은 제외한다.

① ㉠ 150, ㉡ 50

② ㉠ 53, ㉡ 50

③ ㉠ 50, ㉡ 150

④ ㉠ 50, ㉡ 53

해설 위험물령 〔별표 1〕
금속분
알칼리금속·알칼리토류 금속·철 및 마그네슘 외의 금
속의 분말을 말하고, **구리분·니켈분** 및 **150마이크로미터**
의 체를 통과하는 것이 **50중량퍼센트** 미만인 것은 제외
한다.

답 ①

★★
59 화재안전기준을 달리 적용하여야 하는 특수한 용
17.03.문42 도 또는 구조를 가진 특정소방대상물인 원자력발
14.03.문49 전소에 설치하지 않을 수 있는 소방시설은?

① 옥내소화전설비 및 소화용수설비

② 연결송수관설비 및 연결살수설비

③ 옥내소화전설비 및 자동화재탐지설비

④ 스프링클러설비 및 물분무등소화설비

해설 소방시설법 시행령 〔별표 6〕
소방시설을 설치하지 않을 수 있는 특정소방대상물 및 소
방시설의 범위

구 분	특정소방 대상물	소방시설
화재안전**기** 준을 달리 적 용하여야 하 는 특수한 용 도 또는 구조 를 가진 특정 소방대상물	• 원자력발전소 • 중·저준위 방 사성 폐기물 의 저장시설	• **연**결송수관설비 • **연**결살수설비 **기억법** 화기연(화기연구)
자체소방대 가 설치된 특 정소방대상물	자체소방대가 설치된 위험물 제조소 등에 부 속된 사무실	• 옥내소화전설비 • 소화용수설비 • 연결살수설비 • 연결송수관설비

답 ②

★★★
60 위험물안전관리법령에서 정하는 제3류 위험물
18.09.문20 에 해당하는 것은?
18.03.문20
17.03.문17
15.09.문19 ① 나트륨
15.09.문56
15.03.문46 ② 염소산염류
14.05.문59
14.03.문46 ③ 무기과산화물
13.03.문59
12.09.문40 ④ 유기과산화물
10.09.문40
10.09.문10

해설 위험물령 〔별표 1〕
위험물

유 별	성 질	품 명
제**1**류	**산**화성 **고**체	• 아염소산염류 • 염소산염류(**염소산나트륨**) • 과염소산염류 • 질산염류 • 무기과산화물 **기억법** 1산고염나

제2류	가연성 고체	● **황**화인 ● **적**린 ● **황** ● **마**그네슘 기억법 **황화적황마**
제3류	자연발화성 물질 및 금수성 물질	● **황**린 ● **칼**륨 ● **나**트륨 ● **알**칼리토금속 ● **트**리에틸알루미늄 기억법 **황칼나알트**
제4류	인화성 액체	● 특수인화물 ● 석유류(벤젠) ● 알코올류 ● 동식물유류
제**5**류	**자**기반응성 물질	● 유기과산화물 ● 나이트로화합물 ● 나이트로소화합물 ● 아조화합물 ● 질산에스터류(셀룰로이드) 기억법 5**자**(**오자**탈자)
제6류	산화성 액체	● **과**염**소**산 ● 과산화수소 ● 질산

답 ①

제4과목   소방기계시설의 구조 및 원리

★★★
61 일반적인 산알칼리소화기의 약제방출 압력원에
대한 설명으로 옳은 것은?

16.10.문62
05.03.문68
03.08.문74

① 산과 알칼리의 화학반응에 의해 생성된 CO_2
의 압력이다.
② 소화기 내부의 질소가스 충전압력이다.
③ 소화기 내부의 이산화탄소 충전압력이다.
④ 수동펌프를 주로 이용하고 있다.

해설 **산ㆍ알칼리소화기**의 압력원 : 산과 알칼리의 화학반응에 의
해 생성된 **CO_2**의 압력

용어
압력원(충전가스)

소화기	압력원(충전가스)
① 강화액 ② 산ㆍ알칼리 ③ 화학포 ④ 분말(가스가압식)	이산화탄소
① 할론 ② 분말(축압식)	질소

답 ①

★★★
62 다음 중 입원실이 있는 3층 조산원에 대한 피난
기구의 적응성으로 가장 거리가 먼 것은?

17.03.문66
16.05.문72
16.03.문69
15.09.문68
14.09.문68
14.09.문75
13.03.문78
12.05.문65

① 미끄럼대
② 승강식 피난기
③ 피난용 트랩
④ 공기안전매트

해설 **피난기구**의 **적응성**(NFTC 301 2.1.1)

설치 장소별 구분 ＼ 층별	1층	2층	3층	4층 이상 10층 이하
노유자시설	● 미끄럼대 ● 구조대 ● 피난교 ● 다수인 피난 장비 ● 승강식 피난기	● 미끄럼대 ● 구조대 ● 피난교 ● 다수인 피난 장비 ● 승강식 피난기	● 미끄럼대 ● 구조대 ● 피난교 ● 다수인 피난 장비 ● 승강식 피난기	● 구조대[1] ● 피난교 ● 다수인 피난 장비 ● 승강식 피난기
의료시설ㆍ 입원실이 있는 의원ㆍ접골원 ㆍ조산원	–	–	● 미끄럼대 ● 구조대 ● 피난교 ● 피난용 트랩 ● 다수인 피난 장비 ● 승강식 피난기	● 구조대 ● 피난교 ● 피난용 트랩 ● 다수인 피난 장비 ● 승강식 피난기
영업장의 위치가 4층 이하인 다중 이용업소	–	● 미끄럼대 ● 피난사다리 ● 구조대 ● 완강기 ● 다수인 피난 장비 ● 승강식 피난기	● 미끄럼대 ● 피난사다리 ● 구조대 ● 완강기 ● 다수인 피난 장비 ● 승강식 피난기	● 미끄럼대 ● 피난사다리 ● 구조대 ● 완강기 ● 다수인 피난 장비 ● 승강식 피난기
그 밖의 것	–	–	● 미끄럼대 ● 피난사다리 ● 구조대 ● 완강기 ● 피난교 ● 피난용 트랩 ● 간이완강기[2] ● 공기안전 매트[2] ● 다수인 피난 장비 ● 승강식 피난기	● 피난사다리 ● 구조대 ● 완강기 ● 피난교 ● 간이완강기[2] ● 공기안전 매트[2] ● 다수인 피난 장비 ● 승강식 피난기

[비고] 1) **구조대**의 적응성은 **장애인관련시설**로서 주된 사용자
중 **스스로 피난**이 **불가**한 자가 있는 경우 추가로 설
치하는 경우에 한한다.
2) 간이완강기의 적응성은 **숙박시설**의 **3층 이상**에 있는
객실에, **공기안전매트**의 적응성은 **공동주택**에 추가
로 설치하는 경우에 한한다.

답 ④

63 소화설비에 대한 설명으로 틀린 것은?

13.09.문74
08.09.문64

① 물분무소화설비는 제4류의 위험물을 소화할 수 있는 물입자를 방사한다.
② 증류범위가 넓어 끓어 넘치는 위험이 있는 물질을 저장 또는 취급하는 장소에는 물분무헤드를 설치하지 아니할 수 있다.
③ 주차장에는 물분무소화설비를, 통신기기실에는 스프링클러설비를 설치하여야 한다.
④ 폐쇄형 스프링클러헤드는 그 자체가 자동화재탐지장치의 역할을 할 수 있으나, 개방형은 그렇지 못하다.

 해설
③ 물분무소화설비 → 스프링클러설비
  스프링클러설비 → 물분무소화설비

※ 물분무소화설비는 통신기기실에 설치할 수 있으며 스프링클러설비는 주차장에 설치할 수 있다.

🔖 중요

통신기기실의 소화설비
(1) 물분무소화설비
(2) 이산화탄소소화설비
(3) 할론소화설비
(4) 할로겐화합물 및 불활성기체 소화설비

답 ③

64 소화펌프의 원활한 기동을 위하여 설치하는 물올림장치가 필요한 경우는?

16.05.문74
15.03.문75
06.09.문67
06.05.문62

① 수원의 수위가 펌프보다 높을 경우
② 수원의 수위가 펌프보다 낮을 경우
③ 수원의 수위가 펌프와 수평일 때
④ 수원의 수위와 관계없이 설치

해설 수원의 수위가 펌프보다 낮을 경우 설치하는 것
(1) 풋밸브
(2) 물올림수조(호수조, 물마중장치, 프라이밍탱크)
(3) 연성계 또는 진공계

기억법 풋물연낮

📌 참고

풋밸브
(1) 여과기능(이물질 침투방지)
(2) 체크밸브기능(역류방지)

답 ②

65 이산화탄소소화설비의 수동식 기동장치에 대한 설치기준으로 틀린 것은?

11.03.문75

① 전기를 사용하는 기동장치에는 전원표시등을 설치할 것
② 전역방출방식은 방호구역마다, 국소방출방식은 방호대상물마다 설치할 것
③ 해당 방호구역의 출입구부분 등 조작을 하는 자가 쉽게 피난할 수 있는 장소에 설치할 것
④ 기동장치의 조작부는 바닥으로부터 높이 0.5m 이상 0.8m 이하의 위치에 설치하고, 보호판 등에 따른 보호장치를 설치할 것

 해설
④ 0.5m 이상 0.8m 이하 → 0.8m 이상 1.5m 이하

이산화탄소소화설비의 수동식 기동장치(NFPC 106 6조, NFTC 106 2.3.1)
(1) 전역방출방식은 방호구역마다, 국소방출방식은 방호대상물마다 설치
(2) 해당 방호구역의 출입구부분 등 조작을 하는 자가 쉽게 피난할 수 있는 장소에 설치
(3) 기동장치의 조작부는 바닥에서 0.8~1.5m 이하의 위치에 설치하고, 보호판 등에 의한 보호장치 설치
(4) 기동장치에는 '이산화탄소소화설비 기동장치'라고 표시한 표지를 한다.
(5) 전기를 사용하는 기동장치에는 전원표시등을 설치
(6) 기동장치의 방출용 스위치는 음향경보장치와 연동하여 조작될 수 있는 것
(7) 기동장치에는 보호장치를 설치해야 하며, 보호장치를 개방하는 경우 기동장치에 설치된 버저 또는 벨 등에 의하여 경고음을 발할 것
(8) 기동장치를 옥외에 설치하는 경우 빗물 또는 외부 충격의 영향을 받지 아니하도록 설치할 것

🔖 중요

설치높이		
0.5~1m 이하	0.8~1.5m 이하	1.5m 이하
① 연결송수관설비의 송수구 ② 연결살수설비의 송수구 ③ 소화용수설비의 채수구	① 제어밸브(수동식 개방밸브) ② 유수검지장치 ③ 일제개방밸브 ④ 수동식 기동장치	① 옥내소화전설비의 방수구 ② 호스릴함 ③ 소화기(투척용 소화기)
기억법 연소용 51 (연소용 오일은 잘 탄다.)	기억법 제유일 85 (제가 유일하게 팔았어요.)	기억법 옥내호소 5 (옥내에서 호소하시오.)

답 ④

66 최대방수구역의 바닥면적이 60m²인 주차장에 물분무소화설비를 설치하려고 하는 경우 수원의 최소저수량은 몇 m³인가?

16.10.문70
11.10.문68

① 12
② 16
③ 20
④ 24

해설 물분무소화설비의 수원(NFPC 104 4조, NFTC 104 2.1.1)

특정소방대상물	토출량	최소기준	비 고
컨베이어벨트	$10L/min \cdot m^2$	–	벨트부분의 바닥면적
절연유 봉입변압기	$10L/min \cdot m^2$	–	표면적을 합한 면적 (바닥면적 제외)
특수가연물	$10L/min \cdot m^2$	최소 $50m^2$	최대방수구역의 바닥면적 기준
케이블트레이 · 덕트	$12L/min \cdot m^2$	–	투영된 바닥면적
차고 · 주차장	$20L/min \cdot m^2$	최소 $50m^2$	최대방수구역의 바닥면적 기준
위험물 저장탱크	$37L/min \cdot m$	–	위험물탱크 둘레길이(원주길이) : 위험물규칙 〔별표 6〕 II

※ 모두 20분간 방수할 수 있는 양 이상으로 하여야 한다.

기억법
컨	0
절	0
특	0
케	2
차	0
위	37

차고 · 주차장의 토출량 : $20L/min \cdot m^2$
= 바닥면적(최소 $50m^2$) × 토출량 × 20min

주차장 방사량 = 바닥면적(최소 $50m^2$) × $20L/min \cdot m^2$ × 20min
= $60m^2$ × $20L/min \cdot m^2$ × 20min
= 24000L = $24m^3$

• $1000L = 1m^3$ 이므로 24000L = $24m^3$

답 ④

★★★
67 폐쇄형 스프링클러헤드를 사용하는 설비에서 하나의 방호구역의 바닥면적의 기준은 몇 m^2 이하인가? (단, 격자형 배관방식을 채택하지 않는다.)
16.05.문63
15.03.문73
10.03.문66

① 1500 ② 2000
③ 2500 ④ 3000

해설 폐쇄형 설비의 방호구역 및 유수검지장치(NFPC 103 6조, NFTC 103 2.3.1)
(1) 하나의 방호구역의 바닥면적은 **3000m²**를 초과하지 않을 것
(2) 하나의 방호구역에는 1개 이상의 유수검지장치 설치
(3) 하나의 방호구역은 **2개층**에 미치지 아니하도록 하되, 1개층에 설치되는 스프링클러헤드의 수가 **10개 이하** 및 복층형 구조의 공동주택에는 **3개층** 이내
(4) 유수검지장치는 바닥에서 **0.8~1.5m** 이하의 높이에 설치하여야 하며, 개구부가 가로 **0.5m** 이상 세로 **1m** 이상의 출입문을 설치하고 그 출입문 상단에 '유수검지장치실'이라고 표시한 표지 설치

답 ④

★
68 연결송수관설비 방수구의 설치기준에 대한 내용이다. 다음 ( ) 안에 들어갈 내용으로 알맞은 것은? (단, 집회장 · 관람장 · 백화점 · 도매시장
17.03.문69

· 소매시장 · 판매시설 · 공장 · 창고시설 또는 지하가를 제외한다.)

> 송수구가 부설된 옥내소화전을 설치한 특정소방대상물로서 지하층을 제외한 층수가 (㉠)층 이하이고 연면적이 (㉡)m² 미만인 특정소방대상물의 지상층에는 방수구를 설치하지 아니할 수 있다.

① ㉠ 4, ㉡ 6000 ② ㉠ 5, ㉡ 6000
③ ㉠ 4, ㉡ 3000 ④ ㉠ 5, ㉡ 3000

해설 연결송수관설비의 방수구 설치제외장소(NFTC 502 2.3.1.1)
(1) **아파트**의 **1층** 및 **2층**
(2) 소방차의 접근이 가능하고 소방대원이 소방차로부터 각 부분에 쉽게 도달할 수 있는 피난층
(3) 송수구가 부설된 옥내소화전을 설치한 특정소방대상물(집회장 · 관람장 · 백화점 · 도매시장 · 소매시장 · 판매시설 · 공장 · 창고시설 또는 지하가 제외)로서 다음에 해당하는 층
  ㉠ 지하층을 제외한 **4층** 이하이고 연면적이 **6000m²** 미만인 특정소방대상물의 지상층

기억법 송46(**송사**리로 **육**포를 만들다.)

  ㉡ 지하층의 층수가 2 이하인 특정소방대상물의 지하층

답 ①

★★★
69 1개층의 거실면적이 $400m^2$이고 복도면적이 $300m^2$인 소방대상물에 제연설비를 설치할 경우, 제연구역은 최소 몇 개인가?
17.03.문63
15.05.문80
14.05.문79
11.10.문77

① 1 ② 2
③ 3 ④ 4

해설

1제연구역(거실 $400m^2$) + 1제연구역(복도 $300m^2$) = 2제연구역

중요

> **제**연구역의 **구**획(NFPC 501 4조, NFTC 501 2.5)
> (1) 1제연구역의 면적은 **1000m²** 이내로 할 것
> (2) 거실과 통로는 **각각 제연구획**할 것
> (3) 통로상의 제연구역은 보행중심선의 길이가 **60m**를 초과하지 않을 것
> (4) 1제연구역은 직경 **60m** 원 내에 들어갈 것
> (5) 1제연구역은 2개 이상의 층에 미치지 않을 것

기억법 제10006(**제천 육**포)

※ 제연구획에서 제연경계의 폭은 **0.6m** 이상, 수직거리는 **2m** 이내이어야 한다.

답 ②

★★★ 70

16.10.문75
15.09.문61
10.05.문64

제연설비의 설치시 아연도금강판으로 제작된 배출풍도 단면의 긴 변이 400mm인 경우 (㉠)와 2500mm인 경우 (㉡), 강판의 최소두께는 각각 몇 mm인가?

① ㉠ 0.4, ㉡ 1.0
② ㉠ 0.5, ㉡ 1.0
③ ㉠ 0.5, ㉡ 1.2
④ ㉠ 0.6, ㉡ 1.2

해설 배출풍도의 강판두께(NFPC 501 9조, NFTC 501 2.6.2.1)

풍도단면의 긴 변 또는 직경의 크기	강판두께
450mm 이하	0.5mm 이상
451~750mm 이하	0.6mm 이상
751~1500mm 이하	0.8mm 이상
1501~2250mm 이하	1.0mm 이상
2250mm 초과	1.2mm 이상

기억법
4 7 15 22
5 6 8 1 2

답 ③

★★ 71

18.09.문66
18.04.문65

습식 스프링클러설비 외의 배관설비에는 헤드를 향하여 상향으로 경사를 유지하여야 한다. 이때 수평주행배관의 최소기울기는?

① $\dfrac{1}{500}$
② $\dfrac{1}{250}$
③ $\dfrac{1}{100}$
④ $\dfrac{2}{100}$

해설 기울기

구 분	설 명
$\dfrac{1}{100}$ 이상	연결살수설비의 수평주행배관
$\dfrac{2}{100}$ 이상	물분무소화설비의 배수설비
$\dfrac{1}{250}$ 이상	습식 설비·부압식 설비 외 설비의 가지배관
$\dfrac{1}{500}$ 이상	**습**식 설비·**부**압 식설비 외 설비의 **수**평주행배관

기억법 습부수5

답 ①

★★★ 72

17.09.문69
15.09.문70
14.09.문77
14.05.문74
11.06.문75

할론 1301을 전역방출방식으로 방출할 때 분사헤드의 최소방출압력[MPa]은?

① 0.1
② 0.2
③ 0.9
④ 1.05

해설 할론소화약제(NFPC 107 10조, NFTC 107 2.7)

구 분		할론 1301	할론 1211	할론 2402
저장압력		2.5MPa 또는 4.2MPa	1.1MPa 또는 2.5MPa	–
방출압력 →		**0.9MPa**	0.2MPa	0.1MPa
충전비	가압식	0.9~1.6 이하	0.7~1.4 이하	0.51~0.67 미만
	축압식			0.67~2.75 이하

답 ③

★★★ 73

18.04.문78
17.05.문78
16.10.문79

특정소방대상물의 용도 및 장소별로 설치하여야 할 인명구조기구의 기준으로 틀린 것은?

① 지하가 중 지하상가는 공기호흡기를 층마다 2개 이상 비치할 것
② 문화 및 집회시설 중 수용인원 100명 이상의 영화상영관은 공기호흡기를 층마다 2개 이상 비치할 것
③ 물분무등소화설비 중 이산화탄소소화설비를 설치해야 하는 특정소방대상물은 공기호흡기를 이산화탄소소화설비가 설치된 장소의 출입구 외부 인근에 1대 이상 비치할 것
④ 지하층을 포함하는 층수가 7층 이상인 관광호텔은 방열복 또는 방화복, 공기호흡기, 인공소생기를 각 1개 이상 비치할 것

해설 ④ 1개 → 2개

인명구조기구 설치장소(NFTC 302 2.1.1.1)

특정소방대상물	인명구조기구의 종류	설치수량
•**7층** 이상인 관광호텔(지하층 포함) •**5층** 이상인 병원(지하층 포함)	•방열복 •방화복(안전모, 보호장갑, 안전화 포함) •공기호흡기 •인공소생기	•각 **2개** 이상 비치할 것(단, **병원**의 경우 **인공소생기** 설치 **제외**)
•수용인원 **100명** 이상의 영화상영관 •대규모 점포 •지하역사 •**지하상가**	•공기호흡기	•**층마다 2개** 이상 비치할 것(단, 각 층마다 갖추어 두어야 할 공기호흡기 중 일부를 **직원**이 **상주**하는 인근 **사무실**에 비치 가능) 보기 ①②
•이산화탄소소화설비(호스릴 이산화탄소소화설비 제외) 설치대상물	•공기호흡기	•이산화탄소소화설비가 설치된 장소의 출입구 외부 인근에 1대 이상 비치 보기 ③

답 ④

74

★★

15.05.문61
12.05.문78

다음 시설 중 호스릴 포소화설비를 설치할 수 있는 소방대상물은?

① 완전 밀폐된 주차장
② 지상 1층으로서 지붕이 있는 차고·주차장
③ 주된 벽이 없고 기둥뿐인 고가 밑의 주차장
④ 바닥면적 합계가 1000m² 미만인 항공기 격납고

해설
> ① 밀폐된 주차장 → 개방된 옥상주차장
> ② 있는 → 없는
> ④ 1000m² 미만 → 1000m² 이상

호스릴 포소화설비의 적용(NFTC 105 2.1)
(1) **지상 1층**으로서 지붕이 **없는** 차고·주차장
(2) 바닥면적 합계가 **1000m² 이상**인 항공기 격납고
(3) **완전 개방**된 옥상주차장(주된 벽이 없고 기둥뿐이거나 주위가 위해방지용 철주 등으로 둘러싸인 부분)
(4) 고가 밑의 주차장(주된 벽이 없고 기둥뿐이거나 주위가 위해방지용 철주 등으로 둘러싸인 부분)

답 ③

75

★

13.09.문80

유량을 토출하여 펌프를 시험할 때 성능시험배관의 밸브를 막고 연속으로 운전할 경우 자동적으로 개방되는 것은 어느 밸브인가?

① 풋밸브
② 릴리프밸브
③ 시험밸브
④ 유량조절밸브

해설

릴리프밸브	순환배관
유량을 토출하여 펌프를 시험할 때 **성능시험배관**의 밸브를 막고 연속으로 운전할 경우 이때 **자동적**으로 개방되는 것	가압송수장치의 체절운전시 **수온**의 **상승**을 **방지**하기 위하여 설치
기억법 릴성자	**기억법** 순수

답 ②

76

★★★

18.09.문64
18.04.문62
17.09.문73
16.05.문64
15.03.문80
12.05.문72
11.06.문67

다음은 특정소방대상물별 소화기구의 능력단위 기준에 대한 설명이다. ( ) 안에 들어갈 내용으로 알맞은 것은?

> 문화재에 소화기구를 설치할 경우 능력단위 기준에 따라 해당 용도의 바닥면적 (　)m²마다 능력단위 1단위 이상이 되어야 한다.

① 30
② 50
③ 100
④ 200

해설 특정소방대상물별 소화기구의 능력단위기준(NFTC 101 2.1.1.2)

특정소방대상물	능력단위 (바닥면적)	내화구조이고 불연재료 ·준불연재료 ·난연재료 (바닥면적)
•**위**락시설 **기억법** 위3(위상)	30m²마다 1단위 이상	60m²마다 1단위 이상
•**공연**장·**집**회장 •**관람**장·**문**화재 → •**장**례시설·**의**료시설 **기억법** 5공연장 문의 　　　집관람(손오 　　　공 연장 문의 　　　집관람)	50m²마다 1단위 이상	100m²마다 1단위 이상
•**근**린생활시설·**판**매시설 •**운**수시설·**숙**박시설 •**노**유자시설 •**전**시장 •공동**주**택·**업**무시설 •**방**송통신시설·공장 •**창**고시설·**항**공기 및 자동**차** 관련 시설 •**관광**휴게시설 **기억법** 근 판숙노전 　　　주업방차창 　　　1항 관광(근 　　　판숙노전 주 　　　업방차장 일 　　　본항 관광)	100m²마다 1단위 이상	200m²마다 1단위 이상
•그 밖의 것	200m²마다 1단위 이상	400m²마다 1단위 이상

답 ②

77

★★★

17.09.문67
11.06.문78
07.09.문77

소화용수설비의 소요수량이 40m³ 이상 100m³ 미만일 경우에 채수구는 몇 개를 설치하여야 하는가?

① 1
② 2
③ 3
④ 4

해설 소화수조·저수조(NFPC 402 4조, NFTC 402 2.1.3)
(1) 흡수관 투입구

소요수량	80m³ 미만	80m³ 이상
흡수관 투입구의 수	1개 이상	2개 이상

(2) 채수구

소요수량	20~40m³ 미만	40~100m³ 미만	100m³ 이상
채수구의 수	1개	2개	3개

용어

채수구
소방차의 소방호스와 접결되는 흡입구

답 ②

★★ 78 호스릴 분말소화설비의 설치기준으로 틀린 것은?

18.04.문75
15.03.문78

① 소화약제의 저장용기는 호스릴을 설치하는 장소마다 설치할 것
② 방호대상물의 각 부분으로부터 하나의 호스접결구까지의 수평거리가 15m 이하가 되도록 할 것
③ 소화약제의 저장용기의 개방밸브는 호스릴의 설치장소에서 자동으로 개폐할 수 있는 것으로 할 것
④ 소화약제 저장용기의 가장 가까운 곳의 보기 쉬운 곳에 적색의 표시등을 설치하고, 호스릴방식의 분말소화설비가 있다는 뜻을 표시한 표지를 할 것

해설
③ 자동 → 수동

호스릴 분말소화설비의 **설치기준**(NFPC 108 11조, NFTC 108 2.8.4)
(1) 방호대상물의 각 부분으로부터 하나의 호스접결구까지의 **수평거리**가 **15m** 이하가 되게 한다. 보기②
(2) 소화약제의 저장용기의 개방밸브는 호스릴의 설치장소에서 **수동**으로 **개폐** 가능하게 한다.
(3) 소화약제의 저장용기는 **호스릴** 설치장소마다 설치한다. 보기①
(4) 호스릴방식의 분말소화설비의 노즐은 하나의 노즐마다 1분당 다음 표에 따른 소화약제를 방출할 수 있는 것으로 할 것

소화약제의 종별	1분당 방사하는 소화약제의 양
제1종 분말	45kg
제2종 분말 또는 제3종 분말	27kg
제4종 분말	18kg

(5) 소화약제 저장용기의 가장 가까운 곳의 보기 쉬운 곳에 적색의 표시등을 설치하고, 호스릴방식의 분말소화설비가 있다는 뜻을 표시한 표지를 할 것 보기④

답 ③

★★★ 79 분말소화설비에 사용하는 소화약제 중 제3종 분말의 주성분으로 옳은 것은?

17.05.문62
16.10.문72
15.03.문03
14.05.문14
14.03.문07
13.09.문67
13.03.문18

① 인산염
② 탄산수소칼륨
③ 탄산수소나트륨
④ 요소

해설 **분말소화기**(질식효과)

종 별	소화약제	약제의 착색	화학반응식	적응화재
제1종	중탄산나트륨 (NaHCO₃)	**백**색	$2NaHCO_3 \rightarrow Na_2CO_3+CO_2+H_2O$	BC급
제2종	중탄산칼륨 (KHCO₃)	담**자**색 (담회색)	$2KHCO_3 \rightarrow K_2CO_3+CO_2+H_2O$	BC급
제**3**종	**인**산암모늄 (NH₄H₂PO₄)	담**홍**색 (황색)	$NH_4H_2PO_4 \rightarrow HPO_3+NH_3+H_2O$	**ABC급**
제4종	중탄산칼륨 +요소 (KHCO₃+ (NH₂)₂CO)	**회**(백)색	$2KHCO_3+$ $(NH_2)_2CO \rightarrow K_2CO_3+$ $2NH_3+2CO_2$	BC급

- 중탄산나트륨=탄산수소나트륨
- 중탄산칼륨=탄산수소칼륨
- 제1인산암모늄=인산암모늄=**인산염**
- 중탄산칼륨+요소=탄산수소칼륨+요소

기억법 **백자홍회, 3인ABC(3종이니까 3가지 ABC급)**

답 ①

★★ 80 포소화설비에서 부상지붕구조의 탱크에 상부포 주입법을 이용한 포방출구 형태는?

18.04.문64
14.05.문72

① Ⅰ형 방출구
② Ⅱ형 방출구
③ 특형 방출구
④ 표면하 주입식 방출구

해설 **포방출구**(위험물기준 133조)

탱크의 구조	포방출구
고정지붕구조(원추형 루프탱크, 콘루프 탱크)	- Ⅰ형 방출구 - Ⅱ형 방출구 - Ⅲ형 방출구(표면하 주입식 방출구) - Ⅳ형 방출구(반표면하 주입식 방출구)
부상덮개부착 고정지붕구조	- Ⅱ형 방출구
부상지붕구조(부상식 루프탱크, **플**로팅 루프탱크)	- **특**형 방출구

기억법 **특플부(터프가이 부상)**

※ 제1석유류 옥외탱크저장소 : 부상식 루프탱크

답 ③

노화방지 쌀

황산화 물질인 토코페롤, 안토시아닌 성분 등을 강화한 쌀이다. 보통 흑색(흑진주벼), 녹색(녹원찰벼), 자색(자광벼) 등 색깔이 있다. 이외에도 투명(새상주벼), 흰색(상주찰벼) 등의 개량 품종이 해당된다. 황산화 성분의 작용으로 신체의 노화속도를 늦춰준다.

경상북도 보건환경연구원의 성분 분석 결과에 따르면 노화방지 유색 쌀은 비타민 B_1, B_2, B_6, 칼슘, 마그네슘 등 무기질과 단백질 함량이 풍부한 것으로 나타났다. 한편 일반 쌀도 쌀눈에 황산화 물질이 들어 있다. 최근 쌀눈의 크기를 3~5배 정도 크게 만든 쌀도 등장했다. 일본에서는 강력한 노화방지 효과가 있는 '코엔자임Q10'이 강화된 쌀이 개발되기도 했다.

출처 : 조선일보

과년도 기출문제

2018년

소방설비산업기사 필기(기계분야)

** 수험자 유의사항 **

1. 문제지를 받는 즉시 **본인**이 **응시한 종목**이 맞는지 확인하시기 바랍니다.

2. 문제지 표지에 본인의 **수험번호**와 **성명**을 기재하여야 합니다.

3. 문제지의 **총면수, 문제번호 일련순서, 인쇄상태, 중복 및 누락 페이지 유무**를 확인하시기 바랍니다.

4. 답안은 각 문제마다 요구하는 가장 적합하거나 가까운 답 1개만을 선택하여야 합니다.

5. 답안카드는 뒷면의 「수험자 유의사항」에 따라 작성하시고, 답안카드 작성 시 형별누락, 마킹착오로 인한 불이익은 전적으로 수험자에게 책임이 있음을 알려드립니다.

6. 문제지는 시험 종료 후 본인이 가져갈 수 있습니다.

** 안내사항 **

• 가답안/최종정답은 큐넷(www.q-net.or.kr)에서 확인하실 수 있습니다. 가답안에 대한 의견은 큐넷의 [가답안 의견 제시]를 통해 제시할 수 있으며, 확정된 답안은 최종정답으로 갈음합니다.

• 공단에서 제공하는 자격검정서비스에 대해 개선할 점이 있으시면 고객참여(http://hrdkorea.or.kr/7/1/1)를 통해 건의하여 주시기 바랍니다.

2018년 산업기사 제1회 필기시험

		수험번호	성명

자격종목	종목코드	시험시간	형별		
소방설비산업기사(기계분야)		**2시간**			

※ 각 문항은 4지택일형으로 질문에 가장 적합한 보기 항을 선택하여 체크하여야 합니다.

제 1 과목 ┊ 소방원론

★★★
01 20℃의 물 400g을 사용하여 화재를 소화하였다. 물 400g이 모두 100℃로 기화하였다면 물이 흡수한 열량은 몇 kcal인가? (단, 물의 비열은 1cal/g·℃이고, 증발잠열은 539cal/g이다.)

17.05.문05
16.10.문17
15.09.문03
15.05.문19
15.03.문14
14.05.문03
13.09.문04
11.10.문18

① 215.6
② 223.6
③ 247.6
④ 255.6

유사문제부터 풀어보세요. 실력이 팍!팍! 올라갑니다.

해설 열량

$$Q = rm + mC\Delta T$$

여기서, Q : 열량[cal]
　　　　r : 융해열 또는 기화열[cal/g]
　　　　m : 질량[g]
　　　　C : 비열[cal/g·℃]
　　　　ΔT : 온도차[℃]

(1) 기호
　● m : 400g
　● C : 1cal/g·℃
　● r : 539cal/g

(2) 20℃ 물 → 100℃ 물
　열량 $Q_1 = mC\Delta T = 400g \times 1cal/g \cdot ℃ \times (100-20)℃$
　　　　　$= 32000cal = 32kcal$

(3) 100℃ 물 → 100℃ 수증기
　열량 $Q_2 = rm = 539cal/g \times 400g$
　　　　　$= 215600cal = 215.6kcal$

(4) 전체열량 Q는
　$Q = Q_1 + Q_2 = (32+215.6)kcal = 247.6kcal$

답 ③

★★★
02 분말소화약제 중 A, B, C급의 화재에 모두 사용할 수 있는 것은?

17.03.문14
16.03.문10
15.09.문07
15.03.문03
14.05.문14
14.03.문07
13.03.문18
12.05.문20
12.03.문09
11.03.문08
06.05.문10
04.09.문15

① 제1종 분말소화약제
② 제2종 분말소화약제
③ 제3종 분말소화약제
④ 제4종 분말소화약제

해설 분말소화약제(질식효과)

종 별	주성분	약제의 착색	적응 화재	비 고
제1종	중탄산나트륨 ($NaHCO_3$)	백색	BC급	**식용유** 및 **지방질유**의 화재에 적합
제2종	중탄산칼륨 ($KHCO_3$)	담자색 (담회색)		–
제3종	인산암모늄 ($NH_4H_2PO_4$)	담홍색	**ABC급**	**차고·주차장**에 적합
제4종	중탄산칼륨+요소 ($KHCO_3+(NH_2)_2CO$)	회(백)색	BC급	–

기억법 3ABC(3종이니까 3가지 **ABC급**)

● 중탄산나트륨＝탄산수소나트륨
● 중탄산칼륨＝탄산수소칼륨
● 제1인산암모늄＝인산암모늄＝인산염
● 중탄산칼륨+요소＝탄산수소칼륨+요소

답 ③

★★★
03 기름탱크에서 화재가 발생하였을 때 탱크 하부에 있는 물 또는 물-기름 에멀션이 뜨거운 열유층에 의해서 가열되어 유류가 탱크 밖으로 갑자기 분출하는 현상은?

12.03.문08
11.06.문20
10.03.문14
09.08.문04
04.09.문05

① 리프트(lift)
② 백파이어(backfire)
③ 플래시오버(flashover)
④ 보일오버(Boil over)

해설 보일오버(Boil over)
(1) 중질유의 탱크에서 장시간 조용히 연소하다 탱크 내의 잔존기름이 갑자기 분출하는 현상
(2) 유류탱크에서 탱크바닥에 물과 기름의 **에멀션**이 섞여 있을 때 이로 인하여 화재가 발생하는 현상
(3) 연소유면으로부터 100℃ 이상의 열파가 탱크 저부에 고여 있는 물을 비등하게 하면서 연소유를 탱크 밖으로 비산시키며 연소하는 현상

용어

구 분	설 명
리프트 (lift)	버너 내압이 높아져서 **분출속도가 빨라지는** 현상

백파이어 (backfire, 역화)	가스가 노즐에서 나가는 속도가 연소속도보다 느리게 되어 **버너 내부**에서 **연소**하게 되는 현상
플래시오버 (flashover)	화재로 인하여 실내의 온도가 급격히 상승하여 화재가 순간적으로 **실내 전체**에 **확산**되어 연소되는 현상

답 ④

★★★
04 소화방법 중 질식소화에 해당하지 않는 것은?

17.09.문10
14.09.문05
14.03.문03
13.06.문16
12.09.문05
12.05.문12
12.05.문18
11.10.문17
11.03.문14

① 이산화탄소소화기로 소화
② 포소화기로 소화
③ 마른모래로 소화
④ Halon-1301 소화기로 소화

해설 **질식소화**
(1) 이산화탄소소화기
(2) 물분무소화설비
(3) 포소화기
(4) 마른모래

④ 부촉매소화

👉 중요

소화형태

구 분	설 명
냉각소화	•**점화원**을 냉각하여 소화하는 방법 •**증**발잠열을 이용하여 열을 빼앗아 가연물의 온도를 떨어뜨려 화재를 진압하는 소화방법 •**다량의 물**을 뿌려 소화하는 방법 •가연성 물질을 **발화점 이하**로 **냉각** •주방에서 신속히 할 수 있는 방법으로, 신선한 **야채**를 넣어 **식용유**의 온도를 발화점 이하로 낮추어 소화하는 방법 (**식용유화재**에 신선한 **야채**를 넣어 소화)
질식소화	•공기 중의 **산소농도**를 16%(10~15%) 이하로 희박하게 하여 소화하는 방법 •산화제의 농도를 낮추어 연소가 지속될 수 없도록 함 •산소공급을 **차단**하는 소화방법(**공기공급**을 **차단**하여 소화하는 방법)
제거소화	**가연물**을 **제거**하여 소화하는 방법
부촉매소화 (화학소화)	•**연쇄반응**을 **차단**하여 소화하는 방법 •화학적인 방법으로 화재억제
희석소화	기체·고체·액체에서 나오는 분해가스나 증기의 농도를 낮춰 소화하는 방법

기억법 냉점증발, 질산

답 ④

★★★
05 열에너지원 중 화학적 열에너지가 아닌 것은?

16.05.문14
16.03.문17
15.03.문04
09.05.문06
05.09.문12

① 분해열
② 용해열
③ 유도열
④ 생성열

해설 **열에너지원의 종류**

기계열 (기계적 열에너지)	전기열 (전기적 열에너지)	화학열 (화학적 열에너지)
•**압**축열 •**마**찰열 •**마**찰스파크(스파크열)	•유도열 •유전열 •저항열 •아크열 •정전기열 •낙뢰에 의한 열	•**연**소열 •**용**해열 •**분**해열 •**생**성열 •**자**연발화열
기억법 기압마		기억법 화연용분생자

③ 전기적 열에너지

• 기계열=기계적 점화원=기계적 열에너지
• 전기열=전기적 점화원=전기적 열에너지
• 화학열=화학적 점화원=화학적 열에너지

답 ③

★★★
06 적린의 착화온도는 약 몇 ℃인가?

14.09.문14
14.05.문04
12.03.문04
07.05.문03

① 34
② 157
③ 180
④ 260

해설

물 질	인화점	발화점
프로필렌	-107℃	497℃
에틸에터, 다이에틸에터	-45℃	180℃
가솔린(휘발유)	-43℃	300℃
이황화탄소	-30℃	100℃
아세틸렌	-18℃	335℃
아세톤	-18℃	538℃
에틸알코올	13℃	423℃
적린	-	**26**0℃

기억법 적26(**적**이 **육**지에 있다.)

•발화점=발화온도=착화온도=착화점

답 ④

★
07 건축물에서 방화구획의 구획기준이 아닌 것은?

① 피난구획
② 수평구획
③ 층간구획
④ 용도구획

해설 **방화구획의 종류**
(1) 층단위(층간구획)
(2) 용도단위(용도구획)
(3) 면적단위(수평구획)

| 기둥 | 철골을 두께 **5cm 이상**의 콘크리트로 덮은 것 |
| 보 | 두께 **5cm 이상**의 콘크리트로 덮은 것 |

답 ④

중요

연소확대방지를 위한 **방화구획**
(1) 층 또는 면적별 구획
(2) 승강기의 승강로구획
(3) 위험용도별 구획
(4) 방화댐퍼 설치

답 ①

★★★
08 제3종 분말소화약제의 주성분으로 옳은 것은?

19.04.문17
17.03.문14
16.03.문10
12.09.문04
11.03.문08
08.05.문18

① 탄산수소칼륨
② 탄산수소나트륨
③ 탄산수소칼륨과 요소
④ 제1인산암모늄

해설 (1) **분말소화약제**

종 별	주성분	약제의 착색	적응 화재	비 고
제**1**종	중탄산나트륨 (NaHCO₃)	백색	BC급	**식용유** 및 **지방질유**의 화재에 적합
제2종	중탄산칼륨 (KHCO₃)	담자색 (담회색)		–
제**3**종	제**1인**산암모늄 (NH₄H₂PO₄)	담홍색	ABC급	**차고·주차 장**에 적합
제4종	중탄산칼륨＋ 요소 (KHCO₃＋ (NH₂)₂CO)	회(백)색	BC급	–

기억법 1식분(**일식 분**식)
3분 차주(**삼보**컴퓨터 **차주**), 인3(**인삼**)

(2) **이산화탄소소화약제**

주성분	적응화재
이산화탄소(CO₂)	BC급

답 ④

★★★
09 내화구조의 지붕에 해당하지 않는 구조는?

09.03.문16
06.05.문12
03.08.문07

① 철근콘크리트조
② 철골철근콘크리트조
③ 철재로 보강된 유리블록
④ 무근콘크리트조

해설 **내화구조의 지붕**
(1) **철근콘크리트조** 또는 **철골철근콘크리트조**
(2) 철재로 보강된 **콘크리트블록조·벽돌조** 또는 석조
(3) 철재로 보강된 **유리블록** 또는 **망입유리**로 된 것

중요

내화구조의 기준

내화구분	기 준
벽·바닥	철골철근콘크리트조로서 두께가 **10cm 이 상**인 것

★★★
10 물의 비열과 증발잠열을 이용한 소화효과는?

17.09.문10
16.10.문03
14.09.문05
14.03.문03
13.06.문16
09.03.문18

① 희석효과
② 억제효과
③ 냉각효과
④ 질식효과

해설 **소화형태**

구 분	설 명
냉각소화	① 물의 비열과 증발잠열을 이용한 소화효과 ② **점화원**을 냉각하여 소화하는 방법 ③ **증**발잠열을 이용하여 열을 빼앗아 가연물의 온도를 떨어뜨려 화재를 진압하는 소화방법 ④ **다량**의 **물**을 뿌려 소화하는 방법 ⑤ 가연성 물질을 **발화점 이하**로 **냉각** **기억법** 냉점증발 ⑥ 주방에서 신속히 할 수 있는 방법으로, 신선한 **야채**를 넣어 **식용유**의 온도를 발화점 이하로 낮추어 소화하는 방법(**식용유 화재**에 신선한 **야채**를 넣어 소화) **기억법** 야식냉(**야식**이 **차다**.)
질식소화	① 공기 중의 **산소농도**를 16%(10~15%) 이하로 희박하게 하여 소화하는 방법 ② 산화제의 농도를 낮추어 연소가 지속될 수 없도록 함 ③ 산소공급을 차단하는 소화방법(**공기공급**을 **차단**하여 소화하는 방법) **기억법** 질산
제거소화	**가연물**을 **제거**하여 소화하는 방법
부촉매소화 (화학소화)	① **연쇄반응**을 **차단**하여 소화하는 방법 ② 화학적인 방법으로 화재 억제
희석소화	기체·고체·액체에서 나오는 분해가스나 증기의 농도를 낮춰 소화하는 방법

③ **냉각효과**(냉각소화) : 물의 **증발잠열** 이용

답 ③

★
11 메탄가스 1mol을 완전연소시키기 위해서 필요한 이론적 최소산소요구량은 몇 mol인가?

15.05.문07
11.06.문09

① 1
② 2
③ 3
④ 4

해설 **메탄의 연소반응식**

메탄   산소   이산화탄소   물
CH₄ ＋ 2O₂ → CO₂ ＋ 2H₂O

$$\bigcirc CH_4 + \textcircled{2} O_2 \rightarrow CO_2 + 2H_2O$$

1mol   2mol

② 메탄 1mol이 완전연소하는 데 필요한 **산소**는 2mol이다.

답 ②

★★★
12 가연물이 되기 위한 조건이 아닌 것은?

15.03.문12
10.09.문08
09.03.문10
08.05.문02
08.03.문18
05.03.문01
04.03.문14
04.03.문16

① 산화되기 쉬울 것

② 산소와의 친화력이 클 것

③ 활성화에너지가 클 것

④ 열전도도가 작을 것

해설 **가연물**이 **연소**하기 쉬운 **조건**(가연물이 되기 위한 조건)
(1) 산소와 **친화력**이 클 것(산화되기 쉬울 것)
(2) **발열량**이 클 것(연소열이 많을 것)
(3) **표면적**이 넓을 것(공기와 접촉면이 클 것)
(4) 열전도율이 작을 것(열전도도가 작을 것)
(5) **활성화에너지**가 작을 것
(6) **연쇄반응**을 일으킬 수 있을 것

③ 클 것 → 작을 것

▶ 용어

활성화에너지
가연물이 처음 연소하는 데 필요한 열

답 ③

★★★
13 조리를 하던 중 식용유화재가 발생하면 신선한 야채를 넣어 소화할 수 있다. 이때의 소화방법에 해당하는 것은?

17.09.문10
16.10.문03
16.03.문14
15.05.문18
14.09.문05
13.06.문16
10.09.문16

① 희석소화

② 냉각소화

③ 부촉매소화

④ 질식소화

해설 **냉각소화**
주방에서 신속히 할 수 있는 방법으로, 신선한 **야채**를 넣어 **식용유**의 온도를 발화점 이하로 낮추어 소화하는 방법

기억법 **야**식**냉**(**야식**이 **차다**.)

▶ 중요

소화형태

구 분	설 명
냉각소화	• **점화원**을 냉각하여 소화하는 방법 • **증**발잠열을 이용하여 열을 빼앗아 가연물의 온도를 떨어뜨려 화재를 진압하는 소화방법 • **다량**의 **물**을 뿌려 소화하는 방법 • 가연성 물질을 **발화점 이하로 냉각** • 식용유화재에 신선한 **야채**를 넣어 소화

기억법 **냉점증발**

질식소화	• 공기 중의 **산소농도**를 16%(10~15%) 이하로 희박하게 하여 소화하는 방법 • 산화제의 농도를 낮추어 연소가 지속될 수 없도록 함 • 산소공급을 차단하는 소화방법
	기억법 **질산**
제거소화	**가연물**을 **제거**하여 소화하는 방법
부촉매소화 (화학소화)	• **연쇄반응**을 **차단**하여 소화하는 방법 • 화학적인 방법으로 화재 억제
희석소화	기체·고체·액체에서 나오는 분해가스나 증기의 농도를 낮춰 소화하는 방법

답 ②

★
14 25℃에서 증기압이 100mmHg이고 증기밀도(비중)가 2인 인화성 액체의 증기-공기밀도는 약 얼마인가? (단, 전압은 760mmHg으로 한다.)

15.05.문14

① 1.13

② 2.13

③ 3.13

④ 4.13

해설 **증기-공기밀도**

$$증기{-}공기밀도 = \frac{P_2 d}{P_1} + \frac{P_1 - P_2}{P_1}$$

여기서, P_1 : 대기압(전압)〔mmHg〕
      P_2 : 주변온도에서의 증기압〔mmHg〕
      d : 증기밀도

증기-공기밀도

$$= \frac{P_2 d}{P_1} + \frac{P_1 - P_2}{P_1}$$

$$= \frac{100\text{mmHg} \times 2}{760\text{mmHg}} + \frac{760\text{mmHg} - 100\text{mmHg}}{760\text{mmHg}} \fallingdotseq 1.13$$

답 ①

★★★
15 전기부도체이며 소화 후 장비의 오손 우려가 낮기 때문에 전기실이나 통신실 등의 소화설비로 적합한 것은?

11.03.문20
09.03.문17
06.09.문07
02.03.문19

① 스프링클러소화설비

② 옥내소화전설비

③ 포소화설비

④ 이산화탄소소화설비

해설 **이산화탄소·할로겐화합물소화기**(소화설비) **적응대상**
(1) 주차장
(2) 전기실
(3) 통신기기실(통신실)
(4) 박물관
(5) 석탄창고
(6) 면류창고

• CO_2소화설비=이산화탄소소화설비

답 ④

16 목조건축물의 온도와 시간에 따른 화재특성으로 옳은 것은?

17.03.문13
14.05.문09
13.09.문09
10.09.문08

① 저온단기형
② 저온장기형
③ 고온단기형
④ 고온장기형

해설

목조건물의 화재온도 표준곡선	내화건물의 화재온도 표준곡선
• 화재성상 : **고온단**기형 • 최고온도(최성기온도) : **1300℃**	• 화재성상 : 저온장기형 • 최고온도(최성기온도) : **900~1000℃**

온도/시간 그래프 (목조: 급상승 후 급하강 / 내화: 완만한 상승)

기억법 목고단 13

• 목조건물=목재건물

답 ③

17 할로겐화합물 및 불활성기체 소화약제 중 최대 허용설계농도가 가장 낮은 것은?

16.05.문04

① FC-3-1-10
② FIC-13I1
③ FK-5-1-12
④ IG-541

해설 할로겐화합물 및 불활성기체 소화약제 최대허용설계농도(NFTC 107A 2.4.2)

소화약제	최대허용설계농도[%]
FIC-13I1	0.3
HCFC-124	1.0
FK-5-1-12	10
HCFC BLEND A	
HFC-227ea	10.5
HFC-125	11.5
HFC-236fa	12.5
HFC-23	30
FC-3-1-10	40
IG-01	43
IG-100	
IG-541	
IG-55	

답 ②

18 플래시오버(flashover)의 지연대책으로 틀린 것은?

19.09.문02
09.08.문02
09.03.문13
05.05.문14
04.03.문03
03.08.문17
03.05.문07
03.03.문01

① 두께가 얇은 가연성 내장재료를 사용한다.
② 열전도율이 큰 내장재료를 사용한다.
③ 주요구조부를 내화구조로 하고 개구부를 적게 설치한다.
④ 실내에 저장하는 가연물의 양을 줄인다.

해설 플래시오버(flashover)의 지연대책
(1) **두께**가 **두꺼운** 가연성 내장재료 사용
(2) **열전도율**이 **큰** 내장재료 사용
(3) 주요구조부를 **내화구조**로 하고 **개구부**를 **적게** 설치
(4) 실내에 저장하는 **가연물**의 양을 **줄임**

중요

플래시오버(flashover)에 **영향**을 미치는 것
(1) 개구율(벽면적에 대한 개구부면적의 비)
(2) 내장재료(내장재료의 제성상)
(3) 화원의 크기

※ **화원**(source of fire) : 불이 난 근원

답 ①

19 미분무소화설비의 소화효과 중 틀린 것은?

19.09.문04
17.05.문15
15.09.문10
15.03.문05
14.09.문11
08.05.문16

① 질식
② 부촉매
③ 냉각
④ 유화

해설 소화약제의 소화작용

소화약제	소화작용	주된 소화작용
물(스프링클러)	• 냉각작용 • 희석작용	냉각작용 (냉각소화)
물(무상), 미분무	• **냉**각작용(증발잠열 이용) • **질**식작용 • **유**화작용(에멀션효과) • **희**석작용 **기억법** 물냉질유희	
포	• 냉각작용 • 질식작용	질식작용 (질식소화)
분말	• 질식작용 • 부촉매작용(억제작용) • 방사열 차단작용	
이산화탄소	• 냉각작용 • 질식작용 • 피복작용	
할론	• 질식작용 • 부촉매작용(억제작용)	부촉매작용 (연쇄반응 차단소화)

• CO_2 소화기 = 이산화탄소소화기

중요

부촉매효과
(1) 분말소화약제
(2) 할론소화약제
(3) 할로겐화합물소화약제

답 ②

★★★ 20 자연발화성 물질은?

19.09.분60
15.09.분19
15.03.분46
14.05.분59
13.03.분59
10.09.분10

① 황린
② 나트륨
③ 칼륨
④ 황

해설 위험물령 [별표 1]
위험물

유 별	성 질	품 명
제1류	산화성 고체	• 아염소산염류(아염소산나트륨) • 염소산염류 • 과염소산염류 • 질산염류(질산칼륨) • 무기과산화물(과산화바륨) **기억법** 1산고(일산GO)
제2류	가연성 고체	• 황화인 • 적린 • 황 • 마그네슘 **기억법** 2황화적황마
제3류	자연발화성 물질	황린
	금수성 물질	• 칼륨 • 나트륨 • 알킬알루미늄 • 트리에틸알루미늄 **기억법** 황칼나알
제4류	인화성 액체	• 특수인화물 • 석유류(벤젠) • 알코올류 • 동식물유류
제5류	자기반응성 물질	• 질산에스터류(셀룰로이드) • 유기과산화물 • 나이트로화합물 • 나이트로소화합물 • 아조화합물 • 나이트로글리세린
제6류	산화성 액체	• 과염소산 • 과산화수소 • 질산

②, ③ 금수성 물질
④ 가연성 고체

답 ①

 제2과목 소방유체역학

★★ 21 지름(D) 60mm인 물 분류가 30m/s의 속도(V)로

16.03.문37 고정평판에 대하여 45° 각도로 부딪칠 때 지면에 수직방향으로 작용하는 힘(F_y)은 약 몇 N인가?

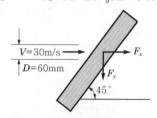

① 1700
② 1800
③ 1900
④ 2000

해설

$$F = \rho Q V \sin\theta$$

(1) 유량

$$Q = AV = \frac{\pi D^2}{4} V$$

여기서, Q : 유량[m^3/s]
A : 단면적[m^2]
V : 유속[m/s]
D : 지름[m]

(2) 판이 받는 y방향의 힘

$$F_y = \rho Q V \sin\theta$$

여기서, F_y : 판이 받는 y방향의 힘[N]
ρ : 밀도(물의 밀도 1000N·s^2/m^4)
Q : 유량[m^3/s]
V : 유속[m/s]

판이 받는 y방향의 힘 F_y는

$F_y = \rho Q V \sin\theta$

$= \rho \left(\frac{\pi D^2}{4} V \right) V \sin\theta$

$= \rho \frac{\pi D^2}{4} V^2 \sin\theta$

$= 1000N \cdot s^2/m^4 \times \frac{\pi \times (0.06m)^2}{4} \times (30m/s)^2$
$\times \sin 45°$

$≒ 1800N$

비교

판이 받는 x방향의 힘

$$F_x = \rho Q V (1 - \cos\theta)$$

여기서, F_x : 판이 받는 x방향의 힘[N]
ρ : 밀도[N·s^2/m^4]
Q : 유량[m^3/s]
V : 속도(유속)[m/s]
θ : 유출방향

답 ②

★★ 22

19.09.문26
17.05.문30
16.05.문30
15.09.문39
13.06.문31

어떤 탱크 속에 들어 있는 산소의 밀도는 온도가 25℃일 때 2.0kg/m³이다. 이때 대기압이 97kPa이라면, 이 산소의 압력은 계기압력으로 약 몇 kPa인가? (단, 산소의 기체상수는 259.8J/kg·K이다.)

① 58   ② 65
③ 72   ④ 88

해설 (1) 밀도

$$\rho = \frac{m}{V}$$

여기서, ρ : 밀도[kg/m³]
       m : 질량[kg]
       V : 부피[m³]

(2) 이상기체상태 방정식

$$PV = mRT$$

여기서, P : 압력[kPa 또는 kN/m²]
       V : 부피(체적)[m³]
       m : 질량[kg]
       R : 기체상수[kJ/kg·K]
       T : 절대온도(273+℃)[K]

산소의 압력

$P = \dfrac{mRT}{V} = \rho RT$

$= 2.0\text{kg/m}^3 \times 0.2598\text{kJ/kg·K} \times (273+25)\text{K}$

$≒ 154.84\text{kN/m}^2$

$= 154.84\text{kPa}$(절대압)

- 1000J=1kJ이므로 259.8J/kg·K=0.2598kJ/kg·K
- 1kJ=1kN·m이므로
  0.2598kJ/kg·K=0.2598kN·m/kg·K

(3) 절대압=대기압+게이지압(계기압력)

계기압력=절대압-대기압
     = 154.84kPa-97kPa≒58kPa

- 이 문제에서 산소의 분자량은 고려할 필요가 없다.

중요

절대압
(1) **절**대압=**대**기압+**게**이지압(계기압)
(2) 절대압=대기압-진공압

기억법 절대게

답 ①

★ 23

13.03.문35

60℃의 물 200kg과 100℃의 포화증기를 적당량 혼합하면 90℃의 물이 된다. 이때 혼합하여야 할 포화증기의 양은 약 몇 kg인가? (단, 100℃에서 물의 증발잠열은 2256kJ/kg이고, 물의 비열은 4.186kJ/kg·K이다.)

① 8.53   ② 9.12
③ 10.02   ④ 10.93

해설 열량

$$Q = mc\Delta T + rm$$

여기서, Q : 열량[kJ]
       m : 질량[kg]
       c : 비열[kJ/kg·K]
       ΔT : 온도차[℃]
       r : 기화열(증발열)[kJ/kg]

(1) **물의 열량**

$Q_1 = mc\Delta T$

$= 200\text{kg} \times 4.186\text{kJ/kg·K} \times (363-333)\text{K}$

$= 25116\text{kJ}$

- K = 273+℃ = 273+90℃ = 363K
- K = 273+℃ = 273+60℃ = 333K
- 온도만 변하고 상태는 변하지 않으므로 rm 생략

(2) **포화증기의 열량**

$Q_2 = mc\Delta T + rm$

$= m \times 4.186\text{kJ/kg·K} \times (373-363)\text{K}$
    $+ 2256\text{kJ/kg} \times m$

$= 41.86m + 2256m$ ← 계산 편의를 위해 단위 생략

$= 2297.86m$

- K = 273+℃ = 273+100℃ = 373K
- K = 273+℃ = 273+90℃ = 363K

$$Q_1 = Q_2$$

$25116 = 2297.86m$

$m = \dfrac{25116}{2297.86} ≒ 10.93\text{kg}$

답 ④

★★★ 24

개방된 물통에 깊이 2m로 물이 들어 있고, 이 물위에 깊이 2m의 기름이 떠 있다. 기름의 비중이 0.5일 때, 물통 밑바닥에서의 압력은 약 몇 Pa인가? (단, 유체 상부면에 작용하는 대기압은 무시한다.)

① 9810   ② 16280
③ 29420   ④ 34240

해설

$$P = \gamma_1 h_1 + \gamma_2 h_2$$

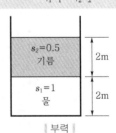

| 부력 |

(1) **기름의 비중**

$$s_2 = \frac{\gamma_2}{\gamma_w}$$

여기서, s_2 : 비중
γ_2 : 기름의 비중량[N/m³]
γ_w : 물의 비중량(9800N/m³)

기름의 비중량 γ_2는

$\gamma_2 = s_2 \cdot \gamma_w = 0.5 \times 9800\text{N/m}^3 = 4900\text{N/m}^3$

(2) **물속의 압력**

$$P = P_0 + \gamma h$$

여기서, P : 물속의 압력(물통 밑바닥의 압력)[Pa]
P_0 : 대기압(101.325kPa)
γ : 물의 비중량(9800N/m³)
h : 물의 깊이

(3) 기름이 물위에 떠 있고 단서에서 대기압을 무시하라고 하였으므로 변형식은 다음과 같다.

$$P = \gamma_1 h_1 + \gamma_2 h_2$$

여기서, P : 물속의 압력(물통 밑바닥의 압력)[Pa]
γ_1 : 물의 비중량(9800N/m³)
h_1 : 물의 깊이[m]
γ_2 : 기름의 비중량[N/m³]
h_2 : 기름의 깊이[m]

물통 밑바닥의 압력 P는
$P = \gamma_1 h_1 + \gamma_2 h_2$
$= 9800\text{N/m}^3 \times 2\text{m} + 4900\text{N/m}^3 \times 2\text{m}$
$= 29400\text{Pa}$
$≒ 29420\text{Pa}$

• 물속의 압력=물통 밑바닥에서의 압력

답 ③

★★★
25 길이 300m, 지름 10cm인 관에 1.2m/s의 평균 속도로 물이 흐르고 있다면 손실수두는 약 몇 m 인가? (단, 관의 마찰계수는 0.02이다.)
19.03.문29 09.08.문26 09.05.문25 06.03.문30
① 2.1 ② 4.4
③ 6.7 ④ 8.3

해설 다르시-웨버의 식

$$H = \frac{\Delta P}{\gamma} = \frac{flV^2}{2gD}$$

여기서, H : 마찰손실[m]
ΔP : 압력차[Pa]
γ : 비중량(물의 비중량 9800N/m³)
f : 관마찰계수
l : 길이[m]
V : 유속[m/s]
g : 중력가속도(9.8m/s²)
D : 내경(지름)[m]

속도수두 H는
$H = \frac{flV^2}{2gD} = \frac{0.02 \times 300\text{m} \times (1.2\text{m/s})^2}{2 \times 9.8\text{m/s}^2 \times 10\text{cm}}$
$= \frac{0.02 \times 300\text{m} \times (1.2\text{m/s})^2}{2 \times 9.8\text{m/s}^2 \times 0.1\text{m}} ≒ 4.4\text{m}$

답 ②

★★
26 어떤 오일의 동점성계수가 2×10^{-4}m²/s이고 비중 이 0.9라면 점성계수는 약 몇 kg/m·s인가?
19.09.문29 09.05.문29
① 1.2 ② 2.0
③ 0.18 ④ 1.8

해설 (1) 비중

$$s = \frac{\rho}{\rho_w}$$

여기서, s : 비중
ρ : 어떤 물질의 밀도[kg/m³]
ρ_w : 물의 밀도(1000kg/m³)

오일의 밀도 ρ는
$\rho = \rho_w \cdot s = 1000\text{kg/m}^3 \times 0.9 = 900\text{kg/m}^3$

(2) **동점성계수**

$$\nu = \frac{\mu}{\rho}$$

여기서, ν : 동점성계수[m²/s]
μ : 점성계수[kg/m·s]
ρ : 밀도(어떤 물질의 밀도)[kg/m³]

점성계수 μ는
$\mu = \nu \cdot \rho$
$= 2 \times 10^{-4}\text{m}^2\text{/s} \times 900\text{kg/m}^3 = 0.18\text{kg/m·s}$

답 ③

★★
27 정지유체 속에 잠겨있는 경사진 평면에서 압력 에 의해 작용하는 합력의 작용점에 대한 설명으 로 옳은 것은?
15.03.문38 10.03.문25
① 도심의 아래에 있다.
② 도심의 위에 있다.
③ 도심의 위치와 같다.
④ 도심의 위치와 관계가 없다.

해설 힘의 작용점의 중심압력은 경사진 평판의 **도심**보다 **아래**에 있다.

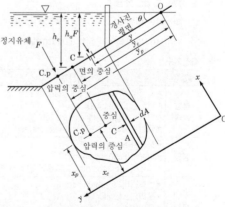

‖ 힘의 작용점의 중심압력 ‖

답 ①

28

17.05.문21
15.03.문36

20℃, 100kPa의 공기 1kg을 일차적으로 300kPa까지 등온압축시키고 다시 1000kPa까지 단열압축시켰다. 압축 후의 절대온도는 약 몇 K인가? (단, 모든 과정은 가역과정이고 공기의 비열비는 1.4이다.)

① 413K
② 433K
③ 453K
④ 473K

 해설

$$\frac{T_2}{T_1} = \left(\frac{P_2}{P_1}\right)^{\frac{k-1}{k}}$$

(1) 기호

- P_1 : 300kPa
- P_2 : 1000kPa

(2) 단열변화

$$\frac{T_2}{T_1} = \left(\frac{P_2}{P_1}\right)^{\frac{k-1}{k}}$$

여기서, T_1, T_2 : 변화 전후의 절대온도(273 + ℃)[K]
  P_1, P_2 : 변화 전후의 압력[kPa]
  k : 비열비(1.4)

$$T_2 = T_1 \left(\frac{P_2}{P_1}\right)^{\frac{k-1}{k}}$$

$$= (273 + 20)\text{K} \times \left(\frac{1000\text{kPa}}{300\text{kPa}}\right)^{\frac{1.4-1}{1.4}} ≒ 413\text{K}$$

용어

단열변화
손실이 없는 상태에서의 과정

답 ①

29

15.09.문34
12.03.문33
11.06.문24
11.03.문26
09.05.문34

관의 단면에 축소부분이 있어서 유체를 단면에서 가속시킴으로써 생기는 압력차이를 측정하여 유량을 측정하는 장치가 있다. 다음 중 이에 해당하지 않는 것은?

① nozzle meter
② orifice meter
③ venturimeter
④ rotameter

해설 **측정기구**

종 류	측정기구
동압 (유속)	• 시차액주계(differential manometer) • 피토관(pitot tube) • 피토-정압관(pitot-static tube) • 열선속도계(hot-wire anemometer)
정압	• 정압관(static tube) • 피에조미터(piezometer) • 마노미터(manometer) : 유체의 압력차 측정
유량	• 벤투리미터(venturimeter) • 오리피스(orifice) • 위어(weir) • **로터미터(rotameter)** • 노즐(nozzle)

④ 로터미터(rotameter)는 유량을 측정하는 장치이기는 하지만 부자(float)의 오르내림에 의해서 배관 내의 유량 및 유속을 측정할 수 있는 기구로서 관의 단면에 축소부분은 없다.

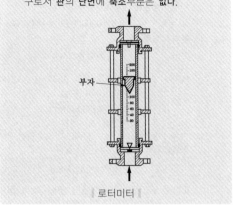

| 로터미터 |

답 ④

30

02.05.문27

다음 중 동점성계수의 차원으로 올바른 것은? (단, M, L, T는 각각 질량, 길이, 시간을 나타낸다.)

① $ML^{-1}T^{-1}$
② $ML^{-1}T^{-2}$
③ L^2T^{-1}
④ MLT^{-2}

해설 **동점성계수**

$$\nu = \frac{\mu}{\rho}$$

여기서, ν : 동점성계수(동점도)[m^2/s]
  μ : 일반점도(점성계수×중력가속도)[kg/m·s]
  ρ : 밀도(물의 밀도 1000kg/m^3)

동점성계수$(\nu) = \frac{m^2}{s} = \left[\frac{L^2}{T}\right] = [L^2T^{-1}]$

중요

중력단위와 절대단위의 차원

차 원	중력단위[차원]	절대단위[차원]
길이	m[L]	m[L]
시간	s[T]	s[T]
운동량	N·s[FT]	kg·m/s[MLT^{-1}]
힘	N[F]	kg·m/s^2[MLT^{-2}]
속도	m/s[LT^{-1}]	m/s[LT^{-1}]
가속도	m/s^2[LT^{-2}]	m/s^2[LT^{-2}]
질량	N·s^2/m[$FL^{-1}T^2$]	kg[M]
압력	N/m^2[FL^{-2}]	kg/m·s^2[$ML^{-1}T^{-2}$]
밀도	N·s^2/m^4[$FL^{-4}T^2$]	kg/m^3[ML^{-3}]
비중	무차원	무차원
비중량	N/m^3[FL^{-3}]	kg/m^2·s^2[$ML^{-2}T^{-2}$]
비체적	m^4/N·s^2[$F^{-1}L^4T^{-2}$]	m^3/kg[$M^{-1}L^3$]
일률	N·m/s[FLT^{-1}]	kg·m^2/s^3[ML^2T^{-3}]
일	N·m[FL]	kg·m^2/s^2[ML^2T^{-2}]
점성계수	N·s/m^2[$FL^{-2}T$]	kg/m·s[$ML^{-1}T^{-1}$]
동점성계수	m^2/s[L^2T^{-1}]	m^2/s[L^2T^{-1}]

답 ③

31

물이 안지름 600mm의 파이프를 통하여 평균 3m/s
의 속도로 흐를 때, 유량은 약 몇 m³/s인가?

15.03.문22
07.03.문36
04.09.문27
02.05.문39

① 0.34　　　　② 0.85
③ 1.82　　　　④ 2.88

해설 유량

$$Q = AV = \left(\frac{\pi}{4}D^2\right)V$$

여기서, Q : 유량[m³/s]
　　　　A : 단면적[m²]
　　　　V : 유속[m/s]
　　　　D : 안지름[m]

유량 Q는

$$Q = \left(\frac{\pi}{4}D^2\right)V = \frac{\pi}{4}(0.6\text{m})^2 \times 3\text{m/s} \fallingdotseq 0.85\text{m}^3/\text{s}$$

- 1000mm=1m이므로 600mm=0.6m

답 ②

32

단면적이 10m²이고 두께가 2.5cm인 단열재를 통
과하는 열전달량이 3kW이다. 내부(고온)면의 온도
가 415℃이고 단열재의 열전도도가 0.2W/m·K
일 때 외부(저온)면의 온도는?

07.05.문23

① 353℃　　　　② 378℃
③ 396℃　　　　④ 402℃

해설 열전달률(열전도율)

$$\mathring{q} = \frac{KA(T_2 - T_1)}{l}$$

여기서, $\mathring{q}$: 열전달량(열전도율)[W]
　　　　K : 열전도율(열전도도)[W/m·℃ 또는 W/m·K]
　　　　A : 단면적[m²]
　　　　$(T_2 - T_1)$: 온도차[℃]
　　　　l : 벽체두께[m]

$$\mathring{q} = \frac{KA(T_2 - T_1)}{l}$$
$$\mathring{q}l = KA(T_2 - T_1)$$
$$\frac{\mathring{q}l}{KA} = T_2 - T_1$$
$$\frac{\mathring{q}l}{KA} - T_2 = -T_1$$
$$T_1 = T_2 - \frac{\mathring{q}l}{KA}$$
$$= 415℃ - \frac{3\text{kW} \times 2.5\text{cm}}{0.2\text{W/m}\cdot\text{K} \times 10\text{m}^2}$$
$$= 415℃ - \frac{(3 \times 10^3)\text{W} \times 2.5\text{cm}}{0.2\text{W/m}\cdot\text{K} \times 10\text{m}^2}$$
$$= 415℃ - \frac{(3 \times 10^3)\text{W} \times 0.025\text{m}}{0.2\text{W/m}\cdot\text{K} \times 10\text{m}^2}$$
$$\fallingdotseq 378℃$$

답 ②

33

송풍기의 전압이 10kPa이고, 풍량이 3m³/s인
송풍기의 동력은 몇 kW인가? (단, 공기의 밀도
는 1.2kg/m³이다.)

15.09.문36
13.09.문30
13.06.문24

① 30　　　　② 56
③ 294　　　　④ 353

해설

$$P = \frac{\gamma HQ}{1000\eta}K$$

(1) 압력

$$p = \gamma H$$

여기서, p : 압력(송풍기의 전압)[Pa 또는 N/m²]
　　　　γ : 비중량[N/m³]
　　　　H : 높이(수두, 전양정)[m]

높이(수두, 전양정)

$$H = \frac{p}{\gamma} \qquad\qquad ⋯⋯⋯⋯⋯ ㉠$$

(2) 전동기의 용량(송풍기의 동력)

$$P = \frac{\gamma HQ}{1000\eta}K \qquad ⋯⋯⋯ ㉡$$

여기서, P : 전동기용량[kW]
　　　　γ : 물의 비중량(9800N/m³)
　　　　H : 전양정[m]
　　　　Q : 양수량(유량, 풍량)[m³/s]
　　　　K : 여유계수
　　　　η : 효율

송풍기의 동력 P는

$$P = \frac{\gamma HQ}{1000\eta}K$$
$$= \frac{\cancel{\gamma}\frac{p}{\cancel{\gamma}}Q}{1000\eta}K \quad ⋯⋯⋯ ㉠식을 ㉡식에 대입$$
$$= \frac{pQ}{1000\eta}K$$
$$= \frac{10000\text{N/m}^2 \times 3\text{m}^3/\text{s}}{1000\cancel{\eta}}\cancel{K} = 30\text{kW}$$

- 1kPa=1kN/m²이고 1kN=1000N이므로
  10kPa=10kN/m²=10000N/m²
- η, K : 주어지지 않았으므로 무시

답 ①

34

관 속의 부속품을 통한 유체흐름에서 관의 등가
길이(상당길이)를 표현하는 식은? (단, 부차적
손실계수는 K, 관의 지름은 d, 관마찰계수는 f
이다.)

11.10.문26
11.03.문21
10.03.문28

① Kfd　　　　② $\dfrac{fd}{K}$
③ $\dfrac{Kf}{d}$　　　　④ $\dfrac{Kd}{f}$

해설 등가길이

$$L_e = \frac{Kd}{f}$$

여기서, L_e : 등가길이[m]
K : 부차적 손실계수
d : 내경(지름)[m]
f : 마찰손실계수(관마찰계수)

- 등가길이＝상당길이＝상당관길이
- 마찰계수＝마찰손실계수＝관마찰계수

답 ④

35 어떤 펌프가 1400rpm으로 회전할 때 12.6m의 전양정을 갖는다고 한다. 이 펌프를 1450rpm으로 회전할 경우 전양정은 약 몇 m인가? (단, 상사법칙을 만족한다고 한다.)
10.05.문34

① 10.6 ② 12.6
③ 13.5 ④ 14.8

해설 (1) 기호

- N_1 : 1400rpm
- H_1 : 12.6m
- N_2 : 1450rpm

(2) 상사법칙
㉠ 유량

$$Q_2 = Q_1 \left(\frac{N_2}{N_1}\right)$$

여기서, Q_1, Q_2 : 변화 전후의 유량[m³/min]
N_1, N_2 : 변화 전후의 회전수[rpm]

㉡ 양정

$$H_2 = H_1 \left(\frac{N_2}{N_1}\right)^2$$

여기서, H_1, H_2 : 변화 전후의 양정[m]
N_1, N_2 : 변화 전후의 회전수[rpm]

㉢ 축동력

$$P_2 = P_1 \left(\frac{N_2}{N_1}\right)^3$$

여기서, P_1, P_2 : 변화 전후의 축동력[kW]
N_1, N_2 : 변화 전후의 회전수[rpm]

∴ 양정 H_2는

$$H_2 = H_1 \left(\frac{N_2}{N_1}\right)^2 = 12.6 \times \left(\frac{1450}{1400}\right)^2 = 13.5\text{m}$$

※ **상사법칙** : 기하학적으로 유사하거나 같은 펌프에 적용하는 법칙

답 ③

36 다음 중 압력차를 측정하는 데 사용되는 기구는?
11.03.문26

① 로터미터 ② U자관 액주계
③ 열전대 ④ 위어

해설 측정기구

종 류	측정기구
동압 (유속)	• 시차액주계(differential manometer), **U자관 액주계** • 피토관(pitot tube) • 피토－정압관(pitot－static tube) • 열선속도계(hot－wire anemometer)
정압	• 정압관(static tube) • 피에조미터(piezometer) • 마노미터(manometer)
유량	• 벤투리미터(venturimeter) • 오리피스(orifice) • 위어(weir) • 로터미터(rotameter) • 노즐(nozzle)

※ **U자관 액주계** : 압력차를 측정하는 데 사용되는 기구

답 ②

37 체적이 0.031m³인 액체에 61000kPa의 압력을 가했을 때 체적이 0.025m³가 되었다. 이때 액체의 체적탄성계수는 약 얼마인가?
19.09.문33
12.03.문30

① 2.38×10^8Pa ② 2.62×10^8Pa
③ 1.23×10^8Pa ④ 3.15×10^8Pa

해설 체적탄성계수

$$K = -\frac{\Delta P}{\frac{\Delta V}{V}}$$

여기서, K : 체적탄성계수[kPa]
ΔP : 가해진 압력[kPa]
$\frac{\Delta V}{V}$: 체적의 감소율
ΔV : 체적의 변화(체적의 차)[m³]
V : 처음 체적[m³]

체적탄성계수 K는

$$K = -\frac{\Delta P}{\frac{\Delta V}{V}} = -\frac{61000 \times 10^3 \text{Pa}}{\frac{(0.031-0.025)\text{m}^3}{0.031\text{m}^3}}$$

$$\fallingdotseq -315000000\text{Pa} = -3.15 \times 10^8\text{Pa}$$

- '－'는 누르는 방향이 위 또는 아래를 나타내는 것으로 특별한 의미는 없다.

용어

체적탄성계수
어떤 압력으로 누를 때 이를 떠받치는 힘의 크기를 의미하며, 체적탄성계수가 클수록 압축하기 힘들다.

답 ④

여기서, H : 수두[m], V : 유속[m/s], g : 중력가속도(9.8m/s²)

$$H = \frac{V^2}{2g} = \frac{(3m/s)^2}{2 \times 9.8m/s^2} = 0.46m$$

답 ①

제3과목 소방관계법규

41 제조소 또는 일반취급소에서 변경허가를 받아야 하는 경우가 아닌 것은?
07.05.문60
① 배출설비를 신설하는 경우
② 불활성기체의 봉입장치를 신설하는 경우
③ 위험물의 펌프설비를 증설하는 경우
④ 위험물취급탱크의 탱크전용실을 증설하는 경우

해설 **위험물규칙** 〔별표 1의 2〕
위험물제조소의 변경허가를 받아야 하는 경우
(1) 제조소의 위치를 이전하는 경우
(2) **배**출설비를 신설하는 경우
(3) 위험물취급탱크의 **탱**크전용실을 증설 또는 교체하는 경우
(4) 위험물취급탱크의 **방**유제의 높이 또는 방유제 내의 **면**적을 변경하는 경우
(5) **불**활성기체의 봉입장치를 신설하는 경우
(6) 300m(지상에 설치하지 아니하는 배관의 경우는 30m)를 초과하는 **위험물배관**을 신설·교체·철거 또는 보수하는 경우

기억법 배불탱방

답 ③

42 소방시설공사업법령상 완공검사를 위한 현장 확인 대상 특정소방대상물의 범위기준으로 틀린 것은?
19.09.문03
17.09.문58
16.10.문55
① 운동시설
② 호스릴 이산화탄소소화설비가 설치되는 것
③ 연면적 10000m² 이상이거나 11층 이상인 특정소방대상물(아파트는 제외)
④ 가연성 가스를 제조·저장 또는 취급하는 시설 중 지상에 노출된 가연성 가스탱크의 저장용량 합계가 1000톤 이상인 시설

해설 ② 호스릴 → 호스릴 제외

공사업령 5조
완공검사를 위한 **현장**확인 대상 특정소방대상물
(1) **수**련시설
(2) **노**유자시설
(3) **문**화 및 집회시설, **운**동시설
(4) **종**교시설
(5) **판**매시설
(6) **숙**박시설
(7) **창**고시설
(8) 지하**상**가
(9) 다중이용업소

---

38 흐르는 유체에서 정상유동(steady flow)이란 어떤 것을 지칭하는가?
12.05.문33
① 임의의 점에서 유체속도가 시간에 따라 일정하게 변하는 흐름
② 임의의 점에서 유체속도가 시간에 따라 변하지 않는 흐름
③ 임의의 시각에서 유로 내 모든 점의 속도벡터가 일정한 흐름
④ 임의의 시각에서 유로 내 각 점의 속도벡터가 서로 다른 흐름

해설 **유체 관련**

구 분	설 명
정상유동	• 유동장에서 유체흐름의 특성이 시간에 따라 변하지 않는 흐름 • 임의의 점에서 유체속도가 시간에 따라 변하지 않는 흐름
정상류	• 직관로 속의 어느 지점에서 항상 일정한 유속을 가지는 물의 흐름
연속방정식	• **질량보존**의 **법칙**

답 ②

39 지름이 10mm인 노즐에서 물이 방사되는 방사압(계기압력)이 392kPa이라면 방수량은 약 몇 m³/min인가?
14.09.문28
09.03.문21
02.09.문29
① 0.402   ② 0.220
③ 0.132   ④ 0.012

해설 (1) **기호**
• D : 10mm
• P : 392kPa=0.392MPa(k=10³, M=10⁶)

(2) **방수량**
$$Q = 0.653D^2\sqrt{10P} = 0.6597CD^2\sqrt{10P}$$
여기서, Q : 방수량[L/min]
C : 유량계수(노즐의 흐름계수)
D : 내경[mm]
P : 방수압력[MPa]

방수량 Q는
$Q = 0.653D^2\sqrt{10P} = 0.653 \times 10^2 \times \sqrt{10 \times 0.392}$
$= 132L/min = 0.132m^3/min$

답 ③

40 옥내소화전설비의 배관유속이 3m/s인 위치에 피토정압관을 설치하였을 때, 정체압과 정압의 차를 수두로 나타내면 몇 m가 되겠는가?
14.03.문26
02.09.문22
① 0.46   ② 4.6
③ 0.92   ④ 9.2

해설 **수두**
$$H = \frac{V^2}{2g}$$

(10) 다음에 해당하는 설비가 설치되는 특정소방대상물
　㉠ 스프링클러설비 등
　㉡ 물분무등소화설비(호스릴방식 제외)
(11) 연면적 10000㎡ 이상이거나 11층 이상인 특정소방대상물 (아파트 제외)
(12) 가연성 가스를 제조·저장 또는 취급하는 시설 중 지상에 노출된 가연성 가스탱크의 저장용량 합계가 1000t 이상인 시설

기억법 문종판 노수운 숙창상현

중요

물분무등소화설비
(1) **분**말소화설비
(2) **포**소화설비
(3) **할**론소화설비
(4) **이**산화탄소 소화설비
(5) **할**로겐화합물 및 불활성기체 소화설비
(6) **강**화액소화설비
(7) **미**분무소화설비
(8) 물분무소화설비
(9) **고**체에어로졸 소화설비

기억법 분포할이 할강미고

답 ②

43 대통령령 또는 화재안전기준이 변경되어 그 기준이 강화되는 경우 기존의 특정소방대상물의 소방시설 중 대통령령으로 정하는 것으로 변경으로 강화된 기준을 적용하여야 하는 소방시설은? (단, 건축물의 신축·개축·재축·이전 및 대수선 중인 특정소방대상물을 포함한다.)
08.05.문59
① 비상경보설비
② 화재조기진압용 스프링클러설비
③ 옥내소화전설비
④ 제연설비

해설 소방시설법 11조, 소방시설법 시행령 15조 6
변경강화기준 적용설비
(1) 소화기구
(2) 비상경보설비
(3) 자동화재탐지설비
(4) 자동화재속보설비
(5) 피난구조설비
(6) 소방시설(**공동구** 설치용, 전력 및 통신사업용 지하구)
(7) **노유자시설, 의료시설**

공동구, 전력 및 통신사업용 지하구	노유자시설에 설치하여야 하는 소방시설	의료시설에 설치하여야 하는 소방시설
① 소화기 ② 자동소화장치 ③ 자동화재탐지설비 ④ 통합감시시설 ⑤ 유도등 및 연소방지설비	① 간이스프링클러설비 ② 자동화재탐지설비 ③ 단독경보형 감지기	① 스프링클러설비 ② 간이스프링클러설비 ③ 자동화재탐지설비 ④ 자동화재속보설비

답 ①

44 소방시설 설치 및 관리에 관한 법령상 스프링클러설비를 설치하여야 하는 특정소방대상물의 기준으로 틀린 것은? (단, 위험물 저장 및 처리 시설 중 가스시설 또는 지하구를 제외한다.)
15.03.문41
05.09.문52
① 물류터미널로서 바닥면적 합계가 2000㎡ 이상인 경우에는 모든 층
② 숙박이 가능한 수련시설에 해당하는 용도로 사용되는 시설의 바닥면적의 합계가 600㎡ 이상인 것은 모든 층
③ 종교시설(주요구조부가 목조인 것은 제외)로서 수용인원이 100명 이상인 것에 해당하는 경우에는 모든 층
④ 지하가(터널은 제외)로서 연면적 1000㎡ 이상인 것

해설 ① 2000㎡ → 5000㎡

소방시설법 시행령 [별표 4]
스프링클러설비의 설치대상

설치대상	조건
① 문화 및 집회시설, 운동시설 ② 종교시설(주요구조부가 목조인 것은 제외)	• 수용인원 : 100명 이상 • 영화상영관 : 지하층·무창층 500㎡(기타 1000㎡) 이상 • 무대부 　– 지하층·무창층·4층 이상 : 300㎡ 이상 　– 1~3층 : 500㎡ 이상
③ 판매시설 ④ 운수시설 ⑤ 물류터미널	• 수용인원 : 500명 이상 • 바닥면적 합계 5000㎡ 이상
⑥ 창고시설(물류터미널 제외)	바닥면적 합계 5000㎡ 이상 : 전층
⑦ 노유자시설 ⑧ 정신의료기관 ⑨ 수련시설(숙박 가능한 것) ⑩ 종합병원, 병원, 치과병원, 한방병원 및 요양병원(정신병원 제외) ⑪ 숙박시설	바닥면적 합계 600㎡ 이상
⑫ 지하가(터널 제외)	연면적 1000㎡ 이상
⑬ 지하층·무창층·4층 이상	바닥면적 1000㎡ 이상
⑭ 10m 넘는 랙식 창고	연면적 1500㎡ 이상
⑮ 복합건축물 ⑯ 기숙사	연면적 5000㎡ 이상 : 전층
⑰ 6층 이상	전층
⑱ 보일러실·연결통로	전부
⑲ 특수가연물 저장·취급	지정수량 1000배 이상
⑳ 발전시설	전기저장시설 : 전부

답 ①

★★★ 45

17.09.문51
14.09.문59

특정소방대상물의 자동화재탐지설비 설치면제기준 중 다음 ( ) 안에 알맞은 것은? (단, 자동화재탐지설비의 기능은 감지·수신·경보기능을 말한다.)

> 자동화재탐지설비의 기능과 성능을 가진 ( ) 또는 물분무등소화설비를 화재안전기준에 적합하게 설치한 경우에는 그 설비의 유효범위에서 설치가 면제된다.

① 비상경보설비　② 연소방지설비
③ 연결살수설비　④ 스프링클러설비

해설 **소방시설법 시행령〔별표 5〕**
소방시설 면제기준

면제대상	대체설비
스프링클러설비	**물분무등소화설비**
물분무등소화설비	**스프링클러설비**
간이스프링클러설비	• **스프링클러설비** • **물분무소화설비·미분무소화설비**
비상경보설비 또는 단독경보형 감지기	**자동화재탐지설비**
비상경보설비	**2개 이상 단독경보형 감지기** 연동
비상방송설비	• 자동화재탐지설비 • 비상경보설비
연결살수설비	• 스프링클러설비 • 간이스프링클러설비·미분무소화설비 • 물분무소화설비·미분무소화설비
제연설비	**공기조화설비**
연소방지설비	• 스프링클러설비 • 물분무소화설비·미분무소화설비
연결송수관설비	• 옥내소화전설비 • 스프링클러설비 • 간이스프링클러설비 • 연결살수설비
자동화재**탐**지설비	• 자동화재**탐**지설비의 기능을 가진 **스**프링클러설비 • **물**분무등소화설비
옥내소화전설비	• 옥외소화전설비 • 미분무소화설비(호스릴방식)

기억법 **탐탐스물**

답 ④

★★★ 46

13.06.문56
13.03.문49
12.05.문49
11.03.문43

화재의 예방 및 안전관리에 관한 법령상 소방안전관리자를 두어야 하는 1급 소방안전관리대상물의 기준으로 틀린 것은?

① 30층 이상(지하층은 제외한다)이거나 지상으로부터 높이가 120m 이상인 아파트
② 가연성 가스를 1000톤 이상 저장·취급하는 시설
③ 연면적 15000㎡ 이상인 특정소방대상물(아파트 및 연립주택 제외)

④ 지하구

해설 ④ **2급 소방안전관리대상물**

소방시설법 시행령 22조
소방안전관리자를 두어야 할 특정소방대상물

소방안전관리대상물	특정소방대상물
특급 소방안전관리대상물 (동식물원, 철강 등 불연성 물품 저장·취급창고, 지하구, 위험물제조소 등 제외)	• **50층** 이상(지하층 제외) 또는 지상 **200m** 이상 아파트 • **30층** 이상(지하층 포함) 또는 지상 **120m** 이상(아파트 제외) • 연면적 **10만㎡** 이상(아파트 제외)
1급 소방안전관리대상물 (동식물원, 철강 등 불연성 물품 저장·취급창고, 지하구, 위험물제조소 등 제외)	• **30층** 이상(지하층 제외) 또는 지상 **120m** 이상 **아파트** • 연면적 **15000㎡** 이상인 것(아파트 및 연립주택 제외) • **11층** 이상(아파트 제외) • 가연성 가스를 **1000t** 이상 저장·취급하는 시설
2급 소방안전관리대상물	• **지하구** • 가스제조설비를 갖추고 도시가스사업 허가를 받아야 하는 시설 또는 가연성 가스를 **100~1000t** 미만 저장·취급하는 시설 • **옥내소화전설비·스프링클러설비** 설치대상물 • **물분무등소화설비**(호스릴방식의 물분무등소화설비만을 설치한 경우 제외) 설치대상물 • 공동주택(옥내소화전설비 또는 스프링클러설비가 설치된 공동주택 한정) • 목조건축물(국보·보물)
3급 소방안전관리대상물	• **간이스프링클러설비**(주택전용 간이스프링클러설비 제외) 설치대상물 • **자동화재탐지설비** 설치대상물

답 ④

★★★ 47

10.05.문60
09.05.문59
09.03.문53

소방본부장 또는 소방서장은 건축허가 등의 동의요구서류를 접수한 날부터 며칠 이내에 건축허가 등의 동의 여부를 회신하여야 하는가? (단, 허가를 신청한 건축물은 특급 소방안전관리대상물이다.)

① 5일　　② 7일
③ 10일　　④ 30일

해설 **소방시설법 시행규칙 3조**
건축허가 등의 동의

내 용	기 간	
동의요구서류 보완	4일 이내	
건축허가 등의 취소통보	7일 이내	
동의 여부 회신	5일 이내	기타
	10일 이내	특급 소방안전관리대상물

중요

건축허가 등의 동의 여부 회신

10일 이내	• 50층 이상(지하층 제외) 또는 지상으로 부터 높이 200m 이상 아파트 • 30층 이상(지하층 포함) 또는 지상 120m 이상(아파트 제외) • 연면적 10만m² 이상(아파트 제외)

답 ③

⭐ 48 [14.09.문47]
위험물안전관리법령상 정기점검의 대상인 제조소 등의 기준으로 틀린 것은?

① 이송취급소
② 위험물을 취급하는 탱크로서 지하에 매설된 탱크가 있는 일반취급소
③ 지정수량의 100배 이상의 위험물을 저장하는 옥외저장소
④ 지정수량의 150배 이상의 위험물을 저장하는 옥외탱크저장소

해설
④ 150배 이상 → 200배 이상

위험물령 16조
정기점검대상인 제조소 등
(1) 지정수량 10배 이상의 제조소·일반취급소
(2) 지정수량 100배 이상의 옥외저장소
(3) 지정수량 150배 이상의 옥내저장소
(4) 지정수량 200배 이상의 옥외탱크저장소
(5) 암반탱크저장소
(6) 이송취급소
(7) 지하탱크저장소
(8) 이동탱크저장소
(9) 지하에 매설된 탱크가 있는 제조소·주유취급소 또는 일반취급소

비교

관계인이 예방규정을 정하여야 하는 제조소 등
(1) 지정수량 10배 이상의 위험물을 취급하는 제조소·일반취급소
(2) 지정수량 100배 이상의 위험물을 저장하는 옥외저장소
(3) 지정수량 150배 이상의 위험물을 저장하는 옥내저장소
(4) 지정수량 200배 이상의 위험물을 저장하는 옥외탱크저장소
(5) 암반탱크저장소
(6) 이송취급소

답 ④

⭐ 49 [15.03.문56][09.05.문51]
위험물안전관리법령상 제조소와 사용전압이 35000V를 초과하는 특고압가공전선에 있어서 안전거리는 몇 m 이상을 두어야 하는가? (단, 제6류 위험물을 취급하는 제조소는 제외한다.)

① 3 ② 5
③ 20 ④ 30

해설
위험물규칙〔별표 4〕
위험물제조소의 안전거리

안전거리	대상
3m 이상	7000~35000V 이하의 특고압가공전선
5m 이상	35000V를 초과하는 특고압가공전선
10m 이상	주거용으로 사용되는 것
20m 이상	• 고압가스 제조시설(용기에 충전하는 것 포함) • 고압가스 사용시설(1일 30m³ 이상 용적 취급) • 고압가스 저장시설 • 액화산소 소비시설 • 액화석유가스 제조·저장시설 • 도시가스 공급시설
30m 이상	• 학교 • 병원급 의료기관 • 공연장 ─ 300명 이상 수용시설 • 영화상영관 • 아동복지시설 • 노인복지시설 • 장애인복지시설 • 한부모가족복지시설 ─ 20명 이상 수용시설 • 어린이집 • 성매매피해자 등을 위한 지원시설 • 정신건강증진시설 • 가정폭력피해자 보호시설
50m 이상	• 유형문화재 • 지정문화재

기억법 문5(문어)

답 ②

⭐⭐⭐ 50 [17.05.문56][16.10.문53][13.03.문51][10.09.문46][10.05.문48][08.09.문46]
화재의 예방 및 안전관리에 관한 법령상 특수가연물 중 품명과 지정수량의 연결이 틀린 것은?

① 사류-1000kg 이상
② 볏짚류-3000kg 이상
③ 석탄·목탄류-10000kg 이상
④ 고무류·플라스틱류 발포시킨 것-20m³ 이상

해설
② 3000kg → 1000kg

화재예방법 시행령〔별표 2〕
특수가연물

품명	수량(지정수량)
가연성 액체류	2m³ 이상
목재가공품 및 나무부스러기	10m³ 이상
면화류	200kg 이상
나무껍질 및 대팻밥	400kg 이상
넝마 및 종이부스러기	
사류(絲類)	1000kg 이상
볏짚류	
가연성 고체류	3000kg 이상
고무류·플라스틱류 발포시킨 것	20m³ 이상
고무류·플라스틱류 그 밖의 것	3000kg 이상
석탄·목탄류	10000kg 이상

기억법
가액목면나 넝사볏가고 고석
2 124   1   3   31

※ **특수가연물** : 화재가 발생하면 그 확대가 빠른 물품

답 ②

★★★ 51

17.05.문51
11.03.문49
06.03.문55

소방시설업의 영업정지처분을 받고 그 영업정지 기간에 영업을 한 자에 대한 벌칙기준으로 옳은 것은?

① 1년 이하의 징역 또는 1000만원 이하의 벌금
② 2년 이하의 징역 또는 1200만원 이하의 벌금
③ 3년 이하의 징역 또는 1500만원 이하의 벌금
④ 5년 이하의 징역 또는 3000만원 이하의 벌금

해설 1년 이하의 징역 또는 1000만원 이하의 벌금
(1) 소방시설의 **자체점검** 미실시자(소방시설법 58조)
(2) **소방시설관리사증** 대여(소방시설법 58조)
(3) **소방시설관리업**의 등록증 대여(소방시설법 58조)
(4) 제조소 등의 정기점검 기록 허위 작성(위험물법 35조)
(5) **자체소방대**를 두지 않고 제조소 등의 허가를 받은 자(위험물법 35조)
(6) **위험물 운반용기**의 검사를 받지 않고 유통시킨 자(위험물법 35조)
(7) 제조소 등의 긴급 사용정지 위반자(위험물법 35조)
(8) **영업정지처분 위반자**(공사업법 36조)
(9) 거짓감리자(공사업법 36조)
(10) 공사감리자 미지정자(공사업법 36조)
(11) 소방시설 설계·시공·감리 하도급자(공사업법 36조)
(12) 소방시설공사 재하도급자(공사업법 36조)
(13) 소방시설업자가 아닌 자에게 소방시설공사 등을 도급한 관계인(공사업법 36조)
(14) 형식승인의 변경승인을 받지 아니한 자(소방시설법 58조)

중요
3년 이하의 징역 또는 3000만원 이하의 벌금
(1) **소방시설관리업** 무등록자(소방시설법 57조)
(2) **형식승인**을 받지 않은 소방용품 제조·수입자(소방시설법 57조)
(3) **제품검사**를 받지 않은 자(소방시설법 57조)
(4) 피난조치명령 위반(소방시설법 57조)
(5) 거짓이나 그 밖의 **부정한 방법**으로 제품검사 전문기관의 지정을 받은 자(소방시설법 57조)
(6) 소방활동에 필요한 소방대상물 및 **토지**의 **강제처분**을 방해한 자(기본법 51조)

답 ①

★★★ 52

19.03.문42
19.03.문44
17.03.문47
16.03.문52
14.05.문43

소방시설 설치 및 관리에 관한 법률상 피난시설, 방화구획 또는 방화시설의 폐쇄·훼손·변경 등의 행위를 한 자에 대한 과태료 부과기준으로 옳은 것은?

① 500만원 이하   ② 300만원 이하
③ 200만원 이하   ④ 100만원 이하

해설 소방시설법 61조
300만원 이하의 과태료
(1) 소방시설을 화재안전기준에 따라 설치·관리하지 아니한 자
(2) 피난시설, 방화구획 또는 방화시설의 **폐쇄·훼손·변경** 등의 행위를 한 자
(3) 임시소방시설을 설치·관리하지 아니한 자

비교
(1) **300만원 이하의 벌금**
① 화재안전조사를 정당한 사유없이 거부·방해·기피(화재예방법 50조)
② 위탁받은 업무종사자의 **비밀누설**(소방시설법 59조)
③ 방염성능검사 합격표시 위조(소방시설법 59조)
④ **소**방안전관리자, 총괄소방안전관리자 또는 소방안전관리보조자 **미**선임(화재예방법 50조)
⑤ 다른 자에게 자기의 성명이나 상호를 사용하여 소방시설공사 등을 수급 또는 시공하게 하거나 소방시설업의 등록증·등록수첩을 빌려준 자(공사업법 37조)
⑥ 감리원 미배치자(공사업법 37조)
⑦ 소방기술인정 자격수첩을 빌려준 자(공사업법 37조)
⑧ 2 이상의 업체에 취업한 자(공사업법 37조)
⑨ 소방시설업자나 관계인 감독시 관계인의 업무를 방해하거나 비밀누설(공사업법 37조)

기억법 비3미소(비상미소)

(2) **200만원 이하의 과태료**
① 소방용수시설·소화기구 및 설비 등의 설치명령 위반(화재예방법 52조)
② **특수가연물의 저장·취급 기준 위반**(화재예방법 52조)
③ 한국119청소년단 또는 이와 유사한 명칭을 사용한 자(기본법 56조)
④ **소방활동구역 출입**(기본법 56조)
⑤ 소방자동차의 출동에 지장을 준 자(기본법 56조)
⑥ 관계서류 미보관자(공사업법 40조)
⑦ 소방기술자 미배치자(공사업법 40조)
⑧ 하도급 미통지자(공사업법 40조)

답 ②

★★★ 53

16.05.문56
12.05.문51

관리의 권원이 분리된 특정소방대상물의 기준이 아닌 것은?

① 판매시설 중 도매시장 및 소매시장
② 복합건축물로서 층수가 11층 이상인 것(단, 지하층 제외)
③ 지하층을 제외한 층수가 7층 이상인 고층건축물
④ 복합건축물로서 연면적이 30000m² 이상인 것

해설 ③ 7층 이상 고층건축물 → 11층 이상 복합건축물

화재예방법 35조, 화재예방법 시행령 35조
관리의 권원이 분리된 특정소방대상물의 소방안전관리
(1) **복합건축물**(지하층을 제외한 11층 이상, 또는 연면적 30000m² 이상인 건축물)

(2) 지하가

(3) 도매시장, 소매시장, 전통시장

답 ③

54

17.09.문57
15.05.문44
14.05.문41

소방기본법령상 시·도지사가 이웃하는 다른 시·도지사와 소방업무에 관하여 상호응원협정을 체결하고자 하는 때에 포함되어야 할 사항이 아닌 것은?

① 소방신호방법의 통일

② 화재조사활동에 관한 사항

③ 응원출동 대상지역 및 규모

④ 출동대원 수당·식사 및 의복의 수선 소요경비의 부담에 관한 사항

해설 ① 소방신호방법은 이미 통일되어 있다.

기본규칙 8조
소방업무의 상호응원협정
(1) 다음의 **소방활동**에 관한 사항
　㉠ 화재의 **경**계·진압활동
　㉡ 구조·구급업무의 지원
　㉢ 화재**조**사활동
(2) **응**원출동 **대상지역** 및 **규모**
(3) 소요경비의 **부담**에 관한 사항
　㉠ **출**동대원의 수당·식사 및 의복의 수선
　㉡ 소방장비 및 기구의 정비와 연료의 보급
(4) **응**원출동의 요청방법
(5) **응**원출동훈련 및 평가

> **기억법** 경응출조

답 ①

55

17.05.문49

소방시설 설치 및 관리에 관한 법령상 분말형태의 소화약제는 사용하는 소화기의 내용연수로 옳은 것은?

① 10년　　　② 7년

③ 3년　　　④ 5년

해설 **소방시설법 시행령 19조**
분말형태의 **소화약제**를 사용하는 소화기 : 내용연수 10년

답 ①

56

17.05.문48
14.05.문44
14.03.문52
05.09.문60

소방활동 종사명령으로 소방활동에 종사한 사람이 그로 인하여 사망하거나 부상을 입은 경우 보상하여야 하는 자는?

① 국무총리　　　② 행정안전부장관

③ 시·도지사　　　④ 소방본부장

해설 **소방기본법 49조의 2**
손실보상권자 : **소**방청장 또는 **시**·도지사

> **기억법** 손시(손실)

답 ③

57

17.05.문43
11.06.문42

위험물안전관리법령상 제조소 또는 일반취급소에서 취급하는 제4류 위험물의 최대수량의 합이 지정수량의 48만배 이상인 사업소의 자체소방대에 두는 화학소방자동차 및 인원기준으로 다음 (　) 안에 알맞은 것은?

화학소방자동차	자체소방대원의 수
(　㉠　)대	(　㉡　)인

① ㉠ 1대, ㉡ 5인　　② ㉠ 2대, ㉡ 10인

③ ㉠ 3대, ㉡ 15인　　④ ㉠ 4대, ㉡ 20인

해설 위험물령 〔별표 8〕
자체소방대에 두는 화학소방자동차 및 인원

구 분	화학소방자동차	자체소방대원의 수
지정수량 3천배~12만배 미만	1대	5인
지정수량 12~24만배 미만	2대	10인
지정수량 24~48만배 미만	3대	15인
지정수량 48만배 이상	4대	20인
옥외탱크저장소에 저장하는 제4류 위험물의 최대수량이 지정수량의 50만배 이상	2대	10인

> **중요**
>
> **위험물령 18조**
> **자체소방대를 설치하여야 하는 사업소**
> (1) 제4류 위험물을 취급하는 제조소 또는 일반취급소(단, 보일러로 위험물을 소비하는 일반취급소 등 행정안전부령으로 정하는 일반취급소는 제외)
> (2) 제4류 위험물을 저장하는 옥외탱크저장소
> (3) 대통령령이 정하는 수량 이상
> 　㉠ 위 (1)에 해당하는 경우 : 제조소 또는 일반취급소에서 취급하는 제4류 위험물의 최대수량의 합이 지정수량의 3천배 이상
> 　㉡ 위 (2)에 해당하는 경우 : 옥외탱크저장소에 저장하는 제4류 위험물의 최대수량이 지정수량의 50만배 이상

답 ④

58

19.09.문54
10.03.문54
09.03.문45

소방시설 설치 및 관리에 관한 법령상 성능위주설계를 하여야 하는 특정소방대상물(신축하는 것만 해당)의 기준으로 옳은 것은?

① 건축물의 높이가 100m 이상인 아파트 등

② 연면적 100000m^2 이상인 특정소방대상물

③ 연면적 15000m^2 이상인 특정소방대상물로서 철도 및 도시철도 시설

④ 하나의 건축물에 영화상영관이 10개 이상인 특정소방대상물

해설 소방시설법 시행령 9조
성능위주설계를 해야 할 특정소방대상물의 범위
(1) 연면적 20만m² 이상인 특정소방대상물(아파트 등 제외)
(2) 50층 이상(지하층 제외)이거나 지상으로부터 높이가 200m 이상인 아파트
(3) 30층 이상(지하층 포함)이거나 지상으로부터 높이가 120m 이상인 특정소방대상물(아파트 등 제외)
(4) 연면적 3만m² 이상인 철도 및 도시철도 시설, **공항시설**
(5) 하나의 건축물에 관련법에 따른 **영화상영관**이 10개 이상인 특정소방대상물 보기 ④
(6) 연면적 10만m² 이상이거나 **지하 2층** 이하이고 지하층의 바닥면적의 합이 3만m² 이상인 창고시설
(7) 지하연계 복합건축물에 해당하는 특정소방대상물
(8) 터널 중 수저터널 또는 길이가 5000m 이상인 것

답 ④

★ 59
17.09.문50
08.09.문45
특수가연물의 저장 및 취급기준 중 다음 ( ) 안에 알맞은 것은? (단, 석탄·목탄류의 경우는 제외한다.)

> 살수설비를 설치하거나, 방사능력범위에 해당 특수가연물이 포함되도록 대형 수동식 소화기를 설치하는 경우에는 쌓는 높이를 (㉠)m 이하, 쌓는 부분의 바닥면적을 (㉡)m² 이하로 할 수 있다.

① ㉠ 15, ㉡ 200　　② ㉠ 15, ㉡ 300
③ ㉠ 10, ㉡ 50　　④ ㉠ 10, ㉡ 200

해설 화재예방법 시행령 [별표 3]
특수가연물의 저장 및 취급의 기준
(1) 특수가연물을 저장 또는 취급하는 장소에는 품명, 최대저장수량, 단위부피당 질량 또는 단위체적당 질량, 관리책임자 성명·직책·연락처 및 화기취급의 금지표지가 포함된 특수가연물 표지를 설치할 것
(2) 쌓아 저장하는 기준(단, 석탄·목탄류를 발전용으로 저장하는 것 제외)
　㉠ 품명별로 구분하여 쌓을 것
　㉡ 쌓는 높이는 **10m 이하**가 되도록 하고, 쌓는 부분의 바닥면적은 50m²(석탄·목탄류는 200m²) 이하가 되도록 할 것(단, 살수설비를 설치하거나, 방사능력 범위에 해당 특수가연물이 포함되도록 대형 수동식 소화기를 설치하는 경우에는 쌓는 높이 **15m 이하**, 쌓는 부분의 바닥면적을 200m²(석탄·목탄류는 300m²) 이하로 할 수 있다)
　㉢ 쌓는 부분 바닥면적의 사이는 실내의 경우 1.2m 또는 쌓는 높이의 $\frac{1}{2}$ 중 **큰 값** 이상으로 간격을 두어야 하며, **실외**의 경우 3m 또는 쌓는 높이 중 큰 값 이상으로 간격을 둘 것

답 ①

★★★ 60
10.05.문51
10.03.문53
기상법에 따른 이상기상의 예보 또는 특보가 있을 때 화재에 관한 경보를 발령하고 그에 따른 조치를 할 수 있는 자는?

① 기상청장　　② 행정안전부장관
③ 소방본부장　　④ 시·도지사

해설 화재예방법 17·20조
화재
(1) 화재위험경보 발령권자 ─── **소방청장, 소방본부장, 소방서장**
(2) 화재의 예방조치권자 ───┘

답 ③

제 4 과목 　　**소방기계시설의 구조 및 원리** ::

★★ 61
17.03.문75
(기사)
물분무등소화설비 중 이산화탄소소화설비를 설치하여야 하는 특정소방대상물에 설치하여야 할 인명구조기구의 종류로 옳은 것은?

① 방열복　　② 방화복
③ 인공소생기　　④ 공기호흡기

해설 특정소방대상물의 용도 및 장소별로 설치하여야 할 인명구조기구(NFTC 302 2.1.1.1)

특정소방대상물	인명구조기구의 종류	설치수량
• **7층** 이상인 **관광호텔** 및 **5층** 이상인 **병원**(지하층 포함)	• **방열복** • **방화복**(안전모, 보호장갑, 안전화 포함) • **공기호흡기** • **인공소생기**	• 각 2개 이상 비치할 것(단, 병원의 경우에는 인공소생기 설치 제외 가능)
• 문화 및 집회시설 중 수용인원 100명 이상의 영화상영관 • 대규모 점포 • 지하역사 • **지하상가**	• **공기호흡기**	• 층마다 2개 이상 비치할 것(단, 각 층마다 갖추어 두어야 할 공기호흡기 중 일부를 직원이 상주하는 인근 사무실에 갖추어 둘 수 있다.)
• 이산화탄소소화설비(호스릴 이산화탄소 소화설비 제외)를 설치하여야 하는 특정소방대상물	• **공기호흡기**	• 이산화탄소소화설비가 설치된 장소의 출입구 외부 인근에 1대 이상 비치할 것

답 ④

★★★ 62
13.06.문78
13.03.문67
08.09.문80
옥내소화전설비의 설치기준 중 틀린 것은?

① 성능시험배관은 펌프의 토출측에 설치된 개폐밸브 이후에서 분기하여 설치하고, 유량측정장치를 기준으로 전단 직관부에 개폐밸브를, 후단 직관부에는 유량조절밸브를 설치하여야 한다.
② 가압송수장치의 체절운전시 수온의 상승을 방지하기 위하여 체크밸브와 펌프 사이에서 분기한 구경 20mm 이상의 배관에 체절압력 미만에서 개방되는 릴리프밸브를 설치하여야 한다.
③ 펌프의 성능은 체절운전시 정격토출압력의 140%를 초과하지 않고, 정격토출량의 150%로 운전시 정격토출압력의 65% 이상이 되어야 한다.
④ 연결송수관설비의 배관과 겸용할 경우의 주배관은 구경 100mm 이상, 방수구로 연결되는 배관의 구경은 65mm 이상의 것으로 하여야 한다.

 ① 이후 → 이전

펌프의 **성능시험배관**(NFPC 102 5 · 6조, NFTC 102 2.2, 2.3)

성능시험배관	유량측정장치
• 펌프의 **토출측**에 설치된 **개폐밸브 이전**에 설치 • 유량측정장치를 기준으로 **전단 직관부**에 **개폐밸브** 설치	• **성능시험배관**의 **직관부**에 설치 • 펌프의 정격토출량의 175% 이상 측정할 수 있는 성능

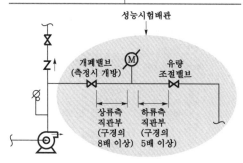

| 성능시험배관 |

답 ①

★★★
63 고발포용 고정포방출구의 팽창비율로 옳은 것은?

15.09.문73
① 팽창비 10 이상 20 미만
② 팽창비 20 이상 50 미만
③ 팽창비 50 이상 100 미만
④ 팽창비 80 이상 1000 미만

해설 **팽창비**

저발포	고발포
• **20배** 이하	• 제1종 기계포 : 80~250배 미만 • 제2종 기계포 : 250~500배 미만 • 제3종 기계포 : 500~1000배 미만

※ **고발포** : 80~1000배 미만

기억법 저2, 고81

▶ 중요

팽창비율에 의한 **포**의 종류(NFPC 105 12조, NFTC 105 2.9.1)

팽창비	포방출구의 종류	비 고
팽창비 20 이하	포헤드, 압축공기포헤드	저발포
팽창비 80~1000 미만	고발포용 고정포방출구	고발포

답 ④

★★★
64 연결송수관설비의 송수구 설치기준 중 건식의 경우 송수구 부근 자동배수밸브 및 체크밸브의 설치순서로 옳은 것은?

15.09.문78
13.03.문61
① 송수구 → 체크밸브 → 자동배수밸브 → 체크밸브

② 송수구 → 체크밸브 → 자동배수밸브 → 개폐밸브

③ 송수구 → 자동배수밸브 → 체크밸브 → 개폐밸브

④ 송수구 → 자동배수밸브 → 체크밸브 → 자동배수밸브

해설 **연결송수관설비**(NFPC 502 4조, NFTC 502 2.1.1.8)
(1) **습식** : 송수구 → 자동배수밸브 → 체크밸브

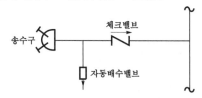

| 연결송수관설비(습식) |

(2) **건식** : **송**수구 → **자**동배수밸브 → **체**크밸브 → **자**동배수밸브

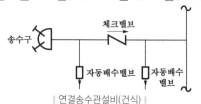

| 연결송수관설비(건식) |

기억법 송자체자건

┌ 비교 ┐

연결살수설비의 **송수구**(NFPC 503 4조, NFTC 503 2.1.3)

폐쇄형 헤드	개방형 헤드
송수구 → 자동배수밸브 → 체크밸브	송수구 → 자동배수밸브

답 ④

★
65 미분무소화설비 수원의 설치기준 중 다음 (   ) 안에 알맞은 내용으로 옳은 것은?

사용되는 필터 또는 스트레이너의 메시는 헤드 오리피스 지름의 (   )% 이하가 되어야 한다.

① 40   ② 65
③ 80   ④ 90

해설 **미분무소화설비**의 **수원**(NFPC 104A 6조, NFTC 104A 2.3)
(1) 사용되는 필터 또는 스트레이너의 메시는 헤드 오리피스 **지름**의 **80%** 이하일 것
(2) **수원**의 양

$$Q = N \times D \times T \times S + V$$

여기서, Q : 수원의 양[m³]
N : 방호구역(방수구역) 내 헤드의 개수
D : 설계유량[m³/min]
T : 설계방수시간[min]
S : 안전율(1.2 이상)
V : 배관의 총 체적[m³]

답 ③

66 소화수조의 설치기준 중 다음 ( ) 안에 알맞은 것은?

> 소화용수설비를 설치하여야 할 특정소방대상물에 있어서 유수의 양이 ( )m³/min 이상인 유수를 사용할 수 있는 경우에는 소화수조를 설치하지 아니할 수 있다.

① 0.8 ② 1.3
③ 1.6 ④ 2.6

해설 **소화수조 및 저수조 유수의 양**(NFTC 402 2.1.4)
소화용수설비를 설치하여야 할 특정소방대상물에 있어서 유수의 양이 **0.8m³/min** 이상인 유수를 사용할 수 있는 경우에는 소화수조를 설치하지 아니할 수 있다.

답 ①

67 대형 소화기의 종별 소화약제의 최소충전용량으로 옳은 것은?

17.03.문64
16.03.문16
12.09.문77
11.06.문79

① 기계포 : 15L ② 분말 : 20kg
③ CO₂ : 40kg ④ 강화액 : 50L

해설
① 15L → 20L
③ 40kg → 50kg
④ 50L → 60L

대형 소화기의 소화약제 충전량(소화기 형식 10조)

종 별	충전량
포(기계포)	**2**0L 이상
분말	**2**0kg 이상
할로겐화합물	**3**0kg 이상
이산화탄소(CO₂)	**5**0kg 이상
강화액	**6**0L 이상
물	**8**0L 이상

기억법
포 → 2
분 → 2
할 → 3
이 → 5
강 → 6
물 → 8

답 ②

68 호스릴할론소화설비 분사헤드의 설치기준 중 방

16.05.문66
08.05.문76

호대상물의 각 부분으로부터 하나의 호스접결구

까지의 수평거리가 몇 m 이하가 되도록 설치하여야 하는가?

① 10 ② 15
③ 20 ④ 25

해설 (1) **보행거리**

구 분	적 용
20m 이내	소형 소화기
30m 이내	대형 소화기

(2) **수평거리**

구 분	적 용
10m 이내	• 예상제연구역
15m 이하	• 분말(호스릴) • 포(호스릴) • 이산화탄소(호스릴)
20m 이하	• 할론(호스릴)
25m 이하	• 음향장치 • 옥내소화전 방수구 • 옥내소화전(호스릴) • 포소화전 방수구 • 연결송수관 방수구(지하가) • 연결송수관 방수구(지하층 바닥면적 3000m² 이상)
40m 이하	• 옥외소화전 방수구
50m 이하	• 연결송수관 방수구(사무실)

용어

수평거리와 보행거리

수평거리	보행거리
직선거리를 말하며, 반경을 의미하기도 한다.	걸어서 간 거리이다.

답 ③

69 연소방지설비 헤드의 설치기준으로 틀린 것은?

① 헤드간의 수평거리는 연소방지설비 전용 헤드의 경우에는 2m 이하로 할 것

② 헤드간의 수평거리는 스프링클러헤드의 경우에는 1.5m 이하로 할 것

③ 소방대원의 출입이 가능한 환기구·작업구마다 지하구의 양쪽방향으로 살수헤드를 설정하되, 한쪽 방향의 살수구역의 길이는 3m 이상으로 할 것(단, 환기구 사이의 간격이 700m를 초과할 경우에는 700m 이내마다 살수구역을 설정하되, 지하구의 구조를 고려하여 방화벽을 설치한 경우에는 제외)

④ 천장 또는 반자의 실내에 면하는 부분에 설치할 것

 ④ 천장 또는 벽면에 설치

연소방지설비 헤드의 설치기준(NFPC 605 8조, NFTC 605 2.4.2)
(1) **천장** 또는 **벽면**에 설치하여야 한다.
(2) 헤드간의 수평거리

스프링클러헤드	연소방지설비 전용 헤드
1.5m 이하	**2m** 이하

> 기억법 연방2(**연방이** 좋다.)

(3) 소방대원의 출입이 가능한 환기구·작업구마다 지하구의 양쪽방향으로 살수헤드를 설정하되, 한쪽 방향의 살수구역의 길이는 **3m** 이상으로 할 것(단, 환기구 사이의 간격이 **700m**를 초과할 경우에는 700m 이내마다 살수구역을 설정하되, 지하구의 구조를 고려하여 방화벽을 설치한 경우에는 제외)

> 기억법 연방70

답 ④

70 스프링클러설비헤드의 설치기준 중 틀린 것은?

① 살수가 방해되지 않도록 스프링클러헤드로부터 반경 60cm 이상의 공간을 보유할 것
② 스프링클러헤드와 그 부착면과의 거리는 30cm 이하로 할 것
③ 측벽형 스프링클러헤드를 설치하는 경우 긴 변의 한쪽 벽에 일렬로 설치하고 4.5m 이내마다 설치할 것
④ 상부에 설치된 헤드의 방출수에 따라 감열부에 영향을 받을 우려가 있는 헤드에는 방출수를 차단할 수 있는 유효한 차폐판을 설치할 것

 ③ 4.5m → 3.6m

스프링클러설비헤드의 **설치기준**(NFTC 103 2.7.7)
(1) 살수가 방해되지 않도록 스프링클러헤드로부터 반경 **60cm 이상**의 공간을 보유할 것(단, **벽**과 **스프링클러헤드**간의 공간은 **10cm 이상**)
(2) 스프링클러헤드와 그 부착면과의 거리는 **30cm 이하**로 할 것
(3) 측벽형 스프링클러헤드를 설치하는 경우 긴 변의 한쪽 벽에 일렬로 설치(폭이 **4.5~9m** 이하인 실에 있어서는 긴 변의 양쪽에 각각 일렬로 설치하되 마주 보는 스프링클러헤드가 나란히 꼴이 되도록 설치)하고 **3.6m** 이내마다 설치할 것
(4) 상부에 설치된 헤드의 방출수에 따라 감열부에 영향을 받을 우려가 있는 헤드에는 방출수를 차단할 수 있는 유효한 **차폐판**을 설치할 것

답 ③

71 가연성 가스의 저장·취급시설에 설치하는 연결살수설비의 헤드 설치기준 중 다음 (   ) 안에 알맞은 것은? (단, 지하에 설치된 가연성 가스의 저장·취급시설로서 지상에 노출된 부분이 없는 경우는 제외한다.)

> 가스저장탱크·가스홀더 및 가스발생기의 주위에 설치하되, 헤드 상호 간의 거리는 (   )m 이하로 할 것

① 2.1　　　　② 2.3
③ 3.0　　　　④ 3.7

연결살수설비헤드의 **수평거리**(NFPC 503 6조, NFTC 503 2.3.2.2)

스프링클러헤드	전용 헤드 (연결살수설비헤드)
2.3m 이하	**3.7m** 이하

> ※ 연결살수설비에서 하나의 송수구역에 설치하는 개방형 헤드수는 **10개** 이하로 한다.

답 ④

72 특정소방대상물에 따라 적응하는 포소화설비기준 중 특수가연물을 저장·취급하는 공장 또는 창고에 적응하는 포소화설비의 종류가 아닌 것은?

10.09.문61

① 포워터스프링클러설비
② 고정포방출설비
③ 호스릴포소화설비
④ 압축공기포소화설비

포소화설비의 **적응장소**(NFPC 105 4조, NFTC 105 2.1)

특정소방대상물	설비 종류
• **차**고·**주**차장 • 항공기격납고 • **공**장·**창**고(특수가연물 저장·취급)	• **포**워터스프링클러설비 • **포**헤드설비 • **고**정포방출설비 • **압**축공기포소화설비
• 완전 개방된 옥상주차장(주된 벽이 없고 기둥뿐이거나 주위가 위해방지용 철주 등으로 둘러싸인 부분) • **지상 1층**으로서 지붕이 없는 차고·주차장 • 고가 밑의 주차장(주된 벽이 없고 기둥뿐이거나 주위가 위해방지용 철주 등으로 둘러싸인 부분)	• 호스릴포소화설비 • 포소화전설비
• 발전기실 • 엔진펌프실 • 변압기 • 전기케이블실 • 유압설비	• 고정식 압축공기포소화설비(바닥면적 합계 300m² 미만)

기억법 차주공창 포드고압

답 ③

73 표준형 스프링클러헤드의 감도 특성에 의한 분류 중 조기반응(fast response)에 따른 스프링클러헤드의 반응시간지수(RTI) 기준으로 옳은 것은?
13.03.문62

① $50(m \cdot s)^{1/2}$ 이하 ② $80(m \cdot s)^{1/2}$ 이하
③ $150(m \cdot s)^{1/2}$ 이하 ④ $350(m \cdot s)^{1/2}$ 이하

해설 반응시간지수(RTI)값(스프링클러헤드 형식 13조)

구 분	RTI값
조기반응	$50(m \cdot s)^{1/2}$ 이하
특수반응	$51\sim80(m \cdot s)^{1/2}$ 이하
표준반응	$81\sim350(m \cdot s)^{1/2}$ 이하

기억법 조5(조로증)

답 ①

74 이산화탄소소화설비 가스압력식 기동장치의 기준 중 틀린 것은?
05.09.문74

① 기동용 가스용기 및 해당 용기에 사용하는 밸브는 25MPa 이상의 압력에 견딜 수 있는 것으로 할 것
② 기동용 가스용기에는 내압시험압력의 0.64배부터 내압시험압력 이하에서 작동하는 안전장치를 설치할 것
③ 기동용 가스용기의 체적은 5L 이상으로 하고, 해당 용기에 저장하는 질소 등의 비활성 기체는 6.0MPa 이상(21℃ 기준)의 압력으로 충전할 것
④ 기동용 가스용기에는 충전 여부를 확인할 수 있는 압력게이지를 설치할 것

해설 ② 0.64배 → 0.8배

이산화탄소 소화설비 가스압력식 기동장치(NFTC 106 2.3.2.3)

구 분	기 준
비활성 기체 충전압력	6MPa 이상(21℃ 기준)
기동용 가스용기의 체적	5L 이상
기동용 가스용기 안전장치의 압력	내압시험압력의 0.8~내압시험압력 이하
기동용 가스용기 및 해당 용기에 사용하는 밸브의 견디는 압력	25MPa 이상
충전 여부 확인	압력게이지 설치

비교

분말소화설비의 **가스압력식 기동장치**(NFTC 108 2.4.2.3.3)

구 분	기 준
기동용 가스용기의 체적	5L 이상(단, 1L 이상시 CO₂량 0.6kg 이상)

답 ②

75 이산화탄소 또는 할로겐화합물을 방사하는 소화기구(자동확산소화기를 제외)의 설치기준 중 다음 (   ) 안에 알맞은 것은? (단, 배기를 위한 유효한 개구부가 있는 장소인 경우는 제외한다.)
13.09.문75
10.09.문74

지하층이나 무창층 또는 밀폐된 거실로서 그 바닥면적이 (   )m² 미만의 장소에는 설치할 수 없다.

① 15 ② 20
③ 30 ④ 40

해설 **이산화탄소**(자동확산소화기 제외)·**할로겐화합물 소화기구**(자동확산소화기 제외)의 **설치제외 장소**(NFPC 101 4조, NFTC 101 2.1.3)
(1) 지하층
(2) 무창층 ── 바닥면적 20m² 미만인 장소
(3) 밀폐된 거실

답 ②

76 호스릴분말소화설비 노즐이 하나의 노즐마다 1분당 방사하는 소화약제의 양 기준으로 옳은 것은?
15.09.문64
12.09.문62

① 제1종 분말–45kg
② 제2종 분말–30kg
③ 제3종 분말–30kg
④ 제4종 분말–20kg

해설
②, ③ 30kg → 27kg
④ 20kg → 18kg

호스릴방식
(1) CO₂ 소화설비

약제종별	약제저장량	약제방사량(20℃)
CO₂	90kg	60kg/min

(2) 할론소화설비

약제종별	약제저장량	약제방사량(20℃)
할론 1301	45kg	35kg/min
할론 1211	50kg	40kg/min
할론 2402	50kg	45kg/min

(3) 분말소화설비

약제종별	약제저장량	약제방사량
제1종 분말	50kg	45kg/min
제2·3종 분말	30kg	27kg/min
제4종 분말	20kg	18kg/min

• 문제에서 1분당 방사량이므로 저장량이 아니고 **약제방사량**을 답하는 것임을 기억할 것

답 ①

77

전역방출방식의 분말소화설비를 설치한 특정소방대상물 또는 그 부분의 자동폐쇄장치 설치기준 중 다음 (   ) 안에 알맞은 것은?

19.03.문72
17.09.문64
14.09.문61

> 개구부가 있거나 천장으로부터 1m 이상의 아랫부분 또는 바닥으로부터 해당층의 높이의 (   ) 이내의 부분에 통기구가 있어 분말의 유출에 따라 소화효과를 감소시킬 우려가 있는 것은 분말이 방사되기 전에 해당 개구부 및 통기구를 폐쇄할 수 있도록 할 것

① $\frac{1}{5}$ ② $\frac{1}{2}$

③ $\frac{2}{3}$ ④ $\frac{3}{4}$

해설 **전역방출방식의 분말소화설비 개구부 및 통기구를 폐쇄해야 하는 경우**(NFPC 108 14조, NFTC 108 2.11.1.2)

(1) 개구부가 있는 경우
(2) 천장으로부터 **1m 이상**의 아랫부분에 설치된 통기구
(3) 바닥으로부터 해당층 높이의 $\frac{2}{3}$ **이내** 부분에 설치된 통기구

> • 이 기준은 할로겐화합물 및 불활성기체 소화설비·분말소화설비·이산화탄소소화설비 자동폐쇄장치 설치기준(NFPC 107A 15조, NFTC 107A 2.12.1.2 / NFPC 108 14조, NFTC 108 2.11.1.2 / NFPC 106 14조, NFTC 106 2.11.1.2)이 모두 동일

답 ③

78

물분무소화설비 송수구의 설치기준 중 다음 (   ) 안에 알맞은 것은?

11.03.문64
10.09.문78

> 송수구는 화재층으로부터 지면으로 떨어지는 유리창 등이 송수 및 그 밖의 소화작업에 지장을 주지 아니하는 장소에 설치할 것. 이 경우 가연성 가스의 저장·취급시설에 설치하는 송수구는 그 방호대상물로부터 (㉠)m 이상의 거리를 두거나 방호대상물에 면하는 부분이 높이 (㉡)m 이상 폭 (㉢)m 이상의 철근콘크리트벽으로 가려진 장소에 설치하여야 한다.

① ㉠ 20, ㉡ 1.0, ㉢ 1.5
② ㉠ 20, ㉡ 1.5, ㉢ 2.5
③ ㉠ 40, ㉡ 1.0, ㉢ 1.5
④ ㉠ 40, ㉡ 1.5, ㉢ 2.5

해설 **물분무소화설비 송수구 설치기준**(NFPC 104 7조, NFTC 104 2.4)

(1) 화재층으로부터 지면으로 떨어지는 유리창 등이 송수 및 그 밖의 소화작업에 지장을 주지 아니하는 장소에 설치할 것. 이 경우 가연성 가스의 저장·취급시설에 설치

하는 송수구는 그 방호대상물로부터 **20m 이상**의 거리를 두거나 방호대상물에 면하는 부분이 높이 **1.5m 이상**, 폭 **2.5m 이상**의 **철근콘크리트벽**으로 가려진 장소에 설치
(2) 물분무소화설비의 주배관에 이르는 연결배관에 **개폐밸브**를 설치한 때에는 그 **개폐상태**를 쉽게 확인 및 조작할 수 있는 **옥외** 또는 **기계실** 등의 장소에 설치
(3) 구경 **65mm**의 **쌍구형**으로 할 것
(4) 그 가까운 곳의 보기 쉬운 곳에 **송수압력범위**를 표시한 표지를 할 것
(5) 하나의 층의 바닥면적이 **3000m²**를 넘을 때마다 1개(5개를 넘을 경우에는 **5개**)를 설치
(6) 지면으로부터 **0.5~1m 이하**의 위치에 설치
(7) 가까운 부분에 **자동배수밸브**(또는 직경 **5mm**의 **배수공**) 및 **체크밸브**를 설치
(8) 이물질을 막기 위한 **마개**를 씌울 것

답 ②

79

피난사다리의 중량기준 중 다음 (   ) 안에 알맞은 것은?

> 올림식 사다리인 경우 (㉠)kgf 이하, 내림식 사다리의 경우 (㉡)kgf 이하이어야 한다.

① ㉠ 25, ㉡ 30   ② ㉠ 30, ㉡ 25
③ ㉠ 20, ㉡ 35   ④ ㉠ 35, ㉡ 20

해설 **피난사다리의 중량기준**(피난사다리 형식 9조)

올림식 사다리	내림식 사다리 (하향식 피난구용 제외)
35kgf 이하	20kgf 이하

답 ④

80

화재조기진압용 스프링클러설비를 설치할 장소의 구조 기준 중 틀린 것은?

17.05.문66

① 천장의 기울기가 $\frac{168}{1000}$ 을 초과하지 않아야 하고, 이를 초과하는 경우에는 반자를 지면과 수평으로 설치할 것

② 천장은 평평하여야 하며 철재나 목재트러스 구조인 경우 철재나 목재의 돌출부분이 102mm를 초과하지 않을 것

③ 보로 사용되는 목재·콘크리트 및 철재 사이의 간격이 0.9m 이상 2.3m 이하일 것. 다만, 보의 간격이 2.3m 이상인 경우에는 화재조기진압용 스프링클러헤드의 동작을 원활히 하기 위하여 보로 구획된 부분의 천장 및 반자의 넓이가 28m²를 초과하지 않을 것

④ 해당층의 높이가 10m 이하일 것. 다만, 2층 이상일 경우에는 해당층의 바닥을 내화구조로 하고 다른 부분과 방화구획할 것

해설

④ 10m 이하 → 13.7m 이하

화재조기진압용 스프링클러설비의 **설치장소**의 **구조**(NFPC 103B 4조, NFTC 103 103B 2.1)

(1) 해당층의 높이가 **13.7m** 이하일 것(단, **2층** 이상일 경우에는 해당층의 바닥을 **내화구조**로 하고 다른 부분과 **방화구획**할 것)

(2) 천장의 기울기가 $\dfrac{168}{1000}$을 초과하지 않아야 하고, 이를 초과하는 경우에는 반자를 지면과 **수평**으로 설치할 것

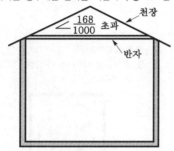
∥ 기울어진 천장의 경우 ∥

(3) 천장은 평평하여야 하며 철재나 목재트러스 구조인 경우 철재나 목재의 돌출부분이 **102mm**를 초과하지 않을 것

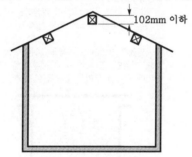
∥ 철재 또는 목재의 돌출치수 ∥

(4) 보로 사용되는 목재·콘크리트 및 철재 사이의 간격이 **0.9~2.3m 이하**일 것(단, 보의 간격이 2.3m 이상인 경우에는 화재조기진압형 스프링클러헤드의 동작을 원활히 하기 위하여 보로 구획된 부분의 천장 및 반자의 넓이가 **28m²**를 초과하지 않을 것)

(5) 창고 내의 선반의 형태는 하부로 **물**이 **침투**되는 구조로 할 것

용어

화재조기진압형 스프링클러헤드(early suppression fast-response sprinkler)
화재를 **초기**에 **진압**할 수 있도록 정해진 면적에 충분한 물을 방사할 수 있는 빠른 작동능력의 스프링클러헤드로서 일반적으로 최대 **360L/min**의 물을 방사한다.

∥ 화재조기진압형 스프링클러헤드 ∥

답 ④

■ **2018년 산업기사 제2회 필기시험** ■

자격종목	종목코드	시험시간	형별	수험번호	성명
소방설비산업기사(기계분야)		**2시간**			

※ 각 문항은 4지택일형으로 질문에 가장 적합한 보기 항을 선택하여 체크하여야 합니다.

제1과목 소방원론

01 소화약제로서의 물의 단점을 개선하기 위하여
`15.09.문12` 사용하는 첨가제가 아닌 것은?
① 부동액 　　　② 침투제
③ 증점제 　　　④ 방식제

해설 **물의 첨가제**

> 유사문제부터
> 풀어보세요.
> 실력이 팍!팍!
> 올라갑니다.

첨가제	설 명
강화액	알칼리금속염을 주성분으로 한 것으로 **황색** 또는 **무색**의 점성이 있는 수용액
침투제	① 침투성을 높여 주기 위해서 첨가하는 **계면 활성제**의 총칭 ② 물의 소화력을 보강하기 위해 첨가하는 약제로서 물의 **표면장력**을 **낮추어** 침투효과를 높이기 위한 첨가제
유화제	**고비점 유류**에 사용을 가능하게 하기 위한 것 **기억법** 유유
증점제	물의 **점도**를 높여 줌
부동제 (부동액)	물이 저온에서 **동결**되는 단점을 보완하기 위해 첨가하는 액체

용어

물의 첨가제와 관련된 용어

Wet water	Wetting agent
물의 침투성을 높여 주기 위해 Wetting agent가 첨가된 물	주수소화시 물의 표면장력에 의해 연소물의 침투속도를 향상시키기 위해 첨가하는 침투제

답 ④

02 방폭구조 중 전기불꽃이 발생하는 부분을 기름
`17.09.문17` 속에 잠기게 함으로써 기름면 위 또는 용기 외부
`(기사)` 에 존재하는 가연성 증기에 착화할 우려가 없도록 한 구조는?
① 내압방폭구조 　　② 안전증방폭구조
③ 유입방폭구조 　　④ 본질안전 방폭구조

해설 **방폭구조의 종류**

(1) **내압(內壓)방폭구조(P)** : 용기 내부에 질소 등의 보호용 가스를 충전하여 외부에서 폭발성 가스가 침입하지 못하도록 한 구조

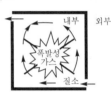

(2) **유입방폭구조(o)**
　㉠ 전기불꽃, 아크 또는 고온이 발생하는 부분을 **기름** 속에 넣어 폭발성 가스에 의해 인화가 되지 않도록 한 구조
　㉡ 전기불꽃이 발생하는 부분을 기름 속에 잠기게 함으로써 **기름면** 위 또는 용기 외부에 존재하는 가연성 증기에 착화할 우려가 없도록 한 구조

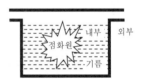

기억법 유기(유기그릇)

(3) **안전증방폭구조(e)** : 기기의 정상운전 중에 폭발성 가스에 의해 점화원이 될 수 있는 전기불꽃 또는 고온이 되어서는 안 될 부분에 기계적, 전기적으로 특히 안전도를 증가시킨 구조

(4) **본질안전 방폭구조(i)** : 폭발성 가스가 단선, 단락, 지락 등에 의해 발생하는 전기불꽃, 아크 또는 고온에 의하여 점화되지 않는 것이 확인된 구조

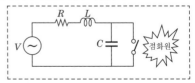

답 ③

03 포소화약제에 대한 설명으로 옳은 것은?

17.09.문07
16.03.문03
15.05.문17
13.06.문01
05.05.문06

① 수성막포는 단백포소화약제보다 유출유화재에 소화성능이 떨어진다.
② 수용성 유류화재에는 알코올형포 소화약제가 적합하다.
③ 알코올형포 소화약제의 주성분은 제2철염이다.
④ 불화단백포는 단백포에 비하여 유동성이 떨어진다.

해설

① 떨어진다. → 우수하다.
③ 제2철염 → 단백질의 가수분해 생성물과 합성세제
④ 떨어진다. → 우수하다.

포소화약제의 특징

약제의 종류	특 징
단백포	① 흑갈색이다. ② 냄새가 지독하다. ③ 포안정제로서 **제1철염**을 첨가한다. ④ 다른 포약제에 비해 **부식성이 크다**.
수성막포	① 안전성이 좋아 장기보관이 가능하다. ② 내약품성이 좋아 **타약제**와 **겸용**사용이 가능하다. ③ 석유류 표면에 신속히 피막을 형성하여 유류증발을 억제한다.(유류화재시 소화성능이 가장 우수) ④ 일명 AFFF(Aqueous Film Forming Foam)라고 한다. ⑤ 점성이 작기 때문에 가연성 기름의 표면에서 쉽게 피막을 형성한다. ⑥ **내**한용, **초내한용**으로 적합하다. 기억법 한수(한수 배웁시다.)
내알코올형포 (내알코올포)	① 알코올류 위험물(**메탄올**)의 소화에 사용한다. ② **수용성 유류화재**(아세트알데하이드, 에스터류)에 사용한다. ③ 가연성 액체에 사용한다. ④ 주성분 : 단백질의 가수분해 생성물과 합성세제
불화단백포	① 소화성능이 가장 우수하다. ② 단백포와 수성막포의 결점인 열안정성을 보완시킨다. ③ **표면하 주입방식**에도 적합하다. ④ 포의 **유동성**이 우수하여 **소화속도**가 빠르다. ⑤ **내화성**이 우수하여 **대형의 유류저장탱크시설**에 적합하다.
합성계면 활성제포	① **저발포**와 **고발포**를 임의로 발포할 수 있다. ② 유동성이 좋다. ③ 카바이드 저장소에는 부적합하다.

답 ②

04 자연발화에 대한 설명으로 틀린 것은?

19.09.문09
15.09.문15
14.05.문15
08.05.문06
04.05.문02

① 외부로부터 열의 공급을 받지 않고 온도가 상승하는 현상이다.

② 물질의 온도가 발화점 이상이면 자연발화한다.
③ 다공질이고 열전도가 작은 물질일수록 자연발화가 일어나기 어렵다.
④ 건성유가 묻어있는 기름걸레가 적층되어 있으면 자연발화가 일어나기 쉽다.

해설

③ 어렵다. → 쉽다.

자연발화
(1) 외부로부터 열의 공급을 받지 않고 온도가 상승하는 현상이다.
(2) 물질의 온도가 발화점 이상이면 자연발화 한다.
(3) 건성유가 묻어있는 기름걸레가 적층되어 있으면 자연발화가 일어나기 쉽다.

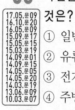 중요

자연발화의 조건	자연발화의 방지법
① 열전도율이 작을 것 ② 발열량이 클 것 ③ 주위의 온도가 높을 것 ④ 표면적이 넓을 것 ⑤ 적당량의 수분이 존재할 것	① 습도가 높은 곳을 피할 것(건조하게 유지할 것) ② 저장실의 온도를 낮출 것 ③ 통풍이 잘 되게 할 것 ④ 퇴적 및 수납시 열이 쌓이지 않게 할 것(**열축적 방지**) ⑤ 산소와의 접촉을 차단할 것 ⑥ **열전도성**을 좋게 할 것

답 ③

05 가연물의 종류에 따른 화재의 분류로 틀린 것은?

17.05.문09
16.10.문20
16.05.문09
15.09.문17
15.05.문15
15.03.문19
14.09.문01
14.09.문15
14.05.문05
14.05.문20
14.03.문19
13.06.문09
10.03.문07

① 일반화재 : A급
② 유류화재 : B급
③ 전기화재 : C급
④ 주방화재 : D급

해설

④ D급 → K급

화재의 분류

화재 종류	표시색	적응물질
일반화재(A급)	백색	① 일반가연물(목탄) ② 종이류 화재 ③ 목재·섬유화재
유류화재(B급)	황색	① 가연성 액체(등유·아마인유 등) ② 가연성 가스 ③ 액화가스화재 ④ 석유화재 ⑤ 알코올류
전기화재(C급)	청색	전기설비
금속화재(D급)	무색	가연성 금속
주방화재(K급)	–	식용유화재

※ 요즘은 표시색의 의무규정은 없음

답 ④

★★★
06 정전기 발생 방지대책 중 틀린 것은?

15.03.문20
13.03.문14
13.03.문41
12.05.문02
08.05.문09

① 상대습도를 높인다.
② 공기를 이온화시킨다.
③ 접지시설을 한다.
④ 가능한 한 부도체를 사용한다.

해설 **정전기 방지대책**
(1) **접지**(접지시설)를 한다.
(2) 공기의 **상대습도**를 **70%** 이상으로 한다.(상대습도를 높임)
(3) 공기를 **이온화**한다.
(4) 가능한 한 **도체**를 사용한다.
(5) **제전기**를 사용한다.

기억법 정습7 접이도

답 ④

★★
07 할론소화약제가 아닌 것은?

16.03.문09
15.03.문02
14.03.문06

① CF_3Br
② $C_2F_4Br_2$
③ CF_2ClBr
④ $KHCO_3$

해설 ④ 제2종 분말소화약제

할론소화약제

종 류	약 칭	분자식
Halon 1011	CB	CH_2ClBr
Halon 104	CTC	CCl_4
Halon 1211	BCF	$CF_2ClBr(CBrClF_2)$
Halon 1301	BTM	$CF_3Br(CBrF_3)$
Halon 2402	FB	$C_2F_4Br_2(C_2Br_2F_4)$

📢 중요

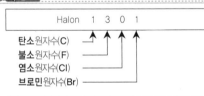

| Halon | 1 | 3 | 0 | 1 |

탄소원자수(C)
불소원자수(F)
염소원자수(Cl)
브로민원자수(Br)

• 수소원자의 수=(첫 번째 숫자×2)+2-나머지
   숫자의 합

🔍 비교

분말소화기(질식효과)

종 별	소화약제	약제의 착색	화학반응식	적응화재
제1종	탄산수소나트륨 (NaHCO$_3$)	백색	$2NaHCO_3 \rightarrow Na_2CO_3+CO_2+H_2O$	BC급
제2종	탄산수소칼륨 (KHCO$_3$)	담자색 (담회색)	$2KHCO_3 \rightarrow K_2CO_3+CO_2+H_2O$	
제3종	인산암모늄 (NH$_4$H$_2$PO$_4$)	담홍색	$NH_4H_2PO_4 \rightarrow HPO_3+NH_3+H_2O$	AB C급
제4종	탄산수소칼륨 +요소 [KHCO$_3$+ (NH$_2$)$_2$CO]	회(백)색	$2KHCO_3+ (NH_2)_2CO \rightarrow K_2CO_3+ 2NH_3+2CO_2$	BC급

• 탄산수소나트륨=중탄산나트륨
• 탄산수소칼륨=중탄산칼륨
• 제1인산암모늄=인산암모늄=인산염
• 탄산수소칼륨+요소=중탄산칼륨+요소

답 ④

★★★
08 B급 화재에 해당하지 않는 것은?

17.05.문19
16.10.문20
16.05.문09
14.09.문01
14.09.문15
14.05.문05
14.05.문20
14.03.문19
13.06.문09

① 목탄
② 등유
③ 아세톤
④ 이황화탄소

해설 ① 목탄 : A급 화재

화재의 분류

화재 종류	표시색	적응물질
일반화재(A급)	**백**색	① 일반가연물(목탄) ② **종이류** 화재 ③ **목재·섬유**화재
유류화재(B급)	**황**색	① 가연성 액체(등유·경유 등) ② 가연성 가스 ③ 액화가스화재 ④ 석유화재 ⑤ 알코올류
전기화재(C급)	**청**색	**전기설비**
금속화재(D급)	**무**색	가연성 금속
주방화재(K급)	-	식용유화재

기억법 백황청무

※ 요즘은 표시색의 의무규정은 없음

답 ①

★★★
09 일산화탄소에 관한 설명으로 틀린 것은?

17.09.문13
16.10.문12
14.09.문13
14.05.문07
14.05.문18
13.09.문19
08.05.문20

① 일산화탄소의 증기비중은 약 0.97로 공기보다 약간 가볍다.
② 인체의 혈액 속에서 헤모글로빈(Hb)과 산소의 결합을 방해한다.
③ 질식작용은 없다.
④ 불완전연소 시 주로 발생한다.

해설 ③ 질식작용은 없다. → 질식작용도 있다.

연소가스

구 분	설 명
일산화탄소 (CO)	• 화재시 흡입된 일산화탄소(CO)의 화학적 작용에 의해 **헤모글로빈**(Hb)이 혈액의 산소운반작용을 저해하여 사람을 **질식·사망**하게 한다. • 목재류의 화재시 **인**명피해를 가장 많이 주며, 연기로 인한 의식불명 또는 질식을 가져온다. • 인체의 **폐**에 큰 자극을 준다. • **산소**와의 **결**합력이 극히 강하여 질식작용에 의한 독성을 나타낸다.

기억법 일헤인 폐산결

이산화탄소 (CO_2)	연소가스 중 **가장 많은 양**을 차지하고 있으며 가스 그 자체의 독성은 거의 없으나 다량이 존재할 경우 호흡속도를 증가시키고, 이로 인하여 화재가스에 혼합된 유해가스의 혼입을 증가시켜 위험을 가중시키는 가스이다. 기억법 **이많(이만큼)**
암모니아 (NH_3)	• 나무, **페**놀수지, **멜**라민수지 등의 **질소 함유물**이 연소할 때 발생하며, 냉동시설의 **냉**매로 쓰인다. • 눈·코·폐 등에 매우 **자극성**이 큰 가연성 가스이다. 기억법 **암페 멜냉자**
포스겐 ($COCl_2$)	매우 **독**성이 **강**한 가스로서 **소**화제인 **사**염화탄소(CCl_4)를 화재시에 사용할 때도 발생한다. 기억법 **독강 소사포**
황화수소 (H_2S)	• **달걀 썩는 냄새**가 나는 특성이 있다. • 황분이 포함되어 있는 물질의 불완전 연소에 의하여 발생하는 가스이다. • **자**극성이 있다. 기억법 **황달자**
아크롤레인 ($CH_2=CHCHO$)	독성이 매우 높은 가스로서 **석유제품, 유지** 등이 연소할 때 생성되는 가스이다. 기억법 **아석유**
시안화수소 (HCN, 청산가스)	**질소**성분을 가지고 있는 **합성수지, 동물의 털, 인조견** 등의 섬유가 불완전연소 할 때 발생하는 맹독성 가스로 **0.3%**의 농도에서 즉시 사망할 수 있다.
아황산가스 (SO_2, 이산화황)	• **황**이 함유된 물질인 **동물의 털, 고무** 등이 연소하는 화재시에 발생되며 **무색**의 자극성 냄새를 가진 유독성 기체 • 눈 및 호흡기 등에 점막을 상하게 하고 질식사할 우려가 있다.

답 ③

★★★
10 자연발화의 발화원이 아닌 것은?

17.05.문07
17.03.문09
15.05.문05
15.03.문08
12.09.문12
11.06.문12
08.09.문01

① 분해열
② 흡착열
③ 발효열
④ 기화열

해설 **자연발화의 형태**

구 분	종 류
분해열	• **셀**룰로이드 • **나**이트로셀룰로오스 기억법 **분셀나**

산화열	• 건성유(정어리유, 아마인유, 해바라기유) • 석탄 • 원면 • 고무분말
발효열	• **퇴**비 • **먼**지 • **곡**물 기억법 **발퇴먼곡**
흡착열	• **목**탄 • **활**성탄 기억법 **흡목탄활**

🔧 **중요**

(1) **산화열**

산화열이 축적되는 경우	산화열이 축적되지 않는 경우
햇빛에 방치한 기름걸레는 산화열이 축적되어 자연발화를 일으킬 수 있다.	기름걸레를 빨랫줄에 걸어 놓으면 산화열이 축적되지 않아 자연발화는 일어나지 않는다.

(2) **발화원**이 아닌 것
① 기화열
② 융해열

답 ④

★★★
11 실내 화재 발생시 순간적으로 실 전체로 화염이 확산되면서 온도가 급격히 상승하는 현상은?

17.03.문10
12.03.문15
11.06.문06
09.08.문04
09.03.문13

① 제트 파이어(jet fire)
② 파이어볼(fireball)
③ 플래시오버(flashover)
④ 리프트(lift)

해설 **화재현상**

용 어	설 명
제트 파이어 (jet fire)	압축 또는 액화상태의 가스가 **저장탱크**나 **배관**에서 **누출**되어 분출하면서 주위 공기와 혼합되어 점화원을 만나 발생하는 화재
파이어볼 (fireball, 화구)	**인화성 액체**가 **대량**으로 **기화**되어 갑자기 발화될 때 발생하는 **공모양**의 화염
플래시오버 (flashover)	화재로 인하여 실내의 온도가 급격히 상승하여 화재가 **순간적**으로 **실내 전체**에 **확산**되어 연소되는 현상
리프트 (lift)	버너 내압이 높아져서 **분출속도가 빨라지는** 현상
백파이어 (backfire, 역화)	가스가 노즐에서 나가는 속도가 연소속도보다 느리게 되어 **버너 내부에서 연소**하게 되는 현상

답 ③

★★
12 안전을 위해서 물속에 저장하는 물질은?

12.09.문16
09.08.문01

① 나트륨
② 칼륨
③ 이황화탄소
④ 과산화나트륨

해설 저장물질

위험물	저장장소
황린, 이황화탄소(CS_2)	물속
나이트로셀룰로오스	알코올 속
칼륨(K), 나트륨(Na), 리튬(Li)	석유류(등유) 속
아세틸렌(C_2H_2)	• 디메틸포름아미드(DMF) • 아세톤

답 ③

---

13 물이 소화약제로서 널리 사용되고 있는 이유에 대한 설명으로 틀린 것은?

15.05.문04
14.05.문02
13.03.문08
11.10.문01

① 다른 약제에 비해 쉽게 구할 수 있다.
② 비열이 크다.
③ 증발잠열이 크다.
④ 점도가 크다.

해설
④ 점도는 그리 크지 않다.

물이 소화작업에 사용되는 이유
(1) 가격이 싸다.(가격이 저렴하다.)
(2) 쉽게 구할 수 있다.(많은 양을 구할 수 있다.)
(3) 열흡수가 매우 크다.(**증발잠열**이 크다.)
(4) 사용방법이 비교적 간단하다.
(5) **비열**이 크다.
(6) 밀폐된 장소에서 증발가열하면 수증기에 의해서 **산소희석작용**을 한다.
(7) **무상**으로 주수하면 **중질유화재**에도 사용할 수 있다.

• 증발잠열=기화잠열

 참고

물이 소화약제로 많이 쓰이는 이유

장 점	단 점
① 쉽게 구할 수 있다. ② 증발잠열(기화잠열)이 크다. ③ 취급이 간편하다.	① 가스계 소화약제에 비해 사용 후 **오염**이 크다. ② 일반적으로 **전기화재**에는 사용이 **불가**하다.

답 ④

---

14 화학적 점화원의 종류가 아닌 것은?

16.10.문04
16.05.문14
16.03.문17
15.03.문04

① 연소열
② 중합열
③ 분해열
④ 아크열

해설
④ 아크열 : 전기적 점화원

열에너지원의 종류

기계열 (기계적 점화원)	전기열 (전기적 점화원)	화학열 (화학적 점화원)
• **압**축열 • **마**찰열 • **마**찰스파크(스파크열)	• 유도열 • 유전열 • 저항열 • 아크열 • 정전기열 • 낙뢰에 의한 열	• **연**소열 • **용**해열 • **분**해열 • **생**성열 • **자**연발화열 • 중합열

 기압마

기억법 화연용분생자

답 ④

---

15 물의 증발잠열은 약 몇 kcal/kg인가?

16.05.문01
15.03.문14
13.06.문04
12.09.문18
10.09.문14
09.08.문19
07.09.문11
07.05.문14
03.05.문05

① 439
② 539
③ 639
④ 739

해설 물의 잠열

잠열 및 열량	설 명
80kcal/g	융해잠열
539kcal/g	기화(증발)잠열
639cal	0℃의 **물** 1g이 100℃의 수증기가 되는 데 필요한 열량
719cal	0℃의 **얼음** 1g이 100℃의 수증기가 되는 데 필요한 열량

답 ②

---

16 공기 1kg 중에는 산소가 약 몇 mol이 들어 있는가? (단, 산소, 질소 1mol의 분자량은 각각 32g, 28g이고, 공기 중 산소의 농도는 23wt%이다.)

17.03.문11
16.03.문06
15.05.문09
15.03.문16
12.05.문06

① 5.65
② 6.53
③ 7.19
④ 7.91

해설
(1)
$$산소질량 = 공기질량[g] \times 산소농도$$
$$= 1000g \times 0.23$$
$$= 230g$$

• 공기 1kg=1000g
• 23wt%=0.23

(2)
$$산소몰수 = \frac{산소질량[g]}{산소분자량[g/mol]}$$

$$= \frac{230g}{32g/mol}$$
$$≒ 7.19mol$$

• 230g : 바로 위에서 주어진 값
• 32g/mol : 단서에서 1mol의 분자량이 32g이므로 32g/mol

답 ③

---

17 칼륨이 물과 반응하면 위험한 이유는?

15.03.문09
13.06.문15
10.05.문07

① 수소가 발생하기 때문에
② 산소가 발생하기 때문에
③ 이산화탄소가 발생하기 때문에
④ 아세틸렌이 발생하기 때문에

해설 주수소화(물소화)시 위험한 물질

위험물	발생물질
무기과산화물	산소(O_2) 발생
① 금속분 ② 마그네슘 ③ 알루미늄 ④ 칼륨 ⑤ 나트륨 ⑥ 수소화리튬	수소(H_2) 발생
가연성 액체의 유류화재(경유)	연소면(화재면) 확대

중요

경유화재시 주수소화가 부적당한 이유
물보다 비중이 가벼워 물 위에 떠서 화재 확대의 우려
가 있기 때문이다.

답 ①

★★★
18 기름의 표면에 거품과 얇은 막을 형성하여 유류
17.09.문07
16.03.문03
15.05.문17
13.06.문01
05.05.문06
화재 진압에 뛰어난 소화효과를 갖는 포소화약
제는?
① 수성막포
② 합성계면활성제포
③ 단백포
④ 알코올형포

해설 수성막포의 장단점

장 점	단 점
• 석유류(기름) 표면에 신속히 피막을 형성하여 유류증발을 억제한다. • 안전성이 좋아 장기보존이 가능하다. • 내약품성이 좋아 분말소화약제와 겸용 사용도 가능하다. • 내유염성이 우수하다.	• 가격이 비싸다. • 내열성이 좋지 않다. • 부식방지용 저장설비가 요구된다.

기억법 수분, 기수

※ 내유염성 : 포가 기름에 의해 오염되기 어려운 성질

답 ①

★
19 분해폭발을 일으키지 않는 물질은?
① 아세틸렌 ② 프로판
③ 산화질소 ④ 산화에틸렌

해설 폭발의 종류

구 분	물 질
분해폭발	• 과산화물 · 아세틸렌 • 다이너마이트 • 산화질소 · 산화에틸렌 **기억법** 분해과아다산질

분진폭발	• 밀가루 · 담뱃가루 • 석탄가루 · 먼지 • 전분 · 금속분
중합폭발	• 염화비닐 • 시안화수소 **기억법** 중염시
분해 · 중합폭발	산화에틸렌 **기억법** 분중산
산화폭발	압축가스, 액화가스 **기억법** 산압액

답 ②

★★★
20 오존파괴지수(ODP)가 가장 큰 것은?
17.09.문06
16.05.문10
11.03.문09
06.03.문18
① Halon 104
② CFC 11
③ Halon 1301
④ CFC 113

해설 할론 1301(Halon 1301)
(1) 할론소화약제 중 소화효과가 가장 좋다.
(2) 할론소화약제 중 독성이 가장 약하다.
(3) 할론소화약제 중 오존파괴지수가 가장 높다.

비교

ODP=0인 할로겐화합물 및 불활성기체 소화약제
(1) FC-3-1-10
(2) HFC-125
(3) **HFC-227ea**
(4) HFC-23
(5) IG-541

용어

오존파괴지수(ODP ; Ozone Depletion Potential)
어떤 물질의 오존파괴능력을 상대적으로 나타내는 지표
$$ODP = \frac{\text{어떤 물질 1kg이 파괴하는 오존량}}{\text{CFC 11의 1kg이 파괴하는 오존량}}$$

답 ③

제 2 과목 소방유체역학

★
21 물이 2m 깊이로 차 있는 개방된 직육면체모양의
19.04.문36
17.03.문31
(기사)
물탱크바닥에 한 변이 20cm인 정사각형 판이
놓여 있다. 이 판의 윗면이 받는 힘은 약 몇 N인
가? (단, 대기압은 무시한다.)
① 785 ② 492
③ 259 ④ 157

해설 (1) 기호

- h : 2m
- A : (0.2m×0.2m) 100cm=1m이므로
  20cm=0.2m

(2) 탱크 밑면에 작용하는 힘(판의 윗면이 받는 힘)

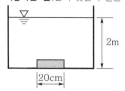

$$F=\gamma y \sin\theta A=\gamma h A$$

여기서, F : 탱크 밑면에 작용하는 힘(판의 윗면이 받는 힘)[N]
γ : 비중량(물의 비중량 9800N/m³)
y : 표면에서 탱크 중심까지의 경사거리[m]
h : 표면에서 탱크 중심까지의 수직거리[m]
A : 단면적[m²]
θ : 경사각도[°]

탱크 밑면에 작용하는 힘 F는
$F=\gamma h A$
$=9800\text{N/m}^3 \times 2\text{m} \times (0.2\text{m}\times 0.2\text{m})$
$=784\text{N} \fallingdotseq 785\text{N}$

답 ①

22 유량이 0.75m³/min인 소화설비배관의 안지름
[16.05.문39] 이 100mm일 때 배관 속을 흐르는 물의 평균유
[09.03.문36]
[06.09.문30] 속은 약 몇 m/s인가?
① 0.8
② 1.1
③ 1.4
④ 1.6

해설 유량

$$Q=AV=\left(\frac{\pi D^2}{4}\right)V$$

여기서, Q : 유량[m³/s]
A : 단면적[m²]
V : 유속[m/s]
D : (안)지름[m]

유속 V는
$V=\dfrac{Q}{A}=\dfrac{Q}{\frac{\pi}{4}D^2}$

$=\dfrac{0.75\text{m}^3/\text{min}}{\frac{\pi\times(0.1\text{m})^2}{4}}=\dfrac{0.75\text{m}^3/60\text{s}}{\frac{\pi\times(0.1\text{m})^2}{4}} \fallingdotseq 1.6\text{m/s}$

• 1min=60s이므로 0.75m³/min=0.75m³/60s
• D : 1000mm=1m이므로 100mm=0.1m

답 ④

23 한 변의 길이가 10cm인 정육면체의 금속무게를
[08.03.문30] 공기 중에서 달았더니 77N이었고, 어떤 액체 중
에서 달아보니 70N이었다. 이 액체의 비중량은
몇 N/m³인가?
① 7700
② 7300
③ 7000
④ 6300

해설 (1) 체적
체적(V)=가로×세로×높이
$=0.1\text{m}\times 0.1\text{m}\times 0.1\text{m}$
$=0.001\text{m}^3$

(2) 부력

$$F_B=\gamma V$$

여기서, F_B : 부력[N]
γ : 비중량[N/m³]
V : 체적[m³]

(3) 공기 중 무게
공기 중 무게=부력+액체 중 무게
$77\text{N}=\gamma V+70\text{N}$
$(77-70)\text{N}=\gamma V$
$7\text{N}=\gamma\times 0.001\text{m}^3$
$\dfrac{7\text{N}}{0.001\text{m}^3}=\gamma$
$7000\text{N/m}^3=\gamma$
$\therefore \gamma=7000\text{N/m}^3$

참고

물체의 비중$=\dfrac{\text{공기 중의 무게}}{\text{공기 중의 무게}-\text{물속의 무게}}$

답 ③

24 관 내에서 유체가 흐를 경우 유체의 흐름이 빨라
[03.03.문39] 완전난류 유동이 되면 손실수두는?
① 대략 속도의 제곱에 비례한다.
② 대략 속도의 제곱에 반비례한다.
③ 대략 속도에 비례한다.
④ 대략 속도에 반비례한다.

해설 패닝의 법칙(Fanning's law, 난류)

$$H=\frac{2flV^2}{gD}\propto V^2$$

여기서, H : 마찰손실(손실수두)[m]
f : 관마찰계수
l : 길이[m]
V : 유속(속도)[m/s]
g : 중력가속도(9.8m/s²)
D : 내경[m]

① 난류의 손실수두(H)는 대략 속도(V)의 제곱에
비례한다.

답 ①

25

18.03.문21
12.09.문27
07.03.문32
03.05.문36

물 분류가 고정평판을 60°의 각도로 충돌할 때 유량이 500L/min, 유속이 15m/s이면 분류가 평판에 수직방향으로 미치는 힘은 약 몇 N인가? (단, 중력은 무시한다.)

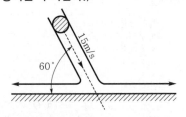

① 10.8
② 5.4
③ 108
④ 54

해설

$$F_y = \rho QV\sin\theta$$

(1) 기호

- Q : 500L/min=0.5m³/60s
- V : 15m/s
- θ : 60°

(2) 판이 받는 y방향(수직방향)의 힘

$$F_y = \rho QV\sin\theta$$

여기서, F_y : 판이 받는 y방향(수직방향)의 힘(N)
ρ : 밀도(물의 밀도 1000N·s²/m⁴)
Q : 유량(m³/s)
V : 유속(m/s)
θ : 각도(°)

판이 받는 y방향의 힘 F_y는

$$F_y = \rho QV\sin\theta$$
$$= 1000\text{N}\cdot\text{s}^2/\text{m}^4 \times 0.5\text{m}^3/60\text{s} \times 15\text{m/s} \times \sin60°$$
$$\fallingdotseq 108\text{N}$$

- 1000L=1m³이고 1min=60s이므로
500L/min=0.5m³/60s

비교

판이 받는 x방향(수평방향)의 힘

$$F_x = \rho QV(1-\cos\theta)$$

여기서, F_x : 판이 받는 x방향의 힘(N)
ρ : 밀도(N·s²/m⁴)
Q : 유량(m³/s)
V : 속도(m/s)
θ : 각도(°)

답 ③

26

동력(power)과 같은 차원을 갖는 것은? (단, P는 압력, Q는 체적유량, V는 유체속도를 나타낸다.)

① PV
② PQ
③ VQ
④ PQV

해설 **동력의 단위**

(1) 〔W〕
(2) 〔J/s〕
(3) 〔N·m/s〕

- 1W=1J/s, 1J=1N·m이므로 1W=1J/s=1N·m/s

압력 P〔N/m²〕
체적유량 Q〔m³/s〕
동력 $P' = PQ$=N/m²×m³/s=**N·m/s**

∴ PQ를 하면 동력의 단위가 된다.

중요

차원

차 원	중력단위〔차원〕	절대단위〔차원〕
길이	m〔L〕	m〔L〕
시간	s〔T〕	s〔T〕
운동량	N·s〔FT〕	kg·m/s〔MLT⁻¹〕
힘	N〔F〕	kg·m/s²〔MLT⁻²〕
속도	m/s〔LT⁻¹〕	m/s〔LT⁻¹〕
가속도	m/s²〔LT⁻²〕	m/s²〔LT⁻²〕
질량	N·s²/m〔FL⁻¹T²〕	kg〔M〕
압력	N/m²〔FL⁻²〕	kg/m·s²〔ML⁻¹T⁻²〕
밀도	N·s²/m⁴〔FL⁻⁴T²〕	kg/m³〔ML⁻³〕
비중	무차원	무차원
비중량	N/m³〔FL⁻³〕	kg/m²·s²〔ML⁻²T⁻²〕
비체적	m⁴/N·s²〔F⁻¹L⁴T⁻²〕	m³/kg〔M⁻¹L³〕
동력(일률)	N·m/s〔FLT⁻¹〕	kg·m²/s³〔ML²T⁻³〕
일	N·m〔FL〕	kg·m²/s²〔ML²T⁻²〕
점성계수	N·s/m²〔FL⁻²T〕	kg/m·s〔ML⁻¹T⁻¹〕
동점성계수	m²/s〔L²T⁻¹〕	m²/s〔L²T⁻¹〕
체적유량	m³/s〔L³T⁻¹〕	m³/s〔L³T⁻¹〕

답 ②

27

17.09.문32
17.05.문28
16.10.문29
15.09.문37
14.09.문34
14.05.문33
12.03.문34
11.03.문38

공동현상(cavitation)의 방지법으로 적절하지 않은 것은?

① 단흡입펌프보다는 양흡입펌프를 사용한다.
② 펌프의 회전수를 낮추어 흡입 비속도를 적게 한다.
③ 펌프의 설치위치를 가능한 한 높여서 흡입양정을 크게 한다.
④ 마찰저항이 작은 흡입관을 사용하여 흡입관의 손실을 줄인다.

해설 ③ 높여서 → 낮춰서, 크게 → 작게

공동현상(cavitation, 캐비테이션)

개요	펌프의 흡입측 배관 내의 물의 정압이 기존의 증기압보다 낮아져서 기포가 발생되어 물이 흡입되지 않는 현상
발생현상	① **소음**과 **진동** 발생 ② 관 부식(펌프깃의 침식) ③ **임펠러의 손상**(수차의 날개를 해침) ④ 펌프의 성능 저하(양정곡선 저하) ⑤ 효율곡선 저하
발생원인	① **펌프**가 물탱크보다 부적당하게 **높게** 설치되어 있을 때 ② 펌프 **흡입수두**가 지나치게 **클** 때 ③ 펌프 **회전수**가 지나치게 **높을** 때 ④ 관 내를 흐르는 **물**의 **정압**이 그 물의 온도에 해당하는 증기압보다 **낮을** 때
방지대책	① 펌프의 흡입수두를 작게 한다.(흡입양정을 작게 함) ② 마찰저항이 **작은** 흡입관 사용 ③ 펌프의 마찰손실을 작게 한다. ④ 펌프의 임펠러속도(**회전수**)를 작게 한다.(흡입속도를 감소시킴) ⑤ 흡입압력을 높게 한다. ⑥ 펌프의 설치위치를 수원보다 **낮게** 한다. ⑦ 양(쪽)흡입펌프를 사용한다.(펌프의 흡입측을 가압함) ⑧ 관 내의 물의 정압을 그때의 증기압보다 높게 한다. ⑨ 흡입관의 **구경**을 **크게** 한다. ⑩ 펌프를 **2개** 이상 설치한다. ⑪ 회전차를 수중에 완전히 잠기게 한다.

▶ 비교

수격작용(water hammering)

개요	① 배관 속의 물흐름을 급히 차단하였을 때 동압이 정압으로 전환되면서 일어나는 **쇼크**(shock)현상 ② 배관 내를 흐르는 유체의 유속을 급격하게 변화시키므로 압력이 상승 또는 하강하여 관로의 벽면을 치는 현상
발생원인	① 펌프가 갑자기 정지할 때 ② 급히 밸브를 개폐할 때 ③ 정상운전시 유체의 압력변동이 생길 때
방지대책	① **관**의 관경(직경)을 크게 한다. ② 관 내의 유속을 낮게 한다.(관로에서 일부 고압수를 방출함) ③ **조압수조**(surge tank)를 관선에 설치한다. ④ **플라이휠**(flywheel)을 설치한다. ⑤ 펌프 송출구(토출측) 가까이에 밸브를 설치한다. ⑥ **에어체임버**(air chamber)를 설치한다.

기억법 수방관플에

답 ③

---

28 높이 40m의 저수조에서 15m의 저수조로 안지름 45cm, 길이 600m의 주철관을 통해 물이 흐르고 있다. 유량은 0.25m³/s이며, 관로 중의 터빈에서 29.4kW의 동력을 얻는다면 관로의 손실수두는 약 몇 m인가? (단, 터빈의 효율은 100% 이다.)

① 7   ② 9
③ 11   ④ 13

해설 (1) 기호
- P : 29.4kW
- Q : 0.25m³/s
- Z_1 : 40m
- Z_2 : 15m

(2) 터빈의 동력

$$P = \frac{\gamma h_s Q}{1000}$$

여기서, P : 터빈의 동력[kW]
γ : 비중량(물의 비중량 9800N/m³)
h_s : 단위중량당 축일[m]
Q : 유량[m³/s]

단위중량당 축일 h_s 는

$$h_s = \frac{1000P}{\gamma Q} = \frac{1000 \times 29.4\text{kW}}{9800\text{N/m}^3 \times 0.25\text{m}^3/\text{s}} = 12\text{m}$$

(3) 기계에너지 방정식

$$\frac{V_1^2}{2g} + \frac{P_1}{\gamma} + Z_1 = \frac{V_2^2}{2g} + \frac{P_2}{\gamma} + Z_2 + h_L + h_s$$

여기서, V_1, V_2 : 유속[m/s]
P_1, P_2 : 압력[kPa]
Z_1, Z_2 : 높이[m]
h_L : 단위중량당 손실(손실수두)[m]
h_s : 단위중량당 축일[m]

$P_1 = P_2$
$Z_1 = 40\text{m}$
$Z_2 = 15\text{m}$
$V_1 = V_2$ (매우 작으므로 무시)

$$\frac{V_1^2}{2g} + \frac{P_1}{\gamma} + Z_1 = \frac{V_2^2}{2g} + \frac{P_2}{\gamma} + Z_2 + h_L + h_s$$

$$0 + \frac{P_1}{\gamma} + 40\text{m} = 0 + \frac{P_2}{\gamma} + 15\text{m} + h_L + 12\text{m}$$

$\boxed{P_1 = P_2}$ 이므로 $\frac{P_1}{\gamma}$ 과 $\frac{P_2}{\gamma}$ 를 생략하면 다음과 같다.

$$0 + 40\text{m} = 0 + 15\text{m} + h_L + 12\text{m}$$

$$h_L = 40\text{m} - 15\text{m} - 12\text{m} = 13\text{m}$$

답 ④

---

29 어느 용기에 3g의 수소(H_2)가 채워졌다. 만일 같은 압력 및 온도 조건하에서 이 용기에 수소 대신 메탄(CH_4, 분자량 16)을 채운다면 이 용기에 채운 메탄의 질량은 몇 g인가?

① 10   ② 24
③ 34   ④ 40

해설 **(1) 물질의 원자량**

물 질	원자량
H	1
C	12

(2) 물질의 분자량

㉠ $H_2 = 1 \times 2 = 2g/mol$

$\therefore$ $3g \rightarrow 2g/mol$

- 3g : 문제에서 주어짐

㉡ $CH_4 = 12 + 1 \times 4 = 16g/mol$

$\therefore$ $x[g] \rightarrow 16g/mol$

비례식으로 풀면

$3g : 2g/mol = x[g] : 16g/mol$
$\quad\quad$ 수소 $\quad\quad\quad\quad$ 메탄

$2x = 3 \times 16$

$x = \dfrac{3 \times 16}{2} = 24g$

답 ②

★★★
30 열려 있는 탱크에 비중(S)이 2.5인 액체가 1.2m, 그 위에 물이 1m가 있다. 이때 탱크의 바닥면에 작용하는 계기압력은 약 몇 kPa인가?

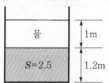

① 19.6 　　　② 39.2
③ 58.8 　　　④ 78.4

 해설

$$P = P_0 + \gamma_1 h_1 + \gamma_2 h_2$$

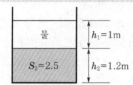

(1) 기호
- h_1 : 1m
- h_2 : 1.2m
- S_2 : 2.5

(2) 액체의 비중

$$S_2 = \frac{\gamma_2}{\gamma_w}$$

여기서, S_2 : 액체의 비중
$\quad\quad\quad \gamma_2$: 액체의 비중량[N/m³]
$\quad\quad\quad \gamma_w$: 물의 비중량(9800N/m³)

액체의 비중량 γ_2는

$\gamma_2 = S_2 \cdot \gamma_w = 2.5 \times 9800N/m^3 = 24500N/m^3$

(3) 물속의 압력

$$P = P_0 + \gamma_w h$$

여기서, P : 물속의 압력(탱크의 바닥에 작용하는 절대압)
$\quad\quad\quad\quad$ [Pa]
$\quad\quad\quad P_0$: 대기압(101.325kPa)
$\quad\quad\quad \gamma_w$: 물의 비중량(9800N/m³)
$\quad\quad\quad h$: 물의 깊이[m]

그림에서 액체가 물 아래 있으므로 변형식은 다음과 같다.

$$P = P_0 + \gamma_1 h_1 + \gamma_2 h_2$$

여기서, P : 물속의 압력[Pa]
$\quad\quad\quad P_0$: 대기압(101.325kPa)
$\quad\quad\quad \gamma_1$: 물의 비중량(9800N/m³)
$\quad\quad\quad h_1$: 물의 깊이[m]
$\quad\quad\quad \gamma_2$: 액체의 비중량[N/m³]
$\quad\quad\quad h_2$: 액체의 깊이[m]

물속의 압력 P는

$P = P_0 + \gamma_1 h_1 + \gamma_2 h_2$
$\quad = 101325N/m^2 + 9800N/m^3 \times 1m + 24500N/m^3$
$\quad\quad \times 1.2m$
$\quad = 40525N/m^2 = 40525Pa$(절대압)

- 1kPa=1kN/m², 1kN=1000N이므로
　101.325kPa=101.325kN/m²=101325N/m²
- 1Pa=1N/m²이므로 40525N/m²=40525Pa

(4) 절대압

$$절대압 = 대기압 + 게이지압(계기압)$$

계기압 = 절대압 − 대기압
$\quad\quad$ = 40525Pa − 101325Pa
$\quad\quad$ = 39200Pa
$\quad\quad$ = 39.2kPa

📢 **중요**

절대압
(1) 절대압=대기압+게이지압(계기압)
(2) **절**대압=**대**기압−**진**공압

기억법 절대-진(절대 마이너스 진)

답 ②

★★
31 분자량이 4이고 비열비가 1.67인 이상기체의 정압비열은 약 몇 kJ/kg·K인가? (단, 이상기체의 일반기체상수는 8.314J/mol·K이다.)

14.09.문22
14.05.문27

① 3.10 　　　② 4.72
③ 5.18 　　　④ 6.75

해설

$$C_P = \frac{KR}{K-1}$$

(1) 기체상수

$$R = C_P - C_V = \frac{\overline{R}}{M}$$

여기서, R : 기체상수[kJ/kg·K]
$\quad\quad\quad C_P$: 정압비열[kJ/kg·K]
$\quad\quad\quad C_V$: 정적비열[kJ/kg·K]
$\quad\quad\quad \overline{R}$: 일반기체상수[kJ/kmol·K]
$\quad\quad\quad M$: 분자량[kg/kmol]

기체상수 $R = \dfrac{\overline{R}}{M}$

$$= \dfrac{8.314 \text{kJ/kmol} \cdot \text{K}}{4 \text{kg/kmol}} = 2.0785 \text{kJ/kg} \cdot \text{K}$$

• 1J/mol・K=1kJ/kmol・K이므로 8.314J/mol・K
=8.314kJ/kmol・K

(2) **정압비열**

$$C_P = \dfrac{KR}{K-1}$$

여기서, C_P : 정압비열[kJ/kg・K]
R : 기체상수[kJ/kg・K]
K : 비열비

정압비열 C_P는

$$C_P = \dfrac{KR}{K-1} = \dfrac{1.67 \times 2.0785 \text{kJ/kg} \cdot \text{K}}{1.67 - 1}$$
$$\fallingdotseq 5.18 \text{kJ/kg} \cdot \text{K}$$

답 ③

★★ 32

 출구지름이 1cm인 노즐이 달린 호스로 20L의 생수통에 물을 채운다. 생수통을 채우는 시간이 50초가 걸린다면, 노즐출구에서의 물의 평균속도는 몇 m/s인가?

15.09.문22
10.03.문36

① 5.1   ② 7.2
③ 11.2   ④ 20.4

해설

$$Q = \dfrac{\pi D^2}{4} V$$

(1) **기호**

• D : 0.01m(100cm=1m이므로 1cm=0.01m)
• Q : 0.02m³/50s(1000L=1m³이므로 20L/50초
=0.02m³/50s)

(2) **유량**(flowrate, 체적유량)

$$Q = AV = \left(\dfrac{\pi D^2}{4}\right)V$$

여기서, Q : 유량[m³/s]
A : 단면적[m²]
V : 유속[m/s]
D : 직경(지름)[m]

유속 V는

$$V = \dfrac{Q}{\dfrac{\pi D^2}{4}} = \dfrac{0.02 \text{m}^3/50\text{s}}{\dfrac{\pi \times (0.01\text{m})^2}{4}} \fallingdotseq 5.1\text{m/s}$$

답 ①

★ 33

비중이 0.75인 액체와 비중량이 6700N/m³인 액체를 부피비 1 : 2로 혼합한 혼합액의 밀도는 약 몇 kg/m³인가?

① 688   ② 706
③ 727   ④ 748

해설 비중

$$s = \dfrac{\gamma}{\gamma_w} = \dfrac{\rho}{\rho_w}$$

여기서, s : 비중
γ : 어떤 물질의 비중량[N/m³]
γ_w : 물의 비중량(9800N/m³)
ρ : 어떤 물질의 밀도[kg/m³]
ρ_w : 물의 밀도(1000kg/m³)

어떤 물질의 비중량 $\gamma = s \times \gamma_w$

비중이 0.75인 액체를 γ_A, $\gamma_B = 6700 \text{N/m}^3$이라 하면
$\gamma_A = s \cdot \gamma_w = 0.75 \times 9800 \text{N/m}^3 = 7350 \text{N/m}^3$
γ_A와 γ_B를 1 : 2로 혼합했으므로 혼합액의 비중량 γ는

$$\gamma = \dfrac{\gamma_A \times 1 + \gamma_B \times 2}{3}$$
$$= \dfrac{7350 \text{N/m}^3 \times 1 + 6700 \text{N/m}^3 \times 2}{3} \fallingdotseq 6916.67 \text{N/m}^3$$

$\dfrac{\gamma}{\gamma_w} = \dfrac{\rho}{\rho_w}$ 에서

혼합액의 밀도 ρ는

$$\rho = \dfrac{\gamma \times \rho_w}{\gamma_w} = \dfrac{6916.67 \text{N/m}^3 \times 1000 \text{kg/m}^3}{9800 \text{N/m}^3} \fallingdotseq 706 \text{kg/m}^3$$

답 ②

★★ 34

유동손실을 유발하는 액체의 점성, 즉 점도를 측정하는 장치에 관한 설명으로 옳은 것은?

11.03.문29
06.09.문27

① Stomer 점도계는 하겐–포아젤 법칙을 기초로 한 방식이다.
② 낙구식 점도계는 Stokes의 법칙을 이용한 방식이다.
③ Saybolt 점도계는 액 중에 잠긴 원판의 회전저항의 크기로 측정한다.
④ Ostwald 점도계는 Stokes의 법칙을 이용한 방식이다.

해설

① 하겐–포아젤 법칙 → 뉴턴의 점성법칙
③ Saybolt 점도계 → 스토머(Stormer) 점도계 또는 맥마이클(Mac Michael) 점도계
④ Stokes의 법칙 → 하겐–포아젤의 법칙

점도계

관련 법	점도계	관련 법칙
세관법	• 세이볼트(Saybolt) 점도계 • 레드우드(Redwood) 점도계 • 엥글러(Engler) 점도계 • 바베이(Barbey) 점도계 • 오스트발트(Ostwald) 점도계	하겐– 포아젤의 법칙
회전원통법	• **스**토머(Stormer) 점도계 • **맥**마이클(Mac Michael) 점도계 뉴점스맥	**뉴**턴의 점성법칙

낙구법	• 낙구식 점도계	스토크스의 법칙

※ **점도계** : 점성계수를 측정할 수 있는 기기

답 ②

35 다음 중 대류 열전달과 관계되는 사항으로 가장
`12.03.문31` 거리가 먼 것은?

① 팬(fan)을 이용해 컴퓨터 CPU의 열을 식힌다.

② 뜨거운 커피에 바람을 불어 식힌다.

③ 에어컨은 높은 곳에, 라디에이터는 낮은 곳에 설치한다.

④ 판자를 화로 앞에 놓아 열을 차단한다.

해설 ①~③ 대류 열전달, ④ 복사 열전달

열전달

용어	설명
전도 (conduction)	• 하나의 물체가 다른 물체와 직접 접촉하여 열이 이동하는 현상
대류 (convection)	• 유체의 흐름에 의하여 열이 이동하는 현상 예 ① 팬(fan)을 이용해 컴퓨터 CPU의 열을 식힌다. 　② 뜨거운 커피에 **바람**을 불어 식힌다. 　③ **에어컨**은 높은 곳에, **라디에이터**는 낮은 곳에 설치한다.
복사 (radiation)	• 화재시 화원과 격리된 인접가연물에 불이 옮겨 붙는 현상 • 열에너지가 전자파의 형태로 옮겨지는 현상으로, 가장 크게 작용함 예 판자를 **화로 앞**에 놓아 열을 차단한다.

답 ④

36 유동하는 물의 속도가 12m/s, 압력이 98kPa
`03.05.문35`
`01.06.문31` 이다. 이때 속도수도와 압력수두는 각각 얼마인가?

① 7.35m, 10m

② 43.5m, 10.5m

③ 7.35m, 20.3m

④ 0.66m, 10m

해설 (1) **속도수두**

$$H = \frac{V^2}{2g}$$

여기서, H : 속도수두[m]
　　　　V : 유속[m/s]
　　　　g : 중력가속도(9.8m/s²)

속도수두 H는

$$H = \frac{V^2}{2g} = \frac{(12\text{m/s})^2}{2 \times 9.8\text{m/s}^2} ≒ 7.35\text{m}$$

(2) **압력수두**

$$H = \frac{P}{\gamma}$$

여기서, H : 압력수두[m]
　　　　γ : 비중량[kN/m³]
　　　　P : 압력[kPa 또는 kN/m²]

압력수두 H는

$$H = \frac{P}{\gamma} = \frac{98\text{kN/m}^2}{9.8\text{kN/m}^3} = 10\text{m}$$

• 압력 $P = 98\text{kPa} = 98\text{kN/m}^2(1\text{kPa} = 1\text{kN/m}^2)$
• 물의 비중량 $\gamma = 9.8\text{kN/m}^3$

답 ①

37 절대압력이 101kPa인 상온의 공기가 가역단열
`14.09.문38`
`06.03.문37` 변화를 할 때 체적탄성계수는 몇 kPa인가? (단,
공기의 비열비는 1.4이다.)

① 72.1　　　　　② 92.3

③ 118.8　　　　④ 141.4

해설
$$K = kP$$

(1) **기호**

• P : 101kPa
• k : 1.4

(2) **체적탄성계수**

등온압축	단열압축(가역단열변화)
$K = P$	$K = kP$

여기서, K : 체적탄성계수[kPa]
　　　　k : 비열비
　　　　P : 절대압력[kPa]
가역단열변화시의 체적탄성계수 K는
$$K = kP = 1.4 \times 101\text{kPa} = 141.4\text{kPa}$$

답 ④

38 지름이 1.5m로 변하는 돌연축소하는 관에 6m³/s
`08.03.문26` 의 유량으로 물이 흐르고 있다. 이때 손실동력은
약 몇 kW인가? (단, 돌연축소에 의한 부차적 손실계수 K는 0.30이다.)

① 6.8　　　　　② 7.4

③ 9.1　　　　　④ 10.4

해설 (1) **기호**

• D : 1.5m
• Q : 6m³/s
• P : ?
• K : 0.3

(2) 유량

$$Q = AV = \left(\frac{\pi}{4}D^2\right)V$$

여기서, Q : 유량[m³/s]
$\qquad$ A : 단면적[m²]
$\qquad$ V : 유속[m/s]
$\qquad$ D : 내경(지름)[m]

유속 V_2 는

$$V_2 = \frac{Q}{\frac{\pi}{4}D_2^2} = \frac{6\text{m}^3/\text{s}}{\frac{\pi}{4}(1.5\text{m})^2} = 3.4\text{m/s}$$

(3) 돌연축소관에서의 손실

$$H = K\frac{V_2^2}{2g}$$

여기서, H : 손실수두[m]
$\qquad$ K : 손실계수
$\qquad$ V_2 : 축소관유속[m/s]
$\qquad$ g : 중력가속도(9.8m/s²)

손실수두 H 는

$$H = K\frac{V_2^2}{2g} = 0.3 \times \frac{(3.4\text{m/s})^2}{2 \times 9.8\text{m/s}^2} = 0.177\text{m}$$

(4) 전동력

$$P = \frac{0.163QH}{\eta}K$$

여기서, P : 전동력(손실동력)[kW]
$\qquad$ Q : 유량[m³/min]
$\qquad$ H : 전양정(손실수두)[m]
$\qquad$ K : 전달계수
$\qquad$ η : 효율

손실동력 P 는

$$P = \frac{0.163QH}{\eta}K$$
$$= 0.163 \times 6\text{m}^3/\text{s} \times 0.177\text{m}$$
$$= 0.163 \times 6\text{m}^3 \left|\frac{1}{60}\text{min}\right. \times 0.177\text{m}$$
$$= 0.163 \times (6 \times 60)\text{m}^3/\text{min} \times 0.177\text{m}$$
$$\fallingdotseq 10.4\text{kW}$$

- K(전달계수), η(효율)은 주어지지 않았으므로 무시
- 전달계수와 손실계수는 다르므로 혼동하지 말 것

답 ④

39 ★★ 동력이 2kW인 펌프를 사용하여 수면의 높이차
[14.05.문21] 이가 40m인 곳으로 물을 끌어 올리려고 한다. 관로 전체의 손실수두가 10m라고 할 때 펌프의 유량은 약 몇 m³/s인가? (단, 펌프의 효율은 90%이다.)

① 0.00294 $\qquad$ ② 0.00367
③ 0.00408 $\qquad$ ④ 0.00453

해설

$$P = \frac{0.163QH}{\eta}K$$

(1) 기호
- P : 2kW
- η : 90%=0.9
- H : (40+10)m
- Q : ?

(2) 전동력

$$P = \frac{0.163QH}{\eta}K$$

여기서, P : 전동력[kW]
$\qquad$ Q : 유량[m³/min]
$\qquad$ H : 전양정[m]
$\qquad$ K : 전달계수
$\qquad$ η : 효율

유량 $Q = \dfrac{P\eta}{0.163HK} = \dfrac{2\text{kW} \times 0.9}{0.163 \times (40+10)\text{m}}$
$\qquad \fallingdotseq 0.22\text{m}^3/\text{min}$
$\qquad = 0.22\text{m}^3/60\text{s}$
$\qquad \fallingdotseq 0.00367\text{m}^3/\text{s}$

- 전양정(H)=낙차+손실수두=(40+10)m
- K : 주어지지 않았으므로 무시
- 1min=60s

답 ②

40 ★ 펌프는 흡입수면으로부터 송출되는 높이까지 물을 송출시키는 기계로서 흡입수면과 송출수면 사이의 높이를 실양정이라고 한다. 이 실양정을 세분화할 때 펌프로부터 송출수면까지의 높이를 무엇이라고 하는가? (단, 흡입수면과 송출수면은 대기에 노출된다고 가정한다.)

① 유효실양정
② 무효실양정
③ 송출실양정
④ 흡입실양정

해설 실양정

실양정	설 명
유효실양정	흡입수면으로부터 송출되는 높이
흡입실양정	흡입수면에서 펌프까지의 높이
송출실양정	펌프로부터 송출수면까지의 높이

답 ③

제3과목　　소방관계법규

★★★
41
19.03.문56
17.09.문50
12.05.문44
08.09.문45

화재의 예방 및 안전관리에 관한 법령상 특수가연물의 저장기준 중 다음 (　　) 안에 알맞은 것은? (단, 석탄·목탄류를 발전용으로 저장하는 경우는 제외한다.)

> 쌓는 높이는 10m 이하가 되도록 하고, 쌓는 부분의 바닥면적은 (㉠)m² 이하가 되도록 할 것. 다만, 살수설비를 설치하거나, 방사능력범위에 해당 특수가연물이 포함되도록 대형 수동식 소화기를 설치하는 경우에는 쌓는 높이를 (㉡)m 이하, 쌓는 부분의 바닥면적을 (㉢)m² 이하로 할 수 있다.

① ㉠ 20, ㉡ 50, ㉢ 100
② ㉠ 15, ㉡ 50, ㉢ 200
③ ㉠ 50, ㉡ 20, ㉢ 100
④ ㉠ 50, ㉡ 15, ㉢ 200

해설 **화재예방법 시행령 〔별표 3〕**
특수가연물의 저장 및 취급의 기준
(1) 특수가연물을 저장 또는 취급하는 장소에는 품명, 최대저장수량, 단위부피당 질량 또는 단위체적당 질량, 관리책임자 성명·직책·연락처 및 화기취급의 금지표지가 포함된 특수가연물 표지를 설치할 것
(2) 쌓아 저장하는 기준(단, 석탄·목탄류를 발전용으로 저장하는 것 제외)
　㉠ 품명별로 구분하여 쌓을 것
　㉡ 쌓는 높이는 **10m** 이하가 되도록 하고, 쌓는 부분의 바닥면적은 **50m²**(석탄·목탄류는 **200m²**) 이하가 되도록 할 것(단, 살수설비를 설치하거나, 방사능력 범위에 해당 특수가연물이 포함되도록 대형 수동식 소화기를 설치하는 경우에는 쌓는 높이를 **15m** 이하, 쌓는 부분의 바닥면적을 **200m²**(석탄·목탄류는 **300m²**) 이하로 할 수 있다)
　㉢ 쌓는 부분 바닥면적의 사이는 실내의 경우 **1.2m** 또는 쌓는 높이의 $\frac{1}{2}$ 중 **큰 값** 이상으로 간격을 두어야 하며, **실외**의 경우 **3m** 또는 쌓는 높이 중 큰 값 이상으로 간격을 둘 것

답 ④

★
42

소방시설 설치 및 관리에 관한 법령상 둘 이상의 특정소방대상물이 내화구조로 된 연결통로가 벽이 없는 구조로서 그 길이가 몇 m 이하인 경우 하나의 소방대상물로 보는가?
① 6
② 9
③ 10
④ 12

해설 **소방시설법 시행령 〔별표 2〕**
둘 이상의 특정소방대상물이 내화구조의 복도 또는 통로(연결통로)로 연결된 경우로 하나의 소방대상물로 보는 경우

벽이 없는 경우	벽이 있는 경우
길이 6m 이하	길이 10m 이하

답 ①

★★★
43
17.03.문48
15.05.문41
13.06.문42

소방시설 설치 및 관리에 관한 법령상 수용인원 산정 방법 중 다음의 수련시설의 수용인원은 몇 명인가?

> 수련시설의 종사자수는 5명, 숙박시설은 모두 2인용 침대이며 침대수량은 50개이다.

① 55
② 75
③ 85
④ 105

해설 **소방시설법 시행령 〔별표 7〕**
수용인원의 산정방법

특정소방대상물		산정방법
숙박시설	침대가 있는 경우	종사자수＋침대수(2인용 침대는 2인으로 산정)
	침대가 없는 경우	종사자수＋$\dfrac{바닥면적 합계}{3m^2}$
• 강의실　• 교무실 • 상담실　• 실습실 • 휴게실		$\dfrac{바닥면적 합계}{1.9m^2}$
기타		$\dfrac{바닥면적 합계}{3m^2}$
• 강당 • 문화 및 집회시설, 운동시설 • 종교시설		$\dfrac{바닥면적 합계}{4.6m^2}$

숙박시설(침대가 있는 경우)＝종사자수＋침대수
　＝5명＋50개×2인
　＝105명

> ※ 수용인원 산정시 **소수점 이하**는 **반올림**한다. 특히 주의!

중요

기타 개수 산정 (감지기·유도등 개수)	수용인원 산정
소수점 이하는 **절상**	소수점 이하는 **반올림**
	기억법 수반(**수반**! 동반)

답 ④

★★★
44
15.03.문57
14.05.문46
10.05.문43
06.03.문42

위험물안전관리법령상 제조소 등이 아닌 장소에서 지정수량 이상의 위험물을 취급할 수 있는 기준 중 다음 (　　) 안에 알맞은 것은?

> 시·도의 조례가 정하는 바에 따라 관할소방서장의 승인을 받아 지정수량 이상의 위험물을 (　　)일 이내의 기간 동안 임시로 저장 또는 취급하는 경우

① 15
② 30
③ 60
④ 90

해설 **90일**
(1) 위험물 **임**시저장 · 취급기준(위험물법 5조)
(2) 소방시설업 등록신청 **자**산평가액 · 기업진단보고서 유효기간(공사업규칙 2조)

※ 위험물 임시저장 승인권자 : 관할소방서장

기억법 임**9**(**인**구)

답 ④

45 ⭐
07.03.문54
화재안전조사 결과 소방대상물의 위치 · 구조 · 설비 또는 관리의 상황이 화재나 재난 · 재해 예방을 위하여 보완될 필요가 있거나 화재가 발생하면 인명 또는 재산의 피해가 클 것으로 예상되는 때 관계인에게 그 소방대상물의 개수 · 이전 · 제거, 사용의 금지 또는 제한, 사용폐쇄, 공사의 정지 또는 중지, 그 밖의 필요할 조치를 명할 수 있는 자가 아닌 것은?
① 소방서장
② 소방본부장
③ 소방청장
④ 시 · 도지사

해설 **소방청장 · 소방본부장 · 소방서장**
(1) 119**종**합상황실의 설치 · 운영(기본법 4조)
(2) 소방활동(기본법 16조)
(3) 소방대원의 소방교육 · 훈련 실시(기본법 17조)
(4) 화재안전조사 결과에 따른 **조**치명령(화재예방법 14조) 보기 ④

기억법 **청본서조**

답 ④

46 ⭐⭐⭐
17.09.문57
15.05.문44
14.05.문41
소방기본법령상 인접하고 있는 시 · 도간 소방업무의 상호응원협정을 체결하고자 하는 때에 포함되도록 하여야 하는 사항이 아닌 것은?
① 소방교육 · 훈련의 종류 및 대상자에 관한 사항
② 화재의 경계 · 진압활동에 관한 사항
③ 출동대원의 수당 · 식가 및 의복의 수선 소요 경비의 부담에 관한 사항
④ 화재조사활동에 관한 사항

해설 **기본규칙 8조**
소방업무의 상호응원협정
(1) 다음의 **소방활동**에 관한 사항
　㉠ 화재의 **경**계 · 진압활동
　㉡ 구조 · 구급업무의 지원
　㉢ 화재조사활동
(2) 응원출동 대상지역 및 규모
(3) 소요경비의 **부담**에 관한 사항
　㉠ **출**동대원의 수당 · 식사 및 의복의 수선
　㉡ 소방장비 및 기구의 정비와 연료의 보급

(4) **응**원출동의 요청방법
(5) **응**원출동훈련 및 평가

기억법 경응출

답 ①

47 ⭐⭐⭐
14.03.문76
13.03.문53
12.05.문52
08.05.문47
소방시설 설치 및 관리에 관한 법령상 단독경보형 감지기를 설치하여야 하는 특정소방대상물의 기준 중 틀린 것은?
① 연면적 400m² 미만의 유치원
② 교육연구시설 내에 있는 연면적 2000m² 미만의 합숙소
③ 수련시설 내에 있는 연면적 2000m² 미만의 기숙사
④ 연면적 2000m² 미만의 아파트

해설 ④ 아파트는 해당없음
소방시설법 시행령 〔별표 4〕
단독경보형 감지기의 설치대상

연면적	설치대상
400m² 미만	• 유치원 보기 ①
2000m² 미만	• 교육연구시설 · 수련시설 내에 있는 **합숙소** 또는 **기숙사** 보기 ②③
모두 적용	• 100명 미만의 수련시설(숙박시설이 있는 것) • 연립주택 • 다세대주택

답 ④

48 ⭐⭐⭐
19.03.문43
14.09.문44
08.03.문42
05.05.문50
위험물안전관리법령상 인화성 액체위험물(이황화탄소를 제외)의 옥외탱크저장소의 탱크 주위에 설치하여야 하는 방유제의 기준 중 틀린 것은?
① 방유제의 용량은 방유제 안에 설치된 탱크가 하나인 때에는 그 탱크용량의 110% 이상으로 할 것
② 방유제의 용량은 방유제 안에 설치된 탱크가 2기 이상인 때에는 그 탱크 중 용량이 최대인 것의 용량의 110% 이상으로 할 것
③ 방유제의 높이는 1m 이상 3m 이하, 두께 0.2m 이상, 지하매설깊이 0.5m 이상으로 할 것
④ 방유제 내의 면적은 80000m² 이하로 할 것

해설 ③ 방유제의 높이는 **0.5m** 이상 **3m** 이하
위험물규칙 〔별표 6〕
옥외탱크저장소의 방유제

(1) 높이 : 0.5m 이상 3m 이하
(2) 탱크 : 10기(모든 탱크용량이 20만L 이하, 인화점이 70℃ 이상 200℃ 미만은 20기) 이하
(3) 면적 : 80000m² 이하
(4) 용량

1기 이상	2기 이상
탱크용량×110% 이상	최대용량×110% 이상

답 ③

★ 49

19.03.문53

소방시설 설치 및 관리에 관한 법령상 특정소방대상물의 관계인이 특정소방대상물의 규모·용도 및 수용인원 등을 고려하여 갖추어야 하는 소방시설의 종류 기준 중 다음 ( ) 안에 알맞은 것은?

> 화재안전기준에 따라 소화기구를 설치하여야 하는 특정소방대상물은 연면적 (㉠)m² 이상인 것. 다만, 노유자시설의 경우에는 투척용 소화용구 등을 화재안전기준에 따라 산정된 소화기수량의 (㉡) 이상으로 설치할 수 있다.

① ㉠ 33, ㉡ $\frac{1}{2}$

② ㉠ 33, ㉡ $\frac{1}{5}$

③ ㉠ 50, ㉡ $\frac{1}{2}$

④ ㉠ 50, ㉡ $\frac{1}{5}$

해설 **소방시설법 시행령 [별표 4]**
소화설비의 설치대상

종류	설치대상
소화기구	① 연면적 **33m² 이상**(단, **노유자시설**은 **투척용 소화용구** 등을 산정된 소화기 수량의 $\frac{1}{2}$ 이상으로 설치 가능) ② 국가유산 ③ 가스시설, 전기저장시설 ④ 터널 ⑤ 지하구
주거용 주방자동소화장치	① 아파트 등(모든 층) ② **오피스텔**(모든 층)

답 ①

★★★ 50

16.10.문48
16.03.문58
15.09.문54
15.05.문54
14.05.문48

소방시설 설치 및 관리에 관한 법령상 방염성능기준 이상의 실내장식물 등을 설치하여야 하는 특정소방대상물의 기준으로 틀린 것은?

① 층수가 11층 이상인 아파트

② 건축물의 옥내에 있는 시설로서 종교시설

③ 의료시설 중 종합병원

④ 노유자시설

해설
> ① 아파트 제외

소방시설법 시행령 30조
방염성능기준 이상 적용 특정소방대상물
(1) 체력단련장, 공연장 및 종교집회장
(2) 문화 및 집회시설
(3) **종**교시설
(4) 운동시설(수영장은 제외)
(5) 의료시설(종합병원, 정신의료기관)
(6) 의원, 조산원, 산후조리원
(7) 교육연구시설 중 합숙소
(8) **노**유자시설
(9) 숙박이 가능한 **수**련시설
(10) **숙**박시설
(11) 방송국 및 촬영소
(12) 다중이용업소(단란주점영업, 유흥주점영업, 노래연습장업의 연습장 등)
(13) 층수가 11층 이상인 것(아파트는 제외 : 2026. 12. 1. 삭제)

> 기억법 **방숙 노종수**

답 ①

★★★ 51

19.09.문42
17.05.문55
16.03.문42
07.03.문45

소방기본법상 위험시설 등에 대한 긴급조치를 정당한 사유없이 방해한 자에 대한 벌칙기준으로 옳은 것은?

① 400만원 이하의 벌금

② 300만원 이하의 벌금

③ 200만원 이하의 벌금

④ 100만원 이하의 벌금

해설 **100만원 이하의 벌금**
(1) 관계인의 **소방활동 미수행**(기본법 54조)
(2) **피난명령** 위반(기본법 54조)
(3) 위험시설 등에 대한 긴급조치 방해(기본법 54조) 〔보기 ④〕
(4) 거짓보고 또는 자료 미제출자(공사업법 38조)
(5) **관계공무원의 출입·조사·검사 방해**(공사업법 38조)
(6) 정당한 사유없이 물의 **사용**이나 **수도**의 **개폐장치**의 사용 또는 조작을 하지 못하게 하거나 **방해**한 자(기본법 54조)
(7) 소방대의 생활안전활동을 방해한 자(기본법 54조)

> 기억법 **피1**(차일**피일**)

답 ④

★
52 소방기본법상 명령권자가 소방본부장, 소방서장, 소방대장에게 있는 사항은?

① 소방활동을 할 때에 긴급한 경우에는 이웃한 소방본부장 또는 소방서장에게 소방업무의 응원 요청할 수 있다.

② 화재, 재난·재해, 그 밖의 위급한 상황이 발생한 현장에서 소방활동을 위하여 필요할 때에는 그 관할구역에 사는 사람 또는 그 현장에 있는 사람으로 하여금 사람을 구출하는 일 또는 불을 끄거나 불이 번지지 아니하도록 하는 일을 하게 할 수 있다.

③ 화재, 재난·재해, 그 밖의 위급한 상황으로부터 국민의 생명·신체 및 재산을 보호하기 위하여 소방업무에 관한 종합계획을 5년마다 수립·시행하여야 한다.

④ 화재, 재난·재해, 그 밖의 위급한 상황이 발생하였을 때에는 소방대를 현장에 신속하게 출동시켜 화재진압과 인명구조·구급 등 소방에 필요한 활동을 하게 하여야 한다.

해설
① 소방본부장·소방서장(기본법 11조)
③ 소방청장(기본법 6조)
④ 소방청장·소방본부장 또는 소방서장(기본법 16조)
소방본부장·소방서장·소방대장
(1) 소방활동 **종**사명령(기본법 24조) 보기 ②
(2) **강**제 처분·제거(기본법 25조)
(3) **피**난명령(기본법 26조)
(4) 댐·저수지 사용 등 위험시설 등에 대한 긴급조치(기본법 27조)

기억법 **소**대**종강피**(**소**방**대**의 **종강파**티)

답 ②

★★★
53 소방기본법령상 소방용수시설 및 지리조사의 기준 중 다음 (   ) 안에 알맞은 것은?

17.09.문59
16.03.문57
09.08.문51

> 소방본부장 또는 소방서장은 원활한 소방활동을 위하여 설치된 소방용수시설에 대한 조사를 (㉠)회 이상 실시하여야 하며 그 조사 결과를 (㉡)년간 보관하여야 한다.

① ㉠ 월 1, ㉡ 1　　② ㉠ 월 1, ㉡ 2
③ ㉠ 연 1, ㉡ 1　　④ ㉠ 연 1, ㉡ 2

해설 **기본규칙 7조**
소방용수시설 및 지리조사
(1) **조사자** : 소방본부장·소방서장
(2) **조사일시** : 월 1회 이상
(3) **조사내용**
　㉠ 소방용수시설
　㉡ 도로의 **폭**·**교통상황**
　㉢ 도로 주변의 **토지 고저**
　㉣ 건축물의 **개황**
(4) **조사결과** : 2년간 보관

답 ②

★
54 화재의 예방 및 안전관리에 관한 법령상 소방안전관리대상물의 관계인은 소방안전관리대상물 근무자 및 거주자 등에 대한 소방훈련 등을 실시하여야 한다. 다음 (   )안에 알맞은 것은?

> 소방안전관리대상물의 관계인은 그 장소에 근무하거나 거주하는 사람 등에게 소화·(   )·피난 등의 훈련과 소방안전관리에 필요한 교육을 하여야 한다.

① 진입　　　　　② 예방
③ 통보　　　　　④ 복구

해설 **화재예방법 37조**
근무자 및 거주자 등에 대한 소방훈련
소방안전관리대상물의 **관계인**은 그 장소에 근무하거나 거주하는 사람 등에게 **소화·통보·피난** 등의 훈련과 소방안전관리에 필요한 교육을 하여야 한다.

답 ③

★
55 소방시설 설치 및 관리에 관한 법령상 소방시설 등의 자체점검시 점검인력 배치기준 중 점검인력 1단위가 하루 동안 점검할 수 있는 특정소방대상물의 종합점검 연면적 기준으로 옳은 것은? (단, 보조인력을 추가하는 경우를 제외한다.)

16.03.문43
(기사)

① 3500m²　　　② 7000m²
③ 10000m²　　④ 12000m²

해설 **소방시설법 시행규칙 〔별표 2〕**(소방시설법 시행규칙 〔별표 4〕)
2024. 12. 1. 개정)
점검한도면적

종합점검	작동점검
10000m²	12000m² (소규모 점검의 경우 : 3500m²)

용어

점검한도면적
점검인력 1단위가 하루 동안 점검할 수 있는 특정소방대상물의 연면적

답 ③

56
11.03.문56
10.05.문52

소방시설공사업법령상 감리원의 세부배치기준 중 일반공사감리 대상인 경우 다음 ( )안에 알맞은 것은? (단, 일반공사감리 대상인 아파트의 경우는 제외한다.)

> 1명의 감리원이 담당하는 소방공사감리 현장은 (㉠)개 이하로서 감리현장 연면적의 총 합계가 (㉡)m² 이하일 것

① ㉠ 5, ㉡ 50000
② ㉠ 5, ㉡ 100000
③ ㉠ 7, ㉡ 50000
④ ㉠ 7, ㉡ 100000

해설 **공사업규칙 16조**
소방공사감리원의 세부배치기준

감리대상	책임감리원
일반공사감리 대상	• 주 1회 이상 방문감리 • 담당감리현장 **5개** 이하로서 연면적 총 합계 **100000m²** 이하

답 ②

57
19.04.문53

소방시설공사업법상 제3자에게 소방시설공사 시공을 하도급한 자에 대한 벌칙기준으로 옳은 것은? (단, 대통령령으로 정하는 경우는 제외한다.)

① 100만원 이하의 벌금
② 300만원 이하의 벌금
③ 1년 이하의 징역 또는 1000만원 이하의 벌금
④ 3년 이하의 징역 또는 1500만원 이하의 벌금

해설 **1년 이하의 징역 또는 1000만원 이하의 벌금**
(1) 소방시설의 **자체점검** 미실시자(소방시설법 58조)
(2) **소방시설관리사증** 대여(소방시설법 58조)
(3) **소방시설관리업**의 등록증 대여(소방시설법 58조)
(4) 제조소 등의 정기점검기록 허위 작성(위험물법 35조)
(5) **자체소방대**를 두지 않고 제조소 등의 허가를 받은 자(위험물법 35조)
(6) **위험물 운반용기**의 검사를 받지 않고 유통시킨 자(위험물법 35조)
(7) 제조소 등의 긴급사용정지 위반자(위험물법 35조)
(8) 영업정지처분 위반자(공사업법 36조)
(9) 거짓감리자(공사업법 36조)
(10) 공사감리자 미지정자(공사업법 36조)
(11) 소방시설 설계·시공·감리 **하도급**자(공사업법 36조)
(12) 소방시설공사 재하도급자(공사업법 36조)
(13) 소방시설업자가 아닌 자에게 소방시설공사 등을 도급한 관계인(공사업법 36조)

기억법 1 1000하(일천하)

답 ③

58
19.09.문57

위험물안전관리법령상 제조소 또는 일반취급소의 위험물취급탱크 노즐 또는 맨홀을 신설시 노즐 또는 맨홀의 직경이 몇 mm를 초과하는 경우에 변경허가를 받아야 하는가?

① 250
② 300
③ 450
④ 600

해설 **위험물규칙 〔별표 1의 2〕**
제조소 또는 일반취급소의 변경허가
(1) **제조소** 또는 **일반취급소의 위치를 이전**하는 경우
(2) 건축물의 벽·기둥·바닥·보 또는 지붕을 증설 또는 **철거**하는 경우
(3) **배출설비**를 **신설**하는 경우
(4) 위험물취급탱크를 신설·교체·철거 또는 보수(탱크의 본체를 절개)하는 경우
(5) 위험물취급탱크의 **노즐** 또는 **맨홀**을 신설하는 경우(노즐 또는 맨홀의 직경이 **250mm**를 초과하는 경우)
(6) 위험물취급탱크의 **방유제**의 **높이** 또는 방유제 내의 **면적**을 **변경**하는 경우
(7) 위험물취급탱크의 탱크전용실을 증설 또는 **교체**하는 경우
(8) **300m**(지상에 설치하지 아니하는 배관은 30m)를 초과하는 위험물배관을 신설·교체·철거 또는 보수(배관 절개)하는 경우
(9) 불활성기체의 봉입장치를 **신설**하는 경우

기억법 250mm

답 ①

59
15.09.문58
09.08.문58

화재의 예방 및 안전관리에 관한 법률상 소방본부장 또는 소방서장은 화재예방강화지구 안의 관계인에 대하여 소방상 필요한 훈련 및 교육을 실시하고자 하는 때에는 관계인에게 훈련 또는 교육 며칠 전까지 그 사실을 통보하여야 하는가?

① 5
② 7
③ 10
④ 14

해설 **10일**
(1) 화재예방강화지구 안의 소방훈련·교육 통보일(화재예방법 시행령 20조)
(2) 건축허가 등의 동의 여부 회신(소방시설법 시행규칙 3조)
  ㉠ 50층 이상(지하층 제외) 또는 지상으로부터 높이 200m 이상인 **아파트**의 건축허가 등의 동의 여부 회신(소방시설법 시행규칙 3조)
  ㉡ 30층 이상(지하층 포함) 또는 지상 120m 이상(아파트 제외)의 건축허가 등의 동의 여부 회신(소방시설법 시행규칙 3조)
  ㉢ 연면적 10만m² 이상의 건축허가 등의 동의 여부 회신(소방시설법 시행규칙 3조)
(3) 소방기술자의 **실무교육** 통지일(공사업규칙 26조)
(4) **실무교육** 교육계획의 변경보고일(공사업규칙 35조)
(5) 소방기술자 **실무교육기관** 지정사항 변경보고일(공사업규칙 33조)
(6) 소방시설업의 등록신청서류 보완일(공사업규칙 2조 2)
(7) 제조소 등의 재발급 완공검사합격확인증 제출일(위험물령 10조)

답 ③

★
60 위험물안전관리법상 허가를 받지 아니하고 당해
19.09.문49
14.03.문58
제조소 등을 설치하거나 그 위치·구조 또는 설비를 변경할 수 있으며, 신고를 하지 아니하고 위험물의 품명·수량 또는 지정수량의 배수를 변경할 수 있는 기준으로 틀린 것은?

① 주택의 난방시설을 위한 저장소 또는 취급소

② 공동주택의 중앙난방시설을 위한 저장소 또는 취급소

③ 수산용으로 필요한 건조시설을 위한 지정수량 20배 이하의 저장소

④ 농예용으로 필요한 난방시설을 위한 지정수량 20배 이하의 저장소

해설 **위험물법 6조**
제조소 등의 설치허가
(1) **설치허가자** : 시·도지사
(2) **설치허가 제외장소**
　⑦ 주택의 난방시설(공동주택의 중앙난방시설 제외)을 위한 **저장소** 또는 **취급소**
　ⓛ 지정수량 **20배** 이하의 **농예용·축산용·수산용** 난방시설 또는 건조시설의 **저장소**
(3) **제조소 등의 변경신고** : 변경하고자 하는 날의 **1일** 전까지

　　🔊 **참고**

　　　시·도지사
　　　(1) 특별시장
　　　(2) 광역시장
　　　(3) 특별자치시장
　　　(4) 도지사
　　　(5) 특별자치도지사

답 ②

제 **4** 과목　　**소방기계시설의 구조 및 원리** ⠿

★★★
61 스프링클러설비의 종류 중 폐쇄형 스프링클러헤
15.09.문65
14.05.문62
13.09.문78
13.03.문76
드를 사용하는 방식이 아닌 것은?

① 습식　　　　② 건식

③ 준비작동식　　④ 일제살수식

해설 ④ 일제살수식 : 개방형 헤드

스프링클러설비의 종류

폐쇄형 스프링클러 헤드 방식	개방형 스프링클러 헤드 방식
• **습**식 • **건**식 • **준**비작동식	• 일제살수식

🔖 **폐습건준**

답 ④

★★
62 특정소방대상물별 소화기구의 능력단위기준 중
19.09.문76
17.09.문73
16.05.문64
15.03.문80
11.06.문67
노유자시설 소화기구의 능력단위기준으로 옳은 것은? (단, 건축물의 주요구조부, 벽 및 반자의 실내에 면하는 부분에 대한 조건은 무시한다.)

① 해당 용도의 바닥면적 200m²마다 능력단위 1단위 이상

② 해당 용도의 바닥면적 100m²마다 능력단위 1단위 이상

③ 해당 용도의 바닥면적 50m²마다 능력단위 1단위 이상

④ 해당 용도의 바닥면적 30m²마다 능력단위 1단위 이상

해설 **특정소방대상물별 소화기구의 능력단위기준**(NFTC 101 2.1.1.2)

특정소방대상물	능력단위 (바닥면적)	내화구조이고 불연재료 ·준불연재료 ·난연재료 (바닥면적)
• **위**락시설 🔖 위3(**위상**)	30m²마다 1단위 이상	60m²마다 1단위 이상
• **공연**장·**집**회장 • **관람**장·**문**화재 • **장**례시설·**의**료시설 🔖 5공연장 문의 집관람(손**오** 공 연장 문의 집관람)	50m²마다 1단위 이상	100m²마다 1단위 이상
• **근**린생활시설·**판**매시설 • 운수시설·**숙**박시설 • **노**유자시설 • **전**시장 • 공동**주**택·**업**무시설 • **방**송통신시설·공장 • **창**고시설·**항**공기 및 자동**차** 관련 시설 • **관광**휴게시설 🔖 근 판 숙 노 전 주 업 방 차 창 1항 관광(근 판숙노전 주 업방차장 일 1항 관광)	**100m²마다** 1단위 이상	**200m²마다** 1단위 이상
• 그 밖의 것	200m²마다 1단위 이상	400m²마다 1단위 이상

용어

소화능력단위
소화기구의 소화능력을 나타내는 수치

답 ②

★
63 물분무소화설비 송수구의 설치기준 중 다음 (   )
[10.09.문78] 안에 알맞은 것은?

송수구는 화재층으로부터 지면으로 떨어지는
유리창 등이 송수 및 그 밖의 소화작업에 지
장을 주지 아니하는 장소에 설치할 것. 이 경
우 가연성 가스의 저장·취급시설에 설치하
는 송수구는 그 방호대상물로부터 (㉠)m
이상의 거리를 두거나 방호대상물에 면하는
부분이 높이 (㉡)m 이상 폭 (㉢)m 이상
의 철근콘크리트벽으로 가려진 장소에 설치
하여야 한다.

① ㉠ 20, ㉡ 1.5, ㉢ 2.5

② ㉠ 20, ㉡ 0.5, ㉢ 1

③ ㉠ 10, ㉡ 0.8, ㉢ 1.5

④ ㉠ 10, ㉡ 1, ㉢ 2

해설 **물분무소화설비 송수구 설치기준**(NFPC 104 7조, NFTC 104 2.4)
(1) 화재층으로부터 지면으로 떨어지는 유리창 등이 송수
및 그 밖의 소화작업에 지장을 주지 아니하는 장소에
설치
(2) 물분무소화설비의 주배관에 이르는 연결배관에 **개폐밸
브**를 설치한 때에는 그 **개폐상태**를 **쉽게 확인** 및 **조작**
할 수 있는 **옥외** 또는 **기계실** 등의 장소에 설치
(3) 구경 **65mm**의 **쌍구형**으로 할 것
(4) 그 가까운 곳의 보기 쉬운 곳에 **송수압력범위**를 **표시**한
표지를 할 것
(5) 하나의 층의 바닥면적이 **3000m²**를 넘을 때마다 1개(5개
를 넘을 경우에는 **5개**로 함)를 설치
(6) 지면으로부터 **0.5~1m** 이하의 위치에 설치
(7) 가까운 부분에 **자동배수밸브**(또는 직경 **5mm**의 배수공)
및 **체크밸브**를 설치
(8) 이물질을 막기 위한 **마개**를 씌울 것
(9) 송수구는 화재층으로부터 지면으로 떨어지는 유리창 등이
송수 및 그 밖의 소화작업에 지장을 주지 아니하는 장
소에 설치할 것. 이 경우 가연성 가스의 저장·취급시
설에 설치하는 송수구는 그 방호대상물로부터 **20m** 이
상의 거리를 두거나 방호대상물에 면하는 부분이 높이
1.5m 이상 폭 **2.5m** 이상의 철근콘크리트벽으로 가려진
장소에 설치하여야 한다. → 이 부분은 연결살수설비
송수구 설치기준과 동일하다.

답 ①

★
64 고정포방출구의 구분 중 다음에서 설명하는
[19.09.문80]
[19.03.문70] 것은?

고정지붕구조 또는 부상덮개부착 고정지붕구
조의 탱크에 상부포주입법을 이용하는 것으
로서 방출된 포가 탱크 옆판의 내면을 따라
흘러내려 가면서 액면 아래로 몰입되거나 액
면을 뒤섞지 않고 액면상을 덮을 수 있는 반
사판 및 탱크 내의 위험물증기가 외부로 역류
되는 것을 저지할 수 있는 구조·기구를 갖는
포방출구

① Ⅰ형   ② Ⅱ형

③ Ⅲ형   ④ 특형

해설 **고정포방출구**의 **포방출구**(위험물기준 133조)

탱크의 구조	포방출구
고정지붕구조	• Ⅰ형 방출구 • Ⅱ형 방출구 • Ⅲ형 방출구 • Ⅳ형 방출구
고정지붕구조 또는 부상덮개부착 고정지붕구조	• Ⅱ형 방출구
부상지붕구조	• 특형 방출구

중요

Ⅰ형 방출구	Ⅱ형 방출구
고정지붕구조의 탱크에 상부포주입법을 이용하는 것으로서 방출된 포가 액면 아래로 몰입되거나 액면을 뒤섞지 않고 액면상을 덮을 수 있는 통계단 또는 미끄럼판 등의 설비 및 탱크 내의 위험물증기가 외부로 역류되는 것을 저지할 수 있는 구조·기구를 갖는 포방출구	**고정지붕구조** 또는 **부상덮개부착 고정지붕구조**의 탱크에 상부포주입법을 이용하는 것으로서 방출된 포가 탱크 옆판의 내면을 따라 흘러내려 가면서 액면 아래로 몰입되거나 액면상을 덮을 수 있는 반사판 및 탱크 내의 위험물증기가 외부로 역류되는 것을 저지할 수 있는 구조·기구를 갖는 포방출구

답 ②

★★★
65 습식 스프링클러설비 또는 부압식 스프링클러설
[19.09.문71]
[19.04.문73] 비 외의 설비에는 헤드를 향하여 상향으로 수평
[13.09.문66] 주행배관 기울기를 몇 이상으로 하여야 하는가?
(단, 배관의 구조상 기울기를 줄 수 없는 경우는
제외한다.)

① $\dfrac{1}{100}$ ② $\dfrac{1}{200}$

③ $\dfrac{1}{300}$ ④ $\dfrac{1}{500}$

해설 기울기

구 분	설 명
$\frac{1}{100}$ 이상	연결살수설비의 수평주행배관
$\frac{2}{100}$ 이상	물분무소화설비의 배수설비
$\frac{1}{250}$ 이상	습식 설비·부압식 설비 외 설비의 가지배관
$\frac{1}{500}$ 이상	**습**식 설비·**부**압식 설비 외 설비의 **수**평주행배관

기억법 습부수5

답 ④

66 피난기구 중 완강기의 구조에 대한 기준으로 틀린 것은?

19.04.문72
19.03.문63
15.09.문67
14.05.문64
13.06.문79
08.05.문79

① 완강기는 안전하고 쉽게 사용할 수 있어야 하며, 사용자가 타인의 도움 없이 자기의 몸무게에 의하여 자동적으로 강하할 수 있어야 한다.

② 로프의 양끝은 이탈되지 아니하도록 벨트의 연결장치 등에 연결되어야 한다.

③ 벨트는 로프에 고정되어 있거나 또는 분리식인 경우 쉽고 견고하게 로프에 연결할 수 있는 구조이어야 한다.

④ 로프·속도조절기구·벨트 및 고정지지대 등으로 구성되어야 한다.

해설 ④ 고정지지대 → 속도조절기의 연결부, 연결금속구

완강기의 구성(완강기 형식 3조)
(1) 속도조절기구
(2) **로**프
(3) **벨**트
(4) 속도조절기의 연결부
(5) 연결금속구

기억법 조로벨후

 중요

속도조절기의 커버 피복이유
기능에 이상을 생기게 하는 **모**래 따위의 잡물이 들어가는 것을 방지하기 위하여

기억법 모조(**모조**품)

답 ④

67 이산화탄소소화약제 저장용기의 설치기준으로 옳은 것은?

16.03.문61
13.09.문65
09.05.문70

① 저장용기의 충전비는 고압식은 1.1 이상 1.5 이하, 저압식은 0.64 이상 0.8 이하로 할 것

② 저압식 저장용기에는 액면계 및 압력계와 1.5MPa 이상 1.9MPa 이하의 압력에서 작동하는 압력경보장치를 설치할 것

③ 저장용기는 고압식은 25MPa 이상, 저압식은 3.5MPa 이상의 내압시험압력에 합격한 것으로 할 것

④ 저압식 저장용기에는 용기 내부의 온도가 섭씨 영하 21℃ 이하에서 1.8MPa의 압력을 유지할 수 있는 자동냉동장치를 설치할 것

해설

① 1.1 이상 1.5 이하 → 1.5 이상 1.9 이하, 0.64 이상 0.8 이하 → 1.1 이상 1.4 이하
② 1.5MPa 이상 → 2.3MPa 이상
④ 영하 21℃ 이하에서 1.8MPa → 영하 18℃ 이하에서 2.1MPa

이산화탄소 소화설비의 저장용기(NFPC 106 4조, NFTC 106 2.1.2)

자동냉동장치	●2.1MPa 유지, −18℃ 이하	
압력경보장치	●2.3MPa 이상, 1.9MPa 이하	
선택밸브 또는 **개**폐밸브의 **안**전장치	●내압시험압력의 **0.8**배	
저장용기	●**고**압식 : 25MPa 이상 ●**저**압식 : 3.5MPa 이상	
안전밸브	●내압시험압력의 0.64~0.8배	
봉판	●내압시험압력의 0.8~내압시험압력	
충전비	고압식	●1.5~1.9 이하
	저압식	●1.1~1.4 이하

기억법 선개안내08, 이고25저35

답 ③

68 분말소화약제 1kg당 저장용기의 내용적이 가장 작은 것은?

19.04.문69
14.05.문73
12.05.문63
12.03.문72

① 제1종 분말
② 제2종 분말
③ 제3종 분말
④ 제4종 분말

해설 분말소화약제

종 별	소화약제	1kg당 저장용기의 내용적 〔L/kg〕	적응화재	비 고
제**1**종	중탄산나트륨 ($NaHCO_3$)	0.8	BC급	**식**용유 및 지방질유의 화재에 적합
제2종	중탄산칼륨 ($KHCO_3$)	1.0	BC급	–
제**3**종	인산암모늄 ($NH_4H_2PO_4$)		ABC급	**차**고·**주**차장에 적합
제4종	중탄산칼륨+요소 [$KHCO_3$+$(NH_2)_2CO$]	1.25	BC급	–

기억법 1식분(**일식 분**식)
3분 차주(**살보**컴퓨터 **차주**)

• 1kg당 저장용기의 내용적=충전비

답 ①

★★★ 69

[10.03.문65]

연결살수설비 배관구경의 설치기준 중 하나의 배관에 부착하는 살수헤드의 개수가 3개인 경우 배관의 최소구경은 몇 mm 이상이어야 하는가?

① 40　　　　　　② 50
③ 65　　　　　　④ 80

해설 **배관의 기준**(NFPC 503 5조, NFTC 503 2.2.3.1)

살수헤드 개수	1개	2개	3개	4개 또는 5개	6~10개 이하
배관구경 〔mm〕	32	40	50	65	80

비교

(1) **스프링클러설비**

급수관 구경 구분	25 mm	32 mm	40 mm	50 mm	65 mm	80 mm	90 mm	100 mm	125 mm	150 mm
폐쇄형 헤드수	2개	3개	5개	10개	30개	60개	80개	100개	160개	161개 이상
개방형 헤드수	1개	2개	5개	8개	15개	27개	40개	55개	90개	91개 이상

※ 폐쇄형 스프링클러헤드 : 최대면적 3000m² 이하

(2) **옥내소화전설비**

배관구경	40mm	50mm	65mm	80mm	100mm
방수량	130 L/min	260 L/min	390 L/min	520 L/min	650 L/min
소화전수	1개	2개	3개	4개	5개

답 ②

★ 70

[19.04.문78]

포헤드를 정방형으로 배치한 경우 포헤드 상호간 거리 산정식으로 옳은 것은? (단, r은 유효반경이며 S는 포헤드 상호간의 거리이다.)

① $S = 2r \times \sin 30°$
② $S = 2r \times \cos 30°$
③ $S = 2r$
④ $S = 2r \times \cos 45°$

해설 **포헤드 상호간의 거리기준**(NFPC 105 12조, NFTC 105 2.9.2.5)

정방형(정사각형)	장방형(직사각형)
$S = 2r \times \cos 45°$ $L = S$ 여기서, S : 포헤드 상호간의 거리〔m〕 r : 유효반경(2.1m) L : 배관간격〔m〕	$P_t = 2r$ 여기서, P_t : 대각선의 길이〔m〕 r : 유효반경(2.1m)

답 ④

★★★ 71

[19.03.문78]
[17.03.문76]
[11.10.문79]
[08.09.문67]

옥외소화전설비 소화전함의 설치기준 중 다음 (　　) 안에 알맞은 것은?

옥외소화전이 31개 이상 설치된 때에는 옥외소화전 (　　)개마다 1개 이상의 소화전함을 설치하여야 한다.

① 3　　　　　　② 5
③ 7　　　　　　④ 11

해설 옥외소화전이 **31개** 이상이므로 소화전 **3개**마다 1개 이상 설치하여야 한다.

중요

옥외소화전함 설치기구(NFTC 109 2.4)

옥외소화전의 개수	소화전함의 개수
10개 이하	**5m** 이내의 장소에 **1개** 이상
11~30개 이하	**11개** 이상 소화전함 분산설치
31개 이상	소화전 **3개**마다 1개 이상

답 ①

★★★ 72

[17.09.문80]
[17.03.문67]

할론소화설비 자동식 기동장치의 설치기준 중 다음 (　　) 안에 알맞은 것은?

전기식 기동장치로서 (　　)병 이상의 저장용기를 동시에 개방하는 설비는 2병 이상의 저장용기에 전자개방밸브를 부착할 것

① 3　　　　　　② 5
③ 7　　　　　　④ 10

해설 **전자개방밸브 부착**(NFTC 107 2.3.2.2)

분말소화약제 가압용 가스용기	할론·이산화탄소·분말소화설비 전기식 기동장치
3병 이상 설치한 경우 2개 이상	**7병** 이상 개방시 **2병** 이상 **기억법** 할이72

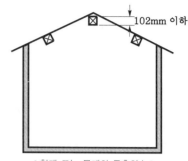
102mm 이하

‖ 철재 또는 목재의 돌출치수 ‖

압력조정장치(압력조정기)의 **압력**

할론소화설비	분말소화설비(분말소화약제)
2MPa 이하	**2.5**MPa 이하

기억법 분압25(분압이오.)

답 ③

★
73 화재조기진압용 스프링클러설비를 설치할 장소
의 구조 기준으로 틀린 것은?

17.05.문66
17.03.문80

① 해당층의 높이가 13.7m 이하일 것. 다만, 2층
이상일 경우에는 해당층의 바닥을 내화구조
로 하고 다른 부분과 방화구획할 것

② 천장의 기울기가 $\frac{168}{1000}$ 을 초과하지 않아야

하고, 이를 초과하는 경우에는 반자를 지면
과 수평으로 설치할 것

③ 천장은 평평하여야 하며 철재나 목재트러
스 구조인 경우 철재나 목재의 돌출부분이
102mm를 초과하지 않을 것

④ 창고 내의 선반의 형태는 하부로 물이 침투
되지 않는 구조로 할 것

 해설

④ 침투되지 않는 구조 → 침투되는 구조

화재조기진압용 스프링클러설비의 **설치장소**의 **구조**(NFPC
103B 4조, NFTC 103 103B 2.1)

(1) 해당층의 높이가 **13.7m** 이하일 것(단, **2층** 이상일 경우
에는 해당층의 바닥을 **내화구조**로 하고 다른 부분과 **방
화구획**할 것)

(2) 천장의 기울기가 $\frac{168}{1000}$ 을 초과하지 않아야 하고, 이를

초과하는 경우에는 반자를 지면과 **수평**으로 설치할 것

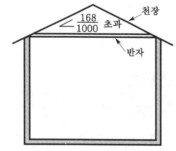
‖ 기울어진 천장의 경우 ‖

(3) 천장은 **평평**하여야 하며 철재나 목재트러스 구조인 경우
철재나 목재의 돌출부분이 **102mm**를 초과하지 않을 것

(4) 보로 사용되는 목재·콘크리트 및 철재 사이의 간격이
0.9~2.3m 이하일 것(단, 보의 간격이 2.3m 이상인 경
우에는 스프링클러헤드의 동작을 원활히 하기 위하여
보로 구획된 부분의 천장 및 반자의 넓이가 **28m²**를 초
과하지 않을 것)

(5) 창고 내의 선반의 형태는 하부로 **물**이 **침투**되는 구조로
할 것

화재조기진압형 스프링클러헤드(early suppression fast-
response sprinkler)
화재를 **초기**에 **진압**할 수 있도록 정해진 면적에 충분한
물을 방사할 수 있는 빠른 작동능력의 스프링클러헤드
로서 일반적으로 최대 **360L/min**까지 방수한다.

‖ 화재조기진압형 스프링클러헤드 ‖

답 ④

★★
74 소화기의 정의 중 다음 ( ) 안에 알맞은 것은?

19.04.문74
13.09.문62

대형 소화기란 화재시 사람이 운반할 수 있도
록 운반대와 바퀴가 설치되어 있고 능력단위
가 A급 (㉠)단위 이상, B급 (㉡)단위 이상
인 소화기를 말한다.

① ㉠ 3, ㉡ 5
② ㉠ 5, ㉡ 3
③ ㉠ 10, ㉡ 20
④ ㉠ 20, ㉡ 10

해설 **소화능력단위**에 의한 **분류**(소화기 형식 4조)

소화기 분류		능력단위
소형 소화기		**1단위** 이상
대형 소화기	A급	**10단위** 이상
	B급	**20단위** 이상

기억법 대2B(데이빗!)

답 ③

75 호스릴 분말소화설비의 설치기준 중 틀린 것은?

19.09.문78
19.03.문69
15.03.문78

① 방호대상물의 각 부분으로부터 하나의 호스접결구까지의 수평거리가 15m 이하가 되도록 할 것
② 소화약제의 저장용기는 호스릴을 설치하는 장소마다 설치할 것
③ 소화약제의 저장용기의 개방밸브는 호스릴의 설치장소에서 자동으로 개폐할 수 있는 것으로 할 것
④ 소화약제 저장용기의 가장 가까운 곳의 보기 쉬운 곳에 적색의 표시등을 설치하고, 호스릴방식의 분말소화설비가 있다는 뜻을 표시한 표지를 할 것

해설 ③ 자동 → 수동

호스릴 분말소화설비의 **설치기준**(NFPC 108 11조, NFTC 108 2.8.4)
(1) 방호대상물의 각 부분으로부터 하나의 호스접결구까지의 **수평거리**가 **15m** 이하가 되게 한다.
(2) 소화약제의 저장용기의 개방밸브는 호스릴의 설치장소에서 **수동**으로 **개폐** 가능하게 한다.
(3) 소화약제의 저장용기는 **호스릴** 설치장소마다 설치한다.
(4) 호스릴방식의 분말소화설비의 노즐은 하나의 노즐마다 1분당 다음 표에 따른 소화약제를 방출할 수 있는 것으로 할 것

소화약제의 종별	1분당 방사하는 소화약제의 양
제1종 분말	**45kg**
제2종 분말 또는 제3종 분말	27kg
제4종 분말	18kg

(5) 소화약제 저장용기의 가장 가까운 곳의 보기 쉬운 곳에 적색의 표시등을 설치하고, 호스릴방식의 분말소화설비가 있다는 뜻을 표시한 표지를 할 것

답 ③

76 하나의 옥내소화전을 사용하는 노즐선단에서의 방수압력이 0.7MPa를 초과할 경우에 감압장치를 설치하여야 하는 곳은?

15.09.문69
(기사)

① 방수구 연결배관
② 호스접결구의 인입측
③ 노즐선단
④ 노즐 안쪽

해설 **감압장치**(NFPC 102 5조, NFTC 102 2.2.1.3)
옥내소화전설비의 소방호스 노즐의 방수압력의 허용범위는 **0.17~0.7MPa**이다. **0.7MPa**을 초과시에는 **호스접결구의 인입측**에 **감압장치**를 설치하여야 한다.

각 설비의 주요사항

구 분	옥내소화전설비	옥외소화전설비
방수압	0.17~0.7MPa 이하	0.25~0.7MPa 이하
방수량	130L/min 이상 (30층 미만 : 최대 2개, 30층 이상 : 최대 5개)	350L/min 이상 (최대 2개)
방수구경	40mm	65mm
노즐구경	13mm	19mm

답 ②

77 연결살수설비의 가지배관은 교차배관 또는 주배관에서 분기되는 지점을 기점으로 한쪽 가지배관에 설치되는 헤드의 개수는 최대 몇 개 이하로 하여야 하는가?

11.03.문65

① 8개
② 10개
③ 12개
④ 15개

해설 **연결살수설비**(NFPC 503 5조, NFTC 503 2.2.6)
한쪽 가지배관에 설치되는 헤드의 개수 : **8개** 이하

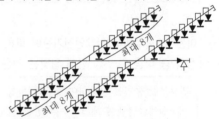

┃가지배관의 헤드개수┃

비교

연결살수설비(NFPC 503 4조, NFTC 503 2.1.4)
연결살수설비에서 하나의 송수구역에 설치하는 개방형 헤드의 수는 **10개** 이하이다.

답 ①

78 특정소방대상물의 용도 및 장소별로 설치하여야 할 인명구조기구의 기준으로 틀린 것은?

19.09.문73
17.05.문78
16.10.문79

① 지하층을 포함하는 층수가 7층 이상인 관광호텔은 방열복 또는 방화복, 공기호흡기를 각 2개 이상 비치할 것
② 문화 및 집회시설 중 수용인원 100명 이상의 영화상영관은 공기호흡기를 층마다 2개 이상 비치할 것
③ 지하가 중 지하상가는 공기호흡기를 층마다 2개 이상 비치할 것
④ 물분무등소화설비 중 이산화탄소소화설비를 설치하여야 하는 특정소방대상물은 공기호흡기를 이산화탄소소화설비가 설치된 장소의 출입구 외부 인근에 1대 이상 비치할 것

해설

① 방열복 또는 방화복, 공기호흡기를 → 방열복 또는 방화복, 공기호흡기, 인공소생기를

인명구조기구 설치장소(NFTC 302 2.1.1.1)

특정소방대상물	인명구조기구의 종류	설치수량
• **7층** 이상인 관광호텔(지하층 포함) • **5층** 이상인 병원(지하층 포함)	• 방열복 • 방화복(안전모, 보호장갑, 안전화 포함) • 공기호흡기 • 인공소생기	• 각 **2개** 이상 비치할 것(단, **병원**의 경우 **인공소생기** 설치 **제외**)
• 수용인원 **100명** 이상의 영화상영관 • 대규모 점포 • 지하역사 • **지하상가**	• 공기호흡기	• **층**마다 **2개** 이상 비치할 것(단, 각 층마다 갖추어 두어야 할 공기호흡기 중 일부를 **직원**이 **상주**하는 인근 **사무실**에 비치 가능)
• 이산화탄소소화설비(호스릴 이산화탄소소화설비 제외) 설치 대상물	• 공기호흡기	• 이산화탄소소화설비가 설치된 장소의 출입구 외부 인근에 **1대** 이상 비치

답 ①

⭐ 79

미분무소화설비의 화재안전기준에 따른 용어의 정리 중 다음 (   ) 안에 알맞은 것은?

[17.05.문75]

> 미분무란 물만을 사용하여 소화하는 방식으로 최소설계압력에서 헤드로부터 방출되는 물입자 중 (㉠)%의 누적체적분포가 (㉡)μm 이하로 분무되고 A, B, C급 화재에 적응성을 갖는 것을 말한다.

① ㉠ 30, ㉡ 200 ② ㉠ 50, ㉡ 200
③ ㉠ 60, ㉡ 400 ④ ㉠ 99, ㉡ 400

해설 **미분무소화설비**의 **용어정의**(NFPC 104A 3조, NFTC 104A 1.7)

용어	설명
미분무소화설비	가압된 물이 헤드 통과 후 미세한 입자로 분무됨으로써 소화성능을 가지는 설비를 말하며, 소화력을 증가시키기 위해 강화액 등을 첨가할 수 있다.
미분무	물만을 사용하여 소화하는 방식으로 최소설계압력에서 헤드로부터 방출되는 물입자 중 **99%**의 누적체적분포가 **400μm** 이하로 분무되고 **A, B, C급 화재**에 적응성을 갖는 것
미분무헤드	하나 이상의 오리피스를 가지고 미분무소화설비에 사용되는 헤드

답 ④

⭐⭐⭐ 80

소화수조 또는 저수조가 지표면으로부터 깊이가 4.5m 이상인 지하에 있는 경우 설치하여야 하는 가압송수장치의 1분당 최소양수량은 몇 L인가? (단, 소요수량은 80m³이다.)

[17.09.문67]
[17.05.문65]
[11.06.문78]

① 1100 ② 2200
③ 3300 ④ 4400

해설 **가압송수장치의 양수량(토출량)**(NFPC 402 5조, NFTC 402 2.2.1)

소화수조 또는 저수조 저수량	20~40m³ 미만	40~100m³ 미만	100m³ 이상
양수량 (토출량)	1100L/min 이상	2200L/min 이상	3300L/min 이상

🔔 중요

소화수조 · 저수조(NFPC 402 4조, NFTC 402 2.1.3)
(1) 흡수관 투입구

소요수량	80m³ 미만	80m³ 이상
흡수관 투입구의 수	1개 이상	2개 이상

(2) 채수구

소요수량	20~40m³ 미만	40~100m³ 미만	100m³ 이상
채수구의 수	1개	2개	3개

용어

채수구
소방차의 소방호스와 접결되는 흡입구

답 ②

■2018년 산업기사 제4회 필기시험■

				수험번호	성명
자격종목 **소방설비산업기사(기계분야)**	종목코드	시험시간 **2시간**	형별		

※ 각 문항은 4지택일형으로 질문에 가장 적합한 보기 항을 선택하여 체크하여야 합니다.

제 1 과목 　소방원론

01 사염화탄소를 소화약제로 사용하지 않는 이유에 대한 설명 중 옳은 것은?

15.05.문13
13.09.문18
12.05.문07
08.09.문04

① 폭발의 위험성이 있기 때문에
② 유독가스의 발생위험이 있기 때문에
③ 전기전도성이 있기 때문에
④ 공기보다 비중이 작기 때문에

 Halon 104인 **사**염화탄소(CCl_4)를 화재시에 사용하면 **유독가스**인 **포스겐**($COCl_2$)이 발생한다.

※ 연소생성물 중 가장 독성이 큰 것은 **포스겐**($COCl_2$)이다.

기억법 유사

 중요

물질의 특성

물 질	설 명
포스겐($COCl_2$)	독성이 매우 강한 가스로서 소화제인 **사염화탄소**(CCl_4)를 화재시에 사용할 때도 발생한다.
황화수소(H_2S)	**달걀 썩는 냄새**가 나는 특성이 있다.
일산화탄소(CO)	화재시 흡입된 일산화탄소(CO)의 화학적 작용에 의해 **헤모글로빈**(Hb)이 혈액의 산소운반작용을 저해하여 사람을 질식·사망하게 한다.
이산화탄소(CO_2)	연소가스 중 **가장 많은 양**을 차지한다.

답 ②

02 연소범위에 대한 설명으로 틀린 것은?

16.03.문08
12.09.문10
12.05.문04

① 연소범위에는 상한과 하한이 있다.
② 연소범위의 값은 공기와 혼합된 가연성 기체의 체적농도로 표시된다.
③ 연소범위의 값은 압력과 무관하다.

④ 연소범위는 가연성 기체의 종류에 따라 다른 값을 갖는다.

 ③ 무관하다. → 관계있다.

연소범위
(1) 연소하한과 연소상한의 범위를 나타낸다.(상한과 하한의 값을 가지고 있다.)
(2) **연소하한**이 **낮을수록** 발화위험이 높다.
(3) **연소범위**가 **넓을수록** 발화위험이 높다.(연소범위가 넓을수록 연소위험성은 높아진다.)
(4) 연소범위는 주위온도와 관계가 있다.(동일 물질이라도 환경에 따라 연소범위가 달라질 수 있다.)
(5) 연소범위의 하한은 그 물질의 **인화점**에 해당된다.
(6) **압력상승**시 연소하한은 **불변**, 연소상한만 **상승**한다.
(7) 연소에 필요한 혼합가스의 농도를 말한다.
(8) 연소범위의 값은 공기와 혼합된 가연성 기체의 체적농도로 표시된다.
(9) 연소범위는 가연성 기체의 종류에 따라 다른 값을 갖는다.

- 연소한계=연소범위=폭발한계=폭발범위=가연한계=가연범위
- 연소하한=하한계
- 연소상한=상한계

답 ③

03 실험군 쥐를 15분 동안 노출시켰을 때 실험군의 절반이 사망하는 치사농도는?

16.05.문07

① ODP
② GWP
③ NOAEL
④ ALC

ALC(Approximate Lethal Concentration, **치사농도**)
(1) 실험쥐의 **50%**를 15분 이내에 사망시킬 수 있는 허용농도
(2) 실험쥐를 15분 동안 노출시켰을 때 실험쥐의 **절반**이 사망하는 치사농도

중요

독성학의 허용농도
(1) **LD$_{50}$**과 **LC$_{50}$**

LD$_{50}$(Lethal Dose, 반수치사량)	LC$_{50}$(Lethal Concentration, 반수치사농도)
실험쥐의 50%를 사망시킬 수 있는 물질의 양	실험쥐의 50%를 사망시킬 수 있는 물질의 농도

(2) LOAEL과 NOAEL

LOAEL(Lowest Observed Adverse Effect Level)	NOAEL(No Observed Adverse Effect Level)
인간의 심장에 영향을 주지 않는 최소농도	인간의 심장에 영향을 주지 않는 최대농도

(3) TLV(Threshold Limit Values, 허용한계농도)
독성 물질의 섭취량과 인간에 대한 그 반응 정도를 나타내는 관계에서 손상을 입지 않는 농도 중 가장 큰 값

TLV 농도표시법	정 의
TLV – TWA (시간가중 평균농도)	매일 일하는 근로자가 하루에 8시간씩 근무할 경우 근로자에게 노출되어도 아무런 영향을 주지 않는 최고평균농도
TLV – STEL (단시간 노출허용농도)	단시간 동안 노출되어도 유해한 증상이 나타나지 않는 최고허용농도
TLV – C (최고 허용한계농도)	단 한순간이라도 초과하지 않아야 하는 농도

답 ④

---

04 다음 중에서 전기음성도가 가장 큰 원소는?

① B ② Na
③ O ④ Cl

해설 전기음성도

원 소	전기음성도
Na(나트륨)	0.9
B(붕소)	2
Cl(염소)	3
O(산소)	3.5

중요

할론소화약제

부촉매효과(소화능력) 크기	전기음성도(친화력) 크기
I > Br > Cl > F	F > Cl > Br > I

여기서, I : 아이오딘, Br : 브로민, Cl : 염소, F : 불소

답 ③

---

05 프로판가스의 공기 중 폭발범위는 약 몇 vol% 인가?

① 2.1~9.5 ② 15~25.5
③ 20.5~32.1 ④ 33.1~63.5

해설 (1) 공기 중의 폭발범위(상온 1atm)

가 스	하한계 [vol%]	상한계 [vol%]
아세틸렌(C_2H_2)	2.5	81
수소(H_2)	4	75
일산화탄소(CO)	12	75

에틸렌(C_2H_4)	2.7	36
암모니아(NH_3)	15	25
메탄(CH_4)	5	15
에탄(C_2H_6)	3	12.4
프로판(C_3H_8)	2.1	9.5
부탄(C_4H_{10})	1.8	8.4

기억법

아 25 81(**이오 팔 하나**)
수 4 75(**수사** 후 **치료**하세요.)
일 12 75
에 27 36
암 15 25
메 5 15
에 3 124
프 21 95(**둘 하나 구오**)
부 18 84(**부**자의 **일**반적인 **팔자**)

(2) 폭발한계와 같은 의미
ⓐ 폭발범위
ⓑ 연소한계
ⓒ 연소범위
ⓓ 가연한계
ⓔ 가연범위

답 ①

---

06 실 상부에 배연기를 설치하여 연기를 옥외로 배출하고 급기는 자연적으로 하는 제연방식은?

① 제2종 기계제연방식
② 제3종 기계제연방식
③ 스모크타워 제연방식
④ 제1종 기계제연방식

해설 제연방식의 종류
(1) 자연제연방식 : 건물에 설치된 창
(2) 스모크타워 제연방식
(3) 기계제연방식
ⓐ 제1종 : 송풍기 + 배연기
ⓑ 제2종 : 송풍기
ⓒ 제3종 : 배연기

● 기계제연방식=강제제연방식=기계식 제연방식

용어

제3종 기계제연방식
실 상부에 배연기를 설치하여 연기를 옥외로 배출하고 급기는 자연적으로 하는 제연방식

답 ②

---

07 화재하중에 주된 영향을 주는 것은?

① 가연물의 온도 ② 가연물의 색상
③ 가연물의 양 ④ 가연물의 융점

해설 화재하중과 관계있는 것
(1) 단위면적
(2) 발열량
(3) 가연물의 중량(가연물의 양)

중요

화재하중(kg/m² 또는 N/m²)
(1) 일반건축물에서 가연성의 건축구조와 가연성 수용물의 양으로서 건물화재시 **발열량** 및 **화재위험성**을 나타내는 용어
(2) 가연물 등의 연소시 건축물의 붕괴 등을 고려하여 설계하는 하중
(3) 화재실 또는 화재구역의 단위면적당 **가연물**의 **양**
(4) 건물화재에서 가열온도의 정도를 의미
(5) 건물의 내화설계시 고려되어야 할 사항
(6) 화재하중의 식

$$q = \frac{\Sigma G H_1}{H_0 A} = \frac{\Sigma Q}{4500A}$$

여기서, q : 화재하중[kg/m²]
G : 가연물의 양[kg]
H_1 : 가연물의 단위중량당 발열량[kcal/kg]
H_0 : 목재의 단위중량당 발열량[kcal/kg]
A : 바닥면적[m²]
ΣQ : 가연물의 전체발열량[kcal]

답 ③

08 출화의 시기를 나타낸 것 중 옥외출화에 해당되는 것은?

① 목재사용 가옥에서는 벽, 추녀 밑의 판자나 목재에 발염착화한 때
② 불연벽체나 칸막이 및 불연천장인 경우 실내에서는 그 뒤판에 발염착화한 때
③ 보통가옥 구조시에는 천장판의 발염착화한 때
④ 천장 속, 벽 속 등에서 발염착화한 때

해설 ②, ③, ④ 옥내출화

옥외출화	옥내출화
① **창·출입구** 등에 발염착화한 경우	① **천장 속·벽 속** 등에서 **발염착화**한 경우
② 목재사용 가옥에서는 **벽·추녀** 밑의 판자나 목재에 **발염착화**한 경우	② 가옥 구조시에는 천장판에 **발염착화**한 경우
	③ 불연벽체나 칸막이의 불연천장인 경우 실내에서는 그 뒤판에 **발염착화**한 경우

기억법 외창출

답 ①

09 전기화재의 발생원인이 아닌 것은?

19.09.문19
16.03.문11
15.05.문16
13.09.문01

① 누전　　　② 합선
③ 과전류　　④ 마찰

해설 ④ 마찰 : 기계적 원인

전기화재를 일으키는 원인
(1) 단락(**합선**)에 의한 발화(배선의 단락)
(2) 과부하(**과전류**)에 의한 발화(**과부하**에 의한 발열)
(3) 절연저항 감소(**누전**)에 의한 발화
(4) 전열기기 과열에 의한 발화
(5) 전기불꽃에 의한 발화
(6) 용접불꽃에 의한 발화
(7) 낙뢰에 의한 발화
(8) **정전기**로 인한 스파크 발생

답 ④

10 위험물의 종류에 따른 저장방법 설명 중 틀린 것은?

10.05.문06
09.08.문01

① 칼륨 - 경유 속에 저장
② 아세트알데하이드 - 구리용기에 저장
③ 이황화탄소 - 물속에 저장
④ 황린 - 물속에 저장

해설 사용금지

물 질	사용금지
• 산화프로필렌(CH_3CHCH_2O) • **아세트알데하이드**(CH_3CHO) • 아세틸렌(C_2H_2)	**구리**(Cu) • 마그네슘(Mg) • 은(Ag) • 수은(Hg) ──사용금지

비교

저장물질

위험물	저장장소
황린, 이황화탄소(CS_2)	• 물속
나이트로셀룰로오스	• 알코올 속
칼륨(K), 나트륨(Na), 리튬(Li)	• 석유류(등유·경유) 속
아세틸렌(C_2H_2)	• 디메틸포름아미드(DMF) • 아세톤

답 ②

11 소화에 대한 설명 중 틀린 것은?

15.09.문13
15.05.문04

① 질식소화에 필요한 산소농도는 가연물과 소화약제의 종류에 따라 다르다.
② 억제소화는 자유활성기(free radical)에 의한 연쇄반응을 차단하는 물리적인 소화방법이다.
③ 액체 이산화탄소나 할론의 냉각소화효과는 물보다 아주 작다.
④ 화염을 금속망이나 소결금속 등의 미세한 구멍으로 통과시켜 소화하는 화염방지기(flame arrester)는 냉각소화를 이용한 안전장치이다.

해설 ② 물리적인 → 화학적인

물리적 소화와 화학적 소화

물리적 작용에 의한 소화	화학적 작용에 의한 소화
• 냉각소화 • 질식소화 • 제거소화 • 희석소화	**억**제소화 **기억법** 억화(**억화** 감정)

중요

소화의 형태

구 분	설 명
냉각소화	• 다량의 물 등을 이용하여 **점화원**을 냉각시켜 소화하는 방법 • 물의 **증발잠열**을 이용한 주요 소화작용
질식소화	공기 중의 **산소농도를 16%**(10~15%) 이하로 희박하게 하여 소화하는 방법
제거소화	가연물을 제거하여 소화하는 방법
억제소화 (화학소화, 부촉매효과)	• **연쇄반응**을 차단하여 소화하는 방법, 억제작용이라고도 함 • **자유활성기**(free radical)에 의한 연쇄반응을 차단하는 물리적인 소화방법
희석소화	고체·기체·액체에서 나오는 **분해가스**나 **증기의 농도**를 낮추어 연소를 중지시키는 방법
유화소화	물을 무상으로 방사하여 유류표면에 **유화층의 막**을 형성시켜 공기의 접촉을 막아 소화하는 방법
피복소화	비중이 공기의 **1.5배** 정도로 무거운 소화약제를 방사하여 가연물의 구석구석까지 침투·피복하여 소화하는 방법

답 ②

★★★
12 제4류 위험물을 취급하는 위험물제조소에 설치하는 게시판의 주의사항으로 옳은 것은?

16.03.문46
14.09.문57
13.03.문09
13.03.문20

① 화기엄금
② 물기주의
③ 화기주의
④ 충격주의

해설 위험물규칙 [별표 4]
위험물제조소의 게시판 설치기준

위험물	주의 사항	비 고
• 제1류 위험물(알칼리금속의 과산화물) • 제3류 위험물(금수성 물질)	물기 엄금	**청색**바탕에 **백색**문자

제2류 위험물(인화성 고체 제외)	화기 주의	**적색**바탕에 **백색**문자
• 제2류 위험물(인화성 고체) • 제3류 위험물(자연발화성 물질) • 제4류 위험물 • 제5류 위험물	**화기 엄금**	
제6류 위험물		별도의 표시를 하지 않는다.

기억법 화4엄(화사함), 화엄적백

답 ①

★★
13 가연성 물질 종류에 따른 연소생성 가스의 연결이 틀린 것은?

17.09.문20
10.05.문12

① 탄화수소류－이산화탄소
② 셀룰로이드－질소산화물
③ PVC－암모니아
④ 레이온－아크롤레인

해설 PVC 연소시 생성 가스
(1) **H**Cl(염화수소, 부식성 가스)
(2) **C**O₂(이산화탄소)
(3) **C**O(일산화탄소)

기억법 PHCC

답 ③

★★
14 실내에 화재가 발생하였을 때 그 실내의 환경변화에 대한 설명 중 틀린 것은?

16.10.문17
01.03.문03

① 압력이 내려간다.
② 산소의 농도가 감소한다.
③ 일산화탄소가 증가한다.
④ 이산화탄소가 증가한다.

해설 ① 밀폐된 내화건물의 실내에 화재가 발생하면 **압력**(기압)이 **상승**한다.

답 ①

★★
15 이산화탄소소화약제를 방출하였을 때 방호구역 내에서 산소농도가 18vol%가 되기 위한 이산화탄소의 농도는 약 몇 vol%인가?

17.09.문12
16.10.문06

① 3
② 7
③ 6
④ 14

해설 이산화탄소의 농도

$$CO_2 = \frac{21 - O_2}{21} \times 100$$

여기서, CO_2 : CO_2의 농도[vol%]
O_2 : O_2의 농도[vol%]

$$CO_2 = \frac{21 - O_2}{21} \times 100$$

$$= \frac{21 - 18}{21} \times 100 = 14.28 ≒ 14\text{vol\%}$$

중요

이산화탄소소화설비와 관련된 **식**

$$CO_2 = \frac{\text{방출가스량}}{\text{방호구역체적} + \text{방출가스량}} \times 100$$

$$= \frac{21 - O_2}{21} \times 100$$

여기서, CO_2 : CO_2의 농도[vol%]
　　　　O_2 : O_2의 농도[vol%]

$$\text{방출가스량} = \frac{21 - O_2}{O_2} \times \text{방호구역체적}$$

여기서, O_2 : O_2의 농도[vol%]

• 단위가 원래는 vol% 또는 vol.%인데 줄여서 %로 쓰기도 한다.

용어

%	vol%(vol.%, v%)
수를 100의 비로 나타낸 것	어떤 공간에 차지하는 부피를 백분율로 나타낸 것
50%	공기 50vol% **50vol%** 50vol%

답 ④

16 제1류 위험물 중 과산화나트륨의 화재에 가장 적합한 소화방법은?
`08.09.문10`
① 다량의 물에 의한 소화
② 마른모래에 의한 소화
③ 포소화기에 의한 소화
④ 분무상의 주수소화

해설 ② 무기과산화물(과산화나트륨) : **마른모래**에 의한 소화

소화방법

구 분	소화방법
제1류	물에 의한 **냉각소화**(단, **무기과산화물**은 **마른모래** 등에 의한 질식소화)
제2류	물에 의한 **냉각소화**(단, **황화인·철분·마그네슘·금속분**은 마른모래 등에 의한 질식소화)
제3류	**마른모래** 등에 의한 질식소화
제4류	포·분말·CO_2·할론소화약제에 의한 **질식소화**
제5류	화재 초기에만 대량의 물에 의한 **냉각소화**(단, 화재가 진행되면 자연진화 되도록 기다릴 것)

제6류	마른모래 등에 의한 **질식소화**(단, 과산화수소는 다량의 **물**로 희석소화)

답 ②

17 고비점 유류의 화재에 적응성이 있는 소화설비는?
① 옥내소화전설비
② 옥외소화전설비
③ 미분무설비
④ 연결송수관설비

해설 **고비점 유류화재**의 적응성
(1) 미분무소화설비(미분무설비)
(2) 물분무소화설비
(3) 포소화설비

답 ③

18 분말소화약제 원시료의 중량 50g을 12시간 건조한 후 중량을 측정하였더니 49.95g이고, 24시간 건조한 후 중량을 측정하였더니 49.90g이었다. 수분함수율은 몇 %인가?
① 0.1
② 0.15
③ 0.2
④ 0.25

해설 (1) **기호**

• W_1 : 50g
• W_2 : 49.90g
• M : ?

(2) **분말소화약제 수분함수율**

$$M = \frac{W_1 - W_2}{W_1} \times 100$$

여기서, M : 수분함유율[%]
　　　　W_1 : 원시료의 중량[g]
　　　　W_2 : 24시간 건조 후의 시료중량[g]

수분함수율 M은

$$M = \frac{W_1 - W_2}{W_1} \times 100$$

$$= \frac{50g - 49.90g}{50g} \times 100$$

$$= 0.2\%$$

중요

분말소화약제 수분함수율
상대습도가 **50%** 이하인 대기 중에서 시료를 칭량하여 농도가 **95~98%**인 진한 황산을 건조제로 사용하고 내부온도가 18~24℃인 데시케이터에 24시간 놓아둔 후 칭량하여 계산한 수분함유율이 **0.2wt%** 이하일 것

18년

비교

흡습률

온도가 30±2℃이고 상대습도가 60%인 항온항습조 등에 48시간 놓아둔 후 칭량하고, 다시 온도가 30±2℃이고 상대습도가 80%인 항온항습조 등에 48시간 놓아둔 후 칭량하여 다음 수식으로 계산한 흡습률이 **중탄산나트륨**이 주성분인 것은 0.2wt%, **중탄산칼륨**이 주성분인 것은 **2wt%**, **인산염류** 등이 주성분인 것은 **1.5wt%** 이하일 것

$$M = \frac{100(W_2 - W_1)}{W_1}$$

여기서, M : 흡습률[%]
W_1 : 온도 30±2℃, 상대습도 60%인 항온항습조 등에 48시간 놓아둔 후의 시료의 중량[g]
W_2 : 온도 30±2℃, 상대습도 80%인 항온항습조 등에 48시간 놓아둔 후의 시료의 중량[g]

답 ③

19 실내화재시 연기의 이동과 관련이 없는 것은?

① 건물 내·외부의 온도차
② 공기의 팽창
③ 공기의 밀도차
④ 공기의 모세관현상

해설

④ 관계없음

연기를 이동시키는 **요인**
(1) **연돌(굴뚝)효과**(공기의 밀도차)
(2) 외부에서의 **풍력**의 영향
(3) 온도상승에 의한 증기 **팽창**[온도상승에 따른 기체(공기)의 팽창]
(4) 건물 내에서의 강제적인 공기이동(공조설비)
(5) 건물 내외의 **온도차**(기후조건)
(6) 비중차
(7) **부력**

용어

굴뚝효과
건물 내의 연기가 압력차 또는 밀도차에 의하여 순식간에 이동하여 상층부로 상승하거나 외부로 배출되는 현상

답 ④

20 제3류 위험물로 금수성 물질에 해당하는 것은?

19.09.문60
12.09.문09
10.09.문06
10.09.문10

① 탄화칼슘　　② 황
③ 황린　　　　④ 이황화탄소

해설

② 제2류 위험물
③ 제3류 위험물(자연발화성 물질)
④ 제4류 위험물(특수인화물)

위험물령〔별표 1〕
위험물

유별	성질	품명
제1류	산화성 고체	• 아염소산염류 • 염소산염류 • 과염소산염류 • 질산염류 • 무기과산화물
제2류	가연성 고체	• **황화**인 • **적**린 • **황** • **마**그네슘 **기억법** 황화적황마
제3류	자연발화성 물질	**황**린(P₄)
제3류	금수성 물질	• **칼륨**(K) • **나**트륨(Na) • **알**킬알루미늄 • 알킬리튬 • **칼**슘 또는 알루미늄의 탄화물류(**탄화칼슘**=CaC₂) **기억법** 황칼나알칼
제4류	인화성 액체	• 특수인화물(이황화탄소) • 알코올류 • 석유류 • 동식물유류
제5류	자기반응성 물질	• 나이트로화합물 • 유기과산화물 • 나이트로소화합물 • 아조화합물 • 질산에스터류(셀룰로이드)
제6류	산화성 액체	• 과염소산 • 과산화수소 • 질산

답 ①

제2과목 소방유체역학

21 이상기체의 폴리트로픽변화 $PV^n = C$에서 n이 대상기체의 비열비(ratio of specific heat)인 경우는 어떤 변화인가? (단, P는 압력, V는 부피, C는 상수(Constant)를 나타낸다.)

19.03.문28
14.03.문40
10.09.문40

① 단열변화
② 등온변화
③ 정적변화
④ 정압변화

해설

완전가스(이상기체)의 상태변화

상태변화	관계
정압변화	$\dfrac{V}{T} = C$(Constant, 일정)
정적변화	$\dfrac{P}{T} = C$(Constant, 일정)
등온변화	$PV = C$(Constant, 일정)
단열변화	$PV^{k(n)} = C$(Constant, 일정)

여기서, V : 비체적(부피)[m³/kg]

　　　T : 절대온도[K]

　　　P : 압력[kPa]

　　　$k(n)$: 비열비

　　　C : 상수

※ **단열변화** : 손실이 없는 상태에서의 과정

답 ①

22 비중이 0.88인 벤젠에 안지름 1mm의 유리관을 세웠더니 벤젠이 유리관을 따라 9.8mm를 올라갔다. 유리와의 접촉각이 0°라 하면 벤젠의 표면장력은 몇 N/m인가?

14.05.문29
06.09.문36

① 0.021　　　　② 0.042

③ 0.084　　　　④ 0.128

해설

$$h = \frac{4\sigma\cos\theta}{\gamma D}$$

여기서, h : 상승높이[m]

　　　σ : 표면장력[N/m]

　　　θ : 각도

　　　γ : 비중량(비중×9800N/m³)

　　　D : 내경[m]

표면장력 σ 는

$$\sigma = \frac{h\gamma D}{4\cos\theta}$$

$$= \frac{9.8\text{mm}\times(0.88\times9800\text{N/m}^3)\times1\text{mm}}{4\times\cos0°}$$

$$= \frac{9.8\times10^{-3}\text{m}\times(0.88\times9800\text{N/m}^3)\times(1\times10^{-3})\text{m}}{4\times\cos0°}$$

$$\fallingdotseq 0.021\text{N/m}$$

답 ①

23 복사 열전달에 대한 설명 중 올바른 것은?

10.05.문31

① 방출되는 복사열은 복사되는 면적에 반비례한다.

② 방출되는 복사열은 방사율이 작을수록 커진다.

③ 방출되는 복사열은 절대온도의 4승에 비례한다.

④ 완전흑체의 경우 방사율은 0이다.

해설

① 반비례 → 비례

② 커진다. → 작아진다.

③ 방출되는 복사열은 **절대온도**의 **4승**에 **비례**한다.

④ 0 → 1

복사열

$$\overset{\circ}{q} = AF_{12}\varepsilon\sigma T^4 \propto T^4$$

여기서, $\overset{\circ}{q}$: 복사열[W]

　　　A : 단면적[m²]

　　　F_{12} : 배치계수(형상계수)

　　　ε : 복사능(방사율)$[1-e^{(-kl)}]$

　　　k : 흡수계수(absorption coefficient)[m⁻¹]

　　　l : 화염두께[m]

　　　σ : 스테판-볼츠만 상수(5.667×10⁻⁸W/m²·K⁴)

　　　T : 절대온도[K]

답 ③

24 다음 중 금속의 탄성 변형을 이용하여 기계적으로 압력을 측정할 수 있는 것은?

16.05.문23
06.09.문21

① 부르돈관 압력계　　② 수은 기압계

③ 맥라우드 진공계　　④ 마노미터 압력계

해설 **파이프 속을 흐르는 유체**의 **압력측정**

(1) 부르돈(관) 압력계(부르동 압력계) : 금속의 탄성 변형을 이용하여 기계적으로 압력을 측정

(2) 마노미터(manometer)

(3) 피에조미터(piezometer)

부르돈관 압력계=부르돈 압력계

답 ①

25 노즐 내의 유체의 질량유량을 0.06kg/s, 출구에서의 비체적을 7.8m³/kg, 출구에서의 평균속도를 80m/s라고 하면, 노즐출구의 단면적은 약 몇 cm²인가?

09.08.문40
09.05.문39

① 88.5　　　　② 78.5

③ 68.5　　　　④ 58.5

해설

$$\overline{m} = AV\rho$$

(1) 기호

- $\overline{m}$: 0.06kg/s
- V_s : 7.8m³/kg
- V : 80m/s
- A : ?

(2) 밀도

$$\rho = \frac{1}{V_s}$$

여기서, ρ : 밀도[kg/m³]

　　　V_s : 비체적[m³/kg]

밀도 ρ 는

$$\rho = \frac{1}{V_s} = \frac{1}{7.8\text{m}^3/\text{kg}} \fallingdotseq 0.128\text{kg/m}^3$$

(3) 질량유량

$$\overline{m} = AV\rho$$

여기서, $\overline{m}$: 질량유량[kg/s]

　　　A : 단면적[m²]

　　　V : 유속[m/s]

　　　ρ : 밀도[kg/m³]

단면적 A는

$$A = \frac{\dot{m}}{V\rho}$$

$$= \frac{0.06\text{kg/s}}{80\text{m/s} \times 0.128\text{kg/m}^3}$$

$$\coloneqq 5.85 \times 10^{-3}\text{m}^2$$

$$= 58.5 \times 10^{-4}\text{m}^2$$

$$= 58.5\text{cm}^2$$

답 ④

★★ 26

16.05.문33
13.06.문29

지름이 13mm인 옥내소화전의 노즐에서 10분간 방사된 물의 양이 1.7m³이었다면 노즐의 방사압력(계기압력)은 약 몇 kPa인가?

① 17 ② 27
③ 228 ④ 456

해설 (1) 유량

$$Q = AV = \left(\frac{\pi D^2}{4}\right)V$$

여기서, Q : 유량(방사량)[m³/s]
　　　　A : 단면적[m²]
　　　　V : 유속[m/s]
　　　　D : 내경[m]

유속 V는

$$V = \frac{Q}{\frac{\pi D^2}{4}} = \frac{1.7\text{m}^3/600\text{s}}{\frac{\pi \times (0.013\text{m})^2}{4}} \coloneqq 21.346\text{m/s}$$

- 1min=60s이므로 1.7m³/10min=1.7m³/600s
- 1000mm=1m이므로 13mm=0.013m

(2) 속도수두

$$H = \frac{V^2}{2g}$$

여기서, H : 속도수두[m]
　　　　V : 유속[m/s]
　　　　g : 중력가속도(9.8m/s²)

속도수두 H는

$$H = \frac{V^2}{2g} = \frac{(21.346\text{m/s})^2}{2 \times 9.8\text{m/s}^2} \coloneqq 23.247\text{m}$$

방사압력으로 환산하면 다음과 같다.

10.332mH₂O=10.332m=101.325kPa

$$23.247\text{m} = \frac{23.247\text{m}}{10.332\text{m}} \times 101.325\text{kPa} \coloneqq 228\text{kPa}$$

※ 표준대기압
1atm=760mmHg=1.0332kg₁/cm²
　　　=10.332mH₂O(mAq)
　　　=14.7PSI(lb₁/in²)
　　　=101.325kPa(kN/m²)
　　　=1013mbar

답 ③

★ 27

02.05.문33

온도와 압력이 각각 15℃, 101.3kPa이고 밀도 1.225kg/m³인 공기가 흐르는 관로 속에 U자관 액주계를 설치하여 유속을 측정하였더니 수은주 높이 차이가 250mm이었다. 이때 공기는 비압축성 유동이라고 가정할 때 공기의 유속은 약 몇 m/s인가? (단, 수은의 비중은 13.6이다.)

① 174
② 233
③ 296
④ 355

해설 (1) 비중

$$s = \frac{\gamma_h}{\gamma_w}$$

여기서, s : 비중(수은비중)
　　　　γ_h : 어떤 물질의 비중량(수은의 비중량)[N/m³]
　　　　γ_w : 물의 비중량(9800N/m³)

수은의 비중량 γ_h는

$$\gamma_h = s\gamma_w = 13.6 \times 9800\text{N/m}^3 = 133280\text{N/m}^3$$

(2) 비중량

$$\gamma_a = \rho g$$

여기서, γ_a : 비중량(공기의 비중량)[N/m³]
　　　　ρ : 밀도[N·s²/m⁴]
　　　　g : 중력가속도(9.8m/s²)

공기의 비중량 γ_a는

$$\gamma_a = \rho g = 1.225\text{N·s}^2/\text{m}^4 \times 9.8\text{m/s}^2$$

$$= 12.005\text{N/m}^3$$

- 1kg/m³=1N·s²/m⁴이므로
　1.225kg/m³=1.225N·s²/m⁴

(3) 유속

$$V = C\sqrt{2gH\left(\frac{\gamma_h}{\gamma_a} - 1\right)}$$

여기서, V : 유속[m/s]
　　　　C : 보정계수
　　　　g : 중력가속도(9.8m/s²)
　　　　H : 높이[m]
　　　　γ_h : 비중량(수은의 비중량 133280N/m³)
　　　　γ_a : 공기의 비중량[N/m³]

유속 V는

$$V = C\sqrt{2gH\left(\frac{\gamma_h}{\gamma_a} - 1\right)}$$

$$= \sqrt{2 \times 9.8\text{m/s}^2 \times 0.25\text{m}\left(\frac{133280\text{N/m}^3}{12.005\text{N/m}^3} - 1\right)}$$

$$\coloneqq 233\text{m/s}$$

답 ②

28 반지름 R인 원관에서의 물의 속도분포가 $u = u_0\left[1 - (r/R)^2\right]$과 같을 때, 벽면에서의 전단응력의 크기는 얼마인가? (단, μ는 점성계수, ν는 동점성계수, u_0는 관 중앙에서의 속도, r은 관 중심으로부터의 거리이다.)

16.03.문30
14.03.문25

① $\dfrac{\mu u_0}{R}$ ② $\dfrac{2\mu u_0}{R}$

③ $\dfrac{\nu u_0}{R}$ ④ $\dfrac{2\nu u_0}{R}$

해설 (1) 전단응력

층류	난류
$\tau = \dfrac{P_A - P_B}{l} \cdot \dfrac{r}{2}$	$\tau = \mu \dfrac{du}{dy}$
여기서, τ : 전단응력[N/m²] $P_A - P_B$: 압력강하 [N/m²] l : 관의 길이[m] r : 반경[m]	여기서, τ : 전단응력[N/m² 또는 Pa] μ : 점성계수 [N·s/m² 또는 kg/m·s] $\dfrac{du}{dy}$: 속도구배(속도 변화율)$\left(\dfrac{1}{s}\right)$ du : 속도[m/s] dy : 높이[m]

원관은 일반적으로 **난류**이므로

$$\tau = \mu\dfrac{du}{dy} = \mu\dfrac{du}{dr}$$

(2) 물의 속도분포

$$u = u_0\left[1 - \left(\dfrac{r}{R}\right)^2\right]$$

여기서, u : 물의 속도분포[m/s]
u_0 : 관의 중심에서의 속도[m/s]
r : 관 중심으로부터의 거리[m]
R : 관의 반지름[m]

u를 r에 대하여 미분하면 다음과 같다.

$$\dfrac{du}{dr} = \left(u_0 - u_0 \times \dfrac{r^2}{R^2}\right)' = -\dfrac{2ru_0}{R^2}$$

관벽에서는 $R = r$이므로 r에 R를 대입하여 정리하면

$$\dfrac{du}{dr} = -\dfrac{2u_0}{R}$$

$$\therefore \tau = -\mu \times \dfrac{2u_0}{R}$$

답 ②

29 일반적으로 원심펌프의 특성 곡선은 3가지로 나타내는데 이에 속하지 않는 것은?

① 유량과 전양정의 관계를 나타내는 전양정 곡선

② 유량과 축동력의 관계를 나타내는 축동력 곡선

③ 유량과 펌프효율의 관계를 나타내는 효율 곡선

④ 유량과 회전수의 관계를 나타내는 회전수 곡선

해설 **원심펌프**의 특성곡선

구 분	설 명
전양정곡선	유량과 **전양정**의 관계를 나타내는 곡선
축동력곡선	유량과 **축동력**의 관계를 나타내는 곡선
효율곡선	유량과 **펌프효율**의 관계를 나타내는 곡선

답 ④

30 지름 6cm, 길이 15m, 관마찰계수 0.025인 수평 원관 속을 물이 층류로 흐를 때 관 출구와 입구의 압력차가 9810Pa이면 유량은 약 몇 m³/s인가?

17.05.문39

① 5.0 ② 5.0×10^{-3}
③ 0.5 ④ 0.5×10^{-3}

해설 (1) 기호

- D : 6cm = 0.06m(100cm=1m)
- L : 15m
- f : 0.025
- ΔP : 9810Pa(N/m²)
- Q : ?

(2) **마찰손실**(다르시-웨버의 식, Darcy-Weisbach formula)

$$H = \dfrac{\Delta P}{\gamma} = \dfrac{fLV^2}{2gD}$$

여기서, H : 마찰손실(수두)[m]
ΔP : 압력차[Pa 또는 N/m²]
γ : 비중량(물의 비중량 9800N/m³)
f : 관마찰계수
L : 길이[m]
V : 유속(속도)[m/s]
g : 중력가속도(9.8m/s²)
D : 내경[m]

$$\dfrac{\Delta P}{\gamma} = \dfrac{fLV^2}{2gD}$$

좌우변을 이항하면 다음과 같다.

$$\dfrac{fLV^2}{2gD} = \dfrac{\Delta P}{\gamma}$$

$$V^2 = \dfrac{2gD\Delta P}{fL\gamma}$$

$$\sqrt{V^2} = \sqrt{\dfrac{2gD\Delta P}{fL\gamma}}$$

$$V = \sqrt{\dfrac{2gD\Delta P}{fL\gamma}}$$

$$= \sqrt{\dfrac{2 \times 9.8\text{m/s}^2 \times 0.06\text{m} \times 9810\text{N/m}^2}{0.025 \times 15\text{m} \times 9800\text{N/m}^3}}$$

$$= 1.7718\text{m/s}$$

• 1Pa=1N/m²이므로 9810Pa=9810N/m²

(3) 유량

$$Q = AV = \left(\frac{\pi D^2}{4}\right) V$$

여기서, Q : 유량[m³/s]
　　　　A : 단면적[m²]
　　　　V : 유속[m/s]
　　　　D : 지름(안지름)[m]

유량 Q는

$$Q = \frac{\pi D^2}{4} V$$
$$= \frac{\pi \times (0.06m)^2}{4} \times 1.7718m/s$$
$$\doteqdot 5.0 \times 10^{-3} m^3/s$$

답 ②

★★★
31 유체역학적 관점으로 말하는 이상유체(ideal fluid)
14.05.문30
14.03.문24
13.03.문38
에 관한 설명으로 가장 옳은 것은?

① 점성으로 인해 마찰손실이 생기는 유체
② 높은 압력을 가하면 밀도가 상승하는 유체
③ 유체에 압력을 가하면 체적이 줄어드는 유체
④ 압력을 가해도 밀도변화가 없으며 점성에 의한 마찰손실도 없는 유체

해설 유체의 종류

종류	설명
실제유체	**점**성이 **있**으며, **압**축성인 유체 기억법 실점있압(실점이 있는 사람만 압박해!)
이상유체	① 점성이 없으며, **비압축성**인 유체 (비점성, 비압축성) ② 압력을 가해도 **밀도변화**가 **없**으며 점성에 의한 **마찰손실**도 **없**는 유체 기억법 이비
압축성 유체	**기**체와 같이 체적이 변화하는 유체 (밀도가 변하는 유체) 기억법 기압(기압)
비압축성 유체	**액**체와 같이 체적이 변화하지 않는 유체
점성 유체	① 유동시 마찰저항이 유발되는 유체 ② 점성으로 인해 **마찰손실**이 생기는 유체
비점성 유체	유동시 마찰저항이 유발되지 않는 유체
뉴턴(Newton)유체	전단속도의 크기에 관계없이 일정한 점도를 나타내는 유체(**점성 유체**)

답 ④

★★
32 펌프동력과 관계된 용어의 정의에서 펌프에
14.09.문37
의해 유체에 공급되는 동력을 무엇이라고 하는가?

① 축동력　　　　　② 수동력
③ 전체동력　　　　④ 원동기동력

해설 동력

전체동력(전동력)	축동력	수동력
구동축에 가한 동력중 유체에 **실제**로 **전달**된 **동력**	**수동력**을 **펌프효율**로 나눈 값	① 펌프에 의해 유체에 공급되는 동력 ② 펌프로부터 유체가 얻어가지고 나가는 동력

답 ②

★
33 수평 하수도관에 $\frac{1}{2}$만 물이 차 있다. 관의 안지
19.09.문22
12.03.문39
름이 1m, 길이가 3m인 하수도관 내 물과 접촉하는 곡면에서 받는 압력의 수직방향(중력방향) 성분은 약 몇 kN인가? (단, 대기압의 효과는 무시한다.)

① 11.55

② 23.09

③ 46.18

④ 92.36

해설 **수직분력**(곡선에서 받는 압력의 수직방향 성분)

$$F_V = \gamma V = \gamma (\pi r^2 L)$$

여기서, F_V : 수직분력[kN]
　　　　γ : 비중량(물의 비중량 9.8kN/m³)
　　　　V : 체적[m³]
　　　　r : 반지름[m]
　　　　L : 길이[m]

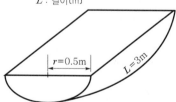

수직분력 F_V는

$$F_V = \gamma(\pi r^2 L) = 9.8kN/m^3 \times \pi \times (0.5m)^2 \times 3m$$

물이 $\frac{1}{2}$만 차 있으면

$$F_V = 9.8kN/m^3 \times \frac{\pi \times (0.5m)^2 \times 3m}{2} \doteqdot 11.55kN$$

답 ①

★★★ 34

지름 10cm의 원형 노즐에서 물이 50m/s의 속도로 분출되어 벽에 수직으로 충돌할 때 벽이 받는 힘의 크기는 약 몇 kN인가?

17.05.문37
10.09.문34
09.05.문32
07.03.문37

① 19.6 ② 33.9
③ 57.1 ④ 79.3

해설 (1) 유량

$$Q = AV$$

여기서, Q : 유량[m³/s]
　　　　A : 단면적[m²]
　　　　V : 유속[m/s]

유량 Q는

$$Q = AV = \frac{\pi}{4} D^2 V = \frac{\pi}{4} \times (10cm)^2 \times 50m/s$$

$$= \frac{\pi}{4}(0.1m)^2 \times 50m/s \fallingdotseq 0.39 m^3/s$$

- 100cm=1m이므로 10cm=0.1m

(2) 벽이 받는 힘

$$F = \rho QV$$

여기서, F : 힘[N]
　　　　ρ : 밀도(물의 밀도 1000N · s²/m⁴)
　　　　Q : 유량(m³/s)
　　　　V : 유속[m/s]

벽이 받는 힘 F는
$F = \rho QV$
　$= 1000N \cdot s^2/m^4 \times 0.39 m^3/s \times 50m/s$
　$= 19600N = 19.6kN$

답 ①

★★ 35

카르노사이클에 대한 설명 중 틀린 것은?

13.03.문31
(기사)
06.09.문37

① 열효율은 온도만의 함수로 구성된다.
② 두 개의 등온과정과 두 개의 단열과정으로 구성된다.
③ 최고온도와 최저온도가 같을 때 비가역사이클보다는 카르노사이클의 효율이 반드시 높다.
④ 작동유체의 밀도에 따라 열효율은 변한다.

해설 ④ 밀도와 무관하다.

카르노사이클
(1) 열효율은 **온도**만의 **함수**로 구성된다.
(2) **두 개**의 **등온과정**과 **두 개**의 **단열과정**으로 구성된다.
(3) 최고온도와 최저온도가 같을 때 비가역사이클보다는 카르노사이클의 효율이 반드시 높다.
(4) 작동유체의 **밀도**와는 **무관**하다.(절대온도에서만 관계있다.)
(5) 이상적 사이클로서 **최고**의 **열효율**을 갖는다.
(6) 유체의 온도를 열원의 온도와 같게 한 것으로 실제로는 불가능하다.
(7) **가역사이클**이다.

★★ 카르노사이클의 순서

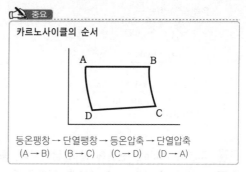

등온팽창 → 단열팽창 → 등온압축 → 단열압축
(A → B)　(B → C)　(C → D)　(D → A)

답 ④

★★ 36

피스톤 내의 기체 0.5kg을 압축하는 데 15kJ의 열량이 가해졌다. 이때 12kJ의 열이 피스톤 밖으로 빠져나갔다면 내부에너지의 변화는 약 몇 kJ인가?

19.04.문32
16.03.문27
02.03.문28

① 27 ② 13.5
③ 3   ④ 1.5

해설 열

$$Q = (U_2 - U_1) + W$$

여기서, Q : 열[kJ]
　　　　$U_2 - U_1$: 내부에너지 변화[kJ]
　　　　W : 일[kJ]

내부에너지 변화 $U_2 - U_1$ 은
$U_2 - U_1 = Q - W = (-12kJ) - (-15kJ) = 3kJ$

- W(일)이 필요로 하면 '−' 값을 적용한다.
- Q(열)이 계 밖으로 손실되면 '−' 값을 적용한다.

답 ③

★★ 37

30℃의 물이 안지름 2cm인 원관 속을 흐르고 있는 경우 평균속도는 약 몇 m/s인가? (단, 레이놀즈수는 2100, 동점성계수는 $1.006 \times 10^{-6} m^2/s$ 이다.)

03.05.문31
01.03.문32

① 0.106 ② 1.067
③ 2.003 ④ 0.703

해설 레이놀즈수

$$Re = \frac{DV\rho}{\mu} = \frac{DV}{\nu}$$

여기서, Re : 레이놀즈수
　　　　D : 내경[m]
　　　　V : 유속[m/s]
　　　　ρ : 밀도[kg/m³]
　　　　μ : 점도[kg/m · s]
　　　　ν : 동점성계수$\left(\dfrac{\mu}{\rho}\right)$[m²/s]

유속(속도) V는

$$V = \frac{Re\nu}{D}$$

$$= \frac{2100 \times 1.006 \times 10^{-6} \mathrm{m^2/s}}{2\mathrm{cm}}$$

$$= \frac{2100 \times 1.006 \times 10^{-6} \mathrm{m^2/s}}{2 \times 10^{-2} \mathrm{m}}$$

$$\fallingdotseq 0.106 \mathrm{m/s}$$

답 ①

38 ⭐ 지름이 10cm인 원통에 물이 담겨있다. 중심축에 대하여 300rpm의 속도로 원통을 회전시켰을 때 수면의 최고점과 최저점의 높이차는 약 몇 cm인가? (단, 회전시켰을 때 물이 넘치지 않았다고 가정한다.)

① 8.5
② 10.2
③ 11.4
④ 12.6

해설 (1) 주파수

$$f = \frac{N}{60}$$

여기서, f : 주파수[Hz]
　　　　N : 회전속도[rpm]
주파수 f는
$$f = \frac{N}{60} = \frac{300}{60} = 5\mathrm{Hz}$$

(2) 각속도

$$\omega = 2\pi f$$

여기서, ω : 각속도[rad/s]
　　　　f : 주파수[Hz]
각속도 ω는
$$\omega = 2\pi f = 2\pi \times 5 = 10\pi$$

(3) 높이차

$$\Delta H = \frac{r^2 \omega^2}{2g}$$

여기서, ΔH : 높이차[cm]
　　　　r : 반지름[cm]
　　　　ω : 각속도[rad/s]
　　　　g : 중력가속도(9.8m/s²)
높이차 ΔH는
$$\Delta H = \frac{r^2 \omega^2}{2g}$$
$$= \frac{(0.05\mathrm{m})^2 \times (10\pi(\mathrm{rad/s}))^2}{2 \times 9.8\mathrm{m/s^2}}$$
$$\fallingdotseq 0.126\mathrm{m}$$
$$= 12.6\mathrm{cm}$$

- r : 지름 10cm=0.1m이므로 반지름 5cm=0.05m
- 1m=100cm이므로 0.126m=12.6cm

답 ④

39 ⭐⭐⭐ 단면적이 0.1m²에서 0.5m²로 급격히 확대되는 관로에 0.5m³/s의 물이 흐를 때 급확대에 의한 손실수두는 약 몇 m인가? (단, 급확대에 의한 부차적 손실계수는 0.64이다.)

16.03.문33
14.05.문25
08.03.문26

① 0.82
② 0.99
③ 1.21
④ 1.45

해설 (1) 기호

- A_1 : 0.1m²
- A_2 : 0.5m²
- Q : 0.5m³/s
- H : ?
- K : 0.64

(2) 유량

$$Q = AV = \left(\frac{\pi D^2}{4}\right) V$$

여기서, Q : 유량[m³/s]
　　　　A : 단면적[m²]
　　　　V : 유속[m/s]
　　　　D : 안지름[m]
축소관 유속 V_1은
$$V_1 = \frac{Q}{A_1} = \frac{0.5\mathrm{m^3/s}}{0.1\mathrm{m^2}} = 5\mathrm{m/s}$$

(3) 작은 관을 기준으로 한 손실계수
$$K_1 = \left(1 - \frac{A_1}{A_2}\right)^2 = \left(1 - \frac{0.1\mathrm{m^2}}{0.5\mathrm{m^2}}\right)^2 = 0.64$$

(4) 돌연확대관에서의 손실

㉠ $$H = K\frac{(V_1 - V_2)^2}{2g}$$

㉡ $$H = K_1 \frac{V_1^2}{2g}$$

㉢ $$H = K_2 \frac{V_2^2}{2g}$$

※ 문제 조건에 따라 편리한 식을 적용하면 된다.

여기서, H : 손실수두[m]
　　　　K : 손실계수
　　　　K_1 : 작은 관을 기준으로 한 손실계수
　　　　K_2 : 큰 관을 기준으로 한 손실계수
　　　　V_1 : 축소관 유속[m/s]
　　　　V_2 : 확대관 유속[m/s]
　　　　g : 중력가속도(9.8m/s²)

⎢돌연확대관⎢

$$H = K_1 \frac{V_1^2}{2g} = 0.64 \times \frac{(5\mathrm{m/s})^2}{2 \times 9.8\mathrm{m/s^2}} \fallingdotseq 0.82\mathrm{m}$$

답 ①

★★★
40 배관 내에서 물의 수격작용(water hammer)을 방지하는 대책으로 잘못된 것은?

16.10.문29
15.09.문37
15.03.문28
14.09.문34
11.03.문38
09.05.문40
03.03.문21
01.09.문23

① 조압수조(surge tank)를 관로에 설치한다.
② 밸브를 펌프 송출구에서 멀게 설치한다.
③ 밸브를 서서히 조작한다.
④ 관경을 크게 하고 유속을 작게 한다.

해설 ② 멀게 → 가까이

수격작용(water hammer)

개요	• 배관 속의 물흐름을 급히 차단하였을 때 동압이 정압으로 전환되면서 일어나는 **쇼크**(shock)현상 • 배관 내를 흐르는 유체의 유속을 급격하게 변화시키므로 압력이 상승 또는 하강하여 관로의 벽면을 치는 현상
발생 원인	• 펌프가 갑자기 정지할 때 • 급히 밸브를 개폐할 때 • 정상운전시 유체의 압력변동이 생길 때
방지 대책	• **관**의 관경(직경)을 크게 한다. • 관 내의 유속을 낮게 한다.(관로에서 일부 고압수를 방출한다.) • **조압수조**(surge tank)를 관선(관로)에 설치한다. • **플라이휠**(flywheel)을 설치한다. • 펌프 송출구(토출측) 가까이에 밸브를 설치한다. • **에어챔버**(air chamber)를 설치한다. • 밸브를 서서히 조작한다.

기억법 수방관플에

비교

공동현상(cavitation, 캐비테이션)

개요	펌프의 흡입측 배관 내의 물의 정압이 기존의 증기압보다 낮아져서 기포가 발생되어 물이 흡입되지 않는 현상
발생 현상	• **소음**과 **진동** 발생 • 관 부식(펌프깃의 침식) • **임펠러의 손상**(수차의 날개를 해침) • 펌프의 성능 저하(양정곡선 저하) • **효율곡선 저하**
발생 원인	• **펌프**가 물탱크보다 부적당하게 **높게** 설치되어 있을 때 • 펌프 **흡입수두**가 지나치게 **클 때** • 펌프 **회전수**가 지나치게 **높을 때** • 관 내를 흐르는 **물의 정압**이 그 물의 온도에 해당하는 증기압보다 **낮을 때**
방지 대책	• 펌프의 흡입수두를 작게 한다.(흡입양정을 짧게 함) • 펌프의 마찰손실을 작게 한다. • 펌프의 임펠러속도(**회전수**)를 **작게** 한다.(흡입속도를 **감소**시킴) • 흡입압력을 **높게** 한다. • 펌프의 설치위치를 수원보다 **낮게** 한다. • 양(쪽)흡입펌프를 사용한다.(펌프의 흡입측을 가압함) • 관 내의 물의 정압을 그때의 증기압보다 높게 한다. • 흡입관의 **구경을 크게** 한다. • 펌프를 **2개** 이상 설치한다. • 회전차를 수중에 완전히 잠기게 한다.

답 ②

제3과목 소방관계법규

★
41 소방시설 설치 및 관리에 관한 법령에 따른 임시 소방시설 중 비상경보장치를 설치하여야 하는 공사의 작업현장의 규모의 기준 중 다음 ( ) 안에 알맞은 것은?

17.09.문54

• 연면적 (㉠)m² 이상
• 지하층 또는 무창층, 이 경우 해당층의 바닥면적이 (㉡)m² 이상인 경우만 해당

① ㉠ 400, ㉡ 150   ② ㉠ 400, ㉡ 600
③ ㉠ 600, ㉡ 150   ④ ㉠ 600, ㉡ 600

해설 소방시설법 시행령 〔별표 8〕
임시소방시설을 설치하여야 하는 공사의 종류와 규모

공사 종류	규 모
간이소화장치	• 연면적 3000m² 이상 • 지하층, 무창층 또는 **4층** 이상의 층. 바닥면적이 **600m²** 이상인 경우만 해당
비상경보장치	• 연면적 **400m²** 이상 • 지하층 또는 무창층. 바닥면적이 150m² 이상인 경우만 해당
간이피난유도선	바닥면적이 **150m²** 이상인 지하층 또는 무창층의 화재위험작업현장에 설치
소화기	건축허가 등을 할 때 소방본부장 또는 소방서장의 동의를 받아야 하는 특정소방대상물의 신축·증축·개축·재축·이전·용도변경 또는 대수선 등을 위한 공사 중 화재위험작업현장에 설치
가스누설경보기 비상조명등	바닥면적이 **150m²** 이상인 지하층 또는 무창층의 화재위험작업현장에 설치
방화포	용접·용단 작업이 진행되는 화재위험작업현장에 설치

답 ①

★★
42 소방시설 설치 및 관리에 관한 법령에 따른 비상방송설비를 설치하여야 하는 특정소방대상물의 기준 중 틀린 것은? (단, 위험물 저장 및 처리 시설 중 가스시설, 사람이 거주하지 않는 동물 및 식물 관련 시설, 지하가 중 터널, 축사 및 지하구는 제외한다.)

19.03.문74
15.05.문42
11.10.문55

① 연면적 3500m² 이상인 것
② 연면적 1000m² 미만의 기숙사
③ 지하층의 층수가 3층 이상인 것
④ 지하층을 제외한 층수가 11층 이상인 것

해설 ② 해당없음

소방시설법 시행령 〔별표 4〕
비상방송설비의 설치대상
(1) 연면적 **3500m²** 이상
(2) **11층** 이상(지하층 제외)
(3) **지하 3층** 이상

답 ②

★
43 위험물안전관리법령에 따른 소방청장, 시·도지사, 소방본부장 또는 소방서장이 한국소방산업기술원에 위탁할 수 있는 업무의 기준 중 틀린 것은?

① 시·도지사의 탱크안전성능검사 중 암반탱크에 대한 탱크안전성능검사
② 시·도지사의 탱크안전성능검사 중 용량이 100만L 이상인 액체위험물을 저장하는 탱크에 대한 탱크안전성능검사
③ 시·도지사의 완공검사에 관한 권한 중 저장용량이 30만L 이상인 옥외탱크저장소 또는 암반탱크저장소의 설치 또는 변경에 따른 완공검사
④ 시·도지사의 완공검사에 관한 권한 중 지정수량 1000배 이상의 위험물을 취급하는 제조소 또는 일반취급소의 설치 또는 변경(사용 중인 제조소 또는 일반취급소의 보수 또는 부분적인 증설은 제외)에 따른 완공검사

해설 ③ 30만L → 50만L

소방시설법 50조, 화재예방법 48조, 위험물령 22조
권한의 위탁

구 분	설 명
한국소방산업**기**술원	① 용량이 **100만L** 이상인 액체위험물을 저장하는 탱크의 탱크안전성능검사 ② 암반탱크의 탱크안전성능검사 ③ 지하탱크저장소의 액체위험물탱크 탱크안전성능검사 ④ 지정수량의 **1000배** 이상의 위험물을 취급하는 제조소 또는 일반취급소의 설치 또는 변경(사용 중인 제조소 또는 일반취급소의 보수 또는 부분적인 증설 제외)에 따른 완공검사 ⑤ **옥외탱크저장소**(저장용량이 **50만L** 이상인 것만 해당) 또는 암반탱크저장소의 설치 또는 변경에 따른 완공검사 ⑥ 소방본부장 또는 소방서장의 제조소 등 정기검사 ⑦ 시·도지사의 위험물 운반용기검사 ⑧ 탱크시험자의 기술인력으로 종사하는 자의 안전교육 ⑨ 대통령령이 정하는 **방**염성능검사 업무(합판·목재를 설치하는 현장에서 방염처리한 경우의 방염성능검사는 제외) ⑩ 소방용품의 **형**식승인 및 취소 ⑪ 소방용품 형식승인의 변경승인 ⑫ 소방용품의 **성**능인증 및 취소 ⑬ 소방용품의 **우**수품질 인증 및 취소 ⑭ 소방용품의 성능인증 변경인증 기억법 기방 우성형

| 한국소방안전원 | ① 소방안전관리자 또는 소방안전관리보조자 선임신고의 접수
② 소방안전관리자 또는 소방안전관리보조자 해임 사실의 확인
③ 건설현장 소방안전관리자 선임신고의 접수
④ 소방안전관리자 자격시험
⑤ 소방안전관리자 자격증의 발급 및 재발급
⑥ 소방안전관리 등에 관한 종합정보망의 구축·운영
⑦ 강습교육 및 실무교육 |

답 ③

★★★
44
16.05.문43
15.09.문44
14.03.문42
소방기본법에 따른 출동한 소방대의 소방장비를 파손하거나 그 효용을 해하여 화재진압·인명구조 또는 구급활동을 방해하는 행위를 한 사람에 대한 벌칙기준은?

① 5년 이하의 징역 또는 5000만원 이하의 벌금
② 5년 이하의 징역 또는 3000만원 이하의 벌금
③ 3년 이하의 징역 또는 3000만원 이하의 벌금
④ 3년 이하의 징역 또는 1500만원 이하의 벌금

해설 **기본법 50조**
5년 이하의 징역 또는 **5000만원** 이하의 벌금
(1) 소방자동차의 **출**동 방해
(2) 사람**구**출 방해(화재진압, 구급활동 방해)
(3) **소방용수시설** 또는 **비상소화장치**의 효용 방해

기억법 출구용5

답 ①

★
45
16.03.문43
(기사)
소방시설 설치 및 관리에 관한 법령에 따른 소방시설 등의 자체점검시 점검인력 1단위가 하루 동안 점검할 수 있는 특정소방대상물의 연면적기준 중 다음 (   ) 안에 알맞은 것은? (단, 점검인력 1단위에 보조인력 1명을 추가하는 경우는 제외한다.)

- 종합점검 : (㉠)m^2
- 작동점검 : (㉡)m^2
- 작동점검 소규모 점검의 경우 : (㉢)m^2

① ㉠ 10000, ㉡ 12000, ㉢ 3500
② ㉠ 13000, ㉡ 15500, ㉢ 7000
③ ㉠ 12000, ㉡ 10000, ㉢ 3500
④ ㉠ 15500, ㉡ 13000, ㉢ 7000

해설 소방시설법 시행규칙 〔별표 2〕(소방시설법 시행규칙 〔별표 4〕
2024. 12. 1. 개정)
점검한도면적

종합점검	작동점검
10000m²	12000m² (소규모 점검의 경우 : 3500m²)

용어

점검한도면적
점검인력 1단위가 하루 동안 점검할 수 있는 특정소방
대상물의 연면적

답 ①

★★★
46 소방시설 설치 및 관리에 관한 법령에 따른 펄프
공장의 작업장, 음료수공장의 충전을 하는 작업
장 등과 같이 화재안전기준을 적용하기 어려운
특정소방대상물에 설치하지 않을 수 있는 소방시
설의 종류가 아닌 것은?

17.03.문42
16.03.문43
14.03.문49

① 상수도소화용수설비
② 스프링클러설비
③ 연결살수설비
④ 연결송수관설비

해설 소방시설법 시행령 〔별표 6〕
소방시설을 설치하지 않을 수 있는 특정소방대상물 및 소
방시설의 범위

구 분	특정소방대상물	소방시설
화재위험도가 낮은 특정소방대상물	**석재, 불연성 금속, 불연성 건축재료** 등의 가공공장·기계조립공장 또는 불연성 물품을 저장하는 창고	① 옥외소화전설비 ② 연결살수설비 **기억법** 석불금외
화재안전기준을 적용하기 어려운 특정소방대상물	**펄프공장의 작업장, 음료수 공장의 세정 또는 충전을 하는 작업장, 그 밖에 이와 비슷한 용도로 사용하는 것**	① 스프링클러설비 ② 상수도소화용수설비 ③ 연결살수설비
	정수장, 수영장, 목욕장, 어류양식용 시설, 그 밖에 이와 비슷한 용도로 사용되는 것	① 자동화재탐지설비 ② 상수도소화용수설비 ③ 연결살수설비
화재안전기준을 달리 적용하여야 하는 특수한 용도 또는 구조를 가진 특정소방대상물	원자력발전소, 중·저준위 방사성 폐기물의 저장시설	① 연결송수관설비 ② 연결살수설비
자체소방대가 설치된 특정소방대상물	자체소방대가 설치된 위험물제조소 등에 부속된 사무실	① 옥내소화전설비 ② 소화용수설비 ③ 연결살수설비 ④ 연결송수관설비

답 ④

★★★
47 소방시설공사업법령에 따른 완공검사를 위한 현장확
인 대상 특정소방대상물의 범위 기준 중 틀린 것은?

17.09.문58
16.10.문55
10.05.문48

① 연면적 10000m² 이상이거나 11층 이상인 특
정소방대상물(아파트는 제외)

② 가연성 가스를 제조·저장 또는 취급하는 시
설 중 지상에 노출된 가연성 가스탱크의 저
장용량 합계가 1000톤 이상인 시설
③ 물분부등소화설비(호스릴소화설비는 포함)가
설치되는 것
④ 문화 및 집회시설, 종교시설, 판매시설, 노
유자시설, 수련시설, 운동시설, 숙박시설,
창고시설, 지하상가

해설 ③ 호스릴소화설비는 포함 → 호스릴소화설비는 제외

공사업령 5조
완공검사를 위한 **현**장확인 대상 특정소방대상물
(1) **수**련시설
(2) **노**유자시설
(3) **문**화 및 집회시설, **운**동시설
(4) **종**교시설
(5) **판**매시설
(6) **숙**박시설
(7) **창**고시설
(8) 지하**상**가
(9) 다중이용업소
(10) 다음에 해당하는 설비가 설치되는 특정소방대상물
  ㉠ 스프링클러설비 등
  ㉡ 물분무등소화설비(호스릴방식 제외)
(11) 연면적 10000m² 이상이거나 11층 이상인 특정소방대상물
(아파트 제외)
(12) 가연성 가스를 제조·저장 또는 취급하는 시설 중 지상에
노출된 가연성 가스탱크의 저장용량 합계가 1000t 이상인
시설

기억법 문종판 노수운 숙창상현

답 ③

★★
48 소방기본법에 따른 공동주택에 소방자동차 전용
구역에 차를 주차하거나 전용구역에의 진입을
가로막는 등의 방해행위를 한 자에게는 몇 만원
이하의 과태료를 부과하는가?

14.03.문53
12.09.문58

① 20만원   ② 100만원
③ 200만원   ④ 300만원

해설 **기본법 56조**
100만원 이하의 과태료
공동주택에 소방자동차 전용구역에 차를 주차하거나 전용
구역에의 진입을 가로막는 등의 방해행위를 한 자

비교

300만원 이하의 과태료
(1) **관**계인의 **소**방안전관리 **업**무 미수행(화재예방법 52조)
(2) **소**방훈련 및 **교**육 미실시자(화재예방법 52조)
(3) 소방시설의 점검결과 미보고(소방시설법 61조)

기억법 3과관소업

답 ②

49 위험물안전관리법령에 따른 지정수량의 10배 이상의 위험물을 저장 또는 취급하는 제조소 등(이동탱크저장소를 제외)에 화재발생시 이를 알릴 수 있는 경보설비의 종류가 아닌 것은?

16.05.문49
13.06.문50

① 확성장치(휴대용 확성기 포함)
② 비상방송설비
③ 자동화재속보설비
④ 자동화재탐지설비

해설 **위험물규칙〔별표 17〕**
제조소 등별로 설치하여야 하는 경보설비의 종류

구 분	경보설비
• 연면적 500m² 이상 인 것 • 옥내에서 지정수량의 100배 이상을 취급하는 것	자동화재탐지설비
지정수량의 10배 이상을 저장 또는 취급하는 것	• 자동화재탐지설비 • 비상경보설비 ┐ • 확성장치 ┤ 1종 • 비상방송설비 ┘ 이상

답 ③

50 화재의 예방 및 안전관리에 관한 법령에 따른 특수가연물의 기준 중 다음 (   ) 안에 알맞은 것은?

17.05.문56
10.05.문48

품 명	수 량
나무껍질 및 대팻밥	(㉠)kg 이상
면화류	(㉡)kg 이상

① ㉠ 200, ㉡ 400　② ㉠ 200, ㉡ 1000
③ ㉠ 400, ㉡ 200　④ ㉠ 400, ㉡ 1000

해설 **화재예방법 시행령〔별표 2〕**
특수가연물

품 명		수 량
가연성 **액**체류		2m³ 이상
목재가공품 및 나무부스러기		10m³ 이상
면화류		200kg 이상
나무껍질 및 대팻밥		400kg 이상
넝마 및 종이부스러기		
사류(絲類)		1000kg 이상
볏짚류		
가연성 **고**체류		3000kg 이상
고무류 · 플라스틱류	발포시킨 것	20m³ 이상
	그 밖의 것	3000kg 이상
석탄 · 목탄류		10000kg 이상

기억법 ┌─┐ ┌─┐ ┌─┐
　　　가액목면나 넝사볏가고 고석
　　　2 1 2 4　1　3　3 1

용어
특수가연물
화재가 발생하면 그 확대가 빠른 물품

답 ③

51 소방시설공사업법에 따른 소방기술인정 자격수첩 또는 소방기술자 경력수첩의 기준 중 다음 (   ) 안에 알맞은 것은? (단, 소방기술자 업무에 영향을 미치지 아니하는 범위에서 근무시간 외에 소방시설업이 아닌 다른 업종에 종사하는 경우는 제외한다.)

16.03.문52

• 소방기술인정 자격수첩 또는 소방기술자 경력수첩을 발급받은 사람이 동시에 둘 이상의 업체에 취업한 경우는 (㉠)의 기간을 정하여 그 자격을 정지시킬 수 있다.
• 소방기술인정 자격수첩 또는 소방기술자 경력수첩을 다른 사람에게 빌려준 경우에는 그 자격을 취소하여야 하며 빌려준 사람은 (㉡) 이하의 벌금에 처한다.

① ㉠ 6개월 이상 1년 이하, ㉡ 200만원
② ㉠ 6개월 이상 1년 이하, ㉡ 300만원
③ ㉠ 6개월 이상 2년 이하, ㉡ 200만원
④ ㉠ 6개월 이상 2년 이하, ㉡ 300만원

해설 (1) **공사업법 28 · 37조**
소방기술경력 등의 인정자

구 분	설 명
자격정지기간	6개월 이상 2년 이하
자격정지사항	동시에 둘 이상의 업체에 취업한 경우

(2) **300만원 이하의 벌금**
㉠ 화재안전조사를 정당한 사유없이 거부·방해·기피(화재예방법 50조)
㉡ 방염성능검사 합격표시 위조(소방시설법 59조)
㉢ **소**방안전관리자, 총괄소방안전관리자 또는 소방안전관리보조자 **미**선임(화재예방법 50조)
㉣ 위탁받은 업무종사자의 **비밀누설**(소방시설법 59조)
㉤ 다른 자에게 자기의 성명이나 상호를 사용하여 소방시설업 등을 수급 또는 시공하게 하거나 소방시설업의 등록증·등록수첩을 빌려준 자(공사업법 37조)
㉥ 감리원 미배치자(공사업법 37조)
㉦ 소방기술인정 자격수첩을 빌려준 자(공사업법 37조)
㉧ 2 이상의 업체에 취업한 자(공사업법 37조)
㉨ 소방시설업자나 관계인 감독시 관계인의 업무를 방해하거나 비밀누설(공사업법 37조)

기억법 비3미소(비상미소)

답 ④

52 ★★★
17.03.문48
15.05.문41
13.06.문42

소방시설 설치 및 안전관리에 관한 법령에 따른 특정소방대상물 중 운동시설의 용도로 사용하는 바닥면적의 합계가 50m²일 때 수용인원은? (단, 관람석이 없으며 복도, 계단 및 화장실의 바닥면적은 포함하지 않은 경우이다.)

① 8명   ② 11명
③ 17명   ④ 26명

해설 소방시설법 시행령 〔별표 7〕
수용인원의 산정방법

특정소방대상물		산정방법
숙박 시설	침대가 있는 경우	종사자수＋침대수
	침대가 없는 경우	종사자수＋$\dfrac{\text{바닥면적 합계}}{3m^2}$
• 강의실 • 교무실 • 상담실 • 실습실 • 휴게실		$\dfrac{\text{바닥면적 합계}}{1.9m^2}$
기타		$\dfrac{\text{바닥면적 합계}}{3m^2}$
• 강당 • 문화 및 집회시설, 운동시설 → • 종교시설		$\dfrac{\text{바닥면적 합계}}{4.6m^2}$

$$운동시설 = \frac{\text{바닥면적 합계}}{4.6m^2}$$

$$= \frac{50m^2}{4.6m^2} = 10.8 ≒ 11명(반올림)$$

※ **소수점 이하는 반올림**한다.

답 ②

53 ★★
위험물안전관리법령상 소화난이도 등급 I의 옥내탱크저장소에서 황만을 저장·취급할 경우 설치하여야 하는 소화설비로 옳은 것은?

① 물분무소화설비
② 스프링클러설비
③ 포소화설비
④ 옥내소화전설비

해설 위험물규칙 〔별표 17〕
황만을 저장·취급하는 옥내·외탱크저장소·암반탱크저장소에 설치해야 하는 소화설비
물분무소화설비

기억법 황물

답 ①

54 ★★★
17.09.문51
14.09.문59
10.03.문45

소방시설 설치 및 관리에 관한 법령에 따른 특정소방대상물의 연소방지설비 설치면제기준 중 다음 ( ) 안에 해당하지 않는 소방시설은?

연소방지설비를 설치하여야 하는 특정소방대상물에 ( )를 화재안전기준에 적합하게 설치한 경우에는 그 설비의 유효범위에서 설치가 면제된다.

① 스프링클러설비   ② 강화액소화설비
③ 물분무소화설비   ④ 미분무소화설비

해설 소방시설법 시행령 〔별표 5〕
소방시설 면제기준

면제대상	대체설비
스프링클러설비	**물**분무등소화설비
물분무등소화설비	**스프링클러설비** **기억법** 스물(스물스물하다.)
간이스프링클러설비	• 스프링클러설비 • 물분무소화설비·미분무소화설비
비상경보설비 또는 단독경보형 감지기	**자동화재탐지설비**
비상경보설비	**2개** 이상 **단독경보형 감지기** 연동
비상방송설비	• 자동화재탐지설비 • 비상경보설비
연결살수설비	• 스프링클러설비 • 간이스프링클러설비·미분무소화설비 • 물분무소화설비·미분무소화설비
제연설비	**공기조화설비**
연소방지설비 →	• 스프링클러설비 • 물분무소화설비 • 미분무소화설비
연결송수관설비	• 옥내소화전설비 • 스프링클러설비 • 간이스프링클러설비 • 연결살수설비
자동화재**탐**지설비	• 자동화재**탐**지설비의 기능을 가진 **스**프링클러설비 • **물**분무등소화설비 **기억법** 탐탐스물
옥내소화전설비	• 옥외소화전설비 • 미분무소화설비(호스릴방식)

답 ②

★★★
55 소방시설 설치 및 관리에 관한 법령에 따른 건축허가 등의 동의대상물의 범위기준 중 틀린 것은?

16.05.문54
15.09.문45
15.03.문49
13.06.문41
10.09.문48

① 건축 등을 하려는 학교시설 : 연면적 200m² 이상

② 노유자시설 : 연면적 200m² 이상

③ 정신의료기관(입원실이 없는 정신건강의학과 의원은 제외) : 연면적 300m² 이상

④ 장애인 의료재활시설 : 연면적 300m² 이상

해설
① 200m² → 100m²

소방시설법 시행령 7조
건축허가 등의 동의대상물
(1) 연면적 **400m²**(학교시설 : **100m²**, 수련시설 · 노유자시설 : **200m²**, 정신의료기관 · 장애인의료재활시설 : **300m²**) 이상
(2) **6층** 이상인 건축물
(3) 차고 · 주차장으로서 바닥면적 **200m²** 이상(자동차 **20대** 이상)
(4) **항공기격납고, 관망탑, 항공관제탑, 방송용 송수신탑**
(5) 지하층 또는 무창층의 바닥면적 **150m²**(공연장은 **100m²**) 이상
(6) **위험물저장 및 처리시설, 지하구**
(7) 전기저장시설, 풍력발전소
(8) 조산원, 산후조리원, 의원(입원실 있는 것)
(9) **결핵환자**나 **한센인**이 24시간 생활하는 노유자시설
(10) 노인주거복지시설 · 노인의료복지시설 및 재가노인복지시설, 학대피해노인 전용쉼터, 아동복지시설, 장애인거주시설
(11) 정신질환자 관련시설(공동생활가정을 제외한 재활훈련시설과 종합시설 중 24시간 주거를 제공하지 않는 시설 제외)
(12) 노숙인자활시설, 노숙인재활시설 및 노숙인 요양시설
(13) **요양병원**(의료재활시설 제외)
(14) 공장 또는 창고시설로서 지정수량의 **750배** 이상의 특수가연물을 저장 · 취급하는 것
(15) 가스시설로서 지상에 노출된 탱크의 저장용량의 합계가 100t 이상인 것

답 ①

★
56 위험물안전관리법령에 따른 위험물의 유별 저장 · 취급의 공통기준 중 다음 (   ) 안에 알맞은 것은?

> (   ) 위험물은 산화제와의 접촉 · 혼합이나 불티 · 불꽃 · 고온체와의 접근 또는 과열을 피하는 한편, 철분 · 금속분 · 마그네슘 및 이를 함유한 것에 있어서는 물이나 산과의 접촉을 피하고 인화성 고체에 있어서는 함부로 증기를 발생시키지 아니하여야 한다.

① 제1류   ② 제2류
③ 제3류   ④ 제4류

해설 위험물규칙 〔별표 18〕 Ⅱ
위험물의 유별 저장 · 취급의 공통기준(중요기준)

위험물	공통기준
제1류 위험물	**가연물**과의 접촉 · 혼합이나 분해를 촉진하는 물품과의 접근 또는 과열 · 충격 · 마찰 등을 피하는 한편, 알칼리금속의 과산화물 및 이를 함유한 것에 있어서는 물과의 접촉을 피할 것
제2류 위험물	**산화제**와의 접촉 · 혼합이나 불티 · 불꽃 · 고온체와의 접근 또는 과열을 피하는 한편, 철분 · 금속분 · 마그네슘 및 이를 함유한 것에 있어서는 물이나 산과의 접촉을 피하고 인화성 고체에 있어서는 함부로 증기를 발생시키지 않을 것
제3류 위험물	**자연발화성** 물질에 있어서는 불티 · 불꽃 또는 고온체와의 접근 · 과열 또는 공기와의 접촉을 피하고, 금수성 물질에 있어서는 물과의 접촉을 피할 것
제4류 위험물	**불티 · 불꽃 · 고온체**와의 접근 또는 과열을 피하고, 함부로 **증기**를 발생시키지 않을 것
제5류 위험물	**불티 · 불꽃 · 고온체**와의 접근이나 과열 · 충격 또는 **마찰**을 피할 것
제6류 위험물	가연물과의 접촉 · 혼합이나 분해를 촉진하는 물품과의 접근 또는 과열을 피할 것

답 ②

★★★
57 소방시설 설치 및 관리에 관한 법률에 따른 소방시설관리업자가 사망한 경우 그 상속인이 소방시설관리업자의 지위를 승계한 자는 누구에게 신고하여야 하는가?

13.06.문51
11.03.문52
09.05.문45

① 소방청장

② 시 · 도지사

③ 소방본부장

④ 소방서장

해설 시 · 도지사
(1) 제조소 등의 설치허가(위험물법 6조)
(2) 소방업무의 지휘 · 감독(기본법 3조)
(3) 소방체험관의 설립 · 운영(기본법 5조)
(4) 소방업무에 관한 세부적인 종합계획 수립 및 소방업무 수행(기본법 6조)
(5) 소방시설업자의 지위승계(공사업법 7조)
(6) **소방시설관리업자**의 **지위승계**(소방시설법 32조)
(7) 제조소 등의 승계(위험물법 10조)

🌱 용어

소방시설업자
(1) 소방시설설계업자
(2) 소방시설공사업자
(3) 소방공사감리업자
(4) 방염처리업자

공사업법 2~7조
소방시설업
(1) 등록권자
(2) 등록사항변경 ─┐
(3) 지위승계 ──── 시·도지사 신고
(4) 등록기준 ┬ 자본금
         └ 기술인력
(5) 종류 ┬ 소방시설설계업
      ├ 소방시설공사업
      ├ 소방공사감리업
      └ 방염처리업
(6) 업종별 영업범위 : 대통령령

답 ②

58 소방기본법령에 따른 급수탑 및 지상에 설치하
05.03.문54 는 소화전·저수조의 경우 소방용수표지 기준
중 다음 (   ) 안에 알맞은 것은?

안쪽 문자는 (㉠), 안쪽 바탕은 (㉡),
바깥쪽 바탕은 (㉢)으로 하고 반사재료를
사용하여야 한다.

① ㉠ 검은색, ㉡ 파란색, ㉢ 붉은색
② ㉠ 검은색, ㉡ 붉은색, ㉢ 파란색
③ ㉠ 흰색, ㉡ 파란색, ㉢ 붉은색
④ ㉠ 흰색, ㉡ 붉은색, ㉢ 파란색

해설 기본규칙 〔별표 2〕
소방용수표지
(1) **지하**에 설치하는 소화전·저수조의 소방용수표지
  ㉠ 맨홀뚜껑은 지름 **648mm** 이상의 것으로 할 것
  ㉡ 맨홀뚜껑에는 "**소화전·주정차금지**" 또는 "**저수조·주
  정차금지**"의 표시를 할 것
  ㉢ 맨홀뚜껑 부근에는 **노란색 반사도료**로 폭 **15cm**의 선
  을 그 둘레를 따라 칠할 것
(2) **지상**에 설치하는 소화전·저수조 및 **급수탑**의 소방용수
  표지

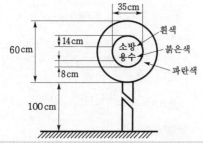

※ 안쪽 문자는 **흰색**, 바깥쪽 문자는 **노란색**, 안쪽
바탕은 **붉은색**, 바깥쪽 바탕은 **파란색**으로 하고
반사재료 사용

답 ④

59 위험물안전관리법령에 따른 다수의 제조소 등을
17.09.문56 설치한 자가 1인의 안전관리자를 중복하여 선임
할 수 있는 경우의 기준 중 다음 (   ) 안에 알맞
은 것은? (단, 아래의 기준에 모두 적합한 5개
이하의 제조소 등을 동일인이 설치한 경우이다.)

• 각 제조소 등이 동일구 내에 위치하거나 상호
(㉠)m 이내의 거리에 있을 것
• 각 제조소 등에서 저장 또는 취급하는 위험
물의 최대수량이 지정수량의 (㉡)배 미만
일 것. 다만, 저장소의 경우에는 그러하지
아니하다.

① ㉠ 100, ㉡ 3000   ② ㉠ 300, ㉡ 3000
③ ㉠ 100, ㉡ 1000   ④ ㉠ 300, ㉡ 1000

해설 위험물령 12조
1인의 안전관리자를 중복하여 선임할 수 있는 경우
(1) 다음의 기준에 모두 적합한 **5개** 이하의 제조소 등을 동
  일인이 설치한 경우
  ㉠ 각 제조소 등이 동일구 내에 위치하거나 상호 **100m**
  이내의 거리에 있을 것
  ㉡ 각 제조소 등에서 저장 또는 취급하는 위험물의 최대수
  량이 지정수량의 **3000배** 미만일 것(단, 저장소는 제외)
(2) 위험물을 차량에 고정된 탱크 또는 운반용기에 옮겨 담기
  위한 **5개** 이하의 일반취급소(일반취급소 간의 거리가
  300m 이내인 경우)와 그 일반취급소에 공급하기 위한 위험
  물을 저장하는 저장소를 동일인이 설치한 경우
(3) 동일구 내에 있거나 상호 **100m** 이내의 거리에 있는 저장소
  로서 저장소의 규모, 저장하는 위험물의 종류 등을 고려하여
  행정안전부령이 정하는 저장소를 동일인이 설치한 경우
(4) 보일러·버너 또는 이와 비슷한 것으로서 위험물을 소비
  하는 장치로 이루어진 **7개** 이하의 일반취급소와 그 일반
  취급소에 공급하기 위한 위험물을 저장하는 저장소를 동
  일인이 설치한 경우

답 ①

60 위험물안전관리법에 따른 정기검사의 대상인 제
조소 등의 기준 중 다음 (   ) 안에 알맞은 것은?

정기점검의 대상이 되는 제조소 등의 관계
인 가운데 액체위험물을 저장 또는 취급하
는 (   )L 이상의 옥외탱크저장소의 관계
인은 행정안전부령이 정하는 바에 따라 소
방본부장 또는 소방서장으로부터 당해 제
조소 등이 규정에 따른 기술기준에 적합하
게 유지되고 있는지의 여부에 대하여 정기
적으로 검사를 받아야 한다.

① 50만   ② 100만
③ 150만   ④ 200만

해설

50만L 이상	100만L 이상
액체위험물을 저장 또는 취급하는 옥외탱크저장소 (위험물법 18조) 보기 ①	• 특정 **옥외탱크저장소**의 용량 (위험물규칙 [별표 6]) • 옥외저장탱크의 **개폐상황** 확인장치 설치(위험물규칙 [별표 6])

비교

정기검사의 대상인 제조소 등	한국소방산업기술원에 위탁하는 탱크안전성능검사
액체위험물을 저장 또는 취급하는 50만L 이상의 **옥외탱크저장소**	• 100만L 이상인 액체위험물을 저장하는 탱크 • 암반탱크 • 지하탱크저장소의 액체위험물탱크

답 ①

제4과목 소방기계시설의 구조 및 원리

★★ 61
포헤드의 설치기준 중 다음 (   ) 안에 알맞은 것은?

<small>16.05.문67
11.10.문71
09.08.문74</small>

> 포워터 스프링클러헤드는 특정소방대상물의 천장 또는 반자에 설치하되, 바닥면적 (   )m²마다 1개 이상으로 하여 해당 방호대상물의 화재를 유효하게 소화할 수 있도록 할 것

① 4　　　　② 6
③ 8　　　　④ 9

해설 헤드의 설치개수(NFPC 105 12조, NFTC 105 2.9.2)

헤드 종류	바닥면적/설치개수
포워터 스프링클러헤드 →	8m²/개
포헤드	9m²/개

답 ③

★★★ 62
물분무소화설비의 물분무헤드를 설치하지 아니할 수 있는 기준 중 다음 (   ) 안에 알맞은 것은?

<small>17.03.문79
15.05.문79</small>

> 운전시에 표면의 온도가 (   )℃ 이상으로 되는 등 직접 분무를 하는 경우 그 부분에 손상을 입힐 우려가 있는 기계장치 등이 있는 장소

① 79　　　　② 121
③ 162　　　　④ 260

해설 **물분무헤드**의 설치제외 대상(NFPC 104 15조, NFTC 104 2.12)
(1) 물과 심하게 반응하거나 위험한 물질을 생성하는 물질 저장·취급 장소
(2) **고온물질** 저장·취급 장소
(3) 운전시에 표면의 온도가 <u>260</u>℃ 이상 되는 장소

기억법 물26(물이 **이류**)

비교

옥내소화전설비 방수구 설치제외 장소(NFPC 102 11조, NFTC 102 2.8)
(1) **냉장창고** 중 온도가 영하인 **냉장실** 또는 냉동창고의 냉동실
(2) **고온**의 노가 설치된 장소 또는 물과 격렬하게 **반응**하는 **물품**의 저장 또는 취급 장소
(3) **발전소·변전소** 등으로서 전기시설이 설치된 장소
(4) **식물원·수족관·목욕실·수영장**(관람석 부분을 제외) 또는 그 밖의 이와 비슷한 장소
(5) **야외음악당·야외극장** 또는 그 밖의 이와 비슷한 장소

기억법 내냉방 야식 고발

답 ④

★★★ 63
스프링클러설비의 수평주행배관에서 연결된 교차배관의 총 길이가 18m이다. 배관에 설치되는 행거의 최소설치수량으로 옳은 것은?

<small>17.05.문64
15.05.문63
13.06.문68</small>

① 1개
② 2개
③ 3개
④ 4개

해설 행거의 설치(NFTC 103 2.5.13)
(1) 가지배관 : **3.5m** 이내마다 설치
(2) **교차배관** ┐
(3) 수평주행배관 ┘ **4.5m** 이내마다 설치
(4) 헤드와 **행거** 사이의 간격 : **8cm** 이상

기억법 교4(교사), 행8(해파리)

• 교차배관에서 가지배관과 가지배관 사이의 거리가 4.5m를 초과하는 경우에는 4.5m 이내마다 행거를 1개 이상 설치할 것

$$\therefore \text{행거개수} = \frac{\text{교차배관길이}}{4.5\text{m}} = \frac{18\text{m}}{4.5\text{m}} = 4\text{개}$$

용어

행거
천장 등에 물건을 달아매는 데 사용하는 철재

답 ④

| • 그 밖의 것 | 200m²마다
1단위 이상 | 400m²마다
1단위 이상 |

용어

소화능력단위
소화기구의 소화능력을 나타내는 수치

답 ③

★★★
64 특정소방대상물별 소화기구의 능력단위기준 중 옳은 것은? (단, 건축물의 주요구조부가 내화구조이고, 벽 및 반자의 실내에 면하는 부분이 불연재료·준불연재료 또는 난연재료로 된 특정소방대상물인 경우이다.)

19.09.문76
17.09.문73
16.05.문64
15.03.문80
12.05.문72
11.06.문67

① 위락시설 : 해당 용도의 바닥면적 30m²마다 능력단위 1단위 이상
② 공연장 : 해당 용도의 바닥면적 50m²마다 능력단위 1단위 이상
③ 의료시설 : 해당 용도의 바닥면적 100m²마다 능력단위 1단위 이상
④ 노유자시설 : 해당 용도의 바닥면적 100m²마다 능력단위 1단위 이상

 해설

① 30m² → 60m²
② 50m² → 100m²
④ 100m² → 200m²

특정소방대상물별 소화기구의 능력단위기준(NFTC 101 2.1.1.2)

특정소방대상물	능력단위 (바닥면적)	내화구조이고 불연재료 ·준불연재료 ·난연재료 (바닥면적)
• **위**락시설 기억법 위3(**위상**)	30m²마다 1단위 이상	60m²마다 1단위 이상
• **공연**장·**집**회장 • **관람**장·**문**화재 • **장**례시설·**의료**시설 기억법 5공연장 문의 집관람(손**오** 공 연장 문의 집관람)	50m²마다 1단위 이상	100m²마다 1단위 이상
• **근**린생활시설·**판**매시설 • 운**수**시설·**숙**박시설 • **노**유자시설 • **전**시장 • 공동**주**택·**업**무시설 • **방**송통신시설·공장 • **창**고시설·**항**공기 및 자동**차** 관련 시설 • **관광**휴게시설 기억법 근 판숙 노 전 주 업 방차창 1항 관광(**근** **판숙노전 주** **업방차장 일** **항 관광**)	100m²마다 1단위 이상	200m²마다 1단위 이상

★★★
65 포소화약제의 혼합장치 중 펌프의 토출관과 흡입관 사이의 배관 도중에 설치한 흡입기에 펌프에서 토출된 물의 일부를 보내고, 농도조정밸브에서 조정된 포소화약제의 필요량을 포소화약제 탱크에서 펌프 흡입측으로 보내어 이를 혼합하는 방식은?

14.03.문62
12.09.문67
02.05.문79

① 펌프 프로포셔너방식
② 프레져 프로포셔너방식
③ 라인 프로포셔너방식
④ 프레져 사이드 프로포셔너방식

해설 **포소화약제**의 **혼합장치**(NFPC 105 3조, NFTC 105 1.7)

(1) **라인 프로포셔너방식**(관로 혼합방식)

㉠ 펌프와 발포기의 중간에 설치된 벤투리관의 **벤투리작용**에 의하여 포소화약제를 흡입·혼합하는 방식
㉡ 급수관의 배관 도중에 포소화약제 **흡입기**를 설치하여 그 흡입관에서 소화약제를 흡입하여 혼합하는 방식

기억법 라벤(**라벤**다)

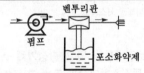

‖ 라인 프로포셔너방식 ‖

(2) **펌프 프로포셔너방식**(펌프 혼합방식) : 펌프의 **토출관**과 **흡입관** 사이의 배관 도중에 설치한 흡입기에 펌프에서 토출된 물의 일부를 보내고 **농도조정밸브**에서 조정된 포소화약제의 필요량을 포소화약제 탱크에서 펌프 흡입측으로 보내어 약제를 혼합하는 방식

기억법 펌농

‖ 펌프 프로포셔너방식 ‖

(3) 프레져 프로포셔너방식(차압 혼합방식)

㉠ 가압송수관 도중에 **공기 포소화원액 혼합조**(P.P.T)와 혼합기를 접속하여 사용하는 방법

㉡ **격막방식 휩탱크**를 사용하는 에어휨 혼합방식

> **기억법** 프프혼격

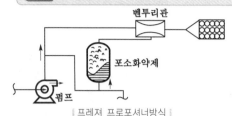

‖ 프레져 프로포셔너방식 ‖

(4) 프레져 사이드 프로포셔너방식(압입 혼합방식)

㉠ 소화원액 가압펌프(**압입용 펌프**)를 별도로 사용하는 방식

㉡ 펌프 토출관에 압입기를 설치하여 포소화약제 **압입용 펌프**로 포소화약제를 압입시켜 혼합하는 방식

> **기억법** 프사압

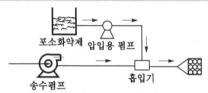

‖ 프레져 사이드 프로포셔너방식 ‖

(5) 압축공기포 믹싱챔버방식 : 포수용액에 공기를 강제로 주입시켜 **원거리 방수**가 가능하고 물 사용량을 줄여 **수손피해**를 **최소화**할 수 있는 방식

답 ①

★
66 할로겐화합물 및 불활성기체 소화설비를 설치한 특정소방대상물 또는 그 부분에 대한 자동폐쇄장치의 설치기준 중 다음 (   ) 안에 알맞은 것은?

17.09.문64
14.09.문61

> 개구부가 있거나 천장으로부터 (㉠)m 이상의 아랫부분 또는 바닥으로부터 해당층의 높이의 (㉡) 이내의 부분에 통기구가 있어 할로겐화합물 및 불활성기체 소화약제의 유출에 따라 소화효과를 감소시킬 우려가 있는 것은 할로겐화합물 및 불활성기체 소화약제가 방사되기 전에 당해 개구부 및 통기구를 폐쇄할 수 있도록 할 것

① ㉠ 1.5, ㉡ $\frac{1}{3}$ ② ㉠ 1.5, ㉡ $\frac{2}{3}$

③ ㉠ 1, ㉡ $\frac{1}{3}$ ④ ㉠ 1, ㉡ $\frac{2}{3}$

해설 할로겐화합물 및 불활성기체 소화설비·분말소화설비·이산화탄소소화설비 자동폐쇄장치 설치기준(NFPC 107A 15조, NFTC 107A 2.12.1.2 / NFPC 108 14조, NFTC 108 2.11.1.2 / NFPC 106 14조, NFTC 106 2.11.1.2)

개구부가 있거나 천장으로부터 **1m 이상**의 아랫부분 또는 바닥으로부터 해당층의 높이의 $\frac{2}{3}$ **이내**의 부분에 통기구가 있어 소화약제의 유출에 따라 소화효과를 감소시킬 우려가 있는 것은 소화약제가 방사되기 전에 당해 **개구부** 및 **통기구**를 폐쇄할 수 있도록 할 것

답 ④

★★★
67 소화수조 및 저수조의 전동기 또는 내연기관에 따른 펌프를 이용하는 가압송수장치의 설치기준 중 다음 (   ) 안에 알맞은 것은? (단, 수원의 수위가 펌프의 위치보다 높거나 수직회전축 펌프의 경우는 제외한다.)

15.09.문80
12.09.문64
03.03.문66

> 펌프의 토출측에는 (㉠)를 체크밸브 이전에 펌프 토출측 플랜지에서 가까운 곳에 설치하고, 흡입측에는 (㉡) 또는 (㉢)를 설치할 것

① ㉠ 압력계, ㉡ 연성계, ㉢ 진공계
② ㉠ 연성계, ㉡ 압력계, ㉢ 진공계
③ ㉠ 진공계, ㉡ 압력계, ㉢ 연성계
④ ㉠ 연성계, ㉡ 진공계, ㉢ 압력계

해설 설치위치(NFPC 402 5조, NFTC 402 2.2.3.4)

기 기	설치위치
압력계	펌프와 **토출측**의 체크밸브 사이
진공계(연성계)	펌프와 **흡입측**의 개폐표시형 밸브 사이

‖ 스프링클러설비 ‖

> **중요**

계기		
압력계	진공계	연성계
• 펌프의 **토출측**에 설치	• 펌프의 **흡입측**에 설치	• 펌프의 **흡입측**에 설치
• **정**의 게이지압력 측정	• **부**의 게이지압력 측정	• **정** 및 **부**의 게이지압력 측정
• 0.05~200MPa의 계기눈금	• 0~76cmHg의 계기눈금	• 0.1~2MPa, 0~76cmHg의 계기눈금

답 ①

68 폐쇄형 스프링클러헤드의 설치기준 중 다음 (   ) 안에 알맞은 것은?

<small>17.09.문71
16.05.문62</small>

> 폐쇄형 스프링클러헤드는 그 설치장소의 평상시 최고주위온도에 따라 표시온도의 것으로 설치하여야 한다. 다만, 높이가 4m 이상인 공장에 설치하는 스프링클러헤드는 그 설치장소의 평상시 최고주위온도에 관계없이 표시온도 (   )℃ 이상의 것으로 할 수 있다.

① 64
② 79
③ 121
④ 162

해설 폐쇄형 스프링클러헤드의 설치기준(NFTC 103 2.7.6)

설치장소의 최고주위온도	표시온도
39℃ 미만	**79**℃ 미만
39~**64**℃ 미만	79~**121**℃ 미만
64~**106**℃ 미만	121~**162**℃ 미만
106℃ 이상	162℃ 이상

※ 비고 : 높이 4m 이상인 공장은 표시온도 **121**℃ 이상으로 할 것

기억법	39	79
	64	121
	106	162

답 ③

69 호스릴 이산화탄소소화설비는 방호대상물의 각 부분으로부터 하나의 호스접결구까지의 수평거리는 최대 몇 m 이하가 되도록 설치하여야 하는가?

<small>16.05.문66
08.05.문76</small>

① 10
② 15
③ 20
④ 25

해설 (1) **보행거리**

구 분	적 용
20m 이내	소형 소화기
30m 이내	대형 소화기

(2) **수평거리**

구 분	적 용
10m 이내	● 예상제연구역

15m 이하	● 분말(호스릴) ● 포(호스릴) ● **이산화탄소(호스릴)**
20m 이하	● 할론(호스릴)
25m 이하	● 음향장치 ● 옥내소화전 방수구 ● 옥내소화전(호스릴) ● 포소화전 방수구 ● 연결송수관 방수구(지하가) ● 연결송수관 방수구(지하층 바닥면적 3000m² 이상)
40m 이하	● 옥외소화전 방수구
50m 이하	● 연결송수관 방수구(사무실)

용어

수평거리와 **보행거리**

수평거리	보행거리
직선거리를 말하며, 반경을 의미하기도 한다.	걸어서 간 거리이다.

답 ②

70 소화기구의 소화약제별 적응성 기준 중 A급 화재에 적응성을 가지는 소화약제가 아닌 것은?

<small>16.03.문80</small>

① 인산염류소화약제
② 중탄산염류소화약제
③ 산알칼리소화약제
④ 고체에어로졸화합물

해설 소화기구 및 자동소화장치(NFTC 101 2.1.1.1)
일반화재(A급 화재)에 적응성이 있는 소화약제
(1) 할론소화약제
(2) 할로겐화합물 및 불활성기체 소화약제
(3) **인산염류**소화약제(분말)
(4) **산알칼리**소화약제
(5) 강화액소화약제
(6) 포소화약제
(7) 물·침윤소화약제
(8) **고체에어로졸**화합물
(9) 마른모래
(10) 팽창질석·팽창진주암

비교

전기화재(C급 화재)에 적응성이 있는 소화약제
(1) 이산화탄소소화약제
(2) 할론소화약제
(3) 할로겐화합물 및 불활성기체 소화약제
(4) 인산염류소화약제(분말)
(5) **중탄산염류**소화약제(분말)
(6) 고체에어로졸화합물

답 ②

71

19.03.문76
11.10.문68

상수도 소화용수설비를 설치하여야 하는 특정소방
대상물의 기준 중 다음 (   ) 안에 알맞은 것은?

- 연면적 (㉠)m² 이상인 것. 다만, 위험물 저장 및 처리 시설 중 가스시설, 지하가 중 터널 또는 지하구의 경우에는 그러하지 아니하다.
- 가스시설로서 지상에 노출된 탱크의 저장용량의 합계가 (㉡)톤 이상인 것

① ㉠ 5000, ㉡ 100
② ㉠ 5000, ㉡ 30
③ ㉠ 1000, ㉡ 100
④ ㉠ 1000, ㉡ 30

해설 **상수도 소화용수설비**의 **설치대상**(소방시설법 시행령 [별표 4])
(1) 연면적 **5000m²** 이상(단, 위험물 저장 및 처리시설 중 가스시설, 지하가 중 터널 또는 지하구의 경우 제외)
(2) 가스시설로서 저장용량 **100t** 이상
(3) 폐기물재활용시설 및 폐기물처분시설

답 ①

72

11.06.문64
09.05.문74

연결살수설비 배관의 설치기준 중 옳은 것은?

① 연결살수설비 전용 헤드를 사용하는 경우 하나의 배관에 부착하는 살수헤드의 개수가 2개이면 배관의 구경은 50mm 이상으로 설치하여야 한다.

② 옥내소화전설비가 설치된 경우 폐쇄형 헤드를 사용하는 연결살수설비의 주배관은 옥내소화전설비의 주배관에 접속하여야 한다.

③ 개방형 헤드를 사용하는 연결살수설비의 수평주행배관은 헤드를 향하여 상향으로 $\frac{1}{50}$ 이상의 기울기로 설치하여야 한다.

④ 가지배관을 설치하는 경우에는 가지배관의 배열은 토너먼트방식으로 하여야 한다.

해설
① 50mm → 40mm
③ $\frac{1}{50}$ 이상 → $\frac{1}{100}$ 이상
④ 토너먼트방식으로 하여야 한다. → 토너먼트방식이 아니어야 한다.

연결살수설비의 **배관 설치기준**(NFPC 503 5조, NFTC 503 2.2)
(1) 구경이 **50mm**일 때 하나의 배관에 부착하는 헤드의 개수는 **3개**

(2) 폐쇄형 헤드를 사용하는 경우, 시험배관은 송수구의 **가장 먼 가지배관**의 끝으로부터 연결 설치
(3) 개방형 헤드를 사용하는 수평주행배관은 헤드를 향하여 상향으로 $\frac{1}{100}$ 이상의 기울기로 설치
(4) 가지배관의 배열은 **토너먼트방식**(토너먼트방식)이 **아닐 것**
(5) **연결살수설비**의 **살수헤드개수**(NFPC 503 5조, NFTC 503 2.2.3.1)

배관의 구경	32mm	40mm	50mm	65mm	80mm
살수헤드개수	1개	2개	3개	**4**개 또는 **5**개	6~10개 이하

기억법 6545

(6) 옥내소화전설비가 설치된 경우 **폐쇄형 헤드**를 사용하는 **연결살수설비**의 **주배관**은 옥내소화전설비의 **주배관**에 접속

답 ②

73

19.03.문65
17.05.문78
16.10.문79

인명구조기구 중 공기호흡기를 층마다 2개 이상 비치하여야 할 특정소방대상물의 용도 및 장소별 설치기준 중 다음 (   ) 안에 알맞은 것은?

- 문화 및 집회시설 중 수용인원 (㉠)명 이상의 영화상영관
- 지하가 중 (㉡)

① ㉠ 50, ㉡ 터널
② ㉠ 50, ㉡ 지하상가
③ ㉠ 100, ㉡ 터널
④ ㉠ 100, ㉡ 지하상가

해설 **인명구조기구 설치장소**(NFTC 302 2.1.1.1)

특정소방대상물	인명구조기구의 종류	설치수량
• **7층** 이상인 관광호텔(지하층 포함) • **5층** 이상인 병원(지하층 포함)	• 방열복 • 방화복(안전모, 보호장갑 안전화 포함) • 공기호흡기 • 인공소생기	• 각 **2개** 이상 비치할 것(단, **병원**의 경우 **인공소생기** 설치 **제외**)
• 수용인원 **100명** 이상의 영화상영관 • 대규모 점포 • 지하역사 • **지하상가**	• 공기호흡기	• **층**마다 **2개** 이상 비치할 것(단, 각 층마다 갖추어 두어야 할 공기호흡기 중 일부를 **직원**이 **상주**하는 인근 **사무실**에 비치 가능)
• 이산화탄소소화설비(호스릴 이산화탄소소화설비 제외) 설치대상물	• 공기호흡기	• 이산화탄소소화설비가 설치된 장소의 출입구 외부 인근에 1대 이상 비치

답 ④

74

옥내·외소화전설비의 수원의 기준 중 다음 ( ) 안에 알맞은 것은?

11.06.문69
01.06.문62

- 옥내소화전설비의 수원은 그 저수량이 옥내소화전의 설치개수가 가장 많은 층의 설치개수에 (㉠)m³를 곱한 양 이상
- 옥외소화전설비의 수원은 그 저수량이 옥외소화전의 설치개수에 (㉡)m³를 곱한 양 이상

① ㉠ 1.6, ㉡ 2.6
② ㉠ 2.6, ㉡ 7
③ ㉠ 7, ㉡ 2.6
④ ㉠ 2.6, ㉡ 1.6

해설 **수원의 저수량**

옥내소화전설비 (NFPC 102 4조, NFTC 102 2,1,1)	옥외소화전설비 (NFPC 109 4조, NFTC 109 2,1,1)
$Q=2.6N$(29층 이하, N : 최대 2개) $Q=5.2N$(30~49층 이하, N : 최대 5개) $Q=7.8N$(50층 이상, N : 최대 5개) 여기서, Q : 옥내소화전 수원의 저수량(m³) N : 가장 많은 층의 소화전개수	$Q=7N$ 여기서, Q : 옥외소화전 수원의 저수량(m³) N : 옥외소화전 설치개수(**최대 2개**)

㉠ 2.6, 5.2, 7.8 중에 하나가 답이 되므로 여기서는 2.6만 있으므로 2.6이 답이다.

답 ②

75

연소방지설비를 설치하여야 하는 적용대상물의 기준 중 옳은 것은?

① 지하구(전력 또는 통신사업용인 것)
② 가스시설 중 지상에 노출된 탱크의 용량이 30톤 이상인 탱크시설
③ 지하층(피난층으로 주된 출입구가 도로와 접한 경우는 제외)으로서 바닥면적의 합계가 150m² 이상인 것
④ 판매시설, 운수시설, 창고시설 중 물류터미널로서 해당 용도로 사용되는 부분의 바닥면적의 합계가 1000m² 이상인 것

해설 ②, ③, ④ 연결살수설비의 설치대상

연소방지설비
지하구(전력 또는 통신사업용인 것만 해당)의 화재를 방지하기 위한 설비

※ **지하구** : 지하의 케이블 통로

🔊 중요

소방시설법 시행령 [별표 4]
연결살수설비의 설치대상

설치대상	조 건
① 지하층	• 바닥면적 합계 150m²(국민주택규모 이하인 아파트 등, 학교 700m²) 이상
② 판매시설 ③ 운수시설 ④ 물류터미널	• 바닥면적 합계 1000m² 이상
⑤ 가스시설	• 30t 이상 탱크시설
⑥ 연결통로	• 전부

답 ①

76

완강기 및 간이완강기의 최대사용하중 기준은 몇 N 이상이어야 하는가?

16.10.문77
16.05.문76
15.05.문69
09.03.문61

① 800
② 1000
③ 1200
④ 1500

해설 **완강기 및 간이완강기의 하중**(완강기 형식 12조)
(1) 250N(최소하중)
(2) 750N
(3) 1500N(최대하중)

답 ④

77

분말소화설비 가압용 가스에 이산화탄소를 사용하는 것의 이산화탄소는 소화약제 1kg에 대하여 몇 g에 배관의 청소에 필요한 양을 가산한 양 이상으로 설치하여야 하는가?

17.09.문80
17.03.문67
16.05.문77
13.06.문77

① 10
② 15
③ 20
④ 40

해설 **분말소화설비 가압식**과 **축압식**의 **설치기준**(35℃에서 1기압의 압력상태로 환산한 것)(NFPC 108 5조, NFTC 108 2,2,4,1)

구 분 사용가스	가압식	축압식
N₂(질소)	40L/kg 이상	10L/kg 이상
CO₂(이산화탄소)	20g/kg+배관청소 필요량 이상	20g/kg+배관청소 필요량 이상

※ 배관청소용 가스는 별도의 용기에 저장한다.

중요

(1) 전자개방밸브 부착

분말소화약제 가압용 가스용기	**이**산화탄소·분말소화설비 전기식 기동장치
3병 이상 설치한 경우 **2개** 이상	**7병** 이상 개방시 **2병** 이상

기억법 이7(**이치**)

(2) **압**력조정장치(압력조정기)의 **압**력

할론소화설비	**분**말소화설비 (분말소화약제)
2MPa 이하	**2.5**MPa 이하

기억법 분압25(**분압이오.**)

답 ③

78 미분무소화설비의 미분무헤드 설치기준 중 틀린 것은?

① 하나의 헤드까지의 수평거리 산정은 설계자가 제시하여야 한다.

② 미분무설비에 사용되는 헤드는 표준형 헤드를 설치하여야 한다.

③ 폐쇄형 미분무헤드는 그 설치장소의 평상시 최고주위온도에 따라 $T_a = 0.9 T_m - 27.3℃$ 식에 따른 표시온도의 것으로 설치하여야 한다.

④ 미분무헤드는 소방대상물의 천장·반자·천장과 반자 사이·덕트·선반, 기타 이와 유사한 부분에 설계자의 의도에 적합하도록 설치하여야 한다.

해설

② 표준형 헤드 → 조기반응형 헤드

미분무헤드의 **설치기준** (NFPC 104A 13조, NFTC 104A 2.10)

① 하나의 헤드까지의 **수평거리 산정**은 **설계자**가 제시

② 미분무설비에 사용되는 헤드는 **조기반응형 헤드** 설치

③ 폐쇄형 미분무헤드는 그 설치장소의 평상시 최고주위온도에 따라 다음 식에 따른 표시온도의 것으로 설치

$$T_a = 0.9 T_m - 27.3℃$$

여기서, T_a : 최고주위온도[℃]

T_m : 헤드의 표시온도[℃]

④ 미분무헤드는 소방대상물의 천장·반자·천장과 반자 사이·덕트·선반, 기타 이와 유사한 부분에 설계자의 의도에 적합하도록 설치

답 ②

★★★
79 스프링클러설비의 종류에 따른 밸브 및 헤드의 연결이 옳은 것은? (단, 설비의 종류 – 밸브 – 헤드의 순이다.)

09.05.문68
03.03.문69

① 습식 – 스모렌스키체크밸브 – 폐쇄형 헤드

② 건식 – 건식밸브 – 개방형 헤드

③ 준비작동식 – 준비작동식 밸브 – 개방형 헤드

④ 일제살수식 – 일제개방밸브 – 개방형 헤드

해설

① 스모렌스키체크밸브 → 습식 밸브

② 개방형 헤드 → 폐쇄형 헤드

③ 개방형 헤드 → 폐쇄형 헤드

스프링클러설비의 **비교**

방식 구분	습식	건식	준비 작동식	부압식	일제 살수식
1차측	가압수	가압수	가압수	가압수	가압수
2차측	가압수	압축공기	대기압	부압 (진공)	대기압
밸브 종류	습식 밸브 (자동경보 밸브, 알람체크 밸브)	건식 밸브	준비작동 밸브	준비작동 밸브	일제개방 밸브 (델류지 밸브)
헤드 종류	폐쇄형 헤드	폐쇄형 헤드	폐쇄형 헤드	폐쇄형 헤드	**개방형 헤드**
가압수 = 소화수					

답 ④

★
80 분말소화설비 분말소화약제의 저장용기 설치기준 중 옳은 것은?

① 저장용기의 충전비는 0.7 이상으로 할 것

② 저장용기에는 가압식은 최고사용압력의 0.8배 이하, 축압식은 용기의 내압시험압력의 1.8배 이하의 압력에서 작동하는 안전밸브를 설치할 것

③ 제3종 분말소화약제 저장용기의 내용적은(소화약제 1kg당 저장용기의 내용적) 1L로 할 것

④ 저장용기에는 저장용기의 내부압력이 설정압력으로 되었을 때 주밸브를 개방하는 압력조정기를 설치할 것

해설

① 0.7 이상 → 0.8 이상

② 0.8배 이하 → 1.8배 이하, 1.8배 이하 → 0.8배 이하

④ 압력조정기 → 정압작동장치

분말소화약제의 **저장용기 설치장소기준**(NFPC 108 4조, NFTC 108 2.1)

(1) **방호구역 외**의 장소에 설치할 것(단, 방호구역 내에 설치할 경우에는 피난 및 조작이 용이하도록 피난구 부근에 설치)

(2) 온도가 **40℃** 이하이고, 온도변화가 작은 곳에 설치할 것

(3) 직사광선 및 빗물이 침투할 우려가 없는 곳에 설치할 것

(4) 방화문으로 구획된 실에 설치할 것

(5) 용기의 설치장소에는 해당용기가 설치된 곳임을 표시하는 표지를 할 것

(6) 용기간의 간격은 점검에 지장이 없도록 **3cm** 이상의 간격을 유지할 것

(7) 저장용기와 집합관을 연결하는 연결배관에는 **체크밸브**를 설치할 것

(8) 주밸브를 개방하는 **정압작동장치** 실시

(9) 저장용기의 **충전비**는 **0.8** 이상

(10) 안전밸브의 설치

가압식	축압식
최고사용압력의 **1.8배** 이하	내압시험압력의 **0.8배** 이하

답 ③

기억전략법

읽었을 때 **10%** 기억

들었을 때 **20%** 기억

보았을 때 **30%** 기억

보고 들었을 때 **50%** 기억

친구(동료)와 이야기를 통해 **70%** 기억

누군가를 가르쳤을 때 95% 기억

찾아보기

MEMO

소방설비기사 원샷 원킬!

처음엔 강의는 듣지 않고 책의 문제만 봤습니다. 그런데 책을 보고 이해해보려 했지만 잘 되지 않았습니다. 그래도 처음은 경험이나 해보자고 동영상강의를 듣지 않고 책으로만 공부를 했습니다. 간신히 필기를 합격하고 바로 친구의 추천으로 공하성 교수님의 동영상강의를 신청했고, 확실히 혼자 할 때보다 공하성 교수님 강의를 들으니 이해가 잘 되었습니다. 중간중간 공하성 교수님의 재미있는 농담에 강의를 보다가 혼자 웃기도 하고 재미있게 강의를 들었습니다. 물론 본인의 노력도 필요하지만 인강을 들으니 필기때는 전혀 이해가 안 가던 부분들도 실기 때 강의를 들으니 이해가 잘 되었습니다. 생소한 분야이고 지식이 전혀 없던 자격증 도전이었지만 한번에 합격할 수 있어서 너무 기쁘네요. 여러분들도 저를 보고 희망을 가지시고 열심히 해서 꼭 합격하시길 바랍니다.

_ 이○목님의 글

소방설비기사(전기) 합격!

41살에 첫 기사 자격증 취득이라 기쁩니다. 실무에 필요한 소방설계 지식도 쌓고 기사 자격증도 취득하기 위해 공하성 교수님의 강의를 들었습니다. 재미나고 쉽게 설명해주시는 공하성 교수님의 강의로 필기·실기시험 모두 합격할 수 있었습니다.

_ 이○용님의 글

소방설비기사 합격!

시간을 의미 없이 보내는 것보다 미래를 준비하는 것이 좋을 것 같아 소방설비기사를 공부하게 되었습니다. 퇴근 후 열심히 노력한 결과 1차 필기시험에 합격하게 되었습니다. 기쁜 마음으로 2차 실기시험을 준비하기 위해 전에 선배에게 추천받은 강의를 주저없이 구매하였습니다. 1차 필기시험을 너무 쉽게 합격해서인지 2차 실기시험을 공부하는데, 처음에는 너무 생소하고 이해되지 않는 부분이 많았는데 교수님의 자세하고 반복적인 설명으로 조금씩 내용을 이해하게 되었고 자신감도 조금씩 상승하게 되었습니다. 한 번 강의를 다 듣고 두 번 강의를 들으니 처음보다는 훨씬 더 이해가 잘 되었고 과년도 문제를 풀면서 중요한 부분을 파악하였습니다. 드디어 실기시험 시간이 다가왔고 완전한 자신감은 없었지만 실기시험을 보게 되었습니다. 확실히 아는 것이 많이 있었고 많은 문제에 생각나는 답을 기재한 결과 시험에 합격하였다는 문자를 받게 되었습니다. 합격까지의 과정에 온라인강의가 가장 많은 도움이 되었고, 반복해서 학습하는 것이 얼마나 중요한지 새삼 깨닫게 되었습니다. 자격시험에 도전하시는 모든 분들께 저의 합격수기가 조금이나마 도움이 되었으면 하는 바람입니다.

_ 이○인님의 글

2025 최신개정판

7개년 과년도 **소방설비산업기사** 기계③·7 **필기**

2020.	1.	13.	초 판 1쇄 발행
2021.	1.	5.	1차 개정증보 1판 1쇄 발행
2021.	5.	7.	1차 개정증보 1판 2쇄 발행
2022.	1.	5.	2차 개정증보 2판 1쇄 발행
2023.	1.	18.	3차 개정증보 3판 1쇄 발행
2024.	1.	3.	4차 개정증보 4판 1쇄 발행
2024.	4.	24.	4차 개정증보 4판 2쇄 발행
2025.	**1.**	**8.**	**5차 개정증보 5판 1쇄 발행**

지은이 │ 공하성
펴낸이 │ 이종춘
펴낸곳 │ **BM** ㈜도서출판 **성안당**

주소 │ 04032 서울시 마포구 양화로 127 첨단빌딩 3층(출판기획 R&D 센터)
│ 10881 경기도 파주시 문발로 112 파주 출판 문화도시(제작 및 물류)
전화 │ 02) 3142-0036
│ 031) 950-6300
팩스 │ 031) 955-0510
등록 │ 1973. 2. 1. 제406-2005-000046호
출판사 홈페이지 │ www.cyber.co.kr
ISBN │ 978-89-315-1319-6 (13530)
정가 │ 29,500원(해설가리개 포함)

이 책을 만든 사람들
기획 │ 최옥현
진행 │ 박경희
교정·교열 │ 김혜린, 최주연
전산편집 │ 이다은
표지 디자인 │ 박현정
홍보 │ 김계향, 임진성, 김주승, 최정민
국제부 │ 이선민, 조혜란
마케팅 │ 구본철, 차정욱, 오영일, 나진호, 강호묵
마케팅 지원 │ 장상범
제작 │ 김유석

www.cyber.co.kr
성안당 Web 사이트